U0199639

稻谷资源与利用
Rice Resources and Utilization

林亲录 等 编著

科学出版社

北京

内 容 简 介

本书主要内容包括稻谷的起源、文化、生产、消费及主要品种，稻谷的储藏、病虫害及储藏过程中的品质变化，稻谷加工装备的发展历史及现代稻谷加工装备及技术，稻谷(米)初深加工产品及特点，稻谷加工中稻壳、碎米及米糠等副产物综合利用及稻谷中生物活性物质的功能活性及可能存在的营养健康作用等。本书内容涵盖稻谷产业链各环节，是一部内容较为齐全、科学性与实用性兼具的著作。

本书可供从事稻谷研究的科研院所、大专院校的学者和师生阅读，也可供稻谷加工企业、相关从业者等参考。

图书在版编目（CIP）数据

稻谷资源与利用/林亲录等编著. —北京：科学出版社，2019.1
ISBN 978-7-03-060053-0

Ⅰ.①稻… Ⅱ.①林… Ⅲ.①稻谷-资源利用-研究 Ⅳ.①S37

中国版本图书馆 CIP 数据核字（2018）第 285731 号

责任编辑：贾 超 李丽娇 / 责任校对：杜子昂
责任印制：肖 兴 / 封面设计：东方人华

科 学 出 版 社 出版
北京东黄城根北街 16 号
邮政编码：100717
http://www.sciencep.com
北京通州皇家印刷厂 印刷
科学出版社发行 各地新华书店经销
*
2019 年 1 月第 一 版 开本：787×1092 1/16
2019 年 1 月第一次印刷 印张：42
字数：1 000 000
定价：268.00 元
（如有印装质量问题，我社负责调换）

序

水稻是全球最重要的农作物之一，是全世界一多半人口的主食来源。当今世界上共有 14 万左右水稻品种，100 多个国家种植。中国是世界上最大的稻谷生产国，产量和种植面积分别居世界第一和第二。

自改革开放以来，我国对于稻谷资源的开发、加工工艺和设备及配套技术的研发等做了大量工作，缩短了与发达国家的差距，有力地推进了我国稻谷产业的发展。目前，稻谷加工企业数量明显增多，加工质量也越来越高，稻谷产业已成为我国大部分稻谷主产区农村经济的支柱产业之一，对促进农民增收、安置城乡居民就业和改善生态环境等已发挥重大作用。

但我国稻谷工业在产后储藏、加工工艺及设备、副产物的综合利用等方面，与日本等稻谷工业强国相比，还存在着一定的差距。由于我国部分企业对稻谷不合理的储藏、低水平加工、落后的加工工艺及对成品大米过度求精，稻谷产业损失严重。同时，稻谷加工后的副产物如米糠、稻壳、碎米等有效利用率较低。以米糠为例，日本米糠的综合利用率近 100%，印度也达到了 30%，而我国米糠的综合利用率尚不足 20%。不仅影响了环境，降低了企业的效益，而且严重浪费了资源。

中南林业科技大学食品科学与工程学院林亲录教授及其团队，先后承担了"商品米品质提升与高效利用关键技术研究与示范""加工贮藏中营养成分变化对稻米主食品质影响的机理研究""稻米原料及其主食制品的加工特性研究""高纯度稻米（节碎米）淀粉糖加工技术""大宗农产品加工特性研究与品质评价技术——稻米加工特性研究与品质评价技术"等系列重大科研项目，取得了多项处于国际、国内先进水平的技术成果，积累了相当丰富的科研资料，并于 2013～2015 年出版了《稻谷品质与商品化处理》、《稻谷及副产物加工和利用》、《稻谷加工机械》及《稻谷营养与健康》四部稻谷加工相关专业书籍。

《稻谷资源与利用》是作者在稻谷加工系列著作的基础上，补充团队近年来取得的最新研究与产业化成果，并结合国内外稻谷工业科技研究动态及发展趋势，按照现代食品工业的要求，重新增补稻谷的起源与文化、主要品种及特点、稻谷储藏及品质变化等相关内容而成。全书对稻谷资源与利用做了比较系统的概括，内容丰富，论述翔实，兼具科学性和实用性，是一部很有价值的科学论著。

　　在该书出版之际，作为一名食品科研工作者，很高兴看到我国稻谷加工科技取得如此大的进展，也希望这部书能为我国稻谷加工工业的持续快速发展提供有力的技术支撑！此为序。

2018 年 9 月

前　言

　　稻谷资源是我国粮食作物资源中非常重要的组成部分，稻谷的生产、加工等利用对于我国粮食及食品行业具有重要意义及影响，然而，系统介绍稻谷资源与利用的专著极度缺乏。2014 年，编者集长期在该领域研究所取得的科研成果、经验及收集到的国内外有关著作和各类文献资料的基础上撰写出版了《稻谷品质与商品化处理》、《稻谷及副产物加工和利用》、《稻谷加工机械》及《稻谷营养与健康》四部专业书籍，涉及稻谷产业链中的绝大部分领域，出版后被多家研究院所及大学收藏，并被众多稻谷加工企业作为指导生产与加工的工具书。

　　随着科学技术的快速发展，稻谷工业得到不断的补充和完善，力求反映稻谷产业的国内外先进水平和发展态势，编者在之前研究工作的基础上，补充团队近年来取得的最新研究与产业化成果，并参考借鉴国内外同行的相关学术成果，在完善之前专业书籍内容的基础上，重新增补稻谷的起源与文化、主要品种及特点、稻谷储藏及品质变化等相关内容，完成《稻谷资源与利用》，以期更全面地介绍稻谷产业相关内容。

　　本书由林亲录等编著，参加编著工作的还有李江涛、丁玉琴、罗非君、黄亮、吴跃、吴伟、梁盈、肖华西、孙术国、黄铮昱等同志。全书共分六章。第一章是稻谷资源概况，主要是稻谷的起源与文化、生产及消费和主要品种等内容，为全书的铺垫；第二章是稻谷的储藏及品质影响，在介绍稻谷储藏过程中化学成分、生理特性等变化的基础上，对于组学技术在稻谷储藏中的应用也进行了阐述，并对储藏过程中主要病虫害、储藏方法及包装也进行了详细介绍；第三章是稻谷加工装备，主要介绍稻谷加工装备的发展历史及现代稻谷加工装备及技术；第四章是稻谷（米）的加工，介绍了稻谷加工的国内外现状，并详尽阐述了稻谷初加工及深加工产品的内容及特点；第五章是稻谷副产物综合利用，介绍了稻谷加工中产生的稻壳、碎米及米糠等副产物的综合利用情况；第六章是稻谷的营养与健康，介绍了稻谷中存在的生物活性物质的功能活性及可能存在的营养健康作用。

　　由于编者知识面和专业水平的限制，书中疏漏与不妥之处在所难免，敬请专家、读者批评指正。

林亲录

2018 年 9 月

目　录

第一章　稻谷资源概况

第一节　稻谷的起源与文化

一、稻谷的起源

水稻是全球最重要的农作物之一，是全世界一半以上人口的主食来源。水稻，学名亚洲栽培稻(*Oryza sativa* L.)，隶属于稻属(*Oryza* L.)栽培稻系(*Oryza sativa* complex)。栽培稻系中含有亚洲栽培稻(*Oryza sativa* L.)和非洲栽培稻(*O. glaberrima*)两种栽培稻。其中非洲栽培稻种植较为集中，主要分布在西非的局部地区，大约距今3000年以前从分布在非洲西部和中部的一年生巴蒂野生稻(*O. barthii*)驯化而来，并于现今马里一带被驯化(Li et al., 2011；Linares, 2002)。与非洲栽培稻不同，亚洲栽培稻在全球范围内均有广泛种植，为世界范围内的主要种植品种。由于水稻在全球粮食中的重要性，水稻起源驯化问题受到了各国的关注，其对于生物学、人类学、考古学、民族学、农学及遗传学等不同学科均有重要意义(Huang and Han, 2015；公婷婷, 2017)。从一百多年前开始，全球不同国家对于水稻的起源问题就展开了激烈争论，最初印度占据优势，后来逐渐多的证据表明中国慢慢占据上风，虽然泰国和韩国也加入这场"争斗"，但最终证据表明水稻的发源地在中国。

(一)水稻的祖先种

水稻亲缘关系最近的野生稻类型为普通野生稻和尼瓦拉野生稻。普通野生稻一般为多年生草本，光周期敏感，异交率较高，具根茎，高1～2m，秆梢丛生，圆锥花序疏松，分枝少，结子不多，随熟随落；米质优，蛋白质含量高，抗病虫能力强，分布范围广，广泛分布在亚洲亚热带和热带大陆地区(杨宇明, 1999)。而尼瓦拉野生稻一般为一年生型，对光周期不敏感，自交率比较高，分布范围相对较小，主要在东南亚和南亚地区。目前，主流观点为普通野生稻(*Oryza rufipogon* L.)是亚洲水稻的祖先种(Castillo et al., 2016)，并且有学者认为尼瓦拉野生稻很可能是普通野生稻的一年生的生态型(Molina and Purugganan, 2011)。

我国野生稻资源丰富，自1917年Roschev和Merrill在广东罗浮山麓至石龙平原一带发现普通野生稻和1926年丁颖在广州市胶犀牛尾的沼泽地发现普通野生稻之后，野生稻开始逐步被发现。目前野生稻主要有三种，即普通野生稻、药用野生稻和疣粒野生稻。三个野生稻种中，以普通野生稻最多，其次为药用野生稻，疣粒野生稻最少(张万霞和杨庆文, 2003)。药用野生稻为多年生草本，高1.5～3m。叶鞘长，叶片线状披针形，内稃有疣基硬毛，生于海拔 400～1000m 处的丘陵山地、坡下冲积地和沟边，主要分布于广西、广东、海南，为我国珍稀水稻种质资源。疣粒野生稻为多年生草本，高约 70cm，叶披针状线性，圆锥花序简单，几束或单一的总状花序，主要分布在我国云南西南部及海南，喜温热多雨气候，为我国极其珍贵的水稻育种的种质资源(杨宇明，1999)。

(二)水稻的起源

水稻的起源地一直都是水稻起源驯化争议的热点问题，历史上印度、中国、东南亚、缅甸和阿萨姆邦都曾被作为水稻起源地，其中主要集中为印度说和中国说。在 19 世纪末到 20 世纪初期很长一段时间内，由于在印度发现非常丰富的野生稻资源和栽培稻品种，并且语言学分析表明欧洲很多国家语言中的"稻"词源来自于梵语，一度将水稻的起源地定为印度。随后科学家在我国湖南道县玉蟾岩遗址出土的 1 粒炭化稻谷定年为约 1.2 万年前，江西万年仙人洞遗址也发现了一些约 1.2 万年前的水稻细胞"植硅体"化石，近 1 万年前的浙江浦江上山遗址更是出土了大量稻壳。随着水稻起源相关考古证据的不断增加，近期 Silva 等(2015)利用来自东亚、东南亚及南亚的 400 个水稻遗址建立的水稻考古遗存证据数据库，通过建立最小成本距离模型分析水稻的起源中心，结果也支持中国是水稻的起源地，并且认为长江中游和长江下游是双重起源中心。对于水稻的两个重要亚种——粳稻和籼稻，人们也对其起源做了大量研究，现在一般认为粳稻起源于中国华南地区和长江流域，而籼稻起源于东南亚或者中南半岛和雅鲁藏布江河谷。

目前，对于水稻亚种的起源方式主要有单次起源和多次起源两种学说。单次起源学说认为水稻亚种是由某一种野生稻或某一居群野生稻驯化过程中不断人为选择培育出来的，在野生稻种两个亚种之间并无差异。其中有两种主流观点，一种认为籼稻从野生稻直接驯化而来，粳稻是从籼稻中分化出来的适应高海拔和高纬度的亚种(丁颖，1949)；另一种观点认为野生稻经过驯化先变为栽培稻，而后在人为选择和环境压力下逐渐分化成籼稻和粳稻(Molin and Purugganan，2011)。多次起源主要包括两种观点，一种认为籼稻和粳稻两个亚种的分化在它们驯化之前的野生稻中就已经存在，籼稻型的野生稻被驯化为籼稻，粳稻的野生稻被驯化为粳稻，二者独立驯化，多次起源；另一种认为粳稻先完成分化，然后在传播过程中与当地野生稻杂交产生籼稻(Huang et al.，2011)。

水稻驯化开始时间和驯化过程持续时间，即籼稻和粳稻分化完成时间也是备受关注的重要问题。关于水稻驯化时间，学者在考古学、遗传学和进化生物学等方面做了大量的研究，但对于水稻驯化时间并未在学术界达成一致。中国考古发现的最早栽培稻遗存距今约 1.2 万年，因此考古方面关于水稻驯化时间主要集中在对中国稻作遗址遗存进行探讨。通过对吊桶环遗址推测大约 7000BP[①]水稻开始驯化。也有专家通过对田螺山遗址不同文化层出土的古稻小穗轴形态特征进行比较，认为水稻在长江下游地区 8000BP 开始驯化并且到 6000BP 驯化完成。对远离现代野生稻分布区的贾湖遗址出土的水稻表型特征进行分析，推测驯化稻和水稻农业是在 8000 年前产生(Gross and Zhao，2014)。除了考古研究，还有学者采用分子钟、宽松分子钟定时法及一些生物学方法研究水稻驯

---

① BP：before present，距今年代

化时间，对于具体驯化时间也并无定论，但普遍认为水稻的驯化是一个非常漫长的过程，通常认为可能会持续数千年。

学者们从不同学科角度出发针对水稻的传播途径进行了相关研究。Khush（1997）基于遗传和生物化学方面的分析，推测籼稻起源于印度东部喜马拉雅山脉丘陵，而粳稻起源于中国南部地区，随后籼稻从印度逐渐分散传播至热带亚热带地区，粳稻则一方面从中国南部向北移动逐渐形成温带生态型，另一方面又向南传播到东南亚，最终从东南亚传到西非及巴西并生成热带生态型。刘志一（1994）认为水稻在距今 4500 年前左右，由藏缅语族先民将其从中国西南地区传播到印度，传播途径可能有两种，一是从四川经过云南横断山脉到缅甸，再到印度阿萨姆地区；二是通过云南横断山脉先到西藏，再传入尼泊尔、不丹，最后传入印度恒河流域。

中国稻作的起源研究也比较早，自 1926 年丁颖在广州市郊发现了野生稻起，中国的水稻起源拉开帷幕。在 1970 年以前，中国稻作起源地的观点主要是建立在遗传学基础上的推断，如华南起源说、云贵高原起源说等，主要以普通野生稻的分布范围及变异中心为基础去寻求人工栽培稻谷的发生地。1970 年以后，农业考古新成果不断涌现，中国及世界稻作起源问题进入大家视野。严文明（1982，1989）等根据长江下游的河姆渡遗址、桐乡罗家角遗址、吴县草鞋山遗址等处普遍发现六七千年前的稻作遗存，提出中国稻作起源于长江下游地区。1980 年后，湖南澄县大坪乡彭头山遗址发掘出八千年前人工栽培稻的痕迹；淮河上游的河南舞阳贾湖遗址发掘出八千年前北方最古老的稻作遗存；黄河下游江苏连云港二涧村遗址、汉水上游的陕西西乡李家村和何家村遗址发现七千多年前的稻作遗存，以此长江中游、黄河下游、淮河上游等地也被人们视作中国稻作农业的起源地（张锴生，2000）。1990 年后，人们对中国稻作农业起源问题的认识逐步深化，1995 年底，湖南澧县八十垱新石器早期遗址中发现数以百计的兼有野籼、粳特征的小粒形原始栽培稻炭化稻谷和已脱壳的米粒。1993 年和 1995 年在湖南道县寿雁镇白石寨村玉蟾岩遗址的两次发掘中，发现我国年代最早的稻作，1993 年出土的稻作为普通野生稻，1995 年出土的稻谷兼备野、籼、粳的特征，是一种由野生稻向栽培稻演化的古栽培稻类型，距今一万年以上，据此推测华南北部是我国最早的稻作起源地区（张锴生，2000）。然而，考古进一步发现，古稻遗存集中出土于长江流域，在华南地区，古稻遗存反倒较少，年代也明显偏晚，且经过后期的 DNA 等生物技术的分析，进一步证实水稻更可能起源于长江流域。野生稻最早在长江中下游地区驯化为粳稻，之后与黍、杏、桃等作物一起随着史前的交通路线由商人和农民传到印度，通过与野生稻的杂交在恒河流域转变为籼稻，最后再传回中国南方（Molina and Purugganan，2011；公婷婷，2017）。

（三）稻作的分期

以稻作农具的种类、数量、石农具的制作工艺耕作方式、耕作技术的发展变化为主要依据，对原始稻作农业进行分期及其阶段可以划分为早、中、晚三期，以及火耕，耜耕产生，耜耕初步发展、发展晚期，耜耕兼犁耕萌芽、产生、初步发展等不同发展阶段（吴诗池，1998）。

火耕阶段（12000～10000 年前）：火耕是最原始的耕作方式，指先民们在选择可种植水稻的荒地，砍倒烧光树木杂草，不经翻土，即用尖木棒插穴播种，播种后，不灌溉(只依靠天然雨水)、中耕即等待收成。湖南澄县玉蟾岩遗址出土的打制而成的砍砸器等砍伐具及稻丛、稻壳标本，为火耕阶段时间提供了实物证据(刘志一，1996)。

耜耕产生阶段(10000～8000 年前)：耜耕是较火耕进步的耕作方式，指先民们选好可种植水稻的荒地，砍倒树木杂草，经烧光后又进一步用耒、耜等农具先行翻土，再行点播的一种耕作方式。先民们在火耕发展的 2000 年内，在实践中不断积累经验，在距今 10000 年左右，开始发展耙耕方式，在湖南新晃姑召溪遗址出土打制而成的石锄、石耙、有肩石耜等翻土用的农具及江西万年仙人洞下层出土用于翻土的蚌耜，为耜耕萌芽、产生的标志(吴诗池，1998)。

早期耜耕阶段发现石、蚌农具，中期后又历经 2500 年的发展，稻作农业已步入耜耕初步发展和发展阶段。在耜耕初步发展阶段(8000～7000 年前)，石农具以磨制石器居多，打制石器仍占一定比例。翻土垦荒用的石耜已趋定型化。耜耕发展阶段(7000～5500 年前)石农具已绝大多数磨制而成，石耜出现穿孔，石斧有肩，石锛有段，且造型规整或较规整。耕作技术方面也有显著提高，如在田间管理方面发明了人工灌溉法等。耜耕晚期(5500～4000 年前)稻作农业已发展至耜耕兼犁耕阶段。犁耕的发明与生产技术的提高和生产规模的扩大有密切关系。犁耕指人力犁耕，由人力拉石耜发展到人力拉木犁或木石合体犁(即由木犁身与石犁头构成)翻土，然后再点播的耕作方式(吴诗池，1998)。

耜耕兼犁耕的萌芽阶段(5500～4500 年前)发现新的掘土工具石镢，且石农具几乎全为磨制而成，造型更规整，多棱角分明，其中石耜的数量增多，且多穿孔，这一阶段耜耕已进入发达时期并进入犁耕的萌芽阶段。

耜耕兼犁耕产生和初步发展阶段(4500～4000 年前)，石农具的制作工艺与前阶段比虽没有多大变化，但出现犁耕翻土的石犁头和中耕除草的"耘田器"，表明这一时期不仅产生犁耕且在某些地区已得到初步发展。此外，这一阶段人们已学会人工灌溉(较多见打深井利用泉水进行人工灌溉)和中耕技术等田间管理。原始稻作晚期，人们已采用了牛踩耕方式，即用牛在水田中往复踩踏的一种耕种方式。生活在原始稻作晚期(5000～4000 年前)的先民饲养牛，除供食用外，也兼用于耕地。从原始稻作农业的分期中，可以发现中国稻作农业为延续发展，尤其是长江中游地区几乎没有缺失环节(吴诗池，1998)。

二、稻谷文化

现代人类祖先智人，原本在森林里过着狩猎采集的生活，依赖自然界现成的动植物资源生活，随着人口繁衍增加，人们活动半径里，狩猎采集的资源相应减少，原始人开始迈出第一步——试行用播种、收获植物的种子，代替采集的生活方式，在这个反复尝试甄别的过程中，谷物以其产量高、营养优等特点，取代根茎类的芋薯等而获得首选，从此改变了全人类的生活走向，即走向发展农业生产这个方向，至今这个方向也未改变。

当人们在森林中选取一部分的树木焚烧，空出一块裸露的土地，便开始了首次播种，经过几个月的生长，开花结果，终于有了收获。在这个漫长的"刀耕火种"的经历中，人们逐渐摸索出一套规律，即单一的播种比较难有保障，容易因病虫害、杂草等的竞争而失败，颗粒无收。但是，把多种植物的种子混合播种在一起，既可以抑制杂草，减少病虫害，又可以先后分次收藏各种作物的种子。这种早期的混种制，在中国云南少数民族地区还有残存，称之为"杂粮-根栽型"，其种植的杂粮有粟、旱稻、稗、鸡爪粟、南瓜、高粱、玉米、荞麦及豆类等(其中高粱和玉米是后来引进的作物)，根茎类有芋、木薯等。这种多样作物混播的原始耕作制是原始农业发展的共性阶段，并非中国独有。

杂粮-根栽型期的稻种，还是水、旱稻未分化的稻种，水稻是人们脱离"杂粮-根栽型"的火烧地农耕以后进入沼泽地发展起来的，这也是水稻起源的学说之一(游修龄和曾雄生，2010)。

(一)稻文化与米食

稻文化，源远流长。历代传颂的《三字经》写道："稻粱菽，麦黍稷，此六谷，人所食"。《三字经》的寥寥数语，两句十二字，言简意明，内涵丰富而高深。其中历史最为悠久和现阶段我们也一直保持的就是常见米食文化。

1. 饭

米饭中的"饭"具有非常深厚的稻米文化。甲骨文里还没有饭字，只有食字，食是个象形的放置熟食的器皿。饭最初的含义指一切煮熟的谷物和豆类，如稻、粟、藜、麦、菰、稗、菽等。古代黄河流域栽培的都是糯稻，因糯米特别耐饥，所以古代的部队行军时，士兵随身携带的干粮都是煮熟晒干的糯米饭，吃时只需加水冲泡，专称"糒"。

汉代出现石磨以后，小麦、大豆等可以磨粉加工食用，逐渐不在用作饭食。尤其是素有中国文化中心的黄河流域，南方楚越之地更是典型的以稻米为主粮的地区。南北朝以后，南方水稻开发速度加快，唐宋以后稻米饭食已占绝对优势。此时，饭的含义也逐步指以稻米为主的食物，稻文化对饭食的影响也越来越明显。

由"饭"派生出来的词非常多，如"饭糗"，指炒熟的米，类似糒；"饭囊""饭袋"，指只会吃饭不会做事的人；"饭头"指寺院中掌管饭食的和尚；"饭局"指宴会，聚餐；"饭庄"指规模大的饭馆等(游修龄和曾雄生，2010)。

2. 粥

粥主要指一杯米加过量的水煮熟的饭。粥因含水量多，又经过长时间烧煮，特别容易消化吸收，有利于老年人、婴儿和患者的进食。因此，粥与饭一样，有着丰富的稻文化内涵。粥在文字起源上可以追溯到甲骨文时期。甲骨文中有个"鬲"字，属三足鼎类的烧煮器皿。后面出现粥下加鬲的鬻，表示在鬲中煮粥，音义和粥相似。粥的烹煮时间比米饭长，含水量比米饭多，因此其营养、消化等特性均有差异。由于粥在烹饪过程中需要的米较少，因此在遇到荒年歉收时常用来救济灾民和节约用米，同时也是经济条件较困难的人的一种长年进食方式。粥的种类因原料而异，单纯的米粥，可以是粳米粥、籼米粥和糯米粥三大类。早在南宋，著名诗人陆游就曾作《食粥》一诗，把食粥与神仙相比，诗中写道："世人个个学长年，不悟长年在目前，我得宛邱平易法，只将食粥致神仙。"历代古籍中更有不少粥的专著，比较有名的如《食粥谱》，其中载灵药粥方100例。中医认为，药粥以粥为主，可根据个人的身体情况加入不同的中药材或既是食物又是药物的各种动植物，长期服用以达到一定的疗效或养生目的(文君，2004)。煮饭时把多余的饭水捞出来当饮料喝，称为"饮",最初的饮指米汤,后来延伸为泛指一切的饮用液体,包括清水在内。

3. 米粉/米线

汉代石磨发明后,人们学会将稻米磨成粉,并在随后的发展中逐步学会制作米粉。最初米粉的用途大多作为搽面部和身体的化妆品使用,后来逐步发展为食用。南北朝是中国水稻发展的转折点,此后,中国人口的流动总趋向是自北而南为主,加上南方本身人口的不断增加,导致南方水稻栽培不断扩大,稻米产量迅速增长,促进了稻米的加工,以及食用方式的多样化。当北方以米粉作化妆品用时,南方本来就是以米粉作食用。南北朝以米粉作化妆品的风气在唐宋以后趋向衰落,南方的食用米粉则进一步发展,取得压倒性的优势。随着时间的推移,米线在各地竞争发展,产生了很多具有当地特色的米粉类别,如云南米线、湖南米粉、桂林米粉等。著名的米线品种,有县志可查的,大约起源于元朝或明朝,至少有四五百年以上的历史(游修龄和曾雄生,2010)。

4. 从年糕到糕点

稻米最早的加工食品是年糕,为年终庆祝稻米丰收,加工制作,用来过年的食品。"年"字在汉朝的《说文》里,作"禾"下从"千"为"秊"。但在甲骨文里,"年"字是"禾"下从"人"为"秂",象征稻禾丰收后,人们背着禾把回家的喜悦心情。只有这样理解年,才更能体会年糕的喜悦意义(周肇基,1998)。最早的年糕必用糯米做,后来也有用粳米做的。年糕加工有两种方法,一种是先磨米成粉,将米粉蒸熟后,倒入石臼里,用圆木棍反复舂捣,直至成了黏糊的大块,然后用手工分为小块,加压力做成长方形的年糕。或者直接把糯米蒸熟后,将热气腾腾的米饭倒入石臼里捣成黏糊状的大块,再分成小块做年糕。朝鲜、韩国称打糕,日本称镜饼,中国南方称糍粑。

年糕原本是祭祀的一种敬神和祖宗的祭品,祭祀完成后,才分给参祭的人吃。古代一年四季祭祀的节日甚多,所以可吃的年糕也甚多。在这个过程中,年糕已经不局限于一种形式,而是不断加以变化,所以产生了与节目相配的糕点,如元宵吃汤圆,清明吃清明饼,端午吃粽子,中秋吃月饼,重阳吃重阳糕。随着人们生活水平提高,糕点的种类越来越多,除了以糯米为主料外,粳米、籼米也可以作原料,从而变化出各式各样、琳琅满目、令人眼花缭乱的糕点。

5. 米食文化的时节性与多样性

在近万年的水稻耕作与收获过程中,人们逐渐掌握了自然季节的规律,在不同的季节食用相应的米食,与之相应的是不同的节日食俗(表 1-1)。春节期间最为隆重且欢乐的时刻便是吃"团年饭"。《礼记·乐记》载:"酒食者,所以合欢也。"(赵荣光和谢定源,2000)春节时饭食丰盛,且重视"口彩",如把年糕称为"年年高",吃年糕寄予了一年比一年兴旺的愿望。元宵节之夜是一年中第一个月圆之夜。元宵节食元宵既有祭祀先人之意,也体现了中国老百姓期盼"但愿人长久"的心境。同治年间湖南《巴陵县志》云:"元夜作汤圆,即呼食元宵,圆元语同,又有完了意。"这直接表达了人们在食汤圆时寄予了圆满之意。

到了农历五月初五便是端午节。"五月家家过端阳,盐蛋粽子与雄黄。"《本草纲目》

里记载："古人以菰叶裹黍米煮成……今俗,五月五日以为节物,或言为祭屈原,作此投江,以伺蛟龙。"时至今日,人们更习惯用粽叶包裹带豆沙、蜜枣等馅料的糯米,折叠粽叶并压实馅料,煮制而成熟粽子。重阳节时,为庆祝秋粮丰收,人们制作重阳糕,喜尝新粮,表达对丰收的喜悦之情。到了冬至节和送灶节时,岁已寒冬,人们爱煮上一碗热腾腾的粥,食之驱走严寒,流传下来,也成了节日食俗。冬至也是中国的一个传统节日。在以大米为主食的我国南方则有食用米粥、年糕等米制品的习俗。荆楚地区人们在这天会吃"赤豆粥"并以之为一种有特殊禳疫功用的节令食品,希望食用后可以驱避疫鬼,防灾祛病。在广东增城,每年冬至民间均"作糍以祀祖先"。云南楚雄地区,民间户户则皆以"食糯饼饭饵"为贺节之乐事(高洁等,2015)。

表 1-1　不同时节的稻米食俗(高洁等,2015)

时间	节日名称	稻米食品	活动	传说	寓意
农历正月初一	春节	年糕	祭祖、吃年糕	纪念伍子胥	年年高,幸福安康
农历正月十五	元宵节	汤圆	看灯展、吃元宵	楚昭王喜之	合家团圆,幸福美满
农历五月初五	端午节	粽子	赛龙舟、挂蒿草、吃粽子	纪念屈原	缅怀刚正气节
农历九月初九	重阳节	重阳糕	登高、赏菊、饮酒	恒景除瘟疫	孝敬老人,长寿健康
阳历十二月二十一	冬至节	赤豆粥	祭祖、喝赤豆粥	驱鬼逐疫	养生保健,嫉恶扬善
农历十二月初八	送灶节	腊八粥	祭祖、喝腊八粥	纪念释迦牟尼	养生保健,返璞归真

农历十二月初八是我国传统的腊八节。从先秦起,在腊八节人们都会祭祀祖先和神灵,祈求丰收和吉祥。相传佛教创始人释迦牟尼也在这天悟道成佛,因而当日也为"佛成道节"。这天我国人民喜吃腊八粥。在清朝,皇帝这天要向文武大臣赐腊八粥,并向寺院发放米、果等供僧侣食用(汪鹤年,1996)。在民间,家家户户也要做腊八粥,合家团聚在一起食用,还要馈赠亲朋好友。长久的历史积淀,造就了我国丰富多彩的节日食俗,体现了中华民族追求幸福、崇尚自然的淳朴民风。在这些节日里有着特定的节日米食,在食用的同时,遥想古人的传说,缅怀先祖,正是在这样的过程中,这些优秀的中国文化精髓得以传承。

(二)稻文化与酒文化

甲骨文里已经有酒和醴两个字,甲骨文的酒字作"酉",是盛酒的器皿的象形;甲骨文的"醴"字作"豊",指在"豊"(一种盛器)的上面加丰富的装饰,用于祭祀,酉加豊成醴,是声形和意义并重的词汇。酒与醴的区别在于,酒的糖度低,酒度高,酿造时间较长;醴则是糖度高,酒度低,酿造时间较短。从酒的起源看,当是先有醴,后有酒。只因酒的酒精含量高于醴,对人的精神刺激兴奋作用远大于醴,因而越往后,酒的地位越来越高,消费量越来越大,醴慢慢退出酒的领地,转向后世"甜米酒"之类的食物(游修龄,1994;游修龄和曾雄生,2010)。

中国酒文化中主要包含的酒为黄酒和白酒两大类,黄酒主要用糯米(也可用黍米、粳米等,但质量不如糯米)酿造,历史上黄酒为主要的消费酒类,其酒精度在8～20度之间;白酒则是在黄酒的基础上发展起来的，酒精含量高，其酒精度在35度以上，最高能超过60度。

黄酒的酿造原料是糯米，因而糯稻在历史上的栽培面积相当可观。如北魏的《齐民要术》水稻篇，记载了当时黄河流域栽培的24个水稻品种，其中粳稻13个，糯稻11个，糯和粳两种稻谷近乎平分秋色，糯稻主要用来酿酒。后期虽然糯稻的种植面积有所降低，但是在我国一直保持较高的种植普遍性和重要性，间接地证明黄酒生产量和消费量的巨大。

第二节　稻谷的生产、消费与贸易

一、稻谷的生产

当今世界上共有14万左右水稻品种，几乎在各个地方均有种植，最北从俄罗斯到最南的阿根廷，在温湿地区的印度以及半干旱地带的奥地利等地，均有稻谷栽培的历史。在高寒地区、低热沙漠地带和亚沼泽地带水稻也可以生长。据联合国粮食及农业组织（Food and Agriculture Organization，FAO）统计资料（2016）显示，全世界五大洲122个国家种植和生产水稻，常年种植面积1.59亿 hm^2，稻谷总产量7.4亿 t左右，种植面积和产量在世界主要粮食作物中均排第三位。全球共有70多个国家年产稻谷在10万 t以上。从地理分布来看，约90.8%的种植面积集中在亚洲，此外美洲约占5.2%，非洲约占3.3%，欧洲和大洋洲均有少量种植，见图1-1。

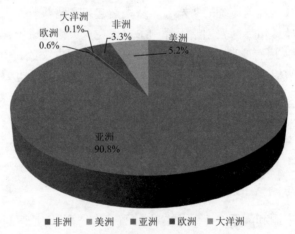

图 1-1　世界稻谷种植面积分布图

从全球稻谷生产情况来看，1961～2016年，世界稻谷收获总面积总体上呈现为明显增加的趋势（图1-2）。2013年，世界稻谷收获总面积达到最高水平，为16453万 hm^2，占全球谷物年收获总面积的22.8%。从稻谷总产量变化状况来看，1961～2016年，世界稻谷总产量总体上均呈现持续增长的变化态势。1961年世界稻谷总产量为21567万 t，2016年世界稻谷总产量为74096万 t，是1961年的3.4倍（图1-2）。由此可见，稻谷在世界粮食谷物生产中占据着十分重要的地位。

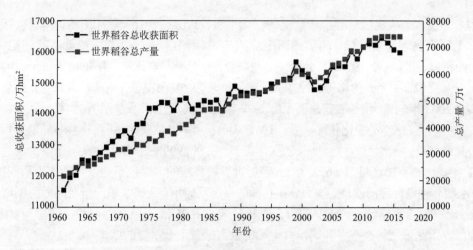

图 1-2　1961~2016 年世界稻谷总收获面积及总产量

数据来源：联合国粮食及农业组织统计司（Food and Agriculture Organization of the United National Statistics Division；
· 1961~2016)

随着育种技术和种植技术的不断发展，稻谷的单位面积产量逐步提高，但不同国家地区的单产及总产面积仍有较大差距。据统计，2016 年全球十大水稻生产国分别是中国、印度、印度尼西亚、孟加拉国、越南、泰国、缅甸、菲律宾、巴西和日本。其中中国是世界上水稻总产量最高的国家，约占全球稻谷总产量的 28.49%；印度则是水稻种植面积最大的国家，占全球水稻总面积的 29% 左右，见表 1-2。

表 1-2　2016 年全球稻谷总产量前 10 国家排名表

排名	国家	产量/kt	占比/%
	全球	740961	100
1	中国	211091	28.49
2	印度	158757	21.43
3	印度尼西亚	77298	10.43
4	孟加拉国	52590	7.10
5	越南	43437	5.86
6	泰国	25673	3.46
7	缅甸	25268	3.41
8	菲律宾	17626	2.38
9	巴西	10622	1.43
10	日本	8044	1.09

数据来源：联合国粮食及农业组织统计司

中国作为水稻的发源地，稻谷产量和种植面积分别居世界第一和第二。稻米是我国第一大粮食产品，在稻米、小麦、玉米和薯类等主要粮食产品中，我国 65% 以上的人口以稻米为主食。从我国稻谷生产情况的变化来看，1961～2016 年，我国稻谷收获总面积总体上呈现先增加后降低，然后逐渐平稳的趋势（图 1-3）。1961～1977 年，我国稻谷总收获面积显著增加，在 1977 年，我国稻谷收获总面积达到最高水平，为 3696 万 hm²。1978～2016 年，受供求关系及价格等多因素的影响，我国总收获面积呈先下降后逐渐平稳的趋势，尤其在 2003 年，我国稻谷收获总面积由 1977 年的 3696 万 hm² 减少至 2678 万 hm²，减少约27.5%。从稻谷总产量变化状况来看，1961～2016 年，虽然我国总收获面积降低，但我国稻谷总产量总体上均呈现持续增长的变化态势，仅在 1999～2003 年存在一个降低的过程。1961 年我国稻谷总产量为 5622 万 t，经过世界矮秆稻的"绿色革命"、"杂交水稻"技术及"水稻品种设计定向改良"技术等在我国的发展及应用，我国水稻产量及品质急剧增加，2016 年我国稻谷总产量达 21109 万 t，是 1961 年的 3.75 倍（图 1-3），解决了我国粮食不足的问题。由此可见，稻谷在我国粮食生产中也占据着十分重要的地位。

图 1-3　1961～2016 年中国稻谷总收获面积及总产量
数据来源：联合国粮食及农业组织统计司 (1961～2016)

　　根据我国各地自然生态条件(热量、水分、光照、海拔、土壤等)、社会经济条件(行政区划、人口、土地、基本生产条件等)和水稻种植特点(稻田种植制度、品种类型、耕作方式、栽培技术等)，将我国的水稻种植区划分为 6 个稻作区。这 6 个稻作区包括：华南双季稻稻作区，位于南岭以南，我国最南部，包括闽、粤、桂、滇的南部以及台湾省、海南省和南海诸岛全部；华中单双季稻稻作区，东起东海之滨，西至成都平原西缘，南接南岭，北毗秦岭、淮河，包括苏、沪、浙、皖、赣、湘、鄂、川 8 省(市)的全部或大部和陕、豫两省南部，是我国最大的稻作区；西南高原单双季稻稻作区，地处云贵和青藏高原，黔东湘西高原；华北单季稻稻作区，位于秦岭、淮河以北，长城以南，关中平原以东，包括京、津、冀、鲁、豫和晋、陕、苏、皖的部分地区；东北早熟单季稻稻作区，位于辽东半岛和长城以北，大兴安岭以东，包括两省全部和辽宁大部及内蒙古东北部；西北干燥区单季稻稻作区，位于大兴安岭以西，长城、祁连山与青藏高原以北，其中银川平原、河套平原、天山南北盆地的边缘地带是主要稻区，其水稻种植面积仅占全国的 0.5%。由此可见，我国水稻在全国大面积种植，是我国非常重要的粮食经济作物。

印度是一个农业大国，稻谷种植面积长期以来居全球首位，1950 年种植面积约 30 万 hm²，到 2008 年增加至 4554 万 hm²。2008 年以来，印度稻谷种植面积逐渐减小，单产小幅上升，总产徘徊不前，出口量逐年减少，粮食形势严峻。印度的单位面积稻谷产量，严重低于世界平均水平。据联合国粮食及农业组织 2016 年最新统计数据显示，印度稻谷的产出量每公顷为 3.69t，相比全球平均水平的每公顷 4.64t 严重偏低。这与印度国内水资源的缺乏、高产量品种农作物种子的缺乏，以及有关农业领域的研究和开发活动的缺乏等有关。目前印度正致力通过发展杂交稻、扩大旱地稻田面积、提高品种抗逆性、增加种植密度、提高投入效率等一系列举措，研究和推广稻谷育种、栽培技术，这些举措将有利于提高印度稻谷产量。

印度尼西亚是传统稻谷栽培大国，自 1994 年以来，其水稻种植面积及产量逐年增加。2016 年，其稻谷种植面积达到 1427 万 hm² 以上。印度尼西亚素有千岛之国之称，其中爪哇岛、苏门答腊岛、加里曼丹岛是稻谷主产区，从 2006 年到 2016 年，印度尼西亚稻谷种植面积增长了 248.88 万 hm²，增加了 21.12%，同时产量也有较大增长。2006 年稻谷产量为 5445 万 t，而 2016 年增至 7730 万 t，由于杂交水稻的逐步推广，印度尼西亚的每公顷稻谷产量近几年逐步提高，达到 5.5t 以上，略高于世界平均水平。2011 年，印度尼西亚使用杂交水稻种总量 7500t，推广面积 50 万 hm²，但仍占全国稻谷种植面积的不到 5.4%，增长潜力将十分巨大，杂交水稻的种植将使印度尼西亚稻谷产量得到提升。

孟加拉国现在是全球第五大稻谷种植国家，2006～2016 年，种植面积每年都有所增加，产量也随之有明显增加，自 4077.3 万 t 增加至 5259.0 万 t，单位面积稻谷产量也明显有所提升，每公顷稻谷产量由 3.86t 增至 4.62t。

越南的稻谷种植面积居于全球第七位，而其稻谷产量居第五位，这是由于其单位面积稻谷产量居于较高水平。2002～2007 年，越南稻谷的种植面积逐年减少，2007～2016 年，稻谷种植面积逐年增加。至 2016 年，越南稻谷种植面积为 778.31hm²，产量约 4343.72 万 t，每公顷稻谷产量达 5.58t。

泰国作为全球最大的大米出口国，现在是世界第六大稻谷栽培国。稻米作为泰国的主食，是泰国的重要产业，全国约 340 万个家庭种植稻谷，占农村人口的 57%。20 世纪，为了促进国内稻谷生产，泰国政府出台了强有力的刺激政策，使泰国的稻谷种植面积从 20 世纪 50 年代的 350 万亩[①]增加到了 80 年代的 590 万亩。2011 年以前，泰国的种植面积逐年增加，但 2011 年以后，泰国的种植面积及产量均出现逐年递减的趋势。2016 年，泰国稻谷总种植面积约为 867.76 万 hm²，稻谷总产量约为 2526.75 万 t，单位面积产量也位于较低行列，2016 年每公顷产出量约 2.91t。据分析，一方面是由于泰国 75% 的稻谷种植是"靠天田"的单季稻，而需要灌溉的双季稻仅占 20% 左右；另一方面，泰国稻谷主要是常规稻品种，高产的杂交稻种植面积较少，也是其单产低于世界平均水平的重要原因。

---

① 1 亩 ≈ 666.67m²

二、稻谷的消费及贸易

(一) 全球稻谷的消费现状

现在全球有一半以上的人口以大米为主食。在亚洲，有 20 亿人从大米及大米制品中摄取 60%～70% 的热量和 20% 的蛋白质。在非洲，大米是增长最快的粮食来源。2008年爆发的世界粮食危机，再度证实了粮食安全对于社会政治经济可持续发展无可替代的作用。

全球稻米消费主要是食用，此外还包括饲料、食品工业原料及其他用途。从近十年大米的消费趋势看，受人口增长、生活水平提高等多因素作用，预计世界大米消费呈现如下特点。

1. 人均消费量继续保持稳定

自 20 世纪 80 年代以来，世界大米人均消费量始终保持在 60～67kg，其中最高的 2001 年达到 66.49kg，最低的 1982 年为 60.43kg。随着世界经济的持续增长，尤其随着以大米为主食的发展中国家居民膳食水平和消费结构的不断提高和优化，势必增加肉、蛋、奶等其他食品的消费，但由于以大米为主食的亚洲和非洲国家人口增长率高于世界平均水平，因此，世界人均大米消费量保持稳定的可能性较大。

2. 消费总量将持续增加

2009～2010 年全球消费总量约 4.54 亿 t，超过全球供给量 4.51 亿 t，造成 2010 年稻谷供求出现紧张。若 2020 年世界人口数达 78.5 亿，按人均大米消费 60kg 测算，则总消费量将达到 4.71 亿 t，比 2008 年的 4.28 亿 t 增加 0.43 亿 t，增幅 10.05%。据联合国粮食及农业组织统计，2008 年世界大米消费量为 43462 万 t，比 1960 年增加了 27848 万 t，增幅为 178.4%，年均增幅为 3.7%。

3. 消费增量增速放缓

1960～2000 年间每十年世界大米消费量的年均增长率分别为 3.44%、2.87%、2.72%、1.45%，增长率呈下降趋势，2000～2008 年，世界大米消费的年均增长率仅为 1.31%，比 20 世纪 60 年代下降了 2.13 个百分点。

(二) 稻谷主要消费国的消费情况

稻谷主要的消费国也主要集中在亚洲，据美国农业部 (Department of Agriculture) 统计，近年来世界稻谷消费量排名前五的国家分别为中国、印度、印度尼西亚、越南和菲律宾，排名与主要生产国的排名基本一致，前四个国家稻谷的消费总量占世界稻谷消费总量的 63% 左右。

印度是世界上稻谷种植面积最大的国家，其稻谷产量位居世界第二，该国稻谷消费量同样位居世界第二，仅次于中国。大米是印度中南部地区最主要的食用粮食，在 2006年至 2008 年三年期间，印度平均每年的稻谷消费量为 9043 万 t，而且近年来呈逐年上升趋势。

印度尼西亚是世界第四大人口国，现有人口 2.3 亿多，且均以稻米为主食，人均年消费量约 150kg，每年国内生产稻谷不能自足，近年来平均每年需要进口大米 200 万 t 左右，是世界最大的稻米进口国。2006～2008 年期间稻谷消费量有小幅增长趋势，平均消费量约 3640 万 t。

越南国内对稻谷的消费近年来较稳定，总量在 1900 万 t 左右。近年来，为了增加外汇创汇额，越南政府鼓励出口大米，加大了大米出口量，2012 年大米出口量接近泰国。但是为了保障国家粮食安全和国内供给，未来几年内出口总体数量将维持稳定。

泰国是全球最大的大米出口国，大米的出口规模常年为 1000 万 t 左右。然而，在 2012 年，泰国香米价格的居高不下，加之受到邻国大米出口量增加的影响，其大米出口水平下滑至 650 万 t，不及印度，首次失去全球最大大米出口国地位。

（三）中国稻谷的消费构成及区域性

我国稻谷的生产和消费占世界的 30% 以上，是世界第一大稻谷生产国和消费国。近十年来我国稻谷消费总量历年波动幅度较小，稻谷消费总量基本在 1.8 亿 t 左右。消费结构上，我国粮食的消费主要由口粮消费、饲料消费、工业消费以及种子和损耗等几个方面构成。随着人们生活水平的提高，近三十年来我国粮食消费需求结构发生了较大变化，居民口粮消费需求不断下降，饲料用粮消费逐步上升，工业用粮快速增长，粮食消费需求呈现新的变化特征。国家粮油信息中心的统计数据显示，2009/2010 年度我国稻谷口粮消费量基本稳定，约为 15600 万 t，占稻谷消费总量的 86.1%，饲料消费量和工业消费分别约占稻谷消费总量的 7% 和 5.5%，稻谷种用量只有 119 万 t，仅占稻谷消费总量的 0.7%，年度内稻谷总消费量约为 18119 万 t，比上年略有上升。

我国稻谷用于口粮消费的比例一直保持在 80% 以上，稻谷口粮消费量一直稳定在 1.6 亿 t 左右，总体波动较小。在稻谷消费构成中，波动幅度较大的是饲料用粮，其消费量由 1994/1995 年度的 1103 万 t 增加到 2003/2004 年度的近 2000 万 t，后又有所下降。稻谷工业消费主要用于酿酒、制造调味品，消费量一直在 800 万 t 上下波动，在 2006/2007 年度快速增长到 1000 万 t 后，近两年略有下降。从 20 世纪 90 年代初期至今，稻谷种用量从最初的 300 余万 t 缓慢下降到近 100 万 t，这主要是由于水稻育种及栽培技术的不断进步及良种普及率的日趋提高。

从稻米消费种类来看，近年来呈现"粳米增加、籼米下降"的趋势。近年来，随着中国经济和社会的发展，人均收入增长，粳稻的消费人群迅速扩大，传统的小麦粉消费和籼米消费区域的粳米消费量增长明显。国家粮食局历年粮油加工业统计数据显示，加工精度最高的特等大米占大米产品总量的比例一路上升到 2007 年达到最高点 36.33%，随后逐年下降，到 2009 年下降到 28.07%，近年来首次低于 30%，表明人们对于大米的消费观念正在转变中，对于高精度大米的需求在降低。今后随着社会的进步，经济的发展，人们对于大米的消费需求将进一步升级，从目前追求大米的外观品质、加工品质，逐步转向追求大米蒸煮食味品质以及营养品质。

从消费区域上来看，我国南、北方居民食物消费结构之间存在很大的差异，传统上形成了南方地区以稻米为主，北方地区以面食为主，东北、西北及山区主食粗细搭配多样性强的地域消费格局。但是由于经济社会的发展，这种情况发生了一些变化，同时不同省份的稻谷口粮消费水平也有很大不同。

此外，我国稻谷的消费还存在城乡差异。我国国民经济发展呈现城乡二元结构特征，也决定了稻谷口粮消费的城乡二元结构。一般来说，城镇居民往往拥有远高于农村居民的收入，动物性食品和副食消费高于农村居民，而口粮消费则要低于农村居民。近年来，我国城乡居民人均口粮消费以及口粮消费总量下降趋势明显，但粮食消费仍以口粮消费为主，口粮消费占粮食消费的比例一直在50%以上。稻谷口粮消费量在口粮消费中占有极其重要的地位，占口粮总消费量的比例超过60%。目前，我国城镇居民每年大米食用量基本稳定在 50kg/人，而农村居民大米食用消费量则持续下降，城乡居民大米食用量的差距有所缩小，但农村居民大米食用量一直高于城镇居民大米消费量20kg以上（林亲录，2014）。

（四）稻米的贸易

1. 全球稻米市场

全球稻米市场主要由亚洲、美洲和非洲的市场组成。亚洲是世界稻米贸易的最大市场，进出口量均居世界首位。亚洲每年稻米出口量占世界出口总量的70%以上，主要出口国家为中国、泰国、越南、印度、巴基斯坦等；每年稻米出口量达500万t以上。主要进口国有伊朗、印度尼西亚、伊拉克、菲律宾等。泰国、越南、巴基斯坦等国的稻米生产量不大，但出口量却占有很大的市场份额。非洲经济滞后，其稻米需求量却高，所以需要进口大量稻米，主要进口国有塞内加尔、科特迪瓦、加纳、南非和尼日利亚等，他们是我国中、低档稻米的主要销售市场。美洲有一定量的稻米进口，但占世界份额不大，而且有美国这个主要稻米输出国，需要进口稻米的是墨西哥、古巴、巴西等国。其中，古巴和巴西是我国首选要考虑的稻米开拓市场。中国、日本、韩国和东南亚国家联盟（简称东盟）国家稻谷总产量占世界总产量的60%左右，占世界贸易量的50%左右，在全球稻米市场中占有举足轻重的地位。我国从东盟进口稻米占国内稻米总进口额的90%以上，1998年以后，比例高达98%；印度尼西亚、新加坡、菲律宾和马来西亚的稻米进口比较多，但主要是从东盟内部进口，从中国进口却很少。日本、韩国非常重视国内稻米生产，大力推行稻米国内自给政策，从国际市场上进口稻米数量很少，还不足其国内生产量的 1%。这部分进口也未进入其国内市场。因此，中国需不断提高国内的稻米质量，扩大在这些国家的市场占有率。

1) 市场类型

全球稻米市场因品种和米质不同而分为四种类型：①特种稻米市场，包括糯米、蒸谷米、富硒米和其他功能特用米等，占3%~5%。糯米主要供应地是泰国，在泰国东北部及老挝、柬埔寨的部分地区，居民多以糯米为主食；我国也具备一定的糯米市场消费需求和生产供应。蒸谷米的主要生产国和出口国是泰国和巴基斯坦，在孟加拉国、斯里兰卡、印度、巴基斯坦、尼日利亚和西非的一些国家有相当部分人喜欢食用蒸谷米。②优质粳米市场，占12%~15%。主要供应国为美国、中国、澳大利亚和意大利等，主要进口国是日本、韩国等。③长粒型优质籼米市场，占 50%～55%。主要供应国为泰国、美国、巴基斯坦和澳大利亚等，主要消费区域为西欧、中东、加勒比海以及新加坡、中国香港等国家和地区。④中低质量的籼米市场，占 30%～35%。主要供应国为泰国、中国、越南和印度等，主要进口国有印度尼西亚、菲律宾、孟加拉国、伊朗、伊拉克、尼日利亚和科特迪瓦等。目前及以后相当长的时期内，国际优质粳米市场潜力大于优质籼米市场，优质籼米发展潜力大于中低质量籼米市场。中国、美国和澳大利亚将是优质粳米市场的三个主要出口竞争对手。

2) 价格

国际谷物理事会(International Grains Council，IGC)发布的最新报告显示，作为超过全球半数人口的主食，2016 年全球稻米产量增加至 4.82 亿吨，稻米产量持续攀升，全球粮价却已经从 2011 年的历史最高纪录持续下跌。预计 2017 年以后，大米价格会以每年1%的速度下跌。分析认为，由于 2008 年全球米价上涨幅度很大，乌拉圭、叙利亚等国感到本国粮食安全受到威胁，开始大量种植水稻，缅甸、柬埔寨等稻米生产国也觉得有利可图，加大了种植面积，从而导致全球稻米产量保持在高位。在稻米产量提高的同时，稻米储备量也在持续上升。根据联合国粮食及农业组织提供的数据，从 2012 年到 2013年，全球粮食储备已经上升了 7%，达到 1.71 亿 t。在 2010～2013 年，泰国的稻米库存几乎翻了一番。泰国政府为了兑现选举时所做的承诺，开始施行稻米保护价政策，普通白米最低保护价是 1.5 万泰铢/t(约合 500 美元/t)，优质茉莉香米为 2 万泰铢/t。这一政策鼓励了更多农民种植水稻，使泰国大米的价格上升，也提高了潜在的大米产量。但大米保护价政策的实施也导致泰国出口米价上涨，在国际市场上失去竞争力。2012 年，泰国首次失去了世界头号大米出口国的地位，落后于印度和越南。联合国的数据显示，2012年，越南的破碎率 5%大米的价格下降了 9.4%，达到 404 美元/t。2013 年 12 月，大米平均出口价格为 457 美元/t，略低于 2012 年同期的 458 美元/t，但是比 2013 年 11 月的价格高出 3%。目前印度破碎率 5%大米报价为 415～425 美元/t，比巴基斯坦同等规格的大米价格高出 25 美元/t。印度破碎率 25%大米报价为 375～385 美元/t，比巴基斯坦同等规格的大米价格高出 35 美元/t。印度蒸谷米价格为 405～415 美元/t，比巴基斯坦蒸谷米价格低了 15 美元/t。

2. 全球稻米贸易

全球稻米贸易总体上呈上升趋势。1990 年以前，全球稻米贸易量占稻米产量的比例一般不超过 4.0%，比小麦贸易量(占生产的 20%左右)和粗粮的贸易量(占产量的 10%～12%)要少得多。然而，随着贸易自由化进程的加速，农产品的贸易列入了乌拉圭回合谈判的管辖范围，近年来稻米的贸易量有较大幅度的增长，全球大米出口量已从 1991 年的1300 多万 t(占产量的 3.6%)，增加到 1998 年的 2000 万 t 左右(占产量的 5.2%)。2001/2002年度全球大米贸易量为 2480 万 t，2005/2006 年度为 2610 万 t。随后的几年内全球大米进出口量均有明显增长，但进入 2008 年，因国际大米市场价格大幅上涨的影响，稻米贸易量将会有较小幅度的下降，由 2007/2008 年度的 3200t 下降到 2900t，2009/2010 年又上升到 3030t。全球稻米出口国主要在亚洲，由表 1-3 可知，2011 年，泰国是最大的稻米出口国，占世界出口额的 25%～27%。其次为越南、美国、印度和巴基斯坦，这五个国家的稻米出口额约占世界出口额的 77%。我国居第六位，年均出口额 3.5 亿美元，占世界总出口额的 4%左右。全球十大稻米出口国分别为泰国、越南、印度、美国、巴基斯坦、中国、埃及、乌拉圭、柬埔寨、阿根廷，前五个国家的大米出口量超过了世界总量的 80%。由此可见，全球稻米出口贸易相对集中。而全球稻米进口贸易则相对分散，进口国主要是亚洲和非洲的发展中国家，拉美和欧盟的稻米进口也占有一定份额。稻米进口额居前十位的国家是沙特阿拉伯、菲律宾、伊朗、日本、英国、法国、美国、塞内加尔、南非和巴西，这十个国家稻米进口额约占世界进口总额的 40.9%。最近一段时期，全球稻米贸易出现了一些新变化。国际市场粮食价格在进入 2008 年之后快速上升，其中稻米的市场价格大幅上涨，创 19 年来新高，引发了世界性的担忧。据 FAO 发布的世界粮食状况报告，塞托利昂、科特迪瓦、塞内加尔、喀麦隆等国的米价狂涨，以稻米为主的粮荒肆虐非洲，一些非洲国家和印度尼西亚、菲律宾、海地等国由于粮价飞涨和粮食供应短缺而爆发骚乱，全球有 37 个国家面临粮食危机。在主要稻米出口国，如泰国、越南、印度等均受全球大米价格上涨的影响而限制稻米出口，引起全球稻米供应下滑，稻米供需平衡和贸易格局被打破。但时至 2013/2014 年，亚洲稻米主产国普遍增产，导致供求平衡再一次被打破，贸易格局有可能受到一定程度的冲击。

表 1-3　2012 年世界大米贸易量排行榜（万 t）

	排名	国家	贸易量
出口量	1（3）	印度	1025（2.2 倍）
	2（2）	越南	772（10%）
	3（1）	泰国	695（*35%）
	4（4）	巴基斯坦	340（0%）
	5（5）	美国	333（2%）
进口量	1（2）	尼日利亚	340（33%）
	2（18）	中国	290（5 倍）
	3（1）	印度尼西亚	196（*37%）
	4（3）	伊朗	170（*9%）
	5（6）	菲律宾	150（25%）

数据来源：美国农业部；

注：括号内为同比增长率，*表示负增长

1）趋势

a. 稻米贸易变动趋势

全球稻米贸易额与稻米的消费和生产量相比，所占比例均较小。1960 年，全球稻米进口量只有 590 万 t，占全球消费量的 4.1%。2007 年，全球稻米进口量增长到 2700 万 t，占消费量的 6.5%，增加了 2.4 个百分点，到 2010 年全球稻米进口量 3000 万 t，比 20 世纪 90 年代中期增加了约 700 万 t。廖永松等（2009）采用 WATERSIM 模型基准方案预测，未来全球稻米贸易量将逐年增长，预计每 10 年增加 1000 万 t 左右。全球稻米进出口量将由 2010 年的 3000 万 t 增长到 2020 年的 4000 万 t 和 2030 年的 5000 万 t。泰国和越南是目前世界上的稻米出口大国，共同占有全球稻米出口量的一半。泰国的出口量有可能从 2008 年的 800 万 t 增长到 2020 年的 1400 万 t，水稻单产和播种面积都会大幅度增长。到 2026 年，泰国将有可能取代印度成为全球最大稻米出口国。越南出口增长会小一些，预计能从 2008 年的 530 万 t 增长到 2020 年的 1000 万 t。水稻播种面积的增长潜力较小。从 1990 年起，印度逐渐成为主要的稻米出口国。但受生产波动和库存的影响，出口量不是很稳定，预计 2020 年出口能够达到 800 万 t。美国是世界第四稻米出口国。2008 年出口量 330 万 t，预计 2020 年将达到 450 万 t，主要占据西半球市场。巴基斯坦是第五大出口国，2014 年出口 400 万 t，预计 2026 年将有 500 万 t 的出口规模。近 10 年巴基斯坦的水稻播种面积大幅增长，但受水资源短缺的影响以及国内消费增加，其出口能力受到很大限制。受播种面积的影响，中国的稻米出口增长幅度不会太大。但在中国的东北地区，稻米的品质改善后，中国的稻米出口有可能保持在 300 万～500 万 t 的水平。全球稻米进口地区比较分散。亚洲的印度尼西亚、菲律宾和孟加拉国将成为全球重要的稻米进口国。撒哈拉以南非洲和中东地区，由于人口大量增长，对稻米的需求将会有很大的增加，其中伊拉克和沙特阿拉伯将是该地区稻米的主要进口国家。中美洲和地中海地区在未来会增加稻米进口。欧洲将是一个主要的稻米进口地区，但增长速度很慢，消费增长主要由移民增加引起。北美地区的进口将有所增长。

b. 稻米价格和库存变动趋势

稻米价格变动与全球稻米库存状况紧密相关。廖永松等 (2009) 详细分析了至 1960 年以来全球稻米价格与库存及消费量之间的关系，结果表明，1971～1974 年及 2006～2008 年两个时间段格外引人瞩目。其间全球稻米价格经历前一阶段低迷后突然暴涨，引起全球性的极大恐慌。全球稻米价格与稻米库存消费比存在明显的反向关系。1961 年末，全球稻米年终库存约 1000 万 t，库存消费比只有 6.7%。经过 10 年的增长变化后，1973 年全球库存为 2900 万 t，库存消费比增至 11.3%，要高于前十几年。所以从全球稻米库存消费比看，1973 年全球性的稻米价格高涨原因主要就不在供求层面。除了气候因素影响供给外，一些国家采取了如提高出口税、出口管制、进口粮食发放补贴或减税以增加国内库存。补贴消费价格以保护其国内市场等措施放大了稻米价格上涨的压力。但最根本的原因是美元大幅度贬值。1971 年，由于美国黄金储备减少，美元固定汇率体系受到冲击而降低，造成 20 世纪 70 年代美元对其他货币的大幅度贬值。20 世纪 70 年代末期，美元贬值幅度达 30%。自 1975 年后，世界各国增加了稻谷生产，扩大了产量，补充了库存。1978 年末稻米库存消费比首次超过了 18% 的警戒线。全球稻米库存达 4500 万 t，并在此后的 20 年时间里保持快速增长。到 2001 年，全球稻米库存达 1.47 亿 t 的历史最高水平。稻米库存消费比达 37.1% 的历史最高纪录 (相当于全球 4 个多月的稻米消费量)。正是 20 多年来全球充足的稻米库存，从 20 世纪 90 年代中期开始，一些国家开始调减水稻播种面积，全球稻米库存消费比在 2005 年末或 2006 年初下降到了历史的新低点，仅占 17.9%，这是自 1978 年以来的最低点，进而引发了 2006～2008 年全球性的价格上涨。在这段时期，主要的稻米出口国如越南、印度和中国都相继宣布了出口限制措施，以保护其国内消费者。这些措施无疑增加了国际稻米价格的波动。与 20 世纪 70 年代一样，美元的大幅度贬值起到了推波助澜的作用。

2006～2008 年全球性的稻米价格变化有一些新特点：①1990 年以来，全球水稻单产增速下降，总产增速减缓。在这一时期，全球水稻单产年均增长率低于 1%，低于全球年均人口增长率。而 1970～1990 年，全球水稻单产增长率高于 2%。造成水稻单产增长速度乏力的一个重要原因是近年来用于水稻研究的公共投资不足。1990 年后全球灌溉投资处于停滞态势，很多灌溉设施都处于老化失修状态。②持续低迷的水稻价格使很多国家政府放松了对水稻种植的重视。③石油价格上涨，稻米运输成本上升。很多国家的通货膨胀压力，加大了价格上涨预期。生产水稻的肥料如尿素等价格也大幅上涨。④对全球气候变化的担心促进了生物质能源的投资，特别在发达国家将玉米转化为乙醇或将油菜籽用于柴油生产。这无疑增加了国际粮食市场贸易、化肥价格上行和农业用地的压力。在近三年全球性稻米价格上涨时，很多机构都预测稻米价格不可能降低到历史最低水平。主要是预期石油价格不会有太多下降，还有更为频繁的极端气候以及生物质能源需求增加等众多因素。但是从更长的时间段来分析全球稻米价格变化，世界稻米价格虽然经历 2006～2008 年的高速增长。但增长势头不会长久持续下去，特别是受到美国金融危机和全球经济衰退的影响。实际情况是，金融危机后国际大米价格暴跌，泰国 100%B 级大米价格由危机时最高点的每吨近千美元下跌到 2010 年 7 月的 465.8 美元/t，跌幅过半。2010 年 8 月，国际大米价格开始反弹，并持续温和上涨，到 12 月涨至 563.8 美元/t，月均上涨 3.9%，涨速低于小麦和玉米。尽管经历了连续 5 个月的上涨，2010 年 12 月国际大米价格仍远低于粮食危机时的水平，仅为危机时最高价格的 58.6%。进入 2013 年，国际稻米价格在经过几个月的稳定期之后，9 月大幅下滑，原因是新收成即将上市且需要腾出仓储空间。价格下跌也受到了泰国高价格政策的执行力度放松的推动，这造成泰国出口价格大幅下滑，也对竞争对手的价格形成了压力。中国的进口量很可能保持高水平，尤其是在国内与国际价格差距加大的情况下。在出口国中，2017 年印度的出口量将缩减，但在这两年中仍将保持最大稻米出口国的地位。对国际价格走低的预期可能抑制巴基斯坦、美国和越南的出口量。这些缺口将部分为泰国所填补，该国近期出口价格下滑有助于使其获得竞争优势。

2）全球主要稻米国贸易政策

a. 泰国

近年来泰国政府转变了过去以维持国内粮食低价的政策，把提高农民收入，促进农产品出口及推动农业部门持续发展作为粮食政策的主要方针。在稻谷方面的主要政策有稻谷抵押制度。稻谷抵押制度是政府稳定市场价格的一项重要措施，主要向农民提供粮食流通方面的贷款，如粮食加工、储藏、销售方面的贷款等。其目的在于防止农产品收成时农民急于卖粮，被迫压价出售所造成的损失。其中的典当稻谷可以在市场涨价时由农户购回出售。这项措施非常好地保护了农民的利益，很值得其他国家借鉴。

泰国 50%以上的稻米出口属于私人贸易，出口商只需按一定比例低价卖给政府一部分粮食即可。近年来政府考虑到稻米市场竞争加剧，为鼓励私营米商扩大出口开拓国际市场，同时保证泰国中低等级稻米出口的竞争力，政府为出口的中低等级稻米提供补贴，并向私人稻米出口商提供稻米储存和改良米质的费用补贴，另外还拨出专门优惠贷款给稻米出口商。在出口市场方面，政府明确表示不与个体私营米商争夺出口市场。政府签订的销米合同属于政府之间的贸易，还鼓励农民提高稻谷质量。近年来，泰国在中低等级稻米出口市场上遇到来自越南等国的价格挑战，在这种形势下政府决定今后稻谷生产的战略重点是提高质量。目前，国际消费趋势普遍看中稻米质量，尤其是即将开放稻米市场的日本消费者对稻米质量十分挑剔。只有稻谷满足国际市场的需求才能使稻农获得更多的利润。政府将调整有关政策提高稻谷产量及质量，包括向稻农传授水稻种植技术，在粮食收购价格上拉开等级差距，这表明政府对提高稻米质量的态度。

随着国际稻米危机，全球米价上涨，泰国、巴基斯坦和美国是仅有的几个没有实施贸易限制的主要稻米出口国。泰国的稻米在出口的同时，肯定会优先照顾本国国民。泰国稻谷部门的主管表示，在现在米价这么高的情况下，国家已经不需要补贴农民了。不过虽然政府没有补贴，但是一直都有为种米的农民提供按揭贷款，并且设置最低的收购价格。如果政府给的价钱太低，农民可以不卖给政府，自己拿到市场上去卖。此外，泰国也有 3600 多个农业合作社，农民参加后比自己散卖稻米能多出 200～300 铢/t。

b. 印度

在独立后的前 30 年，印度依然是实行世界上最严格的内向型发展战略的国家。真正意义上的贸易自由化改革是从 1991/1992 年度开始的，因为当时印度面临着严重的国际收支危机，改革已经迫在眉睫。第一阶段的贸易政策改革是从 1991 年到 1995 年，主要是取消了几乎所有产品的出口补贴，以及大部分中间品和资本品的进口数量限制；进口关税水平有所下降；受出口限制的产品的税号在 1994 年底减少到了 24%（按照 6 位税目定义，大概有 3373 个税号）。这一阶段的改革在一定程度上仅限于中间品和资本品，而对消费品包括所有的农产品，依然通过进口数量限制措施实行最严格的保护。直到 1995 年 WTO《农业协定》中市场准入承诺开始执行时，印度的农产品贸易政策才有所改变。按照市场准入规则的要求，所有 WTO 成员方必须把其所有的农产品非关税壁垒转换成关税措施（即关税化），然后进行关税削减。发达成员方的农产品关税水平经过 6 年要平均削减 36%，发展中成员国要经过 10 年时间平均削减 24%。另外，那些在关税和贸易总协定（General Agreement on Tariffs and Trade, GATT）框架下没有进行关税约束的 WTO 成员方，可以允许自主选择关税约束水平。除了少数产品外，印度的农产品进口关税也未在 GATT 框架下进行约束。因此，印度最后选择把关税约束在较高的水平上，目的在于可以为将来的多边贸易谈判留出足够的可削减空间。针对不同农产品，印度所实施的贸易政策改革措施也不尽相同。粮食的进出口政策主要受到国内市场供求状况的影响。在实行改革之前，政府对这些产品的进出口实行了限制性的贸易政策。即便是在 1994 年多数对谷物贸易的限制被取消之后，上述产品的贸易仍然在一定程度上受到政府的管制。例如，小麦和稻米的进口要通过特定渠道代理商即印度食品公司（Food Corporation of India, FCI）进行，稻米（无论是印度大米 basmati 还是非印度大米 non-basmati）的出口都要按照最低出口价格（minimum export price, MEP）和印度农产品与加工食品出口发展局的规定进行。印度在 1994 年 10 月废除了所有种类对稻米的出口管制，取而代之的是关税约束。粗粮的进口除了受到国际收支平衡因素的限制外，还要受到特定渠道即印度食品公司和一般准许进口的限制。相反，其出口可以根据最低出口价格、数量上限、注册配置登记书和印度农产品与加工食品出口发展局规定的配额自由进行。

c. 美国

美国农产品的 1/4 需要出口到国际市场，因此，美国农业政策目标的核心是农业支持与保护。美国的农业补贴和扶持的力度非常大，对农产品价格和农民收入实施保护，以避免和抑制由于农产品的全面过剩而可能导致的农业危机，保障农业的健康发展。1999～2002 年期间，美国稻谷的总产值为 40 亿美元，但美国政府对稻谷的补贴却高达58 亿美元。仅在 2002 年内，美国政府对稻谷行业的贷款为 6.99 亿美元，直接支付 7.29亿美元，收成保险 1500 万美元，出口信贷 8400 万美元。美国的稻谷种植面积由 2000年的 300 万英亩①增加到 2002 年的 320 万英亩，每英亩单产由 229.2 英担②增加到 268.9英担。与此同时，美国又积极倡导和参加乌拉圭回合谈判，要求他国削减农业补贴，实现农产品贸易自由化。虽然由于生产成本较高使美国稻米国际价格竞争力处于劣势，但是美国会继续加强对农业的补贴，并充分利用 WTO 的有关规则，加强与其他国家的农产品贸易谈判，以获得更多的稻米市场配额。

d. 日本

在世界主要发达国家中，日本市场的封闭性相对较强，市场保护严重，成为各国普遍认为的难以打入的市场之一，对水稻尤其严加保护。保护措施一是配额管理和高关税。对进口的数量限制曾是日本保护本国农业市场的主要手段。日本在 1995 年签订了乌拉圭回合的协议后，逐步开放国内市场进口稻米。在此以前，日本对国内水稻生产采取"高价政策"，用于保护粮食安全和农民的利益。1993 年底日本稻米的市场零售价甚至达 600日元/kg，远超世界市场同类价格。目前日本进行的是最低进口准入制度，最低进口量不得少于国内稻米需求的 3%～6%，允许超配额进口，但超配额进口关税为大米 351 日元/kg，仍然属于高水平。根据乌拉圭关贸协定，日本的最低准入从 1995/1996 年度的 38 万 t 增加到 2000/2001 年度的 75.8 万 t。超配额进口关税 1999/2000 年度定在 352 日元，是1998/1999 年度从美国进口稻米价格的 5 倍，到目前为止，实际没有配额外进口。日本稻田面积和产量都在下降，这是政府实施稻田改制项目的结果。二是进口检疫。日本的动植物检疫制度和卫生防疫制度成为阻碍外国农产品进入日本市场的另一重要手段。农产品进入日本，首先要由农林水产省下属的动物检疫所和植物防疫所从动植物病虫害的角度进行检疫。同时，由于农产品中很大部分用作食品，在接受动植物检疫之后还要对具有食品性质的农产品从人体健康的角度进行卫生防疫检查。对于一些重点限制农产品，日本还特别实行具有针对性的复杂检验手续。日本严格的检疫、防疫措施大大增加了进口成本，成为阻碍外国农产品进入本国市场的一种有效而较为隐蔽的手段。三是控制进口稻米流通渠道。日本把进口米分成配额和一般进口两部分。政府以竞标方式选择把进口额度批给出价最高的进口商，既控制总量，又提高价格。同时，进口米投放市场时，

---

① 1 英亩 ≈ 4046.86m²；

② 1 英担 ≈ 50.80kg

政府要加国内批发价，使进口稻米价格大幅度上升。四是限制进口米进入日本家庭。进口米量大时，就大批转用于对外援助。对控制范围内的进口米，主要出售给饲养业、食品加工厂或大型饭店、食堂做米饭类加工食品用。

e. 中国

中国的粮食贸易一直以来只是起平衡国内供求、调剂生产余缺的作用。在大多数情况下，粮食对外贸易是要服从政治利益，粮食对外贸易计划是在生产年度之前内部确定的。对外贸易通常能够稳定国内的供求关系，但是，中国以前所实行的粮食对外贸易在有些年份里却加剧了国内包括稻米在内的谷物供求和价格波动。由于体制不顺和审批程序冗长等原因，中国粮食外贸对国内供求的调节能力还很有限，对国际市场变化的适应能力也不强。突出的表现是逆向调节和反应滞后，放大了国内市场的波动。中国学术界普遍知道并予以批评的一个事实是，粮食国内贸易与对外贸易处于一种分割状态，粮食的进出口并没有随着国内粮食生产与消费的变化而相应调整，出现了国内粮食供给相对平衡的时候却大量进口，国内粮食减产供应紧张的时候又大量出口的怪现象。1993 年和 1994 年我国稻米产量处于低谷阶段，分别只有 1.78 亿 t 和 1.76 亿 t，而在这两年我国稻米出口量却是 20 世纪 90 年代以来最多的。这些问题的存在，都值得国内专家学者的研究和反思。

在加入 WTO 前，中国对稻米出口采取了补贴措施，按照国际贸易的理论，补贴是一种不公平的竞争，这也是世界大国普遍都会采取的措施。每 100 美元农产品产值中政府的补贴，美国为 20~30 美元，欧盟为 40~50 美元，日本为 50~60 美元，瑞士和挪威高达 80~90 美元。发达国家对农业的补贴每年高达 3500 多亿美元，大量的农业补贴，刺激了农业生产的发展。中国的补贴来源于各个进出口公司所属的同级财政，例如，中国粮油食品进出口总公司的出口补贴由中央财政支付，而各个省属进出口公司的出口补贴则由所在省财政支付。每个省的补贴标准并不相同，并且经常发生变化。例如，1999 年和 2000 年，安徽省籼米出口补贴为 120 元/t，到 2001 年省政府同意增至 180 元/t。这些出口补贴并没有被农民所得到，而是补贴给了出口企业。中国补贴稻米出口，当然是为了鼓励出口商增加出口，但并不构成倾销，因为稻米的出口价比成本高。

作为加入 WTO 的条件，中国政府承诺：在 2004 年前取消全部的出口补贴，包括价格补贴、实物补贴，以及发展中国家可以享受的对出口产品加工、仓储、运输的补贴。稻米是中国国家重点管理的 11 种出口商品之一（其他 10 种是玉米、煤炭、原油、成品油、锌、钨、锑、锡、锯材、蚕丝类）。中国政府同意：不再增加并将减少扭曲贸易的国内补贴。多年来，中国对稻米出口一直实行配额管理制度。自 2002 年 1 月 1 日起，中国有多种农产品不再实行出口配额管理，但对重点农产品仍然实行出口配额管理，稻米是首当其冲的。另外，从加入 WTO 之日起取消非关税措施并削减关税。中国农产品长期依赖的进口许可证、进口数量限制、限量登记等非关税措施将被禁用或转化为等值关税。另外对稻米产品实行关税配额管理（tariff rate quota，TRQ），即对配额内的进口征收 1% 的低关税，而对超过配额的进口征收 65%~74% 的高关税。

自加入 WTO 之日到 2004 年底是中国的过渡期，过渡期内实行进口关税配额数量管理。按照中国承诺的内容，2002 年，稻米的关税配额是 399 万 t，其中粳米和籼米各占

50%；到 2004 年，稻米关税配额增加到 532 万 t，粳米和籼米仍然各占 50%。中国方面还承诺，在粳米进口中，国有企业和非国有企业分得的关税配额各占 50%；籼米进口中，国有企业占 90%，非国有企业占 10%。另外就是说，关税配额只是理论上的市场准入机会，并不是一定要履行的实际，需要明确的是，根据《乌拉圭回合农业协议》的规定：现行市场准入机会，应定义为在基期内允许进口的数量，是否进口则没有强制性。无论是出口补贴、进出口关税还是配额，都要根据国际形势灵活变化。

现在，学术界和政府部门对农业政策调整的思路已经取得一致，就是要"用足绿箱政策（对农产品贸易没有产生影响或仅产生微小扭曲的补贴），用好黄箱政策（对农产品的直接价格干预和补贴）"。中国政府已经而且还将继续采取一些政策措施，鼓励和支持稻米优质化，提高稻米的质量、效益和出口竞争力。黄箱政策包括 1996～1998 年中国特定农产品价差补贴年均为 252 亿元，其中，稻米价差补贴最高，为 132.09 亿元（粳米为 93.4 亿元、籼米为 38.69 亿元）。这与美国、欧盟、日本等发达国家和地区对农业的巨额价格补贴，以及阿根廷、巴西等发展中国家对农业的支持，形成明显的反差。这种情况说明，中国在农产品价格支持方面还有不小的空间。中国的农业补贴应多致力于提高中国稻米生产的现代化程度，投入到科技种植，培育良种上，建立多个优质的稻米生产带。另外提高优质稻米的收购价，增加农民种植优质稻的积极性，并进一步深化税费改革，切实减轻农民负担。

f. 印度尼西亚

印度尼西亚采取新政策管制稻米进口。一是实行季节性关税。实行季节性关税是减少大米进口，间接保护当地农民利益的最佳办法。印度尼西亚政府将在丰收季节实行高关税，并在旱季降低关税。印度尼西亚在 2013 年 1 月调高了进口大米的关税，尼日利亚大米进口量将减少 21%，为 260 万 t。二是进口检疫。现在的进口大米可以通过任意一个港口进入印度尼西亚。根据检疫规定，进口大米将只能通过一些指定的港口进入印度尼西亚。在这些港口，进口大米将接受检疫，以确保"食品安全"。三是进口稻米新标准。为了保护农民利益不受大量涌入的廉价大米的损害，印度尼西亚政府制订并公布了进口大米的质量标准。为防止进口大米压低本地生产的大米价格，政府只允许进口商进口高质量的大米。尽管政府对进口大米征收了进口税，但泰国和其他亚洲国家的廉价大米仍大量涌入印度尼西亚，使印度尼西亚市场上的大米价格猛跌。政府希望通过限制进口大米进入市场来抬高国产大米价格。四是实行大米进口配额制度。印度尼西亚人人都可以自由进口大米的制度，导致大米的技术性走私严重。如果实行了配额制度，所有进口商在进口大米之前，都需要先支付进口关税，可以防止进口商低报进口大米数量，防止漏税，管理进口。

g. 越南

越南稻米贸易政策主要包括出口配额和价格控制两个方面。①出口配额。不考虑技术进步，越南的稻米出口最重要的政策措施将是政府坚持其稻米自给自足的经济政策，保证国家有足够的稻谷商品供给，政府继续控制稻米出口。为避免食物短缺，政府特定年份也采取各种措施控制稻米出口贸易。在过去，措施规定最低的出口价格和配置最低可供出口贸易的稻米数量，政府通过两家国有企业（Vinafood Ⅰ 和 Vinafood Ⅱ）进一步限制稻谷出口贸易。这两家企业担负国家80%的稻米出口贸易任务。在过去几年里，政府常常运用出口配额来控制稻米出口贸易。贸易都一年确定两次配额，两大国有企业把出口配额分配到农村各部门。②价格控制。在稻米贸易出口方面，政府还确立了另一个经济目标，就是控制通货膨胀。1995年越南通货膨胀率曾达到14%，食物成本提高了20%。由于越南是以稻米作为主食的国家，特别是在稻米生产地区，增加农民稻米供给，可以缓解通货膨胀的压力。

3. 国内稻米贸易

1）进出口贸易现状

如图1-4所示，2001~2013年，我国累计出口大米1393万t。在此期间，我国大米出口呈现先增后减的趋势，2003年是出口大米最多的一年，达到259万t，占当年世界大米出口贸易量的8.63%左右，但随后一年大米出口快速下降，受2003年我国稻谷大幅减产影响，当年大米出口量大幅度滑坡，降至88万t，比上年减少171万t，减幅高达66.0%；此后的2006年、2007年我国大米出口又有所增长，但2008年开始又出现连续4年减少，2012年我国大米出口量仅为28万t，至2013年稍增至47.8万t。2001~2013年，我国大米进口呈现出逐年递增的趋势，在此期间，累计进口大米940万t。2004年之前，与出口量相比，我国大米进口量很少，从2011年开始这种趋势发生变化，2012年进口236.9万t，同比增加296.2%，2013年进口227.1万t，同比减少4.1%。

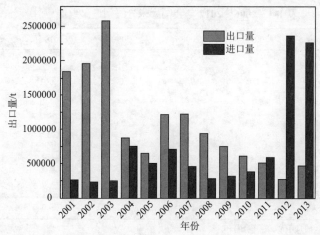

图1-4 2001~2013年我国稻米进出口量（数据来源：中国统计年鉴）

从以上分析可知，2012年以来我国稻米国际贸易呈现出两大特点。第一，进口大幅增加。主要原因是越南等国的稻米价格远低于国内。第二，进口来源结构发生变化。越南取代泰国成为我国第一大稻米进口来源国，巴基斯坦紧随其后，泰国则跌落至第三位。实际上，越南等国稻米价格远低于国内只是2012/2013年度稻米大幅进口的直接原因，背后的因素则是东南亚稻米出口国政策的调整。泰国实施稻谷典押政策，抬高了该国大米的出口价格。泰国大米价格上涨后，我国稻米进口企业纷纷转向价格较为便宜的越南大米。越南大米色泽较亮，卖相较好，但口感较硬，因此很少直接销售。部分加工企业购买越南大米作配米掺入国产大米，或者制成米粉掺入国产米粉中，添加比例一般为 5% 左右，但也有可能达到 35%。

2) 进出口国家和地区

我国稻米的出口目标国和地区主要是非洲和不发达国家，出口稻米更多属于援助性质。与泰国、美国、越南等世界上主要的稻米出口国相比，我国稻米出口乏力，有国内市场稻米价格偏高、品质较差的因素，也有稻米出口贸易体制不够灵活等因素。近年来，我国东北稻米向日本、韩国的出口有扩大的趋势，而出口到印度尼西亚、菲律宾、马来西亚等国家的稻米数量大幅度下降。据统计，2006 年我国出口量在 10 万 t 以上的目的国家(或地区)有科特迪瓦(21.58 万 t)、利比里亚(16.96 万 t)、俄罗斯(14.85 万 t)、韩国(14.02 万 t)、波多黎各(10.13 万 t)等。

我国稻米进口来源国家和地区比较单一，主要是泰国。前几年，从泰国进口的稻米占我国稻米总进口的比例一直在 99% 以上，主要是进口香米等高质量稻米，以满足国内高收入阶层的需要。近几年来，越南和缅甸稻米的进口量增长幅度较大。

表 1-4 列出了 2006～2012 年间中国稻米进口的主要国家，可以发现最主要的进口来源国为越南和泰国。长期以来，泰国是世界上最大的水稻生产国和出口国，2009～2011 年，中国进口稻米主要来自泰国，2009 年中国从泰国进口的稻米数量为 31.69 万 t，占中国稻米总进口量的 93.88%，2012 年中国从泰国进口稻米只有 17.54 万 t。自 2009 年以来，中国自越南进口的稻米不断上升，从 2009 年的 0.29 万 t 上升到 2012 年的 154.51 万 t。

表 1-4　2006～2012 年我国大米分国别进口数量(万 t)

国家	2006 年	2007 年	2008 年	2009 年	2010 年	2011 年	2012 年
泰国	67.9	43.87	22.24	31.69	29.91	32.56	17.54
越南	3.6	2.65	0.054	0.29	5.61	23.38	154.51
美国	0.00	0.011	—	—	—	—	—
缅甸	0.024	0.03	0.11	0.017	—	—	—
老挝	—	—	—	—	0.68	—	—
巴基斯坦	—	—	—	—	—	0.87	57.96
其他	0.376	0.89	6.546	0.503	2.80	3.19	6.89
总计	71.90	47.05	28.95	32.50	39.00	60.00	236.90

数据来源：国家粮油信息中心、中国统计年鉴

3) 稻米进口快速增长原因及对策

历史上，中国一直是世界上最大的水稻生产国和消费国。除了个别年份由恶劣天气导致农作物歉收外，中国始终是水稻净出口国，多余的水稻被运往亚洲和非洲。根据美国农业部的数据，1998 年，中国是世界第四大的大米出口，出口量占全球市场的 14%。然而在过去三年里，中国变成了大米净进口国，积极从越南、巴基斯坦和缅甸等国进口大米，不得不从本质上对该现象进行分析。

a. 国内大米市场需求仍然旺盛

我国稻谷总产从 2003 年的 16230 万 t 增加到 2016 年的 21109 万 t，创历史新高，实

现了连续第 13 年增产，国内稻米库存充裕。但随着我国人口的刚性增长、北方地区"面改米"消费人群的增加以及居民对稻米工业产品需求的增长，大米口粮消费和工业消费持续增加，供需总体上仍然呈现紧平衡。国家粮油信息中心统计数据显示，2018 年度我国稻谷国内消费总量约 19500 万 t，比上年同一时期增加 30 万 t。从这个角度分析，国内大米市场需求特别是工业需求仍然旺盛，成为我国大米进口特别是籼米进口快速增加的内在动力。

b. 进口大米具备价格优势

随着国内稻米价格的持续上涨和人民币的不断升值，目前国内大米价格水平已显著高于国际大米价格，尤其是与越南、巴基斯坦等国的低端大米价格相比差距较大。较低的价格是越南和巴基斯坦取代泰国大米地位的关键，也是我国大米进口大幅增加的主要原因。据海关数据，我国进口泰国大米成本均价为 930 美元/t，而进口巴基斯坦和越南大米价格分别为 490 美元/t 和 470 美元/t。在进口量最大的 5 月，越南破碎率 5%的大米运抵广东市场的价格为 3300 元/t 左右，15%破碎率的大米价格为 3200 元/t 左右，比当时江西、湖南产的早籼米运抵广东市场价格(3700~3800 元/t)高 400~600 元/t。因此，沿海港口增加了从越南进口大米的数量。

c. 稻谷增产区域失衡

区域失衡表现为新产区集中在东北粳稻区，增产稻谷无法有效供应南方籼米主销区。虽然我国水稻已经实现连续第 13 年增产，但粳稻增产占了很大一部分。特别是近几年，全国水稻增产主要来自东北粳稻，结构性增产特征明显。2011 年，东北的黑龙江、吉林、辽宁三省粳稻总产 3191 万 t，比 2009 年增产 605 万 t，而同期全国水稻仅增产 568 万 t。与粳稻生产相比，2011 年南方的湖南、江西等 13 个籼稻主产省(区、市)稻谷产量 14012 万 t，比 2009 年减产 123 万 t。也就是说，与粳稻相比，籼稻不增反减。据海关数据分析，我国大米进口以广东口岸为主，常年进口量占我国的 80%左右，而广东目前还是以食用籼米为主。在南方籼稻产量没有明显增加甚至出现减少的情况下，籼稻出现供需偏紧，价格持续上涨。在这种形势下，加工企业从越南、巴基斯坦等国家进口低价籼米就成了一种必然选择。

基于对稻米进口快速增长原因的分析，提出以下建议。

a)加强我国稻米产业的保护和调控

在相继发生的粮食危机、金融危机以及近期粮价上涨中，由于关税配额政策的保护，以及对外依存度较低，我国稻米的国内价格保持了相对稳定。随着劳动力、能源和资源价格的提高，我国粮食生产成本快速上升，粮食竞争力趋于下降。2010 年上半年，国内主要粮食品种的价格普遍高于国际水平，进口动力大，粮食生产遭遇大豆困境的可能性在增强。在国际粮食市场波动性、不确定性和风险不断增强的形势下，必须加强对粮食产业的合理保护和调控，避免进口对国内粮食产业的打压，确保在各个阶段保持国内粮食生产和市场的稳定，避免对国际市场形成过度依赖，维护消费者长远利益。考虑到我国农产品市场开放度高，在未来多双边贸易谈判中要特别重视和加强对目前政策空间的保护。

b)加大对低收入人群的补贴力度

由于劳动力成本和物质成本的上涨，我国农产品生产成本快速上升。国家发展和改革委员会成本收益调查数据显示，2004～2009 年，我国粳稻的生产成本由 502 元/亩增加到 803 元/亩，上涨了 60%。要确保稻米产业健康发展，必须在成本上涨的同时保持稻米价格的合理上涨，确保产业发展必需的合理利润。随着生产成本的上升，我国稻米价格进入了一个上升通道，但粮价的上涨将降低低收入人群的生活质量。为确保稻米产业政策的实施，应加大对低收入脆弱人群的补贴力度。建议建立与粮价水平相适应的补贴动态调整机制，在粮食价格涨幅超过一定限度后，将城市低保标准和对城市低保人口的实际补助水平同上个季度的居民消费价格指数特别是食品消费价格指数挂钩。在加强试点、规范管理的基础上，逐步探索将在城市有稳定工作单位的农民工纳入城市最低生活保障范围的可能性。

c) 加强稻谷综合生产能力

目前我国大米进口规模占总消费量的比例不到 0.5%，但是，在国内大米市场供需基本平衡的前提下，国外低价大米对国内稻米市场、稻农增收、产业发展等方面的冲击仍然不容忽视，国内水稻生产应在创历史的高起点上，进一步加大投入，加强新品种、新技术的研发和推广，继续提高我国稻谷综合生产能力，增加国内稻米供给。

(1) 加大对农业基础设施建设的投入。农业基础设施是稻米产量和品质稳定的基础性条件。加强农业基础设施建设有助于提高稻米生产的抗灾害能力，缓解靠天吃饭的局面。尽管中国用于农业基本建设的支出自改革开放以来有了大幅度增长，但历年的增长速度远低于财政收入的增长速度。中国农业基础设施建设面临投资总量长期不足、结构不合理的问题。投资集中在大江大河的治理，直接用于改善农业生产条件和农民生活条件的基础设施的比例偏小。这与美国、加拿大和欧盟等发达国家和地区对农业的支持相比相去甚远。

(2) 加大对农业科技研究的投入。农业科技进步与创新是农业经济增长的原动力，是提高稻米产量和品质的首要因素，要坚持科教兴农。现代农业是建立在高新技术基础上的，要坚持把科技进步和提高劳动力素质作为加速农业发展的首要推动力。中国加入世界贸易组织后，要充分利用农业中的有利政策，加大对农业科技研究的投入，优化大米的品种，提高稻米的产量和抗灾害能力，才能面对耕地面积减少、土壤质量下降、人们对稻米品质的要求越来越高等一系列问题。只有提高农业科技水平，中国稻米才能够在未来的国际稻米市场中占有一席之地，获取更为丰厚的利润。

(3) 加大对农村教育的投入。加大对农村教育的投入，提高农民的文化素质，培养他们的市场意识和国际化眼光。目前农民素质整体水平不高，不能很好地将科技知识运用于农业生产实践中。化肥、农药使用过度就是一个典型的例子。这不仅提高了稻米的生产成本，也为稻米出口设置了障碍。由于多边贸易体制允许各成员方出于人类动植物健康安全原因采取相应的措施，而各成员方并没有统一的农产品技术标准，这为一些国家打着保护人类动植物安全的旗号而实施违背贸易自由化的做法提供了"保护伞"。目前中国稻米化肥、农药和添加剂等残留量超标，或是不符合稻米进口国的相关标准阻止了稻米扩大出口。随着国际市场绿色食品的门槛越来越高，稻米出口过程中的绿色屏障也越来越多，特别是发达国家对进口稻米检验项目之多、检验条件之苛刻，超出人们的想象。例如，日本对进口稻米的检验包括农残、重金属含量等共达 123 个项目。面对这些壁垒，只有农民素质提高了，注意到这些问题的存在，才能在稻米生产、储藏、运输等环节采取措施，做好准备。当然政府也应建立完善的农产品贸易信息数据库，与国际信息连接，为农民提供准确的国内外市场信息和相关国家的农产品贸易政策、法规及宏观指导。

第三节 稻谷分类及其特点

一、稻谷的籽粒结构及营养特点

稻谷籽粒由稻壳、米糠层、胚和胚乳等部分构成，呈椭圆形或长椭圆形。稻壳包括内外颖和护颖。谷壳由上皮层、纤维组织、薄壁组织和下皮层组成，其主要成分是粗纤维和硅质，结构坚硬，能防止虫霉侵蚀和机械损伤，对稻粒起到一定的保护作用。

稻谷脱去稻壳即糙米，糙米由果皮、种皮、珠心层（又称外胚乳）、糊粉层、胚乳和胚组成（图 1-5）。果皮的最外一层是表皮，其内依次为中果皮、横细胞和管细胞。种皮和果皮紧密相连，是由子房的珠被发育而来，稻粒成熟时，其细胞已坏死成为一层极薄的膜状组织，内含色素，使米粒形成各种不同的颜色。外胚乳是黏结在种皮下的一层薄膜，它是来自子房珠心组织的表皮，与种皮很难区别，所以也有将两者合成为种皮的。糊粉层由糊粉细胞组成，两侧面各一层，腹面一层或两层，背面有5～6层。糊粉细胞是小型的近似立方体的细胞，内含蛋白质的糊粉粒、脂肪和酶等，不含淀粉粒。紧连着糊粉层内侧的还含有一层称亚糊粉层，内含蛋白质、脂肪和少量的淀粉粒。胚乳在亚糊粉层之内，胚乳组织细胞中充满淀粉粒，稻米淀粉呈多角形，有明显的棱角。胚是幼苗的原始体，位于米粒腹面的基部，呈椭圆形，表面起皱褶，稍内陷，仅中部隆起。胚由胚芽、胚茎、胚根和吸收层等部分组成。吸收层与胚乳相连接，种子发芽时分泌酶，分解胚乳中的物质供给胚养分。糙米经过加工后的白米，主要是胚乳，被除去的部分则是包括胚在内的外层组织，如果皮、种皮和糊粉层，即米糠（蒋爱民和赵丽芹，2007）。

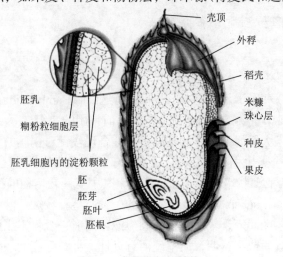

图 1-5 稻谷的籽粒结构

稻谷中粗纤维及灰分主要分布在皮层(即米糠)中,全部淀粉和大部分的蛋白质则分布在胚乳中,维生素、脂肪和部分蛋白质则分布在糊粉层和米胚中。一般稻谷脱壳得到的是糙米,糙米碾去糠层得到大米,因此,谷壳中主要含有纤维和灰分,米糠中含有一定量的蛋白质及大量的脂肪和维生素,大米中主要含有淀粉和蛋白质,因此,加工精度越高,营养损失越大。大米各部分营养成分见表1-5。

表1-5 大米各部分营养成分

结构名称	占籽粒比例/%	主要营养成分
胚乳	66~70	淀粉、少量蛋白质
米胚	2.0~3.5	脂肪、蛋白质、维生素、矿物质
糊粉层	1.2~1.5	蛋白质、矿物质、维生素
米糠层	4~6	膳食纤维、脂肪、蛋白质、维生素、矿物质

稻谷脱壳后的大米中碳水化合物含量高,占75%以上,主要是淀粉,其中直链淀粉占15%~27%,支链淀粉占73%~85%,是人体能量的主要来源。

大米中蛋白质含量在4%~11%,以谷蛋白为主,其次是米胶蛋白和球蛋白,含有丰富的必需氨基酸,赖氨酸含量高,氨基酸组成合理,其蛋白质的生物价和氨基酸的构成比例都比小麦、大麦、小米及玉米等禾谷类作物高,易于被人体消化吸收,消化率为66.8%~83.1%,同时为低敏性蛋白质,非常适合儿童食用。

大米中脂肪含量较低,占1%~2%。主要集中在米糠中,其脂肪中所含有的亚油酸含量较高,一般占全部脂肪的34%,所以食用米糠油具有较好的生理功能。大米还含有丰富的维生素及磷、钙、铁、镁等矿物元素。

二、稻谷的分类

(一)根据粒形和粒质分布分类

1. 粳稻

1)概述

稻属(*Oryza* L.)隶属于禾本科(Gramineae)稻亚科(Bambusoideae)稻族(Oryzeae.)下的一个属,为禾本科中重要的植物类群。稻属目前常用的3组7系24种的分类系统,是植物分类学者在前人大量研究工作的基础上,综合现代针对稻属的研究成果建立的,由2个栽培稻种和20个野生稻种组成,广泛分布于热带和亚热带地区(卢宝荣等,2001)。2个栽培稻种分别为亚洲栽培稻和非洲栽培稻,其中亚洲栽培稻的种植遍及全球。

粳稻(*Oryza sativa* subsp. *japonica*),稻的一种,茎秆较矮,叶子较宽,深绿色,米粒短而粗。粳稻籽粒阔而短,较厚,呈椭圆形或卵圆形,米粒丰满肥厚,横断面近于圆形,颜色蜡白,呈透明或半透明,质地硬而有韧性。籽粒强度大,耐压性能好,在加工过程中不易产生碎米,出米率较高,米饭溶胀性较小。

粳稻较适于高纬度或者低纬度的高海拔种植,在世界稻谷生产中所占的比例不大,但在一些国家，特别是东亚的几个国家，如日本、韩国、朝鲜和中国，尤其是中国的北方地区却具有举足轻重的地位，这些国家和地区的主食基本都依靠粳米。近年来，随着常规粳稻品种单产水平的显著提高，在我国粳稻种植面积有所增加，全国粳稻种植面积已近 866.7 万 hm^2，年产量约 5500 万 t，占全国水稻种植面积的 27%、总产量的 30%（李霞辉等，2009），主要分布于东北粳稻生产区、华北粳稻生产区、西北粳稻生产区、长江中下游粳稻生产区和西南云贵高原高纬度粳稻生产区，其中，以黑龙江、吉林、辽宁为主的东北地区和以江苏、安徽、浙江为主的长江中下游地区为主要产区，产量占全国粳稻产量的 85%以上。通常把东北、内蒙古、华北、西北等北方地区种植的粳稻称为北粳，其余地区（主要是长江中下游地区）种植的粳稻称南粳。

近十几年来，由于市场、政策等多方面的原因，中国粳稻种植面积和产量稳定增长。2004 年，粳稻种植面积为 650 万 hm^2，产量为 4960 万 t，至 2010 年，粳稻种植面积为 850 万 hm^2，产量为 6200 万 t。但是从全国水稻生产发展形势来看，南方的粳稻发展短期内改种水稻的可能性较小，华北和西北又因水资源限制不可能再大幅度扩大粳稻种植面积，江苏的粳稻发展也已接近极限。因此，靠继续扩大种植面积来增加粳稻总产量的发展空间已很有限，增加粳稻总产量的主要途径应是依靠科技进步提高单产。

粳稻的消费与其生产区域比较吻合，主要集中在北方。近年来，随着我国地区之间物流、信息流以及饮食文化的传播加快，特别是随着人口流动的逐渐频繁，居民的饮食习惯也在悄然发生变化，使得粳稻的消费区域结构趋向模糊，逐渐向面粉消费区域和籼米消费区域渗透。自 20 世纪 90 年代以来，我国粳稻米加工业发展较快，商品米品质逐步提高，主要得益于加工技术的不断提高以及加工设备的配套升级。然而，目前粳米仍然主要用于直接食用，产业链较短，加工综合利用方向局限性较大，目前其精深加工主要有如下两个方向：①即食方便米粉、方便饭、方便粥等方便食品，目前在日本、韩国等国家比较盛行；②米质营养早餐食品，主要有米果、米丸、米片等冲调型早餐以及大米饮料等。

2) 粳稻稻米的品质

a. 粳稻稻米品质特性

稻米品质是稻谷作为商品在流通过程中必须具有的基本特征。在不同的流通领域，对稻米的品质要求是不同的。例如，高蛋白含量是优质饲用稻的标准，低直链淀粉含量是优质酿酒稻的标准，而生产米粉干则需要高直链淀粉含量的稻米。就优质食用稻而言，优质的标准是一个综合性状，一般包括外观品质、碾米品质、蒸煮品质和营养品质四个方面。《食用稻品种品质》（NY/T 593—2002）根据粳稻的整精米率、垩白度、透明度、直链淀粉含量和质量分数将粳稻品质分为五级，如表 1-6 所示。

表 1-6　粳稻品种品质等级

等级	整精米率/%	垩白度/%	透明度/级	直链淀粉含量/%	质量分数/%
一	≥72.0	≤1.0	1	15.0～18.0	≥85
二	≥69.0	≤3.0	≤2	15.0～18.0	≥80

续表

等级	整精米率/%	垩白度/%	透明度/级	直链淀粉含量/%	质量分数/%
三	≥66.0	≤5.0	≤2	15.0~20.0	≥75
四	≥63.0	≤10.0	≤3	13.0~22.0	≥70
五	≥60.0	≤15.0	≤3	13.0~22.0	≥65

稻米的外观品质表示稻米吸引消费者的能力，由透明度、垩白粒率、垩白大小（垩白度）和粒型四个指标构成。透明度是指稻米胚乳部分的透光性，常以透光率表示。一般认为垩白多、垩白大的米粒透光性差。垩白大小或有无在品种间存在广泛差异，无垩白对有垩白为显性的，无垩白能稳定遗传，垩白的遗传力较高。与籼米相比，粳稻稻米垩白粒率、垩白度较小，白度较小，食味品质好。

碾米品质表示稻米的加工适应性，主要包括出糙率、精米率和整精米率。与籼稻相比，粳稻稻米整精米率高、碎米率低。稻谷的碾磨品质，尤其是整精米率，是品种遗传基因与环境条件相互作用的结果，品种间变幅较大，对气候变化、施肥和种植条件等比较敏感。张子军等（2008）对180份寒地早籼稻品质性状进行分析，出糙率范围在53.6%~83.5%，平均为78.8%，精米率在46.5%~77.6%，平均为72.2%，整精米率在25.5%~75.9%，平均为65.8%，碾磨品质在品种间的差异均达到了极显著的水平。

影响稻米蒸煮品质的主要理化指标包括直链淀粉含量、蛋白质含量、胶稠度、碱消值等。一些研究人员认为，稻谷的直链淀粉含量、碱消值和蛋白质含量等主要受基因控制。粳稻中，除胶稠度外，碱消值和直链淀粉含量都是常规稻显著高于杂交稻。粳稻碱消值符合品质指标二级以上标准的比例较高，有97.5%和94.7%的常规稻和杂交稻的碱消值达到二级以上标准。李辉等（2003）的研究结果显示，黑龙江粳米具有中软的较稠度和较低的糊化温度，直链淀粉含量较低，大部分在15%~18%，食味品质较好。

b. 粳稻稻米品质性状间的相关性

稻米的品质性状与农艺性状、产量性状及各品质性状间存在一定的相关性。常规粳稻的透明度与垩白粒率、垩白度均呈显著负相关，垩白粒率、垩白度与粒长呈显著正相关，与长宽比呈极显著负相关。

粳稻的糙米率、精米率、整精米率间两两显著相关，整精米率的高低取决于粒宽、粒厚和长宽比，粒宽过大者在精碾过程中最易出现碎粒。米粒过宽或过窄都易破碎，只有长宽比适当厚而充实的品种才能获得较高的整精米率。北方早粳稻米粒长、长宽比与糙米率、精米率、整精米率呈显著负相关，即粒形越长而细，糙米率越低。精米率和整精米率与垩白度也呈显著或极显著负相关，说明垩白性状对精米率或整精米率的影响较大。

目前研究得比较多的是蒸煮和食味品质与其他品质性状间的相关性。粳稻垩白粒率、垩白度与蒸煮品质的三项指标（直链淀粉含量、胶稠度、碱消值）间均呈负相关，都未达显著程度，但呈现出垩白降低、垩白粒率减少，蒸煮品质有上升的趋势；粳稻的胶稠度与直链淀粉含量的相关性并不明显，仅与蛋白质含量显著负相关，这方面与籼稻不同。粒长、长宽比与直链淀粉含量、蛋白质含量呈正相关，与碱消值、胶稠度呈显著负相关,即常规粳稻中粒型细长的样品的直链淀粉含量、蛋白质含量较高,米饭质地较硬。常规粳稻的垩白粒率、垩白度与直链淀粉蛋白质含量呈极显著正相关,与胶稠度负相关,说明垩白大、外观品质差的晚粳稻米的米饭较软,存在着外观品质与蒸煮品质的矛盾。汤述翥等(2003)研究表明,垩白性状对粳稻稻米蒸煮品质无明显影响。

c. 粳稻稻米品质的品种间差异性

林海等(2011)对 2001~2010 年通过国家及省级审定的粳稻品种的产量和主要品质性状进行了分析,北方稻区通过审定的粳稻品种优质达标率为61.2%,南方稻区为37.6%,北方稻区比南方稻区高 23.6 个百分点。从表 1-7 可以看出,糙米率、精米率、整精米率、胶稠度、直链淀粉含量和蛋白质含量等性状南、北方接近,但垩白粒率、垩白度等性状北方稻区明显优于南方稻区。说明北方稻区和南方稻区在加工品质和蒸煮品质上相差不大,但外观品质上北方稻区明显优于南方稻区。

表 1-7 2001~2010 年我国南、北稻区通过审定的粳稻品种稻米品质比较(林海等, 2011)

性状	地域	平均值	变异幅度	变异系数/%	优质达标率/%			
					一级	二级	三级	合计
糙米率/%	南方稻区	83.5	77.6~89.7	2.23	43.8	37.5	13.9	95.2
	北方稻区	83.1	78.2~87.2	4.52	24.2	59.0	15.4	98.6
精米率/%	南方稻区	74.8	66.7~85.4	4.08	20.7	37.0	19.6	77.3
	北方稻区	73.3	69.0~83.9	5.40	12.7	45.7	34.5	92.9
整精米率/%	南方稻区	68.7	46.4~78.3	7.77	30.7	23.3	19.6	73.6
	北方稻区	68.8	36.9~78.8	7.46	26.3	29.9	23	79.2
垩白粒率/%	南方稻区	28.2	1~90.0	66.74	17.5	23.2	25.7	66.4
	北方稻区	14.2	0~90.0	95.87	50.6	28.1	12.1	90.8
垩白度/%	南方稻区	4.0	0.1~17.6	8.97	86.0	8.6	3.2	97.8
	北方稻区	1.8	0~14.2	5.61	91.2	6.5	1.6	99.3
胶稠度/mm	南方稻区	76.8	47~100	12.66	44.7	32.6	21	98.3
	北方稻区	76.4	52~100	10.93	37.3	41.8	19.4	98.5
直链淀粉含量/%	南方稻区	16.5	5.1~21.9	8.99	78.3	8.5	1.7	88.5
	北方稻区	17.3	11.5~25.6	7.71	71.5	20.3	5.2	97.0
蛋白质含量/%	南方稻区	8.6	6.2~11.0	11.26	31.1	44.6	18.9	94.6
	北方稻区	8.6	6.2~11.9	10.20	11.5	36.8	45.9	94.2

另外,孟庆虹等(2010)对 2006~2007 年收获的 28 个黑龙江省主栽粳稻稻米(共 46 个样品)的理化指标进行了研究,其中垩白粒率平均值为 7.57%,变异幅度为 1.5%~28.9%,垩白度平均值为 0.94%,变异幅度为 0.10%~4.09%;糙米的粒长、粒宽、粒厚的平均值分别为 5.24mm、2.64mm、2.01mm,长宽比平均值为 2.00,变异幅度分别为 4.57~6.12mm、2.44~2.93mm、1.90~2.14mm、1.67~2.50。而对 2009 年江苏省水稻试验的 62 个品种的稻米品质分析结果表明,垩白粒率平均值为 37.62%,变异幅度为 10%~80%,

垩白度平均值为 3.0%，变异幅度为 0.6%～8.0%。由此也可以看出，总体而言，北粳的外观品质较南粳优。

20 世纪 90 年代随着特殊亲和粳稻强恢复系 C418 及其衍生恢复系的育成，中国杂交粳稻的选育取得了前所未有的突破，一大批高产、优质、高抗杂粳组合相继问世，并迅速在生产上得到大面积推广应用。然而与常规粳稻相比，杂交粳稻在产量、抗性上都表现出很强的杂种优势，在米质方面却仍然存在一定的差距。孙建权等研究人员对 2003～2006 年 56 个国审杂交粳稻和常规粳稻品质比较分析，结果表明杂交粳稻的品质指标整精米率、直链淀粉含量、胶稠度和常规粳稻已经持平或非常接近，而在垩白粒率、垩白度指标上，杂交粳稻却要远远差于常规粳稻。由表 1-8 可知，2001～2010 年通过审定的粳稻品种精米率、垩白粒率、垩白度、透明度、糊化温度、直链淀粉含量和蛋白质含量等指标，常规粳稻极显著好于杂交粳稻，整精米率常规粳稻显著好于杂交粳稻，糙米率、胶稠度两者差异不显著；无论是常规粳稻还是杂交粳稻，均以垩白粒率、垩白度的变异系数最大，其优质达标率也相对最低，而糙米率、精米率、整精米率、胶稠度、糊化温度、直链淀粉含量和蛋白质含量等指标的变异系数相对较小。

表 1-8　2001～2010 年我国审定的粳型常规水稻与粳型杂交水稻品种稻米品质性状比较（林海等，2011）

性状	品种类型	平均值	变异幅度	变异系数/%	优质达标率/%			
					1 级	2 级	3 级	合计
糙米率/%	粳型常规水稻	83.2	77.6～89.7	4.30	28.3	55.5	14.4	98.2
	粳型杂交水稻	83.1	78.2～86.5	1.90	28.6	49.4	18.2	96.2
精米率/%	粳型常规水稻	75.3	67.2～85.4	5.14	15.0	44.6	32.5	92.1
	粳型杂交水稻	74.3	66.7～78.2	3.64	10.5	40.4	24.6	75.5
整精米率/%	粳型常规水稻	68.8	36.9～78.8	8.14	27.6	27.1	23.3	78.0
	粳型杂交水稻	67.8	46.4～76.7	7.46	22.6	21.5	22.0	66.1
垩白粒率/%	粳型常规水稻	17.4	0～90	89.67	42.1	26.8	16.0	22.0
	粳型杂交水稻	29.4	2～86	60.61	9.9	26.9	28.7	65.5
垩白度/%	粳型常规水稻	2.2	0～17.6	112.68	39.8	36.0	14.5	90.3
	粳型杂交水稻	4.3	0.3～17.3	76.77	10.3	34.9	22.9	68.1
透明度/级	粳型常规水稻	1.4	1～3	39.79	67.4	27.8	—	95.2
	粳型杂交水稻	1.7	1～3	42.419	43.0	38.4	—	81.4
糊化温度/级	粳型常规水稻	6.9	2.7～7.0	4.65	91.4	6.8	1.4	99.6
	粳型杂交水稻	6.8	4.8～7.0	8.59	83.0	7.5	7.5	98.0
胶稠度/mm	粳型常规水稻	76.9	52～100	11.10	41.4	38.4	18.9	98.7
	粳型杂交水稻	77.5	47～100	11.34	49.4	35.6	11.5	96.5
直链淀粉含量/%	粳型常规水稻	17.1	5.1～25.6	8.07	76.1	15.6	3.8	95.5
	粳型杂交水稻	16.2	13.0～20.5	7.38	80.8	3.4	3.4	87.6
蛋白质含量/%	粳型常规水稻	8.2	6.2～11.9	10.30	13.5	43.0	38.0	94.5
	粳型杂交水稻	8.6	6.8～11.2	11.98	41.9	32.3	19.4	93.6

2. 籼稻

1) 概述

籼稻(*Oryza sativa* subsp. *Indica*)，亚洲栽培稻的一个亚种，主要分布在中国和南亚、东南亚各国，以及非洲，是最先由野生稻驯化形成的栽培稻。与粳稻比较，分蘖力较强，叶片较宽，叶色淡绿，叶面绒毛较多；稃毛短少，成熟时易落粒，出米率稍低；蒸煮的米饭黏性较弱，胀性大；比较耐热和耐强光，耐寒性弱。依据其籽粒长短一般又将籼稻分为长粒形籼稻、中粒形籼稻、短粒形籼稻3种。在中国，目前籼稻主要分布于中南部16个省(直辖市、自治区)，即海南、广东、广西、湖南、湖北、云南、贵州、四川、重庆、福建、江西、浙江、江苏、安徽、陕西和河南。其中，四川、重庆、江西、广西、广东、福建和海南水稻种植品种全部是籼稻，按面积计，湖北水稻87%以上、安徽70%以上、贵州92%以上、河南75%以上均为籼稻，浙江约65%、云南32%、江苏17%的水稻为籼稻(董啸波等，2012)。

稻米的品质特征虽与复杂的理化性状有关，但利用粒形性状与米质的相关性可间接测知稻米品质的优劣，一般认为籼稻长粒形的米品质较好，而粒长太长时又会出现整精米率下降，粒宽太大时也会出现垩白增大现象，只有粒形较好和粒重适中的谷粒才易达到优质米育种的目标。籼稻的垩白粒率、垩白度较大，粒长、长宽比、垩白粒率、垩白度和透明度都高于粳稻。由于籼稻的垩白度、整精米率和直链淀粉含量二级米达标率较低，是品种改良的重点(林亲录，2014)。

籼稻中常规稻的长宽比和垩白度与杂交稻相近，两者差别不明显，但平均粒长、垩白粒率分别比杂交稻低2.35%和3.5%，两者差异达到极显著水平。一般来说，杂交品种的外观品质与亲本性状有密切关系，其粒长、粒宽、长宽比一般介于双亲之间。

籼稻的整精米率低，碎米率较高，早籼、中籼、晚籼的碾米品质有所差别，主要表现在整精米率上，平均晚籼高于中籼，中籼高于早籼。籼稻品种在出糙率、精米率和整精米率三者中整精米率的变异幅度最大，整精米率最低仅1.99%，最高71.55%。糙米率一般在71.7%～83.8%，平均为80.0%，多数分布在79%～82%。精米率平均为71.5%，品种间变异幅度小。而整精米率在品种间变异较大，在5.5%～73.2%，平均为47.6%，多数分布在37%～63%。胡钧铭和江立庚(2007)的研究表明，遗传因子、温度、光照、海拔、土壤、栽培措施、收获与加工方法等对籼米整精米率有比较明显的影响。

相比粳米来说，籼米的蒸煮品质较差，吸水率、膨胀容积值较大，干物质含量相对较少，具有较高的起糊温度、最终黏度和回生值，不易吸水糊化，凝胶强度大，易硬化，米粉糊的抗剪切能力较强。朱庆森等(2001)通过对若干组直链淀粉含量相近或有明显差异的杂交稻和常规稻米饭品尝口感、黏度、硬度的分析，结果表明杂交稻米的平均直链淀粉含量仍是制约米饭口感、黏度、硬度的重要因子，但其制约力明显低于对常规稻的制约力。籼稻的碱消值和胶稠度小于粳稻，而直链淀粉含量高于粳稻。籼稻中杂交稻的碱消值和胶稠度分别比常规稻低8.37%和3.06%，而直链淀粉含量比常规稻高2.30%，三项差异均达到显著水平。

　　我国当前主栽杂交稻品种稻米平均蛋白质含量已达 10%以上，赖氨酸含量处于0.11%～0.61%，且品种间差异较大。籼米比粳米蛋白质含量平均高 1～2 个百分点。早籼稻食用品质差，但其营养品质较佳，其蛋白质组成中含赖氨酸高的碱溶蛋白占 80%左右，赖氨酸含量较其他谷物高，必需氨基酸含量大部分高于 FAO 建议标准。晚籼稻蛋白质含量较早籼稻低，据测定分析，我国晚籼稻品种中糙米蛋白质含量在 10%以上的仅占8.79%。在徐庆国(1987a，1987b)的研究中，早籼稻与晚籼稻的平均蛋白质含量分别为10.79%和 8.73%，与粳稻呈现一致规律，即晚稻蛋白质含量低于早稻蛋白质含量。

　　2)籼稻稻米的品质

　　罗文波(2012)研究了湖南省各地区广泛种植的 50 种籼米的理化特性(表 1-9)，结果如表 1-9 和表 1-10 所示。50 种籼米长宽比的范围在 2.0～4.1，均值为 3.024；垩白粒率的范围在 2.0%～100.0%，均值为 53.386%；糙米率的范围在 72.6%～83.3%，均值为80.098%；精米率的范围在 67.0%～75.2%，均值为 72.070%；整精米率的范围在 37.2%～72.1%，均值为 61.159；胶稠度的范围在 25.0～104.0mm，均值为 51.186mm；吸水率的范围在 2.8%～4.6%，均值为 3.693%；体积膨胀率的范围在 4.0%～6.0%，均值为4.948。长宽比、糙米率、精米率、整精米率、吸水率和体积膨胀率的变异系数都在 15以内，其数值变化不大。而胶稠度和垩白粒率的变异系数分别高达 30.9 和 56.2，说明不同品种之间的籼米米质特性差异明显。食味值得分的范围在 40.0～66.0，平均值为47.227；籼米水分含量在 8.7%～14.4%，平均值为 11.957%；直链淀粉含量在 19.9%～29.7%，平均值为 22.639%；蛋白质含量在 7.6%～17.8%，平均值为 11.027%。这 4 项特征的变异系数都在 20 以内。

表 1-9　籼米名称(罗文波，2012)

编号	品种名称	编号	品种名称	编号	品种名称	编号	品种名称
1	'T 优 167'	14	'金优 213'	27	'湘晚籼 13'	40	'中嘉早 17'
2	'T 优 227'	15	'金优 233'	28	'湘晚籼 17'	41	'株两优 02'
3	'T 优 535'	16	'金优 433'	29	'湘早籼 06'	42	'株两优 08'
4	'T 优 6135'	17	'金优 458'	30	'湘早籼 12'	43	'株两优 199'
5	'T 优 705'	18	'金优 463'	31	'湘早籼 143'	44	'株两优 211'
6	'丰优 1167'	19	'两优 527'	32	'湘早籼 17'	45	'株两优 233'
7	'丰优 416'	20	'陵两优 942'	33	'湘早籼 24'	46	'株两优 268'
8	'丰优 527'	21	'陆两优 28'	34	'湘早籼 42'	47	'株两优 611'
9	'丰源优 227'	22	'陆两优 819'	35	'湘早籼 45'	48	'株两优 819'
10	'华两优 164'	23	'培 29'	36	'新软黏 13'	49	'株两优 90'
11	'华两优 285'	24	'泰国巴吞'	37	'早熟 213'	50	'株两优 99'
12	'准两优 608'	25	'泰国香米'	38	'浙福 802'		
13	'金优 207'	26	'谭两优 921'	39	'浙福种'		

表 1-10　50 种籼米米质特征值的差异分析(罗文波, 2012)

项目	最大值	最小值	极差	平均值	标准差	变异系数
长宽比	4.1	2.0	2.1	3.024	0.1552	5.1
垩白粒率/%	100.0	2.0	98.0	53.386	29.9899	56.2
糙米率/%	83.3	72.6	10.7	80.098	2.8229	3.5
精米率/%	75.2	67.0	8.2	72.070	2.2955	3.2
整精米率/%	72.1	37.2	34.9	61.159	7.8925	12.9
胶稠度/mm	104.0	25.0	79.0	51.186	15.7981	30.9
吸水率/%	4.6	2.8	1.8	3.693	0.3954	10.7
体积膨胀率/%	6.0	4.0	2.0	4.948	0.5316	10.7
食味值	66.0	40.0	26.0	47.227	6.4262	13.6
籼米水分含量/%	14.4	8.7	5.7	11.957	1.0945	9.2
直链淀粉含量/%	29.7	19.9	9.8	22.639	1.7890	7.9
蛋白质含量/%	17.8	7.6	10.2	11.027	1.9204	17.4

由表 1-11 可知, 黏度峰值的范围在 228~4304cP, 均值为 2438.02cP; 最低黏度的范围在 89~2363cP, 均值为 1476.02cP; 崩解值在 139~2490cP, 均值为 962.00cP; 最终黏度值在 204~5009cP, 均值为 2874.96cP; 回生值在 -1237~1487cP, 均值为 436.94cP; 峰值时间在 4.4~6.3min, 均值为 5.70min; 而糊化温度在 76.9~87.9℃, 均值为 80.24℃。峰值时间和糊化温度的变异系数分别为 6.8 和 2.9, 其数值变化不大。而黏度峰值、最低黏度、崩解值、最终黏度值和回生值的变异系数分别高达 42.2、46.1、53.9、43.1 和 132.7, 说明其不同品种之间的籼米快速黏度分析仪(rapid visco analyzer, RVA)糊化特性差异明显。

表 1-11　50 种籼米快速黏度分析仪糊化特征值的差异分析(罗文波, 2012)

项目	最大值	最小值	极差	平均值	标准差	变异系数
黏度峰值/cP	4304	228	4076	2438.02	1028.69	42.2
最低黏度/cP	2363	89	2274	1476.02	680.34	46.1
崩解值/cP	2490	139	2351	962.00	518.91	53.9
最终黏度值/cP	5009	204	4805	2874.96	1238.80	43.1
回生值/cP	1487	-1237	2724	436.94	579.83	132.7
峰值时间/min	6.3	4.4	1.9	5.70	0.3899	6.8
糊化温度/℃	87.9	76.9	11.0	80.24	2.3010	2.9

以这 50 种籼米为原料制作而成的鲜湿米粉的理化性质和感官品质也有较大的差异, 如表 1-12 所示。面汤透射比的范围在 0.489~0.922, 均值为 0.814; 碘蓝值的范围在 0.024~0.452, 均值为 0.152; 酶解值在 0.161~0.487, 均值为 0.341; 吐浆值的范围在 1.26%~14.93%, 均值为 5.71%; 熟断条率的范围在 4.6%~32.5%, 均值为 17.1%; 感官评分总分的范围在 26.5~34.2(满分 40 分)。碘蓝值、吐浆值和熟断条率的变异系数分别高达 70.5、62.9 和 43.7。

表 1-12 鲜湿米粉理化性质和感官品质的差异分析(罗文波，2012)

理化性质	最大值	最小值	极差	平均值	标准差	变异系数
面汤透射比	0.922	0.489	0.433	0.814	0.1044	12.8
碘蓝值	0.452	0.024	0.428	0.152	0.1072	70.5
酶解值	0.487	0.161	0.326	0.341	0.0843	24.7
吐浆值/%	14.93	1.26	13.67	5.71	3.5936	62.9
熟断条率/%	32.5	4.6	27.9	17.1	7.4747	43.7
感官评分总分(满分40分)	34.2	26.5	7.7	30.986	2.0114	6.49

在湖南、湖北、江西、安徽、四川等籼稻主产区，籼稻多为一家一户小规模种植，自给率高，区域特色明显。广东、福建、浙江等南方地区为籼稻主销区，除少部分为省内自产，每年从省外购入大量籼稻米。早籼米除了食用，部分用于加工米粉或作为工业原料，中晚籼米主要用于食用。目前我国籼稻米的深加工仍处于发展初期，随着生活水平的提高，人们对籼米的消费将逐步向优质化、功能化、绿色化方向发展。

另外，不同季节种植的籼稻品种品质有所差异。早籼、中籼和晚籼的整精米率分别为40.9%、48.0%和53.1%；垩白度分别为11.7%、12.2%和7.6%。可见，晚籼的碾磨品质和外观品质均优于早籼和中籼；中籼的外观品质与早籼相仿，但碾磨品质优于早籼。

此外，杂交籼稻与常规籼稻略有不同，常规籼稻的粒长、长宽比和糙米率呈极显著负相关，与碱消值呈极显著正相关；杂交籼稻粒长与糙米率极显著正相关，与碱消值极显著负相关；常规籼稻蛋白质含量与碱消值极显著负相关，与垩白度极显著正相关，而杂交籼稻却与之相反。

3. 糯稻

1) 概述

糯稻(*Oryza sativa* L. var. *glutinosa* Matsum)，禾本科一年生草本植物，是稻的黏性变种。糯稻是由枯稻发生单基因突变而来，并且仅在谷粒的质地、黏度上有所差异。若根据糯、黏来区分，我国稻谷种植面积的约90%是黏稻，糯稻只占全部稻谷种植面积的10%左右。糯稻有籼糯和粳糯之分，粳糯稻米粒呈椭圆形，一般在中国北方和华中种植，较耐寒；籼糯稻米粒细长，通常在华南、华中和西南栽培，较抗病。在中国云南、贵州边境地区，老挝、泰国、缅甸北部和东北部，印度东部和阿萨姆邦，数千年来糯稻普遍种植，形成了一个糯稻品种资源极为丰富的糯稻栽培区。

2) 糯稻稻米的品质及加工特性

糯稻的平均粒长小于黏稻，粒长的变幅也小于黏稻。糯米具有较高的白度，间接反映了大米的碾白度，高碾白度可以提高大米的吸水性和溶胀性，提高米饭感官品质。但是在生产中，为了兼顾大米食用品质、营养品质和生产成本等，碾白度并不是越高越好，碾白度越高，营养物质损失越多，为此必须确定合理的碾白度。

按照行业标准《食用稻品种品质》(NY/T 593—2002)，以镁条燃烧发出的白光为白度标准值，即100%，可把糯稻米的白度分为5级，如表1-13所示。

表 1-13　糯稻白度的分级

级别	1	2	3	4	5
白度/%	>50	47.1～50.0	44.1～47.0	41.1～44.0	<41.1

　　糯稻的糙米率为 76%左右，精米率为 70%左右。糯稻早、中、晚季的平均糙米率和精米率差异不显著，但粳糯高于籼糯 2%左右，不同品种之间有较大的差异。优质食用籼糯的糙米率应大于 79%，精米率大于 70%，整精米率大于 54%，籽粒长度大于 5.6 mm，长宽比大于 2.5。粳糯的糙米率应大于 81%，精米率大于 72%，整精米率大于 60%，籽粒长度为 5.0～5.5mm，长宽比为 1.5～2.0。

　　蒸煮食味品质方面，糯米中的直链淀粉含量较低，其米饭质地较软，口感较好，黏性较大，米饭光泽好，但米饭白色度较差。米饭的硬度是糯稻的重要食味品质标志，粳糯米饭的硬度比籼糯的高。糯米蒸煮时的吸水率较小，米饭体积膨胀率较低，这是由于其几乎不含直链淀粉，而直链淀粉含量直接决定其吸水膨胀能力。此外，糯米具有低的起糊温度、高的破损值和低的回生值，表明糯米易发生糊化，对剪切和加热较为敏感，不易老化，造成这种差异的原因同样是糯稻中几乎不含直链淀粉，其淀粉的组分和淀粉粒的结构与非糯性材料存在明显的差异。优质食用糯米要求直链淀粉含量小于 2%，米胶长大于 95mm，碱消值大于 6，蛋白质含量高于 7%等，但这个标准不适用于食品、酿造等工业用的原料米。

　　在营养品质方面，籼糯和粳糯在粗蛋白质、粗脂肪、赖氨酸含量均值以及 Mg 含量等方面没有显著差异。

　　闵捷等(2010)对中国自 20 世纪 80 年代初以来育成的 570 份糯稻品种的米质及其优质达标率进行了分析，结果表明：中国近代育成的粳糯稻和籼糯稻在米质上存在差异。粳糯稻米质性状均值优于籼糯稻；优质达标率方面，除整精米率外，粳糯稻其他六项米质性状的优质达标率明显高于籼糯稻；质量指数方面，粳糯稻也优于籼糯稻。这表明在整体上，粳糯稻的品质优于籼糯稻。但是，粳糯稻整精米率的优质达标率低于籼糯稻，其原因之一，是在《食用稻品种品质》(NY/T 593—2002)标准中，粳糯稻的整精米率的一、二、三级的优质标准均高于籼糯稻(表 1-14 和表 1-15)。

表 1-14　籼糯稻品种品质等级

等级	整精米率/%			阴糯米率/%	白度/级	直链淀粉含量/%	质量指数/%
	长粒	中粒	短粒				
一	≥50.0	≥55.0	≥60.0	≤1	1	≤2.0	≥75
二	≥45.0	≥50.0	≥55.0	≤5	≤2	≤2.0	≥70
三	≥40.0	≥45.0	≥50.0	≤10	≤2	≤2.0	≥65
四	≥35.0	≥40.0	≥45.0	≤15	≤3	≤3.0	≥60
五	≥30.0	≥35.0	≥40.0	≤20	≤4	≤4.0	≥55

表 1-15 粳糯稻品种品质等级

等级	整精米率/%	阴糯米率/%	白度/级	直链淀粉含量/%	质量指数/%
一	≥72.0	≤1	1	≤2.0	≥85
二	≥69.0	≤5	≤2	≤2.0	≥80
三	≥66.0	≤10	≤2	≤2.0	≥75
四	≥63.0	≤15	≤3	≤3.0	≥70
五	≥60.0	≤20	≤4	≤4.0	≥65

此外，华中和北方稻区的糯稻品种有较高的糙米率、精米率和整精米率，较低的直链淀粉含量和糊化温度，因而总体质量指数也较高。不过华中、北方、西南和华南稻区四个稻区的胶稠度均为软，且数值相近。就优质达标率而言，华中和北方稻区的糯稻品种在糙米率、精米率、糊化温度、直链淀粉含量和质量指数上优于西南和华南稻区。

糯米粉具有黏度大、易糊化、淀粉胶的温度稳定性好、不易回生、吸水率和膨胀力大等特点，从而成为许多食品加工所必需的原料，如代替蛋清制作沙拉酱、在冻融循环中保持冷冻食品的水分等。糯米粉受热形成的糊粉可直接作为食品增稠剂，用于冰淇淋、肉汤汁和蚝油调味品等食品。

在我国传统饮食文化中，糯米是一种重要的食品原料，可用于加工各种特色食品。黄酒、稠酒、甜酒是我国传统糯米的发酵饮品，随着糯米产品开发技术的日趋成熟，各种新型保健糯米发酵饮品应运而生，如以黑糯米为原料的黄酒和各种糯米酒复配饮料。近几年来，将糯米粉进一步加工成糯米淀粉和变性淀粉方面的研究越来越多，其深加工产品品质特点更加突出，从而延伸出更为广阔的应用空间，可以广泛应用于食品、医药、化妆品、印刷、造纸等行业。

(二)根据栽培品种的熟期性和季节分布分类

根据栽培品种的熟期性和季节分布，在籼稻米和粳稻米中再各分为早稻米和晚稻米。影响早稻米和晚稻米类型分化的主要生态因子是因纬度和季节而异的日常条件。全生长期(从播种到收获所需时间)在130天以内的称早稻，在150天以上的称晚稻，介于两者之间的称中稻。早籼米米粒宽厚而较短，呈粉白色，腹白大，粉质多，质地脆弱易碎，黏性小于晚籼米，质量较差。晚籼米米粒细长而稍扁平，组织细密，一般是透明或半透明，腹白较小，硬质粒多，油性较大，质量较好。早粳米呈半透明状，腹白较大，硬质粒少，米质较差。晚粳米呈白色或蜡白色，腹白小，硬质粒多，品质优。

(三)根据土地生态分布分类

根据栽培地区土壤水分的生态条件不同可分为水稻和旱稻，其主要差别在于品种耐旱性不同。水稻为种在水田里的稻谷，旱稻则为生长在旱地上的稻谷。旱稻与水稻相比，发芽力和耐旱能力较强，但米质较差。旱稻的稻壳和米糠层较厚，出米率低，米粒强度小，种植面积较小。

（四）根据淀粉性质分类

大多数谷物都有黏、糯之分，这是根据其所含淀粉性质的不同而分类的。黏稻的大米淀粉一般含 10%～30% 的直链淀粉，支链淀粉相对较少。米粒断面不透明或者半透明，常有心白和腹白，淀粉的吸碘性大，遇碘溶液呈蓝紫色反应，黏性较差，胀性大，出饭率高。而糯稻的大米淀粉中支链淀粉含量接近 100%，米粒断面呈蜡白色，不透明，淀粉吸碘性小，遇碘溶液呈棕红色反应，黏性最高，胀性小，出饭率低，但食味好，又分粳糯和籼糯。粳糯外观圆短，籼糯外观细长，颜色均为白色不透明，煮熟后米饭较软、黏。通常粳糯用于酿酒、米糕，籼糯用于八宝粥、粽子。

三、我国主要稻谷品种

我国作为水稻的生产大国，水稻品种也非常丰富，据国家水稻数据中心的中国水稻品种及其系谱数据库统计，截至 2018 年 7 月 31 日，数据库累计收录 18086 份品种记录，其中超级水稻品种占 131 个，具体见表 1-16。

（一）常见杂交稻品种

杂交水稻（hybrid rice）指选用两个在遗传上有一定差异，同时它们的优良性状又能互补的水稻品种，进行杂交，生产具有杂种优势的杂交种用于生产的品种。中国自袁隆平发明杂交水稻后，在国内发展迅速，此外，在越南、印度、菲律宾和美国等国也有大面积生产应用，并取得了显著的增产效果。

1.'汕优 63'（中国水稻品种及其系谱数据库）

亲本来源：'珍汕 97A'（♀），'明恢 63'（♂）。选育单位：三明市农业科学研究所。品种类型：籼型三系杂交水稻。特征特性：株高 100～110cm，株形适中，叶片稍宽，剑叶挺直，叶色较淡，茎秆粗壮，分蘖力较强，每公顷有效穗 270 万穗（每亩有效穗 18 万穗），每穗 120～130 粒，结实率 80% 以上，千粒重 29g，米粒比其他汕优系统组合的籽粒略长，外观米质好、米饭柔软可口。'汕优 63' 抗倒、耐寒，抗病、抗逆性能力强，抗稻瘟病，中抗白叶枯病和稻飞虱。

产量表现：该组合在 1982～1983 年参加南方杂交晚稻区域试验，平均每公顷产量分别为 7236kg 和 6472.5kg（亩产 482.4kg 和 431.5kg），居参试组合的第一位和第二位，比对照'汕优 2 号'分别增产 22.5% 和 5.59%，1984 年参加南方杂交中稻区域试验，平均每公顷产量 8809.5kg（亩产 587.3kg），居参试组合的第一位，比对照'威优 6 号'增产 19.7%。

表1-16 2018年农业部认定的131个超级水稻的水稻品种

类型	品种名称	第一选育单位	第一选育人	认定年份	面积/万亩	品种权号	审定编号
粳型三系	'辽优1052'	辽宁省农业科学院稻作研究所	华泽田	2005	15		辽审稻[2005]125号
籼粳交	'春优84'	中国水稻研究所	吴明国	2015	40		浙审稻2013020
籼粳交	'甬优2640'	宁波市种子有限公司	马荣荣	2017	0		闽审稻2016022, 苏审稻201507, 浙审稻2013024
籼粳交	'甬优538'	宁波市种子有限公司	马荣荣	2015	82		浙审稻2013022
籼粳交	'浙优18'	浙江省农业科学院作物与核技术利用研究所	王建军	2015	0		浙审稻2012020
籼粳交	'甬优15'	宁波市农业科学研究院	马荣荣	2013	253	CNA20121355.1	浙审稻2012017, 闽审稻2013006
籼粳交	'甬优12'	宁波市农业科学研究院	马荣荣	2011	305	CNA20090991.8	浙审稻2010015
籼粳交	'甬优6号'	宁波市农业科学研究院	马荣荣	2006	421	CNA20060197.0	浙审稻2005020, 闽审稻2007020
籼粳交	'甬优1540'	宁波市农业科学研究院作物研究所	马荣荣	2018	0		国审稻2015040, 浙审稻2014017, 桂审稻2015006, 浙审稻2017014
籼型两系	'扬两优6号'	江苏里下河地区农业科学研究所	张洪熙	2009	4002	CNA20010174.9	国审稻2005024, 苏审稻200302, 黔审稻2003002, 豫审稻2004006, 陕审稻2005003, 鄂审稻2005005
籼型两系	'淮两优527'	湖南省杂交水稻研究中心	武小金	2005	832	CNA20030033.4	国审稻2005026, 国审稻2006004, XS006-2003, 闽审稻2006024
籼型两系	'新两优6号'	安徽荃银农业高科技研究所	张从合	2006	3097	CNA2005049.X	国审稻2007016, 皖品审05010460, 苏审稻200602
籼型两系	'丰两优香1号'	湖北省农业科学院粮食作物研究所	张国良	2010	1456	CNA20050111.9	国审稻2007017, 湘审稻2006037, 皖品审2006022, 湘品审07010622
籼型两系	'Y两优1173'	国家植物航天育种工程技术研究中心		2017	0		粤审稻2015016
籼型两系	'深两优870'	广东兆华种业有限公司		2016	41		粤审稻2014037
籼型两系	'Y优1号'	湖南杂交水稻研究中心	邓启云	2006	3234	CNA20050157.7	国审稻2008001, 国审稻2013008, 湘审稻2006036, 粤审稻2015047
籼型两系	'陆两优819'	湖南亚华种业科学研究院	杨远柱	2009	71	CNA20080828.1	国审稻2008005, 湘审稻2008002

续表

类型	品种名称	第一选育单位	第一选育人	认定年份	面积/万亩	品种权号	审定编号
籼型两系	'陵两优268'	湖南亚华种业科学研究院	杨远柱	2011	261	CNA20080827.3	国审稻2008008
籼型两系	'新两优6380'	南京农业大学水稻研究所	丁伦友	2007	436	CNA20060131.8	国审稻2008012, 苏审稻200703
籼型两系	'丰两优4号'	合肥丰乐种业股份有限公司	张国良	2007	1245		国审稻2009012, 皖审稻06010501
籼型两系	'N两优2号'	长沙年乐种业有限公司	宋运钟	2015	0	CNA20131265.9	湘审稻2013010
籼型两系	'两优616'	中种集团福建农嘉种业股份有限公司	谢华安	2014	53		闽审稻2012003
籼型两系	'两优培九'	江苏省农业科学院粮食作物研究所	邹江石	2005	9050	CNA20000064.0	国审稻2001001, 苏种审字第313号, 湘品审第300号, 闽审稻2001007, 桂审稻2001117, 鄂审稻006-2001
籼型两系	'广两优272'	湖北省农业科学院粮食作物研究所	刘凯	2014	48	CNA20110695.3	鄂审稻2012003
籼型两系	'两优287'	湖北大学生命科学院		2006	943		鄂审稻2005001, 桂审稻2006003
籼型两系	'桂两优2号'	国家水稻改良中心南宁分中心		2010	171		桂审稻2008006
籼型两系	'两优038'	江西天涯种业有限公司		2014	36		赣审稻2010006
籼型两系	'深两优5814'	国家杂交水稻工程技术研究中心	武小金	2012	1732	CNA003538G	国审稻2009016, 国审稻20170013, 粤审稻2008023, 琼审稻2013001
籼型两系	'深两优8386'	广西兆和种业有限公司	何懿	2017	0		桂审稻2015007
籼型两系	'H两优991'	广西兆和种业有限公司		2015	119		桂审稻2011017
籼型两系	'Y两优087'	南宁市沃德农作物研究所	李永青	2013	86	CNA20110910.2	桂审稻2010014, 粤审稻2015049
籼型两系	'晶两优华占'	袁隆平农业高科技股份有限公司		2018	0		国审稻20176071, 国审稻2016022, 国审稻2016602, 琼审稻2016002, 赣审稻2016007, 湘审稻2015022
籼型两系	'隆两优1988'	袁隆平农业高科技股份有限公司		2018	0		国审稻20176010, 国审稻2016609, 桂审稻2017041
籼型两系	'Y两优900'	创世纪种业有限公司	朱发林	2017	19	CNA20121050.9	国审稻2016044, 国审稻2016021
籼型两系	'深两优136'	湖南大农种业科技有限公司		2018	0		国审稻2016030

续表

类型	品种名称	第一选育单位	第一选育人	认定年份	面积/万亩	品种权号	审定编号
籼型两系	'株两优819'	湖南亚华种业科学研究院	杨远柱	2006	717	CNA20050929.2	赣审稻2006004, 湘审稻2005010
籼型两系	'隆两优华占'	袁隆平农业高科技股份有限公司	杨远柱	2017	24		国审稻2015026, 国审稻2016045, 国审稻2017008, 湘审稻2015014, 赣审稻2015003, 闽审稻2016028
籼型两系	'Y两优2号'	湖南杂交水稻研究中心	邓启云	2014	218	CNA20090532.4	国审稻2013027
籼型两系	'C两优华占'	北京金色农华种业科技股份有限公司	朱旭东	2014	222	CNA20100696.3	国审稻2013003, 国审稻2015022, 国审稻2016002, 湘审稻2016008, 鄂审稻2013008
籼型两系	'广两优香66'	湖北省农业技术推广总站		2012	567		国审稻2012028, 鄂审稻2009005, 豫审稻2011004
籼型两系	'Y两优5867'	江西科源种业有限公司	阳和华	2014	436	CNA20100169.1	赣审稻2012027, 浙审稻2011016
籼型两系	'徽两优996'	合肥科源农业科学研究所	王步林	2016	162	CNA20130182.1	皖审稻2012021
籼型两系	'徽两优6号'	安徽省农业科学院水稻研究所	杨联松	2011	196	CNA20070017.0	皖审稻2008003
籼型两系	'准两优608'	湖南隆平种业有限公司		2012	290		国审稻2009032, 湘审稻2010018, 湘审稻2015005, 国审稻2010027, 鄂审稻2011004
籼型两系	'两优6号'	湖北荆楚种业股份有限公司	舒冰	2014	0	CNA20120929.0	国审稻2011003
籼型三系	'荣优3号'	广东省农业科学院水稻研究所		2009	917		国审稻2009009, 赣审稻2006062
籼型三系	'宜优673'	福建省农业科学院水稻研究所	黄庭旭	2012	603	CNA20060426.0	滇审稻2010005
籼型三系	'金优299'	湖南杂交水稻研究中心	阳和华	2005	122	CNA20030176.4	赣审稻2005091, 桂审稻2005002, 陕审稻2009005
籼型三系	'五优369'	湖南泰邦农业科技股份有限公司	程武华	2018	18		湘审稻2014013
籼型三系	'国稻1号'	中国水稻研究所	程武华	2005	588	CNA20050721.4	国审稻2004032, 赣审稻2004009, 粤审稻2006050
籼型三系	'盛泰优722'	湖南洞庭高科种业股份有限公司	阳和华	2014	29		湘审稻2012016
籼型三系	'丰优299'	湖南杂交水稻研究中心	阳和华	2005	1360	CNA20030179.9	湘审稻2004011

续表

类型	品种名称	第一选育单位	第一选育人	认定年份	面积/万亩	品种权号	审定编号
籼型三系	'Ⅱ优602'	四川省农业科学院水稻高粱研究所	况浩池	2005	618		国审稻 2004004，川审稻 2002030
籼型三系	'金优527'	四川农业大学水稻研究所	周明镜	2006	651	CNA20020043.7	国审稻 2004012，川审稻 2002002
籼型三系	'Q优6号'	重庆市种子公司	李贤勇	2006	2108	CNA20050868.7	国审稻 2006028，黔审稻 2005014，渝审稻 2005001，湘审稻 2006032，鄂审稻 2006008
籼型三系	'天优998'	广东省农业科学院水稻研究所	李传国	2005	2519		国审稻 2006052，粤审稻 2004008，赣审稻 2005041
籼型三系	'D优202'	四川农业大学水稻研究所	李平	2006	247	CNA20040691.4	国审稻 2007007，川审稻 2004010，浙审稻 2005001，桂审稻 2005010，皖品审 06010503，鄂审稻 2007010
籼型三系	'国稻6号'	中国水稻研究所	程式华	2007	291	CNA20050722.2	国审稻 2007011，国审稻 2007007
籼型三系	'中浙优1号'	中国水稻研究所	章善庆	2005	2111	CNA20050319.7	浙审稻 2004009，湘审稻 2008026，黔审稻 2011005，琼审稻 2012004
籼型三系	'Ⅱ优7954'	浙江省农业科学院作物与核技术利用研究所	李春寿	2005	977	CNA20040702.3	国审稻 2004019，浙品审第 378 号
籼型三系	'金优785'	贵州省水稻研究所		2012	0		黔审稻 2010002
籼型三系	'丰田优553'	广西农业科学院水稻研究所		2016	10		桂审稻 2013027，粤审稻 2016052
籼型三系	'Ⅱ优航2号'	福建省农业科学院水稻研究所	谢华安	2007	321	CNA20060766.9	国审稻 2007020，皖品审 2006017
籼型三系	'珞优8号'	武汉大学生命科学学院	朱英国	2009	725	CNA20060860.6	国审稻 2007023，鄂审稻 2006005
籼型三系	'特优582'	广西农业科学院水稻研究所		2011	152		桂审稻 2009010
籼型三系	'中9 8012'	中国水稻研究所	曹立勇	2013	119	CNA20080617.3	国审稻 2009019
籼型三系	'天优122'	广东省农业科学院水稻研究所		2006	402		粤审稻 2009029，粤审稻 2005022
籼型三系	'五优116'	广东省现代农业集团有限公司	郑海波	2017	0		粤审稻 2015045
籼型三系	'吉优615'	广东省农业科学院水稻研究所		2018	0		粤审稻 2015036
籼型三系	'五优航1573'	江西省超级水稻研究发展中心		2016	19		赣审稻 2014019

续表

类型	品种名称	第一选育单位	第一选育人	认定年份	面积/万亩	品种权号	审定编号
籼型三系	'五优1179'	国家植物航天育种工程技术研究中心		2018	0		粤审稻2015014
籼型三系	'泸优727'	四川省农业科学院水稻高粱研究所		2018	0		国审稻2016024，国审稻2016024
籼型三系	'吉优225'	江西省农业科学院水稻研究所		2016	38		赣审稻2014013
籼型三系	'吉丰优1002'	广东省农业科学院水稻研究所		2017	15		粤审稻2013040
籼型三系	'蜀优217'	四川农业大学水稻研究所		2018	0		国审稻2015007
籼型三系	'内香6优9号'	四川省农业科学院水稻高粱研究所		2018	0		国审稻2015007
籼型三系	'五优286'	江西现代种业有限责任公司	胡培松	2016	29	CNA20110556.1	国审稻2015002，赣审稻2014005
籼型三系	'德优4727'	四川省农业科学院水稻高粱研究所	蒋开锋	2016	57	CNA20141310.3	国审稻2014019，川审稻2014004，滇审稻2013007
籼型三系	'深优1029'	江西现代种业股份有限公司		2015	0		国审稻2013031
籼型三系	'五丰优615'	广东省农业科学院水稻研究所		2014	223		粤审稻2012011
籼型三系	'深优9516'	清华大学深圳研究生院	武小金	2012	550	CNA20100135.2	粤审稻2010042
籼型三系	'荣优225'	江西省农业科学院水稻研究所	蔡耀辉	2014	584	CNA20090699.3	国审稻2012029，赣审稻2009017
籼型三系	'五优662'	江西惠农种业有限公司		2016	78		国审稻2012010
籼型三系	'II优明86'	三明市农业科学研究所	谢华安	2005	2058	CNA20020038.0	国审稻2001012，黔品审228，闽审稻2001009
籼型三系	'德香4103'	四川省农业科学院水稻高粱研究所	郑家奎	2012	518		国审稻2012024，川审稻2008001
籼型三系	'天优3618'	广东省农业科学院水稻研究所		2013	114		粤审稻2009004
籼型三系	'赣鑫688'	江西农业大学	贺浩华	2007	1006	CNA20050904.7	赣审稻2006032
籼型三系	'II优084'	江苏丘陵地区镇江农业科学研究所	盛生兰	2005	2174		国审稻2003054，苏审稻200103
籼型三系	'宜香4245'	宜宾市农业科学院	林纲	2017	98	CNA20090091.7	国审稻2012008，川审稻2009004
籼型三系	'宜香优2115'	四川农业大学农学院	黄富	2015	372	CNA20110346.6	国审稻2012003，川审稻2011001

续表

类型	品种名称	第一选育单位	第一选育人	认定年份	面积/万亩	品种权号	审定编号
籼型三系	'天优华占'	中国水稻研究所	朱旭东	2012	1634		国审稻 2012001、国审稻 2011008、国审稻 2008020、黔审稻 2012009、粤审稻 2011036、鄂审稻 2011006
籼型三系	'H优518'	湖南农业大学	陈立云	2013	318	CNA20090862.4	国审稻 2011020、湘审稻 2011015
籼型三系	'F优498'	四川农业大学水稻研究所	李仕贵	2014	282	CNA20100410.8	国审稻 2011006、湘审稻 2009019
籼型三系	'五优308'	广东省农业科学院水稻研究所		2010	1998		国审稻 2008014、粤审稻 2006059
籼型三系	'五丰优T025'	江西农业大学		2010	911		国审稻 2010024、赣审稻 2008013
籼型三系	'内5优8015'	中国水稻研究所		2014	205		国审稻 2010020
籼型三系	'天优3301'	福建省农业科学院生物技术研究所	王锋	2010	243		国审稻 2010016、闽审稻 2008023、琼审稻 2011015
常规粳稻	'镇稻11'	江苏丘陵地区镇江农业科学研究所	盛生兰	2013	556	CNA20060081.8	苏审稻 201015
常规粳稻	'长白25'	吉林省农业科学院水稻研究所	张强	2014	23	CNA20110795.2	吉审稻 2011001
常规粳稻	'吉粳511'	吉林省农业科学院水稻研究所	郭桂珍	2016	12	CNA20120922.7	吉审稻 2012011
常规粳稻	'楚粳28号'	云南楚雄州农业科学技术推广所	李开斌	2012	656	CNA20070368.4	川审稻 2012010、滇审稻 200722
常规粳稻	'龙粳39'	黑龙江省农业科学院佳木斯水稻研究所	潘国君	2014	620	CNA20110650.6	黑审稻 2013011
常规粳稻	'扬粳4038'	江苏里下河地区农业科学研究所	张洪熙	2010	326	CNA20070115.0	沪农品审 2010 第005号、苏审稻 200810
常规粳稻	'楚粳27'	楚雄州农业科学研究推广所	李开斌	2007	475	CNA20040302.8	滇审稻 200522
常规粳稻	'楚粳37号'	楚雄州农业科学研究推广所	李开斌	2017	0	CNA20130460.4	滇审稻 2014026
常规粳稻	'莲稻1号'	佳木斯市莲江粳种业有限公司	孙德才	2014	154	CNA20100083.4	黑审稻 2011005
常规粳稻	'龙粳31'	黑龙江省农业科学院佳木斯水稻研究所	潘国君	2013	5245	CNA20100737.4	黑审稻 2011004
常规粳稻	'松粳15'	黑龙江省农业科学院五常水稻研究所	闫平	2013	114	CNA20080783.8	黑审稻 2011001
常规粳稻	'龙粳21'	黑龙江省农业科学院佳木斯水稻研究所	潘国君	2009	1367	CNA20070240.8	黑审稻 2008008
常规粳稻	'沈农9816'	沈阳农业大学	陈温福	2011	12	CNA20100577.7	辽审稻[2008]204号
常规粳稻	'辽星1号'	辽宁省稻作研究所	张燕之	2007	1000	CNA20040621.3	辽审稻[2005]135号

续表

类型	品种名称	第一选育单位	第一选育人	认定年份	面积/万亩	品种权号	审定编号
常规粳稻	'扬粳4227'	江苏里下河地区农业科学研究所	张洪熙	2013	158	CNA20090109.7	苏审稻200912
常规粳稻	'连粳7号'	连云港市农业科学研究院	徐大勇	2012	1635	CNA20080009.4	苏审稻201008
常规粳稻	'武运粳24号'	江苏(武进)水稻研究所	钮中一	2011	1069		苏审稻201009
常规粳稻	'宁粳4号'	南京农业大学农学院	万建民	2013	2041	CNA20080209.7	国审稻2009040
常规粳稻	'扬育粳2号'	盐城市盐都区农业科学研究所	张大友	2015	289	CNA20090212.1	苏审稻201113
常规粳稻	'南粳5055'	江苏省农业科学院粮食作物研究所	王才林	2014	703	CNA20070694.2	苏审稻201114
常规粳稻	'武运粳27号'	江苏省(武进)水稻研究所	钮中一	2014	183	CNA20100985.3	苏审稻201209
常规粳稻	'南粳9108'	江苏省农业科学院粮食作物研究所	王才林	2015	722	CNA20101060.9	苏审稻201306
常规粳稻	'吉粳88'	吉林省农业科学院水稻研究所	张三元	2005	2443	CNA20020224.3	国审稻2005051, [2005]154号, 吉审稻2005001, 辽审稻
常规粳稻	'镇稻18号'	江苏丘陵地区镇江农业科学研究所	景德道	2015	59	CNA20110041.4	苏审稻201311
常规粳稻	'南粳52'	江苏省优质水稻工程技术研究中心	王才林	2016	10	CNA20101059.2	苏审稻201409
常规粳稻	'南粳0212'	江苏省农业科学院粮食作物研究所	朱镇	2017	0	CNA20120059.2	苏审稻201506
常规籼稻	'华航31号'	华南农业大学植物航天育种研究中心	陈志强	2015	137		粤审稻2010022
常规籼稻	'金农丝苗'	广东省农业科学院水稻研究所	江奕君	2012	305	CNA20110882.6	粤审稻2010018
常规籼稻	'合美占'	广东省农业科学院水稻研究所	江奕君	2010	508	CNA20100719.6	粤审稻2008006
常规籼稻	'玉香油占'	广东省农业科学院水稻研究所	江奕君	2007	506	CNA20110880.8	粤审稻2005013, 琼审稻2007015
常规籼稻	'桂农占'	广东省农业科学院水稻研究所	江奕君	2006	812		粤审稻2005006, 琼审稻2005012
常规籼稻	'中嘉早17'	中国水稻研究所	胡培松	2010	3601	CNA20090595.8	国审稻2009008, 鄂审稻2012001, 浙审稻2008022
常规籼稻	'中早39'	中国水稻研究所	李西明	2013	617	CNA20090727.9	国审稻2012015, 浙审稻2009039
常规籼稻	'中早35'	中国水稻研究所	马良勇	2012	319	CNA20090728.8	国审稻2010005, 赣审稻2009038

资料来源：国家水稻数据中心，中国水稻品种及其系谱数据库，http://www.ricedata.cn/variety/superice.htm

2. '汕优 64'（中国水稻品种及其系谱数据库）

亲本来源：'珍汕 97A'（♀），'测 64-7'（♂）。选育单位：浙江省种子公司；武义县农业局；杭州市种子公司。品种类型：籼型三系杂交水稻。适种地区：浙江、湖南、江西、湖北等省。'汕优 64'组合是根据浙江省杂交晚稻组合单一，生育期偏长，抗性下降，产量不稳的情况，由浙江省种子公司主持组织武义县农业局和杭州种子公司经过广泛测配，于 1986 年冬在海南选配而成。经 1984～1985 年两年省区试和生产试验，具有早熟、产量高，抗稻瘟病，秧龄弹性大，分蘖力强，省肥，好种的特点。一般亩产 400kg 以上。该组合 1986 年和 1990 年分别通过浙江省和全国品种审定委员会审定。除浙江省外，在湖南、广东、福建、湖北、江西、安徽等 10 个省、自治区均有较大面积种植。至 1991 年全国累计推广面积 745.4 万 hm²，其中浙江省 60.6 万 hm²，其增产稻谷 5523.94kt，农民增收 397723.68 万元。再加上省工、省成本、制种产量高，经济效益更为显著。'汕优 64'属早熟中籼，适应性广，耐瘠性强，适宜于山区和中低产田种植。应掌握适时播种，稀播匀播，培育壮秧，合理密植，重施基肥，亩施标准肥不超过 225kg（相当于尿素 22.5kg），适时搁田，防止倒伏。

3. '威优 64'（中国水稻品种及其系谱数据库）

亲本来源：'威 20A'（♀），'测 64-7'（♂）。选育单位：湖南省安江农业学校；湖南省杂交水稻研究中心。完成人：袁隆平。品种类型：籼型三系杂交水稻。适种地区：安徽、福建、广东、广西、海南、湖北、湖南、江西、陕西、四川、贵州、浙江、江苏。特征特性：该组合平均株高 100cm，穗长 18～20cm。株形紧凑，剑叶短小，谷粒长形，淡黄色。成穗率、结实率较高，平均千粒重 30g。分蘖力强，对稻瘟病、稻飞虱抗性中等，对水肥要求不很严，适应性强。全生育期：早造 118～122 天，比'汕优 64'早熟 3 天；晚造 110 天。质特性：早造米质中下，晚造米质中等。

4. '冈优 22'（中国水稻品种及其系谱数据库）

亲本来源：'冈 46A'（♀），'CDR22'（♂）。选育单位：四川省农业科学院作物所；四川农大水稻所。品种类型：籼型三系杂交水稻。该品种属中籼迟熟杂交稻，全生育期 149.3 天，比'汕优 63'迟熟 0.6 天，株高 111.1cm，株型适中，分蘖中等、叶色淡绿，叶片较宽大、厚直不披、谷黄秆青，不早衰，穗大粒多，每穗着粒 149.7 粒，比'汕优 63'多 17 粒，结实率 83.49%，千粒重 26.5g，谷壳淡黄，穗尖有色无芒。抗稻瘟病优于'汕优 63'，经鉴定叶瘟 5～6 级，穗颈瘟 5 级，米质较好。1993 年、1994 年四川省区试，'冈优 22'平均公顷产量 8297kg，比'汕优 63'增产 4.52%，贵州省区试两年平均公顷产量 8807kg，比'汕优 63'增产 6.33%，云南省红河州区试公顷产量 10728kg，比'汕优 63'增产 13.98%。以上两省的区试增产均达极显著。适宜地区：适于在海拔 800m 以下的河谷、平坝、丘陵籼稻区种植，也可在海拔 1000～1500m 的中籼稻区栽培，在四川、贵州、福建、云南、陕西等适宜地区种植。

5. '汕优 2 号'（中国水稻品种及其系谱数据库）

亲本来源：'珍汕 97A'（♀），'IR24'（♂）。选育单位：江西省萍乡市农业科学研究所。品种类型：籼型三系杂交水稻。适种地区：江西，广东。品种来源：江西省萍乡市农业科学研究所于 1973 年用'珍汕 97'不育系与恢复系'IR24'组配的杂交水稻组合。特征特性：属中稻型。在福建龙海县长福大队作双季早稻栽培 2 月 10 日播种，4 月 3 日插秧，7 月 16 日成熟；作双季晚稻栽培，7 月 11 日播种，8 月 4 日插秧，11 月 12 日成熟，全生育期 125 天；作单季晚稻栽培，全生育期 150 天左右。株高 90～100cm，株形紧凑。分蘖中等，茎秆粗壮，抗倒伏力强。主茎叶数早季 17.5～18.4 片，晚季 16.5～17 片。叶鞘基部和颖尖为紫褐色，剑叶短而上举，略呈瓦形。穗头比'四优 2 号'大，平均每穗 120～140 粒，结实率 86%～90%，千粒重 26～27g。一般亩产 425～450kg，高的可达 600～650kg。谷粒椭圆形，米质比'四优 2 号'略差。较抗稻瘟病，中感纹枯病，易感白叶枯病。作双晚栽培，在福建龙海市还易感黄化型病毒性病害。

6. '汕优 6 号'（中国水稻品种及其系谱数据库）

亲本来源：'珍汕 97A'（♀），'IR26'（♂）。选育单位：江西省萍乡市农业科学研究所。品种类型：籼型三系杂交水稻。品种来源：江西省萍乡市农业科学研究所用'珍汕 97'不育系与恢复系'IR26'组配的杂交水稻组合。特征特性：中稻型，偏感温。晋江以南低海拔地区能作早稻和连作晚稻栽培，其他地区宜作晚稻和中稻栽培。作早稻栽培于 2 月中下旬播种，7 月中旬成熟，全生育期为 144～148 天。作连作晚稻栽培 6 月下旬播种，11 月上旬成熟，全生育期为 123～132 天。作中稻栽培 4 月下旬播种，9 月底～10 月初成熟，全生育期为 150～160 天。株高 83～92cm，株形紧凑。根系发达，分蘖力较强，茎秆粗壮。主茎叶数 15～16 片。叶鞘、叶耳、稃尖、柱头均为紫红色。叶片窄、挺、厚、绿，剑叶伸展角小，后期转色好。稻穗弯形，每穗 106～126 粒，谷粒椭圆形，无芒，饱满，千粒重 24～26g，一般亩产 400～500kg，高的达到 600～650kg。米质较好，腹白较小，米饭胀性、黏性中等，食味较好。落粒性中等。适应性广，抗逆性强，较耐寒、耐旱，较耐酸碱锈烂等不良土壤。抗白叶枯病，中抗稻瘟病和稻飞虱，不抗其他病虫害。

7. '威优 6 号'（中国水稻品种及其系谱数据库）

亲本来源：'威 20A'（♀），'IR26'（♂）。选育单位：湖南省贺家山原种场。品种类型：籼型三系杂交水稻。品种来源：福建省莆田地区农业科学研究所于 1975 年，用湖南省贺家山原种场选育的'威 20'不育系与'IR20'不育系与'IR26'组配的杂交水稻组合。特征特性：属中稻型，偏感温性。在晋江以南低海拔地区能作早稻和连作晚稻栽培，其他地区宜作连作晚稻和中稻栽培。作早稻栽培于 2 月中旬成熟，全生育期为 143～147 天；作连作晚稻栽培于 6 月下旬～7 月上旬播种，11 月上旬成熟，全生育期为 122～130 天；作中稻栽培于 4 月中旬播种，9 月底齐穗，全生育期为 150～160 天。株高 78～89cm，株形紧凑。根系发达，分蘖力较强，茎秆粗壮。主茎叶片 15～16 片，叶鞘、叶耳、稃尖、柱头均为紫红色。叶片较窄挺，伸展角度较小，后期叶片转色好。稻穗弯形，穗长 20～23cm，每穗粒数 100～135 粒，结实率 80%～92%，一般亩产 425～450kg，高的可达 600～650kg。谷粒椭圆形，无芒，饱满，千粒重 26～28g。腹白较小，米质较好，米饭胀性中等，食味好。谷粒落粒性中等。适应性广，抗逆性强，较耐不良土壤和不良气候。较抗白叶枯病，中抗稻瘟病和稻飞虱，不抗其他病虫害。

8.‘D优63’（中国水稻品种及其系谱数据库）

亲本来源：‘D汕A’（♀），‘明恢63’（♂）。选育单位：四川农业大学。品种类型：籼型三系杂交水稻。适种地区：四川、云南、贵州、广东等省。特征特性：中籼迟熟杂交稻。株高100～110cm，株型松紧适中，主茎总叶片数17片左右，亩有效穗16万～19万，平均穗长25cm，每穗130～150粒，结实率85%～93%，抽穗整齐，千粒重28g左右。全生育期145～150天，作双晚130天。耐肥抗倒，适应性广，抗稻瘟病的能力比‘汕优63’稍强，不育系的开花习性好，制种产量高。大田一般亩产500kg左右。

9.‘Ⅱ优838’（中国水稻品种及其系谱数据库）

亲本来源：‘Ⅱ-32A’（♀），‘辐恢838’（♂）。选育单位：四川省原子核应用技术研究所。品种类型：籼型三系杂交水稻。适种地区：四川、重庆、湖南、河南。用提纯的优良不育系‘Ⅱ-32A’与采用辐射诱变和杂交育种技术相结合的方法选育成功的优良恢复系‘辐恢838’组配选育而成（郭嘉诚，1996）。特征特性：株高120cm左右，茎秆粗壮，主茎叶片17～18片，剑叶直立，叶鞘紫色，耐肥抗倒、后期落色好。平均穗长25cm，每穗总粒150粒，结实率85%左右，千粒重28g左右。在湖南作中稻栽培，全生育期132天左右，比‘汕优63’长2天。经区试抗病性鉴定：叶瘟6级，穗瘟5级。品质产量：经检测糙米率79.8%，精米率73.4%，整精米率42.6%，胶稠度55mm，直链淀粉含量22.8%。生产示范亩产550kg左右。

10.‘汕优10号’（中国水稻品种及其系谱数据库）

亲本来源：‘珍汕97A’（♀），‘密阳46’（♂）。选育单位：中国水稻研究所；浙江省台州市农业科学研究院。品种类型：籼型三系杂交糯稻。适种地区：福建、江西、云南、浙江、湖南、广东等地。选育单位：江西省萍乡农业科学研究所，品种来源：‘珍汕97A’/‘密阳46’。特征特性：该品种为感温型三系杂交稻组合，晚造全生育期117.0～119.5天，与‘汕优桂33’（CK）熟期相当，株高约98cm，亩有效穗17万～19万，平均每穗总粒数105.4～125.6粒，结实率78.3%～88.7%，千粒重29g。表现生势强，株型紧凑，分蘖力强，耐肥抗倒，抽穗整齐，后期熟色好，抗病力强，生育期适中，外观米质一般。产量表现：1989年晚造参加市区试，平均亩产485.3kg，比‘汕优桂33’（CK）亩增产31.4kg，增幅6.9%，日产量4.1kg；1990年晚造复试，平均亩产428.0kg，比‘汕优桂33’（CK）亩增产28.3kg，增幅7.0%，日产量3.7kg。

(二)常见常规稻品种

1.‘浙辐802’（中国水稻品种及其系谱数据库）

亲本来源：‘四梅2号’（♀），（♂）。选育单位：浙江农业大学；浙江省余杭县农业科学研究所。品种类型：籼型常规水稻。适种地区：安徽、湖北、湖南、江苏、江西、上海、浙江。品种来源：浙江农业大学与浙江省余杭县农业科学研究所用钴60-γ射线3万伦琴辐射处理‘四梅2号’干种子，于1980年育成。全生育期108天，株高80cm，株型较松散，叶阔而挺，分蘖力弱，后期转色好。有效穗 420 万/hm^2，穗长 18cm，每穗粒数 80 粒，千粒重 24g。较抗稻瘟病、纹枯病。稻米品质较好。平均单产 6.80t/hm^2（万建民，2010）。

2.　'空育 131'（中国水稻品种及其系谱数据库）

亲本来源：'空育 110'（♀），'道北 36'（♂）。品种类型：粳型常规水稻。适种地区：黑龙江。'空育 131'原产于日本。1990 年由黑龙江省农垦科学院水稻研究所从吉林农业科学院引进并选育而成，原代号为'垦鉴 90～31'。品种特征：特性属早熟品种，生育日数 127 天，需活动积温 2320℃。株高 80cm，穗长 14cm，每穗 80 粒，千粒重 26.5g，分蘖力强，成穗率高。1996 年人工接种苗瘟 9 级、叶瘟 7 级、穗颈瘟 9 级，自然感病苗瘟 9 级、叶瘟 7 级、穗颈瘟 7 级。分蘖力强，耐肥抗倒，耐冷性强。千粒重 26.2g，糙米率 83.1%，精米率 74.8%，整精米率 73.3%，米粒透明，无垩白，碱消值 6.1，胶稠度 50.2mm，直链淀粉 17.2%，蛋白质含量 7.41%。产量表现：1995～1996 年黑龙江省区试平均亩产 451.13kg，较对照'合江 19'平均增产 1.6%；1999 年生产示范平均亩产 525.63kg，较对照'合江 19'增产 8.9%。

3.　'武育粳 3 号'（中国水稻品种及其系谱数据库）

亲本来源：'中丹 1 号' / '武育粳'（♀），'中丹 1 号' / '扬粳 1 号'（♂）。选育单位：常州市武进区稻麦育种场；江苏省农业科学院粮食作物研究所。品种类型：粳型常规水稻。适种地区：江苏、安徽、湖北、上海等省市。'武育粳 3 号'由武进稻麦育种场培育而成，自培育至今已有近二十年的种植历史，其米质优，适应性广，熟期适中，稳产性好。该品种全生育期 150 天左右，属迟熟中粳类型。米质优，稳产性好，该品种米质外观虽有一定腹白率，但食味品质一致公认佳。产量表现一般为 550kg/亩，在苏北高产栽培下可达 650kg/亩以上。株高 88cm 左右，株型紧凑，茎秆韧性强，叶片短挺，叶色淡绿。分蘖性中等，生长清秀。穗粒结构：一般亩穗 25 万左右，每穗总粒 100 粒左右，结实率 95%，千粒重 27～28g。抗病性：抗白叶枯病和基腐病，中抗纹枯病。

4.　'桂朝 2 号'

亲本来源：'桂阳矮 49'（♀），'朝阳早 18'（♂）。选育单位：广东省农业科学院水稻研究所。品种类型：籼型常规水稻。适种地区：广东，河南南部。特征特性：'桂朝 2 号'因是用早晚稻品种杂交而成，除早造种植外，晚造也可以翻秋栽培。早造全生育期 130 天左右，比'珍珠矮 11 号'迟熟 5～7 天，晚造如在 7 月上旬播种，全生育期约 117 天。株高 100cm 左右。其特点是植株集生，株型较好，抽穗整齐，熟色较好，有效穗较多，稻穗着粒较密，每穗有实粒 80～100 粒，谷粒饱满，结实率较高，抗纹枯病力也较强。晚造种植比早造还好一些，全生育期 110 天，属早熟品种，植株变矮，约 90cm，叶片变窄，穗子也较大，抗热力差，抗白叶枯病能力弱，易穗上发芽，惠阳区良种场还发现有普矮病发生。产量表现：平均亩产 422.75kg。

5.　'双桂 1 号'（中国水稻品种及其系谱数据库）

亲本来源：'桂阳矮 C17'（♀），'桂朝 2 号'（♂）。选育单位：广东省农业科学院水稻研究所。品种类型：籼型常规水稻。适种地区：广东。特征特性：属感温型常规稻品种。全生育期早造 145 天，比'桂朝 2 号'迟熟 5 天，晚造 120 天左右，比'桂朝 2 号'迟熟 4 天。分蘖力强，前期生长快，节间比较短，秆矮，株高比'桂朝 2 号'矮 10cm 左右，耐肥抗倒，剑叶较厚而直，晚造栽培总叶数 15 片。主穗和分蘖穗生长不够整齐，高低穗很明显。以早期低位分蘖穗大粒多，结实率高，其次是主穗，再次是中迟出的中高位分蘖。适应性广，无论在沿海沙围田、沿江冲积土，还是丘陵、山区的坑田、梯田均可栽培。抗白叶枯病及稻瘟病比'桂朝 2 号'强，感纹枯病。产量表现：1980 年和 1981 年晚造参加省区试，平均亩产 363.1kg 和 289.2kg，比对照种'广塘矮'增产 14.17%和 19.37%。

6. '广陆矮 4 号'（中国水稻品种及其系谱数据库）

亲本来源：'广场矮 3784'（♀），'陆财号'（♂）。选育单位：广东省农业科学院水稻研究所。品种类型：籼型常规水稻。适种地区：安徽、湖北、湖南、江苏、江西、上海、浙江。

7. '武运粳 7 号'（中国水稻品种及其系谱数据库）

亲本来源：'嘉 40' / '香糯 9121'（♀），'丙 815'（♂）。选育单位：武进区农业科学研究所。品种类型：粳型常规水稻。适种地区：长江中下游粳稻区作双季晚稻。特征特性：全生育期 158 天左右，属早熟晚粳类型，一生总叶片数 18 叶左右，伸长节间数 6 个。株型集散适中，叶片偏淡，株高 95cm 左右。穗长 15.6～16.0cm，小穗着粒密度中。每穗总粒 130 粒左右，结实率 90%以上，千粒重 28～29g，易脱粒。谷粒椭圆形，稃色淡黄，稃尖无色，无芒，分蘖中等，茎秆粗壮，耐肥抗倒，一生生长清秀，后期熟相较好，抗稻瘟病、白叶枯病、纹枯病较弱，稻米有较好的外观品质和食味品质。对肥水较敏感，易感恶苗病。产量表现：经 1997 年、1998 年连续两年区试鉴定，平均亩产分别为 612.2kg 和 631.0kg，比'秀水 17'、'秀水 63'增产 2.2%，增产未达显著水平。1998年市生产试验，平均亩产 605.3kg，比'秀水 63'增产 5.4%。

8. '鄂宜 105'（中国水稻品种及其系谱数据库）

亲本来源：'农垦 58'（♀），（♂）。选育单位：湖北省宜昌市农业科学研究所。品种类型：粳型常规水稻。适种地区：湖北、湖南、安徽。品种来源：湖北省宜昌市农业科学研究所于 1978 年从'农垦 58'中系统选育而成。1982 年引入湖南。特征特性：株高 89cm 左右，茎粗中等，分蘖力强。叶色淡绿。成熟时落色好。穗长 16.4cm，弯曲度较大，每穗 77 粒，空壳率 18%左右。谷粒较大，椭圆形，稃尖无色。千粒重 27g。在益阳作双晚 6 月中旬播种，10 月 25 日左右成熟，全生育期 125 天。感光、感温性中等，不抗倒伏。抗稻瘟病、白叶枯病、纹枯病、矮缩病。产量与品质：一般亩产 350.45kg，高的可达 500kg。

9. '合江 19 号'（中国水稻品种及其系谱数据库）

亲本来源：'虾夷' / '合江 12 号'（♀），'京引 58'（♂）。选育单位：黑龙江省农业科学院水稻研究所。品种类型：粳型常规水稻。品种来源：黑龙江省农业科学院水稻研究所，以'京引 59'为母本，'合江 12'作父本杂交一代，又与'京引 58'杂交育成。1978 年确定推广。增产效果：1974～1976 年所内试验平均公顷产量 6442.5kg，比对照品种'北斗'增产 15.5%。1977 年在合江地区 9 个县 11 个点区域试验平均公顷产量 5812.5kg，比'北斗'增产 15.2%。特征特性：生育日数从出苗至成熟，直播栽培 105～110 天，插秧栽培 125～130 天，与'北斗'熟期相仿，从播种到成熟需活动积温 2300℃左右。幼苗淡绿色，苗势强，耐寒性好。感光性弱，感温性中等。叶片较窄，上举，秆强不倒，株收敛，耐肥性中等。较抗叶瘟和穗颈瘟，不抗节瘟。株高 85cm 左右，穗长 14cm 左右，无芒，稃色鲜艳，不早衰，籽粒椭圆形，千粒重 26～27g，米粒白色，玻璃质状，糙米率 80%。

四、特殊品种稻米的特点

(一) 红米

红米是我国古老而珍贵的稻种资源，其果皮和种皮上沉积色素而显红色，在我国具有非常悠久的栽培和食用历史。在我国保存的水稻种质资源中，有色稻种占 10%左右，其中红米稻种占据有色稻种的首位 (孙明茂等，2006)。中国红米主要分布在福建、广东、广西、江西、云南等南部各省 (自治区) (王丽华等，2006)。红米呈现红色主要是由于其酚类化合物原花青素和花色苷类物质含量较高，其种皮中的原花青素的起始单元是由矢车菊色素代谢而来的儿茶素 (Oki et al.，2002)，花色苷主要为矢车菊素-3-葡萄糖苷 (Abdel-Aal et al.，2006)。

红米品种繁多，包括籼、粳、黏、糯等红米品种，含有非常丰富的蛋白质、氨基酸、植物脂肪、纤维素、维生素 (B_1、B_2、B_6、B_{12}、A、D、E) 核黄素以及人体必需的 Se、Zn、Fe、Ca、Mn、Mg、P、K、Cu、Ge 等微量元素 (王子平，2008)。裴凌沧和潘军 (1993) 对比了有色米与白米间 17 种元素含量及 12 种无机元素的养分供需率的差异，发现红米中镁、钙、维生素和铁均高于白米和紫米。吴国泉等 (2000) 发现舟山红米中脂肪酸、维生素 B_1、维生素 B_2 及膳食纤维等含量明显高于'浙 733'，其微量元素硒、锌等是普通籼米'浙 733'的 2 倍。张美等 (2014) 对 8 个品种大米的基础营养成分和活性成分进行测定，结果发现红米的黄酮类物质、γ-氨基丁酸 (gamma aminobutyric acid，GABA)、锌、铁及灰分的含量较高，可以作为一种活性大米进行开发。

红米不仅营养丰富，还含有非常多的生物活性物质，如黄酮、花青素、生物碱、植物甾醇等。Masisi 等 (2016) 研究发现，红米具有非常强的抗氧化活性，其抗氧化活性高于紫米和荞麦，远高于浅色糙米、小麦和燕麦等谷物。Chen 等 (2012) 研究了糙米、紫米和红米提取物抑制血癌细胞增殖作用能力，结果表明糙米提取物对血癌细胞没有抑制效果，紫米提取物抑制效果大于糙米提取物，而红米提取物强烈抑制血癌细胞的增殖活性，在高剂量时抑制效果远远高于紫米提取物。陈起萱等 (2001) 研究表明，红米具有抗动脉粥样硬化作用，可降低实验兔的主动脉脂质斑块面积。周林秀等 (2012) 进一步探讨了 12 种稻米对糖尿病大鼠餐后血糖的影响，通过测定糖尿病大鼠空腹及餐后的血糖值，发现红米具有较低的血糖指数。

(二)黑米

黑米在我国有悠久的种植历史，其颜色是由色素在种皮和谷壳上沉积而成的。黑米在稻米品种中属于名贵珍奇的特种类型，可以分为籼、粳两个亚种，根据颜色可分为黑色、紫色、红黑、双色等品系。其主要分布在云贵高原一带，以云南、贵州、广东、广西较为集中。黑米呈现黑色主要是由于其酚类化合物原花青素和花色苷类物质含量较高，构成黑米种皮中花色素苷的主要苷元是矢车菊素，其次为芍药素(Reddy, 1996)。黑米不但含有丰富的蛋白质、维生素 B_1、维生素 B_2 等，而且氨基酸组成相当齐全，同时富含铁、锌、铜等微量元素。

黑米多以全米(包括种皮、果皮和胚芽)的形式直接食用和加工，其膳食纤维含量较丰富。黑米中蛋白质含量很高，研究表明，黑米半糙米＞红米半糙米＞普通稻糙米＞普通稻精米。黑米半糙米的蛋白质质量分数高于普通糙米 29.20%，高于普通精米 64.02%，与普通精米比较差异达极显著水平；而红米半糙米则比普通糙米提高了 12.39%，比普通精米提高了 42.68%。朱智伟等(1991)对不同色泽的稻米进行研究，结果显示黑米的蛋白质含量较普通白米高出 6%。顾德法和徐美玉(1992)研究表明紫黑糯稻糙米的蛋白质、纤维素、维生素 B_2 等含量显著高于普通糙米，其中糙米的蛋白质、纤维素、维生素和矿物元素等含量更显著高于普通稻精米。

黑米中还含有非常丰富的功能活性物质，如花青素、生育酚、谷维素、多酚、B 族维生素及膳食纤维等。Rocchetti 等研究发现，相比于精白米、糙米和红米，黑米具有更高的抗氧化活性，并且非糯性黑米含有的酚类物质和抗氧化活性高于糯性黑米，在经过烹饪处理后，其抗氧化活性最高可能损失达 53%以上(Rocchetti et al., 2017; Tang et al., 2016)。Limtrakul 等(2015)研究发现黑米提取物可以降低 RAW 264.7 中脂多糖诱导的细胞炎症，可能具有抗炎症作用。Sui 等(2016)从黑米中提取花青素并添加进面包，发现其可以有效地抑制 α-淀粉酶的活性，使淀粉等在消化过程中的葡萄糖释放速率降低，从而控制血糖的增加。Lim 等(2016)对小鼠喂食包含 2.5%～5%发芽糯性黑米粉的高脂肪食物 8 周，发现可以显著地降低小鼠的体重增长速度，从而控制小鼠体重的增加。除此之外，黑米粉或者其提取物还具有改善骨质疏松(Jang et al., 2015)、保护肾脏、肝脏及肠道等作用(Rocchetti et al., 2017; Arjinajarn et al., 2017)。

(三)紫米

紫米是我国比较珍贵的有色稻品种，我国的种植以中稻群的籼糯和粳糯为主。紫米种皮内的色素主要为矢车菊素-3-葡萄糖苷和芍药素-3-葡萄糖苷，此外还有少量的矢车菊素龙胆二糖苷(Fossen et al., 2002)。紫米富含蛋白质、氨基酸、植物脂肪、纤维素和人体必需的矿物质，如 Fe、Zn、Ca 等，以及丰富的维生素 B_1、维生素 B_2、维生素 B_6、维生素 B_{12}、维生素 D、维生素 E 和烟酸，尤其是含有一般稻米缺乏的维生素 C、胡萝卜素等。姚碧清和谢光盛(1990)研究结果发现紫色籼稻中的 8 种人体必需氨基酸高于普通稻谷，占氨基酸总量的 42.21%。与普通大米相比较，紫米的蛋白质品质及氨基酸组成更好，特别是赖氨酸和苏氨酸的含量明显高于白米，组氨酸的含量也相对较高。杨宁等(2017)发现，紫米的蛋白质含量较白米高23%、灰分含量较白米高31%，而淀粉含量较白米低约15%。而且紫米总花色苷和游离态与结合态总多酚、总黄酮的含量均高于白米，多以游离态的多酚和黄酮为主，紫米酚酸黄酮类物质主要包括原儿茶酸、绿原酸、香草酸、咖啡酸、表儿茶素、p-香豆素、芦丁和阿魏酸等；花色苷主要为矢车菊素-3-葡萄糖苷、锦葵-3-葡萄糖苷和芍药-3-葡萄糖苷。

紫米与黑米和红米相似，含有非常丰富的功能活性物质，如花青素、生育酚、谷维素、多酚、GABA 等活性物质。

（四）巨胚米

巨胚米是特种稻中具有高功能性的一种，其糙米胚部是正常大米胚的 2 倍以上。米胚不仅富含不饱和脂肪酸和优质蛋白质等高价值的天然营养素，还含有丰富的维生素和矿物质。Zhao 等(2017)发现巨胚稻在生长过程中，由于多胺途径中的基因转录和中间产物上调，GABA 的分解转录基因下调，GABA 在巨胚稻中大量聚集，其含量远远高于普通稻米。巨胚米增加了糙米中胚的比例因而提高了其营养价值，因此常被作为保健食品，素有"长寿米""高功能营养性稻米"的美誉。

巨胚米的营养一般较普通米更丰富。赵则胜和蒋家云(2002)研究发现，巨胚稻的胚部大小和质量都明显超过普通稻米的胚，其胚重占糙米重的 7%，而普通稻米的胚重占其糙米重的 1.84%，巨胚稻胚重是普通稻胚重的 2.45 倍，同时，巨胚稻糙米的营养绝大部分高于普通稻糙米的营养，如维生素 E 比普通粳稻糙米增加41%，维生素 B_1 增加8%，维生素 B_2 减少 3%，烟酸增加 19%，Ca 增加 28%，Zn 增加 58%，P 增加 112%。张艳华等(2013)培育出的巨胚稻新品系中钾、锌、铜、锰和铁 5 种矿物质元素的平均含量分别比普通稻高 50.65%、12.65%、28.58%、100.12%和 112.86%；必需氨基酸总量增加 29.05%，氨基酸总量增加 31.00%；GABA 含量平均达到 5.81mg/100g，为普通稻(1.81mg/100g)的 3.2 倍。

第二章　稻谷的储藏及品质影响

第一节　稻谷的陈化及其机理

成熟的稻谷籽粒有较强的生命力，随着自身代谢消耗所储存的营养物质，其自身的生命力逐渐减弱，也就是发生陈化和品质劣变，最终死亡。稻谷或稻米在储藏期间会发生品质降低的现象，随着储藏时间的延长，它的物理、化学特性发生一系列的变化，这种变化过程就是陈化作用。稻谷的陈化是一个极为复杂的过程，它是在微生物、酶和底物的共同存在下，在复杂的化学和生物学反应的共同作用下所产生的一种自然或自发的现象。即使是在正常的储藏条件下，没有虫霉的侵害，陈化也会发生。稻谷或稻米陈化对蒸煮、营养品质及大米的商品价值都有不利的影响。影响稻谷或稻米陈化的因素有很多，内因主要有稻谷的品种、稻谷的物理化学特性、稻谷带菌量和微生物种类等；外因主要是温度、湿度、气体成分和围护结构等。

一、稻谷储藏过程中主要化学成分的变化

（一）水分的变化

水分作为各种生化反应的介质或溶剂，在稻谷的储藏过程中有着至关重要的作用。水分的含量和状态会直接或间接地影响储藏期间稻谷的各类品质，如整精米率、发芽率、脂肪酸值、质构特性、微观结构等。稻谷在储藏过程中水分含量的变化主要是由稻谷对水分子的吸附或解吸造成的，源于稻谷所含极性基团与水分子的相互作用。根据陈银基等（2016）的研究，稻谷中水分含量越高，细菌总数增加趋势越明显。稻谷在储藏期间如若水分含量过大，则说明体内生化反应加剧，加速了营养物质的消耗，导致稻谷品质下降等一系列劣变。

稻谷在陈化过程中水分含量的变化与储藏条件如温度、湿度、环境气体组成及包装材料等有关。本课题组研究了'隆两优534'、'晶两优1212'、'浓香32'和'玉针香'四个品种稻谷在42℃（相对湿度85%，储藏0～30d）和30℃（相对湿度70%，储藏0～180d）储藏过程中水分含量的变化，如图2-1所示。在42℃加速陈化期间，水分含量均呈现先上升后下降的趋势，在15d以前，各品种水分含量均有上升，其中以'玉针香'变化最为明显（$P < 0.05$），由0天的12.44%至15天时的15.89%，其后又在30d时下降至12.77%；变化幅度最小的为'晶两优1212'。'浓香32'和'玉针香'在30℃加速陈化期间的水分含量随着储藏时间的增长呈下降趋势，其中'玉针香'中的水分含量变化较大，由0d的13.27%下降至180d的11.61%。包清彬和猪谷富雄（2003）研究糙米在5℃、20℃、30℃

及自然室温下，分别以真空加脱氧剂、真空、CO_2 体封入、自然空气封入、纸袋包装五种包装(气体)条件下其水分变化情况，认为前四种密封方法对糙米水分变化不大，但透气纸袋包装糙米水分减少较多，并特别以低温 5℃(低温库)和高温 30℃(恒温器)两个储藏区水分变化(减少)最大。王颖和张蕾(2006)针对不同包装材料对大米品质变化影响进行分析研究，研究表明，各包装材料包中编织袋包装大米，水分含量波动较大；高阻隔性和中阻隔性包装材料中大米水分含量都有不同程度增加，其平均增加量分别为 1.2%、2.97%。

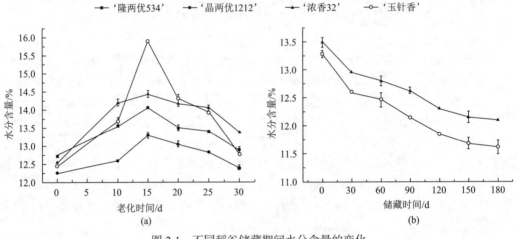

图 2-1　不同稻谷储藏期间水分含量的变化

(a)稻谷在 42℃加速陈化；(b)稻谷在 30℃加速陈化

　　稻谷内水分按照其热力学吸附特性可分为自由水、束缚水和不易流动水。其中与细胞组分紧密结合而不能自由移动、不易蒸发散失的水分为结合水。与细胞组分之间吸附力较弱、可以自由移动的水，称为自由水。介于自由水和束缚水之间的水分为不易流动水。稻谷内水分存在的状况及各种状态水分之间的比例与稻谷的生理生化状态和特性有着直接关系，当稻谷中自由水和束缚水比值高时，细胞原生质呈溶胶状态，如果储藏温度较高，则自身呼吸代谢较旺盛，种子物质消耗多，稻谷易陈化，储藏性能较差；反之，细胞原生质呈凝胶状态，生理生化反应基本处于静止状态，稻谷的储藏性能较好。水分子的存在状态对稻谷储藏的特性也有一定的影响作用，因此需要进一步研究不同稻谷在老化期间水分子的变化情况。

　　不同稻谷储藏过程中水分横向弛豫时间(T_2)变化趋势如图 2-2 所示。T_2 变化范围为 0.1～1000 ms，根据图 2-3 中 3 个峰对应 T_2 的长短，将其划分为三种存在状态，结合水(T_{21}，0.1～10 ms)，不易流动水(T_{22}，10～100 ms)和自由水(T_{23}，100～1000 ms)。结合图 2-2 与图 2-3 可知，在老化试验期间，不同种的稻谷中结合水的含量先升高再下降，但变化不显著($P < 0.05$)，水分子的存在状态对稻谷体内代谢反应有着重要作用，游离水可以参与稻谷的生化反应，而结合水会受淀粉、蛋白质等亲水胶体的影响，进而影响吸附的进行，导致不同程度的水分丢失。其中变化幅度最大的为'玉针香'，最高时达到 89.25%，最低时为 85.99%。从图 2-3 中可以看出，在接下来的储藏试验中，水分子状态变化幅度不明显($P < 0.05$)，因此从水分子的状态变化看来，并未有显著影响蛋白质等大

分子的结合从而进一步影响稻谷食用品质的情况。

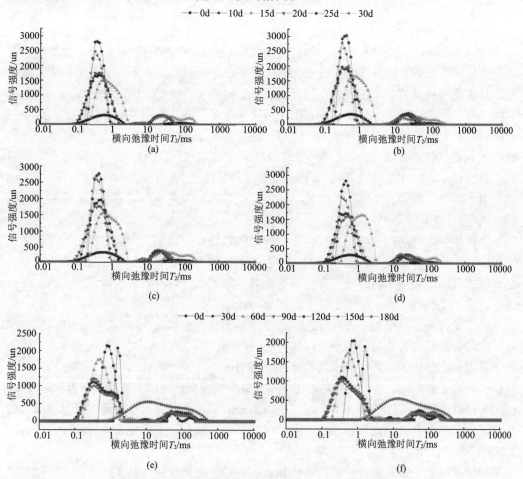

图 2-2 不同稻谷试验期间水分横向弛豫时间 T_2 分布图

(a) 老化试验期间'隆两优 534'变化情况；(b) 老化试验期间'晶两优 1212'变化情况；(c) 老化试验期间'浓香 32'变化情况；(d) 老化试验期间'玉针香'变化情况；(e) 储藏试验期间'浓香 32'变化情况；(f) 储藏试验期间'玉针香'变化情况

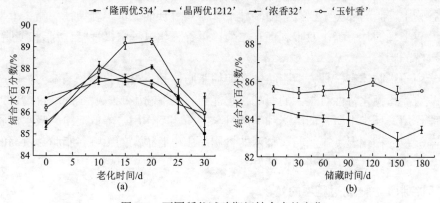

图 2-3 不同稻谷试验期间结合水的变化

(a) 不同稻谷在老化试验期间结合水的变化情况；(b) 不同稻谷在储藏期间结合水的变化情况

(二)稻谷中的脂类及其在陈化过程中的变化

1. 稻谷中的脂类

稻谷中的脂类主要分布于稻谷的种皮和胚中(张瑛等，2001)，且与脂溶性维生素共存(刘保国等，1992)，其含量为 2%~3%。脂肪在稻米籽粒分布不均匀，米胚中含量最高，其次是种皮和糊粉层，胚乳中含量最低。Lipidmaps 数据库将脂质分成八大类：甘油酯、糖脂、脂肪酸类、磷脂、鞘脂类、多聚异戊二烯醇、聚酮类化合物、胆固醇类。其中，稻谷中的脂质主要有甘油酯、磷脂、糖脂(Zhou et al.，2002a)。组成稻谷脂肪的脂肪酸主要有亚油酸(21%~36%)、油酸(32%~46%)、棕榈油(23%~28%)，还有少量的亚麻酸(0.4%~1.3%)、硬脂酸(1.4%~2.4%)和微量的月桂酸、棕榈油酸、花生酸等。稻谷中不饱和脂肪酸占总脂肪酸的比例较大，在氧和相应酶的作用下，不饱和脂肪酸极易被氧化，使稻谷品质劣变。

甘油酯是由甘油和长链脂肪酸结合而成的脂肪分子，甘油三酯是稻谷中最主要的极性脂，有储存能量和调节代谢途径的功能。在稻谷储藏过程中，甘油三酯降解为甘油二酯、单酰甘油、甘油和脂肪酸。在脂肪氧化酶的作用下，游离脂肪酸被氧化为脂氢过氧化物，进一步分解为醛、酮等小分子物质(Suzuki，1995)。

磷脂是构成细胞膜的主要成分，广泛存在于细菌、植物及人体内。磷脂在植物油料种子中的含量较高，并与糖类、蛋白质、脂肪酸等物质结合，以结合态形式存在。磷脂分子是由亲水的极性头部和疏水的非极性尾部组成，按分子结构的组成，磷脂可以分为甘油磷脂和鞘磷脂两大类。磷脂易溶于苯、三氯甲烷等极性低的有机溶剂，但不溶于水、丙酮等极性溶剂，根据磷脂在不同极性的溶剂中溶解度不同，可以将磷脂和其他脂类物质分开。磷脂中富含不饱和脂肪酸，在氧气或者光照条件下被氧化，使磷脂颜色变深，影响磷脂的生理活性。

糖脂是脂类中的一种含糖的脂溶性化合物，是一种极性脂，其亲水头部基团通过糖苷键与糖分子相连。糖脂按其结构可以分为两大类：糖基甘油酯和鞘糖脂。糖基甘油酯的结构与磷脂的结构相似，其主链都是甘油，含有脂肪酸，区别是不含磷和胆碱类化合物。鞘糖脂是动植物细胞膜的组成部分，主要存在于神经组织和脑中，几乎不存在于储脂中。谷物中糖脂的种类主要有：磺基异鼠李糖双酰甘油、单半乳糖甘一酯、单半乳糖甘二酯、双半乳糖甘一酯、双半乳糖甘二酯。稻谷陈化过程中极性脂(磷脂和糖脂)是最易发生水解的脂类。

稻米中的脂肪体有三种，即脂肪体、淀粉脂肪体和蛋白脂肪体。稻米淀粉脂肪体中的脂肪酸对淀粉糊化特性有很大的影响，它能与直链淀粉生成螺旋状的络合物，抑制淀粉的膨胀作用。稻米中所含的磷脂和糖脂可与淀粉相互作用，降低淀粉的吸水性和膨胀性，提高淀粉的糊化温度。脂肪对稻米的食用品质也有很大的影响，脂肪含量高的米蒸煮后，表面光亮，且冷饭口味和口感好。

2. 稻谷脂类在陈化过程中的变化

稻谷陈化变质的主要原因之一是脂类在储藏过程中发生了变化。稻谷储藏期间脂质变化主要有水解和氧化两种途径：脂类在脂肪酶和磷脂酶的作用下，水解生成游离脂肪酸和甘油；不饱和脂肪酸被氧化生成醛、酮类羰基化合物。研究发现与稻谷脂类变化有关的酶主要包括脂肪水解酶(Lipase)，脂肪氧化酶(Lipoxygenase，LOX)、半乳糖醛酸酶(Polygalacturonases，PGs)、磷脂酶(Phospholipase，PLA)。

甘油酯类在脂肪酶作用下，水解生成游离脂肪酸，其主要的产物有亚油酸、软脂酸、亚麻酸、硬脂酸、油酸和十四烷酸。叶霞等(2004)发现稻谷在储藏过程中，脂肪酸组成会发生变化、游离脂肪酸含量增加，导致稻谷的食用品质和营养价值降低。笔者研究了稻谷加速陈化过程中粗脂肪含量的变化(图 2-4)。随着陈化时间的增加，稻谷的粗脂肪含量总体呈现下降趋势，这个结果与张玉荣(2017)的一致。两种稻谷在加速陈化过程中，脂质发生了水解或氧化反应，使粗脂肪含量降低(谢宏，2007)。

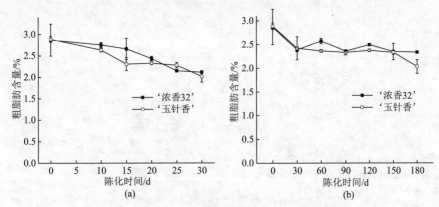

图 2-4　稻谷加速陈化过程中粗脂肪含量的变化
(a)稻谷在 42℃加速陈化；(b)稻谷在 30℃加速陈化

本课题组研究了不同储藏温度下'玉针香'和'浓香32'两个品种稻谷的脂肪酸值随储藏时间的变化，如图 2-5 所示，由图 2-5(a)可知，稻谷在 42℃加速陈化过程中的脂肪酸值随陈化时间的增加先上升后下降。陈化过程中，脂肪水解成脂肪酸，脂肪酸值增加。随着陈化时间继续增加，游离脂肪酸氧化的程度大于水解，脂肪酸值下降。'浓香32'和'玉针香'的脂肪酸值分别在25d、15d 达到 35.18mg KOH/100g、35.93mg KOH/100g，超过国家安全储粮标准，说明不同品种的稻谷在加速陈化期间的脂质水解程度也不同。由图 2-5(b)可知，脂肪酸值随陈化时间的增加呈现上升的趋势。两种稻谷在加速陈化前期，脂肪酸值显著增大($P < 0.05$)，在加速陈化中期，脂肪酸值没有显著性变化($P > 0.05$)，在加速陈化末期，脂肪酸值显著增加($P < 0.05$)。

脂肪酸在一定条件下发生过氧化反应生成具有氧化活性的脂质自由基、部分羰基化合物和脂质氢过氧化物等(Wu et al.，2009)。稻谷中的脂质在储藏过程中发生氧化酸败生成过氧化物，过氧化值能够在一定程度上反映脂质酸败的程度。随着陈化时间的增加，稻谷过氧化值均呈现增大的趋势，说明在加速陈化过程中，脂质过氧化的程度逐渐增大(图 2-6)。

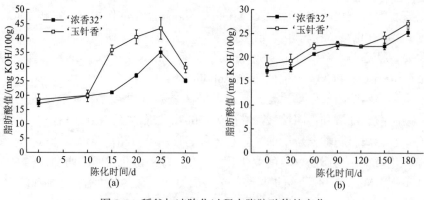

图 2-5　稻谷加速陈化过程中脂肪酸值的变化

(a)稻谷在 42℃加速陈化；(b)稻谷在 30℃加速陈化

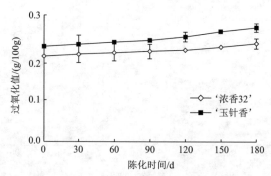

图 2-6　稻谷加速陈化过程中过氧化值的变化

丙二醛(MDA)是脂质过氧化的主要产物，其含量的高低可以代表脂质过氧化的程度。稻谷加速陈化过程中丙二醛含量的变化如图 2-7 所示，随着陈化时间的延长，稻谷中丙二醛含量均呈现先增大后下降的趋势。高温促进了脂质过氧化作用，加速了丙二醛的产生，使丙二醛含量迅速上升(李颖和李岩峰，2014)；随着陈化时间的增加，在陈化后期稻谷活力逐渐丧失，酶活性下降，脂质过氧化程度下降(蒋甜燕，2012)，使脂质过氧化生成丙二醛的含量小于在高温下丙二醛挥发的含量，最终导致丙二醛含量下降。

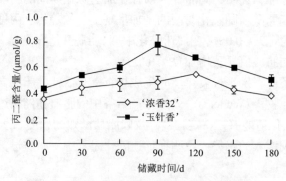

图 2-7　稻谷加速陈化过程中丙二醛含量的变化

(三)稻谷中的蛋白质及其在陈化过程中的变化

稻谷中的蛋白质含量低于其他粮食品种，且不同品种间含量差异很大，国际水稻研究所对其所保存的 17587 个品种研究表明，品种间蛋白质含量为 4.3%～18.2%。稻米蛋白质含量的高低受环境因素的影响，但主要取决于其自身遗传物质。稻米蛋白是营养界公认的优质植物蛋白，其必需氨基酸构成比较完整，是谷类中最好的一种蛋白质。水稻储藏蛋白质分为清蛋白（albumin）、球蛋白（alobulin）、醇溶蛋白（gliadin）和谷蛋白（glutenin）四大类，主要存在于胚乳中。

在储藏过程中，稻谷和稻米总蛋白质含量变化较小，一旦发现变化即为变质，蛋白质的变化主要表现为结构和类型方面的改变。随着储藏时间的延长，可溶性蛋白质和盐溶性蛋白质含量降低（图 2-8），醇溶性蛋白质也有下降的趋势。

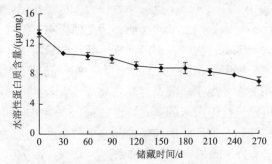

图 2-8　糙米储藏过程中水溶性蛋白质含量的变化

从结构上讲，清蛋白、球蛋白和谷蛋白在稻谷陈化后均表现出高分子量亚基含量增多，低分子量亚基含量减少。稻谷陈化过程中蛋白质发生的最显著的变化就是巯基含量减少，二硫键增加，导致蛋白质分子量增大，谷蛋白与淀粉相互结合作用减弱，并认为这种变化与米饭的黏度下降有关。这可能是因为巯基减少，二硫键交联增多，导致蛋白质在淀粉周围形成坚固的网状结构，限制了淀粉粒的膨胀和柔润，使米粉不易糊化，因而米饭硬度增加，黏性减小（Chrastil，1990）。Hamaker 等（1993）通过加入 DTT 破坏蛋白质的二硫键，发现二硫键破坏后米饭的黏性提高，低剪切力下黏度升高，而高剪切力下黏度下降。另外，巯基含量的下降使得米饭在蒸煮过程中挥发性硫化物减少，从而影响米饭香味的形成。

稻米蛋白质对稻米淀粉 RVA 谱有影响。化学和酶处理能够使陈稻的 RVA 谱发生多种变化，蛋白酶能使高温储藏的陈稻谷的 RVA 谱的峰值黏度增加，冷胶黏度降低。"陈化"样品通过化学和酶处理之后其峰值黏度和热浆黏度与新稻谷一样，因此蛋白质是陈化过程的一个关键因素。蛋白质主要通过两个方面影响稻米淀粉的 RVA 曲线：一是对水的束缚作用；二是通过二硫键形成网络机制（Zhou et al.，2003；Bruneel et al.，2010）。陈化中球蛋白与淀粉间的相互作用变化最大，其次是谷蛋白，而清蛋白和醇溶蛋白与淀粉的相互作用变化不大；且球蛋白是与淀粉分子的相互作用加强，而谷蛋白与淀粉分子的相互作用减弱（郭玉宝，2012）。

(四)稻谷中的淀粉及其在陈化过程中的变化

淀粉是稻谷中最主要的营养素,占胚乳质量的 70%以上。以往很多研究集中于大米在陈化过程中淀粉性质的变化以及陈化导致大米直链淀粉和支链淀粉各自的化学组成的变化。淀粉在储藏期间虽然受酶的作用,水解成糊精、麦芽糖,进而分解成葡萄糖作为代谢活动的能源而含量降低,但由于基数大,总的变化率并不明显。在储藏大米中脱支酶仍保持其活性,它作用于糖苷键使支链淀粉脱支,所以储藏之后直链淀粉含量增加,支链淀粉含量减少,使做出来的米饭黏性变差,硬度增加,口感变劣。

大米的直链淀粉在含量、结构上的变化直接影响着大米的品质,被认为是预测大米食用品质和加工特性的重要指标。一般认为直链淀粉含量可以很好地反映大米的蒸煮品质,与吸水性、膨胀性、蓬松度和分散度呈正相关,与黏度、光泽度、柔软性呈负相关(Zhou et al.,2002b;徐民等,2005)。也有学者认为,虽然在储藏中大米直链淀粉有所增加,但增加量很小,不足以影响大米的品质,于是他们对不溶性直链淀粉做了研究。王金水(1995)指出在大米储藏过程中,不溶性直链淀粉含量增加,并且增加值与大米的黏度值呈明显负相关,与硬度呈正相关。同时,有一些研究显示不溶性直链淀粉含量与蒸煮大米黏度之间的相关性要高于全部直链淀粉与蒸煮大米黏度之间的相关性,说明不溶性直链淀粉含量能更好地反映大米的蒸煮特性(Kshirod,1978)。这主要是因为不溶性直链淀粉含量增加会使淀粉粒变硬,使淀粉粒晶体更加紧密,达到糊化温度时,只是微晶束有较大程度的松动,分子间仍有许多氢键未被拆开,使米饭硬度提高,黏性下降(朱星晔,2010)。

在大米储藏过程中,支链淀粉在脱支酶的作用下使其中的最长链组分含量降低,部分脱支,在总淀粉中的含量下降。支链淀粉能增加米饭甜味和黏性,提高适口性(谢宏,2007;徐民等,2005)。'盐粳 48'和'秋天小町'两个品种的糙米在30℃,相对湿度 65%下储藏过程中总淀粉与支链淀粉含量随储藏时间延长缓慢下降,在储藏 9 个月总淀粉的减少量未超过总量的 1.3%,支链淀粉下降幅度在 6.05%,可能是因为支链淀粉部分转变为直链淀粉,导致支链淀粉下降幅度大于总淀粉(谢宏,2007)。另外,支链淀粉中极长链和短链部分呈下降趋势,长链部分含量增加,储藏过程中稻米支链淀粉长链部分的增加是米饭质地逐渐变硬且渣感增大的原因(谢宏,2007)。

国外研究者曾报道,微生物是导致稻米陈化过程中淀粉发生分解的重要因素之一。很多霉菌,如曲霉属、青霉属等和细菌,都具有分泌淀粉酶的能力,能分解淀粉。细菌霉菌根据分泌的淀粉酶种类的差异,分解淀粉的能力不同,淀粉分解的产物有麦芽糖、糊精、葡萄糖。有些微生物能分解蔗糖酶,将稻米中的蔗糖(非还原糖)分解为葡萄糖和果糖,其他低聚糖也可在微生物的作用下分解为单糖,因此,稻米陈化过程中,还原糖含量是不断增加的。

(五)稻谷中的挥发性物质及其在陈化过程中的变化

稻谷挥发性代谢物质的变化是判断其品质优劣的一个重要指标,稻谷在储藏过程中，由于受到水分、温度、虫害等的影响，稻谷中蛋白质、淀粉、脂质等易遭到破坏，挥发性代谢产物增多，使稻谷在储藏过程中产生霉味、臭味、酸败味等不良气味，导致稻谷的食味品质下降，稻谷陈化变质。

稻谷的挥发性物质主要有醛类、酮类、醇类、烷烃类、酸酯类和杂环类等化合物（汤镇嘉，1988）。在储藏期内，醛类的挥发性物质种类最多，很大部分的醛类物质是由不饱和脂肪酸氧化而来的，一般醛的阈值很低，通常低级醛都有自己独特气味，如 C_3 和 C_4 醛具有很浓烈的刺激性气味，$C_5 \sim C_9$ 中等分子量的醛具有清香、油香、脂香和牛脂香气味，而 C_{10} 和 C_{12} 醛则拥有柠檬味和橘皮味。林家勇等（2009）用顶空固相微萃取（HS-SPME）技术结合气相-质谱法（GC-MS）对不同稻谷中挥发性物质进行研究，优化顶空固相微萃取的条件，包括平衡时间、萃取时间、萃取温度及样品量，并对不同稻谷中挥发性成分进行鉴定和分类分析。结果表明稻谷中的挥发性成分有醇类、醛类、酮类、酯类、烃类、有机酸类及杂环类化合物等。最主要的挥发性成分是醛类，其中含量最高的是己醛，平均为 13.31%；其次为壬醛，平均为 7.93%。而张婷筠（2013）发现不同储藏条件下，稻谷中各挥发性成分 GC-MS 色谱图中峰的保留时间相同，峰形相似，只是各峰的含量有差别。稻谷中共检测到 82 种挥发性成分，虽然挥发性物质种类很多，但匹配度在 80%以上的只有 62 种。挥发性物质种类最多的是烃类，其次是酮类和醛类，醇类最少。醛类、醇类和酮类等羰基化合物主要是些小分子物质，而烷烃类物质的分子量较大，主要是 $C_{10} \sim C_{22}$ 烷烃类物质。

本课题组采用 SPME-GC-MS 研究了'浓香 32'稻谷在加速陈化过程中挥发性代谢产物及含量的变化。'浓香 32'在 42℃加速陈化过程中各类挥发性代谢产物的组成如图 2-9 所示。通过 GC-MS 分析后，共检测到 217 种挥发性代谢产物，其中烃类共 134种（包括烷烃类 115 种，烯烃类 14 种，芳香烃 5 种），酯类 30 种，醇类 19 种，酸类 2种，酮类 10 种，醚类 2 种，醛类 11 种，杂环类 4 种，其他类 7 种。由图 2-9 可知，在陈化过程中，烃类、酯类、醇类、酮类和醛类为主要的挥发性代谢产物。表 2-1 为'浓香 32'在 42℃加速陈化过程中挥发性代谢产物及其相对含量的变化。

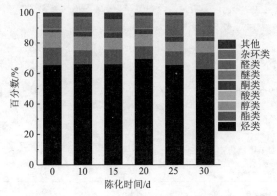

图 2-9 '浓香 32'在 42℃加速陈化过程中挥发性代谢产物组成

表 2-1　'浓香 32'在 42℃加速陈化过程中挥发性代谢产物的相对含量（%）

分类	挥发物名称	陈化时间/d					
		0	10	15	20	25	30
烃类	正十七烷	4.55	4.60	4.47	4.34	3.64	4.59
	7-甲基十七烷	1.97	1.98	1.95	1.88	1.93	1.88
	十二烷	1.38	2.38	1.74	1.67	2.33	1.89
	3-亚甲基十一烷	2.96	1.69	1.85	1.87	1.57	1.68
	5-甲基十四烷	2.12	1.69	1.13	1.65	1.62	1.65
	11-戊烷二十一烷	1.77	1.49	1.51	1.48	1.36	1.59
	四十三烷	1.36	1.63	1.11	1.25	0.94	1.88
	3-乙基十三烷	1.19	1.15	1.66	1.23	0.84	0.96
	3-乙基-3-甲基癸烷	0.74	1.40	1.93	0.76	0.94	1.52
	10-甲基二十烷	1.18	0.97	0.95	0.84	0.94	0.86
	8-己基十五烷	1.30	0.89	0.98	1.40	0.67	0.24
	正十六烷	0.69	0.85	0.95	0.78	0.90	0.31
	2,2-二甲基十四烷	0.74	0.67	0.79	0.95	0.57	0.66
	9-甲基十九烷	1.32	0.57	0.58	0.77	0.39	0.44
	四十四烷	0.86	0.59	0.64	0.83	0.45	0.16
	二十烷	0.48	0.39	0.39	0.83	0.26	0.54
	4-甲基十六烷	0.99	0.23	0.26	0.28	0.30	0.12
	2,4-二甲基环己烷	0.13	0.11	0.80	0.22	0.67	0.25
	5-(2-甲基丙基)壬烷	1.69	1.24	1.37	1.28	1.25	
	2,6-二甲基辛烷	1.13	—	—	—	—	—
	植烷		0.33	0.38	0.24	0.45	0.35
	4,7-二甲基十一烷	—	—	—	—	3.37	—
	十一烷	2.22	3.46	2.77	1.84	—	3.38
	右旋萜二烯	0.42	1.89	1.00	1.12	2.46	1.75
	苯乙烯	0.50	0.95	0.96	0.58	1.52	1.18
	1-二十三烯	0.74	0.69	0.76	0.98	0.63	0.71
	(3E)-6-甲基-3-十一碳烯	0.27	0.20	0.23	0.35	0.34	0.54
	(Z, E)-3,7,11-三甲基-1,3,6,10-十二碳四烯	1.31	—	—	—	—	—
	萘	—	1.70	1.90	1.76	1.72	0.97
	1-甲基萘	—	1.80	—	—	—	—
	其他烃	34.23	32.25	33.58	38.53	34.88	35.28
酯类	α-戊基-γ-丁内酯	1.86	1.84	2.12	1.84	1.72	1.74
	甲酸辛酯	1.19	1.40	1.70	1.17	1.63	0.70
	二十一烷基甲酸酯	0.44	0.38	0.33	0.49	0.24	0.16
	邻苯二甲酸庚-2-基异丁基酯	0.12	0.13	0.12	0.16	0.46	0.59

续表

分类	挥发物名称	陈化时间/d					
		0	10	15	20	25	30
酯类	山嵛酸乙酯	0.63	0.77	0.59	0.14	0.55	0.51
	棕榈酸甲酯	0.25	0.19	0.23	0.99	0.29	0.18
	N-羟基苯甲亚氨酸甲酯	—	—	—	—	—	2.53
	植醇乙酯	—	0.16	0.18	0.28	0.15	0.80
	其他酯	7.75	5.22	5.31	4.21	4.68	4.22
醇类	2-乙基-1-癸醇	1.89	1.61	1.71	1.48	1.66	1.69
	2-辛基-1-癸醇	1.73	1.28	1.51	1.47	1.14	1.47
	2,4-二乙基庚烷-1-醇	1.33	1.14	1.27	0.74	0.67	1.15
	2-己基十二烷-1-醇	0.74	0.67	0.65	0.52	0.69	0.64
	庚醇	0.30	0.40	0.47	0.33	0.50	0.42
	2-甲基-1-辛醇	0.69	0.98	—	—	—	—
	其他醇	3.41	3.00	1.96	3.29	1.54	2.23
酸类	5-苯(甲)酰戊酸	0.53	—	—	—	—	—
	十四烷基三氟乙酸	0.19	0.19	0.16	0.25	0.17	0.22
酮类	植酮	0.44	0.76	0.99	0.86	0.94	0.25
	3-十三酮	0.63	0.56	0.68	0.74	0.46	0.55
	3,5,5-三甲基环己-2-烯酮	0.39	0.54	0.55	0.34	0.56	0.43
	(Z)-氧代环十七碳-8-烯-2-酮	0.22	0.56	0.17	0.77	0.11	0.23
	2-十三烷酮	—	0.35	0.65	0.64	0.83	0.76
	2-十五烷酮	0.21	0.31	0.26	0.47	0.25	0.32
	2-羟基苯乙酮	—	0.22	0.26	0.11	0.29	0.11
醚类	癸醚	0.96	0.75	0.74	0.87	0.53	0.68
	1-十四烷醇，甲基醚	—	0.28	—	—	—	—
醛类	壬醛	4.12	4.89	5.72	4.78	7.38	6.11
	癸醛	0.65	0.82	0.89	0.79	1.63	1.83
	反-2-壬烯醛	0.37	0.78	0.53	0.36	1.36	0.55
	辛醛	0.35	0.46	0.78	0.28	0.65	0.42
	反-2-辛烯醛	0.26	0.34	0.37	0.28	0.49	0.36
	(4E，8E)-5,9,13-三甲基-4,8,12-十四碳三烯醛	0.25	0.17	0.43	0.30	0.73	1.46
	庚醛	—	—	—	—	—	1.12
	硬脂烷醛	—	—	—	—	0.12	0.32
	甲基壬乙醛	—	—	—	0.34	—	—
	其他醛	0.37	0.23	0.29	0.23	0.39	0.28
杂环类	2-戊基呋喃	1.43	1.56	1.57	1.67	2.57	2.33
	(3E)-1H-萘并[2,1-b]吡喃	0.22	0.39	0.56	0.39	0.44	0.69

分类	挥发物名称	陈化时间/d					
		0	10	15	20	25	30
杂环类	3-甲基-2-(3,7,11-三甲基十二烷基)呋喃	—	—	0.17	—	—	—
	7-异丙基-1,1,4a-三甲基-1,2,3,4,4a, 9,10,10a-八氢菲	0.65	0.11	0.18	0.11	0.18	0.16
其他类	2,6-二叔丁基-4-甲基苯酚	—	—	2.34	—	—	—
	十九烷酰胺	—	—	0.97	0.33	—	—
	己基甲酸氯	0.68	0.58	0.90	0.67	—	0.65
	α-联苯酰一肟	—	—	—	—	0.66	—
	邻二氯苯	—	0.66	0.16	0.36	0.80	0.35
	顺-2-甲基-4-正戊基硫烷-S,S-二氧化物	0.70	0.94	—	—	—	0.42
	二叔十二烷基二硫化物	1.18	1.87	0.99	0.95	0.92	0.97

注："—"表示未检测出

1. 烃类挥发性代谢产物

'浓香32'在42℃加速陈化过程中烃类挥发性代谢产物总含量随时间的延长总体呈现先上升后下降的趋势。研究表明大多数烃类是清香和甜香的香气来源，尤其是由脂质衍生出的支链烷烃(舒在习，2001)。在加速陈化至25d时，烃类物质的含量开始下降，说明稻米特有的香气在减少，稻谷的储藏品质下降。在陈化过程中，十二烷、3-乙基-3-甲基癸烷、苯乙烯、(3E)-6-甲基-3-十一碳烯、苯乙烯、右旋萜二烯相对含量逐渐增大，而正十七烷、7-甲基十七烷、3-亚甲基十一烷、11-戊烷基二十一烷、四十三烷、10-甲基二十烷、4-甲基十六烷、9-甲基十九烷、四十四烷、二十烷、(Z, E)-3,7,11-三甲基-1,3,6,10-十二碳四烯相对含量逐渐下降。3-乙基十三烷、正十六烷、2,2-二甲基十四烷随时间的增大呈现先增加后下降的趋势，5-甲基十四烷、二十三烯先下降后增大。5-(2-甲基丙基)壬烷在0～25d逐渐下降，陈化至30 d时未被检测到。2,6-二甲基辛烷只在未加速陈化的样品中被检测到，而在加速陈化的样品中未被检测到，1-甲基萘和4,7-二甲基十一烷分别在陈化10 d、25 d的样品中被检测到。植烷和萘在陈化10 d时开始被检测到，且随着时间的增加，植烷逐渐增大，萘呈现先增大后下降的趋势。

2. 酯类挥发性代谢产物

酯类挥发性代谢产物随陈化时间的延长总体呈现先下降后增大的趋势。α-戊基-γ-丁内酯、甲酸辛酯在陈化15d前逐渐增大，在20 d时开始逐渐下降。邻苯二甲酸庚-2-基异丁基酯在陈化过程中逐渐增加，山莓酸乙酯的变化趋势与之相反。棕榈酸甲酯呈现先增大后下降的趋势。植醇乙酯在10 d时开始被检测到，且随着时间的增加而增大。N-羟基苯甲亚氨酸甲酯在30 d时被检测到，而在其他时间均未检测出。

3. 醇类挥发性代谢产物

醇是另一种极易挥发的风味物质，大多数醇是脂质氧化的最终产物，Hanne 和Refsgaard(1997)认为含有3～8 个碳原子的烷醇可能是脂肪酸发生脂质过氧化生成的脂肪酸氢过氧化物分解产生的。稻米的芳香和花香多数来源于醇类(康东方等, 2009)。醇类挥发性代谢产物随时间的增加总体呈现下降的趋势, 稻谷在陈化过程中芳香和花香味减弱。随着时间的延长, 庚醇逐渐增加, 薄荷醇逐渐下降, 2-乙基-1-癸醇、2, 4-二乙基庚烷-1-醇和2-己基十二烷-1-醇先下降后增大。2-甲基-1-辛醇在0 d和10 d被检测到, 在10 d后未检测出。

4. 酮类挥发性代谢产物

酮类挥发性代谢产物主要来源于脂肪氧化、氨基酸降解和美拉德反应(章超桦等, 2000)。酮类挥发性代谢产物随时间的增加总体呈现先增大后下降的趋势, 不同挥发性酮类随时间的变化趋势不一致。植酮、3,5,5-三甲基环己-2-烯酮、3-十三酮、2-羟基苯乙酮随陈化时间的增加先增加后下降。与未陈化的样品相比, 陈化样品中2-十五烷酮和2-十三烷酮含量均高于未陈化的样品, 说明加速陈化使'浓香32'中2-十五烷酮和2-十三烷酮的生成量增多。

5. 醛类挥发性代谢产物

醛类挥发性代谢产物主要源于脂质的氧化和降解, 且其含量的变化与过氧化氢酶(catalyst, CAT)、脂肪酶的活性等有很大的关系, 是小麦等主粮中挥发性物质的主要构成成分。醛类挥发性代谢产物随时间的增加而增大, 壬醛、辛醛和癸醛是油酸的氧化产物, 其中, 壬醛是最主要的氧化产物。壬醛是'浓香32'在42℃陈化过程中相对含量最大的物质, 是挥发性代谢产物中最主要的成分。壬醛、辛醛具有柑橘味和花香, 癸醛具有糖果香、柑橘香和蜡味(Zeng et al., 2009), 壬醛、辛醛、癸醛的相对含量均随时间的变化总体呈增大趋势, 在陈化至30 d时, 分别增大了1.99个百分点、0.07个百分点、1.18个百分点。庚醛、反-2-壬烯醛和反-2-辛烯醛是亚油酸氧化产物(文志勇等, 2004)。庚醛在陈化30 d时被检测出, 相对含量为1.12%。反-2-壬烯醛具有黄瓜香, 反-2-辛烯醛有油脂香, 反-2-壬烯醛、反-2-辛烯醛随时间的增加总体呈现先增大后下降的趋势, 在陈化至30 d时, 分别增大了0.18个百分点、0.1个百分点。

6. 其他类挥发性代谢产物

其他类挥发性代谢产物占总挥发性代谢产物的含量较少, (3E)-1H-萘并[2,1-b]吡喃总体呈现上升的趋势。2-戊基呋喃是亚油酸的氧化产物, 是9-亚油酸氢过氧化物裂解而生成的(Baran et al., 2007), 有不好的豆腥味, 是大米陈化的标志(Griglione et al., 2015)。2-戊基呋喃的相对含量在陈化过程中总体呈现增大的趋势, 使稻谷产生不良的风味。

二、稻谷陈化过程中生理特性的变化

(一)稻谷陈化过程中发芽率的变化

稻谷和糙米具有完整的果皮、胚芽, 是完整的生命体。韩国、日本和中国都把发芽率作为衡量稻谷或糙米生命力的重要指标。发芽率的高低与种子内部的酶系活性及呼吸代谢产物相关。

本课题组通过对不同老化时间后的稻谷进行发芽率测定, 发现这14个品种随着老化时间的延长, 其发芽率不断降低(图2-10~图2-12), 品种间存在明显差异。常规稻中较耐储的有'浓香 32'、'湘晚十三号',相对不耐储的为'星二号'和'玉针香'。'玉针香'在老化 20d 后,发芽率为 20%,为常规稻中耐储性能较差的品种,而'浓香 32'仍有 90% 左右发芽率,因此是十分耐储的品种。杂交稻中,'隆两优 534'在老化 30d 后,发芽率仍有 50% 左右,而'隆两优 1353'、'隆两优 1988'、'晶两优 1212'和'深两优5814'都低于 20%,'晶两优 1212'发芽率基本降为 0,相对来说为最不耐储的品种。

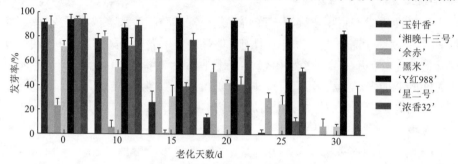

图 2-10　加速陈化过程中常规稻发芽率的变化

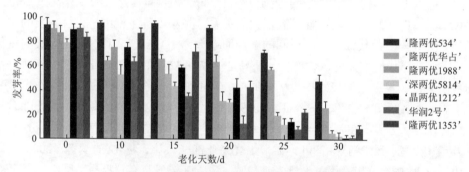

图 2-11　稻谷加速陈化不同时间的发芽情况

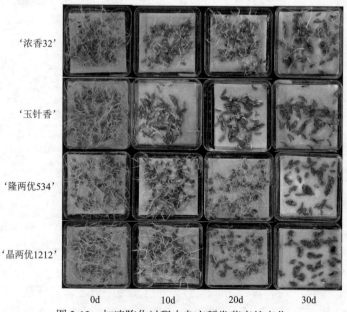

图 2-12　加速陈化过程中杂交稻发芽率的变化

稻谷品种之间的差异会导致其未老化时起始的发芽率不一样，因此单纯用某一时刻的发芽率来衡量稻谷耐储性能的强弱并不科学。P_{50}是指发芽率下降到种子未老化发芽率一半时所需时间，当稻谷发芽率在某一时刻发芽率一致时，其P_{50}可能不一样，综合考虑稻谷的P_{50}值来挑选品种的可信度更强。P_{50}值越大说明种子发芽率在老化作用下下降得越慢，反映出种子的耐储能力越强。因此挑选耐储和不耐储的稻谷主要根据计算出的P_{50}。将这14个品种分成了杂交稻与常规稻两组，并根据计算的P_{50}进行高低排序（表2-2），排名前的为相对耐储藏的品种。

表2-2　14个水稻品种 P_{50} 值

	品种	平均值	标准差
杂交稻	'隆两优534'	25.5	4.5
	'隆两优华占'	20.6	8.3
	'隆两优1353'	18.8	2.2
	'晶两优1212'	14.5	4.2
	'深两优5814'	14	3.5
	'隆两优1988'	12.4	6.9
	'华润2号'	11.2	3.3
常规稻	'Y红988'	23.3	6.5
	'浓香32'	21.6	4.9
	'湘晚十三号'	19.5	2.7
	'黑米'	13.9	1.2
	'玉针香'	13.6	2.4
	'星二号'	11.3	3.8
	'余赤'	6.7	0.2

（二）稻谷陈化过程中电导率的变化

电导率法测定农作物的生理特性具有简捷快速的特点，已被成功地应用于多种农产品的水分含量、发芽率、成熟度、细胞膜完整性、细胞生长速率和抗机械损伤的能力相关性等的测定（熊宁等，2013）。并且已有一些研究表明电导率与种子的陈化程度成正比，并用电导率来作为判断种子活力强弱的一项指标。李永刚等（2008）研究发现烟草种子电导率与种子发芽率间的相关性很高，烟草种子浸出液的电导率与其发芽率呈明显的一次线性负相关，电导率越高，种子发芽率越低。周显青和张玉荣（2008）研究了储藏期间稻谷品质指标的变化，发现电导率能够反映籼稻在新鲜程度上存在的差异。这都说明电导率是判断种子活力的比较重要的指标。

由图 2-13 可知，随着老化时间的延长，稻谷电导率越来越大（'晶两优 1212' 除外），并且 P_{50} 低的品种，起始电导率比 P_{50} 高的品种高。如 P_{50} 最高的品种 '隆两优 534'，其电导率在稻谷老化至 30d 时仍低于 200μS/cm，而 '晶两优 1212' 未老化时的电导率就高于 200μS/cm。并且随着老化时间的延长，相对不耐储品种 '晶两优 1212' 和 '玉针香' 电导率曲线都位于耐储品种 '隆两优 534' 和 '浓香 32' 的上方。

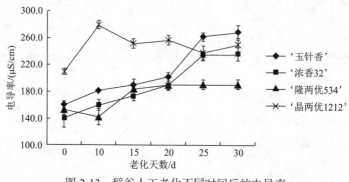

图 2-13　稻谷人工老化不同时间后的电导率

(三)稻谷储藏过程中酶活性的变化

稻谷储藏过程中发生的生化反应大多是在酶催化下进行的，酶活性削弱或丧失将导致稻谷的陈化。稻谷中淀粉酶、蛋白酶、脂肪水解酶和脂肪氧合酶等酶活性的高低是影响稻谷储藏性能的重要因素之一。

1. 淀粉酶

糙米储藏过程中发生的生化反应大多是在酶的催化下进行的，酶活性削弱或丧失将导致稻谷的陈化。稻谷中淀粉酶活性的高低是影响米质的重要因素之一，大米中含有 70%～80% 的淀粉，水解淀粉的酶主要是 α-淀粉酶和 β-淀粉酶。α-淀粉酶又称 "糊精化酶"，随机地作用于淀粉的非还原端，生成麦芽糖、麦芽三糖、糊精等还原糖，同时淀粉浆的黏度下降。α-淀粉酶对谷物食用品质影响较大，陈米煮饭不如新米煮饭好吃，主要原因之一就是陈米中 α-淀粉酶的活性丧失。β-淀粉酶又称 "糖化酶"，它能使淀粉迅速分解为麦芽糖，β-淀粉酶对谷物的食用品质影响主要表现为蒸煮后的特有气味。张玉荣等 (2003) 通过测定稻谷在储藏过程中降落数值的变化间接得出 α-淀粉酶的活性随着储藏期的延长逐渐降低的结论。稻谷中的 α-淀粉酶的活性在储藏第一年下降较快，在储藏第二年到第五年，其活性的下降主要受环境的影响较大。崔素萍等 (2008) 研究了两个水稻品种储藏一年的淀粉酶活性变化，结果发现，α、β-淀粉酶活性均呈下降趋势，在 4～10 个月间降幅最大，10 个月以后活性降到较低水平并保持基本稳定。4℃条件下高于室温下的活性，相同储藏温度下，稻谷形式储藏活性要高于糙米形式储藏。好的储藏条件会使稻谷的 α-淀粉酶的活性保持相对的稳定，恶劣的储藏条件会使稻谷的 α-淀粉酶的活性下降很快，从而使稻谷的品质劣变。

2. 脂肪酶

由于脂肪在空气中氧气、高温及稻米中相应酶的作用下，极易发生水解、氧化和酸变，因此稻谷中的脂肪不仅仅影响稻米的食用品质，同时是稻谷陈化变质的主要原因。完整的稻谷中，脂肪酶位于种皮，而脂肪位于糊粉层和胚中。在加工和储藏过程中，这种物理分离被打破，脂肪酶与中性脂肪发生接触，导致三酰甘油酯水解产生游离脂肪酸，尤其是亚油酸和亚麻酸等不饱和脂肪酸及甘油，使稻谷或稻米产生陈米臭、酸度增加、pH 降低。

稻谷中有多种脂肪酶，包括磷脂酶、甘油酯酶和酯酶。磷脂酶包括作用于酯部分的磷脂酶 A_1、磷脂酶 A_2、磷脂酶 B 和作用于磷酸部分的磷脂酶 C 和磷脂酶 D。三酰甘油酯作为稻谷脂肪的主要成分，以脂小体形式存在。磷脂酶分解脂小体膜的主要成分——磷酸胆碱，脂小体丧失完整性，三酰甘油酯暴露并降解，游离脂肪酸增加。产生的游离不饱和脂肪酸特别是亚油酸，极易在脂肪氧化酶的催化下氧化，当游离脂肪酸含量超出以后，稻米品质发生劣变。

稻谷加速陈化过程中脂肪酶活动度的变化如图 2-14 所示，由图 2-14(a)可知，‘浓香32’和‘玉针香’在 42℃加速陈化过程中脂肪酶活动度呈现先增大后下降的趋势。陈化至 20 d 时，‘浓香32’和‘玉针香’脂肪酶活动度最大，随着陈化时间的继续增加，脂肪酶活动度下降，可能是脂肪酶在较高温度下长时间储藏蛋白部分变性导致的(李江华，1992)。由图 2-14(b)可知，在 30℃加速陈化过程中，两种稻谷的脂肪酶活动度逐渐增大，加速了稻谷的陈化。两种稻谷在加速陈化 0～60 d 内，脂肪酶活动度迅速增大，在 60 d 后，脂肪酶活动度缓慢上升。在 42℃和 30℃加速陈化过程中，‘浓香32’的脂肪酶活动度低于‘玉针香’，使‘浓香32’在加速陈化过程中的脂肪酸值低于‘玉针香’。

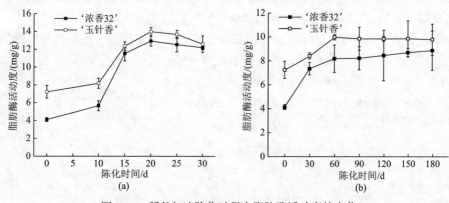

图 2-14　稻谷加速陈化过程中脂肪酶活动度的变化

(a)稻谷在 42℃加速陈化；(b)稻谷在 30℃加速陈化

3. 脂肪氧化酶

稻谷中的脂肪氧化酶(LOX)能够催化不饱和脂肪酸(主要是亚油酸和亚麻酸)发生脂质过氧化反应生成脂氢过氧化物，脂质过氧化物再自动氧化或者被脂氢过氧化物裂解酶和脂氢过氧化物异构酶降解生成醛类、烃类、醇类等挥发性物质，这些挥发性物质影响了米饭的风味，降低稻谷的食用和营养价值(张向民等，1998)。另外，脂肪氧化酶作用后产生的脂氢过氧化物、活性氧和自由基等具有高度的氧化性，因此还可能直接参与稻谷中储藏蛋白等大分子的分子内和分子间二硫键氧化交联，影响它们的结构和功能，同时也可能与氨基酸和微生物结合，降低稻谷的食用和营养价值。雷桂明(2012)研究表明稻谷的脂肪氧化酶活性在储藏初期是逐渐上升的，随着储藏时间的延长，酶活性逐渐降低。

近年来针对 LOX 进行了大量的研究，日本学者 Suzuki 等(1999)证实了 LOX-3 缺失突变有延缓稻谷陈化变质的作用并提出导致稻谷陈化变质的关键酶是 LOX-3。唐为民和呼玉山(2002)对稻米的陈化机理进行了研究，发现缺失脂肪氧化酶和脂肪酶的样品中脂肪酸值的增加速度显著低于对照组，脂肪氧化酶能在一定程度上加速稻谷陈化。汪仁等通过研究稻谷成熟及萌发过程中 LOX 活性的变化规律发现，水稻种子 LOX-3 可能与水稻的储藏特性有关，LOX-2 在水稻萌发过程中起主要作用。Xu 等(2014)通过导入表达 LOX-3 的反义 RNA 到水稻，抑制了稻谷中 LOX 基因的表达，延长了水稻种子的储藏时间。Ma 等(2015)的研究表明使用 TALEN 技术使稻谷中的 LOX-3 基因产生靶向突变，能在一定程度上延长水稻种子的储藏期。吴跃进等(2005)利用 RNA 干扰技术也得到了类似的结果。蒋家月等(2008)通过研究发现脂肪氧化酶 LOX-1、LOX-2 缺失减轻了膜脂过氧化作用，保持细胞膜结构完整性，同时减少游离脂肪酸的积累，从而提升了'云恢290'稻谷的耐储性能。

4. 抗氧化相关酶

稻谷的储藏特性还与抗氧化代谢有关。抗氧化代谢中活性氧的积累诱导种子发生脂质过氧化作用是种子老化最主要的原因。抗氧化酶在清除植物细胞中的活性氧方面发挥了重要的作用，其主要包括过氧化氢酶(CAT)、过氧化物酶(POD)、超氧化物歧化酶、抗坏血酸过氧化物酶、谷胱甘肽过氧化物酶等。

过氧化氢酶是与种子活力有关的氧化酶类，能有效清除细胞中的活性氧，抑制脂质过氧化。过氧化氢酶活性高低是稻谷或稻米新鲜程度的敏感指标。由图 2-15 可知，'浓香32'和'玉针香'两种稻谷的过氧化氢酶活性随陈化时间的增加而下降。'浓香32'过氧化氢酶活性下降的程度大于'玉针香'，但在同一陈化时间下，'浓香32'的过氧化氢酶活性显著高于'玉针香'($P < 0.05$)。

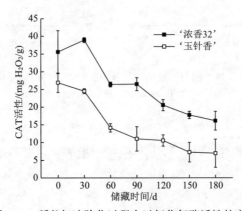

图 2-15　稻谷加速陈化过程中过氧化氢酶活性的变化

过氧化物酶是清除过氧化物的主要酶，能够催化过氧化氢形成水，减轻膜脂过氧化伤害。稻谷在加速陈化过程中过氧化物酶活性的变化如图 2-16 所示。'浓香 32'和'玉针香'在 30℃加速陈化过程中过氧化物酶活性随时间的增加而显著下降，稻谷脂质过氧化程度增大。在同一陈化时间下，陈化后的两种稻谷的过氧化物酶活性无显著性差异（$P > 0.05$）。

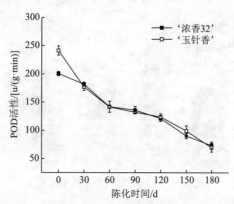

图 2-16　稻谷加速陈化过程中过氧化物酶活性的变化

三、组学技术在稻谷储藏研究中的应用

（一）转录组学技术在稻谷储藏研究中的应用

转录组学（transcriptomics）是功能基因组学研究的重要组成部分，是一门在整体水平上研究细胞中所有基因转录调控规律的学科（李小白等，2013）。简而言之，转录组学从RNA 水平研究基因转录表达的情况。随着人类基因组计划（Human Genome Project, HGP）的完成，研究人员认识到对基因结构序列的研究仅是基因组学研究的一部分，并不能揭示所有的生命奥秘，对基因及其转录表达产物功能研究的功能基因组学（functional genomics），将为疾病控制和新药开发、作物和畜禽品种的改良提供新思路，为人类解决健康、食物、能源和环境问题提供新方法（田英芳等，2013）。本课题利用转录组学分析储藏性能不同的稻谷的基因表达差异，从而筛选耐储藏或者陈化相关的候选基因，通过聚类和其他生物信息学分析，构建基因调控网络并预测关键节点基因，为进一步验证候选基因的生物学功能和作用机制提供依据，为培育耐储藏水稻提供理论基础。

1. 不同品种老化前后基因表达差异

对'隆两优 534'、'晶两优 1212'、'浓香 32'和'玉针香'四个品种稻谷老化前后的转录本变化进行比较，结果如图 2-17 所示。结果显示每个品种在老化之后基因都呈现不同程度的上调和下调，并且品种之间基因表达变化情况不一致（图 2-17），总体而言，人工老化上调了部分基因的表达，同时导致部分基因的表达水平下降。

2. 储藏相关基因筛选

与储藏相关的基因在品种间的表达情况应为：经过人工老化后，表达量在耐储藏品种('隆两优534'和'浓香32')中上调，同时在不耐储品种('晶两优1212'和'玉针香')中不变或下降。对'隆两优534'、'晶两优1212'、'浓香32'和'玉针香'四个品种转录本老化前后表达差异显著基因进行分析后得到图2-18的维恩图。结果表明，耐储性不同的品种间的基因表达存在差异，与储藏相关的基因602个，约占全部基因的1.6%。

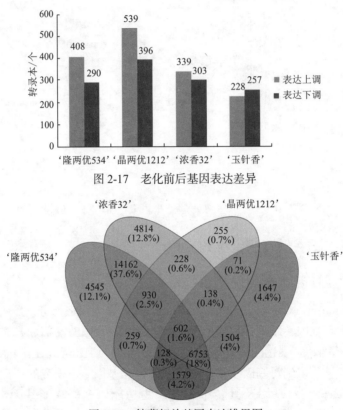

图2-17 老化前后基因表达差异

图2-18 储藏相关基因表达维恩图

3. 陈化相关基因筛选

与陈化相关的基因在品种间的表达情况应为：经过人工陈化后，在耐储藏品种('隆两优534'和'浓香32')中表达不变，而在不耐储品种('晶两优1212'和'玉针香')中表达上调。对四个品种转录本陈化前后表达差异显著基因进行分析后得到图2-19的维恩图。结果表明，耐储性不同的品种间的基因表达存在差异，与陈化相关的基因40个，约占全部基因的0.1%。

对耐储藏和不耐储藏品种人工老化前后进行转录组学分析，得到了大量以前没有得到的数据和信息。初步分析结果显示，在人工老化前后，耐储藏和不耐储藏稻谷的转录本存在很大差异，有些转录本只在耐储藏品种表达，有些只在不耐储藏品种表达，有些基因的表达在二者中变化趋势相反，这些基因都是潜在的储藏相关基因，需要进一步分析和实验验证。人工老化在所有品种中导致部分基因表达上调，同时也降低了部分转录本的水平。这些初步结果提示在耐储藏和不耐储藏品种中的转录本存在显著性差异；人工老化在转录水平调控基因表达。进一步分析将揭示更多与储藏和陈化有关的基因表达。

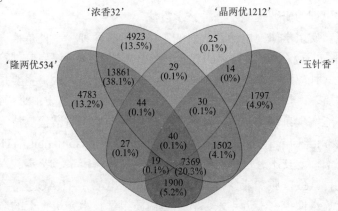

图 2-19　陈化相关基因表达维恩图

(二)蛋白质组学技术在稻谷储藏中的应用

随着基因组计划的完成，生命科学研究开始进入以基因组学、蛋白质组学、营养组学、代谢组学等"组学"为研究标志的后基因组时代。蛋白质组(proteome)一词最早是由澳大利亚科学家 Wilkins 和 Williams 于 1994 年提出，1995 年 7 月最早出现在 *Electrophoresis* 杂志，意指一个细胞或组织中由基因组表达的全部蛋白质。蛋白质组学(proteomics)是一门大规模、高通量、系统化的研究某一类型细胞、组织、体液中的所有蛋白质组成、功能及其蛋白之间的相互作用的学科。

影响稻谷储藏性能的因素较多，包括稻谷的品种、稻谷加工方式及稻谷储藏的环境条件(温度、湿度、环境气体等)等。目前，中国在稻谷储藏保鲜研究方面也取得了一定进展，如采用低温储藏、CO_2 气调储藏等技术，这些稻谷储藏保鲜技术一定程度上实现了稻谷的安全储藏，减少了储藏过程中稻谷品质劣化和营养损失。同时，米饭的风味在陈化过程中变化很快，如储藏在 40℃时，陈米臭的出现与丙醛、戊醛和己醛的水平升高有关。脂质被水解和氧化成游离脂肪酸或过氧化物，这导致了脂肪酸值升高，并使风味和口感发生了严重的劣化(高瑀珑等，2008)。有学者研究分析稻谷储藏过程中淀粉、脂肪酸、可溶性蛋白和氨基酸的变化，以及这些变化对稻谷的蒸煮品质、质构品质、凝胶特性、风味品质、感官属性及生物酶活性的影响，旨在获得稻谷陈化机制(Zhou et al.，2002b)。这些研究发现稻谷在储藏过程中蛋白质含量变化不大，但几种主要蛋白会发生不同程度的降解、变性或结构的变化(Chrastil and Zarins，1992)。这种蛋白质水平的变化，与稻米陈化后米饭蒸煮品质劣化(米饭硬度增大和黏性降低)有着密切的联系，但导致这种蛋白质变化的分子机制至今仍不清楚。随着基因组学、蛋白质组学等高通量技术的高速发展，人们从系统生物学角度研究特定环境、特定时空条件下细胞或组织中各组分的变化成为可能，进而揭示食物原料或经加工后其深层品质变化机制(Han et al.，2008)。有学者将蛋白质组学技术应用于研究不同品种的稻谷种子储藏特性，分析了自然储藏条件对稻谷发芽率的影响(Gao et al., 2016)。这些研究为研究稻谷陈化机理以及与陈化相关的功能性蛋白质提供了一种系统性的分析手段,从动态角度描述蛋白质水平表达的差异,并且鉴定出与其生理变化相关的蛋白质,从蛋白质的层面分析稻谷陈化的机理,为稻谷陈化机理的研究提供了一种技术方法。

目前,在蛋白质组学研究中比较成熟的定量技术有两种,一种是根据蛋白质间分子量和等电点不同,进而将蛋白质分离的双向凝胶电泳技术,一种是基于质谱的检测技术。双向凝胶电泳是一种应用最早但存在很多弊端的蛋白质分离方法,主要是对于大分子和极小分子量蛋白质、低丰度蛋白质、极碱性蛋白质和疏水性蛋白质很难进行有效的分离,且该技术目前不能实现自动化,因此限制了其应用范围。而质谱检测技术尤其是相对和绝对定量同位素标记(isobaric tags for relative and absolute quantitation, iTRAQ)技术是一项新的体外同位素标记技术,可以对任何类型蛋白质进行定量、鉴定,以及寻找表达的差异蛋白,并进行其蛋白质功能分析。相比结流二维电泳,iTRAQ技术可以识别过酸、过碱,低丰度及疏水性蛋白。近年来,利用蛋白质组学技术在粮食上的应用研究很多,利用iTRAQ技术在动植物及微生物领域也得到了广泛的应用。本课题组利用iTRAQ技术从蛋白质分子水平研究了耐储藏的'隆两优534'、'浓香32'和不耐储藏的'晶两优1212'、'玉针香'四种稻谷在老化试验后稻谷蛋白的表达情况,为分析稻谷陈化机理提供一种新的思路和方法。

1. 蛋白质组的鉴定信息

本次实验采用基于质谱方法的蛋白质组鉴定基本流程,即对 MS/MS 质谱数据经过系列优化处理后与数据库进行相似性比较打分从而进行蛋白质鉴定,该方法是目前应用最广也是业界公认的高通量鉴定蛋白质方法。具有鉴定准确度高、通量大、无需人工序列解析等优点。对于 proteinpilot 的鉴定结果,做了进一步过滤,对于鉴定到的蛋白,认为 unused score≥1.3(即可信度水平在95%以上),每个蛋白至少包含一个特有肽段的蛋白质为可信蛋白质,将不符合该条件的蛋白质剔除;对于鉴定的肽段和蛋白质定量,我们采用可信度在95%以上的可信肽段用于蛋白质定量,将不符合该条件的肽段剔除。鉴定到的肽段和蛋白质数总体情况参见表2-3。

表 2-3　蛋白质鉴定信息统计总表

样品名	总谱图数	鉴定谱图数*	谱图鉴定率	鉴定肽段数*	鉴定蛋白数	Unique-2**
Batch1	406 692	158 357	38.94%	17 818	2 787	2 144
Batch2	398 494	150 624	37.80%	17 873	2 849	2 202

*可信度至少有 95%;**至少含有 2 个特有肽段的鉴定蛋白质数目

图 2-20 表示鉴定蛋白质中肽段数和蛋白数目、累计蛋白质比例的关系,其中左侧纵坐标对应柱状图表示当前肽段数所对应的蛋白质数目,右侧纵坐标对应曲线图表示至多包含当前肽段数的蛋白质比例。可以看出随着肽段数目的增加,蛋白质的数量呈现递减的趋势,试验中两个批次各至少包含 2 个特有肽段的蛋白质数分别为2144、2202,分别占总蛋白质数的 76.93%、77.29%。

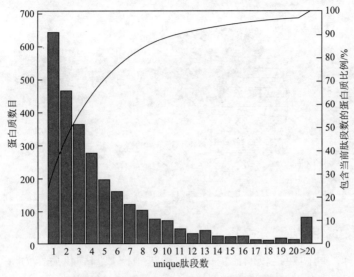

图 2-20 鉴定蛋白质中的特有肽段数分布图

图 2-21 是鉴定到的肽段长度分布。其平均鉴定的多肽长度为 14.80，在肽段合理范围内。本次鉴定到的蛋白质肽段长度主要集中在 7～20，且随着肽段长度的增加，肽段数量越来越少。

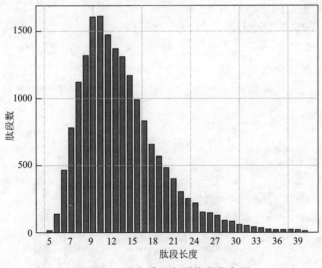

图 2-21 蛋白质鉴定覆盖度分布图

对于一个鉴定到的蛋白质，如果包含支持该蛋白的肽段数目越多，说明该蛋白的可信度越高。因此，蛋白质的鉴定覆盖度也能间接反映鉴定结果的整体准确性。图 2-22 蛋白质鉴定(95%可信度肽段)覆盖度分布饼图中不同样式的饼代表了具有不同鉴定覆盖度范围的蛋白质百分数。从图中可以看到，本项目鉴定覆盖度在[0,10%]范围内的蛋白质百分数为 32.65%，覆盖度≥20%的蛋白质占总蛋白质的 44.88%，平均蛋白质的鉴定覆盖度分别为 22.63%。

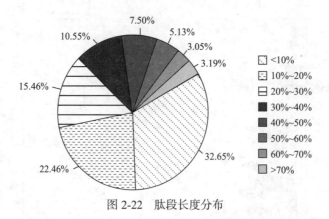

图 2-22　肽段长度分布

2. 差异蛋白的相对定量分析

利用重复样品间两两比较的比值的均值经过中位数归一化后作为待比较样品的差异倍数，再利用重复样品间两两比较单样本 Student's t 检验的 P 的最小值作为待比较样品间的显著性差异检验 P 值。最后根据差异倍数和 P 值来筛选出差异蛋白。当差异倍数达到 1.5 倍及以上（即上调≥1.5 和下调≤0.67），且经过显著性统计检验其 P≤0.05 时，视为显著差异蛋白。如图 2-23 所示，与老化试验之前相比，'隆两优 534' 中共有 294 种差异表达蛋白，其中上调表达 218 种，下调表达 76 种；'晶两优 1212' 中共有 108 种差异表达蛋白，其中上调表达只有 48 种，下调表达 60 种；'浓香 32' 中共有 151 种差异表达蛋白，其中 96 种表达上调，55 种表达下调；而 '玉针香' 中共有 321 种差异表达蛋白，其中上调表达 226 种，下调表达 95 种。可以看出，'隆两优 534' 及 '玉针香' 上调蛋白较多，下调蛋白较少，而 '晶两优 1212' 和 '浓香 32' 中总蛋白及上下调蛋白都比前两种更少，且在 '晶两优 1212' 中，上调蛋白数量低于下调蛋白，说明其在老化试验期间蛋白质变化不活跃。

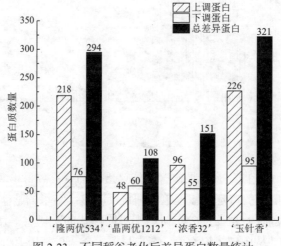

图 2-23　不同稻谷老化后差异蛋白数量统计

3. 差异表达蛋白功能分析

Gene Ontology(GO)是一个国际标准化的基因功能分类体系，提供了一套动态更新的标准词汇表(controlled vocabulary)来全面描述生物体中基因和基因产物的属性。 GO总共有三个本体(ontology)，分别描述基因的分子功能(molecular function)、细胞组分(cellular component)、参与的生物过程(biological process)。

图 2-24 表示'隆两优 534'在老化试验中表达蛋白在 GO 功能中的分布情况。从中可以看出，按分子功能进行分类，发现鉴定蛋白共涉及 10 种功能类别，总共 361 种蛋白质，其中具有离子结合功能的 142 种，催化作用的 145 种，分子结构活性的 40 种，转运蛋白类共 20 种，酶调节活性蛋白 7 种，分子转导活性 6 种，其他功能的蛋白较少。按参与的生物过程划分为 21 种类别，总共 1058 种蛋白质。其中参与生物调节的 64 种，参与细胞成分组成的 80 种，参与细胞过程的 209 种，参与代谢过程的 212 种，参与多细胞生物过程的 46 种，参与应激反应的 99 种。按照细胞组成划分为 10 种类别，共 994 种蛋白，其中属于细胞内的共 504 种，细胞器内的 324 种。

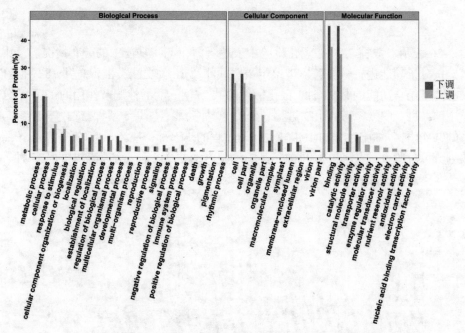

图 2-24　　'隆两优 534'差异蛋白质 GO 功能注释结果

图 2-25 表示'晶两优 1212'在老化试验中表达蛋白在 GO 功能中的分布情况。其中按分子功能进行分类，发现鉴定蛋白共涉及 8 种，总共 137 种，其中离子结合功能的共 53 种，催化作用的蛋白共 61 种，酶调节活性蛋白 9 种，抗氧化活性蛋白共 4 种。按照参与的生物过程划分，总共 296 种，可以划分为 20 种功能，其中参与生物调节的 21 种，参与细胞成分组成的共 16 种，参与细胞过程的 62 种，参与代谢过程的 76 种，生物过程调节的 19 种，应激反应的 28 种。按照细胞组成划分为 8 类共 286 种蛋白，其中细胞内的共 170 种，细胞器内的 92 种。

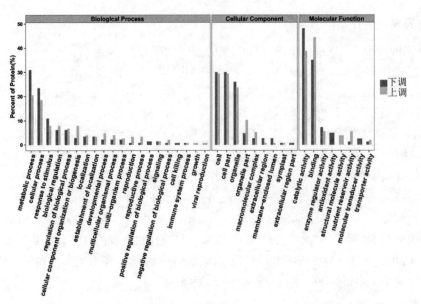

图 2-25　'晶两优 1212'差异蛋白质 GO 功能注释结果

图 2-26 表示'浓香 32'在老化试验中表达蛋白在 GO 功能中的分布情况。从中可以看出，按分子功能进行分类，发现鉴定蛋白共涉及 10 种功能类别，总共 182 种蛋白，其中具有离子结合功能的共 71 种，催化活性的共 77 种，酶活性调节作用的 11 种，分子结构作用的 8 种。按照参与的生物过程划分为 20 种功能，总共 569 种蛋白，其中参与生物调节的共 44 种，细胞过程的 104 种，代谢过程的 115 种，应激反应的 51 种。按照细胞组成划分可分为 9 类共 449 种蛋白，其中细胞内的共 232 种，细胞器内的 137 种。

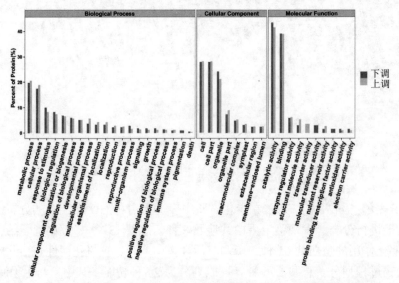

图 2-26　'浓香 32'差异蛋白质 GO 功能注释结果

图 2-27 表示'玉针香'在老化试验中表达蛋白在 GO 功能中的分布情况。从中可以看出，按分子功能进行分类，发现鉴定蛋白共涉及 11 种功能类别，共 379 种蛋白，其中离子

结合功能的共 157 种, 催化作用的共 160 种, 酶活性调节功能的 9 种, 分子结构作用的共 26 种。按照参与的生物过程可分为 21 种功能, 总共 1044 种蛋白, 其中参与生物调节过程的共 57 种, 细胞过程的共 225 种, 参与代谢过程的共 229 种, 参与应激反应的共 89 种。按照细胞组成可划分为 11 种, 共 1030 种蛋白, 其中细胞内的共 568 种, 细胞器内的共 327 种。

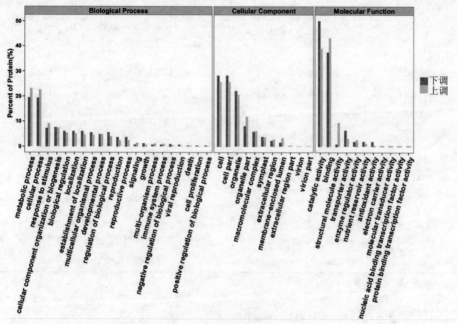

图 2-27 ‘玉针香’差异蛋白质 GO 功能注释结果

4. 稻谷中与陈化相关的差异蛋白及代谢途径分析

稻谷在人工加速老化试验过程中的陈化是多种因素共同作用的结果, 从蛋白质的角度出发, 陈化主要与淀粉和糖代谢降解、呼吸作用能量的消耗、抗氧化作用的衰减等功能相关。因此, 选取稻谷老化试验中理化特性耐储藏的‘浓香 32’和不耐储藏的‘玉针香’进行比对, 并从中挑选这几个方面的蛋白研究探讨稻谷的陈化机制。

将“浓香 32”和“玉针香”的差异表达蛋白进行比对, 共筛选得出 18 种共同存在于两种稻谷中的差异蛋白。根据功能划分为 5 类, 包括抗氧化功能(11.1%)、离子结合及催化功能(50.0%)、催化功能(22.2%)、营养物质储藏功能(11.1%)、转导运输功能(5.6%)。根据代谢途径进行筛选, 结果见表 2-4。

表 2-4 不同代谢途径中的差异蛋白

序号	Accession	名称	中文名	差异表达量	
				NX32	YZX
淀粉和糖代谢					
1	Q7G065	ADP-glucose pyrophosphorylase	ADP-葡萄糖焦磷酸化酶	1.00	2.00
2	B7EVB8	glucose-1-phosphate adenylyltransferase	葡萄糖-1-磷酸腺苷转移酶	1.00	4.03
3	A2YA91	sucrose synthase	蔗糖合酶	1.00	3.05

序号	Accession	名称	中文名	差异表达量	
				NX32	YZX
糖酵解					
4	A0A1L2JKJ5	fructose-bisphosphate aldolase	果糖二磷酸醛缩酶	1.00	6.78
5	Q6H6C7	phosphoglycerate kinase	磷酸甘油酸激酶	1.00	3.27
三羧酸循环					
6	Q6H6C7	phosphoglycerate kinase	磷酸甘油酸激酶	1.00	3.27
7	A1YQK1	malate dehydrogenase	苹果酸脱氢酶	1.00	3.39
8	Q7XMA0	isocitrate dehydrogenase [NADP]	异柠檬酸脱氢酶[NADP]	1.00	2.346
9	B8AYE1	dihydrolipoyl dehydrogenase	二氢硫辛酸脱氢酶	1.00	1.75
抗氧化活性					
10	A2XFC7	L-ascorbate peroxidase 1	L-抗坏血酸过氧化物酶 1	1.00	0.33
11	B7ERQ1	peroxiredoxin	过氧化物还原酶	0.13	0.01
其他					
12	B8BCM8	glucose-6-phosphate isomerase	葡萄糖-6-磷酸异构酶	1.68	0.60
13	Q0JJ47	aspartate aminotransferase	天冬氨酸转氨酶	1.59	2.58

注：差异表达量超过 1 表示表达上调，低于 1 表示表达下调

1）淀粉和糖代谢途径蛋白中对稻谷陈化的影响

淀粉不光决定了稻谷的食用品质，还和糖代谢一样涉及碳在稻谷中的保留情况，过于活跃的代谢过程将加速稻谷中碳物质的消耗，从而加速劣化。在两种稻谷老化试验期间，淀粉和糖代谢途径中最主要的酶类为以下两种：ADP-葡萄糖焦磷酸化酶和蔗糖合酶。其中 ADP-葡萄糖焦磷酸化酶（AGP）存在于种子中，是影响淀粉合成的关键因子（Hall，1998）。其功能是将光合作用产生的葡萄糖-1-磷酸转变成淀粉合成的底物，该酶表达水平在决定淀粉积累方面起着至关重要的作用，存在于叶片和种子中，影响淀粉的合成速率（陈国清和陆大富，2014）。在试验中两种稻谷中 AGP 的表达皆显示上调，而'玉针香'中上调更为明显，说明'玉针香'中的代谢活动更为旺盛，从而加大了营养物质的消耗，加速劣变。金正勋等（2005）研究表明灌浆前期 AGP 活性高，不利于形成蒸煮食味品质优良的稻米。

蔗糖合酶是植物糖代谢过程的关键酶，催化蔗糖的合成与分解，在淀粉和纤维素的合成、果实品质的形成、固氮的建立、生殖生长以及糖信号转导等过程中发挥了重要的调控作用。蔗糖合酶的合成活性可以催化 UDPG（尿苷二磷酸葡萄糖）与果糖合成蔗糖，参与果聚糖代谢、细胞壁构建和呼吸消耗等生物过程；其分解活性可以催化蔗糖水解成 UDPG 与果糖，参与淀粉、纤维素和半纤维素的合成等代谢途径（葛国峰等，2014；房经贵等，2017），这 2 种作用调节着动态与可逆的蔗糖代谢过程，其功能归纳为图 2-28。在老化过程中'玉针香'的蔗糖合酶表达上调明显，说明在'玉针香'体内的碳循环中更加活跃，导致能量消耗，从而降低了稻谷的品质。

图 2-28　蔗糖合酶催化反应示意图

2) 糖酵解途径中蛋白对稻谷陈化的影响

两种稻谷在老化试验期间，糖酵解途径中相同的蛋白主要是果糖二磷酸醛缩酶和磷酸甘油酸激酶，根据 uniprot 数据库中的结果查询，果糖二磷酸醛缩酶的作用主要是催化 D-果糖-1,6-双磷酸盐分解成为甘油磷酸及 D-甘油醛-3-磷酸的反应。这个子途径是糖酵解过程的一部分，而糖酵解本身就是碳水化合物降解的一部分。因此'玉针香'中该蛋白的表达上调尤其明显，说明在'玉针香'中糖酵解反应的速率更快，加速了碳水化合物的消耗。

磷酸甘油酸激酶在'玉针香'中的表达上调显著。而根据朱琬贞等(2016)的研究，磷酸甘油酸激酶表达下调，减慢了卡尔文循环速度，抑制了光合作用，减少了因糖酵解而导致的碳流失；延缓了挥发性风味代谢。说明在老化试验过程中，'玉针香'中的糖酵解反应更为活跃，导致碳流失更为严重，影响了其储藏特性。

3) 三羧酸循环途径中蛋白对稻谷陈化的影响

三羧酸循环是需氧生物体内普遍存在的代谢途径，也是糖类、脂类和氨基酸三大营养素的最终代谢通路，因此该循环的活跃程度决定了稻谷在储藏过程中能量的消耗，而能耗较低的稻谷品种在储藏的时间上会更加有优势。而在本研究中，发现苹果酸脱氢酶（malate dehydrogenase，MDH）、异柠檬酸脱氢酶和磷酸甘油激酶的表达变化更能验证结果。苹果酸脱氢酶是一种在生物体内广泛存在的酶，在多种生物代谢途径中起重要作用，涉及三羧酸循环、乙醛酸循环、氨基酸合成、pH 平衡、糖异生、细胞质和细胞器代谢产物的交换和脂肪酸 β 氧化等(刘遥等，2014)。此酶为 NAD-依赖型，定位于线粒体基质中，催化三羧酸循环中 L-苹果酸脱氢生成 NADH 并与草酰乙酸相互转化，以此调节生物体内的物质能量代谢(时娟等，2011)。因此在老化试验中，'玉针香'中该蛋白表达的上调更为显著，说明在'玉针香'中呼吸作用更为快速，也加大了体内有机物的消耗。

根据刘遥等(2014)的研究，异柠檬酸脱氢酶作为其中的限速酶而起到调节能量释放速率的关键作用，其下调表达也反映出能量供应的关键循环之一——三羧酸循环整体速率的降低。而在老化试验中，'玉针香'中该蛋白表达上调，说明其在三羧酸循环整体速率较快。

在前人研究中可以发现，在低温条件下，参与糖酵解和三羧酸循环的蛋白质，如磷酸甘油酸激酶表达下调，说明在低温条件下，果实会通过降低呼吸速率和代谢活性来降低营养成分的损失(尹奇等，2013)。因此在人工加速老化试验期间，'玉针香'中的上调更为明显，说明'玉针香'种子中呼吸作用的代谢活性依旧旺盛。

4)抗氧化途径中蛋白对稻谷陈化的影响

当植物生长的外在条件如温度、土壤水分、盐浓度等发生急剧变化时，植物体内会产生大量的活性氧(Reactive oxygen species，ROS)，其比氧活泼，主要包括超氧自由基(O_2^-)、氢氧根离子(OH^-)、羟自由基(·OH)、过氧化氢(H_2O_2)等。能否及时高效地清除活性氧，决定着植物的耐储性、耐逆性的强弱。抗坏血酸过氧化物酶(ascorbate peroxidase，APX)属于 I 型血红素过氧化物酶，它催化 H_2O_2 依赖的 L-抗坏血酸氧化作用，对抗坏血酸表现出高度的专一性(李泽琴等，2013)。而植物中主要有 3 类过氧化物酶，即谷胱甘肽过氧化物酶(glutathione peroxidase，GPX)、APX 和过氧化氢酶，其中，APX 与 H_2O_2 的亲和力最强(苗雨晨等，2005)。'浓香 32'和'玉针香'中过氧化氢酶有着明显的差距，这也符合两种稻谷相同差异蛋白的不同表达，该蛋白在'浓香 32'中基本无变化，在'玉针香'中表达下调。说明'浓香 32'中抗氧化性明显强于'玉针香'，因此具有更强的耐储性及耐逆性。而根据过氧化物酶的表达也可看出，两种稻谷中虽然过氧化物酶表达均为下调，但'玉针香'中表达下调更为显著，说明其抗氧化性较'浓香 32'更差。

(三)脂质组学技术在稻谷储藏中的应用

脂质是一类易溶于非极性溶剂而难溶于水的分子，是构成生物膜骨架的主要成分和储能物质。脂质组学以所有脂类为研究对象，是代谢组学中一个重要的分支。脂质组学的概念在 2003 年被 Han 和 Gross(2003)提出，但是脂质组学的发展却比基因组学和蛋白质组学落后。脂质组学是对组织、生物体或细胞中的所有脂质分子以及与脂质有相互作用的分子进行系统性分析的一门学科，通过分析脂质分子在生物代谢过程中的变化，从而揭示脂质在生命活动中的作用机制(Wenk，2005)。

脂质组学被广泛应用于分子生理学、营养学及环境与健康等重要领域，但其在植物脂质分析中的应用较少。脂质在植物的气孔运动、光合作用、信号转导、细胞分泌、小泡运输等过程中发挥着重要的作用，脂质还参与了植物的部分生长发育过程，如器官分化、种子萌发、叶片衰老和授粉等。长期以来，对稻谷储藏期间脂类变化的研究主要集中在对丙二醛、粗脂肪、脂肪酶等陈化特征指标的测定，对稻谷储藏期间磷脂、糖脂、甘油三酯和抗氧化酶等与稻谷品质关系的研究报道较少，而利用脂质组学研究方法探索稻谷脂类变化与其品质劣变内在联系的研究则更少。如果不深入研究稻谷储藏过程中脂质的变化规律和机制，势必很难根据其机理制定出有针对性的预防或控制措施。因此，本课题组运用超高效液相色谱-串联四极杆-飞行时间质谱(UPLC-Q-TOF-MS)技术，分析了稻谷陈化过程中脂质代谢产物的变化，并结合多元统计变量分析(PCA、PLS-DA)筛选出差异性较大的离子，并以此作为差异代谢物，分析这些脂质代谢产物含量的变化及参与的主要代谢通路，研究稻谷在加速陈化过程中脂类的变化情况，为深入研究稻谷在加速陈化过程中的劣变机理提供理论数据。

1. 稻谷加速陈化过程中脂质代谢物火山图分析

'浓香 32'和'玉针香'在加速陈化过程中脂质代谢物的火山图如图 2-29 和图 2-30

所示。'浓香 32'在正离子和负离子模式下的代谢物分别有 12228 种、4124 种，通过火山图分析，初步筛选出符合条件的代谢物有 510 种、711 种。'玉针香'在正离子和负离子模式下的代谢物分别有 12228 种、4124 种，通过火山图分析，初步筛选出符合条件的代谢物分别有 496 种、434 种。

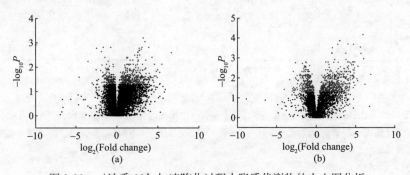

图 2-29 '浓香 32'加速陈化过程中脂质代谢物的火山图分析

(a)正离子模式；(b)负离子模式。灰色点为差异倍数小于等于 0.8333 或大于等于 1.2 且 P 值小于 0.05 的代谢物，其余的代谢物为黑色点

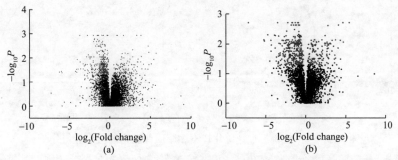

图 2-30 '玉针香'加速陈化过程中脂质代谢物的火山图分析

(a)正离子模式；(b)负离子模式。灰色点为差异倍数小于等于 0.8333 或大于等于 1.2 且 P 值小于 0.05 的代谢物，其余的代谢物为黑色点

2. 稻谷加速陈化过程中脂质代谢物主成分分析

图 2-31 为'浓香 32'加速陈化过程中脂质代谢物的主成分得分图。在正离子模式下，第一主成分和第二主成分分别解释原变量信息的 31.22%、16.06%；在负离子模式下，第一主成分和第二主成分分别解释原变量信息的 36.19%、16.66%，且加速陈化 0 d 和 15d 的样品能够在第一主成分上很好地分离，说明'浓香 32'加速陈化 15d 后的脂质代谢物有显著的变化。

图 2-32 为'玉针香'加速陈化过程中脂质代谢物的主成分得分图。在正离子模式下，第一主成分和第二主成分分别解释原变量信息的 22.56%、16.25%；在负离子模式下，第一主成分和第二主成分分别解释原变量信息的 34.41%、12.35%，且加速陈化 0d 和 15d 的样品能够在第一主成分上很好地分离，说明'玉针香'加速陈化 15d 后的脂质代谢物有显著的变化。

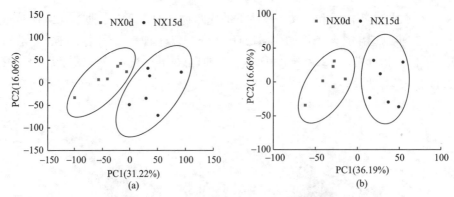

图 2-31　'浓香 32'加速陈化过程中脂质代谢物的主成得分图

(a)正离子模式；(b)负离子模式。NX0d 为'浓香 32'加速陈化 0d；NX15d 为'浓香 32'加速陈化 15d

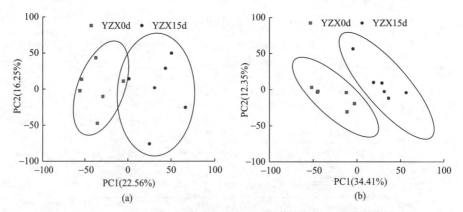

图 2-32　'玉针香'加速陈化过程中脂质代谢物的主成得分图

(a)正离子模式；(b)负离子模式。YZX0d 为'玉针香'加速陈化 0d；YZ15d 为'玉针香'加速陈化 15d

3. 稻谷加速陈化过程中脂质代谢物偏最小二乘法判别（PLS-DA）分析

图 2-33 是'浓香 32'加速陈化 0 d 和 15d 的脂质代谢物的 PLS-DA 得分图，由图可知，两组样品能够得到很好的区分。在正离子模式下，PLS-DA 模型的参数 R^2Y 和 Q^2Y 分别为 0.976、0.7393，在负离子模式下，PLS-DA 模型的参数 R^2Y 和 Q^2Y 分别为 0.9895、0.8895，在正负离子模式下，PLS-DA 模型的 R^2Y 和 Q^2Y 较高，表明此模型有良好的预测能力。验证结果表明正、负离子的 PLS-DA 模型的 R^2 截距均小于 0.4，Q^2 截距均小于 0.05，说明模型拟合较好。

图 2-34 是'玉针香'加速陈化 0 d 和 15d 的脂质代谢物的 PLS-DA 得分图，由图可知，两组样品能够得到很好的区分。在正离子模式下，PLS-DA 模型的参数 R^2Y 和 Q^2Y 分别为 0.9961、0.7691，在负离子模式下，PLS-DA 模型的参数 R^2Y 和 Q^2Y 分别为 0.9876、0.7985，在正负离子模式下，PLS-DA 模型的 R^2Y 和 Q^2Y 较高，表明此模型有良好的预测能力。验证结果表明正、负离子的 PLS-DA 模型的 R^2 截距均小于 0.4，Q^2 截距均小于 0.05，说明模型拟合较好。

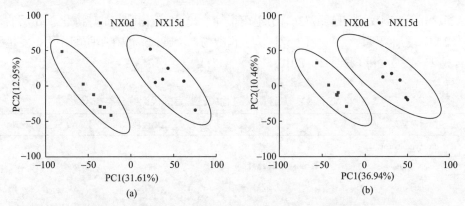

图 2-33　'浓香 32'加速陈化过程中脂质代谢物的偏最小二乘判别分析(PLS-DA)得分图

(a)正离子模式；(b)负离子模式。NX0d 为'浓香 32'加速陈化 0 d；NX15d 为'浓香 32'加速陈化 15d

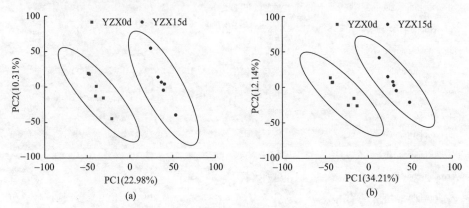

图 2-34　'玉针香'加速陈化过程中脂质代谢物的偏最小二乘判别分析(PLS-DA)得分图

(a)正离子模式；(b)负离子模式。YZX0d 为'玉针香'加速陈化 0d；YZ15d 为'玉针香'加速陈化 15d

4. 稻谷加速陈化过程中差异代谢物筛选及鉴定

'浓香 32'加速陈化 15d 后的差异代谢物经过筛选和 Lipidmap 鉴定，鉴定后的差异代谢物总共有 387 种，其中上调的有 299 种，下调的有 88 种，被鉴定的代谢物分类结果如表 2-5 所示，它们主要包括甘油二酯、神经酰胺类、磷脂类、固醇类、脂肪酸、三酰甘油和脂肪醇类等，其中甘油二酯最多，其次是神经酰胺类和固醇类。各类别中上调的差异代谢物的数量大于或等于下调的数量，黄酮类和脂肪醇类除外。'浓香 32'在加速陈化 15d 后，VIP 较大的差异代谢物有：$1\alpha,25$-二羟基维生素 D_2、Cer(d14：1/20：0)、Cer(d14：2/22：1)、Cer(d14：1/22：1(OH))、DG(15：0/18：3)、三十六碳五烯酸(36：5)、DG(16：1/17：2/0：0)、20：2 豆甾酯。Cer(d14：1/20：0)、Cer(d14：2/22：1)、Cer(d14：1/22：1(OH))、DG(15：0/18：3)、DG(16：1/17：2/0：0)在加速陈化 15d 后差异变化倍数均大于 20。$1\alpha,25$-二羟基维生素 D_2 能够诱导细胞分化过程中鞘磷脂水解生成神经酰胺，导致神经酰胺的含量增大。Cer(d14：1/20：0)、Cer(d14：2/22：1)、Cer(d14：1/22：1(OH))属于神经酰胺类，有研究表明神经酰胺具有引诱细胞凋亡的作用。油脂陈化过程中在脂肪酶的作用下水解生成甘油二酯、脂肪酸、甘油等，使 DG(15：0/18：3)、DG(16：

1/17：2/0：0)、三十六碳五烯酸(36：5)显著增加。20：2 豆甾酯在加速陈化 15d 后的差异倍数为 21.1，增加幅度比较大，可能是因为豆甾醇与二十碳二烯酸在脂肪酶作用下发生酯化反应合成 20：2 豆甾酯(罗明日，2013)。

表 2-5　'浓香 32'加速陈化过程中已鉴定的代谢物分类情况

代谢物英文类别	代谢物中文类别	数量/种	上调数/种	下调数/种
diradylglycerols	甘油二酯	51	45	6
ceramides	神经酰胺	31	29	2
sterols	固醇类	31	23	8
fatty acids and conjugates	脂肪酸和共轭脂肪酸	24	16	8
fatty esters	脂肪酯	20	15	5
glycerophosphocholines	磷脂酰胆碱	19	17	2
glycerophosphoserines	磷脂酰丝氨酸	19	13	6
glycerophosphoglycerols	磷脂酰甘油	17	15	2
isoprenoids	类异戊二烯	17	11	6
glycerophosphates	甘油磷酸脂	14	12	2
fatty amides	脂肪酰胺	13	12	1
glycerophosphoinositols	磷脂酰肌醇	11	8	3
octadecanoids	十八烷类	11	10	1
glycerophosphoethanolamines	磷脂酰乙醇胺	10	5	5
triradylglycerols	三酰甘油	10	10	0
fatty alcohols	脂肪醇	9	4	5
secosteroids	固醇类衍生物	9	7	2
neutral glycosphingolipids	中性鞘糖脂	8	5	3
flavonoids	黄酮类	7	2	5
others	其他类	56	40	16

'玉针香'加速陈化 15d 后的差异代谢物经过筛选和 Lipidmap 鉴定，鉴定后的差异代谢物总共有 262 种，其中上调的有 85 种，下调的有 177 种，被鉴定的代谢物分类结果如表 2-6 所示，它们主要包括脂肪酸、磷脂类、固醇类、甘油二酯、甘油磷酸酯、三酰甘油等，其中磷脂酰丝氨酸最多，其次是脂肪酸和共轭脂肪酸。大部分类别中下调的差异代谢物的数量大于或等于上调的数量，磷脂酰甘油、十八烷类、脂肪酰胺、中性鞘糖脂、三酰甘油和固醇类中差异代谢物下调的数量少于上调的数量。'玉针香'加速陈化 15d 后，VIP 较大的差异代谢物有：PI(13：0/18：0)、四氢脱氧皮质酮、PG(18：2/18：1)、PG(18：1/20：3)、DG(16：0/20：5/0：0)、CL(1'[20：4/18：2]，3'[18：2/18：1])、PS(18：2/20：1)、PS(20：0/18：3)、PA(20：1/18：1)。其中 PI(13：0/18：0)、四氢脱氧皮质酮、DG(16：0/20：5/0：0)、CL(1'[20：4/18：2]，3'[18：2/18：1])、PA(20：1/18：1)上调，PG(18：2/18：1)、PG(18：1/20：3)、PS(18：2/20：1)、PS(P20：0/18：

3）下调。从表 2-6 可知，大部分磷脂均呈现下降趋势，可能是磷脂发生了水解生成脂肪酸。脂肪酸和共轭脂肪酸类大部分也下调，可能是脂肪酸在脂氧合酶的作用下发生氧化降解。类异戊二烯和黄酮类几乎全部下调，类异戊二烯和黄酮均与抗氧化性有关（Borges et al.，2013），其含量的下降会导致抗氧化功能下降，脂质过氧化程度增大。

表 2-6　'玉针香'加速陈化过程中已鉴定的代谢物分类情况

代谢物英文类别	代谢物中文类别	数量/种	上调数/种	下调数/种
glycerophosphoserines	磷脂酰丝氨酸	37	14	23
fatty acids and conjugates	脂肪酸和共轭脂肪酸	23	4	19
glycerophosphoethanolamines	磷脂酰乙醇胺	22	3	19
diradylglycerols	甘油二酯	21	6	15
glycerophosphoglycerols	磷脂酰甘油	17	10	7
glycerophosphates	甘油磷酸脂	15	4	11
glycerophosphocholines	磷脂酰胆碱	13	3	10
isoprenoids	类异戊二烯类	11	1	10
glycerophosphoglycerophosphoglycerols	三磷脂酰甘油	9	0	9
fatty esters	脂肪酯	7	1	6
octadecanoids	十八烷类	7	4	3
fatty amides	脂肪酰胺	6	4	2
neutral glycosphingolipids	中性鞘糖脂	6	6	0
secosteroids	固醇类衍生物	6	1	5
sphingoid bases	鞘氨醇碱	6	3	3
triradylglycerols	三酰甘油	6	6	0
flavonoids	黄酮类	5	0	5
sterols	固醇类	5	4	1
others	其他类	40	11	29

5. 稻谷加速陈化过程中差异代谢物代谢途径分析

为了分析脂质代谢物可能涉及的代谢途径，将具有 KEGG 编号的差异代谢物输入 MBROLE 2.0 中，并以 KEGG 中 *Oryza sativa japonica*（Japanese rice）的代谢通路为背景进行差异代谢物的通路富集分析。如表 2-7 所示，与脂质代谢相关的通路得到显著富集（$P < 0.05$），包括类固醇的生物合成、亚油酸代谢、不饱和脂肪酸的合成、鞘脂代谢和甘油磷脂代谢等，其中亚油酸代谢、类固醇和不饱和脂肪酸的生物合成受到极显著的富集，是最主要的代谢通路。'浓香 32'在加速陈化过程中由于脂质代谢生成了部分挥发性物质，其主要涉及的代谢有亚油酸代谢、油酸代谢，下面主要对差异代谢物所涉及的亚油酸代谢、油酸代谢、类固醇的生物合成和不饱和脂肪酸的生物合成代谢通路进行分析，更深入地了解'浓香 32'在加速陈化过程中的脂质代谢调控规律。

表 2-7　　'浓香 32'加速陈化过程中与已鉴定代谢物显著相关的代谢通路

代谢通路	set	in set	P 值	FDR
linoleic acid metabolism	26	11	2.22×10^{-16}	3.11×10^{-15}
steroid biosynthesis	51	9	3.26×10^{-8}	2.28×10^{-7}
biosynthesis of unsaturated fatty acids	54	7	1.02×10^{-6}	4.76×10^{-6}
sphingolipid metabolism	25	3	0.00214	0.00749
glycerophospholipid metabolism	46	3	0.0121	0.0339
metabolic pathways	1455	16	0.483	0.564
biosynthesis of secondary metabolites	1038	9	0.815	0.815

注：set 表示该通路的总代谢物数量；in set 表示与该通路相关的差异代谢物的数量；P 值表示显著性；FDR 表示多重检验的错误发生率

　　表 2-8 为'玉针香'加速陈化过程中与已鉴定代谢物显著相关的代谢通路，不饱和脂肪酸的合成和角质素、软木脂和蜡质的合成得到显著富集（$P < 0.05$），是最主要的代谢通路。'玉针香'在加速陈化 15d 后检测到的部分挥发性代谢产物是脂质代谢的最终产物，主要涉及亚油酸代谢和油酸代谢，下面主要对亚油酸代谢、油酸代谢、不饱和脂肪酸的生物合成及角质素、软木脂和蜡质合成的代谢通路进行分析，深入探讨'玉针香'在加速陈化过程中的脂质代谢调控规律。

表 2-8　　'玉针香'加速陈化过程中与已鉴定代谢物显著相关的代谢通路

代谢通路	set	in set	P 值	FDR
cutin，suberin，and wax biosynthesis	34	8	1.06×10^{-9}	0.00124
biosynthesis of unsaturated fatty acids	54	6	1.1×10^{-7}	1.33×10^{-6}
metabolic pathways	1455	7	0.607	0.662

注：set 表示该通路的总代谢物数量；in set 表示与该通路相关的差异

6. 稻谷加速陈化过程中脂质代谢网络调控规律

　　图 2-35 显示了'浓香 32'在 42℃加速陈化至 15d 后，各代谢物在中心代谢网络中的变化。图中主要列举了不饱和脂肪酸的生物合成、亚油酸代谢、油酸代谢、类固醇的生物合成四大代谢途径。

　　不饱和脂肪酸的生物合成途径中，亚油酸、γ-亚油酸、花生四烯酸、二十碳四烯酸、二十碳三烯酸和二十碳二烯酸的含量在加速陈化 15d 后均呈现上升的趋势，脂酰 CoA 在酰基 CoA 硫酯酶的作用下，水解生成不饱和脂肪酸，使不饱和脂肪酸含量增加。

　　亚油酸代谢途径中，亚油酸含量的增加使其下游产物 9-十八碳-12-炔酸、9(10)-EpOME 和 12(13)-EpOME 增加。另外，亚油酸在脂氧合酶的作用下生成 9-亚油酸脂氢过氧化物（9(S)-HPODE）、11-亚油酸脂氢过氧化物（11(S)-HPODE）、13-亚油酸脂氢过氧化物（13(S)-HPODE），由于亚油酸脂氢过氧化物会进一步降解，其含量均未累积。9-亚油酸脂氢过氧化物和 13-亚油酸脂氢过氧化物会分解生成 9(S)-HODE、9-OxoODE、13(S)-HODE、13-OxoODE，使 9(S)-HODE、9-OxoODE、13(S)-HODE、13-OxoODE 上调。同时，9-亚油酸脂氢过氧化物、11-亚油酸脂氢过氧化物、13-亚油酸脂氢过氧化物会在裂解酶的作用下，裂解为反-2-壬烯醛、2-戊基呋喃、反-2-辛烯醛、己醛和庚醛。通过 GC-MS 分析稻谷储藏过程中挥发性产抑变化，反-2-壬烯醛、反-2-辛烯醛、2-戊基呋喃在陈化 15d 后的相对含量分别增加了 0.2%、0.09%、0.9%，己醛和庚醛在 0～15d 没有被检测到，但在陈化末期被检测出相对含量分别为 0.01% 和 1.12%。庚醛和反-2-辛烯醛进一步经过醇脱氢酶（ADH）转化为相应的醇，最后在醇酰基转移酶（AAT）和乙酰 CoA 的作用下转化为相应的酯（Sanz et al.，1997），从而使庚醇和甲酸辛酯含量增加。

油酸代谢途径中，油酸通过 β 氧化产生丁酸和己酸，经过 α 氧化产生戊酸，然后还原为相应的醇类，再转化为相应的酯类（唐贵敏，2008），最终导致 α-戊基-γ-丁内酯增加。油酸在脂氧合酶作用下被氧化为油酸脂氢过氧化物，再经过裂解酶裂解为壬醛、癸醛等。

类固醇生物合成代谢中，角鲨烯下调，但其下游产物胆甾醇、菜籽醇上调，说明加速陈化促进了胆甾醇、菜籽醇的合成。然而，豆甾醇的含量变化无显著差异，可能是因为豆甾醇与二十碳二烯酸在脂肪酶的作用下结合生成 20：2 豆甾酯。有研究表明植物甾醇和植物甾醇酯是较好的抗氧化剂，且植物甾醇酯的抗氧化性要高于植物甾醇（董涛，2008），'浓香 32'在高温高湿的环境下，可能刺激了胆甾醇、菜籽甾醇、豆甾酯的合成，减弱了其过氧化程度。

其他代谢途径中，'浓香 32'在加速陈化 15d 后检测到了 31 种神经酰胺类物质，其中有 29 种都是上调，有研究表明，鞘磷脂能在鞘脂酶的作用下水解生成神经酰胺和鞘氨醇。在陈化 15d 后，SE（d18：1/18：1）下调，鞘氨醇上调，说明在陈化过程中鞘磷脂发生了水解，使鞘氨醇和大部分神经酰胺增多。神经酰胺和鞘氨醇能够引发细胞凋亡（石丰榕和汪森明，2012），从而导致种子活力逐渐丧失。番茄红素属于类胡萝卜素，是类异戊二烯化合物，能够清除活性氧，是一种抗氧化剂（Ilahy et al.，2011）。番茄红素和 9-顺式新黄素在陈化 15d 后其含量上调，'浓香 32'在高温高湿的环境刺激下，促进了番茄红素和 9-顺式新黄素的合成。

'玉针香'在 42℃加速陈化至 15d 后，各代谢物在中心代谢网络中的变化如图 2-36 所示。图中主要列举了不饱和脂肪酸的生物合成、亚油酸代谢、油酸代谢、角质素、软木脂和蜡质的合成四大代谢途径。

不饱和脂肪酸的生物合成途径中，'玉针香'在加速陈化 15d 后，不饱和脂肪酸都下调，如二十碳二烯酸、二十二碳烯酸、二十碳烯酸、二十四碳烯酸。可能是因为这些不饱和脂肪酸在陈化过程中被氧化分解，而丙二醛是脂质过氧化的主要产物，从而导致'玉针香'在加速陈化 15d 后丙二醛含量显著增大。

亚油酸代谢途径中，亚油酸在脂氧合酶的作用下生成亚油酸脂氢过氧化物并进一步降解为反-2-壬烯醛、反-2-辛烯醛、(E)-2-庚烯醛、己醛、2-戊基呋喃，使反-2-壬烯醛、反-2-辛烯醛、(E)-2-庚烯醛在陈化 15d 后的相对含量分别增加了 0.25%、0.15%、0.21%，己醛和 2-戊基呋喃在 15d 没有被检测到，但在陈化 25 d 被检测出相对含量分别为 0.02% 和 1.7%。己醛、(E)-2-庚烯醛、反-2-辛烯醛进一步还原为相应的醇，使庚醇、2-己基十二烷醇、2-辛基-1-癸醇的相对含量分别增加了 0.2%、0.21%、0.01%。最后在醇酰基转移酶转化为相应的酯，导致甲酸辛酯、2-异丁酸己酯的含量增加了 1.96% 和 0.23%。

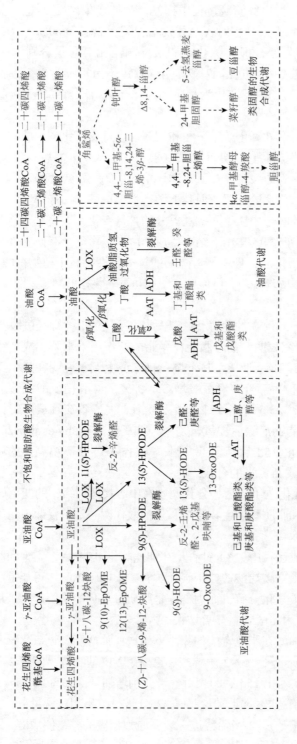

图 2-35　加速陈化过程中主要代谢通路的变化

代谢物上调、代谢物下调和无显著性变化的代谢物分别标注为红色、蓝色和黑色字体。CoA：辅酶A；9 (10) -EpOME：(9R, 10S) -(12Z) -9, 10-环氧十八碳烯酸；12 (13) -EpOME：(12R, 13S) -(9Z) -12, 13-环氧十八碳烯酸；9 (S) -HPODE：9S-氢过氧-10E, 12Z-十八碳二烯酸；9 (S) -HODE：9 (S) -羟基-10E, 12Z-十八碳二烯酸；9-OxoODE：9-氧代-10E, 12Z-十八碳二烯酸；13 (S) -HPODE：13S-氢过氧-9Z, 11E-十八碳二烯酸；13 (S) -HODE：13S-羟基-9Z, 11E-十八碳二烯酸；13-OxoODE：13-氧代-9Z, 11E-十八碳二烯酸；11 (S) -HPODE：11S-氢过氧-9Z, 12Z-十八碳二烯酸；LOX：脂氧合酶；ADH：醇脱氢酶；AAT：醇酰基转移酶

　　油酸代谢途径中，油酸在脂氧合酶作用下发生脂质过氧化，再裂解成相应的醛，导致其下游产物壬醛、癸醛含量增加，在陈化 15d 后，其相对含量分别增加了 3.23%、0.3%、0.06%。油酸脂质过氧化生成的醛会进一步转化成相应的醇和酯类，导致 2-乙基-1-癸醇、2-辛基-1-癸醇、甲酸辛酯、草酸癸基异丁基酯、2-辛基-1-十二烷醇含量分别增加了 0.22%、0.01%、1.96%、0.17%、0.11%。油酸还能够参与 α 和 β 氧化生成丁酸和戊酸，最终转化为相应的酯类，使 α-戊基-γ-丁内酯和 2-异丁酸己酯的相对含量分别增加了 2.1% 和 0.23%。

　　植物角质层是覆盖在植物最表面的保护层，对植物的生长发育及自我保护发挥了重要的作用，主要由脂肪酸及其衍生物组成。由图 2-36 可知，在角质素、软木脂和蜡质的合成途径中，顺-9,10-环氧硬脂酸下调，可能是因为在加速陈化过程中，过氧化物酶活性降低，抑制了油酸转化成顺-9,10-环氧硬脂酸，这与第二章中，'玉针香'加速陈化 15d 后过氧化物酶活性降低的结论一致。二十烷酸在加速陈化 15d 后的含量下降，导致其下游产物 22-羟基硬脂酸和二十二碳二酸含量显著下降。'玉针香'在加速陈化 15d 后，9,10,18-三羟基硬脂酸和 10,16-二羟基十六烷酸的合成量下降，但其上游物 9,10-二羟基硬脂酸和 16-羟基十六烷酸含量增加，表明加速陈化后其合成受到抑制，可能是因为'玉针香'加速陈化后，脂肪酸 ω-羟化酶活性下降导致的。顺-9,10-环氧硬脂酸、9,10,18-三羟基硬脂酸和 10,16-二羟基十六烷酸都属于角质层和软木脂，其含量的下降，减弱了角质层和软木脂对植物的保护作用，加速了'玉针香'的陈化。与'浓香 32'相比，'浓香 32'中 10,16-二羟基十六烷酸没有显著性变化，且顺-9,10-环氧硬脂酸、9,10,18-三羟基硬脂酸下调的幅度与'玉针香'没有很大差别，而两种稻谷在陈化 15d 时，'玉针香'的脂肪酸值、脂肪酶、过氧化值和丙二醛含量均高于'浓香 32'，POD、CAT 和 APX 的活性均低于'浓香 32'，说明角质层和软木脂对'玉针香'的保护作用比'浓香 32'弱，导致'玉针香'更易陈化。

　　'浓香 32'和'玉针香'在加速陈化过程中脂质代谢调控的主要区别是：类固醇的生物合成代谢和角质素、软木脂和蜡质的合成代谢。类固醇的合成代谢在'浓香 32'中受到显著富集，角质素、软木脂和蜡质的合成代谢在'玉针香'中受到显著富集。固醇类具有抗氧化功能，能够减轻植物脂质过氧化作用。在加速陈化 15d 后，'浓香 32'中胆甾醇和菜籽醇上调，而豆甾醇在脂肪酶的催化下发生酯化作用，合成了抗氧化性比豆甾醇更强的豆甾酯，胆甾醇、菜籽醇和豆甾酯的合成减轻了'浓香 32'过氧化程度。角质素、软木脂和蜡质对植物有保护作用，然而，'玉针香'在加速陈化 15d 后，角质素、软木脂的合成受到显著抑制，使顺-9,10-环氧硬脂酸、9,10,18-三羟基硬脂酸和 10,16-二羟基十六烷酸下调，减弱了其对稻谷的保护作用。从'浓香 32'和'玉针香'中类固醇的生物合成代谢和角质素、软木脂和蜡质的合成代谢的区别发现，加速陈化增强了固醇类对'浓香 32'的保护作用，但削弱了角质素和软木脂对'玉针香'的保护作用，可能是'玉针香'脂质过氧化程度高于'浓香 32'的原因，最终导致'浓香 32'在高温条件下的耐储性高于'玉针香'。

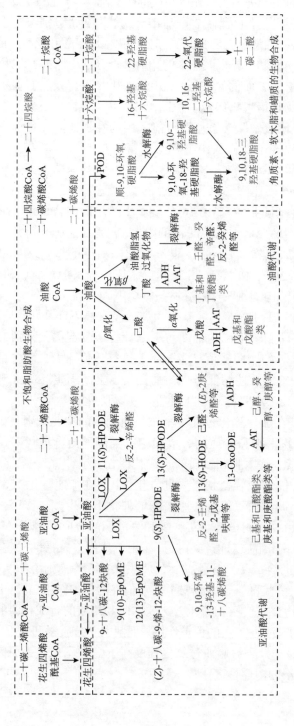

图 2-36 '玉针香'加速陈化过程中主要代谢通路的变化

代谢物上调、代谢物下调和无显著性变化的代谢物分别标注为红色、蓝色和黑色字体。CoA: 辅酶 A; 9 (10) -EpOME: (9R, 10S) -(12Z) -9, 10-环氧十八碳烯酸; 12 (13) -EpOME: (12R, 13S) -(9Z) -12, 13-环氧十八碳烯酸; 9 (S) -HPODE: 9S-氢过氧十八碳二烯酸; 9S-羟基-10E, 12Z-十八碳二烯酸; 9-OxoODE: 9-氧代-10E, 12Z-十八碳二烯酸; 13 (S) -HPODE: 13S-氢过氧-9Z, 11E-十八碳二烯酸; 13 (S) -HODE: 13S-羟基-9Z, 11E-十八碳二烯酸; 13-OxoODE: 13-氧代-9Z, 11E-十八碳二烯酸; 11 (S) -HPODE: 11S-氢过氧-9Z, 12Z-十八碳二烯酸; LOX: 脂氧合酶; ADH: 醇脱氢酶; AAT: 醇酰基转移酶; POD: 过氧化物酶

第二节 储藏过程中主要病虫害

粮食在储藏过程中常遭受各种病虫害的危害而失去食用和加工价值，造成极大的经济损失。据统计，在发达国家由昆虫、螨类和微生物等带来的损失占储粮总量的1%，而发展中国家更高达10%～30%（Yadav and Chang，2014）。稻谷作为我国主要的粮食作物之一，在储藏的过程中也面临相同的问题。

一、储藏过程中主要虫害

由于稻谷中含有丰富的碳水化合物、蛋白质、维生素、脂肪及无机物等营养物质，在储藏过程中极易生虫生螨。在储藏原粮及一些加工、袋装的成品稻中虫害的发生十分普遍。据统计，每年由虫害带来的损失占稻谷总产量的27%（Alfonso-Rubi et al.，2003）。我国常见的储粮害虫及害螨近240多种，其中稻谷中常发生的有10余种，主要分属于甲虫类（鞘翅目）、蛾类（鳞翅目）害虫和螨类，其中尤以玉米象、米象、谷蠹、赤拟谷盗、麦蛾、粉螨等危害较为严重。

（一）甲虫类

1. 玉米象 *Sitophilus zeamais* Motschulsky

属鞘翅目（Coleoptera）象甲科（Curculionidae）。玉米象成虫个体大小因食料不同而略有差异，长椭圆形，体长2.8～4.5mm，周身黄褐至暗褐色，体壁坚硬，略带光泽，周身被小刻点。头部的额和唇基区延伸成象鼻状的喙，触角8～9节，最末节呈长椭圆形。口器位于喙的前端，无上唇。复眼椭圆形，位于喙状部基部。前胸背板具刻点，且刻点间距离窄；后胸侧板上的点刻整齐。鞘翅被黄色刚毛，末端延展完全遮盖腹部。跗节形式5—5—5，第四节小，常隐于第三节内。卵呈长椭圆形，乳白色，半透明。幼虫体长2.8～4.0mm，乳白色，头小，淡褐色，口器呈黑褐色。蛹长3.2～4.0mm，长椭圆形，随发育时间从乳白色逐渐加深直至黑褐色。

生物学特征：玉米象年发生1～7代，主要与地区温湿度相关。我国南方温暖地区一般年发生4～7代，北方寒冷地区一般年发生1～3代。玉米象主要以成虫虫态进行传播、侵染和越冬，喜温暖、潮湿、黑暗环境，有飞行能力；成虫常在仓内或仓外砖石、垃圾、松土内越冬，温度升高后又回到粮堆，少数幼虫在粮粒内越冬。一般来说，成虫羽化后便可交配，交配后约4d即开始产卵。产卵前先在粮粒上咬一椭圆形卵缝隙，将卵产入缝隙内，用肉眼难以发现。

发生与危害：玉米象为头号储粮害虫，其食性很杂，对多种谷物如稻谷、大米、大麦、小麦、燕麦、荞麦、高粱、玉米均可造成严重的危害，其他如地瓜干、干果、饼干、面包也可为害，但不取食小型、粉状粮食。卵孵化后，幼虫即在粮粒内蛀食，成虫亦可咬破籽粒表皮蛀食粮粒内淀粉。被害粮粒常被蛀食一空，同时取食后形成大量的粮粒粉屑及排泄物，严重污染了粮食，为第二性害虫的发生创造了有利的条件，并引起发热霉变，大大降低了粮食品质。

防治方法：玉米象的防治主要以防为主。冬季，铺盖粮面，引诱成虫，集中消灭；春季，可在仓外四周喷一条马拉硫磷药带，防止在仓外越冬的成虫返回仓内。目前玉米象对触杀剂还较敏感，因此可在其未发生之前或仅有少量发生时用触杀剂与稻谷混拌以防虫；如已大量发生，可采用 PH$_3$ 进行常规熏蒸。此外，玉米象成虫有假死习性，可利用该习性，采用机械过筛的方法清除粮内的成虫（蒋富友等，2016；沈兆鹏，1998a）。

2. 米象 *Sitophilus oryzae*(Linnaeus)

属鞘翅目(Coleoptera)象甲科(Curculionidae)。成虫形态与玉米象极为相近，体型较玉米象略小，平均体长 2.3～3.5mm。与玉米象相比，米象前胸背板刻点间距离比较宽，后胸侧板上的点刻不整齐，但这些区别并不那么明显（曹志丹，1980）。目前仍以雄虫外生殖器阳茎背面有无纵沟作为两者区别的主要依据，玉米象阳茎有两条纵沟，而米象的阳茎没有纵沟(Kuschel，1961)。卵、幼虫及蛹形态特征与玉米象相似。

生物学特征：米象在全球范围内均有发生，在我国主要分布于气候温暖的南方地区，根据国家和地区的不同一般一年发生 3～12 代。米象雌虫繁殖力强，每雌产卵量可达 400 粒以上。性喜高温潮湿，发育起点温度为 13℃，最适温度为 28～33℃，适宜湿度为 70%～85%。此外，米象还具有群集、假死性、负趋光等特性。

发生与危害：米象主要为害禾谷类原粮及加工品，是禾谷类作物储藏时的主要害虫之一，多发生于已经储存 2～3 年的陈粮中。一般来说当温度适宜米象卵在粮粒中孵化，初孵幼虫便潜在粮粒内部进行，成虫羽化后可在粮粒外继续啃食。该种幼虫及成虫阶段均可为害，且生长繁殖速度快，为害甚广。

防治方法：在粮食入仓前，对储粮仓库进行彻底的消毒，并在仓库周围喷洒药物消毒，同时布控防多道虫线，是预防米象发生的重要措施。加强仓库的密闭度，及时密封仓库缝隙以防止米象成虫的入侵。如储粮已经染虫，可通过高温暴晒驱赶米象，同时注意将有虫害的与无虫害的粮食分开保存；当储粮量小时，也可将粮食分批装入防虫包装袋以保护粮食免受米象的为害。鉴于米象对触杀剂较敏感，可在储粮未染虫或仅少量染虫时，将谷物保护剂和储粮拌匀用于防虫控虫；如已发生或者发生比较严重时，可采用 PH$_3$ 进行常规熏蒸（沈兆鹏，1998a）。

3. 谷象 *Sitophilus granaries*(Linnaeus)

属鞘翅目(Coleoptera)象甲科(Curculionidae)。成虫形态与玉米象相似，体型一般大于玉米象，体长 3.1～5.5mm，呈长椭圆形，体色浓褐色且有光泽。卵呈长椭圆形，较玉米象的短粗，乳白色。幼虫体长 2.3～2.8mm，头较玉米象的大。蛹与玉米象也相似，长圆形，但较玉米象胸部宽大。

生物学特征：谷象年发生 3～4 代，热带地区可多达 8 代，主要取决于当地的温湿度条件。谷象耐低温能力较强，在 13℃ 下仍能缓慢发育，发育最适温度为 27～30℃，适宜湿度为 70%～85%。其主要以成虫态越冬，其越冬场所和产卵习性与米象相同。成虫仅在仓内繁殖，羽化不久即交尾和产卵。

发生与危害：谷象原产于亚洲或欧洲地中海地区，因此其对低温的耐受力较强，而对高温的耐受力较弱，更适合生长于温暖或寒冷地区，现在主要分布于亚洲和欧洲部分地区，在美国北部和澳大利亚等国也有分布。在国内，仅见新疆和甘肃安西、敦煌等地有报道，在四川中部地区也有零星发生。食性与危害性与玉米象和米象相似。

防治方法：研究表明使用诱捕器诱捕可以在一定程度上减少谷象的种群密度；同时通过放射 Co 射线辐照处理的雄性不育品系进行生物防治；此外，某些植物油可以抑制谷象繁殖，如棉籽油、豆油、玉米油和花生油等，且防治效果可以保持 60d 左右，同时这些植物油也可驱避谷象成虫(沈兆鹏，1982)。

4. 谷蠹 *Rhizopertha dominica*(Fbricius)

属鞘翅目(Coleoptera)长蠹科(Bostrichidate)。谷蠹为小型甲虫，成虫呈长椭圆形，体长 2.5~3.0mm，褐色至黑褐色，体壁坚硬，略带光泽，周身被小刻点。头部下口式；触角 10 节，末端三向外突出延展成鳃叶状。前胸背板发达近半圆形，完全遮盖头部，前缘往往具有多个齿列。鞘翅颜色略发黄，被刚毛，末端延展完全遮盖腹部。跗节形式 5—5—5。卵长圆形，乳白色，大小 0.2~0.4mm。幼虫体长 2.8~3.0mm，淡黄色。蛹长 2.8~3.2mm。

生物学特征：谷蠹一般一年发生 2 代，在气候温暖地区可发生 4 代。通常以成虫在粮堆内、仓内地板和天花板或其他木质材料潜伏和越冬。越冬成虫次年春 3~4 月开始活动，交尾产卵。卵喜产于小的缝隙中，如稻谷外颖、粮粒裂缝、包装物和墙壁缝隙中，较少产于粉屑中或粮粒表面。雌虫产卵量高，产卵期长，卵的孵化率高，一般能达 100%。通常初孵幼虫即可钻入粮粒内取食粮粒胚部，直到羽化为成虫后才钻出粮粒；少数未能潜入粮粒内的幼虫，可生活于粮粒间的间隙或粉屑中，进行取食和繁殖。谷蠹是一种好温性害虫，具趋温群聚性。谷蠹具有抗高温、耐干旱的特性，即使温度高达 38~40℃，粮食含水量仅为 10%左右，谷蠹也能正常发育和繁殖。成虫在 50℃高温条件下，经 90min 才死亡；但其抗寒能力较差，在 0℃时，谷蠹仅能存活 7d，在-25℃下 12min 死亡率即可达 100%(Swain，1975)。

发生与危害：在温度较高的条件下能造成很大的危害，主要危害禾谷类、豆类作物的种子和干果类。谷蠹常聚集于中、下层粮堆中活动，常常引起粮堆局部温度过高，致使储粮代谢速率加快，营养物质损失加重，同时易引起细菌、病毒等的发生，是粮食储藏初期的重要害虫。

防治方法：针对谷蠹好湿的特性，在粮食入库前进行充分干燥，以降低储粮水分，抑制谷蠹的生长发育和繁殖；此外，$C_{10}H_{19}O_6PS_2$、$C_9H_{12}NO_5PS$ 等谷物保护剂对谷蠹的发生有一定的防治效果；如若谷蠹大量发生，可用 ALP、CCl_3NO_2、CH_3Br 和 $C_2H_4Cl_2$ 等熏蒸剂对染虫储粮进行熏蒸；此外，根据谷蠹对低温耐受能力差的特点，可利用低温冷冻杀虫(李前泰，1989)。

5. 锈赤扁谷盗 *Cryptolestes ferrugineus*(Stephens)

属鞘翅目(Coleoptera)扁谷盗科(Laemophloeidae)。锈赤扁谷盗为小型甲虫。体扁平，长 1.8～2.3mm，虫体锈赤色，密被金黄色细毛。头部近似三角形，复眼黑褐色，圆形，突出。鞘翅遮盖腹末，两侧外缘近平行。雌雄成虫外部形态有些许差异：雄虫触角较雌虫略长，触角 11 节，串珠状；跗节雄虫为 5—5—4 式，雌虫为 5—5—5 式。末龄幼虫体长椭圆形略扁，长 2.5～3.8mm。头部深棕色，胸、腹部淡黄色(沈兆鹏，1998c)。

生物学特征：锈赤扁谷盗在其危害区一年发生 3～6 代。锈赤扁谷盗成虫擅飞翔，群居，具有较强的趋光性，喜食各种谷物及豆类的粉末。成虫对低温和干燥的耐受力较强，因此主要以成虫在仓库干燥碎屑(如粮食粉屑或粮仓内缝隙)中越冬。雌成虫寿命普遍比雄成虫长，成虫羽化后 1～2d 便可交尾产卵，雌虫通常将卵产于粮粒胚部、裂隙或表面破损处，卵孵化后初孵幼虫即可蛀蚀粮粒，严重时可将粮粒蛀食一空，并在蛀空的粮粒内化蛹(白旭光和王殿轩，2008)。

发生与危害：锈赤扁谷盗在全球范围内均有危害，尤其是温带和亚热带地区。在我国，主要发生于长江以南南方地区，福建、广西等华南沿海地区尤为严重，其危害严重且难以防治。锈赤扁谷盗的成虫与幼虫均取食储粮，且食性广泛，一般为害破碎或受损的原粮，如稻谷、麦类、油料及豆类，同时也危害其加工产品。锈赤扁谷盗喜高温高湿环境，发热粮堆易引发染虫，潮湿储粮也易引发此虫聚集，尤其是阴湿粉尘或和较大杂质大发生时会引发粮堆结露霉变。此外，锈赤扁谷盗的繁殖能力非常强，在适宜温湿度条件下，种群增长十分迅速，因此一旦发生对储粮危害很严重(沈兆鹏，1998c)。

防治方法：目前锈赤扁谷盗已对大多数药剂产生了很强的抗性，常用的 $C_{10}H_{19}O_6PS_2$、$C_9H_{12}NO_5PS$、$C_{11}H_{20}N_3O_3PS$ 等储粮保护剂和 PH_3 这类熏蒸剂都难以彻底消除锈赤扁谷盗。因此，在锈赤扁谷盗的防治中，预防染虫才是防治的重点：应严格控制粮食入库时的质量、含水量和含杂程度，及时清洁仓库并提前消毒杀虫，破坏锈赤扁谷盗的生存和藏匿环境。储粮出库后应对空仓进行全面、彻底、细致的清扫和杀虫。若锈赤扁谷盗已发生，适当地选取 300 ppm 左右 PH_3 密闭熏蒸 60d 以上，可取得良好的杀虫效果。此外，硅藻土也具有较好的杀虫效果，也可采用灯光诱捕有效降低虫口密度(张永富，2002)。

6. 赤拟谷盗 *Tribolium castaneum*(Herbst)

属鞘翅目(Coleoptera)拟步甲科(Tenebrionidae)。赤拟谷盗为小型甲虫。成虫体扁平，长 2.8～4.2mm，呈棕色至红棕色，体壁坚硬，略带光泽，周身密布小刻点。头亦扁平，前口式，复眼较大，黑色。触角 11 节，末端 3 节膨大成锤状。鞘翅具明显的脊，几乎平行。跗节形式 5—5—4。卵呈椭圆形，乳白色，大小 0.3～0.6mm。幼虫体长 6.8～8.2mm，淡黄色。蛹长椭圆形，体长 3.7～5.0mm，黄色。

生物学特征：赤拟谷盗一年发生 3～6 代。主要以成虫群集潜伏在仓库或加工厂缝隙中越冬。成虫羽化 1～3d 后开始交尾，交尾后 3～8d 开始产卵，产卵数量多，产卵期较长。赤拟谷盗适应性强，在温暖湿度适宜的仓库内可终年不断繁殖。成虫寿命很长，一般在 3 个月到 1 年，少数可活到 3 年以上。成虫后翅发达，温暖时能飞，有群集性和假死性，遇到惊扰即分泌臭液而污染粮食。

发生与危害：赤拟谷盗主要分布于我国南方大部分地区。属后期性储粮害虫，其食性极杂，可取食食用菌、玉米、小麦、稻、高粱、油料、干果、豆类、中药材、生药材、生姜、干鱼、干肉、皮革、蚕茧、烟叶、昆虫标本等，是粮仓、粮店、加工厂车间常发性害虫。成虫最喜潜伏在各种阴暗的空隙内，如粮袋之间，加工厂各种机械和器材的缝隙内，并随粮食调运而远距离传播。此外，成虫能分泌臭液污染储粮，使储粮发霉变质，严重威胁到人畜健康。

防治方法：储藏稻谷入库要除杂干燥，控制稻谷含水量在安全水分之内，且保持颗粒完整；仓内湿度过大时，要及时通风除湿；也可使用粮食防虫包装袋。有研究表明使用 15ppm $C_{10}H_{19}O_6PS_2$ 或 4 ppm $C_{11}H_{15}Cl_2O_3PS_2$ 对染虫初期较有效；而赤拟谷盗大量发生时，应用 PH_3 进行常规熏蒸，以达到快速灭虫(沈兆鹏，1998c)。

7. 杂拟谷盗 *Tribolium confusum* Duval

属鞘翅目(Coleoptera)拟步甲科(Tenebrionidae)。杂拟谷盗也为小型甲虫。成虫形似赤拟谷盗，扁平，长 2.6～4.4mm，呈褐色至红褐色，体壁坚硬，略带光泽，周身密布小刻点。头扁平，前口式，复眼较小，黑色。触角 11 节，基部向端部逐渐膨大。鞘翅具脊但没有赤拟谷盗明显。跗节形式 5—5—4。卵、幼虫及蛹形态特征与赤拟谷盗相似。

生物学特征：杂拟谷盗一年发生 5～6 代。与赤拟谷盗相似，多以成虫群集越冬，以幼虫越冬者少，越冬场所也多为包装袋、加工厂机械、仓库的各种隐蔽缝隙。成虫不喜光、不善于飞翔，有群集和假死的习性。成虫羽化后 1～3d 开始交尾，交尾后 3～5d 开始产卵，雌虫产卵量大，喜散产于粮食表面、裂缝或碎屑中。成、幼虫均具有均强耐饥能力，其中雌虫最耐饥。该虫对低温不敏感，低湿时发育期延长。在发育适温范围内，卵的孵化率一般为 80%～90%。

发生与危害：杂拟谷盗在全世界均有分布，温带及以北地区发生更普遍。在我国，杂拟谷盗分布范围较赤拟谷盗要窄。该种属后期性储粮害虫，食性杂，喜食稻谷、玉米、小麦、麦麸、高粱、油料、干果、豆类、中药材等碎屑及粉末，也为常发性害虫(张生芳和周玉香，2002)。

防治方法：杂拟谷盗经常与赤拟谷盗一起发生，其栖息场地和习性与赤拟谷盗相似，因此防治方法基本与赤拟谷盗相同。

8. 锯谷盗 *Oryzazephilus surinamensis*(Linnaeus)

属鞘翅目(Coleoptera)锯谷盗科(Silvanidae)。锯谷盗为小型甲虫，成虫体扁平，长 2.2～3.2mm，棕褐色，体壁坚硬，无光泽，周身被金黄色细毛。头部扁平，前口式，复眼较大而突出，黑色。触角 11 节，从基部向端部逐渐膨大。前胸背板长卵形，具 3 条明显的脊，中间 1 条直，左、右 2 条弯曲成弧形；两侧缘各具 6 个齿状突起，因此有别名锯胸谷盗；中间齿突间隔较大，两端间隔小。鞘翅长，遮盖腹部末端。跗节 5—5—5 式。卵呈椭圆形，乳白色，大小为 0.3～0.7mm。幼虫体长 2.7～4.3mm，头部深棕色，胸、腹部淡黄色(沈兆鹏，1998a)。

生物学特征：根据发生地区气候条件，锯谷盗一年可发生 3～5 代，气温高的地区锯谷盗发育繁殖加快，发生代数多。锯谷盗通常以成虫虫态越冬，成虫可爬出粮仓外藏匿于粮仓附近的墙缝、砖石下越冬，少数成虫也可在仓内越冬。成虫不善飞，但爬行极快，受到惊扰后会四处逃窜。成虫寿命很长，平均达半年，长的可达 3 年。雌成虫羽化后 3～5d 开始产卵，喜散产，多产于粉屑内。该虫适应性好，且成虫抗药和抗寒能力很强，条件适宜时极易在粮仓、米厂、面粉厂的陈粮和下脚粮内大爆发，防治时必须注意这个特点。

发生与危害：该虫在全国各地均有分布，对稻谷、小麦、面粉、小米、干果、干菜、药材、烟草等多数植物性储藏物均有危害。喜食稻谷粉末、碎片，属于后期性害虫。

防治方法：锯谷盗的防治主要以预防为主。储粮入库时，应严格干燥、除杂，保持粮粒完好，减少锯谷盗滋生环境。空仓时，粮仓务必打扫干净，堵塞缝隙并彻底粉刷，清扫出来杂物用火焚烧；装卸、运输设备及用具在使用前也应杀虫处理。在储粮未染虫，或者仅有少量染虫时，可用谷物保护剂 15ppm $C_{10}H_{19}O_6PS_2$ 或 4ppm $C_{11}H_{15}Cl_2O_3PS_2$ 进行预防或除杀。如储粮中已大规模发生，需应用 PH_3 进行常规熏蒸；如单次熏蒸效果不好，可连续两次低剂量熏蒸。此外，也可将储粮移出仓库，用溴甲烷或敌敌畏等带毒药剂进行空仓灭虫（沈兆鹏，1998a）。

9. 大眼锯谷盗 *Oryzaephilus mercater*(Fanval)

属鞘翅目(Coleoptera)锯谷盗科(Silvanidae)。该种外部形态与锯谷盗十分相似，也为小型昆虫，成虫体扁平，长 3.2～4.2mm，深褐色，体壁坚硬，无光泽。头部扁平近三角形，前口式。触角 11 节，末端稍膨大。前胸背板长方形，与锯谷盗相同具 3 条明显的脊，两侧缘各具 6 个齿状突起。鞘翅向腹部延展至完全覆盖。与锯谷盗的鉴定特征主要区别在于成虫，大眼锯谷盗的复眼更大，且前胸背板上左、右 2 条脊几乎与中间平行。卵、幼虫和蛹形态与锯谷盗极为相似。

生物学特征：大眼锯谷盗生长发育和繁殖情况、栖息场地、生活习性与锯谷盗相同。

发生与危害：大眼锯谷盗分布情况与锯谷盗相似，几乎在全世界都有分布；在我国华南、华中、华东、西南、西北地区(除西藏、新疆外)发生普遍，但发生程度比锯谷盗轻。同样可对多数植物性储藏物进行危害，但大眼锯谷盗对含油量较高的储藏物更偏好，如棉籽、花生、芝麻、核桃、杏仁、大豆等。也属于后期性害虫。

防治方法：防治要点与锯谷盗相同（沈兆鹏，1998a）。

10. 大谷盗 *Tenebroides mauritanicus*(Linnaeus)

属鞘翅目(Coleoptera)谷盗科(Trogossitidae)。大谷盗为大型甲虫。成虫长扁圆形，体长 7.2～10.4mm，黑色或暗褐色，体壁坚硬，有光泽。头部近似扁三角形，前口式，复眼黑色，较锯谷盗不明显。触角 11 节，形似棍棒。上颚发达突出；前胸背板近似倒梯形，前缘凹入，两前角突出状，后缘与鞘翅连接处明显缢缩，是该虫的重要鉴定特征。鞘翅完全遮盖腹部，末端圆形。跗节 5—5—5 式。卵椭圆形，大小 1.5～2.0mm，乳白色。幼虫体长 12.2～21.5mm，头黑色，胸足暗黄色，腹部浅灰色，尾部具黑色钳状尾刺。蛹扁平，近梭形，长 8.2～9.5mm。

生物学特征：根据地区不同，年发生代数略有差异，温带地区一般一年发生 1～2 代，热带亚热带地区可发生 2～3 代。大谷盗成、幼虫均可越冬，但多以成虫在墙壁、木板缝隙中越冬，少数以幼虫形态潜伏在仓库中各种缝隙或粮包皱褶中越冬。大谷盗喜欢在粮仓阴暗处和粮堆底层活动。成虫、幼虫耐饥力、抗寒性强，且生性凶猛，会同类相残甚至捕食仓库内的其他昆虫。成虫羽化后即可交配产卵，卵一般产在粮粒间或仓库缝隙内，多单产或成块。其生态适应性很强，也是其能广泛分布的一个重要原因（沈兆鹏，1998b）。

发生与危害：大谷盗是个体最大的储粮甲虫之一，广泛分布于全世界。在我国，各省、自治区和直辖市均有分布。在南方地区大谷盗主要为害稻谷、大米，在北方则主要为害小麦、玉米、高粱、面粉等，对烟草、干果等，成、幼虫均能取食为害，因其具发达的上颚，可咬破包装袋取食或直接啃食整粒粮，将粮粒咬成不规则的碎颗粒或片状的碎屑。大谷盗在温带地区发生代数虽少，但繁殖力、耐饥力和抗寒力都很强，因此一旦发生破坏力很强，且较难防治。

防治方法：首先减少虫源，在粮食未入库前时，对仓库及储粮用具、材料及害虫潜存的环境进行清扫、消毒，以减少虫源、降低感染的概率；特别是注意清扫粮仓内的大小缝隙，清除大谷盗越冬栖息地，以减少越冬虫源。其次，高低温对大谷盗均具有较好的杀灭效果杀虫，可提高粮库内温度或降低库温以达到灭虫的目的；也可在冬季把虫粮薄摊于仓外，实施灭虫。有研究表明使用防虫包装袋也可有效地防治大谷盗。如储粮中大谷盗已发生，可应用 CH_3Br、Zn_3P_2、ALP 等熏蒸剂进行熏蒸除杀（丁娟和张荣，2012）。

（二）蛾类

1. 麦蛾 *Sitotroga cerealella* Olivier

属鳞翅目（Lepidoptera）麦蛾科（Gelechiidae）。该种为小型蛾类，体色呈金黄色至黄褐色，带金属光泽。成虫体长 4.5～6.0mm，翅展 8.8～15.8mm。前翅狭长，被覆金黄色鳞片；后翅外缘从中部向翅内凹入，呈菜刀形，这是麦蛾主要的鉴定特征。头部金黄色，复眼圆形突出，触角丝状。下唇须发达，细长上弯曲，下颚须有时退化或不发达。卵椭圆形，0.4～0.5mm 大小。老熟幼虫体长 6.5～9.5mm，纺锤形，头部黑色，胸、腹部均为淡黄色。蛹黄褐色，长 4.8～6.2mm。

生物学特征：随气温、湿度等环境条件的变化，麦蛾一年发生代数 2～8 代不等，在我国华南等亚热带有时可多达 10～12 代。麦蛾卵孵化后便钻入粮粒内取食，直至发育成老熟幼虫在此越冬，次年气温回升后化蛹。成虫羽化后即可交尾，交尾后 24h 开始产卵，每雌可产卵 50～300 粒，最多可达 400 余粒。麦蛾喜聚产，卵多数产在稻谷的内外颖的间隙或护颖与外颖的间隙。

发生与危害：麦蛾原产于法国，现全世界均有分布。在我国，除新疆、西藏地区外均有分布，是我国主要的储粮害虫，其中长江以南的亚热带和热带地区危害最为严重。麦蛾可取食绝大多数谷类作物，如稻谷、大米、小麦、大麦等。麦蛾幼虫孵化后即潜入粮粒进行取食为害，被害后的稻谷籽粒几乎被蛀食一空，完全丧失发芽力。成虫对温度适应力强，能在仓内和田间繁殖，种群发展速度快，一旦爆发，危害十分严重（罗益镇，1992）。

防治方法：麦蛾成虫尤喜于距离粮面 30cm 以内的粮堆表层进行交配和产卵，因此采用压盖粮面及早消灭初羽化的成虫，是防治麦蛾的最经济有效的方法。此外，移顶或揭面也能取得很好的效果。入库前将粮食表层带虫粮暴晒数小时，也可有效杀死麦蛾的卵、幼虫及蛹。因麦可在仓内外交叉发生，互为虫源，因此储粮入库后仓库应及时关闭仓门，与外界联系门或窗及时装上纱网，防止田间转染。

2. 印度谷螟 *Plodia interpunctella*(Hubner)

属鳞翅目(Lepidoptera)斑螟科(Phycitidae)。该种为小到中型蛾类，体色呈棕褐色，带金属光泽。体长 4.8～9.2mm，翅展 11.8～16.0mm。前翅不飞行时折叠覆在背面，基半部淡黄色，端半部黄褐色，中间有明显黑色条纹分界；后翅灰白色。头部棕褐色，复眼突出，下唇须发达。卵呈椭圆形，大小 0.3～0.5mm，乳白色。幼虫体长 10.2～13.8mm，呈梭形。头部灰褐色，胸、腹部淡黄色。蛹长约 6.0mm，棕黄色，复眼黑色(林阳武等，2015)。

生物学特征：根据所处气温、相对湿度等环境因素的不同，印度谷螟一年发生 4～7 代。主要以幼虫在粮堆表面、包装物及粮仓内各种隐蔽角落越冬，越冬幼虫对低温有较强的抵抗能，有利于印度谷螟种群的发展。越冬幼虫次年 3 月开始化蛹，羽化出的成虫即可交配产卵，白天喜停留在墙壁、包装品上，夜间飞翔交尾产卵。卵喜产于粮堆表面或包装袋上，每雌虫产卵 40～200 粒不等。

发生与危害：原产于欧洲，后传到印度，现已发展为世界性储藏物害虫。在我国，除西藏，其余各省、自治区和直辖市均有发生。印度谷螟主要以幼虫取食为害，食性很杂，主要为害大米、小米、玉米、麦类等原粮及其加工品，以及豆类、油料、花生、干果、中药材、烟叶等，其中以禾谷类、大豆、花生及干果等受害最重。为害稻谷或大米时，幼虫常吐丝将米粒连接在一起在内取食，一般幼虫先啃食大米胚部，然后啃食表皮，被害的大米营养成分减少，香味消失；在为害花生、玉米、干果等大颗粒时则潜入内部蛀食。严重时，幼虫吐丝可使粮面结网，导致粮温升高，引起粮堆发热、结块变质。

防治方法：印度谷螟不耐寒，低温可作为快速杀灭印度谷螟的方法；用性信息素诱杀成虫也能很好地防控印度谷螟；此外，生物制剂 Bt 对印度谷螟幼虫表现出较强的杀虫活性，有研究表明用 2.266×10^8 活芽孢/mL 浓度的 Bt 菌液感染印度谷螟 4 龄幼虫，处理 32h 后其死亡率高达 98.24%，但需注意 Bt 菌液处理时应施用在离粮面 10～15cm 为最佳。若印度谷螟大规模爆发则需采取磷化铝熏蒸措施进行防治(郑素慧等，2016)。

(三)螨类

1. 腐食酪螨 *Tyrophagus putrescentiae*(Schrank)

属真螨目(Acariformes)粉螨科(Acaridae)。成螨体呈卵圆形，白色。雄螨体长 0.25～0.40mm，雌螨体长 0.32～0.51mm，雄螨与雌螨外形相似，表皮光滑，淡色，口器钳状，4 对足，各足末端均有 1 个爪，体被光滑细长刚毛，附肢略带红色，体背生 1 横沟，把身体分成前、后两部分，4 对背毛不等长(白旭光和王殿轩，2008)。

生物学特征：腐食酪螨一生经历卵、幼螨、第一若螨、第二若螨、成螨 5 个时期。

一年能发生多代。该螨繁殖的适宜条件为温度23～27℃、相对湿度75%左右。雌、雄螨一生交配多次，饥饿时的雌螨仍能交配，但不产卵；在相对湿度为60%以下或储粮水分含量小于10%时也不产卵。成螨寿命与温湿度和食物有关，当食物缺乏或温度超过40℃，成螨寿命缩短，雌螨不产生休眠体（于晓和范青海，2002）。

发生与危害：腐食酪螨是粉螨科中最重要的一种，全世界均有分布，常见于亚热带和温带地区，主要栖息在储粮仓库、食品加工厂、蘑菇房、养虫室、标本馆、中药材库等地取食禾谷类、油料类、豆类原粮以及多种加工粮和成品粮等；尤喜吃面粉及富含蛋白和脂肪的食品。通常被腐食酪螨为害污染的食品都变色，发苦，并伴随恶臭气味，人畜吃后能引起呕吐、腹泻。

防治方法：腐食酪螨不耐干，一般来说在粮食含水量低于12%以及储藏环境相对湿度在50%以下时，腐食酪螨几乎不能存活，因此可将粮食进行暴晒除湿，达到消灭腐食酪螨的目的。同时腐食酪螨惧光、惧高温，可利用高温杀螨，一般情况下，储粮温度达到40℃左右，腐食酪螨行动开始迟缓；温度上升至45℃时，其开始死亡；当温度达到55℃，10 min内就可将腐食酪螨完全防控。腐食酪螨也不耐低温，也可利用低温来消灭腐食酪螨。此外，有研究发现天敌马大甲肉食螨（*Cheyletus malaccensis*）对腐食酪螨有较好的控制作用，每一成螨一昼夜能捕食腐食酪螨10只左右，整个生育期（约19d）能捕食100只。因此，在腐食酪螨发生量不大的情况下，利用天敌能起到很好的防治效果。当腐食酪螨大量发生时，熏蒸剂熏蒸是防治腐食酪螨最有效的方法，常用的熏蒸剂有PH_3、CH_3Br、C_2H_5Br、CCl_4、C_2H_4O等。其中采用PH_3、CO_2混合熏蒸可很好地毒杀腐食酪螨的成螨和卵；用PH_3或CH_3Br进行连续低剂量熏蒸也可有效防治腐食酪螨（于晓和范青海，2002）。

2. 椭圆食粉螨 *Aleuroglyphus ovatus*（Troupeau）

属真螨目（Acariformes）粉螨科（Acaridae）。成螨呈椭圆形，白色带光泽。雄螨体长0.34～0.40mm，雌螨体长0.37～0.50mm，雄螨与雌螨外形相似，体型稍大。成螨有4对足、1对螯肢和1对须肢，均呈深红色，与白色虫体形成鲜明对比。背板长方形，背上着生4对背毛，近等长（郝瑞峰等，2015）。

生物学特征：椭圆食粉螨一生经历卵、幼螨、第一若螨、第三若螨、成螨5个时期。一年能发生多代。一生能交配多次，交配后1～3d开始产卵。在25℃、相对湿度75%条件下，椭圆食粉螨完成一个世代约需16d（忻介六和沈兆鹏，1964）。在温度30℃、相对湿度85%的条件下，以麦胚作饲料，平均10d即可完成一代（阎孝玉等，1992）。在同一相对湿度条件下，随着温度升高，椭圆食粉螨发育速度加快；在同一温度下，椭圆食粉螨生长发育的速度随相对湿度的升高而加快（罗冬梅，2007）。

发生与危害：椭圆食粉螨是我国常见的储藏物螨类之一，分布很广，以华南地区发生较重（陆联高，2003）。该螨食性杂，可取食稻谷、大米、面粉、麸皮、小麦、黄豆、蚕豆、玉米和玉米粉等；尤喜食谷物的胚芽，为害后将大大降低谷物的发芽率及营养价值（王慧勇和李朝品，2005）。此外，椭圆食粉螨的排泄物、蜕下的皮、代谢物及尸体都会对储藏的食品和粮食造成污染，极不利于储藏（沈兆鹏，1996）。

防治方法：椭圆食粉螨一旦发生将会对储粮造成严重危害，因此必须采取适宜手段对其进行防治。目前的防治措施主要包括物理防治、化学防治和生物防治等方面。在温度适宜，储粮的含水量大于15%或储粮中杂质灰尘过多时，螨类会大量繁殖，因此粮食入仓前需干燥除杂，入仓后粮仓也要经常通风，并且清除仓内尘埃，保持仓库的卫生（张宇等，2011）。同时利用高温杀螨，能取得很好的防治效果。当害螨大量发生时，可采用 PH_3 和 CO_2 混合或丁烯基酞内酯进行熏蒸能有效防治储粮里的椭圆食粉螨。此外，利用天敌巴氏钝绥螨（*Amblyseius barkeri*）和普通肉食螨（*Cheylteus eruditus*）捕食也能很好地防治椭圆食粉螨；研究发现，巴氏钝绥螨的雌成螨捕食椭圆食粉螨的能力最强，在 28℃ 下其每天最多能捕食椭圆食粉螨 16 头，而普通肉食螨各螨态对椭圆食粉螨也有一定的捕食能力，其中雌成螨的捕食能力最强（Xia et al.，2007；李朋新等，2008）。

二、储藏过程中主要有害微生物

稻谷在储藏过程中除了生虫生螨导致品质发生变化外，如果温湿度条件适宜，各种微生物在稻谷中的活动也是促使稻谷品质劣变的主要因素之一。稻谷储藏过程中常见的微生物类群主要有霉菌、细菌和放线菌等，这些微生物种类多样，特点各异，对稻谷的潜在危害性也不同。

（一）霉菌类

稻谷上的霉菌约 110 种，主要分属于 41 个属；其中优势菌 31 种，常见菌 35 种。根据稻谷产区地理、气候条件及储藏方式不同，稻谷上带菌量具明显差别。一般来说，在我国南方湿热地区稻谷的带菌量普遍较高，种类多样；而在寒冷干燥地区稻谷的带菌量较少，种类也较单一（李隆术和靳祖训，1999；李月和李荣涛，2009）。其中曲霉、青霉和镰刀菌对粮食品质危害最严重（Lichwardt et al.，1958；Ayerst et al.，1969）。

1. 曲霉属 *Aspergillus*

属丛梗孢目（Moniliales）丛梗孢科（Moniliaceae）。分生孢子梗由营养丝形成，大多无横隔，孢子梗的末端膨大成球状顶囊。通常顶囊上着生一层或两层小梗，基部一层为梗基，每个梗基上再着生两个或几个小梗，从每个小梗向顶端相继生出一串球形、有色、不分隔的分生孢子链，根据霉菌种类的不同，分生孢子呈现出不同的颜色，如黄色、绿色或黑色等（姚粟等，2006）。

生物学特征：该属多为无性繁殖，分生孢子头为其无性繁殖体；有性繁殖只发生在少数类群中；部分曲霉能产生菌核。

2. 青霉属 *Penicillium*

属散囊菌目（Eurotiales）发菌科（Trichocomaceae）。青霉属通常为多细胞，营养菌丝体无色或淡色，且具有横隔膜。菌丝体可分为吸收养分的基质菌丝和气生菌丝，分生孢子梗呈帚状着生在气生菌丝上。分生孢子同样呈现出不同的颜色，如绿色、蓝色或黄色，我们通常看到的各种青霉菌落的颜色便是分生孢子所呈现出来的。

生物学特征：青霉属绝大多数为无性繁殖，通常由分生孢子萌发产生菌丝体，随后菌丝上形成分生孢子梗，在分生孢子梗上又串生出分生孢子，如此循环繁殖(孔华忠，2007)。此外，青霉中有极少数种类可进行有性繁殖，其主要以雄器和产囊体方式进行。青霉的孢子耐热性较强，生命力顽强。

3. 镰刀菌属 *Fusarium*

无性时期属瘤座菌目(Tuberculariales)瘤座孢科(Tuberculariaceae)。镰刀菌分生孢子通常有两种大小不同的形态，小孢子卵圆形，有 0～1 个横隔；大孢子镰刀形，有横隔。

生物学特征：镰刀菌的最适宜生长温度为 10℃左右，在这个温度条件下，菌丝一般在 1～3 周内生长逐渐加快，3 周后趋于稳定状态；第 1 周大小孢子的数量相近，随后小孢子数量大量增加，大孢子逐渐下降(鲍文生，2002)。

霉菌的发生与危害：通常稻谷在入仓时或储藏期间水分含量过高，将会给霉菌的生长繁殖提供温床，加速稻谷霉变。霉菌是影响稻谷安全储藏最重要的微生物类群，一方面霉菌的生长耗费了稻谷大量的养分，并且生长繁殖很快，对储粮危害极大；另一方面霉菌产生的次级代谢产物包括抗菌素、药理学活性物质和真菌毒素等，尤其是真菌毒素，对人畜健康危害极大，严重威胁着稻谷质量安全。此外，霉菌侵染粮粒时可分泌出许多活性很强的酶，能分解稻谷中的有机物质，造成稻谷食用品质和加工品质的劣变。

霉菌的防治方法：首先从稻谷品种选择及入库管理等方面入手，减少稻谷储藏初始带菌量，提高防霉能力；其次，大多数霉菌生长繁殖的适宜温度为 20～40℃，其中 25～30℃时生命活动最为旺盛，因此降低储藏温度就可抑制霉菌生长繁殖；此外，储粮水分含量的高低是影响霉菌生命活动的最主要因素，研究表明当粮食水分含量控制在 13% 之内，就可以抑制绝大部分霉菌的生长和发育。因此，改善稻谷的储藏环境，控制储藏温度、湿度和通风等霉菌生存的小环境条件，抑制霉菌孢子的萌发，同时严格控制入库稻谷的水分能够有效防治霉菌；如在必要时可适当选用药剂进行防治，目前用于防治储粮霉菌的主要是防霉剂。防霉剂主要有接触型、气雾型、单一型和复合型等多种类型，其中复合型防霉剂克服了单一型防霉剂的抗菌单一、对水分及酸度要求高等缺点，且具有用量少、无腐蚀性和刺激性、防霉效果好、受其他因素影响小等优点而被广泛应用(罗爱平等，2004；张明辉和刘彦，2005；舒在习等，2007)。

(二)其他病害

1. 细菌

通常在新收的粮粒上细菌的带菌量是最多的，几乎占全部带菌量的 90% 以上，尽管如此，细菌对储粮的危害比霉菌要小得多，这跟细菌生长离不开游离水有关。在常规储藏中，入仓前会将稻谷进行干燥，保证储粮含水量在安全水分之内，此时储藏的水分条件远远不能满足细菌生长的需求；此外，稻谷有外壳包裹，细菌一般情况下必须从自然孔道和伤口进入粮粒，难以侵染完整籽粒，因此只有在粮粒被霉菌侵染产生大量降解产物后，细菌才有可能利用这些中间产物而大量繁殖。因此，细菌对粮食品质破坏性较霉菌低很多。粮粒中的细菌主要为植生假单胞菌，这种菌对储粮品质的影响不大，会随着粮粒上霉菌数量的增加而减少，可作为粮食新鲜程度的判断依据(苏福荣，2007)。

2. 放线菌

放线菌在储粮中的数量相对较少，其中以链霉菌属为主。该类菌感染的数量与储粮中灰尘和杂质含量的多少有关，其对储粮的影响与细菌类似。

3. 酵母菌

粮粒上酵母菌含量也较少，主要为假丝酵母和红酵母等。这类酵母菌往往不能直接分解粮食中的大分子营养物质，只有当粮食密闭储藏部分水分过高形成缺氧环境时，这类酵母菌才会迅速繁殖发酵产生酒精，从而影响粮食品质，而这种影响通常对粮食品质影响很小(成岩萍，2005；苏福荣，2007)。

一般情况下，细菌、放线菌和酵母菌不单独发生，只有当霉菌大规模侵染并造成粮堆发热和霉变的情况下，才会引起一些嗜热型、湿生型的细菌、放线菌、霉菌的大量生长。在这些病原微生物的共同作用下，粮食快速变质，丧失食用价值和经济价值。由此可见，在储藏过程中霉菌是影响稻谷等储粮安全最主要的微生物类群，只要科学、合理、有效地控制储藏霉害，也就极大地减少了其他病害发生的风险，有利于粮食的储藏。

第三节　稻谷储藏的方法

一、稻谷储藏前处理

(一)稻谷储藏特性和入库要求

1. 稻谷储藏特性

充分了解稻谷的采收后生理和储藏特性对于制定稻谷的前处理方案和储藏方案具有重要的意义。稻谷的储藏特性如下：

1)后熟期短(吴应祥等，2012)

一般籼稻谷无明显的后熟期，粳稻谷的后熟期也只有 4 周左右，同时稻谷发芽所需的水分低(一般含水量在 23%～25%即能发芽)。因此，无后熟期的稻谷，在收获期如果遇上连绵阴雨，不能及时收割、脱粒、整晒，在田间即会生芽；新稻谷入库后，如受潮、淋雨，也容易生芽，并且很容易霉烂。

2)谷壳保护作用

稻谷有坚硬的外壳，一定程度上可抵抗虫霉的危害及外界温、湿度的影响。

3)稻谷易生芽

稻谷后熟期短，在收获时生理已成熟，具有发芽能力。稻谷萌芽所需的吸水量低(25%)。因此，稻谷在收获时，如连遇阴雨，未能及时收割、整晒，稻谷在田间、场地就会发芽。保管中的稻谷，如果结露、返潮时，也容易生芽。

4)稻谷易沤黄

在收获时，遇连阴雨，稻谷脱粒、整晒不及时或连草堆垛，容易沤黄。沤黄的稻谷加工的大米就是黄粒米，品质和保管稳定性都大为降低。据报道，气温在 26～37℃时，稻谷水分在18%以上，堆放3天就会有10%的黄粒米；水分在20%以上，堆放7天就会有30%左右的黄粒米。在储藏期间，早稻水分14%发热3次，黄粒米可达20%；水分在17%以上，发热3～5次，则黄粒米可达80%以上。由此可见，稻谷黄变无论仓内仓外均可发生，稻谷含水量越高，发热次数越多，黄粒米的含量越高，黄变也越严重。

5) 稻谷不耐高温

稻谷不耐高温且随着储存时间的延长而明显陈化，如黏性降低、发芽率下降、脂肪酸值升高。烈日下暴晒的稻谷，或暴晒后骤然遇冷的稻谷，容易出现"爆腰"现象，大米表面出现裂纹。

6) 吸湿性

谷粒吸湿较慢，谷粒的水分分布不均匀，谷壳的含水量低于米粒，但稻谷孔隙度比较大(稻谷最高为65%)，稻谷粮堆气体变化较复杂，如果受到气体和高温影响，就会导致稻谷品质急剧下降，降低使用价值。

7) 稻谷易结露

新谷入仓不久，遇气温下降，在粮堆的表面出现一层露水，使表层粮食水分含量增高，形成粮堆表面结露(乔金玲和张暴龙，2017)；不及时消除结露的后果是：造成局部水分升高，稻谷籽粒发软，有轻微霉味，接着谷壳潮润挂灰、泛白，仔细观察未成熟谷粒时可以发现白色或绿色霉点。

8) 稻谷易受虫害感染

储藏中稻谷的害虫主要有：玉米象、米象、谷蠹、麦蛾、赤拟谷盗和锯谷盗等。

2. 稻谷入库要求

稻谷入库前要做好准备工作。粮食入仓前一定要做好空仓消毒，空仓杀虫，完善库房结构(主要是库墙、地坪的防潮结构和库顶的漏雨)等。把好稻谷入库质量关，确保入库稻谷达到"干、饱、净"要求(张雨，2003)。

"干"即籽粒干燥，因为水分对稻谷在储藏中的稳定性起重要作用，根据试验，稻谷的养分随温度变化而有所不同。表2-9是稻谷在不同温度下的安全水分储存标准。

表2-9 稻谷的安全水分储存标准(冯永建等，2013)

稻谷温度	籼稻水分/%		晚稻水分/%	
	早	中、晚	早、中粳	晚粳
30℃左右	13 以下	13.5 以下	14 以下	15 以下
20℃左右	14 左右	14.5 左右	15 左右	16 左右
10℃左右	15 左右	15.5 左右	16 左右	17 左右
5℃左右	16 以下	16.5 左右	17 以下	18 以下

"饱"即籽粒饱满，无病害。

"净"即干净，无杂质，稻谷中的杂质在入库时，由于自动分级现象聚积在粮堆的某一部位，形成明显的杂质区。杂质区的有机杂质含水量高，吸湿性强，带菌量大，呼吸强度高，储藏稳定性差，糠灰等细小杂质可降低粮堆孔隙度，使粮堆内湿热不易散发，这也是储藏的不安全因素。所以在稻谷入库前应该进行如下处理（龙训锋和李刚，2017）。

1）控制水分

水分过大，容易发热霉变，不耐储存，因此稻谷的安全水分是安全储藏的根本，入库前应经过自然干燥，水分达到安全标准，若入库原始水分大，应及时进行干燥处理。

2）清除杂质

水稻中通常含有稗子、杂草、穗梗、叶片、糠灰等杂质及瘪粒，这些物质有机质含水量高、吸湿性强、载菌多、呼吸强度大、极不稳定，而糠灰等杂质又使粮堆孔隙度减小，湿热积集堆内不易散去，这些都是储藏的不安全因素，因此，入库前必须把杂质含量降低到 0.5% 以下。

3）稻谷储藏前防虫

入库的稻谷应首先达到干、饱、净和无虫，储藏期间还要注意防止感染；一旦发现或发生害虫，则应积极采取有效的治杀措施，要治早、治彻底。防止储粮害虫还应坚持"安全、经济、有效"的原则（张堃等，2012）。

4）稻谷分级储藏

稻谷入库时要坚持做到"五分开"，即按品种、等级、水分、新陈、有无虫害分别存放，从而可以大大提高储藏稳定性。稻谷的种类和品种不同，对储存时间和保管方法都有不同的要求。因此，入库时要按品种分开堆放，种子粮还要按品种专仓储存，避免混杂，以确保种子的纯度和种用价值；同一品种的稻谷，其质量并不是完全一致的，入库时要坚持做到不同等级的稻谷分开堆放；要把新粮与陈粮严格分开堆放，防止混杂，以利商品对路供应，并确保稻谷安全储藏；要严格按照稻谷水分高低（干湿程度）分开堆放，保持同一堆内各部位稻谷的水分差异不大，以避免堆内发生因水分扩散转移而引起的结露、霉变现象。入库时将有虫的稻谷与无虫的稻谷分开储藏，就会避免相互感染扩大虫粮数量，增加药剂消耗和费用开支。

（二）稻谷储前处理的方式

1. 干燥

干燥是稻谷安全储藏的基本条件和要求。稻谷干燥是通过干燥介质将热量传递给粮粒，使其中的一部分水分受热汽化散发出来，降低储粮水分的过程。常见的粮食干燥的方法有自然干燥法和机械干燥法。

1）自然干燥法

自然干燥法是在自然环境条件下干燥食品的方法，由于不受场地限制、不需要设备投资和能源消耗，至今仍被包括我国在内的大多数发展中国家广泛采用。但是，自然干燥方法受人为因素和自然条件的影响较大，干燥品质难以保证。自然干燥法通常包括晒干、阴干等方法（表 2-10）。

表 2-10　自然干燥法的分类及特点（刘建伟，2001）

干燥方式	室内阴干	室外阴干	室外晒干
具体方法	把收获后稻谷薄摊于室内并随时搅拌进行干燥	把收获后稻谷薄摊在竹编晒垫上，并用PVC彩条布遮阳，避免太阳直接照射稻谷，稻谷摊开厚度为2.5cm，每隔半小时搅拌混合一次	把收获后稻谷薄摊在与室外阴干场地相邻的水泥地面上，太阳直接照射稻谷，稻谷摊薄厚度为2.5cm，每隔半小时搅拌混合一次
干燥特点	在室内阴干条件下，由于室内空气的温度较低、湿度较高，稻谷的水分移动缓慢，谷壳内米粒收缩或膨胀较均匀而不易发生爆腰。虽然室内阴干的稻谷平均爆腰率不会超过10%，但是干燥所需的时间太长，一般情况下实用价值不大	室外阴干的干燥速度比室外晒干放慢，爆腰率也较低。室外阴干的干燥速度比室外晒干的低；而爆腰率大大低于室外晒干，接近于室内阴干。因此，在稻谷收获期连日晴好的天气情况下，采用简便实用的室外阴干的方法，可以使稻谷干燥速度达到适度，从而有效地控制稻谷爆腰的发生，提高稻谷干燥品质	室外晒干的干燥速度快，稻谷很容易发生爆腰。受辐射热的影响，室外晒干的稻谷表面温度比空气温度平均高10℃左右

2) 机械干燥法

长期以来，传统的稻谷干燥方法主要是在晒场上依靠自然晾晒，虽然简便易行，但干燥时间长、损耗大、稻谷品质较低，且受到气候、场地等条件的限制。在我国南方地区，水稻收获季节雨水较多，收获后稻谷含水率往往高达24%~35%（陈汉东和陈世凡，2010），因稻谷收获后不能及时干燥而造成的损失巨大。稻谷通过机械化干燥后，可以克服自然干燥法的诸多弊端，提高稻谷品质；能够有效防止连绵阴雨等灾害性天气所造成的损失，提高了稻谷品质、耐储藏性和加工性，可大幅减轻劳动强度，改善劳动条件，提高劳动生产率。

机械化干燥技术是指以机械设备为主要手段，采用相应的工艺和技术措施，人为地控制温度、湿度等因素，在不损害稻谷品质的前提下，降低稻谷中的水分含量，使其达到国家安全储藏的标准水平（孙奥，2012）。常用的完整的机械化干燥流程如图 2-37 所示。

图 2-37　机械化干燥流程图

谷物干燥设备种类繁多，在满足粮食安全储藏标准的情况下，根据各地农业的生产规模、经济条件和使用要求，因地制宜地选择干燥机械。常用的谷物干燥机械及其特点如表 2-11 所示。

表 2-11　常用的谷物干燥机械及特点（肖调范等，2003）

机型	特点
温室太阳能干燥系统	这种干燥方法接近自然干燥状态，干燥后粮食的食味良好。使用太阳能作为能源，成本低廉，不污染粮食和环境，但该系统投资较高，且使用时受气候条件影响较大

续表

机型	特点
低温循环式干燥机	这种类型的干燥机采用较低的热风温度(50～60℃)，加热与缓苏在同一机体内，采用较短的时间加热(6～11min)，较长的时间缓苏(60min 左右)，不断循环，直至达到所需要的最终水分为止。这种干燥机的干燥工艺合理，能保证干燥质量，提高谷物的食用品质和价值，同时不影响谷物的发芽率，其不足之处是机具价格较高
立式网柱型干燥机	干燥质量较好，效率高，适于大规模生产，但机械投资较大
流化槽干燥机	属于高温快速干燥，一次干燥降水不多。不适于大幅度降水的要求，应用上有较大局限性
简易堆放式谷物干燥机	结构简单，制造容易，价格低廉，除用于谷物干燥外，还可用于多种农业料的干燥。干燥过程中易在谷层中会形成较大的湿梯度，谷层顶部和底部干燥效果不一致，干燥后的谷粒易爆腰

2. 除杂

我国粮食购销已全面步入市场化、多元化的轨道，稻谷购销市场的激烈竞争使得购入的粮食质量参差不齐，特别是机械化收获方式导致含杂过高(主要是有机杂质)(张承光，2010)。

1)稻谷中杂质的主要来源

播种时，由于种子不纯，混杂异种粮粒或病害，如虫婴等；粮食收获在脱粒、堆晒、清理、筛选等环节作业粗糙；使植物的根、茎、叶、杂草种子等残留在粮食中；晾晒过程中，场地清理不好或场地质量低，混入破损水泥、砂石；在储藏期间，保管不善导致坏粮，使储粮发霉，失去食用价值；储藏期间被害虫蛀食，失去食用价值，还有害虫排泄物、虫尸等；鼠害把粮食磕成粉末，使粮食成为杂质，更为严重的是鼠在危害粮食的同时把鼠粪排泄在粮食中；包装物清理不好，混入异品种粮粒；粮食在整晒、加工、运输等环节中机械损伤造成的过碎粒；化学药品污染，致使粮食失去食用价值。

2)稻谷除杂的基本方法

谷物清理的基本原理是利用谷物与杂质在某种或某几种物理特性方面的差异，通过相应的工作构件和运动形式加以分离，从而达到清除杂质的目的。常见的稻谷除杂的方法有风选法、筛选法、比重法、磁选法(孙志良，2012)。

(1)风选法：风选法基本原理是利用谷物与杂质在空气动力学特性上的差异，通过一定形式的气流，使谷物和杂质以小方向运动或飞向不同区域，使之分离，从而达到清理目的(徐继华，2008)。风选法按气流运动方向分为垂直气流风选、水平气流风选和倾斜气流风选，采用垂直气流风选，可以除去谷物中的泥灰、瘪谷、芒、带芒稃子等轻型杂质；采用水平或倾斜气流风选，不仅能够分离轻杂，还可以分离谷物中的并肩石等重型杂质。

(2)筛选法：筛选法是将被清理的物料放在有一定形状和大小筛孔的筛面上进行筛理，清除粒度大于小麦的大中型杂质，以及粒度小于小麦的小型杂质，常用的仪器有振动筛。振动筛是一种吸风、筛理结合的清理设备，振动机构带动筛体倾斜往复运动，小麦经振动筛清理后，可去除全部大杂质、绝大部分小杂、部分泥沙和轻杂，目前粮食清理普遍采用往复式直线振动筛(朱姗姗等，2016)。

(3)比重法：比重法是根据稻谷和杂质比重(相对密度)的不同进行分选，清除同稻谷粒度相似但比重不同的石子和泥块等无机杂质，常用的是比重去石机。

（4）磁选法：磁选法是根据稻谷和杂质磁性不同，清除磁性金属物。磁选分离器的分离效果远远好于风选分离器，分离效果可达 99.5%，特别适用于丸砂循环系统中含砂量大于 20% 的情况（王凤刚，2000）。

3. 防虫防霉

1）防虫

我国水稻主产地区的特点是高温多雨，容易滋生害虫。害虫通常在稻谷入库前已经潜伏在种子内，如储藏期间条件适宜，就会迅速大量繁殖，造成极大损害。害虫对稻谷为害的严重性，一方面取决于害虫的破坏性，同时也随害虫繁殖力的强弱而不同。水稻种子主要的害虫有玉米象、米象、谷蠹、麦蛾、谷盗等。害虫大量繁殖，除引起储藏稻谷的发热外，还能剥食稻谷的皮层和胚部，使稻谷完全失去种用价值，同时降低酶的活性和维生素含量，并使蛋白质及其他有机营养物质遭受严重损耗。通常防治害虫多采用防护剂或熏蒸剂，以防止害虫感染，杜绝害虫的危害或者把危害限度降到最低，减少储存量的损失（杨春秀等，2016）。

2）防霉

稻谷霉变是指稻谷中的营养物质被粮堆中的微生物降解吸收，是一个连续的且具有一定发生发展阶段的过程。根据对营养物质分解利用的程度可划分为三个阶段：变质、生霉、霉烂。稻谷在储藏过程中最常见的微生物类群有放线菌、酵母菌、细菌和霉菌等，其中对稻谷品质危害最大且最容易滋生的是霉菌。稻谷霉变的发生一般与稻谷含水量、环境温湿度等紧密关联。正常储藏条件下，稻谷属于不易生长霉菌的品种，可能与稻壳的主要成分是霉菌难以分解利用的木质素有关。但当稻谷出现发热情况时，如不及时进行通风降温降水等有效处理，大多数霉菌会在适宜的温度、湿度条件下大量生长繁殖，稻谷中的有机质被逐渐消耗，霉菌菌落生长造成稻谷霉变板结（薛飞等，2017）。

霉菌对稻谷的污染难以避免，但防止稻谷的霉菌危害则是完全可能的。稻谷防霉方法主要有抑菌防霉法、灭菌防霉法和包装防霉法（马永轩等，2012）。

二、常规储藏

常规储藏是粮食经过干燥入仓后，在常温、常湿条件下，对粮食采用适时通风和密闭的办法进行保管的储粮技术（国家粮食局，2006）。常规储藏是我国广泛使用的传统储粮方法，必须具备的条件是：粮食在安全水分之内、清洁卫生、具备有效的防水防潮措施及切实可行的储藏管理制度。

（一）常规储藏仓库概述

粮仓是储粮的必需场所，其本身的结构性能以及使用管理水平，直接影响储粮的安全。

1. 常温储藏库

1）房式仓（刘兴华，2006）

房式仓是我国建造最多、使用最普遍的一种粮仓类型，以平房仓为主（图 2-38），一般长 20～25m，宽 10～20m，容量比较大，有的一幢可储数千吨。房式仓的结构一般为砖墙、瓦顶、木屋架、沥青地坪。依建造的形式有通风仓和苏式仓之分。通风仓的地坪和屋面一般有地板、屋面板和顶棚，比较隔热防潮，仓墙上部有通风窗，可以启闭，以使粮堆通风，但密闭性能较差；苏式仓(即苏联模式的仓房)的仓房较矮，跨度较大(也称为"矮胖仓")，密封性能稍好，容量较大，但通风散热不如前者(多数仓已改建加高仓顶)。房式仓的优点是施工简单，建造费用较低；缺点是占地较多，实现粮仓机械化操作比较困难。

2)砖圆仓和土圆仓

这两种仓也称圆形仓或浅筒仓，专用于储藏粮食。它们的外形一样，均为圆柱体，顶部为拱形(图 2-39)。它们之间的区别在于：前者是砖石结构，后者是草泥结构。这种仓房的结构比房式仓的结构还要简单，适合于气候干燥的北方。该仓可因地制宜，就地取材，成本也比较低，它能散装储粮，密封性较好，便于熏蒸处理。缺点是仓容小，通风性能差。

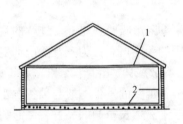

图 2-38　房式仓
1. 天花板；2. 沥青层

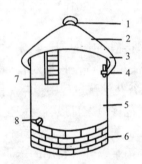

图 2-39　土圆仓外貌
1. 通气孔；2. 仓顶；3. 仓檐；4. 通风窗；5. 墙身；6. 仓基；
7. 进口；8. 出口

3)钢筋混凝土立式筒仓

钢筋混凝土立式筒仓机械化程度较高，一般由控制台、仓筒群及接收和发放装置三部分组成。设有升运、称量、清理和吸尘等机械装置。我国建造的立筒仓有钢筋混凝土结构和砖石结构两种。立筒仓的特点是储量大，占地面积小，机械化程度高，节省人力，工作效率高，具有良好的密闭、防虫、防鼠、防雀和防火性能，有利于粮食的安全储藏。但建造这种粮仓成本相对较高，技术要求也较高。此外，由于仓库的密封性好，粮堆高，粮堆中的湿、热气不易散发，药剂熏蒸时也影响毒气向中、下层渗透，这种情况在实际储藏操作中应加以注意。

4)钢板仓

钢板仓是由钢板焊接而成，一般采用两层钢板隔热结构，内外层间隔为 5cm，仓外表涂刷铝粉以防外界热量被吸收而传入仓内。钢板仓的优点是耐水性能好，能防止外部水分和湿气入侵；密闭性能好，便于熏蒸杀虫；维修费用也较低；建造快且简单。缺点是对钢材的耗用量大。

2. 常规储藏库的库房管理

无论什么形式的库房，其功能都是延长稻谷的保藏期，保持稻谷的质量，减少损耗。为了使稻谷不致变质或腐烂，能较长时间地储藏和随时供应市场，就必须为保藏的稻谷创造一定的条件，并且进行科学的管理。

1)库房的准备工作

(1)库房的清洁消毒。入库前需要对库房进行彻底的清扫，并将库房的所有门窗(或通气口)打开通风换气，然后对库房进行严格的消毒，仓库每次储粮前，应将四周和仓内彻底清扫，如有缝隙和孔洞，则用石灰、土、纸浆混合制成泥浆堵塞，然后进行空仓消毒(袁肇洪，1998)。

(2)入库和堆码。入库储藏原则上不能混储，应该分门别类地储于不同的储藏库，以便控制不同的储藏温度、湿度等，以适应不同品种的稻谷的储藏特性，达到理想的储藏效果。入储的稻谷应先用适当的包装材料装好，用于包装的材料既要有统一的规格，适当的容量，以便于搬运，又要坚实耐压，便于码垛(朱珠和齐毅，2014)。入库物品在库内应合理码垛，既要充分利用空间，又要使库存物品处于良好的通风条件下，要分层码放，或在库内配有货架，底部和四周要留有空隙，堆垛之间要有通风道。

2)库房环境的控制

库房环境管理工作的重点之一是要创造和调节好库内适宜的储藏温度、湿度和气体成分，这样才能发挥仓库的储藏作用。

常规储藏的稻谷水分含量低、耐藏性好，在储藏期间只要求食品仓库干燥、通风避光，并按品种隔墙离地分类堆放即可。

3)库房的卫生控制

搞好食品在仓库储存过程的卫生管理，就可以使食品尽可能地保持原有的性状和营养成分，防止微生物和有害物质的污染，延长其储藏期。

(1)工作人员的卫生要求。由于仓库管理的工作人员直接或间接地接触所储存的稻谷，所以他们的健康状况将直接关系稻谷的卫生安全和广大消费者的健康。如果这些人患有传染病或是带菌者，就很容易通过被污染的食品造成传染病的传播和流行(赵建民，2003)，因此，加强库房从业人员的健康管理是一项重要措施。

(2)仓库内的卫生要求。仓库是稻谷储存的场所，其卫生管理的好坏会直接影响稻谷及稻谷加工制品的卫生质量。①首先要做好防霉工作，加强通风工作。除了自然通风外，还可安装机械排风装置，有条件的可以安装空调。②加强防鼠、防虫工作。除了在建筑设计上注意此项要求外，平时还应采用不同方法来灭鼠灭虫，并且要定期检查灭鼠和灭虫情况。③仓库要建立清洁卫生制度，应定期进行清扫、消毒，保持仓库内及周围环境的卫生。④为保证储藏食品的品质，延缓其变质速度，一般要尽可能地减少仓库的温度波动。为避免阳光直接射入导致库内温度升高，库房应建在背阴地段，同时库房的门窗、通风口也应有遮光设施(滕宝红和李建华，2009)。

(3)仓库周围环境的卫生要求。仓库的周围也应该有良好的卫生环境，否则也将使被储存的稻谷受到污染，间接地影响消费者的身体健康。为此，库址的选择应远离可排放有害气体、烟雾粉尘、放射性物质的工厂企业,远离传染病医院、厕所、垃圾场及动物饲养场所,要尽可能地建在上述有害环境的上风地带。同时还应考虑当地城市建设的远期发展规划,了解仓库地址周围环境情况和今后污染的可能性(李毅,2008)。

(二)常规储藏的辅助技术

1. 自然通风

1)自然通风的原理及特点

自然通风是指利用空气自然对流,将外界干燥、低温冷空气与粮堆内的湿热空气进行交换,达到降低粮油温度、水分的目的。

自然通风是一种经济有效的保粮措施,虽然空气交换量少、不能带走大量的湿热且受气候条件的影响,有一定的局限性,但是操作简便,只要合理运用,抓住有利时机长期性连续通风,仍有一定效果(张自强等,2006)。自然通风效果与温差、风压、仓房类型、堆装方式、粮粒大小、粮堆孔隙度、含杂量等因素有关。一般来说,温差越大,风压越大,空气交换量就越多,通风效果越好(倪兆桢和万慕麟,1981)。仓房结构合理,通风效果好。包装比散装通风效果好,堆小的、孔隙度大的,通风效果好。杂质特别是泥灰等小杂质含量少的通风效果好。

自然通风的主要作用是在粮堆内建立和保持适当而均匀的低温,最大限度地减少由害虫、螨类和微生物所造成的损害,抑制粮食本身的生化变化,保持储粮品质。对高水分稻谷和大米来说,通风不仅使粮食降温以延长储藏期,而且还可起到干燥降水的作用(张利磊,2002)。

2)自然通风的原则

自然通风必须以空气温、湿度应低于粮油温度和粮油平衡水分为前提。即合理选择通风时机,最好能达到既降粮温又降水分的目的。如果不能同时达到,应尽量争取在不增加粮温的前提下通风降水,或者在不增加水分的前提下通风降温。但在实践中不可能测定时刻变化的空气参数来采取相应措施,主要是抓住季节性有利时机,进行长期性的连续通风,除雨、雾、雪天外,在不产生结露、增湿、升温的条件下,就可以任其对流。可根据下列原则选择能否通风(王城荣,2012)。

(1)阴雨天气,除发热粮外,不宜通风,一般情况下,当大气湿度小于70%,外温低于粮温5℃,通风对降温、降水都有利,可以通风。但在雨、雪、雾天气,大气湿度处于或接近饱和状态,一般不宜通风。

(2)气温上升季节,对水分小、粮温低的储粮,应该密闭,但对新收获的高水分粮,则应大力通风。

(3)仓外温度低但相对湿度高,或者仓外相对湿度低而温度高时,可通过以下方法进行判断能否通风:①比较仓内外绝对湿度。如果仓外绝对湿度小于粮堆空隙中的绝对湿度,可以通风,否则,不宜通风。②比较变化后的粮食相对湿度。由于仓外气体进入粮堆后,其温湿度受粮温的影响而发生变化,所以应用变化后的湿度与粮食水分的平衡湿度比较,如果变化后的湿度大于粮食水分的平衡湿度,不能通风,小于粮食水分的平衡湿度时，可以通风。③通风测定板法。根据已知粮温、水分、干球温度、湿球温度，可运用通风测定板判断能否通风，该法具有准确度较高的优点。④湿球温度计算盘查对法。湿球温度计算盘如图 2-40 所示。该盘是用两个同心四盘制成，圆盘可随意转动。大圆盘刻度表示粮温，小圆盘刻度分别为储粮水分和仓外湿球温度。使用时，将大圆盘上的箭头对准粮油水分刻度，这时与大圆盘粮温相对应的小圆盘上的仓外湿球温度即为能否通风的界限。如图 2-40 中储粮水分为 11%，粮温为 25℃时，与之相对应的仓外湿球温度为 17℃。因此，若仓外实测湿球温度小于 17℃时，可以通风，反之，则不宜通风。该法使用较简便易行，但准确性稍差。

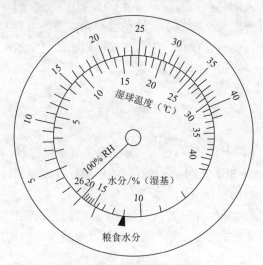

图 2-40　湿球温度计算盘

3) 自然通风的方法

自然通风方法比较简单，其效果与温差/风速、仓房类型、堆装形式、粮堆孔隙度、杂质含量等因素有关。一般来说，温差越大，风速越大，空气交换量就越多，效果就越好；仓房结构合理的，通风效果好，包装粮比散装粮通风效果好，粮堆小、孔隙度大，通风效果好；杂质含量低特别是小杂含量低的通风效果好。自然通风的方法较多，通常采用的操作方法有(赵红和余昆，2007)：

(1)开启门窗通风。在气温下降季节，和有利于降低粮温、粮湿的条件下，可将仓房门窗全部打开。

(2)利用烟囱效应通风。对于仓底有人风口的筒仓和通风仓，可打开底部人风口的盖板和地槽的盖板及上部的人粮口或窗户，充分利用储粮气流的烟囱效应进行通风。

(3)深翻粮面、开沟挖塘。在打开仓房门窗的同时经常翻动粮面，开沟挖塘，一般每 10~15 天翻动粮面一次，如温差很大，可 5 天左右翻一次，否则容易结露。

(4)改变堆型。如包装粮堆改成通风垛，就仓降温。或将包装粮移至屋檐下、过道上、晒场上站台降温，该法通常用于发热粮包降温。

(5)挖心通风降温。在粮堆中央放上川苇席等物料做成的直径 1m 左右的围圈，从围圈中把粮食挖出，围圈随之下沉，形成上口大下口小的空筒，利用此处进行通风。

(6)转仓通风降温。利用冬季寒流,使用皮带输送机、溜筛等设备,结合除杂进行转仓降温。

(7)在粮堆中埋设通风管道。为了增加粮堆孔隙,在粮堆中设置通风竹笼、三脚架加盖麻袋片,或用袋装粮码成通风隧道,进行自然通风降温。

在运用上述方法时,如果因气温骤降而达到粮食的露点,要及时关闭门窗,避免温差过大造成粮堆结露。

2. 常规密闭储藏技术

常规密闭储藏是指关闭仓房的门窗或用异物压盖粮面等一般性的密闭措施,使粮堆内空气相对静止并与外界隔绝。粮堆的密闭是常规储藏中的主要方法之一。这种方法不进行通风换气,不借助其他机械设备。因此常规储藏密闭只要求起到隔热防潮作用,并不要求达到气密程度(王城荣,2012)。

1)常规密闭的作用

(1)保温。减少外界温度对粮温的影响,保持一定时期的高温或低温状态,以提高储粮的稳定性。

(2)隔湿。在密闭条件下,减少或隔绝潮湿空气与储粮接触,避免粮食吸湿返潮,保持粮食干燥,有利于粮油的安全储藏,有效地控制外界潮湿气体对储粮的影响,避免了粮油吸附空气中的水分而吸湿返潮,保持储粮干燥。

(3)防虫密闭。储藏能减少环境害虫对储粮的感染,抑制粮堆内害虫的滋生繁殖,尤其对防治蛾类成虫效果更为明显,密闭能抑制粮堆内蛾类幼虫羽化后在粮面交尾产卵。

2)常规密闭的分类

密闭储藏就其温度而言可分为低温密闭和高温密闭两种方式。

低温密闭是指储粮经过秋冬季节通风降温后,为继续保持低温干燥状态,以利于安全过夏,对储粮所进行的密闭储藏。这是高温高湿季节的主要储藏方法。

高温密闭是指小麦、豌豆等耐高温的储粮,为达到杀虫、抑制微生物繁殖和利于后熟作用、改善粮油品质所进行的趁热密闭储藏。

3)常规密闭的要求

影响密闭储藏效果的因素较多,但主要是储粮质量和仓房密闭性能两方面。

(1)密闭储藏对粮食质量要求。储粮水分应在安全标准以内,没有害虫,杂质少,各部位的储粮水分、温度应基本一致,长期密闭储藏的粮种,其水分、杂质应低于表 2-12 的标准。

表 2-12　粮种长期密闭的水分、杂质条件

粮种	水分/%	杂质/%	粮种	水分/%	杂质/%
稻谷	13.5	0.5	高粱	13.0	0.5
小麦	12.5	0.5	薯干	10.0	0.5
玉米	13.5	0.5	花生仁	8.0	0.5

(2)对仓房的要求。储粮仓房要有较好的密闭性能，门窗结构严密，关闭时符合密封要求，不透气。仓顶不漏雨，有较好的隔热性能，地坪和仓墙完好并有防潮层，以免外界湿空气透入而增加仓内湿度。此外，对储粮仓房要进行清洁消毒。

4)常规密闭的方法(王向阳，2002)

a. 全仓密闭

全仓密闭是把全仓作为一个储粮整体进行密闭。因此，要求仓房具有较好的密闭性能。一般的方法是将仓房的门窗及透气缝隙用木条、水泥、桐油石灰、塑料薄膜、防潮纸等密封，对于经常出入的门，要设置双层门，里边门开一个小门仅供检查人员出入，以减少湿热空气侵入。

b. 塑料薄膜密闭

对于密闭性能较差的仓房，可在粮面上覆盖塑料薄膜，能起到较好的防潮作用。在面粉、大米储藏过程中，可将塑料薄膜以五面或六面的形式覆盖粮堆，以防成品粮吸湿转潮。如以保湿为目的，可采用双层塑料薄膜压盖粮面，膜间用支撑架架空，高度为 0.35～0.5m，放置吸湿剂(如无水氧化钙)。为防止膜下粮面结露，可用芦席等隔离，膜与墙间用塑料槽管进行密封。

c. 粮面压盖密闭

利用适当的压盖物料将粮堆表面覆盖起来，能防止粮粒内羽化出来的蛾类成虫在粮堆表面交尾、产卵等。对其他害虫能有效地限制其入侵粮堆繁殖危害。对高温粮或低温粮压盖，能起到增强保温效果的作用。此外，还能更有效地防止粮食吸湿，从而提高储藏稳定性。

(1)压盖物料。压盖物料的选择应本着因地制宜、就地取材、使用方便、费用节省的原则。稻壳、糠灰、河沙、草包、芦席、干砖、生石灰、蛭石粉或膨胀珍珠岩、异种粮等都是可用的材料。压盖物料本身要干燥、无虫，而且不能与粮食直接接触，以免混杂进入粮内，增加清理工作的困难。

(2)压盖时间的选择。为控制粮温升高，压盖工作一般在冬末春初季节粮温较低的情况下进行。为防止蛾类害虫繁殖危害，压盖必须在每年第一代幼虫羽化前进行。为高温密闭杀虫压盖，应在热粮进仓时随即进行。

(3)操作方法：先平整粮面，如用散装物料压盖，要铺垫芦席或其他隔离物，压盖厚度视压盖物而异，压盖物料结构疏松的如稻壳，厚度在 20～30cm 即可。用包装物料压盖时，干沙用旧面袋，稻壳用旧麻袋，都装至半满，一般可压两层，互相错缝。压盖时，尽量做到平、紧、密、实，严防凹凸缝洞，这样既能起到隔热防潮作用，又能阻隔害虫从外界传播侵入，防止蛾类成虫危害。

d. 囤套囤密闭

高温暴晒囤套囤密闭储藏，限于豌豆、蚕豆等粮种，而且水分含量应在安全标准以内。做法是在囤外再做一个囤，套囤之间填充稻壳或麦糠，厚度应达到 30cm 以上。粮食入囤后，囤内粮温应达到 50℃左右，密闭 20～30 天。密闭期间要经常检查囤内温度及害虫死亡情况，发现温湿度过高时，应及时揭去囤面覆盖物，以便散湿防霉。

储粮经冬、春季节通风降温后，都应进行密闭储藏，以保持储粮低温干燥，使其安全度夏，一直延续到下一个通风季节的到来。这样就使通风和密闭在时间上相互衔接为一个完整的步骤，而成为其他储藏措施的基础。

三、气调储藏

气调储藏方法是 19 世纪初叶由英国的富兰克林·基德(Franklin Kidd)和西里尔·韦斯特(Cyrin West)首创，早期主要用于苹果和洋梨的商业储藏，之后在美国、日本、英国、法国、意大利等发达国家得到普遍推广。1921 年，英国人弗罗格特(Forggatt)采用二氧化碳控制脱粒玉米免受虫害感染，首次将气调储藏用于粮食储藏上。1950 年，美国的史莫克(Smock)等用气调方法储藏小麦得到较好的效果，从此气调储粮得到迅速发展(袁小平等，2012)。

我国的气密储藏也具有悠久的历史，远在仰韶文化时期已有气密性的缸、坛、窖藏，到唐代已有规模宏大的地下仓气密储粮，如洛阳近郊的含嘉仓、回洛仓。从 20 世纪 60 年代开始，气调储粮术不仅在实验室进行了持续系统的研究，而且还开展了小规模实仓试验，主要依靠生物缺氧、人工气调等方式，实现了不同粮种的气调储藏，取得了明显的效果。目前在我国已进行了稻谷、小玉米、豆类、油料、大米、油品等二十多个粮种气调储藏的研究和应用。

迄今，国内外已经确定，气调储粮在杀虫、抑酶及品质控制等方面与常规储藏相比有明显的优越性和效果。

(一)气调储藏的原理

在密封粮堆或气密仓中，可采用生物降氧或人工气调改变密闭环境中的 N_2、CO_2 和 O_2 的浓度，杀死储粮害虫、抑制霉菌繁殖，并降低粮食呼吸作用及基本生理代谢，提高储粮稳定性(席德清，2009)。实验证明，当密闭环境中氧气浓度降到 2%左右，或二氧化碳浓度增加到40%以上，或氮气浓度高达97%以上时，霉菌受到抑制，害虫也很快死亡，并能较好地保持粮食品质(何松森，2011)。

1. 气调储粮防治虫害的作用

储粮害虫的生长繁殖与所处环境的气体成分、温度、湿度分不开。利用储藏环境的气体成分配比、温度、湿度及密闭时间的配合可以达到防治储粮害虫的目的。具有代表性的杀虫防虫气体是低氧高二氧化碳和低氧高氮。例如，当氧气浓度在 2%以下，二氧化碳达到一定的浓度，储粮害虫能迅速致死；高氮气浓度对几种常见储粮害虫也具有致死作用(表 2-13)。杀虫所需的时间还取决于环境温、湿度，温度越高，达到 95%杀虫率所需的暴露时间则越短，所以高温可以增加气调的效力(杜萍和周慧玲，2013)。粮堆内氮气浓度相同而温度不同时，温度越高，害虫死亡率越高。李彭等(2016)研究表明在气调仓内其他条件都一致时，当库内温度为 27.11℃，害虫死亡率为 100%；库内平均温度为 21.82℃，害虫死亡率为 82.22%；平均温度为 14.72℃，害虫死亡率为 58.89%。此外，在比较低的湿度下处理比在较高的湿度下处理更为有效。因害虫生存中经常面临的一个重要问题是保持其体内的水分，要避免水分过分散发以确保生命的持续，生活在干燥状态的储粮害虫，具有小而隐匿的气门，气门腔中存在阻止水分扩散的疏水性毛等，在正常情况下，所有气门处于完全关闭或部分关闭状态，如果处在低氧高二氧化碳或低氧高氮以及相对湿度 60%以下的干燥空气中，则能促使害虫气门开启，使害虫体内的水分逐渐丧失。经试验发现储粮害虫处于 1%氧与高浓度氮气混合处理时，其相对湿度与害虫致死率呈现负相关，赤拟谷盗、杂拟谷盗、锯谷盗的致死率均随相对湿度降低而显著增加(表 2-14)。

表 2-13　氮气浓度对害虫的致死时间 **LT99.9**(d)(杨建等，2012)

N₂浓度	虫态	米象			谷蠹			绣赤扁谷盗	赤拟谷盗
		SO-2	SO-3	SO-6	SS	CU	YU		
98%	成虫	3.95	3.64	3.74	111.79	10.90	13.62	4.43	10.10
	混合虫态	26.40	25.84	25.82	46.68	42.49	87.04	13.85	< 7
95%	成虫	10.36	9.48	10.12	—	—	—	133.24	—
	混合虫态	44.17	47.90	44.61	121.54	1108.21	99.81	72.75	69.34
90%	成虫	—	—	—	—	—	—	—	—
	混合虫态	135.61	122.06	106.64	198.15	195.66	223.68	155.29	123.68

注：温度：25℃±1℃，湿度：70%±5%

表 2-14　不同相对湿度下混合气体与害虫死亡率的关系

平均气体浓度/%		相对湿度/%	害虫致死率/%		
O₂	N₂		赤拟谷盗	杂拟谷盗	锯谷盗
0.97	99.03	68.0±0.6	3.0±1.5	5.2±3.7	4.1±1.2
0.97	99.24	54.0±0.6	75.9±6.3	39.1±9.2	17.0±3.2
0.76	99.24	33.0±0.6	94.8±3.2	95.0±1.3	27.5±4.7
0.80	99.20	9±4	98.5±0.8	98.1±0.9	40.0±7.0

注：1. 赤拟谷盗、杂拟谷盗暴露 24h，锯谷盗暴露 6h；
　　2. 温度为 26.3℃

害虫的虫期和种类也会影响气调杀虫的效果。一般而言，鞘翅目储藏物昆虫的前期蛹对气调的忍耐力最强(因其几乎处于休眠状态)，其次是卵、高龄幼虫、低龄幼虫和成虫，而蛾类通常要比象虫对气调更加敏感。有研究认为同虫期的害虫对 CO_2 的忍耐力大小排序为：杂拟谷盗 > 赤拟谷盗 > 玉米象 > 米象 > 谷蠹(李岩峰，2010)。

2. 气调储藏抑制微生物的生长繁殖

环境气体成分及浓度对微生物的代谢活动有明显的影响，特别是好气性微生物。若理想地将环境氧浓度降低至 0.2%～1.0%，不仅能控制储藏物的代谢，也能明显地影响一些微生物如真菌等的代谢活动。当谷堆氧浓度下降到 2%以下时，对大多数好气性霉菌具有显著的抑制作用(郑晓清等，2013)，特别是在安全水分范围内的低水分粮以及在粮食环境相对湿度 65%左右的低湿条件下，低氧对霉菌的控制作用尤为显著。但是有些霉菌对环境氧气浓度要求不高，对低氧环境有极强的忍耐性，例如，灰绿曲霉、米根霉能在 0.2%氧浓度下生长。当气调粮堆表面或周围结露时，在局部湿度较大的部位就会出现上述霉菌，有些兼性厌氧霉菌如毛霉、根霉、镰刀菌等也能在低氧环境中生长。因此，采用气调储藏的粮食，其水分含量必须控制在《粮食安全储存水分及配套储藏技术操作规程(试行)》所规定的水分以内。

在缺氧和高二氧化碳或氮气中的粮食微生物较空气中的稳定，粮食真菌对低氧最敏感。其次是高二氧化碳和氮。不同菌种对气体的敏感程度不同。不同浓度的气体组成，抑菌效果也不同。缺氧具有强烈的抑菌作用(酵母除外)，二氧化碳在高浓度时增强抑菌能力，反之，减小抑菌能力。真菌对氧的减少比对二氧化碳的增加敏感(表 2-15)。

表 2-15　气调下粮食真菌生长速率
(气控下储藏真菌菌丝体、芽殖细胞生长情况，%)(闫春杰，2010)

温度	气控条件	亮白曲霉	烟曲霉	蜡虫散本菌	白园弧青霉	娄地青霉	匍枝青霉
	真空	0	0	0	0	0	0
20℃	10% CO_2	0	0	0	0	1.6	0
	20% CO_2	0	0	0	0	0	0
	真空	0	0	0	0	0	0
32℃	10% CO_2	ε	ε	ε	ε	1.5	0
	20% CO_2	0	ε	0	0	ε	0

注：0 表示无，ε 表示无穷多。

3. 气调储藏对粮食品质的影响

在缺氧环境中，储粮的呼吸强度显著降低，有利于延缓粮食品质劣变。发达国家由于粮食周转快，储藏时间短，其气调储藏主要应用于储粮害虫的防治。在我国，粮食储备具有较长的储备周期，实践证明，在长期储备过程中，气调储藏可以明显延缓粮食品质劣变(王力等，2016)。

李岩峰等(2010)、李颖和李岩峰(2014)在不同温度条件下对稻谷进行了充氮气调储藏实验，通过对发芽率、脂肪酸值、过氧化氢酶等理化指标的测定，探讨不同温度下充氮气调对稻谷品质劣变的影响，得到了与之前相关研究类似的结果：相同温度条件下，充氮气调组与对照组相比，明显延缓了稻谷品质劣变；在高温条件下，充氮气调组的品质变化幅度明显低于对照组。此外，相关研究与粮库实仓应用表明，充氮气调在延缓玉米、花生、高粱、大豆等农产品品质劣变方面均有一定成效。

气调储藏对储粮品质的影响一直是人们关注的焦点，国内外在近几年的研究中，对此问题做了详尽的分析与评定。实践证明，气调储藏的粮食品质变化速度比常规储藏慢，其中低温气调的效果好于常温气调。从表 2-16 分析来看，水分含量为 14.05%的大米用缺氧储藏，经 5 个月后，缺氧储藏的样品品质显然优于常规储藏；而对照组黏度下降，脂肪酸值增高，淀粉糊化特性改变明显地较缺氧储藏的样品速度快。

表 2-16　缺氧储藏大米的品质变化(张少芳，2013)

品质指标		原始样品	自然缺氧储藏 (低温、地下室)	对照	
				常温(房式仓)	房式仓(包装)
酸度/(mg KOH/100g)		0.72	1.64	1.34	1.43
脂肪酸值/(mg KOH/100g)		38.18	28.49	39.57	50.51
硬度/(0.5kg/粒)		4～8.9	4～8.9	4～8.9	4～8.9
透光率/%		47.5	49.0	49.7	55.4
黏度/(mPa·s)		3.58	2.57	2.40	2.30
淀粉糊化特性	糊化温度/℃	83	83	83	83
	最高黏度/BU	530	635	650	710
	最高黏度温度/℃	90	89	90	91
	最终黏度/BU	440	525	590	610
	最终黏度温度/℃	90	94	94	94

马中萍等(2014)研究发现，在相同储藏条件下，二氧化碳气调储藏籼稻谷脂肪酸值的增加、黏度的下降、发芽率的下降和品尝评分值的下降都较常规储藏的籼稻谷变化速度慢，在同等条件下，可适当延长稻谷宜存期，相应延长轮换周期，减少稻谷的轮换次数，将节省大量的轮换费用。

蒋春燕等(2015)研究发现常规及 CO_2 气调储藏下，随着温度和时间的变化，储藏阶段稻谷脂肪酸值逐渐上升，且常规组内和 CO_2 气调组内温度越高，上升幅度越大，CO_2 能起到一定的延缓脂肪酸值上升的作用。酶活性方面，α-淀粉酶随储藏时间的延长呈下降趋势，且温度越高，下降越快；相同温度条件下，常规组比气调组下降更快。脂肪氧化酶活性则逐渐上升，CO_2 气调起到良好的延缓效果。

(二)气调储藏的方法

目前，我国气调技术主要有两大类，即生物降氧和人工气调。人工气调常采用真空充氮、二氧化碳置换、分子筛或膜分离富氮、除氧剂脱氧等方法，可实现工业化生产，达到设计的低氧状态，但对仓房的气密性要求较高，费用较高(张来林等，2011)。

1. 生物降氧

1)自然缺氧储藏

自然缺氧储藏是在塑料薄膜密封粮堆的条件下，通过粮食和微生物、害虫等生物自身的呼吸作用，消耗氧气、放出二氧化碳，改变气体组分，在低氧条件下达到抑菌杀虫、降低粮食生理活动强度和维持储粮稳定性的目的。自然缺氧储藏方法较简便，操作容易，只要掌握自然缺氧储粮的规律，克服降氧速度慢等不足之处，就可以收到良好效果。

2)微生物辅助降氧储藏

在气调储藏中，当粮食水分低，自身呼吸微弱，不能及时降氧而影响气调储藏效果时，还可以利用微生物、树叶等生物降氧。在生物降氧时，要加强管理，特别是利用微生物降氧要求比较严格，稍有不慎，就会造成杂菌感染，应引起重视。

2. 人工气调

1) 充氮降氧气调法

充氮降氧气调法是指从气调库内用真空泵抽除富氧的空气，然后充入氮气，这两个抽气、充气过程交替进行，以使库内氧气含量降到要求值，一般粮堆中氮气浓度大于等于 98%可以杀虫，大于等于 95%可以实现缺氧储藏和品质保鲜的目的。充氮降氧气调法所用氮气的来源一般有两种：一种用液氮钢瓶充氮；另一种用制氮机充氮，其中第二种方法一般用于大型的气调库。制氮机所需的气源就是大气。图 2-41 所示为充氮降氧系统示意图。

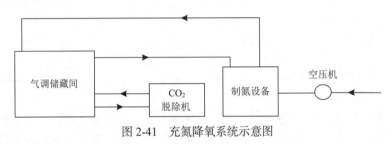

图 2-41　充氮降氧系统示意图

在图 2-41 中，空气压缩机(简称空压机)是制氮机的原料气源，选择时应与制氮机的压力和气耗相匹配。空压机分为螺杆式和活塞式两种。前者工作可靠性高，压力波动小，但价格较高；后者有一定压力波动，但价格较低。工作时，空压机将压缩空气送入制氮设备，空气被制氮设备分离为富氮和富氧，富氧气体直接外放到大气中去，富氮气体用管道送到气调库用于降氧。在储藏过程中，如果库内二氧化碳浓度过高，可开启二氧化碳脱除机脱除二氧化碳(邵长波，2006)。

2) 充二氧化碳储藏

二氧化碳气体比空气密度大，无色无臭，对害虫有毒害作用。粮堆中充入二氧化碳，不仅能转换出空气而使氧气浓度降低，而且二氧化碳又能直接毒杀储粮中的害虫。充二氧化碳密封储粮具有比充氮气密封储粮更好的效果。

3) 除氧剂脱氧气调

除氧剂是一类能与空气中氧结合成化合物的化学试剂(如二亚硫酸钠、特制铁粉)。除氧剂与粮食密封在一起，能吸收粮堆中的氧气，使粮食处于基本无氧的状态，从而抑制粮食的生理活动和虫霉危害，达到安全储藏的目的。它具有无毒、无味、无污染、无残留，除氧迅速，能使一个密封好的粮堆氧气浓度在十几小时内降低到缺氧标准，操作简单等优点，弥补粮食自然降氧无法降至低氧状态的不足。在双低储粮的基础上，与磷化铝缓释熏蒸相结合，能减少除氧剂用量，降低除氧剂脱氧的处理成本。

4) 真空包装气调储粮

真空储粮主要使用真空设备将储粮空间气体抽空形成负压状态，致使空间氧含量降至低氧或无氧，从而达到抑制虫霉、保持储粮品质的目的。在优质粮油的小包装方面使用较多，具有使用方便、防虫霉效果好、卫生无污染、外形美观等特点，应用前景广阔。

5) 催化燃烧降氧气调法

用催化燃烧降氧机以汽油、石油液化气等与从储藏环境中(库内)抽出的高氧气体混合进行催化燃烧反应。反应后无氧气体再返回气调库内，如此循环，直到把库内气体含氧量降到要求值。当然这种燃烧方法及果蔬的呼吸作用会使库内二氧化碳浓度升高，这时可以配合采用二氧化碳脱除机降低二氧化碳浓度。燃烧降氧系统示意图如图 2-42 所示。

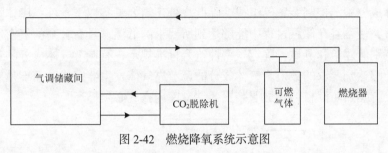

图 2-42 燃烧降氧系统示意图

(三)气调储藏的特点

与冷藏相比，气调储藏所需的储藏库投资和管理费较高，但由于能够保证长期储藏的品质，气调储藏技术得到了迅速发展和广泛应用。气调储藏的特点见表 2-17。

表 2-17 气调储藏的特点

特点	原因及要求
储藏时间长	气调储藏综合了低温和环境气体成分调节两方面的技术，极大程度地抑制了稻谷的呼吸作用，延缓了稻谷新陈代谢的速率，使得稻谷储藏期延长
保鲜效果好	气调储藏结合低温等处理可以延缓稻谷的陈化过程，所以在一定时间内，经气调储藏的稻谷可以保持良好的品质
储藏损耗低	气调储藏尤其是气调冷藏库，严格控制库内温、湿度及氧气和二氧化碳等气体成分，有效地抑制了稻谷的呼吸作用、蒸腾作用和微生物的生长繁殖，储藏期间因失水、霉变等造成的损耗大大降低
"绿色"储藏	在稻谷气调储藏过程中，由于低温、低氧和较高的二氧化碳的相互作用，基本可以抑制病菌的发生，储藏过程中基本不用化学药物进行防腐处理。在此也必须指出用于气调包装储藏的气体必须符合国家标准，不能采用任何不经分离、纯化的含有有毒有害杂质组分的直接来源气体，这在气调法中有严格要求

(四)气调储藏的设备

要想控制影响稻谷气调储藏环境中的各种因素，就必须将稻谷封闭在一定的空间内，这个空间的大小视储藏量而定。根据密闭空间的大小，可以把气调保藏分为气调库、气调垛、气调袋等。

1. 气调库

气调库的建筑结构与普通冷库的最大区别在于增加了气密性要求，气密性的好坏是影响气调控制的重要因素，它关系到稻谷储藏后的品质及储藏的运行费用，所以是气调库施工的关键之一；另外，气调库的制冷系统与普通冷藏库相比也有较大区别，由于气调库的特殊性，气调库的制冷系统在制冷剂、库内冷却设备的选择，以及温度、压力的控制等方面，比普通冷库要求要高，气调库还必须有密封的性能，以防止漏气，确保库内气体组成的稳定。

气调库是在冷藏库的基础上发展起来的。它不仅有冷藏功能，又有气调功能。图 2-43 为一个完整的气调库的结构框图。它主要由库体、气调系统、制冷装置、加湿装置以及温湿度与气体成分检测控制装置等组成，除此之外还需要具备以下条件：库体隔热良好并有制冷装置，使稻谷在储藏过程中能够达到所要求的低温；具有较高的气密性。储藏库必须经过特别的建筑和测试，确定气密性符合标准规定；有调节气体成分的装置，并在短时间内能够达到要求的数值。气体成分的调节靠气体发生器完成，而不是靠产品的呼吸降氧；要有隔热防潮材料和加湿装置，储藏库内空气必须循环。

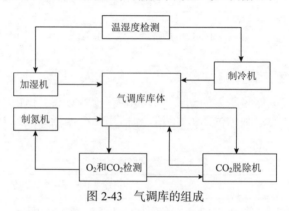

图 2-43　气调库的组成

2. 塑料薄膜

塑料薄膜除使用方便、成本低廉外，还具有一定的透气性，在生产中广泛应用，在气调保鲜上发挥着重要的作用。薄膜封闭容器可安装在普通冷库内或通风储藏库内，以及窑洞等简易储藏场所内。塑料薄膜一般选用 0.12mm 厚的无毒聚氯乙烯薄膜或 0.075～0.20mm 厚的聚乙烯塑料薄膜。由于塑料薄膜对气体具有选择性渗透，可使袋内的气体成分自然地形成气调储藏状态，从而推迟储藏稻谷营养物质的消耗和延缓衰老。对于需要快速降氧气的塑料帐，封帐后可用机械降氧气机快速实现气调条件。

3. 硅橡胶窗

硅橡胶是一种有机硅高分子聚合物，它是由有取代基的硅氧烷单体聚合而成，以硅氧键相连形成柔软易曲的长链，长链之间以弱电性松散地交联在一起，这种结构使硅橡胶具有特殊的透气性(硅橡胶膜对二氧化碳的透光率是同厚度聚乙烯膜的 20～300 倍，是聚氯乙烯膜的 2000 倍；硅橡胶膜对气体具有选择透过性，其对氮气、氢气和二氧化碳的透过性比为 1∶2∶12)。

根据不同的储藏物品及储藏的温湿条件选择面积不同的硅橡胶织物膜热合于用聚乙烯或聚氯乙烯制成的储藏帐上，作为气体交换的窗口，简称硅窗。硅胶膜对氧气和二氧化碳有良好的透气性和适当的透气比，可以用来调节储藏环境的气体成分达到控制呼吸作用的目的。选用合适的硅窗面积制作的塑料帐，其气体成分可自动衡定在氧气含量为3%～5%，二氧化碳含量为3%～5%。气调大帐多采用10～15丝的无毒PVC保鲜膜，根据储藏品种、储藏量所需要的气体指标计算出硅窗面积，把硅窗分成均等4～6块，热合于大帐的中下部(离地面1.5m最适宜)。

(五)气调储藏的技术管理与安全防护

1. 气调储粮技术管理

稻谷入仓后的管理工作是搞好气调储藏的重要保证，因我国大多数气调仓的压力半衰期普遍较低，需要配合采用塑料薄膜密闭粮堆，因此从密闭之日起，应加强管理，除对粮堆进行常规储藏必要的管理和粮情指标检测外，还应对谷堆气体进行定期测定，并做好密封谷堆结露、氧浓度回升的预防及安全防护工作(彭万达，2004)。

1)气体成分分析

掌握粮堆各气体的浓度及变化规律，是评定和了解气调储粮设备技术性能的一个极为重要的方面，也是预测气调储藏效果的重要依据。测定一般在密封后24h内进行，连续测定一周，达到降氧效果后可改为每周测定一次(李宝升等，2015)。测定气体浓度的方法很多(表2-18)，如快速测氧仪和测二氧化碳仪、奥氏气体分析仪、气相色谱仪等，各种气体成分分析仪所测定气体的种类是不同的，在气调储粮技术中，一般调节的气体种类为氧气、氮气和二氧化碳，因此通常在气调储粮中所选气体分析仪具有测定上述三种气体的能力就足够了。

表2-18　常见的气体分析仪器及其特点

名称	特点
快速气体成分测定仪	传感器感应不同的气体，再将信号处理放大，并以数字或指针的形式输出。此类气体分析仪可为便携式或仓房固定式，测定速度快，可连续自动化分析，操作方便。但由于其测量的准确性受到测定原理及传感器质量的影响，因此准确性高的测定仪价格也偏高
奥氏气体分析器	气体测定仪依据的是化学反应原理，因此精确可靠，但仪器结构复杂、携带不便、测量速度慢、全部为手工操作，比较适合化验室检测
气相色谱仪	检测灵敏度高，分析速度快，但由于成本较高，对人员及管理的要求也高，且不能实现现场使用，因此限制了其在气调储粮方面的应用

气调储粮常发生氧浓度回升现象，如果所充气体是有规律的慢慢下降，可能是薄膜微透性所造成的。如果发现氧气浓度忽高忽低，或是一下子降了许多，那就要检查薄膜是否有破损或其他原因，发现问题应及时处理。

2)预防密封粮堆结露

在气调储藏中，特别是采取密闭粮堆的气调方式，由于粮堆的密闭增加了粮堆内外的温差，在季节转换时常发生结露现象，粮堆结露出现的时间、类型与粮堆密闭的时间和季节变化有关。在低温季节密闭的粮堆，随着气温上升，仓温常高于粮堆温度，直到高温季节(7月以前),易产生外结露现象(结露发生在密封材料的外表面:薄膜与仓内空气的接触面);而随着气温的下降,到秋末季节,粮温常高于仓温,一般会产生内结露(结露发生在密封材料的内表面:薄膜与粮堆的接触面)。

预防的方法是:在密闭粮面上加盖一层旧麻袋片或大糠包,防止顶层结露;堆垛内湿度大的可用脱湿机引出粮堆内湿空气进行粮堆外结露来达到脱湿的目的;或应用硅胶、无水氯化钙对少量储粮堆垛进行吸湿,解除结露;秋末粮温高于气温时,粮堆应及时揭膜通风,防止发生膜下结露现象。

3)温度、水分及害虫检测

温度的检测范围包括:粮堆温度、仓内空间气体温度和仓外空气温度,即"粮温、仓温和气温"。对于现代化的气调储粮仓房而言,一般均配备了温度自动检测系统,粮堆密封之前将测温电缆埋入粮堆。粮堆、仓房内外检测点的布置以及检测周期参照GB/T 29890—2013《粮油储藏技术规范》中的规定。温度的检测最好能够定时定点,便于前后对比并分析掌握三温的变化规律。

目前我国大多数的气调储粮需要配合粮堆密闭,而水分检测需要扦取粮食样品,因此要制作袖口状的粮食取样口或购买塑料取样口,预先热合固定在帐幕需要取样的地方,取样时把口放开,迅速将样品取出后立即封闭。水分含量的检测周期、检测点的设置及粮食扦样方法参照GB/T 29890—2013《粮油储藏技术规范》中的规定。

对于密闭粮堆的气调储粮方式而言,最常用的害虫检测方法为扦样检测法,薄膜帐幕上扦样口的处理如上段所述。检测周期、扦样点的设置及扦样方法参照CB/T 29890—2013《粮油储藏技术规范》中的规定。一般用筛检法拣出筛上的虫并计数,结果以每千克样品筛出活的害虫头数表示,即为害虫密度。

4)浓度的变化规律

(1)变化规律:一般进入10月以后,气调储藏,特别是缺氧储粮会普遍出现氧浓度回升现象,此现象的发生原因比较复杂,不能单纯认为是薄膜透性所造成的,而要分析一下具体情况,如果粮堆的氧含量呈现有规律的缓慢下降趋势,则基本上属于正常现象。

(2)变化原因:薄膜微透性所造成;粮温低,粮食进入深休眠期,呼吸微弱;气温低,测气时气体与吸收液的反应速率变慢,吸收不完全使其测定数据偏低;如果发现粮堆氧浓度忽高忽低,或是突然上升,一般是帐幕出现较大的破损所造成的,应立即查出漏洞进行修补。

2. 气调储藏安全防护

1)人员要求

(1)人员必须经过培训,施药必须由单位相关负责人批准,作业人员也必须经过专业培训,如国家粮食局组织的粮油保管员资格培训,获得上岗资格方可施药作业。

(2)要求身体健康并状况良好的人员,凡有心脏病、肝炎、肺病、贫血、皮肤病、皮肤破伤患者以及怀孕期、哺乳期、月经期的妇女,或经医生诊断认为不适合从事涉及有毒气体或化学药剂工作的人员都不宜参加施药作业。

2）低氧、高二氧化碳与人身安全

气调储藏的环境相对密闭，且环境内的气体呈低氧高二氧化碳状态，这对人体健康及安全非常有害，缺氧的气体环境对人体的影响如表 2-19 所示。

表 2-19　氧气含量对人体的影响（张家忠，2012）

级别	氧气含量/%	症状与现象
1	15～16	呼吸与脉搏增加，肌肉协调轻微障碍
2	11～14	清醒，情绪失常，行动感到异常疲惫，呼吸失常
3	7～10	恶心呕吐，不能自由行动，将失去知觉，虚脱，虽能感知情况异常，但不能行动或喊叫
4	6 以下	痉挛性行动，喘息性呼吸，呼吸停止几分钟后心脏停止跳动

从表 2-19 中可以看出氧浓度低于 10% 就有生命危险，要达到气调效果，粮堆中或气调仓内的氧浓度一般均低于 10%。另外，二氧化碳在正常大气中的浓度为 0.03%（许多国家的卫生标准为 0.5% 以下），人在高二氧化碳的环境中也会发生明显的生理反应，如表 2-20 所示。

表 2-20　二氧化碳浓度对人体的影响（王文才，2015）

二氧化碳含量/%	症状与现象
2～4	可以感觉到呼吸次数增加
5～9	感觉到呼吸费力
10	可以忍耐数分钟
11～20	呼吸停顿、失去知觉，有生命危险
21～25	短时间中毒死亡

气调储藏的气体成分往往是低氧高氮或低氧高二氧化碳，气调储粮工作首先要高度重视操作安全，防止发生任何人员伤亡事故。人体吸入高浓度氮会因为缺氧而引起大脑瞬间失忆、动作失常，严重者甚至会因缺氧而窒息死亡。所以各粮库开展绿色气体储粮时要注意安全防护。

3）安全防护

由于气调库中低氧环境的危险性，库内的事故往往是致命的或接近致命的，所以要做好以下防护工作：

（1）人不能随便进入正在工作的气调库，气调库应贴有明显的注意和危险标记，开始气调操作时应把门锁上，缺氧仓（垛）应有明显警戒标记，以防其他人员误入。

（2）人员进入气调储藏的粮仓（囤、垛）以及长期密闭的筒仓、地下仓进行查粮和其他作业时，必须先对仓（囤、垛）内的含氧量进行测试，确保安全才能入仓作业。

（3）装二氧化碳的罐、钢瓶和输气管道，在充气时温度非常低，接触皮肤会导致"冷灼伤"，所以接触冷源时要戴手套。

(4)气调作业过程，必须多人完成，不可单人操作，在仓(囤、垛)外有人监护的情况下方可入仓作业。

(5)发生突发事件时应立即切断气源，手边应有应付突发事件的用具、装置，并有与消防、医生、救护车等联系的方式、方法。

四、温控储藏

(一)概述

温控储粮技术是通过控制或调节储藏环境中的温度这一物理因子，使粮堆处于一定的低温或高温状态，达到增加粮食的储藏稳定性、延缓储粮品质变化速度、杀虫防虫、抑霉的目的。它是一种环境因子控制的物理方法，可以满足人们对粮食品质、食品品质的需求及符合绿色环保的发展趋势，是一种具有广阔发展前景的储粮技术。

(二)温控储粮的分类

1. 高温储粮

高温储粮的主要目的是杀虫、降水和促进后熟等。高温储粮通常要求对储粮温度及经历的时间严格控制，以免对储粮品质造成明显的不良影响，所以只适用于规模比较小、粮温易于控制、耐热性比较好的粮种，麦类、豌豆等适合高温储藏。小麦经高温暴晒，趁热入仓，其粮温高限可达 50~52℃。研究证明，粮温在 49℃~50℃时害虫在短时间内即可死亡。除耐高热的微生物种类外，高温能抑制微生物滋生繁殖。高温为储粮的稳定性提供了有利条件。增高粮温的方法，主要有日光暴晒、热力加温和沸水浸烫等。其中日光暴晒，趁热入库，密封储藏，具有费用低、操作方便、可抑制虫霉和杀死害虫等优点，是我国传统的经济而有效的储藏方式。热力加温主要用粮食干燥机，沸水浸烫主要用于处理豌豆、蚕豆等(霍红和张春梅，2015)。

2. 低温储粮

低温储粮是在国家大型粮库中较常采用的一种温控储粮技术。根据低温储粮仓的位置不同可分为地上低温储粮、地下低温储粮和水下低温储粮。根据低温的获取方法不同，可分为自然低温、机械通风低温和机械制冷低温储粮。在低温储粮中曾使用过的机械制冷设备有通用制冷机组、空调机和谷物冷却机。地下低温储粮也是我国采用的一种低温储藏粮食的技术，而且独具中国特色，但是到目前为止，还未见到中国进行水下低温储粮的报道。

由于低温储藏具有显著的延缓粮食品质劣变的作用，特别在保持成品粮的色、香、味方面更具有其他储粮技术不可比拟的优越性，因此，随着我国实现现代化的进程加快，国民生活水平的提高，人们对粮食、食品品质的日益重视以及绿色储粮技术的推广应用，低温储藏必将成为一种具有发展前途的现代储粮技术。

(三)常用的温控储粮技术

低温储粮是在国家大型粮仓中较常采用的一种温控储粮技术。由于粮食是具有生命的有机体，因此，低温必须在不冻坏粮食的基础上，在维持粮食正常生命活动的前提下，将其置于一定范围的低温中，同时这一低温又必须能抑制虫霉生长、繁育，并限制储粮品质的变化速度，从而达到安全储藏的目的。经过长期的实践和研究认为，15℃是粮食低温储藏的理想温度，可以有效地限制粮堆中生物体的生命活动，延缓储粮品质的变化。粮食在不超过20℃的温度下储藏称为准低温储藏，此时能达到一定的低温储藏效果，还可以减少低温储藏的运行费用，提高低温储藏的效益。特别是准低温储藏在我国北方地区，可以通过自然低温和采用各种隔热措施来实现，所以近年来推广较快，备受粮库的欢迎。在我国常将仓温保持在15℃以下的粮仓称为低温仓，仓温在15℃以上、20℃以下的粮仓称为准低温仓。

低温储粮的历史非常悠久，但在历史上，无论国内还是国外，主要是利用自然低温储粮，除少数国家采用地面自然低温储粮，大多数为地下低温储粮。近几十年来，随着储粮技术的发展和推广，机械通风低温储藏已成为广泛使用的储粮技术，既可以用于降温、处理发热粮，也可用于偏高水分粮的降水。

目前，低温储藏已应用于欧洲、美洲、东南亚地区以及澳大利亚等 50 多个国家，粮食储量达 2500 万 t。1989 年，美国开始在得克萨斯州、艾奥瓦州、佛罗里达州对粮食进行低温储藏，美国还普遍对糙米、大米、稻谷进行低温储藏，效果良好。为了保持糙米的品质，特别是在越夏时节，日本从 1995 年开始普及糙米低温储藏，并将糙米水分控制在 13%以下，目前，他们的糙米收储能力已达到 300 万 t(低温仓 210 万 t，准低温仓 90 万 t)。此外，日本还利用冬季的自然寒冷气候，将谷温降至冰点以下，进行超低温储藏，可得到与新米相同的优质储藏米。中国上海市粮食储运公司对糙米低温、准低温储藏(10 个月)的试验结果表明，低温储藏的糙米品质保持良好，尤其是保持了糙米的发芽率和蒸煮品质(金建等，2011)。

1. 低温储藏的原理及作用(黄清泉等，1989)

1)低温储藏的原理

低温储藏就是采取低温保冷措施，抑制粮堆内粮油籽粒、害虫及微生物等活成分的活动，使粮油达到安全储藏的目的。

粮堆内的活成分的生命活动都具有一个共同的特点，就是从准低温(20℃)开始，温度越低，其生命活动就越弱，低到一定程度，就会完全被抑制，甚至因低温冻伤而丧失生命力。

2)低温储藏的作用

(1)防止虫、螨、霉侵害。虫、螨在适于生长发育的粮堆内能迅速蔓延，消耗储粮和氧气产生二氧化碳、水和热，引起局部温度增高，使水分转移到上层的低温部位，造成粮粒发芽和霉菌生长。当粮温控制在15℃以下时，害虫的发育就会受到抑制；低于8℃时一般害虫呈麻痹状态；低于-4℃时，经一定时间，害虫就会死亡。螨类在低温时繁殖很慢，低于 10℃时，活动力很小；低于 4℃时，能控制其发展；2～3℃时，大部分是麻痹状态；温度急剧下降时，死亡很快。低温对霉菌的活动同样有抑制作用，一般粮食微生物在 0℃以下不能发育。低温对微生物的抑制作用，又受到水分的影响。粮食水分越大，阻止霉菌生长的温度越低，粮食水分小时，温度可稍高，因此，根据粮食的水分，把粮温控制在一定的限度，同样可以有效地防止霉菌的生长。

(2)有利于保持粮食品质。一般水分正常的粮食，只要粮温控制在 15℃以下，就能降低储粮的呼吸作用及其他分解作用，使其处于休眠状态，以保持储粮的新鲜度和发芽力。对于没有干燥设备的地区，低温储藏是保管高水分粮食的较好方法。

2. 低温储藏的特点

低温储藏具有显著的优越性，可以有效限制粮堆生物体的生命活动，减少储粮的损失，延缓粮食的陈化，特别是在面粉、大米、油脂、食品等的色、香、味保鲜方面效果显著。同时还具有不用或少用化学药剂、避免或减少污染、保持储粮卫生等特点，并且低温储藏还可作为高水分粮、偏高水分粮种的应急处理措施，是绿色储粮技术中最具发展前景的技术。低温储藏不仅可以延长粮食原有的品质，而且还可以保证粮食食用安全。采用低温储藏的大米与常温储藏相比，储藏期可延长 1 倍以上，2 年后的质量仍同新米相同(何新益和王崇林，2010)。

目前，低温储藏技术投资较大，运行费用较高，且若仓房围护结构中防潮层不完善或冷空气气流组织不合理，易造成粮食水分转移，甚至结露，这些均限制了低温储藏的推广使用。但是随着我国工业发展，特别是电力供应能力的提高和部分地区实行波谷电价，对降低低温储粮成本，进一步推广低温储粮技术非常有效。

3. 低温储藏的方法

1) 自然低温储藏

在储藏期间单纯地利用自然冷源即自然条件来降低和维持粮温，并配以隔热或密封压盖粮堆的措施。自然低温储藏按获得低温的途径不同，又可简单地分为地上自然低温储藏、地下低温储藏和水下低温储藏。

目前大部分地区的自然低温储藏主要是地上自然低温，其过程一般是先将粮食降温冷却，然后密封仓房，压盖粮面，利用粮食的不良导热性，使粮温长期处于低温状态。根据利用冬季干冷空气冷却粮食的方式方法不同，又可将地上自然低温分为如下几种(表 2-21)。

表 2-21 自然低温的方法及特点

冷却方法	特点
仓外自然冷却	该法为先冷却后入仓，一般选择干燥寒冷天气，将粮食采用人力或机械设备移至仓外地势稍高、通风条件好的场地上。如为包装粮，可堆成通风垛，堆垛时要注意将通风口对准当地冬季主导风的风向，以提高通风冷却效果；对于含杂质较多的粮食或有虫粮，还可配以过筛入仓，除去害虫和杂质。粮食在仓外冷却时间的长短主要取决于粮温与气温的温差，在冷却过程中要注意夜间露湿，加强苦盖；为提高冷却速度及效果，可采用与晒粮作业相类似的翻动粮面或粮面扒沟的方法，这样不但能使粮食降温快，而且可以使含水量偏高的粮食减少一部分水分

续表

冷却方法	特点
仓内自然冷却	该法是将仓房门窗打开，使仓外冷空气自然地冷却。它不仅适合包装粮也适合散装粮。冷空气粮面流通，逐层冷却粮食。由于粮食是热的不良导体，粮温降低很慢，特别是水分大，粮堆高的粮食冷却效果不太显著，但因此方法经济，且不需任何机械设备，所以在我国仍然是一种较为普遍的冷却方法。为了提高冷却效果，对于包装粮堆垛形式应与粮仓形式及门窗方向相适应，粮垛间的走道方向应该与仓房内空气通过门窗的方向一致，以减小空气的流动阻力，提高粮食的冷却速度。在进行仓内自然冷却时，应注意选择适宜的天气，以仓外低温、干燥的空气为选择原则，进行合理通风，否则不但不利于粮食的冷却与干燥，反而起到相反的效果，降低储粮稳定性
转仓冷却	该法是将粮食连续通过一定长度仓外输送作业线及设备，由一个仓房转入另一仓房，或仍转入原仓房，使粮食在转运输送的过程中得到冷却。仓内外温差越大，粮食在仓外的输送作业线越长，与冷空气接触的时间越久，则冷却效果就越好。在现代化的机械化大型粮仓中，粮食输送设备完善，机械化程度高，采用此冷却方法较方便，效果也较理想，但是运行成本较高，主要适用于散装粮，若为包装粮则冷却效果较差

在进行自然低温储藏粮食时，要想获得理想的储藏效果，除了使粮温降到尽可能的低温以外，还要注意做好隔热工作。一般在粮食冷透、粮温降到接近仓外冷空气温度时，应立即密封仓房门窗。把暂时不用的门窗封死，在其两侧用塑料薄膜或其他密封材料封严，不留缝隙，最好用一些隔热材料在仓内侧将门窗覆盖堵实。留作出入仓的仓门最好采用隔热仓门，并在其右下方开一个小门，供平时检验管理人员出入。仓房密封后，应尽可能减少进仓次数、进仓人数及时间，出入仓时应随即关门以减缓粮温的回升。在密封仓房的同时，还应进行粮面压盖，对于隔热性较差的普通房式仓，压盖粮面是一种有效的隔热保冷措施。其效果关键在于压盖物料的厚度及所采用材料的隔热性能。在粮仓中常用的压盖材料有很多，如稻壳、麦壳、棉籽皮、干砖、干沙、席子、棉絮、毡毯、聚苯乙烯板、聚乙烯板、异种粮包等，这些材料均具有良好的隔热性能，且可吸收一定水分而不易造成粮面结露。另外仓房围护结构中的各类孔洞，务必在春暖气温回升之前采用具有隔热性的材料密封堵严。另外在进行粮食自然低温储藏之前，若能对普通的房或仓围护结构进行适当的隔热改造，提高仓房的隔热保冷性能，则低温储藏效果会更佳。

2) 机械低温储藏

机械低温储藏(图 2-44)通常指，在低温仓中利用一定的人工制冷设备，使粮仓维持在一定的低温范围，并使仓内空气进行强制性循环流动，达到温、湿分布均匀的低温储藏方法。此低温储藏法是利用人工冷源冷却粮食，因此不受地理位置及季节的限制，是成品粮安全度夏的理想途径，是低温储藏中效果最好的一种，但因机械制冷低温储藏设备价格较高，且对仓房隔热性有一定的要求，所以投资较大，加之制冷设备的运行管理费用也偏高，因此限制了其在我国及一些发展中国家的推广应用。用于低温储粮的机械设备自 20 世纪 70 年代至今，经历了通用制冷设备、空调机、谷冷机三个时代(康景隆，2005)。

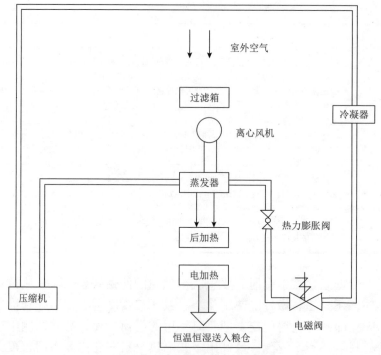

图 2-44　机械低温储粮流程图

(四)温控储粮常用的设备

1. 低温粮仓

无论是采取自然冷却还是人工冷却,当仓外气温较高、湿度较大时,如仓库无一定的改造措施,粮食温湿度、仓库温度常受太阳辐射和大气温湿度的影响,使粮温上升,仓库湿度增加。因此低温粮仓在建筑过程中需达到隔热保冷、防潮隔汽、结构坚固、经济合理的要求。在我国常将仓温保持在 15℃以下的粮仓称为低温仓,仓温在 15℃以上、20℃以下的粮仓称为准低温仓。

2. 蒸汽压缩式制冷系统

一个制冷系统通常由设备和制冷剂组成,在使用不同制冷剂的系统中,制冷机设备的种类和形式也是不同的,在低温及空调储粮系统(图 2-45)中常以氟利昂 12 为制冷剂,其制冷机由压缩机、冷凝器、膨胀阀和蒸发器四个主要设备以及一些附属设备组成,全部机件均用管道连成一个封闭的循环系统。压缩机、冷凝器、膨胀阀和蒸发器这四个主要设备对于制冷循环起着决定性作用,缺一不可,因此它们常被称为制冷机的四大件。制冷机中其他设备,如油分离器、干燥器、过滤器、回热器等则是为了提高制冷系数、改善工作条件、提高机组工作时的经济性和可靠性而设置的,它们在制冷系统中处于次要的辅助地位,因此将它们称为附属设备或辅助设备(胡松涛和史自强,2008)。

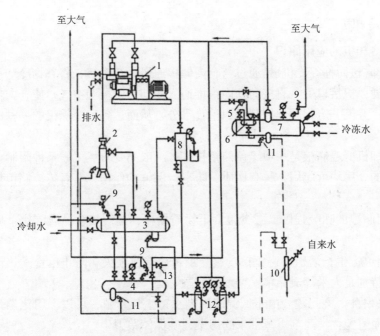

图 2-45 蒸汽压缩式制冷系统流程图

1. 压缩机；2. 油分离器；3. 冷凝器；4. 储液器；5. 过滤器；6. 膨胀阀；7. 蒸发器；8. 空气分离器；9. 安全阀；
10. 紧急泄氨器；11. 放油阀；12. 集油器；13. 充液阀

3. 制冷剂

制冷剂是在制冷装置中进行制冷循环的工作物质。在制冷系统中，尤其是在超低温制冷系统中制冷剂是必不可少的，常用的制冷剂及其特点见表 2-22。

表 2-22 常用的制冷剂及其特点

名称	特点
氨	氨是无机化合物类的制冷剂，毒性大，氨的吸水性强，但为了保证系统的制冷能力，要求氨液中含水量不得超过 0.12%。 优点：单位容积制冷能力较强，蒸发压力和冷凝压力适中，氨的放热系数高，泄漏易察觉，价廉易购。缺点：有强烈的刺激作用，对人体的危害大，氨易燃易爆，安全性很差，空气中氨的体积分数达 16%～25% 时可引起爆炸，空气中含量达 11%～14% 时即可点燃
氟利昂	氟利昂是饱和烃类的卤族衍生物的总称。常用的氟利昂制冷剂有氟利昂 12、氟利昂 22 等。其中氟利昂 12 适用于小型空冷式制冷机组；氟利昂 22 用于大型食品冷藏及空调系统。 优点：大多数氟利昂本身无毒、无臭、不燃，与空气混合遇火也不爆炸，因此比较安全，常用于空调制冷装置。氟利昂中不含水分时，对金属无腐蚀作用。 缺点：氟利昂的放热系数低，价格略高，对大气层有一定的破坏作用，极易渗漏又不易被发现，而且氟利昂的吸水性较差，为了避免发生"冰塞"现象，在氟利昂制冷系统中应装有干燥器。氟利昂 12 易溶于润滑油，为确保压缩机的润滑，在系统中应设置油分离器，并使用黏度较高的润滑油
丙烷 (R290)	丙烷作为制冷工质使用多年，其传热性能比氟利昂要好；充注量比氟利昂减少近一半；与矿物油能相互降解；潜热较大。丙烷的 ODP 值为 0，对臭氧层没有破坏，而且 GWP 值极小为 3，几乎没有温室效应的影响，丙烷是一种真正的绿色制冷剂

4. 谷物冷却机

1)谷物冷却机的应用原理

谷物冷却机(简称谷冷机)是通过与仓内储粮通风系统对接,将谷物冷却机的送风口接在仓墙上通风机接口处,直接向仓内粮堆通入冷却后的控湿空气,使仓内粮食温度降到低温状态,并能一定程度地控制仓内粮食水分,从而达到安全储粮的一种储粮技术。

2)作用

谷物冷却机低温储粮是一项绿色储粮技术,一般不受自然气候条件限制,凡具备机械通风系统的仓房均可应用,具有保质、防霉、保鲜的作用,有着传统储粮技术难以比拟的优势。

(1)抑制储粮的呼吸强度,减少粮食干物质损耗,延缓粮食品质陈化,保持粮食的新鲜品质。

(2)抑制虫霉生长繁殖,避免粮食遭受虫害而造成损失和防止粮食发热霉变;有利于解决储粮特别是大米等成品粮安全度夏问题。

(3)解决粮食污染问题。由于低温能抑制虫霉生长繁殖,可以不用化学药剂熏蒸处理粮食,从而避免化学药剂熏蒸带来的污染,确保储粮卫生。

(4)不需要专门建造低温仓库。谷冷机适用于各类具备机械通风系统的仓型,包括高大平房仓、立筒仓、浅圆仓等。由于谷冷机是将冷空气直接送入粮堆内部,由粮堆内部向外冷却,冷却效率高、速度快,而粮食是热的不良导体,正好有利于阻碍冷却后粮堆的温度回升,因此,对仓型没有特殊要求。当然,对于隔热密闭条件比较好的仓型,使用效果更佳。

(5)耗电量低,降低了保粮成本,提高了仓储机械化水平。谷冷机冷却效率高、速度快,一次冷却只需几天时间,而保特储粮低温时间可长达数月。处理1t粮食,在高温条件下只需8~12度(1度=1kW·h)电。谷冷机不但比传统的机械制冷储粮方式具有更高的冷却效率和节能效果,而且可按照实际需要人为设定冷却空气的温、湿度,不受环境气候条件的限制。

(6)可作为处理高水分粮、高温粮、发热粮的应急措施。谷冷机具有良好的降温效果,避免了大型仓房中因储粮高温、发热而必须采取的"倒仓"措施,节省了倒仓费用,减少了粮食在倒仓时的损耗。

(7)在降低储粮温度的前提下,可以减少储藏因水分迅速减少而造成的质量损失和合理地提高安全储藏水分,改善粮食加工工艺品质,增加储存和加工及销售环节的综合效益。

此外,谷冷机低温储粮技术可以同我国传统的自然低温储粮、机械通风、化学防治等多种技术结合使用,并能获得理想的综合应用效益。

3)谷冷机的组成

谷冷机是一种可移动式的制冷调湿机组,该机组除了与普通制冷设备相同的四大件和一些辅助设备之外,还有湿度调控系统、送风系统、PLC控制系统和设备行走系统。按谷物冷却机制冷能力的大小,分为大型谷物冷却机(制冷量为100kW)、中型谷物冷却机(制冷量在50~100kW)和小型谷物冷却机(制冷量在50kW以下)。

典型的谷物冷却机主要由以下三个部分组成，如图 2-46 所示。

（1）制冷系统由压缩机、冷凝器、热力膨胀阀、蒸发器等组成。

（2）送风系统由过滤器、通风机、静压箱等组成。

（3）控制系统由电控箱、可编程控制器、变频器、传感器、执行器等组成。

图 2-46　谷冷机的组成

五、多技术集成应用稻谷储藏

粮食问题始终是关系我国国民经济发展和全国建设小康社会的重大问题，确保粮食安全是关系国计民生的大事。稻谷是我国农作物种植中第一大粮食作物，稻谷生产和消费对全国粮食安全具有至关重要的意义。随着人们生活水平的不断提高，对食品的要求也越来越严格，既要质优味美，又要营养无污染。而常规的储藏方式难以确保，只能顾此失彼，难以两全其美。要保持粮食品质新鲜，必须应用冷藏技术，才能有效地减缓粮食品质陈化。一般粮仓的隔热保冷密闭性能差，难以满足低温技术的要求，而应用冷冻储粮技术费用昂贵，很难大面积推广应用。为了减少虫害损耗，常采用施用化学杀虫剂法或是降氧充入氮气或二氧化碳的气调方法。这些方法的长期使用，一是造成粮食污染，二是使害虫的抗药性增强，三是对仓库保管员及消费者的健康有影响。采用低温季节的自然通风降低粮温的方式，往往因粮堆过高和粮堆内部温度尚未降到理想温度时，外温已回升，而达不到理想的低温，效果不够明显。近年来，气候反常，使得收购的稻谷杂质含量偏高，水分偏大，虫口密度较大，致使在低温条件下储藏也容易引起发热霉变。据此，粮食储藏是一个庞大的复杂系统工程，它涉及自然学科中的许多方面且受到诸多因素的制约。采用单一的储藏技术和防治技术均不能达到安全储粮的目的，要实现储粮既保鲜保质，又要无虫害损伤和无污染，必须借助现代科学技术，系统地综合运用自然低温、机械通风、气调、防护剂及害虫防治等技术，才能达到最大效率的储粮（袁重庆，1999）。

（一）温控气调储藏

温控气调储藏是将气调储粮和控温储粮有机结合，充分发挥气调和控温的优点，解决粮食储藏过程中储粮害虫危害较重、偏高水分粮安全储藏的难题，实现粮食绿色保质储藏目的的储粮方法（王毅等，2011）。陆宗西等（2013）开展了稻谷控温气调杀虫应用试验，密闭气调 40d 后达到了预期的杀虫效果，气调后 9 个月未在仓内检测到害虫。试验表明，气调杀虫成败的关键是仓房气密性、合理的充氮工艺及目标浓度密闭时间，同时，控温气调对保持粮食品质、稳定粮情具有良好的作用，是一项值得广泛推广的绿色储粮技术。汪中书等（2013）对高大平房仓存储的玉米进行氮气气调与空调控温相结合试验，并与其他采用传统保防方式的玉米进行对比。试验结果表明采用氮气气调与空调控温相结合的方式储藏粮食品质好，杀虫彻底，绿色环保，值得推广。左圣等（2006）综合运用机械通风降温、粮面压盖密闭、屋面夏拱顶的隔热以及排积熟等技术措施，对粮堆进行控温储藏，取得较好的效果。

（二）降损保水

针对优质稻谷不易长期储存的特点（马士兵等，2009），通过综合运用轮换入库、定期通风、臭氧灭菌等多种储粮技术，使优质稻谷储存3～9个月，品质保持良好。余吉庆等（2015）根据实际情况和近年来开展科技储粮技术应用的成果，应用集成智能通风、保温隔热、粮面压盖和控湿通风等技术，开展了稻谷在储藏环节的保水减损试验，其中实验仓库采用智能通风、控湿通风、仓房密闭保温隔热和粮面压盖技术多种技术集成储藏，对照仓采用常规法储藏。实验结果显示保管两年后，试验仓粮食水分损失0.6%，对照仓粮食水分损失0.8%，试验仓粮食水分损失比对照仓减少25%，实际粮食损耗率：试验仓0.86%，对照仓1.09%，试验仓比对照仓实际减少损失率21%。表明采用智能通风、控湿通风、仓房密闭保温隔热和粮面压盖技术多种技术集成应用，对粮食储藏环节的保水减损效果十分明显。

高效谷物冷却技术对粮库仓房气密性要求高，且能耗大，导致该项技术在基层粮库推广受到一定的阻力。为改变基层粮库科学储粮整体落后的局面，按照高效、经济的原则，近年来，湖北宜城国家粮食储备库开展了以谷壳压盖、薄膜密闭、泡沫隔热和机械制冷为主要内容的储粮技术探讨性试验，建立了一套以薄膜密闭、稻壳压盖和泡沫隔热等保温隔热技术以及机械制冷技术为主要内容的准低温储粮技术集成，应用于高大平房仓中晚籼稻谷的储藏。试验结果表明，准低温储粮技术集成，能有效延缓粮食品质劣变，保质保鲜，大幅减少粮食产后损失，且具有使用成本低、操作简单、因地取材等优点（孙洁和舒传国，2016）。

（三）干燥除湿

国家粮食局成都粮食储藏科学研究所（赵小军等，2008）为解决邛崃市优质粮食集约化、规模化生产示范基地集中收获的大量湿稻谷干燥问题，进行了田间新收获21%以内高水分稻谷的就仓干燥研究，将新收获21%以下水分的稻谷直接入仓，边入仓边利用地上笼通风系统干燥粮堆下层稻谷，入仓结束后，适时运用立管通风系统进行就仓干燥。稻谷水分由干燥前的17.5%降为干燥后的13.0%，干燥后各层稻谷水分相对均匀，霉菌带菌量及菌相、黄曲霉毒素B_1均基本保持不变，较好地保持了稻谷品质。在干燥过程中，采用智能通风控制系统，适时控制风机和高效节能加热器的启停，降低了劳动强度，提高了干燥效率，经济效益和社会效益显著。

为解决北京地区稻谷度夏难题，寻找适合北京不同地区的稻谷安全储藏技术（葛云瑞等，2009)，将北京地区稻谷储藏期由两年延长至三年，北京市粮食局分别在北京不同区县选取品种、入库时间、产地相同的稻谷，因地制宜地开展稻谷储藏技术研究，分析了华北储粮生态区的特点和影响其储粮安全的生态因素，分别在北京市房山粮油贸易总公司等 4 个储粮单位的 9 栋仓房，采用准低温储粮技术为主要手段的综合措施，开展稻谷储藏技术研究。研究结果表明，仓房隔热改造、仓顶喷涂反光隔热漆、冬季自然通风降温和夏季机械制冷降温等多种措施优化组合，是适合北京地区的稻谷储藏技术。

长期以来，为了确保粮食的储藏安全，绝大多数粮食仓储企业按照《粮油安全储藏守则》和各地配套的相应实施细则的有关规定，采取烘干、晾晒、通风降水等措施，将粮食水分严格控制在规定的粮食储藏安全水分标准以下。这种通过降低粮食水分来实现粮食储藏安全的传统方法虽然有效，但在储藏过程中，粮食一直和外界发生着物质和能量的交换，粮食的新陈代谢、储粮害虫和微生物的危害都会造成粮食质和量的损失，特别是机械通风，在降温的同时，常常伴随粮食降水，粮食出库时水分比安全水分低 1%~2%。使粮食在储藏期存在水分减量暗亏，同时水分过低会造成粮食品质不可恢复性变化，无法满足粮食精深加工要求，尤其是稻谷水分过低，在加工时碎米率高，出米率低，加工成本高，米质差，售价低，市场竞争力弱。为此，中央储备粮邵武直属库(孙广建等，2007)充分利用当地的自然气候、仓房条件和现有配套的"四合一"技术装备，优选集成温控技术、湿控技术及其他技术开展偏高水分稻谷安全储藏实仓试验，试验稻谷入仓平均水分 15.6%。经过一年的实仓储藏试验，成功实现安全度夏，并将稻谷平均水分控制在 14.5%。

根据长江中下游平原农户稻谷储藏条件和稻谷的储藏特性，解决农户储粮防鼠、防虫和防霉问题是关键。因此，为确保稻谷储藏安全，确定以稻谷入仓前处理技术、新型实用储粮装具、储粮害虫防治技术、通风技术等集成为农户稻谷安全储藏技术。研究开发金属圆筒仓，并对农户现有的梯下仓、砖混仓进行改造，改善农户储粮条件，与粮食入仓前处理技术、使用储粮保护剂、粮面压盖等害虫防治技术集成为农户稻谷储藏技术。东北平原气候寒冷、湿度较大，收获后的粮食水分高，易发霉、易发生鼠害，其中鼠害损失尤其严重。因此，具备防鼠功能的储粮装具尤为重要。针对这些特点，科研技术人员结合农村储粮实际情况，结合粮食入仓前降水处理技术、通风降水干燥技术等优化集成为农户粮食储藏技术(许胜伟等，2008)。

第四节　稻谷储藏包装

一、稻谷包装材料

包装材料是指用于制造包装容器、包装装饰、包装印刷、包装运输等满足产品包装要求所使用的材料，它包括金属、塑料、玻璃、陶瓷、纸、竹本、天然纤维、化学纤维、复合材料等主要包装材料，又包括捆扎带、装潢、印刷材料等辅助材料。包装材料在整个稻谷储藏中占有重要地位，伴随着稻谷的运输、储藏及消费整个过程，直接影响稻谷的储藏效果。因此，了解包装材料的性能、应用范围和发展趋势，对合理选用包装材料，提高稻谷的储藏效率具有重要的意义。

（一）稻谷包装材料特性及其功能

1. 稻谷包装材料特性

包装是指用合适的材料、容器、工艺装潢结构设计等手段将稻谷包裹和装饰，以便在稻谷的加工、运输储存、销售过程中保持稻谷品质或增加其商品价值。稻谷包装材料应具有以下性质。

1）保护性

包装材料要有合适的阻隔性，如防湿性、防水性、隔气性、保香性、遮光性、紫外线隔绝性、隔热性、防虫性、防鼠咬等；稳定性，如耐水性、耐油性、耐有机溶剂性、耐腐蚀性、耐光性、耐热性、耐寒性等；也需有足够的机械强度，如拉伸强度、撕裂强度、破裂强度、抗折强度、抗冲击强度、抗穿刺强度、摩擦强度和延伸率等，以保护稻谷免受外界环境条件对其造成的危害。

2）合适的加工特性

便于加工成需求形状的容器，便于密封，便于机械化操作，便于印刷，适于大规模生产的机械化、自动化操作。

3）卫生和安全性

材料本身无毒，与食品成分不发生反应，不因老化而产生毒性，不含有毒有害的添加物。

4）方便性

不仅要求重量轻，携带运输方便，开启食用方便，还要有利于材料的回收，减少污染环境。

5）经济性

包装材料价格低、便于生产运输和储藏等。

2. 稻谷包装的功能

在现代商品社会，包装对商品流通起着极其重要的作用，包装的好坏影响到商品能否以完美的状态传达到消费者手中，直接影响商品本身的价值。稻谷包装的功能如下（刘建学和纵伟，2006）。

1）保护作用

稻谷包装最重要的作用就是保护稻谷。稻谷在储存、运输销售、消费等流通过程中常会受到各种不利条件及环境因素的破坏和影响，采用合理的包装可使稻谷免受或减少这些破坏和影响，以达到保护商品的目的。

对稻谷产生破坏的因素大致有两大类：一类是自然因素，包括光线、氧气、水及水蒸气、高低温微生物、昆虫、尘埃等，可引起稻谷变色、氧化、变味和污染；另一类是人为因素，包括冲击振动、跌落、承压载荷、人为盗窃及污染等，可引起内装物破损和变质等。

不同稻谷品种在不同的流通环境，对包装的保护功能的要求是不一样的。因此，包装工作者应首先根据包装产品的定位，分析产品的特性及其在流通过程中可能发生的质变及其影响因素，选择适当的包装材料、容器及技术方法对产品进行适当的包装，保护产品在一定保质期内的质量。

2）方便储运

包装能为生产流通消费等环节提供诸多方便：能方便厂家及运输部门搬运装卸，方便仓储部门堆放保管。方便商店陈列销售，也方便消费者的携带、取用和消费。现代包装还注重包装形态的展示方便、自动售货方便及消费时的开启和定量取用的方便。一般说来，产品没有包装就不能储运和销售。

3）促进销售

包装是提高商品竞争能力、促进销售的重要手段。精美的包装能在心理上征服购买者，增加其购买欲望。在超级市场中，包装更是充当着无声推销员的角色。随着市场竞争由商品内在质量、价格、成本竞争转向更高层次的品牌形象竞争，包装形象将直接反映一个品牌和一个企业的形象。

现代包装设计已成为企业营销战略的重要组成部分。企业竞争的最终目的是使自己的产品为广大消费者所接受，而产品的包装包含了企业名称、企业标志、商标品牌特色以及产品性能成分容量等商品说明信息，因而包装形象比其他广告宣传媒体更直接、更生动、更广泛地面对消费者。消费者在决定购买时从产品包装上能够得到更直观精确的品牌和企业形象信息。

食品具有商品的普遍和日常消费性特点，使得其通过包装来传达和树立企业品牌形象更显重要。

4）提高商品价值

包装是商品生产的继续，产品通过包装才能免受各种损害而避免降低或失去其原有的价值。因此，投入包装的价值不但在商品出售时得到补偿，而且能给商品增加价值。

（二）稻谷包装材料及容器

1. 玻璃与陶瓷容器

1）玻璃容器

玻璃是包装材料中最古老的品种之一，玻璃器皿很早就用作化妆品油和酒的容器。19世纪发明了自动机械吹瓶机，使玻璃工业获得迅速发展，玻璃瓶罐广泛应用于食品包装。

玻璃容器的特点及应用：玻璃是由石灰石、烧碱和沙子制造的，玻璃包装化学稳定性高（热碱溶液除外），有良好的阻隔性，包括食物、饮料、药品或香水在内的几乎任何产品，与玻璃接触都不会发生改变，配合适当的密封盖可用于长期保藏包装（罗鹏和计宏伟，2003）；玻璃有良好的透明性，可使包装内容物一目了然，有利于增加消费者购买该产品的信心；玻璃可被加工成棕色等颜色，避免光照射引起食品变质；玻璃的硬度和耐压强度高，可耐高温杀菌，便于包装操作（清洗、灌装、封口、贴标等）。

玻璃容器的缺点是密度大，运输费用高，不耐机械冲击和突发性的热冷冲击，容易破碎。因此，长期以来，玻璃容器都以减轻重量、增加强度作为技术革新的主要目标。

目前玻璃容器主要用于科研中小规模的稻谷储藏和谷种的保存。张会娜(2010)研究了粮食临界水分试验中影响水分检测精度的因素和粮食模拟储藏保湿的方法,结果表明,在粮食水分检测时,粮食样品处理环境的相对湿度是影响检测值最重要的因素,当环境相对湿度与粮食样品水分平衡相对湿度的差值达到25%时,其水分检测值的偏差均大于0.5%;粮食模拟储藏保湿用玻璃瓶覆盖10%甘油–8%盐浸泡的8层纱布和保鲜膜的保湿效果最好,在模拟储藏试验期间粮食样品水分含量的变化不显著,不影响储粮微生物正常的生长活动,可保证粮食临界水分试验的准确性。

2)陶瓷容器

陶瓷是利用黏土(陶土)等材料,经加工调制成型、干燥、装饰和施釉、烧制而成的器物。自从人类懂得生产陶瓷容器(瓶、坛缸等)开始,陶瓷就被用于储藏粮食,作为水、酒类、腌菜等食品的包装容器。

陶瓷的许多性质类似玻璃,其制成的容器有一定的机械强度,隔绝性及化学稳定性好,热稳定性高,甚至可以用来直接加热,价格低。但陶瓷导热性差,抗冲击强度低,笨重,易破碎,不透明,难以密封,使其在食品包装应用上受到限制。

黄志军等(2015)通过在粮食仓库屋面铺设太阳能光伏陶瓷瓦,建成完整的封闭式太阳能光伏建筑屋顶与分布式光伏并网电站,达到建筑一体化、隔热降温、光伏发电、节约土地资源等多位一体的功能,为粮食仓储行业设施升级及粮库进行保鲜储粮做出了有益的尝试。

2. 塑料包装及容器

塑料是一种以高分子聚合物树脂为基本成分,再加入一些用来改善其性能的各种添加剂制成的高分子材料。塑料用作包装材料是现代包装技术发展的重要标志。塑料及其复合包装材料因原材料来源丰富、成本低廉、性能优良,成为近几十年来世界上发展最快、用量巨大的包装材料。塑料包装材料广泛应用于食品包装,大量取代玻璃、金属、纸类等传统包装材料,使食品包装的面貌发生了巨大的变化,体现了现代食品包装形式丰富多样、流通使用方便的发展趋势,成为食品销售包装最主要的包装材料(赫恩南德兹等,2004)。

塑料包装材料用于食品包装的缺点是:存在着某些卫生安全方面的问题及包装废弃物对环境污染的问题。因此,有的国家对塑料包装立法禁用或限用。环境保护对塑料,尤其是塑料包装生产与应用的挑战是严峻的,塑料废弃物的处理回收利用及可降解塑料的开发是与塑料包装应用同时受重视的研究课题。

1)稻谷包装常用的塑料品种及特性

(1)玻璃纸。玻璃纸也称赛璐珞,其主要成分是纤维素糖,属于一种天然物质,将其归入塑料是由于多数玻璃纸含有增塑剂,如甘油或乙二醇(刘仁庆,2010)。普通玻璃纸对水蒸气的扩散缺乏防护作用。为增加玻璃纸的隔绝性能,常采用涂层方法(涂上防护剂)加工成防潮玻璃纸,如涂上硝化纤维素、聚偏氯乙烯共聚物和聚氯乙烯共聚物等。涂聚乙烯的玻璃纸具有较好的防潮性、耐水性和韧性,在低温下不易破裂,在高温下容易与聚乙烯薄膜复合。

涂塑玻璃纸的性能主要取决于涂料层的性质。因此在食品包装时必须依据被包装物的性质采用不同的涂料层或复合薄膜，如普通玻璃纸多用于水分含量低或对水汽不敏感的食品包装，否则需选用防潮涂塑玻璃纸；而需气密性好和需加热杀菌的食品包装，则要选择复合型防潮涂塑玻璃纸。

沈兆鹏等(1988)用四纹豆象加害豇豆，然后一个个地密封入用各种包装薄膜做的小袋中，以确定四纹豆象的活动能力和穿透情况。同时，没有豆象的豇豆也装袋，并在口袋内、外用四纹豆象加以为害。用聚氨酯、聚酯、聚乙烯、聚偏氯乙烯，以及用二氯苯醚菊酯处理的聚丙烯能抗四纹豆象的穿透。薄的聚偏氯乙烯膜、聚丙烯、纸质聚乙烯、聚氯乙烯和玻璃纸则不能抵抗四纹豆象的穿透。

(2)聚烯烃。聚烯烃是由有乙烯结构(烯键)的乙烯类热塑性单体聚合而成的塑料，包括聚乙烯、聚丙烯、聚氯乙烯、聚偏氯乙烯、聚苯乙烯、聚乙烯醇及乙酸乙烯共聚物、聚四氟乙烯等。日本三菱化工合成公司生产了一种能长期防止粮食、饲料发霉的包装袋。这种包装袋是用聚烯烃树脂制造成的，含有 0.01%～0.05%的香草醛。由于聚烯树脂膜可以使香草醛慢慢地挥发而渗透进饲料和粮食中，不仅能长期抑制霉菌，而且能使粮食或饲料产生一种香味，目前，这种防霉包装袋已进行批量生产并投入实际应用(赵荒，1994)。

(a)聚乙烯(PE)：PE 是由乙烯聚合而成的高分子化合物。纯净的 PE 是乳白色、蜡状固体粉末，工业上使用的 PE 是已经加了稳定剂的半透明颗粒，密度 $0.92～0.96g/m^3$；PE 不溶于水，在常温下也不溶于一般溶剂，但与脂肪烃、芳香烃和卤代烃长时间接触能引起溶胀，在 70℃以上时可稍溶于甲苯、乙酸、戊酯等；PE 在空气中点火能燃烧，发出石蜡燃烧时的气味；PE 吸水性小，能耐大多数酸碱的腐蚀；PE 的低温柔软性较好，其薄膜在–40℃仍能保持柔软性。由于聚合方法不同，PE 的性能也不同。在包装上常用的几种主要 PE 产品有：低密度聚乙烯、高密度聚乙烯、线形低密度聚乙烯以及其他 PE 品种。

(b)高压低密度聚乙烯(LDPE)：具有分支较多的线形大分子结构，结晶度较低，密度也低为 $0.91～0.92g/m^3$。因此 LDPE 阻气阻油性差，机械强度低，但延伸性、抗撕裂性和耐冲击性好，透明度较高，热封性、加工性能好，透气性好，主要用于制成薄膜包装要求较低的，尤其是有防潮要求的干燥的稻谷，但不宜单独用于有隔氧要求的稻谷的包装，经拉伸处理后可用于热收缩包，由于其热封性好、价格便宜、卫生安全性好，常作复合材料的热封层。

(c)低压高密度聚乙烯(HDPE)：大分子呈直链线形结构，分子结合紧密，结晶度高达 85%～95%，密度为 $0.94～0.96g/m^3$，故其阻隔性和强度均比 LDPE 高。其耐热性也提高，长期使用温度可达 100℃，但柔韧性、透明性、热成型加工性等性能有所下降。HDPE 也大量用于涂膜包装食品，与 LDPP 相比，相同包装强度条件，HDPE 可节省原材料，由于其耐高温性较好，也可作为复合膜的热封层用于高温杀菌(110℃)食品的包装；作为一般包装使用在性价比上与低密度聚乙烯相比缺乏优势，主要用在需半透明包装和需消光包装的场合。

(d)聚丙烯(PP)：PP 是无色无味、无毒、可燃的白色蜡状颗粒材料，外观似 PE，但比 PE 更透明、更轻。PP 平均分子量 8 万，熔点 164～170℃，密度 $0.89～0.91g/m^3$。

PP 熔融拉伸性极好，容易燃烧，离火后可继续燃烧，火焰上端黄色，下端蓝色，有少量黑烟。

阻隔性优于 PE，水蒸气透光率和氧气透光率与高密度聚乙烯相似，但阻气性能较差。机械性能较好，具有的强度、硬度、刚性都高于 PE，尤其是良好的抗弯强度。可长期使用，无负荷时可在 150℃使用，耐低温性比 PE 差，–17℃时性能变脆，光泽度高、透明性好，印刷性差，印刷前需经一定的处理，但表面装潢印刷效果好。成型加工性能良好，但制品收缩率较大，热封性比 PE 差，但比其他塑料要好，卫生安全性高于 PE。PP 主要制成薄膜材料包装食品，薄膜经定向拉伸处理（BOPP，OPP）后比普通薄膜（CPP）的各种性能，包括强度、透明光泽效果、阻隔性都有提高，尤其是 BOPP，强度是 PE 的 8 倍，吸油率为 PE 的 1/5，其阻湿耐水性比玻璃纸好，透明光泽性及耐撕裂性不低于玻璃纸，印刷装潢效果不如玻璃纸，但成本可低 40%左右（姜兴剑和詹庆松，2005）。

PP 可制成热收缩膜进行热收缩包装，也可制成透明的其他包装容器或制品，同时还可制成各种形式的捆扎绳、带，在包装上用途广泛。

（e）乙烯乙烯醇（EVAL 或 EVOH）：EVOH 是乙烯乙酸乙烯共聚物（EVA）的水解产物。EVOH 是一种高阻隔性材料，商品名为 EVAL。EVOH 塑料最突出的优点是对 O_2、N_2 和 CO_2 等气体的高阻隔性及优异的保香性。此外，EVOH 还具有很好的耐油性和耐有机溶剂能力，可用于油性食品和食用油的包装。EVOH 的亲水吸保性会对其阻隔性产生不利影响，因而，在实际应用中，一般将 EVOH 与高阻湿性的聚烯烃（PE、PP）薄膜复合，以保持 EVOH 的高阻隔性。

臧茜等（2017）采用常规 PEP（PE/PA/PE）材料和高阻隔性 EVOH（PA/EVOH/PE）包装材料对新鲜大米（'常优 5 号'粳米）进行真空包装和非真空包装，分析低温恒湿（温度为 15℃，相对湿度为 50%）条件下的 150d 储藏期内，大米含水率、脂肪酸值、还原糖含量、微生物数量等指标的动态变化，并比较两种包装材料及两种包装方式对大米储藏品质的影响。结果表明，真空包装有利于大米水分保持，对脂肪酸和还原糖的形成以及霉菌和细菌的生长均具有明显的抑制作用；与 PEP 材料相比，EVOH 材料包装能减缓储藏过程中大米含水率的下降速度，明显抑制霉菌生长，但对细菌生长有一定的促进作用，并且总体抑制了真空储藏前期还原糖及储藏后期脂肪酸的形成。

2）塑料包装薄膜

塑料包装薄膜约占塑料包装材料 40%以上。塑料薄膜按构成原料及加工工艺可分为塑料单体薄膜、复合塑料薄膜和真空蒸镀金属膜。塑料薄膜用于塑料袋的材料或其他包装形式。按塑料薄膜的包装特点来分类，则有各种专用膜，如热收缩膜、弹性膜、高阻隔性膜、扭结膜，防渗膜、防潮膜、耐油膜，保鲜膜及可降解再生膜（可降解塑料膜）等（冯树铭，2010）。

（1）塑料单体薄膜。塑料单体薄膜也称单层塑料膜，是由单一品种热塑性塑料制成的薄膜。单体薄膜由于加工成本低，适于各种不同要求的包装，如 PVDC 单层膜阻隔性能好，耐高温杀菌，有一定收缩性而广泛用于香肠、火腿、干酪蛋糕等包装。表 2-23 列出了各种单一薄膜的性能。

表 2-23 各种单一薄膜的性能比较

薄膜种类	物理性质													
	印刷性	热封性	防湿性	气密性	强度	刚性	耐热性	透明性	成型性	光泽	耐寒性	带电性	耐油性	耐药性
普通赛璐珞	◎	×	×	◎	○	○	◎	◎	×	◎	×	◎	◎	×
防潮赛璐珞	◎	△	◎	◎	○	○	◎	◎	○	◎	△	◎	◎	○
定向 PP	◎	×	◎	△	◎	○	◎	◎	○	◎	○	◎	○	○
PP	○	○	◎	△	◎	△	○	◎	△	◎	△	×	○	○
延伸尼龙	○	×	○	◎	◎	○	◎	◎	○	◎	○	○	◎	◎
无延伸尼龙	△	○	○	◎	◎	○	◎	◎	◎	◎	○	○	◎	◎
延伸 PET	○	×	○	◎	◎	○	◎	◎	○	◎	○	○	◎	◎
PVDC	○	高频密封	◎	◎	◎	△	○	◎	○	◎	○	◎	◎	◎
PVC	△	高频密封	◎	◎	○	△	△	◎	△	◎	△	◎	◎	◎
无增塑 PVC		高频密封	◎	◎	◎	△	△	◎	△	◎	△	◎	◎	◎
PC	△	△	○	△	◎	◎	◎	◎	◎	◎	◎	×	◎	◎
LDPE	△	◎	◎	×	△	×	○	○	◎	○	◎	◎	△	◎
HDPE	△	◎	◎	○	○	△	◎	△	◎	○	◎	◎	○	◎
维尼龙	△	△	×	◎	○	△	○	◎	△	◎	○	○	○	○
EVA	△	◎	△	△	△	×	△	◎	○	◎	◎	◎	△	○
醋酸纤维素	◎	×	○	○	○	○	○	◎	○	◎	○	×	×	×
延伸 PS	○	×	△	△	○	△	△	△	○	◎	○	×	×	△
铝箔	◎～×	×	◎	◎	◎	◎	◎	×	◎	◎	◎	×	◎	◎

注：◎ = 优；○ = 良；△ = 尚可；× = 不良

(2) 复合塑料薄膜。复合塑料薄膜是使某种塑料薄膜按需要与它种或同种塑料薄膜进行复合加工而制成的薄膜。复合膜集合单一薄膜材料的优点，提高膜的包装功能性。如价格低廉的 PE、PP 膜，其热封性较好。但其阻氧性不理想，而阻氧性好的 PET 膜却难以热封成袋，且价格较高，通过复合成膜，可大大提高膜的阻隔性能和热封性能。复合膜的复合方法主要有黏胶复合法、熔融复合法和共挤复合法。目前用作透明的高阻隔性复合材料有由 PA、PVDC、PVDC 涂覆膜、EVAL、PVA (聚乙烯醇) 等复合的薄膜。研究表明采用 PE/PA/PE 包装保鲜期长，因为 LDPE 虽阻湿性较好但透气性强，包装内 CO_2 向外扩散，外界 O_2 向里扩散，从而使包装内 CO_2 浓度降低，减弱 CO_2 作用，包装内 O_2 浓度增大，促进脂肪分解氧化，故大米包装应选择阻隔性能好的复合材料。现有的复合材料种类很多，如 PET/PE、PET/CPP、KOP/PE、PVDC/EVA、PE/PVA/PE 等，可根据具体情况选用。不透明高阻隔性材料可以用铝箔与其他材料复合而成。几种复合薄膜的构成与特性见表 2-24 (曾庆孝，2015)。

表 2-24　几种复合薄膜的构成与特性

复合薄膜的构成	特性							
	防湿性	阻气性	耐水性	耐寒性	透明性	防紫外线	成型性	封合性
PT/PE	◎	◎	×	×	◎	×	×	◎
PVDC 涂 PE/PE	◎	○	◎	○	◎	○～×	×	◎
BOPP/CPP	◎	○	◎	○	◎	×	◎	◎
PT/CPP	◎	◎	×	×	◎	×	◎	◎
BOPP/PVDC	◎	◎	◎	◎	◎	×	×	◎
BOPP/PVDC/PE	◎	◎	◎	◎	◎	○～×	◎	◎
PET/PE	◎	◎	◎	◎	◎	○～×	◎	◎
PET/PVDE/PE	◎	◎	◎	◎	◎	○～×	◎	◎
ON/PE	○	◎	◎	◎	◎	×	○	◎
ON/PVDC/PE	◎	◎	◎	◎	◎	○～×	◎	◎
BOPP/PVA/PE	◎	◎	◎	◎	◎	×	◎	◎
BOPP/EVAL/PE	◎	◎	◎	◎	◎	×	◎	◎
PC/PE	○	×	◎	◎	◎	○～×	◎	◎
AL/PE	◎	◎	◎	◎	×	◎	×	◎
PT/AL/PE	◎	◎	◎～×	×	×	◎	×	◎

注：◎ = 优；○ = 良；× = 不良

（3）塑料编织物：塑料编织物多以袋的形式用于食品包装，编织袋（网）多用于重包装的场合，常用 PE 和 PP 塑料窄带制成。

3. 其他材料应用于稻谷包装

近年来，国内外大量研究报道 Ag/TiO$_2$ 纳米粒子抗菌剂有优越的抗菌性能，广泛用于塑料、玻璃、陶瓷制品中。曹崇江(2014)等研究了在 30℃、80% RH 条件下，用含纳米无机抗菌剂的聚乙烯(PE)包装袋储藏稻谷，研究纳米包装材料对储藏稻谷品质变化规律的影响。在 90 天储藏期内跟踪检测稻谷的脂肪酸、糊化特性、质构等指标的变化，分析纳米抗菌包装材料和普通包装材料对稻谷品质劣变的影响。结果表明，经 90d 储藏后的稻谷脂肪酸升高 9.41%，与普通包装材料相比，含纳米抗菌剂的包装材料能够较好地抑制稻谷品质劣变，延长稻谷储藏期。

为了解决粮食的储存、运输与流通过程中粮食的霉变、虫蛀的损失，可以采用熏蒸、驱避、杀灭等化学制剂来防霉防虫，但这些化学制剂多少会给粮食造成污染，给人体带来毒害。1997 年，日本首次采用半导体光催化材料 TiO$_2$ 微粒作为填料，添加到热塑性树脂中进行共混复合，制成厚度为 1.00×10^{-4}m 的微孔塑料膜，并用来制作粮食保鲜袋，用于粮食的防霉和防虫。该种粮食保鲜袋的防霉、防虫效果考核情况为：袋中储入含水率为 20% 的糙米，米袋置于温度为 30℃，相对湿度为 80% 的恒温恒湿箱中存放 2 个月，袋外投放黑象虫 30 头，结果保鲜效果良好，既未染霉也未生虫，由此开创了半导体光催化技术在粮食保鲜领域中应用的先例(许晓秋等，2002)。

(三)包装材料的安全问题

食品安全问题已经成为全球广泛关注的焦点，食品包装安全是食品安全的重要组成部分。聚合物包装生产制造时，为改善其性能往往加入一些化学添加剂或助剂。这些添加剂或助剂连同聚合物单体、低聚体、共聚物、大分子降解产物等，在聚合物包装与食品接触过程中会发生迁移而进入食品，从而对人体健康产生潜在的危害。欧美发达国家和地区对食品接触材料及器具的使用有针对性的法规。美国食品药品监督管理局(Food and Drug Administration，FDA)规定，一种食品接触物质(食品包装材料及器具包括在内)其所致累积饮食浓度低于 0.5ppb($1ppb=10^{-9}$)时，FDA 认为其对人体是安全的，当其累积饮食浓度大于 1ppm($1ppm=10^{-6}$)时，在其进入美国市场前必须同食品添加剂一样接受 FDA 法规的约束(王志伟等，2004)。

我国 20 世纪 80～90 年代颁布了一批食品包装材料、容器的国家卫生标准，并在 2003 年颁布了最新的对应卫生标准的分析方法。其中涉及纸塑复合食品包装的卫生标准主要分为塑料、纸和具体产品三大类(叶挺等，2012)。我国在粮食流通过程中包装材料应该符合国家标准 GB 9683—1988，拒收卫生质量不合格的原料和包装材料。

二、稻米包装的现状

稻米的包装是食品工业中为了使食品便于运输、储藏和销售的一道重要工序。而且食品包装的好坏，不但影响消费者的购物体验和产品的品牌价值，还影响包装食品的安全，食品包装在现代食品工业中起着越来越重要的作用。食品包装在很大程度上已经成为食品不可分割的组成部分。我国包装工业的现状是有商品就有包装，包装的主要目的是保护商品、方便储运和使用、宣传和美化商品、促进商品流通等功能。随着社会经济的飞速发展、物质财富的极大丰富，商品流通量也越来越大，而作为每件商品有机组成部分的包装，需求量也随之增大，同时人们生活水平不断提高，观念不断更新，对包装的质量也提出了更高的要求。

(一)我国传统稻米包装

过去大米对于人们只是饱腹的粮食，大米的包装仅仅停留在储存的基本功能，不要求包装的美观和形式，我国传统的黄色、灰褐色麻袋的大米包装已经有几百年的历史。我国的大米包装以麻袋、塑料编织袋、布袋为主，每袋 15kg、20kg、25kg 不等，破袋、裂口引起的损失较高，明显不能满足优质大米的包装要求。包装体积比较大，快递物流运输途中和搬运过程中，都非常容易破损，大米容易散漏，引起大米变质，使得大米销售损失较大(徐君，2016)。

(二)我国稻米包装现状

"民以食为天"，粮食是人类赖以生存的主食。在粮食的储存、运输和销售过程中，包装对保护粮食的品质起到至关重要的作用。没有包装，粮食就无法进行流通和销售。

与其他产品相比，粮食的包装量大，包装难度高，因此不仅要防止粮食流通过程中的散漏，而且要防止生物、微生物的危害和自身的酸败与陈化。近年来，我国粮食包装虽然有一定的改进，但仍然存在许多问题。随着我国社会主义市场经济体制的逐步完善，粮食供应体制和价格体制进一步理顺并推向市场，从而使消费结构和食品结构发生很大的变化，对粮食的需求开始向优质、保鲜、营养、卫生、方便等方面转化，并逐步形成现代消费的一种时尚。因此在粮食的储存、运输、销售和装卸过程中，包装在保护粮食的品质和性能方面起着非常重要的作用。目前，我国粮食包装主要用塑料编织袋、复合塑料袋作为包装容器，而这些包装袋在运输、装卸、零售等环节存在诸多问题需要解决。塑料编织袋是用塑料薄膜制成一定宽度的窄条，或用热拉伸法得到强度高、延伸率小的塑料带编织而成。塑料编织袋质轻、价格便宜，强度高，且不易变形，耐冲击性好，但由于普遍质脆易裂，使用塑料编织袋来包装粮食，浪费的现象比较严重，一般只能用一次，相对成本较高，这种包装方式简单，开封后难以再封，不利于较长时间的保存，虫害、霉变现象较重，而且包装材料防潮性差、阻隔性差，粮食易氧化霉变。塑料复合袋是由高阻隔性包装材料等多层塑料复合而成，在一定程度上可以解决粮食的防霉、防虫、保质问题，具有一定的推广、实用价值，但后处理较难，由于不易降解，使用也受到一定的制约。从包装技术上看，我国粮食只有很少量在销售包装中使用气调包装技术对粮食进行保鲜包装，而大部分包装只是以容器的形式来盛装粮食，所以粮食的陈化、劣变比较严重。由于包装不善，长期以来，我国粮食在流通过程中所造成的损失是惊人的，据统计，以前粮食在流通过程中的散漏率较高，包装改善后，粮食的平均散漏率有明显降低。广大农户储存的粮食因为没有合理的容器和包装，浪费更为严重。

三、稻米的主要包装方式

（一）真空包装

真空包装是指将产品装入气密性包装中，然后抽去包装内部的气体并密封，从而使密封后的包装内部达到预定真空度的一种包装方法。抽真空的目的是通过抽真空设备将包装袋内气体抽空形成负压状态，致使氧含量降至低氧或绝氧。由于存在一定的真空度，袋内 O_2 含量降低，抑制大米的呼吸强度和霉菌的生长繁殖，防止大米发生陈变、发霉、生虫等现象，保持大米的新鲜色泽，从而更好地保持大米品质，且真空小包装外形美观，非常适用于大米流通各环节的应用，如存储、运输、装卸、销售等，且市场适用性强，应用前景广阔。但现有的真空包装技术存在一定的问题，由于受米粒形状及真空度选择的影响，包装袋在流通过程中易出现漏气及散漏的现象，造成真空失效。刘国锋对真空度做了细致的研究，证明真空度为–0.07MPa 左右时可良好地保持大米固有品质，又可解决流通过程中的破袋问题(马记红，2013)。

付希光等(1999)应用真空包装的方法对大米度夏储存品质进行了试验研究。试验表明，真空袋装储藏大米的安全水分可达 16%，可有效抑制大米的陈化速度。刘国锋等(2005)选用高阻隔性能的 PP 保鲜膜包装大米，结果表明，真空度在–0.07MPa 附近时大米保存的营养成分和食用品质最好。徐雪萌等(2005)也做了类似研究。真空包装可降低

储藏环境的 O_2 浓度，抑制大米的呼吸强度和霉菌的繁殖，防止大米陈化、霉变、生虫等，更好地保持大米的原有品质(崔铭育，2015a，b)。目前大米真空包装选用的真空度一般在-0.07~0.09kPa。真空使包装材料紧紧包裹大米，而大米两端较尖，包装袋易被米粒扎破，致使真空包装失效。包装袋在流通过程中袋与袋之间的摩擦、碰撞和跌落也很容易造成破袋。所以在对大米进行真空包装的同时应结合环境因素考虑，才能取得良好的效果。另外，为了防止真空包装破袋后对大米的污染，开发研究多层袋包装，通过设计合理的结构，保证其抗拉强度达到包装的要求，且包装废弃物可回收再生，有利于环保，将成为未来大米包装研究的主攻方向。

真空包装主要用于食品保鲜，通过使包装内部达到真空状态来抑制微生物生长，达到延长食品货架期的目的。严格来说，"真空"是指绝对的抽空，即真空包装内部没有任何气体存在，但实际情况下并不能达到这种绝对真空的状态，包装内部仍会有少量气体存在。若在真空包装内再置入一些辅助剂，如蓄冷剂、乙烯吸附剂、脱二氧化碳剂、湿度调节剂等，能进一步提高食品的储存质量，延长食品的保质期。

1. 食品真空包装的特点

(1)能有效防止食品腐败变质。

(2)采用阻隔性(气密性)优良的包装材料及严格的密封技术，能有效避免食品减重、失味及二次污染。

(3)由于真空包装内部的气体已被排出，加速了热量的传导，这不仅有效提高了热杀菌效率，还避免了加热杀菌时因气体膨胀而引起包装破裂的问题。当然，食品真空包装也存在一定的缺陷。例如，当真空包装材料为软包装材料时，包装内外部的压力不平衡，使得内装食品在一定压力下黏结在一起，因此，此类真空包装不适用于包装具有尖锐外形的食品及粉状食品。

2. 对食品进行真空包装时的注意事项

(1)安全抽气，无残留气体。

(2)封口严密，且封口处不能有油或蛋白质等残留物。

(3)食品进行真空包装后，应尽量减少流通过程，并注意储存环境与条件，以有效延长食品的保质期。

3. 在相同的外部环境下，对大米真空包装进行试验研究后的发现

(1)在相同的储存环境下，使用相同包装材料的大米真空包装，在储存 50 天后，不同真空度包装的大米含水量基本不变。

(2)真空包装的真空度越高(即包装内的气体含量越少)，储存期间其对大米食用品质和营养成分的保护性能就越好(闫凤娟和杨奎，2011)。

(二)气调包装

马记红(2013)关于气调做了深入的研究。"气调"一词源于英文 controlled atmosphere，将粮食密封于容器内调整气体组成比例及状态，达到预期目的的包装方法称为气调包装。气调包装方法由 19 世纪初叶英国的富兰克林·基德(Franklin Kidd)和西里尔·韦斯特(Cyrill West)首创，1928 年，气调初次应用于苹果商业储藏，后推广到世界各地，如美国、加拿大、以色列及意大利等国。

大米气调包装的类型又分为自发气调包装和充气气调包装。自发气调包装，又称自然缺氧储藏方法，是以塑料薄膜为良好的阻气阻湿基础，通过大米的自然呼吸消耗 O_2 并增加 CO_2 浓度，形成低 O_2 高 CO_2 的环境，从而有效地减缓大米的陈化劣变速度。经研究发现，稻谷、大米、小麦、玉米、大豆等粮食都具有很高的自然降氧能力。自然缺氧储藏方法简单易行，只要掌握自然缺氧的规律性，克服降氧速度慢等问题，就可以收到良好的效果。小包装充气气调是通过将一定量的保护气体(CO_2 或 N_2)充入阻气阻湿性好的材料制成的包装袋内，置换掉袋内原有空气，使 O_2 含量明显下降，因改变大米储藏环境而达到防虫抑霉、减缓大米新陈代谢、延长储藏保鲜期的一种方法。气调小包装可持久保持大米的色、香、味，且充入气体的无色无毒性使小包装大米具有清洁、卫生、轻便且易于保存的特点，在市场上大受欢迎。近年来随着消费者对大米品质的要求有所提高，不仅要求卫生可口，还注重大米运输、销售过程中的保鲜效果化、多样化、透明化和美观化。因此小包装气调是未来大米保鲜发展的趋势。

四、新型包装技术

随着新技术的发展和新材料的应用，食品包装工业产生了很多新的包装技术。新的食品包装技术使得食品包装除了具有传统的功能外，还具有多功能性(阻湿、防水、杀菌、防腐、耐油、耐酸等)。同时随着人们对食品安全问题的日益关注，食品包装的一些新技术也为食品安全提供了新的技术保障。随着技术的变化，新技术的研究与应用更加成熟，食品包装不再只是将食品简单的封装储藏，而是被赋予了更多的功能，如便于食品的制造、物流与储存，延长食品的保质期，保持食品的品质等，为食品安全提供保障，为消费者提供便捷，同时还满足环保、低碳等要求。这是食品包装行业的发展方向，也是食品包装发展的必然趋势。

(一)智能包装

智能包装是指人们通过在食品包装中采用新技术，使其不仅具有传统包装的基本功能，而且具备一些新的功能。

1. 智能包装的定义

在伦敦召开的"智能包装"的会议定义了智能包装，即在一个包装、一个产品或产品-包装组合中，有一集成化元件或一项固有特性，通过此类元件或特性把符合特定要求的职能成分赋予产品包装的功能中，或体现于产品本身的使用中。夏征(2011)关于智能包装进行了深入的调查研究，智能包装就是利用新型的包装材料、结构与形式对商品的质量和流通安全性进行积极干预与保障；利用信息收集、管理、控制与处理技术完成对运输包装系统的优化管理等。是一种可以感应或测量环境和包装产品质量变化并将信息传递给消费者或管理者的包装新技术。近年为了保证产品安全和流通过程中对产品质量进行有效的监控和管理，以保证质量和减少损失，将材料、化学物理、电子、光学和生物学等学科应用到包装技术后发展成一种新的体系，即智能包装（intelligent packaging）或聪明包装（smart packaging）体系。最近，食品包装中采用了无线射频识别（RFID）智能标签技术，它通过无线电波技术进行射频识别，通过读取的数字信息，与计算机中所存储的产品数据库信息进行比对、分析与判断。通过无线射频识别技术对包装的食品进行全产业链跟踪，保障食品的安全和产品的可追溯性。智能侦测包装技术智能侦测技术主要用于细菌侦测。其原理是利用细菌侦测技术，把膜贴在食品包装薄膜的内侧，当此薄膜碰到被细菌污染的水汁就会变色，这样消费者在购买时就会知道食品是否发生变质。温度指示包装技术通过指示剂随温度与时间累积而发生变化的原理，来标示食品在运输、销售等过程中所受到的外界环境的变化。通过指示剂的颜色来反映食品当前的品质，提醒消费者是否购买。

2. 智能包装的现状

智能包装体系的各项技术是通过检测包装环境条件变化（温度-时间）、包装泄漏（O_2 或 CO_2）和食品质量变化（鲜度、微生物或病原微生物）等手段来监控和传递产品的质量信息，提高管理效率，减少损失和保证产品质量和安全。由此可见对于智能包装来说，主要是利用现代新材料技术、电子信息技术等手段收集包装件的有关信息尤其是在运输过程中包装件的质量变化、环境条件、安全信息，达到可知、可控、可处理的目的，可以提高整个运输包装系统的管理效率。

智能包装技术经历了两代更新发展。第一代智能包装为了达到防伪、追踪和防盗的效果，在包装技术中引入了光学特性，如全息代码和条码，这些大多只是老办法的更新。有的包装中引入了磁学特性，如内嵌的纤维和磁条，但是它们也很难再被称为新技术了。"智能包装"这一术语主要用于那些采用了机械、电气、电子和化学性能的包装技术，而这些技术出现的更晚，也更智能化。采用了机械性能的包装技术，有自动混合包装等，如能在饮料中产生泡沫的小器具、高级的气雾剂产品。采用了电气性能的包装技术，如用完即扔的电池测试标签。采用了电子性能的包装技术，如麦当劳食物包装袋上的导电油墨。采用了化学性能的包装技术，如两种化学制剂在释放出时发生反应的包装、盛在橡木容器中酒的陈化产香包装、会散发出香气以达到促销作用的香水包装、食物更好储藏保鲜的气调包装等。只利用一种技术的包装可以被称为第一代智能包装。这样的包装方式范围非常广。我们已经看到多种功能归入同一种技术的例子，如无线射频识别标签用在图书馆 DVD 光盘防盗标签上，执行电子商品防盗系统功能（EAS）。第二代智能包装结合了两种乃至更多的机械、电气、电子和化学等领域的原理。这种结合的力量异常强大，具有更强更好的效果。第二代智能包装类型见表 2-25。

表 2-25 第二代智能包装类型

形式	功能
机械+电子	包装药品的泡沫塑料容器或瓶子能够记录药品的取用情况（Aardex 公司）；包装在检测出里面的产品已经过期后会闭锁；用于商店展示带锁的 DVD 包装盒，避免里面的 EAS 标签丢失（V-Tech 公司）
机械+化学	Harpic 品牌的动力喷射式水槽清洁气雾剂也可用来吹走水道塞物（Reckitt Benkiser 公司）

形式	功能
化学+电子	自冷却包装可以在温度合适时做出提示；包装在探测到附近有顾客时会散发出香气；生物传感器和印刷电路协同监控供应链中食物的滞留时间和温度的变化（Bioett 公司）；有生物传感器的 RFID 标签可以检测并识别病菌和有毒物质
化学+电气	第一代皮肤贴利用电学原理加速皮肤对药物的吸收（Power Paper 公司）
化学+电气+电子	第二代皮肤贴具有第一代皮肤贴的作用，而且它还可以制定时间间隔，间歇式发生作用。第二代皮肤贴还没有相应的产品出售，如果它随药物配送的话，就可以避免因无法吸收而带来的药物浪费，对患者来说也很方便

　　近年来，材料科学、现代控制技术、计算机技术与人工智能等相关技术的进步，带动了智能包装的飞速发展，美国开发了很多实用的功能材料型智能包装新成果，如光学涂料试验中心和 PA 技术公司研制出一种在外力作用下会变色的塑料薄膜，膜上涂有不同波长的反向干涉涂层，在正常情况下涂层呈明亮色彩，一旦被动用，涂层便开始剥落，薄膜变成灰色，剥落部分还会产生花纹，从而提供了此包装曾启封过的警示信号。这种材料很适合作包装封记。美国国际造纸公司采用以色列能量纸公司（Power Paper 公司）开发出来的一种超薄柔软电池，用于一些消费产品的包装，这种新型电池可像油墨一样被"印刷"在产品的包装上，使之增加灯光、声音，以及其他一些特殊效果，可让制造商更有效地通过产品包装来吸引消费者。此外，美国在功能结构型智能包装方面也有比较大的发展。芬兰的 VTT 生物技术实验室研制的智能包装指示剂引起了很大反响。这种指示剂的关键意义在于具有直接给出有关食品质量、包装和预留空间气体、包装的储藏条件等信息的能力。保鲜指示剂通过对微生物生长期新陈代谢的反应直接指示出食品的微生物质量。气调包装就是一种典型的智能包装，起源可追溯到 20 世纪 30 年代。1955年美国 Gerhard 国家研究中心植物生理实验室的研究者开始研究各种 PE 膜储藏各种水果，并对储藏环境中的氧和二氧化碳的变化做了系统的研究。20 世纪 70 年代以后，气调包装开始大规模地应用于商业领域。

　　我国对功能材料型智能包装、功能结构型智能包装方面的研究相对较晚，尤其是气调包装。我国气调保鲜技术虽然起步比较晚，但是发展迅速。20 世纪 90 年代以来，随着人们对食品气调储藏的认识逐步提高，我国的食品气调储藏已经占果实储藏总量的百分之十几。但气调包装的普及与推广应用还需要一个过程。尽管我国在智能包装的技术研发水平和应用领域还存在一些不足，但随着我国科技力量的不断提升，我们在某些方面也取得了许多令人可喜的成绩。智能包装技术方面，中国农业大学已成功开发用于新鲜猪肉的 TTI 标签，但还没有得到大量的应用；无线射频识别电子标签虽然在 2007 年开始用于月饼产品，但还未普及到其他食品。其他智能包装体系如鲜度指示、病原微生物指示等也在进行研究，上海海洋大学新开发的快速检测食品新鲜度的"电子鼻"和检测致病菌的"生态芯片"技术若进一步用于食品包装，将有助于我国智能包装技术的发展。

3. 智能包装的分类

　　智能包装包括：功能材料型智能包装、功能结构型智能包装及信息型智能包装。它具体体现为：利用新型的包装材料、结构与形式对商品的质量和流通安全性进行积极干预与保障；利用信息收集、管理、控制与处理技术完成对运输包装系统的优化管理等。

1) 功能材料型智能包装技术的特点与发展

功能材料型智能包装是指通过应用新型智能包装材料，改善和增加包装的功能，以达到和完成特定包装的目的。目前，研制的材料型智能包装，通常采用光电、温敏、湿敏、气敏等功能材料，对环境因素具有"识别"和"判断"功能的包装。包装材料复合制成，它可以识别和显示包装微空间的温度、湿度、压力以及密封的程度、时间等一些重要参数。这是一种很有发展前途的功能包装，对于需长期储存的包装产品尤为重要。

2) 功能结构型智能包装技术的特点与发展

功能结构型智能包装是指通过增加或改进部分包装结构，而使包装具有某些特殊功能和智能型特点。功能结构的改进往往从包装的安全性、可靠性和部分自动功能入手进行，这种结构上的变化使包装的商品使用更加安全和方便简洁。

3) 信息型智能包装技术的特点与发展

信息型智能包装技术主要是指以反映包装内容物及其内在品质和运输、销售过程信息为主的新型技术。这项技术包括两方面：第一，商品在仓储、运输、销售期间，周围环境对其内在质量影响的信息记录与表现；第二，商品生产信息和销售分布信息的记录。记录和反映这些信息的技术涉及化学、微生物、动力学和电子技术。信息型智能包装技术是最有发展活力和前景的包装技术之一。

4) RFID 技术与应用

RFID 是 radio frequency identification 的缩写，通常称为电子标签。它是一种非接触式的自动识别技术。RFID 技术是智能包装中应用的热点，通过射频信号自动识别目标对象并获取相关数据。RFID 芯片不易被伪造，在标签上可以对数据采取分级保密措施，数据在供应链上的某些点可以读取。智能是指由芯片、天线等组成的射频电路，而标签是由标签印刷工艺使射频电路具有商业化的外衣。

(二) 活性包装技术

黄志刚等 (2014) 对活性包装进行了研究及归纳，活性包装是改变食品保存条件而延长货架期或改善食品安全与感官质量的包装技术。活性包装又被称为 AP 包装，其原理是通过变化被包装食品的存储环境从而达到延长保质期、保持食品的口感和特性的目的。主要方法是在包装袋内加入各种吸收剂和释放剂，用以消除过多的氧气、水汽、乙烯等，同时适时地补充二氧化碳用来维持包装袋内食品的新鲜程度，保持适宜的气体环境。

1. 湿度控制包装

对于如饼干这类干燥易碎的食品，在水分含量过高的条件下会受潮变软，并且严重影响饼干的口感和保质期。对于鲜活食品的运输和储藏，由于动植物细胞本身的呼吸作用会产生大量的冷凝水，冷凝水的产生又会加剧呼吸作用。大量的冷凝水为细菌的滋生创造了条件，食物中细菌的滋生和蔓延不仅会导致营养成分的消耗，还会引发食品变质造成无法食用。由此，在食品包装工程中，对于包装中的湿度、水分活度的控制尤为重要。目前市场上对于水分控制的常见方法是在食品包装中放入干燥剂，干燥剂比食物的吸水能力强，利用这一特性达到控制食品包装中的湿度的作用。常用的干燥剂主要有糖类、聚丙二醇、氧化钙、蒙脱土等。国外一些研究表明，通过对不同干燥剂的优化配比，使得混合制成的干燥剂的持水能力大幅提高。日本研制成了一种外包装材料，其利用葡萄糖浆来控制包装内部相对湿度。通过阻水层、透水层、葡萄糖浆等，来控制食品包装内的水分维持在一定的水平。葡萄糖浆起到中间作用，通过阻水层和透水层对水分的排出和吸入，来控制食物的水分含量，从而保证食品包装内的水分相对活度。

2. 二氧化碳含量控制包装

对于鲜活食品、水果、奶制品等产品的运输和储藏，需要较高浓度的二氧化碳。高浓度的二氧化碳能够有效抑制微生物的繁殖、降低生物化学反应的速率，从而达到延长保质期的效果(黄志刚，2003)。Hansen 等(2009)对鲑鱼的保鲜效果与二氧化碳释放量之间的联系进行了研究，并建立了一套合理有效的、能表示出二氧化碳含量与鲑鱼表面积和质量关系的数学模型。对于水果的储藏，由于在高浓度的二氧化碳条件下，水果的细胞会发生无氧呼吸，所以植物细胞通过无氧呼吸将葡萄糖分解为不彻底的氧化物，以此来释放能量维持细胞的生存，这个过程称为酵解。水果的酵解过程会产生大量的乙醇和水，使水果有一股酒味，大大降低了水果的品质。由此在水果储藏方面，为达到降低二氧化碳浓度的效果，通常采用物理吸附或化学反应的方法来实现，常用的试剂主要有活性炭、氢氧化镁、沸石等。有的研究通过对氟化钠、碳酸钠、膨润土的优化组合，调制而成的新型二氧化碳吸附剂称为 EMCO，并对这种吸附剂对草莓保鲜效果的影响进行了研究，研究结果表明，EMCO 可以有效延缓食品的糖代谢，可以将草莓的保质期延长至 1 个月。

3. 氧气吸附包装

食品在氧气环境下会发生氧化作用，食品中的蛋白质、维生素、油脂等都是极易发生氧化的成分。这些成分的氧化，不仅导致食物中营养成分的流失，还会导致有害物质的产生，如氧化作用产生的水和氧化物容易导致细菌的滋生和繁殖，细菌的滋生和蔓延会加速食品腐败变质的速度。例如，橘汁长时间放置会发生褐变的现象就是由于氧气氧化。在传统的包装行业中，使用抽真空的方式，将包装中的氧气抽出来，但包装中仍会残留大量的氧气，还需要通过氧气吸附剂来吸取剩余的氧气。通常的吸附剂采用的是氧化还原原理，主要有铁粉、生物酶、不饱和脂肪酸等。近年来氧清除剂有了新的研究成果，例如，有采用二价铁氧化原理的 α-生育酚、氯化铁，利用铁粉氧化及物理吸附作用的铁粉、羟基丁二酸组合，采用氧化还原反应的铁高岭石，使用活性孢子来消耗食品中的氧气，利用生物酶来降低食品中氧气的含量。

4. 可降解包装

随着食品包装材料的大量使用，带来了严重的环境污染问题。传统的食品包装材料是不可降解的材料，加之使用后随意丢弃，使白色垃圾污染日趋严重。市场迫切地需要能够在自然环境下自动分解的新型绿色材料。目前常见的降解材料有光降解材料、生物降解材料等。光降解材料的原理是通过紫外光的照射和氧气的共同作用,使材料中的分子断裂,从而达到降解的目的(梁文耀等,2012)。这种降解材料由于需要用到光敏剂,而大多数的光敏剂都是有毒的,降解后的材料随着光敏剂会进入土壤中,造成对土壤的污染。生物降解材料在自然界中会因为微生物的作用而分解。生物降解的原理是,当材料分子中亲水基的活性大于疏水基时,材料较易溶于水,当其分子量小于 12 个碳原子时,就可以通过微生物的细胞壁。有机物材料的分子会逐渐被微生物的细胞拉入,进行分解。生物降解材料已经被广泛应用于医药和农业等领域。生物降解材料有很多种,如聚羟基丁酸酯、聚环己内酯、蛋白质、微生物多糖等。在众多生物降解材料中,聚羟基脂肪酸酯(PHA)的效果最为理想,它是由很多微生物合成的一种细胞内聚酯,是一种天然的高分子生物材料,具有良好的生物相容性、可降解性和热加工性,是当前研究的热点。

5. 可食性包装

可食性包装材料是指当包装的功能实现后,该材料可以转变为一种动物或人可食用的原料,是一种无废弃物的资源环保性材料。可食性包装材料使用可以被人体消化吸收的蛋白质、多糖、植物纤维、淀粉等为基本原料。纯天然的材料往往阻水性太差,不易直接使用,需要在材料中添加脂类物质,制成多网格结构,来增强其阻水性能。目前可食性材料已经得到了广泛的应用,包括保鲜膜、糕点包装、调味包装等。可食性包装的研究由简单的应用性研究,逐渐过渡到对包装性能改善和加工工艺条件优化的研究(洪小明和杨坚,2011)。可食用性包装可以用作肠衣、豆腐衣、肉类等包装的外皮,也广泛地用于调味品、汤料的包装中。食品包装安全问题新技术的研究与发展为食品包装行业孕育出了诸多的新材料、新工艺。这些新技术的应用丰富了食品包装的功能,但使人们对食品安全又多了一份担心。目前,我国食品包装安全问题堪忧,各种食品包装安全问题屡见报道,如"毒胶囊"事件,方便面碗、奶茶杯中荧光物质超标,可乐瓶、啤酒瓶爆炸伤人,白酒中塑化剂超标等。层出不穷的食品包装安全问题,暴露了我国现阶段食品包装存在的诸多问题。食品包装引起的食品安全问题主要是由于使用了有害物质超标的食品包装材料,长期存放过程中材料中的物质发生迁移和扩散,高温、高压等外界环境导致材料变形而释放出有害物质。

塑料包装中的有害物质主要是添加剂和低聚体的变性。对于添加剂,常见的有邻苯二甲酸盐类、苯乙烯、DEHA、DEHP 等。研究 PVC 材料发现,添加剂 DECP 在短时间内没有迁移,但经过一段时间后会发生迁移。纸质包装材料中有害物质主要是含苯油墨、荧光增白剂、湿强剂、甲醛等。金属包装材料中的有害物质主要是各种重金属,如铅、釉等。同时铝罐中的铝会迁移到如啤酒、茶叶等液体食品中,且迁移现象十分明显。

食品包装材料在外界环境下的变形对食品安全的影响微波加热会导致塑料盒复合纸中残留的单体、添加剂等物质的扩散加剧,加热功率增大,加热时间延长都会使材料中抗氧化剂的迁移加大。γ 射线常被用来对食品杀菌,会造成 PVC 材料中抗氧剂的迁移,导致食品级 PVC 塑料中 DEHA 特定迁移量超过了欧盟拟定的上限(18g/L)。高压环境下会使材料分子间发生摩擦产生足够的热,从而增加了食品包装的温度。一般水溶性食物每增加 100MPa，温度就会增加 2～3℃。Rivas-Canedo 等用高压（400MPa，10min，12℃）处理新鲜肉，发现塑料中以支链烷烃和苯化合物为主的大量迁移（黄志刚等，2014）。

活性包装可以确保食品的质量与安全，同时使食品的加工和处理条件最少。智能包装可以实时监控食品的品质。这两种包装形式在维持食品品质、保证食品安全方面有着重要的作用，因此关于活性和智能包装的研究越来越多。同时，活性和智能包装还存在一些问题：由于置于包装内或添加在包装材料中的活性和智能包装物质所用的化学成分可能存在毒性，并可能迁移到食品中，所以进入商业应用的活性与智能包装必须进行毒理学评估和暴露评估，以此来确定该化学成分在包装中的添加量和添加方式。一些小袋形式的活性包装容易引起消费者误食，因此要做好标识，并规定小袋的最小尺寸。目前投入使用的一些时间温度指示卡和氧气指示卡，其参加反应的起始物质为光敏性物质和热敏性物质，外界自然光和温度能降低它们的敏感性，限制了它们在更大温度范围和自然条件下的应用（Kerryjp et al.，2006）。活性包装未来的趋势是将吸收剂或者释放剂添加到包装材料内，而不再以独立的形式出现在包装内，以此减少消费者对这种包装技术的不满意度。未来的智能化包装会包括更多可远程读取的不可目测信息，将多种功能包含在同一个电子标签中，除了产品识别、生产日期、价格等基本信息外，电子标签的功能还同时具有时间温度指示卡、泄漏与新鲜度指示卡等多种功能。智能包装和活性包装结合起来使用是将来包装技术发展的方向，为消费者提供更加安全的食品。当然，未来的活性和智能包装还必须达到低成本、适合包装工序操作、不受装卸的影响等要求。随着消费者对食品品质和安全的重视，以及供应链的延长对食品的安全性提出的更高要求，食品活性和智能包装将会在未来的食品包装中起到更重要的作用（都凤军，2014）。

第三章　稻谷加工装备

第一节　稻谷加工装备的发展历史

一、概述

　　我国是稻谷历史最悠久、水稻遗传资源最丰富的国家之一，浙江河姆渡、湖南罗家角、河南贾湖出土的炭化稻谷证实，中国的稻谷栽培已有 7000 年以上的历史，是世界栽培稻起源地之一。我国同样也是最早发明和使用稻谷加工装备的国家。我们的祖先远在 1500 多年前就发明了水磨，1000 多年前发明了扇(风)车，后来又相继发明出了土砻、木砻、石垄与踏碓等稻谷加工装备，使稻谷从清选、脱壳至碾白形成较完整的加工工艺，技术上能满足"破壳而不损米粒"的要求。

　　19 世纪 90 年代，我国江苏南通人张謇(1853—1926)兴建生铁厂，仿制过碾米机。1904～1909 年，上海、汉阳、无锡、武进和苏州等地也生产过碾米机。可以说，当代的现代化稻谷加工装备大多是按我们祖先发明的"先砻后碾"加工工艺演变而来的。20 世纪 60 年代初，湖南省农业机械研究所率先在国内研制出了 N400 和 N200 型农用碾米机系列，为农民吃上"白米饭"发挥了重要作用。20 世纪 80 年代初，在继承原 N400、N200 型农用碾米机良好性能的基础上，又成功开发了使稻谷一次加工就能达到整米、碎米、粗糠、细糠四分离要求的 NF400 和 NF200 型碾米机，而无需像以前那样经风车风选、圆筛筛分，提高了大米加工速度和产品质量，改善了工作条件，减轻了劳动强度，成为更新换代的深受农民喜爱的第 2 代农用分离式米机。与此同时，湖南省农业机械研究所与农业系统密切合作，承担了国家"星火计划"项目，成功开发了 6JMCHI2 型精制米加工成套及其系列产品，解决了脆性大、细长粒型优质稻谷加工易破碎的问题，并以其优良的性能和适应性，伴随优质稻全国范围的种植而广泛应用。但由于碾米后路较短，大米的外观质量、耐储性等方面还需有实质性突破。湖南省农业机械研究所与郴州碾米机厂于 1994 年又承担了湖南省难题招标攻关项目"MCHJI5 型优质米加工成套设备"研制，该设备 1996 年研制成功，填补了当时国内高档优质精米加工成套设备的空白，其主要技术性能处于国内领先地位，其加工成的大米外观质量达到了进口泰国米水平。

　　20 世纪 90 年代，农用碾米机械朝 3 个方向迅速发展：①欠发达的山区农村，普遍青睐微型家用碾米机，该机型的特点是技术性能达到 80 年代分离式铁辊米机的水平，实用价优且无需三相动力电源。②交通便利的农村，已广泛采用的流动加工碾米机(农村碾米机的第 3 代更新产品)，该机型的特点是除继承了原分离式米机糠、米自动分离的优点外，还采用了先进的"喷风碾米"技术和粗糠二次粉碎技术，有效利用闲置的收割机等农业机具的柴油机作动力。③经济发达的农村，近年已开始选用流动加工砻碾组合米机，该机型的特点是集米、糠自动分离，粗糠和稻壳二次粉碎、脱壳、喷风碾米于一体，加工出的大米洁白、碎米少。由于我国农村粮食生产分散，经济相对落后，且发展不平衡，地域差别大，农用碾米机械形成微型家用米机、流动式铁辊喷风米机和砻碾组合米机并存的阶梯化的设备群体，社会保有量极大。但碾米工艺简单，效果差，对稻谷损伤大，碎米率高，出米率低，造成稻谷资源的大量浪费。设备的工艺技术性能、制造质量和可靠性有待进一步提高。

在近 20 年的快速发展进程中，我国稻谷加工装备得到飞速的发展，成功开发了一系列关键主机设备，如浙江诸暨粮食机械厂的 MLGT 型砻谷机，湖南郴州粮机厂的 MGCZ 型重力选糙机和 MNML 型立式抛光机，湖北粮机厂的 SMJ8 型、NE4 型米机，湖南农业机械研究所的 JXT60 型白米精选机、MPQ 型卧式抛光机等，其技术性能已达到国际先进水平且适应性更强，是我国大米加工优选和常用的设备。同时，国产自动计量真空包装、色选机等高新技术产品也日臻成熟。但碾米工业整体水平与日本等发达国家相比仍有较大差距。

随着人们生活水平的提高，对饮食的质量要求也逐渐上升，促使粮食加工企业加工产品越来越精细化和多样化，加工工艺路线越来越长。一方面，过度加工极易造成粮食产品营养成分的大量流失，降低原料资源的利用率；另一方面，也增加了能耗和原辅材料的消耗。在这一现状背景下，国家粮食局为纠正过度加工现状提出了稻米加工业要适度加工，即在加工精度、营养功能、食用性能、加工成本、经济效益、社会效益因素都有所兼顾的前提下，找到最佳的加工程度平衡点。目前，我国由于粮食过度加工造成的损失达 130 亿斤以上，既损失营养素又影响国家粮食安全。稻米加工的目的与科技同步发展稻米加工的目的最初只是能吃、好吃。随着科技进步与经济社会发展，人类对稻米加工提出了更高的要求，包括新鲜、适口、安全、洁净卫生、营养健康、方便、节能、环保，在这样的环境下，我们应用精准磨米技术、灭菌抗菌技术、低温去菌除尘技术、仿生休眠保鲜技术、新材料包装技术等，继留胚米、免淘米、食用米糠粉、食用米糠油之后，新一代稻米制品相继被发明，如免淘米、米珍、脱脂米珍、米珍油等。

二、稻谷加工装备发展史

(一)水磨

水磨(图 3-1)是用水力作为动力的磨，大约在晋代就发明了。水磨的发展与杜诗发明水排有关。马钧在公元 227～239 年间创造了一个由水轮转动的大型歌舞木偶机械，包括以此水轮带动舂、磨。这无疑是根据当时流行的水碓、水磨而设计的。在马钧之后，杜预造连机碓，其中也可能包括水磨。祖冲之在南齐明帝建武年间(公元 494～498 年)于建康城(今南京)乐游苑造水碓磨，这显然是以水轮同时驱动碓与磨的机械。几乎与祖冲之同时，崔亮在雍州"造水碾磨数十区，其利十倍，国用便之"，这是以水轮同时驱动碾与磨的机械。可见水磨自汉代以来，发展蓬勃，而到三国时代，多功能水磨机械已经诞生成型。

水磨的动力部分是一个卧式水轮(图 3-2)，在轮的立轴上安装磨的上扇，流水冲动水轮带动磨转动，这种磨适合于安装在水的冲动力比较大的地方。假如水的冲动力比较小，但是水量比较大，可以安装另外一种形式的水磨：动力机械是一个立轮，在轮轴上安装一个齿轮，和磨轴下部平装的一个齿轮相衔接，水轮的转动是通过齿轮使磨转动的。这两种形式的水磨，构造比较简单，应用很广。

图 3-1　水磨模型

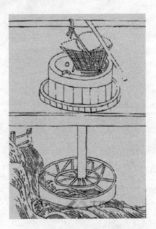

图 3-2　卧轮水磨

从机械角度来看。水磨是由水轮、轴和齿轮联合传动的机械。从车轮到水轮是技术史，也是人类文明史进步的标志。仅从水碓、水磨的发展可见古代中国人在这方面取得的成就。从古代绘画中的卧轮水磨、立轮水磨和立轮式水转大纺车，可见在中国古代的各种机械中，安装卧轮还是立轮的决定，就已根据当地水利资源、水势高低、齿轮与轮轴的匹配原则，从经济、便利等角度予以研究，并具体解决。

（二）扇车

明朝《物原》一书中说"舜始造扇"即说在舜帝的时候已经知道用一种器具来扇动空气，这是扇的起源，西汉丁缓制造出七轮扇，为风车的出现打下了基础。宋朝诗人梅尧臣写了一首歌颂风扇车的诗，诗云："田扇非团扇，每来场圃见。因风吹糠粃，编竹破筼箰。任从高下手，不为喧寒变。去粗而得精，持之莫肯倦。"由此得知扇车最晚在北宋时期即有，距今至少一千多年历史，而西方应用扇车是在三百多年前。

扇车(图 3-3)是一种强制空气流动，用以分开谷粒和皮壳的工具，车身后面的开口是扇出杂物的出口，前身有一个圆形的大箱，称风扇鼓，里面装有四片薄木板制成的风扇轮，装修风扇轮的轴从风扇鼓的中心圆孔穿出，轴端安装上用手摇的木制曲柄，风车顶上有盛谷斗，下面的车身中有一条扁缝，谷物从上面盛谷斗里通过扁缝漏下去，在谷物自上而下漏入车身中时，用手摇动风车的曲柄，转动风扇轮形成向谷物漏下方向的横风流，谷物壳由于较轻而从车身后开口中吹出，谷粒下沉至车身另一出口而盛入容器。

图 3-3　扇车

(三)踏碓

踩踏杵杆一端使杵头起落舂米。实用的踏碓(图 3-4)是木质的,底部长木一端有一个凹坑,放入待加工的谷物,上部长木臂一端安装击锤,人踩踏另一端,使击锤冲捣谷物,脱去皮壳。

(四)砻

砻(图 3-5)主要有土砻、木砻、石砻,它们的核心都是砻磨,是由硬木与老竹片结合制成磨齿、竹篾编织的漏斗等组成,是一种专门用来去掉稻谷壳的工具,工作原理与石磨、石碾相仿。为了节省石材、降低成本,砻磨通常用竹子或者木头制造。在砻的碾磨面,一般都刻有发散状的凹槽,这样一方面可以加大碾磨的摩擦力,另一方面可以使得碾磨后的糙米顺着凹槽流泻出来。砻谷时,牵砻师傅一手推动手柄转动砻的上龛,一手用勺子将谷子倒入砻心,使谷子进入上龛和下龛的缝隙中进行碾磨。

图 3-4　踏碓

图 3-5　谷砻

(五)碾米机

目前我国市场流行的小型碾米机产品有三种类型:分离式碾米机、砻碾组合米机和喷风式碾米机。

　　分离式碾米机(图 3-6)研制于 20 世纪 70 年代初，其特点是结构简单，安装、操作容易，价格较低，但机型老化，且由于加工稻谷一次直接在碾米室完成脱壳、碾白工艺，造成米质精度较差，米糠分离不净，碎米较多，已逐渐处于淘汰趋势，该机型适合于对米质要求不高、偏远或经济不发达的地区。

图 3-6　分离式碾米机

　　砻碾组合米机(图 3-7)是 20 世纪 80 年代的产品，其结构比分离式碾米机增加了一套胶辊脱壳装置，采取的是先脱壳后碾白的工艺，降低了碾米室的压力，因此加工米质好、米糠分离干净。由于结构复杂、价格较贵，生产厂家较少，市场销量偏低。

图 3-7　砻碾组合米机

　　喷风式碾米机(图 3-8)是 20 世纪 80 年代中期的产品，该机型又分为单风道和双风道两种型式，其中单风道喷风米机以加工糙米为主，或采取先轻碾去壳再碾白工艺。双风道喷风米机可将稻谷一次完成脱壳、碾白功能。机型是在分离式碾米机的基础上改进而成的，采取轴间通风，不仅有利于稻谷在碾磨室的脱壳、碾白，有效地去除了大米中的糠片谷嘴含量，加工的成品米洁白光亮，且米温低，利于大米的储藏，喷风式碾米机由于上述优点和良好的性价比，近几年来逐渐成为市场的主流品种。

图 3-8　喷风式碾米机

第二节　现代稻谷加工装备

一、稻谷清理装备

（一）风选机

1. 垂直吸风器

垂直吸风器（如 TFDZ80Z 风选器，见图 3-9）主要安装有振动电机驱动的喂料装置、带两块可调隔板的风道以及照明装置和机架等部分组成。

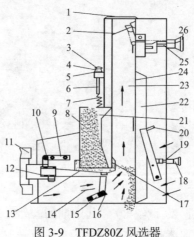

图 3-9　TFDZ80Z 风选器

1. 吸风口；2. 蝶阀；3. 蝶形螺母；4. 滚花螺母；5. 胶垫；6. 螺杆；7. 弹簧；8. 检查室；9. 支撑装置；10. 橡胶块；
11. 振动电机；12. 橡胶轴承；13. 振动喂料器；14. 导向板；15. 限位器；16. 滚轮；17. 喂料槽；18, 26. 手轮；
19, 25. 小轴；20. 手柄；21. 伞形接料斗；22. 隔板；23. 风道；24. 观察室

　　工作时，物料通过伞形接料斗 21 进入振动喂料器 13，喂料器与振动电机 11 用橡胶轴承 12 连接在一起，并通过弹簧 7 悬吊在吸风分离器的机架上。振动电机运转时，带动喂料器振动，使物料沿整个吸风道宽度方向均匀分布，以便使吸风道中的气流均匀地穿过物料流，并带走料中的轻形杂质。

　　吸风道是由活动板（分为上下两块，两块之间用铰链连接）和碟阀两个主要机构组成。下活动封板可用调节手轮 18 使其前后移动，改变风道宽度，从而改变风道的截面，在风量不变的情况下，起到控制风道的内风速的作用，这对整个风网的平衡是有利的。上活动风板可用调节手轮 26 使其前后移动，对风速起微调作用。蝶阀 2 也是利用调节手轮控制其开启程度，以改变风量，对风速起粗调作用。借助于上下活动风板和蝶阀，可对吸风道中的风速在 0～16m/s 的范围内任意进行调节，以便获得最佳分离效果。

2. 循环吸风器

　　TFXH 型循环吸风分离器也称循环气流轻杂质分离机。该机适用于分离谷物中的皮、壳、尘土、杂草种子等轻杂质，还适用于分离玉米渣、皮、胚混合物。它是利用循环气流在垂直风道将物料进行分选的风选设备。该设备的结构如图 3-10 所示，主要由喂料系统、气流循环通道、离心风机和集尘系统等组成，其主要参数见表 3-1。

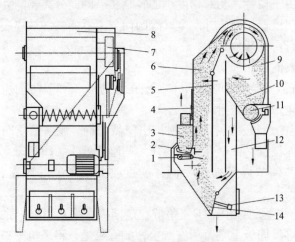

图 3-10　循环吸风分离器

1. 偏心机构；2. 振动导板；3. 喂料斗；4. 弹簧；5. 中隔板；6. 吸风道；7. 风机；8. 圆筒分离器；9. 沉降室；
10. 集尘器；11. 螺旋输送器；12. 回风道；13. 重力活门；14. 排料槽

表 3-1　循环分离机主要规格和技术参数

参数	型号		
	TFXH.60	TFXH.100	TFXH.150
产量/(t/h)	10～12	15～18	22～26
风量/(m³/h)	5000	7500	11000

参数	型号		
	TFXH.60	TFXH.100	TFXH.150
风压/Pa	400	400	400
风机转速/(r/min)	2840	2840	2840
喂料器转速/(r/min)	488	488	488
螺旋输送器转速/(r/min)	343	343	343
功率/kW	2.6	3.6	4.0
外形尺寸(长×宽×高)/(mm×mm×mm)	1178×1074×2240	1568×1074×2240	2456×1074×2240

工作时，经过清理的物料落入喂料斗，当物料堆积到一定高度，重力作用使悬挂在供料活门上的弹簧受拉力，从而把卸料槽打开。又因偏心机构的驱动，使物料从卸料槽的缝道流出，均匀抛向垂直吸风道的整个宽度上，流动的物料被松散开。干净的、相对密度大的物料垂直降落，经重力活门排出体外，相对密度小的杂质被气流带到圆筒分离器的狭窄通道上，由于惯性，相对密度小的轻杂质沿圆筒分离器的外壁落入空间突然增大的集尘器，通过闭风器排出体外。空气经圆筒分离器的内部被离心风机吸入，从回风道回到垂直风道进行再循环。

循环吸风分离器的操作如下所述。

(1)运行前检查需安装驱动防护罩；所有的检查胶盖和盖门均须关闭；风机必须按箭头方向旋转；三角带必须张紧适当。

(2)物料排出门的调整：运行前物料排出门需调整，调节重质净粮出口压力门和轻杂料出口力门上重砣位置，保证在无料时压力门刚好处于关闭状态。

(3)风量调节：调节风量操作手柄，通过改变吸风道的风速，以达到良好的分离效果。

(4)循环吸风分离器的维护：①三角带，定期检查张紧情况，张紧要适度；②分离器，检查分离器的导风栅板上是否积有灰尘，如有灰尘，将风机另一侧面的胶盖打开，对内部进行清理，也可打开清理门进行清理；③闭风压力门，为了确保机器无尘作业，要每三个月检查一次压力活门的情况，要求无料时压力门关闭良好。

3. 吸风分离器

吸风分离器是粮食行业的一种风选设备，其主要由进粮口、进风网板、倒锥体、匀料伞、集杂物斗、集料斗、吸风管、检查口、机架等组成。吸风分离器结构如图 3-11 所示，简单、阻力小，适用于轻杂物及粉尘较多的粮食原料清理，被清理原料的自流性要好。

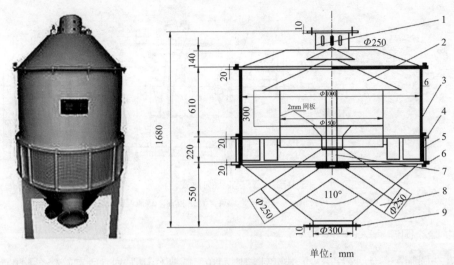

单位：mm

图 3-11　吸风分离器结构

1. 上锥体；2. 内锥体；3. 中部；4. 进风部；5. 把紧螺柱；6. 进风网板；7. 支撑轴；8. 分离管；9. 下锥体

1) 工作过程

吸风分离器主要由喂料装置、筒体、观察门、沉降室、风道、风量调节阀及支撑腿组成，如图 3-11 所示。工作时物料经过可调物料分配管均匀地分布在锥体表面，并在沉降室中自由下落。空气通过风量调节阀在沉降室中反向穿过物料，使物料中的轻杂质（如谷物不完善粒、麦秆、灰尘等）分离出来。

2) 特点

吸风分离器具有效率高、体积小、结构紧凑、安装方便、无需动力等特点。专用来从粮谷中吸风分离出皮壳尘土等低重量杂质。其最大特点是吸风面积大、节省风量、风选效果好。吸风分离器是解决粮食灰分高问题的理想设备，一般采用 TXFL 吸风分离器。

（二）筛选机

初清筛主要由电动机、传动轴、筛筒、螺旋、进料管、清理刷、吸风管和机架等部件组成。专门分离粮食中的秸秆、麦穗、绳头、泥块等大型杂质，为下道工序创造有利条件。主要形式有圆筒式初清筛、鼠笼式初清筛和网带式初清筛等。该设备具有结构新、运转稳、噪声低、共振小、清理净、密封良和吸风性能好、使用维修方便等特点，适用于米厂、面粉厂、饲料厂、筒仓等的清理间，也适用于化工、医药等行业的原料初清。

初清筛的操作方法如下所述。用进料调节柄调节料斗里的物料。物料流入槽内后，自动将压力门打开平衡流量，使运转中的圆筛均匀筛选谷物从而获得较完整的物料。图 3-12 中进料管是为了防止物料进入粗杂口内，而且进料管的设置表明，物料必须改变原方向而保证物料顺着淌板下落，在调整进料管上导流板时，只需将端板打开，使导流板按要求定位，定位后应将导流板的螺栓拧紧。细杂的流量由吸风调节门控制，可通过窗口观察，来调节箱体中细杂流量，风量的大小由碟阀控制。

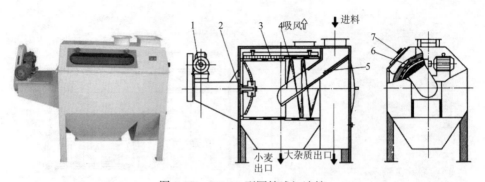

图 3-12　　TSCY 型圆筒式初清筛

1. 电动机；2. 传动轴；3. 筛筒；4. 螺旋；5. 进料管；6. 清理刷；7. 检修门

1. 除杂圆筛

除杂圆筛一般为水平安装形式，其结构简单、筛理作用强烈，适宜筛轻黏腻的物料，还具有不易堵塞、消耗动力少、筛面更换及维修方便、故障少等优点。特别是近年来，采用新研制的优质锦纶筛网，从而提高改善了圆筛的工作性能和使用寿命。圆筛本身也发展成为无筛框架的新型结构的圆筛，提高了圆筛有效筛的面积，简化了结构，降低了成本。因此，圆筛被广泛地应用于稻米除杂。

典型的无筛框架的圆筛结构如图 3-13(a)所示，可以清楚地看出，圆筛是由箩筒 2、筛体组合 4、打板 8 及毛刷 7、箩轴 5 和左轴承座 12、右轴承座 10、圆筛传动皮带轮 11 等构成。当物料流入圆筛时，筛网是固定不动的，物料在旋转的毛刷和打板的打击与推动下，以及物料内部摩擦的作用下，比筛网孔小的粉末状物料透过筛网进入箩筒底部的出粉口，到集粉器中去。大于筛网筛孔的物料则被送到箩筒的前端，再送到接料口，进入下一道工序。

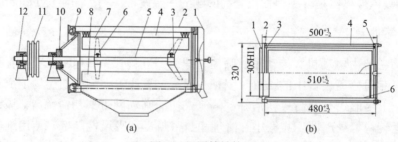

图 3-13　　圆筛结构图

(a)圆筛总成：1. 箩盖；2. 箩筒；3. 前支架；4. 筛体组合；5. 箩轴；6. 后支架；7. 毛刷；8. 打板；9. 箩盘；10. 右轴承座；11. 圆筛传动皮带轮；12. 左轴承座。(b)筛体组合：1. 左箩；2. 调整螺母；3. 扎紧钢丝；4. 双头螺栓；5. 右箩圈；6. 锦纶筛网

2. 平面回转筛

平面回转筛面是在水平面内做圆形轨迹运动。物料也在筛面上做相应的圆形运动。平面回转筛面能促进物料的离析作用，物料在这种筛面上的相对运动路程最长，而且物料颗粒所受的水平方向惯性力在 360° 的范围内周期性地变化方向，因而不易堵塞筛孔，

筛分效率和生产率均较高。

平面回转筛是利用谷物和杂质的粒度大小不同来清理谷物的一种筛选设备，它可以清理谷物中的大杂和小杂。平面回转筛的筛面一般为二层，借助于谷物和杂质在粒度、相对密度和表面粗糙度等方面的差异，利用配有合适筛孔且做平面圆运动的筛面，使物料群在筛面上形成相对运动，并使谷物通过运动分层，谷物穿过第一层，留存第二层，大杂留在第一层，作为筛上物排出，小杂穿过第二层，作为筛下物排出，从而达到分离的目的。TQLM 系列平面回转筛，具有体积小、产量高、运转平稳等优点，且能与垂直吸风道配套使用，使筛子构成二道吸风，除尘效果好，因而使用比较广泛。

平面回转筛工作时，谷物从前端的进料口落到可调分料淌板上，先落在第一层筛面，第一层筛面为大杂筛面，谷物穿孔，大杂留在筛面上，并从筛体侧面大杂出口排出；穿过第一层筛面的谷物落在第二层筛面上，第二层为小杂筛面，小杂质穿孔，经收集底板收集并从小杂出口排出，留存在筛面上的谷物在重力作用下进入垂直吸风道的进料斗，在垂直吸风道内，谷物下落的同时轻杂被带走，从而完成谷物中大杂、小杂和轻杂的清理任务。

1）SM 型平面回转筛

SM 型平面回转筛结构如图 3-14 所示，SM 型平面回转筛由筛体，吸风装置，传动与支承结构和机架等组成。筛体内装有两层筛格。每层筛格均由骨架、筛面、橡胶球清理装置组成。橡胶球清理装置由橡胶球和承托筛网组成，承托筛网为钢丝较粗的编制筛网，橡胶球处于筛面和承托网之间，通过橡胶球的弹跳和撞击，清理堵孔筛面。筛格为抽屉式结构，由进料端拆装。上层筛面为长形筛孔，筛上物为大杂。下层筛面为圆形筛孔或三角形筛孔，筛下物为小杂，两层筛面之间的出口为净粮。

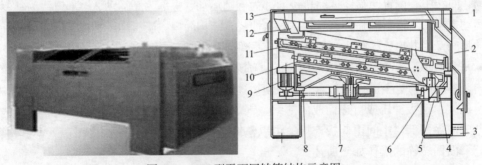

图 3-14　SM 型平面回转筛结构示意图

1. 调风门；2. 吸风道；3. 出料口；4. 中杂出口；5. 小杂出口；6. 吊杆；7. 传动机构；8. 减振装置；9. 电机；10. 第二层筛面；11. 第一层筛面；12. 进料管；13. 机架

筛体由四根吊杆(藤条或钢丝绳)悬挂在机架上。传动为惯性激振系统。在筛体底部中间位置装有带偏重块三角带轮，通过安装在筛体进料端下部的电动机传动，偏重块惯性力驱使筛体连同电动机一起做平面回转运动。启动和停车过程中，通过共振频率区时振幅增大，因此，在筛体底部前后两端机架上均设有弹性限振装置。

2）TQLM 型平面回转筛

TQLM 型平面回转筛适合于分离原粮中的中、小杂质及轻杂质。

TQLM 型平面回转筛主要由进料机构、筛体、传动机构、垂直吸风分离器、机架等部分组成，如图3-15所示。

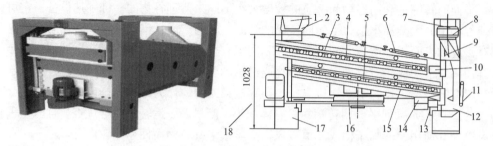

图3-15　TQLM型平面回转筛结构

1. 进料口；2. 布筒；3. 压紧机构；4. 分级筛；5. 精选筛；6. 观察门；7. 吸风管；8. 布筒；9. 吊杆；10. 大杂溜槽；
11. 观察门；12. 吸风管；13. 限振门；14. 小杂溜槽；15. 筛体；16. 振动器；17. 机架；18. 电机

进料机构由进料口、料斗组成，进料口与机架连在一起，料斗与筛体连成一体，通过布筒密封防止灰尘外扬。

筛体有单筛体、双筛体两种，采用全封闭结构。筛体由四组吊杆或四根钢丝绳悬挂在机架上。筛体内装两层抽屉式筛格，筛格分前后两段，可从进料端推入或拉出，筛格装拆方便，采用偏心压紧机构压紧，可避免筛格与筛体之间嵌入谷粒或杂质，紧固可靠。筛面采用中等硬度的橡皮球清理，通过橡皮球对筛面的撞击作用，使筛孔不易堵塞。

传动机构由电机、振动器、限振器等部件组成。电机固定在筛体进料端底部，通过皮带驱动固定在筛体底部中间位置的带轮，轮内的扇形偏重块可增减或调节角度，以调整离心力的大小。由于偏重块产生的离心惯性力的作用而使筛体和电机一起做平面回转运动，回转中心偏置使筛体运动轨迹前部为椭圆运动、中部为圆运动、尾部过渡为往复直线运动，增加了物料的筛理路线长度。这种装置结构简单紧凑，运转平稳，但在启动和停机的瞬间产生共振，振幅大，因此在筛体底部前后两段机构上各装一个限振装置。

垂直吸风装置安装在筛体的出料端。筛理后的物料，通过匀料板直接进入垂直吸风道内，将挡板调节至适当的位置，借以使风速适当，可有效地将轻杂质和泥灰分离出去。

机架由钢板冲压或折边而成的薄壁型钢焊接而成，刚度好、质量轻、外形美观，机架分成前后两部，中间由侧板连接，可以整体吊装，也可以拆开后组装。

平面回转筛的操作如下所述。

(1)设备安装好后应先进行空车运行(注意在筛体启动时，筛体应确实处于静止状态)，有异常情况应立即停车。检查故障发生原因(不正常原因多是四角吊杆安装高度不当)一切正常后方可带料运行。在使用过程中应必须使四根钢丝绳高度一致，调整时松开吊杆上的锁，调节机架顶上的螺帽便可调整钢丝绳的长短，达到四根钢丝组长短一致，然后拧紧锁紧螺母。

(2)正确调整物料的流量，流量过大，则物料在筛体底部堆积太厚，筛体过重，转动幅度就会减小，可能导致进一步的堆积，以致筛子发生过载。

(3)松开垂直吸风道上的蝶形螺母调节风门轴连板可以调节吸风量及吸风速度，调节过程中应避免风速过高或过低，吸风效果可通过后部有机玻璃明显地观察到。

(4)筛体的回转速度不得超过400r/min，否则将产生机械过载。

（5）筛体上的大、小杂质的出口应配有接斗。

（6）设备在运转过程中，利用弹跳的橡皮球来清理被谷物或杂质堵塞的筛孔。若发现有堵塞现象可人工用刷帚轻轻扫除，也可在停机时，拆下筛格轻轻磕打，禁止用铁器或手掌拍打筛面，防止产生凹凸不平现象。若筛面筛孔选择不当则应调整适宜筛孔的筛面。

（7）设备出厂时所用的电机、三角皮带轮、橡皮球等不得用不同型号、规格来代替。

（8）筛体在运动中，回转直径过小，可在偏重块上加钢垫片，尺寸与偏重块一致，厚度约 5mm，用以增大回转直径。回转直径不得大于 18mm，否则将产生机械过载。

3. 振动筛

振动筛是利用振子激振所产生的复旋型振动而工作的。振子的上旋转重锤使筛面产生平面回旋振动，而下旋转重锤则使筛面产生锥面回转振动，其联合作用的效果是筛面产生复旋型振动。其振动轨迹是一复杂的空间曲线。该曲线在水平面投影为一圆形，而在垂直面上的投影为一椭圆形。调节上、下旋转重锤的激振力，可以改变振幅。而调节上、下旋转重锤的空间相位角，则可以改变筛面运动轨迹的曲线形状并改变筛面上物料的运动轨迹。

振动筛主要分为直线振动筛、圆振动筛、高频振动筛。振动筛按振动器的型式可分为单轴振动筛和双轴振动筛。单轴振动筛是利用单不平衡重激振使筛箱振动，筛面倾斜，筛箱的运动轨迹一般为圆形或椭圆形。双轴振动筛是利用同步异向回转的双不平衡重激振，筛面水平或缓倾斜，筛箱的运动轨迹为直线。振动筛有惯性振动筛、偏心振动筛、自定中心振动筛和电磁振动筛等类型。

振动筛主要清除稻谷中的大、小、轻杂，主要由进料机构、筛体、筛面清理机构、吸风除尘装置和传动机构等组成，其结构如图 3-16 所示。

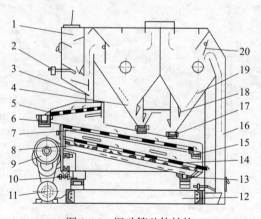

图 3-16　振动筛总体结构

1. 进料斗；2. 进料压力门；3. 前吸风道；4. 前沉降室；5. 第一层筛面；6. 大杂出口；7. 第二层筛面；8. 第三层筛面；9. 自衡振动门；10. 限振器；11. 电机；12. 机架；13. 小杂出口；14. 橡皮球清理装置；15. 中杂出口；16. 后吸风道；17. 轻杂出口；18. 阻风门；19. 后沉降室；20. 调节风门

稻谷经进料斗 1 流入，通过前吸风道 3 与吸入的空气相遇，被空气吸走部分轻杂和泥土，在前沉降室 4 内沉降。稻谷落在第一层筛面 5 上，进行筛选。筛上物为大杂，被排出，筛下物进入第二层筛面 7 筛选。第二层筛上物为中杂，通过排出口 15 排出机外。穿过第二层筛面的筛下物落入第三层筛面 8，第三层筛下物为小杂，由出口 13 排出，第三层筛上物是筛选后的稻谷，流入后吸风道 16，与吸入的空气相遇，第二次吸除轻杂和泥土，在后沉降室 19 内沉降，稻谷则从后吸风道处排出。

1) 进料机构

进料机构的作用，是使进入振动筛的物料能沿整个筛面宽度均匀分布，并能调节进料流量，达到控制振动筛生产能力的目的。

振动筛常用的进料机构主要有压力门式和喂料式两种。

压力门进料机构：图 3-17 所示为压力门进料机构。物料流入后，首先集积于压力门 4 上部，当稻谷的质量力矩超过重砣 2 的力矩时，便能推开压力门，连续均匀地落到第一层筛面上。这种进料机构结构比较简单，匀料效果也较好，是目前应用较多的一种进料机构。

喂料进料机构：图 3-18 所示为喂料进料机构。在进料斗内，装有可转动的喂料辊 6，喂料辊表面刻有斜形齿槽。活门 1 安置在喂料辊的下面。喂料的作用是使物料沿整个筛宽均匀分布。活门的开启程度则随物料的压力自动调节，最大开启程度由调节螺丝 4 限定。这种进料机构可用于大型振动筛上。

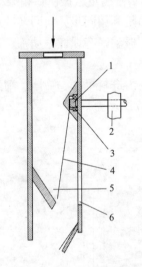

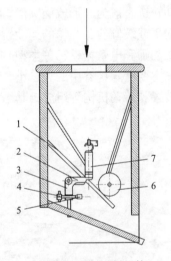

图 3-17　压力门进料机构　　　　　　图 3-18　喂料进料机构
1. 短轴; 2. 重砣; 3. 轴承; 4. 压力门;　　　1. 活门; 2. 曲柄; 3. 定位板; 4. 调节螺丝;
5. 流量控制口; 6. 操作门　　　　　　　5. 杠杆; 6. 喂料辊; 7. 弹簧

2) 筛体

筛体(图 3-19)是振动筛进行筛选的主要工作部件，多采用金属结构。一般用型钢做骨架，分别用 3mm 和 1.5mm 的钢板做墙板和底板。筛体内大多装有三层筛面，如图 3-19 所示。筛面钉在预先做好的筛框上，然后插入筛体内，用压紧装置压紧。

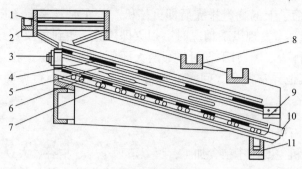

图 3-19　筛体

1. 第一层筛面；2. 大杂出口；3. 压紧装置；4. 第二层筛面；5. 筛框；6. 第三层筛面；7. 橡皮球清理装置；8. 轻杂出口；
9. 中杂出口；10. 净谷出口；11. 小杂出口

3）筛面清理机构

筛面清理机构是用于防止第三层筛面筛孔堵塞的。常用的有刷帚清理机构和橡皮球清理机构。

刷帚清理机构：刷帚清理机构的刷帚紧贴在筛面下部，来回刷动，清除堵塞筛孔的物料。有的将几排刷装在刷架上，刷架在导轨上随曲柄连杆机构做往复运动，也有的将刷帚装在链条上，由链轮带动，达到清理筛面的目的。

橡皮球清理机构：橡皮球清理机构是在第三层筛面的下部配置一层用直径 1.6mm 镀锌铁丝编织的 10mm×10mm 方形孔筛网。筛面与筛网之间用梯形木条隔成若干小方格，每个小方格内放置 3 个直径为 28mm 的橡皮球。当筛体做往复运动时，橡皮球在筛网上跳动，撞击筛面而起到清理筛面的作用。

振动筛的主要优点：①由于筛箱振动强烈，减少了物料堵塞筛孔的现象，使筛子具有较高的筛分效率和生产率；②构造简单、拆换筛面方便；③筛分每吨物料所消耗的电能少。

工作特点：①采用块偏心作为激振力，激振力强；②筛子横梁与筛箱采用高强度螺栓，结构简单，维修方便快捷；③采用轮胎联轴器，柔性连接，运转平稳；④采用小振幅，高频率，大倾角结构，使该机筛分效率高、处理量大、寿命长、电耗低、噪声小。

工作流程如下所述。

（1）运行振动筛前检查：包括设备卫生，各部位连接螺栓齐全、紧固、完好，检查激振器是否完好，检查各弹簧有无损坏、缺少、断裂等现象，检查三角带是否张紧、有无断裂筛箱、筛板有无损坏、筛板有无杂物堵塞，筛面要平整无损坏、松动现象，检查进出料溜槽是否畅通，检查横梁有无开焊等现象，检查安全防护装置是否安全可靠，检查控制箱、通信、照明是否完好，接地保护是否可靠，控制按钮是否灵活可靠。

（2）启动时：开启振动筛后，站在控制箱旁监视设备启动，发现异常立即停机。启动正常后再次巡查每台振动筛有无堵塞或脱落，经常观察电动机的温度和声音，经常观察激振器的声音，观察筛子的振动情况、四角振幅是否一致、有无漏物现象、三角带是否松动或脱落，经常观察检查筛子入出料情况是否正常、有无堵塞。

（3）停机：将筛子上的物料排完后即可停机。停车时观察筛子在通过共振点时与其他设备有无碰撞。当发现以下情况时必须立即停止：遇到危及人身安全或设备安全时，筛面积存杂物较多、下料不畅时，筛网大面积破损，筛下溜槽堵塞严重，筛箱严重摆动等，以及其他异常情况。问题排除后方可重新启动运行振动筛。

4. 去石机

1）吸式比重去石机

吸式比重去石机主要用于粮食加工，可以清理小麦、稻谷、大豆、花生、菜籽、大米中的并肩石和相似的杂质，也可用于分离其他一些谷物中的杂质。

其特点有：①较高的去石效率，去石筛板为鱼鳞结构，适合于原粮食含石量较高的粮食加工厂；②操作简便，结构紧凑；③针对不同的物料，去石板倾角在 $10°\sim14°$ 范围内调节，以追求最佳的工艺效果；④外接风机，整机密封，无灰尘外扬，达到理想环保要求。往复摆动结构，铰接处采用橡胶轴承，振动小、噪声低；⑤传动采用调心轴承并加上防松装置，使机械性能更稳定。

目前，吸式比重去石机主要有 TQSX 系列和 QSX 系列去石机，各系列分别有多种型号。

2）QSX 型吸式比重去石机

QSX 型吸式比重去石机是在吹式比重去石机的基础上研制成功的。

QSX 型吸式比重去石机的特点是本身不带风机，体积较小；允许产量有一定的波动，机内处于负压状态，无灰尘外逸，且操作维修方便，但需单独配备风网。

工作原理：谷粒从进料斗经溜板落到鱼鳞筛板中段上，立即受到自下而上的倾斜气流和筛板定向往复振动的综合作用，使相对密度较大的砂石经自动分级后沉到下层与筛板接触，相对密度较小和表面较为粗糙的稻谷浮于上层，处于悬浮状态。随着进口物料的连续流入，处于上层的谷粒，由于受到筛板的往复振动，在自身重力和进入物料的推挤下，沿着倾斜筛板逐渐向出料口下滑，直至排出机外。紧贴在筛面上的砂石，当筛面做正向加速度运动时，因受鱼鳞孔凸出边缘的阻挡和气流的反向推力，较难跳过鱼鳞孔的凸出边缘向下滑行。当筛体做反向加速度运动时，石子在惯性力的作用下及气流的吹动下，能在鱼鳞孔的凸面上向上滑行进入精选室。在精选室内反向气流的作用下，将混在石子中的稻谷吹回石筛面，石子得到净化，并在惯性力的作用下，克服反向气流的阻力，连续不断地从出石口排出。

结构与性能：其主要由进料口、吸风装置、存料斗、筛体、筛体支承装置、偏心连杆机构、机架等部分组成。其结构如图 3-20 所示。

进料吸风装置：进料吸风装置主要包括进料管、存料斗、流量调节机构、导料溜板和出料口阻风门等部件。整个装置设在筛体的中部，以利于物料和气流的分布。工作时物料由进料管进入存料斗，流量的大小由弹簧压力门控制，压力的调节借助拉紧或放松螺旋拉簧来调整。实际操作中存料斗中应有一定的存料，以保证喂料连续，避免漏风。在吸风罩顶盖的前后，设有观察操作门，便于观察落料情况和清理筛板。

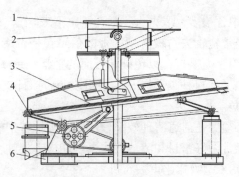

图 3-20　QSX 型吸式比重去石机总体结构示意图
1. 进料箱；2. 吸风装置；3. 筛体；4. 筛体支撑装置；5. 偏心连杆机构；6. 机架

筛体：筛体由鱼鳞孔形去石筛板和精选排石装置组成。QSX 型吸式比重去石机的去石筛板由 1.2～1.5mm 的薄钢板冲制成单面向上凸起的鱼鳞孔形，当筛面的宽度大于850mm 时，采用双聚石区使聚石区的收缩角较小，有利于石子的集中。精选排石装置是利用反向气流来控制石中含物料量的装置，由单面向下凸起的鱼鳞孔筛板、有机玻璃罩、调风板等组成。筛孔的规格与去石筛板相同，孔口朝向与出石方向相反，当气流穿过筛面时为逆向气流，可以将浮于石子上层的物料粒吹回聚石区，调风板用以调节精选室的风量。

筛体支承装置：筛体由摇杆机构支承，摇杆机构由三根摇杆组成，分别布置在筛体的去石端中部和出料端的两侧。摇杆的铰支点采用橡胶轴承，其结构简单，减振性好，耐磨损。筛体倾角的调节可以利用增减去石端撑杆下垫块的厚度来实现，垫块每增减8.8mm，筛体的倾角增减 0.5°。筛体倾角的变化范围为 10°～14°。前撑杆中轴与后撑杆之间用连杆连接，目的是在调节筛面倾角时使前后撑杆保持平行。

偏心连杆传动：QSX 型吸式比重去石机采用偏心连杆传动机构，对于筛面宽度小于850mm 的去石机，采用一个偏心连杆传动机构，并安装于筛体左右对称的中心线上，以保证筛体的平衡和运动轨迹的稳定。筛面宽度大于 850mm 的去石机，采用双偏心连杆传动机构。用偏心套结构简化加工程序。

机架：机架采用底座上伸脚的方式，结构简单，制造方便。底座框架和脚可用型钢焊接，也可用铸铁铸造。

QSX 型吸式比重去石机的操作和维护：

（1）开车时，应先关闭风道风门，而后开风机，再缓缓地打开风门；同时打开去石机，并开始进料。

（2）调节流量，控制进料闸门，使流量符合要求，再调节分料装置，使两进料管流量均匀，而后调节料斗压力门两侧拉伸弹簧的拉力，使料斗内存有一定数量的物料，并能均匀下料。料斗下缓冲槽的角度应调到物料能缓慢地散落至去石板为宜。

（3）在正常情况下，物料在去石板上应呈松散悬浮状态，但料层又不被吹穿。调节风量，主要通过吸风道调风门来调节。进料吸风装置上的调风门，用于风量大小调节，同时起到均匀料斗前后风力的作用。

（4）去石板三角区内有一定的集石量，出石时才能稳定排石。因此，操作时不能急于让出石口排石。精选室下部的进风室调风板，用以调节穿过精选板鱼鳞孔风力的大小，风力小石中含粮多，风力大，则石子出不来。

（5）经常检查去石板、精选板的鱼鳞孔是否堵塞。如有堵塞，应立即清理。清理堵孔时，不得重力敲打，以免破坏板面的平整和鱼鳞孔的正确形状。

（6）根据物料种类不同，可采用改变后摇杆支座下垫板厚度的方法，来调节去石板的水平倾角。

（7）必须保证前道清理效率，使进本机稻谷中的大、小、轻杂含量在最小范围。

（8）经常做好密封和清洁工作，定期检查加油。

3）TQSX 型吸式比重去石机

TQSX 型吸式比重去石机（图 3-21）主要由进料装置、去石装置、支承机构和振动电机等部分组成。

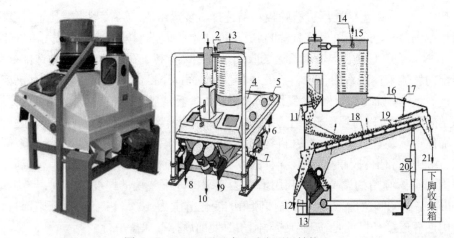

图 3-21　TQSX 型吸式比重去石机结构

1. 进料口；2, 14. 风门调节；3, 15. 吸风口；4. 筛体；5. 指示牌；6, 21. 石子出口；7. 支撑弹簧；8, 9, 12. 稻谷出口；10, 13. 振动电机；11. 弹簧压力门；16. 吸风罩；17. 反吹风调节；18. 去石筛面；19. 稻谷；20. 可调撑杆

去石筛面采用钢丝编织筛网，筛面摩擦系数较大，有利于物料的自动分级。去石筛面下部设有匀风格和匀风板，使得气流垂直向上均匀地穿过整个去石筛面。去石机的筛体由支撑弹簧与带有弹性的撑杆支撑，由双振动电机驱动，沿特定的倾斜方向产生振动。筛面上方是吸风罩，由通风网络经调节风门对筛体进行吸风，气流经筛孔由下至上穿透料层，使筛面上的稻谷悬浮起来。物料经带有弹簧压力门的喂料机构进入去石筛面，在上升气流与筛面振动的共同影响下，较重的并肩石贴在筛面上，沿筛面上行，由筛面上端的出石口排出；处于悬浮状态的稻谷沿筛面向下流动，经筛面下端的稻谷出口排出。

工作原理：本机是利用粮食与并肩石的相对密度和悬浮速度不同的物性借助向上穿过粮食颗粒间隙的气流作用促使粮食与并肩石分级，并肩石等重杂在下层，在做定向倾斜往复运动的去石筛板作用下，向出石端运动，浮于上层的粮食在自重作用下，向出料端流动，从而把并肩石从粮食中分离出来。

结构与性能如下所述。

（1）本型号去石机由进料装置、去石装置、支承机构和振动电机等部分组成。

去石筛面采用钢丝编织筛网，筛面摩擦系数较大，有利于物料的自动分级。去石筛面下部设有匀风格和匀风板，使得气流垂直向上均匀地穿过整个去石筛面。

去石筛面下端设有预分区，是无孔薄钢板。物料由进料装置首先进入预分区，在筛面振动的作用下初步分级。由于没有气流的作用，所有物料上行进入分离区，在气流和筛体振动的作用下，物料充分分级。物料经分离区分离石子后迅速流向出料口，含石较多的小部分物料则经预分区进入聚石区，石子流向出石口。与中部进料的去石机相比，物料不受物料的冲击，且重质物料的筛理路线较长，有利于分离效率的提高。

采用振动电机驱动，结构简单，并可根据物料的品种和含杂种类及含杂量来调节激振力的大小，以获得适宜的振幅。小型去石机一般采用 1 台振动电机驱动，大型去石机多采用 2 台振动电机驱动。

去石筛面采用两组弹簧支撑，每组两根，呈人字形排列。出石端采用左右螺纹、长度可调的单撑杆，便于筛面倾斜角调节。

TQSX 型吸式比重去石机的操作和维护启动时，将石子调节阀板对准其最底部，调节前部可调支撑杆使筛面倾角在 7°左右。

(2) 开动吸风系统，并检查工作是否正常，开动吸式比重去石机，喂料并调整喂料门，料面到达透明玻璃的一半为最佳，需等几分钟，石子在阀板后出现，提高阀门直到开始排石子，此时不再增大开度，但若石子在阀板后堆积，可将阀板高度加大些。若阀板开大时，出现无石子排出、调节前部支撑杆可使筛体下降。如果有过多的物料与石子一起排出，要增大吸风量。若仍无效则应将支撑杆调高。关机时，停止向机器中喂料，喂料一停立即关停机器，停止吸风，以防石子在机中积累。

(3) 振动方向角的调整：在机器工作过程中，松开锁紧把手，旋转振动指示牌上的小圆圈成一条直线为正确位置，然后锁紧，此时指示针所对应的刻度即为振动方向角。一般在 30°左右，通常在出厂前已调整好。

(4) 振幅的调整：机器在工作过程中，应用视觉暂留原理，当指示牌处于上述正确位置时，振幅观测线交点所对应刻度即为实际振幅值，若所测值非 4～5mm，且在正常振动过程中效果欠佳，则可通过调整振动电机内的平衡重块来调振幅。注意两台电机应高度一致，且调整后均应锁紧。

(5) 每周应清理一次筛面，保持筛孔畅通。注意用压缩空气或钢丝刷清理，严禁敲打，以免筛面弯曲变形。若发现筛面有磨穿的地方，应立即更换。编织筛网应均匀牢固地张紧在木筛框上，不应凸凹不平。

(6) 电机轴承应每三个月加一次高温润滑脂。要经常检查手柄、手把、手轮、电器螺栓是否松动，要特别注意拧紧振动电机、电机螺栓，电机不允许有二次振动。

(7) 工作过程中，若出现振动混乱，应查两台电机转速是否有明显差异，偏心块是否松动，支撑弹簧、调节杆、橡胶圈等是否损坏。

(8) 工作过程中，若发现去石效果不好，应检查风门开启大小、石子阀板位置、进料量大小等。

(9) 一组支撑弹簧若有一根损坏，应同时更换一组。

(10) 机器若长期不用，应放置在干燥处。此时应用木板支承起。

4)重力分级去石机

重力分级去石机的结构原理如图 3-22 所示，主要部件有进料装置、去石装置、弹性支承机构、吸风装置和振动电机等。进料口和吸风管连成一体由支架支承，与去石装置上吸风罩相连接。去石装置前端下部安装两台型号规格相同、相向运转的振动电机，驱动去石装置做往复直线运动。该装置由呈人字形排列的两组螺旋弹簧和一个高度可调的撑杆共同支撑，撑杆两端使用橡胶轴承连接。吸风管内装有蝶形风门，用于调节风量，常采用单独风网供风。去石装置外壳四角各装有一圆形的振动参数指示牌，用以测量四个角的振幅大小及振动方向角，为设备操作管理提供方便。

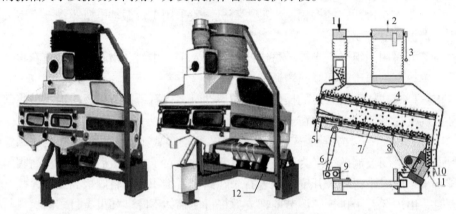

图 3-22　重力分级去石机结构原理
1. 进料口；2. 吸风口；3. 调节风门；4. 分级筛板；5. 出石口；6. 可调撑杆；7. 去石筛板；8. 支撑木条；9. 橡胶轴承；10. 轻粒出口；11. 重粒出口；12. 振动电机

主要去石工作机构为两层装置在同一筛体内的平行筛面，筛体的运动方式类似吸式去石机。上层筛面为分级筛面，由预分级段和分流段组成，预分级段采用孔径 1mm 的不锈钢丝筛网，分流段采用 6mm×20mm，Φ8mm 复合冲孔筛面。进机物料首先进入预分级段，在振动与上升气流的综合作用下，物料按轻、重粒上下分级后流入分流段；分流段的筛孔较大，使并肩石和重粒稻谷落入第二层筛面，上层的轻粒稻谷因振动与气流的承托沿筛面流入轻粒出口。为使重粒稻谷尽早落入第二层筛面，分流段筛面的前半部分采用较大的筛孔。

第二层筛面为去石筛面，采用孔径 1mm 钢丝筛网，承接落下的重粒，通过振动与气流的作用，完成去石。稻谷沿筛面流入重粒出口。排出的轻粒一般占进机物料的 5%～30%，其中可包括轻杂质及稗子等；轻粒稻谷大多为不饱满粒，表面粗糙、较脏，轻粒的选出率较低，这部分原料的平均品质较差。重粒占进机流量的 70%～95%，其中并肩石已由分级机的去石筛面清除。分流比的大小主要与分级筛面的筛孔配置及进机流量有关，当采用较大的分级筛孔或进机流量较小时，轻粒的分流比将下降。

重力分级去石机的操作与维护如下所述。

(1)开机前检查风门是否关好，检查进出料口、筛面是否正常。

(2)开机程序为先开风机，再启动去石机，然后开始进料，当物料覆盖大部分筛面时，逐渐开大风门，使筛上物料呈微沸状，麦粒开始稳定向下流动；调节反向气流，使物料在筛面上沿聚石区内形成明显的麦、石界线切排石正常。

(3)设备运行过程中，应经常检查筛上物料的运动状态、排石情况、石中含粮情况及机内的静压。若来料中断且短时间内还需生产时，应相应停止筛体振动，以防筛面上物料跑空。

(4)影响去石机工作的因素较多，因此对此类设备需精心维护，经常检查，并将设备正常工作时的各项工作参数记录下来，以供分析解决问题时采用。

(5)每周应彻底清理一次筛面及吸风管，并认真检查设备的密闭状态；定期检查、维护振动机构的易损件；定期检查筛面的松紧情况。

5. 磁选机

1)永磁筒

永磁筒由直管和在其中同心安装的圆筒状永久磁体组成，磁体可随活门的开启而转移到管外进行清理。料流通过磁体上部的锥面缓缓流下。均匀落入环形分离槽内，在磁场作用下，磁性金属杂质被吸住。

永磁筒磁选器有内筒和外筒两部分(图 3-23)，外筒通过上、下法兰连接在粮食输送管道上，内筒即磁体，它由若干块永磁铁和导磁铁板组合而成，即用铜螺钉固定在导磁板上。磁体内磁极的极性沿圆柱体表面轴向分段交替排列。磁体外部有一表面光滑而耐磨的不锈钢外罩，并用钢带固定在外面门上，清理磁体吸附的铁质时可打开外筒门，使磁铁转到筒外。

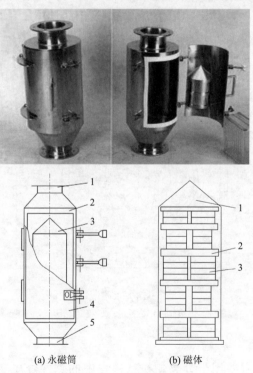

(a) 永磁筒　　　　　(b) 磁体

图 3-23　永磁筒

(a)1. 进料口；2. 外筒；3. 磁体；4. 外筒门；5. 出料口。(b)1. 不锈钢外罩；2. 导磁板；3. 永磁铁

永磁筒具有结构简单、除铁效率高、不占场地、无需动力等优点，被粮油加工厂普遍采

用。工作时，粮食从进料口落到磁体顶部的圆锥体上，向四周散开。在下落过程中，其中的铁质夹杂物被磁体吸住，粮食则从出料门排出。定期由人工打开外筒门，清除铁质夹杂物。

永磁筒的操作与维护如下所述。

(1)严格控制溜管角度并注意物料流动速度，保证进料均匀，且料层厚度适宜。

(2)每月至少检查磁铁一次，吸力不足时需更换或充磁。

(3)每班至少清理磁极面两次，以免磁性杂质积聚过多，重新被物料冲走。清理出来的杂质要集中妥善处理，避免到处散落再度混入原料中。

(4)为避免磁铁退磁或破碎，在安装、搬运、使用过程中不得碰撞、敲打、摩擦、剧烈振动或使其过热。长期停机时，要把一厚铁片放在两磁极之间以保持磁性。

(5)永久磁体不能直接装于导磁性金属架上或料管中，否则磁力散失影响分离效果。

2)永磁滚筒(又称转鼓式磁选机)

a. 结构及工作过程

由进料口、滚筒和磁铁组组成。滚筒由外筒和磁芯组成(图 3-24)。外筒旋转，由非磁性材料制成，表面涂以耐磨材料聚氨酯，质量轻，转动时功耗小。磁芯固定不动，由 48 块锶钙铁氧体制成的条形磁铁，沿轴向分八个组分布在滚筒 170°的区域上。外筒与磁芯的间隙为 2mm。喂入层的厚薄可调。粮食流经滚筒 3 时，铁质夹杂物被磁铁组 4 的磁铁吸住，随外筒转到无磁铁部分，由于此处磁力消失，铁质夹杂物落下，由铁质夹杂物排出口 6 排出滚筒，粮食则从粮食排出口 5 排出。

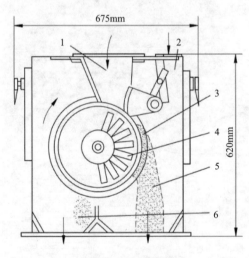

图 3-24 永磁滚筒
1. 进料口；2. 吸风口；3. 滚筒；4. 磁铁组；5. 粮食排出口；6. 铁质夹杂物排出口

b. TCXY 永磁滚筒

TCXY 永磁滚筒主要用于分离颗粒状粮食中的磁性金属夹杂物，适宜于面厂、米厂、饲料厂使用。主要由进料装置、磁钢滚筒和传动装置等部分组成，如图 3-25 所示。磁钢滚筒采用外筒转、磁芯不转的结构。外筒由 3～4mm 厚的不锈钢焊接而成，表面涂有耐磨材料，质量轻，转动惯量小，省动力。

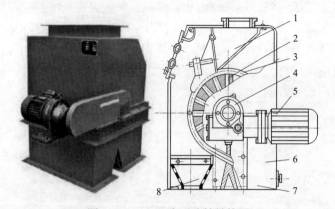

图 3-25　TCXY 永磁滚筒结构图

1. 进料装置；2. 磁系；3. 滚筒；4. 减速器；5. 电动机；6. 机体；7. 排杂口；8. 排料口

该型永磁滚筒的工作原理是：混有磁性金属杂质的物料，经压力门形成均匀的料层，进入滚筒工作区受到磁力和机械力的作用，其中磁性金属杂质被铁芯磁化，吸附在外筒表面，并被拨齿带着随外筒一起转动至磁场作用区外落入出铁斗内，而物料由于不受磁力的作用，从出料口流出，从而达到杂质分离的目的。

3）平板式磁选器

平板式磁选器的主要结构包括进料机构、矩形组合壳体等，如图 3-26 所示。平板式磁选器具备简单的压力喂料装置，进机物料要较平稳地进入设备，才能使物料以薄层的状态流过平板，达到有效磁选的目的。但平板式磁选器没有自行排杂能力，需要人工定期清理永磁体上吸附的铁杂质。

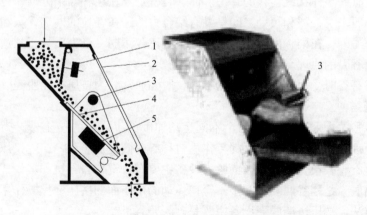

图 3-26　平板式磁选器

1. 压力门；2. 操作门；3. 提手杆；4. 平板；5. 永磁体

TCXB 型平板式磁选器一般安装在需保护的设备的进料矩形溜管上，经济适用。适宜处理颗粒状物料，比较适合于中小型谷物加工工厂选用。

TCXB 型平板式磁选器的主要结构包括进料机构、磁体装置和矩形组合壳体等，如图 3-27 所示。外壳体为全钢板结构，外形如同一段倾斜的矩形溜管，上部开有检视门。

进料装置采用重砣式压力门，用来稳定物料流量，使流经磁场的料层厚度均稳。磁体装置主要由锶钙铁氧体磁钢(30块左右的小块磁钢排列而成)、不锈钢面板和安装架组成。安装后，与外壳体底板平整对接，如同一块倾斜淌板，物料在其上通过，并得到磁选。安装架下部设置横向卡槽，架在壳体内壁伸出的定位小轴上，上部为一横轴，作装拆把手用，打开检视门，可方便地装拆磁体装置。

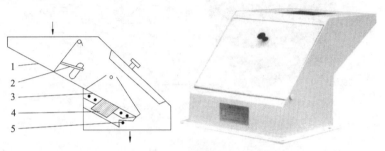

图 3-27　TCXB 型平板式磁选器结构
1. 壳体；2. 压力门；3. 磁体面板；4. 磁钢；5. 定位轴

二、砻谷、砻下物分离及调质机械

(一) 砻谷机

稻谷砻谷是借助外力将稻谷壳分开而与籽粒分离。稻谷籽粒是由颖(谷壳)和颖果(糙米)组成的。颖又分内颖、外颖、护颖和颖尖。内外颖的边缘卷起或呈钩状，以互相勾合的方式将颖果包裹在内，也可以说，谷壳是由两瓣(内颖和外颖)勾合而成的，颖的表面粗糙，生有许多针状或钩状的茸毛。而砻谷就是要让颖和颖果分离，也就是要将勾合处打开。一般来说，颖和颖果之间是没有结合力的，在谷粒的两端，颖和颖果之间存在少许间隙。另外，在稻谷内外颖结合线的顶端比较薄弱，受力后易于从这里破裂，这也是砻谷分离谷壳的原理。

根据稻谷砻谷时受力和脱壳方式的不同，脱壳通常分为挤压搓撕脱壳、端压搓撕脱壳和撞击脱壳三种。

挤压搓撕脱壳是稻谷两侧受两个不同运动速度的工作面的挤压、搓撕而脱壳的方法。其基本原理是用两个相对运动的工作面对稻谷两侧施加压力，产生挤压、摩擦、搓撕作用，使稻谷脱去颖壳。挤压搓撕脱壳设备主要有对辊式砻谷机和辊带式砻谷机。

端压搓撕脱壳是稻谷两端受两个不等速运动的工作面的挤压、搓撕作用，使谷壳破坏而脱壳的方法。端压搓撕脱壳设备主要是砂轮砻谷机。

撞击脱壳是指高速运动的谷粒与固定工作面撞击而脱壳的方法。撞击脱壳设备主要是离心式砻谷机。

砻谷机的种类很多，根据工作原理和工作构件不同，一般可分为以下三种。

(1)胶辊砻谷机：胶辊砻谷机的基本工作构件是一对富有弹性的胶辊，如图 3-28(a)所示。两只胶辊相向不等速旋转，给稻谷两侧施以挤压力和摩擦力，使谷壳破坏，与糙米分离。该机效率高、碎米少、脱壳率高。目前使用较普遍，胶辊由专业厂生产。

（2）砂轮砻谷机：砂轮砻谷机主要工作构件是上、下两个砂盘，如图3-28（b）所示。上砂盘固定，下砂盘旋转，稻谷在上下两砂盘之间受到挤压、摩擦、搓撕、撞击等力的作用而脱壳。该机作用力较强，受气温影响小，谷粒损伤较大，出碎较多，而脱壳率较低，已逐渐被胶辊式所取代。

（3）离心砻谷机：离心砻谷机的基本工作构件为金属齿轮甩盘和它在外围的冲击衬圈，如图3-28（c）所示。利用高速旋转的甩盘（约35m/s）将谷粒甩至冲击衬圈，借冲击摩擦力、撞击力的作用脱壳。该机对谷粒损伤大，适用于强度较高的谷粒，由于出碎多，且对水分大的稻谷脱壳困难，产量低，故目前很少使用。

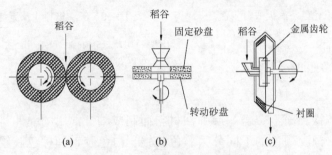

图3-28 砻谷机的基本工作构件

(a)胶辊砻谷机；(b)砂轮砻谷机；(c)离心砻谷机

1. 胶辊砻谷机

胶辊砻谷机的主要工作构件是一对并列的、富有弹性的胶辊。两辊异速相向旋转。稻谷进入两辊间，受到胶辊的挤压和摩擦所产生的搓撕作用，稻壳破裂，与糙米分离。由于胶辊富有弹性，不易损伤米粒，胶辊砻谷机具有出糙碎低、产量高、脱壳率高等良好的工艺性能。砻谷机是在国内外使用最广泛的砻谷设备。胶辊砻谷机主要由喂料机构、胶辊、辊压（轧距）调节机构、传动机构、稻壳分离装置和机架等组成。

1）喂料机构

喂料机构由进料斗、流量控制机构和喂料机构组成。其作用主要是储存一定数量的稻谷、稳定和调节流量、匀料、整流、加速和导向。常用的流量调节机构有手动闸门、齿轮齿条传动闸门和气动闸门等。手动闸门结构比较简单，直接通过控制出料口开度的大小改变流量；齿轮齿条传动闸门通过闸门与压力门相互配合来控制和调节流量（图3-29）；气动闸门则是通过汽缸的伸缩控制进料斗的闭合及流量的大小（图3-30）。喂料机构包括短淌板、长淌板和淌板角度调节机构。短淌板用于匀料，倾角较小，一般不超过35°；长淌板主要对谷粒起整流、加速、导向等作用，倾角较大，一般为64°~67°，而且可调，以便使谷粒准确喂入两胶辊间的工作区。喂料机构工作状况的好坏将直接影响砻谷机工艺效果的高低。物料进入轧区的速度要大，以减少谷粒与胶辊之间的线速差，缩短谷粒的加速时间，可以减少动力消耗和降低胶耗，还可提高进机流量。谷粒的料层厚度以单层谷粒的厚度为最佳，谷粒不重叠有利于提高脱壳率，减小糙碎和胶耗。谷粒做纵向（稻谷的长度方向）流动进入轧区，有利于提高砻谷机的脱壳率和产量。

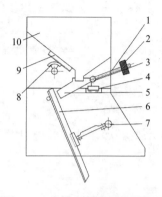

图 3-29　齿轮齿条淌板喂料装置

1. 支杆；2. 平衡重砣；3. 短淌板轴；4. 微动开关；
5. 短淌板；6. 长淌板； 7. 双向螺杆；8. 扇形齿轮；
9. 齿条；10. 进料斗

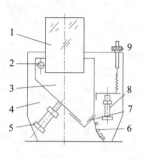

图 3-30　气动进料斗及流量控制机构

1. 观察筒；2. 铰链轴；3. 旋转料斗；4. 进料箱体；5. 汽缸；
6. 安全栅； 7. 挡板；8. 限位螺栓；9. 流量调节旋钮

2)胶辊

胶辊是在铸铁辊筒上覆盖一层弹性材料而制成的。常用的弹性材料有橡胶和聚氨酯，胶辊根据橡胶颜色的不同分为黑色胶辊、白色胶辊和棕色胶辊等。聚氨酯是一种高分子合成材料，白色半透明，既具有橡胶的高弹性，又具有塑料的高强度，其物理性能优于橡胶。辊筒的结构按铁心形式分为三种，如图 3-31 所示。辐板式结构装拆方便，一般用于较短的胶辊。按其安装形式的不同分为套筒式(图 3-32)和辐板式(图 3-33)两种。前者用于辊长 360mm 以上的辊筒，后者则用于辊长 250mm 以下的辊筒。

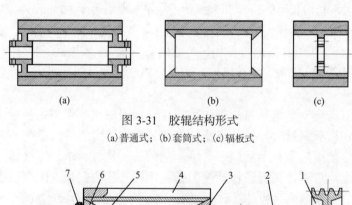

(a)　　　　　　　　　　(b)　　　　　　　　(c)

图 3-31　胶辊结构形式

(a)普通式；(b)套筒式；(c)辐板式

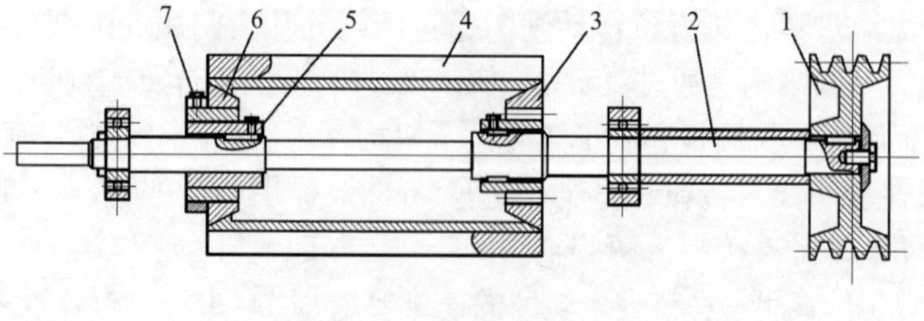

图 3-32　套筒式胶辊装配图

1. 皮带轮；2. 传动轴；3. 锥形压盖；4. 辊筒；5. 紧定套；6. 锥形圈；7. 锁紧螺母

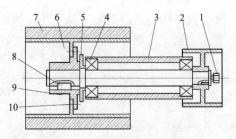

图 3-33　辐板式胶辊装配图

1. 螺栓；2. 皮带轮；3. 轴承座；4. 轴承；5. 挡板；6. 螺栓；7. 辊筒；8. 轴；9. 紧定螺钉；10. 固定盘

一对胶辊中其中一只是固定辊，一般也是快辊，安装在固定机架上；另一只是活动辊，一般也是慢辊，安装在机架的移动轴承上。两只辊筒的排列形式有两种：倾斜排列和水平排列。不同排列方式对砻谷机的工艺效果有影响。通常，在其他条件相同的情况下，倾斜排列的工艺效果普遍比水平排列的要好，如具有较高的脱壳率和产量、较低的胶耗等。造成其工艺效果差别的原因主要是其喂料方式的差异，倾斜排列的辊筒都是与淌板倾斜喂料方式相适应的，这种喂料方式具有物料扩散少、进入轧区的速度高等特点。

3）辊间压力调节及松紧辊装置

辊间压力调节及松紧辊装置也称轧距调节机构。辊间压力的调节方式有以下三种。

a. 手轮调节机构

手轮调节机构如图 3-34 所示，轧距调节机构的作用是使两辊对稻谷施加适当的压力，达到脱壳率高而碎米率低的要求。在满足轧距调节范围的前提下，为使摇臂的转角最小，在设计轧距调节机构时，手动紧辊机构应使摇臂最大转角的平分线与调节连杆垂直相交。

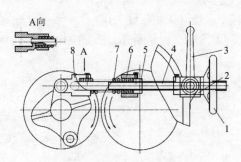

图 3-34　手轮调节机构示意图

1. 手轮；2. 偏心套筒；3. 离合手柄；4. 丝杆；5. 螺母；6. 压紧套筒；7. 弹簧；8.U 形接头

b. 压砣辊压调节机构

压砣辊压调节机构如图 3-35 所示。工作时，压砣使横杆 1 绕 A 点做顺时针转动，连杆 2 被向下拉，带动横杆 3 绕 B 点做逆时针转动，从而使活动辊压向固定辊，并始终保持一定压力。要改变辊间压力，可以通过改变压砣质量来实现。松辊时，只要拉起横杆 1 即可。活动辊支点 B 的位置可通过调节手轮 C 来实现。这种辊压调节机构简单，操作方便，辊间压力稳定，脱壳率也相对稳定。但是当突然断料时，会使两辊发生摩擦，增加胶耗甚至会损坏机件。使用这种机构，要求当操作工人在突然断料时，应迅速将横杆1抬起，使两辊松开。由于人工操作难以适应突然变化，因而影响胶辊使用寿命。为此，砻谷机采用了自动松紧辊装置，从而可以做到来料自动紧辊，断料自动松辊。

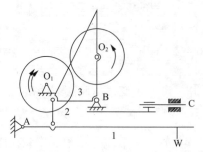

图 3-35　压砣辊压调节机构示意图

1、3. 横杆；2. 连杆

胶辊式砻谷机能自动松紧辊，自动松紧辊和喂料机构动作是连锁的。进料时，辊筒能自动合拢，使稻谷得到及时的脱壳，以避免未脱壳稻谷进入后道工序。相反，在断料时辊筒也应能自动脱离分开，以防止辊筒相互摩擦造成不必要的损失和瞬时高温。

自动松紧辊机构(图 3-36)由微型电机、电器元件、摇臂、同步轴和链条等组成。自动松紧辊机构的工作过程如下：进料闸门开启，物料重力克服平衡砣压力使短淌板向下转动，并使"行程开关"下接触动作，电路接通，微型电机开始顺向转动，驱动螺杆上的螺母上升而使链条放松，在压砣重力的作用下，活动辊绕支点向固定辊运动，辊筒合拢并产生辊间压力，当螺母触到行程开关的滚轮时，微型电机停止转动，于是实现两辊筒自动合拢。停料或停机时，短淌板因无料在平衡砣压力作用下反转复位，并使"行程开关"上接触动作，使微型电机逆向转动，螺母下降，通过链条使杠杆上拉，活动辊离开固定辊，实现胶辊自动离开。当螺母碰到"行程开关"的下滚轮，电路断开，微型电机停转。

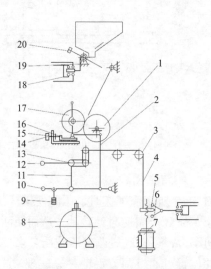

图 3-36　自动松紧辊机构示意图

1. 固定辊；2、11. 连杆；3. 滑轮；4. 链条；5. 螺母；6、18. 行程开关；7. 微型电机；8. 电机；9. 压砣；
10. 指示杆；12. 操纵杆；13. 摇臂；14. 手轮；15. 紧固螺母；16. 滑块；17. 活动辊；19. 感应板；20. 平衡砣

　c. 气压式调节机构

　　图 3-37 所示为气压砻谷机的传动及松紧辊机构总体结构。电机安装在可摇动框架上，通过聚氨酯双向平胶带、导向轮带动两辊筒旋转。气压松紧辊机构中的松紧辊汽缸底端通过铰链安装在可摇动框架上，活塞杆端通过另一铰链与固定的机体连接，可摇动框架安装于活动辊的轴承座和支承轴上。当松紧辊汽缸的活塞杆产生伸缩运动时，就形成由以下两部分组成的一对作用力，即可摇动框架、电动机、导向轮和汽缸的总重力与松紧辊汽缸活塞杆的拉力，其中总重力是固定的，而汽缸拉力是可调的。正常工作时，活塞杆一直处于受拉状态。辊间压力是靠可摇动框架、电动机、导向轮和汽缸的总重力和调节汽缸压力一起来控制的。进料时，料位器输出信号，通过继电器和电磁阀打开气路开关，进料汽缸动作，使活动料斗开启下料门供料，同时松紧辊汽缸也动作，使两辊筒合拢。断料时，松紧辊汽缸复位。辊间压力大小是通过松紧辊汽缸的表压大小来调节的。正常生产时，表压一般控制在 0.2～0.3MPa。

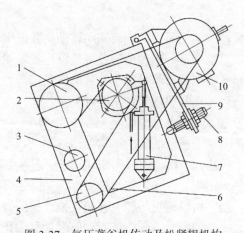

图 3-37　气压砻谷机传动及松紧辊机构
1. 慢辊带轮；2. 快辊带轮；3. 框架支承轴；4. 可摇动框架；5. 导向轮；
6. 双传动带；7. 松紧辊汽缸；8. 螺杆；9. 电机安装底座；10. 电机

　　气压与电气控制原理如图 3-38 所示。气压传动部分主要由空气压缩机 1、气动三元件(油水分离器 2、调压阀 3 和油雾器 4)、进料汽缸 12 和松紧辊汽缸 11、方向控制阀(二位三通电磁阀 9、10 和一个单向节流阀 13)等组成。此外，还有调压阀 6、快速排气阀 7、压力表 5 和压力表 8 等。当启动空压机后，此时的进气路为：空气压缩机 1→油水分离器 2→调压阀 3→油雾器 4，分成两路，一路经电磁阀 9→松紧辊汽缸的有杆腔，活动胶辊松开；另一路经电磁阀 10→单向节流阀 13→进料汽缸 12，关闭料门。电动机启动后，当物料充满料斗时，料位器发出信号，两电磁阀 9、10 处于左工位，此时气路也分为两路：一路经进料汽缸 12 的无杆腔→单向节流阀 13→电磁阀 10 左工位→排入大气，料门逐渐打开；另一路经空气压缩机 1→油水分离器 2→调压阀 3→油雾器 4→调压阀 6→快速排气阀 7→电磁阀 9 左工位→松紧辊汽缸，两辊合拢在合适的辊间压力下工作。辊间压力通过调压阀 6 进行调节。

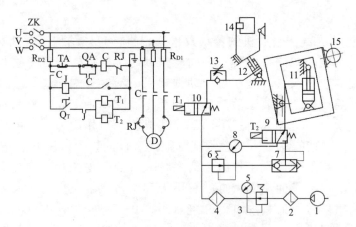

图 3-38　气压及电气控制原理图

1. 空气压缩机；2. 油水分离器；3，6. 调压阀；4. 油雾器；5，8. 压力表；7. 快速排气阀；
9，10. 电磁阀；11. 松紧辊汽缸；12. 进料汽缸；13. 单向节流阀；14. 电子开关；15. 电动机

4) 传动装置

胶辊砻谷机传动装置的功能是使两辊筒相向转动，并提供合理的线速差、线速和。在设计传动装置时，除要求满足一般的传动要求外，还要求能根据生产需要进行变速及传动系统对活动辊引起的辊压改变尽可能小。目前，胶辊砻谷机常用的传动方式主要有双皮带与齿轮变速箱结合传动和单皮带传动两种类型。

a. 双皮带与齿轮变速箱结合传动

双皮带与齿轮变速箱结合传动装置的结构如图 3-39 所示，为齿轮变速箱和 V 角带相组合的多级变速传动机构。电机动力输入变速箱，变速后由两根输出轴通过两组 V 带将动力传递给活动辊和固定辊，以使两辊定速转动，同时还可以根据需要进行变速。活动辊和固定辊的转速快慢，可以通过齿轮变速箱互换，按胶辊直径磨耗变小的程度交替作快、慢辊使用，生产中，两胶辊不需拆换直到胶层耗尽为止。

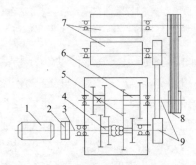

图 3-39　双皮带与齿轮变速箱结合传动示意图

1. 电动机；2. 联轴器；3. 输入轴；4，6. 滑动双联齿轮；5.固定双联齿轮；7. 辊筒；8. 传动带轮；9. 输出轴

b. 单皮带传动

单皮带传动装置的结构如图 3-40 所示，辊筒悬臂式支承的胶辊砻谷机大多采用这一传动方式。目前，常使用平皮带和六角带两种传动带，平皮带采用强力带，六角带削面形状是两根 V

带背对背结合在一起，可以双向弯曲两面传动，传动能力强。采用单皮带传动的胶辊砻谷机，当辊筒磨耗后其直径相差 5mm 时，需停机对调两辊位置，从而调整辊筒的线速差和线速度。

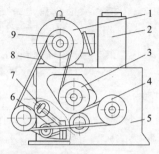

图 3-40　单皮带传动示意图

1. 电机；2. 进料斗；3. 慢辊带轮；4. 快辊带轮；5. 机座；6. 张紧带轮；7. 调节螺栓；8. 传动带；9. 电机带轮

5) 胶辊砻谷机脱壳原理

a. 脱壳原理

脱壳是靠一对相向旋转而速度不同的橡胶辊筒实现的。两辊筒之间的间隙，称为轧距，它比谷粒的厚度小。当谷粒呈纵向单层(无重叠)进入轧距时，受到胶辊的挤压，由于两个胶辊的线速度不同，稻谷两侧还受到相反方向的摩擦力 F。胶辊的挤压和摩擦对谷粒形成搓撕作用，将谷粒两侧的谷壳朝相反方向撕裂，从而达到脱壳的目的。为了保证砻谷过程中所需的压力，设有轧距调节机构。一般快辊的轴线不可移动，改变慢辊相对快辊的位置，即可调整轧距。常见的辊压调节机构有手轮轧距调节机构、压砣式紧辊调节机构和气压紧辊调节机构。一般粳稻加工的辊间压力为 $4 \sim 5 \text{kgf/cm}^2$ $(1\text{kgf/cm}^2 = 9.80665 \times 10^4 \text{Pa})$，难脱壳籼稻谷加工的辊间压力为 $5 \sim 6 \text{kgf/cm}^2$。

b. 入轧条件

谷粒与胶辊砻谷机两辊筒表面接触并开始受到挤压时，与两辊筒的接触点 A_1、A_2 称为起轧点，谷粒经脱壳后脱离两辊筒时，与两辊筒的接触点 B_1、B_2 称为终轧点，如图 3-41 所示。起轧点和同侧辊筒中心连线与两辊筒中心连线所构成的夹角 α_q 称为起轧角，终轧点和同侧辊筒中心连线与两辊筒中心连线所构成的夹角 α_z 称为终轧角。若把稻谷看成对称的几何体，则两辊的起轧角和终轧角相等。谷粒脱壳是靠自重落入两辊轧距间的，要完成脱壳作业就必须使两辊轧距小于谷粒厚度。因此为了保证谷粒能进入轧距，必须使起轧角小于谷粒与橡胶辊筒的摩擦角。由分析可知辊筒半径越大，起轧角越小，谷粒越容易进入轧距。

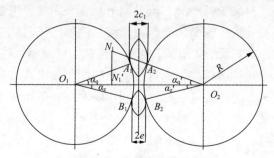

图 3-41　起轧角和终轧角

c. 稻谷脱壳作用过程

当谷粒被轧住后，由于快慢辊的两个摩擦力一个向下，一个向上，将对谷粒产生一旋转力矩。若稻谷横进，则可能转动；若稻谷直进，则偏转一定角度。谷粒越细长，偏转角度也越小。一旦稻谷被夹入辊间后，在快慢辊的摩擦力作用下，稻谷速度很快加速至慢辊线速而小于快辊的线速。此时快辊对谷粒的摩擦力使谷粒继续加速，而慢辊对谷粒的摩擦显然阻止加速。在一般情况下，动摩擦角小于静摩擦角，动摩擦系数小于静摩擦系数。所以，在一定的辊压下，谷粒相对快辊滑动时的动摩擦力小于谷粒相对慢辊滑动要克服的静摩擦力。因此谷粒在脱壳前被慢辊托起，并随慢辊一起运动，而相对快辊滑动。随着谷粒的继续前进，轧距越来越小，胶辊对谷粒的挤压和摩擦力不断增加。当稻壳薄弱部分的结合力小于挤压搓撕力时，稻壳将被压裂和撕破，接触快辊一边的稻壳首先开始脱壳，如图 3-42(a)所示。当谷粒通过轧距中心点(两辊中心连线)时，快慢辊对谷粒的摩擦力均达最大，谷粒有一短暂加速过程，从慢辊速度加速到快辊速度，此时，谷粒对快、慢辊都要发生相对滑动，从而使谷粒两侧的稻壳同时撕裂，并与两辊一起前进，达到脱壳的最大效能，如图 3-42(b)所示。如图 3-42(c)所示，当谷粒通过工作区的下段时，快辊与糙米接触，使糙米加速，并很快与快辊接近。糙米相对快辊静止而与慢辊相对滑动，使接触慢辊一侧的稻壳离开糙米，完成整个脱壳过程。

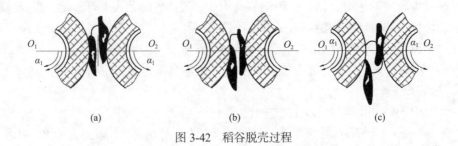

图 3-42　稻谷脱壳过程

6) 典型的胶辊砻谷机

a. MLGT36 型压砣紧辊砻谷机

MLGT36 型压砣紧辊砻谷机的结构如图 3-43 所示，主要由进料机构、辊筒、辊压调节机构、自动松紧辊机构、传动机构、稻壳分离装置等部分组成。进料机构由进料斗、流量控制装置和喂料装置等组成。流量调节装置采用齿轮齿条闸板形式。喂料采用短、长淌板组合喂料装置。辊筒为套筒式辊筒，用锥形压盖和紧定套将辊筒固定在轴上，辊筒轴的装配为双支承结构形式，通过辊筒两边的轴承、轴承座固定在机架上。辊间压力调节采用压砣式调节机构，通过改变压砣的重量来改变辊间压力。自动松紧辊机构主要由微型电机、电器元件、杠杆、同步轴和链条等组成。自动松紧辊装置失灵时，可通过手动操纵杆改用人工操作。传动装置为 V 带和齿轮变速箱组合的多级变速传动机构，可根据原料的加工品质、胶辊的磨耗情况，改变两胶辊转速，以获得合理的线速差和搓撕长度。

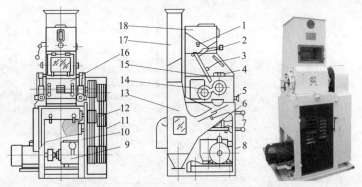

图 3-43　MLGT36 型压砣紧辊砻谷机结构示意图

1. 流量调节机构；2. 短淌板；3. 长淌板角度调节机构；4. 松紧辊同步轴；5. 活动辊支承点调节手轮；
6. 砻下物淌板角度调节机构；7. 手动松紧辊操纵杆；8. 重砣；9. 变速箱；10. 机架；11. 传动罩；
12. 张紧轮；13. 稻壳分离装置；14. 辊筒；15. 长淌板；16. 检修门；17. 吸风管；18. 进料斗

b. MLGQ25 型气压紧辊砻谷机

MLGQ25 型气压紧辊砻谷机的结构如图 3-44 所示，主要由进料装置、辊筒、传动装置、气压松紧辊机构及稻壳分离装置等部分组成。进料机构由进料斗、料位器、流量调节闸门、气动进料闸门、长淌板等组成。进料闸门由汽缸驱动，并受料位器控制，当进料斗来料后，延时开闸门，紧辊；进料斗断料时，自动关闸，松辊。喂料淌板对物料进行整流、加速和导向，使物料既快又薄且均匀地进入快、慢辊之间。长淌板的倾角可随辊筒的磨损，通过手轮进行调节，以保证喂料准确。辊筒为辐板式悬臂支承结构，快辊轴的位置固定，慢辊轴的位置可移动，松紧辊汽缸控制慢辊，使之与快辊靠拢或松开。快、慢辊的传动如图 3-45 所示，快辊带轮、慢辊带轮均由机座上的电机带轮直接通过同步带进行传动。气动系统由电磁阀、减压阀、单向节流阀、汽缸等组成，并受料位器及电气系统控制，实现砻谷机自动控制。

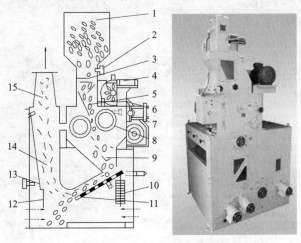

图 3-44　MLGQ25 型气压紧辊砻谷机结构示意图

1. 进料斗；2. 料位器；3. 流量调节闸门；4. 进料汽缸；5. 长淌板；6. 手轮；7. 松紧辊汽缸；
8. 辊筒；9. 匀料板；10. 重砣；11. 砻下物淌板；12. 调风门；13. 调风板；14. 风选区；15. 吸风管

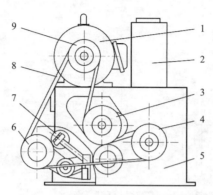

图 3-45 快、慢辊传动示意图

1. 电机；2. 进料斗；3. 慢辊带轮；4. 快辊带轮；5. 机座；6. 张紧带轮；7. 调节螺栓；8. 传动带；9. 电机带轮

气动系统的工作过程如下：当进料斗有料时，料位器输出信号，适当延时后，控制电磁阀动作，使进料汽缸打开进料闸门。物料进入胶辊工作区，同时，松紧辊汽缸动作，驱动慢辊靠向快辊。当进料斗断料时，料位器控制电磁阀复位，进料汽缸关闭进料闸门，同时松紧辊汽缸使慢辊离开快辊，退回原位。该设备还装配了压砣紧辊装置，当气动系统失灵时，可改用压砣紧辊装置继续工作。稻壳分离装置采用吸式稻壳分离器。

c. MLGQ25×2 型双座气压紧辊砻谷机

MLGQ25×2 型双座气压紧辊砻谷机如图 3-46 和图 3-47 所示，该机采用双机体，两对胶辊同时工作，产量大，占地面积小，进料闸门由汽缸驱动，并受料位器控制，当进料斗物料到达规定料位时，自动开闸并延时紧辊，辊间压力可以根据来料不同通过气动系统的控制单元换向调节，在工艺上，可利用该机将净谷与回砻谷分开加工，当加工回砻谷时，可降低气压，减小辊间压力以降低糙碎，从而提高脱壳率。该机传动系统采用双面同步带(或六角带)传动，取代常规齿轮箱，传动平稳且噪声小，无漏油污染且操作维修方便。

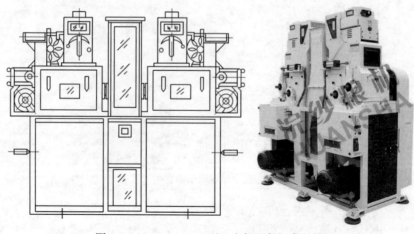

图 3-46 MLGQ25×2 型双座气压紧辊砻谷机

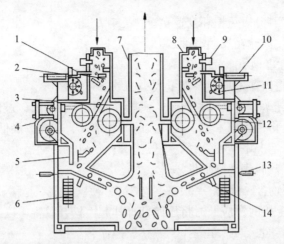

图 3-47 MLGQ25×2 型双座气压紧辊砻谷机内部示意图

1. 流量插板；2. 短淌板；3. 长淌板；4. 压辊汽缸；5. 匀料板；6. 重块；7. 吸风道；
8. 进料座；9. 料位器；10. 进料汽缸；11. 手轮；12. 胶辊；13. 把手；14. 下淌板

典型胶辊砻谷机主要技术参数见表 3-2。

表 3-2 典型胶辊砻谷机主要技术参数

项目	胶辊规格（直径×长）/(mm×mm)	产量(稻谷)/(t/h)	快辊转速/(r/min)	慢辊转速/(r/min)	功率/kW	风量/(m³/h)	外形尺寸（长×宽×高）/(mm×mm×mm)
MLGT51	225×510	5~6	1267~1334	1031~1086	11	4800~5000	1300×1260×2100
MLGT36	225×360	3.0~3.6	1309	1065	7.5	3600~4200	1255×1125×2315
MLGT25	255×254	3.5~4.0	1200	900	5.5	3000~3600	1100×1075×2095
MLGQ25×2	255×254	8~10(短粒) 6~8(长粒)	1270	1020	5.5×2	5800~6500	2060×850×1840
MLGQ25.4	255×254	2.3~2.5	1270	1020	5.5	2500~3200	1240×800×2370

7) 胶辊砻谷机的使用与维护

a. 开车前的准备工作

(1) 检查各部件装置是否正常，各零件有无松动现象，皮带松紧度是否合适，松开胶辊，将扎距调至 1~2mm，检查是否有异物。

(2) 调节淌板斜度，使谷粒能够准确导入扎距中间，以防止谷粒在辊面上飞溅，在调节胶辊压力时，应注意左右电机电流表读数，负载时保持在 10~12A，且两电机电流表读数总值不超过 20A。

(3) 保持两辊端面平齐，并使长淌板垂直胶辊轴线，与胶辊两端进 1mm，防止胶辊磨损不均起槽飞边。

(4) 测定快慢辊直径，为保持一定的速差值，快辊比慢辊直径可稍大一些，但一般不宜超过 4mm。根据胶辊直径大小，正确拨动变速箱操作手柄的位置，以保持一定的线速比(严禁在运转中变挡)以免损坏变速箱。

(5)对各加油孔、齿轮箱加润滑油(酯)。

b. 开车后的注意事项

(1)经常检查物料流薄厚均匀,流量大小一致。

(2)正确掌握脱壳率,过高时,碎米、爆腰、胶耗均会增加;过低时,产量受影响,并由于回砻增加,也将带来碎米多、胶耗大的不利情况,脱壳率高低应以稻谷品质好坏为依据。在正常水分情况下,粳稻脱壳一般为 80%～90%,籼稻为 75%～85%,对水分高、品质次的稻谷,其脱壳率则降低。

(3)随时检查砻下物含碎情况,一般砻下物含碎:粳稻≤1%,早稻≤4%,晚籼稻≤2%。

(4)突然断料或停机时,应及时将压砣杠杆挂起,松开胶辊,以避免胶辊损坏。

(5)砻谷机在运转时,严禁非操作工调整、操作砻谷机。

c. 维护管理

(1)在操作管理中,严禁胶辊与矿物油(汽油、柴油、机油等)相接触,防止橡胶层被腐蚀。

(2)胶辊易氧化变质,失去弹性而发硬,要将其放置在阴凉处,以免受热受晒,放置时要将辊筒直立,不能横放重叠,以免胶面各部位硬度和弹性失去一致,放置的地方应干燥,切勿受潮。

d. 磨损件的更换

胶辊砻谷机常易磨损的零件有胶辊、胶辊法兰、变速箱齿轮、快辊轴、慢辊轴等,其中胶辊更换最多。

(1)胶辊的安装。胶辊的安装要求两辊平行,端面平齐,否则在使用中胶辊容易出现大小头、起边及失圆现象。当发现胶面不齐时,可先松去胶辊法兰上的固定螺钉,然后用专用工具、丁字形螺栓旋进法兰外端的螺孔内,将法兰稍稍向外顶出,使两辊平齐。

(2)由于快辊与稻谷壳摩擦强烈,故橡胶磨损较快,因而胶辊在使用一段时间后,快慢两辊应对调,使之两辊保持一定的速差。同时注意左右室胶辊的对换使用。

(3)齿轮箱更换易损件时首先要注意花键轴与齿轮的配合,必须清除花键轴上的毛刺和磕碰伤痕,清洗后,涂上润滑油,安装上齿轮,其次必须注意齿轮换挡时定位准确,齿合后两端面保证平齐。

(4)齿轮箱润滑油应定期补充,但加油不易过满,一般不超过油量观察表的红刻度。

2. 砂轮砻谷机

砂轮砻谷机借助上下两片圆形金刚砂盘,上盘固定,下盘转动,线速为 20～25 m/s。稻谷在两砂盘中因受到端压搓撕作用而脱壳。优点是糙米爆腰少,砂盘比胶辊耐磨,加工成本低;缺点是脱壳率较低,碎米较多。砂轮砻谷机主要工作部件是与铸铁圆盘黏结为一体的环形金刚砂盘,上、下两盘,上盘固定,下盘转动并可上下移动,根据稻谷粒度的大小调节上下砂盘的间隙(轧距)。轧距应小于稻谷的长度,而大于稻谷的宽、厚度。稻谷从喂料斗通过上砂盘的中心区喂入下砂盘,下砂盘转动产生的离心力迫使谷粒进入两盘之间的环形脱壳区。在端压和摩擦作用下,可将 75% 左右的稻谷脱去颖壳,但糙碎米较多。脱壳后的谷糙混合物经谷壳分离装置借气流除去谷壳后排出机外。砂盘外径 400～1120mm，环形脱壳区的宽度一般为外径的 1/7～1/6。此机结构简单、价格低廉，但其产生的毛米和碎米较多，成品质量较差，目前已较少使用。

　　砂轮砻谷机的结构，主要由进料斗、金刚砂盘、轧距调节机构和传动机构等几部分组成。其结构形式如图 3-48 所示，1 为储料斗，3 为进料插门，4 和 6 为金刚砂浇制的砂盘。下砂盘固定在主轴 9 上，随轴转动，中央为无砂区，四周砂面厚 32～45mm。上砂盘中心有一圆孔，以便下料。上砂盘用螺丝固定在机壳上，故又作为机盖用。工作时的砻出物，均由出料口 8 排出。

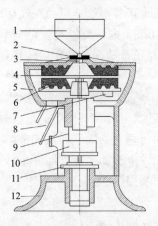

图 3-48　LS 型砂轮砻谷机结构图

1. 储料斗；2. 斗座；3. 进料插门；4. 上砂盘；5. 机盘；6. 下砂盘；
7. 刮板；8. 出料口；9. 主轴；10. 皮带轮；11. 调节手轮；12. 机座

　　砂轮砻谷机轧距调节机构见图 3-49。当转动手轮，通过小圆锥齿轮带动大圆锥齿轮一起转动。因大圆锥齿轮同滑动轴承座用梯牙螺纹连接，所以滑动轴承座也随之上下滑动，从而带动主轴和下砂盘一起上下移动，达到轧距调节的目的。当轧距调节到合适的程度后，旋紧星形手轮，通过夹紧块将滑动轴承座紧固，以防止主轴在工作中产生晃动。由于传动机构和主轴采用花键连接，因而在开车中就可进行轧距调节。这种轧距调节机构灵活、准确、安全、方便。

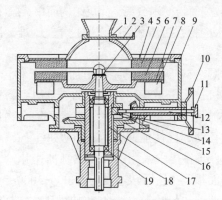

图 3-49　LS 型组合砂轮砻谷机的轧距调节机构

1. 进料斗座；2. 流量调节插板；3. 主轴；4. 上铁盘；5. 上砂轮；6. 下砂轮；7. 下铁盘；
8. 拨米叶片；9. 机壳(荷花缸)；10. 手轮；11. 星形手轮；12. 夹紧螺拨钉；13. 小圆锥齿轮；
14. 螺纹套；15. 夹紧块；16. 大圆锥齿轮；17. 滑动轴承座；18. 轴承座壳体；19. 轴承

砂轮砻谷机使用与维护如下所述。

(1)开车前应对净谷、传动机构、润滑情况和轧距调节的大小进行检查，一切正常后，才可以开车。

(2)开机后，待空车运转正常后，再将进料斗插板缓缓拉开放入稻谷，同时检查砻下物料的脱壳率和碎米情况。若脱壳率过低，可将轧距适当调小，如碎米过多，可将轧距适当放松，并调整进口流量，等到各部分调节正常后，固定螺丝，应立即拧紧，并不再任意拧动。

(3)新砂盘在使用前，必须校正静平衡，避免在使用时产生振动，损伤米粒。

(4)新砂盘在开始工作的 10min 内，流量及脱壳率不应超过正常工作的 60%。待被修砂面显出新的砂锋时，再恢复正常情况。这样可防止新修的砂面由于摩擦过大而损伤米粒。

(5)砂盘使用一段时期后，砂面白勺锋利程度将降低，同时会产生不平整的现象，应注意检查，及时修整。浇制砂盘一般在下班后进行检查整修一次。

(6)砂盘装置要水平，立轴要垂直，固定砂盘的螺帽必须拧紧，不得有松动现象。

(7)机器在运转过程中，如发生振动，应立即停车检查原因，采取措施。

(8)如发现米粒有被金刚砂削损(如破头米、开边米)现象时，应停车检查砂面情况，并进行整修。

(9)砂盘的砂面露铁时，应立即更换。

(10)定期更换轴承，经常加润滑油。

(11)停车时，应先关进料门，然后停车，并检查砂盘的使用情况，做好清洁保养工作。总而言之，为了充分发挥砂轮砻谷机的作用，除了合理地控制流量、保持一定的脱壳率外，在设备方面，还必须做到砂盘圆、装置水平、运动平稳、砂面整齐和锋利，即要掌握圆、平整、稳、锋等要领。

3. 离心砻谷机

离心砻谷机有一个高速旋转的甩盘，工作时，稻谷在甩盘离心力的作用下，与具有适当硬度的构件相碰撞，颖壳破裂而与糙米分离。此机结构简单、操作方便、能耗低，但其产生的碎米较多，对含水量较多的稻谷挤压和撕搓作用脱壳较困难，目前已较少使用。

1)离心砻谷机的结构

离心砻谷机的结构如图 3-50 所示。其主要由加速盘 2 和砻谷盘 3 组成。工作时，当谷粒自稻谷流入口 5 进入机器后，被高速转动的加速盘甩到砻谷盘上，在强力的冲击作用下，谷粒脱去外壳而成糙米。脱壳后的糙米、谷壳等混合物从出口排出。在离心式砻谷机进口的两侧开有通气孔 4，以便加速盘运转时吸进空气，有带动谷粒进入加速盘内的效用。图 3-50(a)是离心砻谷机中采用的一种铁制加速叶轮，叶轮上开有数条沟槽，外围是橡胶圆台状脱壳曲面板。叶轮回转速度为 2000～3000r/min。稻谷从叶轮的中央部喂入，沿三片叶片加速运动，并与倾斜大约 45°的橡胶脱壳曲面相撞击，使得谷壳开裂、内部糙米在惯性下脱出稻壳。此种加速盘(叶轮)迄今已不多见，取而代之的是图 3-50(b)所示的树脂材料制成的脱壳风机，其直径为 500 mm，转速为 1600～1700r/min。稻谷在风机的壳体内被气流加速，靠稻谷与风机壳体内的聚氨酯橡槽相撞、滑移来实现脱壳。撞击式脱壳方式与压辊式脱壳方式相比，碎米率低，但米内裂纹较多。

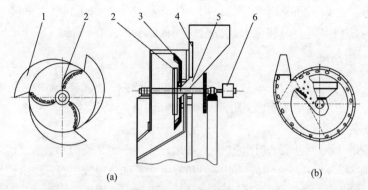

图 3-50　离心砻谷机

(a)加速叶轮：1. 防破碎板；2. 加速盘；3. 砻谷盘；4. 通气孔；5. 稻谷流入口；6. 皮带轮；(b)脱壳风机

2)离心砻谷机的操作与维护

(1)进机稻谷不能混有草秆、绳线、石块、铁钉等杂质，以免阻塞或损坏加速盘。

(2)根据进谷流量掌握合适的脱壳率，防止产生过多碎米，一般脱壳率掌握在 75% 左右，碎米不宜超过 20%。

(3)随时检查加速盘、砻谷盘的磨损情况，如磨损过大，应及时更换。

(4)离心砻谷机的转速高，必须随时注意轴承的润滑情况。

(二)稻壳分离与收集机械

1. 稻壳分离与收集原理

稻壳是大米外面的一层壳，是稻米加工过程中数量最大的副产品，按质量计约占稻谷的 20%。可以用来做酱油、酒以及发电，装成袋也可以种植平菇。长期以来国内外对稻壳的综合利用进行了广泛的研究，获得了许多可供利用的途径。

稻谷经砻谷机脱壳后的砻下物是糙米、稻壳和稻谷的混合物。稻壳体积大、相对密度小、摩擦系数大、流动性差，若不及时将其从砻下物中分离出来，会影响后道工序的工艺效果。在谷糙分离过程中，如果谷糙混合物中含有大量的稻壳，谷糙混合物的流动性将变差，谷糙分离工艺效果将显著降低。同样，回砻谷中若混有大量的稻壳，将会降低砻谷机产量、增加能耗和胶耗。稻壳分离的工艺要求是：稻壳分离后谷糙混合物含稻壳率不应超过 0.8%、稻壳中含饱满粮粒不应超过 30 粒/100kg、糙米中稻壳含量不应超过 0.1%。

稻壳的悬浮速度与稻谷、糙米有较大的差别，因此可用风选法将稻壳从砻下物中分离出来。此外，稻壳与稻谷、糙米的密度、容重、摩擦系数等也有较大的差异，也可以利用这些差异，先使砻下物良好地自动分级，然后再与风选法相配合，这样更有利于风选分离效果的提高和能耗的降低。

稻谷砻下物经风选分离后，稻壳收集是稻谷加工中不可忽视的工序。稻壳收集，不但要求把全部稻壳收集起来，而且要求空气达标排放，以减小大气污染。稻壳收集原理，主要有重力沉降法和离心沉降法。重力沉降法是让含稻壳的气流借助重力的作用使稻壳自然沉降下来，达到稻壳分离的目的；离心沉降法是使带稻壳的气流直接进入离心分离器(刹克龙)内，利用离心力和重力的综合作用使稻壳沉降的方法。

2. 稻壳分离机械

稻壳分离风选机械一般安装在胶辊砻谷机的底座内，与砻谷机组成一体。胶辊砻谷机常用的稻壳分离装置主要有吸式稻壳分离器和循环式稻壳分离器两种。

1) 吸式稻壳分离器

吸式稻壳分离器是我国最常用的、分离效果较好的一种稻壳分离装置，其结构如图 3-51 所示，主要由进料口、可调节溜板、调风门和吸风管等部分组成。砻下物由进料口通过缓冲槽落到溜板上，进行自动分级。溜板为鱼鳞孔板，且可以根据生产需要改变其倾斜角度。由于溜板表面粗糙，又有气流自下而上穿过物料，所以物料能形成良好的自动分级，使稻壳在流动中浮于上层，为稻壳分离创造了有利的条件。当物料进入稻壳分离区时，由于吸风口为喇叭形，具有较适宜的分离长度和风速，因此稻壳与谷、糙能够达到良好的分离效果。此外，该装置采用了双面进风形式，一部分气流从料层下穿过物料分离稻壳，另一部分气流由后面进入，继续对稻壳进行分离，并阻止已分离出的稻壳重新落入谷糙混合物中。

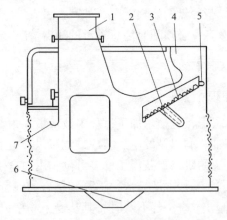

图 3-51　吸式稻壳分离器

1. 吸风管；2. 角度调节机构；3. 鱼鳞孔溜板；4. 进料口；5. 缓冲槽；6. 出料口；7. 调风门

2) 循环式稻壳分离器

循环式稻壳分离器结构如图 3-52 所示，主要由喂料机构、风选室、未熟粒分离机构、稻壳分离机构和风机等部分组成。砻下物经喂料装置由溜板喂入上风选室，进行第一次风选，并分离出大部分的稻壳，然后进入下风选室，进行第二次风选，在分离出剩余少量稻壳的同时进行谷糙与未熟粒的分离，最后分别由螺旋输送器从各自出口排出。经过稻壳分离后的气流由风机吹回到上、下风选室，进行循环使用。未熟粒的质量和流量可由调节阀 11 和调节阀 6 共同控制。该稻壳分离器具有集谷糙与瘪谷等未熟粒的分离及稻壳的分离于一体、内部气流循环使用、结构紧凑、占地少、能耗低、分离效果较好等特点。

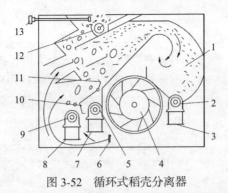

图 3-52　循环式稻壳分离器

1. 稻壳分离室；2. 稻壳螺旋输送器；3. 稻壳出口；4. 风机；5. 未熟粒螺旋输送器；6，10，11. 调节阀；
7. 未熟粒出口；8. 谷糙混合物出口；9. 谷糙混合物螺旋输送器；12. 进料螺旋输送器；13. 拉杆

3. 稻壳收集装置

稻壳收集的方法主要有重力沉降和离心分离沉降两种。

1) 重力沉降

重力沉降装置是使稻壳在随气流进入沉降室后突然减速的情况下，依靠自身的重力而沉降的方法。实际使用中，沉降室通常建成立方仓结构，如图 3-53 所示，俗称大糠房。带有稻壳的气流进入大糠房后，由于体积突然扩大，风速骤然降低，稻壳及大颗粒灰尘便随自重逐步沉降，气流则由大糠房上部气窗或屋顶排气管排出，为了便于输送，包装谷壳，可将沉降室下部做成漏斗形。为保证谷壳特别是糠灰能够在沉降室内很好地沉降，必须使它们有足够的降落时间和小于或等于沉降速度的风速。糠灰沉降速度一般为 0.02m/s。该收集方法能耗低，但占地面积大、降尘效果较差、易造成糠尘外扬，因此使用时应考虑环境的要求。

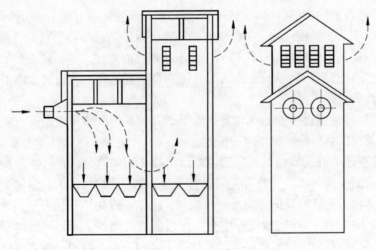

图 3-53　重力沉降装置

2) 离心分离沉降

离心分离沉降是使带有谷壳的气流进入离心分离器(刹克龙)内，依靠离心力和重力的作用，使谷壳沉降，离心分离器对于粒径大于 10μm 的物料颗粒有较高的分离沉降效果。离心沉降是碾米厂中广泛应用的方法，采用这种方法，设备结构简单，价格低，维修方便，收集的谷壳便于整理。由于谷壳粗糙，为减少摩擦，提高设备使用寿命，离心分离器(图 3-54)一般采用玻璃、水泥或陶瓷制作。根据离心分离器在气路中所处位置的不同，可分为压入式和吸入式两种，压入式在离心分离器的下部出料口可不用设置闭风器，但因稻壳经过风机，风机叶片极易磨损，需经常更换。吸入式在离心分离器的下部出料口必须采用闭风装置。吸入式因稻壳不经过风机，风机使用寿命长。无论是吸入式还是压入式，所排放空气的含尘浓度一般都达不到规定的排放标准，因而需要采取进一步净化空气的措施。

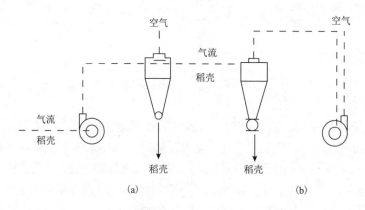

图 3-54　离心分离器
(a)压入式；(b)吸入式

3)稻壳分离与收集设备的使用与维护

(1)根据砻谷机的流量情况，调整好淌板角度，应能使砻下物不在分离设备中滞留。调节好风门大小，使风速合适。生产中，必须保证设备流量均匀、稳定，避免流量时大时小，当砻谷机流量有增减时，风机风门也应做相应的调整，以保证正常的分离效果。

(2)应经常检查出口物料的分离情况。特别是刚开机时，若发现分离不好等不正常现象，应立即调整风机风门。

(3)经常将耳朵贴近风管和刹克龙，倾听有无稻谷的摩擦和撞击声，若有撞击声，应调整风机总风门，以保证吸口风速控制在 5m/s。

(4)常检查风机的运转情况，定期检查风机叶片磨损情况，若磨损过甚，应立即更换，因为气流的流速和风量对分离效果影响很大。要多关注皮带的松紧情况，若发现风机传动带松弛而引起转速降低，应及时采取张紧措施，以免影响稻壳分离效果。

(5)对砻下物的含水量要做到心中有数，根据出口物料情况，调节淌板角度。当原粮水分较高时，应在保证物料能够流动的情况下，适当调小倾角；反之，将倾角适当调大。以保证谷糙中无壳、壳中无粮的要求。

(6)要想分离效果好，必须做到：流量合适均匀、风速稳定均匀，形成良好的自动分级，足够的分离长度。

4. 谷糙分离机械

1) 谷糙分离原理

稻谷经砻谷后，砻下物为稻谷、糙米和稻壳的混合物。稻壳经吸风分离被风吸走，剩下的是糙米和少量未脱壳的稻谷。根据工艺要求，谷糙混合物需进行分离，分出纯净糙米送往下道碾米工段碾米。糙米中含有谷过多，会影响碾米工艺效果，降低成品质量。通常将谷糙分离出的稻谷称为回砻谷。回砻谷中糙米含量不能大于 10%，如含糙过多，也会影响砻谷机的产量、胶耗和动耗，而且会造成糙碎增加，出米率降低，糙米质量下降，反过来影响谷糙分离。

谷糙分离是稻谷加工工艺中一个非常重要的环节，也是实际生产过程中出现问题较多的部位，所以充分了解各方面的因素是确保良好谷糙分离效果的必要条件，而谷糙混合物的工艺特性是其中之一。

(1) 稻谷与糙米在粒度上存在差异，糙米的粒度小于稻谷。

(2) 在摩擦因数方面，糙米的表面粗糙度小于稻谷。稻谷和糙米的摩擦因数差别，也是分离谷糙混合物的一个重要依据。

(3) 同一品种的稻谷与糙米相比较，糙米的相对密度和容重大于稻谷。这种差别与谷糙混合物的自动分级性能有密切关系，而自动分级性能是分离谷糙混合物的重要条件。

(4) 糙米和稻谷具有不同的弹性。稻谷的弹性大于糙米。

(5) 稻谷的悬浮速度小于糙米，但只靠这种特性并不能进行谷糙分离，因为稻谷和糙米的悬浮速度虽有一定的差别，但相差不多。这种特性只能对谷糙分离起一定的辅助作用，可以促使混合物更好地进行自动分级，从而提高谷糙分离效率。

谷糙分离的基本原理是，充分利用稻谷和糙米的粒度、密度、摩擦因数、悬浮速度等在物理、工艺特性方面的差异，使之在运动中产生良好的自动分级，即糙米"下沉"，稻谷"上浮"。采用适宜的机械运动形式和装置将稻谷和糙米进行分离和分选。

目前，常用的谷糙分离方法主要有筛选法、密度分离法和弹性分离法三种。

a. 筛选法

筛选法是利用稻谷和糙米间粒度的差异及其自动分级特性，配备以合适的筛孔，借助筛面的运动进行谷糙分离的方法。谷糙分离平转筛利用稻谷和糙米在粒度、密度、容重及表面摩擦因数等物理特性的差异，使谷糙混合物在做平面回转运动的筛面上产生自动分级。粒度小、相对密度大、表面较光滑的糙米与筛面接触并穿过筛孔，成为筛下物；粒度大、相对密度小、表面粗糙的稻谷被糙米层所阻隔而无法与筛面接触，不易穿过筛孔，成为筛上物，从而实现谷糙分离。

b. 密度分离法

密度分离法是利用稻谷和糙米在密度、表面摩擦因数等物理性质的不同及其自动分级特性，在做往复振动的粗糙工作面板上进行谷糙分离的方法。重力谷糙分离机利用稻谷与糙米在密度、表面摩擦因数等物理特性的差异，借助双向倾斜并做往复振动的粗糙工作面的作用，使谷糙混合物产生自动分级，稻谷"上浮"，糙米"下沉"。糙米在粗糙工作面凸台的阻挡作用下，向上斜移从工作面的斜上部排出。稻谷则在自身重力和进料推力的作用下向下方斜移，由下出口排出，从而实现谷糙的分离，如图 3-55 所示。

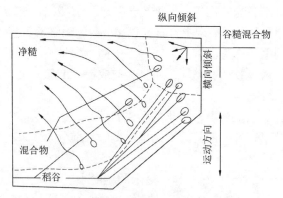

图 3-55　谷糙混合物在粗糙工作面上的运动状态

　　c. 弹性分离法

　　弹性分离法是利用稻谷和糙米弹性的差异及其自动分级特性而进行谷糙分离的方法。常用的设备是撞击谷糙分离机(也称巴基机)。撞击谷糙分离机是利用稻谷和糙米的弹性、密度、摩擦因数等物理特性的差异，借助具有适宜反弹面的分离槽进行谷糙分离，如图 3-56 所示。谷糙混合物进入分离槽后，在工作面的往复振动作用下产生自动分级，稻谷浮在上层，糙米沉在下层。由于稻谷的弹性大又浮在上层，因此与分离槽的侧壁发生连续碰撞，产生较大的撞击力，使稻谷向分离室上方移动。糙米弹性较小，且沉在底部，不能与分离槽的侧壁发生连续碰撞，在自身重力和进料推力的作用下，顺着分离槽向下方滑动，从而实现稻谷、糙米的分离。

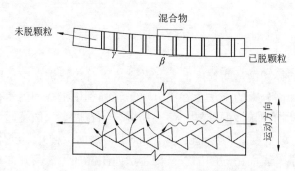

图 3-56　谷糙混合物在弹性工作室的运动状况

　　2) 谷糙分离平转筛

　　谷糙分离平转筛是一种常用的谷糙分离设备，具有结构紧凑、占地面积小、筛理流程简短、筛理效率高、操作管理简单等特点，是稻谷加工厂广泛使用的谷糙分离设备。按其筛体外形不同，分为长方形筛和圆形筛两类。谷糙分离平转筛筛选流程如图 3-57 所示。

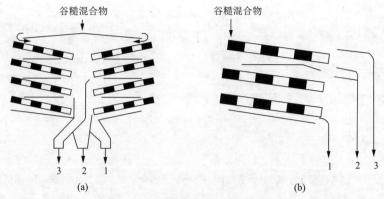

图 3-57 谷糙分离平转筛筛选流程

(a)长方形谷糙分离平转筛筛选流程；(b)圆形谷糙分离平转筛筛选流程

1. 净糙；2. 回筛物；3. 回砻谷

a. 长方形谷糙分离平转筛

长方形谷糙分离平转筛(图 3-58)主要由进料装置、筛体、筛面倾斜角调节机构、偏心回转机构、传动及调速机构和机架等部分组成。

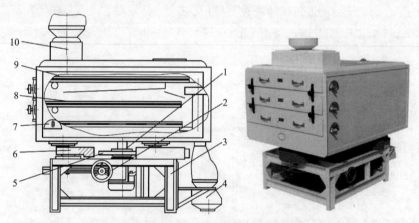

图 3-58 GCP 长方形谷糙分离平转筛

1. 调速机构；2. 调速手轮；3. 机架；4. 出料机构；5. 过桥轴；
6. 偏心回转机构；7. 筛面倾斜角调节机构；8. 筛面；9. 筛体；10. 进料装置

（a）进料装置。进料装置由盆形接料口和料箱组成。料箱内装有导料淌板，以确保喂料均匀及减小物料对筛面的直接冲击力。进料口与进料管之间常用帆布或软管连接，防止灰尘飞扬。

（b）筛体。筛体内装有三层抽屉式筛格，每层筛面下均设有集料板，将筛下物导向下层筛面的进料端，以确保筛上物料的厚度，促进物料的自动分级。各层筛面的上方(进料端)均分别装有筛面倾斜角调节机构(图 3-59)，通过偏心轮的改变来调节筛面的倾斜角。筛体通过三组偏心回转机构(图 3-60)支撑在支撑机架上，由传动机构带动其中一组偏心回转机构转动，筛体做平面回转运动，筛体运动惯性力与回转机构偏重块的运动惯性力相平衡，筛体回转半径为偏心回转机构的偏心距，转速取决于调速机构的传动比。

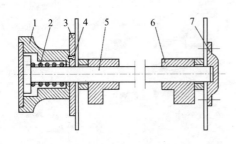

图 3-59 偏心凸轮筛面角度调节机构

1. 手轮；2. 弹簧；3. 刻度盘；4. 定位销；5. 轴；6. 凸轮；7. 轴座

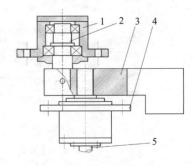

图 3-60 偏心回转机构

1、4. 轴承座；2. 短轴；3. 偏重平衡块；5. 长轴

（c）传动及调速机构。传动及调速机构包括减速装置和调速装置两部分。谷糙分离平转筛的工作转速较低，减速装置常用齿轮减速箱或过桥轴传动机构减速（图 3-61、图 3-62）。调速装置由调速机构和调速张紧机构两部分组成。调速机构（图 3-63）由固定带轮、活动带轮、弹簧、防尘罩等组成。调速张紧结构（图 3-64）由手轮、高速丝杆、支撑座、调速螺母等组成。调速时，通过转动与调速丝杆连接的手轮，带动电机轴端的调速带轮，变动调速带轮与减速机构之间的中心距，使活动带轮在弹簧的压力下随之上、下移动，改变三角带轮与三角带的接触直径，达到无级调速的目的。调整范围为 145～175 r/min，变化幅度为 30 r/min。

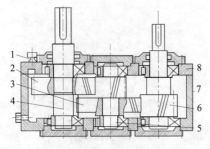

图 3-61 减速箱

1. 油塞；2. 齿轮(2)；3. 齿轮(1)；4. 低速轴；5. 中间齿轮轴；
6. 高速齿轮轴；7. 箱体；8. 箱盖

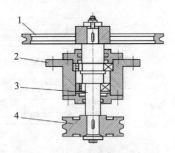

图 3-62 过桥轴传动机构

1. 大三角带轮；2. 过桥轴承座；
3. 过桥轴；4. 小三角带轮

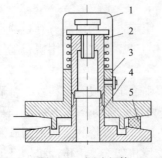

图 3-63 调速机构

1. 防尘罩；2. 弹簧；3. 活动带轮；4. 固定带轮；5. 三角带

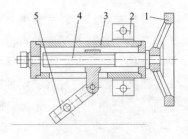

图 3-64 调速张紧机构

1. 手轮；2. 支撑座；3. 调速螺母；
4. 调速杆；5. 调速连杆

b. 圆形谷糙分离平转筛

圆形谷糙平转筛的总体结构如图 3-65 所示,其筛体外形为圆形,由进料装置、筛体、偏心回转机构、传动调速机构和机架等部分组成。

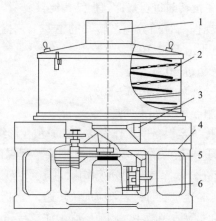

图 3-65　圆形谷糙分离平转筛总体结构

1. 进料斗;2. 筛体;3. 偏心回转机构;4. 机架;5. 传动调速机构;6. 电动机

(a)进料装置。筛体顶部有进料口与圆锥形匀料工作面,筛面是四周环形进料,物料沿圆锥形工作面的周边均匀地进入第一层筛面。而出料口设在中间,因此筛体上装置一块倾角为 5°的圆锥形总导料板,使进口物料均匀地进入第一层筛面。

(b)筛体。筛体内共叠置四层蝶形编织筛面,每层筛面下均设倾角为 3°的截锥形导料板,使各层筛下物均匀地以环状形式进入下一层筛面,进行逐道筛理。第四层筛面的接料板即为筛体的底板。为了防止各层筛面漏料,每层筛框边缘加橡皮垫片,保持与筛体紧密配合。筛体中间设有三个漏斗形出料管,分别将净糙、回砻谷和回筛物排出机外。筛体中心部位为出料口,内装有四层碟形圆环编织筛网,每层筛面下均配有一层截锥形导料板,引导物料沿圆形筛面周边均匀地进入下层筛面,这种筛体结构具有重心低、体积小、质量轻的优点。筛体通过三组互成 120°角排列的偏心回转机构支撑在机架上,其中一组与减速箱相连,以带动筛体做平面回转运动。

(c)传动调速机构。采用变速箱和剖分式深槽三角带轮无级调速的形式,如图 3-66 所示。图中 2 和 5 分别为两个深槽部分的可调皮带轮,分别装置在电动机 6 和变速箱 9 的轴上。调节转速时,可调节手轮 4,使螺母斗带动固定在螺母两端的拨叉 3 和 7 上下移动,随之调动

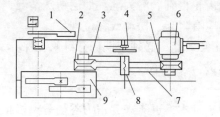

图 3-66　传动调速机构

1. 偏心回转平衡装置;2,5. 可调皮带轮;3,7. 拨叉;4. 可调节手轮;6. 电动机;8. 螺母;9. 变速箱

三角皮带轮的活动片，以改变三角带轮直径。当螺母 8 向下移动时，带轮 5 直径减少，而带轮 2 直径增大，此时筛体的转速减慢；反之，螺母向上移动时，筛体的转速就加快，这样达到无级变速的目的。这种传动调速机构可根据谷糙分离效果及时调节筛体转速，其调速范围可达±15 r/min，且能在设备运转时进行操作，但结构比较复杂，齿轮箱制造要求高。

根据稻谷加工厂操作规程，谷糙分离平转筛的主要工艺指标如下：

(1)回砻谷中含糙米量不应超过 10%。

(2)净糙含谷粒数不应超过 40 粒/kg。

(3)回筛物料流量为净糙流量的 40%～50%。

谷糙分离平转筛的使用与维护如下所述。

(1)根据原粮情况，选择确定设备的工作参数。如原粮粒形细长，应选择较大的长方形筛孔；如原粮粒形较短，可选择较小的方形筛孔。如遇原粮互混程度比较大，筛孔应按其中的大粒形稻谷配备，此时应充分发挥其自动分级作用，加长分级段长度，加大筛面收缩比例，增加筛面倾斜角度。分离高水分原粮时，一般应加快转速，增加筛面倾斜角度；分离低水分原粮时，转速和筛面倾斜角都应适当减小。调节中必须注意转速、筛面倾斜角、筛孔、分级段、筛面收缩比例的相互关系，互相协调，不能过分偏重某一方面的作用。

(2)开机后，先将糙米出料口处的活动淌板拨到"关"的位置，空车运转 1～2min，检查是否有异常声响、过大噪声和剧烈振动，如发现问题应及时停机找出原因并加以解决。运转平稳后，放入物料进行分离。此时，糙米回流到设备进口再分离，待糙米质量符合要求后，置活动淌板于"开"的位置，开始正常工作。

(3)生产过程中，要保持流量稳定，随时检查筛面上的料层厚度、糙米中的含谷量和回砻谷中的含糙量，并酌情调节筛面转速和倾斜角度。调节筛面倾斜角度时应注意各层筛面在分离中的作用，第一层筛面主要用于撇谷，筛面倾斜角度应适当小一些，以保证回砻谷质量；第三层筛面主要用于提取净糙，筛面倾斜角度应适当大一些，以保证净糙质量。

(4)准备停机时，先关闭进料闸门停止进料，再将糙米出口的活动淌板置于"关"的位置，以便使含谷较多的糙米从中间出口排出回机，然后关闭电机。

(5)经常检查各部位的紧固件是否松动，设备运转是否平稳，声音是否正常。如出现异常，应及时检修。定期检查各层筛面是否平整，有无破损，发现松弛或破损，应及时张紧或更换。润滑系统应定期加油或换油。滑动带轮内套每周注油一次，轴承一般每6 个月换润滑油一次，减速箱每季度加油一次，调速带轮滑动面每个月加注黄油一次，调速丝杆与支撑座配合处及螺丝部分每 3 个月加机油一次。减速箱加油时应注意油位，不能过高或过低，以顶面齿轮得到润滑为准。如遇特殊情况，应随时加油或换油。调节机构应保持灵活可靠，不应有阻卡、松动或移位现象。

(6)为了保持设备的正常效能，必须定期进行维修和保养，通常每年进行一次大修，每季度保养一次，每两周进行一次小修。

3)重力谷糙分离机

重力谷糙分离机起源于日本，近年来，重力谷糙分离机越来越广泛地被稻谷加工厂所使用。重力谷糙分离机的最大特点是对品种混杂严重、粒度均匀性差的稻谷原料的加工有较强的适应性、谷糙分离效率高、操作管理简单等。

重力谷糙分离机是借助呈双向倾斜安装,并在分离板冲制有马蹄形、鱼鳞形凸点的工作面的往复振动,利用稻谷与糙米相对密度和表面摩擦因数的不同,借助双向倾斜往复运动的分离板的作用,使谷糙混合物在分离板上形成良好的自动分级。相对密度大,表面较光滑的糙米下沉,在分离板凸台的作用下,使下沉于料层底面紧贴分离板的糙米向上斜移,从上出口分离出去。相对密度小,表面较粗糙的谷粒则浮在料层上部,不接触分离板面,得不到凸台的作用,在重力及粮流推力作用下,向下斜移,由下出口排山,从而实现谷糙分离。重力谷糙分离机分为单筛体型重力谷糙分离机、双筛体型重力谷糙分离机。

a. 单筛体型重力谷糙分离机

单筛体型重力谷糙分离机的结构如图 3-67 所示,主要由进料机构、分离箱体、偏心传动机构、支承机构和机架等部分组成。

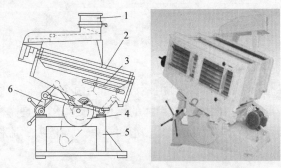

图 3-67　MGCZ 型重力谷糙分离机

1. 进料机构; 2. 分离箱体; 3. 出料口调节板; 4. 偏心传动机构; 5. 机架; 6. 支承机构

(1)进料机构包括进料斗、流量控制闸门、大杂筛面和匀料装置,主要起调节流量、清除大杂和均匀分料的作用。

(2)分离箱体由五层分离板、框架和出料装置组成。分离板如图 3-68 所示,是该机的主要工作构件,它是由薄钢板冲制而成,凸台呈马蹄形,其高度为 2.4mm。凸台的作用是增加工作面的粗糙度,促进工作面上物料的自动分级,并对与工作面接触的物料产生一定的下滑阻力。出料装置设有出料调节板,用于调节出机稻谷、糙米及混合物的相对比例,从而控制净糙和回砻谷的纯度和流量。分离箱由两组支承杆共同支承在机架上,分离箱体为双向倾斜,且横向倾斜角(横向与箱体振动方向一致)大于纵向倾斜角。箱体的横向倾斜角可由支承机构如图 3-69 所示的偏心升降装置 1 来调节,以适应工艺及原料需要。

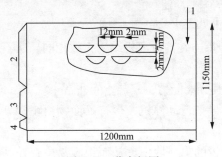

图 3-68　分离板图

1. 进机物料; 2. 糙米; 3. 混合物; 4. 回砻谷

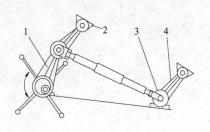

图 3-69　支承机构

1. 偏心升降装置; 2. 牵伸块; 3.支承轴; 4.支承杆

（3）偏心传动机构由主轴、偏心套、平衡轮、轴承座和连杆等部分组成，如图 3-70 所示，使分离箱体做横向往复运动。

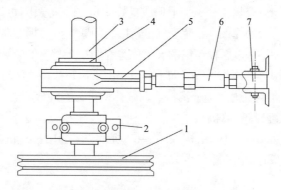

图 3-70　偏心传动机构

1. 平衡轮；2. 轴承座；3. 主轴；4. 偏心套；5. 偏心轴承座；6. 连杆；7. 牵伸轴承座

b. 双筛体型重力谷糙分离机

双筛体型重力谷糙分离机（图 3-71）由镜像排列的两个分离箱体组成，每个分离箱体又由两个并联的分离箱组成。两个分离箱体的结构、支撑形式是完全对称的，结构非常合理，所以该设备具有运转平稳、噪声低、密闭性好、产量大、流程组合灵活、操作简单、自动化程度高等特点。

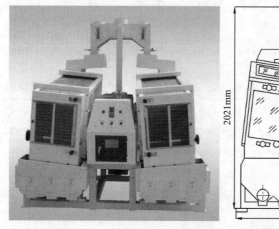
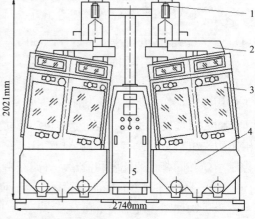

图 3-71　双筛体型重力谷糙分离机

1. 进料机构；2. 匀料机构；3. 出料调节机构；4. 出料箱；5. 控制箱

与单筛体型重力谷糙分离机相比，双筛体型重力谷糙分离机结构大致相同，所不同的方面如下所述。

（1）安装空间小：设计紧凑而产量大，相对其分离能力，安装空间非常小。

（2）配有自动停机装置：一旦料斗中无料，设备自动停机，保持筛面物料正常分选现状，料仓来料后设备自动开机，进入正常工作。

（3）取样简单：糙米样品可通过转向阀从特设的出口取出，从而很容易检查样品的质量及流量。

(4)分离状况检查简便：进出口端盖安装有观察窗，因而检查稻谷的分离状况极为方便。

(5)超群的分离功能：独特的设计使本机既能适应各种稻谷和原粮品种混杂及高水分的谷糙分离，又能将长（短）谷粒从长（短）粒糙米中分离出来。

重力谷糙分离机工艺指标如下所述。

(1)净糙含谷不大于 30 粒/kg。

(2)回砻谷含糙不大于 10%。

(3)回本机物料流量与净糙流量之比小于 40%。

重力谷糙分离机的操作与维护如下所述。

(1)开车前，应分层做分离质量的调试，使各层分离板的分离质量保持一致。然后，再做流量是否均匀、大小是否合适的调试。在调试正常后，方可放料正常生产。

(2)放料时，应由上而下开启各层进料闸门，使分离箱正常工作。

(3)观察、检查谷糙分离质量，根据分离情况，调整净糙及回砻谷分料板，使其达到最佳后，立即将净糙翻板调整到正常情况。

(4)经常检查料斗供料是否被杂物堵塞，如有杂物，应立即从取杂口将杂物取出。

(5)检查各层分离板工作面倾角，工作面倾角越小，物料向上方运动的倾向越大，工作面上方的物料层厚度增加，会使糙米流量增加而纯度降低；倾角增大，会使糙米流量减少而使纯度提高。因此，在实际生产中应根据具体情况选择工作面倾角。一般工作面倾角：纵向为 6.5°～10°，横向为 6°～18°。检查各层分离板供料是否充分，如谷糙混合物来料不足，又影响分离质量，可视来料情况，减少使用分离板层数，或适当降低转速，保证分离质量。如来料超过本机额定流量，可在保证分离质量的前提下，适当提高转速，否则，必须严格控制流量，使其在额定流量范围内。

(6)停车时，应将各层分流闸门关闭。

(7)注意传动部分的润滑，及时更换设备的易损零件。更换时，注意装正，防止走样。

(8)机器长期停用或维修，分离板应涂油平放，防止板面氧化、起拱变形。上层分离板应覆盖保护。

(9)设备停用时，应将传动带卸下，这样可提高传动带使用寿命。

(10)设备使用中，要多摸、细听、勤看。摸电机；轴承温升是否太高；听有无异常噪声和振动、撞击声；看设备运转是否正常、平稳。

装配时，将按如下要求进行：

(1)偏心轴承座与牵伸轴承座两端之间的距离要求左右一致。

(2)传动轴、电机轴须与主轴中心线平行。

(3)箱体无扭曲，分离板应平整。

(4)各转动部位转动应灵活。

(5)保证两组支承杆与偏心主轴中心距，两组支承杆中心距尺寸的准确性，其上下、左右应对称，构成平行四边形。

4)撞击谷糙分离机

撞击谷糙分离机（俗称弹性谷糙分离机，又称巴基机）是一种典型的弹性分离设备，既可用于谷糙分离也可用于燕麦等谷物的谷米分离。它是根据稻谷与糙米弹性、相对密度和摩擦系数等物理特性方面的不同将谷糙分开的，因此，它不受品种和籽粒大小的影响，同时，它只有净糙和回砻两个出口，减少提升次数，但其产量低、造价高，目前国内使用不是很多。但许多其他国家还在使用该设备，尤其是在欧洲地区，这种设备被广泛地应用于谷糙或谷米分离。

a. 撞击谷糙分离机的结构

我国制造生产的撞击谷糙分离机的结构如图 3-72 所示，它主要由进料装置、分选台、传动机构、转速与冲程调节机构和机座等部分组成。

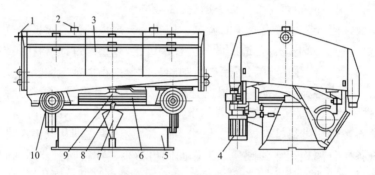

图 3-72　撞击谷糙分离机

1. 进料闸门调节手轮；2. 进料口；3. 分选台；4. 电机；5. 机架；
6. 飞轮；7. 倾斜角度指示牌；8. 锁紧手柄；9. 倾斜角调节手轮；10. 托轮

(1)进料装置。进料装置为一长槽，安装在分选台的整个长度上，其纵向用隔板分成两室(图 3-73)。物料从第一室 2 的中部进入，此室有一调节活门 1，用以调节由第一室进入第二室物料的流量，使物料沿第二室整个长度方向上均匀分布。第二室 4 也设有调节活门 6，主要起调节、控制进入各个分离槽内物料量的作用。进料机构为全钢结构，与整个机器工作台结成一个统一体。

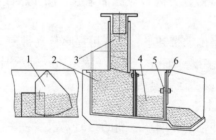

图 3-73　进料装置

1, 6. 调节活门；2, 4. 料槽；3. 进料口；5. 料门

(2)分选台。分选台固定在立轴上，由外缘包裹橡皮的铸铁轮支承。分选台内安装有一系列锯齿形分离槽。分选台的倾斜角可通过调节手轮进行调节。分离槽底板和侧壁都是用薄钢板制成的。一般分离槽的高度为 75mm。分选台的倾斜角可以通过倾斜角调节手轮 9 进行调节。分选台下电机轴上装有 V 带轮，并通过 V 带使飞轮旋转，

装在飞轮上的曲柄连杆机构使分选台做往复运动。分选台转速的调节通过更换 V 带轮的方法进行。

(3)传动机构。分选台下方有电机 4，电机轴上装有三角带轮，并通过三角皮带使飞轮 6 旋转。装在飞轮 6 上的曲柄连杆机构使分选台做往复运动。

(4)转速与冲程调节机构。分选台转速可通过更换皮带轮的方法进行调节。换皮带轮时，先将图 3-74 中所示的防护罩 5 取下，再旋松张紧轮 1，取下三角皮带 2，然后松开皮带轮内的六角螺钉 4，将皮带轮取下。若取不下时，可将此螺钉拧入另一螺孔，即可将皮带轮顶下，换上新皮带轮。调节分选台冲程时，先将图 3-75 中所示的冲程连杆 4 上的锁紧螺栓 5 从原定位孔中向上旋出，使冲程连杆可以移动，再将连杆移到所需要的位置上，并重新使锁紧螺栓向下旋入定位孔中。冲程连杆的移动带动了驱动轮，使驱动轮中心与偏心轴中心的距离改变，达到调节分选台冲程的目的。当长期未进行冲程调整时，可能发生冲程连杆难以移位的情况。在这种情况下，可以旋转偏心螺杆下端的螺母 7，使螺母与轴承座 9 上盖相抵，将偏心轴 1 顶起，然后从油嘴 3 压注润滑脂，并摇动连杆使之充分润滑。

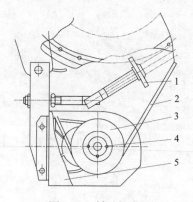 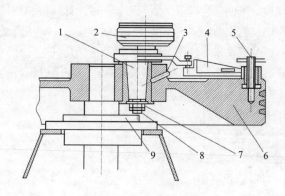

图 3-74　转速调节
1. 张紧轮；2. 三角内带；3. 皮带轮；
4. 内六角螺钉；5. 防护罩

图 3-75　冲程调节机构
1. 偏心轴；2. 驱动轮；3. 油嘴；4. 冲程连杆；5. 锁紧螺栓；
6. 飞轮；7. 螺母；8. 螺杆；9. 轴承座

(5)机座。机座由分选台的支承梁和轮、分选台斜度调节机构、驱动电机、三角带张紧装置等组成(图 3-76)。

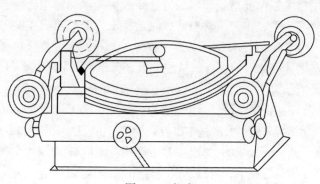

图 3-76　机座

　　b. 撞击谷糙分离机的操作与维护

　　(1) 机器运行前应验明行程与三角带轮的转速范围是否相适应, 应确保行程不超过相应三角带轮上所标定范围。

　　(2) 启动前必须将冲程连杆上的锁定螺栓确实地锁入所需行程的定位孔内, 以免造成连杆滑移而增大行程或造成损坏。不得在锁紧螺栓未牢固地旋紧的情况下开机, 否则将造成冲程杆移至最大行程的位置, 还将损坏锁紧螺栓。开机前, 应先将转速选定在一个中间值, 然后再相应地选择一低于相应转速所限定的行程。

　　(3) 调节箱体斜度, 使稻谷出口略高于糙米出口。

　　(4) 旋动喂料箱上手轮使料门处于半开启状态, 同时调定料槽中间各可调门于半开状态。

　　(5) 调节进料口和料槽中间各可调门, 使喂料槽内物料均匀分布, 直到存料面超过流口。

　　(6) 打开糙米一侧的上门。使物料厚度达到40~50mm。如果达不到此厚度, 可停机调整行程1~2个刻度, 直到达到这一高度为止。增大行程可以使料层增厚, 反之降低。

　　(7) 从两侧出料口取样观察, 并调整倾斜度, 直到出料口纯净为止, 若净糙含谷超标, 应减小斜度, 若回砻含糙多, 则应增加斜度, 倾斜度调整是比较敏感的, 调整时, 可一格一格地逐步调节。若调节倾斜度不能使分离效果提高, 则应降低物料进机量。在调整中, 应先调转速和冲程, 最后调斜度。每调整一次, 都应先让其运行几分钟后, 经质量检查, 再做下一次调整。

　　(8) 在达到良好的分离效果以后, 应使进机物料的流量保持均匀, 转速稳定。

　　(9) 定时从玻璃观察门检查下料情况。各料口料流应均匀一致, 若不均匀, 应检查相应各门的开启状态。

　　(10) 当停机一段时间或原粮品种变换时, 机内要走空, 做角度调节。先把高端放低, 使稻谷走空。再把低端放低, 走空糙米。

　　(11) 该机使用一段时间后, 驱动轮与导轮之间的间隙会增大, 这会导致噪声增大, 此时应停机调小间隙。

　　(12) 本机应当定期润滑。对于各轴承处, 每年更换一次润滑脂。对于支撑臂轴、偏心轴可每月通过油嘴加入润滑脂一次。对于各手轮转动部位, 每月可加油一次。

5. 糙米调质机械

1) 糙米调质原理

　　在日本, 采用糙米碾白前微量调质的方法来改善糙米的加工特性已有近 20 年的历史。我国以稻谷储藏为主, 多采用常温通风储藏, 水分含量控制在13%左右, 但储藏环境条件及储藏时间会导致稻谷水分下降, 一般为 11%~13%, 甚至更低。水分低有利于防止变质, 延缓陈化过程, 但稻谷含水量的偏低, 会带来新的弊端。例如, 稻谷脱壳后, 糙米中糠层和胚乳的结合更加紧密, 脆性增加。加工时米糠不易剥离, 需要较大的碾削力, 导致米粒易破碎, 出米率降低, 电耗增加。可见, 糙米调质工序是十分必要的。

　　从大米的生物学结构来看, 大米基本组分是淀粉。胚乳是一种毛细多孔胶性物质, 每当外界环境的湿度高于或低于大米的水分时, 易发生吸湿或散湿。糙米的调质处理技术就是利用这个原理, 即在一定的温度下, 对糙米以喷雾着水, 并经过一定时间的湿润调整的过程。糠层吸水后膨胀软化, 糙米皮层的水分含量增加, 以达到改善糙米的加工性能和食用品质的目的。糙米调质工序一般设在谷糙分离后、头道碾米前，经过谷糙分离后净糙米先经过糙米调质器着水，然后进入润糙仓润糙，再进入碾米机碾白。该工艺与干磨碾米相比有以下几个显著特点：①改善了白米碾磨不匀、白度上升欠佳和脱胚的不利；②外加水分抵补碾米时米温升高产生的水分蒸发，也正因此而克服了白米外表层水分急剧蒸发产生的内应力，以降低白米的龟裂；③节省碾米电耗；④降低碎米率；⑤增加出米率；⑥改善食用品质。

影响糙米调质工艺的因素如下所述。

a. 环境条件、原粮水分

糙米在调质过程中，糙米籽粒吸水速度受环境温度、湿度的影响。糙米吸水过程中，环境湿度大，糙米籽粒内的蒸气压低于周围空气中的蒸气压，从而加快了糙米籽粒从外界吸水的速度。环境温度高，分子运动速度加快，也会加快糙米籽粒从外界吸水的速度。

同一温度、湿度条件下，稻谷水分越低，增加其糙米水分所需的时间越短。在温度为20℃、湿度为85%、稻谷水分含量为13.12%时，其糙米增加1%的水分所需的润糙时间为106min；稻谷水分含量为10.96%时，其糙米增加1%的水分所需的润糙时间为78min。

b. 着水量

糙米籽粒水分增加，糙米的抗压强度、抗弯强度、抗剪强度均随之降低。

糙米调质着水量与糙出整精米率密切相关。着水量必须以糙米的原始水分和糙米入碾的适宜水分为依据。适宜入碾水分是指在此水分下，糙米碾白时的糙出白最高、碎米率最低、电耗最省、产品质量最好。糙米碾白的适宜水分一般为13.5%～15%。如果脱壳后糙米的水分已经达到糙米碾白的适宜水分，只需加极少的水，目的是使糙米表皮湿润，增加糙米表面的摩擦系数，以便降低碾白压力、减少碎米率。若脱壳后的糙米的水分与糙米碾白适宜水分差距较大，则应选择适宜的着水量。一般情况下着水量为0.2%～0.6%。

稻米加工中最重要的是保持米粒的完整性。因此，在糙米调质过程要严格控制着水量，避免由于着水量过大而引起胚乳强度降低、碎米率增加。糙米调质着水量受环境条件、原粮的品种、原粮的水分、着水水温等多个因素的影响。

c. 润糙时间

糙米着水后必须有足够的润糙时间来保证糙米籽粒吸水，使糙米的水分按水分梯度分布，使糙米皮层的水分高于胚乳的水分，同时保证糙米籽粒之间的水分均匀分布。润糙时间也与着水量、着水水温、环境条件、稻米品种、稻米原始水分等多方面因素有关。润糙时间一般为20～40min。

2) 糙米调质机械

a. MCT-6型糙米调质器

MCT-6型糙米调质器由米流控制箱、米流聚中导管、雾米混合箱、控制箱、水雾发生器、伞形散料罩、米流传感器等部件组成，图3-77是MCT-6型糙米调质器结构示意图。经由米流控制箱1压力门的米流在流过漏斗串联式米流聚中导管2时，被聚中在导管的中心，雾米混合箱3顶部的伞形散料罩6使米流在箱内呈幕帘状均匀散落，从而保证雾米均匀混合。伞形散料罩下方的水雾发生器5产生出散开角大于60°的水雾，在雾米混合箱内呈幕帘状均匀散落的米流从水雾中穿过，与水雾充分接触，糙米表面形成一层薄而均匀的水膜，加湿的糙米从雾米混合箱的出料口进入润糙仓。水雾发生器是糙米调质器的一个关键部件。MCT-6 型糙米调质器的水雾发生器能产生散开角大于 60°的超微水雾粒子，只有当水雾发生器的水雾散开角足够大时，才能保证水雾与米粒充分接触，否则即使有足够的润糙时间，也不能使所有米粒达到相同的水分。MCT-6 型糙米调质器的水雾发生器设有水雾粒度、雾量、雾散开角的可调机构，以保证产出高质量的水雾。水雾发生器需要的净化水和压缩空气由控制箱 4 内的水气路系统提供。

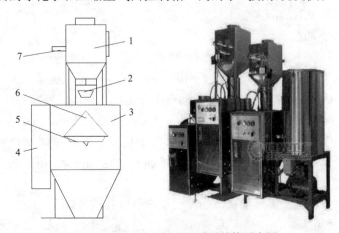

图 3-77　MCT-6 型糙米调质器结构示意图

1. 米流控制箱；2. 米流聚中导管；3. 雾米混合箱；4. 控制箱；5. 水雾发生器；6. 伞形散料罩；7. 米流传感器

图 3-78 是水气路系统的示意图，在水气路系统中设有水调压阀过滤器 1、水电磁阀 2、放水阀 3、水流量计 4 和气调压阀 8。当米流断流时，米流控制箱的压力门关闭，装设在压力门传动机构上的米流传感器将自动关闭控制箱内的水电磁阀，从而停止喷雾；操作员也可扳动控制箱面板上的料闸开关，关闭米流控制箱上的压力门，从而切断米流，停止喷雾。当水路系统发生故障，有米流而无水雾时，控制面板上的红色信号灯将发出声光报警信号；当润糙仓内糙米达到报警仓位或发生突然停电时，料闸将自动关闭并停止喷雾。

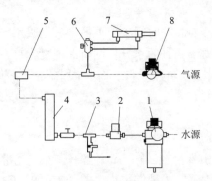

图 3-78　水气路系统示意图

1. 水调压阀过滤器；2. 水电磁阀；3. 放水阀；4. 水流量计；5. 水雾发生器；6. 气电磁阀；7. 汽缸；8. 气调压阀

b. 滚筒式糙米调质器

滚筒式糙米调质器有一个卧式筒体，通过人工调节机内大气的温湿度对糙米进行调质，进入滚筒的糙米在滚筒内随着滚筒的转动不停地翻滚，进行雾米混合，使其达到所需的品质，从而达到便于加工的目的。筒体内壁安有导流板，筒体随传动机构带动不停地转动，当糙米进入筒体后，便在导流板的带动下顺筒壁升高，当它被筒体带到一定的高度后，会因自重而落下，并均匀地分布于滚筒中。与此同时，调节好温湿度的空气也同时进入筒体中，米粒就在这样温湿的环境中进行翻滚运动，并得到润湿，得以调质。

滚筒式糙米调质器(图 3-79)由机架、滚筒、传动装置、导轮、角度调节装置、温湿度调节装置等组成。

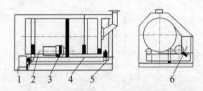

图 3-79　滚筒式糙米调质器结构示意图

1. 机架；2. 滚筒；3. 传动装置；4. 导轮；5. 角度调节装置；6. 温湿度调节装置

c. 超声波雾化着水调质器

超声波是频率大于 200kHz 的机械波，只能通过介质传播。超声波具有波动与能量传递的双重特性，其振动产生并传递很大的能量，给予介质粒子以极大的速度和加速度。超声波糙米调质装置主要采用超声波加湿器和蒸汽发生装置，通过风机向调质仓中送入温湿风，并润糙一定时间，使水分进入糙米糊粉层后，再进入碾米机进行碾白。

该装置主要由超声波加湿器、热交换器、调质仓、风机、布袋除尘器、蒸汽发生器等部分组成，循环空气的流动状态如图 3-80 所示。当糙米连续通过调质仓时，通过风机、热交换器、超声波加湿器、蒸汽发生器产生温湿风便对糙米的表层进行加温、加湿，糙米由进料箱受调节板控制进入雾米混合器，在雾米混合器中，糙米沿"之"字形排列的轨道运动，而由超声波发生器产生的超声波将水雾化后，由安装在雾化室侧面的风机将水雾强制吹入雾米混合器，利用糙米沿"之"字形轨道的流动和水雾的注入，动态地推进传质过程，以使水雾快速渗入、扩散到糙米皮层中。当糙米流动到轨道末端，着水操作即告完成，随后，着水糙米即从出料口排出。根据糙米的品种、水分、加工特性再润糙一定时间，然后进入碾米机加工。

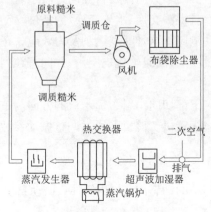

图 3-80　超声波糙米调质装置

与其他方式如蒸汽加湿、汽化式加湿相比，超声波加湿器产生的水微粒子是最细的，利用超声波产生的水雾能很快与空气混合，糙米吸收水分速度较快、水分更均匀。由于超声波加湿器雾化量有限及价格较贵，投资较大，目前常采用蒸汽发生器与超声波加湿器结合方式，以弥补不足。

d. 振动润糙机

该机由预混器、主振动体、振动系统及支架等组成，总体结构如图 3-81 所示。

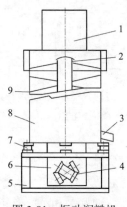

图 3-81　振动润糙机

1. 预混器；2. 分料器；3. 出料口；4. 振动电机；5. 支架；6. 电动机安装板；7. 弹性支承体；8. 主振动体；9. 截锥导板

振动体是主要工作构体。外表为一圆筒体，顶部装有预混器。内置多级成对反向叠放的截锥形导板。下部一侧设有出料口，底部有电动机安装板。振动系统是由 2 台振动电机（对称中心交叉排列）与弹性支承体构成。振动电机产生的激振力，使振动体在弹性支承下做高速涡振振动。

工作时着水后的糙米进入预混器内混合，使各颗粒间吸附的水基本均匀。糙米下落进入振动润糙床内，由分料器均匀散布在截锥形导板上，一边做高频率的剧烈跳动，一边做复合螺旋线运动，离心扩散。当移动到导板的边缘时，在重力作用下，落入下层导板。下层的导板呈漏斗形，四周高，中心低，糙米流在运动中向心聚集，由中孔下落到第 2 级导板上。这样通过多次的多方向的物料互动，着水后的糙米在导板上受到高频率交变的惯性力的作用，从而获得湿交换（水分交换）的条件。糙米粒在导板上，每个瞬间每个位置上都有不同的运动响应，这种时变运动及力效应，正压力的交替变化使所着的水借力快速扩散渗透。透过皮层（同时软化皮层），并向籽粒内部转移，润糙后的糙米流从出口排出。

该机从顶部中心进料，下部切向出料，糙米流的方向与重力方向相一致，因此可以认为这是一种顺重力式动态润糙机。该机可通过调整振动参数、调节进料量、调节导板角度等加以控制。

e. 振动流动润糙机

该装置主要用于加压转移的动态润糙。由筒体、振动系统、通风系统、机架等组成，如图 3-82 所示。

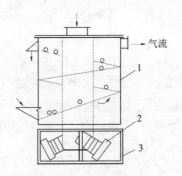

图 3-82 振动流动润糙机
1. 筒体；2. 振动电机；3. 机座

振动体由两只同心、大小不等的圆柱筒构成。在内、外筒的环形间隙中装有螺旋床板。螺旋床板用鱼鳞筛板制作，是糙米流动的通道。鱼鳞孔的出风口向上，使透过床板的气流与糙米前进的方向一致，用来吹浮料层。外筒的下部一侧设有进米机构，上部一侧开设出米口，在其背向设一排风口。内筒为进风通道。空气流从顶端中心进入，由上向下进入环形的润糙室内，再由下向上，穿过鱼鳞孔及料层，从排风门排出。振动体通过支承簧体支撑在机架上。两台振动电机安装在振动体的底部。振动电机产生的激振力使振动体高频复合振动。

由振动润糙机排出的糙米，通过进料口进入润糙室的螺旋形床板上，随着振动体的高速振动，并借助气流的"吹托"呈沸腾态，做强烈的、大幅度的上跳运动，相互间碰撞、上下翻滚，充分与气流(由于风网与后道设备构成循环风，其风为湿润气流)接触。糙米粒在床板上受到机械作用力和气流的负压的复合作用，加快了进入籽粒内部的水分扩散、转移。该机下方切向进料可与前道振动润糙机自流衔接，上方切向出料，糙米流与重力方向相逆，这是一种逆重力式动态润糙机。床板呈螺旋线，使得在一定高度内，床板的有效工作长度为最大，可满足润糙的要求。在"进风口"管道上装有加热器，当工作环境温度低于米温3℃以上时，可启动加热器，使进机风成为热湿气流。作业时，可根据润糙要求控制糙米粒在润糙室内停留的时间，这可借以调节糙米流的运动速度来控制。而且可通过改变振动电机的偏心振动块的安装角度来改变其激振力的大小。进出风口与风管接头处要采用软连接。

f. 合分流润糙仓

合分流润糙仓的结构如图 3-83 所示。合分流润糙仓为两台同心、半径不同的圆柱筒构成的筒仓。着水糙米从进料斗进入润糙装置，经导向板导向集中后，米流落到分流导板上，经分流导板分散成伞形，落入下面的合流导板上，由合流导板将其集中。随即经几次分流和合流。与此同时，湿润气流也从下部进风口进入内外筒的间隙中，通过内筒下面的鱼鳞孔进入润糙装置，向上与下落的米流相遇，气流会强力穿过米粒流，使米粒分散、翻滚，然后，气流从上部的出风口排出，润糙后的糙米流入下部的出料斗，经压力门控制后排出润糙装置。合分流润糙仓内外筒之间环形间隙是通风道，宽度为 100mm。每 2 只为一组，内筒直径1200～1500mm。高度由所需容量来决定。容量以润糙 2h 处理量来设计。内筒下部 2/3 部位用鱼鳞筛板制作，出风口对内、向上；上部用钢板制作。筒壁靠近底部设进风口，靠近顶部设出风口。为了防止糙米在仓内自动分组，故在仓内设置 3～4 级、成对反向叠放的截锥形导流板。导流板的倾角应保持 55°，合分流导板用鱼鳞孔板制作。经过两次动态润糙的糙米，由进料斗进入润米仓，边进粮边通风。进料满一仓时，关闭进料闸门，并将糙米流导入另一间润糙仓。待润糙结束后，打开底部排粮闸门，排粮速度可通过出料压力门控制。糙米在进料和出料时，经过 3～4 次的集合—分散—集合的流动，基本上能打破糙米流下落、出料下沉时产生的自动分级。正压空气流由鱼鳞进入润糙仓，向上透过粮层(风向与料流方向呈错流态)。通风(湿润气流)润糙较一般静置闷伏对湿分的缓苏平衡更为有效。从润糙仓排出的即是着水调质糙米，可进入后道碾米或后处理。

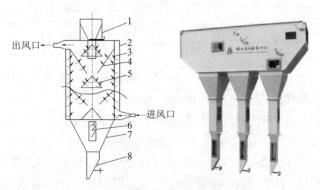

图 3-83　合分流润糙仓

1. 进料斗；2. 外筒壁；3. 内筒壁；4. 合流导板；5. 分流导板；6. 观察窗；7. 出料斗；8. 出料压力门

6. DKTL 稻壳提粮器

DKTL 稻壳提粮器(图 3-84)主要由玻璃弯头、粗选室、精选室、粗选风门、储料管、压力门等组成。

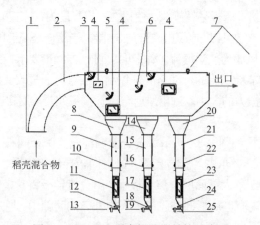

图 3-84　DKTL 稻壳提粮器结构示意图

1. 齿板；2. 玻璃弯头；3. 进口导向板调节手柄；4. 玻璃观察窗；5. 中调节板手柄；6. 后调节板手柄；7. 吊环螺丝；8. 1 号粗选室；9. 1 号精选室；10. 1 号粗选室风门；11. 1 号储料管；12. 1 号压力门调节螺丝；13. 1 号压砣；14. 2 号粗选室；15. 2 号精选室；16. 2 号粗选室风门；17. 2 号储料管；18. 2 号压力门调节螺丝；19. 2 号压砣；20. 3 号粗选室；21. 3 号精选室；22. 3 号粗选室风门；23. 3 号储料管；24. 3 号压力门调节螺丝；25. 3 号压砣

本设备与砻谷机配套使用，用于从砻谷机砻下物稻壳中提取整粮、次粮，解决了稻壳中含粮超标的问题。

第三节　碾米、抛光和色选机械

一、碾米机

碾米是应用物理(机械)或化学的方法，将糙米表面的皮层部分或全部剥除的工序。物理碾米具有悠久的历史，但就基本理论的研究而言，它还是一门年轻的科学。国内外专家学者虽然对碾米理论做过不少研究和论述，但由于碾米过程的机械物理作用比较复杂，至今还没能建立一套完整的碾米理论体系。而在复杂的诸多作用中，碰撞、碾白压力、翻滚和轴向输送是最基本的，因此被称为碾米四要素。

(一)碰撞

碰撞运动是米粒在碾白室内的基本运动之一，有米粒与碾辊的碰撞、米粒与米粒的碰撞、米粒与米筛的碰撞。米粒与碾辊碰撞，获得能量，增加了运动速度，产生摩擦擦离作用和碾削作用。作用的结果是米粒变形，变形表现为米粒皮层被切开、断裂和剥离，同时米温升高，米粒所获得能量的一部分就消耗在这方面。米粒与米粒碰撞，主要产生摩擦擦离作用，使米粒变形，除去已被碾辊剥离松动的皮层，同时动能减少，运动速度减小，运动方向改变。米粒与米筛碰撞，也主要产生摩擦擦离作用，使米粒变形，继续剥除皮层，动能减少，速度减小，方向改变，从米筛弹回。在以上三类碰撞中，米粒与碾辊的碰撞起决定作用。碰撞过程中，米粒的动能和速度是衰减的，这些衰减的动能和速度不断地从碾辊得到补偿，不断地将米粒碾白，直至达到规定的精度。在整个碾白过程中，由于每个米粒所受到的碰撞次数和碰撞程度不同，因此各米粒的速度与变形情况也不同，致使各米粒最后的精度和破损程度也不同。

(二)碾白压力

碰撞运动在碾白室内建立起的压力，称为碾白压力。碰撞剧烈，压力就大；反之就小。不同的碾白形式，碾白压力的形成方式也不尽相同。

1. 摩擦擦离碾白压力

在进行摩擦擦离碾白时，碾白室内的米粒必须受到较大的压力，即碾白室内的米粒密度要大。碾白压力主要由米粒与米粒之间、米粒与碾白室构件之间的相互挤压而形成。起碾白作用的压力，有碾白室的内压力和外压力，内压力的大小及其分布状况恰当与否，决定了碾米机的基本性能，外压力起调节与补偿内压力的作用。摩擦擦离碾白压力的变化，集中反映在米粒密度的变化上。因此，通过调节米粒的密度，可以控制与改变碾白压力的大小。

2. 碾削碾白压力

碾削碾白时，米粒在碾白室内的密度较小，呈松散状态，所以在碾削碾白过程中，碾白室内米粒与碾辊、米粒与米粒、米粒与米筛之间的多种碰撞作用比摩擦擦离碾白过程中的碰撞作用强，米粒主要是靠与碾辊的碰撞而吸收能量，并产生切割皮层和碾削皮层的作用。

(三)翻滚

米粒在碾白室内碰撞时，本身有翻转，也有滚动，此即为米粒的翻滚。除碰撞运动外，还有其他因素可使米粒翻滚。米粒在碾白室内的翻滚运动，是米粒进行均匀碾白的条件，米粒翻滚不够时，会使米粒局部碾得过多(称为"过碾")，造成出米率降低，也会使米粒局部碾得不够，造成白米精度不符合规定要求。米粒翻滚过分时，米粒两端将被碾去，也会降低出米率。因此，需对米粒的翻滚程度加以控制。

(四)轴向输送

轴向输送是保证米粒碾白运动连续不断的必要条件。米粒在碾白室内的轴向输送速度，从总体来看能稳定在某一数值，但在碾白室的各个部位，轴向输送速度是不相同的，速度快的部位碾白程度小，速度慢的部位碾白程度大。影响轴向输送速度的因素有多种，它同样可以加以控制。

在研究设计碾白室时，要对以上四个因素加以综合考虑，才能得到最佳的碾白效果。

(五)喷风碾米

碾米过程中不断地向碾米机碾白室内喷入气流，让气流参与碾白即是喷风碾米。喷风碾米有助于改善碾白作用、降低米温、提高大米的外观色泽和光洁度、提高出米率等。喷风碾米的作用归纳起来主要是降温除湿、增加米粒翻滚和促进排糠。

1. 降温除湿

糙米碾白时，由于米粒受到强烈的摩擦擦离或碰撞碾削作用，使米粒皮层切割分裂并逐渐剥离。而用于切割、分裂、剥离的能量有相当一部分转化为热量，这些热量一部分通过碾白室构件散发到空气中，另一部分热量则传给了米粒，使米粒温度升高、水分蒸发。米温适当升高不仅对去皮有利，而且可以改善米色。但米温过高，会使米粒强度下降而产生较多的碎米。米温的高低与成品米精度、操作方法及碾白路线长短有密切的关系。在碾米过程中向碾白室喷入适量的室温空气，及时将产生的热和水汽带出碾白室，不使米温上升，防止水汽产生集结，这样可以改善和提高碾米的工艺效果。

2. 增加米粒翻滚

气流从碾辊的喷风孔或喷风槽喷出时具有一定的压力和速度，当气流一进入碾白室时，体积突然扩大，压力随之降低，气流的运动方向也由单一方向改为三维方向，形成涡流。涡流的强烈程度与喷风孔或喷风槽内外压力差成正比。米粒进入涡流后，便产生强烈的翻滚、碰撞运动。此外，米粒一旦与气流混合，不仅随碾辊做周向运动，而且随气流做与米粒流动方向相垂直的径向运动，进一步促使米粒翻滚，从而使米粒得到均匀碾白。

3. 促进排糠

喷向碾白室的气流具有一定的动能，当气流沿径向穿过米粒流层时，一部分动能供给米粒，辅助米粒碾白，另一部分动能将米粒带走，穿过米筛排出碾白室。所以喷风的结果可使米糠迅速排出机外。适宜的喷风风量应当能使气流有足够的能量吹动米粒，并使其流态化，同时带走米糠，喷风槽处的风速应高于米粒的悬浮速度，以确保良好的喷风效果。

（六）碾米机分类和主要构件

1. 碾米机分类

碾米是依靠碾米机碾白室工作部件与糙米粒之间产生的机械摩擦和碾削作用，将糙米表面的皮层部分或全部剥除，使之成为符合规定质量标准的成品大米。碾米的基本方法可分为物理方法和化学方法两种。目前世界各国普遍采用物理方法碾米（也称常规碾米），只有极个别米厂采用化学方法碾米。

1）按照碾米的基本原理，碾米机分为擦离型、碾削型和复合型三类

a. 擦离型碾米机

擦离型碾米机也称"压力型碾米机"。碾白室内压力较大，主要利用摩擦擦离作用碾去米皮。由于机内压力大，米粒在碾白室内密度较大，在碾制相同数量大米时，其碾白室容积比其他类型的碾米机少。因此，擦离型碾米机的机型较小。擦离型碾米机均为铁辊碾米机，碾辊线速较低，一般在5m/s左右。

b. 碾削型碾米机

碾削型碾米机也称"速度型碾米机"。碾白室内压力较小，主要利用碾削作用碾去米皮。由于压力较小，米粒在碾白室内密度较小，相应的碾白室容积较大，与生产能力相当的擦离型碾米机比较，机型比较大。碾削型碾米机均为砂辊碾米机，碾辊线速较高，一般在15m/s左右。

c. 复合型碾米机

同时利用擦离碾白和碾削碾白两种作用碾去米皮的碾米机称为复合型碾米机。复合型碾米机为砂辊或砂铁结合的碾辊。碾辊线速介于擦离型和碾削型碾米机之间，一般为10m/s左右，碾白平均压力和米粒密度比碾削型米机稍大，机型适中。复合型碾米机由于兼有擦离型和碾削型碾米机的优点，工艺效果较好，并能一机出白，可以减少碾米道数。

2）碾米机按照碾辊主轴的装置形式，分为卧式碾米机和立式碾米机两类

（1）卧式碾米机。主轴水平放置的碾米机均属于卧式碾米机。卧式碾米机中有单辊碾米机、双辊碾米机及碾米擦米组合碾米机等。

（2）立式碾米机。主轴垂直的碾米机称为立式碾米机。立式碾米机主要有砂臼碾米机和近来开发研制的新型立式碾米机。砂臼碾米机主要用于杂粮加工。新型立式碾米机以其碾削轻缓均匀、增碎少、米温低、成品大米光洁、出米率较高而逐步得到广泛使用。

3）碾米机按照碾辊材料不同，分为铁辊碾米机和砂辊碾米机两类

（1）碾辊为铁辊的碾米机称为铁辊碾米机，属擦离型碾米机。

（2）碾辊由金刚砂制成的碾米机称为砂辊碾米机，属碾削型或复合型碾米机。

4）碾米机可按碾白室喷风与否，分为喷风碾米机和不喷风碾米机

碾米时从碾辊内部向碾白室喷入气流的碾米机称喷风碾米机。用喷风碾米机进行碾米的方法，称喷风碾米。喷风碾米机具有提高出米率、降低米温、电耗低、产量高、成品大米色泽和光洁度好、精度均匀、糠粉和碎米少等优点。目前大部分碾米机均为喷风碾米机。

2. 碾米机主要构件

碾米机的种类如前所述，是多种多样的，但无论是哪一种碾米机，都主要由进料装置、碾白室、排料装置、传动装置及机架等部分组成。喷风碾米机还配有喷风装置。

1) 进料装置

进料装置由料斗、流量调节机构和轴向推进机构三部分组成。

a. 料斗

料斗主要起稳定进机物料流量、保持连续生产的作用。有方形料斗和圆柱形料斗两种，一般存料量为 30～40kg。

b. 流量调节机构

碾米机的流量调节机构主要有两种形式：一种是闸板式调节机构，利用闸板开启口的大小，调节进机流量的多少，如图 3-85(a) 所示；另一种是由全启闭闸板和微量调节机构组成的调节机构，如图 3-85(b) 所示。目前广泛采用的是后一种。这种流量调节机构的全启闭闸板供碾米机开机供料和停机断料使用，要求能速开速关。微量调节活门主要用于调节进入碾米机的物料流量，以控制碾白室内米粒密度，调节碾白压力。要求灵活准确，操作方便。微调活门的外部装有指针和标尺，用以显示流量的大小。调节时，旋进调节螺钉，将微调活门推进，使流量减小；旋出调节螺钉，则在扭簧的作用下，微调活门紧贴调节螺钉一并退出，从而使流量增大。正常工作时，由丝杆自锁压簧顶紧旋转手轮，使流量保持稳定。这种流量调节机构稳定可靠，操作方便。

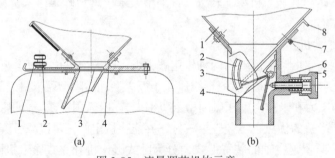

图 3-85　流量调节机构示意

(a) 闸板式：1. 拼紧螺母；2. 固定螺钉；3. 插板；4. 进料斗。

(b) 闸板与微调：1. 料斗；2. 标尺；3. 指针；4. 微调活门；5. 调节手轮；6. 进料管；7. 定位螺钉螺母；8. 全启闭插板

c. 轴向推进机构

碾米机进料装置中的轴向推进机构主要起将物料从进料口推入碾白室内的作用。推进方式有两种：螺旋输送器推进和重力推进。除了立式砂白碾米机采用重力推进方式外，其余各种碾米机(横式和立式)都采用螺旋输送器推进方式。螺旋输送器的结构如图 3-86 所示，表面突起部分称为螺齿。螺旋输送器根据螺齿的条数不同，可分为单头、双头、三头、四头螺旋等，在实际生产中采用双头和三头居多。螺旋输送器螺齿与轴线的夹角称为螺旋输送器的导角，一般用 α 表示。α 值对米粒的轴向压力有一定的影响。尺寸和形状不同的螺旋输送器，如果 α 值和螺旋输送器的线速、材料、螺面光滑程度及所加工的物料等情况相同，则物料所受到的轴向压力也基本相同。

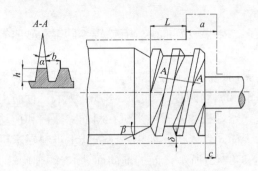

图 3-86　螺旋输送器

我国现有定型的和使用较多的碾米机螺旋输送器 α 值见表 3-3。

表 3-3　螺旋输送器的导角与头数之间的关系表

螺旋头数	1	2	3~4
α	85°45′	71°30′~77°30′	74°~76°30′

为保证螺旋输送器正常的输送量和轴向压力，要求被输送物料在其中只能前进不能后退。为此，螺旋输送器与外壳的间隙必须小于米粒的厚度(米粒三维尺寸中最小值)，一般要小于 2.5mm，螺旋输送器被外壳整圆覆盖的长度必须保证在一个螺距以上。在此长度上螺齿与螺齿之间轴向投影方向没有直通空隙，使物料没有轴向后退通道，只有被轴向推至碾辊进行碾米。覆盖长度与螺旋导程 t 和头数 z 有关。我国定型碾米机和工艺效果较好的碾米机的覆盖长度 ψ_t 和螺旋总长 σ_t 的 ψ、σ 值见表 3-4。

表 3-4　螺旋输送器的 ψ、σ 值与头数之间的关系表

螺旋头数	1	2	3~4
ψ	2.00 以上	0.75~0.90	0.70~0.80
σ	2.00 以上	1.00~1.50	1.00

对多头螺旋来说，螺旋输送器端面与外壳端面之间应留有一定的间隙，以提高其装满系数。但间隙不能过大，以防止加工高水分或高精度大米时发生结糠现象。螺旋输送器大多采用整体铸造，为提高耐磨性能，常需经过表面热处理或采用冷硬铸铁。加工时应注意提高螺旋面的光洁度，以减小物料与螺旋面的摩擦系数，保证输送速度和输送量。螺旋输送器的功能可以归纳为输送物料，提高碾米机进口段米粒密度，产生轴向压力。

2) 碾白室

碾白室是碾米机的关键工作部件，它主要由碾辊、米筛、米刀三部分组成。米筛装在碾辊外围，米筛与碾辊间的空隙即为碾白室。碾辊转动时，糙米在碾白室内受机械力作用而得到碾白，碾下的米糠通过米筛筛孔排出碾白室。

A. 碾辊

目前国内外使用较多、效果较好的碾辊有铁辊、砂辊和砂白等。

a. 铁辊

铁辊用于摩擦擦离碾白，碾白压力大，降低压力后可用于刷米和抛光。铁辊表面分布有凸筋，凸筋分为直筋和斜筋两种，如图 3-87(a) 所示。直筋主要起碾白和搅动米粒翻滚的作用，可用于横式碾米机和立式碾米机；斜筋除碾白和搅动米粒翻滚外还有推进米粒的作用，一般多用于横式碾米机，如果用于立式上进料碾米机时，斜筋主要起阻滞物料下落的作用，如图 3-87(c) 所示。筋的前向面(顺着碾辊旋转方向的一面)与半径的夹角可以从 0°[图 3-87(a)]到后倾一个 β 角，前者碾白作用较强，后者碾白作用较缓和。筋的高度一般小于 10mm，有的筋前后高度不等，如图 3-87(b) 所示，前向面高 6mm，后向面高 8.5～9.0mm。老式铁辊的筋和筒体是一起铸成的，现代铁辊的筋则是用螺钉紧固在筒体表面的槽内，一般为直筋，此种筋磨损后可以更换。铁辊喷风时，喷风口(孔或槽)紧靠筋的后向面根部，如图 3-87(b) 所示。铁辊是用冷模浇制，表面要求光滑圆整，不得有砂眼，表面硬度为 HRC45～50。

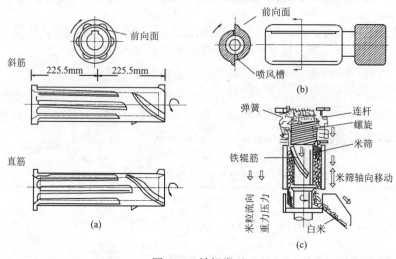

图 3-87　铁辊类型

b. 砂辊

砂辊主要用于碾削碾白或是以碾削碾白为主、摩擦擦离碾白为辅的混合碾白。砂辊表面有光的，有开槽的，也有带筋的，还有由几个砂环串联组成的，如图 3-88 所示。砂辊表面的槽有直槽、斜槽和螺旋槽三种。直槽主要起碾白和搅动米粒翻滚的作用，斜槽和螺旋槽除了起碾白和搅动米粒翻滚的作用外，还有轴向推进米粒的作用，以连续螺旋槽的碾白效果为最好。槽的斜度 α 角(槽轴线与碾辊轴线的夹角)见图 3-89，影响米粒的轴向运动速度和碾白室内米粒流体的密度。随着 α 角的增大，米粒的轴向运动速度加快，有利于提高碾米机的产量，但米粒流体密度降低，而且径向作用力也减弱，对米粒的碾白和翻滚作用相应减小。α 角一般在 60°～70°，较小的 α 角，有利于米粒的充分碾白。

砂辊表面螺旋槽的前向面(顺着碾辊旋转方向的一面)与碾辊半径之间的夹角 β(图 3-89)对米粒的碾白、翻滚和轴向输送也有一定的影响。随着 β 角的增大,碾白和翻滚作用加强,但轴向推进速度减小。根据不同的辊形,β 角一般在 $0°\sim70°$ 之间选择。槽的深度一般为 $8\sim12mm$。砂辊表面的筋多为直筋,一般用于喷风砂辊,筋位于喷风口的前边,既起碾白和搅动米粒翻滚的作用,又有利于气流的喷出。砂环串拼的砂辊,在相邻砂环间有约 3mm 的间隙,相当于喷风槽,使气流能自碾辊芯内喷入碾白室进行喷风碾米。

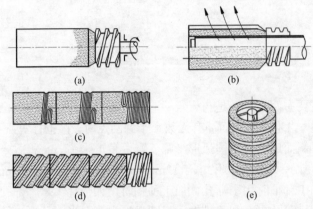

图 3-88 砂辊类型

(a)无槽砂辊;(b)直槽、带筋砂辊;(c)非连续螺旋槽砂辊;(d)连续螺旋槽砂辊;(e)砂环串联砂辊

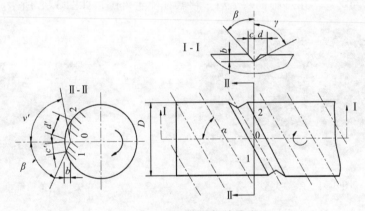

图 3-89 砂辊表面螺旋槽形

制作砂辊的金刚砂一般采用黑色碳化硅,砂粒呈多角形,不能使用片状砂粒。砂辊的制作方法有浇结、烘结、烧结三种,以烧结的砂辊强度最大,最耐磨,自锐性能好。

c. 砂臼

砂臼用于碾削碾白,如图 3-90 所示。砂臼基本上是竖放的中空截圆锥体,上大下小,有整体砂臼,如图 3-90(a)所示;有串拼砂臼,如图 3-90(b)所示。由于立式砂臼碾米机构件较复杂,特别是扇状弧形米筛,制造和维修都较麻烦,所以现代碾米机已不多用,代之以较大直径的立式圆柱形砂辊或砂环串拼砂辊。无论是铁辊,还是砂辊、砂臼,都是中空的,由紧固装置固定在传动轴上,随传动轴一起旋转,对米粒进行碾白。

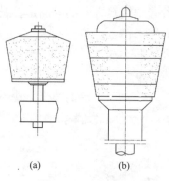

图 3-90　砂臼类型

B. 米筛

米筛的作用主要有两个，一是与碾辊一起构成碾白室，二是将碾白过程中碾下的米糠及时排出碾白室。当米筛内表面冲有无数个半圆凸点时，它还有增强碾白压力的作用。米筛是用薄钢板冲制而成，有半圆弧形米筛、半六角形米筛、平板式米筛和扇状弧形米筛几种，如图 3-91 所示。米筛筛孔尺寸有 12mm×0.85mm、12mm×0.95mm、12mm×1.10mm 几种规格，一般加工籼稻时用小筛孔，加工粳稻时用大筛孔。米筛筛孔的排列方式有横排和斜排两种，斜排筛孔更有利于排糠。半圆弧形米筛、半六角形米筛和扇状弧形米筛依靠米刀(压筛条)、碾白室横梁、筛框架等构件，呈筒状固定在碾辊周围。平板式米筛依靠压筛条先固定在六角形筛框架上后，再套在碾辊外围，如图 3-92 所示。

图 3-91　米筛类型

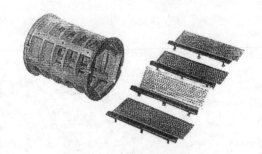

图 3-92　六角形筛框架

C. 米刀(压筛条)

米刀(压筛条)用扁钢或橡胶块制成(图 3-93)，一般固定在碾白室上下横梁或筛框架上。米刀的作用除了用来固定米筛外，还起收缩碾白室周向截面积的作用，以增加碾白压力，促进米粒碾白，是碾白室内的一局部增压装置，米刀与碾辊之间的距离可以通过米刀调节机构或是改变米刀厚度进行调节，一般不小于6mm。米刀的数量反映碾辊旋转一周时的增压次数。

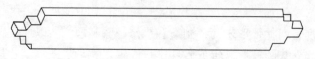

图 3-93　米刀外形

3）排料装置

排料装置位于碾白室末端，一般由出料口和出口压力调节机构组成。横式碾米机的出料方式有径向出料和轴向出料两种，如图3-94所示，轴向出料时，碾辊出料端必须有一段带斜筋的拨料辊，一般为铁辊，筋的斜度为5°～10°，筋数为4～8根。

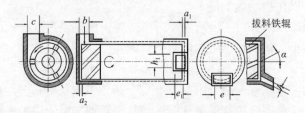

图3-94　碾白室进出口

出口压力调节机构的作用主要是控制和调节出料口的压力，以改变碾白压力的大小。因此，要求出口压力调节机构必须反应灵敏、调节灵活，并能自动启闭，以便在一定的碾白压力范围内起到机内外压力自动平衡的作用。出口压力调节机构也称压力门，有压砣式压力门和弹簧式压力门两种，如图3-95所示。

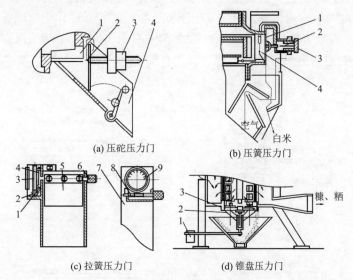

(a) 压砣压力门　　　　(b) 压簧压力门

(c) 拉簧压力门　　　　(d) 锥盘压力门

图3-95　出口压力调节机构

(a)：1. 出料口；2. 压力门；3. 压砣；4. 取样门。(b)：1. 压力门；2. 压簧；3. 压簧螺母；4. 出料口。
(c)：1. 弹簧盘；2. 蜗杆；3. 蜗轮；4. 拉簧；5. 压力门；6. 手轮；7. 出料口；8. 自锁压簧；9. 指示盘。
(d)：1. 压砣；2. 圆锥托盘；3. 碾白室出口

压砣压力门[图3-95(a)]能随出口物料流量加大或减小，自动开大或关小，调节灵活方便，结构简单。但当原粮品种和加工精度变化较大时，压力门所需改变的压力也较大，因此，在压力门上需加一串压砣。而加压砣的多少及压砣的位置只能根据经验掌握，不能用数字显示，对碾白压力自动化控制不利。

压簧压力门[图3-95(b)]的出米口与主轴同心，呈圆形，故压力门为圆形板，并紧贴出米口，由弹簧加压。通过压簧螺母调节弹簧的压力，以控制出料口的压力大小。此种压力门压力的大小也不能用数字显示。

拉簧压力门[图 3-95(c)]的特点是用弹簧拉力调节出料口的压力大小。根据原粮品种及成品精度，通过蜗轮蜗杆机构调节拉簧的拉力大小，从而使出料口的压力控制在适宜数值，压力大小可以在指示盘上显示。

锥盘压力门[图 3-95(d)]主要用于立式米机，是由压砣通过杠杆机构调节圆锥托盘与碾白室出口间隙大小，达到控制碾白压力的目的。

4）传动装置

碾米机的传动装置基本上都是由窄 V 形带、带轮及电机等部分组成。电机功率由窄 V 形带通过带轮传递给碾辊传动轴，从而带动碾辊转动。由于碾米机类型不同，碾辊传动轴有横放也有竖放，因此，带轮有在传动轴一侧的，也有在传动轴上、下方的。根据碾米机功率的大小，选择窄 V 形带的规格、型号和根数。

5）喷风装置

喷风装置是喷风碾米机独有的装置，它主要由风机、进风套及喷风管道组成。风机多为中高压风机，风压一般为 2～3kPa，风量一般为 100～150m³／(h·t)。进风套是连接风机和喷风管道的构件，喷风管道则由碾辊空心传动轴或碾辊与传动轴间的间隙充当。不同结构形式的喷风管道，其进风方式也不同。以空心传动轴作为喷风管道的进风方式的称为轴进风，有轴头进风[图 3-96(a)]和轴面进风[图 3-96(b)]两种；以碾辊与传动轴间空隙作为喷风管道的进风方式称为辊进风，有辊端进风[图 3-96(c)]和辊面进风[图(d)]两种。

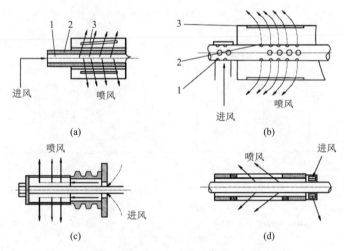

图 3-96　进风形式

(a)：1. 轴头进风孔；2. 轴头喷风孔；3. 碾辊表面喷风槽。(b)：1. 轴面进风孔；2. 轴面喷风孔；3. 碾辊表面喷风槽

轴进风形式中气流通过碾辊空心轴的中心孔道进入碾白室。这种进风方式需在碾辊空心轴上钻孔，除费工费时外，由于喷风管道(空心轴)管径小，故沿程阻力损失较大，此外，气流先经空心轴上的小孔，而后由碾辊表面的喷风槽喷向碾白室，因而出

口损失也较大，这些都不利于降低动力消耗。因此，目前轴向进风一般采用轴端面进风方式。

辊进风形式的进风面积较大，阻力损失较小，轴本身的强度易保证，对碾米机的总体布置也比较容易处理，是目前采用较多的进风方式。

无论是轴进风还是辊进风，都可分为顺向进风(气流运动方向与米粒流动方向相同)和逆向进风(气流运动方向与米粒流动方面相反)。顺向进风与逆向进风对碾米工艺效果没有明显的影响，主要是根据碾米机的总体结构，确定是顺向进风还是逆向进风。碾辊表面的喷风槽一般位于碾辊表面筋或槽的后向面一侧，如图 3-97 所示。这种结构形式可在喷风槽处形成负压区。空气从这一区域喷出时的压力差较大，形成气流涡流的区域广且流动剧烈，加剧了米粒的翻滚运动，有利于提高碾米的工艺效果。

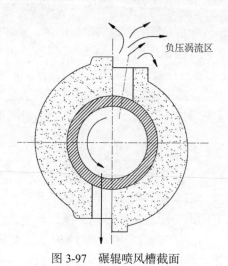

负压涡流区

图 3-97　碾辊喷风槽截面

二、砂辊碾米机

砂辊碾米机属于碾削型碾米机，主要是靠砂辊(臼)或砂辊(臼)上密集的尖锐砂粒对米粒的碾削和切割作用除去糠层。由于采用砂辊(臼)，碾白室内压力要比铁辊碾米机低，而砂辊(臼)线速度比铁辊高，因此碾出米粒表面比较毛糙，但碎米较少、出米率较高。

常用的碾削型碾米机有横式砂辊碾米机和立式砂辊(臼)碾米机两种。

(一)横式砂辊碾米机

横式砂辊碾米机主要由进料装置、碾白室、砂辊、螺旋推进器、米筛、米刀、机座等组成，如图 3-98 所示。砂辊呈圆锥形，进口端直径较出口端小。砂辊的小头端装有螺旋推进器。砂辊表面一般有斜形、螺旋形或两者兼有的碾槽。碾槽断面呈锯齿形、V 形或半圆形。米筛起排糠的作用，其外圆呈弧形，一端直径小，一端直径大。米筛向上顶住米刀，下部用筛托紧固。米刀分别装在机箱前后，用螺栓与机座固定。设有矩形或半圆形断面的钢制米刀，分为可调的整条长米刀和由可转动角度的几把短米刀组成的活动米刀两种。

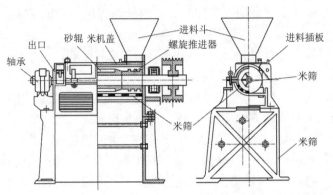

图 3-98　横式砂辊碾米机结构

横式砂辊碾米机的工作过程是：借助砂辊的碾削作用，同时利用米粒与米粒、米粒与碾白室内工作部件之间的摩擦、擦离作用完成碾米任务(砂辊和米刀的挤压，也能起到破壳作用)。米粒由进料斗进入碾白室后，由螺旋推进器推送到砂辊部分，砂辊表面的铁筋使米粒不断翻转，米粒绕砂辊呈螺旋轨迹线前进。由于砂辊直径的逐渐增大，砂辊表面线速度也由进口端到出口端逐渐增加，米粒表面获得碾削次数也增加，使米粒得到均匀碾白。

(二)立式砂辊(臼)碾米机

立式砂臼碾米机由进料装置、碾白室、米筛、橡胶米刀等部件组成，如图 3-99 所示。碾白室是碾米机的重要部分，由拨翅、砂臼、米筛、排米翅、调节手轮、阻刀、出口插板、出米嘴等组成。碾白室周围等距地安装可调的橡胶米刀，以减少米流速度，增加米粒与砂臼的速度差。调节米刀可增减碾白程度。白米从碾白室底部出口流出，米糠穿过米筛筛孔排出。立式砂臼碾米机的工作过程是：工作时原料由进料斗通过进料插板进入砂臼的压盖部分，在砂臼运转所产生的离心力作用下，被排入砂臼与米筛所构成的碾白室内，在砂臼高速转动下，砂臼表面尖锐的砂刀对原料皮层进行不断碾削，把原料皮层剥落进行碾白。碾白的米粒在砂臼下的拨翅处汇集，并从出米嘴排出。

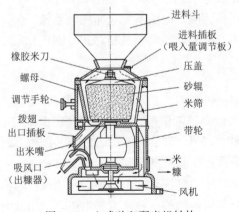

图 3-99　立式砂臼碾米机结构

被碾下的糠层穿过米筛筛孔，经碾米机的空心柱脚，由底座叶轮吸入排出机外。米料由出口排出机外时，也受叶轮吸风的作用，将残留的糠屑吸尽。

1. 立式砂辊碾米机

早期的碾削型碾米机主要是立式砂臼碾米机，由于其机内碾白压力小，碾白作用缓和，故需多道碾白方能达到将糙米碾白的目的，而且碾出的白米表面划痕较明显，光洁度较差，更主要的是我国碾米工业在一段较长的时期内追求高产量低消耗，强调以尽可能少的碾白道数碾米，因此近 30 多年来，我国在稻谷加工方面基本上已不再使用立式砂臼碾米机。近年来，随着人民生活水平的不断提高，对大米精度的要求也在提高，以往的一机或二机出白的加工方法已不适用。同时，国际交往日益频繁，国外不少先进技术被引进，因此，进入 20 世纪 90 年代以后，我国又开始了对立式碾削型碾米机的研究。实际上立式碾削型碾米机具有许多优点，特别是碾制高精度大米时由于其碾白作用力较缓和，产生的碎米也就比较少，能取得较好的工艺效果。国外特别是欧洲，立式碾削型碾米机的使用始终非常广泛，而且不断更新。瑞士布勒公司生产的 BSPB 型立式砂辊碾米机即为目前世界上使用较广的一种。BSPB 型立式砂辊碾米机的结构如图 3-100 所示，主要由圆柱形砂辊、米筛、橡胶米刀、排料装置、传动装置等部分组成(图 3-101)。圆柱形砂辊高 615mm，直径 340mm，由 6 个砂环组成，每个砂环高 100mm，相邻砂环之间的间距为 3mm，相当于喷风槽，如图 3-102 所示。砂辊线速一般为 12～15m/s，以三机出白为例，头道碾米机砂辊采用 24# 金刚砂，二道碾米机砂辊采用 30# 金刚砂，三道碾米机砂辊采用 36# 金刚砂。碾米机的碾白压力主要由压砣通过杠杆把圆锥托盘托起，改变碾白室出口大小，从而进行调节。当糙米从进口流入后，在直径 360mm、高 150mm 的螺旋输送器推进下，被推向碾白室。碾白室砂辊与米筛之间的间隙为 12mm，四把橡胶米刀均匀分设在米筛圆周四个部位，由弹簧进行调节，橡胶米刀一般凸出米筛 1.5～3.0mm，当砂辊磨损时可凸出 3～6mm。在米糠出口外接风源的情况下，室温空气从主轴上端和下端进风口同时进入砂环中心，再从喷风槽向四周喷出，通过碾白室和米筛，带着米糠进入风管，所需风量为 25～60m³/min。

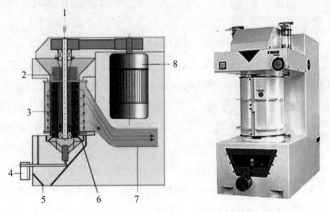

图 3-100　BSPB 型立式砂辊碾米机

1. 进料口；2. 进料螺旋器；3. 砂环；4. 压砣；5. 出料口；6. 圆锥托盘；7. 吸糠栖通道；8. 电动机

图 3-101 BSPB 型立式砂辊碾米机内部示意图

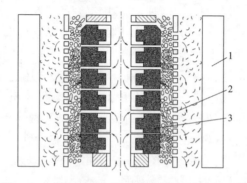

图 3-102 BSPB 型立式砂辊碾米机碾白室示意图
1. 外壳；2. 筛网；3.砂辊

BSPB 型立式砂辊碾米机生产精制大米，其设计满足米厂的高要求，是获得高产量精洁米的完美设备。操作维护简便，具有最佳的卫生条件，几乎无需清理。该设备用途广泛，还可用于其他物料，如小麦、大麦和豆类等。

BSPB 型立式砂辊碾米机采用立式碾削，自上而下的工作原理已被证实能够达到最高的整米率。糙米通过两个入口进入碾米机，由一个喂料螺旋输送到碾白室，在六个砂辊和米筛之间进行精心的碾磨，确保运转平稳，保持动态的平衡。通过两个易调装置控制碾白的精度：出口重砣压力门，砂辊和米刀的间隙。对于粗调，与筛网相连的立式米刀调节机构通过简易旋转手柄调节，三把米刀同时得以移动，从而调整碾白室内的压力。微调是通过改变压力门上重砣的位置来控制压力。遇到紧急情况停机，物料的自重允许重新开机，免除麻烦。

BSPB 型立式砂辊碾米机装有合理的吸风系统，能高效地完成两个任务：降低米温，从而减少增碎、爆腰和将米糠从碾白室吸入排糠系统。因此，吸风穿过物料到达米筛周围，通过吸风槽将米糠吸走，吸风罩（即机器大开门）很容易打开和拆卸，打开机器大门后整个碾白室即可看到，便于维修和换筛。米糠清理系统无需拆装任何部件，达到最好的卫生条件。

传动装置设在碾米机的顶部，电机功率 37～55kW。底部为白米的排料斗。该机三机串联使用时，产量为 3.5～8t 糙米/h。在脱糠量约 10%的情况下，头机出糠一般掌握在 4%～5%，二机出糠掌握在 3%左右，三机出糠掌握在 2.5%～3%。每组砂辊可加工糙米 12000～15000t。

2. 砂辊碾米机的操作与维护

(1)开车前，应事先根据糙米的品质、水分和成品的精度要求，调节好米刀与砂辊间的间距，配好米筛，并敞开出料门。

(2)检查各紧固件，是否有松动、脱落的情况。

(3)转动皮带轮，检查运转是否灵活和有无金属、石子等硬物掉入机内。

(4)米机开动，待运转正常后，可徐徐拔开进料插板，根据负荷能力，控制流量大小。如超载，应及时关小进料插板。同时，根据出机米粒的精度，随时调节出料口的插板。

(5)经常对照米样的精度和碎度，及时对流量和出料口压力进行调节。

(6)停机后，应经常检查砂辊、米刀、米筛等部件的磨损情况，若磨损严重，应及时检修或更换。

(7)轴承部件应定期加油和清洗。

(8)生产中，如发现机温过高，应检查米机是否振动太大，轴承是否有磨损，压力门的压力是否过重。及时予以解决。

(9)生产中，如发现米糠中含有整米，应检查米筛是否破裂，接头处是否紧密，两端的缝隙是否过大，并及时给予解决。

(10)生产中，如发现碎米增多，应检查米刀或米筛与砂辊间隙是否太小；压力门是否卡死，出米口是否积糠，机温是否过高，盖壳是否起棱，米筛接头处是否因垫物过高而造成排糠不畅，应及时予以解决。

(11)如有泼洒在地上的糙米，需在回机碾制前，仔细检查其中是否含有金属等坚硬杂物，以免造成事故。

(12)停车前，应先关闭进料门，停止进料，并将出料门微拉，以便机膛内的米粒畅流出机。

三、铁辊碾米机

(一)铁辊碾米机

最具摩擦擦离碾白特点的碾米机当数铁辊碾米机。铁辊碾米机的结构如图 3-103 所示，主要由进料装置、碾白室、传动装置和机架等部分组成。

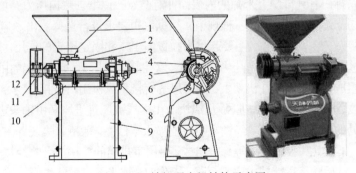

图 3-103　铁辊碾米机结构示意图

1. 进料斗；2. 进料插板；3. 米机盖；4. 铁辊；5. 米筛；6. 筛托；
7. 螺钉；8. 出料口；9. 机座；10. 方箱；11. 米机轴；12. 皮带轮

进料装置由进料斗、流量控制机构和螺旋输送器组成，流量控制机构采用插板式流量控制机构。碾白室由米机盖、铁辊、米筛和米刀几部分组成。米机盖的左端后上方是进料口，出料口在米机盖的右端前下方。整个米机盖内壁的内径是进料端大、出料端小，中间有一段由大到小的过渡，从而使碾白室轴向截面积呈阶段性收缩。铁辊一般分为两节，表面分布有凸筋，靠进口端有 2～3 条，主要用于推进米粒，故称为推进筋；出口端有 2～6 条，主要用于碾白与翻动米粒，因此称为碾白筋。一般推进筋角度较大，约为 40°，碾白筋角度较小，约为 5°。筋的高度通常为 7～8mm。米刀是用扁钢制成，装置在米机盖与机座上的方箱之间，米刀与铁辊的距离可调节。米刀的作用是改变碾白室的周向截面积，以促进米粒的翻滚和增加周向局部碾白压力。米筛位于碾辊下方，用薄钢板冲制而成，呈半圆弧状，两边嵌在方箱两内侧面，并由筛托支承着。米筛的作用主要是排糠，对米粒也有一定的摩擦擦离作用。米筛筛孔：加工粳稻时为 $(1.1～1.2)$ mm×12.7mm，460 孔/张；加工籼稻时为 $(0.85～1.1)$ mm×12.7mm，480 孔/张。工作时，糙米由进料装置进入碾白室，在转动的碾辊的作用下，依靠摩擦擦离作用去除糙米表面的皮层，碾制成一定精度的白米，碾白后的米粒由出料口排出机外，碾下的米糠经米筛排出。

(二)铁辊喷风碾米机

虽然铁辊碾米机碾出的白米表面细腻光洁，色泽好，精度均匀，但由于碾白压力大，碾白过程中产生的碎米较多，出米率低，因此，现代碾米厂已很少采用，取而代之的是铁辊喷风碾米机。铁辊喷风碾米机由于有气流参与碾白，使碾白室内的米粒呈一种较松散的状态，碾白压力有所降低，同时，气流将碾米过程产生的湿热及时带出碾白室，米粒强度降低很少。因此，碾白过程中产生的碎米较少，是目前广泛使用的一种摩擦擦离型碾米机。

铁辊喷风碾米机有许多种型号规格，图 3-104 所示铁辊碾米机是其中的一种。该机主要由进料装置、碾白室、喷风装置、糠秕收集装置、传动装置及机架等部分组成。进料装置由进料斗、流量调节机构和螺旋输送器等部分组成。螺旋输送器为双头螺旋，有较强的轴向输送能力。碾白室由喷风铁辊和六角形米筛组成。喷风铁辊为桃子形，表面有 2 根高 7～8mm 的凸筋，凸筋的后向面有 2 条喷风槽。六角形米筛由六块平板式筛板装置在六角形筛框架上，米筛的筛孔有 12mm×0.85mm 和 12mm×0.95mm 两种规格，供加工不同原粮时选用，筛孔顺米粒前进方向斜排，有利排糠。米筛的内表面冲有凸点，以增加碾白压力，增强碾白作用。压筛条厚度有 3mm、4mm、5mm 三种规格，根据碾白要求进行选择。出米口与主轴同心，呈圆形，碾辊端头安装一拨米盖，主要起将米粒拨向出口和固定碾辊的作用。压力门采用压簧压力门，通过压簧螺母可以调节压力门压力，以控制碾白压力，喷风装置由喷风风机、进风套和空心轴组成。风机固定在机架上，由进风套直接将风机出口连接在空心轴头，缩短了喷风管道的长度，进风形式为轴头进风。从风机吹出的气流通过进风套由轴头进入空心轴内，再从位于铁辊处的轴面小孔喷出，经铁辊喷风槽喷入碾白室。糠秕收集装置主要由设置在机座内的接糠斗、集糠管和吸糠风机等部分组成。碾白室排出的糠秕混合物经接糠斗和集糠管吸入吸糠风机，然后吹至集糠器离心沉降。工作时，糙米经进料斗由螺旋输送器送入碾白室，在碾白室内，由于受碾辊和气流的共同作用，米粒呈流体状态边推进边碾白，直至出米口排出碾白室。喷风铁辊上的凸筋和喷风槽喷出的气流加剧了米粒的翻滚运动，米粒受碾机会多，碾白均匀，出机白米光洁细腻。碾下的糠栖混合物由米筛筛孔排出后，落入集糠斗，然后吸入吸糠风机，并吹入集糠器中收集。

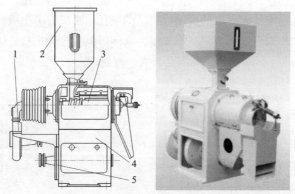

图 3-104　铁辊喷风碾米机结构示意图

1. 喷风风机；2. 进料斗；3. 碾白室；4. 机座；5. 吸糠风机

（三）VBF7B/-C/MC 型立式铁辊碾米机

VBF7B-C/MC 型立式铁辊碾米机是佐竹机械（苏州）有限公司生产的设备，其结构如图 3-105 所示，主要由进料装置、碾白室、出料装置、喷风装置、米糠吸风装置、传动装置及机架等部分组成。进料装置设在碾白室底部，由进料斗、流量控制插板、喂料螺旋输送器等组成。出料口设在碾白室的顶部，装有压砣压力门装置，以调节碾白室内的碾白压力。该机的这种低位进料、高位出料方式，对精米加工多机组合碾白时的物料输送十分有利，既可省去中间输送设备（物料可由一台碾米机上端排出后直接流入另一台碾米机的下端进料口中），又可避免中间输送设备对米粒的损伤。

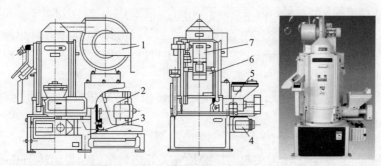

图 3-105　VBF7B-C/MC 型立式铁辊碾米机

1. 喷风风机；2. 电机；3. 机架；4. 吸糠风管；5. 进料装置；6. 碾白室；7. 出料装置

碾白室由螺旋输送器、铁辊、主轴及米筛等组成。主轴直立采用悬臂支承，碾辊位于上方，传动带轮位于下方，通过 V 带与电动机相连。铁辊为剖分式结构，由支撑环和固定螺母固定在主轴上，如图 3-106 所示，只要将固定螺母向上旋出，即可将剖分式铁辊取出，更换铁辊十分方便。各剖分碾辊中间部分装置有阻力板，以增加局部碾白压力。米筛也为剖分式结构，并由剖分式筛框架固定在碾辊周围，如图 3-107 所示。喷风装置设在碾白室顶部，由风机、连接套管和空心轴组成。风机吹出的气流通过连接套管由轴顶端进入空心轴，然后经轴面喷风孔喷出，再由铁辊表面的喷风槽喷入碾白室进行喷风碾米。碾白室下方设有米糠吸风装置，及时将碾米机碾下的米糠吸出机外。工作时，物料经进料斗由喂料螺旋输送器送入机器内，在螺旋推进器连续向上的推力作用下，进入碾白室进行碾白，直至上端出米口由压力门出料装置排出碾白室，碾下来的米糠穿过米筛筛孔由吸风管吸出机外。该米机在碾白过程中，重力作用方向与米流运动方向基本相反，这使得碾白室内米粒流体密度比较高，且米粒在整个碾白室横截面上的分布均匀，因此具有较好的碾白效果。

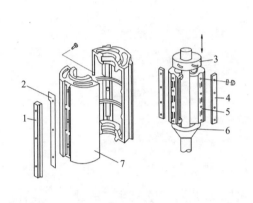

图 3-106　铁辊结构
1. 阻力板；2. 垫板；3. 固定螺母；4. 阻力板；
5. 铁辊；6. 支撑环；7. 剖分式铁辊

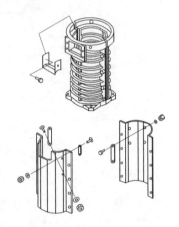

图 3-107　米筛及筛框架

(四)铁辊碾米机的操作与维护

(1)加工前要对稻谷进行检查，其干湿度应适当，因为过干过湿都会使碎米率增高，出米率降低；检查加工的稻谷品种是否一致，不应混合加工，因为粳稻出米率高、碎米少，而籼稻出米率低、碎米多；检查稻谷中是否有石头、铁屑等硬物混入，以免损坏机件。

(2)开机后要空转 2～5min，观察运转过程中机器声音是否正常，皮带松紧度是否适宜，检查合格后方可投入正常加工作业。

(3)将稻谷加入进料斗，然后将进料闸门慢慢拉开，再根据米的精度要求慢慢调节出料闸门，直至米质达到要求为止。在加工过程中，若有撞击声或噪声，应立即停机检查，及时排除故障。

(4)稻谷碾完或碾谷中途需关机时，必须先关好进料闸门，再运转 1min 左右，才能关动力机，避免再次启动困难及余米分离不干净。

(5)注意加料操作安全，身体不应靠近皮带轮，以免发生人身事故。

(6)每班加工完毕，应清理干净，若较长时间不用，应把机器内部物料全部清出，关闭进口闸门，以免碾白室内剩余粮食发霉变质。机盖、辊筒、轴及主要螺栓应涂油，并将机器存放在干燥、通风的地方，以免生锈。

(7)从带轮一端沿轴向看去，主轴辊筒旋转方向应为逆时针，更换新辊筒时，必须使两辊筒棱肋对齐，连成一条直线。同时，应注意将带有较大螺旋角肋的辊筒装在进料口一端。

(8)适当调节进出口闸板开度控制谷物流量，以达到一定要求。进口闸板开启过大或过小，都会使碎米增多、米温升高。

(9)米刀要根据大米加工质量要求调节。在一定范围内，减小米刀间隙可提高碾白程度，但易碎米。一般在进口端，米刀与辊筒的间隙可调为3～4mm，出口端为8～9mm。

(10)辊筒压条及米筛经使用后，如发现磨损或碎裂，应及时更换。米筛与辊筒的间隙一般调为8～14mm。更换后，为防止漏米，应经试车与校正后再投入生产。

(11)米糠分离器调节应根据出米口流量和糠粉的多少而定。若流量大、含粮多，应将倾斜淌板水平倾角减小、增大风力。

四、复合碾米机

机械碾米分为擦离碾白和碾削碾白两种。擦离碾白碾白室压力大，容易产生碎米，但成品米表面光洁、色泽好；碾削碾白碾白室压力较小，碎米较少，米粒表面光洁度和色泽都较差。可以采用以碾削为主、擦离为辅的混合碾白。其圆柱形砂辊表面开有三头等距变形螺旋槽，槽深从碾白室进口端至出口端逐渐由深变浅，槽宽逐渐变窄。特点是碾白均匀、出米率高。复合型碾米机是我国使用较广的一种碾米机，它结合了摩擦擦离型碾米机和碾削型碾米机的优点，具有较好的工艺效果。

(一)螺旋槽砂辊碾米机

螺旋槽砂辊碾米机的结构如图3-108所示，主要由进料装置、碾白室、擦米室、传动装置、机架等部分组成。进料装置由进料斗、流量控制机构和螺旋输送器组成。流量控制机构采用全开启闸板和微量调节机构组合的机构形式，能灵活准确地控制进机物料量。螺旋输送器为3头螺旋，输送能力强。碾白室由砂辊、拨料铁辊、米筛、米刀、压力门等部分组成。砂辊为2节，由磨料黑碳化硅和陶瓷结合剂烧结而成。砂辊的进口段砂粒较粗硬，有利于开糙，出口段砂粒细而较软，有利于精碾。砂辊表面均开有3头等距变槽螺旋，螺旋槽从进口端至出口端逐渐由深变浅、由宽变窄，因而使碾白室截面积从进口至出口逐渐减小，符合碾米过程中米粒体积逐步减小的变化规律，使碾白室的碾白压力保持均衡，有利于米粒的均匀碾白和减少碎米的产生。拨料铁辊表面装有4根可拆卸的凸筋，便于磨损后更换。

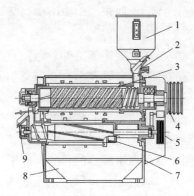

图3-108　螺旋槽砂辊碾米机结构示意图

1. 进料斗；2. 流量调节装置；3. 碾白室；4. 传动带轮；5. 防护罩；6. 擦米室；7. 机架；8. 接糠斗；9. 分路器

碾辊四周有 4～6 片半圆形米筛，靠压筛条和筛托围着砂辊定位在横梁上，构成全面排糠的筛筒形式。米筛的筛孔有 12mm×0.85mm 和 12mm×1.0mm 两种规格，加工籼稻时用小筛孔，加工粳稻时用大筛孔。在碾白室上，下横梁部位装有两把可以调节的米刀，如图 3-109 所示。米刀通过调节螺母进行调节，以达到改变碾白室周向截面积的目的。出口采用轴向出料方式，使排料较为通畅，不易积糠。出口压力调节装置采用压砣式压力门，通过改变压砣的质量和位置调整机内压力、控制白米精度。为了便于取样检验碾白效果，在出口处装有分路器。擦米室主要由螺旋输送器、擦米铁辊、米筛等部分组成。螺旋输送器为双头螺旋、擦米铁辊表面有 4 条凸筋，凸筋与铁辊轴线的夹角为 8°，筋高为 8mm。擦米室的其他结构如米筛、米筛托架、支座等均与碾白室相同。工作时，糙米由进料斗经流量调节机构进入米机，被螺旋输送器送入碾白室，在砂辊的带动下做螺旋线运动。米粒前进过程中，受高速旋转砂辊的碾削作用得到碾白。拨料铁辊将米粒送至出口排出碾白室。从碾白室排出的白米，皮层虽已基本去除，但米面较粗糙，且表面黏附有糠粉，因而需再送入擦米室进行擦米。米粒在擦米铁辊的缓和摩擦作用下，擦去表面黏附的糠粉，磨光米粒的表面，成为光亮洁净的白米。筛孔排出的糠秕混合物由接糠斗排出机外。

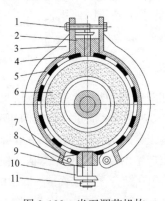

图 3-109　米刀调节机构

1. 螺旋；2. 筛架横梁；3. 米筛托架；4. 压筛条；5. 米筛；6. 砂辊；
7. 米刀；8. 铰链接头；9. 丝杆；10. 支承角铁；11. 米刀调节螺母

(二)旋筛喷风碾米机

旋筛喷风碾米机的结构如图 3-110 所示，主要由进料装置、碾白室、糠秕分离室、喷风机构、传动装置和机架等部分组成。

碾白室为悬臂结构形式，伸出在机架箱体之外。碾白室的结构如图 3-111 所示，碾辊为具有较大偏心和较高凸筋的砂辊，砂辊表面有 2 条宽 18mm、长 200mm 的喷风槽，喷风槽位于凸筋的后向面，有利于气流的喷出。旋转六角筛筒由六角筛架、六根米刀和六块平板筛组成，筛筒以 5r/min 的速度旋转，转向与砂辊转向相同。筛板上冲有斜度为20°的筛孔，孔间有凸点。筛架和米刀有三种规格，供加工不同品种、精度及砂辊磨耗后直径减小时选择使用，以达到调节碾白室间隙的目的。出米口与主轴同心，呈圆形，出口压力调节机构采用压簧压力门，通过压簧螺母可以调节压力门的压力。碾白室下部有一糠秕分离室，利用风选原理将碾白室排出的糠秕混合物进行分离，并进一步吸除白米

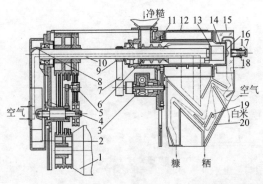

图 3-110　旋筛喷风碾米机

1. 电机；2. 风机；3. 蜗轮；4. 机架；5. 压轮；6. 螺旋输送器；7. 平皮带；8. 进风套管；9. 减速箱主动轮；
10. 主轴；11. 齿轮；12. 碾白室上盖；13. 拨米器；14. 精碾室；15. 挡料罩；16. 压力门；17. 压簧螺母；
18. 弹簧；19. 调风活门；20. 可拆隔板

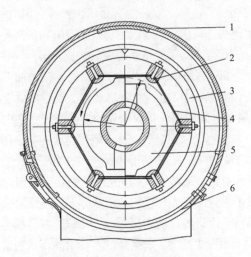

图 3-111　碾白室剖视图

1. 碾白室上盖；2. 米刀；3. 筛架；4. 米筛；5. 砂辊；6. 碾白室罩

中的糠粉、降低米温。喷风装置由风机、方接圆变形弯头套管和空心轴组成。风机吹出的气流通过变形弯头套管由轴端进入空心轴，然后经轴面喷风孔喷出，再由砂辊表面的喷风槽喷入碾白室进行喷风碾米。工作时，糙米经进料斗由螺旋输送器送入碾白室，在碾白室内米粒呈流体状态边推进边碾白。喷风砂辊上的凸筋和喷风槽及六角旋筛使米粒翻滚运动较强烈，米粒受碾机会多，碾白均匀。白米经出口排出碾白室后，再通过糠秕分离室进一步去除黏附在米粒表面的糠粉。米筛排出的糠秕混合物也进入糠秕分离室进行分离。旋筛喷风碾米机由于能很好地控制米粒在碾白室内的密度、碾白速度、碾白压力和受碾时间，故碾白作用较缓和均匀，碾白效果较好。

(三)立式双辊碾米机

立式双辊碾米机的结构如图 3-112 所示，主要由进料装置、碾白室、出料装置、传动装置、吸风系统及机架等部分组成。

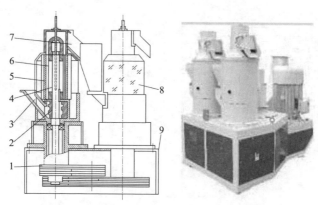

图 3-112　立式双辊碾米机

1. 皮带轮；2. 螺旋输送器；3. 进料口；4. 主轴；5. 米筛；6. 碾白室；7. 出料口；8. 机壳；9. 机架

机架采用钢板焊接而成，机架上安装两套碾米装置，它们由一台电机通过强力窄 V 形带驱动；每套碾米装置包括进料机构、碾白室、机壳及出料机构等，进料口位于碾白室的底部，装有流量控制插板。出料口设在碾白室的顶部，装有压力门装置，以调节碾白室内的碾白压力，采用这种低位进料、高位出料的方式，非常便于精米加工多机组合碾白时米流的输送，既可省去中间输送设备(物料可由一套碾米装置上端排出后直接流入另一套碾米装置的下端进料口中)，又可避免中间输送设备对米粒的损伤。碾白室由螺旋输送器、碾辊、主轴及六角形米筛等组成，主轴直立采用悬臂支承，碾辊位于上方，传动带轮位于下方。碾辊除配置砂辊外，还可根据工艺需要，配置铁辊和抛光辊，当配置抛光辊时，则为立式双辊抛光机，碾白室外围是钢板和有机玻璃板组成的机壳，从安置于机架内的一台高压风机引出两根吸风管，分别与两套碾米装置的机壳相连组成吸风系统，强烈的吸风起吸糠和降低米温的作用。工作时，物料依靠自重由进料口流入机器内，在螺旋输送器连续向上推力的作用下，被送入碾白室，受碾白作用而脱去糠层，米糠穿过米筛由高压风机吸出机外，米粒则经过上端出料压力门排出，然后进入第二套碾米装置中完成上述工作过程。如果需要组成多机串联碾白工艺，排出的物料仍可依靠自重流入另一台立式双辊碾米机中。该立式双辊碾米机具有碾白均匀、米温低、碎米少、出米率高等特点。

(四)复合碾米机的操作与维护

(1)加工前要对稻谷进行检查，其干湿度应适当，因为过干过湿都会使碎米率增高、出米率降低；检查加工的稻谷品种是否一致，不应混合加工，因为粳稻出米率高、碎米少，而籼稻出米率低、碎米多；检查稻谷中是否有石头、铁屑等硬物混入，以免损坏机件。

(2)开车前检查米机各部分是否正常，机内有无影响运行和安全生产的物件。然后关闭进料闸门和喷风风机进口调风门，开启放风口，并根据原粮品质和加工精度等情况，配备适当的米筛、米刀，合理调整碾白室间隙。

(3)碾米机必须在空载情况下启动，待空机运转正常后，开启进料闸门，待物料充满碾白室且排料正常后，再开调风门，然后观察电流表，通过调节进料闸门和出口压力门，使其达到要求的精度和产量。

(4)开车后，开始流出的不符合精度要求的大米应回机重碾。

(5)米机在运行中，料斗内应保持存有一定量的糙米，不允许"断料"、"吊料"和"走空"。如发现进料不畅，排料不稳(压力门忽开忽闭)，电流不随进料闸的开大而上升，则应检查吸风网路是否堵塞，并关闭喷风风机进口调节风门，开大进料闸门，待物料充满碾白室，排料压力门工作正常后，再开启调风门，重新调整产量、精度。

(6)注意观察电流表、电动机负载和碾白室内压力与精度变化情况。定期检查米筛排糠及皮带松紧情况。注意查看各传动部分润滑是否良好，温升是否正常。保持米机正常稳定运行，及时发现和排除故障。

(7)采用多机碾白时，应掌握各道碾米机的去皮比例，及时对照各道米机的碾白程度，注意出机白米质量。经常清理米机出口处积糠，以保持出口畅通。每天下班停机后，必须把机内糠粉刷清，以免影响喷风及吸糠效果。

(8)停车前，先关进料闸门，停止进料，等机内物料走空后再停车。

(9)使用新米机时，机内压力大，往往出现产量低和过碾现象。此时应将米筛、米刀拆下，擦拭干净并排除外压力(吊起出口压力门)和放小流量，使其逐步达到正常效果。

(10)为保证碾米机运转平稳、减少振动，米机必须安装牢固并校正水平。

(11)螺旋推进器、辊筒、进出料衬套、米筛和压筛条等应经常检查，如磨损严重应及时更换，以免影响成品质量和产量。拆换砂辊及螺旋推进器的一般方法：先拆下挡料罩、精碾室和碾米室上盖，再抽出筛筒，卸下精碾辊(擦米铁辊)，即可顺利地抽出砂辊和螺旋推进器，螺旋推进器可调头使用。米筛、压筛条和整体筛筒均可调头使用。大部分喷风米机拆换米筛、压筛条和整体筛筒时，先拆下挡料罩、精碾室和碾米室上盖，再抽出筛筒组件在机外进行拆换，拆换米筛只需松开压筛条与筛架连接的螺母，即可抽出破的，插入新的。

(12)砂辊如有裂纹不得使用，辊面如有坑洼、缺落现象应及时修补或更换。砂辊更换后应进行静平衡校正。备用砂辊必须竖立存放在干燥处，不得沾上油污。

(13)米筛必须装配平整，接头间隙不大于2mm。米筛筛板在米机进口端磨损较快，可前后调换位置使用，以延长其使用寿命。新旧米筛搭配使用，以提高排糠性能。

(14)轴承和齿轮等转动部位应定期清洗、定期加油，经常保持润滑良好。主轴两轴承的一端均有正压含尘空气，油封必须装配正确，保持密封良好。

(15)碾白室内务机件装接处应保持平整光滑，压筛条和米刀应保持平整，不能有锋利刀口，以防损伤米粒。

(16)经常清理喷风风机、喷风管道、吸糠风机、吸糠风网管道内的积尘积糠，保持风管、糠管畅通，确保喷风、吸糠效果。

五、白米抛光机

(一)白米抛光原理

抛光机按抛光原理可分为干法抛光和湿法抛光。干法抛光机多数采用铁辊嵌聚氨酯抛光带，有些使用牛皮、棕刷、铁针草刷等材料刷米，合二为一，抛刷结合。此类软材料确能有效地擦离米粒表面附着物，增加大米光洁度，但连续生产后，抛光机米室温度升高，聚氨酯软化，阻力增加，导致碎米剧增，新产生的淀粉重新依附米粒表面，因此，不仅增碎高，而且抛光效果差。湿法抛光是白米在抛光室内借助水的作用进行抛光，目前应用较多。抛光实质上是湿法擦米，它是将符合一定精度的白米，经着水、润湿以后，送入专用设备（白米抛光机）内，在一定温度下，米粒表面的淀粉胶质化，使得米粒晶莹光洁、不黏附糠粉、不脱落米粉，从而改善其储存性能，提高其商品价值。

经过碾米机碾白达到要求的白米由储料斗流下并在螺旋推进器的作用下进入抛光室，同时由控温式水箱将已加热的水通过流量计，经橡胶管和喷雾器进入喷风管道，与喷风气流混合后进入抛光室，一般加水量很小，为大米流量的 0.2%～0.5%。加水的方式主要有：在进料斗滴水、喷风风机将水送至碾米室、用压缩空气与水形成的"雾化水"用风机送入碾米室等。由于用进料斗滴水时加水很不均匀，出机米质量不匀，一般米厂已较少使用。由于"雾化水"雾化程度高，在较短的时间内，使米粒达到最大限度的均匀湿润，米粒表面形成具有一定张力的水膜。水雾附着在米粒表面，使水粒表面糠粉凝聚，同时使米粒表面湿润软化。通过抛光室内辊筒的回转运动，使米粒在抛光室内不断运动，在运动过程中，米粒之间、米粒与抛光辊筒之间及米粒与米筛之间产生相对运动、相对摩擦。由于米粒表面湿润软化，这种摩擦将去除米粒表面的糠粉和粉刺，提高表面光洁度，从而使米粒洁净光亮，达到大米表面抛光的要求。抛光过程中产生的细米糠和细屑由吸糠风机吸出。抛光后米粒光洁度好。

白米抛光机采用的着水方法多种多样，总结常用的主要有以下几种。

滴定管加水通过调节每分钟水滴数量控制着水量，水滴直接进入抛光室。

压缩空气喷雾通过空气压缩机产生的高压（0.2～0.4MPa）气流，将水雾化，米粒通过雾化区得以着水、湿润。着水量由流量计控制。

水泵喷雾采用电动水泵，使水通过喷嘴形成雾状，米粒通过雾化区被着水、湿润。着水量通过喷头孔径大小、水压变化及流量计进行控制。

喷风加水由流量计控制的水通过喷风风机产生的高压气流形成雾化，与空气一同进入抛光室，对米粒表面进行湿润。着水量与主机电流成正比。

超声波雾化由超声波雾化器将水雾化，然后送至抛光机的进料斗内，借此将通过进料斗的米粒着水、湿润。以上各种着水方法各有利弊，比较而言以超声波雾化方法较好。这是因为超声波雾化水滴比较细（雾滴直径 5μm），表面着水均匀，控制简单，可随意调节着水量大小，且超声波雾化装置占地面积小，不产生噪声，操作、维修方便。

着水量的大小对抛光机的工艺效果有着很大的影响。过大的着水量，易使出机米的水分超过标准。同时抛光过程中，在一定流量时，米粒的运动速度降低，抛光压力增大，碎米上升；着水量过小，则抛光效果差，米粒表面光洁度低。因此，抛光过程中，为确保良好的抛光效果，应控制合适的抛光着水量。一般着水量为 1%以下，以0.5%左右为佳。

（二）白米抛光机

抛光机按工作方式可分为卧式抛光机和立式抛光机。有单辊抛光机、双辊抛光机和三辊抛光机。

1. CM 卧式单辊抛光机

CM 卧式单辊抛光机由进料机构、供水系统、抛光室、出料机构、米糠收集等部件组成，如图 3-113 所示。

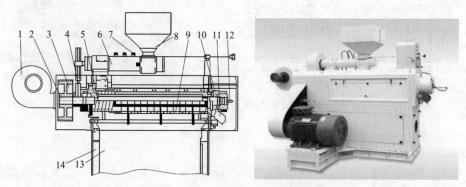

图 3-113　CM21 抛光机结构图

1. 喷风风机；2. 主轴；3. 大带轮；4. V 形带；5. 抛光辊；6. 绞龙；7. 着水装置一；
8. 进料斗；9. 筛架、筛板；10. 出料轴座；11. 压力门；12. 着水装置二；13. 集糠斗；14. 机座

CM 系列抛光机是新一代大米精加工设备。抛光机采用多次喷雾、着水抛光，在具有较高精度的铁辊运转过程中产生摩擦热、水热的综合作用，使米粒表面的淀粉形成胶质层，从而使大米晶莹透亮，提高大米等级和商业价值，胶质层还能提高大米的抗氧化能力，延长大米保鲜期。

（1）进料机构。进料机构由进料和流量调节机构组成。

（2）供水系统。供水系统由自动加水恒温装置、多位喷雾装置和螺旋式搅拌器组成。自动加水恒温装置可根据需要对水温进行调节并保持恒温。多位喷雾装置有气泵和水泵加水可供选择，通过对螺旋式搅拌器内白米进行喷雾着水，通过喷雾和搅拌使水分均匀地分布到米粒表面，使米粒表面黏附的糠粉湿润。水滴只有充分雾化后才能增加表面积，以使米粒表面均匀湿润。

（3）抛光室。抛光室主要由镜面抛光辊、不锈钢米筛、压筛条、筛托架组成。针对大米的形状、长短、水分、品质，制定不同的抛光方案，提高抛光机的专业性能。表面湿润的米粒在抛光辊的作用下，通过与抛光室的构件及米粒与米粒之间翻滚及摩擦作用，将黏附在米粒表面的糠粉去除干净，成为光洁透亮的米粒。

（4）出料机构。采用压力方式出料装置，微调机风压力。

（5）米糠收集。外接风网吸运米糠。

2. MPG 卧式双辊抛光机

MPG 卧式双辊抛光机，主要由进料装置、抛光室、送料绞龙、雾化器、传动系统、机架等组成，如图 3-114 所示。

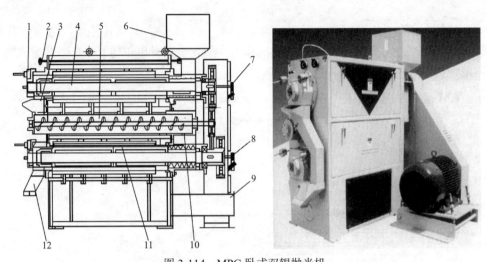

图 3-114　MPG 卧式双辊抛光机

1. 压砣；2. 手轮；3. 绞龙进料口；4. 第一抛光室；5. 绞龙；6. 进料斗；
7. 一辊着水；8. 二辊着水；9. 受风口；10. 绞龙出料管；11. 第二抛光室；12. 出料管

卧式双辊抛光机是一种有两根抛光辊的抛光机，采用自动喷雾着水，恒温加热系统，使抛光操作更简单，运行更可靠，质量更有保障。采用两道抛光时，头道轻、二道重的抛光效果比较好。头道轻抛将糠粉除净且米粒表面已修复较为完整，二道重抛则将米粒表面淀粉糊化，形成晶亮的胶质膜。若头道重抛，则易将米机未除净的糠粉黏附于米粒表面。二道轻抛时，糠粉不易脱落，在米粒表面形成白色斑点，影响产品质量。

（1）进料装置。进料装置本机有两个相同的抛光装置，因此，就有两套进料装置，在第一套进料装置中，用插板进行控制米粒流的流量，而第二套抛光装置则用绞龙进料。

（2）抛光室。抛光室是本机的主要工作部件，主要包括抛光辊、米筛组件、主轴等。抛光辊为带凸筋的铁辊，它对米粒的摩擦作用较强，有利于抛光。米筛组件套装在抛光辊外面，为八角形，由八块筛板安装在一个筛框上，与抛光辊组成抛光组件。抛光辊套装在主轴上，由主轴带动抛光辊旋转。主轴为空心的，其表面开有几排小孔，供水雾喷出之用。

（3）送料绞龙。送料绞龙承担着承上启下的作用，即把第一套抛光装置中出来的米粒流送入第二套抛光装置，它主要由筒体和绞龙组成。筒体为一圆筒，套装在绞龙外面，送料绞龙是在一根轴上用薄钢板按螺旋线布置的。

（4）雾化器。雾化器能使水雾化，使米粒着水更均匀。本机采用水泵喷雾着水，它是把水加压后通过喷头形成雾状，再喷入抛光室中。着水量可通过流量计、水压变化及喷头孔径大小来控制。

3. MPGL 型立式双辊抛光机

1）部件

MPGL 型立式双辊抛光机由进料装置、抛光室、吸糠系统、着水系统、传动机构、机架等部件组成，其结构如图 3-115 所示，工作过程如图 3-116 所示。

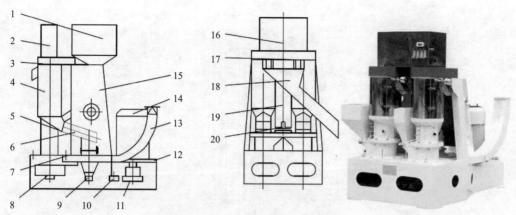

图 3-115 MPGL 型立式双辊抛光机

1. 储料斗；2. 水箱；3. 顶罩；4. 抛光室；5. 风机胶套；6. 吸糠三通；7. 风机部件；8. 主轴轮；
9. 风机轮；10. 张紧轮；11. 电机轮；12. 电机调节螺杆；13. 风机出口弯头；14. 电机；
15. 机架；16. 着水系统；17. 压砣；18. 出料汇集管；19. 下料溜管；20. 接料斗

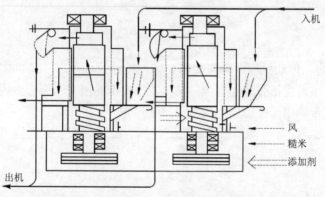

图 3-116 工作原理图

(1)进料装置。由储料斗、总插板、下料溜管、流量调节板及进料斗组成。由于设备便于"吊车"进料，故设计两进料斗容积较小。流量调节插板附有两辊风量平衡调节作用。

(2)抛光室。其总体结构如图 3-117 所示。抛光室由推进器、抛光辊、筛托架、拨料辊、压力门等组成，分初抛室和精抛室。抛光辊是铁辊。筛托架由支架、方筛片、压筛条组成。调整压力门压砣，它可调节机内压力。抛光室底部，下筛托架前方设有异常情况下的堵机排料装置。

(3)吸糠系统。吸糠系统由吸糠筒、风机、风管及刹克龙组成。集糠筒内糠粉应定期清理。

(4)着水系统。着水系统由水箱、调水阀、水管、着水喷嘴组成。水管上备有滴水量观察管。着水为二次四点着水。每辊有两个着水部分，分为上着水与下着水，上、下着水部分各有四个着水嘴，确保原粮着水均匀。在寒冷地区或寒冷天气下，可选择电热水器代替水箱实现加温，同时水温可调节。电热水器出水口先接球阀，再接五通，再接水量微调开关。丝口处需用生胶带等密封而不漏水。正常生产后只需开关球阀即实现开水、关水。若原粮品质不同，可再进行微调。

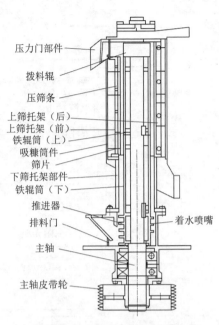

图 3-117　抛光室结构

（5）传动机构。传动机构由电机轮、主轴皮带轮及轴承座、风机皮带轮及轴承座、窄三角传动带、风机皮带张紧轮组成。两个主轴皮带轮由一组窄三角传动带传动，电机轮有两种，大皮带轮用于碾白，小皮带轮用于抛光。

（6）机架。机架设有传动带张紧装置，坚固、稳定。安装无需地脚螺栓固定，只需垫平四块地脚座板即可。

2）工作原理

粮流从进料斗同时进入两辊机内输料段，通过添加一定量的添加剂水溶液，由推进器推向初抛室，在推力、风力、抛光辊、压筛条、方筛板及一定的转速相互作用下，使粮粒表面在受到一定的混合作用的同时均匀地黏附着一层薄薄的添加剂水溶液。然后粮流进入精抛室，再次添加一定量的添加剂，使粮粒再次受到高效的摩擦擦离作用而获得一种特别光滑明亮的米粒外观，继续上升，由拨料辊拨出出料口，糠粉则穿过方筛片孔，由自带风机输出机外圆形剎克龙沉降。

3）特点

（1）采用一机两辊、下进料、上出料的结构形式，抛光室竖立，双抛光辊并列安装在同一个机架上，物料由低位进，高位出，前辊物料与后辊物料进口串联，首尾相接。下进料、上出料的喂料方式，使米粒在抛光室内逆重力方向螺旋上升，抛光室内始终处于均匀的充满状态，米粒在抛光室内所走的路径和时间基本相同，有利于米粒均匀搓擦，避免了卧式抛光机抛光室内上松下紧，造成压力不均匀的情况，从而达到抛光均匀、减少碎米的目的。采用立式双辊，抛光机的两辊分别侧重于着水搅拌的强力抛光，两辊都同时着水。在操作时，第一辊的着水量大于第二辊的着水量，并且针对不同品质的白米，对着水量可进行灵活的调整，以适应加工的需要。

(2) 采用强负压碾米的技术，在抛光机的机架上安装了一台高压风机负压强拉风，由于风的拉力，米粒在抛光室内形成不同的米流层，能很快地完成交换，有利于增加米粒与抛光辊、米粒与米筛、米粒与米粒之间的均匀碰撞机会。在进料口处设置了与抛光室相通的进风口，产生气力输送作用，辅助螺旋推进器输送米粒，消除了螺旋推进器与抛光辊接口位置形成的局部高压区，从而达到均衡抛光室内压力、减少碎米的效果。

(3) 为了实现一机两辊的结构形式，主传动部分采用了平面一拖二的形式，即驱动轮与两个辊子皮带轮布置在同一个平面上，呈等腰三角形。该机型的传动部分在机体的下方，如果传动部分所占的空间太大，特别是高度方向空间，将影响整机的高度。整机太高不利于操作，采用这种平面一拖二的形式，用一组皮带带动两辊运动，减少了传动部分所占的空间，使整机的高度降低，便于操作，同时也有利于整机的稳定性。这种传动方式调整皮带松紧，也更方便。皮带采用了 SPB 窄 V 皮带，使传动带的寿命延长，结构布置上也更简单。

(4) 考虑到抛光与碾白的原理相同，但抛光旨在使大米的表面胶质化，需经大压力搓擦才能把大米表面的附着物擦去。在设计机型中，对抛光机的各种参数进行了优化，采用了低线速，多边存气，以保证抛光室内有足够的压力。

(5) 在抛光过程中，必须加入一定量的水，注入的水覆盖在米粒的表面，就像磨刀时，必须要加水磨，才能把刀磨光磨利一样。国外设备的着水方式都是在空心轴内喷入，这样着水的均匀性和效率都较高，并且计量方便，但需添加气泵等附加设备。采用直接注水的方式，操作简便，成本低。为了提高水的效率，确定在立式喂料筒体的上沿大于 20mm 处多点着水，并把筛片的下半部分封闭，延长着水时间，以确保着水均匀。

4. 白米抛光机的操作与维护

(1) 机器必须根据安装规范进行安装和连接。

(2) 所有输送部分、机器前后路的进出料斗、机器内部，必须没有异物。

(3) 检查主电机旋转方向及传动皮带张紧是否适度。

(4) 检查各紧固件有无松动。

(5) 检查进料插板、出料压力门是否灵活。

(6) 检查四个地脚座板有无震动感觉。

(7) 经运转 2h 后，检查主轴承温度。周围气温在 20℃时，轴承温度最大允许值为 50～60℃。

(8) 开机：启动后路主机和输送机；启动电机；空运转（进行机器空运转检查）；开启总进料插板；慢慢打开左右轴进料插板（进米调节）；调节两辊下着水管水量；调节两辊上着水管水量（添加剂水溶液量调节）、调节压力门（机外压力调节）。

(9) 关机：关闭所有着水阀；关闭前路进料设备；关闭总进料插板截断进料；最后关掉抛光机电源，清理设备周围卫生。

(10) 定期检查紧固件及电器触头，确保牢固可靠和接触良好。

(11) 打开集糠筒，每天清理一次。

(12) 易损件磨损到一定程度后应及时更换，以获得良好的加工效果。

（13）主轴承、风机轴承及张紧轮轴承用黄油润滑，当使用一定时间后应加注黄油，用黄油枪注入油嘴。

（14）每天清理一次进出料门位置处的积糠。

（15）机器运转一定时间后，应检查皮带张紧情况。

5. KXFD 自清糠秕分离器

KXFD 自清糠秕分离器主要由匀料器、粗选室、精选室、粗选风门、储料管、压力门等组成，如图 3-118 所示。

本设备与米机、抛光机配套使用，功能主要是从米糠中提取整米、碎米和米秕，可以提高整条大米生产线的出米率、米糠纯度和米糠出油率。

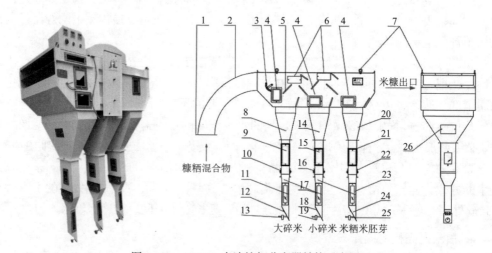

图 3-118　KXFD 自清糠秕分离器结构示意图

1. 齿板；2. 匀料器；3. 进口导向板调节手柄；4. 玻璃观察窗；5. 推拉杆 9 个；6. 上体清理门板；7. 吊环螺丝；
8. 1 号粗选室；9. 1 号精选室；10. 1 号粗选室风门；11. 1 号储料管；12. 1 号压力门；13. 1 号压砣；14. 2 号粗选室；
15. 2 号精选室；16. 2 号粗选室风门；17. 2 号储料管；18. 2 号压力门；19. 2 号压砣；20. 3 号粗选室；21. 3 号精选室；
22. 3 号粗选室风门；23. 3 号储料管；24. 3 号压力门；25. 3 号压砣；26. 粗选室清理门

六、大米色选机

（一）大米色选原理

色选是根据物料间色泽的差异，将异色米粒和正常米粒进行分选的。当物料经振动喂料系统均匀地通过斜槽（或直板）通道进入选别区域时，光电探测器测得反射光和折射光的光量，并与基准色板的反射光量相比较，将其差值信号放大处理，当信号大于额定值时，驱动喷射系统吹出异色米粒，从而达到色选的目的。

色选机的基本工作过程如图 3-119 所示。当含有异色物质的白米由进料斗经振动喂料器输送到对应的通道 3，沿通道均匀下落；物质进入选别区域（色选室）时，被选物料在光电探测器 4、基准色板 5 之间通过。当异色粮粒通过色选区域时，信号值超出基准色板的设定区域值，中控室命令驱动喷射系统驱动该通道的气流喷射阀 6 动作，压缩空气将异色粒吹出，落入剔除斗，为不合格米；而正常米粒在通过色选区域时，信号差值在基准色板设定区域值内，驱动喷射系统喷嘴不动作，物料会沿原来方向继续下落进入接收料斗，成为合格米，完成色选过程。

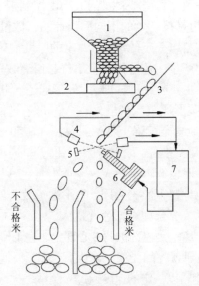

图 3-119 色选机基本工作过程

1. 进料斗；2. 振动喂料器；3. 通道；4. 光电探测器；5. 基准色板；6. 气流喷射阀；7. 放大器

(二)大米色选机

1. 大米色选机

大米色选机(图 3-120)主要由进料斗、振动喂料器、料槽通道、色选分离室、喷射器驱动箱、操作箱(控制柜)、气动系统和信息处理箱(电子中控室)等组成。

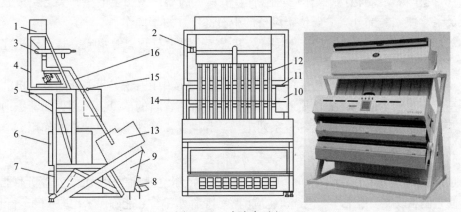

图 3-120 大米色选机

1. 进料斗；2. 压缩空气进口；3. 振动喂料器；4,14. 机架；5. 信息处理箱；6. 电源／喷射器驱动箱；
7. 接收斗；8. 剔除斗；9. 色选分离室；10,15. 操作箱(控制柜)；11. 电源开关；12,16. 料槽通道；13. 光电箱

(1)进料斗。进料斗位于色选机的最上方，大多由不锈钢制成，其大小由色选机的宽度、产量等有关因素决定；其数量由色选次数决定，进料斗主要用于储存一定量的物料，并由阀门控制以保证各通道供料均匀，流量稳定。

(2)振动喂料器。振动喂料器位于进料斗与料槽通道之间，由相互独立的振动簸斗组成，主要作用是将料斗中的物料按一定厚度均匀供给各料槽通道，并确保各料槽通道内的物料流量、流速稳定一致。每组喂料量的大小由控制柜上的电位器分别调整。

(3)料槽通道。料槽通道是按产量的不同而设计的，数量一般在 90～320 通道之间。料槽通道的作用主要是将物料以一定的速度、一定的厚度均匀、有序地送入色选分离室，以达到最高异色粒剔除率和产量。色选机产量不仅与通道数量有关，而且与通道形状有关。目前，色选机通道形状主要有三种，即"V"形通道、"U"形通道和"⊔"形通道。"V"形通道产量最小，"⊔"形通道产量最大。"V"形通道的优点是色选精度高，当原粮含杂 1%左右时，经色选后含杂可降至 0.3%左右，精度可达 99.7%左右。异色粒和正常粒出带出比小，一般为 1：3 左右。原料含杂 1%时，单通道流量约为 60kg/h。"⊔"形通道产量大，色选精度高，但色选带出比大，一般为 1：7 以上。含杂 1%时，通道流量为 80～100kg/h；当含杂 1%～2%时，使用"⊔"形通道就不经济。"U"形通道介于两者之间，因此，应视本地实际情况合理选择色选机。

(4)色选分离室。色选分离室是色选机的核心部分，它工作的好坏直接关系色选效果的好坏。色选分离室主要包括照明灯管组合箱、基准背景箱、喷气嘴清扫装置及接收斗和剔除斗等。工作时，各通道中的物料以一定的速度通过光照系统进行色差检测，并通过电子系统判断，然后在一定时间内自动控制喷气嘴工作。被喷出的异色料进入剔除斗被分离。对不含异色的白米，因没有受到喷离直接按原运动方向进入接收斗。为了保证良好的分离效果，该系统必须始终保持清洁，使通过物料的光照度始终保持一致；光电检测判断到喷嘴工作的时间等于物料从光照区进入喷嘴喷离区的时间，绝不允许出现异步动作。

(5)喷射器驱动箱。喷射器驱动箱位于机器的下方，色选分离室的后部，主要作用是控制喷射系统是否工作。

(6)操作箱(控制柜)。操作箱(控制柜)由总振荡器开关、总电源开关等组成，是操作人员经常使用的部分。一般位于设备的中右部位，便于操作。

(7)气动系统。气动系统由进气嘴、过滤器、喷嘴及管道等组成，是色选机完成喷射、清扫等工作不可缺少的系统。

(8)信息处理箱(电子中控室)。信息处理箱(电子中控室)实际上就是色选机的中央处理室，完成信号放大，提供喷射器何时剔除不合格物料的信息，沟通振荡器、通道色选、基准背景控制之间的联系等一系列工作，起操纵、管理整个色选机的作用。

2. 大米色选机的操作与维护

(1)色选机应安装在没有振动的地方，因为振动会给色选机的灵敏度及光学元件带来损害，使它们难以准确地工作。色选机也应调整到整体水平，才能确保米粒均一的运行状态。

(2)色选机不能安装在阳光、照明灯能直射到的地方，因为色选机是靠光电效应工作的，外界光照对色选机的正常工作有较大的影响，因此应尽量避免其干扰。

(3)先预热，后进料色选。每次使用色选机时，均应在开机后留有 20～40min 的预热时间，以使色选室及其他条件稳定，然后才可以进料工作，这对充分发挥色选机的性能和长久正常使用非常重要。

(4)看样操作。色选机分选前，操作新手应对所分选的物料的异色粒含量有所了解。有条件的企业每批原料加工前均应有质量检验记录，知道了异色粒含量，在操作上就可以合理调节一次、二次选的流量、灵敏度等参数。

(5)先"紧"后"松"。刚开机时，主观目测数据与实际色选数据有一定的误差。当处于正误差时，以主观目测数据进行分选，分选出的成品符合标准，可以流向后道工序；当处于负误差时，分选出的成品不符合标准，成为次品，流向后道工序，将会影响成品质量。所以在实际操作时，色选调节可采取先"紧"后"松"的办法，这样可保证成品合格。

(6)经常检查物料在通道中的运行状态，通道上有无异物卡住或粘贴上米糠等物。从色选机侧面2个玻璃观察窗看，如有物料跳出通道，说明通道上或通道里有异物；掀开前面防护玻璃罩，从正面看物料在通道中的运行情况，如有异物可以看到；打开后上盖，如有异物卡在喂料器出口与通道上端也可以看到。

(7)空气压缩清洁系统的维护保养。

(a)每天维护保养内容：空压机及气罐排水；空压机油位检查；气候冷时，检查油雾分离器、空气过滤器排出口是否冻住，否则应采取手动放水。

(b)每季维护保养内容。将空气过滤器滤芯拆下，用汽油或稀酸清洗干净。

(c)每年维护保养内容。更换新的空气过滤器、油雾分离器滤芯。

(8)色选机维护保养。

(a)每天维护保养内容：用软布轻擦荧光灯前方防尘玻璃表面的糠、粉、灰尘；用汽枪清理色选区周围的糠粉及残留在各角落的物料；检查喂料器出料口处是否有异物。

(b)每周维护保养内容：用药棉轻擦每只传感器表面，以防粉尘粘上，降低其灵敏度；检查喂料器、通道上是否有米糠黏附，如有，则用软布轻擦，冬季可使用加热器清除通道浮糠；检查清理刷工作效果，如效果不佳，可更换刷板；清理色选机冷却风机进口防尘网；用气枪仔细清理各控制板上吸附的尘杂，防止时间长，尘杂受潮结块霉变，引发控制板上电路故障。

(c)每月维护保养内容。将电源打开，详细检查各喷射阀的工作情况，如有漏气现象，应拆卸、清理移动片及阀座内灰尘。如气体喷射困难，再检查其他配套连接件的密封情况。

(d)特殊情况维护事项。当生产中遇到特殊情况时，如停电，应立即关闭料门开关，同时切断色选机电源，防止无人时来电，色选机突然恢复工作状态。

第四节　适度加工稻米专用加工装备

一、适度加工碾米装备

(一)砂带碾米机

传统碾米机的种类繁多，但其结构通常由进料装置、碾白室、出料装置等构成，其中碾白室是核心部件，它的结构包括砂辊或铁辊、推进器、米筛及米刀等。作业时，糙米由进料装置的料斗被送入碾白室内，通过砂辊内压力和机械力的推动，使糙米在碾白室内得到挤压，经过糙米间自相摩擦、与砂辊的互相摩擦之后去掉皮层即成白米，完成碾米作业。但传统结构的碾米机需要耗费很大的电机功率，而且增碎率非常高，因此，在实际生产中很多企业为降低增碎率和达到相应的加工精度，不得不采用多台设备串联进行多道碾米，即使如此还是存在能耗高的问题，而且还只能适应一种粒型的加工碾磨。另外，还存在出机米温升大的缺陷。

砂带碾米机(图 3-121)，其特征是所述滚筒垂直向安装在进料装置的下部，进料装置由进料管、分料筒和分料支管构成，每根分料支管对应于一个碾白室(图 3-122)，分料支管的出口与碾白室入口密封对接。砂带碾米机出料装置为一个双层圆筒形的出料室，在该出料室的层间腔室的顶壁上开有数量与碾白室个数一致的接纳孔，每一个接纳孔与一个碾白室出口密封对接，出料室的内层腔室与碾白室下部具有通道。内层腔室为负压腔室，层间腔室和内层腔室分别设有输出口。砂带碾米机滚筒砂带的外围具有 12 个肩并肩排列的碾白室，每个碾白室与碾白室之间由密封件相互隔离，12 个碾白室与砂带之间形成 12 个相互独立的碾米腔，在游离的两个碾白室侧壁外轴向设有排刷。碾米机侧透结构图见图 3-123。砂带碾米机滚筒由无级变速装置控制转动。与现有技术相比，本发明的最大创新在于采用了砂带式滚筒及其设置在滚筒外围、具有多个相互独立且成整体的碾白室结构，从而彻底改变了目前所有碾米机只有一个碾白室的传统结构，使现有碾米机普遍存在的一些问题迎刃而解。首先，用砂带磨米工艺替代挤压米工艺后，不但能省略砂辊或铁辊、推进器、米筛、米刀和压力门等构件，而且有利于大幅度降低能耗，根据要求，酌情调整砂带、砂号、滚筒转速等因素后，就可适应各种粒型的碾磨，既可以加工精米又可以用于活性营养留胚米的加工。

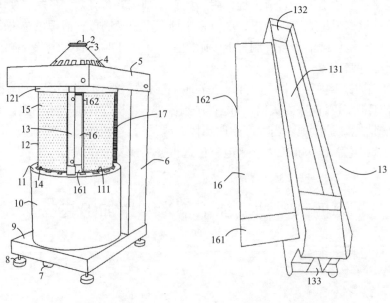

图 3-121　砂带碾米机　　　　　　图 3-122　碾白室

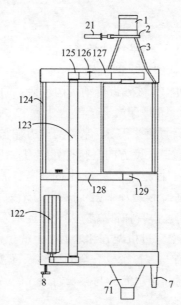

图 3-123 碾米机侧透结构图

1. 进料管；2. 阀板(21.气缸)；3. 分料筒；4. 分料支管；5. 进料室；6. 机架；7. 出米管(71.糠秕输出口)；8. 垫足；
9. 底架；10. 出料室；11. 出料室顶壁(111.接纳孔)；12. 滚筒(121.裙边，122.电机，123.传动轴，124.摆轴，125.传动轮，
126.张紧轮，127.传动带，128.托臂，129.滚筒轴)；13. 碾白室(131.碾米腔，132.碾米腔入口，133.碾米腔出口)；14. 间隙；
15. 砂带；16. 挡板(161.坡板；162.密封片)；17. 排刷

工作过程如下：由电机带动传动轴旋转，通过传动轮、张紧轮、传动带带动滚筒旋转，滚筒带动砂带对糙米进行磨削加工糙米通过糙米分料筒进入碾白室碾磨，糙米不但自上而下运动，而且被砂带带动自转，因而糙米各个表面被砂带磨削成精米。磨成粉状的糠秕被砂带带出碾白室进入挡板围成的内腔中，内层腔室的负压使糠秕经糠秕输出口被管道吸出。精米由于受到碾米腔的外壁阻挡，依靠自重下降到出米管，经其出口由提升机输出。

(二)平板砂带碾米机

现有的碾米技术都是采用圆桶碾米室的方式加工大米，无论是直立式还是卧式，现有的加工方式缺点很多，如耗电高、碎米率高、大米胚芽损失率高。稻米的胚芽中含有丰富的维生素、植物纤维和人体所必需的微量元素等营养成分，营养极为丰富，因此，随着人类社会科学进步发展，人们越来越关注营养与健康，正逐渐改变食用大米越精、越白越好的旧习，胚芽米越来越受到人们的喜爱。故需要对现有的碾米机进行改进，以避免在碾米过程中损失大米胚芽。

平板砂带碾米机，其碾米室的碾米通道为直行通道、不拐弯。碾米通道一侧为米刀，另一侧为砂带。稻谷或糙米进入碾米通道内被搓行，在砂带的带动下滚动前进，锋利而柔软的米刀对其进行柔性切削，砂带碾削也为柔性碾削，米粒未受到过重的撞击。快速的搓碾使米粒在碾米室通道中脱壳、去皮、辗白，碾米效率极高，使其很快脱壳脱白，该过程极短，其效率为传统碾米的几倍。加工出来的米有几个特点：①大米温度不高，不需要喷风降温；②留胚芽率高；③碎米率低。

1. 实施例一

如图 3-124～图 3-126 所示,该平板砂带碾米机为卧式结构,包括料斗 1、出料筒 7 和两条平行水平布置的直条型机架 6,两机架 6 内形成平直的碾米通道 5。在碾米通道 5 的长度方向设置有砂带传动机构,该砂带传动机构包括主动轮 10、被动轮 8 和与主动轮 10 及被动轮 8 配合的砂带 12。靠近碾米通道 5 的砂带 12 的内侧设置有用于对砂带托举的基板 11。在碾米通道 5 上设置有米刀 2,米刀的刀刃端与砂带相对,之间留有间隙。所述米刀 2 包括多个沿碾米通道长度方向平行排列的刀片组,刀片组包括刀架 21(详见图 3-129)和多个不同高度的刀片 22,刀片 22 由低到高、沿碾米通道长度方向排列,刀片 22 露出刀架 21 的一端呈锯齿形,刀片 22 内藏于刀架一端与刀架 21 之间设有弹性软物,在刀片 22 与刀片 22 之间也设有弹性软物 23。所述米刀 2 的两侧分别通过螺栓 4 定位连接在机架 6 上,螺栓 4 依次穿过机架 6 和米刀 2 上的螺栓过孔与锁紧螺母螺纹配合,在米刀 2 与机架 6 之间设置有与螺栓螺纹配合的调节螺母 3。料斗 1 通过其下端的进料口 9 与碾米通道 5 的一端连通,出料筒 7 与碾米通道 5 的另一端连通。

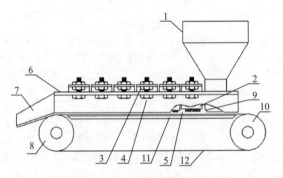

图 3-124　正面结构示意图

1. 料斗；2. 米刀；3. 调节螺母；4. 螺栓；5. 碾米通道；6. 机架；

7. 出料筒；8. 被动轮；9. 进料口；10. 主动轮；11. 基板；12. 砂带

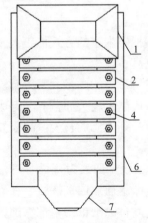

图 3-125　俯视结构示意图

1. 料斗；2. 米刀；4. 螺栓；6. 机架；7. 出料筒

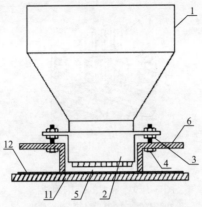

图 3-126 碾米室结构剖视图

1. 料斗；2. 米刀；3. 调节螺母；4. 螺栓；5. 碾米通道；6. 机架；11. 基板；12. 砂带

2. 实施例二

参见实施例一和图 3-127，所述平板砂带碾米机设计成垂直立式结构，该结构与实施例一中卧式结构的平板砂带碾米机基本相似，区别在于所述机架 6 为垂直布置，形成垂直的碾米通道 5，米刀 2 和砂带传动机构相应设置在该碾米通道 5 左右两侧。

3. 实施例三

参见实施例一和图 3-128，所述平板砂带碾米机设计成斜坡式结构，其结构与实施例一中卧式结构的平板砂带碾米机基本相似，区别在于，所述机架 6 为斜坡式布置，形成倾斜的碾米通道 5，米刀 2 和砂带传动机构相应设置在该碾米通道 5 上下两侧，其中米刀示意图见图 3-129。

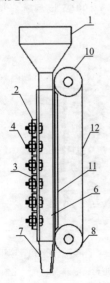

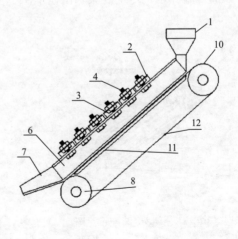

图 3-127 垂直式平板砂带碾米机结构示意图

1. 料斗；2. 米刀；3. 调节螺母；4. 螺栓；6. 机架；
7. 出料筒；8. 被动轮；10. 主动轮；11. 基板；12. 砂带

图 3-128 斜坡式平板砂带碾米机结构示意图

1. 料斗；2. 米刀；3. 调节螺母；4. 螺栓；6. 机架；7. 出料筒；
8. 被动轮；10. 主动轮；11. 基板；12. 砂带

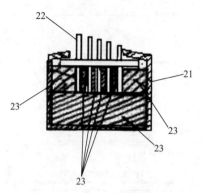

图 3-129　米刀的结构示意图

21. 刀架；22. 刀片；23. 弹性软物

(三)砂辊碾米机

设备主要特点如下所述。

(1)新型碾米机设计时省去螺旋输送器，同时省掉了相配套零件进料衬套，使进料端轴承座比原有零件的制造简单，从而降低了生产成本；每粒糙米靠自重从上到下流动进入碾白室，也就相应地降低了电耗。

(2)"瀑布"式的进料和工作的最大亮点，是糙米在进入碾白室后与砂辊表面接触，从开始到结束都能够充分地发挥最佳的工艺效果。糙米从进料斗流入碾白室时，类似砻谷机的淌板进料，像"瀑布"一般，料面宽、料层薄；为控制米粒在碾白室加工的时间，设计有专用砂辊(注：试验时选用光辊或外径上各类带凹槽型砂辊，如梅花形状的砂辊，见图 3-130)。糙米沿着砂辊的旋转方向，按照设计的"S"形的工艺流程路线见图 3-131，在 4 组碾白室内流动，米粒与米粒、米粒与砂辊、米粒与米筛等之间，能反复摩擦，受力均匀，同时在负压吸风作用下，使碾白室的米温更低。产生的碎米率就会尽可能地减少，如加工胚芽米比传统的碾米机显示出更多的好处。

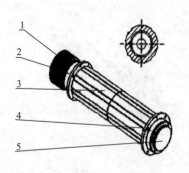

图 3-130　梅花形砂辊装配示意图

1. 主轴同步带轮；2. 轴承座 A；3. 梅花形砂辊；
4. 轴承座 B；5. 轴承盖

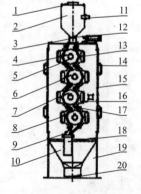

图 3-131　18x61x4 型砂辊碾米机剖视图

1. 进料口；2. 进料斗；3. 手动进料；4. 砂辊 1#；5. 主轴；6. 砂辊 2#；
7. 砂辊 3#；8. 砂辊 4#；9. 压力门；10. 吸糠斗；11. 料位器；
12. 气动插门；13. 八角米筛；14. 手柄；15. 操作门；16. 八角筛架；
17. 支承块；18. 出料嘴；19. 机架；20. 吸糠管口

(3)由于碾白室内的砂辊在长度方向是同时接触糙米，使常用的有关配件，如米筛、砂辊等的磨损均匀，磨损量相对减少，从而保证加工时工艺效果质量稳定，正常工作的周期相应增长，比传统碾米机的配件提高使用寿命30%～50%，同时也降低了操作工的劳动强度。

(4)新型碾米机配备有圆弧形和八角形两套米筛，加工籼米采用圆弧形米筛，可克服长粒形籼米因形状细长、米粒抗压性差等不足，尽量提高整米率。加工粳米采用八角形米筛，可增加米粒在碾白室内的停留时间，提高开糙碾白的工艺效果。此外，米筛与砂辊之间的"存气"均可调节，用户可按品种性质与外形和出米的精度选择适当的间隙。由于两套米筛的筛架径向结构均不是封闭型，在每次加工后或其他原因停机，米粒均可以从出料口流出，在碾白室内无残余米粒或仅有极少量的残米。这样的效果对减少碎米率是非常有利的。

(5)传统碾米机内的米刀(阻力条)，可使碾白室内增加阻力，是用来提高碾白精度的有效方法，但也是影响碎米率的主要因素。本机设计时省去米刀，主要依靠米粒之间的摩擦来开糙，避免米粒因受米刀的硬性碰击而损伤，从而降低碎米率。

(6)新型碾米机采用双面同步带传动，见图3-132。本机选择是1台电动机，通过双面同步带传动4组砂辊，其中2组(砂辊1#和砂辊3#)旋转方向为顺时针，另2组(砂辊2#和砂辊4#)旋转方向为逆时针；如用三角带则需2台电动机，传动结构在机架宽度方向所占空间偏大，不利于操作。同步带传动效率可达98%～99.5%。比其他机械传动效率高，同时也就有节能效果。因此，碾米设备大量应用同步带是历史发展的趋势。虽然同步带传动有众多优点，若有关带轮和同步带的设计、制造或使用不当，都可能导致同步带的早期磨损与突然断裂(也是一次冒风险的试验)。

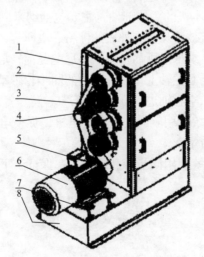

图3-132 同步带传动示意图

1. 机架；2. 主轴同步带轮；3. 双面同步带；4. 导向带轮；5. 电机同步带轮；6. 电动机；7. 电机底板；8. 机座

(7)新型碾米机进料座配有料位器和气动插门，用户根据需要视具体情况可选择自动和手动操作。

二、适度加工抛光装备

PGS18-6 型柔性刷米机，主要由进料装置、刷米室、电控系统、传动系统、机架等组成，如图 3-133 所示。

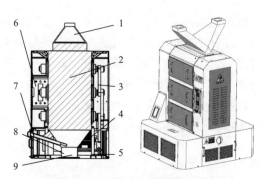

图 3-133　PGS18-6 柔性刷米机

1.运料器；2.刷米室；3.传动系统；4.电机；5.机架；6.电控触摸屏；7.采样器；8.出料口；9.吸风口

柔性刷米机是一种采用六辊毛刷旋转刷米的大米加工设备，包含有匀料作用的进料装置、使用同步带传动六个毛刷辊，触摸屏操控，操作简单。

本设备采用柔性纳米刷辊和径向重力自流瀑布式进料，可以替代铁辊抛光机，彻底去除大米表层糠粉，无碎米，抛损率低，电耗低。

（1）进料装置。进料装置本机有两个进料口，因此可以当做两套进料装置。如果对刷米要求高，可以让大米从一个进料口进入，经过三个刷辊刷完又从另一个进料口进入刷两次。这主要针对小产量，两个进料口同时进料大、产量大。

（2）刷米室。刷米室是本机的主体部件，主要包括纳米刷辊、空心轴、瓦筛等。采用纳米材料的毛刷，能够有效清除大米外表的糠粉、虫卵等，对大米表面有一定的刮擦作用，不会伤及大米本体。纳米毛刷插植在两块尼龙瓦上，尼龙瓦上除了刷毛还布满通气孔，两块纳米刷固定在空心主轴上，由主轴上的同步轮带动刷辊转动。空心轴表面开有几排小孔，外面的空气从空心轴进入刷米室内。

（3）电控系统。电控系统采用软启动器启动电机，促使电机启动平稳及与大米流量保持相对平衡，保证大米质量。

（4）传动系统。传动系统使用同步带和同步轮，保证上下三辊的转速一致，经过的大米流速一致。

第四章 稻谷（米）的加工

第一节 概　述

稻谷是世界上一半以上人口的主食,仅在亚洲就有20亿人从稻谷中摄取其60%～70%的热量。稻谷还是非洲增长最快的粮食来源，对低收入缺粮国的粮食安全至关重要。稻谷关系到人类的生存，2004 年为国际稻米年，联合国粮食及农业组织就提出了"稻米就是生命"的口号，希望通过发展稻米种植解决世界粮食安全问题、消除贫困和维持社会稳定。稻谷生产系统及相关的收获后经营，为发展中国家农村地区的近 10 亿人提供了就业，世界稻谷的4/5 是由低收入国家的小规模农业生产者种植的。因此，有效、高产的稻谷生产系统对经济发展、改善生活质量至关重要，对农村地区尤其如此。稻谷加工是粮食再生产过程中的重要环节，是粮食产业链条中的重要组成部分，是关系国计民生的重要产业，在国民经济和国家粮食安全中具有重要的地位和作用。

稻米是世界上最重要的谷物之一，产量居各类谷物之首。世界上共有 122 个生产稻米的国家，主产区集中在亚洲，亚洲稻米产量占全球总产量的 90%左右。值得一提的是非洲的饮食相较于其他传统粮食在向大米快速转变，预计该地区的人均大米年摄入量将从 2010～2012 年的 24kg 增长到 2022 年的 30kg。我国稻米产量占世界总产量的 31%，居世界首位，其中约 85%的稻米作为主食食品供人们消费，饲料和工业用米约占 10%，其他只占 5%左右。全国有近 2/3 的人口以稻米为主食，米制食品在我国人民的膳食结构中占有重要的地位。

稻谷以其低热量、低过敏性、高生物效价成为人们喜爱的谷物，但是，近十年来作为亚洲国家人民主食品的稻谷人均消费量逐渐降低，而在欧美国家的人均消费量却有所增加，在经济发达国家和地区如美国、加拿大、欧洲等，稻米被认为是一种健康食品，因此欧美国家和地区以及稻谷主要生产国如日本、泰国、菲律宾、印度等国家对稻谷制品的研究如火如荼，发展较为迅速。稻谷是关系国计民生的一种重要战略物资，世界各国都非常重视稻谷的生产加工和转化，对稻谷的利用已由原来的仅作为口粮转化为深度加工和综合利用，以最大限度地发挥稻谷的各项功能。

一、国外加工概况

目前，世界上一些技术先进的公司开始把工艺研究的重点放在稻米深加工和综合利用上，达到全面利用稻米的主副产品，实现产业全面增值。这方面，日本和美国走在世界前列，其稻米深加工主要分米制食品和稻米深加工产品，品种多元化、专用化、系列化，为食品、保健、医药、化工等工业生产提供各种高附加值配料。

目前，世界大米的生产工艺已比较成熟，并已基本定型，各生产企业和科研机构已将研究的重点转为稻谷的深加工和综合利用上，美国和日本等国家走在世界前列，为了满足消费者对于食品提出的安全、方便、营养、保健的要求，不断开发新的大米产品如免淘米、营养强化米、配制米、发芽糙米等大米种类；方便米饭、冷冻米饭、罐装米饭、蒸煮袋米饭、干燥米饭、调味饭、冷冻餐盒、米粉面包、速食糙米粉、大米粉、米酒、米饼、米糕等大米加工食品。近年来，又出现了一些新的大米产品，如免淘洗 γ-氨基丁酸大米、功能性涂层大米、人造大米、功能性速食米粉条、速制功能性软米粉团；印度培育的浸泡即可食用大米新品种；日本开发的低盐保健米酱油；韩国的大米葡萄酒等。在生产米制品的同时，充分利用大米生产的副产物如米糠、稻壳、碎米等，实现稻谷全面增值。

近几年来，国外稻谷加工业的发展可以归纳为以下几点。

1. 加工水平比较高

稻谷的加工程度决定着稻米的增值程度。越是精深加工，增值程度越大。国际上，稻谷可被精加工成几十种产品，增值程度是其原料产品价值的十几倍至几十倍，有的可达几百倍。米糠有近 100 种食用和工业用产品，最高附加值可提高 60 倍；稻壳增值 3 倍；碎米附加值增加 5 倍；谷物胚芽增值 10 倍；深加工产品有各种米淀粉、米糠食品、米糠营养素、营养饮料和营养纤维、米糠多糖、米糠神经酰胺、米糠为原料的医药产品、米糠为原料的日化产品、米糠高强度材料、稻壳制环保材料等。这表明稻米精深加工是未来的发展趋势，这也表明稻米加工业的科技含量越来越高。

2. 米制品种类丰富

在稻米的消费中，除了以大米的形式被消费外，还被加工成品种多样、口味丰富的各式方便或休闲米制品。米制品是以大米及糙米为主要原料，利用其物理、化学、生物化学性质，经过机械加工处理，改变其形状、性质和功能特性，使其具有安全卫生、营养健康、品质优良、高效方便、种类繁多等特点的一类产品。由于稻米是关系国计民生的一种重要战略物资，世界各国都非常重视稻米的生产加工和转化，有关米制品的研究成果很多，米制品的种类也不断推陈出新，米制品在食品消费市场占有重要的地位。

3. 稻谷加工企业自身经营管理水平高

稻谷加工企业与其他现代企业一样，经历着现代管理的冲击。发达国家的稻谷加工企业，尤其是国际性企业，管理水平普遍比较高。主要表现在：①企业管理主题的层次较高。管理主题是指某一时期企业管理所侧重的关键问题。当前，发达国家企业管理的主题已经跳出企业内部的成本管理、生产管理，逐渐转向侧重于企业外部的战略管理，竞争也从低层次的价格战转向了高层次的战略选择与实施方面的较量。企业在前瞻力和判断力方面有着很大优势。②企业的产品优势。发达国家的稻谷加工企业一般规模较大，所以他们拥有品种繁多的产品系列。这些企业规模大，技术力量雄厚，产品的开发、生产都非常稳定，质量可靠，成本较低，因此他们有着较强的竞争优势。

4. 规模化生产和集约化经营

稻米加工业的规模化生产、集约化经营是发达国家发展稻米加工业的成功经验。稻米加工企业要想不断发展壮大，增强实力，就要走规模化生产、集约化经营的发展道路。

5. 采用新技术，提高稻谷资源利用率

稻米是人类赖以生存的最宝贵资源，世界发达国家利用高新技术大力开发和充分利用稻米资源及其副产物，使其增值，是国外稻米加工业的主要趋势。

6. 延伸产业链，实施稻米加工循环经济是米制品加工的一个重要发展方向

米制品企业既要在主产品上实施安全、营养、品牌三大战略，又要实现主产品的延伸，同时还要发展稻米加工副产物深加工和循环利用。

7. 高效、节能、环保的稻米产品加工技术

高效、节能、环保是全世界高度关注的重要课题，米制品加工企业只有走这条科学发展道路，才能立于不败之地。

8. 营养、安全、方便和绿色是稻米加工产品的主流

卫生安全是米制品加工企业的首要任务，而随着人们对自身健康的日益重视以及为适应现代快速的生活节奏，营养、方便和绿色的大米制品将会成为消费趋势和主流，越来越受到人们的欢迎。

9. 深加工、多产品是高效增值的重要途径

稻米初级加工带来的产品利润空间非常有限，只有实行深度加工和综合利用，并不断开发新产品以适应消费市场的需求，才能实现产品的高效增值。

二、国内加工概况

当前，政府和业界普遍存有粮食加工业企业规模过小的印象。以此为依据，引导粮食加工企业规模化发展就有了相应的理论基础，扶持政策也一度密集出台。尤其是，当前"去库存"背景下，推动加工转化的扶持政策再次着力于规模化企业，间接推动了新一轮的粮食加工企业规模化进程。

随着规模化政策密集出台，粮食企业规模化水平有了一定的提升。然而，相对于其他行业而言，粮食加工业规模化推进进展仍显缓慢。截至 2015 年底，稻谷、小麦加工业前 10 位企业产业集中度仅为 10%左右，企业规模化水平依然偏低。而且，近年来稻米加工业一度出现的"小企业微利、大企业亏损"现象，也给当前粮食加工业规模化政策制定的理论基础提出挑战。针对以上现象，可能有两个方面的解释：第一，当前粮食加工企业(这里主要指稻米加工业)规模足够，已经充分实现了规模经济，继续扩大规模并不合理；第二，因为某些外部条件导致粮食加工业规模经济难以发挥，或规模经济对利润率的提升被某些外部原因抵消。如果答案是前者，那么当前规模化政策就失去了理论支撑，政府就不应对市场进行干预；如果答案为后者，则需要采取一定的措施抑制外部条件的不利影响。因此，对当前粮食加工业企业规模与利润率关系的考察有着重要的现实意义。

当前粮食加工业中的企业规模效应究竟如何？为何"小企业微利、大企业亏损"现象会在稻米加工业中出现？为何理论界依然支持粮食加工业的做大做强？有学者探究企业规模与利润率间的相互关系，以此回答"小企业微利、大企业亏损"现象的成因，进而对当前粮食加工企业的规模效应有一个更准确的认知。近年来，随着国内最低收购价政策的刚性增长和国际粮价低迷，国内稻米市场中"稻强米弱"现象频现，在一定程度上干扰了粮食加工业的正常经营，可能会给粮食加工企业的规模效应带来潜在影响。

为解释当前出现的"小企业微利、大企业亏损"现象，本书以工业企业数据库中碾米业为例，考察了稻米加工业企业规模与利润率间的相互关系。实证结果显示，稻谷加工业中企业规模与利润率呈倒 U 形关系，且多数企业位于拐点左侧。由该结果能够得到当前稻米加工业规模偏小，提升企业规模有助于实现规模经济的结论。进一步，为对理论和现实间的不一致做出解释，本书引入了"稻强米弱"的比价扭曲因素。实证结果显示，"稻强米弱"能够影响企业规模与企业利润率间的相互关系，在企业规模整体偏低的情况下导致"小企业微利、大企业亏损"现象的出现。具体来说，"稻强米弱"的比价扭曲条件下，企业规模的提升有不利于稻米加工业企业利润率提升的可能。进一步，当比价扭曲程度过高时，企业规模提升将对企业利润率起到不利影响，这种逆向关系的存在会成为粮食加工业规模化政策推进的阻力。

针对以上结论可以得到两点启示：第一，短期看，"稻强米弱"环境下部分引导稻米加工业规模化发展的政策红利可能会被比价扭曲环境所侵蚀，政策效果可能不甚理想；第二，从长远看，引导稻米加工企业规模化生产的政策措施有其现实意义和必要性，需要继续坚持。

与之相对应，可能的政策建议也有如下两点。

第一，有条件地推动规模化。当前，在稻米最低收购价调整空间有限及国际粮食低迷的环境下，"稻强米弱"的市场环境短期内难以避免。对此，如何在"稻强米弱"环境下合理引导稻米加工业企业健康发展成为短期内的关键。结合本书研究结论，"稻强米弱"环境未被改善的条件下，经营灵活、快进快出的小型稻米加工企业有其存在的优势及必然性。尤其是在同样以稻米初加工为主营业务的企业群体中，小型企业的优势更为明显。因此，当下政府对稻米加工企业的补贴与扶持，不应仅以加工能力或销售收入这类表征企业规模的指标作为标准，而要结合稻米加工企业的产品结构，重点补贴大型精深加工企业。

第二，改变现有的稻米市场价格环境。短期看，适当调整部分政策以适应难以改变的价格环境是减少市场扭曲有其合理性，但长期看，消除当前的稻米比价扭曲是关键。考虑到稻米比价扭曲根源于价格支持政策，加快稻米价格支持政策改革成为解决问题的关键。以市场化为导向，理清价格形成机制，才是解决当下"稻强米弱"价格环境的根本。目前，回归市场化的粮食政策改革正在进行，如市场化干预程度更小的价补分离模式已经在大豆、棉花和玉米中试点。然而，从现有资料看，价补分离在实施过程中存在较多问题，短期内推广的条件也不够成熟。此外，由于大豆和玉米等品种临储政策的取消，更多的农户会选择稻米或小麦的种植，这无疑会增加稻米小麦价格支持政策改革的难度，稻米市场上"稻强米弱"问题的解决也将成为一个长期的过程（企业规模对稻米加工业利润率差异化影响的解释）。

1998 年以前，我国大米加工业基本上是国有企业为主导。之后随着粮改不断深化，国有企业不断改革，民营企业大量增加，特别是 2004 年以后，国内大米加工行业发展较快，市场多元化经营竞争格局已经形成。但近几年，大米加工行业产能过剩开始显现，大米行业正逐步向规模化、品牌化、产业化方向发展，且随着国家政策的偏向，预计今后几年内大米加工业面临"洗牌"格局。

我国稻谷加工业虽然取得了很大进步，但与发达国家相比，还存在一些差距。中小型米企数量众多。中小型米企规模小、技术相对比较落后，且为粗放型加工模式，稻米副产品加工利用水平低。我国稻米除了口粮外，出口和深加工转化率低，如食品工业用米只占 4%左右。由于米制品加工处于初级加工或粗加工水平，对稻米的深加工无论在理念上还是在技术水平上与发达国家均有较大的差距，产品质量不稳定、生产能力低、规模小的现象较普遍存在。

我国稻谷加工现状主要包括以下几方面。

（一）大米加工产能过剩、小企业仍然占主导

稻谷作为我国主要的口粮消费品种，波及范围广，由于门槛低，标准宽松，大米加工企业数量众多，加工能力严重过剩。据国家粮食局统计，2012 年我国年处理稻谷能力 3.1 亿 t，比 2011 年增加 2325 万 t，增幅为 8.2%；大米实际产量 8693 万 t，比 2011 年增加 700 万 t，增幅为 8.8%；实际处理稻谷 1.37 亿 t，产能利用率仅为 44.5%。我国稻谷年产量仅 2 亿 t，年处理稻谷却超过 4 亿 t，大米加工产能严重过剩，加工企业争夺粮源和销售市场的竞争十分激烈，由此形成我国大米市场长期"稻强米弱"的现象。

据国家粮食局统计，2012 年全国入统大米加工企业 9349 个，比 2011 年增加 439 个，其中，日产能大于 400t 的大型企业 386 个，占 3.9%；日产能 200～400t 的中型企业 1229 个，占 12.6%；日产能 200t 以下的小型企业 8173 个，占 83.5%。可见，小型企业数量之多，而且布局分散，导致米糠、米秸等稻谷加工副产物资源分散，难以有效开展副产物综合利用。全国稻谷加工产能利用率一直处于 48%以下，一半以上的产能量空置，浪费极大，比小麦粉、食用植物油加工业产能利用率低。与国际上超过 70%的产能利用率相比，更处于较低水平。从整个大米加工产业来看，与油脂油料、面粉等加工业相比，大米加工业具有小而散的特点，企业数量众多，但是规模偏小，抗风险能力偏低。成本效益比较研究表明，日处理稻谷 200t 以上的加工规模有利于节约土地、设备、能源等投入，开展副产物综合利用；有利于提高原料综合利用率和劳动生产率，减少单位产品生产成本，获得更高的经济效益。

（二）稻谷产业链延长、但深加工仍不足

近年来，随着一些大型稻谷加工企业的崛起，我国稻谷加工程度越来越深，产业链也越来越长，稻谷加工成大米后剩下的碎米可以生产米线、雪米饼等；米糠可以榨油，榨油的剩余物还可制取谷维素、植酸钙、肌醇等产品；稻壳可以用来发电，发电剩下的稻壳灰可用来

生产活性炭等。但目前在我国,除益海嘉里、中粮米业、东方粮油、辽宁中稻公司、湖北国宝桥米有限公司等一些现代化大型大米加工企业能对稻谷资源进行全面加工利用、做到吃干榨净外,从整体上看,大米深加工比例仍比较低,可加工的产品只有几十种,深加工比例不及10%,而美国、日本精深加工品种多达350种,深加工比例高达40%。

从总体看,稻谷加工业以初级产品加工为主的格局仍没有得到改变,总体产能严重过剩。此外,产品结构不合理。一是,稻谷加工产品仍以普通大米为主,深加工不足,加工企业产品高度同质化,品种单一,产业链短,附加值低;二是,稻米主食产业化进程缓慢。发达国家的食品加工是以主食为主体,居民主食消费的工业化水平达80%~90%;我国食品工业中副食比重大,主食工业化水平仅15%。我国13亿人口中有7亿左右以大米为主食,全国年平均口粮消费大米1.19亿t。对于习惯米食的消费者而言,方便米饭、方便米线比方便面更具吸引力。但是,工业化生产的米制品所占市场的份额却很少。以方便米饭为例,目前我国一线城市年人均消费量仅为0.08盒,日本1999年全国年人均消费量就达到约10盒(2.1kg)。可见,米制主食品工业化生产之薄弱,这也是制约稻谷加工产业链延伸的主要因素。

(三)过度加工严重、副产物综合利用低

我国稻谷过度加工现象严重。目前,稻谷加工一般采用"三碾二抛光"工艺,很多企业为了增加产品外观上的精细,甚至采用三道或四道抛光,而每增加一道抛光,虽然改善了稻谷加工后的外观效果,由此每吨产品多消耗能量10kW·h。抛光易造成过度加工,日本早在1980年就已取消抛光。更重要的是,稻谷加工精度越高,加工过程越长,电力等能源消耗越多,而且容易造成加工原料浪费、营养成分损失、出品率下降。在过度加工的情况下,稻谷平均出米率仅为65%。

副产物综合利用方面问题也比较突出。我国稻谷加工业每年产生的副产物约为:稻壳3000万t、米糠1000万t、碎米2000万t,大部分副产物没有得到充分有效利用(表4-1)。规模以下稻谷加工企业的副产物利用效率更低,造成了资源浪费。

表4-1 稻谷加工副产物综合利用情况

项目	名称	利用情况	产量/万t	所占比例/%
稻谷加工副产物	米糠	总量	1137.6	100
		制油用米糠	78.2	6.9
		饲料用米糠	317.3	27.9
		其他用途	274.7	24.1
		废弃未利用	467.4	41.1
	稻壳	总量	2073.8	100
		发电用稻壳	83.2	4
		供热用稻壳	315.3	15.2
		废弃未利用	1675.3	80.8

数据来源:粮油加工业统计资料(2011年)

（四）低价进口大米持续增加冲击加工企业

2012/2013 年度，由于国内稻谷市场价格相对较高，东南亚一些国家的稻谷价格较低，进口大米完税后还比我国南方籼米价格低 0.30 元/斤左右，导致大米进口量大幅增长。据海关数据统计，我国大米主要进口国为越南、巴基斯坦和泰国等。2013 年我国大米进口量为 224 万 t。据美国农业部数据显示，我国已经成为继尼日利亚之后世界第二大大米进口国。除了海关进口外，每年通过边境贸易等方式输入到国内的大米数量也在 100 万 t 以上。由于国内外大米价差较大，贸易商通过进口大米，然后跟国产大米按一定的比例进行掺兑，通过这样的方式降低生产成本。通过掺兑这一杠杆效应，大米终端市场流通数量增加，给原本宽松的市场增加更大的供给压力。

（五）营养型、无公害绿色的稻米产品供应不足

随着城乡居民生活水平和健康意识的不断提高，居民食品消费结构也发生了明显变化，对营养型、无公害绿色稻米的需求明显加大。虽然消费者对营养型、绿色稻米存在着巨大的潜在需求，但是这些稻米市场却面临供给不足与需求不旺的困境，究其原因主要是稻米优质优价长期得不到实现，优质不优价现象的长期存在使真正营养型、绿色稻米的供给不足。

（六）"镉大米"事件影响消费

2013 年初，产量大省湖南部分地区生产的大米被检出镉含量超标，此后，湖南当地大米的市场销售遭遇巨大阻力。受"镉大米"事件影响和进口大米冲击，南方大米加工企业经营状况普遍欠佳，中小企业因缺乏资金、市场、技术装备，开工率明显不足。

未来，我国稻谷加工发展趋势是政策对稻米产业链上游的倾斜，使得农民增收较为稳定，但是对于稻米加工企业来讲，就意味着成本的上升、加工利润的减少。产业链下游大米价格低迷，产业链上游稻谷价格高涨，稻米加工企业近年来面临着"稻强米弱、利润低下"的困扰。同时由于加工能力过剩，大量低价进口大米进入国内市场，进一步抑制国内大米价格，而大米走货缓慢、价格呈现弱势。随着大米消费结构的变化，稻米加工业会不断进行整合、重组，唯有增加产品附加值，企业才能做大做强。面对上游原料稻谷价格高企以及下游大米价格低迷的双向夹击，稻米加工行业面临着整合、重组、转型与升级。

国家粮食局编著的粮油加工业"十二五"发展规划研究成果报告显示，2010 年全国入统企业规模以上大米加工企业由 2008 年的 7698 家减少至 5666 家，年产能约 9463 万 t，但日加工 400t 以上的企业仅为 48 家，超过 80% 的企业日加工能力在 100t 以下，且以民企居多。报告还显示，目前我国对稻谷资源的增值率为 1:1.3 的水平，而在美国、日本等稻谷加工业发达国家，加工业对稻谷资源的增值率已经达到 1:4～1:5。美国、日本稻米精深加工产品多达 350 种，深加工比例高达 40% 以上。稻米全产业链深加工模式不仅必要而且可以借鉴。在稻米精深加工技术和工艺不断创新发展的形势下，如果按照稻谷产出约 67.5% 的精米、8% 的碎米、6.5% 的米糠和 18% 的稻壳计算，深加工产业链将使稻谷附加值大幅提高，约有 70% 以上的升级空间。

第二节　稻谷(米)的初加工

一、概述

据国家统计局数据 2012/2013 年度我国稻谷播种面积 3029.7 万 hm^2，比上年度增加 24 万 hm^2，增幅 0.8%；稻谷总产量 20429 万 t，比上年度增产 351 万 t，增幅 1.7%，占全国粮食总产 34.7%，仅次于玉米居第二位；平均单产 6743kg/hm^2，比上年度增加 55kg/hm^2。我国是世界上最大的稻米生产国和消费国，总产量居世界第一，占全球的 30% 以上，年产稻谷约 2 亿 t，约有 7 亿人口以稻米为主食，稻谷及其制品的消费市场是中国最大、最稳定的粮食市场之一。2012/2013 年度国内稻谷总消费量为 20150 万 t，比上年度增加 310 万 t，增幅为 1.6%。其中，食用消费 17200 万 t，较上年度增加 300 万 t，占 85.3%。

稻谷加工业是农产品加工业的重要组成部分，是食品工业基础性行业之一。随着稻谷产业的发展，对稻谷加工有了新的定义和分类。其中，稻谷原米制品是指稻谷经过适当加工生产出的保持原生米粒形态的制品，主要包括糙米、精米、留胚米、蒸谷米等。

二、糙米

糙米是指除了外壳之外都保留的全谷粒，主要由三部分构成：最外层为糠层，由果皮、种皮、糊粉层和次糊粉层组成，占整粒米的 7%～9%；糠层再进去为胚乳，占 89%～90%；糙米腹部的下端部分为胚，占 2.5%～3%。糙米因保留胚芽、米糠层，含有丰富的营养素和多种精米所缺乏的天然生物活性物质如 γ-氨基丁酸、谷胱甘肽、γ-谷维醇、神经酰胺等，被证实具有抗癌、防治糖尿病、高胆固醇血症和肥胖症等功效，对人体健康和现代文明病的预防和治疗具有重要意义。因此，糙米最近被美国 FDA 列为全谷物健康食品，倡议直接食用，这意味着糙米替代精米成为主食将成为未来健康膳食的新方向。据有关资料统计，2011 年中国糙米的总产量仅为 70 万 t，占总产量的 0.9%(不足 1%)。

稻谷是我国最大宗的粮食作物。我国稻谷，年产稻谷约 2 亿 t，每年稻谷流通量高达 7000 万 t 以上，由于稻壳表面粗糙，孔隙度大，储藏时会占很大一部分仓库容量(简称仓容，稻谷所占的仓容是糙米所占的 1.60 倍)。而精米因为结构裸露，储藏稳定性极差，且缺少发芽活性，相对而言，以糙米作为流通和储存对象，不仅能节约大量的仓容，而且减轻了劳动强度。据我国有关专家预测，每年可节约高达 20 亿元以上的运费，同时节约 200 亿 kg 的仓容。因此，在产区就地加工稻谷制取糙米，改稻谷流通为糙米流通，对于减少城市环境污染，节约全社会运力和仓容，将产生巨大的社会和经济效益。而日本已经将糙米替代稻谷作为主要储运对象，并具备十分成熟的储存流通加工技术和体系。

因此，基于糙米特殊的营养价值，以糙米形式的稻谷储存流通体系的建立，在带来良好的社会、经济、生态效益的同时，也为糙米营养价值的深度开发提供了便利。

(一)加工工艺技术

用于流通和储存的糙米对糙米皮胚的完整性和整糙米率较一次性加工成白米的糙

米有更高的要求。在制取糙米的过程中，如果脱壳和分离不当，将直接影响糙米的质量和储存性。因此，为确保流通糙米的质量，需严格控制糙米制取工艺和技术，以满足糙米流通模式发展的需要。日本以糙米形式流通为主，历史悠久。日本在全国建立了一批稻谷收购点(相当于我国的小型收纳库)，进行收购、干燥和脱壳。因日本普遍采用机械收割，稻谷的含杂量较低，因此稻谷清理、干燥和脱壳的工艺流程简单，即：湿稻谷→初清→干燥→清理→脱壳→谷糙分离(重力筛)→净糙→包装→入低温库(15℃以下)储存。

1. 原粮情况

进入粮食收纳库、粮食管理所或碾米厂的稻谷，其含杂总量基本上都超过国家规定的1%，有的甚至达到3%～5%。杂质主要以砂石、草秆、瘪谷、灰尘为主，尤其是籼稻，不仅品种繁多，品质差，其爆腰率和糙碎率也很高，糙米产品制取的难度更大。籼稻和粳稻的正常收购水分为13.5%和14.5%，但是实际上农户出售给粮库的稻谷水分经常超过，有时甚至达到18%。高水分稻谷给清理和制取糙米造成困难，糙米产品也不宜储藏。

2. 工艺技术要点

(1)为了保证糙米产品的质量，宜尽量缩短工艺线路。

(2)针对我国原粮品种多、含杂和水分高的现状，工艺上确定为加强清理和吸风。同时采用合理的稻谷干燥技术，使稻谷水分达到要求，既不影响糙米的产品质量，又有利于糙米的制取和储藏。

(3)为了提高糙米的产品质量，需加强糙米的精选。

3. 流通用糙米加工工序

流通用糙米加工工艺包括清理、干燥、砻谷、谷糙分离与糙米精选、计量包装等工序。特点是，先清理后干燥。由于去除了瘪谷、灰尘、草秆等杂质，增强了稻谷在干燥塔内的流动性，有利于提高干燥效果，也有利于后续的脱壳、谷糙分离以及糙米的储藏和流通。谷糙分离和糙米精选采用不同原理的两台设备串联使用，不仅能保证糙米质量，而且能保证回砻谷糙米含量低于正常指标。

1)稻谷清理工序

清理的目的是清除稻谷中各种杂质，以达到砻谷前净谷质量的要求。

工艺流程：原粮稻谷→初清→除稗→去石→磁选→净谷。

初清工序去除粗大杂、中杂、小杂和轻杂，并加强风以清除大部分灰尘，常使用的设备常为振动筛、圆筒初清筛；如果历年加工的原粮中稗子数量很少，少数稗子可在其他清理工序或砻谷工段中解决时，可不必设置除稗工序，高速振动筛是除稗的高效设备；去石工序一般设在清理流程的后路，这样可以避免去石工作面的鱼鳞孔被小杂、稗子及糙碎米堵塞，常用吸式及吹式比重去石机。使用吸式比重去石机时，去石工序也可设在初清之后、除稗子之前，好处是可借助吸风等作用清除部分张壳的稗子及清杂，既不影响去石效果，又对后续除稗有利；磁选工序去除磁性杂质，安排在初清之后，摩擦或打击作用较强的设备之前，一方面，可使比稻谷大的或小的磁性杂质先通过筛选除去，以减轻磁选设备的负担；另一方面，可避免损坏摩擦作用较强的设备，也可避免因打击起火而引起火灾，常用的设备是永磁滚筒。

2）稻谷干燥工序

工艺流程：高水分净谷→干燥→缓苏→冷却→净谷。

若稻谷需要干燥，则毛谷暂存仓的稻谷经提升进入干燥工序，经过一定时间的干燥、缓苏、冷却后，达到要求水分的稻谷出机，提升至净谷暂存仓。

3）砻谷（脱壳）工序

该工序的主要任务是，脱去稻谷的颖壳，获得纯净的糙米，并使分离出的稻壳中尽量不含完整粮粒。

工艺流程：净谷→砻谷→稻壳分离→谷糙分离→糙米精选。

符合要求水分的稻谷，由砻谷机脱壳，常用胶辊砻谷机。然后，从砻谷下物中分出稻壳，若不先将稻壳分离，将妨碍谷糙混合物的流动性，降低分离效果。目前广泛使用的胶辊砻谷机的底座就是工艺性能良好的稻壳分离装置。稻壳风网中设置有稻壳提粮器，用以分离混入稻壳中的粮粒、青白片、糙碎。其中，糙碎是指不足整粒糙米长度 2/3 的碎粒，青白片是砻谷后的未成熟粒、小粒、不透明的粉质粒。为尽量减轻对糙米的损伤，保证糙米产品的质量，在生产操作中，控制脱壳率在 80% 左右。为使稻壳风网尽量少带走粮粒，在具体生产操作中，允许谷糙混合物中会含有少量的稻壳。经稻壳分离器分离出的谷糙混合物进入谷糙分离工序，目的是分别选出净糙与稻谷。其中的稻谷再次进入砻谷机脱壳，也称为回砻谷。若不进行谷糙分离，将稻谷与糙米再一同进去砻谷脱壳，则不仅糙碎米增多，而且影响砻谷机产量。谷糙分离使用的设备有谷糙分离平转筛、重力谷糙分离机等，为了进一步达到糙米精选的目的，可将二者串联使用。

4）谷糙分离与糙米精选工序

（1）谷糙分离平转筛+重力谷糙分离机。谷糙分离平转筛的最上层筛面用于控制回砻谷的指标，最下层筛面用于筛出糙碎，同时起谷糙分离和糙米精选作用。混合物进入重力谷糙分离机，分离出合格的净糙。这样可以由谷糙分离平转筛和重力谷糙分离机，共同确保回砻谷和糙米的质量。

（2）重力谷糙分离机+糙米精选机。重力谷糙分离机对谷糙混合物进行分离并保证回砻谷的质量指标，分离出的糙米则由厚度分级机去除糙碎等后，制取符合标准的糙米产品。为尽量减轻对糙米的损伤，保证糙米产品的质量，在生产操作中，控制回砻谷含糙在 8% 以下。为确保谷糙分离的效果，可以在谷糙混合物进入第一道谷糙分离设备前，设置吸风分离器或吸风道，以进一步吸除残留的稻壳，提高谷糙混合物的流动性和分离性。

4. 食用糙米加工工序

长期以来糙米一直是作为碾米过程中的中间产品，主要是用来加工制米的原料，但随着现代科学和营养知识的普及与提高，糙米作为一种营养米已被广大消费者所认知。作为食用糙米的加工工艺流程一般分为原粮选择、稻谷清理、砻谷、糙米精选、磁选、色选及计量包装七大工艺流程。

（二）储藏和保鲜稳定化技术

1. 储藏技术

鉴于糙米储藏在节省仓容、节约运输成本等方面的优势，以糙米为主要流通方式值得在我国推广。就储藏方式而言，我国的储粮方式还比较传统，长久以来，我国都是以稻谷为主要储藏形式，对糙米储藏的研究还处于探索阶段，未有完善的储藏技术投入实际应用中。

糙米储藏重要控制环节有：①要求低温干燥。对新收获的高水分（18%～20%）稻谷采用38～55℃低温循环干燥（日本称之为调和干燥），将水分降到14.5%～15%后加工成糙米，在干燥过程中要求不得降低稻谷发芽率，减少爆腰和焦粒。②保持糙米的完整性。③提高糙米的纯度。在加工中将青粒、破碎粒、灰杂等清除干净，达到饱满、纯净的要求，以提高储藏的稳定性。④加强糙米的初期保管，防止害虫、螨虫及微生物的感染。⑤将糙米储藏在一个恒定的环境内，仓温控制在15℃或20℃以下，仓内空气相对湿度68%～70%。

目前，糙米储藏的方法主要有：常温储藏、低温储藏、气调储藏等几种方法。而日本已拥有两套商业化糙米储藏系统，分别是：①常温储藏，在储藏过程中不控制温度。②低温储藏，在储藏中将温度控制在低于15℃。低温储藏可最大限度地降低虫害和霉菌生长，但却需用一套耗电的冷却装置。日本学者对糙米气调储藏法也试验过，但目前未投入工业化、大规模使用，可将此作为今后的研究方向之一。

1）常温储藏

常温储藏，就是稻谷收获以后，经自然晒干至安全水分以下，再加工成糙米装在缸或编织袋内，然后放在常温仓内进行储存。常温储藏条件下，影响糙米品质的主要因素是含水量。但是，在实际储藏过程中，温度往往会随地区和季节的变化而变化。我们的研究也表明，相比4℃和–18℃，温度为恒温25℃时储藏的糙米品质最佳，发芽率也最高。

2）气调储藏

气调储藏，利用新型材料制成的包装，对糙米进行自然密封或在袋中充入 N_2、CO_2 或抽真空储存糙米。糙米在充 CO_2 和 N_2 的气调储藏下，在低氧状态下储藏时，由于好氧性呼吸被抑制，因此有机酸含量减少，而还原糖含量则比在空气中储藏显著增加，淀粉酶的效应与之没有关系，所以认为还原糖的增加并不是由淀粉的分解造成的，而是在供给-消耗动态中，由还原糖分解速度降低造成的，所以其品质比常规储藏较好。气调储藏可以有效抑制粮食自身的呼吸和微生物、害虫及虫卵的繁殖，能够较长时间防虫保鲜；但是，气调储藏受气体成分及其浓度、温度的影响较大。对包装材料的阻隔性能要求高，受环境条件的影响大。

3）低温储藏

低温储藏，是与常温储藏相比较而言，利用自然低温条件或机械制冷设备，降低仓内储粮温度，并利用仓房围护结构的隔热性能，确保粮食在储藏期间的粮堆温度维持在低温（15℃）或准低温（20℃）以下的一种粮食储藏技术。低温储藏的特点在于经糙米加工成的稻米食味值变化微小，且能有效地保持糙米的发芽率。目前，低温储藏法仍然是糙米储藏的最佳方法，在这一点上国内外学者已达成共识，但其不足之处在于一次性建设投资和运行成本较高。

在国外，低温储藏是一项较先进和成熟的储粮技术，尤其是谷物冷却机的发明，低温储藏技术开始得到推广。目前，低温储藏已应用于欧洲、美洲、澳大利亚和东南亚等地的 50 多个国家和地区。1989 年，美国开始在得克萨斯州、艾奥瓦州、佛罗里达州对粮食进行低温储藏，美国还普遍对糙米、大米、稻谷进行低温储藏，效果良好。为了保持糙米的品质，特别是在越夏时节，日本从 1995 年开始普及糙米低温储藏，并将糙米水分控制在 13%以下。此外，日本还利用冬季的自然寒冷气候，将谷温降至冰点以下，进行超低温储藏，可得到与新米相同的优质储藏米。而我国低温储粮技术的应用研究起步较晚，低温储藏技术尚需不断完善。

低温储藏可通过两种方式达到。

(1)自然低温。利用自然冷源，并采取隔热或密闭措施来降低和维持糙米处于低温状态。由于糙米的热阻大、热导率小，因此，糙米能够在较长的时间内保持低温。此法简单易行，能耗低；但是，它的不足之处在于，受地理位置、气候条件及季节的影响较大，尤其是在盛产水稻的南方，这一影响表现得尤为突出。

(2)强制性低温。利用机械通风或机械制冷对糙米仓进行强制性通风或冷却，使糙米温度维持在 15℃以下。机械通风仍然是利用自然冷源，它也存在自然低温法所存在的缺点，但与后者相比，它的冷却效果要好得多。机械制冷法是南方地区在高温季节使糙米维持低温的重要途径，此法对低温仓房的隔热保冷性能要求较高，能耗和保管费用高。目前，在这一方面应用较多的机械设备是谷物冷却机，其都能够很好地维持糙米仓的低温环境。

虽然低温储藏糙米的投资费用较高，运行成本也较高；但是，它却能很好地保持糙米的品质，满足人们对"高品质"生活的要求。因此，需要不断跟踪国际技术前沿，强化糙米低温储藏的理论与试验研究，根据不同地区气候特点完善我国的糙米低温储藏仓的设计，进一步优化储藏条件，降低糙米低温储藏的成本。

尽管低温储藏被认为是一种最佳的糙米储藏方式，但其他储藏方式也有其独特的优势，应当根据产区的气候特点进行选择。例如，在气候较寒冷的北方可以充分利用气温低的特点选择常温储藏，只要建立适宜于区域性气候条件的入仓前干燥、入仓后通风等标准操作程序，就可以得到理想的效果；对于储藏期短，尤其是直接食用不再碾制的糙米，可以选择气调小包装(如 1～5kg)的形式进行储藏，直接进入超市的流通环节。

2. 保鲜稳定化技术

糙米的储藏性能介于稻谷和精米之间，虽然它的耐藏性高于精米，但其在储藏期间，要保持良好的加工品质，不劣变、不爆腰、保持发芽率，加工精米时，碎米不超标。为此，糙米的保鲜稳定化难度不能低估。国外对糙米保鲜研究较早的是日本、朝鲜、菲律宾和美国；我国也有一些报道，但在研究过程中存在诸多问题。例如，对糙米储藏时间的研究不长，糙米的品质判断标准相对单一。

在保鲜新技术方面，主要利用辐照保鲜、纳米保鲜膜保鲜技术、生物源保鲜剂保鲜技术、微波处理等技术对糙米进行保鲜。而在保鲜新技术方面，微波处理存在一定的热效应，使糙米的品质下降，辐照处理可能会存在辐照残留，影响食品的安全性。

由于糙米失去颖壳保护，胚和胚乳呈裸露状态，很容易氧化；而又保留了胚芽，具有强烈的呼吸及其他生理作用；更重要的是，糙米的脂类含量较高，在储藏过程中易发生脂肪酶引起的水解反应和脂肪氧合酶引起的氧化反应，导致水解性酸败、氧化性酸败，造成糙米品质下降，产生酸度增高、黏度下降等一系列变化。糙米的这种不稳定性，不仅严重制约糙米作为储藏流通对象的实行，也极大程度地限制糙米营养价值的深度开发利用。因此，需要进行稳定化处理。糙米稳定化处理是涉及酶和营养成分变化的复杂过程，不仅要求酶活受抑制，在储藏期间酸值和氧化程度控制在预期范围内，而且要避免各类营养成分损失。因而，无论是从粮食流通经济的角度，还是从营养健康的角度，对糙米的稳定化研究都具有十分重要的现实意义。

纵观国内外糙米储藏稳定技术的研究，有相当一部分集中在糙米储藏条件的控制上，包括水分、温度、真空、气调和熏蒸等。虽然获得了一定效果，其中日本的低温储藏技术已十分成熟，但整个储运体系的投入维护成本高，而且不能从根本上抑制糙米的品质劣变。近年来，国内外也有不少研究者致力于糙米灭酶稳定技术的研究，先后有热处理、有机溶剂提取、乙醇处理、油减压加热法、辐照处理及过热蒸汽处理等技术的出现。

1）热处理

热处理包括干热、湿热、蒸汽、"浸泡—蒸煮—干燥"程序。与米糠稳定的热处理一样，利用脂肪酶的热变性使其失活的原理。干热导致糙米碎米、裂纹率增多，且灭酶效果不佳。蒸汽稳定效果较好，且对营养成分较小。"浸泡—蒸煮—干燥"程序不仅能达到灭酶稳定的目的，而且形成快速复水结构，可用作生产方便米饭。热处理在灭酶稳定的同时，也会破坏糙米抗氧化物，引起谷粒油脂的重新分布。

2）有机溶剂处理

糙米油脂按能否被有机溶剂萃取分为游离油脂和固定油脂，研究发现只有游离油脂是脂肪酶的底物，与糙米的酸败有关。因此用石油醚或沸腾乙烷浸提糙米，游脂质被有机溶剂萃取出来，脂肪酶失去作用底物，从而达到糙米稳定化目的。虽然灭酶效果较好，但存在有机溶剂残留问题，因而较少采用。

3）乙醇稳定

利用脂肪酶和过氧化物酶的醇变性作用，同时乙醇对糙米表面产脂酶的细菌及霉菌有致死作用。将糙米经过不同温度的液体乙醇和乙醇蒸气处理后发现：乙醇蒸气处理的稳定效果最好，且最终产品具有天然糙米的外观和蒸煮特性。

4）辐照稳定

早期研究发现，将糙米进行 γ 射线处理，研究稳定糙米的游离脂肪酸、淀粉和蛋白质性质在储藏中的变化规律。辐照对糙米的稳定效果显著，但对糙米各组分物化特性影响较大。后来，同样将糙米进行 γ 射线处理，研究脂肪酶、糙米感官特性在储藏中的变化规律。γ 射线被证实能有效降低酶活，且不影响糙米的感官特性。

5）过热蒸汽稳定

研究过热蒸汽对糙米的稳定效果后发现：过热蒸汽处理 1min 能有效降低酶活，同时温度在 150℃以内，淀粉结构未受到损伤，表明低温短时过热蒸汽足以灭酶，且不影响淀粉质量。然而过热蒸汽的灭酶效果仍需在储藏中证实。

6）微波灭酶

微波的热和非热双重效应使其在食品灭酶工业中广泛应用。微波对于酶的作用，除热变性外，非热效应会加速酶的变性失活，因而效果比传统沸水或蒸汽烫漂显著。微波作为灭酶稳定技术应用已十分成熟，先后有研究对不同原料中不同酶进行微波稳定。

7) 超声灭酶

超声波作为近 20 年应用灭酶的研究新手段，已有不少研究报道其灭酶的有效性。但对于一些耐热酶，单独超声作用效果并不理想，研究发现适当压力下超声的空化强度极大增强，因而在灭酶处理中，超声常与高压、热联合应用，称为压热声处理(MTS)。MTS 能有效提高酶的失活速率，原因之一可能是：随着温度升高，超声的空化作用降低，到达沸点时消失，而适当的压力可使空化作用在接近或高于沸点时发生，增加气泡内爆强度，因而 MTS 的灭酶效果优于超声单独作用。在 MTS 处理中，温度、压力和超声振幅以及处理介质都会对灭酶效果产生影响。其中介质的 pH 过高过低都可造成蛋白质构象的改变，在多数情况下辅助 MTS 灭酶。处理介质对 MTS 的影响复杂，相同介质对于不同酶可能具有不同的效应。

超声波可降解淀粉，并优先降解无定形区，破坏支链结构和淀粉长链，直链淀粉含量增加。赵奕玲等将木薯淀粉进行超声波处理发现：淀粉结晶度下降，糊化焓基本不变，糊化温度升高，表观黏度降低，老化趋势增强。孙俊良报道经超声波处理后，玉米淀粉黏度降低，较原淀粉难糊化。罗志刚研究发现超声处理增加玉米淀粉糊化温度、溶解度、降低焓值、黏度，但其黏度曲线未变。

8) 超声微波复合系统

超声微波复合系统(UAMS)，是近年来研制的超声和微波可同时作用的新仪器，主要应用于天然产物的热敏成分提取。例如，江南大学娄在祥等应用该系统从牛蒡根中提取菊粉，证实超声微波复合提取具有节约时间、提高产率、节约能耗等优点。然而 UAMS 对糙米脂肪酶活的影响尚未有研究报道涉及。

(三) 品质评价

糙米品质好坏决定了糙米的安全储藏和经济价值，在糙米购销中糙米品质指标高低又直接决定糙米价格。由于糙米是有生命的活体，在储藏、运输等过程中其品质随着环境的不同逐渐发生变化，从而导致品质的差异。糙米品质指标研究对糙米在储藏、流通、加工等过程中的质量和安全状况评价极为重要。为了能够掌握糙米的质量变化和安全状况，要对糙米客观及时地进行检测，获得糙米品质。因此，世界各国的仓储企业、加工企业和相关研究机构从不同的角度关注糙米品质和检测技术研究，保持糙米品质和商品价值。国际水稻研究所、日本水稻研究机构等都把糙米品质机制研究作为主要研究目标，并力求研究出一些简单、快捷、准确的品质测定新方法和仪器。

1. 色泽

糙米色泽是品质最直接的外观表征之一，正常糙米的色泽应该是蜡白色或灰白色，表面富有光泽，传统上人们通过感官和经验来判断。鉴定时，将试样置于散射光线下，肉眼鉴别全部样品的颜色和光泽是否正常。

储藏过程中米粒内部物质缓慢变化，造成米粒颜色改变。基于采用色泽判定糙米陈化度的重要性，国内外已进行了依据色泽变化快速、精确判定糙米劣变程度的大量研究。

如采用近红外考察储藏过程中糙米的表面颜色变化与其脂肪酸值的关联，糙米储藏过程的色差变化与脂肪酸值增加的趋势一致，具有较高的关联性；也通过采集糙米图像并基于计算机图像处理方法提取图像颜色特征，用图像处理方法检测出糙米储藏过程米粒表面颜色的变化。糙米表面的亮度值随着储藏时间延长和储藏温度提高而增大的趋势明显，说明用图像处理方法及用米粒颜色特征参数表征糙米储藏过程品质变化的有效性和可能性。采用米粒图像的色泽变化检测稻米储藏过程的理化性质变化特征信息，再建立这些信息与化学成分及品质指标的数学模型，从而探讨简便实用的稻米陈化无损快速检测方法。日本佐竹公司已研制生产出 MMIC 型白度计，用于糙米及大米色泽的快速检测。

2. 气味

糙米气味不仅能够在一定程度上表征糙米品质，而且也是糙米品种的标识之一，尤其是东南亚和中亚所产的香米。目前对于糙米气味研究主要集中在其储藏过程中气味变化的研究。糙米在储藏过程中，随储藏时间的延长会产生陈臭味，最终影响到大米的食用品质。因此有学者提出挥发性物质也可衡量糙米的陈化变质。引起陈米臭味的主要为酮类和醛类物质，这些物质多来自油脂、氨基酸和维生素的降解。随着储藏时间的延长，糙米气味也会发生相应变化，糙米储藏 10 个月后的陈米味明显，经仪器测试，糙米的陈米臭的主要成分为正己醛，而在 4℃低温下储藏 10 个月的糙米与新鲜糙米无明显差异。也有研究对糙米做了储藏中挥发性组分变化的试验，指出储藏温度为 30℃，湿度为 84%，常规储藏 3 个月后，糙米出现轻微的霉味，其中酸性挥发物和碱性挥发物变化较小，而糙米陈化的挥发物主要组分是 2-乙酸吡咯。因此，研究挥发性物质的变化是一条新的分析糙米劣变情况的途径，但对 HPLC 条件的选择及不同储藏阶段各种挥发性物质的生成及降解缺乏标准化、系统化的检测方法，这有待于进一步的研究。

3. 体积质量(容重)和千粒重

糙米体积质量(容重)在一定程度上能反映籽粒的粒形、大小和饱满程度。体积质量(容重)大，则籽粒饱满、坚实、整齐，出米率高。同时体积质量(容重)的大小还取决于糙米的密度和堆装时的孔隙度。一般籽粒长宽比越大，籽粒越细长，则孔隙度越大，体积质量(容重)就越小。体积质量(容重)检测主要以称取一定体积的糙米质量确定。目前开发出的体积质量(容重)、水分快速测定装置，其方法是在传统检测体积质量(容重)的基础上，通过减少测定量达到快速检测体积质量(容重)的目的。该方法是传统体积质量(容重)检测方法衍生出来的一种方法，能够达到快速检测体积质量(容重)的目的。

千粒重的大小取决于籽粒的粒度、饱满程度和胚乳结构。千粒重大，则粒形大，饱满而结构紧密，胚乳的含量相对较大，因而出米率高。有研究采用图像处理的方法，提出一种改进类间最大方差二值化法与欧氏距离变换相结合的方法来解决粮食和油料种子颗粒之间的粘连和孔洞问题，并采用区域种子点搜索方法对种子进行计数，实现了种子千粒重的自动测定，该系统不仅精度高，而且速度快。

4. 不完善粒

GB/T 18810—2002 规定不完善粒包括下列尚有食用价值的颗粒：未熟粒、虫蚀粒、病斑粒、生芽粒、生霉粒。传统不完善粒的检测，要求必须由受过培训的专业人员进行检测。方法为：样品经分样后，检测人员先进行目测挑拣，将检出的不完善粒称量，计算得到样品不完善粒含量。现在，研究人员研制了一种谷物籽粒自动处理系统，该系统由一个自动检测机械和一个图像处理单元组成。利用该系统将糙米分为完善粒、爆腰粒、未熟粒、死米、破损粒、被害粒(霉变粒、异色粒、异形粒、虫蚀粒)和其他粮粒。采用16 种糙米图像特征作为识别参数，并编写了稻米品质检测软件将糙米分为 13 个类别，改进分类精度和自动识别系统的操作。当一组糙米参数输入时，识别程序将会运行。该软件在 Windows 环境下运行，以图形为基础的人机互动界面。

5. 黄粒米

黄粒米是指糙米或大米受本身内源酶或微生物酶的作用使胚乳呈黄色，与正常米色泽明显不同但不带毒性的颗粒。黄粒米的形成主要是在收获季节，稻谷不能及时脱粒干燥，带穗堆垛，湿谷在通风不良的情况下储藏，微生物繁殖，堆垛发热，从而产生黄粒米。稻谷受到外界影响的程度不同，产生的黄粒米黄色程度有所差异，可根据其颜色的深浅对黄粒米进行分类，将米粒分为 4 类：微黄、浅黄、黄和极黄。从感官上分析，黄粒米与正常米粒颜色明显不同，数字图像处理方法多是通过这种差异对黄粒米进行检测识别和分类。不同的学者分别从 RGB 色度空间和 HIS 色度空间寻找黄粒米和正常米的差异。在 RGB 色度空间中，有学者通过对比发现黄粒米与正常稻米的 B 值差别最大，依据 B 值进行黄粒米与正常稻米进行分割。对于 HIS 色度空间，其检测得到的大米色泽与人的生理视觉特性感知的大米色泽相一致，有研究者使用 RGB 模型得到 HIS 模型，从而得到大米色度信息。

6. 爆腰粒

裂纹粒，俗称爆腰粒，是指米粒胚乳产生横向或纵向裂纹，但种皮仍保持完整。根据裂纹的条数和深浅的不同分成轻度爆腰、重度爆腰和龟裂。常规的扫描仪获取的爆腰粒图片中爆腰特征一般不太明显，要实现对爆腰粒的检测需要设计特定的光照条件，或通过图像增强将爆腰特征增强。采用常规方式采集到的米样的反射图像上几乎观察不出裂纹的存在，而从常规的透射图像上肉眼虽可以观察到裂纹，但须采用透明材料作背景，米粒与背景的差异及米粒裂纹两侧的灰度变化均不大，使得计算机识别很困难。有学者采用 150W 的卤素灯提供光照，获取爆腰粒图片，利用小波变换提取图像边缘和去噪，与传统的检测算子相比，可得到更令人满意的边缘检测和去噪效果，有效地检出裂纹，为实现糙米爆腰率的快速、实时检测打下了良好的基础。也有使用扫描仪和图像处理软件，有效检测大米爆腰。再者，利用图像正面相加的方法检测大米爆腰，分别对长粒和中粒大米颗粒爆腰结构进行检测。国内研究人员，在分析大米裂纹光学特征的基础上开发了一套大米裂纹计算机识别系统，通过图像二值化和区域标记方法从原始图像中提取单体米粒图像，对提取出的单体米粒图像进行灰度拉伸变换处理以突出米粒裂纹特征，然后提取单体米粒的行灰度均值变化曲线，并对曲线进行加权滤波处理，提出了一种基于单体裂纹米粒图像行灰度均值变化特征的大米裂纹检测算法。

7. 垩白

垩白是指米粒胚乳中不透明的部分，它与透明度呈极显著负相关。垩白之所以不透明是因为其淀粉粒排列疏松，颗粒中充气，引起光折射。国内使用垩白粒率、垩白大小和垩白度等概念来描述稻米垩白状况。垩白检测的关键是使用图像处理方法将垩白分割出来，一般依据垩白部分亮度明显高于糙米籽粒其他部分来对垩白进行检测，这种方法目前也较为成熟。另通过灰度直方图可以发现垩白部分与正常部分灰度差异明显，通过对灰度直方图进行统计，找出用于双峰法阈值化处理的阈值，把大米区域从背景中分离出来，统计垩白面积和垩白粒数，计算垩白度和垩白粒率。有学者研制了计算机图像处理系统，用于稻米垩白度的检测，获取米粒图像后，经过中值滤波，平滑图像，灰度化处理，成为黑白灰三值化图像，其中灰色部分为透明谷粒，白色部分由于不透明为垩白部分。然后选择合适的背景阈值和垩白阈值对图像进行分割，统计得到相应部分像素数，进而计算出垩白度。吴建国等通过获取大米图像，然后使用一套自行设计图像处理程序对垩白进行分析，直接输出颗粒总数、面积总数、垩白总粒数、垩白粒率、垩白总面积、垩白大小及垩白度等指标，同时将国标方法中的垩白粒率计数、垩白大小目测和垩白度计算等测定合而为一，只需一次图像分析即可输出所有垩白相关指标。其他分离垩白区域和正常区域的方法也有学者进行了探讨，主要是通过一些计算机算法，将垩白和正常两个区域的图像信息转换为可以对两部分区分的参数。基于分形维数的算法可以对垩白进行检测，分形维数包含了大米垩白区域的累计和空间分布特征，更能客观反映垩白区域的信息，该算法的识别正确率为95.11%，可以有效识别垩白，与基于垩白大小的检测算法进行了试验对比分析，识别效果好于基于垩白大小的检测算法。黄星奕等建立了一个人工网络识别系统对垩白区域与胚乳其他区域交界部分的区域内的像素进行识别，从而达到垩白识别的目的。遗传算法作为对进化论思想的计算机模拟，这一非数学型自适应优化搜索算法能够有效地解决网络的构筑及结合权值的确定等问题，所建立的遗传神经网络能有效地识别垩白像素和胚乳其他像素，提高了垩白检测的客观性和一致性，为实现垩白度的自动在线检测打下良好的基础。

（四）质量标准和控制

1. 糙米质量标准

稻米国际标准ISO 7301：2002（E）中将糙米分为：未蒸煮糙米、蒸煮糙米。要求待储藏的糙米水分低于15%，杂质含量低于0.5%，不完善粒中的霉变粒含量低于1.0%，色泽气味正常等，并有其他指标：稻谷粒、热损伤粒、损伤粒等。

日本糙米标准按种植分为水稻粳糙米、水稻糯糙米和旱稻粳糙米、旱稻糯糙米4类，按整粒米率可将糙米分为3个等级，也可按酿造用糙米将糙米分为5个等级。需测定的指标有：整粒率、水分、坏粒、死米、着色粒、稻谷、异物、蛋白质及直链淀粉等。我国《糙米》国家标准GB/T 18810—2002将糙米分为5类：早籼糙米、晚籼糙米、粳糙米、籼糯糙米、粳糯糙米。各类糙米质量按容重、整精米率分为5个等级，糙米储藏之前需达到水分含量≤14%，杂质含量≤0.5%，不完善粒中的霉变粒含量≤1.0%，色泽气味正常等。若未达到，需对原料进行清理、除杂和降水处理后再进行储藏。

从糙米标准原理上进行界定，一般分为两个方面：最高限量和最低限量。我国的糙米标准（GB/T 18810—2002）和日本的标准（2001，水稲うるち玄米及び水稲もち玄米）（表4-2）采用最高限量和最低限量并用的标准。我国的最高限量包括杂质、不完善粒、水分、稻谷粒、黄粒米、混入其他类糙米6个指标。日本的最高限量采用水分、损害粒、空瘪粒、有色粒、异种谷粒和杂质6个指标，其中又将异种谷粒分为稻谷、麦、稻谷及小麦以外的谷粒3类，并分别规定限量。我国的最低限量包括体积质量（容重）和糙米整精米率。日本是使用整粒和标准样品两个方面。主要表示糙米完善粒含量和粒形。美国的标准（2009，United States Standards for Brown Rice for Processing）采用最高限量的糙米标准。

表 4-2　日本糙米（玄米）分级标准

分级	低限						高限				
	容重/(g/L)	健全粒	外观与质地	水分含量/%	损害粒总量/%	空瘪粒总量/%	有色粒/%	稻谷粒/%	麦粒/%	异种粒/%	异物粒/%
一等	810	70	一级抽样*	15.0	15	7	0.1	0.3	0.1	0.3	0.2
二等	790	60	二级抽样*	15.0	20	10	0.3	0.5	0.3	0.5	0.4
三等	770	45	三级抽样*	15.0	30	20	0.7	1.0	0.7	1.0	0.6
等外品	770 (max)	—	—	15.0	100	100	5.0	5.0	5.0	5.0	1.0

*抽样为标准抽样；

注：等外品指除一等到三等外，异种粒和异物粒含量不超过50%的糙米

对不同国家糙米标准最高限量指标进行对比，最为基本的是水分，中国和日本为15.0%，美国为14.5%，相差不大。有部分指标其字面表述不大相同，但所表达的意思大致相同，中国的不完善粒中包含未熟粒的概念，日本糙米标准中死米的概念与中国未熟粒相似。中国对不完善粒进行了总量的限定，不得高于7.0%，并将霉变粒单独列出，不得高于1.0%，所有等级均按此要求。国外多为不同等级糙米设置不同最高限量。日本对不同等级糙米分别规定了最高限量，其中空瘪粒的一等、二等、三等的最高含量分别为7%、10%、20%。

2. 糙米质量控制

随着科学技术的发展，人们对糙米质量指标研究给予了更多的关注。由于稻米品质评价体系中更多依据其外观品质，如气味、千粒重、体积质量（容重）等指标已较少出现在各国标准中，而不完善粒分类及限量是糙米质量指标中关注较多的方面。对糙米质量指标的研究应加强对不完善粒的研究，尤其是依据不完善粒形成原因及外观进行分类的研究，从而客观反映糙米品质。

糙米质量检测方法研究主要集中在图像处理和近红外方面，作为快速、客观的检测方法，将是糙米品质检测研究的一个重要方向。近红外技术能够快速检测糙米中水分、蛋白质、直链淀粉等成分的含量。近红外技术检测糙米水分已经较为成熟，在实际收储和生产环节中已有应用。图像处理技术在糙米品质检测中逐渐得到应用，主要应用于糙米籽粒识别和分类。与传统检测技术相比，这些检测技术具有速度快、精度高、重复性好等优点，利用快速检测技术分级代替传统检测，是自动化分级发展的趋势。但目前仍然没有普遍应用到实际工作中。如果能够提高图像处理和近红外检测糙米品质技术对于我国糙米品种多、品质差异大的状况的实用性和适应性，该方法将得到更为广泛的应用。另外，当进一步研究以图像处理和近红外技术为基础，并与 X 射线成像、紫外波谱成像、微波成像及超声波成像等快速无损检测技术相结合，可促进糙米品质及检测技术的发展。

为确保糙米加工过程的质量安全，按照危害分析和关键控制点(HACCP)的认证体系的要求，结合生产实际，确定关键控制点(CCP)，对糙米加工评估影响产品质量与安全卫生的风险，分析其存在的生物的、化学的、物理的危害风险，防止或消除食品安全危害，或将其降低到可接受水平的必需步骤。糙米加工过程中关键控制点，包括原粮选择的控制，稻谷清理的控制，砻谷、谷壳分离、谷糙分离的控制，糙米精选的控制，色选的控制，磁选的控制和计量包装的控制。

(五)最新研究进展

1. 不同品种糙米营养品质与糊化特性分析

我国稻米资源丰富，具有地方和区域特点，主要分为籼稻和粳稻两类，籼稻主要种植于南方，粳稻主要分布于北方稻区。我国稻米品种多样化主要是基因(品种)、区域、自然条件等使其品质存在较大差异性。研究表明：不同品种稻米的化学组成和理化特性不同，不同品种稻米的淀粉含量、组成和糊化特性不同，且不同品种糙米其总酚含量及抗氧化活性、谷维素、γ-氨基丁酸等营养和功能特性存在差异。稻米的品质与其化学成分的含量和糊化特性等理化特性有较大的关系，直接影响稻米的加工与应用。研究不同品种糙米营养品质的差别，可为糙米及其产品的加工提供基本数据。同时筛选营养品质高的品种以及适合不同加工要求的品种，预测糙米加工及其产品的特性。本书收集了我国 2013 年具有地方特色、品质较好的 24 个糙米品种，测定了总淀粉、直链淀粉、蛋白质、脂肪、灰分、游离酚、氨基酸酸组成及糊化特性等主要的营养品质和加工品质，对其营养和加工品质性状进行统计分析和比较。阐明不同品种糙米品质指标的差异性，分析营养品质与加工品质的相关性。籼型糙米粗蛋白与峰值黏度、破损值呈负相关，直链淀粉与最终黏度和回生值呈正相关。这说明蛋白质的种类和组成影响淀粉的糊化特性。同样淀粉的组成影响糊化特性，与杨晓蓉等的研究结果一致。由粳型糙米 Pearson 相关性分析得出：粗蛋白与总淀粉呈负相关，粗脂肪与最终黏度、回生值呈负相关，总淀粉与糊化温度呈负相关，游离酚与最终黏度、回生值呈负相关，表明脂肪含量影响淀粉的糊化特性，与 Cozzolino 等得出脂肪含量越高大麦淀粉的回生值越低的结果一致。同样表明酚对淀粉糊化特性有影响，酚对回生值的影响与前人得出茶多酚抑制大米淀粉回生的结果一致，而酚对最终黏度的影响与关于植物化学提取物对最终黏度的影响结果一致。两大亚种的营养成分对糙米全粉的糊化特性的影响不同，总体而言，粗蛋白、总淀粉、直链淀粉的含量均影响糊化特性。不同品种糙米品质差异较大。糙米营养品质中蛋白质、脂肪、直链淀粉、游离酚、17 种氨基酸的含量差异较大，总淀粉、灰分差异较小。糊化特性指标中糊化温度差异较小，其余指标差异性较大。对不同品种糙米营养成分与糊化特性进行相关性分析。籼型品种粗蛋白与峰值黏度、破损值呈负相关，总淀粉与破损值呈正相关，直链淀粉与最终黏度、回生值呈正相关；粳型品种粗蛋白与总淀粉呈负相关，与糊化温度呈正相关，粗脂肪与最终黏度、回生值呈负相关，总淀粉与糊化温度呈负相关，直链淀粉与游离酚呈负相关，游离酚与最终黏度、回生值呈负相关。筛选出一系列蛋白质（‘玉针香’、‘北旱 1 号’和‘曲阜香稻’等）、赖氨酸（‘曲阜香稻’、‘北旱 1 号’、‘圣稻 725’、‘准两优 285’、‘新香优 102’等）、游离酚（‘圣稻 735’、‘武运粳 21’、‘连粳 7 号’、‘淮稻 6 号’等）含量较高的高营养品种，其中‘圣稻 735’营养成分均较高，为今后糙米营养方面的研究提供较好的材料（叶玲旭等，2018）。

2. 高温流化对糙米蒸煮和食用品质的影响

流化干燥是一种有效的谷物干燥技术，但稻谷经流化后常伴有断裂或爆腰的情况产生，这会使抛光后整精米率降低，因此流化温度常常低于 50℃。研究报道，发芽糙米经高温流化（温度 130℃及以上）处理后产生了裂缝，并且米饭的硬度显著下降。这是因为裂缝能使水分快速渗透进发芽糙米内部，从而促进淀粉快速熟化；同时直链淀粉、蛋白质、糖类等有机物能够较易地从裂缝中渗出，使米饭柔软黏性大，研究显示高直链淀粉含量会引起米饭质地变硬。本书采用高温流化技术处理糙米，研究不同流化温度下糙米表观形态、籽粒横截面形态及最佳蒸煮时间的变化，同时研究了糙米经高温流化后，蒸煮时的吸水特性、糙米饭质构及感官品质的变化。以期对糙米蒸煮品质的改良研究提供新思路和方法，促进糙米的主食化进程（卜玲娟等，2017）。

1）对高温流化处理后的糙米表观形态进行观察

原料糙米[图 4-1（a）]的表面有一层致密的皮层存在，由脂肪、纤维素、蛋白质、灰分等组成的皮层正是阻碍水分渗透进米粒内部的屏障。120℃高温流化处理下的糙米，皮层[图 4-1（b）]没有明显的变化，但颗粒内部出现很多断裂，这是因为高温下水分的蒸发使内部产生了水分梯度，而不同部位的水分梯度大小存在差异性，这就足够导致籽粒内部产生应力，使颗粒发生断裂。而 130℃流化处理下的糙米，皮层[图 4-1（c）]出现明显的褶皱和裂缝，但内部无明显断裂。一方面，糙米在 130℃下水分急剧蒸发而发生膨胀，但出料后温度的迅速下降又引起糙米收缩，不同部位收缩速度的差异性导致皮层褶皱并产生裂缝；另一方面，130℃下糙米淀粉的凝胶化阻碍了籽粒断裂的发生，因为凝胶化过程中直链淀粉从内部融出附着在糙米表面，形成的网络结构增强了糙米的结构强度，而120℃流化处理下淀粉虽然有部分凝胶化，但形成的凝胶结构不足以抵抗水分梯度引起的应力。显然，这些皮层上的裂缝能够成为蒸煮过程中水分的渗透通道，有效地促进糙米淀粉的熟化。图 4-1（d）显示了 140℃流化处理下糙米出现爆裂，皮层及胚乳都受到严重破坏。因此，在保证糙米的天然形态不受破坏的前提下，采用 130℃的流化温度处理糙米，能够最大程度上使糙米皮层出现裂缝，以打开糙米的吸水通道。

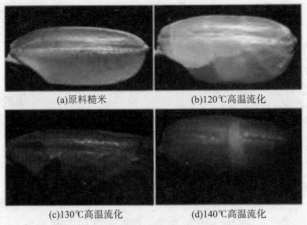

(a)原料糙米　　　　　　　　　(b)120℃高温流化

(c)130℃高温流化　　　　　　　(d)140℃高温流化

图 4-1　不同流化温度处理下糙米的表现形态

2)糙米横截面形态的变化

对不同流化温度处理下糙米的横截面进行了观察，结果见图 4-2。由图 4-2(a)可以看出，原料糙米的横截面呈完整致密的形态，而经高温流化处理后，糙米的内部受到不同程度的改变。120℃流化处理下的糙米横截面[图 4-2(b)]出现断裂，这与图 4-1(b)的结果具有一致性。而糙米经 130℃流化处理后，横截面出现很多细小的气孔，这是高温下水分大量快速蒸发后留下的孔道。在糙米蒸煮时，这些气孔能够成为水分扩散的途径，促进淀粉充分糊化、缩短蒸煮时间，增加米饭的柔软度。而 140℃流化处理下的糙米，由于水分急剧蒸发和淀粉大量糊化引起了爆裂，籽粒中心呈空洞状态。因此，采用 130℃的流化温度处理糙米，不仅能够避免糙米发生爆裂，而且能在糙米内部形成一定数量的气孔，为蒸煮时水分渗透进籽粒内部提供有效通道(卜玲娟等，2017)。

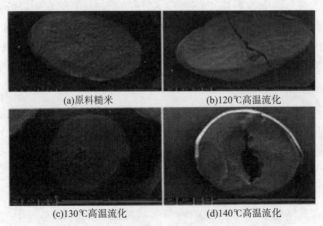

(a)原料糙米　　　　　　　　　(b)120℃高温流化

(c)130℃高温流化　　　　　　　(d)140℃高温流化

图 4-2　不同流化温度处理下糙米的横截面形态

3)糙米最佳蒸煮时间的变化

最佳蒸煮时间是将大米粒从自然状态达到完全糊化状态所需的时间。原料糙米需要27.3min 才能煮熟，而精米只需 16.7min，可见糙米相比精米具有难煮熟的缺点。流化温度对糙米的最佳蒸煮时间具有显著影响,随着流化温度的提高,最佳蒸煮时间逐渐减少。经 130℃流化处理后,糙米的最佳蒸煮时间相比原料糙米减少了近 6min,这是因为糙米皮层产生的裂缝和籽粒内部产生的气孔,打开了蒸煮时的吸水通道,从而加快淀粉糊化,缩短了蒸煮时间。而 140℃流化处理下,糙米的最佳蒸煮时间为 12.7min,比精米还短,因为该温度下糙米发生爆裂,水分能够迅速渗透进糙米内部,同时淀粉糊化严重,因此未糊化的糙米淀粉能在很短的时间内达到糊化。但糙米的天然形态已严重破坏,蒸煮后米饭难以保持完整形态,饭粒呈片状,口感不佳。

因此综合糙米的表观形态、籽粒横截面形态以及最佳蒸煮时间这 3 个指标,采用 130℃的流化温度为最佳,能够在保持糙米完整形态的同时,使糙米皮层产生裂缝,籽粒内部产生微小气孔,有效地缩短了糙米的蒸煮时间,改善糙米的蒸煮品质。因此,试验中高温流化糙米的制备,均采用 130℃的流化温度,其余参数不变(卜玲娟等,2017)。

4)高温流化对糙米吸水特性的影响

糙米蒸煮即淀粉在水和温度的作用下发生糊化的过程。因此,蒸煮过程中糙米吸收水分的能力直接关系米饭的蒸煮性能。蒸煮时水分蒸发速度越慢,说明水分越能快速地被糙米吸收。高温流化糙米在蒸煮时的水分蒸发速度明显比原料糙米慢,这说明高温流化能够有效地提高糙米的吸水速率。另外,高温流化糙米饭的质量为 778g,而原料糙米饭为 756g,这说明高温流化糙米在蒸煮时的吸水量明显增大。吸水速率和吸水量的提高,能促进淀粉快速充分地糊化,缩短蒸煮时间,增加米饭的柔软度,因此糙米经高温流化处理后,其蒸煮及食用品质得到了明显改善(卜玲娟等,2017)。

5)高温流化对糙米饭硬度的影响

质构仪能够模拟人的触觉,分析检测触觉中的物理特征,是一种精确的感官量化仪器。质构仪测得的硬度是指探头第 1 次压缩米饭所用的最大力,反映了米饭的软硬程度。糙米相比精米口感硬,其中原料糙米的硬度为 1853g,而精米仅为 1368g。经高温流化处理后,糙米饭的硬度明显降低,硬度变为 1570g。米饭的硬度高与淀粉颗粒水合作用弱有关。而高温流化处理能够使糙米皮层产生裂缝、内部产生气孔,打开了吸水通道,蒸煮过程中水分快速渗透进糙米内部,加快与淀粉发生水合作用,由此降低了糙米饭的硬度。由此可见,高温流化处理对降低糙米饭的硬度有积极作用,在一定程度上能够提高糙米的食用品质(卜玲娟等,2017)。

6)高温流化对糙米饭感官品质的影响

糙米经高温流化处理后,米饭的感官品质与原料糙米饭呈显著差异性,如表 4-3 所示,各项指标的评分值均呈上升趋势,可见糙米饭的食用品质得到了显著提升。其中,原料糙米的米糠味浓,气味得分较低,而高温流化后的糙米则无明显的米糠味,这可能是由于 130℃的高温能使一些米糠味物质分解或挥发,同时高温产生的美拉德反应具有增香作用,在一定程度上能掩盖米糠味。另外,经高温流化后糙米饭的开裂程度提高很多,并且米饭的口感更加柔软,黏性提高,而弹性无明显的变化。从综合评分中看出,原料糙米的分值为 59.75 分,属于差等级,而经高温流化处理的糙米饭为 73.53 分,属于中等级别。综上所述,高温流化可以有效地改善糙米饭的感官品质,使糙米饭的口感更容易被人接受,有效地改善了糙米的食味品质。

表 4-3　感官评定结果（卜玲娟等，2017）

评价指标	评价级别			样品名称	
	差（1～3分）	中（4～6分）	优（7～9分）	原料糙米饭	高温流化糙米饭
气味	米糠味浓	无米糠味，无米饭香味	米饭清香	2.62±0.57	4.34±0.64
色泽	深黄色，暗沉	浅黄色，光泽低	白色，光泽好	3.54±0.61	5.67±0.58
露白程度	不开裂，不露白	开裂小，露白少	开裂大，露白多	4.4.1±0.59	7.23±0.63
硬度	很硬	略硬	柔软	4.15±0.45	7.37±0.74
黏性	无黏度	黏性小，不黏牙	黏性大，不黏牙	3.46±0.69	5.22±0.25
弹性	无嚼劲	略有嚼劲	有嚼劲	3.52±0.61	4.34±0.72
综合评价（100分）	0～60	61～80	81～100	59.75±2.78	73.53±3.68

采用高温流化技术处理糙米，可以有效地改善糙米的蒸煮及食用品质。流化温度的优化试验结果显示，最佳流化温度为130℃，能够使糙米皮层产生褶皱和裂缝，籽粒内部产生微孔，打开了糙米的吸水通道，使最佳蒸煮时间缩短了6min，有效地改善了糙米的蒸煮品质。同时，高温流化能够有效提高糙米的吸水速度和吸水量，使糙米饭开裂程度大，露白率为99%，米饭硬度从原料糙米饭的1853g降低至1570g，米饭间很好地相互黏结，并且米糠味显著降低，有效地改善了糙米的感官品质。

糙米饭的露白率，即皮层开裂露出胚乳的糙米饭所占的比例，糙米饭的露白率高，说明糙米饭的熟化程度高，质地松软。图4-3为原料糙米与高温流化糙米饭实物图，经测定原料糙米饭的露白率为17%，内部淀粉被皮层紧密包裹，而高温流化糙米饭的露白率高，为99%，皮层的开裂程度大，内部淀粉充分暴露在外，米饭中内容物大量溶出，使米饭之间很好地黏结。而原料糙米饭之间存在较多明显的孔洞，这是因为蒸煮时水分进入原料糙米的速度缓慢、淀粉等有机物溶出程度低，导致米饭之间黏结性差，产生了明显的水汽蒸发通道。

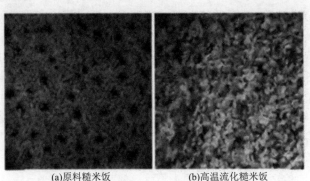

(a)原料糙米饭　　　　　(b)高温流化糙米饭

图 4-3　原料糙米与高温流化糙米饭实物图

3. 糙米微波改性工艺

研究以糙米为原料，开展微波处理对糙米蒸煮品质影响的研究，以糙米蒸煮后的硬度、吸水率和米汤碘蓝值为目标参数，结合单因素实验和响应曲面分析，建立二次回归数学模型。并引入期望函数优化方法进行多指标函数的优化，确定微波处理糙米的最佳工艺参数组合，为实际生产活动提供参考。

1)微波处理对糙米蒸煮食用品质的影响

(1)微波时间的影响。吸水率、碘蓝值和可溶性固形物随微波时间的延长而增大，增幅分别为17.0%、32.4%和22.1%。在微波处理初始60s内糙米饭的硬度大幅降低，降幅可达14.1%，随后硬度降低趋势逐渐平缓，降幅仅为0.4%。研究表明，吸水率、可溶性固形物含量和碘蓝值高的糙米食味品质较好。微波处理后，由于糙米皮层的自身结构形态与内部大米的差异，表层的能量吸收速率高于内部，这种能量差会导致糙米皮层的破坏，进而影响籽粒的吸水率和米汤可溶性固形物，同时也会造成硬度降低，此外微波处理后，淀粉分子之间持续摩擦和碰撞，引起籽粒温度上升的同时，淀粉结构呈现松散状态，直链淀粉溶出导致碘蓝值增加。微波时间超过60s后，糙米饭硬度、吸水率、米汤碘蓝值和可溶性固形物含量趋于平缓，而150s后糙米破损，营养物质流失。结合此次糙米蒸煮食用品质特性及能耗背景，初步设定微波处理适宜时间为60s(陈培栋等，2018)。

(2)微波功率的影响。糙米吸水率、碘蓝值和可溶性固形物均随着微波功率升高而增加，增幅分别为12.7%、35.1%和32.4%。相同时间内，高功率微波辐照剂量更大，导致处理后糙米吸水率、米汤可溶性固形物和碘蓝值增加，这与张习军在研究微波处理对稻谷食味品质影响结果类似。微波处理后的大米水溶性直链淀粉含量增加，进而引起碘蓝值的升高，有助于改善蒸煮后的食用口感；另外，微波处理后会增大米的可溶性蛋白含量，有利于蒸煮后的吸水膨胀和糊化，增加蒸煮米饭的黏性，但随着微波功率提升后，水溶性蛋白含量逐渐降低。这是因为高功率微波具很强的穿透力，酶等蛋白质类物质极易变性，同时高功率微波也会导致淀粉颗粒被破坏，米饭口感变差。糙米饭硬度随微波功率增加而减少，而微波功率超过2000W后硬度先增加后减少，同时糙米籽粒严重破坏。因此，结合此次单因素实验分析，选择微波处理适宜功率为2000W(陈培栋等，2018)。

(3)初始水分含量的影响。水分子为极性分子，在微波场中糙米的水分对微波的吸收作用比淀粉等其他物质更强，因此样品中水分含量不同，微波处理后产生的效应不同。糙米吸水率、碘蓝值和可溶性固形物均随着糙米初始水分含量升高而增加，增幅分别为3.4%、50.0%和15.6%。糙米饭硬度随初始水分增加而降低，最大降幅为22.6%。可溶性固形物、碘蓝值和吸水率在初始水分高于14%时趋于平缓，而初始水分高于15%时糙米籽粒破损吸水率增加迅速。综合分析糙米初始水分适宜为14%(陈培栋等，2018)。

2)响应面分析

(1)糙米饭硬度。反映出当初始水分、微波时间和功率三因素之一取零水平时，其他二因素对糙米饭硬度的影响。当微波功率越大，微波时间越长时，米饭的硬度降低幅度越高。这是因为糙米在吸收微波辐照产生的热效应破坏糙米皮层，蒸煮米饭时水分更容易进入糙米，米饭硬度降低更易煮熟。微波处理可改变支链淀粉的微晶结构，增加淀粉颗粒的溶胀程度和持水力，蒸煮时能吸收更多水分，减小硬度，提高米饭的食味品质。当籽粒内外层水分梯度较小时，糙米中因水分吸收微波产生的热效应对硬度的影响差异有限，因此米饭硬度变化不明显（陈培栋等，2018）。

(2)糙米吸水率。反映出当初始水分、微波时间和功率三因素之一取零水平时，其他二因素对糙米吸水率的影响。当微波功率越大，微波时间越长时，糙米吸水率增加。原因是微波处理后破坏糙米表面的麸皮和蜡质层，同时微波处理可改变糙米淀粉的微晶结构，增加糙米内部淀粉颗粒的溶胀程度和持水力，糙米在蒸煮过程中能吸收更多水分，吸水率增加。表明初始水分与微波时间交互时，微波时间越长吸水率增加；初始水分与微波功率交互作用时微波功率相对越大，吸水率增幅较小（陈培栋等，2018）。

(3)米汤碘蓝值。反映出当初始水分、微波时间和功率三因素之一取零水平时，其他二因素对米汤碘蓝值的影响。当微波功率越大，微波时间越长时，糙米米汤碘蓝值增加。这是因为微波处理后破坏糙米表面的麸皮和蜡质层，而淀粉大分子链极性基团在微波交变电磁场的作用下产生高频摆动，这种高频率的摆动容易造成大分子颗粒间的相互碰撞和摩擦，进而产生热量并使淀粉分子结构松散，直链淀粉易溶出，导致碘蓝值上升。水溶性直链淀粉含量高的大米蒸煮成米饭后，黏性增加，有助于糊化，具有良好的食用口感。表明初始水分与微波功率交互作用时微波功率越大，米汤碘蓝值增加；初始水分与微波时间交互时，时间相对越长，碘蓝值增加（陈培栋等，2018）。

3)结果优化与验证

(1)期望函数在微波处理糙米的实验中，目标期望设为糙米蒸煮食用品质最佳。在本书研究中各品质指标期望函数重要度的选取为：最大化吸水率和碘蓝值，重要度均设为3；最小化糙米饭硬度，重要度为4。期望函数最大值为1，最小值为0，响应面分析将各指标期望函数最大化或最小化，得到最大期望。最终优化后得出工艺参数为：微波功率2399.95W、微波时间74.56s、初始水分14.50%，此时糙米饭硬度为2866.5g，吸水率为56.95%，碘蓝值为0.57，期望函数值最大，为0.74（陈培栋等，2018）。

(2)验证实验结果为了考察预测结果的可靠性，在优化的工艺参数下进行验证实验，考虑到实际操作条件，将最佳工艺参数修正为：微波功率2400W、微波时间75s、初始水分14.5%，所得此时糙米饭硬度为2865.85g，吸水率为56.96%，碘蓝值为0.57，期望函数值最大为0.76，与理论预测值0.74差异不显著（$P > 0.05$），模型可靠。与原始糙米相比，硬度降低21.54%，吸水率增加26.94%，碘蓝值增加56.76%（陈培栋等，2018）。

(3)主要探讨不同微波处理工艺对糙米蒸煮特性的影响，通过分析糙米饭硬度、糙米吸水率、米汤碘蓝值和米汤可溶性固形物等食用品质指标，衡量微波处理对糙米蒸煮食用品质的提升效果。同时结合期望函数串联响应面法进行微波改性工艺优化，获得对糙米蒸煮品质提升效果最好的微波工艺参数，结论如下：微波处理对糙米蒸煮品质的提升效果显著，由响应面分析得出微波处理的最佳工艺参数为：微波功率2400W、微波时间75s、初始水分14.5%，所得此时糙米饭硬度为2865.85g，吸水率为56.96%，碘蓝值为0.57，期望函数值最大为0.76，所得品质指标与理论值相对误差均小于5%，微波处理过的糙米蒸煮品质提升效果明显，说明优化工艺可靠有效（陈培栋等，2018）。

4)一些糙米主要成分测定

24个糙米品种主要营养成分如表4-4所示，水分含量在11.67%~14.45%，总淀粉含

表 4-4　糙米的主要营养成分含量 (陈培栋等, 2018)

品种	水分含量/%	总淀粉含量/%	直链淀粉含量/%	总蛋白含量/%	可溶性蛋白含量/%	粗脂肪含量/%	纤维素含量/%	γ-氨基丁酸含量/(mg/g)
'湘早籼45'	12.17±0.09^f	71.93±0.95^c	17.55±0.22^ij	9.6±0.17^de	0.21±0.02^cd	2.85±0.07^c	1.34±0.01^ef	0.15±0.01^ef
'湘早籼46'	11.92±0.33^fg	73.20±0.87^bc	16.20±0.17^lm	10.00±0.11^c	0.19±0.01^de	2.67±0.12^d	1.99±0.02^e	0.23±0.02^d
'中嘉早17'	11.67±0.05^g	74.31±1.20^ab	25.44±0.31^a	6.70±0.13^g	0.18±0.02^de	3.02±0.02^b	1.67±0.02^g	0.26±0.02^d
'中嘉早32'	12.50±0.12^e	72.90±1.24^bc	25.89±0.25^a	5.63±0.27^i	0.16±0.01^e	2.64±0.06^d	1.55±0.07^h	0.13±0.01^f
'株两优173'	13.27±0.35^cd	73.09±1.35^bc	22.70±0.07^b	6.87±0.06^g	0.20±0.01^d	1.85±0.11^fg	2.39±0.15^bc	0.17±0.01^e
'株两优189'	12.99±0.15^e	73.19±1.32^bc	20.44±0.09^e	8.02±0.25^f	0.24±0.01^c	1.99±0.19^ef	2.07±0.07^e	0.24±0.02^d
'株两优4026'	12.11±0.15^f	73.98±1.28^ab	21.33±0.11^d	7.88±0.31^f	0.32±0.02^a	2.07±0.15^ef	2.00±0.03^e	0.15±0.01^ef
'荣优9号'	12.07±0.20^f	75.05±1.11^ab	21.94±0.20^c	7.60±0.33^fg	0.33±0.01^a	2.94±0.11^bc	1.56±0.03^h	0.09±0.02^g
'湘晚籼12'	13.50±0.11^bc	71.50±1.13^c	16.23±0.19^kl	10.60±0.20^b	0.20±0.01^d	3.01±0.17^bc	1.64±0.12^gh	0.15±0.02^ef
'湘晚籼13'	13.44±0.02^c	72.46±1.12^bc	19.88±0.07^f	7.10±0.24^g	0.19±0.01^de	3.12±0.22^ab	1.55±0.12^h	0.42±0.12^c
'农香19'	13.32±0.24^cd	71.88±1.19^c	17.24±0.18^j	8.91±0.12^e	0.24±0.02^c	3.34±0.24^a	1.43±0.10^hi	0.14±0.01^f
'丰两优6号'	13.15±0.10^d	70.44±2.04^c	15.67±0.19^m	9.79±0.22^cd	0.27±0.01^b	1.92±0.02^f	2.62±0.02^a	0.47±0.07^bc
'金优207'	13.64±0.12^c	70.76±3.15^c	22.00±0.23^c	7.88±0.19^f	0.19±0.01^de	1.89±0.07^f	2.54±0.01^a	0.35±0.02^c
'扬两优6号'	13.45±0.09^bc	72.51±1.21^bc	16.00±0.24^lm	9.72±0.12^bc	0.24±0.02^c	1.65±0.07^g	2.77±0.13^a	0.62±0.11^b
'五优569'	13.25±0.23^cd	73.73±0.30^bc	15.90±0.13^m	11.41±0.12^a	0.32±0.03^ab	1.91±0.06^f	2.06±0.07^e	0.15±0.01^ef
'两优培九'	13.01±0.01^d	74.39±0.56^ab	21.20±0.27^d	7.62±0.12^f	0.21±0.01^d	2.06±0.15^ef	2.14±0.05^de	0.42±0.04^c
'丰优香占'	13.50±0.17^bc	74.63±1.12^ab	16.55±0.09^k	8.90±0.19^e	0.15±0.02^e	2.17±0.11^e	2.25±0.04^cd	0.33±0.06^cd
'黄华占'	13.47±0.35^bc	75.51±1.26^ab	18.23±0.07^h	6.79±0.14^g	0.22±0.01^cd	2.78±0.03^c	2.32±0.02^c	0.22±0.02^d
'星2号'	13.25±0.17^cd	75.86±1.01^a	15.92±0.12^m	6.19±0.13^h	0.17±0.01^e	2.67±0.05^d	1.97±0.06^ef	0.99±0.04^a
'玉针香'	13.58±0.09^bc	73.54±2.12^bc	16.23±0.11^l	10.9±0.19^b	0.22±0.01^cd	2.64±0.07^d	1.96±0.06^ef	0.17±0.01^ef
'长粒香'	14.37±0.22^a	73.01±2.12^bc	17.21±0.02^j	8.82±0.35^e	0.23±0.01^cd	1.73±0.02^g	2.45±0.11^bc	0.16±0.01^ef
'五优稻3号'	14.22±0.32^a	71.88±3.13^c	19.20±0.01^g	9.04±0.35^e	0.25±0.02^bc	1.82±0.07^fg	2.56±0.11^ab	0.27±0.03^d
'稻花香2号'	14.09±0.15^a	76.59±1.26^a	17.74±0.11^i	9.88±0.21^d	0.16±0.02^e	1.61±0.11^g	2.22±0.05^d	0.07±0.01^g
'武运粳7号'	14.45±0.23^a	70.76±0.12^c	17.60±0.07^i	8.64±0.24^e	0.26±0.01^bc	3.40±0.09^a	1.87±0.07^f	0.09±0.01^g

注: 同一列中不同上标小写字母表示在 P<0.05 水平上差异显著

量在 70.44%～76.59%，直链淀粉含量在 15.67%～25.89%，总蛋白含量在 5.63%～11.41%，可溶性蛋白含量在 0.15%～0.33%，粗脂肪含量在 1.61%～3.40%，纤维素含量在 1.34%～2.77%，γ-氨基丁酸含量在 0.07～0.99mg/g。其中，'稻花香 2 号'的总淀粉含量最高，'丰两优 6 号'的总淀粉含量最低；'中嘉早 32'的直链淀粉含量最高，'丰两优 6 号'的直链淀粉含量最低；'五丰优 569'的总蛋白含量最高，'中嘉早 32'的总蛋白含量最低；'荣优 9 号'的可溶性蛋白含量最高，'丰优香占'的可溶性蛋白含量最低；'武运粳 7 号'的粗脂肪含量最高，'稻花香 2 号'的粗脂肪含量最低；'扬两优 6 号'的纤维素含量最高，'湘早籼 45'的纤维素含量最低；'星 2 号'的 γ-氨基丁酸含量最高，'稻花香 2 号'的 γ-氨基丁酸含量最低。γ-氨基丁酸、粗脂肪、可溶性蛋白、纤维素、总蛋白、直链淀粉等主要营养成分的相对标准偏差分别为 76.61%、23.74%、22.55%、19.84%、17.98%、16.12%，数值较大，说明糙米品种间差异明显，有利于研究结果的可靠性(陈培栋等，2018)。

三、精白米(大米)

精米(即通常所说的大米)是指糙米经过碾米加工，保留胚乳部分除去部分或全部皮层的不同加工等级制品。按照目前标准规定(国家标准《大米》GB1354—2009)，一级精度大米中去净米胚和粒面皮层达 90%以上，而这些一级米是日常食用的最多的。据有关资料统计，2011 年中国大米产量中一级、二级、三级、四级大米的产量分别为 5609 万 t、1747 万 t、708 万 t、81 万 t，分别占总产量的 68.3%、21.3%、8.6%和 1%。

(一)加工工艺技术

大米质量很大程度上取决于稻谷的品质优劣和新陈程度，但大米加工技术水平的高低也至关重要。

目前，国内外生产的碾米机主要有摩擦式和削碾式两种。其原理决定了稻米在加工过程中要受到来自碾米辊和糠筛施加的碾压力，易使大米断裂、胚芽脱落、米温升高，同时能耗较大。现有的碾米装备都存在营养成分流失多、出米率低的缺陷，为防止损失，一般采用多级轻碾的加工工艺，以保证出米率，但需投入的设备多、成本高、能耗大、工艺复杂。

由于目前的稻米加工均是基于"碾米"这一概念，只要调整好机械结构的参数和间隙，即可实现稻米加工，并不需要工艺参数的实时检测、信息反馈和控制系统，因此目前有关于远程监测的研究报道较少。为了减少米辊和糠筛对稻米的碾压力、减少碎米率、增加留胚率，采用一种新型的专利刀辊，并加大刀辊和糠筛间隙，利用刀辊表面密集的刀头，在一定压力的气流衬托下对稻米表层进行柔性切削去除表皮，从而实现稻米无挤压加工。加工室内施加的气流可使稻谷产生足够的悬浮力和翻腾速率，保证稻谷与刀辊之间的接触频率。根据该思想设计的稻米加工设备，其加工工艺参数如风压、喂料量、刀辊转速等，对出米率和留胚率等指标影响显著，为此设计了一套参数实时检测和在线调整的控制系统(稻米加工装备工艺控制系统设计)。

1. 国内

1) 工艺流程

原米收购→筛选(去除各种杂质)→去石→磁选→水稻去壳(去除稻谷、碎糙米)→谷糙分离(谷糙混合物)→厚度分级→碾米(分离出米糠,包括胚芽)→白米分级→色选→抛光→白米分级→成品包装。

2) 工艺要点

a. 稻谷清理与稻谷分级

我国稻谷大部分来源于个体农民生产,品种多杂;收割、干燥条件差,原粮含杂较多;给稻谷加工带来了较大的难度。针对这种现象,稻谷清理工艺设计多道筛选、多道去石,实际生产中依据原粮含杂灵活选用筛选、去石的道数。加强风选,保证净谷质量,不能依赖色选机在成品阶段把关,控制成品含杂。大型厂在清理流程末端将稻谷按大小粒分级,分开砻谷、碾米,合理选择砻碾设备技术参数,减少碎米。大小粒谷分开包装,有利于提高商品价值。

清理工序要求是除去稻谷中的杂质,保证后序加工效果和成品纯度。目前国内的稻谷中主要杂质有灰尘、杂草、稻穗、砂石、麻绳等。清理的原则是"先大后小,先易后难",一般要求有较强的适应性,一次性投资,不再重复投资。一般采用的工艺见图 4-4。

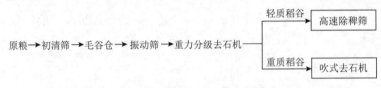

图 4-4　分级去石工艺流程图

a) 筛选工艺

清理流程中的原粮首先经下粮坑,下粮处要有吸尘风网。经提升后就进入筛理工艺的初清设备,初清要求去除绝大部分灰尘,初清工段要有除麻绳设备,初清设备产量要大,避免因杂质堵塞而影响去杂效果。同时要配有一定吸风量。避免灰尘外扬。毛谷仓是能保证连续稳定生产的必要设备。筛选工艺主要去除大中小轻杂质,现在普遍使用振动筛,振动筛的第一层筛面除大中杂,二层除稗子、砂石等重、细杂质。振动筛既可以保证去除大杂,又可以减小后续除稗的负担,其配置的垂直吸风道可有效地清理轻杂,目前的设备一道工序就能满足要求。

b) 去石与除稗工艺

目前我国原粮中含石普遍较多。去石成为清理任务中的最关键工序,对成品质量影响较大,如果设计不当,不是石中含粮超标,就是粮中砂石不净。传统的去石方法是在稻谷清理段设有一道去石机。实践证明,一道去石很难达到理想效果。其原因:一方面是水稻中含杂质多,变化大;另一方面,去石机对流量和风量两项指标特别敏感,而这两项指标以前都无法准确控制。因此,都采用多道去石工艺组合,一般可分为主流连续去石、副流连续去石、强化去石和分级去石,还有衍变的其他工艺。主流连续去石是指稻谷流连续去石，保证出石口的石中不含粮。副流连续去石是指每道保证稻谷中不含石，而出石口物料连续去石。先分级再分别处理的方法可满足不同原粮的清理，防止粮中含稗量过多，此工艺较灵活，为后序分级加工提供前提。强化去石是指对于石子含量不高的情况下，而一道去石又不能满足要求时，在工艺上仅保证稻谷中不含石，而对含有一定数量的石子进行定期处理的一种工艺，它是副流去石的一种变型。在清理工序中，一般还有磁选设备，还可在初清前（或后）设置计量设备，以进行各种核算。为了方便核算，可将计量秤放置在初清之前；如为了保护秤，则置于初清之后。

b. 砻谷及糙米精选工序

此工序主要任务是脱掉稻壳，并对糙米进行精选，确保糙米的质量。此工序是目前碾米工艺中的难点，没有十分理想的工艺。一般采用的工艺见图 4-5。泰国大米谷物脱壳不要求一次脱壳率达到 100%，一次脱壳率通常控制在 90% 左右。根据经验，当脱壳率达到 100% 时，断米、碎米会显著增加，导致综合经济效益下降。在脱壳率为 90% 时，综合经济效益最好。控制脱壳率，可通过调整砻谷机的进料量及胶轮间隙等有关参数来实现。

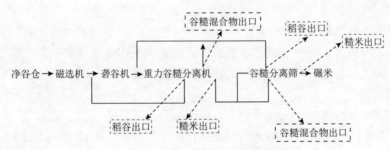

图 4-5　主流连续谷糙分离工艺流程图

a) 砻谷

砻谷是控制碎米含量的重要环节，砻谷机应选用性能优良、糙碎率低的先进机型。目前，不少工艺采用回砻谷单独处理的方法，此方法可配合重力分级去石机使用，将轻质稻谷和回砻谷用一台专门砻谷机处理。这样可对不同性质的稻谷设置不同的参数，有一定的效果。但要考虑投资、设备布置和效果的比较。

b) 谷糙分离

谷糙分离是提取纯净的糙米供给下道工序，同时回收稻谷，送回砻谷机再脱壳。图 4-5 采用的是主流连续重力谷糙分离机—谷糙分离筛组合的谷糙分离工艺，其糙米分离路线长，净糙质量高，产量有所保证，较适合我国目前原粮互混的情况。如果对谷糙筛筛下物进行处理，可将糙米中的糙碎和部分不完善粒筛出，可改善糙米碾白过程，减少出碎量。谷糙分离有单道工艺，但已不能满足成品要求。谷糙分离工艺组合形式变化多样，但都遵守同质合并的原则，即将相同或相似的物料合并处理的方法。

c) 其他

砻谷机和谷糙分离机前都设有缓冲仓，以稳定流量，保证连续生产。砻谷工段的自留管应选用加有耐磨内衬的预制管道；稻壳的输送一般采用风运，也有机械运输的，但要做好除尘工作，砻谷机上都有磁选设备。砻谷与谷糙分离工序一定要注意流量与质量的平衡，否则易造成糙米的恶性循环。目前不少米厂工艺设计还进行糙米调整处理。即在碾白前进行糙米厚度分级、糙米去石、糙米计量和糙米调质等工序。这对后序碾米工艺有一定的帮助，但目前国内的各项技术不成熟，考虑到成本与投资，这种处理方法并未得到普及。

d) 回砻谷加工与糙米调质

大型厂采用回砻谷单独加工。砻谷后未脱壳的稻谷经过一次辊压，承受辊压力能力减小，将这部分未脱壳稻谷（回砻谷）并入主流稻谷进入砻谷机再脱壳，易产生爆腰、碎米。选用一台砻谷机单独加工回砻谷，合理调整辊压及线速差，既减少糙碎米、爆腰粒，又降低胶耗、电耗，还方便操作管理。

适宜的糙米碾白水分为 13.5%～15.0%。糙米水分低，加工中产生的碎米多。采用糙米雾化着水并润糙一段时间，增加糙米表层的摩擦系数，有利于糙米皮层的碾削和擦离，可降低碾白压力，减少碾米过程中的碎米，提高出米率，同时有助于成品大米均匀碾白。

3) 碾米与成品整理

碾米与成品整理的任务是保证大米精度，并能生产出不同精度等级的精米，以满足客户的要求，按目前市场对精米的要求，加工时必须采用多级轻碾工艺。粳米和籼米的特性不同，加工工艺也有所不同，加工粳米可重碾，加工籼稻则要求轻碾。

a. 多级轻碾

多道碾制大米，碾米机机内压力小，轻碾细磨，胚乳受损小、碎米少，则出米率提高，糙白不匀率降低。碾白与抛光道数设计：加工精制米、出口米，选用 3～4 道碾白，2 道抛光；加工标一米，2～3 道碾白，1～2 道抛光；加工有色米、食和糙米，1 道碾白，1 道抛光。

图 4-6 工艺为二砂二铁二抛光，这种工艺组合，可转变为二砂一铁，或一砂二铁，且抛光也可变为一道抛光，这样灵活的工艺就可以生产出不同等级的大米，以满足不同客户的要求。但这种工艺的一次性投资大，设备多，给米厂设计的设备布置带来难题。因此，不同厂家应根据主要加工原粮的情况来决定采用什么样的工艺流程。

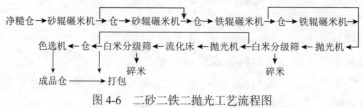

图 4-6　二砂二铁二抛光工艺流程图

b. 成品整理

成品整理的主要任务是保证大米的各项物理感性指标满足要求。其中一般由抛光、白米分级、凉米、色选等工序组成。抛光是利用抛光机使米表淀粉糊化和胶质化，使米表光洁细腻。如设二道抛光，则其中第一道起清除米表米糠的作用，俗称"擦糠"。第二道抛光起糊化淀粉的作用，俗称"上光"。有实验证明，二道抛光在设置得当时效果明显好，特别是在最后一道抛光后用流化床使白米冷却降温。大米抛光是加工精制米、优质大米时必不可少的工序。抛光借助摩擦作用将米粒表面浮糠擦除，提高米粒表面的光洁度，同时有助于大米保鲜。生产有色米、食和糙米时，借助抛光作用，除去米粒表面黏附的稻糠粉。对于大米抛光无论是光亮度还是增碎指标，根据实践证明，冷米抛光明显优于热米抛光。在抛光机前增加凉米工艺，使米温接近室温，不仅能提高白米抛光后的亮度，还可使增碎降低1%～2%，提高大米完整率，降低热效应造成的增碎。在抛光机前道工序安装一台流化床瞬间冷却大米降温，能起到一定效果。如果条件允许，可以考虑一个米仓临时储放大米，等冷却24h以后再抛光，效果会更明显。但是，目前国内学者普遍呼吁"适度加工"，减少抛光的次数。每增加一道抛光每吨产品能耗增加10kW·h，碎米率将增加1%～2%，营养成分越来越少，损失、浪费比较严重。

白米分级是利用自动分级（运动分级）的作用配以合适筛网将大米中的碎米与整米进行分离。成品大米的含碎量以其加工的品牌、档次而定。经头道白米分级筛后的一、二级整米既可作为普通精米打包，也可经后续的成品整理再打包或进行配米，以适应多等级米的加工。一般生产高档小包装米时还要配合滚筒精选机（长度分级机），以保证碎米含量。

色选是将优质米中的异色米、腹白米，未清理干净的杂质（如谷、小石子等）除去，是生产精制米、出口米时一道重要的保证产品质量的工序。大型厂设计色选流程时，考虑到副流（异色粒）量较大，单独选用一台色选机处理副流。中型厂直接选用带副流的色选机。目前，国内不少厂家已经注意到色选的重要，特别是生产高档米，更是必不可少的设备。设备的技术效果决定这种工艺效果，有的国外知名企业的产品要优于国内产品，但价格昂贵。在工艺设计时，色选机的产量要与前面加工设备达到流量平衡，当原料质量发生很大变化时，特别是黄米严重超标时，在整个生产工艺设备中，反应最敏感的是色选机，一般黄米超过2%色选成品米很难达标，因为这种问题在哪家企业都会发生或遇到，而且每年都会季节性出现，只是时间持续长短问题，当这种问题出现时，色选机将无法与前面加工设备达到流量平衡。针对这个问题，有的企业在工艺设计设备选型时，会选用一台处理量大的色选机或用二台色选机并联的办法，以此来提高色选机的产量，认为色选机不耗电，只不过是一次性投资而已。其实，不一定非要选用处理量大的色选机或用二台色选机并联使用，因为每年季节性出现黄米严重超标的情况，在一年生产时间中占的比例终究不是太大，有时只是短时的、极个别的。可以考虑设计一种色选工序的辅助工艺，即先采用物料分流储备而后再色选的办法，物料分流储备就是采用储料斗先将生产中色选机临时处理不了的物料先存放到储料斗中，等有时间再色选，储料斗在工艺布置上与色选机并联，只要车间空间位置允许和楼板载荷足够。

4）配制米

配制米是指将两种或多种大米按一定比例混合在一起作为一种大米产品。通过将不同营养、不同口感的大米混合，实现不同大米理化性能互补，从而提高大米的营养，改善大米的口感。例如，将黑、紫、红色米与白米配制来提高白米的营养；将优质籼米、粳米与普通籼米配制来改良普通籼米的口感。配制米并非单纯地将碎米配入整米。

米厂的工艺设计除了以上主要工序外还有下脚料及副产品的处理工序，但由于其不属加工工序，就不在此进行探讨。米厂的加工工艺设计是进行米厂设计、改造的基础环节，决定了其他设计步骤、改造方法，因此设计时一定要结合实际，考虑全面周到。

2. 日本

自古以来日本是以糙米的形式进行储藏和流通，所以日本的碾米工艺与国内的最大区别是从糙米开始，经过选料、碾米、包装三大流程生产成为商品大米，随着技术开发以及行业的发展而不断变化，不同的工厂也稍有不同。

1) 选料流程

选料流程主要经过去杂质、去石机将糙米中的杂质去除，有的工艺上还有糙米粒厚选别机和糙米色选机，通过粒厚选别机去除未熟粒和死粒等来提高糙米的品质（等级），1996 年前后北海道大型烘干储藏设施为去除糙米中的异物和着色粒，开始采用粒厚选别后再色选的选别工艺，粒厚选别时可使用小的网目来增加良品率，然后再通过色选去除未熟粒、死粒、着色粒及异物，从而达到既提高选别效果又提高良品率的效果。粒厚选别和色选并用的糙米精选技术通过 2003 年 1 月召开的"北海道农业试验会议"的审定，被北海道农政部指定为"普及推进事项"，现正在普及中。日本 2010 年产糙米的等级检查结果显示，全国 1 等米的平均比例为 61%。虽然 1 等米比例很大程度上受天气和地域的影响，北海道的 1 等米比例高达 88%。碾米工厂评价北海道的糙米品质稳定、碾米时出米率高，这些好的评价正是糙米色选的效果。粒厚选别和糙米色选工序在日本的大型烘干储藏设施和农户也应用较多。

原料糙米经过检测，投入下粮坑，在下粮坑处设置除尘风网，除去轻杂质，使用气体输送将糙米原料输送通过糙米清理的平面回转筛使米中夹杂的稻壳和杂质除去，然后利用风力选别器除去稻草和纸屑等轻巧杂质，最后将干净的糙米投入光学去石机，光学去石机与历来的比重选别有不同之处，它是利用了电子眼睛检测和除去石子、玻璃、塑料等杂质。然后使用大约 1 万高磁的强力磁选机除去金属和铁线，糙米清理结束后，再次通过气体输送将糙米输送到糙米仓。

2) 碾米流程

碾米流程一般包括碾米、精选、色选等，有的在碾米后有免淘米装置，日本佐竹公司最近推出的 NTWP 新型大米抛光机就是免淘米装置的一种。碾米流程就是通过碾米设备将糙米加工成白米。由于糙米的最外层(表皮)为蜡质而难以产生摩擦，所以在碾米初期使用研削式碾米机，其后去除果皮和种皮时使用碾磨比较均匀的摩擦式碾米机。日本碾米设备一般第一道是研削式米机，第 2 道和第 3 道是摩擦式米机。

根据稻米的形质(软硬程度、粒形长短等)，其研削和摩擦的工作比例有所不同。研削式米机是以剥离糙米的果皮、种皮为目的，用研削辊接触米粒，通过冲击作用削剥糠层。摩擦式米机是以剥离糊粉层为目的，依靠增加米粒间压力所产生的摩擦力来剥离糠层。在研削摩擦式碾米机组中，一般将研削比例控制在 15%～20%，尽量不要切削到淀粉层，这样才能保证出米率和食味。

碾米不充分会引起米饭带有米糠味和饭粒变黄，而过度碾米则会使米饭无味以及口感差。一般用白度来判断碾米的程度，糙米的白度与糙米的品质有关，一般糙米的白度上升 20%时，精米率为 90.5%。日本碾米工艺流程精选和色选工序类似于我国，精选主要是白米分级的需要，色选主要是将大米中的异色粒、垩白粒和病斑粒等异物去除。

从糙米仓中的糙米通过计量进入碾米工程。组合式碾米机首先利用研削作用轻微地对糙米表面糠层研削，然后通过米粒之间的摩擦来碾磨，最后为了达到适度的碾米条件，以喷雾着水的方式对米粒研磨，而且在空气寒冷干燥的冬季，可以利用布袋除尘气的余热，对碾米车间采暖，同时给予加湿，力求提高品质。

碾米工程结束后，进行到精米选别工程，由于碾米之后的米粒变热，在受到风的吹拂后容易发生裂纹，所以采用了提升机输送而不采用气体输送，在碎米分级筛上除去糠球和碎米后，再次用光选机选别，这种光选机为了安全地除去杂质，机器本身实施二次选别，然后使用配置有加湿器和冷却机的气体输送装置将精米搬送至精米仓。

3）包装流程

日本大米包装流程一般包括金属选别、光学选别、计量包装、金属检验和出厂。金属选别主要是通过磁选装置将大米中的金属物去除，光学选别通过色选机将大米中的异色粒、垩白粒等异色杂质去除。日本的计量包装、打剁一般是全自动包装机和机器人完成，日本大米的包装材料一般为塑料包装，包装材料是卷，只需将包装材料放入包装机指定位置即可完成包装。最后包装完毕还需要检测大米在包装时是否混入金属杂质，确保成品安全。

对精米仓中排出的米，正确地实施计量，在最终选别工程通过微细物分离机、最终光选机、磁选机，在计量包装工程之前通过震动杂质选别机输送到计量包装室，在成品计量包装室使用计量包装机对产品进行计量打包，最后再一次检测金属的混入，确认每袋米的重量后方可出厂，成品出厂区采用内侧阻断式双重门用来隔断产生灰尘。

3. 泰国

泰国大米加工厂家对大米的质量控制从稻谷收割开始。过早收割稻谷灌浆不完全，成熟率低，加工出来的米垩白面大，光泽性差，食味品质下降。延后收割成熟过度，同样会造成米质下降，且米粒易碎。为保证稻米质量，泰国米厂通常要求农户对稻谷的收割时间控制在水稻成熟率为 90%～95%时，进行收割。脱粒的稻谷送到米厂后，米厂用谷物清洁机和除石机对稻谷进行清洁处理，清除稻谷中的杂草、泥土、石沙等杂物，同时检测稻谷的含水量。对含水量在 14%以下的稻谷，直接送入谷仓存放。对含水量大于 14%的稻谷，送入烘干机房，根据含水量的多少，分别采取不同的干燥方法，待水分降至 14%，再送入储存仓保存，以待加工。对于香型稻谷，存放期都不超过半年。因为稻米的内在质量如香味、油润性、光亮度等会随存放时间的增加而逐渐降低。在谷物存放期间，考虑到环境湿度、温度对稻谷的影响，工厂定期检查谷仓的湿度、温度和稻谷的含水量。根据检查结果，采取相应措施，以防稻谷腐坏变质。如谷仓温度高，则送凉风进入谷仓降温，如稻谷含水量高，则送热风除湿。在复杂情况下，需采取综合措施。稻谷的含水量对大米加工的整米率影响很大，含水量太低，脱壳时，谷粒易脆断；含水量太高，同样易断裂，而且碾米质量难控制。因此，泰国大米加工对稻谷含水量控制得很严格，对加工各类品种稻谷的最佳含水量，都根据实践总结出一系列指标，分门别类进行质量控制，决不混杂在一起。

1) 碾白

泰国从砻谷机出来的只是糙米，不是白米。要将糙米变为白米，还要用碾白机进行加工。这一工序，主要用白度仪检查加工质量。白度的最高等级与最低等级相差 20 个数量级。泰国普遍采用多次碾白的方法，即每碾白一次，白度等级只要求提高 3～5 个级数，经过多次碾白，白度逐渐提高，一般经过 3 次碾白即可达到所需要的白度指标。这样做可以降低碎米率和碾米损耗，提高经济效益。实际经验和试验数据都证明：在碾白过程中，多次碾白比一次碾白可大大提高整米率。采用多次碾白似乎是浪费时间和物力，实际上，综合计算是提高了经济效益。一般来说，稻谷加工至稻米碾白阶段，大米机器加工就结束了。为提高稻米的外观质量和稻米的档次，优质大米的加工还要进行抛光处理。

2) 抛光

泰国稻米抛光是在抛光机中进行的。米厂用卧式抛光机，采用湿米加工技术进行抛光。在抛光过程中，机器中的雾状液体使米粒表面湿润，米粒在机械力的作用下相互摩擦，最终使外表面变得光滑油亮。其关键技术之一是控制抛光液的加入量，加入量少，抛光效果差；加入量多，抛光出来的米易板结、腐坏，严重时甚至会损害机器。具体操作过程要综合考虑生产量、稻谷品种、光亮度要求等因素。一般抛光一次，以光亮度要求提高 2 个数量级为宜。提高太多，碎米率便会随之增加。通过抛光处理后，稻米外表光滑油亮，白度与亮度显著提高，颗粒晶莹透明，十分诱人。

3) 色选

泰国光谱筛选分级后的优质米中，还会混杂极少数褐色米、红色米、黄色米等杂色米。它们在优质米中特别显眼，严重影响优质米的外观美感。在泰国的大型米厂，对优质米要用光谱筛选机进行筛选，将其中的杂色米清除。至此，优质米的加工才算圆满完成。最后按照市场供求情况，将各种等级的米分别装入印有商标的不同容积的塑料袋中，便进入市场销售了。泰国大米按级定价，各级米的价格差异很大，优质米的价格往往是普通米价格的数倍。因此，在大米加工过程中，提高整精米率，才能取得较好的经济效益。

4) 大米分级

泰国稻米分级经过以上一系列的加工过程后有些米粒经受不了加工过程的冲击，变成了断米和碎米。为适应市场各类消费者的需求，收到最好的经济效益和社会效益，泰国米厂对大米进行严格分级。按照泰国大米行业的标准，白米分级主要是按照米粒外形尺寸来划分。具体地说，是根据整米率和碎米率的比例来确定其等级。优质米整米率高，碎米率低，外观表现为颗粒均匀，几乎全为整米粒。

(二) 精米加工关键技术

1. 原粮低温储藏技术

低温储藏是将粮食温度控制到一个较低水平，以达到安全储藏的目的。有条件的企业可以建造低温立筒库，利用制冷机产生冷气送入库房，使粮食处于冷藏状态，达到抑制各种微生物的生命活动，即使在夏天也能保证储粮安全。因为有相当大一部分细菌在高温情况下滋生快，繁衍迅速，只能靠熏蒸来杀灭虫害，但同时给粮食带来污染。

2. 稻壳提粮器的应用

稻壳提粮器被许多大米加工企业忽视，没有被采用，大糠中瘪稻、碎糙等副产品随大糠流失而浪费，稻壳提粮器由机架、分流沉降室、粗选室、精选室和储料管构成，是利用稻壳提取物在可控气流中密度、粒度、重力、惯性、悬浮速度等差别，在一台设备内依次完成多次分流、多次粗选、多次精选的设备，从而实现稻壳和粮食的分离。该设备是串联在稻壳吸运风网中，不需配动力，一般不需维修，能取得很好的经济效益。一个年产 2 万 t 的大米加工厂每年可以靠此增加十余万元效益。

3. 稻谷的分级加工技术

分级加工是指按稻谷籽粒的粒度、容重、结构力学性质等特性的差异，将一批稻谷分成若干个等级，然后根据各等级物料的性质，采用不同的工艺及工艺参数分别加工。包括原粮初清、去石、砻谷前分级、碾白前分级及成品整理阶段的分级。其中碾白前分级是在谷糙分离工序完成后，选用改进了的谷糙分离筛提取糙稗、糙碎、小粒糙米和不完善粒。虽然碎米和未熟粒也可以在后道成品工序分级提纯时除去，但在糙米中除去，利于提高碾米产量，降低碾米电耗。对于优质米加工，一定要在生产体系中设置糙米精选与分级工序。目前瑞士布勒等公司都有成熟的糙米厚度分级机。成品整理阶段的分级是为配米作准备的，它由白米分级筛将降温后的大米分成整米、大粒碎米、小粒碎米，根据市场行情配制成不同碎米含量的成品大米。

4. 砻谷工序技术创新

稻谷加工过程中，成品产量、质量、出米率、加工成本的高低很大程度上取决于砻谷工序的工艺效果，从产量、脱壳率、单位胶耗指标来看，关键取决于进机稻谷的质量。从砻谷机理论上讲，稻谷纯度越高、粒度越整齐饱满，其加工工艺效果越好，而纯度越低、粒度越不整齐，其加工工艺效果越差。现实加工中，进砻谷机的稻谷不全为粒度完全整齐、纯度又高的稻谷，而是由大部分粒度完整的稻谷、一部分经谷糙分离设备分离出来的回砻谷组成，回砻谷中有完整稻谷、半脱壳稻谷、整糙、碎糙米以及极少部分未能分离出来的稻壳，以这样的混合体进入砻谷机中进行砻谷，经砻谷机同样辊间压力砻谷后，将直接导致以下结果：正常稻谷部分脱壳了；半脱壳稻谷基本全部脱壳了，其中一部分成碎糙米；整糙米经一定压力搓撕后，一部分变成碎糙米；而原来的碎糙米就更碎了。这样再进入后道谷糙分离工艺进行分离，势必造成恶性循环。如果设立一个砻谷旁路，单独用一台砻谷机专门处理"纯稻谷"，而用另一台专门处理"回砻谷"，这样用两种压力等级来分别处理以上"纯稻谷"和"回砻谷"，采用这种工艺有如下优点：可以提高整个砻谷工序的工作效率，即各台砻谷机的台时产量；优化砻谷工艺指标效果；可以大大提高砻谷机单位胶辊脱壳量；生产过程中，还可以与原砻谷机互补调节，不会因原砻谷机短时故障而导致生产中断；在稻谷品质较好时，可以利用上方储存料斗做间隙启动，单独处理回砻物料，如果回砻物料太少，还可以从原砻谷机上方料斗中引流一部分"纯稻谷"来加工,以保证各台砻谷机来料充足;可以提高单位时间内净糙产量与净糙完整率。尽管增加了设备和电耗,但碎米减少了 1%,效益也是十分明显的。

5. 糙米调质技术

稻谷加工水分应控制在 14.5%～15%,经过长期低温储存的水稻,加工前需要测量水分,糙米水分低于14%,最好采用糙米调质器进行加工前调质处理;调质后加工大米的色泽明显改善,光泽度增加,加工成品率提高了 1%,碎米率减少 0.5%;同时,调质后稻谷的水分增加,加工过程中的工作电流降低 10%,节约了加工的单位能耗。大米色泽的改善和碎米率的减少在一定程度上提高了大米的销售价格,而加工成品率的提高会增加稻谷加工成大米的数量,大米水分的适当增加会改善大米的食用品质。由上可见,稻谷在加工前进行适度的增湿调质,会明显改善稻谷的加工工艺品质、经济效益和社会效益显著。

着水调质主要在糙米阶段进行,通过对糙米添加水或蒸汽将糙米表层湿润,使表皮与内层的结合力降低,并使糙米表面的摩擦系数增加,这样碾米时所需压力减小,出米率随之增加。因为碾米有一个最适水分,糙米的最适水分在 14%～15%,如低于这个水分,碾米的工艺效果不会最好,不利于减少碎米和节省碾米动力。另外,水分含量过低时加工出的大米,其食用品质不佳。为此,糙米进ने机碾米前应进行糙米水分调质处理,对陈稻和水分低于14%的糙米更有必要。目前通常采用的着水调质着水方式有水滴式、空气压缩机雾化式、水泵喷雾式、超声波雾化式。其中超声波雾化,水滴粒度小且喷雾均匀,效果优于前述几种雾化方式。不过无论何种加水方式,米机前均应该设置一缓冲仓让糙米粒湿润,使水分渗入皮层、糊粉层,以降低皮层及糊粉层与胚乳的结合力。但水分不得进入胚乳,以免胚乳着水后强度下降,碾米过程中增加碎米产生。因此,加水与湿润时间尤为重要。

目前国内尚未广泛使用糙米调质技术,所使用的湿法碾米和湿法抛光方式有水滴式、空气压缩机雾化式、水泵喷雾式、水滴式即通过控制每分钟的间歇水滴数量进行加水,由于间歇时间长,水滴粗,着水均匀度很差;空气压缩机与水泵雾化效果相差不甚大,但空气压缩机成本略高,噪声大;超声波雾化加湿调质方式,水雾已呈微粒状,雾化粒径在微米级,雾滴分散性大,效果均优于上述几种雾化方式,但在国内鲜有报道使用的实例。

6. 大米的精碾技术(多机轻碾加工技术)

实际经验和试验数据都证明:在碾白过程中,多次碾白比一次碾白可大大提高整米率。采用多次碾白似乎是浪费时间和物力,实际上,综合计算提高了经济效益。米机碾白室内米粒密度越大,内压力越大,米粒在碾削过程中的温度升高越快,会造成碎米或爆腰。在碾米过程中,结合产量、质量,为了降低碾米过程的增碎,应用"多机轻碾"工艺,实质上是通过增加米机台数,不仅降低碾白室内米粒密度、减小压力,减小碾米过程的增碎,目前大米加工厂多数采用三机出白,而一些大型的加工厂则采用四机出白甚至更多。采用多机轻碾技术可以减少碎米的产生，提高大米加工的整精米率，减少大米中糠粉的含量使外观更加光洁。当然，增加一机出白也增加了机械成本，降低了生产率。在实际生产中可设计一种既可加工粳米又可加工籼米的工艺流程。建议采用四机碾白组合即两砂两铁米机组合，采用这种工艺布置可以灵活组合，加工籼米采用两砂一铁加工工艺，加工粳米采用一砂两铁加工工艺，大米抛光采用二道抛光，企业可以根据原料质量和成品质量具体要求灵活调整，第二道抛光机根据原粮品质和加工要求生产时可以做到可开可停，但不可没有第二道抛光工序，否则一旦第一道抛光效果达不到成品质量要求，那将会十分被动，同时设计时尽量做到二道抛光风网完全分开，相互独立。

碾米是加工优质精米的技术基础，大米精碾的技术关键在于合理地选择先进的精碾主机和精碾工艺。根据碾米机碾白辊材料不同，碾米机可分为两种不同类型的碾米机：砂辊碾米机和铁辊碾米机。砂辊碾米机通过旋转砂辊和糙米之间的碾削作用去除米粒的外糠层，通常用于头道碾白工序。铁辊碾米机通过在米粒之间产生很高的摩擦力而使糠层去除，一般用于末道碾白工序，即砂辊开糙，铁辊碾白。根据碾米室位置不同，碾米机又可分为立式碾米机和横式碾米机。立式碾米机起源于欧洲，欧洲稻谷品种是长粒型，类同我国的籼稻，它同样具有不耐剪切、压、折的缺陷。在立式碾米机内，米粒通过自重从上至下，在碾白辊旋转作用下，米粒在辊与筛笼之间通过摩擦碾白的原理进行加工，米粒不易破碎，整精米率高。所以，加工优质籼稻应选用立式碾米机，采用三道立式砂辊和铁辊碾米机串联碾白，以保证稻米均匀碾白，碎米最少，白度最高。

日本、美国、泰国等国是世界大米加工水平较高的国家，其中又以日本的稻米加工技术和装备最为先进。日本大米加工技术先进，设备制作精细，自动化程度高。日本的碾米业 20 世纪七八十年代开始集中化、大型化。1996 年批发开始进入市场后大型碾米厂数量增加，1998 年达 758 个。据估计，日本的年碾米能力为 10.6 百万吨糙米，很容易满足市场要求。以糙米为原料的生产方式是日本碾米业的独特之处，而世界上其他国家的碾米厂则都是从稻谷脱壳开始加工，有的并具有稻谷烘干和储藏功能。

日本的现代化大米加工厂均拥有计算机中央控制室，实现了大米加工精度、产量的自动调节和控制。就碾米机而言，有先进的陶瓷辊碾米机，其开糙效果和耐磨性等均大大优于目前广泛使用的砂辊碾米机。此外还有新型的顺、逆流立式碾米机，这种机型加工大米时，米粒在碾白过程中处于垂直悬浮状态，受到的碾削作用周向均匀缓和，碎米率很低。日本的白米抛光技术几乎都采用了软抛光工艺，除了利用铁质抛光辊对白米抛光外，还设置了白米表面热处理装置，利用干饱和蒸汽（过热蒸汽）或饱和蒸汽对米粒表面进行短时间加热，以确保米粒表面淀粉真正胶质化，形成薄膜包裹住米粒，使米粒具有永久性的蜡质光泽。用这种工艺及设备加工大米，抛光效果好，耐储存，适合各种品种稻谷的加工，正品率相当高。此外，日本还有专门的珍珠米碾米机和抛光机。色选机在日本大米加工业中已普遍采用，它能将成品大米中的异色米粒和杂质自动剔出，从而保证成品米的纯净及高品质。日本的现代化大米加工厂均拥有计算机中央控制室，实现了大米加工精度、产量的自动调节和控制。许多国外著名的稻米加工企业都采用日本生产的稻米加工设备。采用这些先进的设备生产出来的大米质量稳定，米色上乘。

碾米是大米加工过程中的重要工序。碾米的目的是将大米变得美味、易消化、易蒸煮，以碾米机为主，用物理方法将米糠(糠层和胚芽)去除。稻米的糠层由果皮、种皮和胚乳最外层的糊粉层构成，糠层和胚芽占糙米质量的 8%～9%，完全去除了糠层和胚芽的白米质量(出米率)为 91%～92%，在日本将这种大米成为完全精米或十分碾磨精米。与此相比，将出米率 93.7%～94.4%的大米称为七分碾磨精米，将出米率 95.5%～96.0%的大米称为五分碾磨精米，这些大米被注重健康的人群所欢迎。为了达到去除糠层和胚芽的目的，碾米工厂使用的碾米设备有摩擦式碾米机和研削式碾米机。通过这两种碾米作用的组合，碾米设备可分成单机式、循环式和组合式。单机式是使用一台碾米机将糙米通过一次加工成白米的方式，通常规模小的碾米机多属于这种类型。循环式为使用一台碾米机将糙米多次通过加工成白米的方式，除了米机外还需要循环用的米仓。组合式是使用数台碾米机将糙米连续地通过加工成白米的方式。大型碾米设备多为组合式，通过 2～4 台的碾米机可以充分地利用摩擦式和研削式的特长，使碾米效率、出米率、米的品质和食味有了飞跃性提高，而被多数的碾米工厂采用。进入 20 世纪 90 年代后，出现了代替人工洗米的免淘米加工装置，通过各种改良，目前已占有一定的市场，目前日本每年有 120 万～130 万 t 的免淘米流通量。佐竹公司在 1960 年开发了摩擦式和研削式并用的碾米设备，在 1975 年又开发了以加工免淘米为目的的加湿碾米机，为如今的碾米技术奠定了基础。1993 年佐竹公司开发的新型组合米机(NewCompass)结合了摩擦式和研削式的长处，使碾米效率、出米率、大米品质和食味有了飞跃性的提高，现在仍被许多碾米工厂采纳。

日本佐竹稻米精碾机组是典型的碾削碾白和摩擦擦离碾白相结合的混合碾白，头道立式米机应用较高的线速和砂辊上的金刚砂粒，对糙米进行碾削去皮，达到糙米开糙去皮目的。二机为铁辊米机，对开糙后的米粒进行碾白。三机辊米机对米粒进一步精碾，如适当加水还起到白米抛光的作用。该机组是世界上知名的优质稻米精碾米机，它所碾制的大米，整精米率高，碎米少，米色光亮，特别适合优质粳米和优质晚籼米的加工。

7. 大米抛光技术

大米抛光是生产优质精致米必不可少的一道工序。通过抛光处理，不仅可清除米粒表面浮糠，还起到使米粒表面淀粉预糊化和胶质化的作用。米粒表面淀粉预糊化和胶质化程度如何，这完全取决于大米抛光过程中的水和热作用或添加食用助抛剂的作用。能较好地产生水热作用的抛光机都能达到良好的抛光效果。目前，国外已研究开发了几代大米抛光机，产品进军中国市场。

在世界范围内，以日本佐竹公司和瑞士布勒公司的产品代表了大米加工机械的先进水平，其产品遍布亚洲、欧洲、美洲、大洋洲及非洲等。日本佐竹公司的研究领域是从水稻栽培到如何加工出口感最好的稻米的整个过程，其机械产品广泛运用光电、传感等先进技术，服务于稻米的种植、收割和加工等各个生产阶段，自动化程度高。

高性能大米抛光机是佐竹公司为世界碾米工业研制出的一种新型大米抛光机，在过去的 20 年里，该机器以其高性能和优秀的创新性在很多国家赢得了很高的声誉。现在佐竹根据市场反馈不断改进完善，又推出了效率更高的 KB60GS。该机在原有的基础上又添加了用于混合水雾的上室，米粒在进入抛光室之前先与雾状水充分混合，使得米粒表面着水更均匀、更稳定。从而使其产量增长了近一倍。该机也同样具备充分研磨大米表面，除去残余的米糠，使得加工后的大米变得平滑、洁净，获得更久保存期限；去除陈旧白米异味的特点。还值得一提的是，该机与佐竹其他研磨设备结合，能够应用于更多种类的大米甚至其他谷物，如玉米等。这种新型的 KB 大米抛光机，同样继承了以往佐竹设备操作方便、使用安全、产量高、体积小、能耗低、噪声低的特点。

瑞士布勒公司的湿式抛光机型号为 BSPA/BSPC，是一种高效喷雾抛光机，该机主要由喷雾着水系统、抛光机、供水系统、传动机构和机架组成。一机多用，即若无需加水生产，可从旁路直接进入抛光机，不需开动着水机，避免产生碎米，节省动力。BSPC 型是 BSPA 型改进型，将抛光辊延长至原长两倍，使抛光精度更高，流量提高。布勒公司还生产 DSPL、DSPH 型抛光机。瑞士布勒公司新近发明了一种稻米的抛光机。其水平安置的抛光转子在抛光室的区域中被筛网罩包围，所述抛光转子被设计为凸轮辊的形式，凸轮辊的斜度在所述抛光室和筛网罩的区域内变化。

8. 大米色选技术

色选是碾米厂最终质量控制和质量强化的一道工序，由此去除黄米粒等变色米和碎玻璃等异色杂质，以提高大米纯度和质量。色选机的色选产量和色选效果往往是一对矛盾，一般来说，产量大的色选机色选效果相应低，所以产量高和色选效果好的色选机是一种先进的色选机。

索特克斯色选机有限公司，曾多次获得英国最高奖项——英国女皇奖，最近又发布了领导色选机新潮流的先锋——Z 系列光电色选机。这种革命性的色选机，色选性能大大提高，能为用户色选出最高等级的大米。精密的色选是色泽运算与艺术工艺相结合，高精度像素的数码相机能检测出浅淡微黄和针尖大的黑点。这是目前世界上首例能色选出微黄、红粒，又能同时去除腹白的高级色选机。其色选能力保证生产的大米品质一致、精度高、利润好。

9. 复配米加工技术

单一品种很难十全十美，为实现稻米品质的互补，根据消费要求，按不同功能，依不同风味，将不同品种、品质、规格的大米按一定比例经过机械设备进行配比，生产出不同特点的复配米投放市场。一是配制不同碎米含量的等级大米，二是配制不同米饭食用品质的大米。配制不同碎米含量的等级大米，可提高优质碎米的价值。生产复配米通常选用重力式配料秤及混合设备。

把直链淀粉含量不同、口味单一、香味不同的大米进行一定比例的混合搭配，对于解决一些优质稻米价格过高、口味单一、软硬差异过大(要么过黏、要么过糙、要么过分疏松)等缺点明显的问题，是一条行之有效的途径。可以大大改善大米的食用品质和适应市场要求，目前配米一般有以下形式：①新米、陈米搭配。陈米食用品质较差，米色暗黄，蒸煮时不易糊化，米饭的黏弹性差，无新鲜大米的香味，有些甚至有霉味。由于食用品质差，陈米的商品价格较低，也影响米厂的经济效益。如果在陈米里搭配一定数量香浓、糯性好的新鲜大米，就可以改善和提高陈米的食用品质，从而提高其商品价值。②普通大米和香米的搭配。普通大米里搭配一定数量的天然香米，可使整个米具有天然香米的香味，有利于产品的销售和提高产品的价格。③整米、碎米的搭配。根据客户对碎米含量不同的要求，进行整米和碎米的搭配。目前米厂应加强白米分级工序，使白米分级准确，才能使搭配后的碎米含量准确。④专用米的配制。根据食品产品的加工要求，将色米、香米、名贵特色米进行搭配，以满足某种专门要求，如"彩色米"、"八宝饭"和"八宝粥"的专用米。

10. 气调储藏技术

大米生产出来后，并不是马上消费。在这段时间里如何进行储藏，以及如何保证质量，在储藏期间确保大米脂肪酸不变质，是迫切需要解决的问题。真空包装、充氮气或二氧化碳包装，都起到杀虫抑菌作用，不过由于大米两端较尖，真空包装袋很容易被米粒扎破，形成针孔，这样包装袋就会漏气，造成真空包装失效。有试验表明，抽气真空度为−0.094MPa 的大米包装袋，静止放置，不堆垛，在 20 天之内包装袋的破漏率为 16%，所以高真空度必然造成高破袋率。另外，包装袋在流通过程中袋与袋之间的摩擦、碰撞和跌落也很容易造成破袋。据统计真空包装在流通过程中的破袋率达到 30%。由于真空包装的问题造成了大米的浪费，给消费者和企业都带来了损失和麻烦。所以用氮气来对大米进行保鲜包装可能会取得更理想的效果。

（三）品质评价

在以往一段较长的时间里，我国对大量的生产以量为纲，不大重视品质。改革开放以来，随着人民生活水平的提高以及稻米贸易对品质的要求，大家开始重视了优质稻的育种和生产。"种优质稻，吃优质米"已成为一种时尚。特别是中国加入 WTO 后，优质大米出口成为发展机遇。因此，了解优质大米的品质标准和影响因素，从而培育优良品种，生产优质大米，满足社会需要，就显得更为迫切。

精米品质是精米品质特性的综合反映，不同的用途有不同的评价标准，目前尚未有统一的标准，就总体来看，精米品质应从外观、蒸煮、食味、营养、安全五个方面来衡量比较。

1. 外观品质

外观品质主要指精米形状、垩白性状、透明度、大小等外表物理特性。优质稻米对外观品质的要求是：米粒透明，有光泽，垩白度≤1，最大透明度为 1。我国目前出口的优质籼米外观标准是：米粒细长，无垩白，质地坚硬，油亮透明。垩白性状和透明度受环境影响大，特别是易受灌浆期间温度的影响。通常小粒米透光性好，而大粒米垩白度高。衡量外观品质的主要理化指标如下。

1）精米形状

精米的形状一般以长度、宽度及其比值等表示。粒形通常以整米的长度/整米的宽度来表示。根据米粒的长短情况将米分为长粒、中粒和短粒三种。对米粒长度及形状的要求，因各地人民的生活习惯和食用嗜好而异。

2) 透明度

透明度指整精米在光源的透视下的晶亮程度，分 5 级，它反映胚乳细胞被淀粉体和蛋白质充实的情况。

3) 垩白形状

垩白是指稻米中白色不透明的部分，是由于胚乳中淀粉体和蛋白质体充实不良，相互间存有空气而形成的一种光学特性。垩白性状主要指米中垩白的有无与大小。垩白粒率指垩白米粒占总米样本的百分数；垩白大小一般指整米的垩白面积(包括背白、腹白、心白等)占米粒剖面积的比例，我国将两项乘积合为垩白度。在稻米的外观品质中，垩白大小与垩白粒率的高低是两项重要的指标。稻米的垩白虽然与食味没有直接关系，但它影响米的外观，还容易使稻谷在碾米过程中产生碎米，因而受到水稻科学家们的特别重视，常把它作为攻克的目标。

4) 加工精度

在我国，大米的加工精度是指大米粒面和背沟的留皮程度，可划分为下列等级：特等米、标准一等米、标准二等米和标准三等米这四个等级。大米的加工精度，是评价大米品质的一个重要指标。目前，国内外对大米加工精度的检测，主要采用目测法和染色法，但这两种方法存在着主观性强、随意性大、准确性不高和效率不高等缺陷。有学者也研究了磷含量变化法、光电法、计算机图像识别法、光谱分析法等。

2. 蒸煮食味品质

食味也称适口性，指米饭在咀嚼时给人的味觉感官所留下的感觉，如米饭的黏性、弹性、硬度、香味等。一般认为食味品质好的米饭应柔软而有弹性，稍有香味和甜味。食味品质和蒸煮品质既有区别又有联系。食味与米的成分和理化性质有关外，还与煮饭方法、煮饭后食用时间有关。由于食味与蒸煮有联系，因而又常将蒸煮品质和食味品质合称为蒸煮食味品质。蒸煮食味品质是指稻米在一定条件下在蒸煮和食用过程中所表现的各种理化性状及食味特性，如吸水性、膨胀性、延伸性、糊化性、回生性及米饭的形态、色泽、气味、适口性及滋味等。在精米品质中，其蒸煮和食味品质是最复杂的米质性状。

1) 影响因素

a. 稻米品种

世界上稻米品种数千种，品种不同，其蒸煮品质、食用品质、稻米的加工制品特性迥异，突出的例子就是亚洲不同国家地理位置的不同，稻米质量差异较大。如生长在东亚、北亚国家的稻米口感软而黏，而生长在南亚国家的稻米品质硬而散，生长在东南亚的稻米品质介于二者之间。正是因为品种的显著差异引起了研究人员的关注。

b. 稻谷的储藏

新收的稻谷，因含水量较高，在进行干燥时稻米的形态和组成成分容易发生变化。如干燥速度过快，米粒内外收缩失去平衡，使米粒上产生许多裂纹，形成所谓的爆腰米。爆腰米外观差，做饭易夹生。干燥时的温度越高，稻米组成成分的变化就越大，会使米中的脂肪酸和直链淀粉含量升高，并导致淀粉粒内部结构因热运动而排列得杂乱无序，使米饭的黏弹性降低,食味下降。稻谷热变性起始温度与其初始含水率有关,稻谷的初始含水率越高,其临界干燥温度越低。为了保证稻米干燥后的品质,稻谷干燥宜采用先低温后高温的变温干燥工艺。在采用机械干燥时,一般以温度 35℃以下、干燥率(每小时水分减少的量)1.5%为好。

c. 直链淀粉含量

长期以来,直链淀粉含量一直作为评价稻米品质的主要指标。它直接影响稻米的糊化特性,进而影响米饭的质地。直链淀粉含量与米饭的硬性呈正相关,与大米浸泡吸水呈负相关;稻米的直链淀粉含量与淀粉质构性指标的硬度和凝聚性度均呈显著正相关,与淀粉黏滞性指标的最终黏度和消减值均呈显著正相关,与表示淀粉糊化中受剪切力作用淀粉颗粒破裂的崩解值呈极显著负相关。

稻米中直链淀粉又可分为可溶性直链淀粉和不溶性直链淀粉,其中不溶性直链淀粉主要是直链淀粉与脂类及其他物质的复合物,二者的比例不同会影响稻米的品质。

直链淀粉含量是衡量稻米品质的重要指标。稻米中直链淀粉含量高,会使米饭的黏性、柔软性、光泽度和口感变差。而稻米中的支链淀粉能增加米饭的黏性和甜味,使米饭柔软而有光泽,口感变好。一般来说,高直链淀粉(淀粉中直链淀粉含量 20%以上)的品种食味差;而中直链淀粉或低直链淀粉(直链淀粉含量在 15%～20%以下)的品种食味较好。籼米的直链淀粉含量低于 18.6%时会有较好的食味,而高于 24.5%时则食味较差。我国有相当一部分水稻品种的产量较高,特别是一些籼型杂交稻,其产量可比常规品种增产 15%～20%,但品质较差,究其原因,主要与其直链淀粉含量偏高有关。然而,直链淀粉含量并非对米饭质地具有完全的决定作用,直链淀粉相近的品种之间(尤其是中等和高直链淀粉含量品种)米饭质地出现明显差异,直链淀粉含量相近的晚籼品种比早籼品种食味就好得多。

d. 脂类含量

稻米中脂类含量很少,糙米中仅含 2.4%～3.9%。虽然它是稻米营养成分之一,但它的组成对稻米食味品质有着很大的影响。淀粉糊化是支链淀粉的特性,直链淀粉只起稀释剂的作用,但淀粉中直链淀粉和脂类形成复合物时就起到抑制淀粉糊化的作用,脂类中对稻米品质起促进作用的是稻米中的非淀粉脂类。刘宜柏等(1982)对早籼稻品质的米质进行相关性分析后表明,稻米脂类含量较其他组分对稻米食味品质有更大的影响,脂类含量高,直链淀粉含量中等偏低,胶稠度软或中等偏软,米粒延伸性好的稻米食味品质好。脂类含量越高的稻米,米饭光泽越好。

e. 蛋白质含量

蛋白质与食味值呈极显著负相关,蛋白质含量高,米饭的食味就越差,但适当地提高稻米的蛋白质含量能提高稻米的营养品质,稻米中的蛋白质含量在谷类作物中属于低值,但在生物体中的利用率比其他谷类要优越,其质量最好。因此,蛋白质是稻米营养品质的重要指标,兼顾食味与营养,在选育新品种时将蛋白质含量控制在一定的范围之内。

事实上,稻米蛋白质中的清蛋白、球蛋白和谷蛋白等都是由一些优良的氨基酸组成,是营养丰富而不影响食味的蛋白质;只有阻碍淀粉网眼状结构发展的醇溶谷蛋白,才是导致食味降低而又几乎不为肠胃所吸收的蛋白质;稻米中游离氨基酸是提高食味的成分,但其前驱物酰胺以及胺离子则是降低食味的因素。

精米中的蛋白质主要为谷蛋白与醇溶蛋白，由这两种蛋白的含量决定稻米的食味品质和营养品质。关于蛋白质与食味的关系有两种不同的见解。一种认为蛋白质含量与食味呈负相关，蛋白含量超过 9%的品种其食味往往较差。另一种认为，蛋白质含量多不一定会降低稻米食味，食味决定含氮物的种类与数量。前者认为米中蛋白质含量高时对淀粉的吸水、膨胀以及糊化有抑制，使食味变差，谷蛋白在米中含量最高，因此，谷蛋白含量高时食味差。而后者认为，谷蛋白营养价值高，且易被人体吸收与消化，对食味有正面影响。只有消化性差的醇溶蛋白才是降低食味的因素。后者还认为，在含氮化合物中，以谷氨酸为主的游离氨基酸能提高食味；而以天冬酰胺为主体的酰胺态氮化合物和胺离子可降低食味。

f. 蒸煮方式

所谓米饭的蒸煮就是将含水分 14%～15%的米加水加热成为含水 65%左右饭的过程。水和热是米中淀粉糊化所必需的条件。淀粉自身的糊化并不困难，但米中的淀粉是和米粒组织中的其他成分同时存在的，在煮饭过程中难以均匀地糊化。无论怎样优质的米，如果淀粉没能很好地糊化，就不能获得食味好的米饭。因此，蒸煮过程也是一个影响食味品质的重要因素。

a) 水洗与浸米

水洗的目的是除去异物，使煮出的米饭食味变好；浸米的目的是使米粒均匀地吸水，蒸煮时易糊化。由于吸水膨胀，胚乳细胞中的淀粉体内外会出现许多细小的裂缝，这十分有利于淀粉对水分的吸收和在加热时均一地糊化。米粒如吸水不匀，加热后会因表层淀粉糊化后妨碍米粒中心部分对水分的吸收及热的传导，而把饭煮僵。浸米吸水的程度，因米的种类和水温的不同而异，水温越低，浸米的时间应越长，使米充分吸水，这也是常识。

b) 加水量

米饭的质量一般为米质量的 2.2～2.4 倍，即饭中水是米的 1.2～1.4 倍，若考虑加热过程中水分的蒸发，实际加水量应是米的 1.5 倍左右。在实际操作中，测定容积比质量方便。若以容积来计算加水量，一般为米的 1.2 倍，新米为 1.1 倍，陈米稍微多一些，为1.2～1.3 倍；若米饭用作炒饭，则加水量稍少些，以米的 1.0～1.1 倍为宜。

c) 加热

加热是米饭蒸煮过程中最重要的环节。大体可分为三个阶段，第一阶段为强火加热阶段，此时锅内温度不断上升，逐渐达到沸腾，这一阶段米粒和水是分离的，温水在米粒之间对流，米的结构变化小，所需的时间因加水量不同而异。第二阶段为持续沸腾阶段，一般持续时间为 5～7min。这阶段中米粒逐渐吸收水分，处在米外周的淀粉开始膨化、糊化，水在米粒间的对流逐渐停止。第三阶段为温度维持阶段，持续时间约为 15min。这阶段中剩余的部分水分被米粒吸收，米粒从外向里进行膨化、糊化，最后当锅底水分消失时，部分米粒将出现焦黄，出现这种现象时应停止加热，这一阶段应注意加热不能过强。

稻米的糊化主要有三种方式，第一种是蒸煮糊化，即在常压下淀粉乳加热到糊化温度以上；第二种是挤压自熟，通过高温高压的混合搅拌，使大米粉瞬时糊化；第三种是焙烤糊化，利用物料内部水分经相变汽化后的热效应，引起周围高分子物质的结构发生变化，使之形成网状结构、硬化定形后形成多孔物质的过程。

国内科研人员研究了机械煲、电脑煲、高压锅和微压力锅蒸煮对米饭应力松弛特性的影响，结果表明，不同工艺蒸煮的米饭其应力松弛参数有较大的差异性，较低温度下蒸煮的米饭的硬度较大，较高温度下蒸煮米饭的黏性较大。而压力无沸腾蒸煮工艺所做的米饭具有浓郁的特有清香味。

d) 保存

米饭煮好之后都有一个保存阶段，在这一阶段也会发生许多变化。煮饭是一个加热处理过程，所以也具有灭菌的效果，但少数好气性细菌的芽孢仍然存在。据检查，在 1g 饭中残存 100 个左右的芽孢，当温度下降后，芽孢会萌发和繁殖，引起米饭的腐败和变质。通常残存在饭中的细菌在米饭温度下降至 30～37℃时快速增殖，约经 3 天达到初期腐败(初期腐败指细菌数达到 108 个/g)。而在揭盖保存时，空中飘落的细菌会引起米饭的二次感染，细菌增殖更快，20～30h 就达到初期腐败的细菌数。米饭的腐败和细菌的增殖与保存的温度密切相关。温度 10℃以下及 65℃以上为米饭保存的安全温度。但在 65℃以上保存米饭，时间过长会使糊化的淀粉回生(老化，糊化后的淀粉粒再次聚合的现象)，饭中有机酸和糖发生氧化反应，产生褐变物质，使米饭的色泽、香味和硬度发生变化，随着时间的延长，米饭的食味就变差。

2) 品质评价方法

由于食味是人们对米饭的物理性食感，通常由其物化特性值和感官检查的结果进行评价。优良食味的大米有以下表现：白色有光泽、咀嚼无声音、咀嚼不变味，有一种油香带甜的感觉且米饭光滑有弹性，即通过人的五官感受能感受到米饭的好坏。但由于参评者所在地域的食俗不同，往往可能得出几乎相反的结论，如籼稻区的人们喜欢食用不黏发硬的大米，而粳稻区的人则相反，觉得黏软的米饭可口。这种评价上的差异，造成米饭品尝测定的困难和复杂化。因此，鉴定米饭的蒸煮食用品质需要辅以稻米的一些理化性状、流变学特性的测定，使评价更加科学、合理。大米蒸煮品质与煮熟大米黏性有关，用质构仪测定此性状指标的大小也能说明大米蒸煮品质的优劣。

a. 基本理化性质

评定稻米的蒸煮食味品质需要通过实地的蒸煮试验和品尝试验来完成，操作比较繁杂，费时费力。现代稻米科学研究的成果表明，稻米的蒸煮食味品质与稻米本身的某些理化指标，如直链淀粉含量、胶稠度、糊化温度等密切相关，通过检测这些理化指标的特性或含量，可以间接了解各种稻米的蒸煮食味品质类型。

中国科学院院士李家祥领导的研究团队，发现和解析了决定稻米食用和蒸煮品质的基因网络，从而在分子水平上揭示了直链淀粉含量、胶稠度、糊化温度的相关性，决定这一个性状的高效基因和微效基因及它们之间的作用关系。

稻米的蒸煮食味品质与稻米本身的理化指标等密切相关，如直链淀粉含量(amylose content，AC)、胶稠度(gel consistency，GC)、糊化温度(gelatinization temperature，GT)，因此，可以通过与米饭食味相关的理化性状测定，间接地评定食味品质的优劣，从而消除品尝评定的主观性，得出较客观的评价。其中，AC、GC 和 GT 是衡量稻米蒸煮食用品质的 3 项最重要的理化指标，我国的优质稻谷国家新标准也将 AC、食味品质等性状作为定级指标，GC 为重要参考指标。稻米的蒸煮食味品质及影响因素较为复杂，评价难度较大。我国现今在精米的食味品质评级中仅以直链淀粉含量作为稻米的定等指标，胶稠度和碱消值为定等参考指标，指标偏少，难以如实地反映真实品质。

a）直链淀粉含量

直链淀粉含量指精米中直链淀粉含量百分数。直链淀粉含量高，饭的黏性小，质地硬，无光泽、食味差；直链淀粉含量过低，则米饭软，黏而腻，弹性差，因而，较多的人爱吃中等直链淀粉含量的品种。

直链淀粉含量过高的品种口感较差，米饭粗糙无光泽、米饭硬、米粒的延伸性不好，糊化温度偏高，当然，直链淀粉含量也不是越低越好，直链淀粉含量太低煮成的米饭偏软、黏、味淡、食味差，超过一定范围直链淀粉含量与稻米食味品质呈显著或极显著的负相关。我国 2002 年农业部颁布的行业新标准规定一级籼米的直链淀粉含量为 17%～22%。而也有研究认为，优质米的直链淀粉含量一般在 18%～20%。但我国现有指标也有不足之处，如有些品种的直链淀粉含量达到国家一级优质米标准，但食味一般，相反，有些品种品质未达到优质米标准，但其食味被消费者所认可。

b）糊化温度（碱消值）

糊化温度是决定稻米食味与蒸煮品质的重要因素，而碱消值则是衡量稻米糊化温度的关键指标。糊化温度指精米中淀粉在热水中开始吸水并发生不可逆转地膨胀时的临界温度，其数值变化于 50～80℃。其评价分为三级：＜70℃为低，＞74℃为高，介于 70～74℃为中。精米的物理蒸煮特性与糊化温度密切相关，高糊化温度的精米比低或中等的需要更多的水分和蒸煮时间。糊化温度可以反映出胚乳和淀粉的硬度。同时，通常糊化温度高的多为黏性差的大米，而糊化温度低的多为黏性强的大米。短粒型和中粒型大米的糊化温度通常比长粒型大米低，即粳型米比籼型米的糊化温度低，但糯米不符合此规律，因为其糊化温度有时要高于粳米和籼米。

c）胶稠度

胶稠度指精米粉经碱糊化后米胶冷却时的流动长度。支链淀粉含量高的胶稠度大，一般糯米大于粳米，粳米大于籼米。胶稠度与食味呈极显著正相关。

d）米粒伸长性

米粒伸长性指米粒蒸煮时长度的伸长。胶稠度和糊化温度与直链淀粉含量密切相关。前三个指标除受水稻品种本身遗传基因控制外，在一定程度上受环境因素（温度、光照、海拔）和农业技术因素（播种期、栽培密度、灌水、施肥）等的影响，特别受后期温度影响较大。

e）长宽比

长宽比对食味品质的直接作用最大。粒宽与食味值呈极显著负相关，与长宽比呈极显著正相关，因此，选择粒宽较小长宽比较大的品种能提高稻米的食味品质。

f）垩白

垩白率和垩白度与食味值分别呈极显著和显著负相关，而垩白大小与食味值间的关系不明显，可见在外观品质的选择上应注意低垩白率品种的选择。

b. RVA 糊化黏度特性

稻米蒸煮食味品质与 RVA（rapid visco analyzer）谱的特征值具有密切关联，迄今，公认食味较好品种的 RVA 谱崩解值大多在 100RVU 以上（>1200cP），而消减值小于 25RVU（<300cP），且多为负值；相反，食味差的品种崩解值低于 36RVU（<420cP），而消减值高于 80RVU（>960cP）。RVA 谱与稻米食味品质的相关性主要反映在曲线的趋势特征上，而不是特征值的绝对值大小。RVA 谱特征值尤其是回复值、消减值和崩解值能够较好地反映水稻品种间蒸煮食味品质的差异，这些特征值是通过影响米饭的柔软性、黏散性、滋味和光泽等进而影响食味的优劣。

回复值、消减值与食味值呈极显著负相关，崩解值与食味值呈极显著正相关，起浆成糊温度与食味值呈显著正相关。这说明提高稻米的崩解值，降低回复值和消减值有利于改善稻米的食味品质。RVA 谱中的崩解值与米饭的口感相关，其大小直接反映出米饭的硬软，而崩解值大的品种（系）的米饭较软。消减值与品种（系）米饭冷后的质地相关联。一般消减值为负值，米饭往往过黏，似糯稻；消减值为正值且过大时，米饭硬而糙，小则软而不黏结。RVA 在稻米品质检测中的应用，为 RVA 指标与蒸煮食味品质之间建立最佳的蒸煮食味评价体系打下了基础。

稻米淀粉的 RVA 谱特征参数崩解值与胶稠度和米饭口感相关，崩解值大的品种，胶稠度也较大，米饭较软；消减值与米饭冷后的质地相关联。此外，RVA 谱的最高黏度时间与稻米的蒸煮品质存在一定关联。低直链淀粉含量品种达到最高黏度时间较短，中等或高直链淀粉含量品种较长。

c. 质构特性

米饭的质构特性是大米食用品质中最重要的因素，不同品种和产地的大米蒸煮后其质构特性不同。同一品种的大米，由于其储藏过程中蛋白质、淀粉等组成成分含量和结构的变化，也会使大米的蒸煮品质发生变化，即使具有相近的化学特性的大米蒸煮后其质构特性也并不总是相同。因此，一种有效的评价蒸煮大米质构特性的测定方法是对大米食用品质进行评价的依据。对食品的质构进行评价的最基本的方法是感官评价，这种方法是最经典的方法，但是，由于个人喜好的差异，会使评价结果产生一定的偏差。物性仪（texture analyser）是近年来用于测定食品质构特性的一种仪器，可以测定黏性、硬度、弹性等指标，除用于食品质构特性外，还广泛用于化工等其他研究领域。蒸煮后的大米其质构特性的评价主要有两个指标，大米蒸煮之后的硬度和黏性。

国外研究人员采用 Spectral Stress Strain 分析发现黏性、硬度、黏着性和咀嚼性可以较好地反映米饭的质地特征。研究发现利用 Single Compression 得到的质地参数可以较好地预测米饭的质地品质。利用仪器测定得到的硬度与感官评价的硬度有极显著的相关性。

d. 米饭食味计评价

近年来，在日本发展起来的可见光/近红外光谱分析技术，是一种较理想的稻米食味品质测定方法。因此，国内的学者也开始采用可见光/近红外光谱仪器（米饭食味计）替代人的感官鉴定，在粳稻的食味品质检测已有较多报道，但籼稻方面还较少。

米饭食味计作为评价刚刚做好的米饭的质量和味道的工具来使用，是代替官能检验的新装置，比起依靠人的感官的官能检验，具有简便、偏差小、客观等优点。测量项目除了食味值以外，还有外观、硬度、黏度、平衡度等 5 个项目，与官能检验项目基本相同。由于测量项目多，而且能够用数值(100 分满分或 10 分满分)表示各种物理、化学性质，所以可以更加客观地评价米饭的质量。只需称 8g 米饭装进测量用容器内，将测量用小盒放到测量计上即可，从计量到测量完毕只需 1min 左右。但食味计不能对气味如异味、香气等进行评价，因此，食味计测得的食味值无法反映气味对食味品质的影响，还需进一步改进现有食味计以适用于香米食味评价；不同食味计测定同一种米饭结果不一致，并且有的食味计测定值与感官评价结果相关性不高；现有食味计多数是日本研发的，评分标准以及所建回归模型都是以日本人们的嗜好和日本水稻(粳稻)为标准的，不适合中国国情，推广较困难，研发适合中国国情的食味计显得尤为重要。

e. 感官评价

日本对米饭食味评价方法值得借鉴，如表 4-5 所示。

表 4-5　日本谷物鉴定协会的食味评价法概要

对象米	指定产地及品种的各道府县的主要品种
基准米	滋贺县湖南产的日本精米，品味为检查 1 等品
精米	600g 加水 798g(精米质量的 1.33 倍)。米的含水量以 13%为基准，每差 0.1%水分增减 1.2g 加水量
加水量	根据米质进行的补偿，硬质米按以上标准，超硬质米(四国、九州岛)和北海道产米增加 12g 加水量(含水量 13.0%)，软质米减少 12g 加水量(含水量 13%)
蒸煮	使用电饭煲，外观、香味、味道、黏度、硬度、综合评价 6 项
评价	评价采分以基准米为 0 点，与基准米有少量差异：±1；有一定差异：±2；有相当差异：±3
食味位次排列	A：与基准米相比食味明显为优的米 A′：与基准米食味相当的米 B：与基准米相比食味稍劣的米 B′：与基准米相比食味有一定程度下降的米 C：与基准米相比食味有相当程度下降的米

f. 综合评价

食味是一项极其复杂的综合性指标，受到很多因素的影响。研究发现，食味较优的品种，其具体的特点为：粒宽≤2.0mm、垩白率≤1.83%、垩白度≤0.44%、回复值≤1460cP、消减值≤123cP、蛋白质含量≤6.6%，而长宽比≥3.16、胶稠度≥83mm、崩解值≥1276cP；食味品质较差的品种刚好与此相反；食味品质居中的品种，各指标多与第一类相近，但个别指标存在不足。

研究结果表明，粒宽、长宽比、崩解值、消减值、回复值等与食味值存在着极显著相关性；碱消值、胶稠度、峰值时间等对稻米的食味品质均具有较大的直接作用。前人的研究也认为直链淀粉含量对食味品质并不具有决定作用，胶稠度、碱消值及米饭的柔软性、凝聚性、黏度、硬度、香味等也是食味品质的核心性状之一。

食味和大米的成分和许多理化性质有很大关系，韩国科学家根据多次实验，得出了如表 4-6 所示的相关性。

表 4-6　食味与大米性质、成分之间的关联

分类	特征	好	差
淀粉性质	糊化温度	低	高
	最大黏滞度	高	低
	断裂	高	低
	最终黏滞度	低	高
	延展性	低	高
质地性质	硬(H)	低	高
	黏(–H)	高	低
	H/–H	低	高
蒸煮品质	吸收率	低	高
	膨胀性	低	高
	碘蓝值	低	高
	残留液中固化物	低	高
精米成分	直链淀粉含量	低	高
	蛋白质含量	低	高
	Mg/K	高	低

韩国科学家还研究出大米中矿物质含量与大米食味密切相关性，如表 4-7 所示。

表 4-7　根据矿物元素含量划分食味

评估分级	矿物含量(占干重)/%				Mg/K(摩尔比)	Mg/(K·N)
	N	P	K	Mg		
高品质	1.2	0.33	0.25	0.13	1.7	140
中品质	1.3	0.33	0.28	0.12	1.4	105
低品质	1.5	0.33	0.30	0.11	1.2	80

韩国的大米食味评价体系基本沿用了日本的大米食味评价体系。食味评价的具体方法也与日本基本相同，都是采用标准米作为参照的，分组蒙眼试验分别打分，得出最后结果。食味由好到劣分为 A、A′、B、B′、C 几个等级。一般认为口味好的大米的直链淀粉含量应介于 17%～20%，蛋白质含量介于 7%～9%，其他成分也有具体要求。

（四）质量标准和控制

1. 质量标准

1）日本标准

日本标准主要为 JAS 标准（农林产品及其加工产品标准）和协会标准（《关于农林物质标准化及质量标识正确化的法律》）。日本稻米质量标准的 JAS 标准由农林水产省于2001 年 2 月 28 日发布的《农产物规格规程》（以下简称《规程》）规定。稻米包括稻谷、糙米和大米，其中，大米质量标准有以下主要内容。

a. 分类、等级和质量指标

大米根据其加工精度分为七分大米和完全大米，均设置一等、二等和等外 3 个级别。主要考虑外观、水分、粉质粒、被害粒、着色粒和碎粒等。标准中同时还对等外产品做了要求。

b. 品种、产地及生产年份

日本对稻米的品种、产地和生产年份管理很严格。在《规程》中对 46 个县级地区（相当于我们的省级地区）的水稻粳稻及糙米、31 个县级地区的陆稻粳稻及糙米以及 44 个县级地区的酿造用糙米的品种均进行了列表对照说明，不在上述产地和品种对照表中的产品，将不能标识该种产品的产地和品种。

c. 包装

《规程》中规定大米只能用 3 种纸袋进行包装。

d. 成分

需要标明大米中的蛋白质和直链淀粉含量。

e. 附录和定义

包括术语和定义的解释以及对标准的补充说明。

为提高企业产品质量，增强企业竞争力，日本 200 余家大型碾米企业成立了日本大米工业会，并在 JAS 标准的基础上，制定了高于 JAS 标准的协会大米标准。在协会标准中，将大米分为雪、花两个等级，以白度反映加工精度，并对胚芽残存做了限制。其他指标均不得低于 JAS 标准中的一等指标。另外，还有一些其他协会制定的标准中对大米品质做了不同的要求，较之 JAS 标准均更为严格。

2）泰国标准

泰国年产大米 2000 万 t 左右，出口量达 800 万 t，出口遍及五大洲 100 多个国家，长期保持着世界最大大米出口国地位，贸易额占世界贸易额的 30%以上。泰国香米也以其优良的品质享誉世界。泰国大米标准由商务部制定，并以部颁文件的形式发布，现行发布有大米标准（B.E.2540）和泰国香米标准（B.E.2544、B.E.2545）等 3 个文件。

a. 大米标准

规定大米产品分为白米、糙米、糯米和蒸谷米 4 类。完整米粒按长度和加工精度各分为 4 个级别。根据产品中完整粒的长度级别，不完整粒的组成，垩白、互混和杂质的含量以及加工精度等方面的不同，将白米分为 13 个等级，糙米分为 6 个等级，糯米分为3 个等级，蒸谷米分为 9 个等级。标准规定大米的水分应不超过 14.0%。对于不在标准规定范围之内的大米的贸易，需由买卖双方一起确定样品和标准，并报外贸厅批准。若贸易双方发生争议，以泰国外贸厅最新的标准样品为准。

b. 泰国香米标准

标准规定，只有"泰国皇玛丽香米"(Thai Hom Mali Rice)才可以称为泰国香米。"泰国皇玛丽香米"是经过泰国商务部农业厅、农业与合作部证明为 Kao Dok Mali 105 号和 RD15 号的籼型大米，带有自然茉莉芬芳的香味。

泰国香米分白米和糙米两类，根据完整粒的长度级别、不完整粒的组成及垩白、互混和杂质的含量以及加工精度等指标的不同，白米分为 8 个等级，糙米分为 6 个等级。泰国香米标准非等级指标规定：产品中泰国香米的含量要不低于 92.0%；水分不超过 14.0%；具有长粒的基本特征且几乎没有垩白；不能有任何活虫；完整粒平均长度不小于 7mm，平均长宽比不低于 3.2∶1；直链淀粉含量在 13.0～18.0(水分为 14.0%)；白米碱消值在 6～7 等。

标准还规定，如果产品不能满足等级指标，但满足非等级指标，则可由贸易双方一起确定标准，并报专门对标准商品进行监督管理的部门 OCS(属商检局)批准；OCS 委托代理机构或标准产品检查机构对产品进行检查分析，出现争议时，根据具体情况，以 OCS 委托代理机构的检测结果作为最终结果；出口商需要以标准形式，提供出口泰国香米的包装物的材料、编织的经纬线数要求和封印等情况的详细说明。

泰国的大米出口量在最近几年都排名全球前列，并且其高档米如香米等是主要出口产品。泰国为防止优良品种的外流，规定不得向外出口稻谷，因此泰国的稻米标准实际上是大米标准。泰国的大米标准注重更新，有关大米的标准有 Rice Standards、Thai Fasmine(Hom Mali) Standards 等。在泰国 Rice Standards 标准中，同时规定了白米、糙米、糯米和蒸谷米的指标。泰国在大米标准制定上立足并服务于稻米生产和贸易的实际。如泰国在 20 世纪 50～60 年代时仅出口普通白米和糙米，当时大米标准也只有白米标准和糙米标准。到 90 年代，糯米和蒸煮米贸易量较大，标准中适时增加糯米和蒸煮米标准。到 21 世纪初，茉莉香米成为贸易的主流，大米标准修订成以茉莉香米为主的标准，体现了服务生产贸易的宗旨。泰国大米标准在 1997 年大幅度调整以后，每年都会根据实际需要进行适当调整。一般情况下，标准修订的幅度不是太大，主要是为了避免引起贸易上的不便。1998 年公布的大米标准(B.E.2541)仅在少数地方做了改动：含碎 10% 的大米中碎米规格由 3.5P≤l＜7.5P 变成 3.5P≤l＜7.0P；A_1 碎糯米中的 C_1 级碎糯米的含量由 ≤5% 变成 ≤6%。其他没有大的改变。另外，泰国的大米标准起点高、指标多、分类细。特别是对米粒长度的要求很高，精确到整精米的 1/10。根据粒长和含量将白米分为：一类长粒米、二类长粒米、三类长粒米、一类短粒米、二类短粒米。除了将不同类型的大米含量和不完善粒含量作为分级指标外，还将碎米含量作为重要的分级指标。在泰国白米分有 13 级，糙米有 6 级，蒸煮米有 9 级，糯米有 3 级。分级数多，可以进一步提高优质米的档次，对整精米实行优质优价，碎米也按不同的配比以不同的价格出售，达到物尽其用，满足不同层次的要求。在对大米分级进行严格细致的规定的同时，对优质大米的商标也进行了严格的管理。如泰国商业部从 2002 年 10 月起实施的茉莉香米新等级标准，即标有茉莉香米的大米只能含有少于 8% 的低等级大米，才可以在其包装上使用"茉莉香米"或"泰国茉莉香米"的标识。根据规定，对于那些茉莉香米内低等级大米量超过 8% 的，不仅不允许使用"茉莉香米"的称号，而且必须在大米的包装袋上注明，茉莉香米和低等级大米各自的比例。但是泰国大米标准中没有关于农药、微生物含量与重金属含量的安全与限量指标。随着泰国稻米国际贸易的加大，泰国政府有关部门已经注意到了这些指标差距，已经在积极地调研，在未来几年就会有一系列这方面的标准出台。

泰国大米标准，包含定义、分类与加工精度、类型和等级、白米标准、糙米标准、糯米标准、蒸谷米标准。其中白米标准包括粒型、整米、碎米、杂质、不完善粒、异品种粮粒、加工精度等指标。由于泰国将稻米作为出口的支柱，因此其国家标准密切联系国际市场，特点在于：修订及时，标龄短；分等精细，等级指标中最有特点的是同时规定了整米和碎米指标以及粒形指标。

3）韩国标准

韩国的稻米标准起步相对较晚，但发展很快，某种程度上借鉴了日本稻米分级模式。新修订的大米标准分为国产大米标准和进口大米标准。国产大米标准与以往的标准相比，由以前的精米、糙米、糯米合并为一个标准，使用起来更加简便。韩国现行的国产大米标准以标准品作为参照基准对谷粒的强度、形态、色泽、谷粒大小均匀度等做了描述性规定。以出米率代替了以前的出糙率，被害粒、着色粒、异种谷粒和异物的限量标准都有大幅度提高，说明韩国稻米加工技术已比较发达。稻米的含水量定为15.0%，仍然高于安全标准。

韩国现行的进口大米标准不仅对于米粒的形态、味道、强度做了明确规定，而且对大米生产年度也有具体要求。一般认为优质米的直链淀粉为17%～20%。把除大米以外的筛上物和筛下物统称为异物，同时标准中规定特等米碎米含量4.0%以下和异物含量0，上等米碎米含量7.0%以下和异物含量0.3%以下，这两个标准实际上是非常苛刻的。出口国如果没有先进的加工设备和成熟过硬的加工技术，是很难达到这样高的要求的。垩白粒和着色粒的定义显得较为宽松。大米最大允许含水量为16.0%，显然高于安全水分标准。

进口大米标准主要是为了确保进口大米质量，总体来讲标准指标的设立以及相关要求要严于国产大米标准。韩国此举的目的既保护了国内消费者的利益，又保护了国内稻米产业不至于受太大的冲击。韩国育种学家和营养学家根据多年研究成果，汇总出韩国高级大米精选标准（表4-8）。该标准高度概括出优质大米的主要指标特征，对水稻育种和消费有重要指导意义。

表 4-8　韩国高级大米精选标准

分类	特征	标准
外观	籽粒形状	粗粒：长/宽 1.7～2.0
	心白或腹白	没有或极少
	色泽	透明、明晰、略黄
碾磨属性	出米率	＞75%
	头米率	＞90%
理化属性	糊化温度	65～72℃，碱消值 5～7
	蛋白质含量	7%～9%
	矿物质	Mg/K，高比例

分类	特征	标准
	外观	米粒形状明晰
蒸煮属性	香味	香味纯真
	质地	合适的弹性、硬度和质地

4) 美国标准

美国常用 10 类指标来评价大米的质量。主要有碾磨质量、稻壳和糠层颜色、米粒特征、蒸煮和加工指数、千粒重、米的色泽与光泽、杂质含量、损伤粒含量、气味、红米含量。在大米粒型的划分上美国也有严格的标准，以米粒的长/宽和千粒重分类。因美国水稻收割后全部采用机械烘干，含水量不再是主要问题，水分指标没有特别列出，只规定水分≥18%时，不得测精米率。

美国现行的稻米标准是 2002 年的标准，整粒米、过筛米、酿造米标准均未发生变化。稻米质量分级的准确性受到取样方法、含水量、评估方法、仪器的精确度的影响。美国还特别出台大米质量评价方法，与标准配套执行。

美国稻米标准十分强调把碾磨程度和色泽要求作为分级指标。在现行标准中，除把碾磨程度分为精碾、合理碾、轻度碾外，还把达不到轻度碾的米定义为低于碾磨米。把色泽作为稻米的分级指标，是美国稻米标准独有的做法，由于大米绝大多数是以整粒消费的，所以大米的外观色泽会影响到消费者的购买意愿。美国对整粒米的定义较宽(大于完整粒 3/4 的米粒)。对于碎米粒的定义虽没有泰国大米标准中，把整粒米分成 10 等分那样直观，但美国对于碎米的分级也是很严格的，将碎米分成次整粒米、大碎米、过筛米、酿造米等。在实际分级操作中又用多种规格的分级盘和分级筛确定碎米的含量。对红米和垩白粒的控制很严格，对除稻谷以外的种子和不允许异种热害粒控制也很严格。由于机械收割后，直接烘干入库，不可能出现沤黄现象，标准中没有出现气候粒(discoloured grain)的定义。

5) 国内标准

我国目前实行的是国家标准《大米》(GB 1354—2009)，GB 1354—2009《大米》强制性国家标准是在 GB 1354—1986《大米》国家标准的基础上，将黄粒米、矿物质、色泽、气味等指标改为强制性指标，将原来的全文强制改为条文强制，明确了标准的适用范围，增加和修订了部分术语和定义，增加了对标识、标签的要求和判定规则。该标准的实施能够促进、推动我国大米品质的改良，产品系列化规范化生产及行业的发展。但是随着稻米适度加工的提出，该标准中对"加工精度"的表述已经不能达到该要求。

GB 1354—2009《大米》国家新标准将加工精度修订为："加工后米胚残留以及米粒表面和背沟残留皮层的程度。"这里新增加了"米胚残留程度"的概念；但 GB/T 5502—2008《粮油检验 米类加工精度检验》中加工精度的定义为"米类背沟和粒面的留皮程度"。没有对"米胚残留程度"提出要求。另外在标准 GB 1354—2009《大米》里，对加工精度只要求："对照标准样品检验留皮程度"，并未要求同时检验米胚残留程度，这与标准中的要求不一致。大米加工精度过高不仅浪费资源，而且也损失了大量的营养成分。大米胚芽中蛋白质和脂类含量均在 20%以上，蛋白质中氨基酸组成较为平衡，脂类中天然维生素 E 为 200～300mg/100g，其中脂肪酸 70%以上是不饱和脂肪酸，并含有丰富的微量元素和矿物质。与糙米相比，大米的维生素 B_1、维生素 B_6、烟酸、叶酸、维生素 B_2 分别损失了 90%、70%、70%、60%和 50%，锌和铁分别损失了 50%和 46%。大米的主要营养成分在稻糠层和米胚中，但加工过程中米糠被脱掉，米胚也被除掉了，大量的营养成分也随之损失掉。因此，有营养学家指出："谷物中 70%的营养和抗病物质在精米面的加工中丧失掉了，这就是现代人亚健康的根源所在。"所以，未来亟需对大米加工精度进行重新定义和评价。

2. 质量控制

1）泰国

泰国大米品质优良，除具有优质的水稻品种以外，还有一个重要原因就是采用了科学的加工技术和先进的设备以及严格的质量控制。泰国绝大多数大中型大米加工厂都配备了先进的碾米机、抛光机、色选机等设备。加工过程始终围绕最大限度提高整精米率，降低碎米率来实现各项措施。严格科学的加工控制是泰国大米成功的一项重要措施。泰国大米加工质量控制主要有两个环节：一是稻米加工前的收割、清洁与储存。加工企业通常要求农户对稻谷的收割时间，控制在稻谷成熟度为 90%～95%时进行收割。稻谷送到米厂后，米厂一般用谷物清洁机和除石机清洁稻谷中的杂草、泥土、石沙等杂物，同时检测稻谷的含水量。水分含量≤14%直接入仓保存，水分含量＞14%的则送入烘干机干燥降水后再入仓保存（由此形成的成本费用由泰国政府通过对企业减税优惠，大大减轻了农户的售谷成本）。稻谷含水量对整精米率影响很大，含水量太高太低都容易引起谷粒不同程度的断裂。泰国对稻谷的最佳含水量制定了一系列指标，分门别类进行质量控制，决不混杂在一起。二是脱壳、碾白、分级和筛选。稻米加工过程始终是围绕着最大限度地提高整精米率、降低碎米率进行的。脱壳率一般控制在 90%左右，一次脱壳彻底，断米、碎米会显著增加。碾白是对从砻谷机出来的糙米用碾白机进行加工碾白，用白度仪进行质量监控。泰国按照市场需求采用多次碾白方式。泰国许多米厂多采用湿米加工技术进行抛光，雾液使米粒表面湿润，在机械力的作用下相互摩擦，最终使米粒表面变得光滑油亮，颗粒晶莹透明，十分诱人。有的米厂在大米包装前，有 5 套色选机进行光谱筛选，筛选以后，优质米的加工过程才能完成。然后是按照市场需求，将各种等级的米分别装入印有商标的不同大小的塑料袋中入市销售。

质量不稳定是越南大米出口面临的主要问题同泰国大米相比，越南大米在国际市场上竞争力不强，主要原因是稻米加工、分类、包装等引起的质量和品种纯度不如泰米。

泰国主产籼稻，大米主要有白米、香米、糯米，以及近几年以香米为母本、白米为父本杂交的巴吞米。泰国大米总产 2000 多万 t，其中白米年产量 1500 万～1600 万 t，一半出口；香米年产量 500 万～600 万 t，100 万 t 出口。

a. 稻米的质量管理

泰国由于得天独厚的自然条件，一年能收获 2～2.5 季的稻谷，每隔 3～4 月就有新米上市。政府和农户对稻谷种植采用相对松散的管理，但对出口大米的质量和品质要求较为严格。

泰国有对稻谷进行初加工的企业，称为"火砻"。稻谷收获后，"火砻"从农民手里收购、集并稻谷并进行清理，再根据情况或者直接加工成初级大米，或者先存储起来，待有精米厂收购时，再根据对方要求碾磨成初级大米。精米厂对从"火砻"收购来的初级大米再进行清理和二次加工，得到成品大米。也有部分"火砻"直接生产成品大米。

泰国国内市场流通的大米质量由商务部的内贸厅在市场抽样进行质量核验。由于泰国政府规定大米为法定检验商品，对出口大米质量进行严格控制，因此出口大米质量要求较高，一般出口大米由精米厂生产。出口大米需要具有出口大米检验资质的检验公司验质，并出具检验证书。从泰国出口到我国的大米，一般是由五洲检验(泰国)有限公司检验，出口大米的外包装上标有"五洲检验(泰国)有限公司"的标记(C.C.I.C.)。由于泰国稻谷种植期施用农药较少(因生长周期较短)，对于稻谷的卫生项目，一般根据进口国的要求，由进口国自行检验。

泰国政府没有国家粮食储备库，一般也没有国家储备。近几年，政府出台粮食收购保护政策，在每年的 11 月至来年的 2 月，即泰国白米稻、香米稻和糯稻稻谷同时收获季节，以较高价格收购 400 万~500 万 t 稻谷，其中 200 万 t 为香米稻谷(对水分超过 20%的稻谷实行扣价)。所购稻谷通过招标委托"火砻"储存和加工，之后进行招标顺价销售。同时政府规定，国家储备稻谷每月只能加工两次。

b. 稻米的质量检验

泰国对稻米的检验除了根据泰国国家标准来检验米粒长度、加工精度等指标外，行业内主要通过感官检验来区别大米和香米，另外还采用一种简易的糊化法来判断香米的纯度。但鉴别香米和巴吞米时，则只能用 DNA 方法。国家统一对检验员进行培训和考核发证。检验员分 A、B 级，只有 A 级检验员才有资格出具检验证书。而大米加工厂的检验员一般由企业自行培训，满足企业内控需要，不需要资格证书。

2) 日本

a. 稻米质量管理

日本人多地少，主产稻米。为保证粮食自足，使粮食产出效益最大化，日本对粮食实施严格的质量管理。同时由于经济的高度市场化，农户和加工企业都完全主动按照市场需求，以质量和品质为核心，对稻米实施严格的质量控制。

日本农林水产省是官方负责对稻米的种植、收购、储藏等各环节进行全程指导和质量监管的部门，具体事务由各地农政事务所办理。日本还有全国农协和地方农协、精米工业会等合作社或行业协会性质的团体参与质量管理，推动行业自律。

a)稻谷收购环节的质量管理

在稻谷收获过程中，采用自动化、机械化收割、脱粒，整个过程稻谷不落地，减少了谷粒的破碎率、杂质和污染。各地农协建有储存库点，具有检验资质的实验室和检验员，并配备清理、干燥、加工和储存设施。农户送来的稻谷经检验后，统一清理干燥，并加工成糙米储存。收购环节的清理、砻谷过程，保证了流通和加工环节的清洁。在佐贺县小城郡农协，建有 300t 圆柱形钢板仓 12 个；90t 干燥设备 4 台；日处理 100t 的大米加工机械设备 1 套；还有一套日处理 7t 的稻壳炭化设备，负责为周围农户种植的 910hm² 稻谷的收购、加工和储藏提供服务(按照每吨稻谷约 60 元人民币的价格收费)。比较特别的是，其烘干机建在钢板仓群的中间，这种方式既节约了用地，又减少了对周围居民的噪声污染。在对收购稻谷进行清理干燥的过程中，通过自动扦样装置，对每个农户的稻谷进行扦样并将样品传送到检验室，用仪器快速检测其蛋白质、水分等指标，再按蛋白质高低分别干燥、奢谷。糙米按标准确定等级后，按等级分装存放，包装袋上标注稻谷的品种、产地、收获年度、重量、种植者姓名、质量等级、检验员印章等。

b) 稻米储备环节的质量管理

糙米是日本稻米的主要储存和流通形式，法律规定国家需储备 100 万 t。目前日本有 9 个政府直接管理的国家储备库，存储能力为 15 万 t；全国共有 4000 余个民间储备点，合计储存能力达到 700 万 t。政府通过招标的形式确定委托储备库。糙米在温度低于 15℃时基本停止呼吸，虫害霉菌较少；空气相对湿度在 70%时有利于保持糙米的平衡水分维持在 14%~15%。所以日本的储备库基本全部是低温库，通过自动调温调湿装置保持库内温度低于 15℃，湿度维持在 70%左右。在东京深川库，仓库全部实行自动化管理，整个库区处于半封闭状态，由计算机记录温度、湿度，并配有 30 余台摄像机以及自动报警和灭火装置。当仓库外部空气中二氧化碳含量达到一定浓度时，通风装置会自动运行以维持空气的清新。深川库同时还拥有部分全自动仓库，通过计算机可精确控制机械传输装置，真正实现了各仓位粮食从入库到出库的全自动化。

c) 精米加工厂的大米质量管理

精米加工厂根据糙米包装袋上的产地、品种、生产年份、等级等标注购入原料，对每批原料，采取抽样核验等级、水分等，并扦取一定量的样品(800g)留存 6 个月以备争议时查验。糙米加工前，由工厂检验员用仪器快速检测原料的水分、白度、蛋白质和直链淀粉等，以决定是否进行配米，总用时不到 5min。加工后的大米，根据标准用仪器快速检测白度或留皮程度、水分、外观(胚芽残存、正常粒、粉质粒、碎米、龟裂粒)等质量指标。大米样品需保留 2 周，以备有质量异议时查验。成品大米包装袋上注明原料糙米的产地、品种、收获年代、精米加工时间、重量、精米厂的名称、地址、电话及相关的认证标志等。

为保证产品的质量和卫生，各大米加工企业的加工车间都采取严格的清洁卫生防护措施。在株式会社九州村濑精米加工厂，每个进车间的参观人员，均要戴上工作帽，以防头发脱落；用吸尘器吸去衣服表面的浮尘；用黏性垫子除去鞋底的尘土，并隔着一道玻璃墙参观加工车间。每家大米加工企业平均每年要收到多达 300 次因为大米中混有异物的投诉，经检查确定，其中只有 20%左右是由于工厂自身的原因。为避免在同一批产品中混入其他品种的大米，企业在加工不同品质大米时，要对加工设备进行仔细的清理。

d) 稻米质量、品质和卫生的测报

全国稻米质量信息由各农协每年将检测的稻米质量结果提供给各地的农政事务所，再由全国瑞穗食粮检查协会(财团法人)汇总，向全国公布。为掌握全国稻米品质情况，农林水产省委托日本谷物检定协会(财团法人)在全国范围内每年抽取有代表性的主要稻谷生产地区的主要品种进行食味品评，品评结果向社会公布。通过测报，一方面可以指导农业生产，开发和推广优质品种，促进日本国内稻谷品质不断优化，品种不断集中，目前日本稻谷品种有 100 多个，但产量最大的 10 个稻谷品种的产量和占到全国稻谷总产量的 85%~87%。另一方面可以指导消费，供消费者在选购大米时作参考。日本政府对稻米的卫生安全十分重视，农林水产省下属食品安全局每年出资委托检测单位采集约 1 万个糙米样进行农药残留分析。一旦样品农残超标，将不得继续生产。检测时，先用低成本的快速检测法定性分析，然后再对有农残检出的样品用精密仪器进行定量检测，这样既减少了检验成本，又提高了工作效率。日本近年来对全国共约 10 万个米样检测仅发现少部分样品有农药检出，均没有超过基准值，全部符合标准。在检出的农药中 70% 为杀虫剂(其中 98% 为有机磷类和氨基甲酸酯类)。虽然检测结果比较理想，但日本消费者仍要求政府继续调查，以确保稻米的食用安全。

　　b. 稻米的质量检验

　　a) 稻米质量检验机构

　　日本的稻米质量检验制度曾经历了几次变迁。2000 年以前，日本各地农政事务所共有约 1000 名检验员，其身份为国家公务员。2000 年日本政府对农产物检查法进行了修正，要求到 2005 年底，完成农产物检验民营化的转变。检验民营化后，各地农政事务所负责对民营化的检验机构资质进行审核、登记，对检验员进行培训、考核、发证，对粮食收购及出、入库检验进行监督、指导和检验仲裁，对农产物质量与品质检查结果进行通报以及开发检测技术和仪器。目前日本全国共有 1253 个具备资质的检验机构，其中约有一半隶属农协，有资格的检验员共约 12000 名。如果某地区没有民营化的检验机构，仍由各地农政事务所实施检验。

　　b) 稻米检验技术

　　日本稻米检验技术可简单归为由宏观检验到微观检验，由感官检验到仪器检验，如采用颗粒水分仪对进入烘干机的稻谷水分进行测定，以掌握每粒稻米的水分变化情况，从而更好地控制不同部位的烘干温度和时间；采用单颗粒谷粒判别器，从三维角度对谷粒的外观和品质等进行检测；采用米粒食味计对大米的颗粒性状和食味等进行测定等。日本的检验技术，不但更好地保证稻米的质量和品质，而且减少了人为误差，提高了检验速度和公正性。在检验民营化后，为降低各地检验员之间的检验误差，日本政府也大力推进感官检验仪器化的进程。仅谷粒判定仪一项，通过认证后，预计全国检验机构将要配置 9000 台左右。

　　日本稻米检验技术的发展，不是单纯为了更准确地检测某项指标，其根本目的是提高稻米质量和品质，依据消费者的需要和稻米的不同用途，不断研究和探索新的检验方法，建立与稻米最终用途相适应的质量、品质检验评价体系。例如，指导稻谷栽培的稻叶测氮仪，稻米收获时快速农药残留检测仪，烘干储藏中的单颗粒水分仪，指导分品种储藏和加工的快速DNA 品种鉴定仪，对粮食新陈度鉴定的测鲜仪，用于加工过程配米及质量控制的米粒食味计和颗粒评定仪以及依照人的感官品评标准开发出的米饭食味计、米饭硬度、黏度检测仪和米饭气味、滋味、光泽度检测仪等，目的都是在于提高稻米质量和品质。

　　3) 韩国

　　对于大米质量在长期实践中也形成了一些独有的质量评价要素(表 4-9)，如商品属性中的整齐度(一致性)、透明度、强硬度、新鲜度等；蒸煮属性中的残留液中的固体含量、体积膨胀度等；食用属性中的咀嚼声等。表明韩国对大米质量的研究已形成自己的特色，达到相对的水平。韩国人喜欢粳米，对大米质量的研究世界领先，韩国人认为大米的质量更多依赖于产前、产中和产后的管理。并把安全属性放在稻米质量的首位，其次是营养价值。然后才是食味和经济价值。

表 4-9 韩国大米质量评价要素分类

类别	大米质量的重要组成要素
商品属性	大小、形状、一致性、透明度、心白和腹白、色泽和光泽、新鲜度、头米率(米粒指长度介于大碎米长度和完整粒长度之间的米粒，头米率指单位质量大米所含头米的百分数)、强硬度等
蒸煮属性	蒸煮方法(电饭煲或压力锅等)、吸水率、残留液中的固体含量、碘蓝值、体积膨胀度、糊化温度等
食用属性	视觉、嗅觉、听觉和触觉、色泽、明晰度(大米蒸煮后食用时米粒形状的保持程度如膨胀均匀程度，轮廓清晰程度)、气味、咀嚼声、质地和品尝延展感、甜度、咸味、酸味和苦味品尝
碾磨	碾磨率(出糙率、精米率)、(平)头米率、胚芽留体情况
营养	消化和吸收、效用、蛋白质、脂质、维生素、矿物质

韩国人喜爱粳米，基本不再栽培籼米。习惯上依米粒的长/宽比例分成长粒、中长粒、短粒(糙米分别为 > 3.1、2.1～3.0、< 2.0；精米分别为 > 3.0、2.0～2.9、≤1.9)等不同粒型。

4)国内

近年来，各地为了提高产品质量，分别在原粮稻米品质改良、先进工艺设备的引进及努力提高加工技术水平等方面下工夫，虽然原粮品质日益改善，先进工艺设备不断引进，加工技术水平不断提高，但是加工过程中的质量监控，却一直是大米生产加工中的薄弱环节，一般企业在质量管理上制定了很多检验方法和检验制度，并制定了严格的检验指标，也投入了许多人力，购置了多种检验设备，检验人员在工作中也很负责，但加工质量仍不尽如人意，投入与产品质量提高幅度不成比例。

（五）最新研究进展

我国大米的过度加工现象已极其普遍，造成营养损失过大、能耗过高等现状。目前，国内外对于大米品质评价主要有卫生品质、营养品质、加工品质，外观品质和食味品质五个主要方面的内容。国内外进行了相关研究，但主要是对大米营养成分含量变化的研究较多，对多品质的系统综合研究较少。加工精度的判定方法虽然很多，但由于加工精度概念具有一定的抽象性，测定方法也多采用感官评价，不可避免地造成人为误差。仪器分析法虽然具备客观和快速的优点，但由于中国稻米品种繁多，地域差异明显以及稻谷的储藏环境的不同等因素，不能统一标准，无法实现对大米的在线快速、准确、客观的检测。由于碾磨程度与加工精度存在一致性，况且碾磨程度通常可由碾减率和碾磨时间来进行快速量化地评价。由于碾减率和碾磨时间相同的大米也会受到很多因素的影响，为了达到更加准确且全面的评价大米品质的目的,通过对不同碾磨程度大米的理化品质、营养品质和蒸煮食味品质进行系统的评价，并分析其相关性，以期挑选合适的新型物性量化指标来评判大米的加工等级，初步建立籼米适度加工指标综合评价体系，改善大米加工业因标准无法统一、过度加工严重的现状。

以'黄华占'、'湘 13 号'和'星 2 号'三个品种籼稻为原料，制备不同碾磨程度的籼米及其米饭样品，全面系统地研究不同碾磨程度下籼米的理化品质、营养和蒸煮食味品质及其相关性；并对其品质进行综合评价，挑选出合适的指标对其进行层次分析，初步构建籼米适度加工综合评价体系。具体研究内容如下。

1. 籼米碾磨程度与理化品质相关性研究

1) 不同碾磨程度的三种籼米碾减率测定

'黄华占'、'湘 13 号'、'星 2 号'三种籼米在不同碾磨时间下的碾减率如表 4-10 所示。由表 4-10 可知，'黄华占'、'湘 13 号'、'星 2 号'的碾减率随着碾磨时间的增加逐渐升高。不同碾磨时间处理的籼米的碾减率存在显著差异。碾减率在 30s 前变化明显，这可能是由于碾磨时间达到 30s 后，蛋白质、脂肪、纤维素等非淀粉组分碾除程度较大，而 20s 后碾除的应该是胚乳部分（贺财俊等，2017）。

表 4-10　不同碾磨时间下三种品种籼米的碾减率

碾磨时间/s	碾减率/%		
	'黄华占'	'湘 13 号'	'星 2 号'
0	0.00 ± 0.00^i	0.00 ± 0.00^i	0.00 ± 0.00^i
10	4.77 ± 0.12^h	3.19 ± 0.19^h	4.99 ± 0.18^h
20	5.93 ± 0.12^j	5.49 ± 0.20^j	8.02 ± 0.10^j
30	7.69 ± 0.36^f	7.36 ± 0.05^f	10.32 ± 0.15^f
40	9.55 ± 0.07^e	9.24 ± 0.06^e	12.41 ± 0.25^e
50	10.65 ± 0.49^d	10.28 ± 0.27^d	13.98 ± 0.45^d
60	11.46 ± 0.06^c	11.43 ± 0.30^c	14.44 ± 0.10^c
70	12.31 ± 0.20^b	12.58 ± 0.35^b	15.36 ± 0.24^b
80	13.11 ± 0.15^a	13.43 ± 0.26^a	16.31 ± 0.21^a

注：采用 SPSS 软件对碾减率进行显著性分析，同列数字上标中，相同字母表示差异不显著（即 $P > 0.05$），不同字母表示差异显著（即 $P < 0.05$）

2) 不同碾磨程度的三种籼米染色法测定

未经染色处理的不同碾磨程度的标准样品米、'黄华占'、'湘 13 号'、'星 2 号'三种籼米分别如图 4-7～图 4-10 所示。品红石炭酸溶液染色法处理的不同碾磨程度的标准样品米、'黄华占'、'湘 13 号'、'星 2 号'三种籼米分别如图 4-11～图 4-14 所示。亚甲基蓝-署红染色法（EMB 染色法）处理的不同碾磨程度的标准样品米、'黄华占'、'湘 13 号'、'星 2 号'三种籼米分别如图 4-15～图 4-18 所示。

图 4-7　不同加工精度的标准籼米

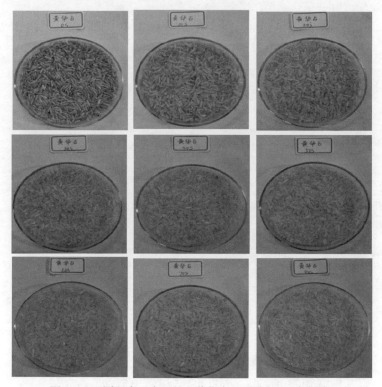

图 4-8　不同碾磨程度下的'黄华占'品种籼米(染色前)

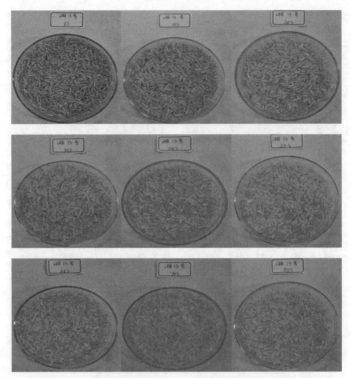

图 4-9　不同碾磨程度下的'湘 13 号'品种籼米(染色前)

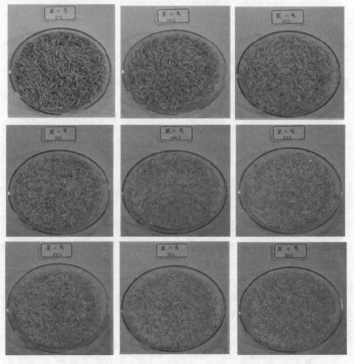

图 4-10　不同碾磨程度下的'星 2 号'品种籼米(染色前)

图 4-11　品红石炭酸溶液染色法处理的不同加工精度的标准籼米

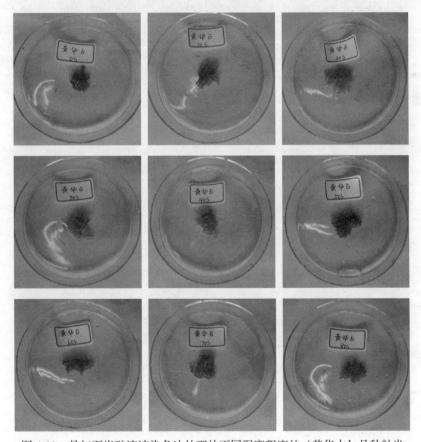

图 4-12　品红石炭酸溶液染色法处理的不同碾磨程度的'黄华占'品种籼米

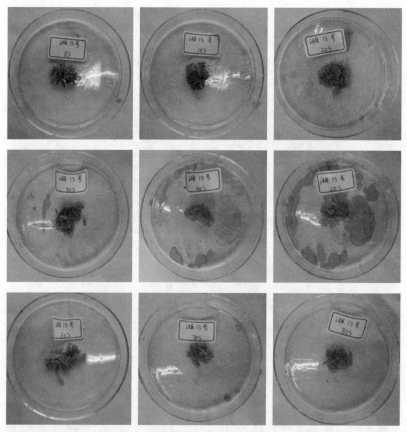

图 4-13 品红石炭酸溶液染色法处理的不同碾磨程度的'湘 13 号'品种

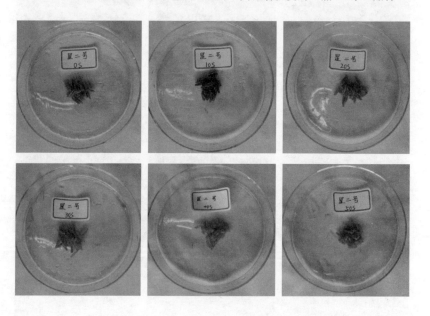

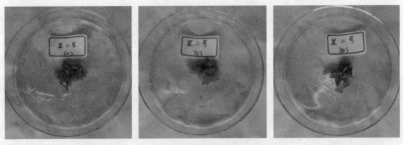

图 4-14　品红石炭酸溶液染色法处理的不同碾磨程度的'星 2 号'品种籼米

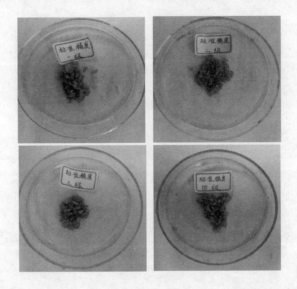

图 4-15　亚甲基蓝-署红染色法（EMB 染色法）处理的不同加工精度的标准籼米

图 4-16　亚甲基蓝-署红染色法(EMB 染色法)处理的'黄华占'品种籼米

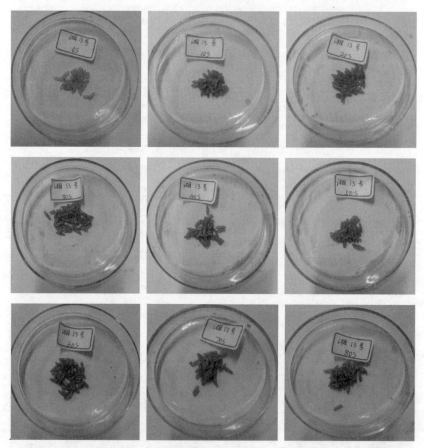

图 4-17　亚甲基蓝-署红染色法(EMB 染色法)处理的'湘 13 号'品种籼米

图 4-18　亚甲基蓝-署红染色法(EMB 染色法)处理的'星 2 号'品种籼米

直接比较法是常规测定方法，主要是根据背沟和粒面的留皮程度，将样品米与标准加工精度大米对比，最终确定样品米的加工精度等级，该方法操作简便，被广泛应用。未经染色的籼米在经过不同碾磨时间处理过后，白度呈现明显差异，但三种籼米在 30s、50s、60s 时出现界限模糊，较难区分的状况，即主观性较强，无法客观、定量地对大米的加工精度进行衡量。从图 4-11～图 4-14 可以看出染色法是直接比较法基础上的改进，染色虽然可以降低主观误差，但仍属于主观判定法，无法定量。因此，可明显看出直接比较法和染色法可能存在界限模糊的情形，对加工精度的判定存在主观差异，降低了结果的准确性(贺财俊等，2017)。

3) 不同碾磨程度的三种籼米白度测定

采用外观品质仪扫描得到的不同碾磨程度'黄华占'、'湘 13 号'和'星 2 号'三种籼米的外观品质如图 4-19～图 4-21 所示，不同碾磨程度的三种籼米的白度值与碾磨程度的关系如图 4-22 所示。由图 4-19～图 4-21 可知，不同碾磨程度的'黄华占'、'湘 13 号'、'星 2 号'三种籼米的米粒扫描图像清晰度高，最直观的是白度的变化，利用外观品质仪对白度进行测定，进而反映样品米的碾磨程度，可行性高，并同时具备操作简便、快速、客观的优点。从图 4-22 可以看出三种籼米的白度随着碾磨时间的增加逐渐升高，变化范围为 19.20～40.87。'黄华占'、'湘 13 号'、'星 2 号'的白度变化规律一致且明显，其中，'星 2 号'白度值最大、'湘 13 号'次之、'黄华占'的白度值略低。在 0～30s 区间范围内，三种籼米白度变化明显，40～60s 有一定的上升，60s 后变化幅度较小，趋于平缓。通过测定证实了日本通常采用的白度测定法具有客观、定量和快速的优点，但由于我国地域辽阔，大米品种繁多，单一采用白度来判定大米的加工程度显然是不可行的，主要原因是大米米粒自身颜色存在品种间差异，且米粒颜色受储藏期影响，这些因素会明显影响白度的检测，造成误差(贺财俊等，2017)。

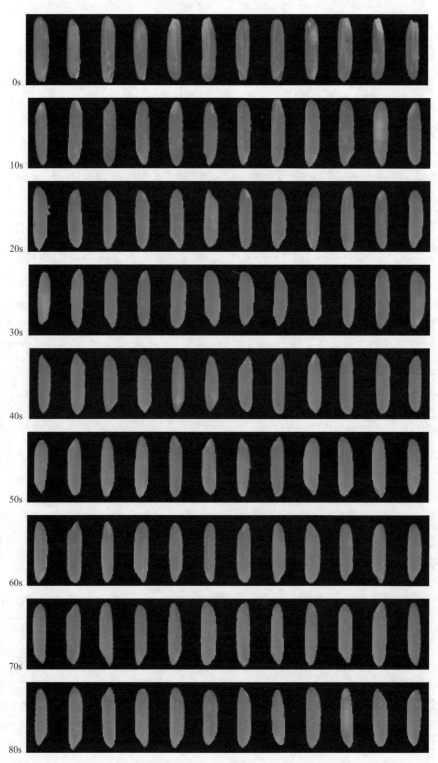

图 4-19 不同碾磨程度的'黄华占'品种籼米外观品质

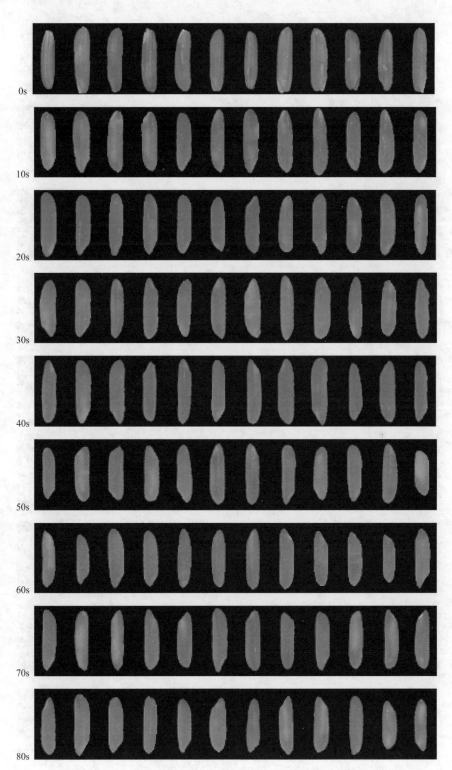

图 4-20　不同碾磨程度的'湘 13 号'品种籼米外观品质

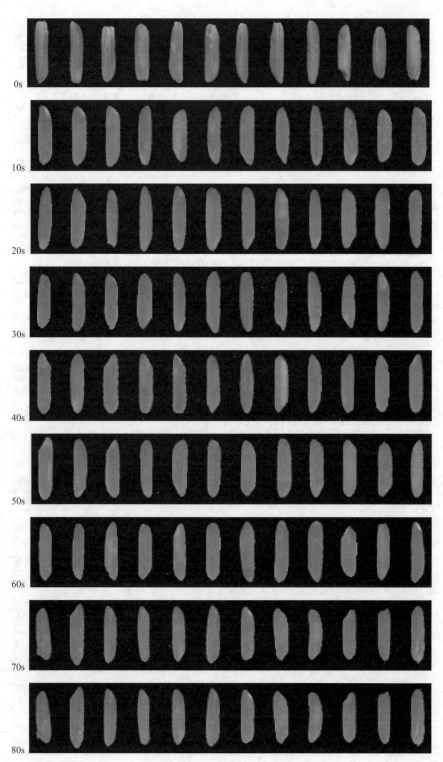

图 4-21 不同碾磨程度 '星 2 号' 大米的外观品质

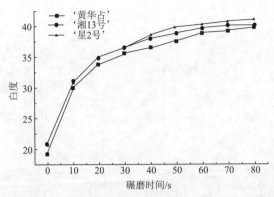

图 4-22 不同碾磨程度下三种品种籼米的白度值变化

4)不同碾磨程度的三种籼米 RVA 糊化特性测定

不同碾磨程度下'黄华占'、'湘 13 号'、'星 2 号'三个品种的籼米 RVA 谱图如图 4-23 所示。随着碾磨时间的延长即碾磨程度的增加，三种籼米的峰值黏度、最低黏度、衰减值、最终黏度和糊化温度均呈现一致的规律性变化；即峰值黏度、最低黏度、衰减值和最终黏度逐渐增大，RVA 糊化温度呈降低的趋势。特别是碾磨时间最初为 10s 和 20s 样品的 RVA 特征值变化最大，此后随着碾磨时间的增加，这些变化趋于平缓。碾减率在 30s 前变化明显，这可能是由于碾磨时间达到 30s 后，蛋白质、脂肪、纤维素等非淀粉组分碾除程度较大，而 20s 后碾除的应该是胚乳部分(贺财俊等，2017)。

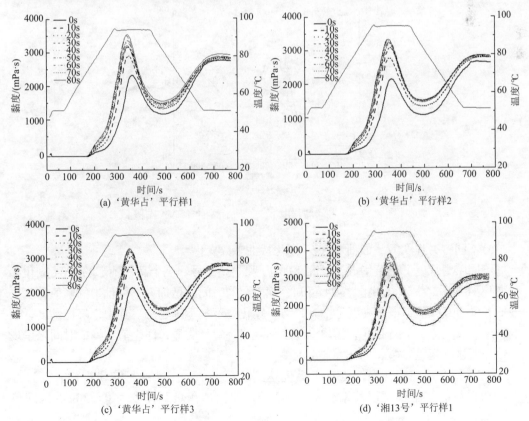

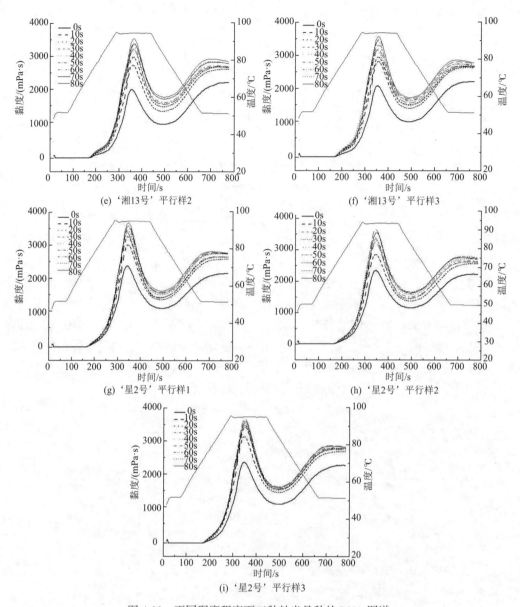

图 4-23 不同碾磨程度下三种籼米品种的 RVA 图谱

5) 不同碾磨程度的三种籼米 RVA 糊化特性参数变化

不同碾磨程度下'黄华占'、'湘13号'和'星2号'三个品种籼米的 RVA 糊化参数变化如图 4-24 所示。由图 4-24 可知，随着碾磨时间的增加，三种籼米的峰值黏度、最低黏度、衰减值、最终黏度呈上升趋势，糊化温度呈下降趋势。其中，峰值黏度、最低黏度、衰减值、最终黏度、糊化温度变化规律一致且明显，回生值和峰值时间未呈现一致和明显的变化规律。

峰值黏度是淀粉在高温处理下黏度达到的最大值，反映的是淀粉糊化升温过程中淀粉颗粒的膨胀程度以及结合水的能力。三种籼米在碾磨程度为 0～30s 的区间范

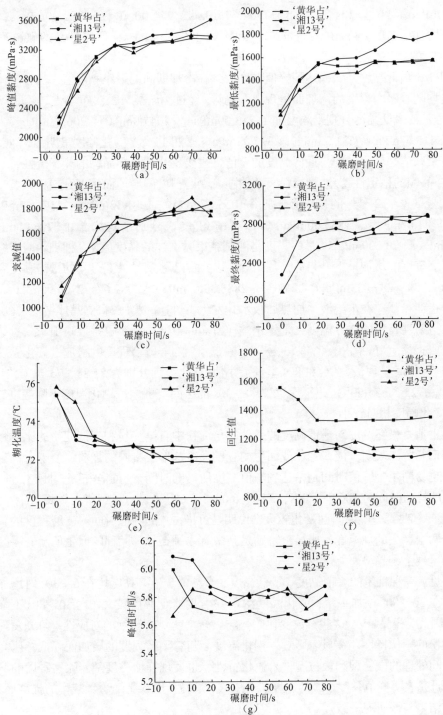

图 4-24 不同碾磨程度下三种籼米品种的 RVA 糊化参数变化

(a)峰值黏度；(b)最低黏度；(c)衰减值；(d)最终黏度；(e)糊化温度；(f)回生值；(g)峰值时间

围内，峰值黏度增幅较大，30s 后变化幅度相对较小。其中，'黄华占'、'湘 13 号'、'星 2 号'的峰值黏度经过 10s 碾磨后，分别平均增加了 606.33mPa·s、728.33mPa·s、

349.33mPa·s，经过 20s 后增加了 904.67mPa·s、977.00mPa·s、812.00mPa·s，经过 30s 后增加了 1052.33mPa·s、1187.67mPa·s、973.33mPa·s，这与样品的碾减率变化是相对应的。

同样，最低黏度是试样达到峰值黏度后，在冷却期间的最小黏度值。三种籼米的最低黏度均随着碾磨程度的增加而呈现上升趋势。经过 10s 碾磨后，'黄华占'、'湘 13 号'、'星 2 号'的最低黏度分别平均增加了 253.00mPa·s、404.00mPa·s、206.33mPa·s，20s 后增加了 413.67mPa·s、531.33mPa·s、327.33mPa·s，'湘 13 号'变化幅度最明显，'黄华占'次之。衰减值是峰值黏度与最低黏度的差值，主要反映的是样品糊的热稳定性，衰减值越大，样品糊的稳定性越差。籼米粉衰减值随着碾磨程度的增加而呈上升趋势，'黄华占'、'湘 13 号'、'星 2 号'的衰减值分别由 1055.67mPa·s、1091.33mPa·s、1171.67mPa·s 增长到 1781.67mPa·s、1833.00mPa·s、1876.67mPa·s，分别平均增长了 726.00mPa·s、741.67mPa·s、705.00mPa·s。最终黏度是测试结束时试样的黏度值，三种籼米的最终黏度随着碾磨程度的增加呈上升趋势，'黄华占'、'湘 13 号'、'星 2 号'的最终黏度变化范围为 2672.33～2873.33mPa·s、2259.33～2888.33.00mPa·s、2087.67～2706.00mPa·s。糊化温度是指淀粉颗粒在水溶液中加热后吸水并发生不可逆的膨胀，自然晶体结构遭到破坏，同时双折射性丧失的临界温度，是熟化试样所需的最低温度，也是反映稻米蒸煮品质的一个重要指标。'黄华占'、'湘 13 号'、'星 2 号'随着碾磨程度的增加，糊化温度呈现下降趋势。0s 时呈现最大值，在 80s 呈现最小值，变化范围分别为 71.83～75.18℃、71.82～86.47℃、72.62～75.60℃。碾磨程度为 0～30s 的区间范围内，糊化温度下降幅度较大，30s 后变化幅度相对较小。

回生值是最终黏度与最低黏度的差值，与淀粉中直链淀粉和支链淀粉的比例和分子结构密切相关。表明了淀粉老化或回生的程度及冷却形成凝胶的强弱，值越大，凝胶性越强，越易回生。峰值时间是指达到峰值黏度所需的时间，'黄华占'、'湘 13 号'、'星 2 号'的峰值时间为 5.62～6.00s、5.80～6.09s、5.67～5.87s，'黄华占'相对于'湘 13 号'与'星 2 号'，峰值时间变化较大，说明'黄华占'的峰值时间受碾磨程度的影响较大，这两个参数的规律性不明显，特别是其中有'星 2 号'品种的回生值随着碾磨时间的增加呈现上升趋势。

可见，三种籼米的峰值黏度、最低黏度、衰减值、最终黏度均在 0～30s 时增加幅度较大，在 30～80s 增加平缓；糊化温度在 0～30s 时降低幅度较大，在 30～80s 下降平缓变化。因此，样品 RVA 这些参数变化趋势与碾减率变化有高度的对应性。研究发现碾磨对大米粉的糊化特性存在显著影响，糊化温度会随着碾磨程度的增加而降低；研究不同碾磨时间处理的中粒型和长粒型稻米糊化特性，也发现峰值黏度随着碾磨程度的增加而增大；研究表明峰值黏度、最低黏度、衰减值、最终黏度均是随着碾减率的提高而升高，研究的结果与该研究一致。

淀粉的糊化特性一方面受到淀粉粒大小、直链淀粉与支链淀粉的比例等淀粉本身性质的影响，另一方面淀粉颗粒的膨胀会受到其他化合物以及加热过程中剪切力的影响，如蛋白质、脂肪、非淀粉多糖类，这些大分子物质的存在会导致淀粉的 RVA 糊化特性改变。研究表明碾磨对直链淀粉的晶体结构无显著影响，此外，我们对'黄华占'、'湘 13

号'和'星 2 号'这三种籼米样品的直链淀粉含量进行了测定，发现随着碾磨程度的增加，三个品种的直链淀粉含量均呈现上升趋势但变化不明显。蛋白质、脂肪、纤维等非淀粉组分主要分布于皮层，这些成分会随着碾磨程度的增加被不同程度地碾除。碾减率越高，大米皮层保留率越低，样品中这些成分的含量相对较低。这些组分包围在淀粉颗粒周围或是与淀粉相互作用，充当着淀粉的天然保护屏障，而抑制淀粉的膨胀。所以，当蛋白质等非淀粉成分含量相对减少时，会削弱阻碍淀粉颗粒的吸水糊化的程度，最后导致糊化黏度参数值的升高(贺财俊等，2017)。

6)籼米的碾磨程度与理化品质参数的相关性研究结果与分析

'黄华占'、'湘 13 号'和'星 2 号'三种籼米碾磨程度与理化品质的相关性分析如表 4-11 所示：'黄华占'、'湘 13 号'和'星 2 号'三种籼米的碾减率、白度、RVA 糊化特性参数与碾磨程度的相关性分析表明，碾磨程度与碾减率、白度、峰值黏度、最低黏度、衰减值、最终黏度呈极显著正相关($P < 0.01$)，与糊化温度呈极显著负相关($P < 0.01$)；碾磨程度与'黄华占'和'湘 13 号'的回生值呈极显著负相关($P < 0.01$)，与'星 2 号'呈极显著正相关($P < 0.01$)，所以回生值与碾磨程度的相关性随品种存在变化，未呈现明显且一致性变化($P > 0.01$)。

表 4-11　三种品种籼米的碾磨程度与理化品质相关性分析(贺财俊等，2017)

品种	碾减率/%	白度	峰值黏度/(mPa·s)	最低黏度/(mPa·s)	衰减值	最终黏度/(mPa·s)	回生值	峰值时间/s	糊化温度/℃
'黄华占'	0.938**	0.857**	0.804**	0.733**	0.827**	0.767**	−0.644**	−0.666**	−0.836**
'湘 13 号'	0.978**	0.852**	0.875**	0.880**	0.914**	0.794**	−0.891**	−0.695**	−0.625**
'星 2 号'	0.953**	0.866**	0.855**	0.859**	0.846**	0.824**	0.645**	0.139	−0.740**

注：采用 SPSS 软件对碾减率、白度、峰值黏度、最低黏度、衰减值、最终黏度、回生值、峰值时间、糊化温度进行相关性分析；

**代表极显著($P < 0.01$)

通过测定不同碾磨时间处理的'黄华占'、'湘 13 号'、'星 2 号'三种籼米的碾减率、白度及 RVA 糊化特性，研究结果表明：三种籼米的碾减率随碾磨时间的变化规律一致且显著，即随着碾磨时间的延长，三种籼米的碾减率也相应地增加；依据《粮油检验　米类加工精度检验》(GB/T 5502—2008)和亚甲基蓝-署红染色法(EMB 染色法)检测大米精度的实验表明，直接比较法和染色法虽然具有操作简单、快速判定大米加工精度的优点，但对于缺乏实际经验的检验人员仍相对比较困难，同时这两种方法均存在主观性强、准确性差的缺点，无法达到客观、定量、快速地检测大米加工精度的要求。通过对大米外观品质的检测，筛选出白度这一指标，能够很好地指示大米的碾磨程度，但是由于米粒自身颜色存在品种间差异，且米粒的颜色也会受到储藏期影响，这些因素同样会影响测定结果，降低结果的准确性。在 RVA 糊化黏度特性测定中发现'黄华占'、'湘 13 号'、'星 2 号'三种籼米随着碾磨时间的延长即碾磨程度的增加，峰值黏度、最低黏度、衰减值和最终黏度呈上升趋势，糊化温度呈下降趋势，这些参数的规律一致且明显；相对比，三种籼米的三个样品的回生值、峰值时间变化规律不一致幅度相对较小，碾磨时间为 0s、

10s、20s、30s 时变化幅度最大。三种籼米 RVA 糊化特性与碾磨程度的相关性分析表明，碾磨程度与其峰值黏度、最低黏度、衰减值、最终黏度呈极显著正相关（$P < 0.01$），与糊化温度呈极显著负相关（$P < 0.01$）。RVA 糊化特性随碾磨程度的规律性变化主要是由大米中淀粉外的蛋白质、脂肪、纤维含量或体系中直链淀粉含量变化引起的。白度、RVA 糊化黏度特性或许可以作为指示大米碾磨程度的指标，为大米加工品质的评价提供新思路（贺财俊等，2017）。

2. 籼米碾磨程度与营养品质相关性研究

1）不同碾磨程度的三种籼米基本成分含量

不同碾磨程度的'黄华占'、'湘 13 号'和'星 2 号'三种籼米品种的基本营养成分含量变化情况如表 4-12～表 4-14 所示。由表可知，'黄华占'、'湘 13 号'、'星 2 号'三种籼米在不同碾磨程度下水分含量变化范围分别为 12.32%～13.81%、12.61%～13.49%、11.58%～13.07%，'黄华占'和'湘 13 号'的含水量在相同碾磨程度下略高于'星 2 号'，但总体变化幅度较小，且无明显变化趋势，说明碾磨程度对三种籼米的水分含量影响较小。

表 4-12　不同碾磨时间下'黄华占'品种籼米基本成分含量变化

碾磨时间/s	水分/%	灰分/%	脂肪/%	蛋白质/%	直链淀粉/%	淀粉/%	膳食纤维/%
0	13.16 ± 0.11^c	1.44 ± 0.09^a	2.27 ± 0.11^a	16.45 ± 0.21^a	10.22 ± 0.12^d	64.99 ± 0.84^h	1.19 ± 0.03^a
10	13.47 ± 0.07^b	1.17 ± 0.75^{bc}	1.76 ± 0.01^b	15.75 ± 0.64^a	10.62 ± 0.24^c	66.28 ± 0.77^g	1.11 ± 0.07^b
20	13.10 ± 0.06^c	1.09 ± 0.15^c	0.74 ± 0.08^c	15.37 ± 0.58^b	10.64 ± 0.13^c	68.25 ± 1.31^f	0.99 ± 0.08^c
30	12.32 ± 0.03^d	1.25 ± 0.03^b	0.55 ± 0.01^d	14.83 ± 0.12^c	11.84 ± 0.51^b	69.63 ± 0.54^b	0.94 ± 0.01^c
40	13.09 ± 0.34^c	0.80 ± 0.04^d	0.42 ± 0.04^e	14.63 ± 0.15^c	11.75 ± 0.14^b	69.74 ± 0.84^b	0.83 ± 0.03^d
50	13.81 ± 0.04^a	0.51 ± 0.03^e	0.17 ± 0.03^{fg}	15.33 ± 0.14^{bc}	11.57 ± 0.10^b	68.73 ± 0.67^e	0.94 ± 0.02^c
60	13.43 ± 0.17^{bc}	0.48 ± 0.00^e	0.18 ± 0.03^f	15.60 ± 0.17^b	12.99 ± 0.13^a	68.89 ± 0.54^d	0.92 ± 0.02^c
70	13.53 ± 0.28^{ab}	0.43 ± 0.02^e	0.18 ± 0.02^f	14.97 ± 0.07^c	13.20 ± 0.11^a	69.55 ± 1.49^c	0.82 ± 0.01^d
80	13.03 ± 0.15^c	0.42 ± 0.01^e	0.13 ± 0.02^g	14.60 ± 0.36^c	13.00 ± 0.08^a	70.56 ± 2.31^a	0.75 ± 0.03^e

注：采用 SPSS 软件对碾减率进行显著性分析，同列数字上标中，相同字母表示差异不显著（$P > 0.05$），不同字母表示差异显著（$P < 0.05$）

表 4-13　不同碾磨时间下'湘 13 号'品种各基本成分含量变化

碾磨时间/s	水分/%	灰分/%	脂肪/%	蛋白质/%	直链淀粉/%	淀粉/%	膳食纤维/%
0	13.15 ± 0.07^b	1.27 ± 0.08^a	2.39 ± 0.23^a	13.30 ± 0.20^a	8.78 ± 0.13^d	68.09 ± 0.84^g	1.30 ± 0.02^a
10	12.84 ± 0.08^c	1.12 ± 0.03^b	1.25 ± 0.02^b	12.47 ± 0.06^{bc}	9.47 ± 0.23^c	70.79 ± 1.10^f	1.04 ± 0.01^b
20	12.61 ± 0.08^d	0.67 ± 0.03^c	1.02 ± 0.01^c	12.80 ± 0.00^b	10.66 ± 0.27^b	71.46 ± 0.73^e	0.96 ± 0.02^c
30	13.23 ± 0.11^b	0.54 ± 0.03^d	0.69 ± 0.07^d	12.77 ± 0.06^b	9.86 ± 0.57^c	71.54 ± 1.23^d	0.75 ± 0.03^d
40	13.49 ± 0.08^a	0.54 ± 0.02^d	0.37 ± 0.02^e	11.87 ± 0.06^c	11.12 ± 0.32^{ab}	72.43 ± 1.23^c	0.77 ± 0.02^d
50	13.35 ± 0.15^{ab}	0.54 ± 0.01^d	0.28 ± 0.01^{fg}	12.25 ± 0.04^c	11.59 ± 0.07^a	72.46 ± 0.98^c	0.66 ± 0.02^e
60	12.83 ± 0.06^c	0.65 ± 0.05^c	0.33 ± 0.02^f	11.03 ± 0.05^d	10.58 ± 0.37^b	74.07 ± 1.16^b	0.65 ± 0.03^e
70	13.10 ± 0.01^b	0.19 ± 0.02^e	0.18 ± 0.01^g	10.77 ± 0.06^d	11.61 ± 0.28^a	74.73 ± 1.16^a	0.55 ± 0.02^f
80	13.07 ± 0.13^b	0.12 ± 0.02^e	0.14 ± 0.03^g	10.87 ± 0.06^d	11.62 ± 0.25^a	74.72 ± 1.16^a	0.56 ± 0.02^f

注：采用 SPSS 软件对碾减率进行显著性分析，同列数字上标中，相同字母表示差异不显著（$P > 0.05$），不同字母表示差异显著（$P < 0.05$）

表 4-14　不同碾磨时间下'星 2 号'品种各基本成分含量变化

碾磨时间/s	水分/%	灰分/%	脂肪/%	蛋白质/%	直链淀粉/%	淀粉/%	膳食纤维/%
0	11.58 ± 0.06^c	1.49 ± 0.12^a	2.60 ± 0.12^a	11.10 ± 0.26^{ab}	8.48 ± 0.28^f	71.85 ± 0.84^i	0.92 ± 0.01^a
10	12.15 ± 0.12^d	0.82 ± 0.06^b	1.44 ± 0.03^b	10.43 ± 0.49^{bc}	9.82 ± 0.16^e	73.87 ± 1.49^f	0.85 ± 0.06^b
20	12.75 ± 0.08^b	0.65 ± 0.11^c	0.69 ± 0.06^c	11.13 ± 0.06^{ab}	9.86 ± 0.14^e	73.59 ± 1.23^h	0.75 ± 0.02^c
30	13.07 ± 0.16^a	0.43 ± 0.04^{de}	0.53 ± 0.03^d	10.05 ± 0.07^c	10.08 ± 0.08^e	74.73 ± 1.23^e	0.66 ± 0.02^d
40	12.49 ± 0.18^c	0.39 ± 0.08^{de}	0.37 ± 0.00^e	10.75 ± 0.07^b	10.41 ± 0.07^d	74.99 ± 1.70^d	0.56 ± 0.03^e
50	12.94 ± 0.16^a	0.47 ± 0.02^d	0.26 ± 0.01^f	11.45 ± 0.49^a	10.78 ± 0.04^c	73.78 ± 1.10^g	0.67 ± 0.01^d
60	12.93 ± 0.07^a	0.47 ± 0.02^d	0.18 ± 0.02^{fg}	10.32 ± 0.32^{bc}	10.76 ± 0.09^c	75.04 ± 1.39^c	0.53 ± 0.03^e
70	12.97 ± 0.22^a	0.37 ± 0.02^e	0.13 ± 0.02^g	10.10 ± 0.00^c	12.14 ± 0.12^b	75.45 ± 1.49^b	0.46 ± 0.03^f
80	12.94 ± 0.17^a	0.35 ± 0.01^e	0.13 ± 0.02^g	10.13 ± 0.06^c	12.93 ± 0.05^a	75.56 ± 1.39^a	0.45 ± 0.02^f

注：采用 SPSS 软件对碾减率进行显著性分析，同列数字上标中，相同字母表示差异不显著（$P>0.05$），不同字母表示差异显著（$P<0.05$）

　　三种籼米的灰分含量在 0s 呈现最大值，80s 时呈现最小值，随着碾磨程度的增加，呈现明显的下降趋势。'黄华占'、'湘 13 号'、'星 2 号'分别由 1.44%、1.27%、1.49%降低到 0.42%、0.12%、0.35%，降低值均在 1%左右。'黄华占'与'星 2 号'的灰分含量变化一致，'湘 13 号'含量略低。三种籼米在碾磨程度为 0～30s 的区间范围内，灰分含量降低幅度较大，30s 后变化幅度相对较小。碾磨会去除大部分的灰分和脂肪，有利于提高大米的外观品质和储藏特性。

　　三种籼米在碾磨程度为 0～30s 的区间范围内，脂肪含量降低幅度较大，30s 后变化幅度相对较小。经过 10s 碾磨后，'黄华占'、'湘 13 号'、'星 2 号'分别降低了 0.51%、1.14%、1.16%，经过 20s 后降低了 1.53%、1.37%、1.91%，经过 30s 后降低了 1.72%、1.7%、2.07%。不同碾磨程度三种籼米的脂肪变化范围分别为 2.27%～0.13%、2.39%～0.14%、2.6%～0.13%，其中，糙米中，'星 2 号'脂肪含量最高、'湘 13 号'次之、'黄华占'最低。当碾磨时间为 50s 和 60s 时，'湘 13 号'和'星 2 号'的脂肪含量略高于'黄华占'。碾磨时间 70s 后，脂肪基本上被碾除。研究表明随着碾磨程度的增加，脂肪含量显著降低。研究也发现表面脂肪含量，可作为指示碾磨程度的一项指标，会随着碾磨程度的增加逐渐减少，可能的原因是，这三种籼米的脂肪主要分布在糙米中的果皮、种皮及糊粉层，大米的胚乳部分脂肪含量相对较少。

　　随着碾磨时间的延长即碾磨程度的增加，三种籼米的蛋白质含量呈现降低趋势，但是变化不明显，'黄华占'、'湘 13 号'、'星 2 号'三种糙米的蛋白质含量分别为 16.45%、13.30%、11.45%。'黄华占'的蛋白质含量最高，'湘 13 号'次之，'星 2 号'最低，变化范围分别为 14.60%～16.45%、10.77%～13.30%、10.0590%～11.45%。研究发现三种糙米在碾磨成精白米的过程中，蛋白质和矿物质含量会平均分别降低 1.10%和 1.78%。可能的原因是米粒中大部分蛋白（超过 85%）分布在淀粉胚乳中，所以精米仍然保留了大部分的蛋白质。然而加工磨去了 15%的质量，损失了 20%多的蛋白质，说明越靠近外层蛋白含量越高，且蛋白质含量在籽粒不同部位不是均匀分布的。

直链淀粉含量是决定大米蒸煮食味品质的重要因素，由表 4-12～表 4-14 可看出，三种籼米的直链淀粉含量随着碾磨时间的增加呈上升趋势，在 0s 呈现最小值，80s 时呈现最大值。变化范围分别为 10.22%～13.20%、8.78%～11.62%、8.48%～12.93%。总淀粉含量与直链淀粉含量变化趋势一致，呈现上升趋势。经不同碾磨时间处理后，'黄华占'、'湘 13 号'、'星 2 号'三种籼米总淀粉的变化范围分别为 64.99%～70.56%、68.09%～74.73%、71.85%～75.56%。经过 10s 碾磨后，分别增加了 1.29%、2.7%、2.02%，经过 20s 后增加了 3.26%、3.37%、1.74%，经过 30s 后增加了 4.64%、3.45%、2.88%。直链淀粉和总淀粉含量随着碾磨时间的增加而上升。

膳食纤维随碾磨程度的增加，呈现明显的下降趋势，在 0～30s 的区间范围内，膳食纤维含量降低幅度较大，30s 后变化幅度相对较小，经过 10s 碾磨后，分别降低了 0.08%、0.26%、0.07%，经过 20s 后降低了 0.2%、0.34%、0.17%，经过 30s 后降低了 0.25%、0.55%、0.26%。'黄华占'和'湘 13 号'的膳食纤维含量略高于'星 2 号'。研究发现糙米中各营养元素分布不均匀。可能的原因是，当碾磨时间从 0s 增加到 30s，碾除的主要是果皮和种皮，膳食纤维和矿物质的含量损失较大，30～60s 碾除的主要是糊粉层和部分胚乳，三种籼米经过 60s 的碾磨后，几乎留下胚乳，胚乳的矿物质和膳食纤维含量相对比较低，因此，可认为矿物质和膳食纤维主要存在于果皮和种皮，部分存在于糊粉层，极少量在胚乳(贺财俊等，2017)。

2)不同碾磨程度的三种籼米谷维素和 B 族维生素含量测定

不同碾磨程度'黄华占'、'湘 13 号'和'星 2 号'三种籼米的谷维素和 B 族维生素含量变化情况如表 4-15～表 4-17 所示。可以看出，'黄华占'、'湘 13 号'、'星 2 号'三种籼米的谷维素、维生素 B_1、维生素 B_3、维生素 B_6 含量均随着碾磨时间的增加逐渐降低。三种籼米的谷维素含量变化范围分别 46.17～157.99mg/kg、43.08～175.70mg/kg、44.42～173.65mg/kg。维生素 B_1 含量变化范围分别为 3.59～17.45mg/kg、1.36～12.92mg/kg、1.43～17.41mg/kg；维生素 B_3 含量变化范围分别为 1.12～29.45mg/kg、1.13～15.53mg/kg、2.33～19.89mg/kg；维生素 B_6 含量变化范围分别为 11.23～87.84mg/kg、8.11～51.29mg/kg、9.73～77.46mg/kg。三种籼米的谷维素、维生素 B_1、维生素 B_3、维生素 B_6 含量平均降低了 124.56mg/kg、13.68mg/kg、20.10mg/kg、62.51mg/kg。不同碾磨程度籼米的谷维素、维生素 B_1、维生素 B_3、维生素 B_6 存在显著差异。研究表明，大米中富含 B 族维生素和矿物质元素，会随着碾磨程度的增加而减少。研究发现，蛋白质、矿物质和淀粉在糙米中分布不均，当碾减率为 0%～9%时皮层和糠粉层被完全碾除，这部分包含约 61%的矿物质；达到 9%时，留下胚乳部分，包含有大米中约 84.6%的淀粉以及 84.2%的蛋白质。其余的蛋白质主要存在于外胚乳部分，当碾减率为 9%～15%时，外胚乳会被碾除，研究表明随着碾磨程度的增加，脂肪、蛋白质、矿物质、维生素的含量逐渐减少。可能的原因是，当碾磨时间从 0s 增加到 30s，碾除的主要是果皮和种皮，维生素 B_1、维生素 B_3、维生素 B_6 的含量损失较大，30～50s 碾除的主要是糊粉层和部分胚乳，三种籼米经过 50s 的碾磨后，几乎留下胚乳，胚乳的矿物质和膳食纤维含量相对比较低，因此，可认为矿物质和膳食纤维主要存在于果皮和种皮，部分存在于糊粉层，极少量在胚乳(贺财俊等，2017)。

表 4-15　不同碾磨时间下'黄华占'品种谷维素和 B 族维生素含量变化（贺财俊等，2017）

碾磨时间/s	谷维素/(mg/kg)	维生素 B_1/(mg/kg)	维生素 B_3/(mg/kg)	维生素 B_6/(mg/kg)
0	157.99±1.17[a]	17.45±0.59[a]	29.45±1.83[a]	87.84±3.02[a]
10	108.23±3.48[b]	15.66±0.14[b]	22.15±0.09[b]	61.08±1.13[b]
20	82.97±1.43[c]	11.15±0.55[c]	18.63±0.25[c]	48.31±0.63[c]
30	65.13±.081[d]	8.80±0.68[d]	16.57±0.25[d]	43.15±0.17[d]
40	59.30±0.20[e]	6.93±0.15[e]	11.93±0.05[e]	38.20±1.34[e]
50	50.70±0.11[f]	5.87±0.18[f]	11.99±0.14[e]	25.20±0.60[f]
60	50.43±2.18[f]	3.77±0.14[g]	4.82±0.14[f]	20.29±0.93[g]
70	50.43±2.33[f]	3.67±0.12[g]	1.12±0.02[g]	18.99±0.37[g]
80	46.17±0.24[g]	3.59±0.14[g]	1.65±0.02[g]	11.23±0.13[h]

注：采用 SPSS 软件对碾减率进行显著性分析，同列数字上标中，相同字母表示差异不显著（$P > 0.05$），不同字母表示差异显著（$P < 0.05$）

表 4-16　不同碾磨时间下'湘 13 号'品种谷维素和 B 族维生素含量（贺财俊等，2017）

碾磨时间/s	谷维素/(mg/kg)	维生素 B_1/(mg/kg)	维生素 B_3/(mg/kg)	维生素 B_6/(mg/kg)
0	175.70±0.71[a]	12.92±0.27[a]	15.53±0.35[a]	51.29±1.44[a]
10	120.22±0.86[b]	8.18±0.60[b]	10.96±0.62[b]	47.34±0.58[b]
20	80.27±0.71[c]	7.50±0.02[c]	8.60±0.01[c]	37.20±0.79[c]
30	63.53±2.09[d]	5.60±0.30[d]	8.78±0.10[c]	26.91±0.32[d]
40	57.35±0.67[e]	4.56±0.40[e]	4.94±0.07[d]	26.73±0.11[d]
50	47.99±0.75[f]	3.76±0.24[f]	5.48±0.27[e]	23.31±0.51[e]
60	45.94±0.06[g]	2.23±0.23[g]	4.02±0.12[f]	18.74±0.37[f]
70	43.61±0.07[h]	1.94±0.08[g]	1.13±0.03[g]	8.84±0.16[g]
80	43.08±1.17[h]	1.36±0.07[h]	1.18±0.10[g]	8.11±1.50[g]

注：采用 SPSS 软件对碾减率进行显著性分析，同列数字上标中，相同字母表示差异不显著（$P > 0.05$），不同字母表示差异显著（$P < 0.05$）

表 4-17　不同碾磨时间下'星 2 号'品种谷维素和 B 族维生素含量（贺财俊等，2017）

碾磨时间/s	谷维素/(mg/kg)	维生素 B_1/(mg/kg)	维生素 B_3/(mg/kg)	维生素 B_6/(mg/kg)
0	173.65±2.56[a]	17.41±0.81[a]	19.89±0.37[a]	77.46±1.33[a]
10	120.00±0.96[b]	11.44±2.43[b]	17.21±0.56[b]	46.94±2.00[b]
20	79.93±1.47[c]	8.22±0.75[c]	12.02±0.95[c]	31.20±0.98[c]
30	61.83±1.48[d]	7.09±2.27[c]	13.09±0.43[d]	21.79±1.39[d]
40	58.76±0.46[e]	4.12±0.93[d]	11.17±0.07[e]	22.19±0.40[d]
50	47.79±0.04[f]	2.91±0.69[de]	10.39±0.21[f]	19.32±0.94[e]
60	48.36±0.87[fg]	1.98±0.01[e]	4.73±0.18[g]	14.75±0.56[f]

续表

碾磨时间/s	谷维素/(mg/kg)	维生素 B_1/(mg/kg)	维生素 B_3/(mg/kg)	维生素 B_6/(mg/kg)
70	45.50 ± 0.49^g	1.71 ± 0.31^e	2.33 ± 0.13^h	10.43 ± 0.26^g
80	44.42 ± 0.00^g	1.43 ± 0.03^e	3.35 ± 0.09^i	9.73 ± 0.44^g

注：采用 SPSS 软件对碾减率进行显著性分析，同列数字上标中，相同字母表示差异不显著($P > 0.05$)，不同字母表示差异显著($P < 0.05$)

3）不同碾磨程度的三种籼米矿物质含量测定

不同碾磨程度下'黄华占'、'湘 13 号'和'星 2 号'三种籼米品种的矿物质含量变化情况如图 4-25 所示。从图 4-25 中可以看出，'湘 13 号'和'星 2 号'品种的铜含量随碾磨时间的延长逐渐降低，'黄华占'无明显的变化趋势。三种籼米的钠、镁、钾、钙、锰、铁、铜、锌含量均随着碾磨程度的增加呈现明显的下降趋势，在 0～30s 区间范围内变化幅度较大，30s 后变化幅度较小。其中，未经碾磨的'湘 13 号'糙米的钠、镁、钾、钙、锰、铁含量明显高于'黄华占'和'星 2 号'，经过 30s 的碾磨后，三种籼米这些矿物质含量无明显差别，可能的原因是，碾磨达到 30s 后，留下的主要是胚乳，胚和糠层被大部分碾除，这些矿物质在胚乳中分布均匀，所以，随着碾磨时间的增加，无明显变化。'星 2 号'的含锌量最高，'湘 13 号'次之，'黄华占'最低，均随着碾磨时间的延长即碾磨程度的增加，呈现下降趋势，'黄华占'的变化趋势最明显。研究表明，大米中富含 B 族维生素和矿物质元素，会随着碾磨程度的增加而减少。研究也发现，随着碾磨次数的增加，矿物质含量明显降低(贺财俊等，2017)。

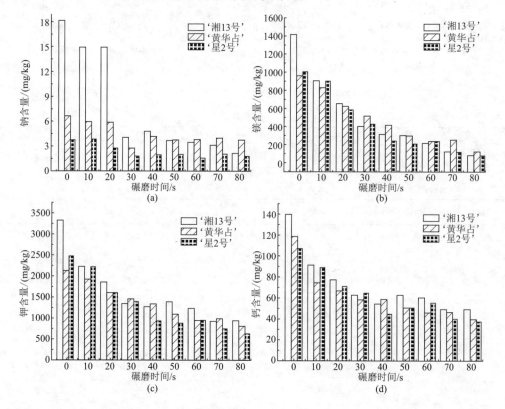

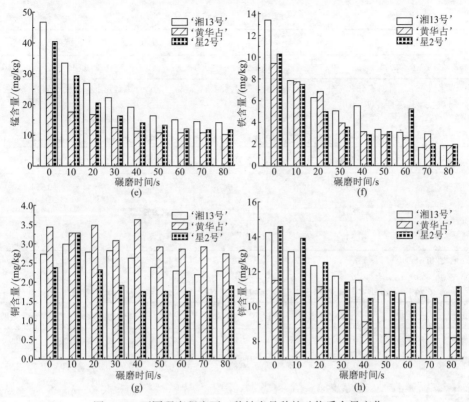

图 4-25 不同碾磨程度下三种籼米品种的矿物质含量变化

4）三种籼米的碾磨程度与营养品质参数的相关性

'黄华占'、'湘 13 号'和'星 2 号'三种籼米的碾磨程度与基本营养成分、谷维素和 B 族维生素以及矿物质含量的相关性分析分别如表 4-18～表 4-20 所示，研究表明：碾磨程度与灰分、脂肪、谷维素、膳食纤维、维生素 B_1、维生素 B_3、维生素 B_6、钠、镁、钾、钙、锰、铁、铜、锌含量呈极显著负相关（$P < 0.01$）；与直链淀粉和总淀粉含量呈极显著正相关；碾磨程度与'黄华占'和'湘 13 号'的水分含量无显著相关性（$P < 0.01$），与'星 2 号'呈极显著正相关（$P < 0.01$）；不同碾磨程度的'黄华占'和'湘 13 号'样品的蛋白质含量与碾磨程度呈极显著负相关（$P < 0.01$），'星 2 号'显著相关（$P < 0.05$）。所以，碾磨对三种籼米的灰分、脂肪、谷维素、维生素 B_1、维生素 B_3、维生素 B_6、钠、镁、钾、钙、锰、铁、铜、锌以及直链淀粉和总淀粉含量存在极显著影响，对蛋白质含量存在显著影响，对水分的变化影响可能不存在显著差异。

表 4-18 三种籼米品种碾磨程度与基本成分含量相关性分析（%）（贺财俊等，2017）

品种	水分	灰分	脂肪	蛋白质	直链淀粉	淀粉	膳食纤维
'黄华占'	0.185	−0.930**	−0.855**	−0.534**	0.928**	0.815**	−0.872**
'湘 13 号'	0.162	−0.892**	−0.873**	−0.913**	0.814**	0.954**	−0.937**

品种	水分	灰分	脂肪	蛋白质	直链淀粉	淀粉	膳食纤维
'星2号'	0.725[**]	−0.770[**]	−0.837[**]	−0.471[*]	0.916[**]	0.834[**]	−0.940[**]

注：采用 SPSS 软件对水分、灰分、脂肪、蛋白质、直链淀粉、淀粉、膳食纤维含量进行相关性分析；**代表极显著（$P < 0.01$），*代表显著（$P < 0.05$）

表 4-19　三种籼米品种碾磨程度与谷维素和 B 族维生素含量相关性分析（mg/kg）（贺财俊等，2017）

品种	谷维素	维生素 B_1	维生素 B_3	维生素 B_6
'黄华占'	−0.855[**]	−0.952[**]	−0.980[**]	−0.954[**]
'湘13号'	−0.852[**]	−0.948[**]	−0.962[**]	−0.980[**]
'星2号'	−0.828[**]	−0.909[**]	−0.964[**]	−0.872[**]

注：采用 SPSS 软件对谷维素、维生素 B_1、维生素 B_3、维生素 B_6 进行相关性分析；**代表极显著（$P < 0.01$）。

表 4-20　三种籼米品种碾磨程度与矿物质含量相关性分析（mg/kg）（贺财俊等，2017）

品种	Na	Mg	K	Ca	Mn	Fe	Cu	Zn
'黄华占'	−0.902[**]	−0.969[**]	−0.974[**]	−0.866[**]	−0.872[**]	−0.911[**]	−0.749[*]	−0.935[**]
'湘13号'	−0.800[**]	−0.907[**]	−0.876[**]	−0.832[**]	−0.901[**]	−0.909[**]	−0.906[**]	−0.937[**]
'星2号'	−0.911[**]	−0.936[**]	−0.937[**]	−0.913[**]	−0.863[**]	−0.734[*]	−0.724[*]	−0.841[**]

注：采用 SPSS 软件对钠、镁、钾、钙、锰、铁、铜、锌含量进行相关性分析；**代表极显著（$P < 0.01$），*代表显著（$P < 0.05$）

　　通过测定不同碾磨程度的'黄华占'、'湘13号'和'星2号'三种籼米的水分、灰分、粗蛋白质、粗脂肪、直链淀粉、总淀粉、膳食纤维、谷维素、B 族维生素、矿物质含量，并分析碾磨程度与这些营养元素的相关性，得到以下结论。

　　不同碾磨程度的三种籼米基本成分含量测定结果表明：三种籼米的水分含量受碾磨的影响较小；不同碾磨程度下的灰分、脂肪、蛋白质、直链淀粉、总淀粉和膳食纤维含量间存在显著差异，尤其是灰分、脂肪和膳食纤维在 0～30s 的区间范围内，含量降低幅度较大，30s 后变化幅度相对较小；不同碾磨程度下三种籼米的膳食含量变化与灰分含量变化趋势一致，呈现下降趋势，总淀粉含量与直链淀粉含量变化趋势一致，呈现上升趋势。

　　不同碾磨程度的三种籼米谷维素和 B 族维生素测定结果表明：三种籼米在不同碾磨程度下谷维素以及维生素 B_1、维生素 B_3、维生素 B_6 含量在 0s 呈现最大值，80s 时呈现最小值，随着碾磨程度的增加，呈现明显的下降趋势。谷维素含量在 0～30s 的区间范围内，三种籼米的变化幅度较大，30～50s 的区间范围内，含量有明显降低，当碾磨时间增加到 50s 后，变化幅度趋于平缓。随碾磨时间的变化一致且明显，其中'黄华占'的含量略低于'湘13号'和'星2号'，'湘13号'和'星2号'含量非常接近，没有明显差别。在 0～30s 区间范围内，变化幅度较大，30～80s 变化幅度较小，变化趋势与碾减率的变化一致且明显。'黄华占'的维生素 B_1、维生素 B_3、维生素 B_6 含量均高于'湘13 号'和'星 2 号'，'星 2 号'次之，'湘 13 号'最低。碾磨对三种籼米的谷维素、维生素 B_1、维生素 B_3、维生素 B_6 含量存在显著影响。

不同碾磨程度三种籼米矿物质含量结果分析表明：三种籼米的钠、镁、钾、钙、锰、铁、铜、锌含量均随着碾磨程度的增加呈现明显的下降趋势，在 0～30s 区间范围内变化幅度较大，30s 后变化幅度较小。其中，未经碾磨的'湘 13 号'糙米的钠、镁、钾、钙、锰、铁含量明显高于'黄华占'和'星 2 号'，经过 30s 的碾磨后，三种籼米中这些矿物质含量无明显差别。

三种籼米的碾磨程度与营养品质参数的相关性表明：碾磨对三种籼米的灰分、脂肪、谷维素、维生素 B_1、维生素 B_3、维生素 B_6、钠、镁、钾、钙、锰、铁、铜、锌以及直链淀粉和总淀粉含量存在极显著影响，对蛋白质含量存在显著影响，对水分的变化影响可能不存在显著差异（贺财俊等，2017）。

3. 籼米碾磨程度与蒸煮食味品质相关性研究

1）不同碾磨程度的三种籼米米饭 TPA 质构特性

质构仪 TPA 模式分析指标包括硬度、黏度、回复性、内聚性、弹性、胶黏性及咀嚼性。表 4-21～表 4-23 分别表示不同碾磨程度下的三种籼米在形变量为 70%、测定米粒数为 6 粒的条件下 TPA 质构参数变化情况。由表 4-21～表 4-23 可知，随着碾磨时间的增加，三种籼米的黏性和弹性呈上升趋势，硬度、胶黏性、咀嚼性呈下降趋势；胶黏性在碾磨 10s 时呈现大幅度上升，10s 后变化幅度较小，无明显变化趋势；弹性呈现上升趋势。样品硬度、黏性、回复性、内聚性、弹性、胶黏性、咀嚼性变化范围分别为 2279.23～4656.01g、-9.34～-343.48g、11.40%～19.52%、0.33～0.45、65.11%～86.96%、781.71～1831.06、559.38～1382.92。其中，内聚性受碾磨影响较小，无明显变化，回复性未呈现一致和明显的变化规律。

表 4-21　不同碾磨程度'黄华占'品种的 TPA 质构特性参数变化

碾磨时间/s	硬度/g	黏性/g	回复性/%	内聚性	弹性/%	胶黏性	咀嚼性
0	4628.67±353.28[a]	-9.34±1.97[b]	16.60±1.03[a]	0.38±0.01[ab]	67.43±2.33[c]	1753.75±101.00[a]	1181.59±107.80[ab]
10	4656.01±791.60[a]	-265.70±30.44[a]	16.46±0.60[a]	0.39±0.00[a]	75.88±2.99[b]	1831.06±311.93[a]	1382.92±179.88[a]
20	3294.17±170.99[b]	-280.28±28.23[a]	14.61±0.23[b]	0.38±0.01[ab]	80.25±3.67[ab]	1239.42±98.88[b]	998.84±122.39[b]
30	3147.69±216.38[b]	-310.75±36.68[a]	14.41±0.73[b]	0.38±0.02[ab]	80.29±3.22[ab]	1187.61±37.58[b]	952.66±7.50[b]
40	3132.37±454.53[b]	-293.69±14.82[a]	14.58±1.00[b]	0.38±0.01[ab]	82.91±3.95[abc]	1197.27±189.83[b]	992.69±167.96[b]
50	2837.65±297.69[b]	-304.24±34.92[a]	13.99±0.96[b]	0.38±0.02[ab]	78.72±3.78[b]	1076.53±99.34[b]	846.49±70.23[b]
60	3116.67±236.59[b]	-261.56±51.11[a]	13.83±1.14[b]	0.36±0.01[b]	76.31±2.48[b]	1137.32±116.44[b]	868.36±99.75[b]
70	3135.43±384.87[b]	-290.23±50.46[a]	14.13±1.58[b]	0.37±0.01[b]	85.05±5.03[ac]	1154.37±165.87[b]	986.72±196.51[b]
80	3143.10±63.27[b]	-288.74±9.98[a]	14.23±1.07[b]	0.38±0.01[ab]	82.12±0.14[abc]	1180.23±43.37[b]	969.14±37.52[b]

注：采用 SPSS 软件对碾减率进行显著性分析，同列数字上标中，相同字母表示差异不显著（$P > 0.05$），不同字母表示差异显著（$P < 0.05$）

表 4-22 不同碾磨程度'湘 13 号'品种的 TPA 质构特性参数变化

碾磨时间/s	硬度/g	黏性/g	回复性/%	内聚性	弹性/%	胶黏性	咀嚼性
0	3979.79±146.02[a]	−26.78±3.48[b]	15.84±0.63[bc]	0.36±0.00[b]	65.21±15.20[a]	1448.95±51.20[ab]	947.58±243.83[b]
10	3960.98±106.57[a]	−260.06±23.28[a]	16.17±1.48[b]	0.38±0.17[b]	73.65±4.36[b]	1512.81±115.57[a]	1112.26±75.75[ab]
20	3328.42±339.22[b]	−245.09±51.77[a]	18.50±0.84[a]	0.43±0.17[a]	82.95±4.72[abc]	1436.95±193.01[ab]	1194.77±205.37[a]
30	3200.00±63.02[bc]	−267.92±75.70[a]	18.50±0.74[a]	0.43±0.01[abc]	86.96±1.16[a]	1361.32±52.22[ab]	1183.86±51.02[ab]
40	3036.67±145.12[c]	−259.63±46.97[a]	18.15±1.13[a]	0.43±0.01[a]	86.78±4.07[a]	1303.98±97.54[b]	1132.29±112.06[ab]
50	3081.76±81.80[bc]	−270.32±46.58[a]	19.52±0.55[a]	0.45±0.01[a]	83.54±6.38[abc]	1365.01±43.25[ab]	1142.10±124.54[ab]
60	3134.35±195.18[bc]	−310.25±74.02[a]	14.42±0.75[c]	0.38±0.01[b]	82.96±1.71[abc]	1196.88±61.99[b]	993.03±57.63[ab]
70	3124.56±52.01[bc]	−294.01±16.67[a]	14.61±0.36[bc]	0.39±0.01[b]	81.30±2.96[abc]	1233.03±10.19[b]	1002.30±33.32[ab]
80	3331.80±82.67[b]	−244.69±29.16[a]	15.37±1.41[bc]	0.43±0.05[a]	81.88±5.61[abc]	1432.97±146.03[abc]	1177.56±189.38[ab]

注：采用 SPSS 软件对碾减率进行显著性分析，同列数字上标中，相同字母表示差异不显著（$P > 0.05$），不同字母表示差异显著（$P < 0.05$）

表 4-23 不同碾磨程度'星 2 号'品种的 TPA 质构特性参数变化（贺财俊等，2017）

碾磨时间/s	硬度/g	黏性/g	回复性/%	内聚性	弹性/%	胶黏性	咀嚼性
0	3550.44±251.98[a]	−107.10±35.16[c]	13.64±1.02[a]	0.33±0.02[b]	65.11±10.59[b]	1147.60±115.29[a]	752.57±181.15[a]
10	2817.18±110.38[b]	−269.19±24.92[b]	11.87±0.20[b]	0.34±0.00[ab]	68.99±5.64[ab]	957.66±43.18[b]	659.15±69.58[ab]
20	2552.62±191.21[bc]	−266.10±38.75[b]	11.66±0.90[b]	0.35±0.01[a]	72.24±3.02[ab]	882.19±101.72[bc]	639.91±100.73[ab]
30	2509.35±117.76[cd]	−283.45±36.41[ab]	11.74±0.28[b]	0.35±0.01[a]	72.42±2.05[ab]	866.65±42.06[bc]	627.27±43.27[ab]
40	2493.74±174.30[cd]	−298.36±4.63[ab]	11.70±0.41[b]	0.35±0.01[a]	72.80±2.12[ab]	864.46±49.32[bc]	631.58±53.74[ab]
50	2281.88±82.41[d]	−286.68±29.27[ab]	11.61±0.60[b]	0.35±0.01[a]	74.32±2.33[a]	800.62±47.48[c]	596.20±36.78[b]
60	2279.23±133.26[d]	−265.40±60.40[b]	11.40±0.79[b]	0.34±0.02[ab]	71.31±3.71[ab]	781.71±79.95[c]	559.38±83.82[b]
70	2309.03±120.84[cd]	−293.32±43.36[ab]	11.75±0.59[b]	0.35±0.01[a]	73.53±3.28[a]	802.12±21.50[c]	589.70±30.40[b]
80	2380.96±160.39[cd]	−343.48±22.69[a]	11.80±0.50[b]	0.35±0.01[a]	75.23±2.19[a]	844.40±69.04[bc]	635.14±34.22[ab]

注：采用 SPSS 软件对碾减率进行显著性分析，同列数字上标中，相同字母表示差异不显著（$P > 0.05$），不同字母表示差异显著（$P < 0.05$）

硬度是指第一次压缩时的最大峰值，是反映大米蒸煮品质的一个重要指标。三种籼米在碾磨程度为 0～30s 的区间范围内，硬度降低幅度较大，30s 后变化幅度相对较小。其中，'黄华占'、'湘 13 号'、'星 2 号'的硬度经过 30s 碾磨后，分别降低了 1480.98g、779.79g、1041.09g，30～80s 区间的变化范围分别为 2837.65～3147.69g、3036.67～3331.80g、2279.23～2509.35g，变化值分别为 310.04g、295.13g、230.12g。

黏性是第一次压缩曲线达到零点到第二次压缩曲线开始之间的曲线的负面积，反映的是探头由于测试样品的黏着作用所消耗的功。三种籼米的黏性均随着碾磨程度的增加而呈现上升趋势。过 10s 碾磨后'黄华占'、'湘 13 号'、'星 2 号'的黏性分别增加了 256.36g、233.28g、162.09g，10～80 s 的区间范围内变化值分别为 45.05g、65.56g、78.08g。碾磨达到 10s 以上时，碾磨对黏性的影响较小。

回复性是样品在第一次压缩过程中回弹的能力，是第一次压缩循环过程中返回样品所释放的弹性能与压缩时探头的耗能之比。三种籼米随着碾磨时间的延长及碾磨程度的增加,回复性未呈现一致和明显的变化规律,变化范围分别为 13.83%～16.60%、14.42%～19.52%、11.40%～13.64%。内聚性是指测试样品经过第一次压缩变形后所表现出来的对第二次压缩的相对抵抗能力，在曲线上表现为两次压缩所做正功之比。随着碾磨时间的延长及碾磨程度的增加，内聚性变化幅度较小，无明显变化规律。

弹性指变形样品在解除压迫后恢复到初始高度的高度比率，用第二次压缩中检测到的样品恢复高度与第一次压缩的变形量的比值表示。三种籼米的弹性随着碾磨时间的延长即碾磨程度的增加呈现上升趋势。'黄华占'、'湘 13 号'、'星 2 号'的弹性分别由67.43%、65.21%、65.11%增长到 85.05%、86.96%、75.23%，分别增长了 17.62%、21.75%、10.12%。

胶黏性用于描述半固态测试样品的黏性特性，数值上用硬度和内聚性的乘积表示。咀嚼性用于描述固态测试样品，数值上用胶黏性和弹性的乘积表示。本次实验采用的是蒸煮过后的米饭，所以选用咀嚼性来表征米饭蒸煮品质。咀嚼性表明了咀嚼吞咽一个具有弹性的样品所需要的能量。三种籼米的咀嚼性变化趋势一致且明显，随着碾磨程度的上升，籼米米饭咀嚼性呈现下降趋势(贺财俊等，2017)。

2)不同碾磨程度的三种籼米米饭感官评价结果与分析

感官评定是食味评价中最直接的主观评价方法，也是其他评价手段的重要依据与基础。米饭感官评分标准参考《粮油检验 稻谷、大米蒸煮食用品质感官评价方法》(GB/T 15682—2008)制定。

由图 4-26 可知，碾磨对三种籼米米饭的蒸煮食味品质的影响较大。随着碾磨时间的延长即碾磨程度的增加，感官综合评分呈现明显上升趋势，且三个品种的样品米饭变化趋势一致，'星 2 号'和'黄华占'的评分相对'湘 13 号'较高。在 0～30s 区间范围内变化明显，30s 后逐渐趋于平缓。这可能是由于碾磨使籼米的理化品质和营养品质发生了较大的改变，引起了蒸煮食味品质的变化。通过研究粳米中蛋白质含量与蒸煮食味品质的关系发现，蛋白质含量高的粳米品种的淀粉吸水糊化性较差，从而引起了蒸煮食味品质的降低。研究发现随着碾磨程度的增加，样品米在蒸煮时会吸收更多的水，从而影响食味品质。研究也表明大米中蛋白质含量与其米饭的食味值存在显著负相关。研究表明蒸煮品质受碾磨程度的影响，并且与米饭的质构特性存在显著相关性。

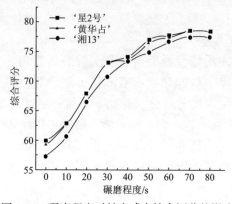

图 4-26　碾磨程度对籼米感官综合评分的影响

3) 籼米的碾磨程度与蒸煮食味品质参数的相关性

'黄华占'、'湘 13 号'和'星 2 号'三种籼米品种碾磨程度与 TPA 质构特性参数的相关性分析如表 4-24 所示。'黄华占'、'湘 13 号'和'星 2 号'三种籼米碾磨程度与 TPA 质构特性参数的相关性分析表明，碾磨程度与籼米米饭的硬度和黏性呈极显著负相关（$P < 0.01$）；与'黄华占'的回复性、内聚性、胶黏性和咀嚼性呈极显著负相关（$P < 0.01$），弹性呈极显著正相关（$P < 0.05$）；与'湘 13 号'的胶黏性呈显著负相关（$P < 0.05$）、弹性呈显著正相关，回复性、内聚性、咀嚼性无明显相关性（$P > 0.05$）；与'星 2 号'的回复性和咀嚼性呈显著负相关（$P < 0.05$），内聚性呈极显著正相关（$P < 0.05$），弹性呈显著正相关（$P < 0.05$），胶黏性呈极显著负相关（$P < 0.01$）。

表 4-24　三种籼米碾磨程度与 TPA 质构特性参数的相关性分析（贺财俊等，2017）

品种	硬度/g	黏性/g	回复性/%	内聚性	弹性/%	胶黏性	咀嚼性
'黄华占'	−0.670**	−0.543**	−0.625**	−0.384**	0.591**	−0685**	−0.553**
'湘 13 号'	−0.658**	−0.543**	−0.303	0.311	0.442*	−0.460*	0.043
'星 2 号'	−0.748**	−0.646**	−0.441*	0.504**	0.486*	−0.696**	−0.438*

注：采用 SPSS 软件对硬度、黏性、回复性、内聚性、弹性、胶黏性、咀嚼性进行相关性分析；**代表极显著（$P < 0.01$），*代表显著（$P < 0.05$）

通过对'黄华占'、'湘 13 号'和'星 2 号'三个籼米品种米饭进行感官评定及其质构特性测定，分析这些质构参数随碾磨程度变化的规律及其相关性。研究结果表明：碾磨对三种籼米米饭的蒸煮食味品质的影响较大。随着碾磨时间的延长即碾磨程度的增加，感官综合评分呈现明显上升趋势，且三个品种的样品米饭变化趋势一致，在 0～30s 区间范围内变化明显，30s 后逐渐趋于平缓。通过对米饭样品质构特性的测定发现，随着碾磨时间的增加，三种籼米的黏性和弹性呈上升趋势，硬度、胶黏性、咀嚼性呈下降趋势，且均在 0～30s 时变化幅度较大，在 30～80s 变化平缓；胶黏性在碾磨 10s 时呈现大幅度上升，碾磨达到 10s 以上时，碾磨对黏性的影响较小，且无明显变化趋势；弹性呈现上升趋势，内聚性受碾磨影响较小，无明显变化，回复性未呈现一致和明显的变化规律，碾磨至 40s 时（相当于国标中二级大米）或许是营养和外观品质的平衡点，这些营养指标中，脂肪、总淀粉、谷维素、膳食纤维、矿物质、维生素含量随碾磨的变化差异显著，可较好地反映碾磨程度。

通过对碾磨程度与质构特性参数进行相关性分析发现，三种籼米的碾磨程度与碾减率、白度、峰值黏度、最低黏度、衰减值、最终黏度、直链淀粉、总淀粉含量呈极显著正相关；与糊化温度、灰分、脂肪、谷维素、维生素 B_1、维生素 B_3、维生素 B_6、钠、镁、钾、钙、锰、铁、铜、锌含量、硬度和黏性呈极显著负相关（$P < 0.01$）。可能是碾磨使籼米的理化品质和营养品质发生了较大的改变，引起了蒸煮食味品质的变化。在一定的区间范围内碾磨可以改善米饭的口感和外观品质，同时也使营养造成损失。

四、留胚米（胚芽米）

留胚米又称胚芽米，是指符合大米等级标准且胚芽保留率在 80%以上或米胚的质量占 2%以上的精制米。胚芽是稻谷中生理活性最强的部分，是大米的营养精华部分，占米粒总质量的 2%～3.5%，大米胚芽中含有丰富的多种维生素、脂肪、蛋白质和可溶性糖以及钙、钾、铁等人体必需的微量元素。留胚米作为一种高附加值、高营养的新型大米，近年来进入我国市场。随着留胚米在市场上的积极推广和需求量的不断增大，对于提高我国国民膳食水平具有重要意义。

留胚米与普通大米相比较，含有丰富的维生素 B_1、维生素 B_2、维生素 E 以及膳食纤维（表 4-25），这些都是现代饮食生活中不可缺少的营养素。因此，可以毫不夸张地说，每粒留胚米都黏有维生素胶囊，这也正是留胚米的最大特点。长期食用留胚米，可以促进人体发育、维持皮肤营养、促进人体内胆固醇皂化、调节肝脏积蓄的脂肪，因此，留胚米实属天然强化米。

表 4-25 留胚米与普通大米营养成分的对比（mg/100g）

营养成分	留胚米	普通大米
钙	7	6
磷	160	140
铁	0.5	0.5
钠	1	2
钾	140	110
维生素 B_1	0.30	0.12
维生素 B_2	0.05	0.03
维生素 E	1.0	0.4
烟酸	2.2	1.4
水溶性膳食纤维	0.1	痕量
不溶性膳食纤维	1.2	0.8

留胚米首先在日本问世。早在 1924 年，日本东京大学岛圆顺次郎教授就提倡食用留胚米，用来预防当时常见的脚气病，1927 年东京大学医院首先付诸实施，1929 年日本海军、陆军也相继食用留胚米。此外，当时市面销售也相当普遍。由于加工技术的限制，那时留胚米的皮层保留较多，食用品质差，1945 年留胚米就中断了。1975 年，曾是岛圆教授学生的日本女子营养大学校长香川凌，重新提出食用留胚米，并极力主张生产这种产品。为此，日本一些粮食行会与团体先后对留胚米进行了进一步的研究。针对这一情况，日本于 1977 年 7 月 15 日正式确定留胚米为正式产品，并统一"留胚米"这个名称。现今日本市场上流通的留胚米，不仅米胚保留率在 80%以上，而且食用前不必淘洗。目前，我国市场上流通、销售的留胚米还很少。主要问题是产品质量还需进一步提高，此外宣传力度不够，消费者对其不甚了解。

留胚米是采用多级轻碾技术保留其胚部分的一种精制米，其留胚率应在 80%以上。

米胚是谷物的精华，米胚的蛋白质、矿物质、氨基酸和维生素含量都显著高于胚乳，且基本不含植酸等抗营养因子，因此留胚米的营养价值高、易于消化吸收，且口感、风味等都优于糙米。留胚米几乎不用淘洗，食味与一般大米相近，且易被消化吸收。留胚米的加工方法与普通大米一样，都要经过清理、砻谷及碾米三个工序。为了保持留胚率在80%以上，常采用"轻碾轻擦、多机碾白"的加工工艺，即碾白道数要多，碾米机内压力要低。但胚在碾米过程中易脱落，常规的碾米工艺会导致绝大部分米胚脱落。采用专用的辊式碾米机和多级轻碾技术可以提高留胚率。采用砂带碾米机，不仅可以提高留胚率，而且也可使大米的精度达到一级米的水平(楼斌，2012)。根据不同的工段调整碾米机的转速，使碾米机的转速适中，可以防止米胚脱落。另外，可采用低温升碾米技术来降低碾米过程的增碎，提高稻谷加工的出米率。碾米后进行抛光、精选等一系列处理，可进一步提高留胚米的品质。在擦米过程中采用着水精碾可以去除留胚米表面黏附的糠粉，改善米胚的色泽。由于米胚的酶活较高，在温度和水分适宜的条件下，微生物容易繁殖，脂质容易氧化，且米胚具有发芽能力，易于生长发霉，因此一般宜采用真空包装或充气包装，防止留胚米发生劣变。另外也可采用微波防虫防霉技术、纳米保鲜膜保鲜技术等来提高其储藏品质。

(一)加工工艺技术

1. 工艺流程

留胚米加工工艺简单，成本低，米饭的口感好。与普通大米基本相同，需经过清理、砻谷、碾米3个工段。普通大米碾米加工过程中，绝大部分的米胚在碾皮过程中脱落，所以留胚米的加工关键在于碾米工艺上，需要专门的加工技术和设备，去掉米皮而保留米胚。

日本传统的以糙米为原料加工胚芽米的主要工艺流程为：接料斗→粗选机→糙米箱→去石机→磁选机→计量器→谷糙分离机→糙米分级机→胚芽碾米机→储米箱→擦米机→胚芽米分级机→储米仓→混米装置→色选机→成品仓→计量包装→成品。

2. 工艺流程要点

1)原料选择

作为加工留胚米的原粮，应尽可能选择胚芽保留率在90%以上的糙米，胚芽保留率低于80%的糙米，不适合用来加工留胚米；同时，最好选用当年产的新粮作为加工留胚米的原料，随着糙米陈化，胚芽容易脱落，特别是经过梅雨期和气温高的夏季以后，胚芽更容易脱落；用作加工胚芽米的糙米，水分一般在14%左右为宜。糙米水分应适中，水分过高与过低均会影响留胚率。若水分过低，籽粒强度大，皮层与胚乳的结合力强，难以碾制，如果加大碾削力，势必损伤胚芽，使其脱落；水分过高时，由于胚与胚乳的吸水率不同，膨胀速度不同，导致它们之间的结合力减弱，碾制时胚芽容易脱落。

2)原料预处理

糙米在碾白去皮前需经化学溶剂或酶预处理，使米皮松散柔软。

3) 碾米(胚芽米机)

留胚米的重要设备是胚芽精米机。胚芽米的加工特点是多机出白，轻碾轻擦，多用带喷风擦离型胚芽米碾米机。为使留胚率保持在80%以上，碾米时必须采用多机轻碾，即碾白道数要多、碾米机内压力要低。使用的碾米机应为砂辊碾米机。金刚砂辊筒的砂粒应较细，碾白时米粒两端不易被碾掉，胚容易保留。砂辊碾米机的转速不宜过高，否则胚容易脱落，应根据碾白的不同阶段，使转速由高到低变化。碾米机按照碾白方式可分为擦离式、碾削式和混合式三类，其中碾削式碾米机对大米胚芽的保留率相对最多，加工时产生的碎米也相对最少，因此设计胚芽米碾米机一般宜选用碾削式结构。

为了使留胚率在80%以上，碾米时必须采用多机出白、砂铁结合、砂辊碾米、铁辊擦糠、轻碾轻擦、喷风喷湿等工艺。碾米机的碾白压力要低，砂辊碾米机的金刚砂粒应较细(46 号、60 号)，碾辊的工作转速不宜过高，否则胚芽容易脱落，应根据碾白的不同阶段，使转速由高向低变化。碾白室间隙尽量放大，米刀及压筛条的应用要适当，以使内部局部阻力平缓。碾米时采用立式碾米机较好，因为米粒在立式的碾米机中受力均匀，尤其当采用上进料方式的立式碾米机时，米流运动方向与重力一致，多数米粒在碾白室内呈竖直状态，即米粒的长度方向与碾辊轴线平行，米粒在这种状态下碾制对胚芽的损伤最小，加工留胚米时一定要注意糙米的优选，糙米胚的完整率最好在98%以上。

相关文献表明，国外对于留胚米机的研究报道最早见于日本，日本于 1930 年研制出世界上第一台留胚米精米机，并在东京大学医院建立了留胚米加工工厂。日本国内用于生产留胚米的碾米机主要有 VP-1500CAE 型与 REM 型两种。VP-1500CAE 型为日本山本制作所研制，配备动力 15kW，该机为立式砂辊碾米机，砂辊形状为倒圆锥体、自上而下分成五段、金刚砂粒度为 60 目。砂辊与筛网之间间隙为 6～10mm，而且可以调节。碾米机转速可由变频器进行无级调速。使用该机生产留胚米时，需要进行 6 次循环碾白。随后，日本佐竹制造厂试制成功了能够保留 80%以上胚芽的新型留胚米碾米机，分为 REMTA 和 REM 两种型号，加工能力分别为 200～300kg/h 和 400～500kg/h。该机为横式双辊碾米机，带喷风、无级变速。为使其充分发挥加工留胚米的功能，将上、下砂辊各分成三段，上段砂辊靠近进料段砂粒为 46 目，其余砂粒均为 60 目。该机具有自动控制系统装置，当下料斗内没有原料时，米机可自动停止运转。为了保证加工精度，使成品符合质量要求，能够控制米粒在米机中的循环碾磨次数。另外，为适应不同品种碾白精度的需要，米机采用了无级变速机构，可根据需要在一定使用范围内调节主轴转速，并具有良好的调节性能。

日本国内的胚芽米碾米机按碾白方式可分为碾削型与擦离型两种，按碾米辊走向可分为立式与横式。在日本有代表性的碾削型胚芽米碾米机生产厂家主要有佐竹公司以及约里公司。前者生产的碾米机带喷风装置并装有无级变速装置，辊筒与米筛呈圆形，有单辊和双辊两个机种。为使成品精度符合要求，米粒在单辊米机中需循环 6 次，在双辊米机中则需要循环 2～4 次。后者生产的机型不带喷风，米筛呈正十二边形，也装有无级变速装置，工作时米粒需循环 6 次。日本胚芽米碾米机的配置有单座式与连座式两种。单座式是在一台碾米机上装有循环用的料斗，米粒经过 6～8 次循环碾制而得到成品，目前在日本国内有很多米厂采用。单座式占地面积小，设备投资低，但效率不高。

此外，日本研制的留胚米碾米机还专门配备谷糙分离设备和擦米设备。这是因为原料糙米中混入 0.1%～0.2%的稻谷，胚芽米碾米机碾白压力低，碾白时不能将稻谷的外壳完全除去，所以糙米碾制前需要再一次经谷糙分离，以保证成品的质量。同时为了确保胚芽米符合一般大米的精度标准，碾米机后必须进行擦米，这样不仅米粒表面光滑、没有附糠，而且做饭时几乎不用淘洗。由于日本对胚芽米碾米机的研究相对较早，因此其技术也相对成熟和先进。目前，胚芽米已成为日本大力研制并在市场上销售的主要大米产品，并且各粮食机械制造厂也以研制留胚米加工设备为主要方向。

其他国家和地区也有留胚米加工设备的研究。在留胚米碾米机方面，比较出名的有瑞士布勒有限公司生产的 DSRD 型立式碾米机。此外，2005 年，韩国生产的一种胚芽米碾米机，结合传统粮食加工方式，采用立式“喷泉”推进输送，通过糙米间相互摩擦去除油糠，保留了大米 70%以上的胚芽，有效保护了大米的营养及新鲜度。国外的留胚米碾米机多为立式碾米机，如日本佐竹米机、瑞士布勒米机、意大利 OLMIA 米机、德国 Schlle 米机等。

2006 年佐竹苏州有限公司根据市场的需求，又推出了营养更全面的胚芽米加工技术及装备。佐竹研制的这种胚芽米生产系统是将研磨式碾米机和加水式碾米机组合起来进行碾米，为了不破坏残留的胚芽，以超低压的方式少量地进行碾米，并调整碾磨辊的转数、改变筛网的形状以适应胚芽的碾磨，确保碾磨效果。同时在碾磨式碾米机上配备筛筒，并且可以调整转速。当加工胚芽米时，可以通过改变转数先对米的背部、腹部碾磨后，再采用多次阶梯式对米的主干部进行碾磨。在米机内部还配有切换开关，可实现循环碾米和连续自动碾米，以适合多种需要。另外，这种摩擦式超低压碾米机不仅可以干净地剔除游离糠粉，保证大米晶莹剔透，而且由于加水量少，所以不会产生污水，造成环境污染。

我国对留胚米的研究始于 20 世纪 90 年代初期，当时留胚米的营养价值还不为大多数人所知，也没有胚芽精米机生产厂家。少数粮食加工企业从日本等国引进的胚芽精米机价格昂贵，单台价格在 30 万元人民币左右，虽然该机自动化程度较高，但一旦出现故障难以及时维修，因此单靠引进设备从事胚芽米生产，不适合我国国情。为适应我国国情，原江苏理工大学(现为江苏大学)农产品加工工程研究所在 20 世纪 90 年代末期研究制造了立式碾削胚芽米机，该机生产标一以上胚芽米产量达 0～6t/h，留胚率达 80%以上。黑龙江省绥化市小型拖拉机厂与哈尔滨工业大学合作，曾在 1999 年做了留胚米碾米机的相关研究，成功研制出 6NPY-600 型立式胚芽精米机，该机在 2 个多月的试生产中大米留胚率一直稳定在 80%以上。2001～2003 年，湖南省湘粮机械制造有限公司运用轻碾技术对留胚米碾米技术进行了一定的试验研究，采用立式碾削碾白型砂轮碾米机，使碾米时的留胚率得到一定的提高。原江苏理工大学农产品加工工程研究所从 1992 年开始从事胚芽米碾米机的研究，试验样机为立式下喂料碾米机，采用自重喂料方式，糙米进入螺旋输送器，再由螺旋输送器由下而上强制送料，进行自下而上的工作方式，结果胚芽保留率相对普通碾米机有了一定程度的提高。国内许多粮机生产厂家也在积极研制、开发留胚米碾米机。有循环式,也有串联式。比较突出的是 MNPL65 低温留胚米机。该机采用了与一般碾米机完全不同的碾白室结构,使碾米温升低、增碎少、电耗低、留胚率高。同样的碾白精度所需碾磨道数少,节省了占地面积,简化了工艺流程。经过 1~2 道碾白后,精度达到国标三级大米要求。加工籼型留胚米时,产品含碎 6.8%,留胚率 85%,糠粉 10%,米温 23~25℃,整精米率 89%,电耗 17.2kW·h/t(糙米)。该机于 2010 年 11 月通过湖北省科技厅组织的鉴定。

目前,我国留胚米机市场绝大部分为日本和韩国品牌所占据,我国留胚米机多为借鉴国外的原型生产或者合作生产。我国稻谷主产区在南方,与日韩等国稻米在外形和品质上区别较大,所以,目前国内市场上的留胚米机不能很好地适应我国稻米加工要求。

4)包装

米胚是谷粒的初生组织和分生组织,它除含有丰富的营养物质外,还含有多种活性酶,其中解酯酶会使脂肪分解而酸败。此外,米胚易吸湿,在温度、水分适宜的条件下,微生物容易繁殖。因此,胚芽米的包装要求较严,常采用真空或充气(二氧化碳)包装,防止胚芽米的品质降低。

3. 加工关键技术(适度加工技术)

近年来,全谷物食品风靡欧美市场,占到了同类产品市场份额的一半以上。然而全谷物在中国的发展尚属初级阶段,无论从市场需求还是实际作用来看,都有着广阔的发展空间。因此,开展"适度加工"关键技术研究,以节粮节损、节能减排、保留谷物营养成分为目的,研发生产全谷物产品,对于保障我国粮食安全、发展绿色经济、改善居民膳食营养、提高国民身体素质具有重要意义。

经对比市场同类留胚米产品可知,如表 4-26 所示通过适度加工技术生产的留胚米产品在维生素 E、维生素 B_1 上显著高于同类产品。但是,留胚米的留胚率主要由加工精度决定,而碾磨压力是影响加工精度的关键工艺参数。此外,留胚米机选择、稻谷品种及新陈度等多种因素也对留胚率产生影响,不能将加工精度作为单一因素进行简单化,而要以综合指标进行考量,制定留胚米加工工艺。

表4-26 试验研制留胚大米(C)与市场同类产品(A、B)的营养成分对比

营养成分	留胚米 A	留胚米 B	留胚米 C
蛋白质/(g/100g)	6.57	7.10	6.44
脂肪/(g/100g)	2.68	3.02	1.4
维生素 B_1/(mg/100g)	0.15	0.12	0.18
维生素 E/(mg/100g)	0.36	0.37	0.61
钾/(mg/100g)	84.50	—	72.93
铁/(mg/100g)	0.84	0.20	0.63

(二)品质评价

1. 胚芽保留率

1)测定方法

米胚保留率达 80%，即 100g 大米中含有的全胚粒加平胚粒加半胚粒等于或大于 80g 的大米可称为胚芽米。留胚米胚芽保留率的测定方法有两种：粒数法和重量法。

粒数法是以胚芽完好率为测定依据，测定时任取 100 粒大米，按图 4-27 所示进行留胚分类，计数各类米粒数(N)，则：

$$留胚率（\%）=\left(N_A+N_B+\frac{N_C}{2}\right)\times100\%$$

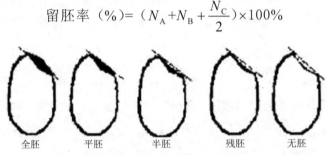

全胚　　　平胚　　　半胚　　　残胚　　　无胚

图 4-27　大米不同留胚程度

图 4-27 中，全胚：糙米经碾白后，米胚保持原有的状态；平胚：糙米经碾白后，留有的米胚平米嘴的切线；半胚：糙米经碾白后，留有的米胚低于米嘴的切线；残胚：糙米经碾白后，残留很小一部分米胚；无胚：糙米经碾白后，米胚全部脱落。

重量法是测定糙米胚芽试样的胚芽质量和留胚米试样胚芽质量，以留胚米试样胚芽质量占糙米胚芽试样的胚芽质量的百分数表示留胚率。两种方法以重量法较为准确。但重量法费工费时，且分离胚芽时必须做到不损伤胚芽。

2)影响因素

加工胚芽米时，糙米的品种、新陈、水分等对米胚保留率很有影响。

a. 品种

作为加工胚芽米的原粮，应尽可能选择胚芽保留率在 90% 以上的糙米，而胚芽保留率低于 80% 的糙米，则不适用来加工胚芽米。

b. 新陈

随着糙米变陈，胚芽容易脱落，特别是经过梅雨期和夏季以后，胚芽更容易脱落。所以，应选用当年产的新粮作为加工胚芽米的原料。

c. 糙米含水率

用作加工胚芽米的糙米，水分以 14% 为宜。

d. 碾白次数

第一次碾白时碾白效果不明显，主要起到开糙作用，留胚率为 99% 左右。从第二次碾白开始，随着碾白次数的增加，留胚率基本呈线性关系降低，并且随着转速的增加，这种变化更加剧烈，说明随着转速的增加，研削作用加强，去皮能力也相应加强，对胚芽的损伤也在增加。正常情况下，一般经 4 次碾白，留胚率应在 80% 以上，且达到碾白要求。

e. 出口压力(配重)

出口处配重质量大，即出口压力大，使碾白腔内压力增大，有利于提高碾白效果，但会降低留胚率。出口压力小则效果相反。试验中第一次、第二次碾白时配重采用 175g，后几次碾白时配重采用 67g，总体效果较好。

2. 加工精度

可按精米的加工精度方法进行判定。

（三）质量标准和控制

近年来，我国生产留胚米的厂家和规模逐渐增多，代表有湖北襄阳赛亚米业有限公司生产的留胚米已推广到国内的各大型超市如沃尔玛、大润发。但由于没有有效的行业标准的制约，行业的低门槛造成了行业内部鱼龙混杂。目前关于胚芽米的技术标准在国内尚是空白，胚芽米的技术标准主要是参照日本的，根据日本的标准，胚芽保留率要达到 80% 上，胚芽完整度要在 30% 以上，并且每 100g 大米中胚的质量为 2g 以上。根据调查，事实上现在行业内大多数企业都没有达到这个标准，有些胚芽保留率仅仅达到 50% 上下也对外宣传是胚芽米，影响了胚芽米在消费者心中的印象，阻碍了整个行业的发展。

（四）最新研究进展

一直以来，产能大大过剩、企业规模较小和分布较散乱等各种严重的问题都制约着稻米资源的深加工利用，而且长期以来我国产业分工的局限也影响着米制食品工业的良性发展。

对影响留胚米生产工艺技术的研究及探索发现，突破当前装备技术瓶颈，开发出适合我国当前稻谷品种加工的留胚米加工技术以及设备，满足企业工业化审查留胚米的需求，对于合理利用稻谷资源、减少稻米中固有营养的损失，改善主食化食品的经济竞争能力以及行业整体技术水平，都有积极的促进作用。

试验证明，留胚大米在加工过程中碾米出口压力与留胚率呈负相关的关系，同时留胚大米的质构特性呈现先降后升的趋势。在留胚大米生产过程中，控制适当的碾米出口压力，不仅能使大米保留较高的留胚率，同时能保持较好的质构特性，使得留胚大米具备较好的蒸煮品质，这对深入研究留胚大米加工工艺与其质构特性变化有一定的启示，对研究留胚大米的营养与口感有重要意义。因此，需要在当前研究的基础上，进一步加强对留胚米生产技术的相关研究，并大力发展相关技术。

1. 脉冲微波对留胚米的稳定技术

微波作为一种高频非电离波，具有选择性和穿透性等特点，能够在较短的时间和较低的温度下达到灭酶、杀菌和杀虫等效果，适度的微波条件能较好地保持物料的色泽和营养成分。微波已应用于稻米的干燥、蒸煮、杀虫灭菌等加工领域。微波应用于米糠、小麦胚、裸燕麦、糙米等粮食及副产物的灭酶储藏，其对脂肪酶、脂肪氧化酶、过氧化物酶钝化效果显著。近年来，随着脉冲功率技术的不断发展，脉冲微波发射器可以产生纳秒和微秒级的脉冲，其峰值功率可以达到几百兆瓦甚至上千兆瓦。当脉冲场的场强达数万伏甚至数十万伏时可能导致细胞膜发生非线性变化，引发生物效应，这类效应不同于微波的热效应，它可以在较低的温度条件下引起蛋白质变性、杀死有害生物。我们团队前期研究表明，脉冲微波能有效对稻米进行杀虫防霉处理，相同杀虫灭菌效果条件下，脉冲微波处理稻米的品质较普通微波处理稻米要好，能耗低。本研究在前期研究的基础上，研究脉冲微波对留胚米脂肪酶的抑制效果，同时探讨脉冲微波对留胚米爆腰率、碎米率、游离脂肪酸含量等品质指标的影响，以期开发留胚米的脉冲微波稳定化技术与工艺，延长留胚米货架期，为留胚米生产销售提供技术指导。将筛选的脉冲微波工艺处理的留胚米和未经微波处理的留胚米 50℃强化储藏 60d。未经处理留胚米的游离脂肪酸变化较显著。储藏 15d 后，酸价从原来的 96mg KOH/100g 增加到 180.6mg KOH/100g，增加了近 1 倍。强化储藏 60d 后，最大酸价达到 281.5mg KOH/100g。而经脉冲微波处理留胚米的脂肪酸在储藏期间也有所增加，但总体增加幅度较小，强化储藏 15d 后，酸价从原来的 98.3mg KOH/100g 增加到 102mg KOH/100g，而储藏 60d 后，其酸价也仅仅升高到 118mg KOH/100g，为未处理样品的 41.9%。游离脂肪酸的形成可能主要是留胚米中的脂肪酶水解脂质产生的，一方面，经脉冲微波处理后，脂肪酶的活力显著降低；另一方面，微波处理留胚米具有杀菌防霉的作用，其可能也减少了微生物产生的外源性脂肪酶，而进一步减少脂肪酸含量的增加；此外，脂质水解必须有水的参与，脉冲微波处理减少了留胚米的水分含量，也在一定程度上减少了游离脂肪酸含量的增加。

通过考察脉冲微波处理对留胚米储藏主要不利酶类(脂肪酶)活性及留胚米品质的影响，确定了留胚米脉冲微波稳定化工艺参数，为脉冲微波稳定留胚米的技术提供参考依据。脂肪酶的酶活性与脉冲微波输出的能量有关，微波输出能量越高，脂肪酶的活力越低。尽管温度较高的条件下脂肪酶灭活更大，但在米温没有明显升高的情况下，脂肪酶也会发生部分灭活，表明脉冲微波对脂肪酶的灭活为非热效应与热效应联合作用的结果。脉冲微波对留胚米的碎米率和爆腰率也有一定的影响。随着微波作用强度的增大，米温升高，使得留胚米表面产生裂纹，形成爆腰米，爆腰米在外界力作用下会形成碎米。在单因素实验的基础上，通过正交实验得到脉冲微波稳定留胚米的适宜工艺参数为：脉冲微波剂量 10W/g、脉冲宽度 400ms、间歇时间 50ms、脉冲时间 50s，此条件下留胚米的脂肪酶的相对酶活性仅为未处理留胚米样的 47.56%，而留胚米的碎米率和爆腰率增加不大。通过 50℃强化储藏 60d，经优化脉冲微波条件处理留胚米的游离脂肪酸含量仅为未经处理样品的 41.9%，该结果表明所得的留胚米脉冲微波稳定化技术及工艺参数有应用于留胚米工业化保鲜的潜力。

2. 留胚米的保鲜包装技术

留胚米由于自身的特性，常采用 0.5～5kg 的包装袋真空或充 CO_2 气体包装。因此对包装材料的气密性要求较高。其中 0.5～2.5kg 的包装一般采用六面真空整形包装，2.5～5kg 一般采用两面整形真空包装。目前常用的留胚米包装规格和包装材料。

目前，留胚米的包装形式主要有抽真空包装和充气体包装两种。真空包装因为包装袋内基本上是无氧状态，霉菌、好氧性细菌等无法在包装袋内存活和增殖，从而保证留胚米的品质；其包装呈密实硬块，能抗压防潮，不怕雨淋，便于储存和运输。留胚米的充气包装常采用 CO_2 充气包装，又称冬眠密实包装。大米包装袋中充入 CO_2 后，静置 12h，大米由于呼吸作用会吸附 CO_2，而 CO_2 能有效地抑制呼吸，防止脂肪的分解和氧化，当大米吸附 CO_2 后即处于休眠状态，从而延长保质期。留胚米不易保存的原因主要是脂肪和其他营养物质含量较高，在一定的温度和湿度下，容易滋生微生物和酸败。可以通过抽真空包装或充气体的包装方法，隔绝氧气，防止微生物的滋生，来达到保鲜的目的。综上所述，留胚米真空包装和充气包装的成功应用，主要取决于两个工艺要素：①包装材料或包装容器的气密性；②包装工艺和包装设备的选用。由于充气（CO_2）包装在留胚米吸收 CO_2 后，包装袋不规则，不方便储运，所以留胚米包装建议采用两面或六面抽真空包装，包装材料建议选用 PE。

五、蒸谷米

蒸谷米（parboiled rice），又名半煮米，指原料（稻谷或糙米）先经水热处理后再进行加工所得到的一类大米产品。2000 多年前，我国浙江、安徽、四川、广东等地均有生产，但都是手工作坊加工，直到 20 世纪 60 年代才实现大规模机械化生产，在浙江湖州、江苏无锡等地建立起一定规模的蒸谷米生产厂，生产的蒸谷米主要出口至海湾地区和阿拉伯国家。2004 年 11 月，中粮集团投资 2 亿元在江西进贤县建立了中粮（江西）米业有限公司，主要以南方籼稻为原料生产蒸谷米，2005 年加工蒸谷米 18 万 t，主要出口中东、非洲、东欧部分市场。

糙米皮层和胚中含有较多的营养素，通过浸泡处理，B 族维生素和无机盐等水溶性物质可随水分渗透到胚乳内部，然后再经蒸谷、干燥、砻谷和碾米等工序制成蒸谷米。蒸谷米的营养价值、碾米品质、感官性能和储藏性能等都优于普通大米。在浸泡时，稻谷谷壳的黄色素会随水分一起扩散到米粒中，从而使蒸谷米的颜色加深，影响蒸谷米的外观品质，因而以糙米为原料生产蒸谷米可改善其色泽。浸泡液性质对蒸谷米的品质有较大的影响。有研究表明，酸性溶液浸泡可较好地保存 B 族维生素，且产品色泽较浅；而碱性溶液浸泡的产品口感柔和，弹性较好。稻谷经过浸泡后，采用气蒸方式使淀粉糊化。研究表明采用不同的湿热处理（蒸煮温度、时间）条件制得的蒸谷米，其整米率和总色差有显著差异，且随着湿热处理强度的加大，其整米率有所上升，总色差增大。微波蒸煮的蒸谷米颜色淡且有光泽，饭香浓厚且无异味；在 121℃的高温下加压蒸煮，蒸谷米黏弹性较好，软硬适宜；用高压蒸煮制得的蒸谷米做出的米饭香味和滋味最好。铁强化蒸谷米的生物利用率较一般蒸谷米要好，增加碾磨时间或者冲洗蒸谷米表面均会使铁强化的蒸谷米的生物利用率降低，但这些蒸谷米的生物利用率依旧高于普通蒸谷米。经浸泡和汽蒸之后的稻谷，必须经过烘干将水分降至 14% 安全水分以下，以便储存与加工。选择合适的干燥方式可以提高蒸谷米产品的色泽、风味和口感。采用酸醇分步浸泡、高压蒸煮和高温高湿干燥相结合的新工艺，所生产的蒸谷米维生素 B_2 的含量高且产品色泽好，饭香浓，出米率高，蒸饭时间短。

最早生产蒸谷米,并不是为提高营养价值,而是由于稻谷主产区在收获期正是雨季,稻谷不容易晒干,容易发芽霉变,采用蒸煮炒制等方法以利储存和保管,而现在蒸谷米的加工则是出于增加营养的原因。此方法得到的米易保存,耐储藏,出米率高,碎米少,出饭率高,饭软硬适当,水溶性营养物质增加,易于消化和吸收。但由于加工技术的缺陷目前还存在米色深、颜色比普通白米黄、带有特殊的味道、米质较硬、黏性较差、不宜煮粥等缺点,限制了蒸谷米的普及。胚乳质地较脆、较软的大米品种,碾米时易破碎,出米率低的长粒稻谷,都适于生产蒸谷米。

由于蒸谷米在浸泡过程中,糠层中的营养物质随浸泡水渗透到米粒胚乳的内部,增加了蒸谷米的营养价值。蒸谷米实际上是一种营养强化米,它通过水热处理,使皮层、胚中的一部分水溶性营养素向胚乳转移,达到营养强化目的。蒸谷米就是通过内持法,使皮层和胚中可溶性营养成分渗透到我们加工利用的部分——胚乳中,可以看做是一种纯天然的、无任何添加剂的营养强化米。较普通精米相比,其具有以下优点。

(1)营养价值显著提升,更易消化吸收。稻谷在水热处理过程中,稻米胚芽、皮层内所含丰富的 B 族维生素和无机盐等水溶性物质,大部分随水分渗透到胚乳内部,在碾米过程中保留下来,而不至像普通米一样在加工中流失。另外,硫胺素、烟酸、钙、磷、铁的含量比同精度普通白米也有不同程度的提高,因而增加了其营养价值。如蒸谷米中的钙、维生素 B_6、铁的含量比普通米高出 2~3 倍,整精米率提高 10%左右,普通米相比,蒸谷米的磷、铁等微量元素含量分别高 60%左右,硫胺素、烟酸等维生素含量高 70%左右。稻谷经热处理,部分淀粉链断裂而成糊精,其糊精含量(1.80%~2.20%)是普通大米(0.40%)的 5 倍左右,根据人体消化实验,蒸谷米蛋白质的人体消化吸收率高于普通白米 4.5%左右,因而特别适宜于婴幼儿、康复患者和老年人的食用。

(2)籽粒结构紧实,出米率高。由于稻谷经过蒸谷处理,胚乳变得细密、坚实,籽粒的结构力学性质得以改善,碾米时不易产生碎米,出米率高。研究表明,50kg 籼稻谷加工的蒸谷米比普通米(精度相同)多 0.75~1.25kg,每 50kg 粳米多出米 1.25~1.75kg,且在加工过程中破碎率低,整精米率从 53%提高到 63%。

(3)米粒膨胀性好,出饭率高。稻谷经蒸煮后,改善了米粒在烧饭时的蒸煮特性。蒸煮时残留在水中的固形物少,米粒表面有光泽,饭粒松散,同时具有蒸谷米的特殊风味。在米饭干湿程度相同的情况下,比普通大米提高出饭 35%~75%。

(4)米糠出油率高。因稻谷经水热处理后,破坏了籽粒内部酶的活力,减少了油的分解和酸败作用,同时由于蒸谷米糠在榨油前多经一次热处理,糠层中的蛋白质变性更为完全,使糠油容易析出,故含油率比普通米糠高 10%左右。

(5)耐储存,易保管。稻谷在水热处理过程中,大部分微生物和害虫被杀死,酶失活且丧失了发芽能力,所以在储存时,不易生虫、霉变,不会发芽,易于保管。

由于蒸谷米具有普通大米无法比拟的特点和营养价值,越来越多的国家开始生产蒸谷米。目前全世界每年有 20%的稻谷被加工成蒸谷米。泰国、美国、印度、乌拉圭、巴西、马里等是蒸谷米主要生产国。据统计,目前蒸谷米全球年贸易量在 350 万 t 左右,约占世界大米贸易量的 15%。蒸谷米主要出口国家为泰国、印度、美国和中国,其中泰国和印度是全球最大的两个蒸谷米出口国。2006 年蒸谷米出口量分别为 180 万 t 和 135

万 t，占全球蒸谷米贸易量的 85%以上。近年来，随着蒸谷米国际需求量平均每年 4%～5%的增长，其价格也相对坚挺，国际市场蒸谷米价格通常比同规格的白米高出 10%～15%，经济效益显著。一直以来，蒸谷米由于加工成本高、米色较深、米饭黏性较差以及口味习惯不符等原因，始终未被国内消费者普遍接受，国内市场消费量极小。目前我国蒸谷米加工主要用于出口。随着我国广大人民群众健康饮食意识的不断加强，蒸谷米的营养价值将逐渐被人们认知，蒸谷米会逐渐走进国内千家万户，成为我国未来主流的健康主食。蒸谷米也适应了现代人的快节奏生活，满足人们对时尚、营养、健康食品的追求。预计在不久的将来，国内市场将成为全球最大的蒸谷米消费市场之一，我国蒸谷米加工也将呈现快速发展的趋势。

（一）加工工艺技术

1. 工艺流程

与普通精米相比，蒸谷米生产工艺是在清理和碾米工序之间，增加了浸泡、蒸煮、烘干、缓苏四项工艺环节。中粮（江西）米业有限公司蒸谷米加工工艺流程如下：稻谷→清理、分级→浸泡→蒸煮→烘干→缓苏→冷却→砻谷→碾米→抛光→色选→蒸谷米。该工艺可使蒸谷米成品品质根据客户需求进行相应调整。

2. 工艺要点

1）原粮

蒸谷米所用的原粮最好是生长在同一地区、同一品种的稻谷。因为不同地区、不同品种的原粮其粒度差别很大，将会增加分级工序的工作量，给生产带来不便；并且不同品种的原粮在同压、同温、同样的时间下吸水率和淀粉糊化的程度也不同，会严重影响蒸谷米品质。

2）清理、分级

蒸谷米的清理工艺和普通白米生产的清理工艺大致相同，也是经过初清，清理工序。根据蒸谷米的生产特点，要获得质量良好的蒸谷米，必须按稻谷的粒度和密度进行分级。去除原粮中的虫蚀粒、病斑粒、损伤粒、已脱壳或半脱壳的稻谷和过长、过厚的粮粒，确保进入浸泡工序的原粮在粒度上一致。因为虫蚀粒、病斑粒、损伤粒等不完善粒蒸煮时会变黑；已脱壳或半脱壳的稻谷浸泡时吸收更多的水和热使米粒变形、颜色加深，加工过程易爆腰；过长、过厚的原粮在同样的浸泡条件下吸收水分不同，蒸煮过程中淀粉的糊化程度不同，致使米粒的强度不同，在烘干和碾米过程中，容易产生碎米，影响成品质量。分级出来的轻质稻可用于加工普通白米或用作饲料，粒度均匀一致饱满的稻谷用于加工蒸谷，可生产出品质好的蒸谷米。

3）浸泡

浸泡的目的是让稻谷充分吸收水分，以使自身膨胀，为后道蒸煮工序的淀粉充分糊化创造必要的条件；同时使外部营养物质向内部渗透。浸泡时，稻谷受水、热和时间三大组合因素有限度的"外浸和内渗"。稻谷中淀粉充分糊化所需的水分必须在30%以上，为了缩短浸泡时间，同时因常温水浸泡所需时间太长，容易受污染，多采用高温浸泡法。

因为浸泡过程中水的温度对稻谷的吸水率影响很大，水温高稻谷吸水快，吸水率大。不同的水温将使稻谷吸水率不同，导致蒸煮效果的不一致，最终影响成品质量。但温度不能高于淀粉的最高糊化温度，否则淀粉继续吸水膨胀，米粒外层糊化，水分不能均匀地渗透到稻谷颗粒内部，使稻谷在蒸煮过程容易开裂；使米粒各部分强度有差异，碾米过程容易爆腰，影响蒸谷米的品质。

高温浸泡法主要为：将浸泡水预先加热后加入装有一定数量稻谷的浸泡罐内进行浸泡，浸泡过程中水温根据原粮品种及品质不同进行相应调整，一般调整范围为 55～70℃，浸泡时间为 3.5～4.5h，最后稻谷含水量控制在 34%～36%为宜。

常压条件下，胚乳自然吸收水分的过程很长，部分溶解到浸泡液中的营养物质来不及渗透到胚乳就将随浸泡水一起排至容器外，造成营养损失。为了保证生产效率，尽可能地减少营养物质的损失，利用空压系统向容器内注入压缩空气，使容器内压力高于大气压力，促进胚乳对浸泡液的吸收和营养物质的渗透作用。

浸泡时水的 pH 影响米粒的颜色，如 pH 为 5 时，米粒变色较少，米色较浅；pH 升高，则使米色加深。

中粮(江西)米业有限公司对高温浸泡法进行了改进。在稻谷加入浸泡罐后，抽真空，再加入热水，并对浸泡罐加压，进行高温高压浸泡，在短时间内使稻谷吸水充分，使后期蒸煮中的淀粉能充分糊化。采用正交试验优化蒸谷米浸泡工艺参数，经过中试试验修正的工艺参数为：浸泡温度 55℃、浸泡压力 400kPa、浸泡 4h。

4) 蒸煮

稻谷经过浸泡以后，胚乳内部吸收了相当含量的水分，采用一定温度、压力的蒸汽对稻谷进行加热，使淀粉糊化，即为汽蒸。该操作对蒸谷米成品质量、色泽口感有较大影响。汽蒸可增加稻谷籽粒的强度，提高出米率，并改变大米的储存特性和食用品质，使蒸谷米具有不易生虫、不易霉变、易于储存的特性。在汽蒸过程中，必须掌握好汽蒸的温度、时间及均一性，使淀粉能达到充分而又不过度的糊化，是蒸谷米加工过程的关键一环。

先将稻谷和浸泡液分离，再将水分在 40%左右的稻谷用振动输送设备送入蒸煮器内，密闭容器，然后向内通入 120℃的饱和蒸汽，使稻谷胚乳部分的淀粉迅速糊化。通过淀粉的糊化作用将渗入胚乳中的各种维生素、微量元素和可溶性矿物盐凝固在胚乳中。

研究表明，采用不同的温度及时间进行蒸煮，可以生产出不同颜色、不同口感的蒸谷米。当汽蒸温度达到 100℃时，可溶性淀粉的含量明显增加，而且随着汽蒸温度的升高不断增加。在 121℃的高温下加压蒸煮，所得蒸谷米黏弹性好，软硬适宜，表面滑爽，并且形态整齐，爆腰少，碾米后整米率有所提高，但过高的汽蒸温度会使米色加深。汽蒸时间的长短，决定了淀粉糊化程度，汽蒸时间短，淀粉糊化不完全，米粒出现心白；汽蒸时间过长，会使淀粉糊化过度，米色加深。

中粮(江西)米业有限公司采用先进的自动化控制系统，可对蒸煮环节的温度、压力、时间等做出精确控制，并根据原粮品种及客户需求，调整相关工艺参数，生产出浅色、次深色及深色的蒸谷米。

5）烘干

蒸煮后的稻谷不仅水分含量很高（高达 40%左右），而且温度也很高（100℃左右），既不能储存，也不能进行碾米加工。必须经过烘干操作，将稻谷水分降到14%的安全水分以下，以便储存与加工，同时保障碾米时能获得最高的整米率，且使 α-淀粉来不及重新排列，仍以散乱状态的形式存在。蒸煮后的稻谷含水主要有自由水和结合水两部分。因此，烘干过程需采用两段式，即快速烘干和慢速烘干的工艺设计。在快速烘干过程中，使稻谷水分由 34%～36%快速降到 18%～22%，在短时间内除去存在于稻谷表面的自由水；然后在暂存仓内缓苏 4～6h，使稻谷内外部水分和温度趋于均化，并且降低稻谷的表面温度。开始二次干燥脱水。第二次为低温（60℃以下）慢速式，降低稻谷的结合水。除去结合水的过程就是使稻谷内部的水分通过毛细管扩散到稻谷表面再蒸发的过程。合理的蒸发速度应该等于或接近稻谷内部的水分扩散速度。逐步地降低稻谷的水分，防止内外部水分扩散速率不同，引起稻谷爆腰。最后使稻谷的水分达14%左右，符合蒸谷米碾米要求。一般使用蒸汽间接加热。快速烘干和慢速烘干之间的缓苏是一个必不可少的过程。

中粮（江西）米业有限公司采取热空气快速烘干、蒸汽热交换成热空气再慢速烘干两步干燥方法，可调节并优化干燥脱水和缓苏过程，保证了烘干稻谷的加工品质。

6）缓苏与冷却

稻谷的烘干、降水过程虽然是逐步进行，但仍会出现内部应力分布不均匀，产生内应力，并且稻谷的表面温度要高于室温 30～50℃，特别是在南方的夏季，空气湿度比较大，烘干后的稻谷与空气接触容易吸湿、返潮，产生裂纹，碾米过程容易产生碎米。因此，在稻谷烘干后，将其放置在装有轴流风机的通风系统的筒仓内静置一段时间，逐步缓和稻谷的内应力，使其应力均匀。并且利用通风系统缓慢地、逐步地降低烘干后稻谷的温度。缓苏的时间根据原粮的不同一般在 5～7d，为后续的加工和储存奠定基础。

7）砻谷

蒸谷米经过特殊的水热处理后，淀粉吸水膨胀、糊化，并在烘干过程中回生。稻谷经蒸煮烘干后，稻壳和米皮的结合能力大大降低，易于脱壳。因此在砻谷时，可适当降低砻谷机的作用力，以提高产量，降低电耗和胶耗。

8）碾米和抛光

蒸谷糙米的碾白是比较困难的，在产品精度相同的情况下，蒸谷糙米所需的碾白时间是生谷（未经水热处理的稻谷）糙米的 3～4 倍。稻谷经过蒸谷加工后，糠层与胚乳的结合却更加紧密，籽粒坚硬，米糠易摩擦出油，使米粒打滑，堵塞筛孔，造成蒸谷糙米的碾白操作较普通白米困难。为了防止米粒打滑，还要加入一定量的粉末状钙盐帮助碾米，以增加米粒之间的摩擦力，防止米糠堵塞米筛。因此，增加碾白次数和碾白力度是必需的，应将碾辊转速适当提高10%，同时增加碾白道数，加强喷风排糠。中粮（江西）米业有限公司在蒸谷米碾米加工中采用了三砂两抛的碾米工艺，大大降低了碎米率，使得蒸谷米表面晶莹剔透。

9) 色选

经过碾米、抛光后的蒸谷米，呈半透明的蜂蜜色。为提高蒸谷米的商品价值，需剔除成品米中混杂的少量黑粒米、黑头米及黄粒米。因蒸谷米较白米色泽深，在实际操作中应根据成品米的要求调整色选机参数。

3. 蒸煮条件对蒸谷米品质影响

1) 浸泡条件

浸泡水的温度过高或过低、浸泡时间过长或过短，以及浸泡水的 pH 等都会影响蒸谷米的品质。浸泡水的温度高，虽然能提高稻谷的吸水速率，减少浸泡时间，但稻壳和皮层中的色素易溶解并渗透到米粒中去，从而使米粒的颜色加深，若浸泡水的温度低，则会延长浸泡时间，而稻谷一般在浸泡 1d 后就会发酵，这对于蒸谷米的风味、颜色影响很大。酸性溶液、碱性溶液、乙醇溶液浸泡对蒸谷米品质的影响，从而得出稻谷在不同 pH 溶液的浸泡下，对蒸谷米的色泽、维生素及风味都有不同程度的影响。试验表明，采用分步浸泡工艺，先酸后醇(碱)的浸泡处理，得到的蒸谷米品质最好。

2) 汽蒸条件

汽蒸的温度和时间对蒸谷米的色泽、形态、香味、口感、整米率、滋味、维生素 B_2 的含量都有显著的影响。利用 DSC 检测蒸谷米的热特性，从热特性分析，汽蒸条件为 80℃/40min、90℃/30min 或 100℃/20min 得到的蒸谷米色泽较好，整米率也较高。所以，一般在实验室利用常压汽蒸，时间会相对较长，而高压汽蒸时间则相对短一些。

3) 干燥条件

干燥工艺对蒸谷米品质的影响较大。合理控制干燥条件，一般采用分段干燥，可以有效减少籽粒的爆腰率。干燥冷却后，稻谷的含水量应维持在安全水分 14% 左右，温度接近室温，这样有利于后续的碾米操作和安全储藏。

(二)品质评价

蒸煮米品质评价的关键指标是裂纹率。在 α 化过程中，蒸谷米会不同程度地产生裂纹，进而产生碎米，影响食用口感。蒸谷米 α 化过程中浸泡工序是产生裂纹粒数量最多的环节，随浸泡时间的延长，产生的裂纹粒就越多，所以尽量缩短浸泡米的时间，是降低蒸谷米裂纹数的重要措施。

(三)质量标准和控制

我国缺少蒸谷米的国家标准，一直没有制定蒸谷米的生产、加工、出口等相关标准，使得我国蒸谷米的生产加工操作不规范，品质没有保证，蒸谷米质量参差不齐。在出口方面，只能参照泰国标准，但泰国蒸谷米的粮源、品质等与我国实际情况有所差别，参照别国标准使得我国蒸谷米在国际市场的激烈竞争中处于不利地位，难以形成自己的品牌形象。为此，2004 年中粮(江西)米业有限公司制定了《出口蒸谷米企业标准》(表4-27)，但国家标准一直缺位。

表 4-27　出口蒸谷米加工质量标准(%)

品名	加工等级	黄粒	病斑粒	白心粒	夹心粒	机损粒	碎米粒	水分	杂质			稗籽 /(粒/kg)	稻谷 /(粒/kg)
									总量	矿物质	糠粉		
蒸谷籼米	特一	1.5	1.5	6	15	2	5	14	0.2	0.02	0.05	10	2
	特二	2.0	1.5	6	15	2	5	14	0.2	0.02	0.05	20	3
	标一	2.5	1.5	6	15	2	7	14	0.25	0.03	0.10	30	4

　　国际贸易的技术壁垒已越来越成为调控产品贸易的手段。因此，制定我国大米品质与国际蒸谷米市场相衔接的蒸谷米质量和生产标准，是促进我国蒸谷米产业发展的重要措施。国家相关部门要组织科研单位、生产部门及加工企业，借鉴蒸谷米进出口国蒸谷米质量标准，制定明确的质量标准和生产标准，使蒸谷米生产加工有强制性的标准可遵循，提高我国蒸谷米的国际竞争力。

（四）最新研究进展

1. 超声波辅助浸泡对稻谷含水量和蒸谷米品质的影响

　　超声波具有穿透性强、方向性好的特点，在很多领域都有着广泛的应用前景。超声波辅助浸泡能够在短时间内使稻谷吸收水分，使后期蒸煮中的淀粉能充分糊化。因此本书采用不同超声波功率、不同超声波浸泡时间及不同料液比处理稻谷，制得蒸谷米，研究其对稻谷水分含量以及蒸谷米品质的影响，旨在为生产蒸谷米提供理论依据。超声功率对稻谷水分含量和蒸谷米品质的影响。超声功率越高，稻谷的水分含量就越高，在800W 达到最大值 32.73%。这是因为超声波遵循声波传播的基本规律，在媒质中能形成介质粒子的机械振动，由于超声波的振动，可以产生热、机械作用和空化作用，由强化传质过程可知，蒸谷米整精米率随超声功率的增大而增大。稻谷在浸泡过程中较高的功率能使吸水量达到更为适宜的程度，籽粒结构均匀饱满，使谷壳更易脱落，使蒸谷米质地更加适合生产。随着超声功率的增加，蒸谷米的峰值黏度和最终黏度降低，而衰减值、回生值和糊化温度都先增加后降低。峰值黏度是淀粉糊在进行 RVA 测定时达到的最高黏度，此时大量的淀粉颗粒完全溶胀但仍保持相对完整形态，对于任何一种类型的淀粉，有越多的淀粉颗粒溶胀，峰值黏度将会越高。最终黏度表明了淀粉在糊化并冷却后形成黏糊或凝胶的能力，最终黏度值大，煮成的饭就硬。超声波辅助浸泡过程中，超声波产生的机械作用、热作用和空化作用导致淀粉链断裂，结晶结构损坏，小分子量组分增加。随着超声波功率增加，其对蒸谷米淀粉的结晶结构和分子量的破坏程度增加，从而可能导致黏度降低。回生值反映了淀粉老化或回生的程度及冷却形成凝胶的强度，生值越大，越易回生。当超声波功率为 800W 时，蒸谷米粉的回生值较小，表明其不易回生(侯俪南等，2018)。

　　1)超声时间对稻谷水分含量和蒸谷米品质的影响

　　超声时间越长，稻谷的水分含量就越高，在 30min 达到最大值 38.01%。普通浸泡时一般采用 55～70℃浸泡 3.5～4.5h，才能使稻谷的水分含量达到 34%～36%，说明超声波辅助浸泡可以大大缩短蒸谷米加工过程中的浸泡时间随着超声时间的延长，蒸谷精米率增加，当超声波处理时间达到 15min 后，再延长处理时间不能显著提高整精米率。由于稻谷在浸泡过程中吸水量达到适宜程度，稻谷的淀粉得到充分糊化，使蒸谷米质地更加适合生产，籽粒结构均匀饱满，使谷壳更易脱落。随着超声波处理时间的延长，蒸谷米粉的峰值黏度、最终黏度和回生值降低。这是因为在超声波处理过程中，超声波产生的机械作用、热作用和空化作用使蒸谷米中的淀粉部分分子链断裂，淀粉的分子量分布发生变化，小分子的数量增加，黏度降低。因此，超声波处理时间的延长引起了蒸谷米粉的峰值黏度和最终黏度的降低(侯俐南等，2018)。

2)料液比对稻谷水分含量和蒸谷米品质的影响

料液比越小，稻谷的水分含量就越高，在 1：7(g/mL)时达到 35.81%，这是因为料液比越小，每个谷粒所拥有的水分就越多，在达到饱和点之前，较多的水分能使稻谷的吸水更充分。蒸谷米的整精米率随着料液比的减小而增加，但在料液比达到 1：3(g/mL)之后趋于平缓，这是因为稻谷的吸水率达到饱和，因而整精米率也趋于平缓。随着料液比的增加，蒸谷米粉的峰值黏度、最终黏度和回生值先增加后降低(侯俐南等，2018)。

3)超声波辅助浸泡条件优化

各因素对蒸谷米整精米率的显著影响顺序为 A > B > C，即超声功率 > 超声时间 > 料液比。超声波辅助浸泡的最佳工艺条件组合为 A1B3C1，即超声波功率为 600W，超声波处理时间为 25min，料液比为 1：3(g/mL)。经验证试验可知，在上述条件下，蒸谷米的整精米率可以达到 68.82%。蒸谷米加工过程中，采用常温浸泡往往需要 2～3d，采用高温浸泡(60～70℃)时也需要 3～4h。由此可见，采用超声波辅助浸泡可以大大缩短浸泡时间。通过超声功率、超声时间和料液比分别进行单因素试验和正交试验，各因素对蒸谷米整精米率的显著影响顺序为超声功率 > 超声时间 > 料液比，最优条件为超声功率 600W、超声时间 25min、料液比 1：3(g/mL)，整精米率达到 68.82%(侯俐南等，2018)。

2. 蒸谷米生产中干燥工序工艺参数的研究

水热处理是蒸谷米生产的主要环节，而干燥、冷却工序对水热处理的工艺效果影响很大，进而对蒸谷米的生产也有较大影响。因为糙米经过浸泡和汽蒸后，其水分含量和米粒温度都很高，这对糙米的后续加工和储藏都是不利的。所以，干燥、冷却工序对糙米粒的降温除湿就显得尤为重要。由于糙米水分含量高，在进行干燥时水分快速降低容易造成糙米籽粒爆腰率增高，而造成出米率降低。并且一次干燥使水分急剧降到 14%以下会造成干燥时间增长。这主要是米粒水分快速降到 20%后，米粒表面水分含量减少，而米粒内部的水分又不能及时扩散到米粒表面，从而使得水分含量从 20%降到 14%这个阶段干燥速度缓慢。因此，干燥过程通常采用两阶段式干燥，即第一阶段为快速干燥，使糙米水分降到 20%左右；第二阶段为慢速干燥，使水分降到 14%以下。在快速干燥后采用缓苏措施，使糙米内部水分向外部扩散，使糙米干燥过程中产生的内应力趋于均匀。

从而降低糙米的爆腰率。因此，针对干燥工序进行参数研究，对快速干燥温度和时间、慢速干燥温度和时间及缓苏时间等进行单因素和正交试验，从而获得干燥工序的最佳参数，为进一步研究和开发蒸谷米奠定基础。影响干燥效果的因素主次顺序为慢速干燥时间＞缓苏时间＞慢速干燥温度；最佳组合为慢速干燥温度65℃，慢速干燥时间40min，缓苏时间40min。在此条件下进行验证试验得到爆腰率为9.1%，水分含量为13.8%，此结果和慢速干燥温度和时间单因素试验的结果相吻合。因此，当缓苏时间40min、干燥温度65℃、慢速干燥时间40min时，干燥效果最好。通过对原料糙米水热过程中干燥工序的研究，针对快速干燥温度、快速干燥时间、缓苏时间、慢速干燥温度和慢速干燥时间进行了单因素及正交试验，最终确定干燥的最佳工艺参数为快速干燥70℃、快速干燥时间60min、缓苏时间40min、慢速干燥温度65℃和慢速干燥时间40min(李逸鹤和马栎，2017)。

第三节　稻谷(米)的深加工

一、方便米饭

世界上最早的方便米饭生产始于1943年，由美国通用食品公司生产作为美国海军陆战队第二次世界大战时期野战官兵的主食，并于1946年获得美国发明专利，日本在第二次世界大战时也用方便米饭作为军粮，并在战后转为民用，从此为利用稻米工业化生产方便米饭开创了先例。随着现代人们生活节奏的加快和生活水平的提高，人们对方便食品的需求越来越多，要求也越来越高。方便米饭不仅能满足即食、方便的要求，而且是一种主食产品，可以弥补其他方便食品特别是方便面营养单一、难以满足人们生理及营养需求的不足，符合现代人的消费理念，具有十分广阔的发展前景。

世界上许多国家利用新技术如生物技术、挤压技术、微波技术、速冻技术等开发各种类型的方便米饭。方便米饭可分为两大类，即脱水干燥米饭和非脱水方便米饭。其中，脱水干燥米饭按脱水方式不同又分为α-脱水方便米饭、膨化米饭等。非脱水方便米饭也可称为保鲜方便米饭，需在食用前加热。

目前，主要有以下六种方便米饭。

(1)速冻(冷冻)方便米饭。速冻米饭是将煮好的米饭放在-40℃的超低温环境中急速冷冻后所获得的产品，在-18℃的状况下可保存一年。此类产品目前在市场上的占有率最高。

(2)无菌包装方便米饭。无菌包装米饭是将煮熟调理好的米饭封入气密性容器后所得的产品。其煮饭和包装都是在无菌室中进行。外观类似蒸煮袋米饭，但是不用再进行热杀菌处理，所以不会改变米饭原来的风味和口感。此产品在常温状态下可保存6个月。此类产品的市场占有率仅次于速冻米饭，两者共占了方便米饭市场80%以上份额。

(3)蒸煮袋(软罐头)方便米饭。蒸煮袋米饭是将煮好的米饭封入特殊的气密性包装容器，然后进行高压加热杀菌而成的产品。常温下可保存1年。

(4)冷藏方便米饭。有些调理加工好的食品在流通过程中需要处于冷藏状态下，有些方便米饭也采用这种低温灭菌的技术来保持米饭的新鲜度和良好口感。在冷藏库中可保存 2 个月。

(5)干燥方便米饭。干燥米饭是将煮好的米饭通过热风、冻结或是膨化等快速脱水干燥的手段处理后得到的产品。它质量轻，保存时间长，常用于登山或储备食品中，利用范围广泛。常温下可保存 3 年。

(6)罐头方便米饭。将煮好的米饭密封入金属罐，然后进行高温杀菌就得到罐头米饭。罐头米饭历史久远，从第二次世界大战以来就作为军用食品而被大量生产。常温下可保存 3 年，特殊情况下也可以保存到 5 年。

各种方便米饭生产工艺不尽相同，但都要求煮好的米粒完整，轮廓分明，软而结实，不黏不连，并保持米饭的正常香味。

方便米饭在我国经过近十年发展，还处在自然增长状态，品牌具有区域性，未形成竞争性格局。近年来，方便米饭工艺和设备也成为科研的热点课题，随着方便米饭的发展，相关产业(如调味料、包装材料和生产装备)的进步及社会消费水平的提高，方便米饭行业已从试探性市场导入，进入了临近快速增长的转型时期，行业总体发展氛围正式形成。纵观国内外米制品加工的规模，产量最大的米制品还是人们日常生活中经常食用的主食产品。

(一)加工工艺和技术

1. α-脱水方便米饭

α-脱水方便米饭指将蒸煮成熟的新鲜米饭迅速脱水干燥而制成的一种含水量低(<10%)、常温下可长期储存(2 年以上)、食用时只需加入开水焖泡几分钟即可的一种速食米饭。

1)工艺流程

a. 一次蒸煮工艺

$$大米 \rightarrow 精选 \rightarrow 淘洗 \rightarrow 浸泡 \rightarrow 蒸煮 \rightarrow 离散 \rightarrow 干燥 \rightarrow 包装 \rightarrow 成品$$

添加剂（指向浸泡）　　佐餐材料、调味料（指向包装）

b. 二次蒸煮工艺

原料大米 $\rightarrow$ 清洗 $\rightarrow$ 浸泡(30℃，80min) $\rightarrow$ 蒸煮(100℃，20min) $\rightarrow$ 二次浸泡(80℃，20min) $\rightarrow$ 二次蒸煮(100℃，20min) $\rightarrow$ 干燥 $\rightarrow$ 冷却至室温 $\rightarrow$ 成品

2)工艺要点

a. 浸泡工艺

浸泡能够有效提高米饭的糊化程度。糊化程度高的方便米饭不易回生，复水后不易出现硬芯。通过改变浸泡的时间、温度、加水量和溶液成分可以改善产品的风味和营养。工业生产过程中，浸泡也是减少耗能的方法之一。

浸泡是米粒吸水的过程，为了防止杂质堵塞米粒的毛细孔而降低吸水速度，大米浸泡之前必须清洗。加水量越大、温度越高，米粒吸水速度越快，但最终吸水率都不会超

过浸饱吸水率（一般为 20%～25%）。目前，工业生产多采用的工艺条件为：大米质量 1～2 倍的加水量、常温浸泡 60～100min。

干燥前米饭的吸水量越大，干燥后复水越快。提高吸水量的主要方法有二次蒸煮和加入添加剂。通过二次浸泡可以大大提高米饭的糊化程度和吸水量。添加剂方面，乙醇、磷酸盐、柠檬酸盐、乳化剂、酯类等被认为是含有亲水基团而提高了浸泡吸水率，是目前最常用的添加剂，还有 Ca^{2+}、赤霉素等。各种添加剂之间的复配可以提升浸泡效果，但添加剂的总含量一般应控制在 0.4%（与大米质量比）以内。近年来，表面活性剂 β-环糊精是研究的又一方向。同时，通过酶处理去除相关脂类和蛋白质可以提高方便米饭中淀粉的糊化程度。酶处理不会污染食品，但由于成本较高，酶法浸泡并未直接应用到工业生产中。

b. 蒸煮工艺

蒸煮是大米淀粉糊化的过程，也是各种挥发性风味物质形成的过程，直接影响产品的黏弹性、完整度、风味等。压力、加水量、温度和时间是蒸煮工艺中的可控参数。目前常用的米饭烹饪方法有常压蒸煮（常规加热煮饭、蒸汽蒸饭）、高压蒸煮、微波蒸煮等。实际生产中多采取常压蒸煮的方法。一般来说，米和水的质量比在 1∶1.5 左右（控制在 1.2～1.7），时间为 30min，如采用二次蒸煮的方法时间，则缩短为 20min。为节能以及改善米饭的风味，高压蒸煮、微波蒸煮也相继被引入工业生产中。一般高压蒸煮过程中，米粒的沸腾易破坏米粒的完整度，有研究人员提出了压力无沸腾蒸煮的概念，即蒸煮过程中在温度达到沸点之前（98～100℃）排冷气，直接升温至一定压力后保压焖饭。

c. 离散工艺

蒸煮后的米饭水分可达 65%～70%，干燥时易出现结团现象，因此干燥前需要离散。离散的方法有很多种，主要有冷水离散、热水离散和采用机械设备离散等。冷水离散简单易行，但容易出现回生；用 60～70℃的热水离散后的米饭口感好，无夹生感，易搓散，饭粒完整率高，淀粉水分含量在 30%～60%，这可能与淀粉回生时支链淀粉重结晶的适宜温度有关。离散后还应沥干表面浮水，工业生产中使用离散后再耙松的方法进行大规模处理。

d. 干燥工艺

干燥是 α-方便米饭加工的重要环节，经过干燥，熟化后的米饭发生一系列的物理化学变化，形成最后的产品外观状态和内部架构，进而影响成品的外观品质、复水特性和感官评价结果。同时，干燥成本是 α-方便米饭成本中除去原料之外权重最大的部分。不同干燥方法的耗能差异较大，随之带来的成本差异也很大。α-方便米饭生产中常用的干燥方法有热风干燥、微波干燥、微波热风干燥和真空冷冻干燥等。

a) 热风干燥

热风干燥是速食产品最常用的干燥方法，所需设备简单、成本低廉，但由于干燥时热量由表及里和水分由里及表的运动过程需要较长时间，加热速度慢且受热不均匀。工业中将蒸煮好的米饭（经过简单离散或不处理）在铁筛上铺放均匀，厚度为 0.15cm 左右，温度 60～105℃进行热风干燥。干燥时主要受温度和湿度两个参数影响，一般来说温度越高，湿度越小，干燥时间越短；但温度过高，湿度过低，会降低方便米饭的复水率，影响复水后的风味、口感和色泽。干燥过程中物料内外温度的差异被认为是影响成品米粒完整性和结团的主要因素。热风干燥的产品色泽比新鲜米饭偏黄、易碎、米粒形状多被破坏，但产品的复水性较好，复水时间为 5~10min，复水后口感和风味接近新鲜米饭。分段热风干燥的米饭在感官评价时得到的分数最令人满意，一般整个干燥过程分为两段，低温和高温分别为 85℃和 100℃。

b) 微波干燥

进行微波干燥时，米饭的厚度也在 0.15cm 左右。因此尽管提高功率可以减少时间和耗能，但考虑到产品品质，生产中一般采用较低的功率，为 350~550W。微波干燥的最大特点是速度快，大量实验表明，这种短时间内产生大量热能的干燥方式很容易降低产品品质。采用大功率微波干燥时，容易出现大部分产品还未干燥时，表层米饭已经焦黄甚至变黑的现象。感官评价中，微波干燥的产品变色最严重、米饭的香味不明显，得分最低。

c) 微波热风干燥

微波热风干燥是一种组合干燥方法，综合考虑微波干燥和热风干燥的优缺点，采取分段干燥的方式，扬长避短以达到最优效果。这种干燥方式可以先通过微波干燥，迅速脱去米饭表面浮水，然后用热风干燥继续脱水至要求含水量；也可以在热风干燥固定米饭结构后用微波干燥迅速脱去多余水分。二者的顺序可以调整，不同顺序下的参数也不同，但一般控制在单独使用一种干燥方法时的参数范围内。这种组合干燥方法既能避免热风干燥初期米饭的结团和结构的剧烈改变，同时也减少了单纯微波干燥时容易出现的米饭表面焦黄、变黑等现象，但因成本较低、方便快捷，是很多厂家和实验室的优选干燥方式。研究人员综合比较了两种组合方法先微波后热风和先热风后微波后发现，先微波干燥（9min，690W）迅速带走物料表面的浮水后，热风干燥（80℃，50min）逐步达到产品含水量的方法产出的方便米饭复水性、风味、口感和色泽最好，干燥时间也较全热风干燥大大缩短。此外，通过分析产品复水性与微波干燥时间、微波功率以及热风干燥温度和时间之间的相关性，得出这种干燥方式下各参数对产品品质的影响权重为：微波干燥的时间 > 微波功率 > 热风干燥温度 > 热风干燥时间。

d) 真空冷冻干燥

真空冷冻干燥是在低温、真空的条件下，将冻结物料中的冰直接升华为水汽的一种干燥工艺。真空冷冻干燥能最大限度地保持新鲜食品的色、香、味、形和维生素、蛋白质等营养成分。研究表明，真空冷冻干燥是最能保留新鲜产品特质的干燥方法，感官鉴评实验中除了米粒膨胀、色泽稍有差异外，与新鲜米饭的外观基本相同。产品的复水时间最短、复水率较高，复水完全，真空冷冻干燥方便米饭整体呈一色，松软可口，较黏稠，口味和新鲜米饭基本无差别。但真空冷冻干燥在众多干燥剂技术中所需时间最长，耗能最大，因而干燥方法成本高。

2. 挤压脱水方便米饭

挤压脱水方便米饭就是以挤压的方法生产的方便米饭，在热水中经短时间的复水和熟化即可食用。与一般的方便米饭相比，具有如下特点：不易回生、复水性好、风味独特、易于储存。生产设备可以采用单螺杆或双螺杆挤压机，双螺杆挤压机性能较好，但成本较高。生产时，将以米粉为主的原料送入挤压机，在一定的温度和压强下进行挤压。通过高温、高压、剪切和摩擦作用，使原料中的淀粉糊化/蛋白质变性，并发生部分降解，从而使产品易于消化吸收，最后经干燥得挤压方便米饭成品。

与传统工艺制备的方便米饭的复水特性相比，挤压工艺制备的方便米饭的复水品质有了很大的改善，但目前仍未看到有关挤压工艺对方便米饭复水特性研究的文献报道。根据挤压技术的特点，原料的组成，原料的预处理、挤压工艺参数以及挤压设备的结构是挤压法生产方便米饭的关键。传统工艺生产方便米饭的原料是整粒大米，不能随意改变原料的组成。而挤压工艺采用的原料是粉料，其原料的组成可以根据需求随意进行调整，并且添加的各种食品添加剂、其他谷物粉与主体米粉之间可以达到很好的复配效果。根据国外专利文献报道，原料里一般都添加 30% 以上的糊化米粉和一定量的油脂或乳化剂、增稠剂、盐分，这些物料对挤压方便米饭的复水速度及复水后产品的口感都产生很大的影响。原料必须进行一定的预处理后才能得到质量稳定的产品，水分含量、粉体的粒度等都对挤压工艺有很大的影响。挤压工艺参数如螺杆结构、螺杆转速、机筒温度、喂料速度、模板结构等也都对挤出物特性产生复杂的影响。另外国外采用的挤压设备存在较大的差异，从冷成型挤压机、一般蒸煮挤压机，到根据工艺要求设计制造的专用多功能双螺杆挤压机，挤压设备不同，其制得的产品性质上也存在很大的差异，所以根据特定的物料配方选择合适的挤压设备显得尤为重要。

1）工艺流程

加工工艺一般可分为七个步骤：进料→混合（调配）→熟化→成型→干燥→冷却至室温→成品。前四个步骤均在挤压机内完成。

2）工艺要点

a. 挤压工艺

在挤压工艺中，原料水分、进料速度、机筒温度和螺杆转速显著影响产品质量。

水分含量是影响挤压物料理化特性最重要的自变量之一。水不仅在挤压加工过程中充当生物聚合物如淀粉、蛋白质的塑化剂的功能，而且在物料挤出时由于水分的瞬时蒸发导致物料膨胀和气泡的产生，赋予产品膨胀的形状。同时，也影响着热能的升降、特定机械能即单位挤出物所消耗机械能（SME）的变化。

螺杆转速是挤压工艺中极为重要的一个参数。螺杆转速越低，物料在挤压机中停留的时间越长，高温处理的效果就越显著；螺杆转速越高，物料在挤压机中停留的时间越短，高温处理的效果就越不显著。但是螺旋速度升高的同时增大了物料与机筒之间的摩擦，会产生瞬间摩擦生热，热效应在一定程度上也会增大。

b. 干燥工艺

干燥是挤压方便米饭生产的关键技术之一，干燥方式的选择及干燥条件的控制对产品的复水品质等指标有非常显著的影响，不同的干燥工艺可以得到质量完全不同的产品。

3. 速冻(冷冻)方便米饭

冷冻米饭是将蒸煮好的米饭，在-40℃以下的环境中急速冷冻并在-18℃以下冻藏的产品，是利用食品冻藏原理加工的保鲜米饭产品，包装直接去速冻，因此复热后能最大限度地保持米饭原有的口味与营养，其风味、食感最接近新鲜米饭。冷冻米饭可以分为散装冷冻米饭、块形冷冻米饭和其他形态的冷冻米饭。冷冻米饭的特征是流通容易、品质均匀、可以大量自动化生产。我国冷冻米饭生产起步较晚，致使产品品种少，产量低。在发达国家，特别是日本，自20世纪70年代就开始发展冷冻米饭加工业，如今冷冻米饭的生产、保鲜和包装技术较为完善，产品种类多、口感佳、货架期长，具有广泛的市场认可度。近10年日本冷冻米饭产量维持在15万t左右，占加工类米饭总产量的50%以上。

1) 工艺流程

大米→精选→淘洗→浸泡→蒸煮→存放→冷冻→包装→成品　（→ 解冻→食用）

　　　　　　　　　（添加剂）　　　　　　　佐餐材料、调味料

2) 工艺要点

在冷冻米饭的加工技术中，冷冻保管、运输途中、解冻时受温度变化的影响，保持米饭食味、口感等物性不变的冷冻法、解冻法非常重要。

a. 浸泡工艺

研究发现，大米的吸水率受到温度、pH和米水比的影响，不同的浸泡时间和浸泡温度对冷冻米饭的硬度和黏着性的影响均显著($P < 0.05$)，经过高温浸泡的大米，其制作的冷冻米饭品质要优于常温浸泡的大米。

b. 蒸煮工艺

通过研究蒸煮工艺对冷冻米饭品质的影响，发现不同的蒸煮工艺对冷冻米饭的品质影响较大，采用能均匀加热的电磁感应蒸煮方式和使用能均匀传导热力、保温性能良好的内锅蒸煮出的米饭品质较好，同时蒸煮时保持沸腾阶段的时间也是影响冷冻米饭品质的一项参数，一般维持在20min左右。保温时间能显著影响冷冻米饭的硬度和黏着性($P < 0.05$)，保温15～30min时，冷冻米饭品质较好。

c. 存放工艺

存放过程中米饭表面有水分蒸发，内部水分子迁移引起米饭的水分含量和水分分布发生变化，有利于后续的冻结工艺。以糊化度、水分、硬度、黏着性和菌落总数为评价指标，对-18℃、4℃和25℃存放下的米饭进行分析，发现-18℃存放的米饭品质下降最慢，并可有效抑制微生物的生长。4℃存放的米饭品质下降最快(回生最快)，25℃存放时米饭中微生物的生长最快。

d. 冻结工艺

存放一段时间的米饭用隧道冷冻设备、圆筒冷冻设备、螺旋管冷冻设备等快速冷冻到-40℃以下，在-18℃的状态下可以保存1年。

冻结速率的大小对冷冻米饭的品质影响很大。首先，由于在不同冻结速率下米饭的

回生程度不同，随着冻结速率的减小，米饭的回生程度增大，从而导致其硬度增加，而黏着性减少。其次，可能是由于冰晶的形成，破坏了米饭淀粉的结构，快速冻结能形成较小的冰晶，而在解冻过程中，拥有较小冰晶米饭能快速解冻。可使其快速通过了最大冰晶生成带，故米饭的回生程度较小，所以其硬度相应较小，而其黏着性则较大。所以，冻结工艺的最基本的要求应是以最快的速度通过最大冰晶生成带，使得米饭内部的水冻结成均匀而细小的冰晶，从而较好地保持米饭的品质。缓慢冻结会使冰晶集中在几个局部地方，造成对局部结构的严重破坏，导致米饭品质的下降。

e. 解冻工艺

冷冻米饭在食用前必须解冻，解冻是指将冻结时米饭中形成的冰晶还原融化成水，所以可视之为冻结的逆过程，在解冻过程中应尽量使米饭品质下降最小，使解冻后的产品质量尽量接近于冻结前的产品质量。同时，由于冷冻米饭作为一种方便食品，故希望产品能使用较普通和较方便的加热方式解冻。实验研究发现，微波加热比传统的蒸汽加热，米饭食感好，时间短。

4. 无菌包装方便米饭

将调理加工的米饭，在无菌无尘的环境中，直接密封入包装容器，并保证容器内没有受到细菌的污染，从而达到长期保存的目的。无菌包装米饭与盒装软罐头米饭相似。二者的不同在于软罐头米饭是用蒸锅进行高压加热杀菌；而无菌包装米饭是在无菌室里烧饭、包装，不必像软罐头米饭那样进行热处理。无菌包装米饭的占有率已远远超过高温杀菌米饭和冷冻米饭的加工量。其原因就在于无菌包装米饭既具有了超越冷冻米饭的低成本常温流通性，又具有了与传统高温杀菌米饭相同的长期保存性和常温流通性，同时还具有了超越二者的良好风味和口感。同时，无菌化包装米饭逐渐被接受为日常食品的原因，被认为是因为它可以适应消费者多样化的需求，并且只通过使用微波炉就可以简便地食用。

无菌化包装米饭，因为是将刚蒸煮熟的米饭进行无菌化处理之后包装而成的，所以只要用微波炉加热 2～3min，就可以复原至接近于刚蒸煮熟时的状态。这样的米饭可以在常温条件下保存 6 个月～1 年，且在食味、色泽、风味等方面都要优于蒸煮袋米饭。

1）工艺流程

无菌化包装米饭的标准制造工艺是，先将原料白米淘洗、浸泡，然后采用饭锅方式或单独装盒方式蒸煮。前者是使用连续煮饭机煮成米饭之后，再分装至容器内。而后者则是将浸泡后的米计量、充填至每一个单独的成型容器，以加压加热蒸汽或加以超高压进行杀菌后，用蒸汽连续煮饭。

a. 大饭锅加工法的工艺流程

精白米→洗米→计量、供给→调整酸度→浸泡→煮饭→焖饭→清洁室包装→冷却→针孔检测→成品

b. 加压加热蒸汽处理法的工艺流程

精白米→洗米→浸泡→供给饭盒→高压加热蒸汽→添加调整酸度的水→蒸汽煮

饭→清洁室包装→焖饭→冷却→针孔检测→成品

c. 新无菌包装方便米饭(pH调整方式)的工艺流程

免淘洗米→计量、添加→加水→短时间用微波加压加热杀菌→添加调酸度的水→第1次包装→微波煮饭→焖饭→清洁室第2次包装→冷却→针孔检测→成品

2)工艺要点

在无菌包装米饭的生产工艺中，日本于1996年研究开发成功的生产工艺独树一帜。该工艺完全不同于当时其他的加工方式，在整个加工过程中，只需要将很小的空间布置为无尘空间，其余的生产过程状态与一般食品加工车间的要求没有太大的差异，而且从大米盛装入容器到最终密封排出，都无需人工介入，在实现生产自动化的同时，节约了人工费用，并提高了米饭的加工卫生性。

从表4-28可以看出，虽然是生产无菌包装米饭，但整个生产流水线与一般食品的生产流水线相比，并没有太大的不同。

表4-28　加工工艺简单说明

加工工艺(主要步骤)	操作环境
洗米和米的浸渍	一般食品车间
定量罐装	一般食品车间
米和容器的加压高温杀菌	一般食品车间(容器进入设备本身密封)
烧饭水的自动定量罐装	一般食品车间(设备内部自带 $1m^3$ 无菌空间)
自动烧饭	一般食品车间
自动封口和打印	无菌空间(该无菌空间相当于一台设备的空间，放置该无菌空间的加工车间为一般食品车间)
制品自动装卸	一般食品车间

a. 采用饭锅煮饭方式的无菌包装方便米饭

饭锅煮饭方式分为单人锅(一人份)加工法和大饭锅(多人份)加工法。单人锅煮饭工艺是将每个单人锅内装入一人份的米，煮成饭后，在清洁室内转装至带有脱氧功能的盒子内，最终进行封盒。单人锅加工法具有自动化程度高、便于无人化操作的特点。大饭锅(多人份)加工法，通常使用大型的连续式煮饭设备，煮饭之后，将饭打松并盛放至盒内。这种加工方式，由于所有的作业都在常压常温下进行，所以必须使用酸味料和脱氧剂等，并需要进行高度的盛放管理和无菌管理。

b. 用单独装盒煮饭方式加工的无菌包装方便米饭

单独装盒煮饭方式根据杀菌方式可以分为超高压处理法和加压加热蒸汽处理法等。这些方式都是各个设备厂家独自开发的加工法，根据各厂家的思路配置设备和构成加工工艺。超高压处理法是将免淘洗米和水加入饭盒(一人份)内，通过在水中加以 $200\sim400MPa$ 的超高压(包括容器在内)，进行杀菌和蒸汽煮饭，煮熟的米饭十分美味可口。煮饭之后的工序，在清洁室内处于无菌的状态下进行。

加压加热蒸汽处理法是将精白米淘洗、浸泡后，充填到饭盒内，用加压加热蒸汽进行杀菌处理，连续地将 pH 调整水加入饭盒内，在蒸汽煮饭后，充入氮气并封盒。采用这种方法，加压加热蒸汽杀菌处理后的所有工序必须在清洁室内以无菌的方式进行处理。同时，由于使用了 pH 调整剂，因此不需要脱氧剂。

c. 新无菌包装方便米饭

佐竹公司已开发了便于煮饭的免淘洗米的加工设备。通过将此免淘洗加工设备和无菌化米饭加工装置组合在一起，开发出了新的无菌化包装米饭的加工法。此加工法分为将产品的 pH 调整至 4.6 以下的 pH 调整法和不使用 pH 调整剂、密封后在 F 值为 4 以上的条件下加压加热、进行杀菌处理的方式。

新无菌化包装米饭，是先用免淘洗米加工装置将精白米加工成免淘洗米。然后将免淘洗米计量之后充填到饭盒内，并连续加入所需吸水量的水，用微波进行短时间的加压加热杀菌。当饭盒内的温度达到 140℃、F 值达到 12 时，可以完全灭绝耐热菌。第 1 次包装的特点在于，在封膜时余留下常压煮饭时产生的蒸汽的排放口。煮饭结束后，用氮气进行置换，然后完全密封，并冷却。从加入原料免淘洗米后开始到氮气置换包装为止的工序，都在等级为 100 的清洁室内进行作业。

新无菌化包装米饭的加工法，将使用微波进行短时间加压加热处理的装置和常压微波煮饭装置组合在一起，具有 7 个方面的特点：①饭盒内的免淘洗米因为可以在短时间内吸水，所以不需要浸泡罐；②通过缩短浸泡时间，使短时间煮饭加工法得以实现；③煮饭的米饭饭粒外硬内软，可口味佳；④米饭的成品率有质的提高；⑤通过调整杀菌工序中的 F 值，可以以裂纹粒和过干燥米为原料煮饭；⑥由于生产线采用了免淘洗米加工装置，整套设备处于相对干燥的状态，清洁卫生；⑦大幅度缩短了加工时间，从而与以往相比提高了生产效率。

（二）品质评价

1. 脱水方便米饭品质评价

脱水方便米饭的品质分析需要从产品的外观、复水性、营养组成、储藏和运输性质以及复水后的感官（口感和外观）等多个方面考虑，是一个复杂、制约因素很多的过程。评价脱水方便米饭品质的方法是首先进行感官评价。其次，为了克服人为因素的差异，目前已采用电子鼻、食味计等仪器，通过测定米饭流变性等的变化客观评价其品质，这种方法简便易行，具有一定的先进性，能为品质分析提供一定的科学依据。其弊端是对于产品的香气等风味难以做出准确评价；同时，由于机器缺乏灵活性，无法判断一种新风味的好坏，不利于新产品的研发。日本研制出的一款食味计可以通过测定大米的水分、直链淀粉、蛋白质、脂肪酸等成分，由计算机对预先设置的食味程序软件，给大米样品定出一个综合评分，但这种仪器无法对大米的香气等做出评价。因此，目前针对方便米饭的品质分析主要采用感官评价为基础，理化指标及仪器检测为辅的方法。

α-脱水方便米饭品质的评价体系和影响因素列于表 4-29。外观品质和风味的评定方法为感官评价。一般认为，α-脱水方便米饭感官状态的差异是由于不同生产工艺条件下，米饭在糊化和脱水过程中直、支链淀粉的凝集程度不同而产生的。复水性的评价指标主要为复水率和复水时间。复水率指复水一定时间后米饭湿重与未复水时干重的比值，反映复水后的米饭与新鲜米饭的相似程度；复水时间为方便米饭复水到一定条件（一般为接近新鲜米饭的感官状态）所需的时间。国内研究发现采用 TPA 模式对冻干方便米饭样品进行穿刺实验，发现感官指标与 TPA 实验的 hardness 和 adhesiveness 两项指标呈极显著的负相关。

表 4-29　α-脱水方便米饭品质评价体系和影响因素

品质	评价指标	主要影响因素
复水前外观	米粒的完整性、色泽、硬度、结团现象、产品的包装	干燥方式、包装方式、浸泡时间
风味	滋味、香气	干燥方式、干燥时间、复水温度、复水时加水量、复水时间
复水性	复水率、复水时间、黏度、硬度、米汤的 pH、生熟度	干燥方式、复水温度、加水量
营养组成	蛋白质、淀粉、维生素等的含量	干燥方式、米种
储运性质	货架期、运输过程中的损耗、产品含水量	干燥时间、包装方式

2. 非脱水方便米饭品质评价

研究发现，对于速冻方便米饭，质构仪分析指标中的硬度、黏着性和胶黏性与感官指标中的咀嚼性、黏弹性和松散性有极显著相关性，可以采用 TPA 模式，通过仪器分析测定相关质构值来表示感官评分中相关指标的好坏。同时，理化指标中的直链淀粉含量、胶稠度和碱消值都与感官评分有极为密切的关系，其值大小是影响速冻方便米饭品质的关键因素，直链淀粉含量、胶稠度较低，碱消值较高的原料适合用于速冻方便米饭的制作。

冷冻米饭品质的评价方法主要通过感官评价和仪器分析来实现。不同原料大米制作的冷冻米饭以气味、形态、黏性、弹性、硬度、滋味和综合品质为指标进行感官评价。除弹性指标外，在 TPA 模式下，硬度、黏着性、内聚性、胶黏性、耐咀性等指标可反映不同原料米制作的冷冻米饭的质地差异，可作为评价米饭质地特性的客观指标。但为了克服感官评价的不稳定性，使用仪器测定冷冻米饭质地的主要目的就是寻找可以替代感官评价的参数，当然往往需要多个参数来综合衡量一个感官评价的指标，这样将使米饭品质的评价更为准确可靠，并在一定程度上简化评价的工作量。对十种不同原料米制作的冷冻米饭的感官评价指标与质地指标的相关性分析结果表明，质构仪 TPA 模式下测定的硬度指标与感官评价的综合得分有极显著的负相关性（$P < 0.01$），而黏着性指标与感官的综合得分有极显著的正相关性（$P < 0.01$），因此可以将质构仪 TPA 模式下测定硬度与黏着性指标作为评价冷冻米饭品质的推荐指标。

（三）质量标准和控制

目前我国只有安徽省颁布了脱水干燥型方便米饭的地方标准(DB34/T 1112—2009)。其中,规定了原辅料要求、感官要求(表4-30)、理化指标(表4-31)、微生物指标(表4-32)、食品添加剂和净含量。

表 4-30　地方标准(DB34/T 1112—2009)中脱水干燥型方便米饭感官要求

项目	要求
色泽	具有该产品应有的、基本均匀一致的色泽
气味、滋味	具有本产品应有的气味和滋味,无酸味、霉味及其他异味
口感	口感正常、不黏牙、不牙碜
杂质	无正常视力可见杂质

表 4-31　地方标准(DB34/T 1112—2009)中脱水干燥型方便米饭理化指标

项目	指标
水分/%	≤10
铅(以 Pb 计)/(mg/kg)	≤0.2
无机砷(以 As 计)/(mg/kg)	≤0.15
黄曲霉素 B_1/(μg/kg)	≤5

表 4-32　地方标准(DB34/T 1112—2009)中脱水干燥型方便米饭微生物指标

项目	指标	
	米饭	米饭和料包
菌落总数/(cfu/g)	≤1000	≤50000
大肠菌群/(MPN/100g)	≤30	≤150
致病菌(沙门氏菌、志贺氏菌、金黄色葡萄球菌)	不得检出	

（四）最新研究进展

1. 蒸煮条件及回生处理对方便米饭消化特性的影响

考察蒸煮方式及回生处理对方便米饭体外消化率的影响。实验利用不同蒸煮条件及回生时间处理低直链淀粉含量和高直链淀粉含量的不同品种大米,制备得到具有不同性质的方便米饭,并研究了方便米饭快消化淀粉(RDS)、慢消化淀粉(SDS)和抗性淀粉(RS)的含量差异及其体外消化率。结果表明,相对于电饭锅蒸煮,采用常规方式蒸煮,即控制米水 1:1,86℃蒸煮 28min 制备的方便米饭 RDS 含量得到极大的降低,SDS 含量明显的升高($P < 0.05$)。回生处理可以显著地降低方便米饭 RDS 含量。与此

同时，实验发现低直链淀粉含量品种的米饭含有较低的 RDS 含量、较高的 SDS 和 RS 含量，高直链淀粉含量品种的米饭则含有较低的 SDS 和较高的 RS 含量。通过控制蒸煮和回生条件，可以得到淀粉消化率低的方便米饭，对肥胖及高血糖人群健康有积极作用(龙杰等，2018)。

2. 抑制米饭回生技术

随着经济发展和人们生活水平的提高，在外就餐比例不断提高，中央厨房、集体给食中抑制米饭回生已成为提高米饭食味品质的关键技术点。在蒸煮米饭的过程中，大米吸水膨胀致使淀粉粒晶体结构被破坏，进而淀粉糊化，米饭在环境中失水降温，使不规则的淀粉分子向有序化转变，这个过程称为回生。米饭回生是影响食味品质的重要原因。回生分为两个阶段，即直链淀粉的短期回生和支链淀粉的长期回生。本书建立了米饭食味品质和质构特性相关性模型，并应用此模型优化米醋、蔗糖和芝麻油这三种辅料配方抑制米饭回生，同时进行储藏试验，找到在储藏过程中回生程度不同的样品并进行米饭回生度的对照试验，进一步以机理的角度验证模型的可行性，并找到较合适的储藏条件，具体研究内容如下。

(1)优化大米的蒸煮工艺，以感官评价为响应值进行正交试验，优化出的米饭蒸煮的工艺条件为：米水比例为 1∶1.8；蒸煮 35min；浸泡 35min(刘思含，2017)。

(2)米饭食味品质与质构特性的相关性模型的建立。在此研究中，分别或混合添加相应的辅料：蔗糖、芝麻油、米醋，或者进行不同温度的储藏处理，改变米饭的食味品质和回生程度。将不同条件下米饭的质构特性和食味值联立建立模型方程，通过 SPSS 计算得出，二者相关性达到 93.5%，达到极显著水平(刘思含，2017)。

(3)米醋、蔗糖和芝麻油抑制米饭回生的研究结果表明其最优配方为：添加米醋 7.50%，蔗糖 8.40%，芝麻油 1.76%。在此条件下通过模型得到的米饭的食味预测值为 65.80，原味米饭的食味预测值为 51.82，相比提高了 26.97%。根据已得到的食味值预测模型，测定添加不同辅料的米饭的质构特性，得到食味预测值作为响应值。当共同添加三种辅料时，淀粉分子表面的油膜可以维持淀粉分子内部结构，延缓淀粉分子之间的水分的流出，维持淀粉分子的簇状结构，同时，米醋中的 CH_3COO^- 和蔗糖，都能够延缓淀粉分子链迁移速率，添加三种辅料能够使淀粉分子内外共同作用，抑制回生，提高米饭食味品质(刘思含，2017)。

(4)变温储藏对米饭的影响。变温储藏经历了快速降温处理和恒温储藏两个阶段。根据已得到的食味值预测模型，测定米饭的质构特性，在快速降温处理时，当快速降温至 5℃之后的恒温储藏中，米饭的食味品质较好。添加最优辅料和原味米饭的食味值为 82.79、64.26。此后依次进行 15℃、20℃、25℃的恒温储藏，结果发现，在恒温储藏过程中，米饭样品均呈现先升高后降低、再升高随后下降的状态。当快速降温至 5℃之后进行 20℃的恒温储藏时达到两个最高点时间较延后，并且添加辅料与原味米饭的食味预测值均呈现最高状态，根据延缓淀粉回生机理，表明其能够更好地延长回生，为较好的变温储藏条件。同时，将此条件下储藏过程中的米饭测定回生值，进一步验证模型的可行性(刘思含，2017)。

3. 日本拟改进方便米饭包装推动大米海外消费

为支持只需要通过微波炉或热水加热食用的"盒装方便米饭"，日本农林水产省将通过补贴鼓励企业改进塑料容器，在保持大米口味和品质的前提下，大幅延长盒装方便米饭的保质期。报道称，此举可以延长盒装米饭的上架时间，能有效挖掘盒装米饭的市场需求，最终有利于扩大日本产大米在海外的消费。盒装方便米饭从生产到保质期的时间一般在半年到 10 个月左右。通过改进塑料容器及包装材质，防止光与空气进入包装盒内，抑制包装盒老化，有望将盒装方便米饭有效期延长到 1 年以上。盒装方便米饭出口的话，船运到通关手续需要耗费 1～3 个月，最终会压缩盒装方便米饭在国外的上架时间，造成国外上架时间比日本国内要短，甚至给零售商带来降价的压力。如果能成功改进盒装方便米饭包装延长保质期，日本农林水产省认为能够扩大海外的零售店数量，增加日本产盒装方便米饭在海外的销售。目前，日本农业食品产业技术综合研究机构联合新潟县食品商家已经开始着手研究改良容器，预计将在 2021 年拿出成果。同时，日本农林水产省对研究项目给予补贴。盒装方便米饭不需要使用电饭锅，能保持相对稳定的味道，是其重要的特色。盒装方便米饭不会受到出口对象地区的植物检疫，几乎可以出口到任何国家或地区。

二、发芽糙米

发芽糙米是先将糙米发芽至一定芽长，然后再加工得到的由幼芽和带糠层的胚乳所组成的糙米制品。发芽不仅增加米粒的营养含量，还使发芽制品具有了一定的特殊功效。据《本草纲目》记载，谷芽有甘平、健胃、开胃、下气、消食之功效，助消化而不伤胃气。

糙米在适宜条件下进行发芽的过程中，大部分内源酶被激活，发生了系列生理变化，米粒组织逐步软化，籽粒中不溶于水的物质在酶的作用下转化为可供胚利用的游离型物质，淀粉在淀粉酶的作用下转化成小分子糖类；植酸盐在植酸酶作用下，不仅解除植酸与矿物质的结合，使其更容易被人体吸收，且水解产生具有预防脂肪肝和动脉硬化功效的生理活性成分肌醇；纤维素和半纤维素经酶解后，不仅口感改善，且更易被人体消化吸收；米胚中蛋白质在水解酶作用下生成大量氨基酸，其中 L-谷氨酸在辅酶 PLP 的作用下，经谷氨酸脱羧酶(glutamate decarboxylase，GAD)催化在谷氨酸脱羧酶的作用下生成 γ-氨基丁酸(GABA)，已报道发芽糙米中 GABA 的含量可达糙米的 2～5 倍，此外更富集了六磷酸肌醇、谷胱甘肽、γ-阿魏酸、GABA 谷维素、二十八烷醇等功能性成分。

日本长期以来比较重视稻谷深加工产品与技术的发芽，发芽糙米最早的商品化技术是日本农林省中国农业实验场与食品研究所 1997 年联合开发的。日本近二十年已先后开发出米胚芽、糙米滋补健康饮料、发芽糙米酒、发芽糙米药膳粥等系列发芽糙米产品，市场推广非常成功。例如，日本石井食品公司向市场推出了以发芽糙米为主原料的四种药膳粥（"南瓜鸡肉药膳粥""小豆惹素米药膳粥""墨斗鱼西红柿药膳粥""牛芬药膳粥"），调味剂选用海水无机盐成分丰富的盐，产品通过高温、高压灭菌后进行软包装。食用前只需用热水或微波炉稍加热即可开袋食用，而且可在常温下储存。在日本还有以发芽糙米为原料开发研制比白米饭更具营养价值及食用方便性的软罐头米饭。近年来，不同系列发芽糙米制品在我国台湾和香港等地区已陆续面世，北京、辽宁、江浙等省市已有专业生产发芽糙米的工厂，已报道的糙米食品主要有发芽糙米、谷芽营养米粉、发芽糙米饮料、发芽糙米酸奶、发芽糙米味噌、发芽糙米面包、发芽糙米片、发芽糙米茶等。发芽糙米及其深加工制品作为一种新型功能食品与配料，在国内主食创新领域和保健食品市场必将占有一席之地。

发芽后的糙米使糠层纤维被酶解软化，从而改善了糙米的蒸煮、吸收性。发芽糙米实质上是糙米活化，糙米芽体是具有旺盛生命活力的活体。发芽糙米的芽长为 0.5～1mm时，大米的营养价值处于最高状态，其营养价值超过糙米，更远胜于白米。

（一）加工工艺技术

1. 加工工艺流程

目前，发芽糙米可以加工出湿式和干式两种产品。其工艺流程如下所示。糙米经清理、筛选和消毒后，在一定温度的浸泡液中浸泡一定时间，然后在一定温度和相对湿度的环境下发芽，达到发芽要求后，可将发芽好的糙米直接干燥，也可用 75～80℃的热水钝化发芽好的糙米，再将其干燥至 14%～15%的含水量，从而生产出发芽糙米。其中，糙米发芽是该技术的核心部分。

糙米筛选 → 清洗灭菌 → 浸泡 → 发芽 → 终止发芽 →　→ 干燥包装（干式产品）
　　　　　　　　　　　　　　　　　　　　　　　　　　 → 包装冷藏（湿式产品）

2. 加工工艺要点

1）原料选择

糙米的发芽力、呼吸速率和淀粉酶活力以及淀粉等储藏物质的降解速度因粳稻品种不同而异，在比较了江苏省主栽的粳稻品种（'南农 4 号'、'南粳 39'、'镇稻 99'和'扬粳 687'）的糙米发芽力及发芽期间主要物质含量差异，其结果表明，'南农 4 号'发芽率最高，淀粉降解速度快，还原糖、水溶性蛋白质和游离氨基酸含量高。4 个粳稻品种的糙米发芽势与总淀粉酶活力、还原糖、水溶性蛋白质和游离氨基酸之间呈高度正相关，而与淀粉保留量呈显著的负相关，可见，不同粳稻品种的糙米发芽势可作为判断其发芽特性的一个重要的参考指标。其他研究人员发现，4 个品种的糙米在相同条件下培养时，其发芽率各不相同：'丰优香黏'糙米的发芽率最高，'中优 117'糙米次之，'Q 优 108'糙米第三、'泰优糙米'的发芽率最低。

2）灭菌

糙米在发芽过程中，由于高水分含量及适合的环境温湿度条件，微生物易大量滋生，成为长期困扰发芽糙米生产的难题。目前常用次氯酸钠对糙米原料先进行灭菌处理。但本课题组的研究发现，臭氧的灭菌效果也很好，适合工业化生产使用。

3）浸泡

浸泡的目的是提高糙米的吸水率、缩短浸泡时间、严格控制浸泡温度和浸泡时间。经实验研究发现，糙米的吸水率与浸泡温度、浸泡时间及浸泡溶液有关系。

a. 浸泡温度

通常吸水速度随浸泡温度的升高而加快，提高温度可使糙米加快达到饱和水分，所以提高浸泡温度可缩短浸泡时间；但浸泡温度也不能过高，以免表层淀粉糊化，或是热溶性物质流失，浸泡温度不应超过 40℃。

b. 浸泡时间

糙米吸水率随浸泡时间的延长而增加，初始吸水速度很快，但一定时间后达到饱和，即使时间再延长，也只是糙米胚芽鼓出，开始发芽，并且浸泡液变浑，会产生潲味。所以，浸泡时间与浸泡温度应联系起来，掌握一个好的火候。

c. 浸泡溶液影响

通过用不同溶液对糙米吸水特性进行研究，发现在不同的溶液中浸泡，只是前 2～4h 对吸水率有影响。随时间的延长，最后的吸水率基本相差不大。

此外，采用浸泡的方式增加糙米水分必然会使糙米爆腰率增高，这可能影响产品质量且不利于产品的进一步加工利用。另外，为了避免浸泡时糙米发酵和变质，需要使用消毒剂，这对发芽糙米生产的安全管理提出了更高的要求。

d. 发芽

糙米发芽条件根据原料种类和浸泡情况会有所不同。通常情况下，糙米发芽需要的发芽温度在 30～40℃。发芽中的湿度由于受仪器条件的限制，需要有一定的湿度较好。根据我们的实验结论，通过适当改变发芽条件，发芽时间（此时发芽率最高）可以控制在 12h 以下。

e. 干燥

从干燥前后发芽糙米营养成分、加工性能和色泽的变化来看，以真空冷冻干燥最理想，其次是微波干燥和普通热风干燥。

糙米的发芽处理包括了浸泡和发芽两个关键性工序，但从糙米生理生化变化角度来看，浸泡和发芽过程又是连为一体的。糙米的生命活动通常在浸泡过程中就开始了，发芽使生命活动进一步加强。目前，国内外促使糙米发芽的方法主要有两种：①利用糙米自身的发芽功能，此种方法不仅环保，而且简便，非常适合小规模生产。②利用生物化学物质促使糙米发芽。促进糙米发芽常用的生物化学物质是以赤霉素、钙离子、$NaHCO_3$ 为浸泡液，不仅缩短了时间，而且提高了糙米的发芽势、发芽率、芽长、活力指数、发芽指数和淀粉酶活力，此种方法很适合企业进行大规模的发展。但是，采用生物化学物质进行处理在试剂残留以及安全性方面存在隐患，同时处理起来也非常烦琐。这两种方法都不是理想的处理办法，还需进一步研究。

（二）品质评价

1. 发芽率和 γ-氨基丁酸（GABA）含量

1）影响因素

发芽率是评价发芽糙米的典型指标，而发芽糙米的重要特征就是富含 GABA。当芽长在 1mm 左右时，GABA 的含量最高。但随着萌芽时间的延长，GABA 有可能会在 GABA 转氨酶的催化下与丙酮酸发生转氨作用，生成琥珀酸半醛和丙酮酸，使 GABA

含量下降。

发芽糙米的质量与糙米原料和生产工艺条件直接相关。为了获得高品质的发芽糙米，科研人员分别从原料的筛选、浸泡、萌芽工艺条件的优化，干燥条件的改善等方面进行了探索。糙米在未发芽之前含有微量的 GABA，随着发芽过程的进行，糙米内的蛋白酶和谷氨酸脱羧酶等被大量活化，使生成 GABA 的速率加快，发芽糙米中 GABA 含量也不断增加，但发芽糙米中 GABA 含量与其发芽率之间并不存在相关性。

a. 原料品种

发芽用原料糙米应选用籽粒饱满、粒质阴熟、由当年收获的新鲜稻谷，经自然干燥至标准水分后加工成糙米。具体要求如表 4-33 所示。

表 4-33　发芽用糙米的质量标准

品质	指标
杂质/%	≤0.5
	(其中: 磁性金属物、有害杂质、有碍卫生杂质不得检出)
不完善粒/%	≤2.0
	(其中: 霉变粒不得检出)
裂纹粒/%	≤15
黄粒米/%	不得检出
水分/%	≤14
容量/%	≥840
颗粒整齐度/%	≥80
发芽率/%	≥90
发芽势/%	≥95
色泽、气味	正常
稻谷粒/%	≤0.5

不同基因型和生态型糙米品种之间的发芽率、发芽前后 GABA 含量和 GAD 活力存在较大差异，已报道籼米 GABA 含量多数高于粳米，同时早稻高于中稻和晚稻，巨胚型高于普通品种。湖北省黄冈市农业科学院和华中农业大学联合进行高 GABA 产量及优良农艺性能的早籼稻品种选育工作，以高产 GABA 的黑米品种和'先恢207'和'绵恢725'为亲本进行多代杂交，2006～2009 年期间测定了包括已收集的对照品种共 239 份试验样品发芽前后的 GABA 含量、GAD 活力等指标，在此基础上，以 2010～2011 年期间收获的 3 批次共 164 份杂交组合水稻为原料，进一步筛选出高 GABA 含量的糙米品种，以及适用于制备发芽糙米的高 GABA 产量、高谷氨酸转化能力的 GAD 高活品种'10 冈 γ21'、'10 冈 γ20'、'10 冈 γ13'、'10Hγ37'、'10Hγ39'、'10Hγ32'、'10Hγ33'、'10Hγ42'、'10Hγ44'、'11Hγ08'、'12P^{24}I-7'和'12P^{19}I-2'等。另外，日本的巨胚水稻品种'海米诺里'、中国水稻研究所的品种'基尔米'、浙江大学诱变得到的巨大胚突变体'MH-gel'

都是 GABA 含量相对较高的品种。

　　用 1.0mmol/L Ca^{2+}+0.1mmol/L 赤霉素浸泡液处理收集的 20 种早籼糙米，处理前后发芽率见表 4-34。发芽率是选择原料的关键，发芽用糙米的质量标准显示发芽率在 90% 以上的糙米适合作为发芽糙米的原料。处理前所选稻种的发芽率范围在 58%～97%，其中包括'准两优 608'、'金优 233'、'两优 527'、'株两优 268'和'凌两优 942'，发芽率分别为 95%、95%、94%、97%、92%。处理后的糙米发芽率有明显的增加趋势，增加幅度为 2%～25%。发芽率在 90%以上的品种有'株两优 611'、'湘早籼 24'、'湘早籼 17'、'准两优 608'、'丰优 1167'、'浙福 802'、'金优 233'、'两优 527'、'株两优 268'、'株两优 211'、'T 优 167'、'湘早籼 42'、'凌两优 942'、'株两优 199'，这些品种在处理后的发芽率符合指标，可以进行下一步的筛选。

表 4-34　1.0mmol/L Ca^{2+}+0.1mmol/L 赤霉素浸泡液处理前后糙米发芽率

编号	品种	处理前发芽率/%	处理后发芽率/%
1	'中嘉早 17'	58±6.66	83±1.23
2	'湘早籼 45'	64±1.17	85±2.45
3	'华两优 164'	69±6.00	84±5.53
4	'株两优 233'	68±1.45	88±9.32
5	'株两优 611'	74±12.29	93±0.22
6	'湘早籼 24'	89±2.89	95±0.31
7	'湘早籼 17'	76±1.41	93±0.62
8	'准两优 608'	95±3.61	99±1.01
9	'丰优 1167'	72±3.21	90±1.04
10	'浙福 802'	76±5.29	92±0.97
11	'金优 233'	95±1.00	99±0.45
12	'两优 527'	94±1.53	98±0.35
13	'湘早籼 143'	71±6.03	89±1.23
14	'株两优 268'	97±0.58	99±0.45
15	'株两优 211'	87±8.74	95±0.07
16	'T 优 167'	79±3.06	95±1.45
17	'湘早籼 42'	80±8.08	95±0.16
18	'凌两优 942'	92±2.00	97±0.05
19	'株两优 199'	85±4.51	95±1.87
20	'株两优 819'	73±6.24	89±2.91

　　米胚芽富集 GABA 能力主要取决于其中的谷氨酸脱羧酶和蛋白酶的活性，因此，富集 GABA 要用新鲜的、具有良好发芽能力的稻米。而且不同水稻品种 GABA 生成量差

异很大。国内研究发现，GABA 生成量最大的'普黏 7 号'高达 170.2mg/kg，绝大部分品种 GABA 生成量在 50mg/kg 左右。

b. 砻谷方式

砻谷是将稻谷脱去颖壳制成糙米的过程。其中，采用的砻谷方式主要有胶辊砻谷和离心砻谷等。胶辊砻谷是目前最为常用的，是通过 2 个辊轴线速度的不同来达到脱壳目的；而离心砻谷机是通过高速旋转甩料盘使稻谷飞向冲击圈，受撞击而脱壳。我们比较了这两种砻谷方式所得糙米的发芽情况，探讨其中影响的原因。结果表明，离心砻谷所得糙米的发芽率显著高于胶辊砻谷所得糙米(表 4-35)，在发芽率达到 90%所需要的发芽时间，前者均比后者缩短 1～2h。同时，糙米浸泡 0～2h 的吸水率和 0～12h 的电导率值均是前者明显高于后者。对 2 种糙米胚部进行扫描电镜分析，离心砻谷所得糙米胚部表面纹路有被磨平的痕迹，胶辊砻谷机所得糙米胚部表面纹路深。由此可知，离心砻谷所得糙米的发芽情况优于胶辊砻谷的根本原因是前者得到的糙米胚部表层结构受损，使得糙米吸水能力增强、胚芽更容易冲破皮层以及氧气进入糙米的阻力减小。

表 4-35　两种砻谷方式下制得的糙米发芽情况比较

发芽方式	砻谷方式	发芽率						
		8h	9h	10h	11h	12h	13h	14h
条件 1	离心	56.8 ± 2.2^a	69.8 ± 1.7^a	80.5 ± 3.0^a	90.0 ± 1.4^a	—	—	—
	胶辊	34.3 ± 1.7^b	46.8 ± 1.3^b	54.0 ± 2.1^a	72.5 ± 2.1^b	83.0 ± 2.4^b	91.0 ± 0.8^b	—
条件 2	离心	51.0 ± 2.9^a	60.3 ± 1.7^a	78.0 ± 2.9^a	87.0 ± 1.6^a	94.3 ± 0.5^a	—	—
	胶辊	34.0 ± 1.6^b	44.5 ± 2.1^b	52.8 ± 1.0^b	64.8 ± 2.1^b	74.0 ± 3.7	84.0 ± 2.9^b	94.8 ± 1.5^b
条件 3	离心	68.0 ± 3.6^a	77.8 ± 3.1^a	87.3 ± 3.0^a	93.8 ± 1.5^a	—	—	—
	胶辊	56.5 ± 1.3^b	65.75 ± 1.7^b	76.5 ± 1.9^b	84.8 ± 1.0^b	92.5 ± 1.3^b	—	—

注：条件 1：无浸泡、无光、发芽温度 37℃、95%RH、10min/换气/1.5h；条件 2：无浸泡、4000LT、发芽温度 32℃、95%RH、10min/换气/1.5h；条件 3：浸泡时间 2h、无光、发芽温度 37℃、95%RH、不通气；上标不同字母表示 0.05 水平的显著性差异；"—"表示已终止发芽

c. 浸泡工艺

浸泡的目的是使糙米充分地吸水，进而便于发芽时内源酶能被充分激活，使胚乳中淀粉降解为糊精、还原糖等较小分子的糖类，蛋白质降解为水溶性蛋白质和较小分子的多肽、氨基酸等物质。稻谷发芽之前的浸泡可以提高发芽势和发芽率。通常要使稻谷的吸水达到饱和，以使发芽效果更好。浸泡后糙米的含水量如果低于种子发芽时的临界含水量，发芽率就会很低，甚至为零。

a) 浸种方法

糙米的浸种方法有两种：一种是直接浸种，另一种是间歇浸种。直接浸种：用两层纱布把种子包好，一直浸泡在水中，按不同时间处理后催芽。间歇浸种：用两层纱布把种子包好，浸泡在水中 3h 后晾种，而纱布尾仍在水中，保持吸水状态，3h 后完全泡在水中，根据要求处理不同次循环。有研究人员通过应用直接浸种和间接浸种两种方法，

对不同水稻种子进行发芽率的研究，结果表明种子用间歇浸种处理后，发芽率比直接浸种高。还有研究人员通过模拟农户单季杂交水稻生产的种子浸泡催芽过程中发现直接浸泡从类型分析，不换水对种子发芽影响，粳杂比籼杂大；从外观上看，浸种中途不换水，浸种 12h 后即出现白沫和异味，且随着时间的延长而加重。

b) 浸泡温度和时间

浸泡温度和时间对稻谷发芽影响较大。温度偏低则会延缓发芽，温度过高则会抑制发芽。只有在适宜的温度下才能促进糙米吸水，使酶促过程和呼吸作用加强，从而促进发芽。糙米发芽的浸泡温度一般为 15~40℃，以 25~30℃最佳。浸泡温度过高或者过低可能导致酶活降低，甚至失活，发芽率下降或者不能发芽，发芽糙米品质变差。在 25~35℃浸泡时，糙米浸泡时间一般为 8~12h。浸泡温度较低时可以适当延长浸泡时间。我们以早籼稻'株两优 233'为原料，经过砻谷机脱壳成糙米，研究了糙米浸泡时间和温度对发芽率的影响，如图 4-28 所示。可以看出，浸泡时间和温度对发芽率有显著的影响。浸泡温度在 30℃下浸泡 10h 发芽率最高，随着时间的继续延长，发芽率降低，而在 6~10h 时，其发芽率随着时间的延长而呈上升趋势，在 10h 以后发芽率呈降低趋势。这可能是浸泡时间过长会使营养物质损失过多，以及吸水过度，种子的细胞结构有不同程度的损害，进而营养物质不能顺利被吸收从而导致发芽率下降。在 35℃和 40℃下浸泡，其发芽率均随着时间的延长而提高，但发芽率增加幅度较小且最终发芽率较低。

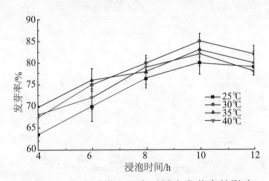

图 4-28 浸泡时间和温度对糙米发芽率的影响

c) 浸泡液

浸泡液中加入一些促发芽剂如赤霉素（GA_3）、钙离子等，能够诱导种子中 α-淀粉酶的形成，促进果实的早熟、打破被休眠的调控作用。除此之外，还有蛋白酶、核糖核酸酶和脂肪酶等活性激发。赤霉素是种子萌发的主要调节因子之一，在种子萌发中起着重要作用。GA_3 浸泡糙米能显著提高糙米的发芽势、发芽率、芽长、活力指数、发芽指数、淀粉酶活力、淀粉降解量、还原糖、溶性蛋白质和游离氨基酸含量。浸泡过程中添加不同浓度的 GA_3（0~0.20mmol/L），糙米发芽率先上升后下降，如图 4-29 所示，但均比不添加的样品要高，其中添加 0.1mmol/L GA_3 时发芽率最高。Ca^{2+} 可活化和稳定 α-淀粉酶分子，如果用透析法或络合法除去 α-淀粉酶中的 Ca^{2+}，则酶将失去活性。Mon 和 Jones 也证实了大麦糊粉层中 α-淀粉酶的分泌要有 Ca^{2+} 的存在。Ca^{2+} 对玉米籽粒活力有一定的影响，在一定范围内能够提高种子发芽率，但是超过一定浓度范围，促进作用减弱。研究表明，0.5～2.0mmol/L Ca^{2+} 浓度处理的糙米发芽率均高于无 Ca^{2+} 处理的样品，但随着 Ca^{2+} 浓度的增加，发芽率出现先升高再降低的现象，低浓度 Ca^{2+} 能提高糙米发芽率，随着 Ca^{2+} 浓度的升高，淀粉酶活力及淀粉等储藏物质的降解作用减弱（图 4-30）。当 Ca^{2+} 超过 0.15mmol/L 时，对糙米发芽产生抑制作用，因此选用 Ca^{2+} 最适浓度为 1.0mmol/L。另外，浸泡液的 pH 对发芽糙米的影响也很重要。Phantipha 研究随着浸泡液 pH 的降低，发芽糙米中还原糖含量、游离 GABA 含量、α-淀粉酶活力比糙米有很大程度的提高。

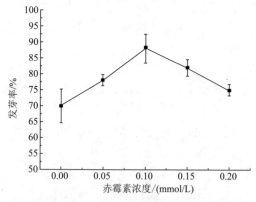

图 4-29　赤霉素浓度对发芽率的影响

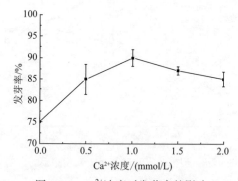

图 4-30　Ca^{2+} 浓度对发芽率的影响

d. 发芽工艺

糙米萌发过程中的温度、时间、光照、湿度和给水等条件均会影响发芽糙米的发芽率、GABA 的含量等品质。一定发芽温度范围内，糙米的发芽进程随温度升高和发芽时间的延长而加快，但是发芽温度过高会抑制糙米正常生理活动，引起各种内源酶失活，温度过低则会导致发芽缓慢。发芽时间过长容易引起糙米溶质的渗漏和微生物的繁殖生长。适合糙米发芽的温度也是多种微生物生长繁殖的最适温度，而且由于糙米去掉了谷壳的保护，易被微生物污染而长霉和出现异味。而如果采用不去谷壳进行发芽则发芽时间一般比较长。浸泡条件一定，发芽温度和发芽时间对糙米发芽率和 GABA 含量的影响见图 4-31。由图 4-31（a）可知，发芽温度 20℃时，糙米发芽率随着发芽时间的延长而略有增加。发芽温度在 25～35℃时，糙米发芽率随着发芽时间的延长而增加，且变化趋势相似。发芽温度 40℃时，糙米发芽率随着发芽时间的延长而增加，增加速度和程度比20℃时的大，而比 25～35℃时的小。表明温度过低(低于 20℃)时，糙米的内源酶酶活过低，不利于糙米的发芽；而当温度高于 40℃时，会引起一些内源酶的失活，严重影响发芽率。由图 4-31(b)可知，随着发芽时间的延长，发芽糙米中 GABA 含量逐渐增大，发芽温度为 30℃时，发芽 24h 之后，发芽糙米的 GABA 含量分别是未发芽糙米GABA 含量的 5.84 倍。发芽过程中糙米所含的被激活的 GAD 持续作用于谷氨酸，使得 GABA 逐渐累积，其含量随着发芽时间的延长而逐渐增大。在试验范围内，发芽温度 30～40℃下发芽糙米 GABA 含量最高。GAD 的催化作用与发芽温度密切相关，在较高的发芽温度(30～40℃)下，GABA 含量也较高，该温度范围有可能是糙米中 GAD催化反应的适宜温度。

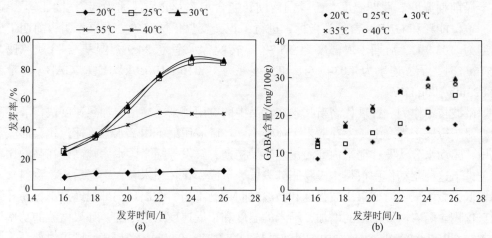

图 4-31　发芽温度和发芽时间对糙米发芽率(a)和 GABA 含量(b)的影响(郑理，2005)

发芽温度对糙米中谷氨酸脱羧酶活性影响较大,在适宜的温度下,发芽糙米中GABA含量在发芽初期迅速增加。有研究发现，通过连续发芽 31h，测试每小时 GABA 生成量，发现在发芽的最初 4h，GABA 生成率最大，随后生成增加量逐渐减少，至 16h 以后，增加量进一步减少，但与水稻种子新陈关系较大，如果是保存完好、芽势良好的种子，发芽到 20h，GABA 含量基本不再增加，如果芽势较差，则可能需要发芽至 36h，通过观察种子胚芽膨起程度，基本可以判断芽势强弱。芽势强的种子在发芽 12h 即可看到芽尖拱起，芽势弱的要到 20h 才能看到芽尖拱起，而且出芽率也较低。应选择谷氨酸脱羧酶活动最适 pH 作为标准，日本研究者认为谷氨酸脱羧酶活动的最适 pH 为 5.5，国内的研究结果显示 pH 4.0 时糙米中 GABA 生成量最大，但该试验中 pH 只是在开始进行了调整，随着发芽的进行，浸泡溶液 pH 发生了一定改变，未能进行动态调整。Ca^{2+}对糙米发芽过程中 GABA 的形成和积累有促进作用。

e. 干燥工艺

鲜发芽糙米含水量高，内源酶活力大，室温条件极易变质长霉，干燥是鲜发芽糙米加工的重要环节。常用的干燥方法有真空冷冻干燥、热风干燥、微波干燥、流化床干燥、滚筒干燥、远红外干燥和喷雾干燥等。每种干燥方式具有各自不同的优缺点与原料适用性，针对发芽糙米的原料特性和营养特点，研究其干燥方式和干燥条件成为研究开发发芽糙米产品的重要内容。

热风干燥是一种常用的、经济的干燥方法，但温度若控制不当，产品的色、香、味损失较大，热敏性营养成分或活性成分损失较大。发芽糙米的初始含水量较高，若采用较低的恒温干燥温度，由于干燥时间很长，干燥效率低、能耗增加、干燥加工的经济性较差；若采用较高的恒温干燥温度，在干燥后期，物料的温度会过高，将会对干燥品质产生不利的影响。因此，有研究提出采用变温干燥处理发芽糙米，即当发芽糙米水分含量比较高时，采用 90～120℃高温干燥，增大降水速率，提高干燥效率；当发芽糙米水分含量比较低时，采用 40～70℃的较低温度干燥，降低降水速率并确保发芽糙米的温度不会长期超过 60℃，以保证产品的品质。有研究人员利用热风干燥实验装置，以变温干燥前期温度、后期温度、干燥前后期转换含水率及介质风速为四因素，以干燥速率、单位能耗和 GABA 含量为指标，进行了正交变温干燥实验。结果表明，前期干燥温度为 103.9℃、后期干燥温度为 55.7℃、转换含水率为 34.9%（湿基）、介质风速为 3.57m/s 时，干燥速率为 4.034%/h、单位能耗为 12.816×10^3kJ/kg H_2O、GABA 含量为 70.823mg/100g DW。

微波技术作为一种现代高新技术在食品中的应用越来越广泛，加热速度快，节能高效。对于微波干燥，由于发芽糙米个体较小，在微波照射下内部水分迅速汽化会形成蒸汽压，驱动水分从发芽糙米内部溢出。干燥初期，鲜发芽糙米含水率较高，在高的比功率条件下这种驱动作用很强，极易胀破表层，形成膨化坏损米粒；干燥后期，物料含水率较低，微波干燥时如果微波强度和微波时间控制不当，会出现局部温度过高，易导致物料焦糊。随着微波功率的增加，糙米的温度和干燥速度随之增加。如果微波的功率被控制在 0.05～0.09kW/kg 范围内，风速被控制在 0.12～0.20m/s 范围内，则可以保证不出现爆腰和发芽率降低等质量问题。通过对发芽糙米的干燥工艺进行研究，发现微波干燥条件下，微波功率比干燥时间对 GABA 含量的影响更为显著，热风干燥时间比热风温度对 GABA 含量的影响更为显著。

2）检测方法

对每个试验糙米发芽的粒数进行计数，计算其中已发芽的粒数占供试糙米总粒数的百分数，即为发芽率。每个试验测 3 个平行。

基于 Berthelot 显色反应，研究了快速测定糙米中 GABA 含量的比色法。由于 GABA 对电化学和紫外-可见光的不灵敏性，因此用直接方法进行测定比较困难。目前，国内外测定发芽糙米中 GABA 的高效液相色谱（HPLC）方法多采用邻苯二甲醛（OPA）与氨基酸发生衍生化反应，经过 HPLC 分离紫外检测。

2. 微生物含量

糙米在不同的浸泡温度下，浸泡液的总菌数变化趋势受到浸泡时间的长短和温度高低两方面因素的影响。随着浸泡时间的延长，总菌数增加；浸泡温度越接近细菌的最适温度，由于微生物生长繁殖的速度加快，总菌数在浸泡初期的增长速度加快。但是，不同的浸泡温度浸泡结束时的数量比较接近。

糜米在发芽后，外观和风味都出现明显的变化。发芽前糜米为浅棕色，略透明，发芽后变为不透明的白色，由于发芽环境利于微生物的生长，随着发芽时间的增加，微生物大量增殖。从而使发芽糜米散发出难闻的酸臭味，不能食用。在发芽过程中，发芽糜米的总菌数含量呈现先下降、后上升的趋势，但变化范围不大，总体变化较为平稳；真菌总数呈现先上升、后下降的变化趋势，真菌总数中以酵母菌为主。随着发芽时间的延长，其变化趋势基本平稳，中期稍有增长；糜米发芽过程中，霉菌极少见。

由此可以看出，今后在发芽糜米的生产过程中，需要在糜米浸泡和发芽阶段分别采取适宜的措施，控制微生物的生长，保证发芽糜米的微生物安全。在浸泡过程中，可以通过控制浸泡温度、浸泡时间，调整浸泡液的酸度等方式来控制糜米浸泡过程中总菌数的增长，保证低水平微生物含量，为发芽过程的顺利进行奠定基础。在发芽过程中，采取适宜的措施，在控制发芽过程中微生物总数的同时，控制酵母菌的生长繁殖，减少由于酵母的无氧代谢而造成的酒精味和其他损失。

3. 芽长

芽长不同，发芽糜米的营养保健成分含量也会不同。芽长2.5mm左右的发芽糜米适合于一般健康体质的人群，可预防普通的传播性疾病、清理肠道；在发芽顶点停止发芽的发芽糜米适合瘦弱体质的人群，其营养价值达到了最高峰。日本农林省中国试验场、农林省食品研究所称述其开发的发芽糜米芽长为0.5～1mm，此时其营养价值处于最高状态。

随着糜米萌芽时间的延长，糜米芽长增加。尤其是在温度较高的培养箱进行萌芽时，芽长增加得比较快，这与酶的活性有关，所以只要在酶活性范围内，温度高更有利于糜米发芽。在初始时间内芽长增加的速度相对比较快，尤其是在0.5～1mm范围时；当超过2mm时，芽长增加得非常缓慢，但是芽长并非越长越好。

（三）质量标准和控制

目前，国内有江苏省2013年6月10日实施的相关地方标准DB32/T 2309—2013《发芽糜米通用规范》，以及2012年7月12日湖南省益阳市东源食品科技有限公司获通过的发芽糜米食品安全企业标准，尚未有发芽糜米相关的行业和国家标准。国外，日本的发芽糜米加工、生产和消费走在世界前列，有多个发芽糜米的认证标准，如発芽玄米の認証基準——平成21年11月25日农安第1897号和JAS有机发芽糜米认证等。近年来，由于没有相应的国家标准和行业标准，许多生产企业和相关监管部门无法正确认识这一新型健康主食产品，不利于发芽糜米产业发展，应迅速建立该产品标准，明确产品发芽率、微生物和GABA含量等关键性指标。

（四）最新研究进展

1. 糜米发芽前后营养成分的变化及其对发芽糜米糊化特性的影响

1）发芽糜米主要营养成分的测定

24个品种发芽糜米的主要营养成分如表4-36所示，水分含量为12.79%～13.34%，总淀粉含量为 66.22%～74.22%，直链淀粉含量为 14.56%～23.19%，总蛋白含量为 4.25%～11.20%，可溶性蛋白含量为 0.39%～0.99%，粗脂肪含量为 1.71%～3.40%，纤维素含量为 2.25%～3.99%，GABA 含量为 0.35～2.42mg/g。结果显示，糙米发芽后，总淀粉含量极显著下降($P<0.01$)，可溶性蛋白、纤维素和 GABA 的含量极显著上升($P<0.01$)，直链淀粉、总蛋白和粗脂肪含量变化不显著($P>0.05$)。其中，'两优培九'发芽糙米的总淀粉含量变化最大，由 74.39%下降到 69.44%，降幅达 6.65%；'中嘉早 17'发芽糙米的直链淀粉含量变化最大，由 25.44%下降到 22.01%，降幅达 13.48%；'湘晚籼 13'发芽糙米的总蛋白含量变化最大，由 7.10%下降到 4.25%，降幅达 40.14%；'玉针香'发芽糙米的可溶性蛋白含量变化最大，由 0.22%上升到 0.99%，增幅达 3.50 倍。'株两优 189'发芽糙米的纤维素含量变化最大，由 2.07%上升到 3.99%，增幅达 92.75%；'扬两优 6 号'发芽糙米的 GABA 含量变化最大，由 0.62mg/g 上升到 2.42mg/g，增幅达 2.90 倍。24 个品种中，'扬两优 6 号'、'星 2 号'和'丰两优 6 号'的发芽糙米 GABA 含量都高达 2mg/g 以上，适宜生产 GABA 营养粉及其功能性食品。

表 4-36　发芽糙米的主要营养成分含量

品种	水分含量/%	总淀粉含量/%	直链淀粉含量/%	总蛋白含量/%	可溶性蛋白含量/%	粗脂肪含量/%	纤维素含量/%	GABA含量/(mg/g)
'湘早籼 45'	13.12±0.10^a	69.01±1.12^{de}	15.22±0.15^j	9.39±0.12^d	0.46±0.01^f	2.66±0.15^{de}	2.25±0.09^f	0.78±0.24^e
'湘早籼 46'	12.85±0.23^b	70.90±0.42^c	14.99±0.21^{jk}	10.08±0.20^c	0.40±0.04^{gh}	2.71±0.02^d	2.84±0.18^{cd}	1.12±0.09^{cd}
'中嘉早 17'	12.99±0.12^{ab}	71.22±1.07^{bc}	22.01±0.26^b	5.64±0.13^i	0.40±0.05^{gh}	3.09±0.12^{ab}	2.68±0.02^d	1.11±0.08^d
'中嘉早 32'	13.07±0.15^{ab}	68.91±1.55^{de}	23.19±0.24^a	5.33±0.07^j	0.45±0.04^{fg}	2.45±0.07^e	2.45±0.12^{de}	0.65±0.04^{ef}
'株两优 173'	13.18±0.24^a	69.24±1.11^{de}	21.06±0.15^c	6.54±0.06^h	0.55±0.01^d	1.89±0.09^{gh}	3.42±0.15^b	0.71±0.05^e
'株两优 189'	12.92±0.10^{ab}	71.11±2.05^{bc}	18.43±0.08^f	7.95±0.15^e	0.45±0.02^{fg}	1.76±0.42^{ij}	3.99±0.05^a	0.84±0.12^e
'株两优 4026'	12.88±0.10^b	69.99±2.02^{de}	20.12±0.05^d	7.20±0.19^f	0.51±0.02^e	1.99±0.15^{fg}	3.24±0.24^{bc}	0.43±0.01^h
'荣优 9 号'	12.92±0.04^b	72.95±1.27^{ab}	20.00±0.34^{de}	7.42±0.21^f	0.52±0.03^{de}	2.98±0.14^{bc}	2.98±0.15^{cd}	0.55±0.04^f
'湘晚籼 12'	13.12±0.21^a	68.42±1.22^{de}	14.91±0.24^{jk}	10.55±0.06^b	0.62±0.05^{cd}	3.21±0.10^a	3.00±0.25^{cd}	0.39±0.02^i
'湘晚籼 13'	13.01±0.22^{ab}	67.55±1.31^e	19.45±0.31^e	4.25±0.12^k	0.60±0.10^{cd}	3.01±0.20^{ab}	2.69±0.11^d	0.94±0.12^{de}
'农香 19'	12.86±0.05^b	69.05±1.34^{de}	16.12±0.29^i	8.45±0.35^e	0.65±0.12^c	3.14±0.15^a	2.93±0.15^{cd}	0.47±0.02^g
'丰两优 6 号'	12.79±0.10^b	67.56±1.99^e	15.09±0.08^j	9.41±0.06^d	0.49±0.02^{ef}	1.88±0.02^h	3.56±0.21^b	2.01±0.15^{ab}
'金优 207'	13.11±0.31^{ab}	67.99±2.93^{de}	20.12±0.22^d	6.90±0.02^g	0.51±0.04^e	1.89±0.03^{gh}	3.84±0.19^{ab}	1.92±0.07^b
'扬两优 6 号'	13.27±0.12^a	68.00±1.99^{de}	15.00±0.17^j	9.52±0.21^d	0.42±0.09^{gh}	1.71±0.02^j	3.82±0.13^{ab}	2.42±0.23^a
'五丰优 569'	13.00±0.08^{ab}	70.05±0.11^d	14.66±0.12^k	11.20±0.09^a	0.45±0.02^{fg}	1.85±0.03^{hi}	3.09±0.21^{bc}	0.65±0.04^{ef}
'两优培九'	13.09±0.10^{ab}	69.44±0.69^{de}	20.07±0.35^{de}	7.34±0.15^f	0.67±0.02^c	2.19±0.12^f	3.29±0.05^b	0.99±0.15^{de}
'丰优香占'	12.95±0.17^{ab}	71.91±1.15^{bc}	15.98±0.21^i	8.64±0.42^e	0.55±0.02^d	2.18±0.08^f	3.45±0.19^b	0.64±0.04^{ef}
'黄华占'	13.06±0.15^{ab}	73.10±0.26^a	17.01±0.25^h	5.92±0.14^i	0.88±0.06^b	3.40±0.21^a	2.61±0.02^d	1.05±0.02^d

续表

品种	水分含量/%	总淀粉含量/%	直链淀粉含量/%	总蛋白含量/%	可溶性蛋白含量/%	粗脂肪含量/%	纤维素含量/%	GABA含量/(mg/g)
'星2号'	12.95±0.11[ab]	72.22±0.18[b]	14.56±0.14[k]	5.91±0.06[i]	0.91±0.15[a]	2.99±0.05[b]	2.51±0.05[de]	2.31±0.02[a]
'玉针香'	13.22±0.21[a]	68.92±2.87[c]	14.98±0.19[jk]	10.21±0.54[bc]	0.99±0.01[a]	2.81±0.04[c]	3.08±0.09[c]	0.47±0.02[g]
'长粒香'	13.02±0.17[ab]	69.01±2.35[de]	16.20±0.02[e]	8.42±0.11[e]	0.94±0.05[a]	1.79±0.01[i]	3.92±0.10[ab]	0.56±0.04[f]
'五优稻2号'	13.34±0.25[a]	68.89±3.14[de]	17.94±0.15[g]	8.02±0.39[e]	0.51±0.02[e]	1.90±0.15[gh]	3.44±0.09[b]	0.69±0.12[ef]
'稻花香2号'	13.01±0.12[ab]	74.22±1.02[a]	15.34±0.21[j]	9.16±0.15[de]	0.43±0.01[g]	1.95±0.03[gh]	3.33±0.03[b]	1.27±0.05[c]
'武运粳7号'	13.13±0.24[a]	66.22±0.25[e]	15.24±0.19[e]	8.34±0.22[e]	0.39±0.02[h]	3.13±0.24[ab]	2.44±0.02[e]	0.35±0.02[i]

注：同列数据上标字母不同表示差异显著（$P<0.5$）

糙米发芽后，总淀粉和直链淀粉含量下降可能是由于发芽激活了糙米中的淀粉酶，如 α-淀粉酶、β-淀粉酶、脱支酶、α-葡萄糖苷酶等，这些酶可使淀粉降解成寡糖，提供部分糖类作为种子发芽所需能量来源。总蛋白含量下降和可溶性蛋白含量成倍增加的原因可能是，发芽前期糙米中蛋白酶活力增强，使得溶解性较差的谷蛋白水解为可溶性的低分子量蛋白或氨基酸。纤维素含量增加可能是因为糙米中还含有纤维素酶、半纤维素酶、脂肪酶等，在这些酶的共同作用下，纤维素等储藏性大分子物质被部分水解而释放出来。而大量研究已表明，非蛋白氨基酸 GABA 成倍增加的原因是，发芽处理激活了糙米中的谷氨酸脱羧酶，谷氨酸脱羧酶以糙米自身所含的以及蛋白质不断水解形成的谷氨酸为底物，形成大量的 GABA。

不同品种的糙米发芽后，GABA、可溶性蛋白、粗脂肪、总蛋白、纤维素、直链淀粉等主要营养成分的相对标准偏差分别为 62.16%、31.58%、23.60%、22.54%、16.13%、15.24%，这表明不同品种的发芽糙米的营养组成仍然具有十分明显的差异（吴晓娟等，2017）。

2）发芽糙米糊化特性的测定

稻米及其制品的糊化特性一直是反映其食用品质的重要指标之一，发芽糙米的糊化特征数据如表 4-37 所示，不同品种发芽糙米的最低黏度、回生值、最终黏度、衰减值、峰值黏度的相对标准偏差分别为 45.22%、44.30%、44.21%、31.59%、31.02%，品种间差异十分显著，而不同品种发芽糙米的峰值时间和糊化温度差异较小。其中，'中嘉早32'发芽糙米的峰值黏度和最低黏度最大，分别为 1941cP 和 1500cP；'五丰优 569'发芽糙米的峰值黏度、最低黏度和最终黏度最小，分别为 615cP、280cP 和 719cP；'株两优 173'发芽糙米的最终黏度最大，为 3210cP。衰减值是峰值黏度与最低黏度的差值，可以反映淀粉或米粉的热糊稳定性；回生值是最终黏度与最低黏度的差值，可以反映淀粉或米粉的冷糊稳定性。'两优培九'发芽糙米的衰减值最大，为 890cP，表明其热糊稳定性较差；而'五丰优 569'发芽糙米的衰减值最小，为 355cP，表明其热糊稳定性相对较好。'株两优 173'发芽糙米的回生值最高，为 1800cP，表明其冷糊稳定性差，易于老化；而'五丰优 569'、'星 2 号'和'湘晚籼 12'等品种的发芽糙米回生值都在 500cP

以下，表明其冷糊稳定性好，不易老化，适于制作方便米饭等食品。

表 4-37　发芽糙米的糊化特征值（吴晓娟等，2017）

品种	峰值黏度/cP	最低黏度/cP	衰减值/cP	最终黏度/cP	回生值/cP	峰值时间/min	糊化温度/℃
'湘早籼 45'	1265±50[e]	755±22[g]	510±13[e]	1652±85[g]	897±11[e]	5.80±0.11[b]	90.55±2.42[a]
'湘早籼 46'	1161±35[f]	717±35[g]	444±24[fg]	1540±46h	823±12[g]	5.73±0.06[b]	90.55±1.07[a]
'中嘉早 17'	1912±66[ab]	1155±42[d]	757±13[c]	2819±50[d]	1664±23[b]	6.00±0.18[ab]	84.95±0.05[c]
'中嘉早 32'	1941±57[a]	1500±29[a]	441±24[fg]	3072±99[bc]	1572±29[c]	5.87±0.18[ab]	82.45±2.11[de]
'株两优 173'	1909±54[ab]	1410±33[b]	499±26[ef]	3210±27[a]	1800±26[a]	6.13±0.12[a]	81.70±2.13[de]
'株两优 189'	1836±55[ab]	956±60[e]	880±12[a]	2182±96[f]	1226±19[d]	5.93±0.05[ab]	86.50±2.96[ab]
'株两优 4026'	1889±20[ab]	1103±21[d]	786±11[b]	2767±88[d]	1664±33[b]	5.93±0.06[ab]	84.90±1.11[c]
'荣优 9 号'	1840±45[ab]	1425±9[b]	415±23[g]	2945±24[c]	1520±61[c]	5.80±0.12[b]	83.30±0.59[d]
'湘晚籼 12'	670±21[g]	306±25[i]	364±20[h]	778±32[j]	472±10[l]	5.20±0.18[d]	82.35±0.64[de]
'湘晚籼 13'	1216±45[ef]	456±14[h]	760±23[bc]	1068±52[i]	612±4[i]	5.27±0.17[cd]	74.60±0.09[f]
'农香 19'	1494±38[c]	837±36[f]	657±23[d]	1727±33[g]	890±7[e]	5.40±0.02[c]	83.30±0.23[d]
'丰两优 6 号'	1251±57[ef]	473±18h	778±22[bc]	1096±35[i]	623±4[h]	5.27±0.14[cd]	74.35±0.45[f]
'金优 207'	1907±36[ab]	1152±8[d]	755±10[c]	2826±31[d]	1674±12[b]	6.00±0.18[ab]	84.90±0.23[c]
'扬两优 6 号'	1191±18[ef]	442±30[h]	749±28[c]	1039±22[i]	597±5[j]	5.27±0.22[cd]	74.30±0.77[f]
'五丰优 569'	615±56[g]	280±24[i]	335±17[h]	719±17[k]	439±6[m]	5.20±0.05[d]	83.30±0.25[d]
'两优培九'	1882±43[ab]	992±29[e]	890±24[a]	2238±12[e]	1246±12[d]	5.93±0.04[ab]	86.45±0.64[b]
'丰优香占'	1442±55[cd]	797±10[f]	645±30[d]	1661±45[g]	864±10[f]	5.33±0.12[c]	83.30±0.78[de]
'黄华占'	1846±20[ab]	963±18[e]	882±67[a]	2192±22[f]	1229±10[d]	5.91±0.21[ab]	86.47±1.00[ab]
'星 2 号'	662±21[g]	303±10[i]	359±8[h]	770±33[j]	467±19[l]	5.20±0.01[d]	82.42±1.95[de]
'玉针香'	701±53[g]	323±21[i]	378±10[gh]	814±20[j]	491±2[k]	5.20±0.01[d]	81.60±2.14[de]
'长粒香'	1770±55[b]	1321±28[c]	449±26[fg]	3107±66[b]	1786±37[a]	6.07±0.03[a]	83.35±0.27[d]
'五优稻 2 号'	1820±43[b]	942±40[e]	878±13[a]	2156±65[f]	1214±26[d]	5.87±0.11[ab]	86.45±0.09[b]
'稻花香 2 号'	1418±24[d]	799±14[f]	619±14[d]	1646±42[g]	847±7[f]	5.40±0.19[c]	83.35±1.02[d]
'武运粳 7 号'	1799±48[b]	1333±19[c]	466±19[f]	3115±50[b]	1782±21[a]	6.07±0.03[a]	81.55±1.05[e]

注：同列数据上标字母不同表示差异显著（P<0.5）

3）发芽糙米糊化特性与其淀粉组成的相关性分析

淀粉是稻米中最主要的营养成分，含量达 70%以上，与稻米及其制品的糊化特性和食味品质有密切关系。由表 4-38 可知，发芽糙米的峰值黏度、最低黏度和最终黏度与直链淀粉含量呈极显著正相关($P < 0.01$)，与支链淀粉含量、支链淀粉/直链淀粉呈极显著负相关($P < 0.01$)，这与已有研究报道的大米淀粉或发芽糙米淀粉的黏度与淀粉组成的关系截然不同。已有研究表明，大米淀粉或发芽糙米淀粉的峰值黏度与直链淀粉含量是呈负相关的，而与支链淀粉/直链淀粉呈正相关，即直链淀粉含量越低，支链淀粉/直链淀粉越大，峰值黏度越高。这可能是由于发芽糙米或者大米的糊化特性除了受淀粉组成影响外，也与蛋白质、脂类或内源酶活性等因素有关。

发芽糙米的回生值与直链淀粉呈极显著正相关($P < 0.01$)，与支链淀粉、支链淀粉/直链淀粉呈极显著负相关($P < 0.01$)，与已有研究报道的大米及其制品的老化回生现象与淀粉组成的关系是一致的。回生是淀粉分子从无序到有序的过程，加热糊化过程中，水分子和热的作用使有序的淀粉分子变得杂乱无序，而冷藏过程中，由于分子势能的作用，高能态的无序化逐步趋于低能态的有序化，已有研究表明，淀粉的短期回生主要是由直链淀粉分子的凝胶有序和脱水结晶引起的，因而直链淀粉含量高的发芽糙米容易老化回生。同样地，峰值时间也与直链淀粉呈极显著正相关($P < 0.01$)，与支链淀粉、支链淀粉/直链淀粉呈显著负相关($P < 0.05$)，这表明发芽糙米的直链淀粉含量越高，支链淀粉含量越低，其从加热到开始达到峰值黏度的时间越长(吴晓娟等，2017)。

表 4-38　发芽糙米的糊化特征值与淀粉组成的相关系数(r/P)（吴晓娟等，2017）

变量	峰值黏度	最低黏度	衰减值	最终黏度	回生值	峰值时间	糊化温度
总淀粉	0.045/0.835	0.052/0.809	0.001/0.997	−0.002/0.994	−0.044/0.837	−0.026/0.905	0.404/0.051
直链淀粉	0.746/0.000**	0.715/0.000**	0.321/0.126	0.721/0.000**	0.711/0.000**	0.629/0.001**	0.078/0.718
支链淀粉	−0.564/0.004**	−0.536/0.007**	−0.254/0.231	−0.572/0.003**	−0.590/0.002**	−0.514/0.010*	0.179/0.404
支链淀粉/直链淀粉	−0.760/0.000**	−0.707/0.000**	−0.371/0.074	−0.727/0.000**	−0.728/0.000**	−0.650/0.021*	−0.007/0.974

注：r 为变量间的线性相关系数；**表示 $P < 0.01$，差异极显著；*表示 $P < 0.05$，差异显著。下表同

4) 发芽糙米糊化特性与其他营养成分的相关性分析

发芽糙米糊化特性与其他营养成分的相关性如表 4-39 所示，峰值黏度与总蛋白含量呈极显著负相关($P < 0.01$)，最低黏度、最终黏度和回生值也与总蛋白的含量呈显著负相关($P < 0.05$)。研究也发现蛋白质含量与米粉的峰值黏度成负相关性，且证实了米粉中蛋白质和淀粉酶活性是导致米粉与其对应的淀粉糊化特性差异的主要原因。大米蛋白中 80%以上是非水溶性的米谷蛋白，卢薇等向大米淀粉中添加米谷蛋白的试验也表明，蛋白质含量的增加会降低淀粉的黏度，可能是因为大米蛋白能与淀粉发生相互作用形成网状结构，填塞在淀粉颗粒间的蛋白质对淀粉颗粒膨胀起抑制作用，致使淀粉不能充分糊化，此外加热时二硫键增多，蛋白质分子聚合为大分子，导致熟化食品质地变硬。发芽糙米的糊化特性与可溶性蛋白无显著性关系，这可能是由于可溶性蛋白的含量较低。同样地，发芽糙米的糊化特性与粗脂肪和纤维素也无显著性关系(吴晓娟等，2017)。

表 4-39　发芽糙米的糊化特征值与其他营养成分的相关系数（r/P）（吴晓娟等，2017）

变量	峰值黏度	最低黏度	衰减值	最终黏度	回生值	峰值时间	糊化温度
总蛋白	−0.546/0.006**	−0.465/0.022*	−0.354/0.090	−0.474/0.019*	−0.472/0.020*	−0.404/0.050	0.090/0.677
可溶性蛋白	−0.244/0.251	−0.204/0.338	−0.165/0.442	−0.181/0.396	−0.160/0.456	−0.169/0.430	−0.033/0.880
粗脂肪	−0.175/0.412	−0.080/0.709	−0.253/0.233	−0.104/0.628	−0.121/0.572	−0.114/0.597	0.105/0.626
纤维素	0.182/0.395	0.034/0.876	0.362/0.082	0.072/0.737	0.102/0.636	0.053/0.840	−0.196/0.359

5）发芽糙米糊化特性与显著影响因素的回归分析

在相关性分析基础上，对发芽糙米糊化特性峰值黏度（Y_1）、最低黏度（Y_2）、最终黏度（Y_3）、回生值（Y_4）、峰值时间（Y_5）和影响显著的因素直链淀粉（X_1）、支链淀粉（X_2）、支链淀粉/直链淀粉（X_3）、总蛋白（X_4）之间进行多元线性回归分析，以便通过发芽糙米的营养组成对其糊化特性进行预测和控制。采用逐步回归法得到"最优"的回归方程如表 4-40 所示，其方差分析均满足 F 检验，模型极显著（$P < 0.01$）。模型 1、2、3、4、5 的相关系数 r^2 分别为 0.737、0.580、0.594、0.587、0.510，说明峰值黏度、最低黏度、最终黏度、回生值和峰值时间 50%以上的变异可由直链淀粉、支链淀粉、总蛋白的变化来解释，回归方程能够较好地预测不同营养组成的芽糙米粉的糊化特性，为发芽糙米制品的原料选择提供一定的参考。

表 4-40　发芽糙米的糊化特征值与关键营养成分的回归分析（吴晓娟等，2017）

模型	回归方程	r^2/P
1	$Y_1=-5631.426-304.250X_1+191.744X_2-2926.943X_3+18.231X_4$	0.737/0.000**
2	$Y_2=-784.625-70.330X_1+99.079X_2-1361.909X_3+40.208X_4$	0.580/0.002**
3	$Y_3=4599.680-240.633X_1+217.353X_2-3384.751X_3+78.486X_4$	0.594/0.001**
4	$Y_4=3815.055-170.303X_1+118.274X_2-2022.842X_3+38.278X_4$	0.587/0.001**
5	$Y_5=8.157-0.168X_1+0.104X_2-1.706X_3+0.032X_4$	0.510/0.007**

本书选用了 24 个糙米品种为原料，在相同工艺下制备发芽糙米，考察发芽过程中主要营养成分的变化，以及营养成分变化对其糊化特性的影响。结果显示，糙米发芽后，总淀粉含量极显著下降（$P < 0.01$），可溶性蛋白、纤维素和 GABA 的含量极显著上升（$P < 0.01$），直链淀粉、总蛋白和粗脂肪含量变化不显著（$P > 0.05$）。发芽糙米的糊化特性与淀粉组成密切相关，其峰值黏度、最低黏度、最终黏度和回生值与直链淀粉含量呈极显著正相关（$P < 0.01$），与支链淀粉含量、支链淀粉/直链淀粉呈极显著负相关（$P < 0.01$）；峰值时间也与直链淀粉含量呈极显著正相关（$P < 0.01$），与支链淀粉、支链淀粉/直链淀粉呈显著负相关（$P < 0.05$）。此外，发芽糙米的糊化特性还与总蛋白含量有关，峰值黏度与总蛋白含量呈极显著负相关（$P < 0.01$），最低黏度、最终黏度和回生值也与总蛋白的含量呈显著负相关（$P < 0.05$）。24 个品种中，'两优 6 号扬'、'星 2 号'和'丰两优 6 号'的发芽糙米 GABA 含量较高，适宜生产 GABA 营养粉及其功能性食品；'五

丰优569'、'星2号'和'湘晚籼12'的发芽糙米不易老化，适于制作方便米饭等食品（吴晓娟等，2017）。

2. 高温流化改良发芽糙米蒸煮食用品质的研究

发芽糙米富含多种具有保健功能的植物化学元素，对人体健康有良好的补益作用，但由于表面皮层的存在，蒸煮时吸水困难，蒸煮时间长、米饭口感粗糙、食味品质差，且具有米糠异味，难以被消费者接受。本书采用高温流化处理技术，研究改善发芽糙米蒸煮食用品质的方法，并考察了处理前后发芽糙米营养品质、理化性质及淀粉消化性能的变化，最后研究了处理后发芽糙米的储藏稳定性。该研究为发芽糙米蒸煮和食用品质的改良提供了新的思路。首先，以最佳蒸煮时间为评判指标，淀粉糊化度为参考指标，优化了发芽糙米高温流化处理的工艺条件。单因素和正交试验结果显示，发芽糙米高温流化处理的最佳工艺条件为：流化温度130℃，进料速度45kg/h，流化处理时间60s。在此工艺条件下，发芽糙米最佳蒸煮时间为21.2min，比处理前缩短了6.8min，蒸煮性能得到显著改善，而此时的淀粉糊化度为29.16%，相比处理前的22.75%，增幅较小，能较好地保持发芽糙米原有的性状。其次，对高温流化处理后发芽糙米的蒸煮食用品质进行了评价。结果显示，高温流化处理后，发芽糙米的蒸煮食用品质能得到明显改善，发芽糙米吸水能力增强，蒸煮时，淀粉糊化充分，米饭硬度降低、黏度升高，固形物含量增加，食味品质显著提高，另外，处理后的发芽糙米糠味降低，脂类物质的降解、氧化与挥发产生多种风味化合物，使得米饭有淡淡的清香味，感官评分明显提高。然后，研究了高温流化对发芽糙米理化性质的影响（苏勋，2017）。

结果表明：

(1) 高温流化使发芽糙米发生部分糊化，部分支链淀粉发生降解，表观直链淀粉含量显著上升（$P < 0.05$）。

(2) 相比处理前，发芽糙米峰值黏度（PV）、谷值黏度（TV）、最终黏度（FV）、回生值（SB）和崩解值（BD）均显著上升（$P < 0.05$），糊化黏度明显提高。

(3) 发芽糙米起始温度（T_o）、峰值温度（T_p）和最终温度（T_c）明显上升，糊化焓（ΔH_1）则没有显著变化（$P > 0.05$）；另外，DSC结果显示，发芽糙米在104～114℃出现了第二个转变峰，表明在高温流化过程中有直链淀粉-脂肪复合物的产生。

(4) 高温流化处理后，发芽糙米淀粉颗粒形态产生了变化，部分淀粉颗粒呈熔化状态且直径变小，表面被溶出的直链淀粉覆盖，颗粒边缘棱角部分被熔化，淀粉颗粒失去了典型的多边形形状。

(5) 处理后发芽糙米淀粉晶型由A型变成A+V型，A型结晶相对结晶度下降，V型结晶相对结晶度上升，而总结晶度则保持稳定，表明有部分A型结晶转变为V型结晶。

(6) 拉曼光谱分析结果表明，高温流化使发芽糙米淀粉分子结构变得松散，淀粉分子的无序程度提高，这一变化对发芽糙米中直链淀粉-脂肪复合物的形成有促进作用。另外，考察了高温流化处理对发芽糙米营养品质的影响，并通过体外消化实验对其淀粉消化性进行了分析。结果表明，高温流化处理后，发芽糙米的营养品质遭到一定程度的破坏，其中部分GABA、维生素B_1和维生素E被热降解，含量显著降低。但由于热处理释放了大量结合态的黄酮及酚类物质，发芽糙米的总抗氧化能力没有显著变化。体外消化实验结果显示，高温流化处理后，发芽糙米的 RDS 含量由 47.91%下降到 31.18%，SDS 和RS 含量分别由 44.04%和8.05%上升到52.80%和16.02%，GI值则由86.26降低至78.60，发芽糙米淀粉消化性显著降低。最后，研究了用不同透氧率材料进行真空包装的高温流化发芽糙米在室温条件下的储藏稳定性。结果显示，氧含量能显著影响其储藏稳定性，使用透氧率较低的材料包装时，发芽糙米脂肪酶活性下降较快，脂肪酸值上升较慢，感官品质较好，保质期较长(苏勋，2017)。

三、米汤圆

汤圆是中国的传统食品，起源于民间，农历正月十五吃汤圆是我国的传统习俗，具有十分悠久的文化历史。汤圆早期仅限于家庭制作，后发展成为街头摊点和饭店饮食。近年来，随着食品速冻技术的快速发展，一些知名速冻企业如三全、龙凤、思念等对汤圆的传统工艺进行了改造，使速冻汤圆已实现了工业化生产，如今市面上已有汤圆品牌上百种，掀起了汤圆消费的热潮。

汤圆是我国汉族传统小吃，深受人们的喜爱，历史非常久远。其外形饱满，光滑圆润，在水里煮时时浮时沉，所以人们又将其称为"浮元子"，有的地方将其更名为元宵。元宵寓意团团圆圆，是正月十五元宵节最具特色的食物。汤圆传统的加工方式通常为小作坊式的手工加工，随着速冻技术和冷链的飞速发展，速冻汤圆顺势而生，以其便利、安全、美味、卫生且富有营养等优点当之无愧地成为速冻食品行业中的佼佼者。我国速冻食品起步晚、发展快，目前我国速冻汤圆基本实现了工业化规模的生产。

(一)速冻汤圆质量问题及其原因

1. 速冻汤圆主要质量问题

(1)冻裂问题。速冻汤圆(quick-frozen waxy rice balls)需冷冻保藏，但是经过一段时间的冻藏之后，会出现轻微或者严重的开裂，不但影响外观，而且在烧煮过程当中还会出现露馅、塌陷和汤汁浑浊等问题，使得汤圆的品质严重降低。而冻裂是最直观的，也是消费者最易观察到的问题，所以冻裂问题已经成为业内十分关注的问题，是评价汤圆品质的重要指标之一。

(2)外观问题。汤圆在一定时间的冻藏以后会出现细纹、塌陷、扁平、色泽泛黄、无光泽、形状不规则等问题。一般而言，汤圆的成型性、色泽及光泽是用来衡量外观品质的重要标准。通常要求汤圆形状圆润饱满、色泽呈白色或者乳黄色且有光泽。

(3)口感问题。糯米粉和其他的糯性粉是速冻汤圆面皮的主要原料。糯米粉易糊化、黏度大且不易回生，是中国传统食品如年糕、汤圆、糯米糕等的重要原料，糯米粉的品质与汤圆的质量密切相关，不同品种的糯米粉制作的汤圆口感差异较为显著，汤圆口感通常要求口感绵软细腻、嫩滑爽口、富有弹性且不易黏牙。

2. 速冻汤圆问题产生的原因

(1)汤圆开裂问题的原因。据报道，在冷冻保藏过程中，导致汤圆开裂的原因主要有两个，即蒸发失水和内部膨胀压(内压)：一方面在冷冻过程中由于热量的交换作用，冷冻时间延长，温度不断下降，水结冰，水与面体分离，皮中水分不断失去进而造成结构散失甚至开裂；另一方面汤圆皮首先冻结，形成坚硬的表壳，而汤圆馅料尚未冻结，含有大量的水分，随着冷冻过程的推进馅料中的水分逐渐冻结膨胀，进而产生了内压，造成了汤圆外皮的开裂。

(2)汤圆外观问题的原因。糯米粉中含有大量的淀粉，且淀粉几乎全为支链淀粉，黏度大，具有良好的冻融稳定性和较弱的凝沉性。但是糯米粉制汤圆时，因糯米淀粉没有糊化，糯米粉本身的黏结性、吸水性和保水性较差，且不能像面粉一样形成面筋，所以加水量是影响汤圆品质的一个非常重要的因素，加水量过大，游离水分多，在冻结过程中因水分的流失和迁移，造成汤圆表皮褶皱、细纹等问题。在汤圆制作过程中揉搓力越小，汤圆封闭成型性就越好，所以揉搓力要均匀，减少不必要的应力作用。

(3)汤圆口感问题的原因。汤圆食用品质与原料糯米粉的品质相关，糯米粉黏度高则口感好。糯米粉粉质粒度也有很大影响，粉质粗虽易成型但色泽黯淡，无糯米清香，且汤圆黏弹性差，口感粗糙；粉质过细时，成型性和韧性较差；其次是加工工艺。

汤圆粉团的制作工艺主要有煮芡法、热烫法和冷水和面法。煮芡法是指将 1/3 的糯米粉经冷水和成粉团摊成饼状后投入适量的沸水之中煮成熟芡，再将其与剩余的糯米粉混合揉搓呈光滑不黏手的粉团。热烫法是指直接向糯米粉中加入适量的沸水并揉搓成团。而冷水和面法是指直接向糯米粉中加入适量的冷水并揉制成团，冷水和面法制作的汤圆形状饱满具有糯米清香，口感更佳。

速冻汤圆品质改良方法影响汤圆品质的因素有很多，相对应的品质改良的方法也有很多，主要有汤圆原料的选择、汤圆制作工艺的改进和优化，以及目前研究最多的食品添加剂的使用。

原料的选择是影响汤圆品质的重要因素。品质好的原料制作的汤圆口感柔软爽滑，富有弹性，深受消费者的喜爱；品质较差的原料制作的汤圆口感僵硬，易黏牙，令人难以接受。目前制作汤圆的原料主要为糯米粉。研究 10 种不同品种糯米粉制作的汤圆品质，结果表明泰国籼糯和江西籼糯制作的汤圆软硬适中、口感爽滑、不黏牙且汤液澄清，沉淀少。研究不同品种糯米粉对汤圆品质的影响。结果表明不同的糯米粉加工成的汤圆在冻裂和食用品质等方面都存在着显著的差异。随着人们生活水平的不断提高，人们对于粗粮的喜爱越来越盛，汤圆的原料也有了创新。糯玉米粉支链淀粉含量也很高，也能被用于制作汤圆。研究 8 种不同糯玉米粉制作汤圆品质，结果表明'金科糯 2008'、'白珍珠'、'郑黑糯 1 号'、'黑糯 1 号'这四种糯玉米粉适合制作成汤圆。研究表明黏度适宜的糯玉米粉能够加工出品质较好的速冻汤圆。

加工工艺的改善，速冻汤圆的发展经历了以下几个阶段：手工制作、简单机械制作和全自动化生产。加工工艺包括很多方面，首先是制粉方式，糯米粉的制粉方式主要有干法粉碎、半干法粉碎和湿法水磨；加工方式的不同会造成糯米粉品质的差异，其中湿法制备的水磨糯米粉加工品质最好。现在汤圆用原料皆为水磨糯米粉。

其次是粉团制作工艺。汤圆制作的传统加工工艺有煮芡法和热烫法，操作烦琐并且含有一部分糊化后的糯米淀粉形成的糯米凝胶，在冷冻过程中会发生脱水缩合作用和冷冻回生，造成品质的降低；而采用冷水和面法的汤圆适用于速冻汤圆，蒸煮品质优良。

最后是工艺条件的影响，包括加水量、粉质细度、冷冻条件等。汤圆中水分含量很高，加水量对汤圆品质有显著的影响。冷冻条件也是一个很重要的因素，冻结速度慢，冻结过程中易形成大冰晶，内部水分在冻结的过程中会产生内压而促使汤圆表皮的开裂。快速冻结可以在短时间内完成冻结过程，形成的冰晶均匀且细小，保证了汤圆质地的均匀性，长期保存后也能保持良好的口感。

3. 其他改善方法

1) 杂粮粉的应用

目前市场上汤圆原料主要为糯米粉，但是其吸水保水性差，冷冻储藏后出现开裂等现象。选择一些新的原料(糯玉米粉、马铃薯全粉、去皮绿豆粉、燕麦粉等)，利用不同种类粉的不同性质，将两种或者几种粉混合使用可能会产生互补，弥补缺陷，进而改善产品的品质。目前有关杂粮粉在汤圆中的应用报道非常少，但是在速冻水饺、面包、面条等食品中的应用报道较多。

糯玉米粉价格低廉，营养丰富，富含维生素 E、维生素 C、维生素 B_1、维生素 B_2、烟碱、胆碱、肌醇、氨基酸、矿物质元素和蛋白质，还有利于降低胆固醇含量，防止血管硬化，防止肠道疾病和癌症，且糯玉米粉与糯米粉相似，其淀粉也几乎全部为支链淀粉，具有很强的胶黏性，适量添加可以改善产品的品质。燕麦粉、黄豆粉和玉米粉应用于速冻水饺中，发现燕麦粉和玉米粉的添加可以增加面团的加水量。又有研究表明在面粉中适量添加糯玉米粉可以显著改变面团的特性结构和面包的品质，降低面包的硬度和黏附性。研究发现在面粉中添加 12% 的糯玉米粉既能改善面包色泽和风味又能提高面包内部品质，抗老化能力增强。虽然糯玉米粉本身也可以作为汤圆的原料，但是由于其本身性质的缺陷制作的汤圆也会出现冻裂等问题。所以可以考虑在糯米粉中加入适量糯玉米粉，改善糯米粉吸水等性质，取长补短，使得汤圆的品质得到提高。

马铃薯全粉具有很高的营养价值，其蛋白质质量较优，与动物蛋白最为接近且含有谷物粮食中所缺乏的赖氨酸和色氨酸，同时马铃薯淀粉颗粒大，含有天然的磷酸基团，持水性、低温稳定性、润胀能力皆很好，具有优良的加工特性。马铃薯全粉吸水能力强，添加到面团中能够显著提升面团吸水率且适量添加能够改善面包的品质。郑捷研究发现马铃薯全粉可以提高面包抗老化能力进而延长面包的保质期。糯米粉的主要缺点就是吸水保水能力差，而马铃薯全粉在这方面具有优越的性能。希望可以通过马铃薯全粉的添加来提高糯米粉的吸水保水性能，并且改善汤圆各方面品质。

绿豆含有丰富的氨基酸、磷脂酰甘油、磷脂酰胆碱、磷脂酸等多种磷脂类物质以及硫胺素、叶酸、泛酸等，且含有丰富的膳食纤维，适用于糖尿病、高血压、咽喉炎、动脉硬化等多类患者的膳食。绿豆淀粉热黏度高，热糊稳定性好，且能够在食品表面形成一层光亮透明的薄膜，其直链淀粉具有很强的抗拉伸性能。将绿豆粉和绿豆蛋白添加到面条中，添加量适当可以提高面条的食用品质。研究绿豆粉对冷冻面团品质的影响，结果表明适量添加绿豆粉可以增加面团的吸水率和加工稳定性。绿豆粉具有营养价值高，吸水率高，并且可以改善制品的食用品质等优点，所以可以研究绿豆粉对糯米粉汤圆的影响，以期达到改善汤圆品质的目的。虽然将杂粮粉应用到糯米粉汤圆中的研究较少，但是杂粮应用于其他食品中的研究较多，由此受到启示，可否利用杂粮粉的性质来改善糯米粉的性质，进而改善汤圆的品质，这是一个值得研究的问题，不仅可以提高汤圆的品质，并且对汤圆新品种的开发具有一定的意义。

2）食品添加剂的使用

食品添加剂是汤圆品质改良的重要做法之一。目前在汤圆中常用的食品添加剂有变性淀粉、瓜尔豆胶、羧甲基纤维素钠、单甘脂、蔗糖酯等。

目前汤圆面皮的和面方法主要为冷水和面法，并在和面时加入添加剂。研究瓜尔豆胶、单甘脂、交联淀粉、复合磷酸盐、CMC、海藻酸钠和魔芋粉等对汤圆冻裂性的影响，得出最佳复配添加剂配方：瓜尔豆胶：交联淀粉：单甘脂(+色拉油)：CMC 为 1.5：2：4：4.5，添加量为水磨糯米粉的 0.8%。研究 CMC、单甘脂、蔗糖酯、复合磷酸盐、马铃薯淀粉、卡拉胶和黄原胶等对汤圆冻裂率的影响，研究结果表明 CMC、黄原胶和单甘脂对汤圆的冻裂有显著的改善作用，其中 CMC 改善效果最明显；并在单因素的基础上进行了添加剂的复配，得出最佳复配比例为 CMC 0.5%、黄原胶 0.1%、分子蒸馏单甘脂 0.3%、复合磷酸盐 0.15%。研究发现磷酸酯化淀粉能够显著改善汤圆和水饺的抗冻裂性能，制作出的汤圆光洁度高，口感细腻，最适添加量为 5%。研究添加剂对微波熟制汤圆口感的影响，研究表明黄原胶可调节汤圆的硬度，CMC 能够提高汤圆的黏弹性，黄原胶 0.1%、CMC 0.5%、单甘脂 0.05%、复合磷酸盐 0.2%，按此配比制作的汤圆口感细腻，颗粒饱满，具有一定的黏弹性。研究马铃薯氧化淀粉对汤圆食用品质的影响，研究表明马铃薯氧化淀粉添加量 3%，氧化度 1.40%，风速 6m/s±0.5m/s 时速冻汤圆的食用品质最佳。研究表明添加 2.5%的冬小麦抗冻蛋白可以明显改善汤圆的品质。

在速冻汤圆工业化加工、储藏及流通过程中，易出现开裂现象，造成煮后汤圆塌陷、偏馅露馅、糊汤、脱粉等问题，严重影响了速冻汤圆的品质与销售。目前，在实际生产过程中，通常采用添加改良剂的方法来改善速冻汤圆的加工、储藏及食用品质。适量的变性淀粉有助于改善速冻食品的质量和品质。羟丙基二淀粉磷酸酯木薯淀粉是变性淀粉的一种，通过引入亲水性强的羟丙基基团，使淀粉亲水性增加。羟丙基二淀粉磷酸酯木薯淀粉具有较好的冻融稳定性，最高黏度相对高，适用于冷冻食品中。另外，汤圆粉团加水量的多少对汤圆的加工及储藏品质有着重要的影响，加水量过少不易包制成团，过多使汤圆质地过软，易塌陷。

冷冻食品使用的变性淀粉要求冻融稳定性好，具有强的亲水性，因此，本书选用羟丙基二淀粉磷酸酯木薯淀粉作为其中的一种改良剂，与常用的单甘脂、CMC-Na 等乳化、增稠剂进行优化复配，并把加水量作为影响因素之一，以响应面为基础，优化速冻汤圆的加水量及最优复合改良剂配方。

目前添加剂在汤圆中的应用报道一般都集中在冻裂的改善方面，对汤圆质构特性方面的研究较少。而汤圆的口感也是制约其品质的一个重要方面，所以研究添加剂对汤圆质构特性的影响是很有必要的，对汤圆的工业生产及添加剂的选择具有非常重要的意义。

(二)生产工艺

速冻汤圆的生产工艺一般包括以下工序：原辅料配方及处理→制馅→调制粉团→包馅成型→速冻→包装→冷藏。按汤圆面皮调制的方法分类，其工艺分为三种：煮芡法、热烫法及冷水调制法。

煮芡法(蒸煮法)是将糯米粉加水搅拌并常压蒸煮，用凉水冷却后再加入糯米粉、水搅拌混合，揉捏成型、包馅、速冻后冷冻储藏。煮芡法的实质是先将部分糯米粉蒸煮形成糯米凝胶，再将此凝胶加入糯米粉中制成粉团。先凝胶化的糯米比例一般在10%～50%较好，由于糯米凝胶在冷藏过程中的脱水收缩作用易引起表面裂纹，因此随着制作粉团时凝胶用量增加，这种现象更严重。

热烫法是将水磨糯米粉加入70%左右的沸水搅拌、揉搓至粉团表面光洁，此方法操作简单易行，与煮芡法原理类似，但是制得的面皮组织粗糙、松散、易破裂。经过热烫后，糯米粉中部分淀粉糊化为体系提供了黏度，有利于汤圆的加工塑性，但同时也会因为糊化后的淀粉在低温条件下会回生(即冷冻回生)，导致其营养价值、口感等在储藏期内都会有明显的劣变，从而给汤圆的整体品质带来负面影响。

冷水调制法，是一种在糯米粉中直接加凉水进行调粉的方法。此法在早期一直因为冷水和面存在着糯米粉黏度不足的缺陷，近年来这个问题已经通过添加预配好的品质改良剂而解决。这种方法工艺简单，成本得到明显控制，同时冷水调制还可保持糯米原有的糯香味，并且因本身皆是生粉不存在汤圆的回生情况，因此目前现代工业化生产中均采用预加改良剂冷水调粉法。

(三)影响速冻汤圆品质的因素

1. 糯米粉品质的影响

原料的选择直接影响汤圆的外观和口感。汤圆皮的主要原料是糯米粉，糯米粉主要成分是淀粉和蛋白质，两者含量分别为91%和9%(干基)，其中的淀粉主要是支链淀粉，糯米粉的黏性则主要靠支链淀粉提供，不同的糯米粉，其糊的流变特性也不一样，最终会影响产品的黏度、硬度、组织结构等品质。糯米粉黏性越高，制作的汤圆品质越好，糯米粉的黏度低，产品的加工性能也越差。研究表明，经环氧丙烷处理过的糯米粉，冻融稳定性得到显著改善，更有利于在速冻食品中应用。

此外，制作汤圆的糯米粉质要求粉质细腻，有研究表明糯米粉的粒度应达到160孔/cm² 筛通过率大于90%，240孔/cm² 筛通过率大于80%，糯米粉粒度影响其糊化度、黏度及产品的复水性，粉质细则糊化度高，黏度大，复水性好，品质表现为细腻、黏弹性好，易煮熟，浑汤少。

2. 工艺的影响

1)糯米团的调制工艺的影响

煮芡法费时费力，易产生裂纹的缺点较明显；热烫法工艺简单，但是热烫产生的冷冻回生对汤圆营养价值、口感等存在负面影响。因此，大部分生产厂家已经抛弃了传统的烫面工艺而采用直接冷水和面，但是冷水和面也存在着糯米粉黏度不足的缺陷。

在调制时加水量对汤圆的品质影响也较大，由于糯米粉本身的吸水性、保水性较差，在加工过程中加水量的小幅变化就可能影响汤圆的品质。加水量大，制得的汤圆较软，在调制面团的过程中容易偏心、塌架，成型不好，同时导致冻裂率上升；加水量小，则粉团松散，米粉间的亲和力不足，在汤圆团制过程中不易成型，汤圆表面干散，不光滑、不细腻，水分分布也不均匀，在冻结过程中水分散失过快而导致干燥，出现裂纹。在制作时最好不要撒入生粉，否则龟裂发生较多，这可能是生粉吸收汤圆表面水分，使汤圆表皮水分不均匀造成龟裂。

汤圆制品由于长时间的冻藏，表面会由于失水而开裂，而植物油具有保水作用。因此在生产速冻汤圆的面皮时，添加少量无色无味的植物油，与其中的乳化剂单甘脂作用后，保水效果比较好，可避免速冻汤圆长期储存后，表面失水而开裂的现象。制作好的汤圆应该立即进行速冻，成型后的汤圆在常温中放置时间不能太长，时间太长，容易变形、开裂、塌陷，对汤圆的感官产生较大的负面影响。

2）速冻工艺的影响

速冻就是食品在短时间迅速通过最大冰晶体生成带（$-1 \sim -5$℃），因此快速冻结要求此阶段的时间尽量缩短，当食品的中心温度达到-18℃，速冻过程结束。经速冻的食品中形成的冰晶体较小（冰晶的直径小于$100\mu m$）而且几乎全部散布在细胞内，细胞破裂率小，从而才能获得品质较高的速冻食品。速冻速度越快，组织内玻璃态程度就越高，速冻可以使汤圆体系尽可能地处于玻璃态，形成大冰晶的可能就越小，而慢冻时，由于细胞外液的浓度较低，因此首先会使细胞外水分冻结产生冰晶，造成细胞外溶液浓度增大，而细胞内的水分以液态存在，由于蒸气压差作用，细胞内水向细胞外移动，形成较大的冰晶，细胞受冰晶挤压产生变形或破裂。另外，温度偏高的条件下速冻出的汤圆表面皮色偏黄，影响外观。速冻温度是决定制品冻结速度的主要因素，温度低效果好，但速冻温度过低会增加产品的成本和设备的投资。

食品的冷却方式常用的有传统的自然冷却、鼓风冷却以及现代食品加工技术中真空冷却、自然冷却与真空冷却相结合的复合冷却等多种方式，经过研究发现，真空冷却方式耗时明显低于其他冷却方式，但是失水较多。自然冷却和真空冷却相结合，既能使汤圆获得良好的外观品质、耗时短，又能够达到延长产品保质期的效果。

3. 添加剂的影响

在食品的工业化生产过程中，添加剂对食品品质的贡献不可低估，选择合适的添加剂可以提高食品的品质，同时可有效降低生产成本。在以冷水和面法生产汤圆的过程中，添加剂对速冻汤圆的品质影响十分显著，近年来在速冻汤圆的改良添加剂方面的研究较多。

乳化剂用于速冻汤圆的生产过程中能起到一定的乳化稳定效果，可以有效地改善糯米团中水分的分布，减少游离水，保证在冻结过程冰晶细小，使内部结构细腻，无孔洞，形状保持完好，减少汤圆的冻裂率。研究乳化剂对汤圆品质的影响，发现在制作汤圆时加入适量乳化剂，可起到一定的乳化稳定效果，减少游离水，保证汤圆在冻结过程冰晶细小，使内部结构细腻，无孔洞，形状保持完好。随着乳化剂用量的增加，乳化效果也更好。

增稠剂属多糖类，其通过主链间氢键等非共价作用力能形成具有一定黏弹性的连续的三维凝胶网状结构，当它们添加入糯米粉中，这种网状结构起着类似面筋网络结构的功能。添加适量的增稠剂可以增强粉团黏结性和致密淀粉空间结构，一般要使用在冷水中溶解性好的增稠剂，研究表明羧甲基纤维素钠(CMC-Na)有利于提高汤圆抗冻裂能力。对魔芋精粉与瓜尔豆胶、CMC-Na、海藻酸钠等增稠剂互混时协同增效作用进行了研究，结果发现，魔芋精粉和瓜尔豆胶之间存在着良好的协同增效作用，二者之间的最佳配比为 3：2，并按此比例应用于冷冻食品生产中。

汤圆中添加保水剂可以有效改善产品的组织结构和口感，因为其吸水、保湿从而避免了产品表面干燥，可以减少速冻汤圆在冷冻过程中表面水分散失，使产品的组织细腻，表皮光滑，降低冻裂率。变性淀粉良好的黏性和吸水能力还可以避免糯米粉品质波动所带来的产品性质不稳定的缺陷，变性淀粉还具有保水能力和低温稳定性，对速冻汤圆加工过程和储存、物流过程中由于水分散失和温度波动导致的破损率，有比较明显的改善作用。

单一地使用某种添加剂效果可能不明显，因此在充分了解各种添加剂的功能的前提下，对添加剂进行复配，可对速冻汤圆的品质达到多重增效的作用。例如，可将分子蒸馏单甘脂(+色拉油)、复合磷酸盐、瓜尔豆胶、交联淀粉、魔芋粉、海藻酸钠、CMC-Na混合使用。添加复合磷酸盐的抗冻效果最好。有研究蔗糖脂肪酸酯、卡拉胶、黄原胶、CMC-Na、复合磷酸盐、单甘脂、瓜尔豆胶、焦磷酸盐等对汤圆品质的影响，选出黄原胶、CMC-Na、复合磷酸盐、单甘脂对速冻汤圆品质改良较好的添加剂进行复配，最终选出最佳配方为 CMC-Na 0.6%，黄原胶 0.1%，单甘脂 0.3%，复合磷酸盐 0.3%。

(四)速冻汤圆常见的品质问题

1. 冻裂问题

速冻汤圆经过冷藏后，会出现不同程度的龟裂甚至开裂现象，由于开裂影响汤圆外观品质且煮后露馅、浑汤、颗粒塌陷，严重影响产品的品质。目前抗冻裂能力已成为速冻汤圆品质的重要评价指标之一，通常用开裂率来衡量开裂程度。

造成速冻汤圆开裂的原因主要有以下几方面：一是冻结速度慢，导致表面先结冰，待内部结冰后，体积膨胀致使产品表面开裂；二是调制面团时，加水量、熟芡与生粉的比例不当导致开裂；三是在储存过程中产品表面逐渐失水形成裂纹；四是储运过程中，由于温度波动造成汤圆在外力作用下开裂。

此外，速冻汤圆面皮配方、生产工艺条件也有较大影响。一方面，速冻汤圆冷藏后表面开裂，主要因为糯米粉吸水蒸煮或者热烫中形成的糯米凝胶加在糯米粉中制得的速冻汤圆，随着凝胶的冻结，淀粉链即具有相互作用的趋势，迫使水从这一结合体系中挤压出来，从而产生脱水收缩作用，带动粉团内部产生应变力，从而引起粉团在冷藏过程中表面龟裂，随着制作粉团时凝胶用量增加，这种现象更严重。另一方面，因为糯米粉团本身的吸水性、保水性较差，在加工过程中加水量的小幅度变化就可能影响到汤圆的开裂程度，加水量过小，则粉团松散，粉粒间亲和力不足，在冻结过程中水分散失过快而导致干裂。

2. 口感问题

汤圆一般要求嫩滑爽口、绵软香甜、口感细腻，且有弹性、不黏牙。研究中通常以黏弹性、韧性、细腻度三项指标来衡量汤圆的口感品质。

速冻汤圆一般以水磨糯米粉为原料，糯米粉的质量与汤圆的口感密切相关。汤圆的糯米粉质粒度及黏度的要求较高，要求粉质细腻，粒度应基本达到 100 目筛通过率大于90%，150 目筛通过率大于 80%，口感好，龟裂较少，品质较好。当粉粒较粗时，成型性好，但粗糙，色泽泛灰，光泽暗淡，易导致浑汤，无糯米的清香味；而粉粒过细时，色泽乳白，光亮透明，有浓厚的糯米清香味，但成型性不好，易黏牙，韧性差。同时糯米粉质粒度也直接影响其糊化度，从而影响到黏度及产品的复水性。

3. 外观问题

汤圆速冻后或者熟制后易出现塌陷、扁平、偏馅、露馅、异形、色泽灰暗、泛黄、无光泽等外观缺陷。速冻汤圆的外观一般用成型性、光泽、色泽等三个指标来衡量，要求颗粒饱满，呈圆球状，白色或者乳白色，光亮。

(五)最新研究进展

1. 基于响应面法优化工艺参数改善速冻汤圆品质

在速冻汤圆工业化加工、储藏及流通过程中，易出现开裂现象，造成煮后汤圆塌陷、偏馅、露馅、糊汤、脱粉等问题，严重影响了速冻汤圆的品质与销售。目前，在实际生产过程中，通常采用添加改良剂的方法来改善速冻汤圆的加工、储藏及食用品质。适量的变性淀粉有助于改善速冻食品的质量和品质。羟丙基二淀粉磷酸酯木薯淀粉是变性淀粉的一种，通过引入亲水性强的羟丙基基团，使淀粉亲水性增加。羟丙基二淀粉磷酸酯木薯淀粉具有较好的冻融稳定性，最高黏度相对高，适用于冷冻食品中。另外，汤圆粉团加水量的多少对汤圆的加工及储藏品质有着重要的影响，加水量过少不易包制成团，过多使汤圆质地过软，易塌陷。冷冻食品使用的变性淀粉要求冻融稳定性好，具有强的亲水性，因此，本书选用羟丙基二淀粉磷酸酯木薯淀粉作为其中的一种改良剂，与常用的单甘脂、CMC-Na 等乳化、增稠剂进行优化复配，并把加水量作为影响因素之一，以响应面为基础，优化速冻汤圆的加水量及最优复合改良剂配方(李真等，2017)。

(1)回归分析结果表明，各因素对综合评分影响的大小顺序为：变性淀粉(羟丙基二淀粉磷酸酯木薯淀粉) > 水 > CMC-Na > 单甘脂，其中水和变性淀粉对综合评分有极显著的影响，水和变性淀粉的交互作用强，对综合评分的影响极显著，单甘脂和 CMC-Na 的交互作用强，对综合评分的影响也极显著；CMC-Na 对综合评分有显著的影响，变性淀粉和单甘脂的交互作用比较强，对综合评分的影响显著，变性淀粉和 CMC-Na 的交互作用也比较强，对综合评分的影响也显著。

（2）经回归分析并结合实际操作便利性，确定最佳工艺参数为水添加量 79%，变性淀粉添加量 6%，单甘脂添加量 0.15%，CMC-Na 添加量 0.3%，在此条件下，综合评分为 92，与模型的预测值 92.3 基本一致，说明该模型可靠性较高，能很好地预测试验结果，故本研究可对速冻汤圆的品质改良提供一定的参考。

（3）研究优化得到的最优组速冻汤圆冻裂率明显降低，从而使速冻汤圆冻融稳定性及储藏稳定性明显提高，汤圆亮度、弹性、咀嚼性也显著（$P < 0.05$）得到改善，且黏度显著降低（$P < 0.05$）。

2. 低蛋白糯米粉对速冻汤圆品质的影响

糯米粉是制作速冻汤圆的主要原料，糯米粉主要由淀粉和蛋白质组成，其中淀粉约占 80%，且几乎全部为支链淀粉，蛋白质占 6%～8%，大多为碱溶性谷蛋白。目前对低蛋白食品品质的研究主要集中在稻米上，对低蛋白糯米粉的研究较少。徐晶冰等的研究表明，稻米中蛋白质含量超过 9%时食味较差。早籼米中蛋白质含量降低时，扫描电镜观察籼米粉的表面更为光滑，同时可延缓籼米粉长期回生，而对籼米粉结构变化影响不显著。目前市场上推广的低蛋白米粉主要适用于肾病患者，低蛋白饮食可以减少肾病患者体内蛋白质代谢产物的产生和蓄积，减轻肾小球高滤过状态，减缓病情（张印等，2017）。

以普通糯米粉和低蛋白糯米粉为原料，按照不同比例复配，制作速冻汤圆，研究不同糯米粉组成对速冻汤圆质构、浑汤度、感官等性质的影响，探讨混合糯米粉的最佳蛋白质含量，为改善速冻汤圆的综合品质提供理论依据。

1）低蛋白糯米粉对速冻汤圆质构的影响

张印等研究低蛋白糯米粉对速冻汤圆的硬度、弹性、黏附性等质构性质的影响，速冻汤圆硬度值较低时，口感适中，第 2 组样品的硬度最低（445.6g），口感较适宜，比硬度最高的第 1 组样品降低了 38.5%。速冻汤圆弹性较高时，筋度较好，有嚼劲。一般硬度和弹性成反比。5 组样品的弹性值差异不明显。第 2 组样品的黏附性较小，黏附性比第 1 组样品降低了 48.3%，口感较为爽滑，不黏牙。硬度、弹性、黏附性的物性分析与实际感官较符合，相关性较高。黄岩等分析了糯米粉基本成分与汤圆 TPA 的相关性，发现淀粉含量与煮后汤圆的黏聚性呈显著正相关，淀粉含量越大，汤圆的黏聚性越好；粗蛋白含量和灰分与汤圆的质构特性相关性不明显。结合上述硬度、弹性、黏附性分析，第 2 组速冻汤圆的口感、质地较好，且与感官品评结果相符（张印等，2017）。

2）低蛋白糯米粉对速冻汤圆高径比的影响

汤圆的高径比反映了汤圆的饱满度和挺立度，高径比较高时，汤圆更挺立，汤圆内部结构更有支撑。在张印等的研究中，第 1 组样品，即采用 100%普通糯米粉制作的汤圆高径比最高，汤圆接近球形；第 5 组样品，即采用 100%低蛋白糯米粉制作的汤圆高径比最小，为 0.83，汤圆外形有点扁塌。随低蛋白糯米粉比例的增加，汤圆煮制后的高径比逐渐降低，表现为汤圆塌陷，不够挺立。这可能是因为糯米粉中的蛋白质加强了三维网络结构，通过氢键和二硫键使粉团组织紧密，有支撑作用。低蛋白糯米粉比例增加使糯米粉原料的蛋白质含量降低，糯米粉中起支撑三维网络结构的蛋白质减少，因而制成的汤圆煮制后变得塌陷、不挺立(张印等，2017)。

3) 低蛋白糯米粉对速冻汤圆煮制后汤汁浑汤度的影响

汤圆经过加速实验后烧煮，煮后在 620nm 处测定汤圆煮制后汤汁的透光率，用来表征浑汤度。随低蛋白糯米粉添加比例的增加，汤汁的透光率逐渐增大，说明汤圆煮制后的汤汁透明度增加，汤汁中沉淀物减少，品质更好。糯米粉团在煮制时能够吸收热量，破坏结晶胶束区弱的氢键，淀粉颗粒水合，吸水膨胀，导致淀粉颗粒破裂，部分直链淀粉溶解到溶液中，汤汁中出现溶出物。随低蛋白糯米粉比例的增加，糯米粉原料的蛋白质含量降低，汤圆的冻裂率降低，汤圆煮制后汤汁中的溶出物减少，起毛程度减弱，导致浑浊度降低，透光率提高，改善了汤圆的耐泡性(张印等，2017)。

4) 低蛋白糯米粉对速冻汤圆煮制后感官品质的影响

在张印等的研究中，采用 9 点嗜好感官评定法对煮制后的汤圆进行感官分析，1、5、9 分别表示极度不喜欢、既不喜欢又不讨厌和极度喜欢。第 2 组样品的综合评分最高，第 1 组样品的综合评分最低。第 2 组样品的滋味、软硬度、弹性、外观评分高于其他几组样品，5 组样品的气味评分接近，光泽方面，第 5 组样品的评分最高。添加低蛋白糯米粉能改善汤圆的感官品质，第 2 组样品，即原料中低蛋白糯米粉和普通糯米粉的质量比为 1∶3 时，汤圆的感官评分最高，这与上述质构结果一致。随低蛋白糯米粉添加比例的提高，混合糯米粉原料的白度提高，汤圆煮制后汤汁的透光率增加，透明度和光泽度增加，因而第 5 组样品的光泽评分最高。同时，随低蛋白糯米粉添加比例的提高，汤圆的外观挺立度下降。综合光泽、气味、外观、弹性、软硬度、滋味 6 个评价方面，5 组实验总分分别为 34、53、47、44、40。由此可看出，组别 2 总分最高，与上述分析结论相符。低蛋白糯米粉对速冻汤圆品质影响显著，低蛋白糯米粉比例需要合理调配。在本书研究中，第 2 组样品，即糯米粉原料中普通糯米粉和低蛋白糯米粉质量比为 3∶1 时，制得的速冻汤圆口感较好、爽滑、不黏牙、透亮圆润，品质最佳。速冻汤圆煮制后汤汁的浑汤度与糯米粉原料的蛋白质含量成反比，蛋白质含量越低，汤汁的透光率越高。蛋白质含量对使用糯米粉制作速冻汤圆的品质影响较大，糯米粉中蛋白质含量为 5%左右时制作出的速冻汤圆综合品质最好。低蛋白糯米粉也可应用在其他糯米制品中开展相关研究，尤其适合肾病患者的低蛋白饮食研究(张印等，2017)。

四、米线

(一)米线的分类及特点

米线，又称米粉、米面，是大米经过浸泡、磨粉、蒸煮、成型、冷却等工艺制成的一种大米凝胶制品。米线在东南亚地区和我国南方地区，特别是湖南、湖北、江西、云南、广西和广东等有广阔的市场。近年来，出现了市场北移的趋势，市场潜力大。米线经过上千年的不断发展，如今品种繁多，名称各异。

根据成品的含水量，可以分为湿米线和干米线。湿米线具有口感滑爽、柔韧而富有弹性、食用方便等特点，而且不需要干燥脱水，可节省能源，降低成本，经济效益好，但是因为产品水分含量高达 65%～68%，所以保质期短，存在易腐败、黏结成团、淀粉老化回生等问题。干米线需要经过干燥的工序，但是具有保质期长、复水性好、韧性足等特点。

根据食用时的方便性，米线可以分为方便型和烹饪型。方便米线无需蒸煮，用开水泡浸数分钟后即可食用。烹饪型米线则需加水蒸煮后才能食用。

根据米线的成型工艺，可将其分为切粉(切条成型)和榨粉(挤压成型)。切粉一般呈扁长条形，如扁粉、河粉等，其特点是口感润滑，细腻爽口。挤压成型是将料胚通过挤丝机压榨成圆条形的米粉，因此，榨粉一般呈圆形，如过桥米线、银丝米粉、桂林米粉、榨粉等。挤压的过程具有糊化和成型的作用，料胚经过挤压后，内部结晶结构被破坏，米粉更加致密，韧性好，且不易老化。按照是否有发酵工艺，米线可以分为发酵米线和非发酵米线。发酵米线是将整粒大米浸泡足够长的时间使其自然发酵，从而使米线获得比非发酵米线更好的口感和品质。米线的外形可以分为扁粉、圆粉、肠粉、银丝米粉等。

(二)米线的生产工艺

1. 切粉的工艺流程

切粉的基本工艺流程如图 4-32 所示。切粉是将高直链淀粉含量的精米或碎米浸泡、磨粉后，将部分米浆(20%～30%)先完全熟化得到熟米浆，然后和生米浆混匀，均匀涂于帆布输送带上，使厚度为 1～2mm。以蒸汽进行第二次加热至米浆完全糊化，然后冷却、切片制成的。在机械化生产中，通常采用链式输送机使第二次加热至切条间的工艺得以连续化。手工生产只能间歇生产。

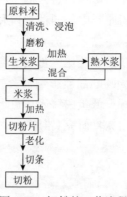

图 4-32　切粉的工艺流程

2. 榨粉的工艺流程

榨粉的基本工艺流程如图 4-33 所示。我国大陆地区有两种榨粉工艺，可根据出现的时间称为现代工艺和传统工艺。传统工艺是将生米浆直接涂布在帆布上，在较短时间内经蒸汽加热成半熟的米粉片；或将手工揉制的大米粉团投入沸水中，其表面的大米粉开始糊化，煮至约一半的大米粉达到糊化时将其捞出。将经过以上处理的米粉片或米粉团经手工挤压成型，再进行完全糊化，可得到榨粉。现代工艺是采用挤压蒸煮的方式进行糊化。这种米粉机(通常为单螺杆挤压机)与普通的挤压机不同之处在于挤压蒸煮过程不是连续的，通常分成 2 段或 3 段，即在大米粉投入挤压机经过第一挤压阶段后通过一段无挤压处理再进入下一个挤压阶段，从漏粉板处即可得到榨粉。

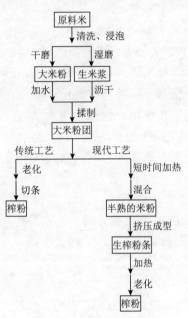

图 4-33　榨粉的工艺流程

3. 发酵米线的工艺流程和操作要点

传统的米线生产有发酵与非发酵之分，发酵米线是指先将大米浸泡较长时间使其自然发酵变酸，然后经蒸煮、压条等工序制成的条状或丝状的米制品。发酵米线的生产工艺除以微生物发酵代替非发酵米线生产工序的浸泡工艺外，其余工艺与非发酵米线基本相同。说明浸泡发酵过程对改善米线品质特性至关重要。

发酵米线在我国的贵州、广西、湖南等地均有较长的历史，不同地域的制作工艺不尽相同。例如，在发酵和磨浆工序的先后上，有采用整粒米浸泡发酵后再磨浆制粉的，有先磨浆然后再发酵的；在发酵方式上，有自然发酵和人工接种发酵的区别；在成品含水量上，有鲜湿米线和经烘干制成的干米线。下面介绍一种先磨浆后发酵的鲜湿发酵米线生产工艺。

1)工艺流程

籼米→洗米→除砂→过滤→磨浆→发酵→制胚→预蒸→揉粉→挤丝→蒸丝→搓散→包装→杀菌→成品

2)工艺操作要点

a. 生产原料

发酵米线多以早籼米或碎米为原料，要求原料新鲜，无霉变及病虫害，不含任何可能对米线品质或人体健康造成影响的有害物质。

b. 洗米及除砂

采用三级射流式洗米机。采用流槽式除砂，设备简单，操作易行，除砂效果好。

c. 磨浆(添加发酵菌种)

采用砂轮磨浆机，在加入清洗过大米的同时也加入发酵菌种，使发酵菌种均匀地加入浆料中。

发酵米线自然发酵过程中的微生物主要是细菌、酵母菌和霉菌。研究大米自然发酵过程中微生物的菌群演变发现，大米原料中细菌总数在 10^5 cfu/mL 左右，以乳酸菌最多，且在发酵过程中数量一直占绝对优势，为发酵过程中的优势菌种，在发酵前24h，酵母菌生长迅速，继续发酵其数量基本保持稳定，由于霉菌在整个发酵过程中大多生长在发酵液的表面，对发酵不起实质作用。而细菌主要是乳酸菌，因此大米发酵主要是酵母和乳酸菌的作用。从自然发酵米线发酵液中分离鉴定出的主要的酵母菌为酿酒酵母，其次为假丝酵母，乳酸菌主要有植物乳杆菌、嗜酸乳杆菌、纤维二糖乳杆菌和发酵乳杆菌等。

d. 过滤

磨好的米浆用板框过滤机除去过多的水分，其水分控制在42%左右，水分的多少可通过控制板框过滤机上的压力来掌握，其压力的大小则可通过板框过滤机上的压力表来显示。

e. 发酵

发酵过程采用恒温控制，保持最佳的发酵温度，通过发酵时间的长短来控制发酵程度。若发酵过度，则产品的酸度大，制作过程的黏度也较大，不便于生产过程的处理。发酵程度不够，其产品体现不出发酵米线易熟、吐浆率低的优点。

在大米发酵过程中，微生物可利用大米中少量的单糖或二糖，由于部分微生物还具有产生少量蛋白酶的能力，可分解大米中部分蛋白供微生物利用。发酵过程中产酸明显，对发酵液中有机酸进行高效液相色谱分析结果表明，发酵液中有机酸以乳酸为主，乙酸其次。发酵过程中，微生物的产酸和产酶作用对米线品质改善影响较大。

米线发酵过程中发生的生物化学变化主要体现在淀粉、蛋白质、脂类的变化三个方面：①淀粉的变化。发酵过程中产生的酸或酶可使淀粉发生一定程度的水解，整体上表现为发酵后直链淀粉的含量增加。这可能是由支链淀粉较直链淀粉更容易水解，水解后形成类似支链淀粉的物质，同时浸泡发酵过程中原料中的蛋白质、脂肪和灰分等非淀粉成分的含量相对下降造成的。人工接种乳酸菌发酵比自然发酵对直链淀粉的影响要大。而直链淀粉所形成的网状构造能耐酸和高温，这种结构使米线具有良好的烹煮性，发酵后直链淀粉含量的升高可能是米线品质改善的一个重要原因。②蛋白质的变化。大米中约含 9%的蛋白质，蛋白质对淀粉的特性有重要的影响。发酵可显著降低大米中蛋白质的含量。在发酵前期，蛋白质的减少主要是蛋白溶出引起的，而发酵后期，因为微生物的生长需要氮源，微生物所产蛋白酶可分解蛋白，使其分解成小分子肽甚至氨基酸，被微生物生长利用，微生物的发酵作用可显著降低蛋白质的含量。另外，发酵过程产酸作用明显，发酵所产乳酸可促使蛋白溶出，因为乳酸具有 α-羟基结构，它能与多肽链上的基团形成氢键，从而促进蛋白的溶出，乳酸菌发酵过程中大米蛋白含量下降主要是乳酸作用的结果。③脂肪和游离脂肪酸的变化。发酵使粉体中脂肪显著减少，游离脂肪酸含量升高。脂肪含量的降低一方面是由于浸泡过程中脂肪酸的流失；另一方面是发酵过程中微生物作用使脂肪分解成游离的脂肪酸，这也使米粒中的游离脂肪酸升高。另外，脂肪的自动氧化也有贡献。随发酵时间的延长，游离脂肪酸会分解成低分子的酮、醛等物质，使粉体产生不良气味。

f. 制胚

米线在挤丝时，粉料应达到一定的温度及部分的熟化度，因此在挤丝前应进行预蒸。预蒸是直接蒸汽，经过发酵的粉块如不经处理，表面积很大，预蒸时会吸收过多的水分，不利于挤丝机的工作。为了减少预蒸时粉块的吸水，预蒸前增加了制胚工序，用挤胚机将发酵后的粉块挤压成直径30mm的米线胚，这样预蒸时的表面积较小，吸收的水分也少，有利于挤丝机的工作。

g. 预蒸

蒸胚采用隧道式连续蒸胚机，用直接蒸汽加热，温度90℃，时间约为4.5min。蒸胚的熟度要掌握合适，熟度高，挤丝时易粘连，条形差；熟度低则挤丝时易断条。

h. 揉粉

蒸胚后只是胚块的表面得到部分的熟化，胚芯只起到了预热的作用，如果直接进入挤丝工序，熟化的部分与未熟化的部分混合不均匀会影响挤丝的效果，通过揉粉可使胚料内外均匀，便于挤丝加工。

i. 挤丝

挤丝机出粉模具孔径大小对产品的复水性有很大的影响，孔径小，产品冲泡时易熟，可缩短复水时间，反之则会增加复水时间，过小的孔径易产生堵孔现象影响到出丝的整齐度。挤丝机工作压力的大小对产品的影响也非常大，工作压力大，挤出的产品组织结构紧密，会增加复水时间；工作压力小，产品的组织结构疏松，食用时易断条、分叉。挤丝机工作压力的大小可通过调节挤丝螺旋的螺距来适当调节。

j. 蒸丝

采用隧道式连续蒸丝机。直接蒸汽加热，时间约为3min，蒸丝的目的是进一步提高米线的熟化程度，改善品质。

k. 时效处理

时效处理是为了让糊化了的淀粉返生老化。将米线放入时效处理房内静置密闭保潮12~24h，使米线老化，增强粉条的弹性和韧性，降低表面黏性。老化时间依环境温度、湿度不同而异。以米线条不黏手、可松散、柔韧有弹性为准。

l. 搓散

时效处理后的粉条还是粘连在一起的，需用搓散机将其散开。搓散机由两对压辊组成，两对压辊之间都有间隙，前一对压辊的间隙比后一对压辊的间隙大。粉条先用水将其淋湿，在通过两对压辊的挤压使粉条充分散开。

m. 包装及杀菌

搓散后的米线经称量后，采用热封口塑料袋包装。包装后的产品在95℃下常压水浴杀菌30~40min，杀菌处理后的米线可在常温条件下保存60d。

（三）影响米线品质的因素

1. 原料米

米线的主要原料是大米，大米原料的成分是影响米线品种的主要因素之一。与小麦粉加工而成的面条不同，大米中不含有面筋，米线的形成主要取决于大米淀粉的理化特性，因此原料米所含淀粉的理化性质决定了米线的品质。大米中支链淀粉与直链淀粉的比例以及支链淀粉的分子结构对大米淀粉的糊化特性和老化特性有很大的影响，因此其与米线的凝胶特性密切相关。一般而言，支链淀粉的平均外支链长度对淀粉凝胶的老化速率有重要影响，其长度越长，老化速率越快。研究表明支链淀粉短支链聚合度要大于10才能形成双螺旋和结晶结构而老化，而且聚合度为 6～9 的短支链阻止老化不利于凝胶的形成。直链淀粉对凝胶老化的影响程度低于支链淀粉分子结构，但对于成核和晶体生长方式的影响要比支链淀粉分子结构显著。在淀粉制品中直链淀粉主要是通过影响成核及晶体生长方式来影响支链淀粉分子的再结晶行为，并由此对整个淀粉凝胶体系的老化行为发生作用。直链淀粉的结晶能引起淀粉凝胶储藏模量 G' 急剧上升；而支链淀粉的重结晶上升平缓，刚制备的淀粉凝胶 G' 与淀粉中直链淀粉含量呈线性相关，而直链淀粉平均聚合度的增大决定了淀粉凝胶的弹性增强。Wang 等研究发现支链淀粉的聚合度与大米凝胶的硬度是呈负相关的。

不同的稻米品种，其大米的化学组成有差异，形成的米线的品质也不同。刘友明等采用湖北省广泛种植的 21 个品种稻米生产方便米粉，其中包括籼米、粳米和糯米，结果表明稻米的淀粉含量、直链淀粉含量等与方便米粉的感官品质呈显著相关，直链淀粉含量在 10%～17.5%，蛋白质含量中高等(7.1%以上)的稻米适于加工方便米粉。籼米直链淀粉含量高，糊化时膨胀度大，形成的凝胶强度大，回生值大，制成的米线硬度大，耐咀嚼。但是，目前籼米品种繁多，其特性具有较大差异，不同籼米品种加工制成的米粉的品质也不同。我们采用湖南省各地区广泛种植的 50 种籼米原料来生产鲜湿米线，稻米品种对鲜湿米线的理化性质和感官品质有显著的影响(表 4-41 和表 4-42)。通过主成分和聚类分析，确定感官品质中色泽、组织形态和口感是鲜湿米粉感官品质的核心指标，且当感官品质得分中色泽高(＞8.2)、组织形态高(＞8.0)及口感高(＞8.0)时，鲜湿米粉的感官评分较高，品质较好。由表 4-43 可知，基于感官品质核心指标的聚类分析可把籼米原料分成三类。其中第一类的稻米品种的综合评分在 32 分以上，感官品质好；第二类的稻米品种的综合评分在 29 到 32 之间，感官品质一般；而第三类的稻米品种的综合评分在 29 分以下，感官品质差。另外，通过主成分、回归和显著性分析，发现碘蓝值、透射比、熟断条率和吐浆值这些理化指标与鲜湿米粉感官品质有极显著相关性，可以用来评价鲜湿米粉感官品质。通常品质较好的鲜湿米粉，其具有低熟断条率(＜10%)、高透射比(＞0.85)、中等碘蓝值(0.1～0.3)及低吐浆值(＜5%)。50 种籼米原料中，用'T 优 167'、'早熟 213'和'中嘉早 17'品种的籼米制作的鲜湿米粉感官综合评分最高，其品质也最好。

表 4-41 鲜湿米粉的理化性质

编号	品种	水分含量/%	透射比	碘蓝值	酶解值	吐浆值/%	断条率/%
1	'T优167'	73.33±0.58	0.867±0.024	0.119±0.010	0.235±0.026	3.04±0.02	8.9±1.21
2	'T优227'	66.30±0.62	0.919±0.028	0.078±0.022	0.327±0.028	2.3±0.36	19.1±2.16
3	'T优535'	70.37±1.68	0.844±0.035	0.218±0.043	0.212±0.011	3.51±0.08	20.6±2.45
4	'T优6135'	75.13±1.10	0.853±0.031	0.228±0.009	0.403±0.014	2.94±0.09	15.4±1.87
5	'T优705'	73.60±0.40	0.740±0.026	0.301±0.007	0.217±0.025	6.46±0.12	12.3±1.63
6	'丰优1167'	66.33±0.31	0.88±0.033	0.333±0.044	0.241±0.044	4.67±0.02	8.7±1.05
7	'丰优416'	72.20±0.56	0.788±0.020	0.249±0.019	0.253±0.023	3.9±0.13	12.4±1.78
8	'丰优527'	71.10±0.17	0.883±0.031	0.107±0.018	0.413±0.085	3.69±0.02	9.8±0.89
9	'丰源优227'	69.20±0.70	0.83±0.021	0.058±0.006	0.306±0.023	9.24±0.07	12.9±1.93
10	'华两优164'	67.80±0.20	0.851±0.029	0.280±0.093	0.389±0.022	5.52±0.04	10.0±1.24
11	'华两优285'	72.07±0.32	0.832±0.010	0.203±0.027	0.247±0.044	5.28±0.09	13.7±1.31
12	'准两优608'	67.27±0.31	0.918±0.012	0.256±0.049	0.392±0.012	5.83±0.10	22.8±3.02
13	'金优207'	69.60±0.17	0.856±0.004	0.159±0.028	0.315±0.011	4.08±0.03	12.4±1.16
14	'金优213'	72.50±0.36	0.886±0.027	0.162±0.031	0.271±0.039	2.19±0.08	18.1±1.98
15	'金优233'	70.30±0.46	0.847±0.036	0.374±0.027	0.450±0.019	4.73±0.18	13.6±1.75
16	'金优433'	67.60±0.45	0.812±0.041	0.104±0.006	0.318±0.019	3.09±0.04	10.1±1.73
17	'金优458'	71.67±0.45	0.894±0.025	0.239±0.026	0.433±0.026	5.63±0.18	18.2±1.50
18	'金优463'	71.30±0.52	0.819±0.045	0.147±0.033	0.355±0.030	5.95±0.12	21.7±2.84
19	'两优527'	70.37±0.40	0.796±0.034	0.275±0.027	0.487±0.068	10.53±0.08	19.3±2.29
20	'陵两优942'	73.60±1.37	0.835±0.012	0.166±0.040	0.426±0.028	8.75±0.12	24.7±2.90
21	'陆两优28'	67.33±0.60	0.844±0.013	0.26±0.027	0.389±0.027	12.53±0.25	18.6±1.83
22	'陆两优819'	67.10±1.34	0.76±0.056	0.110±0.017	0.315±0.023	12.45±0.13	19.2±2.06
23	'培优29'	74.37±0.45	0.839±0.006	0.095±0.014	0.309±0.016	3.94±0.09	18.5±2.98
24	'泰国巴吞'	74.10±0.20	0.704±0.040	0.024±0.007	0.252±0.029	6.43±0.15	28.7±4.19
25	'泰国香米'	74.60±0.20	0.687±0.024	0.035±0.006	0.303±0.015	7.37±0.14	32.1±3.55
26	'潭两优921'	71.00±0.36	0.531±0.039	0.089±0.013	0.436±0.068	12.97±0.12	26.2±2.72
27	'湘晚籼13'	72.97±0.78	0.721±0.046	0.038±0.004	0.216±0.025	5.79±0.30	21.2±3.94
28	'湘晚籼17'	72.27±0.31	0.536±0.032	0.026±0.002	0.161±0.017	11.63±0.66	30.5±5.19
29	'湘早籼06'	73.77±0.40	0.845±0.016	0.088±0.012	0.424±0.015	2.69±0.31	17.6±3.15
30	'湘早籼12'	73.37±0.61	0.489±0.030	0.085±0.016	0.267±0.012	13.7±0.80	32.5±2.86
31	'湘早籼143'	67.47±0.38	0.681±0.040	0.074±0.010	0.320±0.048	6.18±0.07	24.5±2.14
32	'湘早籼17'	72.73±0.42	0.786±0.025	0.046±0.013	0.187±0.018	2.38±0.05	9.6±2.12
33	'湘早籼24'	72.37±0.42	0.76±0.019	0.029±0.007	0.292±0.020	2.38±0.03	10.6±2.41

编号	品种	水分含量/%	透射比	碘蓝值	酶解值	吐浆值/%	断条率/%
34	'湘早籼 42'	73.33±0.21	0.685±0.035	0.056±0.013	0.231±0.017	6.02±0.10	23.5±3.78
35	'湘早籼 45'	71.93±0.70	0.831±0.021	0.036±0.002	0.468±0.014	4.27±0.15	28.1±3.19
36	'新软黏 13'	74.93±0.32	0.616±0.030	0.024±0.007	0.397±0.021	5.13±0.23	31±4.62
37	'早熟 213'	73.17±0.29	0.920±0.012	0.179±0.024	0.459±0.038	1.26±0.11	6.8±1.55
38	'浙福 802'	72.23±0.55	0.892±0.039	0.042±0.006	0.381±0.058	2.57±0.03	11.3±1.82
39	'浙福种'	72.37±0.51	0.867±0.009	0.094±0.013	0.302±0.036	2.47±0.07	13.4±1.56
40	'中嘉早 17'	72.37±0.25	0.847±0.032	0.146±0.017	0.376±0.030	2.47±0.09	8.2±1.64
41	'株两优 02'	71.60±0.62	0.902±0.042	0.237±0.013	0.391±0.017	6.24±0.11	13±1.42
42	'株两优 08'	68.73±0.40	0.922±0.012	0.072±0.031	0.310±0.025	3.48±0.32	12.7±2.08
43	'株两优 199'	71.43±0.25	0.915±0.011	0.078±0.004	0.398±0.017	2.43±0.17	7.7±1.79
44	'株两优 211'	73.17±0.42	0.862±0.014	0.452±0.008	0.297±0.036	10.43±0.15	18.6±2.60
45	'株两优 233'	71.30±0.96	0.902±0.059	0.076±0.011	0.371±0.019	2.37±0.09	8.6±2.13
46	'株两优 268'	65.90±0.26	0.921±0.013	0.195±0.029	0.353±0.045	2.96±0.08	4.6±0.85
47	'株两优 611'	73.80±0.36	0.859±0.011	0.301±0.034	0.437±0.013	14.93±0.38	26.3±3.63
48	'株两优 819'	71.40±0.36	0.863±0.047	0.051±0.009	0.422±0.041	2.77±0.06	11.3±2.47
49	'株两优 90'	71.70±0.30	0.871±0.017	0.356±0.042	0.433±0.022	11.13±0.22	24.8±3.12
50	'株两优 99'	66.90±0.53	0.921±0.007	0.132±0.017	0.464±0.027	2.59±0.06	10.6±1.74

表 4-42　鲜湿米粉的感官评分

编号	品种	色泽	气味	组织形态	口感	总分
1	'T 优 167'	8.4±0.12	8.2±0.10	8.6±0.15	8.5±0.26	33.7±0.63
2	'T 优 227'	8.3±0.15	8.2±0.21	8.5±0.15	7.8±0.20	32.8±0.71
3	'T 优 535'	8.5±0.25	8.3±0.15	8.2±0.46	7.1±0.12	32.1±0.98
4	'T 优 6135'	8.4±0.25	8.1±0.10	8.2±0.25	8.0±0.15	32.7±0.76
5	'T 优 705'	8.1±0.29	8.0±0.32	8.3±0.26	8.4±0.15	32.8±1.03
6	'丰优 1167'	8.5±0.15	8.1±0.12	8.0±0.15	8.1±0.12	32.7±0.54
7	'丰优 416'	8.3±0.31	8.2±0.06	6.7±0.36	7.3±0.25	30.5±0.98
8	'丰优 527'	8.5±0.26	8.3±0.36	8.4±0.40	8.0±0.25	33.2±1.28
9	'丰源优 227'	8.0±0.06	8.2±0.06	7.6±0.35	5.5±0.61	29.3±1.07
10	'华两优 164'	7.9±0.16	8.2±0.12	8.1±0.17	7.8±0.25	32.0±0.69
11	'华两优 285'	7.8±0.25	8.1±0.12	8.2±0.15	7.3±0.52	31.4±1.04
12	'准两优 608'	7.5±0.49	8.2±0.17	7.2±0.53	5.8±0.40	28.7±1.60
13	'金优 207'	8.1±0.06	8.3±0.40	7.5±0.50	6.8±0.25	30.7±1.21

续表

编号	品种	色泽	气味	组织形态	口感	总分
14	'金优 213'	8.4±0.26	8.1±0.12	8.1±0.17	8.3±0.12	32.9±0.69
15	'金优 233'	8.2±0.32	8.2±0.21	6.8±0.29	6.8±1.10	30.0±1.92
16	'金优 433'	8.2±0.29	8.1±0.12	8.0±0.06	7.9±0.23	32.2±0.69
17	'金优 458'	8.2±0.17	8.4±0.15	8.2±0.06	8.1±0.31	32.9±0.69
18	'金优 463'	8.1±0.06	8.1±0.10	7.4±0.51	8.0±0.06	31.6±0.73
19	'两优 527'	8.2±0.36	8.2±0.10	7.4±0.32	6.6±0.36	30.4±1.14
20	'陵两优 942'	8.3±0.12	8.2±0.20	7.9±0.31	7.1±0.36	31.5±0.98
21	'陆两优 28'	8.2±0.25	8.2±0.45	7.9±0.66	6.0±0.00	30.3±1.36
22	'陆两优 819'	8.3±0.20	7.6±0.32	7.9±0.61	7.0±0.50	30.8±1.63
23	'培优 29'	8.2±0.15	8.3±0.12	8.3±0.31	7.5±0.64	32.3±1.22
24	'泰国巴吞'	8.3±0.23	8.8±0.25	6.3±1.08	4.8±0.35	28.2±1.92
25	'泰国香米'	8.4±0.15	8.7±0.06	6.1±0.26	5.1±0.40	28.3±0.88
26	'潭两优 921'	7.8±0.20	8.4±0.32	5.5±0.91	5.2±0.59	26.9±2.01
27	'湘晚籼 13'	8.4±0.32	8.4±0.15	7.7±0.50	7.3±0.42	31.8±1.39
28	'湘晚籼 17'	8.2±0.15	8.6±0.17	5.7±0.70	4.8±0.79	27.3±1.82
29	'湘早籼 06'	8.3±0.10	8.3±0.30	8.3±0.25	8.7±0.20	33.6±0.85
30	'湘早籼 12'	7.7±0.12	7.9±0.23	6.8±0.98	5.9±0.66	28.3±1.99
31	'湘早籼 143'	8.1±0.12	8.3±0.23	5.4±0.20	5.6±0.85	27.4±1.40
32	'湘早籼 17'	8.3±0.29	8.2±0.10	8.2±0.17	7.5±0.31	32.2±0.87
33	'湘早籼 24'	8.1±0.25	8.1±0.23	8.4±0.15	5.6±0.36	30.2±1.00
34	'湘早籼 42'	7.8±0.29	7.8±0.53	6.4±0.57	4.5±0.45	26.5±1.84
35	'湘早籼 45'	7.8±0.20	8.2±0.15	6.8±0.76	4.8±0.36	27.6±1.47
36	'新软黏 13'	8.1±0.55	8.3±0.36	5.6±0.60	6.9±0.31	28.9±1.82
37	'早熟 213'	8.1±0.23	8.6±0.26	8.4±0.44	7.5±0.42	32.6±1.35
38	'浙福 802'	8.0±0.29	8.0±0.15	7.8±0.30	6.6±1.15	30.4±1.89
39	'浙福种'	8.3±0.26	8.4±0.17	8.5±0.06	8.1±0.25	33.3±0.75
40	'中嘉早 17'	8.4±0.37	8.2±0.32	8.5±0.25	9.1±0.26	34.2±1.18
41	'株两优 02'	8.2±0.15	8.3±0.12	8.1±0.17	8.1±0.15	32.7±0.59
42	'株两优 08'	8.2±0.17	8.0±0.06	7.5±0.25	7.1±0.26	30.8±0.75
43	'株两优 199'	8.3±0.12	8.1±0.37	8.1±0.30	6.4±0.60	30.9±1.36
44	'株两优 211'	8.3±0.26	8.2±0.15	5.5±0.61	6.8±0.76	28.8±1.79
45	'株两优 233'	8.5±0.25	8.1±0.12	8.1±0.12	7.9±0.38	32.6±0.86
46	'株两优 268'	8.2±0.21	8.4±0.29	8.1±0.12	7.9±0.12	32.6±0.73

续表

编号	品种	色泽	气味	组织形态	口感	总分
47	'株两优611'	8.3±0.17	8.1±0.17	6.7±0.98	6.4±0.84	29.5±2.17
48	'株两优819'	8.2±0.10	8.2±0.21	7.7±0.36	7.0±0.25	31.1±0.92
49	'株两优90'	8.4±0.25	8.1±0.10	8.2±0.15	8.1±0.31	32.8±0.81
50	'株两优99'	8.3±0.20	8.3±0.17	8.3±0.15	7.4±0.40	32.3±0.93

表 4-43　基于感官品质的核心指标的 K-聚类分析

类别	稻米品种	特点
第一类	'T优167'，'T优227'，'T优535'，'T优6135'，'T优705'，'丰优1167'，'丰优527'，'华两优164'，'金优213'，'金优433'，'金优458'，'金优463'，'培优29'，'湘晚籼13'，'湘早籼06'，'湘早籼17'，'浙福种'，'早熟213'，'中嘉早17'，'株两优02'，'株两优233'，'株两优268'，'株两优90'，'株两优99'	综合评分在32分以上，感官品质好
第二类	'丰优416'，'丰源优227'，'华两优285'，'金优207'，'金优233'，'两优527'，'陵两优942'，'陆两优28'，'陆两优819'，'湘早籼24'，'浙福802'，'株两优08'，'株两优199'，'株两优611'，'株两优819'	综合评分在29到32分之间，感官品质一般
第三类	'准两优608'，'泰国巴吞米'，'泰国香米'，'潭两优921'，'湘晚籼17'，'湘早籼12'，'湘早籼143'，'湘早籼42'，'湘早籼45'，'新软黏13号'，'株两优211'	综合评分在29以下，感官品质差

另外，大米的陈化也对米粉品质有影响。大米在存放过程中，支链淀粉含量减少，直链淀粉含量增加，淀粉的组织结构变得更加紧密，糊化后凝胶硬度大于新米；谷蛋白巯基减少，二硫键交联增大，蛋白质与淀粉相互作用增强，限制了淀粉粒的膨胀和柔润，糊化形成的凝胶变硬，黏性减少；粗脂肪含量减少，非淀粉脂中游离脂肪酸含量增加，与淀粉结合形成复合物，使糊化热升高。一般在常温下储藏一年的大米制作的米粉品质较好。

2. 浸泡和发酵工艺

在浸泡过程中，大米粒吸水、表面产生裂纹，更容易被粉碎。另外，部分物质溶出、糊化熵发生变化。浸泡温度和时间对米粉品质有重要影响。在常温下，浸泡不充分会导致磨粉造成淀粉损伤，使米粉发黏，蒸煮时溶出率较大，而淀粉浸泡吸水在常温下主要发生在无定性区，达到平衡吸水的时间为3h，此时磨粉造成的损伤淀粉不会影响米粉的品质。在浸泡过程中会伴随着大米的自然发酵，尤其浸泡时间较长时，发酵作用更加明显。自然发酵能显著地改变大米的组成，大米经发酵4d后，其总蛋白的含量下降了33%，总脂肪含量下降了61%，总灰分含量下降了62%，从而使淀粉得以纯化，有利于淀粉分子充分糊化及冷却、老化。自然发酵改变了大米淀粉的结构和组成，主要是支链淀粉的断链和脱支，从而抑制其结晶结构的形成，延缓了支链淀粉的老化。而且淀粉分支程度降低，削弱了空间位阻，加速了直链淀粉的回生及直链淀粉与支链淀粉间的作用，有助于形成稳定的凝胶结构。而且，发酵可以改善米粉的拉伸性能和白度，如表 4-44 所示。

表 4-44　生产工艺的实验室模拟及发酵效果验证(王锋，2003)

项目	发酵样品	对照样品
发酵时间/h	144	3
pH	3.962	5.912
发酵液总酸(g/100mL，以乳酸计)	0.9108	0.0036
最大破断应力/kPa	97.49	80.2
最大破断应变/%	16.60	12.50
白度(色差计测定)	92.22	89.95

　　传统的发酵米粉虽然品质优于非发酵米粉，但是生产周期长，占地面积大，特别是生产技术难以掌握，自然发酵难以控制，经常会发生产品腐败变味，产品质量不稳定。针对这些问题，研究者从自然发酵米浆中分离筛选出发酵的主要作用菌株，研究纯种发酵的作用机理和工艺。发酵以厌氧发酵为主，乳酸菌在整个发酵过程中为优势菌群。微生物发酵的产物——乳酸和酶，作用于大米淀粉颗粒是引起大米淀粉凝胶性质发生改变的重要原因。闵伟红对乳酸菌发酵工艺进行了研究，结果表明，每克大米接种乳酸 2×10^6个，30℃条件下浸泡发酵 12h，生产的米粉在拉伸性能和口感方面明显优于 30℃自然发酵 4d 的米粉，使发酵时间大大缩短。

3. 制粉方法

　　采用不同的磨粉方法，不同类型磨粉机得到的大米粒度分布、糊化度和机械损伤均不同。成明华的研究表明干磨大米粉的损伤淀粉比湿磨大米粉含量高，导致其保水力和溶解度也较高，并最终降低了米线的抗拉强度。熊柳等分别采用干法、湿法制备五种含有不同含量损伤淀粉的大米粉，随着损伤淀粉含量的增加，大米粉的总直链淀粉没有明显差异，可溶性直链淀粉和溶解度显著升高，溶胀度变化不大而透明度显著降低，糊化温度、回生值、峰值黏度、谷值黏度和末值黏度均降低，糊化后米粉凝胶的硬度和弹性显著降低。

4. 大米粉粒度

　　大米粉的粒度对米线品质有较大的影响。大米粉的糊化温度和糊化焓随着颗粒尺寸的下降而降低，说明大米粒的粒度越小，越有利于糊化作用。李新华和洪立军的研究表明大米颗粒细度对米线品质有较大影响。颗粒细度在 60 目以上才能正常加工米线，细度低于 40 目，几乎不能加工成米线，即使出粉，也不成条，黏着力小，糊化效果差，断条率接近 40%，并且容易出现糊汤现象。采用 60～120 目的不同细度大米颗粒加工米线，结果表明大米颗粒越细，糊化时间较短，黏结性越好，米线蒸煮损失减小，复水时间短，断条率下降，至 120 目几乎没有断条。但颗粒过细则明显增加生产成本。大米颗粒在 100

目左右即可满足米线质量要求。另外，大米粉粒度越小，制粉过程中受机械摩擦力较大，淀粉粒表面结构破坏严重，破损淀粉含量越高，这也会影响米线的品质。

5. 添加剂

添加亲水性胶体对米线的品质有影响。例如，海藻酸钠对米线的硬度、弹性、咀嚼性等有显著的影响，但不影响米线的黏性、黏聚性。魔芋精粉、黄原胶、瓜尔豆胶、羧甲基纤维素钠等都对米线有一定的抗老化作用。添加变性淀粉可以使米线更加光滑、富有光泽、有透明感，增强米粉的弹性、筋力和咬劲，延缓方便米线在保质期内的老化，保持其口感柔韧。β-淀粉酶对米粉品质的影响明显，特别是其硬度变化不大，几周后还很软，而对照样是其硬度的 3 倍左右，其他参数均有一定的下降，说明 β-淀粉酶抗老化效果好。在米线生产中，添加单甘脂能使大米粉末表面均匀地分布单甘脂的乳化层，迅速封闭大米粉粒对水分子的吸附能力，阻止水分进入淀粉和可溶性淀粉的溶出，有效地降低了大米的黏度。另外，单甘脂还能与直链淀粉结合成复合物，对防止方便米线老化有作用。

（四）最新研究进展

1. 早籼米米线专用粉的工艺配方研究

通过复配淀粉对加工适宜性差的早籼米米粉进行加工性能改良，以不同淀粉添加量为单因素，混合粉糊化特性中的崩解值、回生值为评价指标进行四因素三水平正交试验。结果表明，以早籼米为原料的米线专用粉的最佳工艺配方为：早籼米'中嘉早 17'添加量 100 份，玉米添加量 15 份，小麦淀粉添加量 15 份，马铃薯淀粉添加量 0.5 份，藕粉添加量 0.5 份。与单一早籼米加工性能相比，专用粉回弹性提高了 62.25%，崩解值从 101cP 降至 75cP 左右、回生值从 32cP 增加至 48cP 左右，该条件下制备的米线专用粉加工性能良好，可以替代传统优质米原料（张珺等，2017）。

1）玉米淀粉添加量对米粉崩解值和回生值的影响

由图 4-34 可知，崩解值随玉米淀粉的增加呈先减略有回升的趋势，由于早籼米直链淀粉含量高，质地较硬，随着玉米粉的添加，其质地有所改善，但玉米淀粉添加量过高，加强了混合米粉的凝胶强度使质地变硬，崩解值呈回升的趋势。回生值是指导米线成型

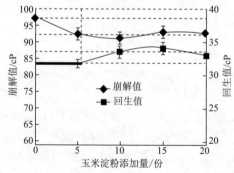

图 4-34　玉米淀粉添加量对米粉崩解值和回生值的影响（n=3）

老化的重要指标，较高回生值的米粉凝胶性更好，样品回生值随着玉米淀粉的添加呈先增加后降低的趋势，一定量的玉米淀粉能改善早籼米的凝胶性能，而过高的淀粉添加量则会增加凝胶脆性，可能会降低米粉糊化温度和峰值黏度，导致回生值的降低，由图 4-34 可知，10～15 份玉米淀粉能提高回生值（张珺等，2017）。

2）小麦淀粉添加量对米粉崩解值和回生值的影响

由图 4-35 可知，混合米粉的崩解值随着小麦淀粉的添加呈先减小后平稳的趋势，回生值随小麦淀粉的添加呈先增加后减小的趋势；对混合米粉回生值的影响与玉米淀粉相同；10～15 份小麦淀粉的添加量在一定程度上能改善凝胶的崩解值和回生值（张珺等，2017）。

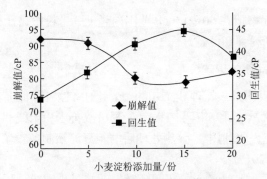

图 4-35　小麦淀粉添加量对米粉崩解值和回生值的影响（$n=3$）

3）马铃薯淀粉添加量对米粉崩解值和回生值的影响

由图 4-36 可知，混合米粉的崩解值随着马铃薯淀粉的添加呈先减小后平稳的趋势，回生值随马铃薯淀粉的添加呈先增加后平稳再降低的趋势；1～1.5 份马铃薯淀粉的添加量能有效改善凝胶的崩解值和回生值。

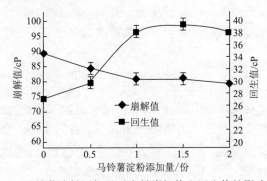

图 4-36　马铃薯淀粉添加量对米粉崩解值和回生值的影响（$n=3$）

4）藕粉添加量对米粉崩解值和回生值的影响

由图 4-37 可知，混合米粉的崩解值随着藕粉的添加呈先减小后回升的趋势，回生值随藕粉的添加呈缓慢增大的趋势；藕粉添加量为 1.5～2 份时凝胶的崩解值和回生值有所改善，但藕粉添加量过高对米粉凝胶色泽会产生不利影响（张珺等，2017）。

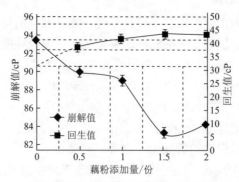

图 4-37　藕粉添加量对米粉崩解值和回生值的影响($n=3$)

根据实践经验，崩解值在 50～150cP 范围内越低，米粉柔韧性越好；回生值在 30～120cP 范围内越高，米粉弹韧性越好。

2. 湿热处理米线品质的影响

国内外已有研究表明湿热处理（heat-moisture，HMT）可降低淀粉膨胀力、溶解度和黏度，提高直链淀粉含量。研究表明，HMT 处理可改善米粉米线和马铃薯面条的蒸煮品质以及质构特性；研究表明利用酸-湿热处理后的豌豆淀粉制备粉丝，耐蒸煮、不易糊汤，质构柔滑（王晓培等，2017）。

对大米淀粉米线质构特性的影响可知，随着湿热处理淀粉添加量的增加，米线质构特性中硬度、弹性、耐咀嚼性、回复性、最大剪切力和剪切峰面积增加，黏着性和黏聚性降低。添加量达到 20%后，大米淀粉米线硬度、弹性、咀嚼性、回复性和最大剪切力已显著增加，即添加处理粉后米线耐咀嚼性、黏弹性、爽滑性提高，米线整体质构特性得到改善。同样，HMT 等将大米淀粉置于 120℃下处理 5h 后按 20%的添加量制备米线也发现其黏弹性增大；Collado 等研究表明添加 50%湿热处理马铃薯淀粉可显著提高马铃薯粉米线硬度。总之，结合大米淀粉米线的蒸煮品质和感官评价结果可知，湿热处理淀粉添加量为 20%时大米淀粉米线品质得到显著提高（王晓培等，2017）。

五、米酒

米酒（rice wine）一般指以稻米（包括糯米、粳米或籼米）为主要原料，经糖化发酵工艺酿制而成的原汁型酒精饮料，作为黄酒（yellow wine）的一种，米酒通常不包括以大米为原料酿造生产的蒸馏型酒类。然而随着市场经济的发展，新的米酒品种不断出现，目前一些现行的地方标准中，如贵州米酒地方标准（DB 52/535—2007），蒸馏型的大米白酒也被纳入了米酒的范畴。因此，广义上的米酒，泛指一切以稻米为主要原料，经霉菌、酵母或特种酒曲等发酵酿造而形成的含酒精类饮料。

传统的米酒酿造多为糯米（俗称江米）为原料，因此，米酒又称糯米酒或江米酒。米酒在我国具有悠久的历史，明代人李实在《蜀语》中说："不去滓酒曰醪糟，以熟糯米为之，故不去糟，即古之醪醴、投醪。"《庄子·盗跖》和《后汉书》中都有关于"醪醴"的记载，可见中国米酒历史久远，秦汉已有之。从出土的远古时期酿酒器具可以推知，至少在 5000 年以前，人们已经开始以稻米等谷物为原料，用酒曲发酵酿酒。如今，米酒作为中华民族的传统特产，已经为全世界所接受和认可。

（一）米酒的分类和命名

1. 米酒的分类

米酒种类较多，按照不同的分类方法可以对米酒进行如下分类。

1）按生产原料分类

可分为糯米酒、粳米酒和籼米酒，其中的糯米酒又包括普通的糯米酒和黑糯米酒。

2）按所用糖化发酵剂分类

可分为麦曲米酒、红曲米酒、小曲米酒等。

3）按酒中的糖分含量分类

有干型米酒（总糖含量≤15.0g/L）、半干型米酒（15.0g/L＜总糖含量≤40.0g/L）、半甜型米酒（40.0g/L＜总糖含量≤100.0g/L）和甜米酒（100.0g/L＜总糖含量）。

4）按是否经过蒸馏分类

可分为原汁型米酒和蒸馏型米酒。

5）按酒精含量分类

可分为普通米酒和无醇米酒等。普通米酒酒精含量质量分数通常为 0.5%以上，其中蒸馏型米酒的酒精度（vol%，体积分数）可高达 20°～53°，而发酵原汁型米酒的酒精度通常为 3°～8°；无醇米酒的酒精度通常低于 0.5°。

6）按生产工艺分类

可分为传统工艺米酒和新工艺米酒，传统生产工艺中，主要有摊饭法、淋饭法和喂饭法三种生产方式，故所生产的酒分别称为摊饭酒、淋饭酒和喂饭酒。

7）按米酒的物理形态及是否添加特种配料分类

可分为糟米型米酒、均质型米酒、清汁型米酒和花色米酒。含有米粒状糟米的米酒称为糟米型米酒，俗称"醪糟"；均质性米酒指经胶磨和均质处理后得到的呈糊状、浑浊的米酒；经过滤除去酒糟得到澄清、透亮的酒汁，称为清酒；而花色米酒指糟米型米酒添加各种果粒、薯类、食用菌或中药材等一种或多种辅料制成的具有特色风味的米酒。

2. 米酒的命名

米酒在我国产地分布广泛，命名方式有多种：有以产地命名的，如孝感米酒（产于湖北孝感）、绍兴酒（产于浙江绍兴）等；有以酒色命名的，如竹叶青（浅绿色）、元红酒（琥珀色）、黑米酒等，有以生产工艺或方法命名的，如九江双蒸（经过蒸馏工艺）、老熬酒（浸米酸水反复煎熬，以替代乳酸培育酒母）和陈缸酒（陈酿及储存时间较长）。

（二）米酒生产原料及发酵剂

米酒生产的原料有稻米、水、米酒曲及其他辅料。在米酒生产中，所用米、曲和水对米酒的质量品质的形成具有重要影响。

1. 稻米原料

1) 糯米

糯米分为粳糯和籼糯两大类。粳糯米粒较短较圆,所含淀粉几乎全部是支链淀粉;籼糯米粒较细长,含有绝大多数的支链淀粉,直链淀粉的含量一般仅有 0.2%~4.6%。由于支链淀粉结构疏松,蒸煮时易于吸水糊化,利于后期糖化发酵的进行。因此,优质糯米是传统的米酒酿造原料,也是最好的原料。名优黄酒大多选用糯米为主要原料,如绍兴酒以粳糯为原料酿制,孝感米酒以孝感籼糯为原料酿制。

2) 粳米

粳米粒形较宽较圆,透明度较高,直链淀粉含量为 15%~23%,浸米时吸水率低,蒸煮糊化较为困难,在蒸饭时可喷淋热水,使米粒充分吸水和彻底糊化,以保证糖化发酵的正常进行。

3) 籼米

籼米直链淀粉含量高达 23%~35%。杂交晚籼米中的直链淀粉含量在 24%~25%,蒸煮后能保持米饭的黏湿、蓬松和冷却后的柔软,可用来酿制米酒。而早、中籼米蒸煮时吸水较多,米饭干燥、冷却后变硬,淀粉容易老化,发酵时老化的淀粉难以糖化,成为产酸菌的营养源,使酒醪酸度升高,风味变差,因此,不适宜用来酿制米酒。

总之,酿造米酒时,应选用淀粉含量高,易彻底糊化,蛋白质、脂肪含量少,碎米少,米质纯,糠秕少,精白度高的新米作为原料,陈米或精白度低的劣质米会对米酒质量产生不利影响。

2. 水

米酒生产用水包括酿造用水、冷却用水、洗涤用水、锅炉用水等。酿造用水直接参与糖化、发酵等酶促反应,并成为米酒成品的重要组成部分。酿造用水首先要符合饮用水的标准,其次从米酒生产的特殊要求出发,应达到以下条件:①无色、无味、无臭、清亮透明、无异常。②pH 在中性附近。③硬度 2~6 度为宜。④铁质量浓度 < 0.5mg/L。⑤锰质量浓度 < 0.1mg/L。⑥米酒酿造水必须避免重金属的存在。⑦有机物含量是水污染的标志,常用高锰酸钾耗用量来表示,超过 0.5mg/L 为不洁水。不能用作酿酒。⑧酿造水中不得检出 NH_3,氨态氮的存在表示该水不久前曾受到严重污染。⑨酿造水中不得检出 NO_2^-, NO_2^- 质量浓度应小于 0.2mg/L。NO_2^- 是致癌物质,NO_2^- 大多是由于动物性物质污染分离而来,能引起酵母功能损害。⑩硅酸盐(以 SiO_3^{2-} 计) < 50mg/L。另外,米酒生产用水中的细菌总数、大肠菌群的量应符合生活用水卫生标准,不得存在产酸细菌。

3. 发酵剂

米酒生产所用糖化发酵剂因各地习惯不同和制作方法不同而种类繁多。市场上常见的米酒糖化发酵剂主要有采用传统工艺生产的酒药(多制成圆形丸子状,又称米酒丸子或曲丸)和以纯种根霉为菌种,采用现代化工艺经扩大化培养生产的甜酒曲(又称纯种根霉曲),生产中所用的糖化发酵剂还有麦曲、米曲和酒母等。

1) 酒药

酒药是指以早籼米粉、辣蓼草和水为原料,用上一年剩余的优质酒药为母种接种,经过培育繁殖而成的米酒糖化发酵剂。酒药中含有多种微生物，主要有根霉、毛霉、酵母菌及少量的细菌等，多菌种发酵有利于形成米酒浓郁的酒香和良好的风味，但部分有害的细菌可导致酒质过酸，产品质量不易控制。

2) 纯种根霉曲

纯种根霉曲是采用人工接种培育纯粹的根霉菌和酵母菌制成的小曲。它的糖化能力强，出酒率高，米酒品质稳定，适用于米酒的工业化生产，只是所生产米酒的香味一般较为平淡。

3) 麦曲

麦曲是以小麦为原料制成的，可广泛用于各类黄酒的生产。麦曲可分为以传统工艺生产的麦曲和现代化的纯种麦曲两大类，传统麦曲的生产采用自然发酵的方法，生产的麦曲主要为块曲，其中主要的微生物有米曲霉、根霉、毛霉和少量的黑曲霉、灰绿曲霉、青霉、酵母菌等；纯种麦曲采用纯种的黄曲霉或米曲霉进行培养而制成，多为散曲，其酶活力高，用曲量少，适合机械化新工艺米酒的生产。

4) 米曲

米曲是以整粒熟米饭为培养料，经不同菌种发酵而制得的酒曲，主要有红曲和乌衣红曲两种。

5) 酒母

酒母是酵母细胞经扩大化培养形成的酵母醪液，黄酒生产中所用酒母主要有经自然发酵制成的淋饭酒母和经纯种酵母菌接种发酵制成的纯种酒母两类。淋饭酒母集中在酿酒前一段时间酿造，其生产工艺如图 4-38 所示，首先将蒸熟后的米饭用冷水淋冷，然后拌入酒药，利用酒药中的根霉和毛霉来糖化淀粉和产生酸类物质，使发酵醪液的 pH 在短时间内降低，起到训育酵母及淘汰不良微生物的作用。采用淋饭酒母所酿制米酒口味醇厚，但酒母培养时间长，操作较复杂，劳动强度大，不易实现机械化生产。纯种酒母操作简单，劳动强度低，酿造过程易控制，可机械化操作，新工艺黄酒使用的是优良纯种酵母菌。AS2.1392 黄酒酵母是常用酿造糯米黄酒的优良菌种，发酵能力强，能发酵葡萄糖、半乳糖、蔗糖、麦芽糖及棉子糖，产生酒精并形成典型的黄酒风味，而且抗杂菌能力强，生产性能稳定。现已在全国机械化黄酒生产厂中普遍使用。

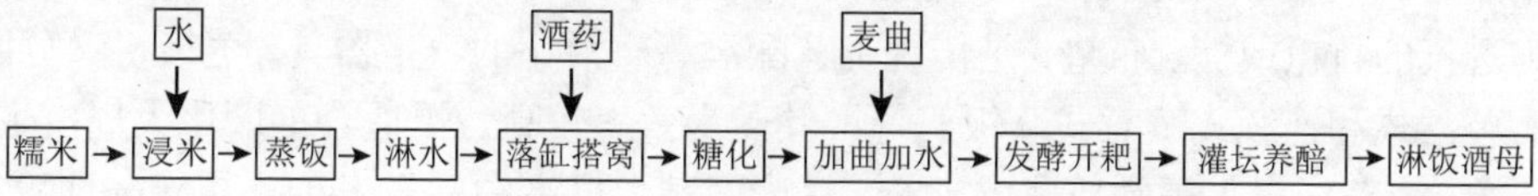

图 4-38 淋饭酒母生产工艺流程图

(三)米酒酿造工艺

米酒酿造过程主要包括稻米原料处理、发酵和发酵后的处理几个工艺阶段。

1. 稻米原料处理

稻米原料处理包括米的精白、洗米、浸米、蒸米和米饭冷却五个步骤。

1)米的精白

稻谷经加工去除稻壳得到糙米,糙米的外层及胚部分含有丰富的蛋白质、脂肪、维生素及灰分,蛋白质和脂肪含量多会使黄酒产生异味,而过多的维生素和矿物质也会微生物营养过剩,产酸菌大量繁殖导致米酒过酸。另外,糙米和粗白米在浸泡时不易浸透,蒸煮时间长且糊化效果差,会影响发酵时淀粉的糖化。因此,酿造米酒所用大米原料应经过精白处理,粳米和籼米的精白度应达到标准一等,糯米应达到标准一等或特等,整体上讲,米酒所用大米的精米率(加工后所得精白米质量占加工前糙米质量的百分数)应达到90%以下。

2)洗米

洗米可去除米糠、尘土和霉菌孢子,防止大米在浸泡时严重发酸而变质。特别是夏季气温较高时,原料米在浸泡过程中容易发酸,因此,适当的洗米是必要的。大型米酒厂多采用自动洗米机或回转圆筒式洗米机进行洗米,小酒厂或家庭制作米酒时可通过人工操作,用清水淋洗或漂洗大米,以淋出的水无明显白浊为度。

3)浸米

浸米可使大米颗粒充分吸水膨胀,有利于蒸煮时淀粉的糊化。浸米时间长短与水温、气温、米的品种和品质、不同品种米酒的工艺要求有关。通常来讲:气温高、水温高时,浸米时间短;精白度高的米吸水快,浸泡时间短;软质米比硬质米吸水快。传统的摊饭酒,浸米时间长达 16～20d,并抽取浸米的浆水(俗称酸浆水),将酸浆水用作浸米和发酵的配料,抑制产酸细菌的繁殖。浙江淋饭酒、喂饭酒和新工艺大罐发酵酒的浸米时间都在 2～3d,而福建老酒在夏季的浸米时间只有 5～6h。

浸米程度一般要求米粒保持完整,浸泡至用手指捏米粒可碎成粉状为准,避免浸泡过度或不足。

4)蒸米

蒸米可使大米淀粉受热糊化,便于发酵时淀粉的糖化和分解。同时,蒸米也具有杀菌功能。经蒸煮后的米饭要达到饭粒疏松不糊、透而不烂、均匀一致、无夹生、无结团、充分吸足水分。蒸米对米酒的品质和产量均有较大影响,若蒸煮不足,饭粒夹生,则发酵时糖化不全,且会异常发酸;若蒸煮过度,饭粒黏结成团,也不利于糖化和发酵,会降低出酒率。蒸饭常用的设备主要有甑桶和蒸饭机。甑桶又称蒸桶,多为圆筒形木桶,底部为透气的竹篦或棕、布垫,是传统工艺酿酒一直沿用的蒸米器具。蒸饭机又分卧式、立式、单煮式和连续式蒸煮式蒸饭机等,其蒸米效率较高,更适合工厂化大规模生产的需要。通常,蒸饭多采用常压蒸煮工艺,糯米及精白度高的软质米 15～20min 即可,粳、籼米要采用双蒸双淋法或三蒸三淋法,即在蒸饭过程中喷淋 50～70℃的热水,以促进米粒充分吸水和完全糊化。

5)米饭冷却

蒸煮后的米饭,必须快速冷却到适宜的温度(30℃左右),以便接入发酵菌种并促进菌种快速繁殖。传统的冷却方法有淋饭冷却和摊饭冷却两种,立式或卧式蒸饭机则采用机械鼓风等方法进行冷却。

淋饭冷却多采用冷开水从米饭上面淋下,使米饭迅速降温。淋饭过程中还可适当增加米饭的含水量，使饭粒表面光滑、易于分散，有利于均匀拌入酒药。淋饭操作时要注意沥去余水，防止水分过多不利于酒药中根霉菌的生长繁殖。

摊饭冷却是把米饭摊开在竹席或托盘上，使米饭自然冷却。此方法可避免米饭表面的浆质被淋水冲掉，避免了淀粉的损失，是摊饭酒的酿造特色之一。但这种冷却方法占地面积大，冷却时间长，易受有害微生物的污染，且易出现淀粉老化回生的现象。在摊饭过程中结合鼓风冷却，可加快冷却速度，提高冷却的质量和效率。

2. 发酵

米酒发酵是在根霉菌、酵母菌和细菌等多种微生物的参与下进行的复杂的生物化学过程。发酵可分为主发酵和后发酵两个阶段。主发酵又称前发酵，适宜的温度通常为26～30℃，该阶段主要进行糖化和酒精发酵。后发酵阶段又称后熟，多在10℃左右或更低的温度下进行，有利于米酒风味的形成。

1) 米酒发酵的特点

a. 开放式接种发酵

蒸熟后的米饭可直接暴露在空气中冷却，酒母或酒曲的接入通常也在开放环境条件下进行，不需要严格的无菌接种操作。发酵过程中醪液与自然环境直接接触，完全依靠酿酒师采取的一系列科学措施来确保发酵顺利进行。

b. 边糖化边发酵

黄酒生产过程中，淀粉糖化与酒精发酵两个过程同时进行，相辅相成。

c. 酒醅(醪)高浓度发酵

黄酒生产过程中，原料大米与水的质量比为1：2，是所有酿造酒中比例最高的。

d. 低温长时间发酵

发酵生产过程中，除了短时间(4～5d)的主要发酵高温期外，整个后发酵阶段基本处于低温的发酵，这个阶段新工艺黄酒为10～20d，传统工艺黄酒则长达70～90d。实践表明，低温长时间发酵的酒比高温短时间发酵的香气足一些，口味也更加醇厚。

e. 生成高浓度酒精

经过长时间低温发酵，黄酒醪发酵结束时酒醪酒精含量(体积分数)高达15%以上。最高可达20%左右。

2) 米酒发酵的方式

a. 主发酵

煮熟的米饭通过风冷或水冷落入发酵缸(罐)中，再加水、曲、药酒，混合均匀。落缸(罐)一定时间，品温升高，进入主发酵阶段，这时必须控制发酵温度，利用夹套冷却或搅拌调节液温，并使酵母呼吸和排出二氧化碳。主发酵是使糊化米饭中的淀粉转化为糖类物质，并由酵母利用糖类物质转化成黄酒中的大部分酒精，同时积累其他代谢物质。主发酵的工艺因不同生产方式而有所不同。

a) 摊饭法

其工艺流程如图4-39所示，将24～26℃的米饭放入盛有清水的缸中，加入淋饭酵母(用量为投料用米量的4%～5%，投料后的细胞数约为每毫升40×10^6个)和麦曲，加入浆水，混匀后，经约 12h 的发酵，进入主发酵期。此时应开耙散热，注意温度的控制，最高温度不超过 30℃。自开始发酵起 5～8d，品温逐渐下降至室温，主发酵即告结束。

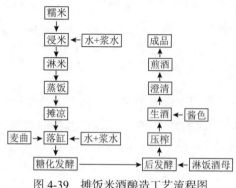

图 4-39　摊饭米酒酿造工艺流程图

b) 淋饭法

将沥去水的 27～30℃ 的米饭放入大缸，然后加入酒药，拌匀后，搭成倒喇叭形的凹圆窝，再在上面撒上酒药。维持品温 32℃ 左右，经 36～48h 发酵，在凹圆窝内出现甜液，此时开始有酒精生成。待甜液积聚到凹圆窝高度 4/5 时，加曲和水冲缸，搅拌。当发酵温度超过 32℃，即开耙散热降温，使物料温度降至 26～27℃；待品温升高至 32℃，再次开耙。如此反复，自开始发酵起 7d 完成主发酵。

c) 喂饭法

落缸和淋饭法一样，搭窝后 45～46h，将发酵物料全部翻入到另一个盛有清水的洁净大缸内。翻缸后 24h 加麦曲，3h 后第 1 次喂米饭，品温维持在 25～29℃。约经 20h，再进行第 2 次喂饭，操作方法如前，也是先加曲后加饭，加饭的量是第 1 次的一半。第 2 次喂饭后经 5～8h，主发酵结束。喂饭的作用：一是不断供给酵母新鲜营养，使其繁殖足够的健壮酵母，以利于保证旺盛的发酵；二是使原料中的淀粉分批糖化发酵，以利控制发酵温度，增强酒液的醇厚感，减轻苦味感。

d) 新工艺大罐法

将 25℃ 左右的米饭连续放入拌料器，同时不断地加入麦曲、水和纯度培养的速酿酒母或高温糖化酒母(接种量为 10% 左右，投料后的细胞数也为每毫升 $40×10^6$～$50×10^6$ 个)，拌匀后落入发酵罐。落罐后 12h 开始进入主发酵期。可采用通入无菌空气的方法，将主发酵期的温度控制在 28～30℃。自开始发酵起 32h，品温改为维持在 26～27℃，之后品温自然下降。大约自开始发酵起经 72h，主发酵结束，进入后发酵。

b. 后发酵

经过主发酵后，酒醪中还有残余淀粉，一部分糖分尚未变成酒精，需要继续糖化和发酵。因为经主发酵后，酒醪中酒精浓度已达到 13% 左右，酒精对糖化酶和酒化酶的抑制作用强烈，所以后发酵进行得相当缓慢，需要较长时间才能完成。通过这一过程，酒变得较和谐并达到压榨前的质量要求。

a) 摊饭法

酒醪分盛于洁净的小酒坛中，上面加瓦盖堆放在室内，后发酵需 80d 左右。

b) 淋饭法

后发酵在酒坛中进行，一般需 30d 左右。

c) 喂饭法

后发酵在酒坛中进行，一般需 90d 左右。

d) 新工艺大罐法

主发酵结束后，将酒醪用无菌压缩空气压入后发酵罐，在 15～18℃条件下，后发酵时间 16～18d。醪的发酵是黄酒生产最重要的工艺过程，要从曲和酒母的品质以及发酵过程中防止杂菌污染两个方面抓管理，任何一个差错都可能引起发酵异常。

3. 发酵后的处理

1) 压榨和添加着色剂

发酵成熟酒醪通过压榨来把酒液和酒糟分离得到酒液(生酒)。生酒中含有淀粉、酵母、不溶性蛋白质和少量纤维素等物质，必须在低温下对生酒进行澄清处理，先在生酒中加入焦糖色，搅拌后再进行过滤。目前，黄酒压榨都采用板框式气膜压滤机。压榨出来的酒液颜色是淡黄色(米曲类黄酒除外)，按传统习惯必须添加糖色。通常在澄清池已接受约 70%的黄酒时开始加入用热水或热酒稀释好的糖色，一般普通干黄酒每吨用量为 3～4kg，甜黄酒和半甜黄酒可少加或不加。

2) 煎酒

煎酒的目的是杀死酒液中的微生物和破坏残存酶的活性，除去生酒杂味，使蛋白质等胶体物质凝固沉淀，以确保黄酒质量稳定。另外，经煎酒处理后，黄酒的色泽变得明亮。煎酒温度应根据生酒的酒精度和 pH 而定，一般为 85～90℃。对酒精度高、pH 低的生酒，煎酒温度可适当低些。煎酒杀菌设备一般包括板式热交换器、列管式或蛇管热交换器等。煎酒后，将酒液灌入已杀菌的空坛中，并及时包扎封口，进行储存。

3) 陈化储存

新酿制的酒香气淡、口感粗，经过一段时间储存后，酒质变佳，不但香气浓，而且口感醇和，其色泽会随储存时间的增加而变深。储存时间要恰当，陈酿太久，若发生过熟，酒的品质反而会下降。应根据不同类型产品要求确定储存期，普通黄酒一般储存期为 1 年，名优黄酒储存期 3～5 年，甜黄酒和半甜黄酒的储存期适当缩短。黄酒在储存过程中，色、香、味、酒体等均发生较大的变化，以符合成品酒的各项指标。传统方法储酒采用陶坛包装储酒。现在多数厂还在沿用此方法。热酒装坛后用灭过菌的荷叶、箬壳等包扎好，再用泥头或石膏封口后入库储存。通常以 3～4 个为一叠堆在仓库内。储存过程中，储存室应通风良好，防止淋雨。长期储酒的仓库最好保持室温 5～20℃，每年天热时或适当时间翻堆 1～2 次。

现代大容量碳钢罐或不锈钢罐储酒效果没有陶坛好，酒的香味较少。在冷却操作方法上，当热酒灌入大罐后就用喷淋法使酒温迅速降至常温，不宜采取自然冷却，因其冷却所需时间长，会产生异味异气。

4）勾兑和过滤

勾兑是指以不同质量等级的合格的半成品或成品酒互相调配，达到某一质量标准的基础酒的操作过程。黄酒的每个产品，其色、香、味三者之间应相互协调，其色度、酒精度、糖分、酸度等指标的允许波动范围不应太大。为此，黄酒在灌装前应按产品质量等级进行必要的调配，以保障出厂产品质量相对稳定。勾兑过程中不得添加非自身发酵的酒精、香精等，并应剔除变质、异味的原酒。检验合格的酒才能转放后道工序，否则会造成成品酒不合格。生酒经煎酒灭菌、储存会浑浊，并产生沉淀物，经过滤才能装瓶，以保证酒液清亮、透明，无悬浮物及颗粒物。常用棉饼过滤机、硅藻土过滤机、纸板过滤机、清滤机等设备进行过滤。

5）杀菌与灌装

成品酒应按巴氏消毒法的工艺进行杀菌，然后进行灌装。目的是杀灭酒液中的酵母和细菌，并使酒中沉淀物凝固而进一步澄清，酒体成分得到固定。成品酒杀菌一般有两种方式；一种是灌装前杀菌，杀菌后趁热灌装，并严密包装。这种杀菌方式一般适用于袋装新产品；另一种是灌装后用热水浴或喷淋方式杀菌，这种杀菌方式一般适用于瓶装产品。杀菌设备一般包括喷淋杀菌机、水浴杀菌槽、板式热交换器、列管式杀菌器等。灌装封口设备一般包括灌装机、压盖机、旋盖机、袋装产品封口机、生产日期标注设备等。

（四）最新研究进展

1. 原料种类对米酒滋味品质影响的研究

作为我国传统的低度发酵酒，米酒通常以糯米为主要原料，经酒曲等糖化发酵剂发酵而成。其风味和口感独特，同时兼有丰富营养成分和特殊食疗功效，而深受消费者的喜爱。米酒制作工艺比较简单，制作环境也相对开放，研究表明原料的化学成分、酒曲种类和发酵工艺条件等均可对其产品品质产生影响。滋味品质作为米酒产品品质的重要组成部分，其优劣直接决定了消费者对米酒的可接受性，我们的前期研究也表明，生产方式和酒曲来源对米酒最终的滋味品质均有显著的影响。近年来，研究人员在米酒新产品开发方面开展了大量卓有成效的研究，对大米、红米、香米、黑米和紫米等原料应用于米酒生产的可行性进行了探讨，使生产米酒的原料不再仅仅局限于糯米，有力地促进了米酒产品的多元化发展。然而目前国内关于不同种类原料酿造米酒滋味品质差异性研究的报道尚少。

除了传统的感官鉴评方法外，研究人员也可以使用电子舌对食品的滋味品质进行评价。通过采用人工脂膜传感器技术，电子舌实现了食品基本味觉及其回味的数字化评价，具有信息量丰度和结果准确的优点，目前已经广泛地应用于酒龄识别及酒的品种和产地鉴别等方面。为探讨原料种类对米酒滋味品质的影响，分别采集了籼糯米、粳糯米和大米样品各 5 个，在此基础上使用商业化米酒曲进行了米酒的酿造，同时采用电子舌技术和多元统计学方法相结合的手段，对不同原料酿造米酒的滋味品质的差异性进行分析，并对与其滋味品质整体结构差异显著相关的指标进行了鉴定，为原料种类对米酒滋味品质影响的研究提供科学依据(郭壮等，2016)。

1)不同原料酿造米酒各滋味指标相对强度的分析

由表 4-45 可知，经方差分析发现，以籼糯米和粳糯米为原料酿造的米酒其酸味、涩味和后味 B(苦的回味)3 个指标的相对强度值均显著低于大米($P < 0.05$)酿造米酒，而丰度(鲜的回味)呈现出相反的趋势($P < 0.05$)。由表 4-45 也可知，不同原料酿造的米酒在苦味、咸味、鲜味和后味 A(涩的回味)4 个滋味指标上的差异不显著($P > 0.05$)，同时以籼糯米和粳糯米为原料酿造的米酒在所有 8 个滋味指标上差异也均不显著($P > 0.05$)。因此可以初步推断，以籼糯米和粳糯米为原料酿造的米酒其滋味品质差异不大，而两者与以大米为原料酿造的米酒滋味品质可能存在较大差异。

表 4-45　不同原料酿造米酒各滋味指标相对强度的差异性分析(郭壮等，2016)

项目	籼糯米	粳糯米	大米
酸味	1.03 ± 0.77^{b}	1.60 ± 1.02^{b}	4.28 ± 1.48^{a}
苦味	-1.49 ± 1.17^{a}	-2.74 ± 0.53^{a}	-2.91 ± 0.65^{a}
涩味	0.27 ± 0.24^{b}	0.60 ± 0.49^{b}	2.55 ± 1.08^{a}
咸味	0.01 ± 0.39^{a}	-0.85 ± 0.54^{a}	0.20 ± 2.21^{a}
鲜味	-0.11 ± 0.11^{a}	-0.18 ± 0.19^{a}	-0.07 ± 0.45^{a}
后味 A	0.16 ± 0.11^{a}	0.24 ± 0.07^{a}	0.33 ± 0.12^{a}
后味 B	-0.18 ± 0.13^{b}	-0.13 ± 0.07^{b}	0.03 ± 0.08^{a}
丰度	-0.10 ± 0.14^{a}	-0.21 ± 0.22^{a}	-0.23 ± 0.43^{b}

注：同行数据上标字母不同表示差异显著($P < 0.05$)

2)不同原料酿造米酒滋味品质整体结构的差异性分析

在对不同原料酿造米酒各滋味指标相对强度进行分析的基础上，本书进一步采用 PCA、CA 和 MANOVA 等多元统计学方法对不同原料酿造米酒滋味品质整体结构的差异性进行了分析，主成分分析不同原料酿造米酒滋味品质的因子载荷图见图 4-40，因子得分图见图 4-41。

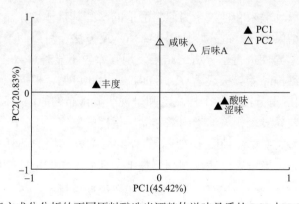

图 4-40　基于主成分分析的不同原料酿造米酒整体滋味品质的 PC1 与 PC2 因子载荷图

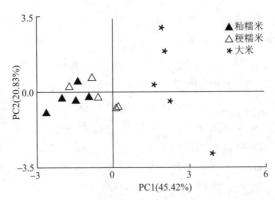

图 4-41　基于主成分分析不同原料酿造米酒整体滋味品质的 PC1 与 PC2 因子得分图

经 PCA 发现，不同原料酿造米酒整体滋味品质的信息主要集中在前 4 个主成分，其累计方差贡献率为 91.64%。由图 4-40 可知，第一主成分主要由酸味、涩味和丰度(鲜的回味)等 3 个指标构成，第二主成分由咸味和后味 A(涩的回味)2 个指标构成，其贡献率分别为 45.42%和 20.83%。第三主成分由咸味和后味 B(苦的回味)2 个指标构成，第四主成分由苦味构成，其贡献率分别为 18.71%和 6.68%。

由图 4-41 可知，在 PCA 因子得分图中不同类型的米酒样品呈现出较为明显的聚类趋势，其中以籼糯米和粳糯米为原料酿造的米酒样品与以大米为原料酿造的米酒样品呈现出明显的分离，而以籼糯米和粳糯米为原料酿造的米酒样品其空间排布较为接近，且出现交叠现象。因此，可以定性地认为以籼糯米和粳糯米酿造的米酒滋味品质较为相似，而与以大米为原料酿造的米酒存在较大的差异。由图还可知，在水平方向上，以籼糯米和粳糯米为原料酿造的米酒样品主要排布在第 2 象限和第 3 象限，而以大米为原料酿造的米酒样品在第 1 象限和第 4 象限，可以定性地认为以籼糯米和粳糯米为原料酿造的米酒其酸味和涩味要低于大米酿造米酒，而丰度(鲜的回味)呈现出相反趋势。在垂直方向上，不同类型的米酒样品其空间排布没有明显的规律，可以定性地认为三类米酒样品在咸味和后味 A(涩的回味)2 个指标上没有明显的差异，这与方差分析结果相一致。

在 PCA 的基础上，本书研究进一步提取其前 80%的成分进行了基于马氏距离的聚类分析(图 4-42)。以籼糯米和粳糯米为原料酿造的米酒其整体滋味品质较为相似，这一结果与主成分分析结果相同。进一步使用 MANOVA 方法，对以两类糯米为原料酿造米酒整体滋味品质的差异性进行了分析，结果发现其差异不显著(P=0.16 > 0.05)，而两者均与大米酿造的米酒样品差异极显著($P < 0.001$)。由此可见，根据原料种类划分的分组的确是造成 PCA 因子得分图中各个样品空间呈现明显排布的原因(郭壮等，2016)。

3)与原料种类差异显著相关的米酒滋味品质指标的鉴定

通过以原料的种类(大米/籼糯米/粳糯米)作为起约束作用的解释变量，本书研究进一步使用冗余分析法，尽最大可能预测和解释了全部 8 个米酒滋味指标数据组成的响应变量，进而对与原料种类差异显著相关的滋味品质指标进行了鉴定，其冗余分析双序图见图 4-43。

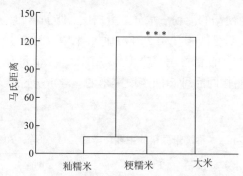

图 4-42 基于马氏距离聚类不同原料酿造米酒整体滋味品质的分析

***表示由大米酿造的米酒其整体滋味品质与籼糯米和粳糯米差异均显著($P < 0.01$)

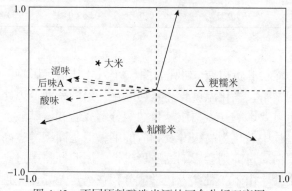

图 4-43 不同原料酿造米酒的冗余分析双序图

由图 4-43 可知，酸味、涩味和后味 A(涩的回味)3 个指标与 RDA 排序图约束轴上的样本赋值良好相关，因而上述 3 个指标代表了不同原料酿造米酒滋味品质总体结构差异显著相关的关键滋味。由图 4-43 还可知，上述 3 个指标均位于由大米酿造的米酒样品一侧，这说明由大米酿造的米酒其酸味、涩味和后味 A(涩的回味)可能高于其他两个类型的米酒。由分析结果可知，3 个指标中酸味和涩味指标在不同原料酿造米酒中的差异具有统计上的显著性($P < 0.05$)(郭壮等，2016)。

2. 糯米化学成分对米酒发酵及其品质影响的研究

以 3 种不同品种和产地的糯米为原料，研究了其化学构成及发酵过程中米酒的主要理化指标变化规律及品质，分析了糯米的主要化学成分与米酒品质的相关性。结果显示，发酵过程中 3 种糯米发酵醪的还原糖和可溶性固形物含量均逐渐降低，总酸和酒精度均呈上升趋势。糯米的支链淀粉与直链淀粉的比值及脂肪含量对米酒品质存在显著影响。糯米的支链淀粉与直链淀粉的比值越大，即支链淀粉含量越高，米酒的醇厚感越浓，米酒的感官品质越好；脂肪含量越高，米酒的感官品质越差。酿造优质米酒时应选用支链淀粉含量高、脂肪含量低的糯米为原料(杨停等，2015)。

1)糯米的主要化学成分

3 种糯米的主要化学成分见表 4-46。可以看出，籼糯和粳糯的主要化学成分存在显著差异，前者的淀粉含量、水分、灰分及 AP/AM 比值明显低于后者，但蛋白质、脂肪含量显著高于后者。2 种粳糯的淀粉、水分、蛋白质、脂肪含量均无显著差异,但粳糯 1号的灰分及 AP/AM 比值明显低于粳糯 2 号。3 种糯米中,籼糯的蛋白质和脂肪含量最高,粳糯 1 号的淀粉含量最高,粳糯 2 号的灰分和 AP/AM 比值最高。因此,不同品种糯米的化学成分差异较大,而相同品种不同产地糯米的化学成分除灰分和 AP/AM 比值外无明显差异。

表 4-46　3 种糯米原料的主要化学成分(杨停等,2015)

成分	淀粉/(g/100g)	水分/(g/100g)	蛋白质/(g/100g)	脂肪/(g/100g)	灰分/(g/100g)	AP/AM 比值
籼糯	74.21 ± 0.46^{a}	12.39 ± 0.26^{a}	8.70 ± 0.24^{a}	0.82 ± 0.06^{a}	0.23 ± 0.01^{a}	13.61 ± 0.42^{a}
粳糯 1 号	76.66 ± 0.39^{b}	13.69 ± 0.28^{b}	7.24 ± 0.35^{b}	0.43 ± 0.04^{b}	0.26 ± 0.01^{b}	21.03 ± 0.74^{b}
粳糯 2 号	76.61 ± 0.58^{b}	13.36 ± 0.35^{b}	7.56 ± 0.38^{b}	0.36 ± 0.03^{b}	0.38 ± 0.01^{c}	23.71 ± 0.62^{c}

注:同列上标不同字母之间表示差异显著

糯米主要成分为淀粉和蛋白质。研究表明,AP/AM 比值会影响淀粉的溶解及糊化等特性。直链淀粉结构紧密,糊化温度较高且易老化,出酒率低,因此淀粉的含量及构成会对米酒的品质产生重要影响。蛋白质经蛋白酶分解成肽和氨基酸,可以作为酵母菌的营养成分,在发酵过程中转化为高级醇及相应的酯,但是高级醇过高会加重米酒的杂异味,而酒中残留的蛋白质过高则会影响酒质稳定性,因此原料中过高的蛋白质含量会影响米酒的风味和稳定性。由于 3 种糯米化学成分存在一定差异,并且该成分对于米酒发酵有较大影响,由此推测 3 种糯米的发酵特性也具有一定差异。

2)糯米发酵醪中主要理化指标的变化

a. 还原糖含量的变化

糖化时糯米原料中的淀粉在糖化曲中淀粉酶的催化下水解生成大量的还原糖,以作为发酵阶段酵母的营养物质。发酵期间 3 种糯米发酵醪中还原糖含量的变化如图 4-44 所示。可以看出,随着发酵时间的延长,发酵醪中还原糖含量呈现先(0~48h)快速后(72~96h)缓慢下降的趋势(杨停等,2015)。

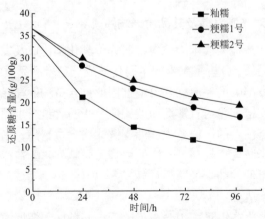

图 4-44　发酵期间发酵醪中还原糖的变化

　　整个发酵过程中，籼糯发酵醪中还原糖含量下降趋势更为明显，并且其含量明显低于 2 种粳糯发酵醪。这是因为籼糯的淀粉含量和 AP/AM 比值显著低于粳糯。与支链淀粉相比，直链淀粉不仅糊化温度更高，而且更易老化，而老化淀粉不易被淀粉酶水解，因而其糖化效果低于支链淀粉。因此，籼糯发酵醪中还原糖含量相对较低。

　　b. 可溶性固形物含量的变化

　　可溶性固形物是米酒发酵过程中的重要指标之一，图 4-45 为发酵期间三种糯米发酵醪中可溶性固形物的变化趋势。可以看出，随着发酵时间的延长，发酵醪中可溶性固形物呈现先快速后缓慢下降的趋势。这是因为在发酵初期酵母生长繁殖旺盛，迅速利用发酵醪中的可溶性固形物，将其进一步降解成酒精、有机酸和其他风味物质。2 种粳糯发酵醪中的可溶性固形物含量相近，但均明显高于籼糯发酵醪，并且随着糯米原料 AP/AM 比值的增大而增大(杨停等，2015)。

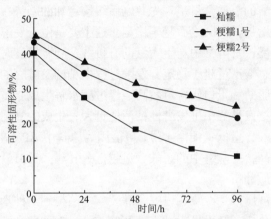

图 4-45　发酵期间发酵醪中可溶性固形物的变化

　　c. 酒精度的变化

　　米酒的发酵主要依靠酵母的代谢作用，通过多种酶的催化将还原糖在厌氧条件下分解为乙醇和 CO_2。发酵过程中 3 种糯米发酵醪中酒精度的变化如图 4-46 所示。

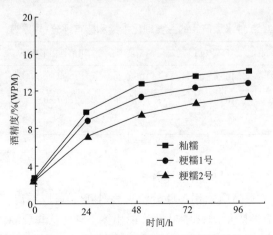

图 4-46　发酵期间发酵醪中酒精度的变化

由图 4-46 可以看出，随着发酵时间延长，酒精度呈先快速后缓慢上升的趋势。发酵初期(0~48h)为酵母生长的对数期，此时酵母可大量利用糖化阶段生成的还原糖，将其分解形成酒精，所以此时期发酵醪中酒精度迅速增加；发酵后期(48~96h)发酵醪中酒精度增加缓慢，这是由于此时酵母生长进入稳定及衰亡期，同时二氧化碳和有机酸等代谢产物对其生长具有抑制作用，故其还原糖的分解速度变慢，酒精生成量趋于稳定。发酵过程中籼糯发酵醪的酒精度始终高于粳糯，可能因为籼糯的 AP/AM 比值低于粳糯，糖化阶段产生的还原糖含量相对较高，发酵过程中还原糖的消耗量大，酒精的产生量也较高，因此生产低酒精度的米酒应选择支链淀粉含量高的原料。

　　d. 总酸含量的变化

米酒中总酸主要来源于发酵过程中糖分及其他物质在酵母菌作用下生成的乳酸、琥珀酸等有机酸，少量来源于原料和酒曲，这些有机酸对米酒的风味具有重要作用。随着发酵时间延长，发酵醪的总酸含量呈现先急剧后缓慢增加的趋势；发酵初期(0~48h)发酵醪中总酸含量迅速增加，72h 之后趋于稳定。这主要是由于发酵初期还原糖含量较高并且酵母代谢活动旺盛，发酵醪中产生大量的有机酸；随着发酵时间的延长，酵母菌的代谢活动减弱，所以总酸产量趋于稳定。发酵过程中籼糯发酵醪的总酸含量始终高于粳糯，可能因为籼糯中脂肪和蛋白质含量较高，经过酶水解生成脂肪酸和氨基酸，使其总酸含量增加；同时籼糯发酵醪中可发酵性糖消耗量大，生成的酒精及总酸含量均较高。粳糯 2 号发酵醪的总酸含量低于粳糯 1 号，可能因为原料中 AP/AM 比值存在一定差异，表明支链淀粉含量越高，发酵醪中的总酸含量越低(杨停等，2015)。

　　3)米酒成品的品质分析

将发酵 96h 的醪液压榨、冷藏、过滤、灌装、杀菌得到 3 种米酒产品，对其理化指标及感官质量进行了分析，结果见表 4-47。可以看出，3 种糯米酒的还原糖、总酸、酒精度、可溶性固形物、糖酸比及感官评分均差异显著。籼糯米酒的还原糖和可溶性固形物含量均低于粳糯米酒，但其总酸及酒精度均较高；籼糯米酒的糖酸比例过低、酒味过浓、厚实感较差，总体评分低于粳糯。因此，直链淀粉含量低的粳糯更适合于作为米酒原料，而直链淀粉含量高的籼糯适合生产低糖高酒精度的产品。

表 4-47　3 种米酒产品的主要理化指标和感官评分(杨停等，2015)

米酒品质	还原糖/(g/100g)	总酸/(g/L)	酒精度/%	可溶性固形物/%	糖酸比	感官评分
籼糯	9.08±0.50[a]	10.86±0.13[a]	14.10±0.30[a]	10.00±0.70[a]	0.84±0.03[a]	79±0.80[a]
粳糯 1 号	16.24±0.40[b]	10.10±0.12[b]	12.80±0.20[b]	21.00±0.50[b]	1.61±0.02[b]	87±0.80[b]
粳糯 2 号	18.87±0.50[c]	9.22±0.12[c]	11.30±0.30[c]	24.50±0.50[c]	2.05±0.02[c]	91±1.50[c]

注：同列上标不同字母之间表示差异显著

　　4)糯米化学成分与米酒品质相关性分析

糯米化学成分与米酒品质的相关性分析见表 4-48。可以看出，糯米的 AP/AM 比值与米酒的还原糖、可溶性固形物含量呈显著正相关，与其总酸及酒精度呈一定的负相关，表明糯米原料中支链淀粉含量越高，米酒中还原糖及可溶性固形物含量越高，而总酸及酒精度越低。糯米的脂肪含量与感官评分呈显著负相关，说明糯米原料中脂肪含量越高，米酒的感官品质越差。糯米原料的其他化学成分与米酒品质无明显相关性。

表 4-48　糯米主要成分与米酒品质相关性分析

主要成分	还原糖	总酸	酒精度	可溶性固形物	糖酸比	感官评分
AP/AM 比值	1.000*	−0.953	−0.954	1.000*	0.994	0.996
脂肪	−0.993	0.991	0.912	−0.996	−0.975	−1.000*

*代表显著($P < 0.05$)

六、米发糕

(一)米发糕的特点

米发糕一般是以籼型或粳型大米为原料，经浸泡、磨浆、调味、发酵、蒸制而成的。它是我国传统的发酵米制品，同北方的馒头一样，在我国南方地区有着悠久的加工历史和深厚的文化蕴涵。米发糕具有蜂窝状结构，色泽洁白，口感柔软细腻，易被人体消化吸收等特点，深受人们的喜爱。

大米经发酵等工序制成米发糕后，淀粉和蛋白质降解，还原糖和游离氨基酸含量增加，水溶性成分、氨基酸组成、糖类的组成、有机酸含量及组成发生较大的变化，淀粉和蛋白质的消化性能有所增强，因此，米发糕易被人体吸收。从质构的角度来讲，米发糕是一种由淀粉等高分子形成的网络结构和线性结构共存的黏弹性凝胶体，气孔分布于凝胶中。品质优良的米发糕应该具有较小的硬度和较大的弹性，内部蜂窝状结构细密有序，口感松软，容易咀嚼。大米发酵过程中产生了大量挥发性物质，蒸制过程中进一步产生了以烷烃为主，兼有较大醇、酸、酚、酮等挥发性物质，从而形成了米发糕特定的风味。

(二)米发糕的生产

1. 米发糕的生产工艺

按照生产工艺和特色分类，可将我国的传统米发糕分为湖北米发糕和广式米发糕。湖北米发糕工艺流程如图 4-47 所示。湖北米发糕多以籼米或粳米为原料，在常温下浸泡 2～4h，加水磨浆，料浆过筛、吊浆，调节料浆浓度，加入适量白糖、酵母菌或老浆，将调配好的料浆于一定条件(约 35℃)发酵约 4h，然后上蒸笼蒸制约 30min。有研究者对米发糕的制作工艺进行了优化，以外接菌液制作米发糕的适宜工艺为大米于 30℃浸泡 21h，磨浆后将浆液浓度调整到 25°Bé，然后于 38℃发酵 1h 后蒸制。

图 4-47　湖北米发糕工艺流程图

广式米发糕多以晚稻米(粳稻米)为原料,淘洗后将米粒浸泡至一定程度,然后研磨、吊浆,再用手将粉团揉搓成碎粒,加入一定比例的白糖,用开水冲烫粉团,制成粉浆,冷却后加入发酵剂,发酵到适当程度后,上笼蒸制而成。

2. 操作要点

1)原料的选择

原料大米的物理化学特性是影响米发糕品质的重要因素之一。一般认为,以籼米为原料制作的米发糕具有较好的产品品质。但是不同品种、产地和储藏时间的籼米的物化特性有较大的差异,从而导致所生产的米发糕的品质也有较大的差异。有研究者对 10个大米品种原料大米(包括籼米和粳米)的特性及其所加工的米发糕品质进行了分析,发现大米品种不同,制作的发糕的硬度、黏性和咀嚼性均有较大差异。大米的直链淀粉含量越高,发糕的硬度和咀嚼性越大,回复性越强。另有研究者指出选用粳米和籼米的混合物磨粉,制得的发糕组织形态较好。

2)浸泡

浸泡过程中,大米颗粒吸水变软,同时,原料米中及外界微生物会对大米进行自然发酵。通过调节浸泡时间和温度,可以控制发酵程度,从而生产出具有不同风味和质地特征的米发糕。将大米于30℃下浸泡21h后制得的米发糕形态和口感较好。

3)发酵

发酵是米发糕生产的重要工序,发酵剂是决定米发糕风味特征的关键因素。发酵过程中会产生大量的挥发性物质,对米发糕风味的形成有重要作用。对米发糕特征风味形成有重要贡献的微生物主要是酵母菌和乳酸菌。从传统的米浆发酵液中分离筛选得到的发酵特性良好的卡斯特酒香酵母和植物乳杆菌各一株,酵母菌的产气产酒精性能较好,乳酸菌的产酸能力强。在研究增菌培养基组成、菌种比例、干燥方法、储藏时间等对固体发酵剂发酵特性和产品品质影响的基础上,开发了米发糕生产专用的液态和固态发酵剂(成品中酵母菌和乳酸菌的含量为 10^8 cfu/g),于 4℃条件冷藏 6 个月后,酵母菌和乳酸菌的活菌数仍有 80%以上。在此基础上开发出了米发糕预拌粉,按照一定比例对预拌粉直接加水调浆,然后发酵和蒸制,就能制成风味、质构特性优良的米发糕,这为米发糕的工业化生产奠定了基础。

4)蒸制

在蒸制过程中,大米淀粉发生糊化,形成凝胶网络结构,大米中的蛋白质发生降解产生呈味游离氨基酸。另外,经发酵产生的大量挥发性物质在蒸制过程中进一步产生了以烷烃为主,兼有较大醇、酸、酚、酮等挥发性物质,从而形成了米发糕特性的风味。沈伊亮的研究表明汽蒸时间和压力对米发糕的硬度、黏性、回复性有显著的影响,在101kPa 下蒸制 15min,制得的米发糕松软爽口、咬劲适中。

(三)最新研究进展

1. 优势微生物组成对米发糕品质的影响

米发糕是一种传统发酵米制品,目前已从老浆发酵的传统米发糕分离出了专用菌株并制成专用发酵剂，经过工艺优化，开发出了米发糕专用粉、速冻米发糕、方便米发糕等产品，逐步实现了产业化生产。本研究以卡斯特酒香酵母（*Brettanomyces* custer-sianus）和植物乳杆菌（*Lactobacillus plantarum*，JR）以及酵母菌和根霉（JG）为发酵剂制作米发糕，通过质地、呈味氨基酸和挥发性香气物质的分析来研究不同组合微生物制作米发糕的风味特征，为米发糕的发酵剂配方优化及品质控制提供依据（文雅等，2016）。

1）米发糕的质地形成

发酵米浆的主要成分是淀粉，在一定的湿热作用下会形成具有特定黏弹性的凝胶体。由图 4-48 可知，在升温阶段，67～70℃时，G'、G'' 增大，这是由于在湿热作用下，淀粉颗粒吸水润涨，淀粉晶体熔融，支链淀粉的微晶束解体，部分从淀粉颗粒内渗出的直链淀粉分子伸展，构象转换，逐渐形成网络结构。在 90℃ 左右时，淀粉颗粒膨胀至极限后破裂，导致 G' 与 G'' 到达峰值后迅速下降。到达 100℃ 时，G' 与 G'' 基本保持在最低值。降温阶段，温度的下降导致分子链刚性增加，运动阻力增加，因此 G'、G'' 显著上升。到达 40℃ 恒温时，G' 与 G'' 稳定在一定范围内。发酵过程中酵母菌有氧呼吸产生了 CO_2，使米发糕凝胶充气，最终形成了蓬松、柔软且具有一定黏弹性的凝胶体。两种工艺米发糕的 δ 终点值均小于 45°，表明两种工艺制作的米发糕形成了弹性为主、黏性为辅的质地特征（文雅等，2016）。

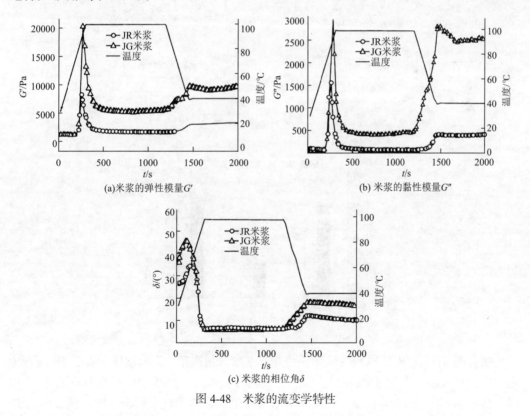

(a) 米浆的弹性模量 G'

(b) 米浆的黏性模量 G''

(c) 米浆的相位角 δ

图 4-48 米浆的流变学特性

G'、G''、δ 与淀粉分子量、分子结构有关。分子量较大者，易形成较多和较稳定的氢键，生成更致密的网络结构，线形分子在外力作用下伸展变形程度较大，导致 G'、G''

大。JR 米浆的糊化温度、G'、G''、δ 小，表明其微生物分泌的酶类活性高，淀粉、蛋白质等大分子降解程度大，从而导致凝胶体的网络结构更为松散，制作的米发糕硬度小，质地柔软。

2) 米发糕的游离氨基酸组成

与米发糕相关的呈味物质主要有氨基酸类、有机酸类、盐类、小肽、单糖和低聚糖等小分子糖，其含量与微生物的组成及其代谢产物有关，两种米发糕中呈味氨基酸的含量见图 4-49。米发糕的呈味氨基酸中，以苦味氨基酸最高，其 λ 最大（图 4-50），其次依次为鲜味和甜味氨基酸。游离氨基酸的含量及组成与微生物组成及其代谢产物有关，不同微生物之间有一定的相互作用。乳酸菌代谢过程中可以产生乳酸和多种有机酸，能抑制杂菌的生长，根霉糖化能力强，能使淀粉水解成葡萄糖，为酵母菌提供能源，而酵母菌能为乳酸菌和根霉提供维生素、氨基酸等生长因子。

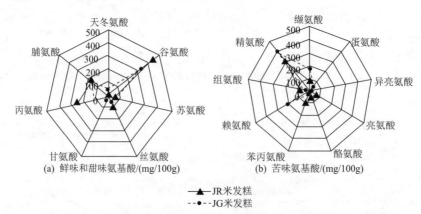

图 4-49　米发糕的呈味游离氨基酸组成

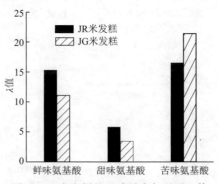

图 4-50　米发糕的呈味游离氨基酸 λ 值

结合图 4-49，JR 米发糕的鲜味、甜味氨基酸含量高于 JG 米发糕，表明 JR 组合中蛋白酶活性较高，产生了较多的呈味游离氨基酸，米发糕滋味中由氨基酸贡献部分 JR 米发糕较 JG 米发糕大。可能是乳酸菌和酵母菌的协同作用优于根霉和酵母菌，因此 JR 米浆中蛋白酶活性较高，蛋白质在酶的作用下降解程度较大，且根霉在 37℃左右所产蛋白酶活力很低，而米浆发酵温度为 35℃，JG 米浆中蛋白酶活力较低，蛋白质在酶作用下降解程度较低，产生较少的游离氨基酸。JR 和 JG 复合菌株制作的米发糕呈味氨基酸含量为 1821.89～1836.39mg/100g，均高于酵母单独发酵制作米发糕呈味氨基酸含量（505.66mg/100g），表明微生物组合发酵使得米发糕中氨基酸贡献的滋味更加丰富（文雅等，2016）。

3）米发糕的挥发性气味组成

米发糕的挥发性气味组成见表 4-49。米发糕的香气物质主要由醛类、醇类、烷类、酯类等组成，有少量酮类物质，利用老浆和酵母发酵制作米发糕时也发现了类似现象。经过发酵后的米发糕蒸煮与米饭相比，香气物质组成种类大致相同，但各种类物质组成有较大差异。

表 4-49　部分米发糕挥发性气味物质的相对含量（文雅等，2016）

名称	JR 米发糕	JG 米发糕
辛酸乙酯	14.855	28.604
壬酸乙酯	0.664	1.585
癸酸乙酯	15.244	0.063
棕榈酸乙酯	5.197	19.051
庚酸乙酯		0.465
正辛酸异丁基酯	0.201	—
辛酸-2-甲基丁基酯	0.500	—
月桂酸乙酯	1.912	—
肉豆蔻酸乙酯	1.607	—
1,2-苯二羧酸双酯	1.584	—
五氟酸十四酯	0.315	—
棕榈酸甲酯	0.424	—
辛酸异丁酯	—	0.122
邻苯二甲酸二乙酯	—	11.423
十四酸乙酯	—	3.971
1,2-苯二羧酸双-2-甲基丙基酯	—	4.626
1,2-苯二羧酸丁基-2-乙基己基酯	—	0.947
9,12-十八碳二烯酸乙酯	1.388	—
亚油酸乙酯	—	3.743
小计	43.891	74.600
苯乙醇	32.348	3.713
正辛醇	—	0.928
壬醇	—	1.389
2-十二烷醇	—	0.188

名称	JR 米发糕	JG 米发糕
2, 2-二乙氧基乙醇	0.098	—
小计	32.446	6.218
苯甲醛	1.874	—
苯乙醛	—	1.498
癸醛	0.373	1.737
壬醛	—	7.649
5-羟甲基-2-呋喃甲醛	3.182	—

发酵米面制品的挥发性香气物质一部分来源于酵母发酵过程中产生的低分子挥发性香味物质、少量有机酸、酯类和大量醇类等,醇类进一步与酸类物质发生酯化反应,生成酯类等。JR 米发糕中检测出 31 种挥发性气味物质,JG 米发糕中分离得到 28 种挥发性气味物质,JR 米发糕中挥发性气味物质含量总量和种类都较 JG 米发糕丰富。可能是由于 JR 米浆中乳酸菌和酵母协同作用优于 JG 米浆中的酵母菌和根霉,产生有机酸种类和含量较多,进一步与醇类作用产生酯类种类和含量更为丰富。

采用酵母菌单独发酵制作中其香气成分以醇类为主,而组合菌株发酵制作的米发糕香气物质中以酯类为主,表明微生物组合发酵使米发糕的香气物质更为丰富。JR 米发糕的特征香气物质主要为苯乙醇、辛酸乙酯、癸酸乙酯和棕榈酸乙酯,JG 米发糕的特征香气物质主要为辛酸乙酯、棕榈酸乙酯、邻苯二甲酸二乙酯和壬醛。苯乙醇赋予食品玫瑰香味,辛酸乙酯赋予食品果香味,壬醛赋予食品清香味等,致使 JR、JG 米发糕呈现不同的香气特征。

不同微生物组合发酵制作的米发糕的质地、呈味氨基酸和特征香气物质有显著差异。接种酵母菌和乳酸菌制作的米发糕硬度小,质地柔软,鲜味氨基酸、甜味氨基酸含量较高,包含以酯类为主、多种有机酸在内的 31 种挥发性气味物质,辛酸乙酯、癸酸乙酯、棕榈酸乙酯和苯乙醇为其特征香气物质;接种酵母菌和根霉制作的米发糕黏弹性较大,包含以酯类为主的 28 种挥发性气味物质,辛酸乙酯、棕榈酸乙酯、邻苯二甲酸二乙酯和壬醛为其特征香气物质(文雅等,2016)。

2. 大米湿磨和干磨法制作米发糕品质差异的研究

采用大米湿法磨浆和干磨米粉发酵两种工艺制作米发糕,研究发酵过程的 pH、黏度、相对密度等理化性质变化差异,并对制作的米发糕比容、质构、感官和内部纹理结构等进行分析测定。结果表明:两种工艺的理化指标变化趋势大致相同,但湿法磨浆发酵较快,发酵程度更深;两种工艺最佳发酵时间为 8～16h。成品品质对比发现,湿法磨浆制作的米发糕,白度较高,组织细腻,硬度较低,弹韧性较好,气孔稠密度大,但黏性偏大,有点黏牙;干磨米粉发酵制作的米发糕色泽略暗,组织粗糙,口感略渣,气孔较大(张印等,2018)。

1) 大米的理化性质

本试验选择的兴化大米和泰国大米理化性质见表 4-50。由表 4-50 可知，兴化大米和泰国大米的直链淀粉、峰值黏度和回生值差异较大。其中兴化大米直链淀粉 7.80%，泰国大米直链淀粉 19.0%，泰国大米比兴化大米高 1.44 倍。直链淀粉含量对米发糕品质的影响较大，直链淀粉基质贯穿大米淀粉凝胶网络，构成凝胶的主体，与米发糕的比容、结构、回复性呈极显著正相关。回生值反映淀粉冷糊的稳定性和老化趋势，回生值越小，冷糊稳定性越好，淀粉不易老化(张印等，2018)。

表 4-50　兴化和泰国大米的理化性质(文雅等，2016)

项目	兴化大米	泰国大米
水分/%	12.73±0.08	11.69±0.06
直链淀粉/%	7.80±0.05	19.0±0.07
蛋白质/%	7.84±0.05	6.88±0.04
糊化温度/℃	66.0±0.2	71.2±0.4
峰值黏度/BU	546±8	684±11

2) 发酵过程中理化性质的变化

a. 浆料 pH 随发酵时间的变化

由图 4-51 可知，两种大米的两种工艺大致趋势类似，pH 均随发酵时间的增加而逐渐下降，由初始的 pH 5.4 左右降到 pH 3.6 左右。从 6h 开始快速降低，后期在 16h 时逐渐平缓，pH 变化不大。相同发酵时间，湿法磨浆工艺的 pH 比干磨米粉更小，pH 降低更多，表明磨浆工艺中微生物新陈代谢更快。主要因为磨浆工艺中大米浸泡吸收水分充分润胀，淀粉组织结构疏松，磨浆米粉颗粒较小，微生物能更好地对淀粉降解进行糖化和发酵作用(张印等，2018)。

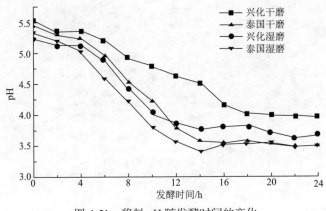

图 4-51　浆料 pH 随发酵时间的变化

b. 发酵过程中黏度的变化

图 4-52 为浆料黏度随发酵时间的变化。由图可知，浆料黏度变化趋势不明显，规律

性不强。前期变化不大，在14～22h出现黏度峰值，随后降低。同一发酵时间，湿法磨浆比干磨米粉的黏度略大。黏度的变化分析有两方面的影响因素：一方面，在发酵过程中，微生物发酵会产生水，浆料水分逐渐增多，影响浆料黏度；另一方面，微生物发酵使淀粉大分子分解，淀粉无定形区支链淀粉断裂与脱支，也影响黏度变化(张印等,2018)。

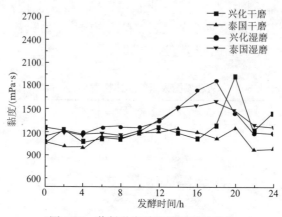

图 4-52　浆料黏度随发酵时间的变化

　c. 发酵过程中体积的变化

　图 4-53 为浆料体积随发酵时间的变化。由图可知，浆料体积在前 6h 变化不大，产气较少；从 6h 开始快速增加，在 12h 左右达到最大体积，此时相对密度较小，之后浆料体积快速降低，最后趋于平缓。发酵前期，根霉菌和酵母菌迅速繁殖，逐渐趋于旺盛期，这时根霉和酵母菌处于平衡状态，微生物作用产生的大量二氧化碳气体，填充在浆料中，浆料产气和浆料持气共同作用使浆料体积变大；后期微生物竞争有限的糖源，平衡状态被打破，产气作用减弱，同时浆料黏度变小，持气能力减弱，导致浆料体积变小(张印等,2018)。

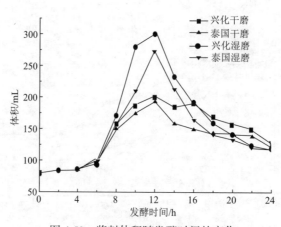

图 4-53　浆料体积随发酵时间的变化

　d. 发酵过程中相对密度的变化

　图 4-54 为浆料相对密度随发酵时间的变化。由图可知，浆料相对密度呈现先降低后

增加的趋势。前 6h 变化不明显，从 6h 开始大幅度降低，在 10～12h 达到最低值，此时浆料相对密度最小，浆料蓬松度最高，充气最多。

结合上述浆料 pH、黏度、体积、相对密度等变化，可得出浆料在 8～16h 发酵程度较深，初步判断达到发酵终点，因此制作米发糕时最佳发酵时间控制在 8～16h。同时研究发现，湿法磨浆比干磨米粉发酵程度深，相同酒酿添加量，微生物对湿磨的浆料能更好地利用发酵(张印等，2018)。

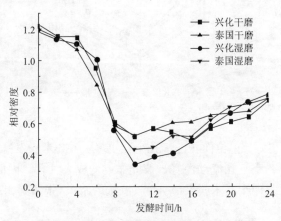

图 4-54 浆料相对密度随发酵时间的变化

3) 米发糕成品品质的比较

a. 比容、白度、质构

两种工艺制作的米发糕比容差异不明显($P > 0.05$)，兴化大米湿法磨浆比干磨米粉略大，而泰国大米湿法磨浆比干磨米粉略小，但泰国大米与兴化大米差异显著，主要与直链淀粉含量相关性较大，呈正相关。由白度 L 可知，两种大米湿磨和干磨差异显著($P < 0.05$)，兴化大米湿磨比干磨白度大 7.0%，泰国大米湿磨比干磨白度大 6.9%，可能是因为干磨过程温度较高产热较多，米粉中酚类物质被氧化。分析它们的质构差异，发现硬度和黏性区别较大，差异显著。湿法磨浆比干磨米粉的硬度小、黏性大，可能是磨浆工艺中大米经过浸泡使米粒硬度降低，粒度较小，产品口感细腻，硬度较小(张印等，2018)。

b. 感官

由图 4-55 知，外观和滋味气味方面四种米发糕相差不大，色泽方面湿磨比干磨白，与上述白度分析结果一致。在不黏牙、弹韧性及组织结构感官评分差异较大。兴化大米湿法磨浆和干磨米粉较黏牙，此项评分较低，与全质构中的黏性相关性较大，全质构测得的黏性越大，产品越黏牙。弹韧性和组织结构方面，两种工艺间的评分接近，米种影响因素较大。针对米发糕产品，泰国大米要优于兴化大米(张印等，2018)。

c. 内部纹理结构

随着图像处理技术的迅猛发展，米发糕可以通过先对米发糕切片气孔成像，然后用 ImageJ 软件分析。CD 是气孔稠密度，以单位面积的气孔个数表示。AS 是气孔平均面积，反映了气孔的大小。AF 是气孔表面积分率，变化趋势同 AS。两种大米湿法磨浆均比干磨米粉发酵的 CD 大 10% 左右，分析主要是磨浆过程中部分浆料膨润而易糊化，浆料更

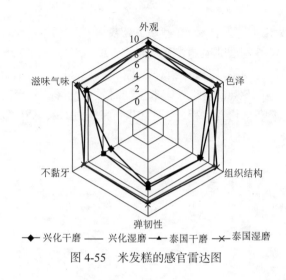

图 4-55　米发糕的感官雷达图

黏稠，发酵中保气性更好，单位面积的气孔个数更多。干磨米粉发酵的浆料黏稠度较低，二次发酵所受阻力小，小气孔流动性好，彼此靠近变成大气孔，因而气孔个数较少，但气孔的平均面积增大，即干磨米粉发酵 AS 较湿法磨浆大（张印等，2018）。

七、其他米制食品

（一）年糕

年糕是我国一种传统的节令性食品，因其谐音"年高"而寓有"年年高升"的含义。年糕具有口感爽滑、质地细腻、富有弹性、醇香美味等特点，深受消费者喜爱，年糕由时令消费逐渐转向常年消费。

根据制作工艺和产品特色，年糕可以分为两类：一类是水磨年糕（steamed pastry），即以大米为主要原料，经水磨、蒸煮、成型、包装等加工而成的食品；另一类是花色年糕（color pastry），即以大米及其他谷物等为主要原料，裹以（或混合）果蔬和肉类等佐料。经相关工艺制程的甜味（或咸味）食品[SB/T 10507—2008《年糕》（行业标准）]。

根据年糕的发展历史及制作原料、制作方法的不同，将年糕分为四大类：第一类是以糯米为主要原料，早期形成的年糕多由糯米制作，代表性的品种有苏州年糕、上海崇明糕、云南蒙自年糕、长沙年糕等；第二类是以粳米为主要原料，后期形成的年糕多由粳米生产，后期形成的水磨年糕主要由粳米生产，代表性品种有宁波年糕、上虞梁湖年糕、江西弋阳年糕等；第三类是以杂粮为主要原料，代表性品种有北京年糕、塞北黄米糕等；第四类以多元化原料组成，主要以糯米为主，也有与籼米或粳米或其他杂粮搭配，添加其他天然成分如红糖、桂花、红枣、猪油等，形成花色年糕，代表性品种有苏式桂花年糕、八宝年糕等。

目前，水磨年糕已经实现了工业化生产，已经有一定的年糕生产规模的企业和品牌，如"三七市"牌水磨年糕盛名远扬，产品远销美国、澳大利亚、日本、新加坡等地。年糕已经发展成宁波农业的支柱产业之一。水磨年糕主要生产流程如图 4-56 所示。

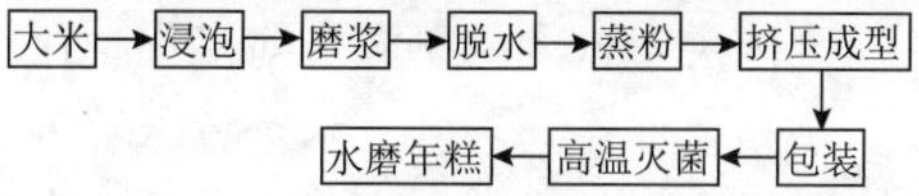

大米 → 浸泡 → 磨浆 → 脱水 → 蒸粉 → 挤压成型

水磨年糕 ← 高温灭菌 ← 包装

图 4-56　水磨年糕主要生产流程

糯米、粳米及籼米都能用于水磨年糕的生产，糯米年糕软而黏，籼米年糕比较硬，而粳米年糕柔软但有咬劲，因此我国有名的宁波水磨年糕均采用粳米为原料生产而成。原料米经过浸泡后，一般应采用两次磨浆，使 95%的米浆通过 60 目绢丝筛，以保证米浆粗细度均匀一致。然后，采用真空压滤脱水或者真空转鼓脱水，使米浆含水量控制在37%～38%。脱水后的米浆进入粉料连续蒸煮机，使淀粉糊化，蛋白质变性。在保证淀粉糊化的前提下，尽量缩短蒸粉时间，一般控制在 5～8min。蒸熟后的粉料趁热送入年糕成型机挤压成型，经冷却后，进行包装和灭菌。

年糕由于含水量高，营养丰富，容易导致微生物生长繁殖；另外，由于其淀粉含量高，在储藏过程中又容易老化回生。因此，如何延长年糕的货架期，保持产品的新鲜度，是年糕工业化生产需要解决的一个关键问题。传统上把年糕浸泡在清水中保存，但是需要每天都换水、清洗，这样才能保存比较长的时间。如果一直将年糕浸泡在水中，很容易产生酸味。目前，在年糕生产中应用得较多的保鲜方法是高温杀菌和真空包装。高温灭菌可以杀死大部分微生物，但是耐热性极强的芽孢却能存活。在相同的杀菌温度条件下，年糕所需的杀菌时间明显长于其他食品，80g 单层 1 条包装的水磨年糕在 108℃、115℃、121℃三种杀菌温度下，达到商业无菌要求的最短杀菌时间分别为 60min、40min和20min。而且高温杀菌会使年糕发生褐变，硬度和咀嚼性也增加。真空包装技术可以抑制霉菌的生长，但对厌氧微生物和兼性厌氧微生物的效果却不明显。按照 GB 2760—2014的规定，水磨年糕中不应该添加任何防腐剂，因此目前对水磨年糕防腐剂的研究主要还停留在实验室阶段。何逸波的研究表明导致散装年糕腐败的是青霉属、曲霉属的霉菌，导致真空包装年糕腐败的是芽孢杆菌。在水磨过程中将保鲜剂同时加入或者向水磨好后的米浆中加入保鲜剂可以有效地提高年糕的保质期，例如，向散装年糕中添加 1.5g/kg的保鲜剂（由 20%～40%的柠檬酸和 60%～80%的脱氢乙酸钠组成）能使其保质期由原来常温下的 2～3d 提高到 7d 左右。向真空包装水磨年糕中加入 1.5g/kg 的保鲜剂（由 0%～40%月桂酸单甘脂、20%～60%脱氢乙酸钠和 20%～40%柠檬酸组成），同时在 95℃下灭菌 40～60min，能将真空包装水磨年糕的保质期由原来的 37℃下 7d 左右提高到 20d。

（二）米乳饮料

米乳（rice milk）又称米浆，是以稻米为主要原料加工而成的一种谷物乳，通常把一定浓度的供饮用的米乳产品称为米乳饮料（rice milk beverage），是继大豆乳和杏仁乳之后兴起的第三大动物乳替代品。在一些有相关法律规定不允许在不含动物乳的商品标签上标注"milk"字样的国家，如德国，米饮料（rice drink）即成了米乳的代名词。

20 世纪 80 年代，国外已有米乳相关产品开始上市，如美国 Imagine Foods 注册生产的 Rice Dream 系列产品，包括常温型米饮料、冷藏型米饮料、餐后小甜点等，颇受消费者喜爱。在韩国和日本，米乳除了作为饮料外，还被开发成米乳洗发水、米乳护肤品、米乳香皂等多种热销商品。国内关于米乳的研究目前多集中在饮料生产方面，相关的米乳产品也开始在市场上崭露头角，如谷润米乳、米乐意米乳等。然而，由于相关标准和法规仍不健全，因此，国内米乳市场的成熟和完善还需要一定时间。

与牛乳相比，米乳含有较多的碳水化合物，但钙和蛋白质的含量却很低，并且不含乳糖和胆固醇。米乳具有对乳糖不耐症患者安全、低脂肪、低过敏性等优点，是素食主义者首选的理想饮品，同时也非常适合易过敏人群及心脑血管疾病患者饮用。商品化的米乳饮料通常会对维生素 B_{12}、维生素 B_3 等维生素和钙、铁等矿物质加以强化，进一步提升米乳饮料的营养价值。表 4-51 比较了产自韩国的 morning rice 米乳饮料和鲜牛乳的营养成分含量。

表 4-51　米乳饮料和鲜牛乳的营养成分比较（每 100mL 中的平均含量）

营养成分	米乳饮料	鲜牛乳
能量/kJ	214.73	275.85
蛋白质/g	0.3	3.5
脂肪/g	1.1	3.5
钠/mg	14	58
植物纤维/mg	0.9	—
钙/mg	0.61	120
铁/mg	0.002	0.1
维生素 A/mg	1312IU	34μg
维生素 B_1/mg	3.8	0.42
维生素 B_2/mg	5.3	1.57
维生素 C/mg	17.2	1.80

资料来源：王晓波. 米乳饮料的研究. 上海市粮油学会 2005 年学术年会论文汇编

1. 米乳饮料的分类

米乳饮料可分为配制型米乳饮料和发酵型米乳饮料两大类。配制型米乳饮料指以大米、碎米或糙米为主要原料，经焙炒、磨浆、过滤等工艺处理后，加入甜味剂、奶粉、植脂末、稳定剂等中的一种或几种调制而成的饮料。发酵型米乳饮料指以大米、碎米或糙米为主要原料，经烘焙、磨浆或粉碎等工艺处理后，再添加微生物菌种或酶制剂，发酵处理后取发酵汁液，并添加稳定剂、植脂末、甜味剂等中的一种或几种制成的饮料。根据发酵时所用发酵剂及菌种的不同，发酵型米乳饮料又可以分为以下四种类型。

1)加曲糖化发酵型

大米或碎米经浸泡蒸煮，冷却后加入酒药或糖化进行曲糖化发酵，再经酵母菌发酵，可制得兼具牛乳外观、酒酿风味和碳酸水口感的米乳汁饮料，郑建仙早在 1997 年就对该饮料的生产工艺进行了报道。闵甜等也报道了利用小曲糖化发酵生产米乳饮料的工艺，所制得米乳饮料色泽乳白、质地均匀、米香浓厚，同时具有纯正的酒酿香味、细腻的口感等优良特征。加曲糖化有利于大米中淀粉的快速水解，便于甜味物质的产生和后期发酵的进行。

2) 乳酸菌发酵型

以乳酸菌为发酵菌种，可制得富含活性乳酸菌的米乳发酵饮料。由于乳酸菌本身不能分解淀粉，只能发酵简单糖类，因此，发酵前需先进行淀粉的水解或添加糖分以利于乳酸发酵的进行。吕兵、黄亮等均对乳酸菌发酵型米乳饮料的生产工艺进行了报道。

3) 不加曲的多菌种混合发酵型

采用霉菌、酵母菌、乳酸菌等多菌种混合发酵，既有利于米乳的快速糖化，提高可溶性固形物含量，同时也利于风味物质的生成。有研究者采用多菌种共固定化技术进行了 30 批次的米乳发酵试验，所得产品质量稳定、具有良好的风味和口感，发酵过程不易受杂菌污染。

4) 加酶水解型

酶解属于无细胞发酵体系的范畴，因此，酶法制备的米乳饮料也可认为是发酵型米乳饮料的一种。由于酶解具有高度的专一性，因此，产品质量容易控制。吴红艳等采用碱性蛋白酶酶解法提高了米乳的营养价值和稳定性；潘伯良等运用 α-淀粉酶和糖化酶分别对米浆进行液化和糖化，最终制得口感、风味良好的米乳饮料。

5) 其他米乳制品简介

米乳除了被加工成米乳饮料外，还可被用来加工成米乳粥、小甜点、米乳蛋糕、米乳布丁等多种食品。例如，不含牛乳和豆乳等过敏源的米乳蛋糕，不仅风味优美，还解决了传统蛋糕不适合高过敏人群食用的问题。作为一种牛乳替代品，米乳还可广泛应用于糖果、果冻、水果沙拉、果蔬汁饮料等的生产和加工。另外，由于米乳中淀粉颗粒极其细腻，同时中含有丰富的抗氧化物质和极高的安全性，是生产各种化妆品、护肤品的优良基料。多样化的米乳制品方兴未艾，为稻米深加工和利用带来了新的生机和活力。

2. 米乳饮料生产工艺

1) 生产原料

a. 主料

大米、碎米、糙米及发芽糙米等是生产米乳饮料的主要原料。以早籼米或碎米等低值米来加工米乳饮料有利于稻谷资源的综合利用，提高稻谷加工产业的经济效益。糙米及发芽糙米中富含谷胱甘肽、谷维素、γ-氨基丁酸、维生素、米糠脂多糖、米糠纤维等多种营养物质，因此，糙米米乳具有较高的营养保健价值。

b. 辅料

生产米乳饮料常用的辅料有植脂末、牛奶或奶粉、果葡糖浆、麦芽糊精等。植脂末的加入有利于形成米乳饮料乳白色浑浊形态；麦芽糊精和果葡糖浆能够增加产品的口感，促进风味形成；奶粉的加入可弥补米乳蛋白质含量较低的不足，同时对米乳形态的形成也有一定的促进作用。

c. 食品添加剂

乳化剂和增稠剂有利于增强饮料的稳定性，是米乳饮料生产过程中不可缺少的食品添加剂，常用的乳化剂有蔗糖酯、卵磷脂、单甘脂等，常用的增稠剂有黄原胶、阿拉伯胶、海藻酸钠、羧甲基纤维素等。有些米乳饮料还通过添加甜味剂、酸味剂、食用香精、香料等来改善米乳饮料的风味。

2）工艺流程及操作要点

米乳饮料品种较多，生产工艺也各有不同。这里重点介绍几种米乳饮料的工艺流程及相关操作。

a. 配制型米乳饮料

a）工艺流程

配制型米乳饮料生产的一般工艺流程如下。

$$增调剂、稳定剂、果葡糖浆等$$

原料米 → 清洗去杂 → 焙炒 → 浸泡 → 磨浆 → 混合调配 → 均质 → 灌装封口 → 杀菌 → 冷却 → 成品

b）操作要点

（1）原料选择：选取新鲜、无黄粒、无霉变的糙米和精米，用自来水将原料淘洗干净，去除米糠、砂粒等杂质，晾干待用。

（2）焙炒：将原料在烤箱中烘焙或炒锅中翻炒至产生浓郁的烘焙香，同时注意在烘烤过程中尽量不要使原料的颜色变得太深。焙炒不仅有助于香味物质的产生，还可增加糙米或碎米成糊后的热稳定性。同时大米淀粉内部的水分子在高温下挥发成水蒸气，水蒸气膨胀使淀粉晶体发生爆裂。由图 4-57 和图 4-58 可以看出，糙米和碎米经烘焙后，原来排列整齐、紧密、表面光滑的不规则晶体结构被破坏，比表面积增大，达到了一定的糊化度，有利于磨浆、酶解等后期操作。

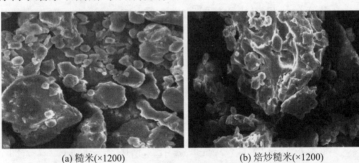

(a) 糙米(×1200)　　　　　　(b) 焙炒糙米(×1200)

图 4-57　糙米和焙炒糙米颗粒的扫描电子显微镜照片

资料来源：涂清荣. 米乳饮料的制备及其稳定性研究

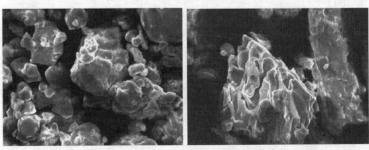

(a) 碎米(×1200)　　　　　　(b) 焙炒碎米(×1200)

图 4-58　碎米和焙炒碎米颗粒的扫描电子显微镜照片

资料来源：涂清荣. 米乳饮料的制备及其稳定性研究

(3)浸泡磨浆：将磨碎烘焙后的糙米和精米按一定比例混合，加入5～6倍物料重的水浸泡至米粒吸水软化后进行磨浆，应注意控制磨浆温度和时间，避免蛋白质变性和褐变的发生。可采用粗磨和精磨进行二次磨浆，粗磨后颗粒直径应小于80目，精磨后颗粒直径小于120目。

(4)混合调配：将增稠剂、稳定剂、甜味剂等分别用50～80℃的热水溶解，加入磨浆后的米乳中，再加水至配方所需量，均匀搅拌至完全混合。

(5)均质：采用二次均质工艺，均质温度70～75℃，第一次均质压力25～28MPa，第二次均质压力38～40MPa。均质后微粒直径应达到50μm以下。

(6)灌装封口：均质后要尽快灌装封口，避免在空气中暴露时间过长影响米乳的品质。灌装封口时其温度控制在70～75℃，通过热装罐排出容器内的空气，减少氧化的发生。

(7)杀菌、冷却：可采用超高温瞬时(UHT)杀菌或高温短时(HTST)杀菌工艺进行杀菌。杀菌完成后，尽快分段冷却使产品温度降至40℃以下，避免长时间高温加重产品的褐变。

b. 发酵型米乳饮料

发酵型米乳饮料由于所用原料的不同、发酵剂或菌种的不同、发酵及调配工艺的不同，而形成了多种不同的工艺类型。虽然不同种发酵型米乳饮料的工艺操作各异，但其基本的工艺过程都包括了原料的糖化、发酵、调配、均质等主要工艺步骤。下面介绍一种乳酸菌发酵型米乳饮料的生产工艺。

a)工艺流程

乳酸菌发酵型米乳饮料生产的工艺流程如下所示。

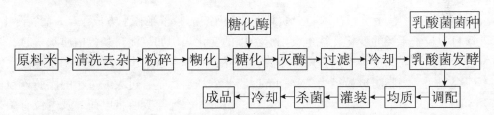

b)操作要点

(1)原料及预处理：选取无霉变的大米或碎米，清洗去除沙石等杂质，捞出后沥去水分，晾干待用。

(2)粉碎：将原料通过粉碎机粉碎至30～40目。

(3)糊化：每100g粉碎后的原料中加水600～700g，加热至90～95℃，保温30min，过程中不断搅拌。

(4)糖化：将糊化液的温度和pH分别调至所用糖化酶的最适值，按70U糖化酶/g干米粉的量加入糖化酶，保温糖化10～15h。

(5)灭酶过滤：煮沸5min进行灭酶处理，过滤去除沉淀。

(6)乳酸菌发酵：冷却至37℃左右的糖化液，按2～3mL菌种/100mL糖化液的量接入单一或混合的乳酸菌菌种，42～45℃保温发酵约10h，发酵乳pH降至4.2～4.6。发酵完成后，应迅速将米温度降至 10℃以下。

（7）调配、均质：加入事先调配好的复合稳定剂、甜味剂及酸味剂等，低温下混合并搅拌均匀；低温进料，约 30MPa 压力下均质处理。

（8）灌装及杀菌、冷却：采用玻璃瓶灌装并封口，对于 pH < 4.6 的中酸性米乳饮料，需采用高压灭菌，而 pH < 4.6 的酸性米乳饮料，可采用常压灭菌；杀菌完成后，尽快置于冷水中冷却到常温。

3. 米乳饮料质量影响因素

乳白或微黄的色泽、均一稳定的形态、细腻柔滑的口感和宜人的风味是一种理想的米乳饮料应具备的特征。然而，实际生产过程中，米乳饮料容易出现分层、沉淀、褐变等问题，影响了米乳饮料的质量。

1）米乳饮料的稳定性及其控制

影响米乳饮料稳定性的因素较多，各因素间还存在一定的交叉效应。通常，影响米乳饮料稳定性的因素有以下几种。

a. 米乳中固形物颗粒直径

米乳中含有蛋白质、脂肪球和淀粉等多种颗粒物质，它们在粒径大小对于米乳饮料的稳定性起着重要作用。吴卫国等认为，米乳中的固体粒子沉降速率符合斯托克斯（Stokes）法则，即粒子在悬浮液中的沉降速率可用下式表示：

$$V = 2gr^2\Delta\rho / 9\eta$$

其中，η 为介质黏度（Pa·s）；g 为重力加速度（m/s²）；$\Delta\rho$ 为粒子与介质的密度差（kg/m³）；r 为粒子半径。

由此式可见，粒子沉降速率与介质黏度成反比，与粒子半径平方成正比。而实际上，米乳饮料中粒子半径的变化往往也会引起黏度的变化。例如，淀粉和蛋白质水解时，颗粒直径变小，同时黏度会不同程度地下降，因此，并非粒子越小，沉降速率就越慢。傅亮等研究表明，当脂肪球粒径为 7.343μm 时，米乳饮料稳定，过大或过小的脂肪球粒径均会影响米乳饮料的稳定性。实际上，颗粒的沉降速率还与其所带电荷数及电位有关，因此，研究颗粒直径对米乳饮料稳定性的影响时，还应同时考虑黏度、电位等相关因素。

b. 乳化剂和增稠剂

合理地使用乳化剂和增稠剂可以极大地提高米乳饮料的稳定性。乳化剂同时具有亲水和亲油基团，可以降低油水分散界面的界面能，降低脂肪球上浮的概率，提高体系稳定性。增稠剂的使用一方面可以提高米乳饮料的黏度；另一方面，周鹏研究表明，CMC和海藻酸钠等带电荷胶体还可以提高体系中的 Zeta-电位的绝对值，这些都有利于增强产品中粒子的稳定性。实际生产中，应根据产品特点选择不同种类的乳化剂和增稠剂，有效提高产品的稳定性。

c. 高温及杀菌处理

高温容易引起蛋白质等大分子物的变性和絮凝，引起饮料出现分层或沉淀现象。因此，在达到相关卫生指标的前提下，应尽量降低热杀菌的温度和时间，避免破坏米乳饮料的稳定性。研究冷杀菌等现代杀菌技术在米乳饮料生产中的应用，将有利于提高米乳饮料的品质。

d. 其他影响米乳饮料稳定性的因素

米乳饮料的糖酸比、固形物含量等也会对米乳饮料的稳定性产生影响。通常来讲，糖分可以增大米乳饮料的黏度，提高稳定性；而过酸则会使饮料中大分子变性沉淀。另外，储存期的微生物污染，也是引起米乳饮料沉淀或分层的一个主要原因。

总结以上原因，增加米乳饮料的稳定性应注意以下几点：①选择合理的磨浆、酶解和均质工艺，将米乳中固体颗粒粒径减小到一定范围；②合理选取乳化剂，防止脂肪球上浮；③合适的增稠剂来提高体系的黏度；④使用带电荷胶体来增加体系的 Zeta-电位；⑤控制合适的糖酸比和固形物浓度。

2) 米乳饮料的色泽及其控制

大米中含有丰富的淀粉，经过糖化处理后产生大量的还原性糖，饮料体系中的蛋白质含量也较多，在加工过程中经过热杀菌等加热过程时，很容易发生美拉德反应而引起最终产品的颜色加深。另外，配制型米乳饮料所用大米原料一般要经过高温焙烤，焙烤会加深大米的色泽，从而使米乳饮料的颜色加深。控制米乳饮料的色泽，主要通过以下方法解决：①加入适量的牛乳进行复配以掩盖褐变；②控制焙烤条件，避免米粒色泽加深；③尽量采用蔗糖、海藻糖等非还原糖作为甜味剂，不用还原糖，以防止美拉德反应的发生；④产品在罐装时，应尽量减少顶空，以尽量减少包装内的氧气，防止褐变的发生；⑤糖化过程中，控制反应条件，尽量减少褐变的发生。

（三）米醋

米醋指以稻米为主要原料，经糖化、乙醇发酵、乙酸发酵等工艺酿制而成的以乙酸为主要特征性成分的调味品或保健饮料。米醋的品种繁多，按所用主要生产原料可分为糯米醋、籼米醋、黑米醋等；按生产工艺分，有固态发酵工艺(多数)、液体表面发酵工艺(浙江玫瑰米醋和福建红曲老醋)、自动化液态深层发酵技术(机械化新技术)；按醋汁色泽分，有白米醋、玫瑰米醋等；另外，添加了特种辅料的米醋按照所添加辅料的不同，又有沙棘米醋、姜汁米醋、桑葚米醋等品种。

1. 酿造米醋的原料

酿造米醋的原料主要有稻米原料和发酵剂两大类，特种米醋还需要一些特殊的辅料，如老姜、沙棘等。

术语云"酒醋同源"，酿醋的前一阶段就是酿酒，理论上讲，可用于酿酒的原料都可用于酿醋。酿制米酒常用的稻米原料有籼米、糯米和黑米等，原料的前期处理分为浸泡、蒸煮和冷却等环节，与米酒酿制中原料的处理基本相同。

2. 参与米醋发酵的微生物

参与米醋发酵的微生物主要有糖化菌、酵母菌和乙酸菌三大类。

1) 糖化菌

常见的糖化菌有黑曲霉、红曲霉、黄曲霉等多种霉菌，它们不仅能把淀粉分解成糖，供乙醇发酵利用；同时分解原料中的蛋白质形成胨、肽和氨基酸等，有助于食醋良好风味的形成；另外，霉菌产生的多种色素对米醋色泽的形成也有重要作用。

2）酵母菌

酵母菌的主要作用是进行乙醇发酵。所生成的乙醇大部分被氧化成乙酸，少量残留的乙醇及其他醇类物质对米醋的风味和香气成分形成具有重要作用。多采用优质的酵母菌菌种，经纯培养后制成酒母。

3）乙酸菌

在米醋的酿制过程中，乙酸菌把酵母菌发酵生成的乙醇氧化成乙酸。传统工艺酿制米醋时是靠自然界中的乙酸菌进行乙酸发酵，因而发酵缓慢，生产周期长，产品质量不稳定。采用人工选育的优良乙酸菌菌株制成发酵剂醋母，并将醋母接种到发酵原料中，可缩短生产周期，提高米醋的质量和产量。醋母制备的工艺流程如下。

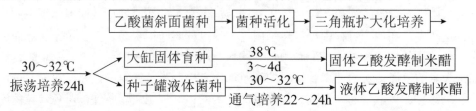

3. 米醋酿制辅料

保健米醋饮料中往往需要添加一些特殊的辅料，以形成特殊的风味和增强保健功能，如姜汁米醋的生产过程中需要鲜姜、蜂蜜、白砂糖等作为辅料；沙棘米醋需要天然沙棘果作为辅料。

4. 米醋酿制的生化过程

米醋酿制的过程中涉及多个生化反应，主要的生化过程可分为三个步骤，第一步是大米淀粉经水解作用生成可发酵性糖，即糖化作用；第二步是糖在厌氧条件下发酵生成乙醇；第三步是乙醇氧化生成乙酸。除此之外还涉及蛋白质的水解和米醋中风味物质的形成等。糖化和乙醇发酵在米酒酿制部分已经介绍过，这里主要讲述乙酸发酵、蛋白质分解和香味物质形成。

1）乙酸的形成

在好氧条件下，乙酸菌氧化乙醇生产乙酸的过程称为乙酸发酵。反应过程如下：

$$CH_3CH_2OH+[O] \longrightarrow CH_3CHO+H_2O$$

$$CH_3CHO+H_2O \longrightarrow CH_3CH(OH)_2$$

$$CH_3CH(OH)_2+[O] \longrightarrow CH_3COOH+H_2O$$

在乙酸菌氧化酶的作用下，乙醇首先被氧化生成乙醛，乙醛再与水分子作用生成乙醛水化物，最后，乙醛水化物被氧化生成乙酸。理论上讲，一分子乙醇能生成一分子乙酸，即 46g 乙醇应该生成 60g 乙酸。但实际上乙酸的产量往往低于理论值，这主要是发酵过程中乙酸的挥发、再氧化及形成酯等原因造成的。因此，工艺上应采取适当措施减少乙酸损失，提高乙酸含量。

2) 蛋白质水解

稻米原料中的蛋白质成分，在曲霉分泌的蛋白酶的作用下，分解成氨基酸等小分子氮源，除供酵母菌、乙酸菌生长繁殖外，余留在米醋中的氨基酸也是米醋鲜味的重要来源，部分氨基酸还可与糖类物质发生美拉德反应，形成色素，这也是米醋颜色的一个来源。

3) 酯化反应

米醋酿制过程中产生的一些有机酸，如乙酸、氨基酸、葡萄糖酸、琥珀酸等，与醇类结合生成酯类，尤其在米醋的陈酿过程中形成更多酯类，赋予米醋特有的芳香气味。

5. 米醋酿造工艺

1) 固态发酵法酿造米醋

a. 工艺流程

固态发酵法酿造米醋的一般工艺流程如下所示。

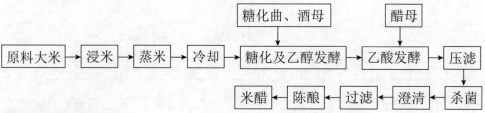

b. 操作要点

a) 原料处理

采用固态发酵法生产米醋过程中对稻米原料的处理，包括浸米、蒸米、冷却等操作，均可参照米酒酿造过程中相应的操作。

b) 发酵

冷却后的米饭，每 100kg 加入糖化曲 5kg、酒母 4kg，补水 30~40kg，保持米粒湿润但无水分流出，拌匀后入缸搭窝发酵，起始温度控制在 26~28℃，约 24h 后，发酵品温升至 30~32℃时，开头耙降温。以后每隔 4~5h 开耙一次，开耙时机根据发酵醪液的发酵速度、品温和成熟度来决定。经四次开耙后，乙醇发酵已比较微弱，乙醇含量在 4%~5%(体积分数)，此时，每 100kg 米饭接入 5~8kg 醋母，拌匀，静置发酵 3~4d 后，液面形成一层菌膜，开始生成乙酸。继续在 30~35℃下发酵至两次测定的酸度值不再上升，即为发酵成熟。静止式乙酸发酵周期较长，通常需经过 30d 以上，即可酿成具有曲香、含有氨基酸而口味浓厚的食醋。

c) 压滤

成熟后的醋醪放入压滤机中，压榨并收集滤液，第一次压榨所得醋汁称为头醋，所得滤渣称为头渣。头醋经澄清、杀菌、陈酿等处理后，可直接作为商品米醋。头渣还可加清水浸泡并进行第二次压滤，所得滤液称为二醋，二醋可以与头醋适量混合调配，也可用来浸泡醋醪提取醋汁。

d) 杀菌

压滤所得醋汁应及时进行杀菌处理，以杀灭各种微生物同时使醋汁中的多种酶类失活，避免过度发酵给风味带来不良影响。通常将醋汁加热到 80～85℃并保温 30～60min进行杀菌。

e)澄清及过滤

杀菌后的醋汁，经过 10～20h 冷却和静置后，醋汁中的淀粉颗粒等物质沉淀下来，然后通过硅藻土过滤除去沉淀并使醋汁进一步澄清。也可应用超滤技术进行米醋的澄清处理，提高米醋的稳定性，减少存放过程中沉淀的发生。

f)陈酿及罐装

陈酿可以丰富和增加风味物质，明显提高米醋的酯香味，陈酿期一般应在 6 个月以上。为了保证米醋在陈酿期的质量安全，应使米醋处于密封状态，同时建议将米醋的总酸设置在 9°以上，以免在陈酿过程杂菌污染生长。经陈酿后的米醋，经过滤去脚调配，装入清洁干净的 250～500mL 玻璃瓶中。压盖、贴标、装箱、检验、成品、出厂。

2)自动化液态深层发酵技术酿造米醋

a. 工艺流程

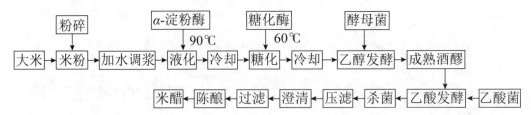

b. 操作要点

a)原料米的液化与糖化

所采用大米原料必须新鲜，不含任何对生产有害的成分。可采用新鲜的节碎米为原料，以节约生产成本。经粉碎后的大米，加入约 5 倍质量的水调浆，然后分别经 α-淀粉酶和糖化酶作用进行液化和糖化。

b)乙醇发酵

将糖化醪送入乙醇发酵罐，并补充水分，使原料米与水之比达到 1∶5.5，然后每 100kg发酵醪接入 5～6kg 酒母，发酵温度控制在 30～34℃，经过约 60h，乙醇含量达到 7%（体积分数），含酸量（以乙酸计）0.3%～0.4%（质量分数）。

c)乙酸发酵

将乙醇发酵后的发酵醪液送入已灭菌的乙酸发酵罐，按 10%（体积分数）的接种量接入醋母。乙酸发酵罐多为自吸式发酵罐，保证乙酸发酵过程中氧气的供给和罐内溶氧的均匀。发酵罐温控在 32℃，发酵周期 65～72h，至酸度不再上升，即可判断乙酸发酵结束。

d)压滤

发酵醪经板框式压滤机压滤后，滤液即为生醋，进一步加工为成品醋。

c. 工艺特点

a)大罐发酵

打破传统的陶缸中发酵的落后方式，采用 80～100t 大罐发酵，相当于传统 250～300

个陶缸，极大地减少了占地面积。

b）机械化

对大米进行粉碎蒸煮，改变了传统浸米和蒸饭的时间过长，实现了机械化和连续化生产。

c）自动化

对蒸煮、液化、糖化、冷却、发酵等各个环节的温度时间及罐中液位实施自动控制，改变了传统酒醪生产随季节温度变化易产生的不稳定性，用冷却系统调节室温和发酵温度，实现了酒醪常年生产质量稳定。

d）提高了原料利用率

使用淀粉酶和糖化酶使蒸煮料液化和糖化，再加入纯种培养酵母菌，保证菌种质量，提高了淀粉利用率。

6. 米醋的功能及应用

现代研究表明，米醋具有降血脂、醒酒、抑菌、助消化等生理功能。米醋可以降低血清总胆固醇，降低血液的黏稠度，可用于预防心脑血管疾病；一些特种米醋，如沙棘米醋，其降血脂的效果更为明显。常饮米醋可改善肠道微生态环境，抑制肠道有害菌的生长繁殖，防止由大肠杆菌等有害菌引起的肠炎和腹泻。米醋还可促进肠道蠕动，有利于消化，对老年糖尿病、便秘有一定的治疗效果。

目前对米醋中功效成分的研究较少，因此，对米醋保健功能的认识还不够深入和系统。进一步研究米醋中的保健成分，揭示米醋的更多保健价值，拓展米醋的应用市场，将是一个值得深入研究的课题。

第五章　稻谷副产物综合利用

第一节　稻壳综合利用

　　稻壳是稻谷加工的最主要副产品，约占稻谷质量的 20%。近年来我国稻谷年产量稳定在 2 亿吨以上，以此计算，我国年产稻壳总量为 4000 多万吨，因此我国稻壳资源十分丰富。我国绝大多数稻谷加工已实现工厂化，与许多其他生物质资源相比，稻壳资源具备便于集中收集利用的优势(王红彦等，2012)。

　　长期以来国内外学者对稻壳综合利用进行了深入的研究，获得了许多可供利用的途径。但真正能够形成规模生产且能大量消耗稻壳的利用途径并不多。究其原因或是经济效益不显著，增值不大；或是在工艺上、技术上、质量上、环境污染等方面还存在一些问题。因此许多地方把稻壳作为废弃物，这不仅是对资源的极大浪费，在经济上造成巨大损失，对环境也造成了很大污染。因此稻壳综合利用的技术与经济研究具有重要的意义。

一、稻壳的形态及其物理性质

　　稻壳由外颖、内颖、护颖与小穗轴等几部分组成，外颖顶部之外长有鬃毛状的芒。稻壳呈薄壳状，长约 5mm，宽 2.5～5mm，厚不到 0.5mm。稻壳富含纤维素、木质素和二氧化硅，其中脂肪等含量极低。当然，基于稻谷品种、地区、气候等差异，其化学组成会有差异(谢杰，2010)。稻壳的物质组成见表 5-1。稻壳坚韧粗糙，木质素化程度高，摩擦力大，热值高，并具有良好的多孔性。物理性质见表 5-2。

表 5-1　稻壳的物质组成(刘学彬和殷松枝，1996)

组分	水分	粗纤维	木质素	多聚戊糖	粗蛋白质	灰分	乙醚浸出物
含量/%	7.5～16.0	35.5～45.0	21.0～26.0	16.0～22.0	2.5～3.0	13.0～22.0	0.7～1.3

表 5-2　稻壳的物理性质(付雅琴等，1999)

物理性质	堆积密度	休止角	燃烧值	容重	导热系数
单位	kg/m³	(°)	MJ/kg	t/m³	W/(m·℃)
数值	96～160	42	12.6～16.8	0.1	0.084～0.209

二、稻壳燃料

　　稻壳中可燃物达 70% 以上，稻壳燃烧值约为标准煤的一半。因此，稻壳是一种既方便又廉价的能源，国内外有关稻壳综合利用研究最多的也是将稻壳作燃料。

(一)稻壳锅炉燃烧方式

目前国内以稻壳为主要燃料的锅炉燃烧方式主要有 3 种：粉状燃烧、层状燃烧和流化床燃烧(公艳勇，2016)。

1. 粉状燃烧

使用粉状燃烧时，需要将稻壳干燥然后再磨制成粉，这样需要消耗大量热量，又增加一套制粉系统。因此，既降低了锅炉效率，又使锅炉结构复杂，成本较高。

2. 层状燃烧

层状燃烧时，由于燃料水分含量高，干燥时间较长，在链条炉排中着火延迟，所需炉排面积较大，燃烧速度较低，单位时间内燃烧稻壳量有限，达不到额定出力，经济性不强。

3. 流化床燃烧

循环流化床燃烧时，床料热容很高，可为稻壳预热干燥提供充分的热源。挥发分燃烧主要在给料口上部进行，炉内换热均匀；未燃尽的固定炭经过旋风分离器和回料阀返回炉内继续燃烧，热回收效率高，运行稳定，又可同时掺烧多种燃料，适用性极广。因此，循环流化床是燃烧稻壳的最佳选择。

综上所述，燃烧稻壳锅炉的最佳选择为循环流化床锅炉，循环流化床清洁，污染小，可以使用多种燃料，能够有效避免稻壳锅炉燃料燃烧不充分，而且燃烧效率高，有节能减排、降低成本的重要作用。

(二)稻壳发电

稻壳直接燃烧虽然能快捷、简单地提高热能，但直接燃烧方式对环境造成的污染也是显而易见的，所以随着环境法规日趋完善，低效、重污染的直接燃烧方式逐渐被禁止。

1. 稻壳发电原理

采用先进的、高效的稻壳气化燃烧发电技术，就地为稻米加工企业提供能源动力，或者联网供电，是稻壳作为能源燃料利用的有效方法，同时也是解决相关环境问题的有效途径。对于缺煤少电的产稻区，稻壳更是一种值得开发利用的廉价能源。通常每加工 1t 大米所产生的稻壳可发电约 130kW·h，除满足生产所需耗电外，还可产生很大的经济效益。和其他生物质一样，稻壳含硫量极低，因此气化或燃烧时基本上无硫化物排放，其温室气体净排放量近似为零。此外，稻壳发电的残渣也可以再加以合理利用。因此，稻壳发电既可解决废物利用和环境污染问题，又可节约能源，其经济、环境和社会效益十分明显(谢杰，2010)。

稻壳发电的主要原理是利用稻米加工过程中产生的废弃稻壳为原料，在煤气发生炉中燃烧产生煤气，用水过滤，净化成为纯净气体，再送入煤气发电机燃烧做功，带动发电机发电。稻壳发电技术主要有"稻壳煤气发电"和"稻壳蒸汽发电"两种技术路线。稻壳煤气发电主要由稻壳煤气发生炉、煤气净化器、气体内燃机、发电机等设备组成，稻壳在煤气发生炉中经过气化生成煤气，生成的煤气进入煤气净化器作进一步的净化，净化后的煤气通往气体内燃机中，为发电设备提供动力。稻壳蒸汽发电与小型煤火电站普遍采用的路线相同，主要由稻壳锅炉、汽轮机、发电机等设备组成，专门燃烧稻壳并有足够的燃烧强度以产生高压蒸汽，驱动汽轮发电机组发电。相比于稻壳气化发电而言，由于没有小型汽轮机，稻壳蒸汽发电的起点规模大，首次投资大（陈喜东，2004）。

2. 稻壳发电优势

与传统的发电方式相比，稻壳气化燃烧发电技术具有以下优越性：替代矿物燃料，生态效益显著，稻壳用作能源，1t 稻壳将能代替 0.5t 左右的标准煤；节省电费支出，经济效益良好；设备相对简单，操作维护方便；投资省、回收快，具有很好的推广价值。稻壳气化燃烧发电机组的总投资，相当于同样装机容量水电站、火力发电厂投资的 1/3～1/2（陈伯平，2007）。

一般日产 15～20t 的稻米厂可建 400kW 电站，日产 20～25t 的可建 600kW 电站，日产 25～30t 的可建 800kW 电站，日产 30～40t 的可建 1000kW 电站。1969 年，在马里共和国一碾米厂首次投产使用输出 140kW 的 6250 型中速稻壳煤气发电机组；20 世纪 80 年代联合国三次召开亚太地区有关人造煤气、生物汽化和谷糠发电的研讨会；20 世纪 80 年代末国内稻壳发电技术已达国际领先水平。目前，稻壳煤气发电机组生产厂商也越来越多。20 世纪 80 年代，重庆红岩内燃机有限责任公司（原重庆红岩机械厂）将 6250 型柴油机变型，研发出 160GF-12 和 200GF-119-M 稻壳煤气发电机组，该机组发电机发电功率最大为 200kW。淄博柴油机总公司也于 2002 年研发出 500kW 大功率的气体燃气机，这填补了国内大功率煤气发电机的技术空白（谢杰，2010）。

与发电机组相配套的气化炉，目前也有不少参与研发的厂家。中国科学院广州能源研究所和镇江中科华电新能源有限公司研制的 CFBGQD 系列发生炉可带动 1200kW 的发电机组，发电机组由 6 台 2000F-119-N 发电机组成，为"一拖六式"；合肥天炎有限公司研制的 TY 系列发生炉带动发电机组模式则为"一拖二式"。中国科学院广州能源研究所 1998 年在福建莆田华港米业有限公司研建了 1MW 循环流化床谷壳气化发电系统，采用了我国目前较为先进的稻壳气化发电技术。该单位在江苏省兴化市兴建的 4MW 生物质气化燃气-蒸汽联合循环发电示范工程和准备兴建的 5MW 稻壳燃烧发电站，为生物质稻壳资源发电技术在我国全面推广展示了广阔的前景（陈喜东等，2004）。

近年来，我国稻谷加工业发展迅速，日加工稻谷 100～300t 及以上的企业数量越来越多，这些加工厂每天需处理稻壳 20～80t。利用这些稻壳发电，可以提高企业的经济效益，同时减轻稻壳对环境的污染，改善企业的生产条件。通过引导粮食加工企业实施稻壳发电项目，显著的经济和环保效益已经开始显现。据相关文献报道，安徽省内的稻谷加工企业，如舒城县友勇米业有限公司、毛集克福米面有限公司、肥西谷丰粮油贸易有限公司、望江县联河米业有限公司等，都已经通过引进稻壳发电项目，取得了显著的经济和环保效益。

据安徽省率先实施稻壳煤气发电项目的友勇米业有限公司介绍，公司正在使用的两组 200kW 稻壳发电机，日发电 8000kW·h，耗用稻壳 192t。稻壳发电 1kW·h 的成本价为 0.30 元，按 0.80 元/kW·h 计算，每发电 1kW·h 可节约电费 0.50 元，这样每天可节约电费 4000 元，全年有效工作日按 300d 计算，可节约电费 120 万元，可节省因处理废弃稻壳所需的费用 12 万元。与此同时，稻壳发电所产生的稻壳灰，直接卖给合肥市炼钢企业作为还原剂，深加工后可制成高质量的活性炭。每年因出售稻壳灰的收入就达 10 万元。通过计算，友勇米业有限公司仅稻壳发电项目 1 年增收 142 万元，这为企业的发展和参与市场竞争提供了有利的保障。安徽谷丰公司年产大米 6 万 t，收集稻壳 1.5 万 t 左右，进行稻壳能源清洁利用后，累计发电 50 万 kW·h，直接经济效益达 30 万元。令人欣喜的是，过去被称为"黄色污染"的废弃稻壳被大米加工业转化为新能源、新材料，既解决了资源浪费、环境污染问题，又实现了增产节支，成为发展循环经济、构建节约型社会的新模式。实践证明，稻壳发电项目是粮食加工行业改善企业环境，提高企业经济效益最理想的选择(谢杰，2010)。

我国的稻壳发电技术(燃烧和气化)虽然刚起步，但发展速度较快。20 世纪 90 年代，岳阳城陵矶粮库(稻壳)发电厂建成 1500kW 稻壳燃烧发电站，每年可发电 720 万 kW·h，节约电费 72 万元，节约标准煤 4320t，每年还可新增利润 60 万元。安徽省舒城县张母桥镇胜荣精米加工厂 2003 年产大米 2010t，耗电费用 9.8 万元，产生废弃稻壳超过 800t，利用稻壳燃烧发电后，其每小时发电 80kW·h，除供该厂 50kW 加工机械使用外，还可供 100 户居民生活用电。目前我国的江苏、湖北、湖南、浙江、福建、广东、辽宁、吉林、黑龙江、江西、安徽、四川、河北、海南、台湾等地都已有稻壳发电工程投产(朱永义，1999；虞国平和朱鸿英，2009；陈喜东等，2004；陈伯平，2007；鲁邦年，2002；周肇秋等，2004)。

3. 稻壳发电劣势

稻壳发电技术作为一项新兴的稻壳资源的利用技术，虽然相比于其他生物质能源发电技术，在资源的合理利用及经济成本上都有着较大的优势，但在推广应用的过程中，人们发现它也有一些问题(宋文浩和宋兴国，2015)。

1) 稻壳煤气中的煤焦油问题

煤气机工作时，所产生的煤气中含有一定量的煤焦油，对环境会造成一定的污染。目前采用简单的处理方法，通过循环用水对煤焦油进行清洗、过滤等处理，沉淀收集干燥后再掺入稻壳燃烧。这种方法只是一种简单机械的处理方法，不能彻底解决煤焦油综合利用问题，而且需要定期(450h)清理机组中的煤焦油。另一种方法是通过控制发电机组的运行条件，以减小煤气中的污染物质对环境的危害。通过控制煤气发生炉的温度，而使煤气中有害物质降低。另外，煤气发生炉采用下吸式，也可让焦油通过高温区时发生裂解而产生 CO 和 H_2，从而使焦油对环境的影响减少到最低限度。

2) 稻壳发电的稳定性问题

籼稻壳热值高于粳稻壳，其使用效率高于粳稻壳。而粳稻壳焦质含量大，在燃烧中易结块，稻壳炭不易清除，同时产气不均匀，影响内燃机正常生产发电。因此，需合理地配置利用不同种类的稻壳，减少稻壳的积炭量，以保证发电的稳定性。

3）稻壳发电的残渣——稻壳灰的处理问题

目前不完全燃烧的炭化稻壳主要用作钢厂的保温材料。但大面积推广稻壳发电技术后，炭化稻壳用作保温材料的市场有限，完全燃烧后的稻壳灰，可以通过其他多种途径转化为有用的产品。常见用途是制作成白炭黑、活性炭、硅锰酸钾、涂料、预制混凝土等行业的填充剂，但投资成本高，回收期长。

三、稻壳型材

稻壳含有木纤维结构，将其作为代木材料加工成具有良好力学性能的板材，在提高了稻壳资源利用率、增加农民和稻谷加工企业收益的同时，不失为一种降低稻壳环境污染的有效途径。稻壳型材包括稻壳板、快餐盒等容器。稻壳板是以稻壳为原料，利用合成树脂为胶黏剂，经混合热压形成的一种板材。

国外对于稻壳板的研究要早于中国，最早可追溯到 20 世纪 50 年代的英国。1951 年英国曾用粉状热固性酚醛树脂松脂与稻壳混合制成了稻壳板，但由于板材性能差、成本高，未能引起人们的重视。直到 20 世纪 60 年代末 70 年代初，加拿大、美国、日本、英国、德国等多国相继开发研制稻壳型材，加拿大较早取得专利权，并于 20 世纪 70 年代生产出成套稻壳板制造设备向菲律宾转让（赵林波，2005；吴婧，2008）。我国稻壳板研究始于 20 世纪 70 年代末 80 年代初期。早期多将稻壳与木材胶黏剂（脲醛树脂或酚醛树脂）混合均匀后，采用热压的方式制备稻壳板，所制备的稻壳板胶接界面脆弱且易出现缺胶、分层等现象，板材性能很差。为此，人们的早期研究更多集中于稻壳成分与结构的研究（孙建飞，2015）。

随着材料微观观测手段的发展，科学家明确表示稻壳中含有的大量硅质层为稻壳板不易成型及板材力学性能差的原因，人们对于稻壳板的科研开始转向稻壳板用胶黏剂及稻壳表面处理的研究方向（王昊宇，2016）。

在早期的研究中，人们多选用脲醛树脂胶、酚醛树脂胶、植物蛋白胶、改性淀粉等作为胶黏剂，进行稻壳板的制作（Nadir et al.，2012；Emiliano et al.，2010）。1971 年美国曾利用聚酯树脂与稻壳混合物制得建筑板材，并公开过专利。上海木材工业研究所在 1980～1985 年以酚醛树脂胶及脲醛树脂胶为主要胶黏剂对稻壳板的制造工艺进行了全面的研究。1985 年印度的印第安纳工学院利用酚醛树脂胶与粗石蜡乳胶的混合胶制作稻壳板并取得成功，且满足印度标准化学会的所有要求。20 世纪 90 年代就开始有采用异氰酸酯生产高强度稻壳板的报道；李兰亭等（1992）利用 ND-8 低毒脲醛树脂胶进行稻壳板的研究；蒋远舟等（1990）利用植物纤维增强稻壳强度；陆仁书等（2002）利用异氰酸酯制作稻壳板，并取得良好的成果；赵林波（2001）对异氰酸酯生产稻壳板的工艺及复合胶生产稻壳板的工艺进行研究，找到了用异氰酸酯与脲醛树脂胶的混合胶制造稻壳板的工艺，在不降低板材力学性能的前提下降低制板成本。

若不使用高活性胶黏剂或有机偶联剂，为克服稻壳表面二氧化硅膜对胶黏剂胶接效果的制约，则必须对稻壳表面进行改性处理（罗鹏等，2005）。国内外学者尝试了多种方法对稻壳表面进行改性处理，以达到破坏稻壳内、外表面致密二氧化硅膜，增大稻壳表面极性的效果。较为常见的方法有碾磨、蒸汽爆破、双氧水浸泡、氢氧化钠溶液浸泡等。研究结果显示，碾磨只是使瓢状结构破裂，有利于均匀施胶，由于碾磨程度不可控，很容易破坏稻壳自身纤维结构，并不能增加稻壳的力学性能；蒸汽爆破可使稻壳中的蛋白质变性，也可改变稻壳的形态结构，无法去除稻壳表面的硅质层；双氧水浸泡和氢氧化钠溶液浸泡方法可使稻壳表面二氧化硅膜分解，预处理过的稻壳可与一般的胶黏剂结合获得较好的界面，但是处理过后的溶液不可重复使用，如若批量生产会对环境造成很大的污染，相应地会增加制板的成本。稻壳的化学表面处理在一定程度上可以改变稻壳表面结构，使其与胶黏剂能够产生良好的胶合效果，但是考虑人工成本、后期处理溶液成本、生产成本的话，无疑会大幅度提升板材的制造成本，相对来说选择机械法处理稻壳、采用能与稻壳良好胶合的胶黏剂、利用偶联剂提高胶合效果才是制造性能优良稻壳板的妥当途径，且可大幅降低成本，使稻壳板的生产具有经济可行性（Ndazi et al.，2007）。

四、稻壳灰综合利用

稻壳灰是稻壳经高温煅烧后的剩余物，一般为稻壳质量的 20%。稻壳灰的主要成分是 SiO_2，比例高达 87%～97%，另外还有少量的 K_2O、Na_2O、MgO、Al_2O_3 等。稻壳灰的密度为 200～400kg/m³，相对密度为 2.14（姜信辉，2010；刘妍，2013）。因为稻壳灰中含有大量的硅氧化物，而且稻壳灰中的硅氧化物以无定形硅的形式存在于灰分中，所以目前对稻壳灰的利用研究大多集中于对稻壳灰中硅的研究。综合来看，这些研究大致可以分为两方面，一方面是以稻壳灰为原料，制备含硅产品，如水玻璃、白炭黑、稻壳水泥、高温耐火材料、硅橡胶等；另一方面是对稻壳灰进行特殊处理后，制备高纯硅产品，如多孔二氧化硅、高纯硅、硅肥、精细陶瓷等。

（一）稻壳灰制备白炭黑

白炭黑是白色粉末 X 射线无定形硅酸和硅酸盐产品的总称，其主要成分是颗粒微细、粒径均匀、表面活性低的高纯二氧化硅。化学分子式为 $SiO_2 \cdot nH_2O$，主要是指气相二氧化硅、沉淀二氧化硅、超细二氧化硅凝胶和气凝胶。在橡胶、塑料、医药、牙膏、化妆品、油漆等行业中，白炭黑是不可缺少的优良助剂（陈佩，2014）。

稻壳灰制备白炭黑大多采用传统的沉淀法，主要工艺流程为：稻壳灰与 NaOH 反应，其中二氧化硅浸出生成硅酸钠，剩余成分为炭黑，然后将硅酸钠与硫酸反应生成硫酸钠和硅酸，最后将硅酸干燥脱水后可得到白炭黑。这种制备白炭黑的方法需要烧碱和硫酸，必然有废水的排放，这会对环境造成二次污染（李万海等，2008）。由于稻壳很难在低温下燃烧完全的条件限制，用该方法制备的白炭黑的性能较差。目前国内的白炭黑市场处于矛盾阶段：普通白炭黑供大于求，而高性能白炭黑却供不应求。

新技术实质上也是采用沉淀法生产白炭黑，与传统方法不同之处在于参与反应的硅酸钠与碳酸氢钠在反应生成单硅酸之前就已均布于混合液中，处于饱和状态单硅酸发生沉淀相变析出。因而，白炭黑性能调控主要是在降温过程实现的，由于这一特点，新工艺易于制得结构均匀、性能稳定的产品。

新工艺主要是控制碱液中水合二氧化硅浓度及析出温度。当溶液中水合二氧化硅浓度较小或溶液温度较高，即过饱和度较小时，晶核形成数量较少，导致粒子生长速度增大，最终得到原始粒径大、比表面积小和活性差的白炭黑产品。当溶液中水合二氧化硅浓度较大或溶液温度较低，即过饱和度较大时，晶核形成数量急剧增加，产生爆炸性成核，过饱和度迅速降低，导致粒子生长速度减慢，最终得到原始粒径小、比表面积大和胶凝性强的白炭黑产品，这种产品在橡胶中分散性较差。因此，控制适当的水合二氧化硅浓度及溶液温度，使过饱和度保持在一个理想范围内，可以得到原始粒径和比表面积适中且分散性良好的产品。

制备白炭黑的具体流程为：将稻壳灰除杂后粉碎过 0.16mm 筛（100 目筛），在 60℃搅拌下用水清洗 30min，离心后重复洗涤，将水洗后的稻壳灰在 60℃搅拌下用盐酸调节到 pH 为 1.0，并在此条件下浸泡 2.5h，离心洗涤至洗出液为中性，得到稻壳灰；将稻壳灰与氢氧化钠溶液按比例置于烧瓶中，于搅拌下在电热套中保持沸腾 1～4h，然后抽滤，用沸水洗涤滤渣，收集滤液及洗液在 85℃下于旋转蒸发器中浓缩，得到一定浓度的水玻璃；取上述浓缩后的水玻璃溶液置于四口烧瓶中，加入水玻璃溶液质量 0.8%的螯合剂于 60～90℃下熟化 30min，然后用恒流泵加入浓度 10%的硫酸溶液，根据所取水玻璃的量来控制滴加速度，控制终点 pH 为 9.0，反应完成后将沉淀体系静置 1.5h，然后离心分离，调节酸度至 pH 为 7.0 后，将所得的沉淀物洗涤，离心干燥后得白炭黑成品。

（二）稻壳灰制备水玻璃

水玻璃是由碱金属氧化物和二氧化硅结合而成的可溶性碱金属硅酸盐材料，又称泡花碱。水玻璃可根据碱金属的种类分为钠水玻璃和钾水玻璃，其分子式分别为 $Na_2O·mSiO_2$ 和 $K_2O·mSiO_2$。式中的系数 m 称为模数，即水玻璃中二氧化硅和碱金属氧化物的摩尔比。模数是水玻璃的重要性质参数，对水玻璃的黏度、密度、沸点及煮沸时的特征、凝固点及冷冻时的特征和化学性质都有影响（汪淑英等，2009）。

自然界中矿物型 SiO_2 大多数以晶体形式存在，它们不能与碱溶液发生水解反应。唯有稻壳、稻草、麦秸等禾本科植物含有 16%～21%无定形 SiO_2，这种无定形 SiO_2 与晶体 SiO_2 性质差别很大，在一定温度和 OH 浓度下，水合 SiO_2 巨大硅氧四面体网状结构被水解成 $Si(OH)_5$ 而溶解（卢芳仪和卢爱军，2001）。

用稻壳灰制水玻璃，特别是制高模数水玻璃，是现有水玻璃生产工艺难以实现的。由于稻壳灰中不含有砷、铅等有害健康的重金属，经燃烧又排除农药等污染，除由它制备水玻璃除模数可达到很高外，其产品水溶性、透明度、稳定性等，都优于火法制得的水玻璃，所以它不仅能扩大水玻璃的使用范围，满足生产特殊产品需要，还可使由高模数水玻璃制得白炭黑、硅胶、硅溶胶等其他工业产品提高质量，降低了成本，尤其可用于食品、医药等工业（欧阳东和陈楷，2003）。

从目前文献报道来看，由稻壳灰制水玻璃生产一般都采用一步碱浸法。该工艺简单，SiO_2 浸出率较高，但产品水玻璃模数最高不超过 3（汪淑英等，2009）。碱量小所得产品模数高，但 SiO_2 浸出率低；碱量大虽可提高 SiO_2 浸出率，但却得不到模数高的水玻璃。

为了既能保证 SiO_2 高浸出率，又能制得高模数水玻璃，可采用"循环浸出的碱浸调整工艺路线"。该工艺既可制得模数小于 3 的各种模数规格的水玻璃，又能制得高模数（最高可达 4 以上）的水玻璃；同时联产性能良好的活性炭。其关键是将碱浸滤液按高模数产品要求加入适量稻壳灰，再在一定压力下反应 3～4h，过滤，滤液经浓缩便得到高模数水玻璃，滤渣循环再进行碱浸。

（三）稻壳灰制备活性炭

目前用稻壳灰制备活性炭主要是利用 NaOH 溶液。将稻壳灰溶于 NaOH 溶液，稻壳灰中的 SiO_2 与 NaOH 发生反应溶解在溶液中，其余则为含碳量可达 90% 以上的不溶物质（卫延安和朱永义，2000）。该物质中的炭质疏松多孔，是制备活性炭的好原料。制备过程中 SiO_2 与 NaOH 发生反应时，SiO_2 的浸出和水蒸气作用使剩余炭表面产生许多微孔，从而使炭质具有较好的活化作用（甘露等，2007）。其工艺比传统的气体活化、化学活化法简便很多，不仅缩短了工艺流程，而且大幅度降低了生产成本。只需将生产水玻璃后的稻壳灰用 20% 的盐酸在蒸汽作用下处理大约 40min，过滤洗涤至 pH 为 5.5～7.0，然后干燥粉碎即可得到活性炭产品（耿敏等，2009）。

（四）稻壳灰制备碳化硅

作为一种人工合成的新型材料，SiC 所用的原料一般为高纯的硅石与灰分较低的石油焦，原料在高温烧结后，硅石中的二氧化碳升华，石油焦中的碳与氧则生成二氧化碳逸出，而硅与碳则合成 SiC（安冬敏，2011）。它的产品有三种形式：SiC 纤维、SiC 晶须和 SiC 陶瓷。与 Al_2O_3 陶瓷一样，SiC 陶瓷具有硬度高，对金属液体、渣子的抵抗性强，耐高温、耐冲刷、耐磨性好的特点（程晓农等，2008）。其热稳定性好，可作为粉末冶金与陶瓷制品的闸体、底盘；其还具有抗氧化性强，热膨胀系数小，以及抗热震、耐化学腐蚀性等诸多优点（戈晓岗等，2006）。因此，在石油、化工、机械、航天、核能等领域得到广泛应用，日益受到人们的重视。

稻壳合成 SiC 及其应用始于 20 世纪 70 年代中期美国的 Utah 大学（Lee et al.，1975）。由于 SiC 具有良好的应用前景，因而引起了国内外一些学者的兴趣，他们纷纷展开利用农业废弃物稻壳、稻壳灰制备 SiC 的研究。现在美国的 Advanced Composite Materials 公司、American Matrix 公司及日本的 Tokai carbide 公司等都已经开始了 SiC 的工业化生产；国内中国科学院沈阳金属研究所、中国科学院上海硅酸盐研究所以炭黑加硅源为原料合成 SiC，以及中国矿业大学采用稻壳为原料合成 SiC，并进行了中试研究（陈泳华，1997；徐振民，1996）。

（五）稻壳灰制备吸附剂

稻壳灰在电子显微镜下观察，其颗粒结构为整齐排列的蜂窝状，这种蜂窝状结构的骨架主要由二氧化硅和少量钠盐、钾盐组成，在骨架中间的蜂窝内充填着无定形碳，具有很强的吸附能力，其吸附效果比单一结构的硅酸盐要强得多（欧阳东和陈楷，2003）。有研究表明，稻壳灰中含较多网状结构，燃烧后的稻壳灰使网络点暴露，成为理想的吸附原料。利用不同的工艺制成的稻壳灰用途不同，碱性制品用于脱酸，而酸性制品用于脱色。造成酸、碱性稻壳灰吸附效果差异的原因主要是酸、碱性灰的物理性质不同，酸性灰经强酸处理后发生结构变化，碱性灰使游离脂肪酸分解产生容易吸附的极性化合物。近年来国内外有文献报道了酸化稻壳灰用于油脂脱色，或是用稻壳灰吸附一些废水中重金属离子，如 Cr、Hg、Pb、Cd、Zn 或是一些染料和有机物以及一些有害气体。鉴于稻壳灰吸附能力强，原料便宜，容易加工，将其应用于实际生产不仅为稻壳利用开辟了一条新途径，而且能提高油品的质量和产量，净化废水，增加企业的效益，所以具有一定的推广应用价值。

（六）稻壳灰在橡胶工业上的应用

稻壳燃烧时大部分有机物纤维素和木质素等被烧掉，剩下的稻壳灰主要成分是二氧化硅。二氧化硅是目前常用的重要工业填料，可改善高聚物的性能，因此人们将其填充于高聚物中，以期望它作为一种经济型替代资源加以充分利用，变废为宝，减小污染。1957 年 Haxo 和 Meth（1975）采用特殊燃烧工艺制成了稻壳灰填充丁苯橡胶（SBR）、乙丙橡胶（EPDM）和天然橡胶（NR），发现其具有一定的补强作用，且对胶料的硫化性能无不良影响。近年来，稻壳灰在各种橡胶和热塑性弹性体（TPE）中的应用研究也不断深入。考虑到稻壳灰的硅醇基与环氧化天然橡胶（ENR）的环氧基团间的作用，Ishak 和 Bakar（1995）将含二氧化硅质量分数不等的稻壳灰填充于 ENR250（环氧化度为 50%）胶料中，采用半有效硫化体系硫化。稻壳炭还可以用作补强剂。高含量二氧化硅的稻壳灰经 FTIR 分析表面不含羟基，填充到 EPDM 中，胶料的门尼黏度减小，易于加工。在 NR／线形低密度聚乙烯（LLDPE）中加入高含量二氧化硅稻壳灰，能够增大 TPE 的硬度和 100% 定伸应力，降低拉伸强度、拉断伸长率和耐油性。综上所述，稻壳灰在橡胶工业中的应用研究较多，且能明显改善橡胶的一些性能。

（七）稻壳灰制备硅胶产品

硅胶是具有三维空间网状结构的二氧化硅干凝胶，属多孔物质，具有很大内表面积和特定微孔体积。这种特性使它成为重要的干燥剂、吸附剂和催化剂载体等。随着石油化工、医药、生物化学、环保、涂料、轻纺、农药、造纸、油墨、塑料加工行业的发展，硅胶自 20 世纪 60 年代以来，已逐步向精细化、专业化方向发展，并形成各种规格的系列产品。

稻壳灰中大量的硅以二氧化硅的形式存在，且是无定形的，可用碱溶液在一定温度下溶出。Kalapathy 和 Proctor（2000）曾提出将稻壳灰经碱液提取，酸法沉淀，可得到矿物质含量最小的硅胶。

工业上制备硅胶通常是用硅酸钠与各种无机酸（主要是硫酸）反应，根据成胶时 pH 不同，可分为酸性成胶、中性成胶和碱性成胶。一般来说，酸性成胶可制备比表面积大，孔容在 0.4~1.0mL/g 的粗、细孔硅胶；碱性成胶可制备比表面积小，孔容在 1.6~2.0mL/g 的大孔硅胶。

(八)稻壳灰制备水泥

利用稻壳灰和石灰可生产稻壳水泥，其主要原理是稻壳灰中硅与石灰在高温条件下反应生成硅酸钙水合物。利用稻壳灰的主要途径是将其与硅酸盐水泥或石灰混合，分别制成稻壳灰水泥、稻壳灰-石灰无熟料水泥。还有的研究是将稻壳灰作为硅酸盐水泥代用料，用来配制砂浆和混凝土，以取代部分水泥(蔡瑞环，2008)。

稻壳灰中残留碳对强度和凝结时间都有影响，碳含量过高势必会导致强度降低。残留碳对凝结时间也有影响，对于稻壳灰-石灰无熟料水泥，碳含量增加使初凝、终凝时间延长；而对于稻壳灰水泥，残留碳增加使初凝、终凝时间缩短。稻壳灰水泥制得砂浆和混凝土有很强的抗酸侵蚀能力，这与其水化产物中 $Ca(OH)_2$ 减少有关。例如，分别用稻壳灰水泥和硅酸盐水泥制成混凝土试件，浸泡在 5%盐酸溶液中 1500h，硅酸盐水泥试件质量损失为 35%，而稻壳灰水泥试件质量损失仅为 8%。另外，将稻壳灰-石灰水泥砂浆试件存放在 1%乙酸溶液中长达五年仍保持完好，而同样条件下硅酸盐水泥砂浆试件表面松散，出现相当大的质量损失，因此稻壳灰胶凝材料可作为一种有效的耐酸水泥(梁世庆和孙波成，2009)。

将稻壳灰掺入水泥后，还可以大大改善水泥的性能，表现为早期强度增高，并有很好的抗压强度。低温稻壳灰比表面积大，有超高的火山灰活性，对混凝土有超强的增强改性作用。含稻壳灰 30%的水泥，其前期 10 天的抗压强度要比水泥高出 40%，90天期高出 30%。此外，这种水泥在酸性环境中具有良好的耐久性，所以美国在建筑行业考虑大量使用。Ajiwe 等(1998)报道了稻壳经过预炭化，再在电炉中除去碳得到稻壳灰的方法。取 24.5%的此种方法制得的稻壳灰，再混合其他物质，即可制得白硅酸盐水泥，其多用来制造混凝土板。产品和商品水泥板相比较，其物理特性和化学组成均符合标准。

(九)稻壳灰制备耐高温隔热材料

纯净的稻壳灰可作为耐高温隔热材料，具有很好的隔热效果。但其制备要求较高，需要稻壳灰中二氧化硅的纯度达到 99%以上，即将稻壳完全燃烧除碳，得到纯净的二氧化硅。在日本这种材料被作为大楼的隔热材料来抵御高温。该方法虽然还没有得到大量的研究，但从良好的性能可见制备纯净的稻壳灰也有很好的经济发展前景。

(十)稻壳灰制备硅肥的应用

"高产不优质，优质不高产"一直是困扰我国农作物种植的问题。面对国内外对农产品质量要求的不断提高，硅肥以无毒、无腐蚀、不变质、不流失、无公害等特性成为发展绿色生态农业的高效优质肥料。农作物生长所需要的重要营养元素之一为硅，硅能够促进农作物根系生长发育，提高抗倒伏、抗病虫害、抗旱、抗寒和养分吸收的能力。硅肥是一种以硅酸钙为主的微碱性、枸溶性矿物肥料，水稻硅肥能协调水稻地上地下局部平衡生长，提高水稻有效分叶率，改善植株性状。由于稻壳灰的主要成分是二氧化硅，如何利用稻壳灰中的二氧化硅生产出适合水稻养分的硅肥，引起了人们的广泛关注。

五、稻壳的水解

(一)稻壳水解制备木糖

D-木糖是一种戊糖,英文名称 D-xylose,分子量为 150.13,分子式为 $C_5H_{10}O_5$。D-木糖是多缩聚戊糖的一个组分,迄今为止在自然界还尚未发现游离状态的 D-木糖。日本在 20 世纪 60 年代已批准木糖作为无热量甜味剂,1973 年《日本食品添加物便览》将木糖界定为无热量甜味剂、荤菜肴制品添加剂、油脂抗氧剂、酱色原料、各种香味原料、整肠剂、低吸湿性原料、医药用及工业原料。美国 FEMA 将木糖列为公认的安全食品添加剂(钱明智和张梅娟,2018)。

稻壳中的缩聚戊糖含量为 16%~22%,主要是聚阿拉伯糖葡萄糖醛酸木糖,因此利用丰富的稻壳资源生产高附加值产品木糖,其经济效益和社会效益都是很可观的(任素霞,2009)。在比较缓和的水解条件下,缩聚戊糖水解生成木糖:

$$(C_5H_8O_4)_n + nH_2O \longrightarrow nC_5H_{10}O_5$$

钱明智和张梅娟(2018)利用硫酸水解稻壳中的木聚糖,水解条件为硫酸质量分数 1.2%,料液比 1:8,水解时间 120min,水解温度 123℃,经一系列后续分离纯化工序,制备的 D-木糖产品得率为 7.14%,进一步采用高效液相色谱面积归一法测定木糖产品中的木糖纯度为 99.95%。

结晶木糖粉末呈白色,甜度相当于蔗糖的 67%,是一种戊醛糖,广泛应用于医药、化工、食品和染料等行业。由于它在人体内的代谢与胰岛素无关,不蛀牙,代谢的利用率低,近年来已引起国内外的重视,是糖尿病患者和肥胖患者的理想甜味剂。木糖经过催化加氢生成木糖醇:

$$C_5H_{10}O_5 + H_2 \longrightarrow C_5H_{12}O_5$$

结晶木糖醇粉末为斜光体,呈白色,熔点 91~93.5℃,在 20℃水中的溶解度为 14.4%,甜度与蔗糖相当。木糖醇为不发酵物质,不能被大部分细菌分解,可以防止龋齿,因此木糖醇是生产口香糖的最好原料之一。将稻壳用硫酸处理、加氢氧化钙中和、以活性炭脱色、将滤液浓缩和结晶也可得木糖。另外将稻壳纤维素通过酸碱或酶法分解成低聚糖、葡萄糖,再进一步发酵成酒精是许多研究者正在进行的课题。这是继国内外淀粉制酒精引发与人争粮现象后人类寻求新能源的一种必然选择,如果在纤维素预处理及酶活性提高方面有技术突破会将成本再大幅降低一些。

(二)稻壳水解制备木聚糖

低聚木糖因具有独特的生理功能而成为一种重要的功能性食品,已引起全世界的广泛关注。低聚木糖的生产原料主要采用半纤维素含量相对较高的农副产品。因此,稻壳也是制备低聚木糖的较好原料。我国对稻壳中提取低聚木糖的研究起步较晚,尚处于初级阶段。刘鹏等(2015)采用 α-淀粉酶和碱性蛋白酶分别降解稻壳中的淀粉和蛋白质,来制备稻壳木聚糖,结果发现经过去淀粉和蛋白质的稻壳中木聚糖含量为 46.68%。

（三）稻壳水解制备糠醛

糠醛是一种重要的有机化工原料，经加工可以合成得到一系列化工产品。糠醛是只能用农作物秸秆生产的一种重要有机化工原料，生产糠醛的主要原料是多缩戊糖含量高的玉米芯、甘蔗渣、稻壳等农作物秸秆。稻壳深度水解即可获得糠醛，将稻壳放进蒸煮管内，加入稀硫酸作催化剂，通入水蒸气进行加热处理，升温加压后，半纤维素水解为戊糖，戊糖进一步脱水得糠醛，随水蒸气馏出，经减压蒸馏后可以得到纯品的糠醛。马军强和冯桂颖（2007）利用硫酸水解对稻壳制备糠醛进行试验研究，糠醛得率达到理论值的62%，比玉米芯生产糠醛得率提高了12%，所以稻壳也是制备糠醛的较好材料。由于稻壳中缩聚戊糖半纤维素和果胶多糖组成的多样性，在较剧烈的水解条件下制备糠醛的同时，副产物也非常复杂，其中比较有经济价值的主要有乙酸、丙酮、甲醇等。此外，在糠醛的基础上，加入金属催化剂（如铜、镉或钙），经过还原加氢反应可制备糠醇（韩丹妮，2012）。

第二节　碎米综合利用

稻谷是我国的主要粮食作物，在碾制过程中产生10%~15%的碎米，碎米的多少与稻谷的品种、新鲜度、加工工艺及生产操作等因素密切相关。碎米通常用作饲料，其蛋白质、淀粉等营养物质含量与大米相近，但经济价值比白米低1/3~1/2。若碎米能综合利用加工成其他产品，则可大大提高其经济价值。

碎米综合利用的传统产品主要是酒、醋和饴糖。近二十年，我国粮食工业工作者在碎米的综合利用方面做了大量的研究开发工作，推出了一批新产品。碎米综合利用新途径主要有两方面：一是开发利用碎米中较高含量的淀粉；二是利用碎米中的蛋白质。碎米含淀粉约75%，蛋白质约8%。目前我国利用碎米淀粉生产的新产品主要有果葡糖浆、麦芽糖醇、麦芽糊精粉、山梨醇、液体葡萄糖、饮料等。碎米中蛋白质含量虽然不高，却是一种质量较好的植物蛋白。大米蛋白的蛋白质生物价（BV）为77%，高于其他谷物蛋白，总蛋白价（GPV）为0.73，高于牛奶、鱼肉、大豆，大米蛋白质消化率（TD）高达0.84。将碎米中蛋白质含量提高后制得高蛋白米粉，可作为添加剂生产婴儿、老年人、患者所需的高蛋白食品。碎米淀粉利用后的米渣含有较多的蛋白质，可用来生产酱油、发泡粉、蛋白胨、蛋白饲料、酵母培养基等多种产品。

一、碎米制备红曲色素

（一）红曲色素的种类

红曲色素是红曲霉代谢过程中产生的一类聚酮类化合物，红曲色素成分较为复杂，通常情况下以混合物存在，但却是一类优质的天然色素。它的商品名为红曲红（monascus red）。作为天然色素，红曲色素现较多应用于食品加工行业，作为一种天然食品着色剂被广泛使用（牛亚蒙，2017）。

我们所说的红曲色素一般是指一类混合物，它主要包括红色素、黄色素和橙色素。红曲色素中的黄色素约占 5%，其性质比红色素更加稳定，但由于其含量很少，所以一般红曲都呈现出红色。Nishikawa 等(1932)首次从红曲霉培养物中分离纯化出了黄色和红色两种色素晶体，自此开始，有关红曲色素结构分析的研究大量出现，至今被发现且已命名的色素达 50 余种。目前，已经鉴定出分子结构及分子量的红曲色素总共有 16 种，研究比较多的主要是 6 种醇溶性的色素，它们分别为：红色的红斑红曲胺(rubropunctamine)、红曲玉红胺(monascrubramine)，橙色的红斑玉红素(rubropunctain)、红曲玉红素(monascorubrin)，黄色的安卡红曲黄素(ankaflavin)、红曲素(monascin)(Turner and Alderidge，1983)。

1. 红曲黄色素

红曲黄色素是红曲色素当中含量较少的一类色素，但其理化性质相比于其他色素较为稳定，黄色素当中研究较深入的是红曲素和安卡红曲黄素。除了上述两种红曲黄色素外，已有越来越多的黄色组分被发现并分离出来，如 1992 年发现的 Xanthomonasin A 和 Xanthomonasin B，1993 年发现的 Yellow Ⅱ，1996 年发现的 Monascusones A～F 等。

2. 红曲橙色素

在红、橙、黄 3 类色素当中，有关红曲霉发酵产橙色素的研究明显少于其他两类色素，作为橙色素的两种主要成分，红斑玉红素和红曲玉红素的性质不稳定，长时间见光容易分解，因此尽量避光保存。除这两种橙色素外，2011 年又相继发现并分离纯化了四种红曲橙色素，分别为 monapilol A～D(Hsu et al.，2011)。

3. 红曲红色素

红曲红色素是红曲发酵产物中种类和含量最多的一类色素，且性质较为稳定。除了红斑红曲胺和红曲玉红胺这两种红色素组分，从 1976 年到 2011 年之间共发现了 20 余种红曲红色素组分。

（二）红曲色素的功能

1. 抗癌活性

红曲霉经固态发酵产生的次级代谢产物——红曲色素混合物和单一色素组分，均具有不同程度的抗诱变和抗癌活性。市面上出售的红曲米的醇提物和水提物以及色素含量丰富的其他组分都影响结肠癌细胞的增殖和凋亡(Hong et al.，2008)。在 Ames Salmonella 试验中，从 *Monascus anka* 和 *Monascus purpureus* 两株菌的发酵产物中提取的红曲红色素和黄色素可显著抑制异环胺的诱变(Izawa et al.，1997)。除此之外，还有其他研究也可以证明红曲米粗提物对细胞具有潜在抗诱变活性(Hsu et al.，2012)。红曲素对紫外线以及过氧亚硝酸盐诱导产生的小鼠皮肤致癌作用具有显著的抑制作用(Akihisa et al.，2005)。安卡红曲黄素对 Hep G_2 和人类肿瘤细胞系 A549 细胞的半抑制浓度为 15 μg/mL，但是在相同的半抑制浓度下，对正常的二倍体成纤维细胞细胞株（如 WI-38 细胞和 MRC-5）没有明显的毒性(Su et al.，2005)。

2. 抑菌性

红曲中的两种橙色素红斑红曲素和红曲玉红素对细菌、丝状真菌和酵母菌有很强的抗生作用(Martinkova and Vesely，1995)。红曲色素的一系列氨基酸衍生物比红曲色素本身拥有较高的抑菌活性，因为其氨基酸衍生物比色素更容易被吸收入细菌表面，导致氧气转移受限(Kim et al.，2006)。

3. 抗炎症

红曲的6种醇溶性色素对12-O-十四烷酰佛波乙酸酯-13(12-O-tetradecanoylphorbol-13-acetate，TPA)、白介素6(IL-6)和肿瘤坏死因子α(TNF-α)引发的炎症表现出了很强的抑制作用(Akihisa et al.，2005)。有报道指出，红曲素和安卡红曲黄素两种黄色素明显降低了由TNF-α引发的内皮黏合。红曲素可以在蛋白质和mRNA水平显著抑制TNF-α和IL-6(炎症相关因子)，它经常会附带PPAR-γ，并且具有调节抗炎症基因表达的作用(Hsu et al.，2012)。所以红曲素和安卡红曲黄素极有潜力被开发为减肥产品，并且降低由炎症引发的一些心脑血管疾病的发病率(Lin et al.，2011)。

4. 调节胆固醇水平

在灌喂红曲米提取物的小鼠血清中，所有色素组分的苏氨酸衍生物和橙色素组分显著降低了细胞内低密度脂蛋白水平，增加了高密度脂蛋白与低密度脂蛋白的比值(Jeun et al.，2008)。而在体外实验中，红曲色素的Leu-OEt衍生物对脂蛋白脂肪酶和HMG-CoA还原酶的抑制活性要比它的L-Trp衍生物高很多(Kim et al.，2010)。

(三)红曲色素的理化性质和稳定性

1. 红曲色素的理化性质

天然的红曲色素相对于合成的色素而言，其理化性质有一些特殊之处，具体了解其理化性状及变化，便能够更好地掌握红曲色素的生产和维持其优良品质的机理，为更好地对其进行开发应用提供有利的理论基础。有报道称，红曲色素在有机溶液中的溶解度按三氯甲烷、二氯甲烷、乙酸乙酯、乙醇、丙二醇、甲醇等依次升高，拿常用溶剂乙醇来说，当乙醇体积分数为82%时，红曲色素在其中的溶解度最高(童群义，2003)。另外，红曲色素在水中的溶解度还与水溶液的pH有关，如在中性和碱性条件下时，溶解性相对较好。红曲色素的稳定性会受到紫外线、温度、pH、溶剂浓度和种类等的影响，例如，红曲色素的退色程度与溶剂的极性呈正相关性，氧气和光照都会使红曲色素的退色速度加快，红曲色素在高浓度溶液中比在低浓度溶液中稳定等(牛亚蒙，2017)。

红曲色素的稳定性直接影响红曲色素的应用、存储和在食品中的效用，因为红曲色素为混合色素，所以任何一种色素成分发生变化，都会影响红曲色素的整体特性。研究证明，在食品加工的过程中，红曲色素很容易受到光、热、酸、碱、氧化等因素的影响，这些因素对红曲色素的稳定性均有不同程度的影响。随着国内外科学家对天然色素的应用及研究的重视，红曲色素的稳定性及相关增强稳定性的措施得到了更多的关注(马超，2011)。

红曲色素稳定性改变的主要原因是，在外界条件的作用下使某些组分的结构发生了明显的变化，如改变共轭双键的个数、助色团的形成或者损失、共轭体系的破坏等，结构的改变导致其吸收光的波长的变化，从而导致颜色的变化(李钟庆和郭芳，2000)。

2. 红曲色素的稳定性

1)光对红曲色素稳定性的影响

红曲色素在光照(太阳光、紫外光、可见光等)条件下不稳定，会逐渐分解。实验证明在夏天白天太阳光直射的情况下，红曲色素照射 5h 后就会损失 50%的色度。采用醇提法得到的红曲色素混合物，在 25℃条件下放置，颜色会逐渐发生变化，最终变为褐色。王莹等(2003)通过光照实验证明，有利于保持红曲色素的光照条件为：避光条件 > 红色滤光片 > 蓝色滤光片 > 日光直射。近年来，提高红曲色素的稳定性已经成为研究的热点，例如，王昌禄等(2009)提出运用碱性氨基酸和多肽处理红曲色素使氨基脱氢而提高其稳定性等。

2)pH 对红曲色素稳定性的影响

pH 对红曲色素的影响较为复杂，主要因为红曲色素为混合物，因此对各个组分的影响也各不相同。在 pH 为 3～11 的条件下，红曲色素表现得比较稳定，极酸性或者极碱性的条件对红曲色素的色调都会有一定的影响，其临界值因红曲色素的种类差异而不同。刘波和陈洪章(2005)对水溶性红曲色素的研究也表明，pH 为 4.8～8.5 的色素溶液的色调基本一样，而 pH 为 8.5～12.5 的色调与之相比偏橙色，pH 为 1.2 的色素溶液呈黄色。

3)温度对红曲色素稳定性的影响

在食品加工的过程中，经常会伴随着温度的变化，这对于添加红曲色素的制品提出了一定的要求，热稳定性差的色素就有了一定的限制性。红曲色素的热稳定性较好，周建钟等(2003)研究了红曲色素在 20℃、40℃、60℃和 80℃温度梯度下的降解率，发现降解率随温度升高而提高，但差别不大，且降解率小于 10%。另有实验证明，红曲色素在70%乙醇溶液中经 130℃、15min 热处理，仅有 25%分解。

4)食品添加剂对红曲色素稳定性的影响

食品加工过程中常会添加一定量的酸度调节剂、甜味剂、防腐剂、乳化剂等添加剂。考察这些添加剂对红曲色素稳定性的影响，也是研究分析影响红曲色素稳定性因素的研究内容之一。赵树欣等(2010)将常用的酸度调节剂、甜味剂和防腐剂按 GB 2760 规定的最大使用量加入红曲色素溶液中，研究结果表明，所有加入酸度调节剂试液的保存率均在第二天就降到 20%左右，并且有明显沉淀；而常用的甜味剂如阿斯巴甜、甜蜜素等与红曲色素共存时，可以提高红曲色素溶液的稳定性；防腐剂对红曲色素稳定性的影响随防腐剂的种类差异而变化，添加有山梨酸钾、苯甲酸的红曲溶液在连续四天内的保存率都略高于空白，而添加有丙酸钠的红曲溶液与空白差别不大，说明其对红曲色素的稳定性影响不大，丙酸钙对色价有一些影响，连续五天的保存率都低于空白样，说明丙酸钙会使红曲色素的色价降低。

(四)红曲色素的生产

1. 红曲色素生产菌株

许多红曲菌株被用来生产红曲色素，包括：*M. pilosus*、*M. purpureus*、*M. Tuber* 和 *M. anka*(Monnet et al.，2012)。在中国，7 种 *M. anka* 菌株如 As.3.913 和 As.3.987，被广泛应用于生产红曲色素(顾澄琛，2016)。其他色素被分离、应用到色素生产。例如，从 *M. kaoliang* F-2(ATCC 26264)衍生出的突变菌株 R-10847 可以达到 100 倍原始菌株色素产量(Lin and Zizuka，1982)。*M. purpureus* FRR2190 被用来生产高色价红色素和黄色素(Johns and Stuart，1991)。*M. anka* MYM 在 250 mL 摇瓶中，发酵液中黄色素色价可达 88.14 U/mL；在 5L 发酵罐中可达 92.45 U/mL(Zhou et al.，2009)。

2. 红曲色素的生产方式

红曲色素的生产方式主要有固态发酵和液态发酵两种，其对应的产品分别为红曲米(粉状)和红曲红(液态或粉状)。作为红曲霉发酵产红曲色素的一种传统方法，固态发酵相比于液态发酵，其发酵产物色价较高，能耗要求低，对发酵设备等的投资成本较低，且无二次污染问题；不足在于设备占地面积大，操作工序较为烦琐，劳动强度大，生产周期较长且产品的产量和品质稳定性不高。但是近年来，一些新型固态发酵装置的研发使其更利于工业化生产。液态发酵则大大缩短了发酵周期，杂质少，发酵过程易于实时监控，产品质量较为稳定，但色素产量偏低，后期提取工艺处理量大，成本较高，这些都是制约其工业化生产的重要原因(徐美爱，2014)。固态发酵主要是将红曲霉接种到粳米、籼米、糯米等培养基上，红曲霉以大米为营养物质来源，通过固态发酵制得红曲米，并通过不同的提取方式(一般采用醇提法)提取红曲色素，或者直接将红曲米应用到食品中(马超，2011)。固态培养具有一定的特点，物料的水分活性低，在限制应用范围的同时，也限制了某些杂菌的生长。基质的均匀混合和扩散都较为困难，因此容易形成温度、基质浓度及产物浓度的梯度。但是培养基质与气体的接触面积大，供氧充足，且空气通过固体层的阻力较小，能耗较低，高底物浓度可产生高产物浓度。固态发酵中，先制备红曲米，再从红曲米中提取色素，也可直接将红曲米作为色素使用。

红曲色素的液态发酵主要采用液体深层发酵法的方式进行培养，实验室小试主要采用摇瓶液体发酵法。液体发酵法生产红曲色素主要具有色素含量高、杂质少、发酵周期短、发酵过程容易控制等优点。基于这些优势，近年来，液态发酵得到了广泛的关注。夏建新等(2007)通过正交实验对液态摇瓶发酵工艺的优化结果为：培养时间 3d，温度为 32℃，接种量为 6%(体积分数)，装液量为 70mL/250mL，转速 240r/min，培养基初始 pH 为 3.8，此条件下发酵工艺最佳。但是液态发酵过程会产生较多的副产物，造成一定的环境污染。关于液态发酵副产物的利用也是近年来研究的内容之一。

目前在工业上制取红曲色素的过程一般采用种子液态发酵、固态发酵扩大化生产的方式进行，这种发酵模式所生产的红曲米中色素含量高，节约能源，对环境污染较小。

(五)红曲色素的分离方法

红曲色素为混合色素，采用液态发酵和固态发酵法制备的红曲色素，均是以混合色素的形式存在于发酵过程中的培养基中。若要得到色素的单品，必须采取物理、化学方法对其进行分离。目前常用的分离方法包括薄层层析法、萃取法、柱层析法、高效液相色谱法、树脂吸附法、浸提法等(马超，2011)。

萃取法和浸提法是最早提取红曲色素的方法，使用这两种方法得到的色素多为色素的混合物，一般在工业大批量生产中采用，对红曲色素的纯度要求不高；柱层析法主要用于较大量的红曲色素的初步分离，首先通过硅胶进行柱层析，得到主要的色素带，并通过连续的柱层析，将同一色带的两种色素进行分离；高效液相色谱法主要用于制备高纯度少量的红曲色素，这种方法制得的色素单品纯度较高，也可用于成分分析；树脂吸附法主要是进行大批量的红曲色素的提取，但是这种方法对不同类红曲色素的选择性不高，使用的范围比较小。

目前在红曲色素分离提纯的实际过程中，多采用几种方法复合使用的方式，以获得红曲色素的纯品。连喜军等(2004)采用大孔吸附树脂法分离出分子大小不同的红曲色素各组分，再采用离子交换树脂将带有不同电荷的色素分离，之后通过物理化学方法除去分离液中的蛋白质、氨基酸和其他阳离子，最终使得红色色素和黄色色素分开。屈炯等(2008)通过薄层层析法建立了红曲色素各组分的分离方法，通过采用不同的提取剂和展开剂将红曲色素中的各组分逐一分离，共分离出 7 种红色色素、4 种黄色色素、2 种橙色色素。张慧娟等(2004)利用薄层层析法从红曲色素中分离出各种色素单品，并通过 HPLC对红斑红色素进行了定量检测，通过对色谱柱、洗脱方式等 HPLC 条件优化确定了测定红斑红色素的最佳条件。

(六)红曲色素的安全性

在中国，红曲色素自古以来一直被用于食品的着色，特别是肉制品的着色。随着合成色素被人们意识到有可能会诱发癌症，而逐渐被禁用后；作为天然产物的红曲色素，需求量便逐年增加。红曲在我国被广泛用于饮料、食品及冷食的着色，还被用于食品发酵及药物的制取等。产品除了在国内市场进行销售外，还在东南亚、俄罗斯、德国、日本等国家和地区进行推广销售，深受当地消费者的欢迎。现如今许多国家都开始对红曲的生产开发应用进行研究(牛亚蒙，2017)。

然而，近几年来随着人们对红曲的研究程度逐渐加深，出现了一些关于红曲食用安全性的论述。我国的科学家在 1995 年用高剂量的红曲提取色素在兔子和白鼠的身体上做了动物实验，结果证实红曲产品没有毒性，红曲色素的急性和慢性毒理反应结果均呈现阴性。日本的学者在 1997 年也提出了类似的结论。然而西方的许多国家，对红曲的安全地位尚无定论(周立平，2003)。他们主要的论点在于红曲产品中是否含有产物橘霉素。1977 年，Wong Xingchun 等通过诱变菌种从红曲霉菌的发酵产物中分离出来一种橘黄色的抑菌物质，并命名为 Monascidin A。之后不久，法国人 Blnac 通过实验证实了 Monascidin A 便是橘霉素，并且相继发表了关于红曲色素产品中真菌毒素橘霉素的研究报道，这篇报道引起了各国对红曲色素产品使用的限制(许杨等，2002)。Blnac 教授也指出并不是所有的红霉菌都产生橘霉素，同时同一种菌在不同的发酵条件下橘霉素的产生情况也会有所不同。这一研究使各国对红曲的研究进入了一个新的阶段，不断地采取各种措施来控制橘霉素的含量。

西方国家已经在制定针对我国出口的红曲产品的新标准,严格地限制了红曲色素中橘霉素的含量,要求必须低于制定的规定值,若超标则禁止从我国进口及销售红曲色素。我国红曲产品的对外销售受到了来自国际市场的压力。日本率先制定了红曲米中橘霉素的相关标准,要求橘霉素含量低于 0.2mg/kg;荷兰的研究者对所收集的红曲样品进行橘霉素含量分析,发现样品橘霉素含量在 0.2～17.1mg/kg;美国规定,对于含有橘霉素的红曲产品在进入市场流通领域之前必须进行安全性评价,才能应用在食品中;而德国则要求由我国进口的红曲必须持有安全生产菌种证明以及不含橘霉素的鉴定书(宫慧梅等,2003)。我国是一个生产红曲制品的大国,橘霉素这一瓶颈,严重影响了红曲制品的出口。2001 年,中国疾病预防控制中心对我国食品领域所选用的红曲霉菌株产橘霉素的能力进行了测定,结果证明所选取的 35 种菌株在大米培养基中进行固态发酵均会产生橘霉素,30 种菌株在相应的液体培养基上也产生了橘霉素。近年来,各种控制橘霉素含量的研究一直被重视,结果表明,通过菌种诱变、发酵条件优化等方式均能对橘霉素的控制产生促进作用(马超,2011)。

二、碎米淀粉的利用

(一)大米淀粉及其精深加工产品

1. 大米淀粉

大米淀粉是由多个 α-D-葡萄糖通过糖苷键结合而成的多糖,因其颗粒小且分布均匀,引起过敏性反应的可能性极小,糊化后的大米淀粉吸水快,质构柔滑似奶油,具有脂肪口感,且具有容易涂抹开等性能,具有很好的市场前景。尤其我国南方区域,没有玉米、小麦、马铃薯的原料优势,却是大米的主产区,因此,利用大米(碎米)生产淀粉和淀粉糖具有很大的优势。大米淀粉的加工方法大体分为:物理法、碱浸法、表面活性剂法、酶法、超声波法等。这些方法的共同点是从大米中去除蛋白质来获得淀粉颗粒,酶法由于反应条件温和、技术先进、产品适用范围广、对环境无污染等优点受到广泛关注,但其蛋白质提取率低,且蛋白酶价格昂贵,提高了生产成本。因此,未来研究必将向研发具有较高活性蛋白酶,且降低酶法制取淀粉成本的新生物技术方向发展。

2. 变性淀粉

变性淀粉有很多种,目前研究较多的有复合变性淀粉和交联多孔淀粉。复合变性淀粉是利用一定浓度酸在淀粉的糊化温度下处理淀粉,使淀粉的部分糖苷键水解,然后再使酸解后淀粉分子中的醇羟基在碱性条件下被乙酰基取代而得到的变性淀粉。例如,以盐酸为酸解剂,乙酸酐为乙酰化试剂处理碎米淀粉制备出透明度好、黏度低、易糊化的酸解乙酸酯复合淀粉。对于受到环境因素和病虫害影响的谷物来说,其淀粉糊化温度升高、峰值黏度降低、热黏度降低,单种酰化剂所制产品已不能满足市场需求。这时,可将乙酸酐和乙酸乙烯相结合进行复合酯化,制备出具有更高峰值黏度和反应效率、较低糊化温度的淀粉,使其更适宜食品加工。该淀粉在制备过程中存在酯化度不高、反应时间长等问题，可采取同时酸解和酯化技术来达到预期目标。

交联多孔淀粉是由天然淀粉经过酶或酸处理后形成的一种具有吸附性能的蜂窝状小孔淀粉。交联多孔淀粉通过化学交联方法使其抗加工强度和耐热性较好，提高酸碱稳定性，不易糊化，口感更细腻。此外，在交联多孔淀粉制备过程中，交联剂的选择、淀粉多孔性及交联处理顺序对交联多孔淀粉的吸附性能有很大的影响。不同品种的淀粉对酶的敏感性差别很大，若对淀粉原料进行适当的预糊化、湿热、机械力、微波、超声波等预处理能有效促进淀粉酶解、提高交联多孔淀粉生成率。

(二)大米淀粉糖浆

淀粉糖浆是淀粉不完全水解的产物，其糖分组成为葡萄糖、麦芽糖、低聚糖及糊精等，为无色或淡黄色、透明黏稠的液体。淀粉糖浆储存品质稳定，无结晶析出。随着医药和食品工业的迅速发展，其用途越来越大。

淀粉的水解在工业上称为转化，按照转化程度的不同，淀粉糖浆分为低转化糖浆，即 DE 值在 20 以下，也称为低 DE 值糖浆；中转化糖浆，即 DE 值在 38～48，也称为中 DE 值糖浆；高转化糖浆，DE 值在 60 以上，也称高 DE 值糖浆。工业上生产量最大、应用比较普遍的是中转化糖浆，又称普通糖浆或标准糖浆，一般称为液体葡萄糖，简称液糖，在有些地区和工厂又称糊精浆。其大概的糖分组成为：葡萄糖 25%，麦芽糖 20%，麦芽三糖和麦芽四糖 20%，糊精 35%。

我国稻米年产量可达 2 亿 t，在稻谷碾制过程中会产生约 10%的碎米。碎米的化学组成和整米一样，其淀粉含量超过 70%，但市场价格较低，仅为整米的 1/3～1/2，利用碎米这一优势，将其作为生产淀粉糖浆的主要原料，可降低生产成本，同时提高稻米加工的附加值。

1. 生产工艺及操作要点

传统的淀粉糖浆生产采用的是酸水解法，但由于酸水解过程需要高温高压的苛刻条件，且酸碱的大量使用对环境不利。因此，现代化的生产工艺中，多采用酶法水解大米淀粉来生产淀粉糖浆。

1)工艺流程

$\boxed{\alpha\text{-淀粉酶，}CaCl_2}$　　　　　　$\boxed{\text{糖化酶}}$
　　　　　　　　　　↓　　　　　　　　　　　　　　↓

碎米→洗涤→浸泡→磨浆→调浆→搅拌升温→保温液化→粗过滤→糖化→脱色过滤→浓缩→产品(淀粉糖浆)

2)操作要点

a. 浸泡、磨浆

碎米浸泡 10～12h，换水两次；磨浆粒度 60～80 目。用碎米直接生产淀粉糖浆，省掉了制取淀粉的工序，但粉碎的粒度对液化、糖化及转化率有着直接的影响，当粉粒太大时，淀粉酶的作用效果受到影响，导致液化不能完全进行，从而降低效率；但当淀粉粒度大于 90 目时，虽然有利于液化，但粗过滤造成困难，滤渣中含糖量增加，同样影响效率。所以粉碎粒度以 60～80 目为宜。

b. 调浆

磨浆后，用去离子水将米浆浓度调至 15~20°Bé。因为米浆中有纤维素、蛋白质等杂质存在，会引起淀粉乳稠度的增高，若调制淀粉乳稠度过高，则液化、糖化不易均匀；稠度过低，会不利于后期的产品浓缩，因此，淀粉乳的浓度控制在 15~20°Bé 较适宜。

c. 升温、液化

调节浆液的 pH 为 6.2~6.5，液化温度 90~92℃；液化酶用量为 10U/g 干米粉，同时，按占干米粉质量 0.3%的量添加氯化钙，以稳定和保护淀粉酶的活性。

液化的目的是利用液化酶将糊化的淀粉颗粒水解到糊精和低聚糖大小的分子，使黏度急剧下降，增加其流动性，为糖化创造条件。一般将大米淀粉水解到 DE 值为 12~15 即可停止液化。

d. 糖化

对按上述工艺得到的液化滤液，先将 pH 调节到 4.2~4.5，再按 8~10U/g 固形物的量加入糖化酶，温度控制在 60℃，保持 2~3h，检验糖液 DE 值达 42~48 时，再将糖温升至 100℃灭酶，然后使糖温降至 85℃以下。

e. 脱色过滤

按每批料固形物总量的 1.5%的量加入糖用活性炭，搅拌、用稀碳酸钠溶液调糖液pH 达 4.8~5.2，脱色 0.5h，使用过滤机过滤，即可得到微黄透明的糖液。

f. 浓缩及成品

得到澄清滤液后，使用釜式真空浓缩罐对糖液进行浓缩。为防止糖色增深，可按固形物总量的 0.05%添加焦亚硫酸钠到糖液中。浓缩时控制真空度在 0.08 MPa 以上，浓缩到要求的浓度即可得到成品淀粉糖浆。

2. 大米淀粉糖浆的功能及用途

1) 在食品加工中应用

淀粉糖浆的甜度比蔗糖低，不易结晶，同时具有防止蔗糖结晶、吸湿性低、热稳定性好等特点，可广泛应用于低甜度食品中。

a. 用于糖果制造

中转化淀粉糖浆可作为填充剂用于糖果制造，可防止糖果中的蔗糖结晶，又利于糖果的保存，并能增加糖果的韧性和强度，使糖果不易破裂，同时，可降低糖果甜度，使糖果甜而不腻。因此，其是糖果工业不可缺少的重要原料。

b. 用于饮料生产

淀粉糖浆的黏度较大，用于饮料中可增强黏稠度，改善口感，增加饮料的稳定性。

c. 用于果脯、蜜饯、果酱等的生产

由于糖浆溶液中溶解氧很少，有利于防止氧化，保持水果的风味和颜色，可用于果脯、蜜饯、果酱、水果罐头等的生产。

d. 用于焙烤食品

高转化淀粉糖浆在高温条件下可在食品表面形成良好的焦黄色外壳，非常适合于焙烤食品的生产。

2) 在发酵工业中应用

高转化淀粉糖浆中葡萄糖和麦芽糖的含量加大,具有良好的发酵性能。与传统的淀粉类发酵原料相比,高转化淀粉糖浆由于几乎不需经过任何处理即可直接使用,因此常作为优质碳源用于经济价值相对较高的产品,如医药、保健品及其中间制品的发酵生产。

(三) 果葡糖浆

果葡糖浆是一种新型甜味剂,可代替蔗糖作为糖源。并且果葡糖浆具有蔗糖不具备的优良性能,甜度高,是蔗糖的 7 倍,但在味蕾上甜味感比其他糖品消失快,因此用其配制的汽水、饮料,入口后给人一种"爽口""爽神"的清凉感。果葡糖浆能与各种香味和谐并存。当用于果汁、果汁汽水、果酒汽水、药酒等食品时,不会掩盖其原有香味。

果葡糖浆还具有抑制食品表面微生物生长、保留果品风味本色、使糕点质地松软、延长食品保鲜期等特点。果葡糖浆在营养保健功能方面也具有许多优良的性能。果糖的热量仅为蔗糖的 1/3,果葡糖浆用于低热食品,适用于肥胖病患者食用,果糖代谢不需要胰岛素辅助,且果糖在体内代谢转化的肝糖生成量是葡萄糖的 3 倍,因此果糖具有保肝作用,是糖尿病、高脂血症及老弱病者的理想甜味剂。

碎米生产果葡糖浆是利用碎米淀粉经酶水解成葡萄糖,再经葡萄糖异构化酶的催化作用转化为果糖,从而制得含 40%以上果糖的果葡糖浆。具体生产工艺如下:碎米→粉碎→调浆→液化→糖化→脱色→过滤→树脂处理→精制糖化液→浓缩→精制糖液→异构化→脱色→树脂处理→浓缩→果葡糖浆。

(四) 麦芽糖浆

麦芽糖因其优越的加工性能和理化特性,应用范围非常广泛,已引起国内外食品、医药、化工等领域的高度重视。依麦芽糖含量的高低,麦芽糖浆可分为普通麦芽糖浆、高麦芽糖浆和超高麦芽糖浆。干物质中麦芽糖含量小于 60%的为普通麦芽糖浆,大于 60%而小于 80%的为高麦芽糖浆,大于 80%的麦芽糖浆为超高麦芽糖浆。目前生产麦芽糖浆的主要原料是玉米淀粉,以玉米淀粉生产麦芽糖浆技术比较成熟而且在生产上已大规模化投产应用。而以稻米特别是低值稻米(如早籼米、节碎米等)为原料生产麦芽糖浆可以综合利用我国的稻谷资源,在一定程度上还可节约生产成本,延长稻谷深加工产业链,增加产品的附加值。近年来,以碎米等低值米为原料加工麦芽糖浆的技术也取得了长足的进展。下面分别介绍以稻米为原料生产普通麦芽糖浆和超高麦芽糖浆的技术。

1. 工艺流程

　　　　耐高温α-淀粉酶　　　　　　　　　　　　　　复合糖化酶
　　　　　↓　　　　　　　　　　　　　　　　　　　　　　↓
碎米→破碎调浆→喷射液化→离心或过滤脱渣→滤液糖化→脱色、离子交换→浓缩→麦芽糖浆

碎米→粉碎→大米淀粉→调浆→耐高温 α-淀粉酶液化→β-淀粉酶糖化→糖液精制→真空浓缩→麦芽糖浆

2. 操作要点

1) 原料预处理

粉碎前, 大米中糠粉和杂质必须除干净, 以保证下道工序的质量。

2) 调浆

可采用粒度为 60～70 目的大米粉, 按米粉与水 1 : 3(质量比)的比例加入 40～60℃ 温水调浆浸泡约 20min; 也可浸米 2～3h 后磨浆。

3) 液化

按 15U/g 干淀粉的量加入耐高温 α-淀粉酶, 同时加入 $CaCl_2$ 和 $NaCl$, 使浆液中 Ca^{2+} 和 Na^+ 的浓度为 0.01mol/L, 于 85～90℃液化 10～15min。

4) 糖化

液化后, 降温至 55～60℃, 按 25U/g 干淀粉的量加入 β-淀粉酶, 保温糖化 2～3h。 糖化后, 升温杀酶并立即过滤。

5) 浓缩及成品

真空浓缩糖液至 38～40°Bé, 即得 DE 值为 40 的麦芽糖浆。

(五) 麦芽糖醇

麦芽糖醇不是产酸的基质, 几乎完全不会导致细菌合成不溶性聚糖, 所以麦芽糖醇 是极难形成龋齿的非腐蚀性新糖质。

麦芽糖醇由于难以消化吸收, 血糖值上升少, 因此对葡萄糖代谢所必需的胰岛素的 分泌没有什么刺激作用, 这样一来减少了胰岛素的分泌。由此可见, 麦芽糖醇可以作为 供糖尿病患者食用的甜味剂。促进钙的吸收: 动物实验表明麦芽糖醇有促进肠道对钙吸 收的作用和增加骨量及提升骨强度的性能。若用麦芽糖醇替代砂糖制造如冰淇淋、蛋糕、 巧克力之类的高脂肪食品, 由于不会刺激胰岛素分泌, 因此可以期望减少体内脂肪的过 度积聚。麦芽糖醇在人体内几乎完全不能为唾液、胃液、小肠膜酶等分解, 除肠内细菌 可利用一部分外, 其余均无法消化而排出体外。

摄入体内的麦芽糖醇中, 约 10%在小肠分解吸收后作为能源利用; 余下的 90%在大肠 内细菌作用下分解为短链脂肪酸, 其余一部分在大肠吸收后作为能源利用。麦芽糖醇是由 麦芽糖经氢化还原制成的双糖醇。工业上其生产工艺可分为两大部分, 第一部分是将淀粉 水解制成高麦芽糖浆, 第二部分是将制得的麦芽糖浆加氢还原制成麦芽糖醇。其生产工艺 如下:淀粉→调浆(浓度 10%～20%,pH 6.0～6.4)→液化(100℃,DE 10～12)→糖化(45～ 50℃, pH 5.8～6.0)→压滤→脱色(pH 4.5～5.0, 80℃, 20～25r/min)→压滤→离子交 换→真空浓缩(0.086～0.092MPa)→高麦芽糖浆→备料(浓度 12%～15%)→调 pH(7.5～ 8.0)→进料反应(温度 120～130℃, 压力 8MPa)→过滤脱色→离子交换→蒸发浓缩→ 成品。

麦芽糖醇因其优点在食品行业有广泛的应用:①麦芽糖醇在体内几乎不分解, 可用 作糖尿病患者、肥胖病患者的食品原料;②麦芽糖醇的风味口感好, 具有良好的保湿性 和非结晶性, 可用来制造各种糖果, 包括发泡的棉花糖、硬糖、透明软糖等。其有一定的黏稠度，且具难发酵性，所以在制造悬浮性果汁饮料或乳酸饮料时，添加麦芽糖醇代替一部分砂糖，能使饮料口感丰满润滑；③冰淇淋中使用麦芽糖醇，能使产品细腻稠和，甜味可口，并延长保存期；④麦芽糖醇作为食品添加剂，被允许在糕点、果汁、饼干、面包、酱菜、糖果中使用，可按生产需要确定用量。

（六）麦芽糊精

麦芽糊精也是一种淀粉糖，但它的甜度极低。与各种淀粉糖品相比，其水溶性、吸湿性、褐变性、凝固点下降度也是最低的，而黏度、黏着力、防止粗冰结晶、泡沫稳定化、增稠性等方面则最强。麦芽糊精同样具有与其他香味和谐并存的特点，是甜味和香料的优良载体。利用麦芽糊精凝固点低、抗结晶性强、增稠作用强的特点，将其应用于冰淇淋生产，可减少冰淇淋中奶油和蔗糖的用量、降低甜度和热值、减少脂肪和胆固醇含量。麦芽糊精甜度低、吸湿性低、耐高温、发酵性好和不掩盖其他香味的特点，使其成为生产糖果的最佳原料。麦芽糊精作为填充剂，广泛应用于果汁、汤料、咖啡等粉末产品中，能保持风味，防止褐变。

麦芽糊精可以以干粉的形式或凝胶的形式替代脂肪。以麦芽糊精干样替代脂肪，可提供 16.72kJ/g 的能量，而当其与 3 倍体积的水混合溶解后，冷却，形成热可逆胶，则仅提供 4.18kJ/g 能量。当用 25%的麦芽糊精或糊精来代替脂肪时，其热量值比脂肪减少 8kJ/g。低 DE 值麦芽糊精非常适用于低脂保健食品的生产，还有助于改善食品的黏性和硬度，延长食品的货架期。

低 DE 值麦芽糊精的凝胶制品具有类似奶油的外观及口感，十分适合加工酸奶和部分替代奶油的乳制品，通过不同含量的调配，可加工成供人造奶油生产的加氢油脂。低 DE 值麦芽糊精用于减脂或低脂奶酪、低脂肪冰淇淋、无脂人造奶油、沙司和凉拌菜调味料的生产，蕴含着巨大的商业价值。在火腿和香肠等肉制品中添加用量为 5%～10%的低 DE 值麦芽糊精，可体现出其胶黏性和增稠性强的特点，使产品细腻，口味浓郁，易包装成型，延长保质期。在肉制品中加入脂肪替代品，还可以保持制品的多汁性和嫩度，并且还能降低制品的蒸煮损失。美国已经在低脂牛肉饼和猪肉饼中加入脂肪替代品，添加 1%的脂肪替代品制成含 10%脂肪的肉饼比起含 20%脂肪的传统牛肉饼更嫩、更具汁液，而且在生鲜猪肉香肠中也加入脂肪替代品。在烘烤食品中，脂肪用来保持产品的物质结构和提供脂肪的感官和风味。脂肪替代品主要是一些填充剂，其作用是提高产品的硬度。脂肪代用品取代部分焙烤食品中的油脂时，并不能模拟出油脂与淀粉或面筋的相互作用状况，但在脂肪酸型乳化剂的协助下，其相互间的作用得以加强，这样制得的产品就更具有油脂的口感。低 DE 值麦芽糊精配成浓度为 20%～25%的溶液时就具有类似脂肪的特性，可用于生产品质良好的低能量焙烤食品，如夹心蛋糕、松饼、奶酪蛋糕，且不会出现低脂食品中常见的干燥粗糙的口感。在调味品蚝油中应用低 DE 值麦芽糊精可用于改善蚝油的稳定性、透明度和货架稳定性，在辣椒酱和果酱等调味品中添加低 DE 值麦芽糊精，也可增加产品的光泽度，使产品体态醇厚，耐剪切力，不析水，不老化。

低 DE 值的麦芽糊精能形成柔软的、可伸展的、热可逆的凝胶，并且入口即溶，具有类似脂肪的滑腻口感,因此,在食品加工中可作为脂肪替代品应用于冰淇淋、饮料、面包等多个领域产品中。低 DE 值麦芽糊精具有安全性高、性质稳定和低热量等特点,可用于低脂食品的生产,更适合肥胖及心脑血管疾病的患者食用。

以大米为原料制备的低 DE 值麦芽糊精,具有诸多优点:不会像脂肪酸酯那样因摄入过多而引起腹泻和腹部绞痛等副作用,影响机体吸收某些脂溶性的维生素和营养素;也不会像蛋白质为基质的脂肪模拟品使某些人群产生过敏反应;是一种不用精制的大米淀粉水解制品,大米中原有的成分如蛋白质、维生素、硫胺素等都得以保存。

1. 工艺流程

$$耐高温\alpha\text{-}淀粉酶$$
$$\downarrow$$

清理→浸泡→磨浆→调浆液→液化→灭酶→二次降温出料→中和脱色→离子交换→浓缩→干燥→成品

2. 操作要点

1)稻米原料

凡是无污染、无霉变、不含有害物质的天然大米,均可用于制备低 DE 值麦芽糊精。通常采用早籼米、碎米等低值稻米作为原料,可降低生产成本。首先,清除原料中的糠粉、稻壳等杂质,再添加相当于稻米原料质量 3～5 倍的水浸泡 2～6h,磨成浆液,过 60～80 目滤网。

2)调浆液

调整浆液 pH 至 5.5～6.1,波美浓度 16～19°Bé,加入耐高温 α-淀粉酶,搅拌混匀。

3)液化、灭酶

将浆液在 105～110℃喷射,降温至 90～97℃,控制液化液 DE 值为 8～11,在出料时用喷射器升温至 125～130℃,使 α-淀粉酶失活,抑制 DE 值继续增加。

4)二次降温出料

首先降温至 110℃,停留 5～10min,再继续降温到 85～90℃后,通过箱式压滤机过滤,滤掉浆液中米蛋白等成分。

5)中和脱色过滤

在温度 85～90℃,pH 4.5～4.8,添加稻米原料质量 1%～5%的活性炭混合中和 30～45min,待其形成滤层后用箱式压滤机和密闭过滤机过滤,滤掉残留米蛋白等成分,至料液清澈透明,无炭粒、异物即可。

6)离子交换

用一次离子交换方式精制料液,料液透明、气味纯正,pH 4.2～6.1。

7)浓缩

采用四效降膜式蒸发器蒸发,浓缩至浓度 75%～80%。

8)干燥

采用真空低温连续干燥机干燥或喷雾干燥,至水分含量≤6%即可。

9)成品

干燥后为白色粉末,按国家标准(GB/T 20885—2007)检测,DE 值为 8～11。

三、米渣制备米渣蛋白

(一) 米渣概述

米渣是以早籼稻或碎米为原料生产柠檬酸等有机酸、淀粉糖或发酵生产谷氨酸及生化药品时所剩的副产品(李平凡和钟彩霞, 2012), 由于这些生产所利用的只是大米中的淀粉, 而淀粉被酶解分离, 米渣中的蛋白得到富集, 含量可达 40%～70%, 所以这部分米渣也称为大米浓缩蛋白(王章存等, 2008)。由于米渣保留了大米中几乎所有的蛋白质, 所以它是提取高纯度大米蛋白的优良原料(王章存, 2005)。

近年来由于生物技术的进步, 淀粉糖行业得到了迅速的发展。2013 年我国淀粉糖产量达 1225 万 t, 按转化率 50%计, 要消耗 2450 万 t 大米, 数据显示每消耗 7t 原料大米便会产生 1t 米渣(程飞, 2015)。所以这部分米渣蛋白若能被充分利用可产生巨大的经济效益。然而, 由于上游工艺中剧烈的反应条件, 大米蛋白的结构被大量破坏, 米渣中的蛋白质已是高度变性的蛋白质(王章存, 2005)。

(二) 高温液化对米渣蛋白结构和性质的影响

生产淀粉糖时, 大米淀粉经高温液化和淀粉酶水解后, 通过板框压滤机压滤后剩余的残渣为米渣。由于高温液化作用, 大米蛋白的结构发生了很大的变化, 具体表现如下。

1. 蛋白质组成的变化

刘骥(2004)研究表明, 与大米蛋白相比, 经高温液化后米渣中球蛋白和谷蛋白所占比例明显下降, 而清蛋白和醇溶蛋白所占比例则略微升高。高温液化还使米渣中产生 0.1mol/L 的 NaOH 都无法溶解的成分, 约为 30%, 而大米蛋白的碱溶效率较高, 高温液化使蛋白结构变化的同时使其溶解性质变差。而不同文献对高温液化使大米中蛋白组分发生变化是有所争议的。王章存(2005)研究表明, 与大米蛋白相比, 米渣中醇溶蛋白、球蛋白及清蛋白所占比例都有所降低。但是两人研究中, 谷蛋白的变化都是一致的, 高温液化使得谷蛋白分子间形成高分子多聚体, 使谷蛋白分子结构发生了严重变化, 降低了其碱溶性。

2. 糖与蛋白质结合性的变化

关于大米蛋白是糖蛋白的报道最早见于 Chrastil 和 Zarins(1992)的研究, 他们研究发现大米谷蛋白中碳水化合物的含量达到 2.2%, 而且这部分碳水化合物与蛋白质结合异常紧密, 甚至 8mol/L 的尿素加 β-巯基乙醇及硫酸铵沉淀都无法将它们分开, 他们提出谷蛋白是糖蛋白的观点。Kishimoto 等(1999)通过对所得的大米谷蛋白的碱性亚基的肼解作用和反向 HPLC 分析, 证明谷蛋白亚基中结合糖链结构是乙酰-N-半乳糖-β-1,3-半乳糖结构, 进一步分析大米谷蛋白中的 11kDa 亚基, 得出该糖蛋白链连接方式是 N-糖肽键或 O-糖肽键两种。王章存(2005)研究发现米粉谷蛋白和米渣蛋白都是糖蛋白, 其结合方式是通过 N-糖肽键连接的; 由于高温液化的作用, 米渣蛋白中结合的葡萄糖量大于米谷蛋白; 高温液化使米渣蛋白发生了美拉德反应。

3. 蛋白质结构的变化

相对于天然米蛋白，米渣不仅因美拉德反应生成了更多的糖蛋白，最重要的是蛋白质的结构发生了变化。王章存(2005)通过 HPLC 和 Sepharose CL-4B 凝胶色谱分析得出米渣蛋白中主要是 115～211kDa 的大分子，根据蛋白溶出物具有不同洗脱曲线和紫外吸收特征提出高温使米渣蛋白形成了高聚体；又通过聚丙烯凝胶电泳分析，根据不同溶剂溶解的米渣蛋白所形成的谱带不同以及放置后的样品谱带颜色变浅的现象，提出蛋白质亚基间可以通过二硫键聚合发生交联，而影响其溶解性。赵殷勤等(2010a)比较分析了天然米蛋白和米渣中巯基及二硫键含量，发现米渣中的巯基及二硫键含量远远高于天然米蛋白。刘骥(2004)通过扫描电子显微镜对米渣蛋白和天然米谷蛋白做了比较，发现高温液化破坏了大米的细胞结构，并使水解不完全的淀粉、糊精、低聚糖等和大米其他成分交联融合在一起。

4. 米渣蛋白溶解性的变化

蛋白质作为有机高分子物质，其在水溶液中呈胶体状态，天然蛋白的溶解性受溶液 pH 影响较大，当远离等电点时蛋白溶解性增大，接近等电点时蛋白会絮凝沉淀。大米蛋白依据其种类结构的不同，溶解效应也不同，谷蛋白占大米总蛋白的 80%以上，大米谷蛋白由一条酸性 α 肽链和一条 β 基本肽链构成，α 肽链等电点为 pH 6.6～7.5，β 肽链等电点为 pH 9.4～10.3，这就使得大米谷蛋白在碱性条件下溶解性较好(陈季旺和姚惠源，2002)，所以碱溶解后用酸沉淀的方法是提取大米蛋白的良好的方法。至于米渣蛋白，由于受到热变性作用，次级键和二级结构被破坏，原本有序的蛋白结构被破坏，肽链呈伸展状态，疏水基团暴露，肽链相互碰撞会聚集形成沉淀(程飞，2015)。这个变化是不可逆的，所以米渣蛋白溶解性较差。王章存(2005)用 pH 12.0 的碱溶液也只能溶出 10%左右的米渣蛋白，所以传统的碱溶酸沉法从大米中提取大米蛋白质的方法用于米渣蛋白的提取时提取率较低。而且溶解性直接影响蛋白质的各项功能性质，所以米渣蛋白的功能性质也较差，这在很大程度上限制了其开发利用。

(三) 米渣蛋白的提取

基于米渣蛋白不良的溶解性能和特殊的结构，研究者不断探索着最优的提取方法。目前开发出米渣蛋白的提取方法主要有碱法、酶法、排杂法等。近年来随着科研手段的发展，一些物理辅助提取方法也被提出。例如，超声波、高压均质、微波技术等，其原理主要是通过这些物理作用使米渣聚集体的紧密结构变得松散，暴露出更多的酶切位点，再通过酶解作用，使蛋白被水解为可溶性肽而被提取出来。

1. 碱法

对于米渣，由于米渣自身组成结构的变化，溶解性较差，碱提法用于米渣蛋白的提取率较低。王亚林和钟方旭(2001)在 pH 为 12，温度 40℃的条件下提取米渣蛋白，提取率仅为 50%，而蛋白纯度也仅为 71.1%。刘爱民等(2014)发现使用柠檬酸或乙酸对米渣预处理 3h 后，再用 0.1mol/L NaOH 溶液于 50℃条件下提取 27h 时蛋白提取率可达 80%

左右。碱法提取米渣蛋白的工艺简单，操作简便，但是碱法提取蛋白不仅提取率较低而且高浓度碱液的使用会使氨基酸之间发生缩合反应生成有毒物质。同时由于要使用酸沉淀蛋白质，所得蛋白中含盐较多，脱盐难度较大。由于碱法料液比要求较高，生产过程会产生大量废水。

2. 排杂法

米渣中的主要成分是蛋白质、碳水化合物和脂类，其中碳水化合物是高温液化酶解后残留的淀粉颗粒、纤维素、糊精和未分离完全的少部分葡萄糖、麦芽糖、低聚糖等(李平凡和钟彩霞，2012)。这部分碳水化合物一共约占米渣总质量的 30%。大米中的脂肪含量约为 1%，但是在高温液化酶解之后，由于淀粉的大量分离，米渣中的脂肪也得到富集，米渣中的脂类含量约为 10%(荣先萍，2011)。研究者便思考使用纯化的方法，通过除去碳水化合物和脂肪的方法使米渣蛋白的纯度提高。

考虑到米渣中蛋白和碳水化合物溶解性的差异，可以使用温水将可溶性糖和糊精洗去，达到纯化的目的。但是由于米渣中蛋白质受到高温作用，它会产生复杂的交联网状结构，而这种结构将部分淀粉颗粒和还原糖紧密包裹，使水洗脱糖的效率不高。张凯(2010)用 90℃热水水洗米渣后，米渣蛋白纯度可提高至 75%左右，但是其中仍有约 10%的糖类物质无法去除。Shih(2000)则先利用糖酶对米渣的碳水化合物进行处理，再水洗得到蛋白纯度为 84.5%的米渣蛋白，继续用 β-葡萄糖苷酶、木聚糖酶和纤维素酶的混合物处理，蛋白纯度提高到 89.1%，此方法所得蛋白纯度和回收率都明显优于蛋白酶法。王章存考察了米渣蛋白和糖在不同条件下的溶解性后提出排杂法更具合理性，并通过 α-淀粉酶处理得到了纯度为 85%的米渣分离蛋白。排杂法的本质是一个对米渣蛋白进行纯化的过程，各种处理仅作用于其中的非蛋白成分，而对米渣蛋白本身未造成任何破坏和不良影响，所以其更具合理性，对本书有重要的参考价值。

碳水化合物是排杂法主要要去除的物质，这部分物质直接关乎米渣蛋白的纯度，至于脂类，由于脂肪自身容易发生氧化和水解，产生臭味气体，这会直接影响米渣蛋白的质量和保存期，影响米渣蛋白利用的经济效益，所以对原料进行脱脂就显得尤为必要。常用的脱脂方法有碱法脱脂、有机溶剂脱脂、乳化剂脱脂和酶法脱脂。碱法脱脂主要利用 Na_2CO_3 或 NaOH 作为原料，油脂与碱生成皂盐溶解在水相中，进而通过离心分离等手段除去。但是碱法会使干物质大量流失，同时碱液的使用也会影响产品质量。有机溶剂萃取法在米渣脱脂的相关工艺中使用较多，其主要是利用正己烷、乙醚等经过萃取使脂肪溶于有机溶剂达到脱除的目的，优点是脱脂率高，但是有机溶剂易燃易爆以及溶剂残留使得这种方法的安全性及产品质量令人担忧。乳化剂脱脂则是利用其油水两亲的性质，使脂类乳化进而使其可溶于水被脱除。但此法脱脂率较低，赵殷勤等(2010)利用蔗糖酯对米渣进行脱脂，脱脂率仅为 70%左右，且此法添加乳化剂处理过后要用大量沸水进行水洗，工艺难度较大，导致经济效益相对较低。酶法脱脂在动物皮毛、鱼肉等产品的脱脂中应用较多，酶法主要是利用脂肪酶作用于油脂的酯键，脂肪水解成甘油和脂肪酸，甘油溶于水，脂肪酸于弱碱环境生成皂盐，达到脱脂的目的。

3. 酶法

1985年日本最早报道了酶法提取大米蛋白，他们提出了一种使用酸性蛋白酶提取大米蛋白的方法，提取率可达90%（程飞，2015）。酶法提取米渣蛋白主要是使用蛋白酶对米渣蛋白进行控制水解改性，其原理是利用蛋白酶的内切或外切作用对蛋白分子进行切割，使蛋白水解成可溶性短肽，再经离心分离、喷雾干燥等方法得到米渣蛋白。Vieira等（2008）以大米为原料，使用碱性蛋白酶在酶添加量为1%、料液比为1∶10、pH为10.5、50℃的条件下对其处理1h，蛋白提取率为62.4%。葛娜等（2006）利用籼米为原料在工艺条件为加酶量0.8%、pH为8.0、料液比1∶8、温度55℃、水解时间4h时，蛋白提取率为82.05%，蛋白纯度为66.53%。酶法提取大米蛋白时提取率在60%～85%，而相比于大米，米渣中的二硫键和蛋白聚集体更多，这使得蛋白不能伸展成线形多肽链，酶无法充分地作用于底物，导致用酶法提取米渣中蛋白时提取率更低（王章存等，2007）。

王亚林和钟方旭（2001）使用碱酶两步法提取米渣中的蛋白提取率仅为60%左右，徐敏（2012）使用胰酶对米渣蛋白进行提取，最终提取率为62%左右，蛋白质纯度84%。酶法提取大米或米渣中蛋白的优点是反应条件温和，酶解后所得蛋白质的营养价值及功能性质较好。但是从严格意义上来说，酶法提取的蛋白已经不是严格意义上的蛋白质了，而是分子量主要集中在1000u以下的寡肽，并且在水解过程中，大量的疏水性氨基酸暴露，水解物会产生浓厚的苦味，影响食用价值。而且由于米渣结构的变化，蛋白质和糊精、淀粉等相互包裹，某些活性位点被掩盖，影响酶解效率，导致提取率也较低。

4. 物理方法辅助提取

随着蛋白质提取技术、研究手段的不断发展和对蛋白质改性机理的研究，研究者发现蛋白质的结构变化直接影响蛋白质的溶解性质。针对此情况，一些改变蛋白质高级结构、肽链长度和侧键基团的物理辅助技术和化学方法被提出，如高压均质技术、超声波辅助提取技术、微波辅助提取技术等。尹亚军等（2014）利用120W的超声波辅助酶法提取米渣蛋白，蛋白回收率达87.5%。奚海燕等（2007）用400MPa的压力对大米进行处理后，再用碱性蛋白酶提取大米蛋白，提取率可达78.72%。

（四）米渣蛋白的改性

食品蛋白质的功能性质指的是满足食品在制造、加工、保藏和消费过程中不仅影响蛋白质应用，而且影响蛋白质量的部分物理化学性质。蛋白的功能性质主要有溶解性、乳化及乳化稳定性、起泡及起泡稳定性、持水性、持油性、胶凝性等。蛋白质的功能特性与蛋白质在食品体系中的应用十分密切，因此蛋白质的功能特性对食品加工非常重要。大米蛋白组分中超过80%是谷蛋白，而天然的大米谷蛋白由于疏水作用和亚基间游离巯基或二硫键交联，表现为高度的疏水性，即水不溶性。由于米渣蛋白溶解性较差，限制了其在食品工业中的应用，为了扩大其在食品工业中的应用，需要通过改性的方法来改善米渣蛋白的功能特性。目前，蛋白质改性的主要方法有物理改性、化学改性、酶法改性、美拉德反应改性（曾国强，2016）。

1. 物理改性

物理改性是指通过一些物理手段改变蛋白质的分子间的聚集状态和高级结构，从而改善蛋白质的功能特性。目前物理改性方法主要有冷冻、挤压、机械处理等。任仙娥等(2014)以涡流泵为水力空化的产生装置，对不同出口压力和处理时间下水力空化作用对米渣蛋白功能性质的影响进行了分析研究，得出结论：在0.4MPa出口压力下处理60min米渣蛋白溶解性为处理前的2.71倍，水力空化能够显著提高米渣蛋白的溶解性；在0.1MPa出口压力下处理60min米渣蛋白乳化活性为处理前的1.81倍，乳化稳定性变化不大，水力空化在处理初期能提高米渣蛋白的乳化活性；米渣蛋白的起泡性随着出口压力的增加和水力空化时间的延长而增大，泡沫稳定性则在处理初期不断增强，之后开始下降。可见，水力空化作用在一定条件下能够改善米渣蛋白的部分功能特性。

2. 化学改性

化学改性是指通过一些化学手段在蛋白质中引入各种功能基团而使蛋白质成为具有特殊加工特性的蛋白品种。实质是通过改变蛋白质的结构、疏水基和静电荷，除去蛋白质中的抗营养因子，从而改善蛋白质的功能性质。目前化学改性方法主要有脱酰胺法、磷酸化法、乙酰化法、酸碱水解法等。蒋甜燕等(2007)研究了脱酰胺改性及其对大米蛋白功能性质的影响，得出结论：在脱酰胺度19.6%～64.5%时，大米蛋白的溶解度随着脱酰胺度增大而增大，溶解度最大时可达96.6%。卢寅泉等(1995)用三聚磷酸钠对大豆分离蛋白进行改性，研究了磷酸化改性对大豆分离蛋白功能特性和理化性质的影响，研究结果表明：磷酸化程度为57%，改性后的大豆分离蛋白等电点由pH 4.5变为3.9，乳化能力为改性前的3.5倍。董欢欢等(2008)对异抗坏血酸钠还原法和酶解修饰法对改善米渣蛋白加工性能的影响进行了研究，并比较了两种方法的优劣；在通过梯度试验考察温度、时间、pH、添加量、料液比等因素对异抗坏血酸钠还原法改善米渣蛋白乳化性能影响的基础上，采用响应面法优化了异抗坏血酸钠还原法改善米渣蛋白乳化性能的工艺条件，最终得到产品乳化性能明显优于酶解修饰法产品乳化性能，而且其他各性能指标与酶解修饰法产品相差不大。

3. 酶法改性

酶法改性是指利用蛋白酶将蛋白质降解为多肽类或者更小分子氨基酸，蛋白质经酶解后，蛋白酶解物的结构特性(一般会涉及蛋白质一级结构的改变)与物化特性发生重大变化，溶解性、乳化性等功能性质可得到显著改善。麦波和钱俊青(2010)采用中性蛋白酶对米渣酸提蛋白进行酶法改性，研究了酶法改性提高米渣蛋白溶解性的工艺，得到酶法改性的最佳工艺条件为：固液比1∶5，酶量40U/100g，酶解温度50℃，酶解pH 7.0，酶解时间2h，制备的大米蛋白经喷雾干燥处理，最终大米蛋白粉的溶解率为65.5%，不仅可替代大豆蛋白作为高蛋白食品，而且可用作各种食品加工的营养强化剂。吴姣等(2007)研究了米渣蛋白经碱性内切蛋白酶Alcalase 2.4L FG水解后，水解度(DH)分别为3%、4%、5%、6%、10%的有限降解米渣蛋白的溶解性、乳化活性、乳化稳定性等特性，并与米渣蛋白、大米分离蛋白、进口的酪朊酸钠进行比较。研究结果表明：有限降解米渣蛋白的乳化功能特性显著优于米渣蛋白和大米分离蛋白,有限降解米渣蛋白(水解度在4%左右)的乳化性优于进口的酪朊酸钠,但乳化稳定性次于酪朊酸钠。综合以上结果可知,水解度在 4%左右的有限降解米渣蛋白的乳化功能特性较好。金世合等(2004)采用Protamex 对米渣蛋白进行限制水解,研究了水解度对米渣蛋白功能性质的影响,研究结果表明,米渣蛋白的溶解度随水解度的提高而显著提高,在水解度为 3%时,米渣蛋白的乳化活性最高,水解度过大时,米渣蛋白的乳化活性明显降低,说明适当水解能提高蛋白质的乳化特性。适度(低度)酶法水解可改善蛋白质的乳化特性,但水解过度则导致蛋白肽分子量过低,并几乎完全亲水而失去乳化功能,且过度水解易使产品异味严重,酶法改性存在需有限酶解控制适当的水解度等问题。

4. 美拉德反应改性

蛋白质是一种两性物质,能够吸附在气液或油水界面中形成黏弹性的保护层,从而降低界面的张力,因此蛋白质是一种良好的乳化剂;多糖则由于在液相中有较好的持水性、增稠性和凝胶性而常用作胶体稳定剂。蛋白质糖基化改性指的是将糖类的醛基以共价键与蛋白质分子上的 α-或 ε-氨基相连接而形成糖基化蛋白的化学反应,即美拉德反应,它是由法国著名的生物化学家 Louis Camille Maillard 于 1912 年将甘氨酸与葡萄糖混合加热时发现的。利用美拉德反应形成蛋白质与多糖以共价键结合的接枝物,由于引入了许多具有亲水特性的羟基,蛋白质-多糖接枝物既保留了蛋白质的乳化活性,又具有多糖的亲水性能,蛋白质的糖基化改性可以显著提高蛋白质的溶解性。与蛋白质和糖简单混合相比,糖基化蛋白因共价接枝而使其不易受 pH 的变化和外界热量的影响而被破坏,糖基化蛋白具有较高的稳定性。吴姣等(2008)利用麦芽糊精与米渣水解蛋白发生美拉德反应,研究了高乳化活性米渣水解蛋白和麦芽糊精反应的工艺条件,最佳工艺条件为:米渣水解蛋白的水解度为 6,米渣水解蛋白与麦芽糊精的质量比为 8∶1,pH 为 6.5,反应温度 58℃,反应时间 3d。在最佳反应条件下,米渣水解蛋白与麦芽糊精的乳化活性高达0.3170,比国外进口的酪朊酸钠(EAI=0.2695)更好。Li 和 Lu(2009)利用 2%的大米蛋白与乳糖、葡萄糖、葡聚糖和麦芽糊精进行湿法糖基化改性,研究了各大米蛋白-糖复合物的性质,研究结果表明:2%的大米蛋白与葡萄糖在 pH 为 11、温度 100℃条件下反应15min,大米蛋白的溶解性、乳化性和乳化稳定性得到明显改善。华静娴(2008)利用大米蛋白与葡聚糖发生美拉德反应进行接枝改性,分析了不同接枝度大米蛋白-葡聚糖复合产物的功能性质,发现美拉德反应可显著改善复合产物的溶解性、乳化性、起泡性和热稳定性,但接枝度不同对复合产物功能性质的改善作用不同。Kato 等(1991)利用谷蛋白与葡聚糖在温度 60℃和相对湿度 79%的条件下进行干法糖基化接枝改性,研究了接枝产物的溶解性,研究结果表明:接枝产物的溶解性显著优于谷蛋白,且在较大的 pH 范围内都能保持较好的溶解性。

四、碎米制备大米蛋白

大米中蛋白质含量虽然不高,却是一种质量较好的植物蛋白。它是一种高水溶性粉末,具有高营养、易消化、低过敏性、溶解性好、风味温和等特点。大米蛋白的蛋白质生物价(BV)为77%，高于其他谷物蛋白；总蛋白价(GPV)为0.73，高于牛奶、鱼肉、大豆；消化率(TD)高达0.84，不含影响食物利用的毒性物质和酶抑制因子，所以大米成为各类儿童营养米粉首选的主要原料。又由于碎米中的蛋白质、淀粉等营养物质与大米相近，将碎米中蛋白质含量提高后制得高蛋白米粉，可作为添加剂，生产婴幼儿、老年人、患者所需的高蛋白食品。大米粉(包括高蛋白米粉)可用大米和碎米加工而成，主要用于焙烤食品、早餐谷物、休闲食品、肉制品等。利用高蛋白米粉选择性添加适量维生素及无机盐，制成速溶乳液、乳糕粥、糕点等，将成为全营养成分的婴儿及儿童食品。目前国外大米蛋白的产品很多，有不同的蛋白质含量、性质和用途。碎米、籼米及米淀粉加工的副产品(米渣)都是提取大米蛋白质的原料，运用不同的提取手段可以得到不同蛋白质含量和不同性能的产品。一般作为营养补充剂用于食品的是蛋白质含量80%以上并具有很好水溶性的大米蛋白产品，含量为40%~70%的大米蛋白一般用于宠物(猫、狗)食品、小猪饲料、小牛饮用乳等。大米蛋白浓缩物是一种极佳的蛋白质源，作为高级宠物食品、小猪饲料、小牛饮用乳等，其天然无味和低过敏性，以及不会引起肠胃胀气的独特性质，使其非常适合作为宠物食品。在爱尔兰，有用米粉制成的面包，它不同于一般面包，不仅样式各异，而且松软可口。美国也有大米面包的开发，因为美国约有2%的人不适应小麦中的谷朊蛋白。除此之外，大米蛋白还有在日化行业中的应用，如用于洗发水，作为天然发泡剂和增稠剂。

(一)高蛋白米粉

高蛋白米粉蛋白质含量高达28%，是婴幼儿、患者和老年人的营养食品。高蛋白米粉中只含有麦芽糖而无乳糖，用高蛋白米粉制成的食品，更容易被婴幼儿吸收利用。

碎米生产高蛋白米粉是利用α-淀粉酶酶解淀粉的性质，除去碎米中的部分淀粉，得到蛋白质含量高的米粉，生产工艺如下：碎米→粉碎→调浆→淀粉酶水解→分离→干燥→高蛋白米粉。

淀粉酶解分离后得到的上清液是糊精、麦芽糖和葡萄糖的混合物，可进一步制取饮料或葡萄糖、高果葡糖、麦芽糊精等。

(二)米渣生产发泡粉

米渣是以大米为原料的味精厂、葡萄糖厂、酒厂、麦芽糊精厂等在利用完大米淀粉之后的副产物。米渣中主要含有的成分是蛋白质和碳水化合物，蛋白质含量约为35%，是大米的5倍，是良好的蛋白质资源。米渣中的蛋白质主要由胚乳蛋白、清蛋白(4%~9%)、盐溶性球蛋白(10%~11%)、醇溶性谷蛋白(3%)和碱溶性谷蛋白(66%~78%)组成。米渣作为饲料处理，经济价值低。若以米渣为原料制取蛋白发泡粉，其成本低，且工艺简单。蛋白发泡粉作为食品添加剂，应用在糕点、糖果、冰淇淋等生产中有助于制品膨松，提高制品的口感。米蛋白发泡粉还可用作灭火发泡剂。国内对蛋白发泡粉的需求量每年约为4000t，而国内可提供量约为1000t，每年需要大量进口。传统使用的蛋白发泡粉多用鸡蛋蛋白干作原料，每15t鸡蛋只能制取1t发泡剂，价格昂贵。已有报道介绍用豆粕、奶酪、脱脂棉籽粕生产蛋白发泡粉，但由于工艺条件复杂，生产成本高而无法大规模进行工业化生产和推广。

味精厂下脚料米渣生产发泡粉是采用碱法或酶法将米渣浆中的蛋白溶解出,再浓缩干燥而成。具体工艺如下:米渣→打浆→碱溶解→过滤→(上清液)浓缩→干燥→发泡粉。

(三)大米生物活性肽

天然食用蛋白质是人体所必需的一种重要营养素,其不仅提供人体合成新蛋白质必需的氨基酸及能量,还具有另外一个特殊生理机能,即食用蛋白质第三功能(edible protein tertiary function):食用蛋白经不完全酶解后能产生若干个氨基酸残基相连的低聚肽,这些肽经消化道酶作用后并不被分解为游离氨基酸,而是直接以肽的形式被机体吸收,且具备产生它的蛋白质和组成它的氨基酸所不具备的特殊生理功能。这类肽被称为生物活性肽(biological active peptides,BAP),简称活性肽。目前,已从食用蛋白质的不完全水解物中获得了各种活性肽,如降血压肽、抗氧化肽、抗菌肽和免疫调节肽等。活性肽的研究已成为保健食品研究开发的热点。

大米蛋白因具有高营养价值和低过敏性等优点,受到越来越多的关注。特别是近年来随着大米淀粉糖产业的不断发展和壮大,作为该产业副产物的大米渣,其产量也不断提高。大米渣中蛋白质的含量高达40%以上,也被称为大米蛋白渣,是一种非常优质的蛋白质资源,但以往却被作为饲料蛋白廉价销售,没能充分体现其应用价值。以大米蛋白渣为原料来制备大米生物活性肽,可以使这一资源得到充分的开发利用,延长大米加工产业链,提高其附加值。

目前,已发现的大米活性肽有抗氧化肽、降血压肽、风味肽、免疫调节肽等。这些生物活性肽对人体具有非常重要的不可替代的调节作用,这种作用几乎涉及人体的所有生理活动。研究发现,一些调节人体生理机能肽的缺乏,会导致人体机能的转变。因此,在以营养学为基础的食物结构调整以满足人体必需的氨基酸需要的同时,适当补充活性肽对促进体质增强,增强防病、抗病能力,延缓衰老都具有深远的意义。

目前,获得生物活性肽的方法主要有以下几种:①从生物体中分离提取天然活性肽;②通过酸、碱水解蛋白质制取活性肽;③酶法水解蛋白质获得活性肽;④利用化学合成、基因工程等方法制取活性肽。生物体中天然活性肽含量较少,且提取难度大,不能满足大规模的需求;化学合成法所得活性肽,具有成本高和副产物对人体有害的特点;而采用适当的蛋白酶水解蛋白质,可获得大量的具有多种生物功能的活性肽,而且其成本低、安全性较好、便于工业化生产。

酶解法制备生物活性肽吸引了国内外众多研究者的关注,目前的研究表明,酶解产物的活性受原料及其预处理方法、所用蛋白酶种类、蛋白水解度(degree of hydrolysis,DH)等多种因素的影响。以米渣为原料制备多肽时,一般要通过适当的水洗工艺来去除米渣中的糖分、脂肪和微生物等杂质;以早籼米、碎米等为原料时,要通过碱溶酸沉法提取大米蛋白;酶解前对原料进行超微粉碎可提高多肽的得率。常见的蛋白酶有中性蛋白酶、酸性蛋白酶、碱性蛋白酶、木瓜蛋白酶、风味蛋白酶等,不同蛋白酶的水解能力不同,水解位点不同,所得活性肽也有较大区别。关于水解度(DH),并非水解度越大,所得多肽活性越高,例如,采用中性蛋白酶水解大米蛋白制备抗氧化肽时的最适水解度为 13 左右，一般认为水解不足或水解过度都会影响所得多肽的活性。

1. 大米抗氧化肽

自 1956 年英国科学家 Harman 提出了自由基理论之后，人们发现机体的衰老、肿瘤以及其他的一些疾病与自由基代谢失调和氧化反应损伤有关。因此在人们的日常膳食中，将抗氧化剂作为食品添加剂使用可以降低自由基对人体的危害，减少脂质过氧化反应对人体造成的损伤。目前食品行业使用量较大的是化学合成的抗氧化剂，因它具有明显的毒副作用，人们开始将目光转向天然抗氧化剂的研究。抗氧化肽是一种优良的天然抗氧化剂，目前研究较多的抗氧化肽主要有存在于生物体内的抗氧化肽和动、植物蛋白源的抗氧化肽等。由于含量较低且提取困难，存在于生物体内的抗氧化肽不可能满足人类大规模的需求，因此，酶法水解动植物蛋白生产抗氧化肽是目前生产抗氧化肽的首选方法。

由于所选用的大米原料及处理方式不同，水解时所用蛋白酶种类不同等多种因素的影响，目前，大米抗氧化肽的生产工艺也不相同。下面介绍一种以米渣蛋白为原料，采用中性蛋白酶水解大米蛋白生产抗氧化肽的生产工艺。

1) 工艺流程

中性蛋白酶
↓

米渣→水洗除杂→制备大米蛋白悬浊液→调节pH →调节温度→酶解→灭酶→离心分离→上清液→真空浓缩→冷冻干燥→大米抗氧化肽

2) 操作要点

a. 水洗除杂

水洗可除去米渣中的大部分糖分及脂肪。水洗时液固质量比应控制在 $(7:1) \sim (9:1)$，温度 $70 \sim 80℃$，时间 $30 \sim 40\text{min}$，水洗两次。水洗后米渣蛋白的含量可达 80% 左右。

b. 大米蛋白悬浊液的制备

用去离子水配制大米蛋白悬浊液，浓度为 $5 \sim 8\text{g}$ 干米渣蛋白粉/100mL 悬浊液。

c. 调节温度和 pH

将大米蛋白悬浊液的温度和 pH 分别调节到所用中性蛋白酶的最适温度和 pH，一般为 $35 \sim 42℃$，pH 中性。

d. 添加中性蛋白酶

按照 5000U/g 干米渣蛋白粉的量添加中性蛋白酶，混匀后在已调节好的温度和 pH 条件下反应 $3.5 \sim 4\text{h}$，使水解度达到 10% $\sim$ 14% 为宜。

e. 灭酶

酶解反应结束后，85℃灭酶 10min，冷却后 5000r/min 离心 15min，上清液即为大米肽液。

f. 浓缩、干燥

上清液经真空浓缩和冷冻干燥，即得大米抗氧化肽。

与大米蛋白相比，所制得的大米抗氧化肽的溶解度大大提高，可达 80% 以上，同时黏度大大降低，非常有利于在食品及保健品中添加使用。该产品具有较强的清除羟自由基($\cdot$OH)和超氧阴离子自由基($O_2^- \cdot$)的能力，对双氧水诱导的小鼠红细胞溶血的抑制率可高达 80%以上。

3)大米抗氧化肽的应用

a. 在食品中的应用

由于大米抗氧化肽具有抗氧化性、低过敏性和营养性等优良性能，将其作为一种抗氧化剂添加到食品中，不仅能预防脂类物质的氧化，还能改善食品的质构、口感，改进食品的品质，增强稳定性，延长货架期。例如，大米抗氧化肽可添加到婴幼儿配方奶粉中，不仅可防止奶粉氧化变质，而且作为一种重要的植物蛋白来源，有益于婴幼儿营养吸收，促进婴幼儿生长、发育。还可作为一种天然抗氧化剂添加到保健食品，如卵磷脂中，防止卵磷脂氧化。另外，大米抗氧化肽本身可制成胶囊或口服液等制品，用于清除人体中的自由基，具有解毒、延缓衰老、减轻疲劳等多种保健功能。

b. 在化妆品中的应用

皮肤的老化、粗糙、色斑等问题，都与皮肤氧化有关。大米抗氧化肽作为一种安全的抗氧化剂，可添加到护肤霜、面膜、唇膏等多种护肤品中，起到嫩肤淡斑的效果，同时可以防止化妆品中脂质成分的氧化。

2. 大米 ACE 抑制肽

高血压是一种以动脉收缩压或舒张压增高为特征的临床综合征，并会引起心脏、血管、脑和肾脏等器官功能性或器质性改变。血管紧张素转化酶(angiotensin converting enzyme，ACE)是广泛存在于人体组织及血浆中的一种酶，它在血压调节方面有很重要的作用。血管紧张素转换酶抑制剂(angiotensin converting enzyme inhibitor，ACEI)是通过竞争性抑制血管紧张素转换酶而发挥作用的一类药物。其降压作用主要通过抑制血管紧张素转换酶，阻止血液及组织中血管紧张素Ⅱ的形成而实现。血管紧张素Ⅱ是体内最强的缩血管物质，且能促进醛固酮分泌，导致水、钠潴留及促进细胞肥大、增生，与高血压及心肌肥厚等疾病的形成具有密切关系。

1977 年，Cushma 等提出了一个有关降压肽作用的模型假说，后来许多研究学者都以该模型来解释降压肽的作用机理。ACE 抑制肽是一类具有 ACE 抑制活性的多肽物质，属于竞争性抑制剂，它在人体肾素-血管紧张素系统(renin angiotensin system，RAS)和激肽释放酶-激肽系统(kallikrein-kinin system，KKS)中对机体血压和心血管功能起着调节作用。RAS 和 KKS 的平衡协调对维持正常的血压有重要的作用。ACE 在这两种系统中具有非常重要的作用，当 ACE 活性升高时会破坏正常体液中升压和降压体系的平衡，使得血管紧张素Ⅱ生成过多、体系中扩张血管物质缓激肽和前列腺素合成减少，导致血压升高。因此，抑制 ACE 的活性对降低血压有着很重要的作用。

ACE 抑制肽是一类能够降低人体血压的小分子多肽物质，它可以通过抑制 RAS 系统中的 ACE 血管紧张素转换酶的活性而降低血压。自 1965 年 Ferreirra 首次从巴西蝮蛇毒液中分离提取出 ACE 抑制肽以来，人们现已从不同的动植物蛋白资源中提取并分离出 ACE 抑制肽。目前 ACE 抑制肽的食物来源，主要有天然提取 ACE 抑制肽、乳源蛋白、发酵食品及动植物蛋白。

天然 ACE 抑制肽是直接从天然物质中分离提取而得到的一类具有抑制 ACE 活性的

多肽类物质。Suetsuna 分离提取出大蒜中具有 ACE 抑制活性的肽类物质，进一步分离纯化获得 7 种具有 ACE 抑制活性的二肽，且均具有降血压的作用。

Saito 等通过对清酒和清酒酒糟的研究，结果分离和鉴别了多种 ACE 抑制肽，这些抑制肽含较少的氨基酸残基且 C 端为 Tyr 或 Trp 残基。

自发现可以通过蛋白酶水解蛋白质的方式获得具有 ACE 抑制活性的肽之后，人们也开始关注用动植物原料蛋白质经处理后获得 ACE 抑制活性肽的研究。目前对大豆蛋白源制备大豆 ACE 抑制肽的研究较为深入。在 1995 年，Shin 等利用韩国豆酱分离提取出大豆 ACE 抑制肽，其半抑制浓度 IC_{50} 值为 2.2μg/mL，具有较好的降压效果。Zealk 等分离大豆蛋白肽中具有较强 ACE 抑制活性的片段并确定了氨基酸序列，通过体内实验测定，所得肽具有较强的抗高血压的活性。Miyoshi 等利用嗜热菌蛋白酶水解玉米醇溶蛋白，获得一种具有降低血压作用的活性肽，由此开发出一种可作为功能食品使用的玉米多肽混合物"缩酸"。Wu 等以脱脂的芸苔水解物先经过交联葡聚糖凝胶 G-15 进行分离，接着将其中的高活性组分经高效液相色谱法纯化，得到两种降压肽 Val-Ser-Val 和 Phe-Leu，其 IC_{50} 分别为 0.15μg/mL 和 1.33μg/mL。在 2001 年，Arihara 等采用 8 种蛋白酶酶解猪骨骼肌蛋白制备 ACE 抑制肽，通过比较得出嗜热菌蛋白酶的水解产物对 ACE 的抑制效果最好，测定其氨基酸序列为 Pro-Pro-Lys、Met-Asn 和 Ile-Thr-Thr-Asn-Pro。此外，人们还从海水鲤鱼、金枪鱼、南极磷虾中发现了具有降压效果很强的 ACE 抑制肽。

1）工艺流程

碎米或米渣→提取米蛋白→粉碎→制备大米蛋白悬浊液→调节 pH→调节温度→蛋白酶酶解→灭酶→离心过滤→真空冷冻干燥→ACE 抑制肽

2）操作要点

（1）原料及其处理。选用碎米为原料时，首先，需进行米蛋白的提出，可采用碱溶酸沉法来提取大米蛋白。选用米渣为原料时，原料需要首先经过水洗除杂。

（2）粉碎可改善米蛋白的溶解性能，有利于酶解的进行。

（3）大米蛋白悬浊液的制备。按照料液比为 3～5g 干米蛋白粉/100mL 去离子水的比例配制蛋白悬浊液。

（4）将大米蛋白悬浊液的温度和pH调节到所用蛋白酶的最适作用温度和pH条件下。例如，选用风味蛋白酶时，温度应控制在 50℃，pH 7.0。应适当控制酶的添加量和酶解时间，确保水解有利于产生高活性的 ACE 抑制肽。

（5）灭酶。酶解完成后，升温至 90～95℃，保持 10min，已达到灭酶效果。

（6）离心过滤。3000r/min 条件下离心 10min，收集上清液。

（7）浓缩、干燥。上清液经真空浓缩、冷冻干燥，得到 ACE 抑制肽干粉制品。

3）大米 ACE 抑制肽的应用

通常，用于治疗高血压的药物都具有一定的副作用，经常服用会对患者的肾脏、心脏、胃肠等器官造成不良影响。而大米 ACE 抑制肽却无任何毒副作用，同时，大米多肽对血压的降低作用比较缓慢，降压效果平缓，且持续时间较长。而目前大米 ACE 抑制肽的质量和稳定性还有待进一步提高，因此，进一步研究和优化大米 ACE 抑制肽的生产工艺，优化其生产技术、提高产品质量，将是一个值得继续研究的课题。

五、碎米制备传统食品

大米常见的食用方式除了米饭和米粥之外，还有一些大米加工制品，如米粉、米糕等。这些制品一般要求对大米进行粉碎，为了降低成本，可以考虑直接利用碎米。由于米粉产量高，市场潜力大，作为一种重要的大米加工食品，米粉以其方便快捷、营养合理、口味丰富等特点成为我国南方地区餐饮业的重要组成部分，在世界许多地区也可品尝到不同风味的米粉。国外对米粉的应用较多：日本食品公司以米粉为原料制成用于肉类加工的添加剂，可提高肉汁和水分含量，增加产品的柔软性和强化制品的风味、色泽等品质指标。这种添加剂主要应用于瘦肉质的肉品、炖焖类制品及鸡肉产品的加工中；加拿大开发大米软状产品，其中米原料占87%，还以米粉代替小麦粉制面条、通心粉，有优良的吸附各种香气的性能，比用小麦粉原料的产品油脂及热量低、钠含量低，不含谷朊。美国农业部南部研究中心研究开发的改性米淀粉新产品"Ricemic"，是以大米粉为原料，先分离蛋白质，再经加热和酶处理工艺加工成100%延缓消化、50%加快消化和50%延迟消化的改性米淀粉制品。国外的面包除用面粉制作之外，还有用面粉-米粉做成的，甚至是用全米粉做成的。用米粉做面包不但丰富了面包品种，而且扩大了米的用途，提高了米的利用率。同时还为某些特殊的患者带来了好处，如对吃面粉面包有消化道过敏的人，可提供低蛋白质膳食。应用米粉生产的面包，目前在我国尚未有研究报道或作为商品出售。大米是我国粮食之一，研究开发米粉面包对提高碎米或次米的利用价值，丰富市场供应商品，满足某些人的特殊需要无疑是很有意义的，同时还有节粮的意义。用米粉加工蛋糕，不仅扩大了大米的应用范围，提高了大米的价值，而且其产品别有一番风味。以碎米粉等为原料，添加到香肠中，不但可以增加香肠的花色品种，而且使香肠脂肪含量减少50%，热量减少40%。大米又起黏着剂作用，赋予香肠米香、保水性、口感好的效果。将碎米磨成米粉，制成大米豆腐，其质量、口感能和黄豆豆腐相媲美，在市场上也有一定的销量。总之，充分利用碎米资源，实现农副产品的加工增值，开发稻米加工新产品，适应不同消费群体的需要，改善和提高稻米食用风味与营养，使之具有良好的社会效益和经济效益。

第三节 米糠综合利用

一、全脂米糠综合利用

(一)全脂米糠的饲用价值

全脂米糠又称米皮糠、洗米糠、细米糠或油糠，是稻谷加工成大米的主要副产物之一。根据出糠率的不同，一般占到糙米重的8%～11%。但受品种、含杂、水分、籽粒饱满度及加工精度等因素的影响，质量差异很大(张子仪，2000)。

从结构组成看，全脂米糠包含了稻谷的果皮、种皮、糊粉层、亚糊粉层、珠心、胚芽和少部分胚乳(Hu et al.，1996)。水稻品种、碾米前预处理方式、碾米工艺等流程和加工精度不同，使得各组分在全脂米糠中所占的比例有很大变异(施传信，2015)。

从化学组成看，全脂米糠含有12%～22%的油脂，11%～17%的粗蛋白质，6%～14%的粗纤维，10%～15%的水分和10%左右的灰分；此外，全脂米糠还含有丰富的维生素、烟酸和铝、钙、氯、铁、镁、锰、磷、钾、钠和锌等矿物元素(Hu et al.，1996)。

从饲用价值看，全脂米糠中的粗蛋白质具有很高的可消化性赖氨酸含量(Kennedy and Burlingame，2003)，同时全脂米糠还是已知的低过敏性蛋白源之一(Tsuji et al.，2001)。全脂米糠中含有约4%的生育酚、生育三烯酚和谷维素等天然抗氧化剂，能够对机体健康起到一定的保护作用(Ju and Vali，2005)，又因其含有丰富的淀粉和油脂而具有良好的适口性(Hu et al.，1996)。

需要说明的是，如果全脂米糠从稻谷籽粒上被剥离下来直接暴露于空气中会渐渐发出异味，这是因为全脂米糠中含有一系列脂肪水解酶，将其所含游离脂肪酸水解酸败。全脂米糠中抗营养因子还有胰蛋白酶抑制因子、血细胞凝集素和植酸磷等。目前，消除抗营养因子的方法主要有高温法和物理挤压法，高温法又分高温蒸炒法、高温蒸汽加热法、微波加热法和电加热法；物理挤压法是指用高温高压钝化全脂米糠内源酶以达到稳定化的方法，如将全脂米糠送入专门的高温高压挤压机中，使温度升到125～130℃持续数秒而后温度降至97～99℃持续3min使内源酶钝化。无论是高温法还是挤压法都需要消耗大量的能源，并且处理不当会导致全脂米糠中的维生素和氨基酸遭到一定程度破坏(施传信，2015)。

(二) 全脂米糠在畜牧业中的应用

全脂米糠中粗蛋白质含量较高，氨基酸的含量与一般谷物相似或稍高于谷物，且脂肪含量较高，粗脂肪含量高达12%～22%，脂肪酸组成中多为不饱和脂肪酸(Hu et al.，1996)。粗纤维含量也较高，使得全脂米糠质地疏松，容重较轻。但全脂米糠中无氮浸出物含量不高，一般在50%以下。全脂米糠中有效能较高，如消化能(猪)为12.64MJ/kg，代谢能(鸡)为11.21MJ/kg，产奶净能(奶牛)为7.61MJ/kg。所含矿物质中钙少(0.07%)磷多(1.43%)，钙磷比例极不平衡，所含的磷中80%以上为植酸磷。B族维生素和维生素E丰富，如维生素B_1、维生素B_5和泛酸含量分别为19.6mg/kg、303.0mg/kg和25.8mg/kg。目前，我国尚无现行可用的饲料用米糠国家标准，旧版本标准颁布于1989年。

全脂米糠可以在肉鸡日粮中应用，但适宜添加量在不同文献中报道不一致。Steyaert等(1989)认为新鲜全脂米糠在家禽日粮中可以添加到30%，Das和Ghosh(2000)报道全脂米糠在肉鸡日粮中可以添加到15%。Farrell(1994)报道肉鸡日粮中全脂米糠添加量超过20%将会影响生长性能，且幼禽对全脂米糠的代谢能比成年家禽低28%～35%，原因可能是幼禽对全脂米糠中油脂的消化率低于成年家禽。Mujahid等(2004)发现当日粮中全脂米糠添加水平为10%～15%时，肉仔鸡生长性能随全脂米糠添加量的增加而下降，而通过高温挤压的办法预处理全脂米糠则可以增加肉仔鸡的生长性能。

全脂米糠适于用作牛、羊、马和兔等动物的饲料，用量可达20%～30%。Darley等(2012)用小尾绵羊为试验动物，将全脂米糠分别与大象草和甘蔗配伍作为能量原料进行双因子比较屠宰试验，发现全脂米糠可以用作小尾绵羊的饲料原料，但采食量和营养物质消化率均低于玉米日粮对照组。郑晓中等(1998)选用三头装有永久瘤胃瘘管的阉牛为试验动物，研究了阉牛对全脂米糠的耐受性，结果发现饲喂全脂米糠日粮使瘤胃液氨氮浓度比饲喂常规日粮显著降低，对瘤胃液 pH、己酸与丙酸比值及总挥发性脂肪酸含量的影响与对照组相比均无显著差异，表明全脂米糠对瘤胃发酵特性没有明显影响，可以在牛饲料中大量使用。

因全脂米糠含有较高的膳食纤维和可提供鱼类所需的必需脂肪酸和维生素(全脂米糠中肌醇丰富，肌醇是鱼类的重要维生素)等，是鱼类尤其是草食性鱼类饲粮的重要饲料原料。韩庆炜等(2011)以 Cr_2O_3 为指示剂，以初始体重为 30g±2.3g 的鲈鱼为试验动物，用替代法研究鲈鱼对全脂米糠中干物质、粗蛋白质和能量的表观消化率。结果发现鲈鱼对全脂米糠中粗蛋白质表观消化率可达98%以上。姜光明(2009)用相似的方法研究了异育银鲫对全脂米糠中营养物质的消化率，发现异育银鲫对全脂米糠粗脂肪表观消化率可达78%。

(三)生长猪对全脂米糖能量利用率的影响

目前，国内外关于全脂米糠在生长猪日粮中适宜添加水平的报道并不一致。Chris等(1985)报道，在基础日粮中添加30%全脂米糠能够改善生长猪的生长性能，但研究同时表明在基础日粮中添加全脂米糠超过20%会影响饲料转化效率。Yadav 和 Gupta(1995)认为，日粮中添加高水平全脂米糠可增加粪氮的排出以至于使试验猪出现负氮平衡，因此日粮粗蛋白质消化率随着日粮中全脂米糠水平的增加而下降。Soren 等(2004)以小母猪为试验动物，配制玉米小麦麸全脂米糠型日粮，全脂米糠添加水平分别为 0%、41%和82%，结果显示全脂米糠的消化能和代谢能随着添加水平的增加而减小，而印度土著小母猪能耐受的全脂米糠添加量为41%。Robles 和 Ewan(1982)用出生龄为28d 的仔猪分为三个处理组进行消化代谢试验和比较屠宰试验，在每天各饲喂 3%体重的玉米-豆粕型基础日粮的基础上，三个处理组分别加喂 0%、1%和 2%试验猪体重的全脂米糠，结果显示，日增重随着全脂米糠饲喂水平的提高而增加，日粮消化能、代谢能和净能均随着全脂米糠饲喂水平的提高而线性降低。Chae 和 Lee(2002)报道生长猪采食含 20%全脂米糠的日粮时生长速度快于同等添加水平的脱脂米糠粕组。

关于酸败全脂米糠对生长猪生长性能影响方面的报道比较少见，Xu(1994)曾报道饲喂新鲜和已经酸败的全脂米糠的生长猪生长性能差异不显著。

国内外关于饲料中添加不同比例全脂米糠所得生长猪的有效能值结果不尽相同，一方面原因可能是各国全脂米糠的质量差异较大；另一方面原因可能是不同试验研究所用试验猪的品种、体重和胎次不同等。

二、米糠制备米糠油

(一)米糠油概述

我国是世界上最大的稻米生产国和消费国，年产量约为 2 亿 t。米糠是大米加工过程中的重要副产物，为糙米碾白时分离出来的糠层和胚芽的混合物。米糠虽然在质量上只占稻谷的 6%～8%，但却占有稻谷 64%的重要营养成分。米糠中含有 34%～62%的淀粉、15%～22%的油脂、11%～15%的蛋白质、24%～29%的膳食纤维、6.6%～9.9%的矿物质。此外，米糠中还含有生育酚、生育三烯酚、γ-谷维素、角鲨烯、植酸等多种天然生物活性物质，这些成分具有抗肿瘤、降血糖、降血脂、降胆固醇等功能(谢莹，2013)。因此，米糠是一种极具开发潜力的高附加值资源。

米糠的含油量为 20%左右，这可与大豆的含油量相媲美。如果以每年 2 亿 t 稻米产量计算，出糠率为 7%，每年米糠产量则为 1400 万 t，出油率按 15%计，则每年米糠油的理论产量为 210 万 t。并且米糠原料不需另外占用土地或花费专门的人力物力种植，这是其他油料作物无可比拟的优势(汪家铭，2000)。因此，米糠油的发展对我国食用油自给率的提高有重要意义。

米糠油的制取在我国已有 60 多年历史。目前，我国大米加工厂规模小又分布散，米糠收集困难，经过碾磨后的米糠，其中脂肪酶的活性很强，与油脂相互接触，可以很快地将其中的甘油酯分解，产生游离的脂肪酸，使得米糠原料容易变质。而且生产所得的米糠毛油酸价高，米糠油制取和精炼过程中存在许多技术难点，不易制备高级别的食用米糠油，这些因素都制约我国米糠油大规模产业化发展。很多地区仅将米糠作为饲料使用，大部分未被合理利用。虽然近些年来米糠已经成为一种重要的油料资源，但是相较于日本等世界发达国家，我国对米糠油的加工及其综合利用仍然比较落后。据 FAO 预测，2006 年全球对精制米糠油的需求缺口高达 4.5 万 t(程黔，2007)。所以，米糠油会是今后中国生产调和油及功能性油脂的重要油源，米糠油产品在国内及国际市场都将有巨大的市场空间，前景广阔。

(二)米糠油的营养价值

米糠油中含有多种对健康有益的组分。作为一种非传统油脂，米糠油的营养价值超过大豆油、菜籽油等传统食用植物油，米糠油不仅含有较高的不饱和脂肪酸，而且还含有一些其他食用植物油没有的特殊活性成分，此外，食用米糠油不会产生过敏反应，因此米糠油被营养学家誉为"营养保健油"。米糠油能够增加高密度脂蛋白胆固醇含量，降低低密度脂蛋白胆固醇含量，有提高免疫功能、降低血脂、防治动脉硬化、抗癌等维持机体健康的作用(Crevel et al.，2000)。另外，根据曹宝鑫等(2002)的研究，米糠油还具有镇静催眠的功效。在日本、西欧许多国家已将米糠油作为主食油。

1. 脂肪酸组成

米糠油中饱和脂肪酸占 15%～20%，不饱和脂肪酸含量高达 80%以上。亚油酸和亚麻酸被认定为人体代谢的必需脂肪酸，米糠油中亚油酸含量在 29%～42%，油酸含量在 40%～50%，其比例约为 1∶1.1，符合国际卫生组织推荐的油酸和亚油酸比例为 1∶1 的最佳比例。米糠油中亚麻酸含量很低，使得其具有较好的热稳定性。米糠油熔点低、黏度小、能够在口腔里面形成舒适的油膜，人体对它的消化率可达 92%～94%(谢莹，2013)。

米糠油中的不饱和脂肪酸能够减少胆固醇在血管壁上的沉积，从而可以防治高血脂、动脉硬化及心血管等疾病。亚油酸不仅可以促进脂类的代谢、降低胆固醇和预防动脉粥样硬化，还能合成前列腺素前驱体，而前列腺素具有使血管扩张和收缩、神经刺激的传导作用及保护皮肤避免射线引起的损害等。Sierra 等(2005)通过用米糠油和含高油酸的葵花籽油喂饲小鼠的试验发现，米糠油能够起到增强免疫力的作用，并且不饱和脂肪酸成分是主要作用因子。

2. 活性成分及功能

米糠油中不仅脂肪酸组成结构比较完整，而且含有多种生理活性物质。其他品种的油脂中不皂化物含量为 1%～2%，而米糠油的不皂化物总含量可达 4.2%，主要是生育酚和生育三烯酚、γ-谷维素、植物甾醇、植物多酚及角鲨烯等(谢莹，2013)。

1) 谷维素

在诸多植物油料中，以米糠油中谷维素含量最高，所以谷维素大多是从米糠油中提取的。最新研究表明，谷维素能够通过使肠吸收出现障碍、促进胆固醇异化和排泄作用、抑制体内胆固醇合成，从而减少机体肝脏中的胆固醇含量。谷维素还具有防止脂质氧化、降低血液黏度、减少血小板凝聚和缓解疲劳等方面的作用，能够起到降低患冠心病的风险的作用。此外，谷维素能调节神经官能症，促进生长，同时还被用于更年期综合征、血管性头痛等疾病的临床治疗(宋育英等，2004)。

2) 生育酚

米糠油中所含的维生素 E 总量虽然不高，为 90～168mg/100g 油，但其所含的生育三烯酚，特别是 γ-生育三烯酚的含量，高出一般植物油很多。临床实验证明，生育酚能够防止血液中低密度脂蛋白胆固醇的氧化，阻止脂质在血管壁上沉积，提高血液中高密度脂蛋白胆固醇浓度，从而能够降低血清胆固醇、改善动脉粥样硬化及预防心血管疾病。生育酚还有消除自由基、延缓机体衰老、抑制癌细胞生长及调节生育功能等作用(肖友国，2006)。

3) 角鲨烯

角鲨烯分子式为 $C_{30}H_{50}$，是深海鲨鱼肝油的主要成分，但在植物中也分布广泛，更多地分布在植物油中。米糠油中角鲨烯的含量接近橄榄油，高出其他植物油，一般在300mg/100g 油以上(殷隼，2002)。角鲨烯是生物体代谢中不可缺少的物质，能生化合成胆甾醇，再从胆甾醇中生化合成肾上腺皮质激素、性激素，从而调节人体新陈代谢过程。研究表明，角鲨烯在血液中输送活性氧的能力很强，能抵抗紫外线伤害，还能促进胆汁分泌，强化肝功能，增进食欲(吴素萍，2007)。

4) 甾醇

米糠油中的植物甾醇含量为 1%～3%，属于天然活性物质，主要有谷甾醇、菜油甾醇和豆甾醇，其中的豆甾醇具有抗炎和消炎特性，可直接用作抗炎药物的成分。植物甾醇可用于合成调节水、蛋白质和盐代谢的甾类激素，植物甾醇已应用于治疗心血管疾病、皮肤鳞癌和顽固性溃疡药物中，正在做临床试验。植物甾醇还因其具有良好的抗氧化性，可作为食品抗氧化剂及营养添加剂，还在印刷、纺织、化妆品等领域有广泛用途(Kevin et al.，2001)。

（三）米糠油制取工艺

1. 米糠的保鲜技术

经过碾磨后的米糠，其中脂肪酶的活性很强，与油脂相互接触，可以很快地将其中的甘油酯分解，产生游离的脂肪酸，米糠的酸价在刚碾磨之后的短时间内迅速上升。米糠中夹杂的害虫和微生物也会加快米糠中油脂质量的变化，这使得米糠作为原料制取的米糠油的品质变差。而我国的米糠资源分布散而广，很难短时间集中在一起进行制油生产。这些也成为制约米糠油生产的瓶颈。因此要制得质量较好的米糠油就应从米糠保鲜开始。国内外报道研究米糠稳定方法主要有挤压法、化学稳定法、湿热法和微波法等（谢莹，2013）。

化学稳定法是用化学试剂改变脂肪酶存在环境中的 pH，使脂肪酶达不到最适 pH，抑制了脂肪酶的活性，从而使米糠达到一种稳定的状态。Prabhakar 和 Venkatesh（1986）使用盐酸对米糠进行稳定，目前研究的化学试剂有乙酸、氯化氢、乙醇和 SO_2 等，但是化学稳定法添加的化学物质会进入糠粕和糠油中，对米糠油的精炼和糠粕的综合利用产生影响，并且此法的灭酶效果不是很理想。辐射处理从 1960 年就开始有人研究，但稳定化效果不是很好，且有很多技术上的限制，工艺条件难于掌握和操作。桂小华等（2008）则用酶法进行米糠稳定化，此法选用的木瓜蛋白酶，蛋白酶添加进去后能够催化脂肪酶本身发生水解反应，从而起到稳定米糠的作用。使用木瓜蛋白酶处理好的米糠保存两个月后，酸价仅为 25.23mg KOH/g。酶制剂成本高，会降低米糠稳定化过程中的经济效益，所以此法虽然稳定化效果好，但是未被常规采用。

湿热法稳定化的效果良好，但是米糠粉末度大，不适用于浸提法，且高温会对米糠油的色泽产生不利影响。而挤压法处理后的米糠原料稳定化效果较好，并且制成的米糠原料多空隙，利于后期的溶剂浸提。刘宜锋（2010）通过实验发现，采用挤压法稳定米糠，最佳因素水平为挤压温度为 130℃，米糠水分含量为 14%，处理时间为 20s，得到米糠酸价为 6.07mg KOH/g，米糠油提取率为 86.1%；如果同时添加维生素 E 则对减缓米糠酸价的升高有显著作用。低温储藏法是利用脂肪酶在低温下活性被抑制的原理稳定化米糠，一般是将米糠放置于 0℃左右，稳定化效果好。但是以上两种稳定法设备较为昂贵，需要较大的投资，操作和维护的费用也较高。

而微波法中微波能够深入物料内部，使物料整体同时加热，加热速度快，所需时间短，加热均匀。微波对物料的加热还具有选择性，不仅米糠加热方面的热损耗少，热转换效率高、节能，而且微波加热的热惯性小，稳定化过程易于控制。同时，微波法对米糠稳定化的效果与低温储藏法、挤压法几乎是等同的。基于以上优势特点，微波法米糠稳定化的应用具有广阔前景。在对微波稳定法的研究过程中，杨进等（2003）研究表明：米糠经微波处理后放入 33℃±2℃恒温箱储藏，6 周内游离脂肪酸的增长率在 12%以下。

2. 米糠油的制取工艺

1）机械压榨法

目前油脂企业主要采用螺旋榨油机进行压榨制油。此法具有适应性强、工艺简单、设备和技术要求低、操作方便、生产成本低及安全等特点，但其出油率不高，只有 8%～10%，而干饼残油率却高达 7%～8%。

压榨法操作过程中首先需要进行蒸坯，这个步骤能使米糠中的粗纤维软化，蛋白质凝聚，细胞破裂，细小油滴聚集成较大的油滴，容易榨出。然后经过炒坯使料坯水分降低，以利于出油。米糠通过蒸炒在一定程度上还能够抑制酶活性，使制得的米糠油酸值相对较低。压榨好的毛油需经过精炼方能食用。

2) 有机溶剂浸出法

有机溶剂浸出法的出油率可达 12%～15%，残油率仅有 1.5%～2%，劳动强度低，生产效率高，且有机溶剂可回收循环使用，但是溶剂浸出法提取温度高、提取时间较长，易造成热不稳定及易氧化成分的破坏与挥发损失。

目前应用于米糠油浸出工艺的溶剂主要是正己烷。而正己烷已被列为空气污染物，并且近些年来有科学研究认定正己烷会损伤中枢神经系统及运动神经细胞。因此重新选择溶剂，已成为油脂工业技术革新的焦点之一。异丙醇作为新的浸出溶剂进入了人们的视线，它可以避免由正己烷引起的上述问题。

Proctor 和 Browen(1996)应用己烷、异丙醇作为溶剂在室温下平衡浸出米糠，对出油率及浸出油脂的氧化稳定性进行了研究。结果表明：异丙醇浸出米糠油收率与己烷相同，并且浸出的油脂的稳定性高于己烷浸出的油。因此，异丙醇作为取代己烷浸出溶剂具有许多优越性。张绪霞和许丽娜(2007)通过试验得出异丙醇提油率可达 89.46%，高于正己烷浸提的结果，而且浸出油的稳定性也高于正己烷浸出油。

3) 室温快速平衡浸出法

正己烷在高温下易挥发，会对生产有危害。而室温快速平衡浸出法是在室温条件下，用有机溶剂浸提米糠油，采用适当的米糠数量和浸出溶剂体积比，使浸提过程能在极短时间内快速达到平衡状态，得到较高提油率。Proctor 等(1994)研究了米糠油在室温条件下快速平衡浸出法。研究表明，1min 内浸出 90%的油脂，延长浸出时间或者快速达到平衡 10min 后，油脂产率增加都很少，其效果可与 CO_2 超临界流体浸出米糠相比。快速平衡浸出法油脂得率达到 90%～97%。

4) 超临界二氧化碳萃取技术

超临界流体萃取技术作为新型分离技术，已成为国际上备受关注的高新科技之一。超临界流体是指在临界温度和临界压力以上的流体，物理性质介于液体和气体之间，因此既有与气体相当的高渗透能力和低黏度，又具有与液体相近的密度和对物质优良的溶解能力。最常用的超临界流体是 CO_2，因其价格低、无毒、无害和无污染，在食品、医药等领域有着广阔的前景，尤其适用于生物活性、热敏性物质的分离提取。超临界 CO_2 对某些物质具有特殊溶解作用，利用压力和温度对超临界 CO_2 溶解能力的影响，使其有选择性地把极性大小、沸点高低和分子量大小不同的成分依次萃取出来。

研究认为，高压下所制得油脂的色泽较浅，提取的组分中蜡、不皂化物和游离脂肪酸的含量极少，铁及磷的量也极少，但米糠油中甾醇的含量会随着压力和温度的升高而增加，以至于提取出油的氧化稳定性差。超临界 CO_2 萃取技术用于浸提米糠油具有广泛的应用前景，但由于设备投资昂贵，其应用受到限制，目前工业化生产较难实现。

张艳荣等(2009)进行了单因素和正交试验,优化后超临界流体萃取工艺的米糠油提取量为17.53g/100g,相对提取率为85.93%。同样,Kuk和Dowd(1998)对利用此技术从米糠中提取米糠油进行了研究。其出油率达到19.2%～20.4%,比正己烷浸出法出油率高出93.6%以上。研究表明,在温度100℃、压力62.1MPa的条件下,米糠油的产率达到最大。

5)水溶液浸出法

水溶液浸出工艺是指应用水溶液从含油物中浸出脂肪的工艺过程。浸出溶剂一般是酸性或碱性溶液,在浸出过程中,能够将脂质、碳水化合物、蛋白质等成分从含油物中除去。水溶剂浸出工艺虽然能够解决有机溶剂残留的问题,制取出的米糠油色泽较浅,且可提高油脂品质,但油脂浸出率低,油脂易乳化,需要破乳工序分离油脂等则是水溶液浸出工艺所局限的。Hanmoungijai和Pyle(2000)研究了此法,得到的油脂产量高,游离脂肪酸含量低,但是油脂的过氧化值却较高。

6)水酶法浸出技术

水酶法浸出技术是用水和酶混合溶液从细胞中浸提油脂的一种新型制油技术。油脂存在于细胞器官中,只有将油料组织的细胞结构及油脂复合体破坏,才能提取出其中的油脂。采用对油料组织有降解作用的酶处理油料,能破坏细胞壁,有利于油脂从油脂脂体中释放,从而达到制取并提高出油率的作用。

Sengupta等(1996)和Hanmoungijai等(2001)研究了酶法从米糠中提取油脂和优质粕的一种新的提油工艺,利用纤维素酶、果胶酶等破坏油料作物的细胞壁,使植物细胞内的油等内含物在温和的反应条件下释放出来,从而提高油脂提取率。Sharma等(2001)也研究了此法,认为淀粉酶、纤维素酶和蛋白酶一起协同作用浸提米糠油,能够得到很好的效果。

杨慧萍等(2004)采用纤维素酶、淀粉酶和蛋白酶提取米糠油,米糠油得率为85.76%。而郭梅等(2008)先用果胶酶和纤维素酶进行酶解处理,然后再用正己烷浸提米糠油。此法米糠油提取率为92.56%,比单独使用酶法提取法提油率高了7.9%,比单独溶剂浸提法提油率高了31.9%。虽然酶法制取米糠油的提油率高且油脂品质好,但酶制剂成本高等限制了水酶法制油技术的发展。

(四)米糠油精炼技术

米糠容易酸败,浸出米糠毛油存在酸值高、色泽深、杂质多的品质特点,使得米糠油的精炼过程和工艺比较复杂。米糠油精炼的主要步骤包括脱胶、脱蜡、脱酸、脱色和脱臭。

1. 脱胶

脱胶过程就是为了脱除米糠毛油中的胶体杂质。胶体杂质能够吸湿水解,会影响油脂稳定性。胶体杂质是热敏性物质,加热过程中会起泡,如脱除不完全会加重脱色的负担,增加白土的消耗,使油脂脱臭后回色,严重时还会造成设备结焦产生黑褐色物质,影响油脂的品质。因此以磷脂为主的胶体彻底脱除在米糠油精炼过程中尤为重要,毛油脱胶、除杂可减轻碱炼时脱磷的负担。

毛糠油脱胶方法主要有水化脱胶、酸炼脱胶、吸附脱胶、超脱胶和全脱胶等。酶催化脱胶、同时脱胶脱蜡、膜技术脱胶以其减少精炼损耗、降低成品油色泽等优点引起了人们更多的关注。但现在膜技术还不完善，酶制剂成本昂贵等因素，使得这些高新技术还在研究阶段，并未应用于生产。

目前油脂工业上应用最为普遍的是水化脱胶和酸炼脱胶。雷筱芬(2010)应用中温酸式脱胶工艺得到良好脱胶效果。而罗晓岚和朱文鑫(2009)则采用草酸脱胶工艺进行脱胶，发现此法不仅能有效脱除胶杂，还能辅助脱色。这样就能够减少后续脱色过程中活性白土的用量，提高物理脱酸过程中的热脱色能力。王永华等(2004)将新型磷脂酶 A1 用于米糠油脱胶，得到脱胶油的含磷量降至 25mg/kg 左右。

2. 脱蜡

脱蜡是脱除油脂中蜡质的工艺方法。绝大多数油脂含蜡极微，但米糠油蜡质含量非常高，在 1%～5%，蜡质难以脱除就会影响油的透明度和口味。因此脱蜡可以提高油脂透明度和烟点，能提高人体对油脂的消化吸收率，改善油脂的风味及适口性。各种脱蜡方法的基本原理均是冷冻结晶与分离，区别仅是采取的辅助手段不同。

根据罗淑年等(2007)富含谷维素米糠油精炼方法的研究可知：前脱蜡物理精炼米糠油工艺与后脱蜡工艺相比较，不仅能尽可能多地保留谷维素，还能提高成品油的得率。脱蜡温度应控制在蜡的凝固点以下，但也不能太低。因为温度太低油脂黏度增大，油、蜡难以分离，且部分固脂析出，会增大损耗。

在传统的脱蜡工艺中，油脂先加热到 90℃，破坏存在的晶体核，在搅拌下冷却到 20℃，然后熟化 4h 以上，分散的晶体用离心分离机分离。Haraldsson(1983)报道，对含有皂脚的精炼油进行低温保存，然后离心分离，也可获得脱蜡米糠油。Rajam 等(2005)采用 $CaCl_2$ 水溶液进行一步法脱胶脱蜡的研究。该法主要是通过加入 $CaCl_2$ 水溶液，然后进行两次结晶分离，以除去米糠油中的胶体和蜡，通过该法处理的米糠油更适于物理精炼。

3. 脱酸

脱除原油中游离脂肪酸的过程称为脱酸。脱酸步骤是整个精炼过程中最关键的阶段，因为脱酸过程是可能导致中性油损失最高的阶段，也是对精炼成品油质量影响最大的阶段。

传统的脱酸方法主要有化学碱炼脱酸和物理脱酸。米糠油中的 FFA 含量比一般植物油脂要高很多，损耗大大高于其他植物油。传统化学碱炼法会损失大量的中性油，而且米糠油中大量的谷维素等有效物质会流失到低价值的皂脚中，降低米糠油的品质。而采用物理脱酸则对油脂的前处理要求比较严格，且存在耗能过大、效率过低的弊端。所以传统碱炼法与常规的物理精炼都不是很好的方法。

近几年也有其他脱酸方法的报道，如溶剂浸出和膜技术脱酸、分子蒸馏脱酸、酸碱催化酯化脱酸、液晶态脱酸、液-液萃取脱酸。随着酶技术的日渐成熟，物理与酶法结合脱酸也就成为众多学者研究的焦点。这些新方法可代替传统脱酸方法，或将新的脱酸方法与传统方法相结合，能克服油脂传统精炼法的缺点。例如，S. Bhattacharyya 和 D.K. Bhattacharyya(1998)将生物精炼技术应用于高酸值米糠油的精炼，在一定条件下借助微生物酶(1,3-特效脂肪酶)催化脂肪酸及甘油间的酯化反应，使其转化为甘油酯。

而混合油脱酸对高酸值、深色米糠油的精炼非常有效。Battacharyya 等(1987)已获取单独混合溶剂精炼，以及混合溶剂萃取、碱炼中和精炼高酸值米糠油的两项专利。刘贺等(2009)采用混合油两次碱炼法进行脱酸，有混合油脱酸法精炼损耗低，对脱色前处理色泽要求低，改善油脂色泽，排除胶质、棉酚，省去水洗工序的优点，还有两次碱炼工艺的高精炼率。此法同时可以减少皂脚的产生，使尽可能多的谷维素保留在米糠油中。

4. 脱色

油料中所含色素在制油过程中会进入油中，并且在油脂加工生产过程中会产生新的色素。油中的色素会影响油脂品质外观和应用性能，因此需要脱除油中含有的色素物质。脱色过程不仅能脱除色素，改善油脂色泽，还能脱除微量金属离子、残留胶质及部分臭味物质，使油脂达到不同产品等级要求。

米糠油脱色较为困难，大多采用吸附剂吸附脱色，使用最多的吸附剂则是活性白土。米糠油的色泽较深，单独使用活性白土脱色的效果往往并不理想，通常需要过量吸附剂才能脱去其色，但有时即使加入过量的吸附剂不仅起不到较好的脱色效果，反而因吸附剂的过量吸附作用造成中性油的损失。因此可以通过在活性白土中添加活性炭来提高脱色效果。

随着米糠油精炼技术的研究，出现新的脱色技术。Gopala(1992)采用硅胶对米糠油脱色进行了研究，采用硅胶柱渗滤脱色和硅胶同混合油混合脱色两种方法。其缺点是混合油通过硅胶柱时流速慢。林福珍(2010)使用水凝胶 L900 和活性白土对米糠油进行脱色对比试验，结果表明，水凝胶 L900 脱色效果显著。

5. 脱臭

脱臭是利用油脂中的臭味物质和甘油三酯的挥发度有很大的差异，在高温高真空条件下，借助水蒸气蒸馏脱除臭味物质的工艺过程。油脂脱臭不仅可除去油中的臭味物质，提高油脂的烟点，改善食用油的风味，还能有效地提高油脂的安全度。

脱臭的一般条件是温度 200～220℃，操作压力控制在 0.27～0.40kPa，直接蒸汽量为油量的 5%～8%，脱臭 3～8h。原油的品质及脱臭前处理方法对脱臭成品油的稳定性具有关键的影响。原油在脱臭前的预处理包括脱胶、脱酸、脱色、去除微量金属离子和热敏性物质。

(五)米糠油掺伪检验方法

食用植物油的掺假主要有两种情况：一是低价油脂掺入高价油脂中；二是掺入有毒有害的油脂，如矿物油、地沟油等。国家对食用植物油非常重视，2006 年修订了棉籽油等 7 种食用植物油国家标准。目前食用植物油的掺伪方法采用定性试验与特征指标检验进行识别(张萍等，2006)。

1. 仪器分析法

为了杜绝不法掺假行为，国内外学者对各种植物油的掺假检测方法进行了广泛深入的研究，对于食用植物油掺假，世界各国非常关注，建立了大量的分析方法。不仅采用气相色谱和液相色谱测定植物油中的脂肪酸等成分对植物油进行分类和质量鉴别，也采用核磁共振波谱、红外光谱、拉曼光谱及同位素质谱等进行鉴别，特别是利用近红外光谱来检测橄榄油的掺伪，准确率可达到 98%，但却难以判定橄榄油中掺入的是何种油脂。之后，通过改进试验方案结合多变量分类法，能检测出橄榄油中掺有葵花籽油的量(Tay et al.，2002)。

国内作者大多采用简便易行不需特殊仪器的方法。黄光华等(2001)建立了芝麻油掺伪的气相色谱法。该方法通过测定脂肪酸含量和分布的变化，建立掺假芝麻油数据库，从中找出规律，作为研究芝麻油中掺伪定性和定量计算依据。王力清和刘瑞兴(2003)、梁秀英等(2004)建立了芝麻油中掺伪棉籽油定性定量测定方法。李卓新(2001)采用气相色谱技术，研究了各种油脂脂肪酸的含量，并用此方法测定了花生油掺入另一种油脂后脂肪酸组成的变化，从而确定以 14：0 或 16：0 含量来判断花生油中掺棕榈油的程度，以 18：3 含量来确定掺菜籽油的多少。班晓伟等(2000)研究了花生油中掺入棉籽油后，样品的荧光光谱变化。朱杏冬等(2000)研究了芝麻油、菜籽油、菜籽色拉油、大豆色拉油的紫外吸光度，建立了用紫外分光光度法测定芝麻油的掺假方法。

国外文献报道多采用现代色谱及光谱分析技术检测植物油的掺伪，现代光谱技术较之色谱方法科学、结果准确，但仪器昂贵，国内普及率尚不高。Kapoulas 和 Andrikopoulos 等(1986)利用反相高效液相色谱技术测定橄榄油掺假。Lopez-Diez 和 Bianchi(2003)采用拉曼光谱技术和化学计量学方法研究轻榨优质橄榄油及榛子油掺假的快速定量分析，为低附加值食用油掺入高级食用油的甄别提供了依据。Vigil 等(2003)应用核磁共振技术结合多元统计分析对轻榨优质橄榄油中其他植物油掺假进行分析。Scott 等(2003)将总发光光谱法用于食用植物油分级，用于鉴别菜籽油、葵花籽油、天然橄榄油、非天然橄榄油四种植物油。Orine 等(2000)采用高分辨核磁共振谱结合同位素和质谱技术检测橄榄油、葡萄酒、果汁掺假的可能。Goodacre 等(2002)采用直接进样电喷雾离子化质谱结合化学计量学用于橄榄油掺假检测。Mareos 等(2002)采用顶空-质谱技术检测橄榄油掺假，将样品橄榄油和不同比例的葵花籽油、橄榄油渣油混合，测定混合样品所产生的挥发性有机物，通过测定挥发性组分辨别橄榄油掺入的植物油种类。

近年来随着化学计量学的发展，人们越来越多地倾向于用模式识别技术来解决植物油分类和质量鉴定的难题。主成分分析(PCA)、聚类分析(CA)、偏最小二乘法(PLS)等方法受到普遍重视，如 Lee 等(1998)用气相色谱法测定植物油中的脂肪酸和三酰基甘油酯数据进行主成分分析完成了芝麻油的真伪鉴别。Steuer 等(2001)通过测定水果油中的烯类成分采用主成分分析结合红外光谱法对不同类型水果油进行了正确分类。Kemsley(1996)比较了偏最小二乘法与主成分分析法对植物油的分辨能力。除脂肪酸外，植物油理化性质，如密度、折光率、皂化值、酸价和碘价等，常被作为不同植物油品质评价的重要指标。

喻凤香(2013)在分析我国主稻作区 33 种米糠油的脂肪酸种类和含量的基础上，首先采用中药指纹图谱相似度评价软件构建我国主稻区米糠油的指纹图谱，各样品间的相似度均不低于 0.998，不同来源的米糠油具有相同的脂肪酸气相色谱指纹特征。对米糠油与油茶籽油、大豆油、花生油、棕榈油、菜籽油、棉籽油的脂肪酸特征进行解析与比较，显示其脂肪酸组成和含量各异，根据指纹图谱相似度可初步判断未知油脂的种类。

随后，喻凤香(2013)又将棕榈油、菜籽油、棉籽油、大豆油、花生油、茶籽油以 0～100%不同的比例掺入米糠油，以 $C_{14:0}$、$C_{16:0}$、$C_{16:1}$、$C_{18:0}$、$C_{18:1}$、$C_{18:2}$、$C_{18:3}$、$C_{20:0}$、$C_{20:1}$ 的含量作为变量进行聚类分析，米糠油 29 号单独聚为一类，其他米糠油聚为一类，其他纯植物油能 100%正确聚类。以 $C_{10:0}$、$C_{14:0}$、$C_{16:0}$、$C_{16:1}$、$C_{17:0}$、$C_{18:0}$、$C_{18:1}$、$C_{18:2}$、$C_{18:3}$、$C_{20:0}$、$C_{20:1}$、$C_{22:1}$ 的含量作为变量对掺伪油进行聚类结果表明，米糠油掺棕榈油 9%以上、掺棉籽油 5%以上、掺菜籽油 2%以上、掺油茶籽油 8%以上、掺大豆油 16%以上、掺花生油 30%以上能予以鉴别。

接着，喻凤香(2013)对纯米糠油、棕榈油、菜籽油、棉籽油、茶籽油、大豆油、花生油进行判别分析，能 100%正确判别为其本身的类别，对未知油脂的判别准确率也为100%。对掺混其他植物油的米糠油进行判别分析，判别准确率为 89.1%。米糠油中掺棕榈油 9%以上、掺菜籽油 2%以上、掺茶籽油 24%以上、掺棉籽油 20%以上、掺花生油11%以上、掺大豆油 16%以上能正确判别。菜籽油中芥酸含量占总脂肪酸约为 15.82%，其他油脂基本不含芥酸，花生油中山嵛酸含量占总脂肪酸的 4.28%，其他植物油不含或含量极少，因此可以利用油脂脂肪酸含量及比例的变化进行米糠油的掺伪定量甄别检测。米糠油掺混棕榈油，当掺伪量 > 10%时，最佳的定量检测模型为基于 $C_{18:0}$ 为特征脂肪酸的线性模型，线性方程式为 $Y_{C_{18:0}} = 1.779X + 1.928$（$R^2=0.9944$）。米糠油中掺混菜籽油，以芥酸作为特征脂肪酸最佳，线性方程式为 $Y_{C_{22:1}} = 0.1582X + 0.3507$（$R^2=0.991$），平均相对误差为 5.27%，适合 2%以上的菜籽油含量。米糠油中掺混棉籽油，当掺伪量大于 17%时，适宜选用 $C_{14:0}$ 作特征脂肪酸，线性方程式为 $Y_{C_{14:0}} = 0.004X + 0.3168$（$R^2=0.9813$），其次为 $C_{18:2}$，线性方程式 $Y_{C_{18:2}} = -0.2082X + 39.855$（$R^2=0.9841$）。米糠油中掺混大豆油，当掺伪量 > 14%时，最佳线性模型为 $C_{18:3}$，线性方程式为 $Y_{C_{18:3}} = 0.0906X + 2.4564$（$R^2 = 0.9925$）。米糠油中掺混花生油，$C_{22:0}$ 为最佳特征脂肪酸，线性方程式为 $Y_{C_{22:0}} = 0.0389X + 0.3974$（$R^2=0.9951$），当掺伪量 > 15%较为准确。

喻凤香(2013)最后利用向量夹角余弦法计算掺伪米糠油与纯米糠油的指纹图谱相似度，掺伪量增加，相似度呈线性下降。米糠油掺混棕榈油，掺伪量计算模型为 $y=5.8023x^3-17.469x^2-0.2692x+99.99$（$R^2=0.9996$），适用于 2%以上的掺伪量。米糠油掺混菜籽油，掺伪量计算模型为 $y=-23.62x^3-8.3806x^2-6.1383x+100.12$（$R^2=0.9994$），适合 14%以上的掺伪量。米糠油掺混棉籽油，掺伪量计算模型为 $y=-240.52x^5+677.8x^4-697.92x^3+312.09x^2-66.998x+99.97$（$R^2=0.9993$），适合 17%以上的掺伪量。米糠油掺混大豆油，掺伪量计算模型为 $y = 12.33x^3-26.047x^2-2.6855x+100.05$（$R^2=0.9991$），适合 16%以上的掺伪量。米糠油掺混花生油，掺伪量计算模型为 $y =-3.7629x^4+8.307x^3-7.3779x^2+0.3836x+99.987$（$R^2=0.9994$），适合 15%以上的掺伪量。

2. 理化分析法

理化分析法操作简单，也有不少学者对其进行了研究。我国《粮油检验　油脂定性试验》(GB/T 5539—2008)中列出了多种油脂的检出方法，包括桐油、蓖麻油、亚麻油、矿物油、大豆油(不适合一、二级大豆油)、花生油、蓖麻油、芝麻油、棉籽油、菜籽油、猪油、油茶籽油、大麻籽油。理化分析方法对掺伪油脂的定性仍存在缺陷，特别是定量较难，使用仪器分析方法较为科学，但结合理化分析法是必要的。以下是几种常见掺伪油脂的检出方法。

1)掺入菜籽油化学鉴别方法

芥酸是一种二十二碳一烯酸，主要存在于菜籽油、芥子油中，而其他油脂一般不含有。菜籽油中芥酸的含量范围是 25%~60%。因此对这一特征脂肪酸进行检测可以判断是否掺入菜籽油。滴定法测定芥酸是利用芥酸的金属盐与一般饱和脂肪酸的金属盐性质相近而与油脂中的不饱和脂肪酸分离，测定其碘值，从而判定芥酸的存在情况及芥酸的大致含量。此法操作烦琐，耗时长，灵敏度低，重现性差。且常因滴定过程影响因素大造成误差，该法不适合低芥酸菜籽油的检出(王江蓉等，2007)。

2)掺入棉籽油化学鉴别方法

取油样 5mL 置于试管中，加入 1%硫黄粉二硫化碳溶液，待油溶解后，再加入吡啶 1~2 滴(或戊醇)，将试管置于饱和食盐溶液中，缓慢加热至盐水沸腾 40min 后，取出观察，如果有深红色或橘红色，说明有棉籽油存在。颜色越深表明棉籽油越多。食用油中掺入 0.3%以上的棉籽油，采用此法就可以检出。

3)掺入棕榈油鉴别方法

鉴于棕榈油凝结温度较高，在 22℃左右，而米糠油在 0℃也仍然透明，只要用器皿装上大约 10mL 被检验油和纯米糠油，放入冰箱的冷藏区，几分钟后再对比观察冷凝速度，如果凝结物比较坚硬，无流动性，说明油中含有大量的棕榈油，而纯米糠油应不凝结。

三、米糠制备米糠蛋白

(一)米糠蛋白组成

根据米糠中蛋白质溶解性的差异，按照 Osborne 分级法可依次提取清蛋白(溶于水)，球蛋白(溶于稀盐溶液)、醇溶蛋白(溶于乙醇溶液)及谷蛋白(溶于稀酸或稀碱溶液)四类蛋白质，其中清蛋白(约 37%)和球蛋白(约 36%)含量较多，谷蛋白(22%)和醇溶蛋白(约 5%)含量较少(Adebiyi et al.，2009)。清蛋白和球蛋白是由单链组成的低分子量蛋白质，是一种代谢活性蛋白，主要在稻谷发芽早期迅速启动进行生理作用；醇溶蛋白和谷蛋白也称储藏蛋白，醇溶蛋白由一条单肽链通过分子内二硫键连接而成；谷蛋白则由多肽链彼此通过二硫键连接而成。色谱分析表明，清蛋白、球蛋白、醇溶蛋白和谷蛋白分子质量范围分别为 10~100kDa、10~150kDa、33~150kDa 和 25~100kDa(康艳玲和王章存，2006)。

米糠中含 12%~18%蛋白质，米糠蛋白因具有合理的氨基酸组成、高营养价值和低过敏性等优点而备受瞩目。米糠蛋白必需氨基酸齐全，较之大米蛋白更加接近 FAO/WHO 推荐模式，尤其是赖氨酸含量很高，为其他植物蛋白无法比拟的，蛋白质效价比值（PER）为 2.0～2.5，与牛奶中酪蛋白相近（PER 为 2.5），营养价值可与鸡蛋蛋白相媲美（姚惠源，2004）。米糠蛋白中 70%以上为可溶性蛋白，其消化性（94.8%）高于米胚蛋白（94.8%）、大豆蛋白（90.8%）和乳清蛋白（91.7%），与酪蛋白相当；米糠蛋白溶解性较大米蛋白更优，起泡性与大豆分离蛋白相当，乳化性则高于大豆分离蛋白（Han et al.，2015）。

（二）米糠蛋白提取方法

1. 碱法

碱法是传统的米糠蛋白提取方法，也称为化学法。早在 1996 年，国外就有人采用碱法从米糠中提取出蛋白质。碱法提取米糠蛋白的原理是碱液能够让米糠的紧密结构变得疏松，同时破坏米糠蛋白中的氢键、酰胺键、二硫键，从而释放更多的蛋白质，而且随着碱性增加，米糠蛋白的提取率增加（郭延熙，2013）。

邹鲤岭和李昌盛（2008）利用响应面回归分析法对碱法提取米糠蛋白的工艺条件进行了研究，确定最佳提取工艺条件为：pH 为 9，提取温度为 39℃，提取时间为 1.7h，得到的米糠蛋白的提取率为 80.97%，这对工业化生产米糠蛋白具有一定的指导意义。

曲晓婷等（2008）采用二次旋转正交组合设计优化米糠蛋白在弱碱性和较低温度下的提取工艺条件，并研究其理化特性，确定提取条件为：pH 为 11，提取温度为 40℃，提取时间为 2h，蛋白提取率可达 80.93%。并且还在不同 pH、温度、离子强度等条件下，对米糠蛋白的溶解性、乳化性和起泡性等功能特性进行了比较，表明在获得高提取率的前提下保持了蛋白质良好的特性。

陈正行（2000）对米糠蛋白的碱法提取工艺进行了改良，为有效提高蛋白质产品的白度，在制备过程中添加了 Na_2SO_3，增加了米糠蛋白在食品工业的适应性。采用正交试验法获得最佳工艺条件，结果表明：影响蛋白提取率因素的主次顺序为 pH > 提取时间 > 料水比 > Na_2SO_3 添加量；从提取工艺的合理性和经济性考虑，提取米糠蛋白较理想的工艺条件为：pH 为 7，料水比为 1∶7，Na_2SO_3 添加量为 0.25%，时间 3h，温度 50℃。由此制得的米糠蛋白制品除色泽浅淡外，其功能特性接近美国同类产品，显示出良好的开发应用前景，为米糠蛋白的应用研究初步奠定了基础。

使用碱法提取米糠蛋白，主要是以提高得率为目的，但却忽略了提取的同时对产品风味、色泽和蛋白质的营养特性等方面的影响。碱溶液浓度过高，会促进蛋白质中的赖氨酸与胱氨酸、丙氨酸发生缩合反应，产生有毒的化合物，从而导致赖氨酸的营养价值大幅度降低。另外，高碱条件下还会产生一些不利反应，如蛋白质变性和水解；增加美拉德反应促使产品颜色加深；增加非蛋白成分提取，降低提取效率（江爱芝和王燕，2009）。

2. 酶法

随着酶技术的发展，人们开始采用不同的酶来提取米糠蛋白。酶法提取米糠蛋白，已成为近年来的研究热点，对此方法的研究报道也较多。酶法提取反应条件温和，不会产生有害物质，能更多地保留蛋白质营养价值。酶法的提取工艺比碱法增加了添加酶和灭酶两道工艺。目前用于提取米糠蛋白的酶主要有三类：蛋白酶、糖酶、植酸酶。另外，还有复合酶。

1）蛋白酶

蛋白酶对米糠蛋白具有降解和修饰作用，使其变成可溶性肽而溶出，同时也会使与蛋白相连的其他物质水解，从而使米糠蛋白回收率提高；而且蛋白质发生酶解后，其中的多肽链被酶解成短肽链，使其消化率得以提高。已有研究发现，在米糠蛋白提取过程中，适量使用蛋白酶可有效提高其回收率。与此同时，经蛋白酶部分水解后的米糠蛋白，其功能性质也发生有利变化，如溶解性显著增加、乳化能力与稳定性也提高了，适合于各种加工食品特别是那些需在酸性及高盐度条件下具有较高溶解性和乳化性的食品。

现有不少研究是比较多种蛋白酶之间的提取效果。赵东海等（2005）比较酸性、中性和碱性蛋白酶，发现碱性蛋白酶提取效果最好，其最佳提取工艺为：温度40℃、酶用量60U/g、固液比1∶10、pH 11、反应时间1h，在此条件下，米糠蛋白的提取率可达81.23%。

随着研究的深入，对米糠蛋白的提取不能像碱法一样只是关注提取率，还需考虑到提取出米糠蛋白的特性，否则酶法提取就失去了意义。于是欧克勤等（2009）研究发现中性蛋白酶提高米糠蛋白溶解性的效果最明显，达到56%。最佳工艺条件为：米糠与水料液比1∶8、酶添加量3%、酶解温度45℃、酶解时间3h。

张慧娟等（2009）以脱脂米糠为原料，采用碱性蛋白酶提取米糠蛋白，探讨了pH、酶解时间、酶解温度及酶加量对蛋白提取率影响的最优水平及交互作用。利用响应面法优化得出最佳的提取条件为：pH 9.48，酶解时间2.14h，酶解温度为60℃，酶加量250U/g，此最优水平下得到的蛋白提取率为79.84%，蛋白制品纯度为65.32%。

2）糖酶

植物细胞壁主要由纤维素及多糖类物质组成，蛋白质被纤维类物质包裹在其中。利用糖酶处理植物组织，可破碎植物细胞壁，使其内容物充分游离出而达到提取蛋白的目的，所以也称为细胞破壁酶。

使用较多的糖酶主要有纤维素酶、半纤维素酶和果胶酶等，它们具有很强的降解纤维和破坏植物细胞壁的功能。目前，对糖酶研究较多的是纤维素酶，可能是由于米糠细胞的主要成分为纤维素及多糖，纤维素占的比例较大，因此纤维素酶提取的蛋白收率最高。王雪飞（2004）研究了纤维素酶、Viscozyme、复合酶（粉剂、水剂）等4种细胞破壁酶对米糠蛋白提取率的影响，在相同添加量的情况下对蛋白收率的影响效果依次为：纤维素酶 > 复合酶（粉剂）> Viscozyme > 复合酶（水剂）。其中，Viscozyme是一种含有各种糖酶（包括阿拉伯聚糖酶、纤维素酶、β-葡聚糖酶、半纤维素酶和木聚糖酶）的复合多糖酶，它的主要作用是水解米糠细胞内的多糖，而对纤维效果不大，因此不能完全破坏细胞内的纤维结构，不能使细胞内的蛋白质充分溶出，因而蛋白质的收率不是很高。

3）植酸酶

蛋白质分子能与植酸阴离子结合，形成一种蛋白质-植酸复合体，并且这种复合体的溶解性极差。运用这一原理可采用植酸来提取米糠蛋白。然而有研究表明，仅仅将植酸加入米糠中并不能提高米糠蛋白的溶解率，相反还会降低，因此必须经过一些适当的处理。若是在提取米糠蛋白前适量添加植酸酶，先将米糠中植酸的磷酸盐残基进行水解，阻止其与蛋白质分子的结合，从而能够提高米糠蛋白的溶出率以及提高蛋白的纯度。

4）复合酶

为了更好地提高蛋白质回收率，一般采用2种或2种以上的酶来复合提取米糠蛋白，甚至能够有效改善蛋白风味（如脱苦）。目前研究较多的是将糖酶与蛋白酶或者糖酶与植酸酶结合使用。糖酶可以打断纤维素和植酸的紧密结合而使得蛋白质能被提取出来，复合蛋白酶可以将大分子蛋白分解为小分子蛋白而使得蛋白质能更多地被提取出来。王立等（2002）采用复合多糖酶分别和戊聚糖酶、蛋白酶作用提取米糠蛋白，提取率比使用单一酶高10%左右。何斌等（2006）比较了酸性、中性、碱性及复合蛋白酶作用于脱脂米糠时的蛋白质提取率，复合蛋白酶提取率最高，当纤维素酶和复合蛋白酶联用时，蛋白质提取率可以达到81.27%。

3. 物理法

碱法与酶法虽然是目前提取米糠蛋白的主要方法，然而碱法中高浓度的碱会产生有毒的物质，而酶法提取以蛋白酶最为常用，在使用蛋白酶时，由于要控制较低的水解度，提取率低。物理处理法辅助提取在食品加工中比碱法和酶法更适于应用，有超声法、微波法、高压法和亚临界水萃取法等（郭延熙，2013）。

物理法是全脂或者脱脂米糠采用胶体磨、均质机或者是超微粉碎设备，通过破碎米糠细胞结构，使米糠蛋白溶出，而进行米糠蛋白提取的方法。这种方法存在着提取率低、设备投资较高等缺点，一般和碱法提取或者酶法提取结合使用。据报道，全脂米糠经研磨后，米糠浆料上清液中蛋白质的回收率可提高12%左右；进一步均质，可提高17%；同样方法作用于脱脂米糠，能增加5%左右（王吉中等，2010）。

（三）米糠蛋白功能性质

1. 米糠蛋白溶解性

溶解性是蛋白质功能性质在食品加工领域应用的前提和基础，且与其他功能性质，如起泡性质、乳化性质等密切相关。米糠蛋白中70%为可溶性蛋白质，因而米糠蛋白具有良好的溶解性。此外，pH、温度、溶剂类型及离子强度等因素均会影响米糠蛋白的溶解（Yeom et al.，2010）。

2. 米糠蛋白持水性

蛋白质的持水性和持油性分别代表蛋白质相对的两个性质，其中持水性代表的是米糠蛋白与水分子之间的相对作用力。Khan等（2011）在研究米糠稳定化处理对米糠蛋白功能性质的影响时发现米糠蛋白持水性与其结构变化相关，尤其与蛋白极性氨基酸分布紧密相关；Cao等（2009）发现不同谷物蛋白的持水能力随着蛋白质结构稳定性变化而改变，尤其与蛋白质疏水/亲水基团的分布有密切关系。

3. 米糠蛋白持油性

蛋白质持油性是与持水性相对的性质，持油性主要与蛋白质分子表面亲脂基团的性质有关，尤其物理截留作用对蛋白质持油能力有最主要贡献；而且容积密度越小，持油能力越大。Zhang 等(2012)发现疏水性高低会影响米糠蛋白与脂质的结合能力，且疏水性较低的蛋白质分子对脂质吸附的能力较差。

4. 米糠蛋白起泡能力和泡沫稳定性

米糠蛋白分子的柔性、溶解特性及疏水性均是影响其起泡特性的关键因素。一般而言，蛋白质起泡性与表面疏水性呈正相关，起泡能力较好的蛋白质可应用于特殊食品的生产(蔡勇建，2015)。具有良好溶解性和结构稳定性的蛋白质可降低蛋白质表面张力，使之迅速在气-液界面充分展开而形成兼具黏弹性和空气阻隔性的连续蛋白膜，从而展现出良好的起泡特性(王长远等，2015)。

5. 米糠蛋白乳化性和乳化稳定性

蛋白质乳化性主要是由于蛋白质分子链内同时分布有亲水性和疏水性基团，蛋白质能够吸附在油-水界面形成油-水膜，起到稳定乳状液的作用。Khan 等(2011)研究不同稳定化处理对米糠蛋白功能性质影响时发现，米糠蛋白疏水基团的暴露和蛋白表面静电斥力的分布是影响米糠蛋白乳化特性的重要因素；Zhang 等(2012)发现溶解性越好的米糠蛋白越易吸附脂质而形成稳定的油-水界面，使得米糠蛋白表现出良好的乳化性质。

6. 米糠蛋白流变学性质

米糠蛋白中可溶性蛋白含量较高，具有良好的溶解性，是开发功能性饮料和流体营养食品的潜在优质资源。汪海波等(2008)采用动态流变仪研究水溶性米糠蛋白流体力学性能，发现水溶性米糠蛋白溶解属典型的非牛顿流体，具有剪切变稀的流体性能。Rafe等(2014)通过小形变振荡实验研究不同温度和浓度对米糠蛋白黏弹性质的影响，再次证实了米糠蛋白溶液是一种典型的非牛顿流体，具有一定的凝胶形成能力，可用作生产营养保健食品的原料。

(四)米糠蛋白的开发利用

1. 生产婴儿配方食品

米糠蛋白具有必需氨基酸齐全、低过敏性、生物效价高、易消化等特点，是一种优质的植物蛋白资源。而这些特点使得米糠蛋白可以作为婴幼儿食品蛋白的生产原料。

近几年我国的婴幼儿食品发展迅速，为了达到增强婴幼儿免疫力的目的，奶粉中往往添加了乳铁蛋白和免疫蛋白。但是，大部分婴幼儿食品忽视了过敏这个问题，过敏可能产生生命危险。研究表明，米糠蛋白的氨基酸组成符合 2～5 岁儿童的需求，并且产生过敏性反应的极少，于是可以将其作为一种重要的植物蛋白来源添加到婴幼儿配方的奶粉与米粉中，或者是对某些食物发生过敏反应的儿童膳食里(王雪飞，2014)。

2. 作为营养强化剂

米糠蛋白营养价值与大米内胚层蛋白质相当，是制作高蛋白保健、营养食品的理想强化剂。因此在很多食品中可以添加米糠蛋白及其系列水解物，来达到强化营养的目的，如强化饮料、调味品、焙烤制品、奶油、咖啡伴侣、汤料装料、填充料、糖果、肉卤等（郭延熙，2013）。

3. 改善食品功能特性

米糠蛋白不仅能够作为营养强化剂，应用在食品中还可改善一些功能特性，如乳化及稳定性、发泡及稳定性、持水力与持油力、胶凝性等，由此既能满足食品加工性能需要，又能提高食品营养价值。有研究表明，用蛋白酶提取米糠蛋白即可改善蛋白质溶解性、起泡性等功能性质，将其运用在蛋糕糊和糖霜中，可发挥起泡剂的功效；用风味酶处理米糠蛋白，其乳化能力高于酪蛋白，与牛血清蛋白相当，乳化稳定性高于牛血清蛋白；酶法水解或改性后米糠蛋白在食品生产中具有广泛用途，如在焙烤食品和糖果中起发泡作用，在肉制品中起增稠和黏合作用，在液体或半固体食品中起稳定、增稠作用等（Gurpreet and Sogi，2007）。另外，米糠蛋白来自稻谷副产品的综合利用，所以价格较为低廉，添加到产品中可有效地降低成本。

4. 功能性多肽开发

功能性多肽是具有调节人体生理节律、增强机体防御功能、预防疾病等功能的生物活性分子，蛋白质水解可产生某些活性肽，具有抗血栓和免疫调节、抗肿瘤、降血压、抗菌、抗氧化等多种生理活性。控制蛋白酶对米糠蛋白的水解进程，可制备具有生理活性的功能肽，是目前国内外食品、医药领域研究的热点（郭延熙，2013）。

1）抗氧化肽

肽的抗氧化值评价指标一般为清除超氧阴离子自由基、羟自由基等自由基的清除能力。米糠的酶水解提取物中富含供氢体，可还原高度氧化性的自由基，能够终止自由基连锁反应，起到清除或抑制自由基的目的。

O_2^-·和·OH 等活性氧自由基诱导的氧化损伤一直被认为是引起衰老、细胞损伤、死亡和组织伤害、细胞癌变的原因之一。有研究发现，米糠肽对·OH 和 O_2^-·均表现出较强的清除作用，这可能与其氨基酸组成有着重要关系。该研究对该混合肽氨基酸组分分析得出，其抗氧化氨基酸(半胱氨酸、组氨酸、色氨酸、赖氨酸、精氨酸、亮氨酸和缬氨酸)含量丰富，占总氨基酸含量的 36.41%，可使具有高度氧化性的自由基还原，从而终止或减缓自由基链式反应的进行，起到清除或抑制自由基的目的(陈季旺和姚惠源，2003)。

刘友明等(2006)发现米糠蛋白水解提取物的抗氧化值为 19.9mg/g，约为维生素 C 的 27 倍，约为大豆肽的 1.9 倍；米糠酶解物清除·OH 自由基能力明显，清除率 76.2%。樊金娟等(2009)对小鼠灌胃不同剂量米糠肽，其体外试验结果表明：米糠肽可明显提高小鼠血清中超氧化物歧化酶(SOD)、谷胱甘肽过氧化物酶(GSH-Px)的活性($P < 0.01$)；明显降低小鼠脑组织中单胺氧化酶(MAO-B)的活性($P < 0.01$)；能提高小鼠脾脏指数，

但不显著($P > 0.05$)。SOD 及 GSH-Px 是抗自由基反应的主要酶系统，MAO-B 与衰老关系密切，它可以激活内源或外源的神经毒作用或提高有害的 H_2O_2 的水平来加速大脑的老化，此项研究也说明活性肽在延缓脑老化方面是安全的(Shih et al., 1999)。

2)阿片样拮抗肽

生物体内同时存在着阿片样肽和阿片样拮抗肽。阿片样肽会对神经细胞产生毒瘤作用，而其拮抗肽能抑制此作用。Chen 等(2005)测定酶解物的类阿片拮抗活性采用的是离体豚鼠回肠检定法，研究结果表明，经胰蛋白酶水解米糠蛋白后得到的水解产物具有明显的类阿片拮抗活性，当水解度为 11.9%时，其水解产物的分子量范围主要集中在125~5838Da，且具有最高的类阿片拮抗活性。深入研究发现，经过高温脱脂米糠蛋白的酶解物无类阿片拮抗活性，但低温处理的酶解物具有较高的类阿片拮抗活性。

3)降血压肽

在血管紧张素转化酶(ACE)的作用下，人体内的血管紧张素Ⅳ会生成血管紧张素Ⅱ，而后者是现已研究中最多的内源升压肽。若要保持人体的正常血压，血管紧张素Ⅱ的含量必须得到控制，因此可以使用 ACE 抑制剂，来阻止酶促反应的进行，进而降低血管紧张素Ⅱ的含量。所以 ACE 抑制剂可作为降低血压的药物。刘志国等(2007)研究发现，米糠蛋白经多种酶复合水解后制得的肽，分子量在 200~600Da，其 ACE 抑制活性比仅仅使用单酶提取的肽的活性强。再经高效液相色谱-质谱联用技术发现，具有较强 ACE 抑制活性的肽主要以二聚体形式存在，主要由 Arg-Tyr、Met-Trp、Gly-Val-Tyr或 Gly-Asp-Phe 组成，其共同特征是 C 端具有苯环样结构(丁青芝等，2008)。

4)免疫调节肽

判断免疫能力是否增强，主要是衡量脾脏淋巴细胞的增殖能力、免疫器官是否增重、血清溶血值、单核吞噬细胞的吞噬功能等指标。曲晓婷等(2008)对小鼠进行 20 天的灌胃以及腹腔注射米糠肽，发现能明显增强小鼠脾脏淋巴细胞的增殖能力；樊金娟等(2009)通过体外试验发现，米糠肽可提高小鼠脾脏指数，虽无统计学意义，但仍表明对小鼠免疫器官的发育有一定影响，不过未达到显著水平。

5)生产替代谷氨酸钠风味肽

长期以来，谷氨酸及其钠盐作为调味剂在食品中广为使用，但过量使用会有一定的毒副作用。米糠蛋白质中谷氨酸和天门冬氨酸的含量较高，通过蛋白酶的水解作用和脱酚胺作用，可生产谷氨酸类的风味增强剂，取代可能对人体有害的味精风味增强剂(郭延熙，2013)。

6)蛋白饮料保健食品

米糠蛋白具有独特的抗癌特性、抗血脂、抗氧化等功能，可以生产以老年保健为主的营养食品。罗子放(2010)做出大胆尝试，以脱脂米糠为原料，用 α-淀粉酶和碱性蛋白酶先后对料液进行酶解，再对酶解后的营养液进行调配，生产出营养丰富、口感良好的米糠氨基酸植物饮料。

7)化妆品行业

日本化妆品行业利用米糠蛋白的衍生物(乙酰化多肽钾盐)作为化妆品的配料，它有很好的表面活性，且对皮肤的刺激性小，并且对毛发的再生和亮泽度有明显效果(郭延熙，2013)。

(五)米糠蛋白酶解

1. 制备米糠蛋白

由于酶法反应条件温和，提取率高，可以高效分离米糠蛋白和米糠中其他组分，或者水解米糠蛋白以提高蛋白溶解性。王腾宇等(2010)以纤维素酶和木聚糖酶复配提取米糠蛋白，提取率达 70.6%；王雪飞(2004)以纤维素酶和蛋白酶来提取米糠蛋白，发现复合蛋白酶效果更佳。

2. 改善米糠蛋白功能性质及体外消化性

酶解技术不仅用于制备高纯度米糠蛋白，更能改善和促进米糠蛋白的功能性质及体外消化性质。刘颖等(2012)采用碱性蛋白酶酶解米糠蛋白，发现酶解可改善米糠蛋白的溶解性、起泡性质及乳化性质；王长远等(2014)采用碱性蛋白酶对 Osborne 法提取完清蛋白和球蛋白之后的部分进行酶解，发现米糠谷蛋白酶解后 NSI 值显著提高，乳化性质和起泡性有所改善；夏宁等(2012)发现喷射蒸煮能增加热稳定处理米糠制备米糠蛋白的消化性，同时通过十二烷基硫酸钠聚丙烯酰胺凝胶电泳(SDS-PAGE)发现米糠蛋白容易消化。

3. 制备米糠蛋白活性肽

米糠蛋白酶解后的提取物具有抗氧化、免疫调节、降血压血脂等生理活性功能。刘志国等(2007)采用胃蛋白酶、胰蛋白酶及木瓜蛋白酶等单独或联合水解米糠蛋白，制备出具有较高抑制活性的 ACE 抑制肽；陈季旺等(2005)发现米糠蛋白可同时生产类阿片拮抗肽和降血压肽；徐亚元等(2013)采用碱性蛋白酶酶解米糠蛋白，发现米糠蛋白酶解物对 DPPH 自由基、·OH 有良好的清除效果，同时能有效抑制亚油酸体系的自氧化，且具有一定的还原能力和螯合金属能力。鉴于米糠蛋白及其肽的优质生物活性，刘显儒等(2013)将米糠蛋白肽添加于牛乳中，开发出一种兼具风味和营养价值的复合营养米糠蛋白肽乳。

四、米糠制备活性多糖

米糠多糖主要存在于稻谷颖果皮层里，与纤维素、半纤维素等成分复杂结合。它是一种结构复杂的杂聚糖，主要由木糖、甘露糖、鼠李糖、半乳糖、阿拉伯糖和葡萄糖等组成。目前，米糠多糖的提取工艺国内外已有很多研究，主要包括热水提取法、微波辅助法、超声波法和酶法等，采用不同的提取工艺可以得到不同的米糠多糖。经过多年的研究，米糠多糖的生理功能特性已被逐渐认识，具有增强免疫活性、抗肿瘤、降血糖、降血脂、抗辐射、抗氧化和清除自由基等功能，因此被作为功能性食品配料和营养强化剂而广泛应用于食品、医药等行业中。此外，米糠多糖改性也是近年来研究的一个新思路，因为通过改性可以产生新的或提高原有的生理活性(陈正行等，2012)。

(一)米糠多糖的组成和生理活性

米糠多糖的结构不同于淀粉多糖,其主链可由一种糖基构成,也可由两种或多种糖基构成,糖基间的连接方式也不尽相同,因而是一群共聚物的总称。例如,经典的水提醇沉法制备的水溶性米糠多糖 RBS、RON、RDP 等是一类由 α-(1→4)糖苷键连接的葡聚糖(Takeda et al.,1990);姜元荣等(2004)用高温热水提取的水溶性米糠多糖 RBP-Ⅱ 是既含有 α-(1→3)糖苷键又含有 β-(1→3)糖苷键,以 L-呋喃阿拉伯糖和 D-呋喃木糖为主的复杂多糖;王莉采用超声辅助热水提取并分离纯化得到的水溶性米糠多糖 RBPS2a,其主链是 β-(1→3)糖苷键连接的聚半乳糖,不仅含有 2 个糖分支,还含有肽链(Wang et al.,2008)。胡国华等(2008)分离得到的半纤维素 A、B、C 均是以阿拉伯木聚糖链为主。诸多研究资料表明,米糠多糖在抗肿瘤、免疫增强、抗细菌感染及降血糖等方面也具有较高的生物活性。

1. 抗肿瘤作用

米糠多糖的抗肿瘤作用机制之一是能使活化巨噬细胞增多。巨噬细胞是参与机体抗肿瘤免疫反应的重要细胞之一,如果巨噬细胞功能减弱或数量减少时,肿瘤的发生率增加。汪艳等(1999)通过动物实验表明,高温高压提取的四种米糠多糖组分均能显著抑制 S180 肉瘤、Meth-A 纤维瘤和 Lewis 肺瘤等实验移植肿瘤,抑瘤率为 30%~70%。另外,Noaman 等(2008)发现米糠阿拉伯糖基木聚糖能通过防止脂质过氧化,增加谷胱甘肽还原酶浓度,以及增强一系列与抗氧化活性相关的酶,如 SOD、GPx、CAT、GST 等的浓度和活性,抑制肿瘤的生长。

2. 抗病毒作用

Ray 等(2013)将米糠中提取的葡聚糖硫酸化修饰后,发现其对人类巨细胞病毒入侵产生明显的抵抗作用。Ghosh 等(2010)也有类似的发现,米糠中的葡聚糖经硫酸化后表现出良好的对抗巨细胞病毒入侵性能,且这种对抗主要表现在病毒入侵初始阶段,提示米糠葡聚糖的硫酸盐是一种良好的抗病毒药物。

3. 增强免疫调节作用

米糠多糖能在多个途径、多个层面对免疫系统发挥调节作用,姜元荣(2004)考察了四种米糠多糖对正常小鼠免疫功能的调节作用,结果表明:高、中剂量高温水提取米糠多糖、碱提水溶性米糠多糖能显著增强正常小鼠脾淋巴细胞增殖能力,增强正常小鼠腹腔巨噬细胞吞噬肌红细胞能力,按照保健食品免疫调节作用评价程序规定,认为高温水提取米糠多糖、碱提水溶性米糠多糖对小鼠的免疫功能具有调节的作用。另外,日本学者从米糠中提取的米糠多糖对体液免疫和细胞免疫也都有明显的促进作用,而给小鼠做的迟发型超敏反应试验也表明米糠多糖有提高 T 细胞免疫功能的作用(张潇艳,2008)。

4. 降脂活性

米糠多糖的降脂活性已被众多实验所证实。蔡敬民等(1992)研究表明,米糠多糖能够显著($P < 0.05$)降低人体血清中的胆固醇和甘油三酯水平,可降低低密度脂蛋白胆固醇

值及低密度脂蛋白与高密度脂蛋白的比值。用添加 0.5%米糠多糖的饲料连续喂养高血脂大鼠 8 天，其血清胆固醇水平从 435mg/L 降至 158mg/L；用含 5%米糠多糖但不添加蔗糖的饲料喂大鼠，同对照组中含有蔗糖、酪蛋白水解物、1%胆固醇和 0.25%胆酸相比，大鼠血清胆固醇水平从 318mg/L 降至 237mg/L。此外，米糠多糖还能够促进脂蛋白、脂肪酸的释放，使血液中大分子的脂质分解成小分子，对血脂过高引起的血清浑浊有澄清作用，也能够明显降低血清胆固醇水平。

5. 降血糖活性

水溶性膳食纤维可以延缓胃肠排空，使营养素的消化吸收过程减慢，因此血液糖分也会减缓增加幅度，这将有利于控制糖尿病病情。陈绍萱等（2009）对 356 名已经确诊的 Ⅱ 型糖尿病患者使用水溶性膳食纤维进行饮食治疗，结果发现，无论是空腹血糖含量还是餐后 2h 血糖含量都明显下降（$P < 0.01$）。Zhu 等（2015）发现南瓜多糖对链唑霉素引起的胰岛细胞损伤有明显的保护作用，PCR 结果显示南瓜多糖组能显著降低胰岛细胞 Bax/Bcl-2 的表达，即使胰岛细胞凋亡减少。而试验中南瓜多糖的检测成分为 D-阿拉伯糖、D-葡萄糖和 D-半乳糖等构成的杂聚糖，分子量大约为 23000Da，这与米糠多糖成分也极为类似，因此推测米糠多糖具有类似的保护胰岛细胞作用。

（二）米糠多糖的提取方法

虽然米糠多糖的提取方式多种多样，但其基本工艺流程可归纳为：米糠粕→溶剂浸提（外部条件）→离心→取上清液→除淀粉（加淀粉酶和糖化酶）。外部条件：热水浸提法、酸碱提取法、酶法提取、超声波、微波辅助等。使用有机溶剂或蛋白酶除去蛋白质；冷冻干燥制取米糠多糖。多糖提取，一般以水作为溶剂进行提取。此法成本低、易于操作，是最常用的多糖提取方法，但存在耗时长、提取效率低等缺点。

1. 热水提取法

热水提取法是米糠多糖提取中最基础的一种方法。研究发现使用热水浸提脱脂米糠，经离心除去不溶物，再利用乙醇处理浸提溶液，即可获得米糠多糖。多糖为可溶于水的多羟基的醛或酮，加入乙醇到多糖水溶液中会破坏多糖的氢键，从而使多糖溶解度降低。低于 50%的乙醇浓度，所获得的沉淀为高分子多糖；50%～60%的乙醇浓度，所获得的沉淀以中等分子量的多糖为主；而高于 60%的乙醇浓度，沉淀物以低聚糖和分子量较小的多糖为主，因而可依据需要选择不同浓度的乙醇对溶液进行沉淀。

2. 酸碱提取法

有些多糖采用稀碱、稀酸提取有助于提高多糖提取率，但酸碱提取法只适合提取一些如菜籽粕多糖、海藻多糖、海带多糖、香菇多糖等特殊的植物多糖，且提取时需把握酸碱的强度，因为酸性或碱性较强会使多糖降解，从而导致多糖损失。姜元荣（2004）考察了影响碱溶性米糠多糖得率的 4 种因素：水料比、NaOH 浓度、浸提时间和浸提温度，以响应面分析优化获得的提取工艺为水料比 1∶1，NaOH 浓度 0.53mol/L，于 44.5℃提取 2.13h 时，多糖提取率达 2.32%，此法获得的米糠多糖兼具增强小鼠免疫活性的功效。

3. 酶解法

在米糠多糖的提取中，使用淀粉酶、蛋白酶、果胶酶等对米糠进行前处理，可以在较温和的条件下加速多糖溶出和释放，同时减少了果胶、蛋白等成分，利于后续的多糖纯化。赵倩等比较了热水提取、微波提取、淀粉酶提取、纤维素酶提取、蛋白酶提取和混合酶提取，研究发现以淀粉酶、纤维素酶和混合酶提取的米糠多糖中蛋白质含量最低，但还原糖含量较高。

4. 超声波法

利用超声波在液体中产生的机械作用和空化作用来促使细胞中有效成分的溶出，从而提高多糖提取率，这是超声波法的原理。周雪松等(2013)考察了液料比、超声功率、温度和提取时间对米糠多糖提取率的影响，并得到了最佳提取条件：液料比 20:1，提取温度 60℃，超声功率为 450W，提取时间 35min。

5. 微波法

微波法提取米糠多糖的原理是利用微波加热的作用及微波电磁场的影响，从而加速多糖向外部溶液扩散。此法可以快速、安全、高效地使细胞壁破碎。微波法也可先用微波处理原料再用热水提取，它是一种新型的辅助提取多糖的技术。米糠多糖与其他物质通过微波处理后更容易分离，溶剂进入细胞内后也更易溶解提取物，以此方法获得的大分子物质的活性受微波的影响较小。王莉等(2007)通过微波提取米糠粕中的多糖，考察了微波时间、料水比及微波功率 3 个因素，获得优化工艺条件：当料水比为 1:10，微波功率 400W，辐射时间 2min 时，与热水提取法相比，得率与纯度分别提高了 36.6%和 5.7%。

6. 高压电脉冲法

高压电脉冲法不需要加热，也没有化学试剂的参与，而且还具有很好的连续可操作性。此法通过改变细胞壁的通透性，使目标物溶解度增加，从而提高多糖提取效率。王莉等(2007)通过高压电脉冲法从脱脂米糠中制取米糠多糖，优化工艺条件为：水料比为 10:1，脉冲强度为 600 pps[①]，电场强度为 40kV/cm，多糖得率达到 2.59%。

(三) 米糠多糖的结构修饰

从米糠中提取得到的天然多糖并非都具备很好的活性，但天然米糠多糖分子量大，很难穿过多重生物膜，从而影响多糖的吸收。此外，天然米糠多糖分子由于太大、黏度高、活性部位未暴露等，并不能很好地发挥其免疫调节、抗肿瘤的作用。为提高米糠多糖的生物利用度，增加抗肿瘤和提高免疫力活性，常需对提取得到的米糠多糖进行结构修饰。目前主要通过化学方法、物理方法及生物方法等对米糠多糖进行结构修饰，其结构修饰的研究仍处于方法探索阶段。

1. 化学修饰法

化学修饰法为使用化学合成手段修饰多糖的结构。目前常用的方法是硫酸化。Wang

---

① 600pps 意为每秒 600 次的脉冲

等(2008)以米糠为原料，纯化得到多糖组分 RBPS2a，将该组分与氯磺酸、吡啶等物质在一定条件下进行反应，获得了米糠多糖硫酸酯化衍生物 SRBPS2a，修饰后的米糠多糖保持了 β-(1→3)-D-半乳糖的主链结构，其侧链被切除，C-2 和 C-4 位被硫酸基团所取代，C-6 发生氧化而生成了糖醛酸甲酯。SRBPS2a 与原多糖相比，体外抗肿瘤活性显著提高，在试验剂量 500μg/mL 下，对 Hep G2 和 EMT-6 体外肿瘤细胞的增殖抑制作用分别增加了 1.3 倍和 1.74 倍。

2. 物理修饰法

物理修饰法主要包括 γ 射线照射、超声波法、挤压法等，其中超声波广泛用于葡聚糖等生物大分子的结构修饰。超声波修饰多糖，主要采用强度为 3W/cm^2、频率为 1MHz 的超声波，通过增加质点振动能量来使多糖中某些化学键被切断，进而多糖分子量降低、水溶性得到增加，从而使多糖的生物活性得到提升(曹秀娟，2015)。此法易于控制多糖的降解过程和程度，降解产物的分子量具有一定的规律性，可根据需要获得目标分子量产物，而且此法不改变多糖的空间构象。

3. 生物修饰法

多糖的生物修饰指以天然或合成的多糖为底物，将其加入处于生长状态的微生物(细菌或真菌)体系中，在适宜的条件下培养，利用微生物产生的酶对其进行酶解，通过改变多糖结构从而对其进行改性的过程。与化学修饰相比，生物修饰法具有专一性强、修饰效率高、发酵和降解过程易于控制和无副反应发生等优点。生物法主要包括酶法和生物发酵法。

酶法修饰包括酶法合成和酶法降解，目前米糠多糖的生物修饰主要采用酶法降解。酶法降解通常利用糖苷酶来完成，作用的底物主要有葡聚糖、木聚糖、果胶多糖等。此法通过在多糖提取或后处理过程中引入不同种类酶使目标物更有效地溶出，可以改变多糖分子量及结构，从而获得有良好生物活性的目标片段。

生物发酵法即利用某些菌株对米糠、米糠粕或其提取液进行发酵，通过微生物代谢对多糖结构进行改造，使用酶催化方法直接引入某些功能基团对多糖进行衍生化，或直接采用生物酶对多糖进行结构修饰，改变主链和支链的氢键，将多糖降解成低分子量寡聚糖的过程，也是多糖生物修饰常用的手段。与酶法修饰相比，生物发酵法修饰米糠多糖不需要对酶进行分离纯化，简化了操作步骤，降低了成本，但发酵液成分较为复杂，含有许多微生物菌株的代谢产物，同时菌株本身可能也会合成多糖，从而加大了后续米糠多糖分离纯化的难度。

(四)米糠多糖的应用前景

随着米糠多糖抗肿瘤等生物活性研究的深入，世界上越来越多的国家和地区开始注重对米糠多糖的研发，尤其是日本和美国，米糠多糖功能性食品的开发已进行了大量工作。20 世纪 90 年代初，米糠多糖在日本就已投入工业化生产，在第一年生产规模就达到 60t，他们主要将其用作辅料添加到汤类、饮料和冰淇淋等食品中(王梅等，2010)。我国也开始越来越重视米糠多糖的开发和应用研究，已经将其作为未来很长一段时期的重点研究内容。米糠多糖具有抗肿瘤、增强免疫力、抗氧化、抗辐射、降血糖、降血脂等功效，这在医药、食品、化工、畜牧等领域将有重要的生产价值和广阔的应用前景。

五、米糠制备膳食纤维

(一)米糠膳食纤维的组成和分类

膳食纤维是指在人体小肠内不能被消化吸收，在大肠可以部分或完全发酵的聚合度不小于3(或10)的非淀粉类碳水化合物。根据其在水中溶解性的不同，膳食纤维可分为可溶性膳食纤维和不溶性膳食纤维两大类。可溶性膳食纤维主要有抗性寡糖、改性纤维素、合成多糖及植物胶体等，它主要是植物细胞内的储存物质和分泌物(钟艳萍，2011)；不溶性膳食纤维主要有纤维素、半纤维素和木质素。一般来说可溶性膳食纤维比不溶性膳食纤维具有更强的生理功能，且可溶性膳食纤维含量在10%以上才算是平衡的膳食纤维组成。米糠膳食纤维包含米糠不溶性膳食纤维和米糠可溶性膳食纤维，其中可溶性膳食纤维含量只占米糠膳食纤维的1%～2%(赵宪略，2015)。

(二)米糠膳食纤维的结构

膳食纤维主要由纤维素、半纤维素、果胶及果胶类物质等构成。纤维素是由 β-吡喃葡萄糖通过 β-(1→4)糖苷键连接起来的聚合物，在葡聚糖链内和链间有较强的氢键作用力，纤维素分子在植物细胞壁中呈结晶状的纤维束结构单元，但晶体结构并不连续，不同结晶间微纤维排列的规律差形成非结晶结构，非结晶结构内的氢键结合能力比较弱，易被破坏。半纤维素主要由阿拉伯木聚糖、木糖葡聚糖、半乳糖甘露糖和 β-(1→3,1→4)-葡聚糖四种，木聚葡聚糖不溶于水，半乳糖甘露糖则具有水溶性，半纤维素在弱酸条件下易水解，生成己糖和戊糖(木糖、甘露糖、半乳糖、阿拉伯糖)，通常情况下支链越多，半纤维素的溶解性越好。果胶是以 α-(1→4)糖苷键连接的聚半乳糖醛酸为骨架，主链中连有鼠李糖残基，果胶类物质主要有阿拉伯聚糖、半乳聚糖和阿拉伯半乳聚糖(钟艳萍，2011)。黄冬云(2014)分别利用纤维素酶和木聚糖酶对米糠膳食纤维进行改性处理，发现可溶性膳食纤维单糖组成首先以葡萄糖为主，其次为木糖、阿拉伯糖；扫描电镜显示，不溶性米糠膳食纤维表面有明显的空洞和空穴，可溶性膳食纤维表面粗糙，有少许不均匀的气孔。目前关于米糠膳食纤维结构的研究主要集中在改性处理对米糠膳食纤维结构的影响，尚未有米糠酸败对米糠膳食纤维结构影响方面的研究报道。

(三)米糠不溶性膳食纤维的功能性质

米糠不溶性膳食纤维主要由纤维素和半纤维素等结构有序的物质组成，因而不溶于水。米糠不溶性膳食纤维含有很大的分子结构，使其具有很好的伸展性能，同时在米糠不溶性膳食纤维的侧链含有大量的羧基、羟基等极性基团，因此米糠不溶性膳食纤维具有很好的持水性和膨胀性，在胃中容易引起饱腹感，具有良好的预防肥胖的功效(Nathalia et al.，2013)；米糠不溶性膳食纤维能够吸附胆酸、油脂等有机物，并能促使其排出体外，减少油脂及其他致癌物质的吸收；米糠不溶性膳食纤维侧链含有大量氨基、羧基和羟基等官能团，使得米糠不溶性膳食纤维具有类似弱酸性阳离子交换树脂的功能，可以对钙、锌、铜等阳离子进行交换或结合，从而改善人体消化道环境，如人体消化道内的渗透压、氧化还原电位和 pH 等；此外，米糠不溶性膳食纤维在溶液中会有一定的黏度，能降低胃排空率，促使胆汁等废物排出体外。目前关于米糠不溶性膳食纤维功能性质的研究多集中在改性后的米糠不溶性膳食纤维功能性质的研究，尚未有米糠酸败对米糠不溶性膳食纤维功能性质影响的研究(付旭恒，2018)。

(四)米糠可溶性膳食纤维的抗氧化性质

米糠可溶性膳食纤维具有良好的抗氧化性质，这是由于植物原料中含有类胡萝卜素及黄酮类、酚酸等酚类化合物，这些物质均具有良好的抗氧化能力，目前关于米糠可溶性膳食纤维的抗氧化研究多为体外的抗氧化研究，如研究其对 ABTS 自由基、DPPH 自由基、羟基自由基、超氧阴离子自由基的清除率及其螯合金属的能力和还原能力。杨晓宽等(2013)发现芦荟可溶性膳食纤维清除羟基自由基、DPPH 自由基的能力分别为93.33%、14.23%；黄冬云(2014)利用酶对米糠膳食纤维进行改性处理，研究发现米糠膳食纤维清除羟基自由基、DPPH 自由基和超氧阴离子自由基的能力分别可达 9.3%、31.93%、2.23%。赵宪略(2015)将米糠膳食纤维进行超微粉碎处理，发现米糠可溶性膳食纤维清除羟基自由基的能力可达 70.5%。目前鲜有关于米糠膳食纤维的体内抗氧化性的研究，体外抗氧化性的研究也多集中在改性对米糠可溶性膳食纤维抗氧化能力的影响，鲜有米糠酸败对米糠可溶性膳食纤维体外抗氧化性影响的研究报道。

第六章　稻谷的营养与健康

第一节　稻米淀粉

随着科技的日益进步，人们的生活水平被大大提高了，食品营养与健康也随之受到人们极大的关注。由于世界上近一半人口，包括几乎整个东亚和东南亚的人口，都以稻谷作为最重要的粮食作物。稻谷作为主食，具有丰富的营养，稻谷里含有水分、碳水化合物（淀粉、纤维素、半纤维素、糖类）、蛋白质、脂肪、维生素、矿物质等，其中淀粉含量最高为70%以上，既容易被人体消化、吸收，又能供给人体大量的热能。谷物中还含有在人体小肠中不能被消化吸收的淀粉，称之为抗性淀粉，与膳食纤维的特性相似。

一、稻米淀粉的结构及理化特性

淀粉由植物通过光合作用天然合成，主要存在于稻米、玉米、马铃薯、小麦、高粱、木薯等主要农作物中和许多其他植物的根部、块茎、种子中。工业生产中提取淀粉主要采用磨法工艺、机械分离方式，再通过离心、洗涤、干燥得到纯净的淀粉产品。这种提取出来的淀粉称为原淀粉，它的化学结构和性质没有发生变化。淀粉及其水解产物葡萄糖经发酵可生产醇、醛、酮、酸、酯、醚等有机化工产品，可作为生产高分子材料的原料。另外，淀粉经物理、化学或生物的方法进行改性可制备多种淀粉衍生物，与原淀粉相比，改性淀粉的化学结构和性质发生了明显的变化。

（一）淀粉及改性淀粉的颗粒形貌结构

1. 不同来源天然淀粉的颗粒大小及形状

不同品种的淀粉显示不同的颗粒大小和形状。除了直链淀粉含量高的玉米、马铃薯和木薯淀粉外，大部分淀粉颗粒直径小于50μm，大米淀粉颗粒直径分布在2～8μm，有非常窄的颗粒直径分布范围，而马铃薯淀粉颗粒直径分布在6～82μm，有最宽的颗粒直径分布范围。大部分淀粉颗粒的平均直径10～20μm。所有淀粉中颗粒最小的是大米淀粉，仅有6.4μm的平均直径，颗粒最大的是马铃薯淀粉，有38.3μm的平均直径（Li and Yeh，2001）。

淀粉是由单一类型的糖单元组成的多糖，淀粉的分子式为$(C_6H_{10}O_5)_n$。不同品种的淀粉颗粒表现出不同的形状，淀粉颗粒形状主要有卵圆形、椭球形、圆球形和不同规则的多角形。普通玉米淀粉颗粒表面光滑，具有多个平面和棱角，形状为多角形和少许圆形，蜡质玉米淀粉颗粒的形状与普通玉米淀粉相同，其表面相对普通玉米淀粉较为粗糙、无裂纹。马铃薯淀粉颗粒表面光滑、完整，粒径较小的多为球形，粒径大的多为卵形。

木薯淀粉颗粒粒度较小，从外部形状可以看出像切去了一部分的大半圆球形。甘薯淀粉颗粒表面较为光滑，外形大部分呈球形，掺有少量被削掉部分的不完整球形和少量的多角形。绿豆淀粉与马铃薯淀粉相比，颗粒表面较为粗糙、无裂纹，较小颗粒呈球形，较大颗粒呈卵形，还有一些呈肾状。豌豆淀粉颗粒与绿豆淀粉较为相似，但是有些颗粒表面有裂纹。小麦淀粉有两种类型，较小的球形颗粒和较大的扁豆形颗粒。大米淀粉颗粒形状大多数呈不规则的多角形，并且有显著的菱角。图 6-1 列出了几种主要淀粉的电镜扫描图。

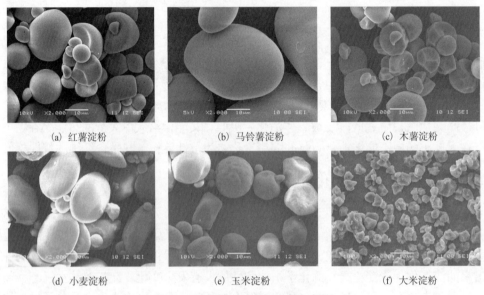

（a）红薯淀粉　　　　　　（b）马铃薯淀粉　　　　　　（c）木薯淀粉

（d）小麦淀粉　　　　　　（e）玉米淀粉　　　　　　（f）大米淀粉

图 6-1　几种主要淀粉的电镜扫描图

2. 不同处理方式的改性大米淀粉的颗粒形貌结构

每一种变性淀粉生产的方法不同，可以反映在它们的颗粒形貌各有所不同。酶解淀粉呈现由表面向内的多孔状。酸水解淀粉随酸解时间的增加，颗粒逐渐变小。当化学反应程度较低时，如有效氯浓度为 4%（质量分数）的氧化反应和环氧氯丙烷的用量（相对于淀粉干基）为 0.9% 的交联反应，淀粉颗粒的外形没有明显变化，反应只发生在颗粒的无定形区，未破坏颗粒的结晶结构，仍保持完整结构。但颗粒的表面有一些塌陷和空洞。改性程度高的酯化反应，随取代度（DS）的增加，淀粉更明显地呈片状和细小的颗粒聚集状（图 6-2）。

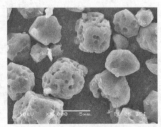

（a）α-淀粉酶解籼米淀粉　　　（b）糖化酶水解籼米淀粉　　　（c）淀粉酶和糖化酶混合酶解籼米淀粉

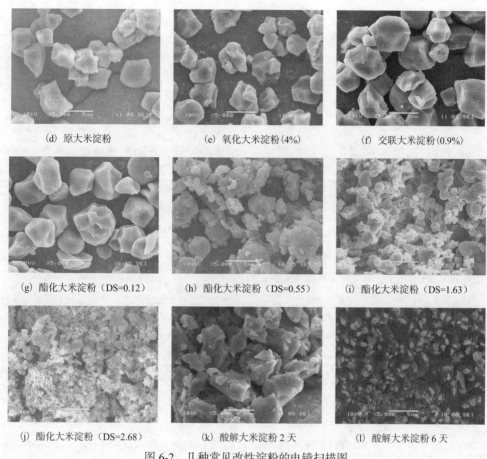

(d) 原大米淀粉　　　　　(e) 氧化大米淀粉(4%)　　　　(f) 交联大米淀粉(0.9%)

(g) 酯化大米淀粉（DS=0.12）　(h) 酯化大米淀粉（DS=0.55）　(i) 酯化大米淀粉（DS=1.63）

(j) 酯化大米淀粉（DS=2.68）　(k) 酸解大米淀粉 2 天　　　(l) 酸解大米淀粉 6 天

图 6-2　几种常见改性淀粉的电镜扫描图

×5000；比例尺=5μm

1)淀粉的组成

淀粉由两个主要部分组成：直链淀粉和支链淀粉。在直链淀粉和支链淀粉中重复出现的基本单元(α-D-吡喃葡萄糖)是相同的，只是通过不同的方式连接起来，因此构成淀粉的基本单位是 α-D-吡喃葡萄糖，直链淀粉是有少量分支的主要为线形的通过 1,4-糖苷键连接的线形多聚物(1→4)-α-D-葡聚糖。除了糯性淀粉含有少于 2%的直链淀粉外，大部分淀粉含有 20%～30% 的直链淀粉。直链淀粉分子的平均聚合度为 500～12000 个葡萄糖单位，在不同生物来源的直链淀粉里，每个分子包含 9～20 个分支点。每个分支点上的侧链长为 4～100 个 α-D-吡喃葡萄糖单元。节碎米、小麦和玉米淀粉的直链淀粉结构特征相似，节碎米直链淀粉的分子链相比马铃薯淀粉和木薯淀粉要短得多，节碎米直链淀粉的平均聚合度为 920～3500。在天然淀粉里，直链淀粉分子通常形成比较强的左手单螺旋结构，或者形成更强的平行的左手双螺旋结构。其螺旋结构每圈螺旋含有 6 个 α-D-葡萄糖残基，螺旋内径约为 0.7nm，螺距约为 0.8nm。图 6-3 列出了直链淀粉分子的单螺旋结构。

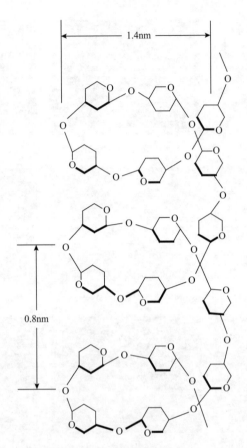

图 6-3　直链淀粉分子的单螺旋结构(Gelders et al.，2005)

　　大部分淀粉的最主要成分是支链淀粉，支链淀粉是形成淀粉颗粒形状和结构的主要因素。它是高度分支的大分子聚合物，每个葡萄糖单位之间以 α-1,4-糖苷键连接构成主链，主链上再分出支链，支链通过 α-1,6-糖苷键与主链相连(Paris et al.，1999)，分支点的 α-1,6-糖苷键占总糖苷键的 4%～5%。支链淀粉的各条链又可分为主链(C 链)、内链(B 链)和外链(A 链)，C 链是含有还原性末端的主链,支链淀粉中仅含有一条 C 链，B 链连有一个或多个 A 链或 B 链，还原性末端经由 α-1,6-糖苷键与 C 链相连的链,A 链是还原性末端经由 α-1,6-糖苷键与 B 链或 C 链相连的链。支链淀粉的结构模型为广泛认同的簇状结构模型(图 6-4)。支链淀粉分子上的分支点不是随意分布的，而是呈周期性分布的簇柱。在相同 B 链上的两簇间的距离平均含有 22 个 α-D-葡萄糖残基。平均聚合度范围是 14～18 的为短链，平均聚合度大于 55 的为长链。B 链被进一步分成 B1、B2、B3 等，B1 为短链主要在不连续簇中形

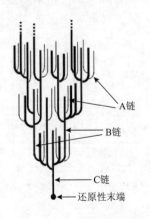

图 6-4　分支支链淀粉的结构
(Waight et al.，1998)

成双螺旋，而 B2、B3 等为长链分别延伸入 2、3 簇或更多的簇里。淀粉来源不同，支链淀粉短链和长链的比例不同。马铃薯支链淀粉短链与长链的比例为 5∶1，而谷物支链淀粉的短链与长链的比例为 8∶1～10∶1。支链淀粉的链长分布严重地影响了淀粉分子的簇状结构。支链淀粉分子的平均聚合度为 $14～4×10^6$ 个葡萄糖单位。支链淀粉的平均分子量是直链淀粉的 100～1000 倍。在支链淀粉分子的一个簇中，两条相邻侧链缠绕形成左手双螺旋结构，螺旋内径约为 8nm，外径约为 18nm，螺距约为 9nm，双螺旋的线性排列形成微晶。

2) 淀粉及改性淀粉的结晶结构

通过 X 射线衍射技术获得淀粉的结晶结构里主要有两种螺旋状的分子：A 型和 B 型。A 型和 B 型的混合型为中间类型的 C 型。天然淀粉里，谷物淀粉如大麦、玉米和大米淀粉为 A 型结晶结构，B 型结晶结构主要存在于块茎淀粉（如马铃薯）和高直链玉米淀粉里。豆类淀粉的结晶结构属于 C 型。对大米淀粉进行氧化、交联和酯化改性，当改性程度较低时，淀粉的结晶结构没有破坏，仍保持与原淀粉一致的衍射方式[图 6-5(a)]。当化学改性程度升高，在酯化反应取代度分别达到 0.55、1.63 和 2.68 时，原淀粉的结晶结构逐渐被破坏，结晶度降低直至结晶区完全被破坏形成无定形区域[图 6-5(b)]。由本实验数据可知，无论是 α-淀粉酶、糖化酶，还是 α-淀粉酶和糖化酶的混合酶作用于不同品种的稻米淀粉，酶水解淀粉的衍射曲线与稻米淀粉的衍射曲线形状相同[图 6-5(c)]。将硫酸酸解大米淀粉，酸解淀粉 2 天和 6 天得到的淀粉颗粒均显示为典型的 A 型 X 射线衍射结晶结构，然而酸解淀粉颗粒的衍射特征峰强度明显增大，且峰面积增大[图 6-5(d)]，说明硫酸酸解并未破坏淀粉的结晶结构，淀粉的无定形区域即非结晶区域由于酸解的作用被逐渐去除，结构紧密的结晶区域不易被酸破坏而得以保留。

3) 稻米淀粉及其改性淀粉的理化特性

淀粉分子中存在大量的可以和水分子相互作用形成氢键的羟基，使得天然淀粉虽含有比较高的水分，却呈干燥粉末状。由于氢键的作用，淀粉颗粒在冷水中不溶解，加热淀粉水悬浮液，则淀粉颗粒开始吸水膨胀，加热到某一温度时，膨胀的淀粉颗粒破裂，直链淀粉从颗粒中析出，溶解在水里，并且淀粉的结晶区域熔化破裂，最终导致淀粉颗

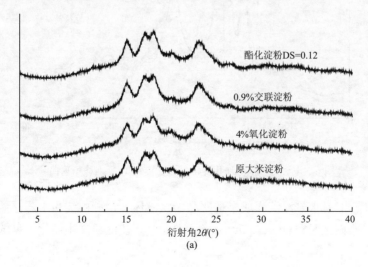

(a)

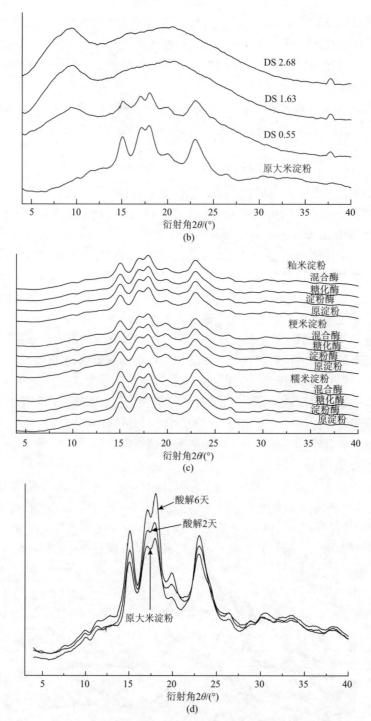

图 6-5　原大米淀粉和几种常见改性淀粉的 X 射线衍射曲线

粒结构的破坏，淀粉水悬浮液变成半透明黏稠状液体，这种由淀粉水悬浮液转变成糊的现象称为淀粉的糊化现象（Vandeputte et al.，2003）。使淀粉发生糊化现象的温度为糊化温度，淀粉分子间的结合力越大，糊化温度越高，导致拆开淀粉微晶束所需的外能越大。因此，不同来源和种类的淀粉，其糊化温度各不相同。淀粉在糊化时发生的变化反映了淀粉颗粒构象结构上的多个方面(Sandhu and Singh，2007)。

淀粉水悬浮液加热糊化后冷却到室温，然后在低温下静置一定时间后，糊液将变得浑浊，淀粉的溶解度下降，溶液中有沉淀析出。如果冷却速度快，特别是高浓度的淀粉糊液，就会变成胶体，好像冷凝的果胶或动物的胶溶液，这为淀粉的回生现象(又称老化或凝沉)(Hoover，2001)。回生的本质是在温度降低时糊化的淀粉分子运动减慢，直链淀粉分子和支链淀粉的分支将逐渐趋向平行排列，并互相靠拢以氢键结合，在聚集的初期出现了双螺旋(Putaux et al.，2000)，重新组成微晶束结构。淀粉的回生分为2个阶段：短期回生和长期回生。短期回生主要是由直链淀粉分子的胶凝有序和结晶所引起，一般在较短的时间(几个小时或十几个小时)内完成。而长期回生则比较缓慢，主要是由支链淀粉外侧短链的重结晶所引起(Fredriksson et al.，1998)。淀粉的老化焓通常要比糊化焓低60%～80%，而老化淀粉的融化温度要比淀粉颗粒的糊化温度低10～26℃(Baker and Rayas-duarte，1998)。淀粉老化形成的晶体在本质上与天然淀粉颗粒中的晶体不一样(Karim et al.，2000)。由于老化淀粉比天然淀粉具有更弱的结晶性，因此比天然淀粉具有更低的焓值。

氧化、交联和酯化改性稻米淀粉都抗酶水解，且抗酶水解能力随改性程度的升高而增强(表 6-1)。氧化稻米淀粉的膨胀力降低，溶解度和糊透明度增加。交联程度低的稻米淀粉膨胀力增大，随交联程度升高，膨胀力降低，交联稻米淀粉的溶解度和糊透明度都低于原淀粉。酯化程度低的淀粉膨胀力和溶解度均高于原淀粉，酯化程度高的淀粉膨胀力和溶解度都明显低于原淀粉。随酯化程度升高，淀粉的疏水性增强。淀粉被酸水解后抗酶水解能力降低，容易溶于水中，但在水中的膨胀力大大降低。低交联和低酯化程度的稻米淀粉易回生，氧化、高酯化和高交联稻米淀粉能阻止稻米淀粉回生(表 6-2)。氧化、高交联和高酯化程度的改性降低了稻米淀粉的黏度，而低交联和低酯化程度的改性提高了稻米淀粉的黏度。酸解淀粉的糊化特性值都远远低于原淀粉，并随酸解时间的延长而降低(图 6-6)。酸解淀粉受热产生了解聚而不是膨胀融解，使得酸解淀粉表现出与原淀粉完全不一样的糊化特性。

表 6-1　稻米淀粉(籼米)及其改性淀粉的膨胀力、溶解度、糊透明度及酶水解率比较

淀粉样品	膨胀力	溶解度/%	糊透明度/%T650	酶水解率/%
稻米淀粉	10.1±0.32	7.2±0.21	3.8±0.13	50.6±0.72
1%氧化淀粉	5.4±0.15	9.4±0.28	47.6±1.2	47.1±0.53
2.5%氧化淀粉	0.6±0.02	12.3±0.01	86.4±2.3	34.3±0.39
4%氧化淀粉	0.3±0.01	15.8±0.04	90.2±3.1	28.6±0.29
0.3%交联淀粉	13.9±0.4	6.1±0.2	1.8±0.04	45.3±0.62
0.5%交联淀粉	8.60±0.2	5.0±0.1	0.7±0.02	38.4±0.54
0.9%交联淀粉	6.20±0.1	3.3±0.1	0.3±0.01	10.1±0.16

淀粉样品	膨胀力	溶解度/%	糊透明度/%T650	酶水解率/%
酯化 DS 0.12	13.6±0.33	11.3±0.27	—	24.4±0.34
酯化 DS 0.55	4.64±0.09	4.7±0.13	—	15.1±0.21
酯化 DS 1.63	3.01±0.03	0.6±0.02	—	7.80±0.11
酯化 DS 2.68	1.02±0.02	0.3±0.01	—	5.61±0.07
酸解 2 天	1.72±0.08	53.8±1.6	—	52.4±0.74
酸解 6 天	0.86±0.02	78.6±2.1	—	69.8±0.71

表 6-2 稻米淀粉(籼米)及其改性淀粉的糊化特性

淀粉样品	糊化温度/℃	糊黏度/cP			
		峰值黏度	最终黏度	崩解值	消减值
原淀粉	79.2±0.8	3096±36	3327±39	1474±18	1705±21
1%氧化淀粉	76.7±0.7	748±10	442±6	523±8	217±4
2.5%氧化淀粉	72.6±0.5	498±7	121±2	439±6	62±1
4%氧化淀粉	70.3±0.4	442±5	77±1	405±6	40±1
0.3%交联淀粉	79.2±0.6	3346±38	3526±37	1764±17	1944±20
0.5%交联淀粉	80.7±0.6	2863±32	3014±33	1301±15	1452±16
0.9%交联淀粉	82.5±0.7	1975±21	2237±24	713±11	975±10
酯化 DS 0.12	74.1±0.6	3989±40	4796±43	1965±21	2772±26
酯化 DS 0.55	81.3±0.8	332±4	40±0.45	303±3	11±0.12
酯化 DS 1.63	85.7±0.8	193±3	36±0.40	163±2	6±0.07
酯化 DS 2.68	90.4±0.9	36±0.52	14±0.16	23±0.23	1±0.01

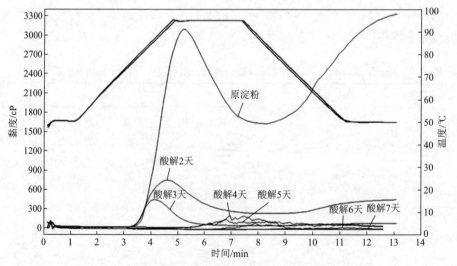

图 6-6 原淀粉与不同酸解时间的淀粉颗粒的糊化曲线

二、稻米淀粉对稻谷食用品质的影响

淀粉由直链淀粉和支链淀粉组成,直链淀粉是由 1,4-糖苷键连接而成的线形聚合物,而支链淀粉是由 1,4-糖苷键或 1,6-糖苷键连接的高支化聚合物。人体中的淀粉酶主要水解 1,4-糖苷键。人体摄入的食物要经过消化和吸收利用才能成为我们身体的组成成分,而消化过程中需要各种各样的酶,消化淀粉主要为胰淀粉酶,而这种酶主要水解 1,4-糖苷键,不能水解 1,6-糖苷键。支链淀粉含量高的稻谷品种如糯米,不能被人体中的酶很好地水解,所以不容易被人体消化、吸收。淀粉不溶于水,在和水加热至 60℃时,则糊化成胶体溶液。淀粉的糊化特性使得淀粉在食品应用中能保护食物的营养成分并改善口味,可使食物流失的营养素随着浓稠的汤汁一起被食用。

(一)直链淀粉和支链淀粉的含量对稻谷食用品质的影响

衡量稻米蒸煮食用品质的主要理化指标有直链淀粉含量、糊化温度、胶稠度、米饭质地等。其中淀粉中直链、支链淀粉含量和比例,以及它们的分子量大小直接影响稻米的食用品质。食用品质也称适口性,指米饭在咀嚼时给人的味觉感官所留下的感觉,如米饭的黏性、弹性、硬度、香味等。稻米在蒸煮过程中受热糊化,普通稻米的糊化特性曲线呈明显的马鞍形,具有较高的衰减值和回生值,而支链淀粉含量较高的糯性稻米具有较低的衰减值、回生值和较高的峰值黏度(图 6-7),米饭的回生现象主要是由其所含的直链淀粉引起的,直链淀粉含量越高,分子量越大,出饭率越高。但直链淀粉含量越高,则米饭硬度越大,回生现象越显著,大米的食用品质就越差。直链淀粉含量中等或偏低的品种,蒸出的米饭柔软可口,冷却后再蒸仍很柔软,表现出良好的食味品质。

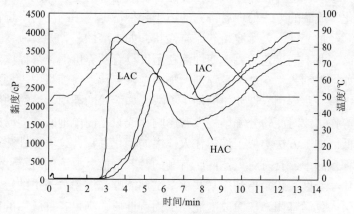

图 6-7 不同直链淀粉含量稻米淀粉的糊化曲线

HAC:具有高直链淀粉含量的稻米淀粉;IAC:具有中等直链淀粉含量的稻米淀粉;
LAC:具有低直链淀粉含量的稻米淀粉

(二)直链淀粉含量对稻谷储藏期间质构特性的影响

大米在储藏过程中直链淀粉含量发生了变化,导致大米蒸煮后质构特性也发生了变化。大米中直链淀粉又可分为不溶性直链淀粉和可溶性直链淀粉(溶于热水中)。而不溶性直链淀粉直接影响大米的蒸煮特性。大米在储藏过程中不溶性直链淀粉含量都增加，且本身直链淀粉含量高的大米，在储藏过程中不溶性直链淀粉含量增加更多。含有中、高直链淀粉含量的大米蒸煮后的硬度明显高于糯米与低直链淀粉含量的品种。陈米的黏度值均小于新米的黏度值，而硬度均明显大于新米（表 6-3）。随着储藏时间的增加，不溶性直链淀粉含量增加，大米蒸煮后黏度降低，硬度增加，大米蒸煮质构特性发生了明显的劣变。

表 6-3　稻米储藏前后直链淀粉、不溶性直链淀粉含量及质构特性变化

样品	直链淀粉总含量/%	不溶性直链淀粉含量/%			黏度/cP		硬度/g	
		新米	陈米	变化量	新米	陈米	新米	陈米
HAC	28.3	15.8	16.22	0.42	2827	2776	62.4	71.2
IAC	13.7	6.24	6.47	0.23	3679	3612	51.3	60.6
LAC	1.15	0.11	—	—	3845	3768	18.5	20.1

注：HAC 表示具有高直链淀粉含量的稻米淀粉；IAC 表示具有中等直链淀粉含量的稻米淀粉；LAC 表示具有低直链淀粉含量的稻米淀粉

（三）稻米淀粉及其变性淀粉的营养价值

天然未变性淀粉称为原淀粉，其颗粒在冷水中是不溶的。相邻淀粉分子的羟基通过氢键形成结晶使淀粉以完整颗粒形式存在。当淀粉在水中加热时，维持淀粉颗粒的氢键变弱，使淀粉粒吸水、膨胀、崩解从而形成胶体分散系。由于膨胀淀粉颗粒中的氢键对热和机械作用力敏感，这种胶体分散系在食品中的应用价值受到限制。以天然淀粉为原料，经物理、化学或酶的方法处理后得到的适于某种特定应用的淀粉降解物或衍生物被称为变性淀粉。经过变性，天然淀粉的原有性状，如水溶性、黏度及流变性等均发生变化，更适应食品工业不同工艺需要。变性淀粉不仅具有营养价值，可提供热能，还可作食品添加剂，如增稠剂、稳定剂、悬浮剂，加入罐头、糕点与糖果中。食用变性淀粉的种类繁多，其中有一些食用变性淀粉的加工方法，如淀粉的漂白、淀粉的酶解、淀粉的糊精化和水解等作用或对淀粉分子结构没有影响，或只是简单地减小淀粉的分子量。使淀粉分子量降低的加工方法类似于淀粉在人体内的消化过程，这类变性淀粉像原淀粉一样，应用于各种食品中，具有对人体健康有利的营养价值，典型的有抗性淀粉、预糊化淀粉和糊精。化学变性淀粉是指利用某些化学试剂能够和淀粉分子中的羟基发生反应，在淀粉分子中引入化学基团，从而改变淀粉的固有性质，满足各种应用的需要。淀粉的化学变性主要有两种方式，即交联和单取代基团的引入。大多数食用变性淀粉是通过交联变性或交联与引入单取代基团复合变性生产出来的，仅采用单取代基团变性方式的变性淀粉在食品中的应用是有限的。与未变性淀粉相比，化学变性淀粉可赋予食品体系一些优良的功能特性，如改善食品的质构，具有悬浮、增稠、稳定乳化能力，通过保护食品的某些营养成分免受损失从而方便加工工艺，通过阻止食用成品的腐败变质延长食品的货架期。

1. 天然稻米淀粉

天然稻米淀粉颗粒呈多角形，且颗粒非常细小，因此具有光滑的触感和很强的吸附力，是理想的糖衣制剂。天然稻米淀粉具有很好的消化性，稻米淀粉中的结合蛋白是完全非过敏性的，因此婴儿食品的制作常常添加稻米淀粉。天然稻米淀粉无论在什么状态都保持相当纯正的风味。在糊化状态下，天然稻米淀粉具有柔软的稠度和奶油气味，常被作为增稠剂用于汤羹、方便米饭和沙司中来改善食品风味。

2. 变性淀粉

1) 抗性淀粉

通过改性得到的抗性淀粉的形成机理主要是淀粉分子结晶区受到物理、化学或酶处理后，大部分氢键断裂、原有结晶结构被破坏、双螺旋结构展开和解离，产生更高比例的直链淀粉；冷却老化过程中，由直链淀粉重结晶形成。抗性淀粉具有较小的分子结构，是以氢键连接的回生状、分散的线形多糖类物质。抗性淀粉与原淀粉的基本性质相似，为白色无味多孔性粉末。抗性淀粉耐热性高，在高温蒸煮后，几乎没有损失，持水性低，含热量低。抗性淀粉在食品中常常作为食品配料或膳食纤维的强化剂。添加了抗性淀粉的面包，不仅膳食纤维含量提高了，而且在气孔结构、体积等感官品质方面均好于添加其他传统膳食纤维的面包，也更有益于人体的健康。在面条制作中，面条的色泽和口感由于抗性淀粉的添加被明显改善了。抗性淀粉应用于焙烤食品能产生理想的脆性质构和很好的口感。抗性淀粉的添加降低了饼干糕点的高脂、高糖和高热量。挤压膨化食品中添加抗性淀粉可提高食品的膨化系数，减少其他纤维对食品膨化的负面影响。抗性淀粉具有良好的流变特性、稳定性及低持水性，可作为食品增稠剂使用。在黏稠不透明的饮料中，抗性淀粉的添加可增加饮料的不透明度及悬浮度，且不会产生砂质感，也不会掩盖饮料的风味。抗性淀粉还是双歧杆菌、乳酸杆菌等益生菌繁殖的良好基质，可作为菌体保存剂而大量使用于汤料和乳制品中。抗性淀粉还具有生物相容性、无毒、无免疫原性和抗酶解特性，可应用于医药中作为靶向缓释药物载体，既提高了药物疗效，又降低了药物的毒副作用。

2) 预糊化淀粉

预糊化淀粉又称 α-淀粉。淀粉糊化成分散状态，经过快速脱水干燥，使淀粉分子来不及重排，即得预糊化淀粉。目前制备预糊化淀粉的方法有喷雾干燥法、挤出法和滚筒干燥法。由于预糊化淀粉具有冷水溶解、冷水稳定性好、保水性强的特点，可方便地使用于许多工业部门中：在布丁、肉汁混合馅、糖衣料及调味品中，起到增稠剂的作用；在烘烤食品中具保水性，使成品蛋糕酥软，以及在面包混料、操面、挤面、挤压、成型过程中控制面团的低温流动性和油脂黏稠性；在方便食品中，用于快餐布丁胶凝剂；在鱼制品中提高成型性防止失水；在面条中减少断条、缩短煮熟时间等。在食品加工中加入 1% 的预糊化淀粉可用作黏结剂，防止食物之间的黏结，减少了或根本不需要钠盐，对健康有利。

3) 糊精

受酸、酶加热或其他作用引起淀粉降解所产生的多种中间产物的混合物称为糊精，但不包括单糖和多聚糖。所有糊精产物都是脱水葡萄糖聚合物，分子结构有直链状、支链状和环状。工业上生产的糊精有麦芽糊精、环状糊精和热解糊精三大类。淀粉经过酸解、酶解、酸酶结合水解，葡萄糖值在 20 以下的产物为麦芽糊精。淀粉经用嗜碱芽孢杆菌发酵发生葡萄糖基转移反应得环状分子称为环状糊精，是一类由多个 D-吡喃糖单元通过 α-1,4-糖苷键结合成的环状寡糖。利用干热法使淀粉降解所得产物称为热解糊精，通常所说的糊精均指热解糊精。

麦芽糊精：麦芽糊精是具有营养价值的多聚糖，麦芽糊精的流动性良好，无色，无异味，不甜或微甜。即使高用量比例麦芽糊精也不会掩盖食品原有的风味和香味。麦芽糊精有较好的乳化作用和增稠效果，能改变体系的黏度。当葡萄糖值为 3～5 时，可产生脂肪的质构和口感，常用作沙拉、冰淇淋、香肠等的脂肪替代品。高温容易引起食品体系中还原糖褐变，但麦芽糊精的葡萄糖值较低，加入食品体系中，引起褐变反应的程度较小。在冷冻甜点和某些糖果中，凝固点降低具有重要的意义。在冰淇淋制品中加入麦芽糊精替代部分蔗糖，可以在不改变体系可溶性固型物含量的情况下，改变产品的凝固点抑制冰晶生长。在糖果中加入麦芽糊精可以降低甜味，预防牙病、高血压和糖尿病等。麦芽糊精易于被人体吸收，可用作运动员、患者和婴幼儿配方食品。然而，在目前麦芽糊精的生产过程中，精确控制产品的葡萄糖值和组分分布仍有一定困难。而且普通低葡萄糖值麦芽糊精分子量大，直链糊精含量多，容易导致糊精分子间的缔合，在水中容易产生絮凝沉淀。普通高葡萄糖值麦芽糊精，还原糖含量增加，高温处理易与蛋白质发生美拉德褐变反应。麦芽糊精分子上具有众多的醇羟基，能与许多化学试剂作用生成性质不同的变性麦芽糊精产品，可以改善普通麦芽糊精的化学性质。麦芽糊精本身为葡萄糖残基通过 α-1,4-糖苷键及 α-1,6-糖苷键连接而成的亲水性高分子，不具有乳化活性，如果利用化学反应引入疏水性官能团，如烯基琥珀酸链、脂肪酸链等基团，则可以赋予麦芽糊精崭新的双亲性质，使其同时具有乳化和增稠效果，可作为乳化稳定剂广泛用于水包油乳状液体系。麦芽糊精分子中如果引入亲脂性的基团后，可得到既亲水又亲油的双亲性衍生物，从而得到了乳化稳定性良好的化学改性麦芽糊精产品。在麦芽糊精的葡萄糖的羟基上引入新的基团，可使分子间的空间阻碍增大，分子不易聚合凝沉，不易形成氢键，可增加透明度，减少其凝沉性。在麦芽糊精分子上增加了形成氢键的基团，改性后的持水力较原麦芽糊精有所提高，并且抗氧化作用增强。另外，通过酯化改性还可增强麦芽糊精的成膜性及膜的透明度和光泽，增强其抗美拉德反应的能力、乳化稳定能力和保香率。

环糊精：环糊精的独特结构赋予了它外亲水而内腔疏水的特性，因此环糊精易溶于水，其空腔可以包含各种有机分子。能被环糊精包合的有机物种类繁多。试验表明大部分风味物质可以包合在环糊精的空腔中，环糊精不仅可以帮助分散和溶解风味成分，尤其是它的空腔对光、热和氧气具有很强的屏蔽效应。环糊精独特的性质使它被广泛地应用在医药和食品工业中。

环糊精在医药学上的应用非常广泛。医药上利用环糊精的包合技术增强药物稳定性。易氧化、水解的药物由于环糊精的包合物免受光、氧、热及某些因素的影响而得到保护，使药物效力和保存期延长。环糊精包合物相当于分子胶囊，药物分子被分离而分散于低聚糖骨架中。由于药物分子与环糊精上的羟基相互作用以及药物在包合物中的结晶度减少，而使药物的溶解度和溶出速率增加。把具有不良臭味和刺激性的药物包合在环糊精中，掩盖了人们对异味的排斥，提高患者用药的接受程度和生物利用度。把具有挥发性药物制成环糊精包合物，除了减少挥发，还有缓释作用。含挥发油类的中药，如陈皮挥发油制成包合物后，可粉末化且可防止挥发。

环糊精不仅持水性较高，而且在水溶液中可以同时与亲水性物质和疏水性物质结合，同时，它不易吸潮，化学性质稳定，能改变物料的物理化学性质，掩盖物料中的苦涩味和异味等。因此，环糊精被广泛应用于食品工业中。环糊精可以作为杀菌剂的包埋剂，经过一段时间后，被环糊精包埋的杀菌剂会释放出来或在一定湿度下被激活，从而抑制霉菌的生长。环糊精也可与绿原酸形成包合物，从而阻止多酚氧化，达到保鲜和防腐的效用，保持食物营养和健康。多种食品添加剂易挥发，并且在空气、日光下易发生分解，将这些食品添加剂与环糊精包合成结晶复合物免受光、氧、热及某些因素的影响，可显著降低挥发性和氧化性，便于长期储存或在食品中保存。通过包合，环糊精也可作为食品防腐剂，增加食品保湿性，消除食品异味，延缓香精释放，促进食品发泡。环糊精最重要的一个作用是去除食品中的胆固醇。胆固醇是一种与食品营养与健康密切相关的重要脂质，目前食品和医药工业界正努力降低蛋、乳制品等各种食品中的脂肪和胆固醇含量。

难消化糊精：难消化糊精又称抗性糊精，是由淀粉加工而成的，属低分子、低黏度水溶性膳食纤维。由于其含有抗人体消化酶（如淀粉酶、葡萄糖淀粉酶等）作用的难消化成分，在消化道中不会被消化吸收，可直接进入大肠，因此它是一种低热量食品原料，可作为膳食纤维发挥各种生理作用。抗性糊精为白色到淡黄色粉末，略有甜味，无其他异味。抗性糊精具有比原料淀粉更复杂的分支结构，这是因为淀粉加热分解过程中本身所含的还原性葡萄糖基发生分子内脱水，或被解离的葡萄糖残基转移到任意羟基形成新的分支结构。淀粉在酸热分解的同时，转移反应及逆合成反应同时进行，抗性糊精除了拥有淀粉本身的 α-1,4 和 α-1,6 葡萄糖苷结构之外，还拥有 α-1,2 和 α-1,3 键合的葡萄糖苷结构，部分还原端上还有分子内脱水的缩葡聚糖和 β-1,6 葡萄糖苷结构的存在。难消化糊精摄入人体后，在上消化道中可减缓糖类的吸收和饭后血糖的上升，并可阻止胆汁酸进入肠肝循环，从而降低血清胆固醇浓度；在降低血清胆固醇的时候，难消化环糊精还会使肝脏、主动脉及其他组织的胆固醇含量降低，具有抗脂肪肝、抗动脉粥样硬化的作用。难消化糊精进入下消化道后，通过机械式刺激，促进肠道蠕动，并可改善肠内菌群的状态，有利于形成短链脂肪酸等发酵产物，产酸量较同等膳食纤维多。这些短链脂肪酸能阻止癌细胞的生长与繁殖，抗性糊精的吸水膨胀能增加粪便体积，促进肠道蠕动，对于便秘、痔疮、结肠癌等疾病有良好的预防效果，从而起到调理肠道的作用。连续摄入抗性糊精这种低分子量水溶性膳食纤维，可降低血清胆固醇和中性脂肪浓度及体内脂肪量，还可吸附胆汁酸、脂肪等而使其吸收率下降，可达到降血脂，改善各种类型高脂血症患者的脂类代谢的作用。抗性糊精具有膳食纤维特有的增溶、持水、持油的作用，在胃肠内吸水后，能够使胃、肠扩张，产生饱腹感，减少进食量。另外，抗性糊精的低热值特别有利于减肥人士控制体重。

4)化学改性淀粉

交联变性淀粉：淀粉的醇羟基与具有两个或多个官能团的化学试剂进行反应，引起淀粉分子之间桥连，或分子之间形成交联，使不同淀粉分子的羟基间形成二醚键或酯键而交联起来，所得到的衍生物称为交联淀粉。淀粉交联后减小了淀粉颗粒破碎的趋势，淀粉糊化温度上升，糊稳定性提高，抗酸能力明显优于原淀粉，膜强度上升。其特点主要是改善淀粉糊的耐热、耐酸、抗剪切能力。交联变性淀粉常用于罐头食品、冷冻食品、焙烘食品和干制食品，也可用于罐状或瓶装婴儿食品以及水果和奶油的馅饼中，能够满足长时间陈列在货架上承受各种温度变化的要求。添加少量交联淀粉于面制品中，可以明显地增强面制品抗老化的效果。交联淀粉的抗老化效果和添加量大致为正比关系。交联淀粉应用于肉制品中，可增加肉制品的持水性。交联淀粉具有良好的成膜性，可制成可食性保鲜膜，这种保鲜膜可以阻挡外界微生物的介入，还具有极显著的抗氧化作用。

酸变性淀粉：在糊化温度以下用酸处理淀粉改变其性质的产品称为酸变性淀粉。在糊化温度以上酸水解产物和更高温度酸热解糊精产品都不属于酸变性淀粉。酸变后淀粉的化学降解并未生成新的官能团。酸变性淀粉糊化时黏度低，回生程度大，食品工业用于主要用来制糖果及果冻食品，尤其适合软糖、胶姆糖等的生产。酸变性淀粉添加在软糖和果酱中，不但减少了产品甜度，改善了口感，而且缩短了生产周期。酸变性淀粉可以按溶解程度不同做成系列产品，可用作软糖生产填充料，使软糖不黏牙。高度降解的酸变性淀粉用在咖啡伴侣中有好的食用效果。

氧化淀粉：淀粉在酸、碱、中性介质中与氧化剂作用所生成的淀粉衍生物称为氧化淀粉。氧化淀粉使淀粉糊化温度降低，黏度变小而热稳定性增加，产品颜色洁白，糊透明，成膜性好，是较低黏度的增稠剂。氧化淀粉在食品工业应用为添加剂，能代替阿拉伯树胶和琼脂制造胶冻和软糖类食品。应用软化淀粉制造软糖，储存性稳定，比用酸变性淀粉还好。此外，由于黏度低可用于柠檬酪、色拉油和蛋黄酱的增稠剂等。在软糖生产中，氧化淀粉可以用来代替琼脂和果胶等食用胶，降低生产成本。氧化淀粉将比酸变性淀粉浆有更好的清晰度、稳定性及较大的防缩能力，适合于胶姆糖的储存，使储存期大大延长。低度氧化淀粉包裹在油炸食品(如鸡、鸭、各种肉排等)的表面以增加调料的附着性，改善味道。氧化淀粉应用在面制品里能较大程度地增强面团的拉伸收缩比，并且样品中添加少量的氧化淀粉就可以使面制品的感官品质得到很大的提高。氧化淀粉添加到面条里可以使面条的弯曲断条率和蒸煮断条率下降，面汤浊度也大幅度下降。

酯化淀粉：淀粉分子的醇羟基被无机酸及有机酸酯化而得到的产品称为酯化淀粉。酯化淀粉又可分为淀粉无机酸酯和淀粉有机酸酯两大类。其特点是由于这些基团的引入，淀粉糊化温度降低、黏度增大、糊透明度增加、回生程度减少、凝胶能力下降、抗冷冻性能提高，适用于作食品稳定剂、乳化剂和增稠剂等。允许使用于食品工业目前常见的是辛烯基琥珀酸淀粉酯，可作为食品的增稠剂和乳化稳定剂。辛烯基琥珀酸淀粉酯不同于其他的传统食用变性淀粉，特别在水包油的乳浊液中有重要作用。由于它具有的特殊功能，而被广泛应用于各类食品中，如无醇饮料稳定剂、微胶囊粉末制品、软饮料、调味色拉油、酸乳和乳酪、罐头食品、糖果。添加 0.5%～1.0%取代度 0.02 左右的辛烯基琥珀酸淀粉酯能改善酸奶的组织形态、降低离心沉淀率、增加黏度，赋予成品良好的稠度、圆滑的外观和细腻纯正的风味。利用 α-淀粉酶对制得的淀粉酯进行降解处理，酶解后的淀粉酯的乳化力和乳化稳定性都强于阿拉伯胶，是一种良好的乳化稳定剂。在食品工业中常用的另一酯化淀粉是磷酸酯淀粉。磷酸酯淀粉糊的冷冻和冻融稳定性都高，在低温长期储存或重复冷冻、融化，食品组织机构保持不变，也无水分析出，特别适于冷冻食品应用，优于其他种变性淀粉。淀粉磷酸酯具有较强的冻融稳定性、抗凝沉性，较高的膨胀度、透明度，是肉制品生产中常用的黏结剂，对改善肉制品的组织结构有重要作用。磷酸酯淀粉还可显著提高流体稠度，降低流变指数，提供良好的塑性，用于姜膏生产和获得良好的感官状态，可作为姜膏生产中的增稠剂。磷酸酯淀粉应用于食品中，可在常温下延长产品的货架期。

醚化淀粉：醚化淀粉是一类淀粉分子的一个羟基与烃化合物中的一个羟基通过氧原子连接起来的淀粉衍生物。食品中常用的醚化淀粉主要是羧甲基淀粉和羟丙基淀粉，其中羧甲基淀粉在日本和美国已被批准用于食品。它是一种阴离子淀粉醚，具有亲水性强、易糊化、在取代度（平均每个脱水葡萄糖单位中羟基被取代的数量）＞0.1 时能溶于冷水、糊的黏度稳定、透明度高、凝沉性弱、冻融稳定性好等优点。食品工业中应用羧甲基淀粉作为增稠剂、悬浮剂、稳定剂和黏合剂。在饮料和乳制品中适量加入羧甲基淀粉，可增加其稠度和细腻性；如用于果汁饮料中能防止沉淀发生；用于冰淇淋中则冰粒小，组织细腻，可口性好；用于面包和糕点加工，制成品具有优异的形状、色泽和味道，并能延长保存期；用于果酱、沙司、肉汁等食品中，可使其平滑、稠浓、透明。羟丙基淀粉属于非离子淀粉醚，由于淀粉分子中引进了羟丙基基团，增加了亲水性，使淀粉的糊化温度降低，糊黏度增加，糊黏度稳定，凝沉性弱，冻融稳定性高，储存稳定。羟丙基淀粉特别适用于冷冻食品和方便食品中，使食品在储存过程中有良好的保水性。在冷冻过程中，羟丙基淀粉能有效地控制水分的移动，避免大水晶的形成和防止升华所引起的脱水，不影响产品口味。羟丙基淀粉也是良好的悬浮剂，如加于浓缩橙汁中，流动性好，放置也不分层或沉淀。由于它对电解质和不同 pH 影响的稳定性高，适于含盐量高和酸性食品中应用。羟丙基淀粉用作食品增稠剂，使食品在低温储藏时，具有良好的保水性，在肉汁、酱油、甜馅饼、冷食及布丁中，可使食品表面光滑浓稠，清澈透明，适合不同温度下保存，还可用羟丙基淀粉代替明胶做冰淇淋，效果良好，羟丙基淀粉还主要用作增稠剂。

3. 抗性淀粉

所有淀粉食物中都含有抗性淀粉，抗性淀粉的含量取决于淀粉类型、加工方法等。抗性淀粉又称为抗酶性淀粉和抗消化淀粉，是指在健康者小肠中不能被吸收的淀粉及其降解产物，但在结肠内能被微生物发酵利用的那部分淀粉。对人体健康产生广泛的有益作用。目前，抗性淀粉被列为膳食纤维的一种，主要存在于整粒和回生的高淀粉类食物中。由于抗性淀粉在预防Ⅱ型糖尿病、结(直)肠癌和一些饮食相关的慢性病方面作用比膳食纤维强，且可有效克服强化纤维食品呈不良气味、结构粗糙、口感干、缺乏吸引力等弊端，所以它是国际上新兴的食品研究领域，也是最近十几年来碳水化合物与健康关系研究中最重要的一项成果。抗性淀粉作为一种功能性碳水化合物，广泛存在于人类食品中，近年来，其营养保健和调控物质代谢的功能成为食品保健行业研究的热点。抗性淀粉的特点是：分子结构较小，长度为 20～25 个葡萄糖残基，以氢键连接的多分散线性聚糖。影响食物中抗性淀粉含量的因素很多，内因包括植物来源、产地及种植环境、基因类型、食品中其他营养成分的作用、直链/支链淀粉比率、淀粉分子聚合度和淀粉颗粒的大小等；外因主要指对食品的处理方式、加工条件等因素；人体对淀粉的消化能力受年龄、生理状况等影响也存在相当大的差异，都会影响实际到达结肠部位的抗性淀粉的含量。Englyst 等(1992)根据淀粉来源和抗酶解性的不同，将抗性淀粉分为 4 类：物理包埋淀粉、抗性淀粉颗粒、老化淀粉和化学改性淀粉。物理包埋淀粉本身并不具有淀粉酶抗性，是由于淀粉颗粒存在于未研磨的或部分研磨的谷类中植物细胞壁内，在完整植物细胞壁的保护下，在消化过程中不能接触淀粉酶从而不被分解。抗性淀粉颗粒为生淀粉，这类淀粉由于特殊的构象式晶体结构(B 型 X 射线衍射图谱)而具有天然抗酶性，主要存在于生的马铃薯、豌豆和绿香蕉中。老化淀粉，这类淀粉是通过食品加工(加热)引起淀粉的化学结构、聚合度和晶体构象方面发生改变，在冷却中淀粉颗粒再聚集成晶体结构而形成的。食品加工的状况(加热、油炸等)能极大地改变食物中老化淀粉的含量。老化淀粉常见于放冷的米饭、面包等食物中。化学改性淀粉是指通过物理或化学变性引起分子结构变化的改性淀粉。化学改性对抗性淀粉的形成有促进作用。研究发现淀粉化学改性可大大降低其消化性，如糊精化、氧化和醚化可大大降低淀粉的消化程度，并随取代度的增加而降低，而且化学改性可促进分子间的聚集而提高老化淀粉的产量。

1)抗性淀粉的制备

物理包埋淀粉是由于细胞壁的屏障作用或其他物质的包埋而不能被淀粉酶水解的一类淀粉。物理包埋淀粉的含量受加工方式的影响比较大，加工时的粉碎、碾磨、加热处理均可改变它在淀粉中的含量。蛋白质对淀粉颗粒具有包埋作用，在制备物理包埋淀粉时需考虑淀粉颗粒外包膜(细胞膜或蛋白质)在加工过程中的完整性。抗性淀粉颗粒是天然具有抗酶解性的一类淀粉，抗性淀粉颗粒的抗酶解性是由于其特殊的 B 型晶体构象结构对淀粉酶有抗性形成的。抗性淀粉颗粒的制备原理是由于天然淀粉都是比较难消化的，对含有天然淀粉的植物进行特定的培育，提高直链淀粉的比例从而提高抗性淀粉含量，再经过淀粉酶处理可得到纯净的抗性淀粉颗粒。老化淀粉被定义为糊化后在冷却或储存过程中重新结晶而难以被酶解的一类淀粉。这类淀粉通过加热处理引起淀粉的颗粒结构、聚合度及晶体构型发生改变，直链淀粉溶出且冷却后重新结晶，形成的重结晶晶体对酶有高度的抗性。制备老化淀粉的方法通常有热处理法和脱支法，或者热处理法和脱支法相结合的方法。例如，在淀粉压热处理前，用酶进行脱支处理，可以得到高含量的抗性淀粉。热处理法是在一定温度和压力下处理淀粉乳的方法，又分为压热(湿热)处理法、蒸汽处理法、微波辐射法、螺杆挤压法、超高压处理法等，脱支法又分为酸脱支法和酶脱支法，利用酸或者酶水解淀粉分子生成更多的游离直链淀粉，在直链淀粉冷却回生时重新结晶形成抗性淀粉。酶脱支法效果强于酸脱支法，普鲁兰酶为最常用的脱支酶。化学改性淀粉：经物理或化学改性后，由于分子结构中引入一些化学基团而产生抗酶解性质的一类淀粉。通过物理变性和化学变性能得到高含量的抗性淀粉。化学改性抗性淀粉主要由植物基因改造或用化学方法改变淀粉分子结构所产生的，如乙酰基淀粉、羟丙基淀粉、热变性淀粉及磷酸酯淀粉、柠檬酸酯淀粉、酸水解淀粉等。物理改性方法主要有压热(湿热)处理法、微波辐射法、螺杆挤压法、脱支法等。

　　2)抗性淀粉对机体能值的影响

　　抗性淀粉在小肠内不被消化吸收，到达大肠后，在大肠细菌的作用下，能够被全部发酵，产生可被吸收的短链脂肪酸，如乙酸、丙酸、丁酸等，进入血液到达肝脏合成葡萄糖等供给机体利用，这部分能量值较低。在小肠内抗性淀粉具有和不溶性非淀粉多糖相似的功能，抑制葡萄糖的释放。抗性淀粉能影响其他营养物质的消化和代谢，如蛋白质、淀粉、脂肪、葡萄糖等。用抗性淀粉喂养猪和鼠，发现抗性淀粉能显著增加猪粪便中氮的排泄量从而减少了氮的吸收量，抗性淀粉能增加鼠粪便中氮的排泄量而不影响尿氮的排泄，且小鼠粪便中淀粉含量比对照小鼠的显著提高。抗性淀粉能增加大鼠粪便的体积，这对于预防便秘、肠憩室病以及肛门、直肠机能失调很重要。

　　3)抗性淀粉对大肠健康的影响

　　大肠癌的发生是一个多步骤的生物学过程，饮食因素和化学药物预防的作用原理在于改变癌前病变的生物学，进而减慢或阻断癌变过程。饮食因素大概在结肠因素中起50%的作用，而家族遗传性因素起大约16%的作用。通过流行病学研究，在明确病因及癌变机理之前，有可能通过改进生活方式来预防大肠癌。通过膳食中存在的天然抗癌成分来防癌是最有效的方法。膳食纤维、某些维生素和矿物质的防癌作用已被证实，而主食成分中抗性淀粉的发现是目前研究的热点，并以其降低肠道pH、诱导肿瘤细胞凋亡、预防结(直)肠癌的作用大于膳食纤维而引起广泛关注。另外，抗性淀粉在有效控制体重、保持体内能量平衡、控制餐后血糖防治糖尿病、促进无机盐吸收、治疗婴幼儿腹泻、改善脂质构成、减少血清胆固醇和甘油三酯、预防脂肪肝等方面也发挥有益作用。

　　抗性淀粉在小肠里不被或少部分被吸收，大部分进入大肠内完全发酵产生短链脂肪酸和气体。乙酸、丙酸和丁酸是肠道中含量最高的短链脂肪酸。其中丁酸对大肠健康起主要作用。结肠黏膜细胞的主要能量来源是乙酸、丙酸和丁酸，其中丁酸占比超过60%。丁酸能抑制结肠和直肠上皮细胞过度增生和转化，降低结、直肠癌的发病风险。细胞过度增生是癌症的早期变化，结、直肠上皮细胞过度增生有导致结、直肠癌的风险。细胞凋亡诱导肿瘤和癌症的发生，丁酸调节细胞凋亡，并诱导人结肠癌细胞向程序化死亡的方向转化，降低其生长速率。丁酸能发挥抗炎症和抗腹泻作用，预防和改善溃疡性结肠，调节结肠中水钠吸收。抗性淀粉通过促进肠道内益生菌的生长和繁殖能改变大肠内肠道菌群的构成。此外短链脂肪酸的产生降低了肠腔内pH，肠道pH的降低可以抑制腐生菌的生长。

　　4)抗性淀粉对血糖的调节作用

　　膳食因素对血糖调节十分重要，而血糖升高与葡萄糖吸收的速度有关。食物血糖生成指数高的食物进入胃肠道后消化快、吸收率高，葡萄糖迅速进入血液引起血糖峰值高；而食物血糖生成指数低的食物则相反。由于抗性淀粉在小肠内只有少部分能消化，大部分进入大肠里发酵，因此抗性淀粉引起餐后血糖的波动较小，属于食物血糖生成指数低的碳水化合物。人们对抗性淀粉和糖尿病的关系进行了大量的研究，并认为长期摄入含有抗性淀粉的食物能够降低慢性病发病的危险因子包括降低血糖、胰岛素水平，改善正常人、糖尿病患者及超重个体餐后血糖状况。

5）抗性淀粉对胆固醇代谢的影响

抗性淀粉可以降低胆固醇的吸收。Ranhostra 等在田鼠日粮中分别不加纤维、加作为抗性淀粉的纤维和加纤维素，4 周后，与食用不加纤维的田鼠相比，食用加抗性淀粉日粮的田鼠血清总胆固醇要低 16.2%，食用加纤维素的则要低 13.1%，食用加抗性淀粉日粮的田鼠血清中甘油三酯含量比食用含天然淀粉日粮的田鼠小将近 50%。用含 40%抗性淀粉的饲料喂养胆固醇和甘油三酯含量高的小鼠几个星期，模型小鼠的血清中胆固醇和甘油三酯调整到正常水平。使用抗性淀粉的剂量越高，降低血清中总胆固醇浓度的作用越明显。抗性淀粉还可以降低肝脏胆固醇的合成。抗性淀粉降低肝脏胆固醇的合成主要是通过其发酵产生的短链脂肪酸来实现的。抗性淀粉在盲肠和结肠发酵产生大量的短链脂肪酸，并且这些短链脂肪酸可以经过门脉循环稳定地吸收入肝脏，而吸收入肝脏的短链脂肪酸可以降低肝脏胆固醇的合成。丙酸可能是抗性淀粉降低肝脏胆固醇合成的有效物质之一。首先，体外试验发现，丙酸可以抑制动物肝脏胆固醇的合成。丙酸对肝细胞胆固醇合成的抑制作用可能是由于丙酸抑制以乙酸为前驱体物质的胆固醇合成。乙酸可能是真正抑制肝脏胆固醇合成的关键物质。抗性淀粉可以显著提高肠道乙酸的产量。并且肠道中的乙酸可以经过门静脉被吸收入肝。而吸收入肝的乙酸可以抑制肝脏胆固醇的合成。乙酸可以降低血清总胆固醇浓度，可能是由于乙酸可以降低和胆固醇合成相关的酶水平或活性。研究表明大米来源的抗性淀粉降低血浆和肝脏中胆固醇含量的作用更显著。

6）抗性淀粉对矿物质吸收的影响

抗性淀粉进入大肠内完全发酵产生短链脂肪酸和气体，短链脂肪酸降低肠道 pH，提高矿物质在肠道的溶解度，形成的可溶物易通过扩散与主动吸收从上皮细胞吸收，此外短链脂肪酸促进盲肠壁的增大，使矿物质吸收的表面积增大。

4. 变性淀粉的安全性评价

变性淀粉以其性能及用途的多样性已应用于食品生产领域的各个方面。食用变性淀粉作为食品加工中不可缺少的原料、辅料、添加剂和改良剂，在现在食品工业中扮演着越来越重要的角色，其食用安全性无疑会成为影响食品安全卫生的重要因素。

1）变性淀粉分类及食用变性淀粉的安全问题

变性淀粉按不同的变性处理方法主要分为三类：①物理变性淀粉：包括油脂变性淀粉、糊化淀粉、烟熏淀粉、超高频辐射处理淀粉、挤压变性淀粉等；②酶法变性淀粉：包括直链淀粉、抗消化淀粉、糊精等；③化学变性淀粉：包括糊精、酶变性淀粉、氧化淀粉、交联淀粉、酯化淀粉、阳离子淀粉、醚化淀粉、接枝淀粉等。表 6-4 列出了一些主要变性淀粉在食品中的应用，从中可知变性淀粉几乎应用于食品领域的各个方面。化学变性淀粉因品种众多，理化特性优越，在食品工业生产中应用最广泛。

表 6-4　主要变性淀粉类型及其应用

变性方式	反应类型	反应产物	在食品中应用
物理变性	预糊化	α-淀粉	（速溶汤料、速溶布丁等）方便食品、糕点
酶法变性	酶水解	糊精	食品增稠剂、糖料备料、面团改良剂
化学变性	氧化	氧化淀粉	胶冻、软糖生产、食品敷面料、拌粉
	交联	交联淀粉	色拉调味品、罐头食品、甜饼果馅、油炸食品
	酸水解	酸变性淀粉	软糖、果冻、儿童胶冻食品
	酯化	乙酸酯淀粉	婴儿食品、水果饼馅、罐头、焙烤食品等
		磷酸酯淀粉	奶油、奶酪、布丁、冰淇淋、色拉调味品等
	醚化	羧甲基淀粉	果汁、乳饮料、冰淇淋、食品保鲜剂等
		羟丙基淀粉	冷冻和方便食品、肉汁、沙司、浓缩橙汁

在种类繁多的食用变性淀粉中，有一些食用变性淀粉是绝对安全的变性淀粉，如物理变性淀粉、酶解淀粉、酸解淀粉和由酸或酶水解成麦芽糊精，只是简单的减小淀粉的分子量，由大分子变为小分子，在分子结构上没有引入新的官能团，与天然淀粉具有相同的消化性和营养价值。这类变性淀粉像天然淀粉一样，应用于各种食品中，不存在安全性问题。而化学变性淀粉主要由于变性反应过程中化学药品添加与残留产生了安全隐患，其次是生产的安全问题。

2) 变性淀粉的生产安全控制

《食品添加剂使用卫生标准》(GB 2760—2014)中规定了允许添加到食品中的 14 种变性淀粉的使用原则、允许使用的变性淀粉种类、使用范围及最大使用量或残留量，为变性淀粉在食品工业中的应用提供了法规依据。食用变性淀粉的生产安全依据以上法规从以下几方面来控制。

(1) 确定使用的变性淀粉在食品添加剂使用目录内。变性淀粉种类繁多，随着科技不断发展，生物技术的成熟和应用，变性淀粉会得到更好的发展。在新的变性淀粉得到安全验证之前，食用变性淀粉必须选择要在食品添加剂目录中可以查到，不然可以认为目前是不安全的，至少其安全性没有经过验证，其使用是非法的。这是控制生产安全的第一步。

(2) 严格控制化学药品添加与残留量。化学药品的添加量决定了变性淀粉的变性程度或者引入的取代基团的含量，直接影响了变性淀粉的食用安全。当变性淀粉引入的基团取代度过高时，会对人体产生一定的有害作用，如乙酸酯淀粉中乙酰基含量高于 2.5%时被认为是不安全的。变性淀粉作为食品添加剂在各类食品中的使用量在《食品添加剂使用卫生标准》中做了明确规定，超过规定添加量会对人体产生危害。变性反应中使用的化学药品多数对人体有害，反应过程中产生的一些副产物有些是有毒的，因此，对化学变性产品必须进行严格的洗涤处理，消灭化学药品在最终产品中的残留。

(3) 使用符合食品法规要求的原料及辅料。在生产食用变性淀粉时，选择的原料及辅料(化学试剂)必须是国家允许使用的食品级产品。

（4）严格执行国际先进的质量管理体系。坚持引入、通过 ISO 9001 国际质量管理体系认证、ISO 14001 国际环境管理体系认证、HACCP 认证、有机产品体系认证，按 GMP 级生产管理规范要求运作，保障产品生产的食用安全。

（5）保证生产环境清洁、卫生，符合食品规范要求。食用变性淀粉的生产设备采用耐酸、耐碱、耐热及无毒的材料制作，满足食品加工卫生要求；反应容器、输送管道、输送泵及时清洗、杀菌。天然淀粉在储藏过程中会滋生微生物，从而使生物学指标超过规定值，影响变性淀粉的安全性；同时，使用受污染的水及机器设备卫生清理不彻底都会致使微生物发酵，使生物学指标超过规定值。因此必须实行清洁生产，加强环境监控，随时送检、抽检产品，确实卫生指标达标。

5. 国内外关于食用化学变性淀粉法规

变性淀粉大量应用于食品工业在国外已有 70 多年的历史，而国内变性淀粉在食品上的应用才刚刚起步。美国、加拿大、英国等发达国家生产的食用变性淀粉早已得到世界卫生组织（WHO）和联合国粮食及农业组织（FAO）食品添加剂专家委员会的认可，并且许多产品经美国食品药品监督管理局（FDA）审查后，制定出了相应的使用限量和用法。食用化学变性淀粉除要求其本身安全性外，还要考虑其生产过程中化工原料最大添加量、副产物残留量和取代基含量等问题；同时还要考虑产品中微生物含量和重金属含量等指标（刘志皋，1999）。各国对食用化学变性淀粉不同指标规定如下。

1）美国食品化学药典（FCC）

a. 共性指标

砷（以 As 计）　　　　　　　　≤3 mg/kg；

粗脂肪　　　　　　　　　　　　≤0.15%；

总重金属（以 Pb 计）　　　　　≤20 mg/kg；

铅（以 Pb 计）　　　　　　　　≤1 mg/kg；

干燥失重：以谷类淀粉为原料，不超过 15%；以马铃薯淀粉为原料，不超过 21%；以米淀粉和木薯淀粉为原料，不超过 18%；

二氧化硫：不超过 50mg/kg（如大于 10mg/kg，则应在包装标签注明：含二氧化硫）。

b. 特性指标（表 6-5）

表 6-5　特性指标（吴加根和顾正彪，1996）

变性淀粉类型	规定用化工原料及限量	指标限定
酸解淀粉	盐酸、硫酸、硝酸	所用酶必须安全，可用作食品添加剂产品，生产非甜味剂产品，其 DE 值小于 20%
酶解淀粉	α-淀粉酶、β-淀粉酶、糖化酶	
碱法糊化淀粉	氢氧化钠，不超过 1%	
羟丙基二淀粉磷酸酯	氧化氯磷不超过 0.1%，环氧丙烷不超过 10%	1-氯-2-丙醇不超过 3mg/kg
氧化羟丙基淀粉	次氯酸钠：有效氯占淀粉干基不超过 5.5%；过氧化氢活性氧不超过淀粉干基 0.45%；环氧丙烷不超过 25%	1-氯-2-丙醇不超过 1mg/kg

续表

变性淀粉类型	规定用化工原料及限量	指标限定
漂白淀粉(不使淀粉分子发生结构变化,只氧化、洗涤法去除色素类杂质)	过氧化氢和/或过乙酸:活性氧不超过淀粉干基 0.45%;过硫酸铵:不超过 0.075%;二氧化硫:不超过 0.05%;次氯酸钠:有效氯占淀粉干基不超过 0.82%;次氯酸钙:有效氯占淀粉干基不超过 0.036%;高锰酸钾:不超过 0.2%;亚氯酸钠:不超过 0.5%	残留锰(以 Mn 计)不超过 50mg/kg
氧化淀粉	次氯酸钠:有效氯占淀粉干基不超过 5.5%	最大氧化度使淀粉分子中每 28 个葡萄糖残基上含有 1 个羟基
乙酸酯淀粉;乙酰化二淀粉己二酸钠;磷酸酯淀粉	乙酸酐或乙酸乙烯酯己二酸酐不超过 0.12%;乙酸酐磷酸二氢钠辛烯基琥珀酸酐不超过 3%,再用 α-淀粉酶处理	乙酰基含量不超过 2.5%;残留磷酸盐(以 P 计)不超过 0.4%
羟丙基淀粉	环氧丙烷不超过 25%	1-氯-2-丙烷不超过 1mg/kg

2)美国食品药品监督管理局变性淀粉标准

美国食品药品监督管理局对淀粉的化学变性所使用的试剂规定了极限。几种变性淀粉处理试剂极限标准见表 6-6。

表 6-6 试剂极限标准(孙亚男和赵国华,2005)

处理方式	项目及限量	限定指标备注
漂白处理	活性氧 <0.45%;过硫酸铵 <0.075%;二氧化硫 <0.05%;氯(如次氯酸钙)<0.036%(相对于干基淀粉);氯(如次氯酸钠)<0.01802kg 氯/kg 干淀粉	残余锰酸盐(按 Mn 计)<0.005%
酯化处理	己二酸酐 <0.12%及乙酸酐;1-辛烯基琥珀酸酐 <3%;1-辛烯基琥珀酸酐 <2%和硫酸铵 <2%;三氯氧磷 <0.1%;三氯氧磷 <0.1%,乙酸酐 <8%或乙酸乙烯酯 <7.5%;琥珀酸酐 <4%	残余磷酸盐(按 P 计)<0.4%;乙酰基 <2.5%
酯化和醚化处理	丙烯醛 <0.6%,环氧氯丙烷(表氯醇)<0.3%;表氯醇 <0.1%,环氧丙烷 <10%;两者混在一起添加或依照次序加表氯醇 <0.1%,再加环氧丙烷 <25%;乙酸乙烯酯 <7.5%,表氯醇 <0.3%;琥珀酸酐 <4%,表氯醇 <0.3%;乙酸酐三氯氧磷 <0.1%,环氧丙烷 <10%	残留氯丙醇不超过 0.0005%;乙酰基 <2.5%

3)欧盟食用变性淀粉法规

欧盟食用变性淀粉所定法规与美国 FCC 和 FDA 变性淀粉标准基本一致,在共性指标上有一些不同。欧盟规定:砷(以 As 计)不超过 1mg/kg,铅(以 Pb 计)不超过 2mg/kg。

4)中国食用变性淀粉法规

在中国,变性淀粉应用于食品工业仍属起步阶段,还没有完整、规范的食品用变性淀粉的法规。

我国食品添加剂委员会分别于 1986 年 l2 月、1988 年 8 月、1990 年 7 月将淀粉磷酸酯钠(磷酸酯淀粉)、羧甲基淀粉(钠)、羟丙基淀粉列入食品添加剂范畴;1990 年 11 月还就乙酰化二淀粉磷酸酯、羟丙基二淀粉磷酸酯、磷酸化二淀粉磷酸酯三种淀粉衍生物制定相关法规和它们在一些食品中的建议使用量(孙亚男和赵国华,2005)。相关卫生指标:

砷(以 As 计)不超过 3mg/kg;

铅(以 Pb 计)不超过 1mg/kg;

细菌总数不超过 100 个/1g;

大肠菌群不超过 30 个/100g。

产品中不能检测出致病菌。表 6-7 列出了中国对几种变性淀粉的规定。

表 6-7 几种变性淀粉的特性指标(吴加根和顾正彪,1996)

变性淀粉类型	化工原料及限量	特性指标
乙酰化二淀粉磷酸酯	多偏磷酸钠,乙酸酐	磷含量不超过 0.04%,乙酰基含量不超过 2.5%
羟丙基二淀粉磷酸酯	多偏磷酸钠,环氧丙烷不超过 10%	磷含量不超过 0.04%
磷酸化二淀粉磷酸酯	多聚磷酸钠,多偏磷酸钠	磷含量不超过 0.4%,其中交联磷不超过 0.04%

6. 化学变性淀粉的毒性及安全性研究

食品营养学家对交联淀粉(己二酸或磷酸交联)进行了体外和体内消化性试验,结果发现,取代度很低的交联淀粉其消化性、热量值与未变性原淀粉几乎相同,无明显差别。在对酯化淀粉和醚化淀粉的体外消化试验中,相对于未变性淀粉消化率 100% 来说,随酯化和醚化取代度提高,其消化率下降,但进行体内消化率试验,发现其消化率与未变性原淀粉相同。研究人员 Anderson 用质量分数为 0.03%～0.1% 的三氯氧磷处理糯玉米淀粉,得到磷酸交联双淀粉,然后用含有磷酸交联双淀粉的饲料喂养刚降生 3 天的小猪,用酸水解糯玉米淀粉作对照,25 天后,饲喂变性淀粉的小猪的增重和对照组没有统计学上的差别。两组动物血清胆固醇、三酸甘油酯、钙、磷、磷酸酯酶、尿素氮、总蛋白、清蛋白和球蛋白的含量是相同的。而用高含量交联淀粉饲料喂养大小鼠,结果发现大小鼠的盲肠增大。此外,采用含乙酸酯淀粉饲料和含有 5 种变性淀粉的饲料(环氧氯丙烷交联羟丙基淀粉、乙酰化二淀粉磷酸酯、乙酰化二支链淀粉磷酸酯、淀粉乙酸酯、磷酸化二淀粉磷酸酯)喂养老鼠,均发现当饲料中变性淀粉含量高时,老鼠体内会有轻微骨盆肾钙质沉着症。用小鼠做的慢性毒性试验结果表明,食用变性淀粉不具有致癌性,但摄入过多的食用变性淀粉可能会增加体内矿物质的沉淀,并伴有盲肠增大。除了变性淀粉、乳糖、牛奶等许多食品都会引起小鼠骨盆肾钙质沉着症,因为它们加快肠道内对钙的吸收,钙的吸收增加可导致尿液分泌增加,而尿液分泌的增加使动物易于发生肾盂的钙沉淀。摄入过多的食用变性淀粉在小鼠胃肠等消化道内消化慢,未消化的淀粉进入盲肠,增大了肠的渗透压,导致盲肠扩大。这种盲肠增大是一种适应性变化,它涉及能降解食物成分的大肠微生物增殖,当这些不易消化的物质从食物中去除后盲肠又逐渐恢复到正常尺寸（侯汉学等，2002）。人体并没有明显感受到食用变性淀粉对试验小鼠产生的这种影响。在人类食品中，变性淀粉的添加量很少超过 5%，因此每日摄入少于 1%。大量的研究结果表明，在使用限量范围内的食用变性淀粉的安全性与未变性淀粉相同。

第二节　活　性　肽

　　我国是世界上稻谷产量第一大国，随着我国国民经济的持续发展和人们生活水平的不断提高，我国居民对稻米的食用品质提出了越来越高的要求。一方面造成优质稻米的需求日益增加，使得低品质稻米如早籼米和陈米很少被直接食用；另一方面造成稻米过度精加工，使得碾米和抛光工艺中碎米率大幅增加，达 40% 以上。这部分不适合直接食用的早籼米、陈米和碎米正好满足工业生产的要求。随着我国稻谷产量的不断增长，工业消费稻米的比例将不断提高。但由于我国稻谷深加工和综合利用水平较低，产品技术参数与美国、日本等发达国家有很大的差距，使得产品附加值不高，市场竞争力差。世界发达国家稻米深加工的实践证明，稻米深加工不仅可使稻米资源增值 5～10 倍，而且稻米深加工是现代高新技术的集中体现，是企业获得高利润的有效途径，所以发展稻米深加工是一种必然的趋势。

　　稻米蛋白富含赖氨酸，且具有低过敏性，其品质优于小麦蛋白和玉米蛋白。大米蛋白的氨基酸组成模式优于酪蛋白和大豆分离蛋白，能够满足 2～5 岁儿童的氨基酸需求，非常适合开发婴幼儿食品。此外，大米蛋白还可加工成高蛋白粉、蛋白饮料、蛋白胨和蛋白发泡粉等，若将其降解成短肽或氨基酸，则可制成营养价值极高的功能性活性肽和氨基酸营养液，从而用于保健饮料、调味品、食品添加剂等。虽然稻米蛋白是公认的优质植物蛋白，但相比其他植物蛋白如大豆蛋白和小麦蛋白，目前对于稻米蛋白结构和性质的研究还相对有限。本章主要介绍稻米活性肽的营养价值与生理活性。

　　1902 年，伦敦大学医学院的 Bayliss 和 Starling 从动物的肠胃中发现了一种碱性多肽，它具有促进胰液分泌的功能。这是人们第一次发现活性肽类物质。生物活性肽是一段由多个氨基酸彼此通过酰胺键缩合而成，具有特定氨基酸序列的肽段，它是介于氨基酸与蛋白质之间的分子聚合物，具有蛋白质的理化特性和特殊的生理功能，且比氨基酸更易被机体吸收。当前获得生物活性肽的途径主要有：①从天然生物体中分离提取；②通过酸、碱水解蛋白质制取活性肽；③酶法水解蛋白质获得活性肽；④利用化学合成、基因重组等方法制取活性肽。天然生物体中活性肽含量较少，且提取难度大，不能满足大规模的需求；化学合成法所得高纯度肽，又有成本高且副产物对人体作用机理不明的特点；研究表明，采用适当的蛋白酶水解蛋白质，可获得大量的具有多种生物功能的活性肽，且其成本低、安全性较好、便于工业化生产。

一、大米活性肽的生理活性

　　大米活性肽是采用大米蛋白或其浓缩液经蛋白酶作用，再经特殊工艺处理获得的一种具有特异生理活性的小分子肽段。大米活性肽主要含有肽分子混合组分及少量的游离氨基酸、小分子糖类、水分和无机盐。

(一)稻米蛋白抗氧化肽

1956 年英国科学家 Harman 提出了自由基理论之后，随着自由基生命科学研究的不断进展，氧化应激损伤和抗氧化保护作用的研究得到了人们的日益关注，当前医学研究位列前三的心血管疾病、肿瘤和衰老均被认为与氧化应激损伤及自由基代谢失调相关。因此在人们的日常膳食中，将抗氧化剂作为食品添加剂使用，可以降低自由基对人体的危害及氧化带来的损伤。目前食品行业使用量较大的是化学合成的抗氧化剂，因它具有明显的毒副作用，人们开始将目光转向天然抗氧化剂的研究。

1. 抗氧化肽的抗氧化机理

关于抗氧化肽的作用机制，有研究指出，与疏水性氨基酸、酸性氨基酸和抗氧化氨基酸及其蛋白质构象有密切的关系。疏水性氨基酸如缬氨酸、丙氨酸、异亮氨酸的非极性脂肪烃侧链可使抗氧化肽与疏水性多不饱和脂肪酸的相互作用增强，疏水性氨基酸肽通过结合氧或抑制脂质中氢的释放延缓脂质过氧化链的反应，起到保护脂质体系、膜质完整性的作用，从而达到抗氧化的效果。Rajapakse 等(2005)研究发现，当植物源多肽的 N 端是疏水性氨基酸，尤其是亮氨酸或缬氨酸时，其抗氧化活性较高。此外，抗氧化肽的抗氧化活性还与多肽的分子量、金属盐络合及给抗氧化酶提供氢有关。目前发现的抗氧化肽含有的氨基酸残基数大多小于 20。研究指出，若肽段过长，具有抗氧化活性的丙氨酸、亮氨酸未能呈现在肽段的 C 端或 N 端，则显示不出较强的抗氧化性；Kunio 等(2000)研究表明，生物活性肽可以螯合金属离子，进而抑制以金属离子为辅酶或者辅基的脂质过氧化反应，达到抗氧化的效果；又有研究学者指出，抗氧化肽的抗氧化活性还与活性肽中含有的可与自由基反应的供氢基团有关，如具有供氢能力的色氨酸和酪氨酸将氢原子给予自由基后，本身成为自由基中间体并借助共振求得稳定，该中间体越稳定，越有利于前驱体清除自由基，进而终止或减慢自由基链反应，起到抗氧化的作用。也有研究分析，抗氧化肽可通过与胞外特异受体结合从而改变受体构象，进而引起下游胞内第二信使的结合状态发生改变，最终引起氧化应激相关蛋白的表达变化，调控细胞抵抗氧化损伤。

2. 稻米抗氧化肽的研究现状

抗氧化肽的种类很多，目前研究的主要是天然抗氧化肽和动、植物蛋白源抗氧化肽三类，其中酶解动植物蛋白是获得抗氧化肽的主要来源之一。目前，国内对植物源的抗氧化肽的研究主要集中在大豆、黑豆、麦胚、玉米、花生、大米等。需要指出的是，关于大米多肽的抗氧化活性研究目前还少见报道。玄国东(2005)利用碱性蛋白酶水解米糟蛋白制备抗氧化肽，水解产物具有较强的还原能力，同时对米糟蛋白水解物、茶多酚、BHA、维生素 C 等四种物质进行了 DPPH 自由基清除能力比较实验，结果表明米糟蛋白水解物的 DPPH 自由基清除能力与 BHA 相当。王戈莎(2008)在对比蛋白酶 N 和碱性蛋白酶水解所得粳米肽和糯米肽的降胆固醇活性及抗氧化活性的基础上，采用制备型 RP-HPLC 分离纯化了蛋白酶 N 水解所得粳米肽，经过 RP-HPLC 分离后主要得到 14 个峰。其中，组分 6 具有最高的·DPPH 清除率，组分 2 具有最高的·OH 清除率，组分 4 具有最高的 O_2^- 清除率。张君慧（2009）采用中性蛋白酶水解大米蛋白浓缩物制备抗氧化肽，经 SP-Sephadex C-25、Sephadex G-15 和半制备 RP-HPLC 分离纯化，结合 TOF-MS/MS 和氨基酸分析仪得到 F3b 和 F3c 两个分子量约 1000 的短肽，进一步验证发现 F3b 能够抑制亚油酸体系的自动氧化过程，其抑制效果甚至强于 α-生育酚。蒋艳（2012）采用风味蛋白酶水解碎米，在最优条件下得到碎米抗氧化肽粗品得率为 58.21%，采用葡萄糖凝胶分离纯化碎米抗氧化肽后得到碎米抗氧化肽的分子量分布为 790~1480。而从米渣蛋白中分离鉴定出部分具有抗氧化功能的活性肽，也被验证除具有较强的体外清除自由基的能力，还能对过氧化氢引起的血管内皮细胞 HUVEC 氧化损伤具有一定的保护作用。此外，还有韦涛等利用营养丰富的小米糠作为基质，以纳豆芽孢杆菌为发酵菌株进行固态发酵提取米糠抗氧化肽，多肽提取量为 71.33mg/g，多肽对自由基·DPPH 的清除能力呈浓度依赖性，浓度高的实验组清除能力最强，当清除 50% 的自由基时浓度为 0.12mg/mL。Phongthai 用胃蛋白酶和胰蛋白酶体外消化有机米糠，收集上清冷冻干燥后得到米糠蛋白水解物，通过超滤分离得到三个不同分子量的组分，比较它们的抗氧化效果之后发现，分子量小（<3kDa）的肽段具有较高的抗氧化活性，同时酪氨酸与苯丙氨酸的含量也会影响其对自由基·DPPH 和 $ABTS^+$ 的清除。

3. 稻米抗氧化肽的抗氧化活性

大米抗氧化肽对氧化损伤 HUVEC 具有保护作用，光镜观察结果显示，正常对照组[图 6-8（a）]细胞呈梭形或多角形，大小均匀，边缘清晰，单层镶嵌排列，胞浆丰富，细胞核位于细胞中央，呈圆形或椭圆形，并有多个核仁，细胞生长良好，贴壁牢固，细胞间紧密连接；H_2O_2 损伤组[图 6-8（c）]细胞收缩变圆，胞体变小，细胞间隙增大，胞核变得模糊，细胞膜边缘模糊不清，细胞脱落现象明显。大米抗氧化肽保护组[图 6-8（d）]HUVEC 细胞活力显著高于氧化损伤模型组，细胞存活率也显著高于氧化损伤模型组，细胞形态相比于氧化损伤模型组更趋于正常、完整，细胞结构相比于氧化损伤模型组，细胞器数量更丰富，形态更健康。

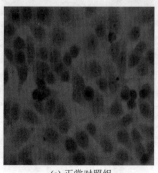
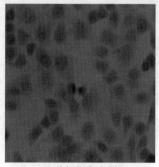

(a) 正常对照组　　　　　　　　(b) 抗氧化肽对照组

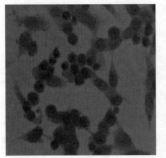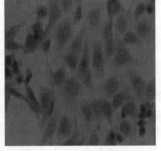

(c) H₂O₂损伤模型组　　　　　　　　　　　(d) 抗氧化肽保护组

图 6-8　大米抗氧化肽对氧化损伤的 HUVEC 形态变化的影响

　　经 Hoechst 33258 染色后，正常细胞[图 6-9(a)]的细胞核会呈现正常的蓝色，而凋亡细胞[图 6-9(c)]的细胞核则会呈致密浓染，或呈碎块状致密浓染，颜色发亮。正常对照组[图 6-9(a)]细胞呈浅蓝色荧光，浅染；核仁清晰，胞质铺展，并能清楚地观察到细胞核内核仁的位置，也能观察到正在分裂的细胞核(白色箭头所示)，说明正常对照组细胞处于生长旺盛期；抗氧化肽对照组[图 6-9(b)]细胞形态与正常对照组细胞形态相似，也可明显观察到正在分裂的细胞核及细胞分裂过程，说明抗氧化肽对照组细胞也处于生长旺盛期；H₂O₂损伤模型组[图 6-9(c)]细胞呈致密浓染，且相同倍数荧光显微镜下观察其细胞数目显著减少，有大量高强度蓝色亮点；细胞核内核仁凝集在一起呈固缩状态，核仁显色明显加深，核质比增大，细胞核正以发芽起泡的方式形成凋亡小体，最终逐渐形

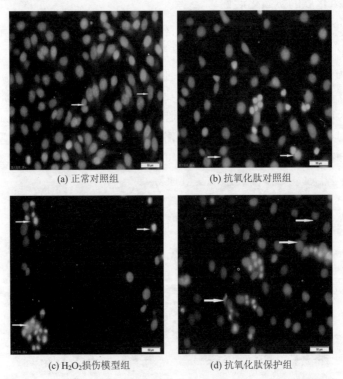

(a) 正常对照组　　　　　　　　　　　　(b) 抗氧化肽对照组

(c) H₂O₂损伤模型组　　　　　　　　　　(d) 抗氧化肽保护组

图 6-9　大米抗氧化肽对氧化损伤的 HUVEC 凋亡形态变化的影响

成核碎片或核质外溢(白色箭头所示);胞质皱缩,出现外溢,且几乎不见分裂期细胞,即其增殖能力明显减弱,说明细胞已是凋亡细胞的典型;抗氧化肽保护组[图 6-9(d)]细胞数目介于正常对照组和 H_2O_2 损伤模型组之间,浅染、浓染细胞都可在视野范围内观察到;浅染细胞与正常对照组细胞形态相似,核仁清晰,胞质铺展;浓染细胞与 H_2O_2 损伤模型组细胞形态相似,核仁固缩,胞质皱缩,出现外溢,可明显观察到核碎片和核质外溢(白色箭头所示)。

Annexin V 检测细胞凋亡的原理是,将 Annexin V 经过绿色荧光 FITC 探针标记,正常细胞内与 Annexin V 反应的磷脂酰丝氨酸只分布于细胞膜的磷脂双分子层内部,因此,如果是长势良好的正常细胞是不会被 FITC 所标记的,即通过流式细胞仪检测正常细胞处于左下象限,而当细胞受到损伤,细胞发生破裂时,细胞质膜内的磷脂酰丝氨酸向外翻出,立即与荧光染料结合,因此早期凋亡细胞分布在右下象限。PI 是一种核酸染料,它不能穿过完整的细胞膜,但是可以通过死亡或者晚期凋亡的细胞膜而对细胞核进行染色,因此晚期凋亡分布在左上象限。抗氧化肽对氧化损伤 HUVEC 细胞凋亡流式检测结果如图所示,在正常细胞中[图 6-10(a)]细胞存活率较高,达到 97% 以上,而抗氧化肽[图 6-10(d)]可以明显抵抗 H_2O_2 带来的细胞氧化损伤凋亡情况,使正常细胞从 55% 增加至 77.7%,有效抵抗了细胞的氧化损伤。

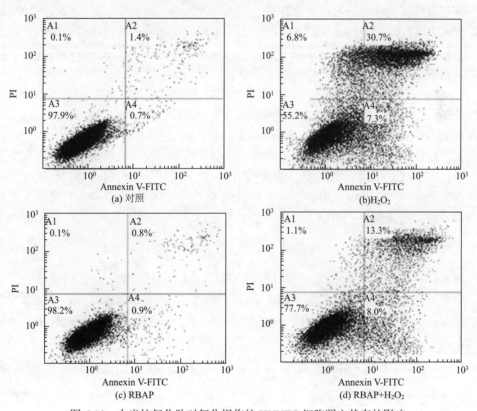

图 6-10 大米抗氧化肽对氧化损伤的 HUVEC 细胞凋亡状态的影响

Western blot 免疫印迹检测结果显示,经过抗氧化肽组[图 6-11(d)]处理的 HUVEC 细胞的 NF-κB 的表达较损伤组明显下调,氧化损伤组的细胞蛋白表达量大幅增多,抗氧化肽对照组细胞[图 6-11(c)]与正常对照组[图 6-11(a)]相比较相差不大,但保护组与氧化损伤组相比较,NF-κB 的表达量明显下调。

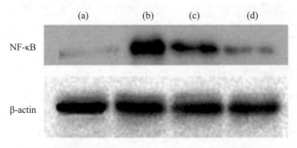

图 6-11　大米抗氧化肽对氧化损伤的 HUVEC 氧化敏感因子 NF-κB 的影响
(a)正常对照组;(b)H₂O₂ 损伤模型组;(c)大米活性肽保护组;(d)大米活性肽对照组

核因子-κB(NF-κB)为氧化应激敏感的转录因子,控制着各种基因的活性,如 TNF-α、iNOS、IL-8、IL-1 等。表明 NF-κB 在防止或减少炎症反应过程中是一个很好的研究因子。在内皮细胞中,存在几个关键细胞转录因子启动子的结合位点,其中包括 NF-κB。要激活 NF-κB 可通过与细胞因子中的特异启动子结合进而调控细胞的表达,这一过程需要受到各种刺激,如低密度脂蛋白、颗粒物、活性氧等参与细胞因子基因的调控。NF-κB 在一定程度上可以抑制蛋白 IκB 的正常状态。但当细胞被细胞因子或内毒素等因子刺激,IκB 的磷酸化被抑制,而 NF-κB 则被活化。NF-κB 转移至细胞核中并激活多种因子的表达,这为细胞的增殖与凋亡的调控提供了重要的靶点。

western blot 实验结果表明:H₂O₂ 刺激细胞时使 NF-κB 表达量上升[图 6-11(b)],抗氧化肽保护组[图 6-11(c)]的表达量有所下调,H₂O₂ 可以进入细胞内对其造成氧化应激,进而刺激 IκB 活化,从而促使 NF-κB 与 IκB-α 的解离,使 NF-κB 进入细胞内,使蛋白表达上调;保护组中的抗氧化肽作为一种极性小分子物质,可以直接进入细胞,而由于肽本身所具有的抗氧化性,当 H₂O₂ 刺激细胞时,抗氧化肽就会发挥自身的抗氧化性来抵御对细胞的损伤,因此保护组的蛋白表达量较 H₂O₂ 处理组的明显降低,说明大米活性肽具有一定的抗氧化保护作用。

(二)稻米蛋白 ACE 抑制肽

高血压是一种以动脉收缩压或舒张压增高为特征的临床综合征,而且是会引起心脏、血管、脑和肾脏等器官功能性或器质性改变的危险因素。血管紧张素转换酶(ACE)是广泛存在于人体组织及血浆中的一种酶,它在血压调节方面有很重要的作用。

1. ACE 抑制肽的作用机理

Cushma 等(1977)提出了一个有关降压肽作用的模型假说,后来许多研究学者都以该模型来解释降压肽的作用机理。ACE 抑制肽是一类具有 ACE 抑制活性的多肽物质,属于竞争性抑制剂,它在人体肾素-血管紧张素系统(reninngiotensin system,RAS)和激肽释放酶-激肽系统(kallikrein-kinin system,KKS)中对机体血压和心血管功能起着调节作用。RAS 和 KKS 的平衡协调对维持正常的血压有关键作用。ACE 在这两种系统中具有非常重要的调节功能,当 ACE 活力升高时会破坏正常体液中升压和降压体系的平衡,使得血管紧张素Ⅱ生成过多、体系中扩张血管物质缓激肽和前列腺素合成减少，导致血压升高。因此，抑制 ACE 的活性对降低血压有着重要的作用。

2. 稻米 ACE 抑制肽的研究现状

研究发现，在具有高活性的 ACE 抑制多肽的结构中，C 端一般具有脯氨酸或疏水氨基酸残基，因此如果蛋白原料中富含脯氨酸或疏水氨基酸残基，有可能通过酶解得到高活性的 ACE 抑制多肽。Saito 等(1994)从酒糟酶解物中分离出具血管紧张素转移酶(ACE)抑制活性的肽，其中以 100mg/mL Arg-Tyr 与 Ile-Tyr-Pro-Arg-Tyr 饲喂高血压大鼠 30h 后仍有降压效果。玄国东(2005)利用胰蛋白酶水解米糟蛋白获得 ACE 抑制活性较强的酶解产物，酶解物经 Sephadex G-15 分离纯化后得到一个分子量为 645.3、一级结构为 Phe-Asn-Gly-Phe-Tyr 的多肽组分。蒋艳(2012)采用风味蛋白酶水解碎米，在最优条件下得到碎米 ACE 抑制肽的抑制率达到 81.4%，粗品得率为 32.9%，采用葡萄糖凝胶分离纯化碎米抗氧化肽后得到碎米抗氧化肽的分子量分布为 390～1090。Uraipong 和 Zhao(2016)从米糠蛋白中分别提取白蛋白、谷蛋白、球蛋白和谷醇溶蛋白后，用四种酶制剂进行水解并检测酶解物对 ACE 的影响，发现米糠白蛋白水解物对 ACE 抑制蛋白的 IC_{50} 值为 5.2mg/mL，抑制率最高，而谷醇溶蛋白的水解物对 ACE 的抑制效果最差。翟爱华则通过建立大鼠高血压模型检测实验室自制的米糠蛋白肽对 ACE 的抑制作用，研究中对高血压大鼠进行灌胃给药、注射给药后发现，相对于空白对照组，给药组的血压下降明显，且给药 2h 的实验组效果最明显。Pooja 等(2017)运用不同的计算机方法，如 BLAST、BIOPEP、PeptideRanker 等评估米糠蛋白，如谷蛋白、球蛋白和醇溶谷蛋白作为生物蛋白肽前段的潜力，与其他蛋白酶相比，木瓜蛋白酶水解之后可以释放出具有较低分子量的抗 ACE 蛋白肽。

3. 稻米蛋白具有类吗啡拮抗和免疫调节作用的活性肽

Takahashi 等(1994)采用胰蛋白酶水解大米清蛋白，获得 Gly-Tyr-Pro-Met-Tyr-Pro-Leu-Arg 肽分子，命名为 Oryzatensin，它具有引起豚鼠回肠收缩、类阿片样拮抗活性和免疫调节活性。它主要是通过激活磷脂酶水解溶血磷脂酸释放花生四烯酸来引起收缩。陈季旺等(2005)从大米蛋白水解物中分离和鉴定出具有类吗啡拮抗作用的活性肽，结构分析证明是五肽。日本有研究报道，以大米中清蛋白为原料，可以通过酶解生成有增强免疫功能的活性肽(八肽)。Foong 等(2015)利用碱性蛋白酶和风味蛋白酶水解大米浓缩蛋白来制备铁结合肽来增加人体对铁的吸收利用，以人结肠癌细胞检测铁的生物利用度，当水解时间为 180min 时，细胞的铁摄取效果最优，此外，随着水解时间的推移，细胞铁摄取的量逐渐增加。Ochiai 等(2016)从米糠蛋白中分离出具有 C 末端酪氨酸残基的三种肽，对酪氨酸酶介导的单酚反应有显著的抑制效果。虽然已经发现大米肽具有一些生理活性，但却未见实际应用。因此，要使之能真正地服务于人类营养和健康，还有许多科学和技术上的问题需要解决。

二、大米活性肽的制备方法

(一)原料的选择

大米蛋白质中必需氨基酸含量丰富，但由于含有较高量的谷蛋白，溶解性差，综合利用率低。作为生物活性肽的一个来源，如抗氧化肽、降压肽和免疫活性肽等，可以提高大米蛋白质的附加值及对大米资源的综合利用率。

(二)酶的选择

在稻米蛋白酶解过程中，正确选择蛋白酶是生产的关键。现有的蛋白酶种类很多，蛋白酶按水解蛋白质的方式不同可分为以下几种。

1. 内切酶

切开蛋白质分子内部肽键—CO—NH—，将蛋白质水解成分子量较小的多肽类。包括动物蛋白酶，如胰蛋白酶、胰凝乳蛋白酶、胃蛋白酶等；植物蛋白酶，如木瓜蛋白酶、菠萝蛋白酶、无花果蛋白酶等；以及微生物来源蛋白酶，如丹麦 NovoNordisk 公司生产的碱性蛋白酶 Alcalase、复合蛋白酶 Protamex、中性蛋白酶 Neutrase 及国产的碱性蛋白酶地衣型芽孢杆菌 2709、中性蛋白酶枯草杆菌 1.398、放线菌 166、栖土曲霉 3.942、酸性蛋白酶、黑曲酶 3350 等。

2. 外切酶

切开蛋白质或多肽分子氨基或羧基末端的肽键，而游离出氨基酸。其中又把作用于氨基末端的称为氨肽酶，作用于羧基末端的称为羧肽酶。如丹麦 NovoNordisk 公司生产的 F 酶就含有外切酶，能够把处于肽链末端的疏水性氨基酸水解出来，降低多肽的苦味。

3. 底物专一性酶

蛋白酶水解蛋白质时，作用部位因形成肽键的氨基酸种类而异。例如，胰蛋白酶的切点是羧基侧为碱性氨基酸(精氨酸、赖氨酸)的肽键；胃蛋白酶要求切点两端有芳香族氨基酸；枯草杆菌碱性蛋白酶要求切点的羧基侧为疏水性芳香族氨基酸(色氨酸、酪氨酸、苯丙氨酸)。这种蛋白酶对切点的特异性要求称为蛋白酶的底物专一性。利用蛋白酶的底物专一性可以定向获得特殊结构的多肽。表 6-8 列出了部分常见蛋白酶的主要切割位点和最适 pH。

表 6-8　一些蛋白酶的切割位点和最适 pH(贾薇，2008)

蛋白酶	来源	最适 pH 范围	主要作用位点
胃蛋白酶	胃黏膜	2~3	Phe-, Leu-
胰蛋白酶	胰脏	7~9	Arg-, Lys-
胰凝乳蛋白酶	胰脏	3~7	Tyr-, Trp-, Phe-, Leu-
木瓜蛋白酶	木瓜果实	5~7	Arg-, Lys-, Phe-X-
菠萝蛋白酶	菠萝果实	5~7.5	Lys-, Ala-, Tyr-, Gly-
Alcalase	Carlsberg 枯草杆菌	6.5~8.5	Ala-, Leu-, Val-, Tyr-, Phe-, Trp
Protamex	Bacillus 杆菌	5.5~7.5	
Flavourzyme	Aspergillus oryzae 米曲霉	5~7	

4. 制备大米活性肽酶的选择

制备大米活性肽具体用何种蛋白酶更加合适，不同的研究，由于采用的酶来自不同生产厂商，酶活力、组成等存在不同，采用的原料也不尽相同，提取工艺也存在差异等诸多因素，结论不能一概而论。例如，王文高等就酶的种类(丹麦 Novozyme 公司的复合风味蛋白酶 Flavourzy 500mg，活力单位 500U/g；中性蛋白酶 Neutrase 0.5L，活力单位 0.5U/g；碱性蛋白酶 Alcalase 2.4L，活力单位 2.4U/g)、液固比、二硫键破坏剂及水解度四个因素取三水平进行以籼米为原料制备大米蛋白的正交实验，结果表明，酶的种类对蛋白质抽提率的影响最大，其中碱性蛋白酶的提取率最高。而葛娜等比较了无锡酶制剂厂生产的酸性蛋白酶(活力单位 50000U/g)，Novozyme 公司生产的中性蛋白酶(活力单位 0.5U/g)、碱性蛋白酶(活力单位 2.4U/g)、复合蛋白酶(活力单位 1.5U/g)由籼米提取大米蛋白的情况发现：酸性蛋白酶提取大米蛋白的提取率最高，提取率可达 91.25%，碱性蛋白酶次之，风味蛋白酶和中性蛋白酶的提取效果最差。周素梅等把脱脂米糠先用水提取，残渣再用蛋白酶作用提取蛋白质。他们比较了 Novozyme 公司的几种酶 Alcalase、Flavourzyme、Neutrase、Protamex 及 Trypsin 6.0 作用的效果和特点发现：由 Alcalase 作用的酶解液有苦味，这使得产品的开发受到限制。Flavourzyme 是一种很好的改善蛋白质水解液的酶，但对米糠蛋白回收率的影响不显著，不适合作为提高米糠蛋白回收率的酶制剂。Neutrase 对米糠蛋白提取率的影响也不是十分显著，但要比 Flavouizyme 的作用略好。Protamex 可显著提高米糠蛋白的提取率，且该酶作用产物没有明显的苦味，是提高米糠蛋白得率、改善产品风味的理想酶制剂。Trypsin 能够显著提高米糠蛋白的提取率，但是酶解液也有苦味，在使用这种酶时，也要考虑和其他酶复合使用。

(三)大米活性肽的特点

许多研究表明，大米活性肽具有以下特点。

(1)营养丰富：含人体所需要的各种氨基酸，提供氨基酸及肽营养。

(2)功能特异：大米活性多肽具有抑制血管紧张素转换酶(ACE)的作用、降低高血压的功能及显著的抗氧化活性。

(3)调节免疫力：大米活性多肽是被国家卫生部批准的具有调节免疫的功能食品。

(4)易吸收：优于氨基酸或蛋白质的吸收。

(5)溶解性：在广泛 pH 范围下完全溶于水。

(6)稳定性：对热稳定，组分不改变。

(7)黏度：较低。

(四)大米活性肽制备实例

1. 大米抗氧化肽的酶解法生产工艺

由于所选用的大米原料及处理方式不同，水解时所用蛋白酶种类不同等多种因素的影响，目前，大米抗氧化肽的生产工艺也不尽相同。下面介绍一种以米渣蛋白为原料，采用中性蛋白酶水解大米蛋白生产抗氧化肽的生产工艺。

1) 工艺流程

中性蛋白酶
↓

米渣→水洗除杂→制备大米蛋白悬浊液→调节 pH→调节温度→酶解→灭酶→离心分离→上清液→真空浓缩→冷冻干燥→大米抗氧化肽

2) 操作要点

(1) 水洗除杂。水洗可除去米渣中的大部分糖分及脂肪。水洗时液固质量比应控制在 7 : 1～9 : 1，温度 70～80℃，时间 30～40min，水洗两次。水洗后米渣蛋白的含量可达 80%左右。

(2) 大米蛋白悬浊液的制备。用去离子水配制大米蛋白悬浊液，浓度为 5～8g 干米渣粉/100mL 乳浊液。

(3) 调节温度和 pH。将大米蛋白乳浊液的温度和 pH 分别调节到所用中性蛋白酶的最适温度和 pH，一般为 35～42℃，pH 中性。

(4) 添加中性蛋白酶。按照 5000U/g 干米渣蛋白粉的量添加中性蛋白酶，混匀后在已调节好的温度和 pH 条件下反应 3.5～4h，使水解度达到 10%～14%为宜。

(5) 灭酶。酶解反应结束后，85℃灭酶 10min，冷却后 5000r/min 离心 15min，上清液即为大米肽液。

(6) 浓缩、干燥。上清液经真空浓缩和冷冻干燥，即得大米抗氧化肽。

所制得的大米抗氧化肽溶解度可达 80%以上，同时黏度大大降低，非常有利于在食品及保健品中添加使用。该产品具有较强的清除羟自由基和超氧阴离子自由基的能力，对双氧水诱导的小鼠红细胞溶血的抑制率可高达 80%以上。

2. 大米 ACE 抑制肽的生产工艺

1) 工艺流程

碎米或米渣→提取米蛋白→粉碎→制备大米蛋白悬浊液→调节 pH→调节温度→蛋白酶酶解→灭酶→离心过滤→真空冷冻干燥→ACE 抑制肽

2) 操作要点

(1) 原料及其处理。选用碎米为原料时，首先，需进行米蛋白的提取，可采用碱溶酸沉法来提取大米蛋白。选用米渣为原料时，原料需要首先经过水洗除杂。

(2) 粉碎可改善米蛋白的溶解性能，有利于酶解的进行。

(3) 大米蛋白悬浊液的制备。按照料液比为 3～5g 干米蛋白粉/100mL 去离子水的比例配制蛋白悬浊液。

(4) 将大米蛋白悬浊液的温度和 pH 调节到所用蛋白酶的最适作用温度和 pH 条件下。例如，选用风味蛋白酶时，温度应控制在 50℃，pH 为 7.0。应适当控制酶的添加量和酶解时间，确保水解有利于产生高活性的 ACE 抑制肽。

(5) 灭酶。酶解完成后，升温至 90～95℃，保持 10min，以达到灭酶效果。

(6) 离心过滤。3000 r/min 条件下离心 10min，收集上清液。

(7) 浓缩、干燥。上清液经真空浓缩、冷冻干燥，得到 ACE 抑制肽干粉制品。

三、大米活性肽的纯化方法

虽然自然界中许多动植物蛋白在适宜的条件下酶解都能产生生物活性肽，酶法已成为工业化生产生物活性肽的主流方法。但因酶解过程会产生大量分子量相近的肽段，且酶解物是蛋白质、肽和氨基酸的混合体系，因此生物活性肽的分离纯化已成为制约进一步研究活性肽的结构及功能的关键所在。

活性肽的分离纯化大多通过柱层析进行。柱层析技术操作简便，设备不复杂，样品用量可大可小，既可以用于实验室的科学研究，又可以用于工业化生产，利用多肽的分子形状和大小不同、电离性质不同、亲和性不同，可以分别选择分子筛层析、离子交换层析和亲和层析，也可以结合超滤膜过滤筛选不同分子量的多肽。一般来说，根据要分离的样品和各种方法分离样品的不同原理来选用一种或几种方法联用进行样品的纯化，其中最常用的是以下四种。

(一)大孔吸附树脂

这是一类实验室常用的新型非离子型高分子吸附剂，具有吸附和筛选性能，容易再生，在分离纯化蛋白质、多肽和氨基酸等生物活性物质时具有条件温和、设备简单和操作方便的特性。研究证明，在多肽的分离中常用 DA201-C 型非极性的大孔吸附树脂，可取得较好的效果，这类树脂孔表的疏水性较强，可通过与小分子内的疏水部分的作用吸附溶液中的有机物。

(二)凝胶过滤色谱

这是一种根据样品分子量大小分级分离的方法，它是目前最广泛使用的肽分离方法之一，也是所有色谱技术中最简单、条件最温和的方法。用于肽类分离的凝胶种类很多，主要包括交联葡聚糖(Sephadex)、聚丙烯酰胺(Bio-Gel)、交联丙烯基葡聚糖(Sephacryl)、琼脂糖凝胶(Sepharose)和交联琼脂糖(Sepharose CL)，可根据样品的分子量级别选择不同种类及型号的凝胶进行分离，其中 Sephadex 是最常用的一种基质。

(三)离子交换色谱

离子交换色谱是基于溶质分子带不同性质的电荷和不同电荷量，并可在固定相和移动相之间发生可逆交换作用的分离手段。离子交换剂是由基质和带电功能基团构成，其基质主要包括离子交换交联葡聚糖、离子交换琼脂糖凝胶、离子交换纤维素(DEAE-Sephacel)和离子交换树脂，根据基质上所带的功能基团又可分为阳离子和阴离子两类交换剂。在肽的纯化中，由于肽链相对于蛋白质较短，所带电荷强度较弱，大多研究者主要选用具有强带电基团的 SP-Sephadex C-25 进行分离，这种阳离子交换剂由于基质 Sephadex 的存在，在根据电荷强弱分离样品的同时，还具有分子筛的功能。

(四)反相高效液相色谱

在肽的纯化中，最常用也最有效的方法是反相高效液相色谱(RP-HPLC)，它可根据肽的极性大小而达到分离样品的目的。在运用 PR-HPLC 时，溶剂的极性大于固定相，如以十八烷基键合硅胶(ODS 柱)作为固定相,水和甲醇等作流动相的分配色谱过程。由于操作简单,色谱过程稳定,加之分离技术的灵活多变性,反相色谱已成为高压液相色谱中应用最广泛的一个分支。这对于从多肽混合物中选出功能多肽片段和功能片段的氨基酸序列的测定起了关键的作用。前几种方法分离后所得到的肽经 RP-HPLC 后,仍会得到数十个甚至几十个峰,因此,RP-HPLC 是分离纯化肽的最有效方法。

第三节 膳 食 纤 维

膳食纤维(dietary fiber,DF)一词是在 1953 年由 Hipsley 提出,起初并未受到足够重视。到 1972 年 Trowell 等在测定食品中各种营养成分时,将其定义为:不被人体所消化吸收的多糖类碳水化合物与木质素。随着研究的不断深入,膳食纤维的定义一直在不断的讨论和完善中。1999 年膳食纤维被定义为:食物中不能被人体内源酶消化吸收的植物细胞、多糖、木质素及其他物质的总和,这一定义包括食物中大量组成成分如纤维素、半纤维素、木质素、胶质、改性纤维素、黏质、寡糖、果胶及其他小量组成成分(周建勇,2001)。2001 年美国化学家协会给膳食纤维的最新生理学定义:DF 是具有抗消化特性且在小肠中不能被消化的碳水化合物或其类似物。DF 包括一部分不能被消化的多糖、低聚糖及其他植物聚合物。膳食纤维的定义在第 26 届 CCNFDU 会议中得到完善,食品法典委员会同意膳食纤维的定义在化学定义的基础上阐述生理特性,即:膳食纤维指小肠内不能消化吸收、聚合度不小于 3(或 10)的碳水化合物聚合物。膳食纤维应该至少具有以下特点之一:天然存在于所消费食物中的可食用的碳水化合物聚合物,可以由食物原料中经物理、酶或化学法获得的碳水化合物聚合物。

膳食纤维是人体所必需的一种营养素,具有重要的营养作用和保健功能。其被称为"第七大类营养素",膳食纤维与人体健康关系密切,经常适量摄入食物纤维,不仅能减少内脏器官疾病的发生率,同时还能增强身体健康,延长寿命(张文宝,2009)。目前,许多发达国家对膳食纤维的保健作用非常重视,如何正确认识和合理利用膳食纤维,对提升我国人民生活质量和预防疾病有非常积极的意义。

一、膳食纤维的组成

膳食纤维的分类方法有很多,最常用的有以下两种。一种是根据溶解性不同分为可溶性膳食纤维和不可溶性膳食纤维。可溶性膳食纤维指可溶于温水或热水,且其水溶液能被一定浓度的乙醇再沉淀的那部分膳食纤维,主要是细胞壁内的储存物质和分泌物,包括果胶、树胶、葡聚糖、瓜尔豆胶、羧甲基纤维素等;不溶性膳食纤维是指不溶于温水或热水的那部分纤维,主要是细胞壁的组成部分,包括纤维素、半纤维素、木质素和壳聚糖等。水溶性膳食纤维有广泛的生理作用,在许多方面具有比不溶性膳食纤维更强的生理功能。

另一种是根据来源不同的分类,可以分为:①谷物类纤维:主要包括小麦纤维、燕麦纤维、玉米纤维和米糠纤维等,其中燕麦膳食纤维是被公认(包括 FDA)的优质膳食纤维,它能显著降低血液中胆固醇的含量,从而降低心脏病和中风的发病率。②豆类纤维:

比较常用的有大豆纤维、豌豆纤维及瓜尔豆胶和刺槐豆胶等。③水果纤维：一般用于高纤维果汁、果冻及其他果味饮料中，果渣纤维、果皮纤维、全果纤维和果胶等。④蔬菜纤维：研究最多的是甜菜纤维、胡萝卜纤维、竹笋纤维、茭白纤维及各种各样的蔬菜粉等。⑤生化合成或转化类纤维：该类膳食纤维功能突出、性能优越、成分明确和纯度高，是膳食纤维类产品中最受欢迎和应用最为广泛的品种之一，主要包括改性纤维素、抗性糊精、水解瓜尔豆胶、微晶纤维素和聚葡萄糖等；其他类纤维，主要指真菌类纤维、海洋类纤维及一些黏质和树胶等。

二、膳食纤维的结构与主要成分

（一）纤维素

纤维素(cellulose)是由葡萄糖组成的大分子多糖。不溶于水及一般有机溶剂，是植物细胞壁的主要成分。纤维素是自然界中分布最广、含量最多的一种多糖，占植物界碳含量的50%以上。纤维素不能被人体肠道的酶所消化。具有亲水性，在肠道内起吸收水分的作用。人类膳食中的纤维素主要存在于蔬菜和粗加工的谷类中，虽然不能被消化吸收，但有促进肠道蠕动、利于粪便排出等功能。

（二）半纤维素

半纤维素(hemicellulose)：是由几种不同类型的单糖构成的异质多聚体，这些糖是五碳糖和六碳糖，包括木糖、阿拉伯糖、甘露糖和半乳糖等。半纤维素木聚糖在木质组织中占总量的50%，它结合在纤维素微纤维的表面，并且相互连接，这些纤维构成了坚硬的细胞相互连接的网络。构成半纤维素的糖基主要有D-木糖、D-甘露糖、D-葡萄糖、D-半乳糖、L-阿拉伯糖、4-氧甲基-D-葡萄糖醛酸及少量L-鼠李糖、L-岩藻糖等。半纤维素主要分为三类，即聚木糖类、聚葡甘露糖类和聚半乳糖葡甘露糖类。在人的大肠内，半纤维素比纤维素易被细菌分解。半纤维素有结合离子的作用，其中的某些成分是可溶的，大部分为不可溶性的，半纤维素也具有一定的生理作用。

（三）果胶

果胶(pectin)是一组聚半乳糖醛酸，它的分子式是$(C_6H_{10}O_7)_n$，天然植物中柑橘类果实果皮中含量最为丰富。柑橘、柠檬、柚子等果皮中约含30%果胶，是果胶的最丰富来源。按果胶的组成可有同质多糖和杂多糖两种类型：同质多糖型果胶如D-半乳聚糖、L-阿拉伯聚糖和D-半乳糖醛酸聚糖等；杂多糖果胶最常见，是由半乳糖醛酸聚糖、半乳聚糖和阿拉伯聚糖以不同比例组成的，通常称为果胶酸。不同来源的果胶，其比例也各有差异。部分甲酯化的果胶酸称为果胶酯酸。天然果胶中20%～60%的羧基被酯化，分子量为2万～4万。果胶是一种无定形的物质，存在于水果和蔬菜的软组织中，可在热溶液中溶解，在酸性溶液中遇热形成胶态。果胶也具有与毒素结合的能力。

（四）树胶

树胶是来自植物和微生物的一切能在水中生成溶液或黏稠分散体的多糖和多糖衍

生物。原指树木伤裂处分泌的胶黏液干涸而成的无定形物质,主要成分为多糖醛酸的钙、镁、钾盐。后来扩展到许多从陆生和海生植物中用水浸提出来的多糖。它可分散于水中,具有黏稠性,可起到增稠剂的作用。

(五)木质素

木质素(lignin)是一种广泛存在于植物体中的无定形的、分子结构中含有氧代苯丙醇或其衍生物结构单元的芳香性高聚物。形成纤维支架,具有强化木质纤维的作用。木质素是由四种醇单体(对香豆醇、松柏醇、5-羟基松柏醇、芥子醇)形成的一种复杂酚类聚合物。木质素是构成植物细胞壁的成分之一,具有使细胞相连的作用。在植物组织中具有增强细胞壁及黏合纤维的作用。其组成与性质比较复杂,并具有极强的活性。人和动物都不能消化,在肠道内,它能作为填充物质,减少肠壁细胞与毒素的直接接触。图 6-12 为不同种类膳食纤维的结构。

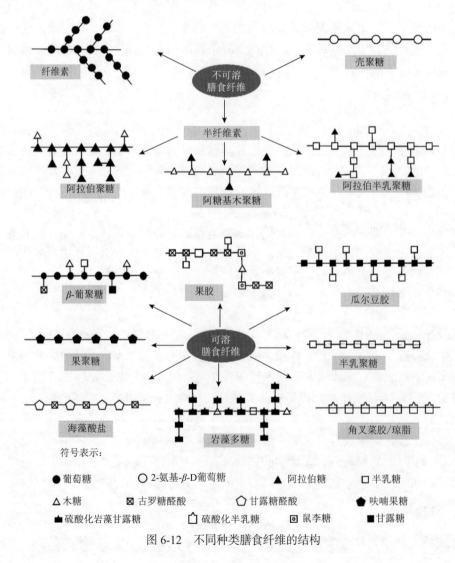

图 6-12 不同种类膳食纤维的结构

三、膳食纤维的理化性质

从膳食纤维的化学结构上来看，构成其分子链的结构主要为单糖分子，似乎并无特别之处。但是，这些不同的单糖分子在排列上和空间上的变化形成的大分子物质，却赋予了膳食纤维独特的理化性质，不同的理化性质也决定了膳食纤维在人体营养与功能上的不同功能。这些性质主要包括：吸水溶胀，梯度黏合，机械隔离，网孔吸附，离子交换，以及菌群调节作用(聂凌鸿，2008；王金亭，2007)。

(一)吸水溶胀作用

膳食纤维的结构中富含许多亲水性基团，这些亲水性基团具有很强的吸水性、保水性和膨胀性。不同品种膳食纤维由于其化学组成、结构及物理特性不同，持水力也不同，变化范围大致在自身质量的 1.5～25.0 倍。许多研究表明，膳食纤维的持水性可以增加人体排便的体积与速度，减轻直肠内的压力，同时也减轻了泌尿系统的压力，从而缓解了如膀胱炎、膀胱结石和肾结石这类泌尿系统疾病的症状，并能使毒物迅速排出体外。

(二)梯度黏合作用

某些膳食纤维如树胶、果胶等可形成胶态，表现出相应的黏性，膳食纤维黏度的大小与其化学结构密切相关，不同品种的膳食纤维所表现出来的黏度也相应不同，如果胶的黏性取决于其分子量和甲醛含量，两者中任何一种减少就会降低其黏度。膳食纤维中纤维、木质素等几乎没有黏性，而果胶、树胶、琼脂等通常表现出较强的黏性，能够形成高黏度的溶液，这种特性称为膳食纤维的梯度黏合作用。

(三)机械隔离作用

由于人体不能消化膳食纤维，膳食纤维可在人体肠道内壁形成具有一定通透性的纤维层，从而对一些大分子物质产生物理性的隔离和过滤效应，这种特性称为膳食纤维的机械隔离作用。

(四)网孔吸附作用

由于膳食纤维具有相当的长度、弹性和强度，因此在肠道中可形成具有一定厚度的网状物，其中的网孔可物理性地吸附某些物质，这种特性被称为膳食纤维的网孔吸附作用。许多试验已表明，由于膳食纤维分子表面带有很多活性基团，可以吸附螯合胆固醇、胆汁酸及肠道内的有毒物质(内源性毒素)、化学药品和有毒医药品(外源性毒素)等有机化合物。膳食纤维的这种吸附螯合作用，与其生理功能密切相关。其中，研究最多的是膳食纤维对胆汁酸的吸附作用，它被认为是膳食纤维降血脂功能的机理之一。在肠腔内，膳食纤维与胆汁酸的作用可能是静电力、氢键或者疏水键间的相互作用，其中氢键结合可能是主要的作用形式。

(五)离子交换作用

膳食纤维化学结构中所包含的羧基、羟基和氨基等侧链基团，可产生类似弱酸性阳离子交换树脂的作用，可与阳离子，尤其是有机阳离子进行可逆的交换，从而影响消化道的 pH、渗透压及氧化还原电位等，并出现一个缓冲的环境以利于消化吸收。膳食纤维可以吸附矿物质元素，这在体外试验及动物生物学吸附试验中已经得到证实。

（六）菌群调节作用

膳食纤维虽不能被人体消化道内的酶所降解，但可被肠道微生物酵解，发酵的程度和速度受纤维的种类、物理形状和食物内容的影响。一般来说，可溶性膳食纤维可完全被酵解，而不溶性膳食纤维难被酵解。同一来源的膳食纤维，颗粒小者较颗粒大者更易降，单独摄入的膳食纤维较包含于食物基质中的更易被降解。酵解可增加肠道酸性，有利于诱导好气性微生物的生长，抑制厌氧微生物的生长，改善肠道菌群，这种特性称为膳食纤维的菌群调节作用。

四、米糠可溶性纤维的提取

米糠多糖存在于稻谷颖果皮层，是米糠丰富生物资源中的一种，属于膳食纤维。其主要构成为半纤维素，为一种结构复杂的水溶性杂聚多糖。国内外科研工作者对米糠多糖的提取进行了大量的研究。三十多年前，日本最早开始进行了米糠多糖的提取实验，包括 RBS（Soma E，1982）、RDP、RON（Takeo S，1988）、RBF-P、RBF-PM（Kawai K，1984）等不同米糠多糖组分。总结国内外米糠多糖的基本分离提取流程如图 6-13 所示。提取可溶性纤维（米糠多糖）的方法包括传统热水浸提法、超声波辅助提取法、高压脉冲辅助提取法、微波辅助提取法等。

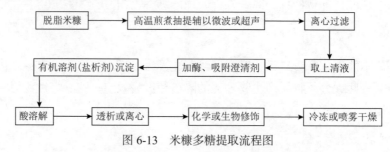

图 6-13 米糠多糖提取流程图

（一）热水浸提法

提取米糠多糖主要是采用热水浸提法。影响提取效率的因素主要有时间、料水比和提取液的 pH 等。俞兰苓等（2006）研究最佳提取条件为：料水比 1∶20，浸提温度 100℃，浸提时间 3h，米糠多糖提取率 1.3%。梁兰兰等（2003）经正交试验得出米糠多糖最佳提取工艺条件为：浸提温度 110℃，料水比 1∶20，浸提时间 5h，粗糖得率在 1.99%～2.29%。姜元荣等（2003）以热水浸提脱脂米糠，通过响应面实验设计法摸索提取条件，得到碱溶性米糠多糖的最佳提取工艺条件为：料水比 1∶10，温度 44.5℃，时间 2.13h，NaOH 浓度 0.53mol/L，提取率 2.32%。我们的米糠多糖提取方法参阅了王梅等（2012）的研究，取其已经优化的提取条件并对蛋白去除方法和干燥方法加以改进，平行进行三次米糠多糖粗提测定实验。具体提取流程为：米糠去除谷皮等杂质→粉碎→10g 粉碎的米糠→加入

200mL 80℃热水中超声(200W)提取 70min→4000r/min 离心 20min→取上清液→加入淀粉酶和蛋白酶静置 4h→4000r/min 再次离心 20min→取上清液→3 倍体积乙醇沉淀→静置→旋转蒸发浓缩→恒温箱 120℃干燥→米糠多糖。

(二)超声波法

俞兰苓等(2006)研究超声波提取米糠多糖,发现米糠多糖提取率随着提取时间加长而升高,但 25min 后提取率增加变缓,因此认为提取最佳时间为 30min;功率在 100～300W,米糠多糖得率随着功率的增大而增大,而 300～500W 的得率变化不大,因此认为最佳的功率为 400W。应用超声波强化提取米糠多糖时,选用 50℃左右的中温比较适宜。

(三)高压电脉冲提取法

马海乐和张连波(2006)研究通过高压电脉冲提取法提取米糠多糖,发现影响提取率的因素有料水比、浸提时间、电场强度等,其中料水比是最重要的影响因素。得到的提取条件是:脉冲数 12,电场强度 45kV/cm,料水比 1:20。

(四)微波辅助浸提法

有研究者采用微波辅助水浸提米糠多糖,得到微波辅助水浸提米糠多糖的最佳工艺条件为:液料比 15:1、pH 5、微波功率 600W、提取时间 40min,提取率达 2.78%,比较热水直接浸提法,显著缩短了提取时间,提高了提取率(朱黎萍等,2005)。

(五)米糠多糖的纯化工艺研究

通过各种方法提取的米糠多糖常含有一定量的蛋白质、色素、植酸等成分,需要去除。

蛋白质去除法:去除米糠多糖中蛋白质的方法有苯酚法、酶法、等电点沉淀法、三氯乙酸法、正丁醇法、Sevag 法、三氟三氯乙烷法等。将三氯乙酸法和等电点法相结合提取米糠多糖,即 30%三氯乙酸调 pH 至等电点。结果蛋白质去除率为 80.6%,多糖保留率为 80.3%(张潇艳等,2008)。

淀粉去除法:去除米糠多糖中的淀粉多采用酶消化法。姜元荣等(2004)采用耐高温 α-淀粉酶 70℃作用 1h,离心沉淀后,加糖化酶 60℃继续作用 1h,用碘试剂检测不到淀粉存在。张铭等用液化酶 95℃水浴处理直到碘反应阴性,然后加糖化酶,50～60℃水浴处理 5h。梁丹霞等(2010)用 α-淀粉酶消化 1h,浓缩后再次加 α-淀粉酶消化 12～17h。

色素植酸去除法:常用的脱色素方法有离子交换法、氧化法、金属络合法、吸附法(硅藻土、高岭土、活性炭)等。姜元荣等(2004)首次用 10% Ca(OH)$_2$ 在 pH 中性条件下从多糖中分离出植酸。

(六)不同多糖成分的分离方法

米糠中存在多种类型的多糖。除去上述杂质后的米糠多糖仍不是一种均一成分,仅代表相似链长的多糖分子量的平均分布。用于大分子多糖及多糖类复合物分离纯化的方法有分步沉淀法、金属络合物法、离子交换法、分子筛层析法、亲和层析法和色谱技术等。

五、米糠多糖纯化与分析

(一)外观和基本理化性质

外观和理化性质分析方法：称取 50mg 提取所得米糠多糖，溶解于超纯水中，定溶于 50mL 容量瓶中，得 1.0mg/mL 的米糠多糖溶液，待用。

(1)溶解性测定：分别向 5 只试管中加入 5mL 蒸馏水、乙醇、丙酮、乙酸乙酯、正己烷，然后滴加该米糠多糖溶液，观察是否溶解。

(2)α-萘酚试验[Molish(莫里许)反应]：向试管中加入 1mL 该米糠多糖溶液，滴入 2 滴 10%的 α-萘酚乙醇溶液，混合均匀后将试管倾斜，沿管壁慢慢加入 1mL 浓硫酸，注意不要摇动。将试管竖直后仔细观察两层液面交界处颜色变化，若在两层交界处出现紫红色的环，表明样品中含有糖类化合物。

(3)还原糖检测：先配制 Benedict(本尼迪克特)试剂，将 17g 柠檬酸钠和 10g 无水碳酸钠溶于 80mL 水中，另将 1.7g 结晶硫酸铜溶于 10mL 水中，将硫酸铜溶液注入柠檬酸钠溶液中，过滤去除不溶物。然后向试管中加入 1mL Benedict 试剂和 0.5mL 米糠多糖水溶液，在沸水浴中加热 3min，冷却至室温，观察是否出现红色或黄色沉淀，来检查米糠多糖中是否含有还原糖。

(4)淀粉检查：向提取米糠多糖样品溶液中加入碘液，看是否会变蓝色。

(5)茚三酮反应：取 1mL 米糠多糖样品溶液，加入 0.5mL 的 0.1%茚三酮乙醇溶液，振荡摇匀，煮沸 5min，冷却，观察颜色变化。以蒸馏水作阴性对照，0.5%氨基酸作为阳性对照。

(6)硫酸-咔唑反应：取 1mL 米糠多糖样品溶液于试管中并置于冰水浴中，然后缓慢加入浓硫酸 5.0mL，冷却至室温后加入浓度为 0.15%的咔唑无水乙醇溶液 0.20mL，摇匀后置沸水浴中加热 15min，观察颜色变化，若有紫色生成，说明多糖样品中含有糖醛酸。

按照实验流程提取得到的米糠多糖为白色偏微黄色无定形粉末。然后对其基本理化性质进行检测，相关现象及结论见表 6-9。

表 6-9　提取米糠多糖的理化特性鉴定

序号	实验名称	现象	结论
1	溶解性实验	易溶于温度较高的水中，微溶于乙醇，几乎不溶于丙酮、乙酸乙酯、环己烷等有机溶剂	提取的米糠多糖为水溶性膳食纤维
2	Molish 反应(α-萘酚)	两液面间产生紫色的圆环	有糖类物质存在
3	Benedict 反应	不产生砖红色沉淀物	无还原糖存在
4	碘反应	不显蓝色	无淀粉存在
5	茚三酮反应	不显蓝紫色	无氨基酸存在
6	硫酸-咔唑反应	不显紫色	无糖醛酸存在

(二)含量和提取率测定

先进行干燥后的米糠多糖置于干燥器内冷却后称量，多糖含量和提取率采用苯酚-

硫酸法来进行测定，方法如下。

（1）配制标准溶液：用恒温干燥冷却后的葡萄糖先配制 10mg/mL 的葡萄糖标准溶液 100.00mL，接着分别量取 0mL、1.00mL、2.00mL、5.00mL、10.00mL、25.00mL 分别置于 100mL 容量瓶中，再分别加入 10mL 5%苯酚溶液，摇匀后缓慢加入浓硫酸 20mL，冷却后定容，充分摇匀后室温放置 30min，于 490nm 处测定吸光度，分别以糖浓度和吸光度为横纵坐标制作标准曲线（图 6-14），得到标准曲线方程。

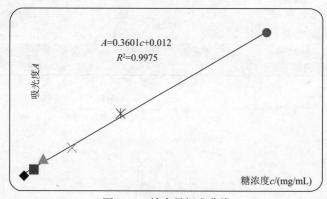

$A=0.3601c+0.012$

$R^2=0.9975$

图 6-14　糖含量标准曲线

（2）样品的处理方法：将所得到的三份粗多糖用 30mL 水溶解，加入 5%苯酚溶液 10mL，摇匀后小心加入浓硫酸 20mL，然后冷却定容，充分摇匀后室温放置 25min，于 490nm 处测定吸光度。

（3）将样品吸光度代入标准曲线得出样品糖浓度：计算米糠多糖含量的公式为

多糖含量(%)=(样品糖浓度×糖液体积)/米糠多糖质量×100%

多糖得率的计算公式为

多糖提取率(%)=(样品糖浓度×糖液体积)/米糠质量×100%

（三）提取米糠多糖分子量测定

米糠多糖分子量的测定方法参考了康琪和朱若华（2007）凝胶色谱法测定聚葡萄糖分子量的方法。具体方法为：使用岛津凝胶排阻液相色谱。色谱条件为：流动相为水；流速为 0.5mL/min；进样量为 20μL。根据多糖的分子量 M 与分配系数 K_{av}、保留时间 T_e 存在如下关系：$K_{av} = K_1 - K_2 \lg M = (T_e - T_0) / (T_t - T_0)$。

由各种已知分子量的标准葡聚糖溶液（2mg/mL，过 0.45μm 水系膜）测得的保留时间 T_e，结合完全自由通过的葡萄糖 T_t 值和完全排阻 T-2000 葡聚糖 T_0，即可计算得到每个标准品的 K_{av}，而 K_{av} 与 $\lg M$ 存在线性关系，因此可得到一条 K_{av} 与 $\lg M$ 的标准曲线，然后将按提取流程得到的米糠多糖样品称取 0.02g 用 50mL 水溶解后溶液经离心机 16000r/min 离心 3min 后取上清液定容至 100mL 后过膜以相同的色谱条件进样，将得到的 T_e 值换算成 K_{av}，计算出相应的米糠多糖分子量，标准品和样品都进样三次，取平均结果进行计算。

使用岛津凝胶排阻液相色谱来测定米糠多糖分子量，已知分子量的葡聚糖测定结果如表 6-10 和图 6-15 所示,结合测得的纯葡萄糖 T_t 值为 41.39min 和完全排阻 T-2000 葡聚糖 T_0 为 20.18min。

表 6-10　不同分子量标准葡聚糖的排阻色谱结果

葡聚糖	M/Da	lgM_w	T_e/min	K_{av}	谱图中编号
T-10	10000	4	34.37	0.686	6
T-20	20000	4.30	33.05	0.607	5
T-40	40000	4.60	31.27	0.523	4
T-70	70000	4.84	30.32	0.478	3
T-110	110000	5.04	29.41	0.435	2
T-500	500000	5.70	26.20	0.284	1

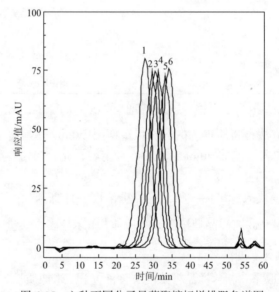

图 6-15　六种不同分子量葡聚糖标样排阻色谱图

由 lgM 对 K_{av} 值作标准曲线,可得标准曲线方程为 $lgM = -4.2599K_{av} + 6.8858$,且相关系数 $R^2 = 0.997$,如图 6-16 所示。

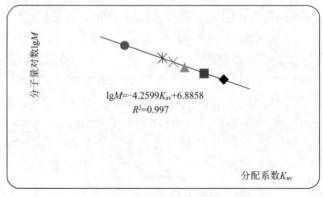

图 6-16　葡聚糖分子量标准曲线

米糠多糖样品溶液按相同的色谱条件进样，图谱如图 6-17 所示，三次进样后图谱处理结果见表 6-11。

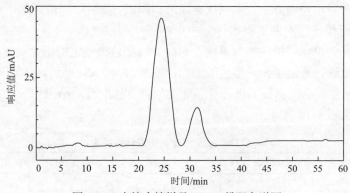

图 6-17　米糠多糖样品 HPLC 排阻色谱图

表 6-11　样品三次进样平均处理结果

样品 T_e/min	平均峰面积	平均 K_{av}	M/Da
26.02	37236872.13	0.275	≈500000
32.54	5585527.84	0.583	≈25000

由此可以知道，所提取的米糠多糖大致可分成两种不同的分子量，一种为 500000Da，且根据峰面积推算大约占 85%，另一种分子量在 25000Da 左右，大约占 15%。

（四）米糠多糖的单糖组成测定

文献报道米糠多糖是由多种杂单糖聚合而形成的，采用高效液相色谱分析所提取的米糠多糖组成，邢丽红等（2011）柱前衍生测定多糖组成的方法并稍作改进。

（1）样品水解方法为：先将米糠多糖水解，精确称取三份多糖样品 0.01g 于安瓿瓶中，加入 2mol/L 三氟乙酸 2.0mL 充氮气封管，100℃恒温箱水解 5h 后冷却然后以 1000r/min 离心 5min，取上清液用 0.3mol/L NaOH 溶液中和到中性条件。

（2）标准溶液的配制：将糖标准品试剂盒中的葡萄糖（Glc）、阿拉伯糖（Ara）、甘露糖（Man）、半乳糖（Gal）、鼠李糖（Rha）、木糖（Xyl）、岩藻糖（Fuc）7 种标准单糖转移至 50mL 干燥容量瓶中以流动相定容，则每种单糖浓度为 0.02mg/mL。

（3）液相色谱条件为：symmetry C18 色谱柱（3.9mm×300mm，粒径 5μm）；流动相组成为 20%乙腈+80% 0.02mol/L 磷酸钠盐缓冲液（pH 6.8）等度模式；紫外检测器检测波长为 245nm；流速为 1.0mL/min，进样量 20μL；柱温 25℃。

（4）糖柱前衍生方法：一定量样品（或标准品溶液），加入 25mL 容量瓶中，加入 1mL 0.3mol/L NaOH 溶液摇匀，加入 1mL 0.3mol/L 的 PMP 甲醇溶液摇匀后，放置在 70℃水浴，保温 30min 后取出，加入 1mL 0.3mol/L HCl 溶液摇匀，用纯化水定容至刻度，充分摇匀，取出约 10mL 溶液，用等体积三氯甲烷处理 3 次，除去未反应完全的 PMP，水相用 0.22μm 滤膜过滤，然后装进样瓶中编号进样。

因所购买的单糖标准品量小，前处理方法较复杂，且该柱前衍生方法在该仪器上用葡萄糖标样经过验证在 1～1000μg/mL 范围内线性良好，因此本实验采用标准品对照法进行定量。设定液相色谱条件待基线稳定后，先后完成三次标准样品和三次样品进样，然后以标准图谱新建处理方法处理三次样品进样图谱，然后以标准图谱中单糖峰面积与样品中单糖峰面积进行对照，得出样品中单糖组成和浓度。

　　采用 PMP 与单糖的反应作为单糖反向高效液相色谱测定的衍生化方法，利用与标准品峰面积对照法，测定了米糠多糖的单糖组成和含量。单糖混合标样图谱处理结果见表 6-12，米糠多糖样品图谱按照由标样新建的处理方法处理后结果如图 6-18 所示，三次样品处理结果见表 6-13。

表 6-12　单糖标准品图谱处理结果

进样次数	保留时间/min	名称与浓度	峰面积/像素	平均峰面积/像素
1	13.91	甘露糖 0.2mg/mL	8735698	8583383
2	13.90		8545797	
3	13.97		8468654	
1	18.84	鼠李糖 0.2mg/mL	7678656	7876516
2	18.85		7974327	
3	18.80		7976565	
1	30.97	葡萄糖 0.2mg/mL	6123864	6058360
2	30.96		5975464	
3	30.99		6075754	
1	36.73	半乳糖 0.2mg/mL	7675467	7598533
2	36.75		7543568	
3	36.76		7576565	
1	40.54	木糖 0.2mg/mL	1657854	1637664
2	40.52		1587595	
3	40.52		1667543	
1	45.23	阿拉伯糖 0.2mg/mL	1076456	1136863
2	45.22		1155435	
3	45.28		1178697	
1	49.72	岩藻糖 0.2mg/mL	2543674	2444190
2	49.77		2335432	
3	49.71		2453464	

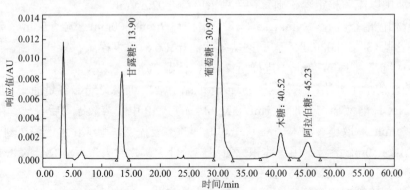

图 6-18　米糠多糖样品反向高效液相色谱图

表 6-13 米糠多糖样品处理结果

进样次数	保留时间/min	名称	峰面积	浓度/(mg/mL)	平均浓度/(mg/mL)	RSD/%
1	13.91		14457862	0.3369		−5.30
2	13.90	甘露糖	15370278	0.3581	0.355 7	0.67
3	13.97		15965436	0.3720		4.58
1	未找到峰		—	—		—
2	未找到峰	鼠李糖	—	—	N/A	—
3	未找到峰		—	—		—
1	30.98		25325483	0.8360		−3.93
2	30.97	葡萄糖	26736419	0.8826	0.870 2	1.42
3	30.99		27021547	0.8920		2.50
1	未找到峰		—	—		—
2	未找到峰	半乳糖	—	—	N/A	—
3	未找到峰		—	—		—
1	40.54		2096352	0.2560		−2.22
2	40.52	木糖	2146349	0.2621	0.261 8	0.11
3	40.52		2189546	0.2674		2.14
1	45.21		1753658	0.3085		−5.57
2	45.23	阿拉伯糖	1843632	0.3243	0.326 7	−0.73
3	45.30		1974306	0.3473		6.31
1	未找到峰		—	—		—
2	未找到峰	岩藻糖	—	—	N/A	—
3	未找到峰		—	—		—

因此，本法提取的米糠多糖中含有甘露糖、葡萄糖、木糖和阿拉伯糖四种单糖，且摩尔比为 1.35∶3.32∶1∶1.25，不含有半乳糖、鼠李糖和岩藻糖。

(五)米糠多糖的红外分析

使用傅里叶变换红外光谱测定多糖的红外波谱特征。称取 0.1g 干燥后的米糠多糖置于研钵中研细，加入少量干燥的 KBr，混匀后取适量加入压片模内。将压片机抽真空边加压，制成厚度约 1mm 的透明片剂。然后将薄片放入红外分光光度计样品室内测定红外吸收光谱图，扫描范围是 $4000 \sim 400 cm^{-1}$，分辨率为 $0.5 cm^{-1}$。扫描图谱如图 6-19 所示。由图谱可以看到特征频率区即 $4000 \sim 1330 cm^{-1}$ 范围内 $3385 cm^{-1}$ 处出现的宽峰是由糖分子内或分子间氢键 O—H 伸缩振动产生的；$2969 cm^{-1}$ 和 $1465 \sim 1340 cm^{-1}$ 处的吸收峰分别为 C—H 伸缩振动和变角振动。$1600 cm^{-1}$ 处为醛基的 C=O 伸缩振动峰。而指纹区 $1330 \sim 400 cm^{-1}$ 的吸收分别为 $1088 cm^{-1}$ 是 C—O 振动引起的，以及 $1000 \sim 860 cm^{-1}$ 出现的吸收峰，表明样品中有 α-糖苷键存在。这个红外谱图验证了所提取的多糖分子的结构为杂单糖且不含糖醛酸，单糖间主要由 α-糖苷键连接而成。

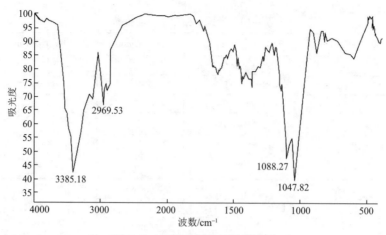

图 6-19　米糠多糖的红外光谱图

(六)膳食纤维的生理功能

膳食纤维被营养学界称为"第七营养素"，补充适量的膳食纤维可有效预防肥胖、糖尿病、冠心病、直肠癌、结肠癌等，膳食纤维通过吸收胃肠内的水分，迅速膨胀，使人体产生饱腹感，并且减少肠道吸收糖类、脂类物质，润滑肠道，促进排便，抑制肥胖(周坚和肖安红，2005)。

1. 抗癌作用

随着我国人民生活水平的提高，饮食结构的改变，结肠癌的发病率呈逐年上升趋势，其中饮食因素对结(直)肠癌的发生影响最为明显。高蛋白、高脂肪食物可导致结(直)肠癌的发生，有许多实验证据表明添加膳食纤维能抑制结(直)肠癌的发生。除此之外，流行病学调查还发现膳食纤维也与乳腺癌等发生密切相关。膳食纤维可能通过多种机制预防结(直)肠癌，可能机制有：①膳食纤维可降低结肠中致癌物质浓度：膳食纤维有吸水膨胀的特性，可增加粪便体积，缩短粪便在肠道内的传输时间。摄入膳食纤维后，粪便体积的增加，使肠道内致癌物质稀释，降低了致癌物的浓度。不溶性膳食纤维对许多致癌物质有很强的吸附能力，可促进致癌物质的排出。膳食纤维能缩短食物及其残渣在胃肠道内传输的时间，加快肠腔内致癌物质的通过，减少肠道组织对致癌物质的接触和吸收。摄入体内的外源性致癌物，主要在肝内通过一系列酶的作用下进行分解代谢。根据发挥作用的阶段不同，主要分两类，第一阶段的酶主要有细胞色素酶 P450；第二阶段的酶主要有谷胱甘肽 S 转移酶(GST)和二氢尿嘧啶脱氢酶(NAD)等。这些酶在结肠同样有活性，摄入膳食纤维可提高这些酶的活性，对外源性致癌物质进行解毒。②诱导有益菌群:米糠多糖能在大肠内生成许多短链脂肪酸尤其是乙酸的大量生成,降低了肠内的 pH，能促进和改善人体代谢，另外它能在大肠内诱导出大量的有益菌群，对于预防肝癌和大肠癌有重要作用。Aoe S 等(1993)利用米糠半纤维素喂食注入了大肠癌诱发剂的老鼠，发现这些老鼠大肠癌的发生频率显著低于对照组的发生频率。人体肠道尤其是远端结肠内共生着大量的细菌。益生元是指食物中不能被消化的成分，有促进人体肠道内益生菌增殖，使宿主受益的作用。膳食纤维作为益生元被双歧杆菌属、乳酸菌属等人体内益生菌发酵利用，可产生大量短链脂肪酸(SCFA)，使肠腔内处于 pH 5～6 的酸性环境。结肠部位存在钙与 SCFA 的交换系统，加之肠道的酸性环境都利于钙离子的吸收，而钙离子可促进肠上皮的分化和增殖，有预防结(直)肠肿瘤的作用。益生菌利用膳食纤维进行能量代谢，不断增殖，细菌数量大大增加，其细胞壁可螯合肠道内的致癌物质，减少肠黏膜对致癌物质的接触和吸收。③抗丁酸的作用：丁酸可调节 c-Myc、p16 和 p21 等多种与细胞生长周期有关的基因表达，抑制肿瘤细胞的生长。丁酸可上调癌细胞 Bax、Bak 蛋白的表达，下调 Bcl-x(L)蛋白的表达，从而改变 Bax 与 Bcl-x(L)的表达比例，引起细胞凋亡。虽然膳食纤维不能被人体消化吸收，但在肠道内细菌的作用下，可以对其进行不同程度的分解发酵，产生丁酸等多种 SCFA，发挥着重要的抗肿瘤作用。

2. 改善血糖与抗糖尿病

膳食纤维中有些可溶性纤维可以抑制餐后血糖生成和血胰岛素升高的反应。可溶性膳食纤维随着凝胶的形成，阻止了糖类的扩散，推迟了在肠内的吸收，因而抑制了糖类吸收后血糖的上升、胰岛素升高的反应。除此之外，延缓了胃排空速率，延缓了淀粉在小肠内的消化，或减慢了葡萄糖在小肠内的吸收，所以补充各种纤维可使餐后血液中葡萄糖浓度曲线变平的作用与这些纤维的黏度高度相关。有报道指出，具有黏性的多糖可延缓胃的排空，在小肠内这种具有黏性的多糖形成的黏性液体可以减少食物之间的混合，减少肠道的酶与食物的接触从而使营养物质进入肠黏膜细胞的数量也减少，膳食纤维可以使血糖指数下降。临床研究表明，14 例糖尿病患者每天 3.9g 或 7.8g 葡甘聚糖与 200mL 水同时服用，共 90 天，在服用第 7 天血糖开始有降低倾向，第 30 天血糖降低即有显著差异；用魔芋精粉制成的食品用于糖尿病患者，食用 30 天及 65 天的空腹血糖(FBG)及餐后 2h 血糖(PBG)均比食用前显著下降，试验末糖化血红蛋白(GHb)也明显下降，且实验前 FBG≥11.2mmol/L 者效果更显著。英国、美国、加拿大糖尿病协会，都主张糖尿病患者食用来自天然食品的膳食纤维，并认为糖尿病患者应给予膳食纤维 20～35g/d(Wolever et al.，1993)。我国学者对 36 例老年糖尿病患者调查，发现每人每天摄入膳食纤维仅为 10.1g±4.3g，低于糖尿病专家提倡的标准。同时，还发现每人每天食用蔬菜 500g 或豆制品 100g，可降低人群糖尿病患病率。因此，膳食纤维可能成为糖尿病预防和辅助治疗的重要手段(王亚伟等，2001)。

3. 改善大肠功能

膳食纤维影响大肠功能的作用包括：缩短通过的时间、增加粪便量及排便次数，稀释大肠的内容物，以及为正常存在于大肠内的细菌群提供可发酵的废物。膳食纤维对粪便重量和通过实践的影响虽有不同，但对维持大肠的生理学功能具有重要作用。水溶性膳食纤维在肠道内呈溶液状态，有较好的持水力，且易被肠道细菌酵解，产生丁酸、丙酸、乙酸等短链脂肪酸(SCFA)，这些短链脂肪酸能降低肠道内环境的 pH，刺激肠黏膜。同时，水溶性膳食纤维被肠道菌群发酵后产生的终产物二氧化碳、氢气、甲烷等气体，也可以刺激肠黏膜，促进肠蠕动，从而加快粪便的排出速度。纤维还可以使大便量增加，相应地使大便中致癌特质的浓度降低。

膳食纤维减少便秘发生：便秘可分为结肠慢传输型和出口梗阻型两个基本类型，有研究表明，便秘与膳食纤维的摄入减少有关(OR=2.6)。目前对便秘的治疗方法分为非手术疗法及手术疗法，其中非手术疗法中，人们对膳食纤维改善便秘的功效成为研究热点，并且作为儿童型便秘临床治疗的一线治疗方案。膳食纤维进入人体后一般不被消化和吸收，而是通过刺激肠壁、增加肠蠕动、吸收水分，保持肠道润滑，有的可作为肠道菌群的调节剂发挥作用，从而发挥治疗便秘的功效。大量研究表明，饮食中膳食纤维缺乏是导致儿童期便秘形成的重要因素。

4. 降低营养素利用率与减肥

膳食中可消化的成分在小肠内被水解，并且其通过肠黏膜被吸收。体外实验结果表明各种纤维均能抑制碳水化合物、脂质和蛋白质的消化，以及降低胰酶活性。肠内容物的物理特性可随膳食中纤维的物理特性不同而改变。小肠内容物的体积会因有不同消化的纤维存在而增大，从而使通过小肠的消化残留的量增加。另外，肠内容物中相对黏度越大，则肠上皮表面的不动水层厚度增加。由此可见，肠内容物的体积、容量或黏度的增加均可降低酶、底物的营养素扩散到吸收表面的速度。Heaton(1990)归纳了膳食纤维的减肥作用机理：膳食纤维代替了食物中部分营养成分的量，而使食物的摄入量降低；增加了咀嚼时间，延缓了进食速度从而减少了食物的摄取，促进并增加了唾液和消化液的分泌；由于膳食纤维对胃的填充作用，从而增加了饱腹感；膳食纤维减少了小肠对脂肪的吸收率。实验证明，膳食纤维可改变人体对脂肪的吸收。

5. 降低呼吸系统疾病

目前，在众多膳食纤维与人类疾病的相关性研究中，膳食纤维的摄入量与呼吸系统的发病率之间的相关性研究甚少，尤其是慢性阻塞性肺疾病，简称 COPD，国外有研究者对 832 例新诊断的 COPD 患者做平均每天纤维总摄入量和纤维的具体来源的问卷调查，发现总膳食纤维摄入量与新诊断的 COPD 发病风险呈负相关(最高与最低的摄入量，相对危险度=0.67，95%可信区间：0.50，0.90；P=0.03)，这些数据表明，高纤维的饮食，特别是谷物纤维类食物，可减少发展中国家慢性阻塞性肺病的发病风险(Kan et al.，2008)，而最近的一项研究发现，膳食纤维可以调节机体部分炎症机制，包括减缓葡萄糖的吸收，减少脂质氧化，或影响生产抗炎细胞因子的肠道菌群，较高的全麦食物摄入量可以降低呼吸系统疾病的死亡率，这些全麦纤维可以减少患者的咳嗽、咯痰等症状，从而改善肺功能；另外膳食纤维摄入量的抗氧化剂(如维生素、β-胡萝卜素)、富含抗氧化物质的食物(如水果和蔬菜)以及鱼类等能更好地改善肺功能和减少 COPD 的症状和死亡率，进一步表示富含纤维的谷物和水果类食物比蔬菜纤维更适合呼吸系统患者，但最后还表明过量的膳食纤维的摄入可能会使 COPD 患者肺功能恶化(钟礼云和林文庭，2008)。

6. 降脂与降胆固醇作用

有研究表明水溶性膳食纤维能显著降低血低密度脂蛋白胆固醇的浓度，而水不溶性纤维没有肯定的作用，膳食纤维降低胆固醇的主要机理是抑制胆固醇的吸收与增加胆固醇的排泄。膳食纤维能显著地降低血液中胆固醇水平，从而降低高脂血症发病率。李宁等(2008)研究发现高膳食纤维饮食之后，受试者血脂峰值下降，但达高峰时间无明显改变。蔡炯等(2002)对血脂异常人群用含膳食纤维高的粗杂粮干预，实验结果表明，试验干预组体质指数、收缩压、舒张压、血三酰甘油均明显低于对照组。还有研究发现，连续进食高膳食纤维5周，可以降低人体的血清胆固醇、三酰甘油及餐后胰岛素水平。临床医学研究表明，心血管疾病包括冠心病、中风及其他动脉疾病等75%的死亡是由动脉粥样硬化引起的，并且动脉粥样硬化、高血压、冠心病、高脂血症都与膳食纤维摄入量不足有关。膳食纤维降脂与降胆固醇的机理有：①减少食物胆固醇的吸收。膳食纤维表面带有活性基团，能够吸附胆酸、胆固醇及可吸附肠腔内的胆汁酸。加速肠蠕动，缩短食物在肠道的停留期，同时缩短了膳食胆固醇在肠道中停留的时间，从而减少其吸收率。在脂肪代谢过程中，膳食纤维可抑制或延缓胆固醇与甘油三酯在淋巴中的吸收。②影响机体中胆固醇的代谢、促进胆固醇转化为胆汁酸。水溶性纤维在小肠中能形成胶状物质将胆酸包围，胆酸便不能通过小肠肠壁被吸收再回到肝脏，而是通过消化道被排出体外。于是，如果肠内的食物需要胆酸消化时，肝脏只能靠吸收血中的胆固醇来补充消耗的胆酸，从而降低血中的胆固醇。膳食纤维能使卵磷脂胆固醇脂酰转移酶(LCAT)活力显著升高，促进HDL-C的形成，有利于载脂蛋白将周围组织的胆固醇转运至肝脏进行代谢。膳食纤维促使肝脏中胆固醇 7α-羟化酶活力升高，为胆固醇转化为胆汁酸提速。③抑制肝脏胆固醇的合成。膳食纤维能抑制肝脏胆固醇合成的关键酶羟甲基戊二酰辅酶A活力升高，抑制TC合成。某些膳食纤维可通过降低肠胃刺激素抑制胰岛素样反应，降低体内胆固醇水平。④促进胆固醇的排泄。膳食纤维具有促进排泄、软化粪便的作用，可明显增加粪质量、粪脂质量。这种增加与胆固醇下降相伴行，从而提示粪脂排出量的增加可能是膳食纤维降低胆固醇的机理之一。王金亭认为膳食纤维化学结构中有多种亲水基团，具有很强的吸水性，如果胶、树胶等可使纤维的体积增加 1.5～25 倍，这在人体和实验动物中均能增加粪中酸性固醇和中性固醇排泄。也有实验表明膳食纤维之所以能组织机体对脂肪的吸收，首先是因为它能缩短脂肪通过肠道的时间，也就利于脂质的排泄。⑤增加血浆胆固醇的清除。黏性纤维可延缓脂肪的消化与吸收，延长肠源性富含甘油三酯的脂蛋白在血浆中的存在时间，增加血浆胆固醇的清除(胡国华和黄绍华，2001)。许多可溶性纤维在小肠内形成一种黏稠的基质，可干扰胆固醇或胆酸在小肠内的吸收(马正伟和张喜忠，2002)。米糠半纤维素对胆汁酸起了吸附作用，Normand 等还发现在体外模拟环境下米糠半纤维素对胆汁酸、甘油胆汁酸、牛磺胆汁酸和甘油牛磺胆汁酸的吸附能力远比麦麸半纤维素对它们的吸附能力强，但原因尚不清楚。对于动物试验研究，米糠半纤维素抑制胆固醇上升的报道较多，如日本的青江诚一郎从脱脂米糠中提取能有效抑制老鼠血清胆固醇上升的半纤维素，缓野雄幸用制得的 RBH 对白鼠血清胆固醇和肝胆固醇的影响进行研究，发现 RBH 对血清胆固醇有明显的抑制效果。国内学者通过给鸡饲喂米糠多糖结果发现，米糠多糖能促进雏鸡生长性能，降低血液中甘油三酯和胆固醇的浓度，具有较明显的降血脂效果。总之，现有证据提示膳食纤维降低胆固醇的作用机制不止一种，纤维的各种物理性质与其结合胆酸的能力与黏度有关。

米糠多糖对高脂饮食小鼠具有降脂作用及其分子机理。

(1) 米糠多糖降低高脂饮食(high fat diet，HFD)小鼠的体重：HFD 组小鼠体重在实验早期开始明显增加，RBP+ HFD 组小鼠体重增加幅度显著低于 HFD 组，但仍高于对照组小鼠。高脂饮食 10 周后，HFD 组小鼠平均体重从 32.72g±2.02g 增加到 46.35g±3.78g，与对照组 35.60g±8.12g 相比有显著性差异($P<0.01$)。RBP 处理使小鼠的平均体重控制在 41.35g±2.64g($P<0.05$)。高脂组小鼠体重增长幅度显著高于对照组，而米糠多糖能减弱体重增长幅度。实验结束时高脂组的小鼠体重显著高于对照组($P<0.05$)，米糠多糖保护组的小鼠体重显著低于高脂组($P<0.01$)，这些结果说明米糠多糖能缓解小鼠由高脂饮食引起的体重增长。

(2) 高脂组小鼠的肝脏与正常组相比体积增大，颜色发白，表面光滑有油腻感，而米糠多糖能明显抑制由高脂引起的肝脏增大和变白；在质量上，与对照组小鼠相比，HFD 组小鼠的肝脏质量由 2.00g±0.61g 增加到 2.64g±0.32g($P<0.05$)，增加了 32.0%。RBP 补充能明显改善 HFD 引起的肝损害，肝质量降至 2.04g±0.32g，说明米糠多糖能缓解高脂小鼠肝重的增加，缓解高脂引起的肝脏脂肪积累。

(3) 米糠多糖对小鼠脂肪垫表型的影响：小鼠饲喂实验结束后，解剖取出小鼠腹膜后脂肪垫，测量其质量。与对照组相比，高脂饮食导致更明显的腹部脂肪沉积，而米糠多糖能显著降低腹膜后脂肪组织的质量和大小，如图 6-20 所示。对照组、高脂组和 HFD+RBP 组的脂肪组织质量分别为 1.36g±0.58g、1.65g±0.29g 和 1.48g±0.28g。以上证据表明米糠多糖能有效抑制高脂饮食引起的小鼠腹部脂肪沉积。

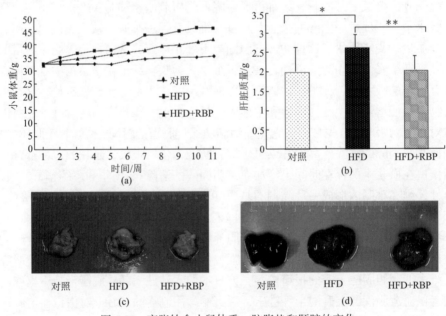

图 6-20　高脂饮食小鼠体重、肪脂垫和肝脏的变化

*$P<0.05$；** $P<0.01$；RBP 为米糠多糖，下同

(4) 米糠多糖对小鼠脾脏表型的影响：同样的饲喂实验结束后，解剖取出小鼠脾脏并测量其质量。与对照组相比，高脂饮食导致比较明显的脾脏增大，而米糠多糖能显著抑制这一变化，如图 6-21 所示。对照组、高脂组和 HFD+RBP 组的脾脏质量分别为

0.1393g±0.0172g、0.1546g ± 0.0329g 和 0.1448g±0.0275g，表明米糠多糖能有效抑制高脂饮食引起的小鼠脾脏增大。

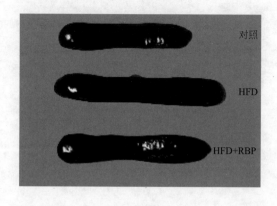
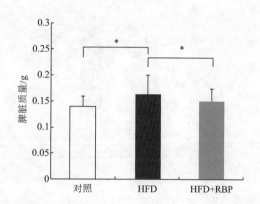

图 6-21　不同组的脾脏质量和脾脏外观

*P < 0.05

（5）米糠多糖对小鼠血清生化指标的影响：收集小鼠血液样本后用试剂盒检测血清 TC、TG、LDL-C 和 HDL-C 水平。对照、HFD 和 HFD+RBP 组小鼠的总甘油三酯浓度分别为 1.25mmol/L±0.29mmol/L、1.83mmol/L±0.49mmol/L 和 1.14mmol/L±0.33mmol/L，与 HFD 组相比，RBP 可显著降低血浆中总甘油三酯浓度。采用分光光度法测定三个组小鼠血浆总胆固醇浓度分别为 2.60mmol/L±0.71mmol/L、3.83mmol/L±0.81mmol/L 和 2.78mmol/L±0.77mmol/L，说明米糠多糖也可以显著改善血浆中的总胆固醇量。LDL-C 通常被认为是"坏"胆固醇，实验中采用直接比色法进行三组小鼠血浆低密度脂蛋白胆固醇的检测，对照、HFD 和 RBP+HFD 组的 LDL-C 浓度分别为 0.23mmol/L±0.04mmol/L、0.46mmol/L±0.11mmol/L 和 0.30mmol/L±0.09mmol/L，说明米糠多糖能显著改善由高脂饮食引起的血浆低密度脂蛋白胆固醇升高。与低密度脂蛋白胆固醇不同，高密度脂蛋白胆固醇被认为是"好"的胆固醇。实验同样采用直接比色法测定 HDL-C 浓度，三个组依次分别为 2.27mmol/L±0.42mmol/L、1.80mmol/L±0.40mmol/L 和 2.02mmol/L±0.41mmol/L，如图 6-22 所示，表明米糠多糖对由高脂引起的高密度脂蛋白降低也有改善作用，但效果较为有限。

（6）米糠多糖对小鼠肝脏组织和脂肪垫病理形态的影响：肝脏组织 HE 染色后用显微镜对其进行组织病理学观察，图像（图 6-23）显示对照组小鼠肝细胞排列比较整齐，可见细胞中心部分的细胞核，且细胞具有丰富的细胞质和清晰的细胞边界。而 HFD 组中，肝细胞排列松散杂乱且细胞多肿胀，胞质内可见许多大的脂肪空泡，细胞核位置多发生偏移，提示肝脏组织存在脂质变性。RBP 的处理则明显是肝细胞排列更为规整，减少了细胞质中的脂肪空泡，肝细胞形状与对照组相似。以上结果提示米糠多糖对高脂饮食引起的肝脏脂肪变性具有保护作用。对 HE 染色的小鼠脂肪组织进行组织病理学观察，对照组的小鼠脂肪细胞大小均匀，排列紧凑，HFD 组的脂肪细胞体积较对照组显著更大且排列杂乱。而米糠多糖保护组脂肪细胞大小介于两组之间，提示米糠多糖对高脂饮食引起的脂肪组织的脂肪积累具有抑制作用。

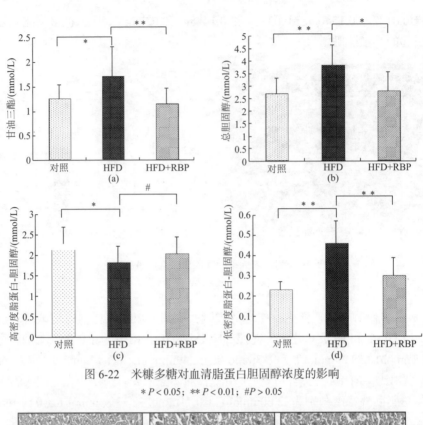

图 6-22　米糠多糖对血清脂蛋白胆固醇浓度的影响

*$P < 0.05$；**$P < 0.01$；#$P > 0.05$

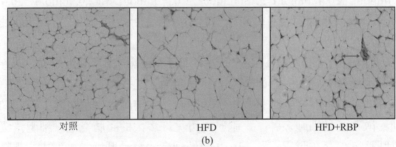

图 6-23　HE 染色显示米糠多糖对肝脏组织和脂肪组织病理形态的影响（100 倍）

　　（7）米糠多糖对小鼠肝脏基因表达谱的影响：为了探索多糖降脂作用的可能机理，实验采用基因芯片技术分析米糠多糖对高脂饮食小鼠肝脏组织基因表达的影响。发现米糠多糖能显著上调 93 个基因表达，下调 72 个基因表达，见图 6-24。在这些基因中取 12 个通过实时定量 PCR（RT-qPCR）进行基因芯片的验证。从基因芯片数据可以看出，米糠多糖分别上调肝脏组织 *Sult3a1*、*Cyp51*、*Fads1*、*Srfp5* 和 *Ywhag* 五个基因的表达分别是 3.29 倍、1.48 倍、2.21 倍、1.71 倍和 1.48 倍,而 RT-qPCR 的结果分别是 2.12、1.34、1.34、1.48 和 1.52,如图 6-25 所示。下调的表达基因则选取了 *Tsku*、*Mt2*、*Cyp4a12a*、*Klf10*、*Slc27a2*、*Scd3* 和 *Eif4ebp2* 七个基因,基因芯片显示米糠多糖将分别下调这些基因的表达依次为 0.38 倍、0.16 倍、0.24 倍、0.75 倍、0.40 倍、0.40 倍和 0.65 倍,RT-qPCR 显示这些基因的表达变化分别为 0.67、0.47、0.49、0.78、0.75、0.71 和 0.79,如图 6-25 所示。所有上述比较均在 HFD + RBP 组和 HFD 组之间进行。对于五个由米糠多糖上调表达的基因,基因芯片和 q-PCR 的相关系数为 0.715(P < 0.01),如图 6-25 所示。对于下调表达的基因,相关系数则为 0.757(P < 0.01)如图 6-25 所示。这些结果表明基因芯片的分析结果是可靠的,有超过 150 个基因参与了米糠多糖在肝脏内的降脂作用。

(8)IPA 基因关联分析和预测:Ingenuity® Pathway Analysis(IPA)是一个强大的生物学搜索数据库,能帮助分析组学数据和揭示它们的意义,进而根据该数据库的已有数据预测生物系统中新的目标或候选生物标志物。本实验将三组差异表达的基因数据,包括基因名称、p 值、改变倍数等数据上传到 IPA 数据库中进行了关联性分析,关联最大的十条疾病和功能通路结果如图 6-26 所示。

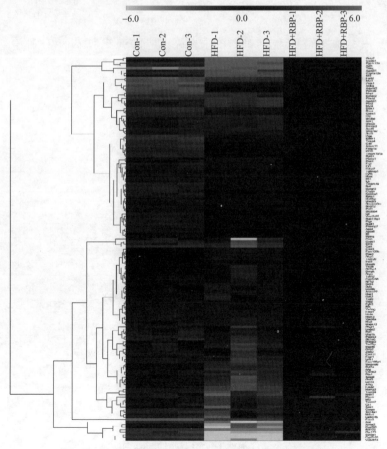

图 6-24 RBP 引起表达发生显著改变基因聚类分析图

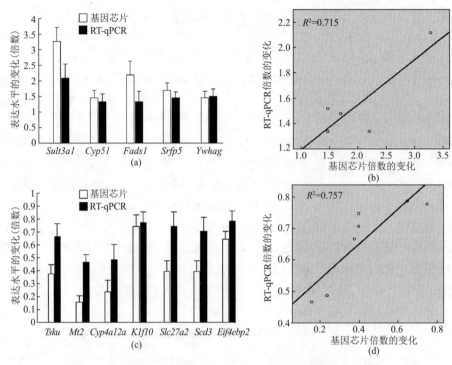

图 6-25　比较基因芯片和 RT-PCR 分析上调和下调表达基因的相关性

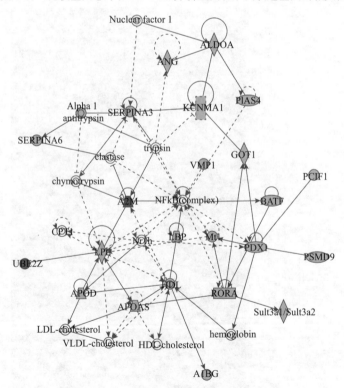

图 6-26　米糠多糖影响脂代谢基因网络

红色：上调基因；绿色：下调基因；颜色深浅代表了倍数变化的大小

　　由图可知：脂代谢通路是通过 IPA 分析得出米糠多糖影响排名第二的通路，共有 35 个脂代谢通路中的基因受到了米糠多糖的影响，其中关键基因有 22 个，而 IPA 进一步对它们分别进行了关联和预测，结果如图 6-25 所示。由图可以看出，NF-κB 复合体在米糠多糖在肝脏内的降脂过程中可能起到了中心枢纽的调控作用，且 *SERPINA3*、*A2M*、*LPL* 和 *HDL* 这几个基因在此调控过程中也起到了重要的作用。

　　(9) 米糠多糖对肝脏脂代谢关键基因表达的影响：*PPARα*，过氧化物酶体增殖物激活受体三种亚型之一，是一种重要的参与脂质代谢调节的基因，它转录激活参与脂肪氧化的基因，在肝脏细胞分化、脂质储存和脂肪酸氧化等多个过程中发挥重要作用。通过 RT-PCR 的分析，对照组、高脂组和米糠多糖保护组的 *PPARα* 基因 mRNA 相对表达水平分别为 1.00 ± 0.16、0.41 ± 0.08、0.96 ± 0.22。高脂组表达水平显著下降（$P<0.01$），保护组相对表达水平显著上升（$P<0.01$），表明米糠多糖能上调高脂饮食小鼠肝脏 *PPARα* 基因的 mRNA 表达水平。过氧化物酶体增生物激活受体 γ（PPARγ），是脂肪细胞分化的一个主要的调节子，能刺激前脂肪细胞分化成为成熟的脂肪细胞，还可以通过活化脂肪细胞中乙酰 CoA 和葡萄糖转运体 4 促进脂肪细胞中甘油三酯合成增加，导致脂肪的积累。本实验中对照组、高脂组和米糠多糖保护组的 *PPARγ* 基因 mRNA 相对表达水平分别为 1.00 ± 0.25、2.52 ± 0.32、1.31 ± 0.26。高脂组表达水平显著上升（$P<0.01$），而保护组相对表达水平显著下降（$P<0.01$），表明米糠多糖能下调高脂饮食小鼠肝脏 *PPARγ* 基因的 mRNA 表达水平。固醇调控元件结合蛋白 1C（SREBP-1C）是肝脏脂质代谢的关键调控者，与几乎所有的肝脏脂质代谢基因的转录活化都有紧密关联，如 *HMGCR*、*LPL* 等。激活 SREBP-1C 不仅会抑制肝脏脂肪酸和甘油三酯的合成，还抑制甘油三酯的转运。通过 RT-PCR 的分析，对照组、高脂组和米糠多糖保护组基因相对表达水平分别为 1.00 ± 0.20、1.63 ± 0.20 和 1.08 ± 0.26。相对于对照组，高脂饮食引起小鼠肝脏该基因 mRNA 表达水平显著升高（$P<0.01$），而米糠多糖能明显下调该基因 mRNA 表达水平。

　　乙酰辅酶 A 羧化酶（acetyl-CoA carboxylase，ACC），也称为 ACACA，是一个复杂的多功能酶系统，可以乙酰辅酶 A 羧化形成合成丙二酰辅酶 A，即脂肪酸合成反应的一个限速酶，因此它是脂代谢过程中的一个关键基因。通过 PCR 实验，测得对照组、高脂组和米糠多糖保护组小鼠肝脏基因 mRNA 相对表达水平分别为 1.00 ± 0.26、2.63 ± 0.56 和 1.31 ± 0.36，可以看出米糠多糖将显著下调由高脂饮食引起的 ACC 上调表达。*CD36*，因其功能丰富，有多个别名，其中一个称为脂肪酸转运酶（fatty acid translocase）。它可以结合多种配体，包括磷脂和氧化态低密度脂蛋白及长链脂肪酸，直接参与调控脂肪酸的转运，因此它也是脂代谢的一个关键基因。从 RT-PCR 结果来看，对照组、高脂组和米糠多糖保护组小鼠肝脏基因 mRNA 相对表达水平分别为 1.00 ± 0.17、1.97 ± 0.54 和 1.25 ± 0.22，可以看出米糠多糖能显著降低高脂饮食引起的 *CD36* mRNA 表达上调。脂肪酸合成酶（fatty acid synthase，FAS）可以在有 NADPH 存在的条件下，将棕榈酸酯合成饱和脂肪酸，也就是 ACC 催化由乙酰辅酶 A 开始合成脂肪酸的后续步骤，同时它受到 *PPARα* 的调控，因此也是一个脂代谢关键基因。RT-PCR 结果表明对照组、高脂组和米糠多糖保护组小鼠肝脏基因 mRNA 相对表达水平分别为 1.00 ± 0.15、1.75 ± 0.60 和 1.17 ± 0.25，可以看出米糠多糖能显著降低高脂饮食引起的 FASN 表达上调。SIRT (Sirtuin，去乙酰化酶)，在体内参与多个代谢过程，其中一个便是通过去乙酰化和激活 PPARGC1A 在细胞处于低糖状态时激活脂肪酸 β 氧化和在肝脏内参与调节 $PPAR-\alpha$ 和脂肪酸的 β 氧化过程。因此，它也是一个脂质代谢的关键基因。通过 RT-PCR 的分析，对照组、高脂组和米糠多糖保护组基因相对表达水平分别为 1.00 ± 0.22、5.45 ± 1.20 和 2.34 ± 0.40。相对于对照组，高脂饮食引起小鼠肝脏 SIRT 表达水平显著升高($P < 0.01$)，而米糠多糖能明显下调它的表达水平。Western blot 分析结果与 RT-PCR 的结果基本一致，见图 6-27。

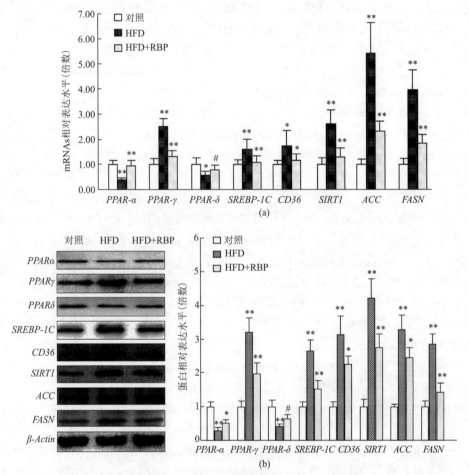

图 6-27　米糠多糖对脂代谢相关基因表达的影响

$** P < 0.01$；$* P < 0.05$；$\# P > 0.05$

7. 膳食纤维对其他营养元素吸收的影响

1)影响维生素 A 的吸收

比较了不同来源的膳食纤维(纤维素、果胶、洋白菜和番石榴)喂养断奶大鼠五周对血清维生素的影响，发现用富含纤维的饲料喂养的大鼠血清维生素 A、维生素 B_1 浓度明显低于用不含纤维饲料喂养的大鼠；随膳食纤维摄入量的增加，血清维生素 A 水平明显降低，而血清维生素 B_1 浓度无明显降低。

2) 影响维生素 B_6 的吸收

分析膳食纤维对老年素食者(32 名)和非素食者(444 名)维生素 B_6 营养状况的影响，分析膳食摄入与血浆 PLP 及其辅因子——红细胞中天冬氨酸转氨酶(EAST-AC)呈负相关。用年龄、能量、蛋白质和纤维摄入校正后，EAST-AC 与维生素 B_6 摄入呈负相关，说明膳食纤维对维生素 B_6 营养状况有明显影响。

3) 影响维生素 B_{12} 的吸收

分析可被细菌不同程度发酵的膳食纤维对大鼠维生素 B_{12} 缺乏的生化标志物的影响，发现几乎不发酵的膳食纤维对维生素 B_{12} 营养状况无明显影响。而高度发酵的膳食纤维则可明显增加尿中甲基丙二酸(MMA)的排泄，并且抑制 ^{14}C 丙酸盐氧化为 $^{14}CO_2$，果胶(膳食纤维)的这种作用比木聚糖更显著。

4) 影响矿物质的吸收

有研究报道膳食纤维影响某些矿物质的吸收利用，如谷类和蔬菜水果膳食纤维引起钙的吸收减少。尤其食入全麦食品导致人和动物的负钙平衡，被认为是发生骨质疏松症的诱因之一。关于膳食纤维是否影响肠道钙吸收有两种不同看法。持肯定观点者认为膳食纤维含有多种酸性基团如糖醛酸，在胃肠道内电离呈负电性，与金属钙离子以静电离子键或配位键结合成络合物，从而影响钙的吸收。成人膳食中加入纤维素或半纤维素均能显著抑制钙吸收。但有些学者认为，上述研究都属于短期试验，长期研究则表明钙平衡趋于正常。他们研究证实纤维素、羟甲纤维素等 4 种膳食纤维对人体钙吸收无影响。在体外实验中，麒麟菜膳食纤维对有益金属离子 Ca^{2+}、Fe^{2+}、Fe^{3+}、Zn^{2+} 的吸附效果与 pH、膳食纤维的可溶性和金属离子种类有关。在小肠环境中的吸附能力大于胃环境；不可溶膳食纤维吸附能力最强，其次为总膳食纤维，可溶性膳食纤维吸附能力最弱；各膳食纤维对 Ca^{2+} 吸附作用最强，其次是 Fe^{2+} 和 Fe^{3+}，最弱是 Zn^{2+}。在动物体内实验中，各麒麟菜膳食纤维饲喂组动物的血清钙、血清锌和血清铁的含量随饲养时间略有增长，但与正常对照组无显著性差异。因此认为，麒麟菜可溶性膳食纤维、不溶性膳食纤维和总膳食纤维对有益金属离子 Ca^{2+}、Fe^{2+}、Fe^{3+}、Zn^{2+} 具有不同程度的体外吸附作用，但对动物体内的钙、锌、铁元素的正常生理水平无显著影响。

8. 其他保健作用

膳食纤维还具有其独特的保健功能：①抗氧化，延缓衰老作用：膳食纤维可以通过有效清除人体内·OH 等自由基，抑制脂质的过氧化达到延缓衰老的作用。②增强免疫力：研究发现从菇类、灵芝等提取的膳食纤维中的多糖成分可以增加人体巨噬细胞的数量，从而刺激抗体的产生达到提高免疫能力的生理功能。③改善口腔及牙齿功能：现代人由于食物越来越精细、柔软，使用口腔肌肉的机会越来越少，因此牙齿脱落、龋齿的情况屡见不鲜，而增加膳食中的纤维含量可以有效增加使用口腔肌肉牙齿咀嚼的机会，长期坚持则会使口腔的保健功能得到改善；此外膳食纤维还具有改善面部暗疮、斑点、肤色暗黄粗糙等功能，通过阻止和最大限度地减少毒素的吸收达到美容的效果。膳食纤维的某些基团可以同矿物质相互作用。最近采用离体试验发现，膳食纤维对汞、砷、镉及锌等金属都有很强的清除能力，可使它们的浓度由中毒水平降低到安全水平(邹玉红等，2008)。

第四节　γ-谷维素

米糠是稻米加工过程中重要的副产物，资源丰富。米糠富含糖类、蛋白质、脂肪、纤维素、矿物质、维生素等多种营养成分。利用米糠能提取米糠油，米糠油因其不同的脂肪酸组成及含有一些其他油脂没有的特殊成分，具有较高的营养和药用价值。γ-谷维素(γ-oryzanol)是美国奥康纳(Oconnor)于 1949 年从米糠中首次发现，γ-谷维素是米糠油中重要的生物活性物质之一，其含量高达 2%～3%。在不同的稻谷品种中，γ-谷维素的含量存在明显差异。根据稻谷 γ-谷维素的含量，可作为鉴定不同稻米品系来源的指标(Yoshie et al.，2009)；分析稻谷米糠或稻谷胚芽，同样发现 γ-谷维素在不同品系中存在显著差异(Yu et al.，2007)。γ-谷维素具有重要的生理功能，近些年来，许多国家都开展了相关研究，尤其是对它在医疗、保健功能方面的作用进行了大量的实验研究。目前研究发现，γ-谷维素主要具有清除自由基、抗氧化、降血脂、抑制癌细胞生长、调节中枢及心脏自主神经等营养和药用功能，这使得米糠、米糠油及 γ-谷维素得到国内外学者的高度重视。

一、γ-谷维素化学成分及代谢

(一)γ-谷维素化学成分

γ-谷维素又称米糠素、谷维醇，它是以环木菠萝醇类为主体的阿魏酸酯和甾醇类的阿魏酸酯组成的一种天然混合物。其中，24-亚甲基环木菠萝醇阿魏酸酯含量为 35%～40%，环木菠萝烯醇阿魏酸酯含量为 25%～30%，甾醇类阿魏酸酯含量为 15%～20%。

(二)γ-谷维素吸收、分布及代谢

γ-谷维素与胆固醇结构相似，都含有环戊烷多氢菲核，但因侧链不同，生理功能大不相同。口服 γ-谷维素肠道吸收率大约只有 5%，而动物胆固醇吸收率为 40%，由于结构相似，γ-谷维素在肠道中能竞争性抑制胆固醇吸收，显著增加粪便中的胆固醇含量。γ-谷维素代谢后在脑和肝脏中积累，其浓度在机体摄入 4～5h 后达到峰值，继而迅速下降到一定水平；摄入 48h 后，尿液及粪便 γ-谷维素代谢物分别为 5%～10%和 17%～32%。

二、γ-谷维素的提取与纯化

(一)提取

γ-谷维素的提取方法众多，提取 γ-谷维素的方法主要有二次碱炼法、酸化蒸馏分离法、弱酸取代法、甲醇萃取法、非极性溶剂萃取法、吸附法、溶剂分提法等。

1. 二次碱炼法

该法是利用所谓"碱溶酸析"特性制得，即将酸值 40 左右的米糠油，经二次碱炼，将 γ-谷维素富集于二次碱炼皂脚，经酸化，蒸馏除去脂肪酸，而使 γ-谷维素留存于黑脚中，从而达到 γ-谷维素浓缩。利用碱性甲醇能溶解 γ-谷维素钠盐和脂肪酸皂，而不溶解糠蜡、脂肪醇、甾醇等不皂化物的特点，使 γ-谷维素钠盐与黏稠物质、不皂化物分离，再用弱有机酸分解 γ-谷维素钠盐，还原为 γ-谷维素，从溶液中析出。

2. 酸化蒸馏分离法

酸化蒸馏分离法的要点是将米糠油进行二次碱炼，把 γ-谷维素吸附到皂脚中，γ-谷维素的含量可提高到 8%左右，用酸分解皂脚使之成为酸化油，然后进行高真空蒸馏，蒸出脂肪酸，残留物中的 γ-谷维素浓缩至 20%～30%，用甲醇碱液皂化皂脚，静置过滤，滤液调 pH 为 3～4，析出 γ-谷维素。此方法的缺点是产率低，生产周期长，工艺过程较复杂，因而逐渐为弱酸取代法所代替。

3. 弱酸取代法

魏安池(2000)在萃取法提取 γ-谷维素的研究中利用 γ-谷维素对极性溶剂的溶解度，即溶于碱性甲醇、乙醇，而不溶于酸性甲醇、乙醇，溶解于米糠油中的 γ-谷维素，通过两次碱炼，成为 γ-谷维素钠盐，被第二次碱炼的皂脚所吸附的原理来提取 γ-谷维素。皂脚及其所吸附的 γ-谷维素钠盐溶解于碱性含水甲醇中，并使妨碍 γ-谷维素沉淀的杂质(磷脂、胶质、机械杂质等)沉淀析出，此时毛糠油中 80%～90%的 γ-谷维素被富集于皂脚中，滤去杂质后再将滤液调节至微酸性(pH 6.5 左右)，使 γ-谷维素钠盐与弱酸或弱酸盐(如酒石酸、柠檬酸、硼酸、乙酸、磷酸二氢钠、柠檬酸二钠等)作用，还原生成的 γ-谷维素便沉淀析出，最后，降温过滤，洗涤精制可得 γ-谷维素成品(凌健斌和郑建仙，2000；许仁溥和许大申，1997)。

4. 甲醇萃取法

甲醇萃取法利用 γ-谷维素钠盐在甲醇碱液中溶解的特性与难溶解、易结晶、难皂化的类脂物相分离，因不溶于甲醇酸性溶液而被析出来。甲醇萃取法除了弱酸取代法中油脂碱炼和皂脚补充皂化等复杂工艺，直接将毛糠油加入碱性甲醇中进行萃取，大大缩短、简化了工艺流程，并由于避免了糠油碱炼和皂化过程中 γ-谷维素的损失，极大地提高了 γ-谷维素的回收率(郑建仙，2003；程俊文等，2005)。

5. 非极性溶剂萃取法

杜长安等(2003)采用溶剂法萃取 γ-谷维素新生产工艺，使 γ-谷维素总得率提高到了 70%以上，γ-谷维素纯度在 90%以上。此方法原理是利用 γ-谷维素在不同 pH 时对于非极性溶剂的溶解度不同的特点。当 pH 大于 12 时，γ-谷维素在非极性溶剂中的溶解度很低，而当 pH 小于 12 时，却具有较高的溶解度，尤其是在 pH 为 8～9 时，γ-谷维素的溶解度非常高，而此时脂肪酸在非极性溶剂中的溶解度则很低。魏安池(2000)采用非极性溶剂萃取法提取 γ-谷维素，正交实验得到的最佳工艺参数为：萃取时 pH 为 8.5，二道捕集碱炼的超量碱为 60%，溶剂为苯，头道碱炼的保留酸值为 5。但这种方法需要同时使用极性和非极性溶剂，配制两套溶剂回收系统，萃取时两相易混溶，造成溶剂和制品流失(程俊文等，2005)。

6. 吸附法

将毛糠油在真空度为 0.1MPa 下于 200℃减压蒸馏除去脂肪酸，此时 γ-谷维素浓度被浓缩至 3.5%，加入活性氧化铝进行吸附，附着在氧化铝上的油脂用己烷洗涤后，再用 10%乙酸的乙醇溶液溶出，用水浴蒸馏回收乙醇，浓缩至干，得纯度为 70%的粗品，再用己烷重结晶得 γ-谷维素成品(凌健斌和郑建仙，2000；程俊文等，2005)。

7. 溶剂分提法

此法对于以制取食用米糠油为主要目的的厂家是很适用的，而且对真空设备的要求不是很高，蒸馏温度也比同等条件下的单纯蒸馏的低，还能降低油中的农药残留量。对于高酸价的米糠油提取 γ-谷维素并且同时精炼食用米糠油，希望蒸馏的真空度高，以期尽量减少 γ-谷维素在蒸馏时的热破坏，本法蒸馏时不通入水蒸气，但由于真空度高，蒸馏温度反而降低到 210～221℃，油中 γ-谷维素在此温度下很少破坏，更有利于后道工序的收集(凌健斌等，2000)。

除此以外，一些新的提取方法也应用于 γ-谷维素的提取，如最近有研究人员采用超临界 CO_2 法来从米糠油中提取 γ-谷维素(Yoon et al.，2014)。

(二) 纯化

1. 固液萃取

浸提即固液萃取是从米糠油皂脚中分离和纯化 γ-谷维素最简单的方法。Indira 等报道一个工艺，γ-谷维素纯度可达 40%～45%(质量分数)，回收率达 80%(质量分数)。原料是米糠油皂脚，皂脚经二次皂化和脱水，处理后原料用于浸提工序，采用溶剂如乙酸乙酯、丙酮或它们的混合物萃取谷维素。

2. 液液萃取

液液萃取工艺效果主要取决于 γ-谷维素和其他皂脚成分进入两相互不相溶的液相中分配比差别。两相选择标准和液液萃取条件是产品不同分配比，进入各相杂质，混合后相快速分离。液液萃取主要工艺参数是两相体系中固体含量之比、温度和结线长度，即在描述两溶剂相的相图中连接一个稳定的单相极限线两点，结线长度提供液液萃取溶剂组成。

3. 结晶或沉淀法

将以初结晶后获得产品作为原料用于多级结晶工艺中，用一种醇和烃溶剂混合物，醇为甲醇、丙醇或丁醇，而烃为己烷、环己烷或甲苯，再结晶溶剂采用蒸馏去除，但作者没有指出起初原料，也没有说明 γ-谷维素最终纯度和得率。

三、γ-谷维素的生理功能

(一)清除自由基和抗脂质过氧化作用

γ-谷维素分子结构中含有阿魏酸基团，阿魏酸基团具有活性酚羟基，是氢的供体，能够形成较稳定的自由基，阻止脂质自动氧化过程中自由基的链式传递，从而可以抑制脂质过氧化，目前的研究表明这可能是 γ-谷维素具有清除自由基和抗脂质过氧化的作用机制(Juliano et al.，2005)。龚院生和姚惠源(2003)通过实验证明，γ-谷维素可使小鼠血清和肝脏 MDA 含量明显下降，而对小鼠体重和 SOD 活性无显著影响，初步说明 γ-谷维素对生物体有较好的清除自由基、抗氧化及延缓衰老的作用，这种作用不是通过增加 SOD 酶活性的方式起作用的。随后，他们将 γ-谷维素、阿魏酸(γ-谷维素代谢物)和混合三萜醇对氧自由基的清除能力大小进行比较，发现阿魏酸清除自由基的能力较强，γ-谷维素与 24-亚甲基环木菠萝醇阿魏酸酯清除自由基的能力相似，三萜醇清除自由基的能力相对较弱。Xu 等(2001)研究发现，24-亚甲基环木菠萝醇阿魏酸酯抗氧化活性强于环木菠萝醇阿魏酸和菜油甾醇阿魏酸，且 γ-谷维素的这三种阿魏酸抗氧化活性均比维生素 E(α-、β-、γ-、δ-)要高。米糠 γ-谷维素含量是维生素 E 的 10 倍，所以 γ-谷维素可能是米糠中比维生素 E 更重要的抗氧化物质。体外模型实验得出 γ-谷维素能够抑制由 2,2′-偶氮二异丁腈(AMVN)引起的胆固醇和脂质过氧化。阿魏酸不仅能清除自由基，还可以调节人体生理机能，抑制产生自由基的酶，促进清除自由基的酶产生。最新的研究发现，在前列腺癌细胞系中 γ-谷维素具有明显的抗氧化作用，显著降低细胞中 MDA 和谷胱甘肽的水平，在前列腺癌的治疗中有利于增强癌细胞对放疗的敏感性(Klongpityapong et al.，2013)。上述实验结果表明，γ-谷维素是良好的天然抗氧化剂，通过捕捉和清除体内过多的自由基，抑制脂质过氧化，维持机体自由基和抗氧化酶之间的平衡，从而可以预防因自由基过多和脂质过氧化引发的炎症、肿瘤、动脉硬化、中枢神经系统损伤等多种疾病的发生。

(二)抗炎作用

慢性或急性炎症是由激活的炎症因子或免疫细胞调节的多因素过程(田媛媛等，2013)。已有报道称阿魏酸及其酯类衍生物可以降低某些炎症因子的表达水平，体现抗炎活性，增强机体免疫功能。Islam 等(2011)采用 1.0% 硫酸葡聚糖钠盐(dextran sulfate sodium salt，DSS)诱导小鼠结肠炎症模型，研究 γ-谷维素、环木菠萝醇阿魏酸酯(CAF)和阿魏酸(FA)抗炎作用。18 天后发现，与对照相比，灌胃谷维素、CAF、FA 的小鼠，结肠组织中由 DSS 引起的受损的肠黏膜、杯状细胞、粒细胞、巨噬细胞及扭曲的隐窝都得到一定程度的修复；细胞炎症因子 TNF-α、IL-1β、IL-6、COX-2 的 mRNA 表达水平显著下降；NF-κB 是调节促炎因子基因表达的非常重要的转移因子之一，正常情况下，NF-κB 存在于细胞质中，炎症发生时，转移到细胞核中，诱导炎症因子 DNA 表达，DSS 诱导的结肠炎能激活 NF-κB/p65 途径，而谷维素能抑制细胞核 NF-κB/p65 蛋白和细胞质 IκB-α 蛋白的表达(IκB-α 是 NF-κB 途径的调节因子)，减少 NF-κB 途径磷酸化反应。Islam 等(2011)曾报道谷维素能够抑制巨噬细胞 NF-κB 活性，巨噬细胞是机体重要的炎性和免疫细胞，在炎症反应中发挥重要作用，以上结果说明谷维素可能是通过抑制 NF-κB 途径发挥抗炎作用。CAF 和 FA 也具有抗炎活性，相同剂量的 CAF 和 γ-谷维素抗炎作用相当，而 FA 抗炎效果弱于 γ-谷维素。LPS 是最具代表性的炎症因子之一，在炎症发生、发展过程中有重要作用。Sakai 等（2012）利用 LPS 刺激 HUVE 细胞 6h，诱导血管内皮细胞黏附分子（VCAM-1）和细胞间黏附分子（ICAM-1）mRNA 过高表达，γ-谷维素预处理的 HUVE 细胞中 VCAM-1 和 ICAM-1 的 mRNA 表达下降，NF-κB 活性被抑制，再次证明 γ-谷维素可能通过抑制血管内皮细胞 NF-κB 活性发挥抗炎作用。Chen 和 Cheng（2006）发现在膳食中添加 γ-谷维素能增加糖尿病大鼠实验模型 LDL 受体基因、HMG-CoA 还原酶基因 mRNA 表达，降低机体对胰岛素的敏感性。此外，γ-谷维素及其主要活性成分均能显著抑制佛波脂（TPA）诱导的小鼠过敏性皮炎，且阿魏酸酯能抑制肥大细胞脱颗粒，减少炎症因子分泌（Oka et al.，2010）。国内学者的研究也表明谷维素可能具有抗炎活性，如谷维素联合甲硝唑和维生素 B_1，或者配合柳氮磺吡啶使用可以治疗溃疡性结肠炎，其中谷维素能增强疗效（姜龙，2012）。DSS 诱导的溃疡性结肠炎由于炎症的影响，引起结肠充血、水肿，结肠肠壁变厚、生成溃疡面等都会增加结肠的质量及使结肠长度缩短，因此结肠质量和长度能直接反映炎症的程度和药物的疗效。我们研究发现谷维素对 DSS 导致的小鼠溃疡性结肠炎模型具有部分抑制作用，如减轻小鼠结肠质量和长度，结肠组织炎症细胞减少，炎症因子表达下调，以及小鼠体重下降受到部分抑制等，显示谷维素对小鼠溃疡性结肠炎具有一定的缓解作用，见图 6-28 和图 6-29（李辉，2013）。

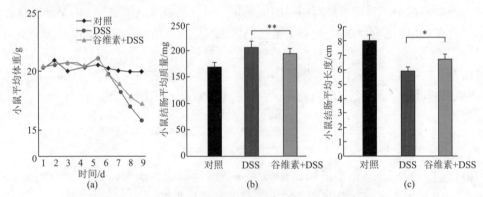

图 6-28　谷维素对小鼠溃疡性结肠炎具有明显的缓解作用

(a)谷维素对 DSS 诱导小鼠的体重的变化；(b)谷维素对 DSS 诱导小鼠结肠质量的变化；
(c)谷维素对 DSS 诱导小鼠结肠长度的变化。与损伤组相比，$*P < 0.05$，$**P < 0.01$

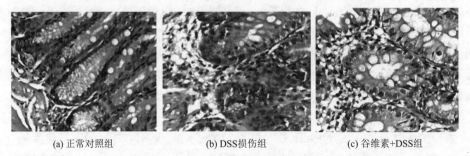

(a) 正常对照组　　　　　　　(b) DSS损伤组　　　　　　　(c) 谷维素+DSS组

图 6-29　谷维素减少小鼠溃疡性结肠炎组织炎症细胞减少

谷维素对 LPS 诱导 RAW264.7 细胞炎症因子 mRNA 表达水平的影响：设置对照组、LPS 组、谷维素保护组（10μg/mL、20μg/mL 和 40μg/mL），与对照组相比，LPS 组细胞 COX-1、COX-2、IL-1β、IFN-γ、TNF-α 和 iNOS 表达差异极显著（$P < 0.01$），与 LPS 组相比，谷维素保护组中与 COX-1 基因表达量无显著性差异（$P > 0.05$），COX-2、IL-1β、IFN-γ、TNF-α 和 iNOS 表达量具有显著性差异（$P < 0.05$），如图 6-30 所示。谷维素对 LPS 诱导 RAW264.7 细胞炎症因子蛋白水平的影响：LPS 组对比对照组 TNF-α、IL-1β 和 iNOS 蛋白质表达明显上升，对比 LPS 组，谷维素组能够降低 TNF-α、IL-1β 和 iNOS 蛋白质表达，且呈剂量依赖性，如图 6-31 所示。

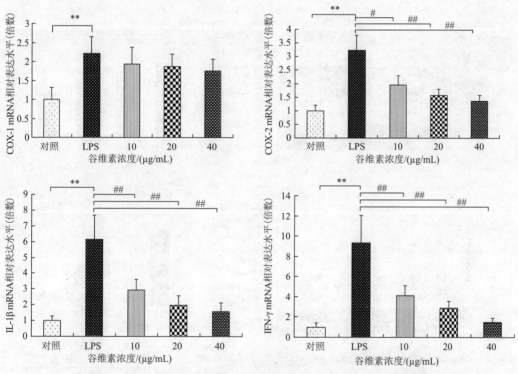

图 6-30　谷维素对 LPS 诱导的巨噬细胞炎症因子 mRNA 表达水平的影响
** $P > 0.05$；# $P < 0.05$；## $P < 0.01$

谷维素对核转录因子 NF-κB 和 AP-1 核移位和转录活性的影响：与对照组相比，LPS 刺激后 RAW264.7 细胞浆中 p65、c-Jun 蛋白表达显著减少，细胞核中表达量显著增加，p65 蛋白表达变化量具有显著性差异（$P < 0.05$），c-Jun 蛋白表达变化量具有极显著性差异（$P < 0.01$）。谷维素组能够抑制 AP-1 和 NF-κB 的核移位，并能降低核内 AP-1 和 NF-κB 的转录活性，且呈剂量依赖性。说明 LPS 组中 AP-1 和 NF-κB 被激活，而在谷维素保护组中 AP-1 和 NF-κB 活化受到抑制。图 6-31 中谷维素对 NF-κB 和 AP-1 与对应 DNA 结合位点结合的影响：阴性对照组中，未检测到特异性寡核苷酸探针与 NF-κB 和 AP-1 结合，LPS 组中 NF-κB 和 AP-1 与特异性寡核苷酸探针明显高于正常对照组（$P < 0.01$），在

LPS 刺激后,巨噬细胞核内的 NF-κB 和 AP-1 活性增强。谷维素保护组(10μg/mL、20μg/mL)细胞核内 AP-1 活性低于 LPS 组,且呈剂量依赖性,见图 6-32。许多炎症因子如 COX-2、IL-1β、IFN-γ、TNF-α 和 iNOS 等在其基因的启动子区域均存在一个或多个 NF-κB 和 AP-1 结合位点(顺式作用元件),转录因子 NF-κB 和 AP-1 的活化是炎症因子表达调控的主要方式。综合分析实验结果,提示谷维素抗炎作用可能的分子机制:在 LPS 诱导的巨噬细胞炎症模型中,谷维素抑制核转录因子 NF-κB 和 AP-1 核移位,降低 NF-κB 和 AP-1 与对应 DNA 结合位点的结合,从而抑制 NF-κB 和 AP-1 转录活性,并最终导致谷维素能下调巨噬细胞炎症因子如 COX-2、IL-1β、IFN-γ、TNF-α 和 iNOS 的表达,呈现显著的抗炎生理作用。

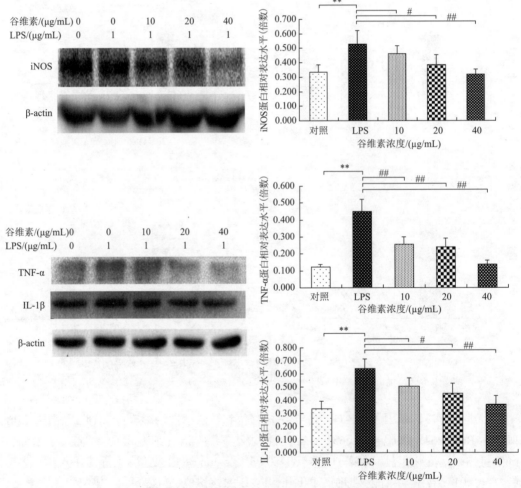

图 6-31　谷维素对 LPS 诱导的巨噬细胞炎症因子蛋白表达水平的影响

** $P > 0.05$；# $P < 0.05$；## $P < 0.01$

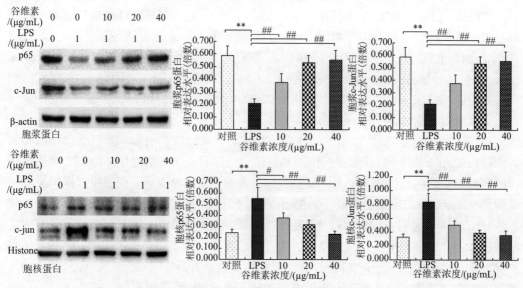

图 6-32　谷维素对 LPS 诱导的巨噬细胞 NF-κB 和 AP-1 核移位的影响

** $P > 0.05$；# $P < 0.05$；## $P < 0.01$

(三)降血脂作用

在 γ-谷维素诸多的生理功能中，降脂作用是被研究的热点之一。动物模型包括鼠、兔、猴等及人体临床研究均证明 γ-谷维素有降血脂作用，且中性甾醇无此功能(Cicero and Gaddi，2001；Tsuji et al.，2003；Parrado et al.，2003)。γ-谷维素降血脂作用体现在：①抑制胆固醇合成；②抑制胆固醇吸收；③促进胆固醇异化、排泄。早在 1983 年，Shinomiya 等已发现分别添加 0.5%、2.0%的谷维素就能缓解小鼠高脂血症，血浆中高密度胆固醇明显高于对照组。Wilson 等(2007)发现在膳食中添加 γ-谷维素，能降低苍鼠血浆脂和脂蛋白胆固醇的浓度，抑制胆固醇在动脉血管的积累，具有减轻高胆固醇血症的功效。Nagasaka 等(2011)发现能部分抑制高脂饮食导致的小鼠高脂血症；γ-谷维素也能与 γ-氨基丁酸协同，减轻应激诱导的高脂血症(Ohara et al.，2011)。Ghatak 和 Panchal(2012)利用 Triton WR-1339 建立白鼠急性高脂血症模型，之后灌喂谷维素(50mg/kg 和 100mg/kg)进行治疗，与对照相比，治疗组白鼠血清总胆固醇、甘油三酯、LDL、VLDL 含量明显下降，血清 HDL 含量及肝脏抗氧化酶活性显著提高，致动脉粥样指数(AI)下降。上述结果说明，γ-谷维素可以降低血浆脂质浓度，并且有望治疗高血脂和动脉粥样硬化疾病。静脉注射谷维素可以降低乳酸脱氢酶(GOT)和转氨酶(GPT)的含量，有助于加速血管脂质排出。环木菠萝烯醇酯的含量可能会影响 γ-谷维素的降脂效果。γ-谷维素(35%环木菠萝烯醇酯、45% 24-亚甲基环木菠萝醇酯、10%环木菠萝醇酯、10%其他甾醇)通过抑制胆固醇在肠道吸收和促进胆固醇异化机制来降低血清总胆固醇；新配比谷维素(60%环木菠萝烯醇酯、30% 24-亚甲基环木菠萝醇酯、10%环木菠萝醇酯)则通过将游离胆固醇转变为酯化的胆固醇和抑制血清磷脂增加的机制达到降脂作用，后者降脂效果优于前者。Berger 等(2005)以轻度高脂血症患者(38～64 岁)为受试对象，未服用谷维素前，测得胆固醇水平为 4.9～8.4mmol/L，服用谷维素(0.05g/d)4 周后，总胆固醇下降 6.3%，LDL-C

下降 10.5%，LDL-C/HDL-C 下降 18.9%。米糠油中的 γ-谷维素等非纤维成分能抑制胆固醇吸收，从而降低了患有中等胆固醇成人的胆固醇水平。最新的研究发现，γ-谷维素能抑制高脂膳食导致的海马区细胞和胰岛细胞的内质网应激(endoplasmic reticulum stress)，增强糖刺激的胰岛素的分泌，促使脂肪组织的氧化与分解，因此，γ-谷维素可能对人的肥胖和糖尿病均具有预防作用(Kozuka et al.，2013)。

谷维素对高脂饮食小鼠的降脂作用如下。

(1)谷维素降低高脂饮食小鼠的体重、肝脏质量及脂肪垫质量。高脂饮食小鼠添加谷维素(100mg/kg)后，谷维素保护组的小鼠体重极显著低于高脂组($P < 0.01$)。高脂组小鼠的肝脏与正常组相比体积增大，颜色发白，表面光滑有油腻感，而谷维素保护组能明显抑制。高脂组肝脏质量显著高于对照组($P < 0.05$)，而谷维素保护组能极显著降低肝脏质量($P < 0.01$)。说明谷维素能缓解高脂小鼠肝脏质量的增加，且对其肝脏组织具有一定的保护作用。结果说明高脂模型建模成功。观察取自于附睾脂肪垫的脂肪，高脂组体积明显大于其他两组，如图 6-33 所示。高脂组脂肪质量显著高于对照组($P < 0.05$，图 6-33)，而保护组脂肪质量能显著低于高脂组($P < 0.05$)。说明谷维素能阻碍脂肪的形成。

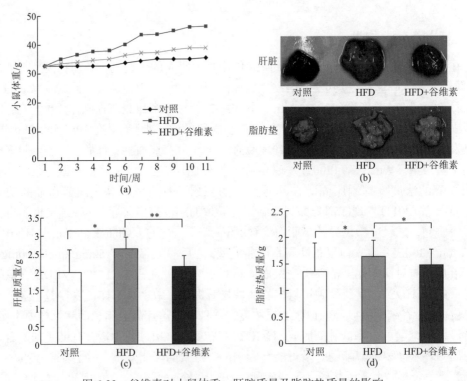

图 6-33　谷维素对小鼠体重、肝脏质量及脂肪垫质量的影响

$* P < 0.05$；$** P < 0.01$

(2)谷维素对血脂水平的影响：总胆固醇(TC)是指血液中所有胆固醇的总和，是脂肪存在血液中的一种形式，其血清浓度可作为脂代谢的指标。与对照组相比，高脂组小鼠血清 TC 极显著升高($P < 0.01$)，谷维素保护组 TC 水平极显著低于高脂组($P < 0.01$)。

甘油三酯(TG)是长链脂肪酸和甘油形成的脂肪分子，血液中如果甘油三酯过量，就会囤积于皮下、血管壁、肝脏、心脏，造成各类病变。与对照组相比，高脂组小鼠血清 TG 水平显著升高($P<0.05$)，而保护组 TG 水平显著低于高脂组($P<0.01$)。低密度脂蛋白胆固醇(LDL-c)是胆固醇在血液中以脂蛋白的形式存在。被人们认为"坏"胆固醇，是导致动脉粥样硬化的主要原因。高脂组 LDL-c 水平明显升高($P<0.01$)，而经过谷维素处理后的保护组小鼠其 LDL-c 水平均显著性下降($P<0.01$)。高密度脂蛋白胆固醇(HDL-c)使血清中颗粒数最多的脂蛋白，主要用来转移磷脂和胆固醇，能防止动脉粥样硬化。相比于对照组，高脂组浓度显著降低($P<0.05$，图 6-34)，而保护组的小鼠显著升高($P<0.05$)。以上结果显示谷维素具有缓解高脂血症的作用。

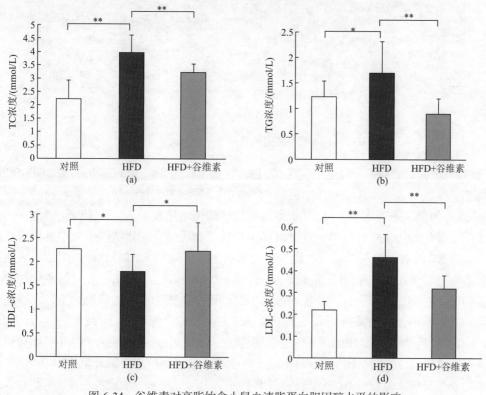

图 6-34 谷维素对高脂饮食小鼠血清脂蛋白胆固醇水平的影响

$*P<0.05$；$**P<0.01$

(3)谷维素对小鼠脏器组织形态学的影响：通过 HE 染色对小鼠肝脏组织进行病理学观察。对照组小鼠肝脏细胞排列整齐，细胞核完整且明显，并且没有脂肪空泡，说明正常饮食对小鼠肝脏没有不良影响。与对照组相比，高脂组小鼠的肝细胞周隙增加，且有轻微纤维化，有少许大泡性脂滴，可说明高脂模型建立成功，见图 6-35。保护组肝细胞周隙没有明显减少，但基本未见脂肪空泡，说明谷维素对肝细胞有较明显的保护作用，见图 6-35。通过 HE 染色对小鼠脂肪进行病理学观察。高脂组与对照组相比，脂肪细胞直径明显更大。而高脂组、谷维素保护组、对照组脂肪细胞直径依次减小(图 6-35)，提示谷维素对脂肪组织变性具有抑制作用。

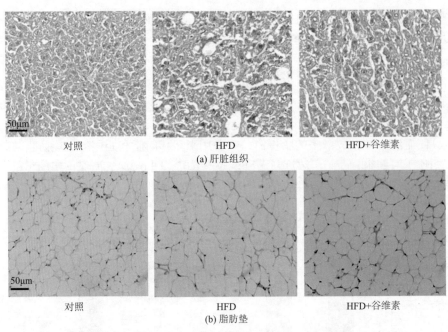

图 6-35　谷维素对高脂血症小鼠肝脏和脂肪组织病理组织学的影响

(4)谷维素对高脂小鼠肝脏脂代谢基因表达的影响。实验通过 real-time PCR (RT-PCR)分析了 *PPAR-α*、*PPAR-γ*、*SREBP-1c*、*ACC*、*SIRT1* 等相关脂代谢基因及其调控的下游基因 mRNA 的相对表达水平。PPAR-α 是过氧化物酶体增殖物激活受体三种亚型之一，能转录激活参与脂肪氧化的基因，在肝脏细胞分化、脂质储存和脂肪酸氧化中发挥重要作用。通过 RT-PCR 的分析，发现高脂组表达水平显著下降($P < 0.01$)，保护组相对表达水平显著上升($P < 0.01$)。表明谷维素促进 *PPAR-α* 基因的表达。PPAR-γ 也是过氧化物酶体增殖物激活受体三种亚型之一，能刺激前脂肪细胞分化成为成熟的脂肪细胞，可以通过活化脂肪细胞中乙酰辅酶 A 等促进脂肪细胞中甘油三酯合成增加，导致脂肪细胞体积增大，引起肥胖。相对于对照组小鼠(正常饲料)，高脂组小鼠肝脏组织 PPAR-γ 相对表达水平显著上升($P < 0.01$，图 6-36)；相对于高脂组小鼠，保护组小鼠肝脏组织 PPAR-γ 相对表达水平显著下降($P < 0.05$)。表明谷维素抑制 *PPAR-γ* 基因的表达。固醇调和元件结合蛋白-1c(SREBP-1c)是肝脏脂质代谢的关键调控者，几乎参与所有的肝脏脂肪酸和甘油三酯合成基因的转录活化。SREBP-1c 的激活不仅促进肝脏甘油三酯和脂肪酸的合成，还抑制转运甘油三酯。相对于对照组，高脂情况下 *SREBP-1c* mRNA 表达水平显著升高($P < 0.01$，图 6-36)，而谷维素处理组能明显下调 *SREBP-1c* mRNA 表达水平($P < 0.01$)。谷维素对 *CD36* mRNA 表达水平的影响：脂肪酸转位酶(CD36)属于 B 族清道夫受体，可以介导氧化低密度脂蛋白及长链脂肪酸的跨膜转运，促进脂肪蓄积。通过 RT-PCR 的分析，结果显示，相对于对照组，高脂情况下 *CD36* mRNA 表达水平显著升高($P < 0.01$)，而谷维素处理组能明显下调 *CD36* mRNA 表达水平($P < 0.01$)。沉默信息调节因子 1(SIRT1)可以抑制 PPAR-γ 活性，降低脂肪特异脂肪酸结合蛋白的表达水平，可以抑制脂肪细胞的分化，降低脂肪沉积。高脂组比对照组 *SIRT1* mRNA 表达水平极显著降低($P < 0.01$)，而谷

维素处理组能明显上调 *SIRT1* mRNA 表达水平($P<0.05$)。乙酰辅酶 A 羧化酶(ACC)在脂肪酸的代谢过程中起着重要的作用，是催化脂肪酸合成代谢第一步反应的限速酶，能催化脂肪酸的形成。与正常组相比较，高脂情况下 *ACC* mRNA 的相对表达水平会显著上升，而谷维素处理组能明显下调 *ACC* mRNA 表达水平。谷维素对 *FASN* mRNA 表达水平的影响：脂肪酸合成酶(FASN)是合成脂肪的关键酶，FASN 表达水平的升高能显著增加甘油三酯在体内的沉积而导致肥胖。与正常组相比较，高脂组 *FASN* mRNA 的相对表达水平会显著上升，而保护组能显著下调其表达水平($P<0.05$)。

　　PPAR-γ、*CD36*、*SREBP-1c* 和 *ACC* 极显著高于对照组($P<0.01$)，*FASN* 显著高于对照组($P<0.05$)；*PPAR-α* 极显著低于对照组，*PPAR-δ*、*SIRT1* 显著低于对照组($P<0.05$)。证实高脂饮食对相关酶蛋白水平影响显著。对于谷维素保护组，*CD36* 和 *SREBP-1c* 极显著低于高脂组($P<0.01$)，*PPAR-γ*、*ACC* 和 *FASN* 显著低于高脂组($P<0.05$)；*PPAR-α* 极显著高于对照组($P<0.01$)，*SIRT1* 显著高于对照组($P<0.05$)，*PPAR-δ* 略微高于对照组但不显著。表明谷维素可以通过抑制高脂饮食对基因进行调控作用，来减轻小鼠的高脂症状。

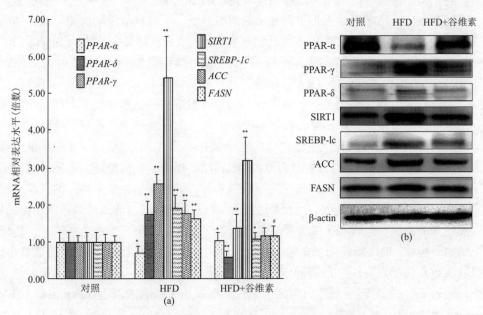

图 6-36　谷维素对高脂血症小鼠肝脏组织脂代谢相关基因表达的影响

$*P<0.05$；$**P<0.01$；$\#P>0.05$

（四）降血糖作用

　　糖尿病容易引发血脂异常从而导致高甘油三酯血症，继而引发高胰岛素血症和胰岛素耐受性问题，*γ*-谷维素也许可以作为抗氧化剂的补充物质用来治疗糖尿病。Chou 等(2009)采取腹腔注射链脲霉素(STZ)和烟酰胺诱导小鼠产生 2 型糖尿病，用富含 *γ*-谷维素的米糠油灌胃小鼠，对照组与治疗组小鼠血浆糖浓度没有明显差别，但是治疗组小鼠胰岛素曲线下面积(AUC)显著减小，说明 *γ*-谷维素通过增强机体对胰岛素敏感性来缓解高胰岛素血症。γ-谷维素抗糖尿病作用与其抗氧化活性有关。Ghatak 和 Panchal(2012)采用 STZ 损伤胰岛 β 细胞建模，与对照相比，灌胃谷维素(50mg/kg 和 100mg/kg)2h 后即可降低小鼠血糖浓度，在随后的几个时间段内，血糖最大下降水平分别达到 47.76%和 49.97%。降血糖机制可能与谷维素显著增强肝细胞中葡萄糖激酶(GK)活性和抑制葡萄糖-6-磷酸酶(G6pase)和磷酸烯醇丙酮酸激酶(PEPCK)活性有关。其中，GK 活性增强有助于刺激残余胰腺机制发挥作用，提高血糖利用率，为机体产生能量或者转变为糖原储存在肝脏中；G6pase 和 PEPCK 是肝脏内葡萄糖异生与输出途径的关键酶，它们活性下降会阻断肝脏血糖生成。另外，γ-谷维素抗糖尿病作用与其抗氧化活性相关还体现在 γ-谷维素可以提高肝脏中抗氧化酶(如 SOD、GSH)的活性，减少活性氧(ROS)生成，提高清除自由基酶类活性，增强机体抗氧化作用。

(五)其他生理活性

γ-谷维素在医学应用中主要是作为一种植物神经调节剂，作用于间脑的自主神经系统与分泌中枢，营养神经，改善神经失调症状；辅助治疗功能性胃肠疾病；抑制血小板凝集，防止微小血栓生成，预防动脉粥样硬化；临床上配合硝苯地平缓释片治疗原发性轻、中度高血压；脂联素是脂肪组织分泌的细胞因子，可以调节糖脂代谢、改善胰岛素敏感性、降血压等，γ-谷维素可以缓解低脂联素血症；增强机体免疫功能。Kong 等(2009)研究米糠油中环木菠萝醇阿魏酸诱导人结直肠恶性肿瘤细胞 SW480 凋亡，并激活 SW480 变体 SW620 对凋亡诱导配体 TRAIL 敏感，其抗癌机制涉及 Caspase-3、Bax/Bcl-2 信号通路，而与 p53 信号通路无关；龚院生等(2002)曾报道 γ-谷维素抑瘤率不高的原因可能是谷维素抑制肿瘤生长作用不是直接抑制肿瘤细胞，而是通过激活免疫系统起作用，这也间接反映 γ-谷维素可以强化机体免疫功能。Sierra 等(2005)发现，在实验小鼠的膳食中添加 γ-谷维素，能提高机体的免疫反应的敏感性，提高小鼠的免疫能力。谷维素还具有使肌肤靓丽润白的功效，是护肤品的原材料来源。谷维素是大米中特有的成分，被称为"美容素"，谷维素是黑色素抑制剂，性质温和，无副作用，能减低黑色素细胞活性，抑制黑色素的形成、运转和扩散，缓解色素沉着，淡化蝴蝶斑，净肤色。同时，还能降低毛细血管脆性，提高肌肤末梢血管循环机能作用，进而防止肌肤破裂和改善肌肤色泽，使肌肤绽放自然润白亮泽。最新的研究发现，γ-谷维素还能促进黑色素瘤细胞黑色素的形成，通过 PKA 信号转导通路，激活与黑色素形成相关基因的表达(Jun et al.，2012)。

目前围绕 γ-谷维素生物活性及其作用机理开展的研究已有一定规模，促进了 γ-谷维素在功能食品领域中科学广泛的应用(Henderson et al.，2012)。但是在今后的研究中也面临着诸多挑战：首先，γ-谷维素化学成分复杂，发挥生理功能涉及的有效成分不确定，应当进一步强化 γ-谷维素分离提纯技术；其次，有关 γ-谷维素发挥生理功能的作用机理研究还仅仅停留在初级阶段，多数作用机制没有得到充分一致的科学依据，包括 γ-谷维素作用的各种酶、大分子活性物质、靶器官受体、分子信号转导途径的研究；最后，γ-谷维素在功能性食品方面的开发应用还不是很全面。上述问题是今后 γ-谷维素生理活性研究和开发应用的重点和热点，随着人们对 γ-谷维素生理功能的不断研究，米糠及米糠油中尚未得到充分利用的活性物质 γ-谷维素必将更直接、更准确、更广泛地应用于国内外食品行业中。

第五节　维生素 E

稻米中含有较丰富的维生素 E(vitamin E)。维生素 E 早在 20 世纪 20 年代就被人们发现，Evans 和他的同事在研究生殖过程中发现，酸败的猪油可以引起大鼠的不孕症。在 1936 年分离出结晶体，1938 年被瑞士化学家人工合成。维生素 E 又名抗不育维生素(antisterility vitamin)，其化学结构为色满的衍生物。维生素 E 能促进性激素分泌，使男子精子活力和数量增加；使女子雌性激素浓度增高，提高生育能力，预防流产，还可用于防治男性不育症、烧伤、冻伤、毛细血管出血、更年期综合征、美容等方面。近来还发现维生素 E 可抑制眼睛晶状体内的过氧化脂反应，使末梢血管扩张，改善血液循环，预防近视的发生和发展。

一、维生素 E 的分类与理化特征

(一)维生素 E 的理化特征

维生素 E 为淡黄色油状物，是一种脂溶性维生素，是最主要的抗氧化剂之一。它溶于脂肪和乙醇等有机溶剂，不溶于水，对热、酸稳定，对碱不稳定，对氧敏感，对热不敏感，但油炸时维生素 E 活性明显降低。

(二)维生素 E 的类型和结构

维生素 E 不像其他一些维生素仅仅是由单一的化合物组成，维生素 E 是由 8 种化合物组成的，包括四种生育酚和四种生育三烯酚(α、β、γ 及 δ)(见图 6-37、图 6-38、表 6-14)。生育酚和生育三烯酚相似，但是在分子结构上有差别：它们由一个头(色满环)和一个尾(植基尾)组成，这个色满环带有活性抗氧化剂组，每个生育三烯酚都有一个完全相同的色满环，生育三烯酚不同于生育酚是在它们的尾巴处，生育三烯酚有三个不饱和键，而生育酚没有。生育三烯酚侧链的 $3'$、$7'$、$11'$ 位有三个双键，构成异戊二烯结构，研究认为生育三烯酚的生理功能与此不饱和键结构有关。

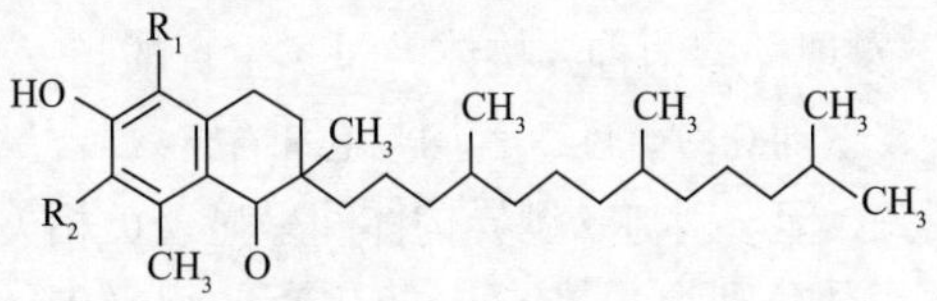

图 6-37　生育酚

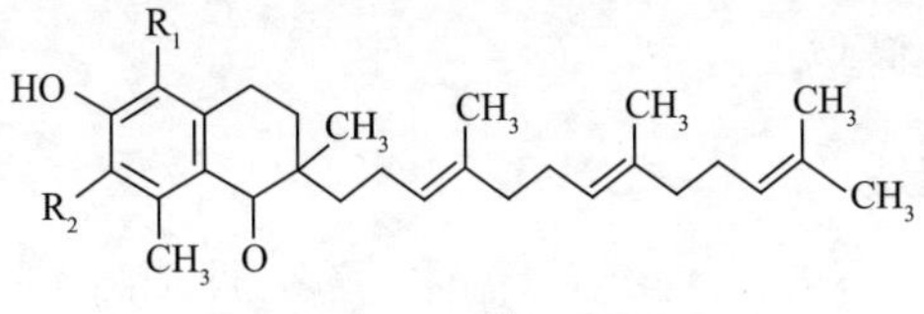

图 6-38　生育三烯酚

表 6-14　生育酚的异构体结构特点

	R₁	R₂
α-生育三烯酚/生育酚	CH₃	CH₃
β-生育三烯酚/生育酚	CH₃	H
γ-生育三烯酚/生育酚	H	CH₃
δ-生育三烯酚/生育酚	H	H

二、稻米维生素 E 及组分在品种间的变异与分布

不同植物或同一植物的不同组织中维生素 E 或各异构体的含量差异很大。谷类作物是重要的维生素 E 的来源之一，小麦籽粒中主要含 α-生育酚和 β 型异构体，其中，β-三烯生育酚是其主要的异构体。大麦籽粒中含有维生素 E 的所有异构体，主要的异构体是 α-三烯生育酚。而水稻种子中主要含有 α 型和 γ 型异构体，其中 γ-三烯生育酚或 α-生育酚是主要异构体。稻米米糠中总维生素 E 的浓度最高可达 443μg/g，而精米中维生素 E 的含量要低得多。

(一)籼稻与粳稻糙米中维生素 E 各异构体的含量

水稻品种间维生素 E 及其各组分的含量变异较为丰富。籼稻中维生素 E 各组分的变异范围更广一些，如 α-生育酚在籼稻中变化范围是 6.53～36.11μg/g，最高与最低含量相差 5.5 倍；而在粳稻中变化范围是 14.63～63.82μg/g，相差 4.4 倍。分析 34 个品种水稻，γ-生育三烯酚浓度的变幅最小，最高与最低含量只相差 2.58 倍；变幅最大的是 α-生育三烯酚，相差 12.83 倍。籼稻维生素 E 各异构体平均浓度由高到低依次为：γ-生育三烯酚、α-生育酚、α-生育三烯酚和 γ-三烯酚。而在粳稻中正好相反，α-生育酚是其主要异构体，其次是 γ-生育三烯酚。所有水稻品种种子中的 γ-生育酚的浓度都很低(张桂云等，2012)。综合比较同一品种中各种异构体的比例见表 6-14。

(二)水稻糙米中维生素 E 及其各组分间的相关性

分析 34 个品种水稻，发现一型两种异构体，即 α-生育酚与 α-生育三烯酚含量间具有显著正相关(Pearson 相关系数达到 0.8)，且二者均与总维生素 E 含量显著正相关。两种 γ 型异构体含量间也呈显著正相关，但 γ 型与 α 型异构体间呈显著负相关，γ-生育三烯酚与 α-生育三烯酚和 α-生育酚的相关系数分别为–0.271($P < 0.05$)和 0.42($P < 0.01$)。而 γ-生育酚与 α-生育三烯酚和 α-生育酚的相关系数分别为 0.462($P < 0.01$)和 0.525($P < 0.01$)(张桂云等，2012)。

(三)维生素 E 的提取

1. 超临界 CO_2 萃取法

超临界流体萃取技术是指利用超临界流体的溶解性和高选择性，从液体和固体中提取出所需成分的过程。葛毅强等(2001)采用超临界 CO_2 萃取技术从小麦胚芽中萃取天然维生素 E(小麦胚芽中维生素 E 含量为 3%～5%，并且研究出了采用此法提取维生素 E

的最佳萃取条件，萃取条件为压力 28~35MPa、温度 313~318K、CO_2 流量 2mL/min、时间 90min，能够达到很高的萃取效率。

2. 溶剂萃取法

溶剂萃取法主要是根据天然维生素 E 与原料中其他组分在不同溶剂中的溶解度不同，通过选择合适的溶剂，使天然维生素 E 与其他组分分开。在萃取中常用的溶剂有极性溶剂甲醇、乙醇、丙酮等，非极性溶剂石油醚、正己烷等。田庆国(1998)利用此法从小麦胚芽中提取维生素 E，得到维生素 E 浓缩液，最终得率为 1.03%，最终产品提纯浓度是 21.53%。狄济乐(1996)以皂脚为原料(皂脚为油品在碱炼精制过程中生成的不皂化副产物，皂化时生成的胶体富集了油品中大量的维生素 E)，得到含维生素 E 70%~80%的浓缩物，总得率 58.2%。

3. 蒸馏法

分子蒸馏法是一种在高真空条件下进行液液分离操作的连续蒸馏过程。Yuji 等利用分子蒸馏技术对大豆脱臭馏出物进行分离，利用脂肪酸和甾醇之间的酯化作用，首先分离甾醇，然后分别于 26.6Pa、5.3Pa 和 4.0Pa 的真空度下采用三级分子蒸馏方法，最后得到纯度为 65%的维生素 E，回收率接近 90%(Shimada et al.，2000)。

4. 真空蒸馏法

真空蒸馏法是指在压力低于 5mmHg 条件下的蒸馏。一般是将经化学处理后的料液，经真空蒸馏，除去化学反应生成的脂肪酸酯或化学处理后残余的脂肪酸、甘油酯等，提高维生素 E 的含量。崔志明(2004)利用真空蒸馏法从豆类油脂脱臭物中提取天然维生素 E，最终得到维生素 E 含量可达 51%以上，回收率为 87%以上。

5. 尿素络合法

尿素络合法是将尿素溶解于有机溶剂中，在一定温度下使饱和脂肪酸、低不饱和脂肪酸及其酯、直链烃、醇、醛、酮等和尿素形成络合物结晶而过滤除去，而高度不饱和脂肪酸或酯包括生育酚在内不易被尿素饱和的原理，而达到浓缩生育酚的目的。马海乐等(2003)采用尿素包合法浓缩豆油脱臭馏出物中生育酚实验中，得出最佳工艺条件：浓缩 20g 大豆油脱臭馏出物需尿素 60g、甲醇 350mL、冷析温度 278K、冷析时间 10h，可使 α-生育酚纯度提高 5 倍多，而回收率可保持在 85%以上，达到了理想的浓缩效果。

6. 其他方法

杨亦文(2004)以植物油脱臭馏出物为原料，通过甲酯化、改性吸附树脂特异性吸附法提取生育酚。该工艺路线具有步骤少、操作条件温和、产品含量高、生育酚总收率高的特点。辛志宏等(2003)以豆油脱臭馏出物为原料，利用尿素包合法进行预浓缩，然后采用超临界 CO_2 萃取技术提取其 α-维生素 E，尿素包合可以使 α-维生素 E 的浓度从原料中的 0.74%提高到 1.62%；同时兼顾 α-维生素 E 的浓度和回收率，适宜的超临界 CO_2 萃取压力为 13MPa、萃取温度为 35~40℃、CO_2 流量为 4~6L/min。

三、维生素 E 的生理功能

维生素 E 是生育酚的混合物，当然其所具有的功能也是由其所含生育酚的类型与含量所决定的。实际上维生素 E 的功能主要是由于生育酚具有抗氧化的功能。维生素 E 的基本生理作用是作为一种抗氧化剂，抑制组织膜内围绕着细胞颗粒及红细胞的膜内多不饱和脂肪酸的氧化，稳定细胞中的脂类，保护它们不受脂肪酸氧化而形成的有毒自由基的伤害，并能与过氧化物反应使其变为对细胞无害的物质(韩国麒等，1993；范丽萍等，2012)。因此，维生素 E 在防止组织破裂及包括防止老化在内的预防各种器质性衰退疾病方面起一定的作用。根据生育酚的结构，各种生育酚的活性在体内是 $\alpha > \beta > \gamma > \delta$。

(一)维生素 E 的抗氧化作用

维生素 E 的主要功能是能有效抑制脂质过氧化。维生素 E 作为断链抗氧化剂，可阻止自由基反应的进行，从而保护细胞膜磷脂和血浆脂蛋白中的多不饱和脂肪酸免受氧自由基的攻击。其抗氧化机理是通过氧化还原反应，引起脂质自由基的猝灭，减少自由基的产生，因此维生素 E 能保证细胞膜结构和功能的完整性，也可以缓解氧自由基造成的应激。比较维生素 E 同分异构体抗氧化活性有两种因素，一是维生素 E 色原烷醇核上的取代基；二是侧链的性质。同时生物膜上分子的流动性也是很重要的，这种流动性依赖于疏水侧链的结构(Niki and Traber，2012；Chandan et al.，2007)。

(二)维生素 E 的维持生育功能

维生素 E 是哺乳动物维持生育必不可少的营养物质。缺乏维生素 E 会造成大鼠繁殖性能降低，胚胎死亡率增高。维生素 E 是小鼠胎盘形成必需的营养物质，胎盘发育期缺乏维生素 E 将造成胎盘合胞滋养层细胞和胎儿血管内皮细胞坏死。美国 NRC(1994)推荐蛋鸡维生素 E 的最低需要量为 5mg/kg，但在实际生产中人们往往将维生素 E 用量提高到 15～30mg/kg。研究表明在非应激状态下，额外添加维生素 E 对蛋鸡生产性能和蛋品质均无显著影响。维生素 E 对蛋鸡的作用主要表现在缓解应激和延长鸡蛋的货架期。有研究者认为成年鸡即使采食低剂量的维生素 E 也不会表现出临床病理症状，但种蛋孵化率下降很明显，在孵化早期易出现胚胎死亡。其原因是种蛋孵化的第 3～4 天，正值尿囊形成，胚胎由无氧呼吸转变为有氧呼吸，容易产生大量氧自由基，引起氧化应激导致胚胎死亡(Grobas et al.，2002；Galobart et al.，2001；Franchini et al.，2002)。维生素 E 可能有缓解蛋鸡在孵化早期氧化应激的作用。

(三)维生素 E 增强免疫的功能

维生素 E 对免疫系统的调节作用是近年来研究的热点。维生素 E 对不同抗原介导的体液免疫有选择性影响，这种影响具有剂量依赖性。给肉仔鸡饲喂维生素 E，可以提高机体对气管炎病毒、绵羊红细胞和新城疫病毒的体液免疫效果，但对布鲁氏菌、李氏杆菌的体液免疫效果无显著影响。研究表明在 0～200IU/kg 维生素 E 添加剂量组中，25～50IU/kg 组对气管炎病毒、绵羊红细胞体液免疫的效果最佳，而维生素 E 过高(＞100IU/kg)会降低抗体滴度效价，降低体液免疫效果。Boa-Amponsem 等(2001)给肉仔鸡分别饲喂 10IU/kg 和 300IU/kg 维生素 E，发现母源维生素 E 水平对雏鸡体重和血浆维生素 E 水平无影响，但 300IU/kg 组绵羊红细胞初次体液免疫效果较好。此外，维生素 E 可促进细胞免疫和先天性免疫。在肉仔鸡日粮中添加 80IU/kg 维生素 E，感染性卵黄囊病毒的细胞免疫效果最佳(Abdukalykova et al.，2008)。也有研究表明，给火鸡饲喂 200IU/kg 维生素 E，可显著提高李氏杆菌攻毒组血清中 CD4+、COS+淋巴细胞的含量(Konjufca et al.，2004)。

(四)维生素 E 抑制血小板增殖、凝集和血细胞黏附

α-生育酚除了直接的抗氧化功能外，还有特异性的分子功能。它能抑制蛋白激酶 C 的活性，蛋白激酶 C 在血小板增殖和分化中起重要作用(Freedman et al.，1996)。维生素 E 还可以上调胞浆磷脂酶 A_2、环氧合酶-1 的表达，这两种酶是花生四烯酸级联反应的限速酶，花生四烯酸的过氧化反应是形成前列环素所必需的(Chan et al.，1998)。因此，维生素 E 与前列环素的释放有剂量依赖效应(Tran and Chan，1990)。前列环素是强有力的血小板凝集抑制剂和血管舒张剂。血管内皮细胞富含维生素 E 还可以降低细胞间黏附因子和血管细胞黏附分子-1 的表达，抑制血细胞与内皮的黏附(Cominacini et al.，1997)。

(五)维生素 E 抗癌作用

维生素 E 可以抑制人结(直)肠癌、胃癌、乳腺癌、肝癌等多种肿瘤细胞的生长，通过抑制癌细胞的细胞周期，抑制癌细胞的增殖；维生素 E 也可以损伤癌细胞基因组 DNA，通过激活 Caspase 蛋白酶，促使癌细胞凋亡(Wada，2009)。维生素 E 的抗癌作用也获得了流行病学实验动物方面的证据。

结肠癌：生育三烯酚可以抑制 HT-29、HCT116、RKO、SW620、DLD-1 等结(直)肠癌细胞增殖，导致癌细胞基因组 DNA 损伤，且与处理的浓度存在一定的相关性。慧星实验显示：随着 γ-生育三烯酚处理浓度的增加，细胞拖尾率及平均尾长均增(拖尾率从 4.5%增加到 83.5%，平均尾长由 1.35 增加到 22.4)。δ-生育三烯酚也对结肠癌 SW620 细胞增殖有明显抑制作用，20μmol/L δ-生育三烯酚处理 24h 后对细胞抑制率为 70.43%，IC_{50} 值为 15.18μmol/L(Zhang et al.，2011)。Wnt 信号转导通路的异常活化是结(直)肠癌变重要分子机理，δ-生育三烯酚能降低 Wnt 信号途径相关的 *Wnt-1*、*β-catenin*、*c-jun* 及 *c-Myc* mRNA 表达(马跃等，2012)。生育三烯酚对结肠癌细胞增殖的抑制作用可能与上调抑癌基因 p53 的表达，以及对抗凋亡蛋白 Bcl-2 和促凋亡蛋白 Bax 表达的影响有关，在人结肠癌细胞中生育三烯酚能激活 p53 后诱导 Caspase-9 的激活，使 Bax/Bcl-2 比值增加(Kannappan et al.，2010)。

胃癌：γ-生育三烯酚可明显抑制 SGC-7901 细胞增殖，抑制作用随作用浓度增加、作用时间延长而增强；并能引起人胃癌细胞株 SGC-7901 细胞 DNA 分子的损伤以及细胞超微结构变化，如线粒体损伤和形成凋亡小体，且与 γ-生育三烯酚作用的浓度存在一定的相关性(孙文广等，2012)。

肝癌：生育三烯酚可以抑制 MH134、Hep3B、HepG2 肝癌细胞增殖，应用不同浓度

(0μmol/L、5μmol/L、10μmol/L、20μmol/L、30μmol/L 和 50μmol/L)δ-生育三烯酚处理肝癌 HepG2 细胞 48h 后发现，随着药物浓度的增加，细胞的生长抑制率也逐渐增加，即细胞的活力逐渐减小，呈现明显的浓度依赖性，IC_{50} 为 23.48μmol/L±3.85μmol/L。研究还表明，生育三烯酚各亚型在人肝癌细胞 HepG2 中的抗增殖潜能为：δ-生育三烯酚 > β-生育三烯酚 > α-生育三烯酚 = γ-生育三烯酚。动物实验发现：在高自发率 C3H/He 小鼠中，0.05%的生育三烯酚混合物(T3)饲养 40 周，发现 0.05% B 组小鼠肿瘤平均数目和患癌率均明显低于对照组。生育三烯酚诱导肿瘤细胞凋亡，可能以依赖线粒体方式，生育三烯酚降低线粒体膜电位，并诱导细胞色素 C(cytochrome C)从线粒体释放到细胞质中，调控 Bcl-2 家族蛋白表达(如上调 Bax 及 tBid 蛋白的表达，下调 Bcl-2 蛋白的表达)，继而引起 Caspase-3、Caspase-8 和 Caspase-9 的活化，最终导致肝癌 HepG2 细胞凋亡。δ-生育三烯酚呈浓度依赖性地抑制肝癌 HepG2 细胞生长并诱导其凋亡，其机制为 δ-生育三烯酚降低线粒体膜电位，并诱导 cytochrome C 从线粒体释放到细胞质中，调控 Bcl-2 家族蛋白表达，如上调 Bax 及 tBid 蛋白的表达，下调 Bcl-2 蛋白的表达。继而引起 Caspase-3、Caspase-8 和 Caspase-9 的活化，最终导致肝癌 HepG2 细胞凋亡(张忠泉等，2010；Wong et al.，2012)。

乳腺癌：生育三烯酚对 MCF-7、MDA-MB-231、MDA-MB-435 等多种乳腺癌细胞均有抑制作用，在 MDA-MB-435 乳腺癌细胞中，研究发现含有生育三烯酚组分 α-、β-、γ-及 δ-生育三烯酚的 IC_{50} 分别为 180μg/mL、90μg/mL、30μg/mL、90μg/mL，而 α-生育酚浓度高达 500μg/mL，其抑癌功效最低(Ramdas et al.，2011；Park et al.，2010；Hsieh et al.，2010)。联合应用他汀类药物与 γ-生育三烯酚则对乳腺癌细胞增殖具有协同效应，也与表没食子儿茶素没食子酸酯(EGCG)和白藜芦醇之间存在协同作用。

(六) 维生素 E 抗炎作用

维生素 E 除以上的各种功能外，与炎症也关系密切，一些实验已经证实了补充维生素 E 能够保护患实验性肠炎的威斯塔鼠的结肠炎症。维生素 E 能抑制结肠炎症、肺炎等多种炎症。

结肠炎症：补充维生素 E 能够保护患有实验性肠炎的威斯塔鼠的结肠炎症。维生素 E 是油脂中最有效的抗氧化剂，在三硝基苯环酸导致的威斯塔鼠肠炎的实验模型中测试它的抗炎症活性。威斯塔鼠被喂食了混合饮食(生理盐水和实验控制试剂)或维生素 E 补充饮食(治疗组，300mg/kg 混合饮食)。维生素 E 补充剂，导致增加结肠的维生素 E 水平，减少结肠的质量和损害组分阻止脂质过氧化作用和腹泻，减少白细胞介素-1β 水平和保存谷胱甘肽还原酶活性和总谷胱甘肽的水平。

肺炎：气溶胶递送细菌脂多糖(LPS)能诱导一个良好的肺的炎症反应，小鼠肺泡巨噬细胞活化，促炎细胞因子细化和嗜中性粒细胞汇集。气溶胶递送 α-生育酚，可以减少肿瘤坏死因子-α(TNF-α)和细胞因子诱导中性粒细胞化学引诱物-1(CINC-1)在肺部组织的 mRNA 水平、TNF-α 和 C 反应蛋白含量，中性粒细胞的数量由肺灌洗可吸入细胞脂多糖的老鼠可恢复。这些结果有助于提高身体表达免疫调节的 α-生育酚功能，直接气溶胶服用 α-生育酚可能发挥有益的作用，控制炎性肺疾病(Brooks et al.，2005)。

随着对维生素研究的不断深入，对其作用特性也有一定的了解。维生素 E 在很多方面体现出很强的生物学效应，如抗氧化、抑制脂质过氧化性、降低胆固醇的合成、增强免疫力、抗炎症等方面。对生育三烯酚抗肿瘤的特性、生育酚抗炎症特性也被逐一认识，其中 α-生育酚凭借其清除自由基的能力防止氧化剂介导的炎症和组织损伤。通过对 α-生育酚的抑制结肠炎、控制肺炎等作用的研究表明，α-生育酚作为一种抗炎抑制剂是很有前景的。此外，关于 α-生育酚对于急性肠炎的研究甚少，急性肠炎是夏秋季的常见病、多发病，因此研究 α-生育酚对急性肠炎的作用将会有重要意义。

第六节　二十八烷醇

二十八烷醇是世界公认的抗疲劳功能性物质，广泛分布在自然界中。但游离态的二十八烷醇较少，它主要以蜡酯的形式存在，在许多植物的叶、茎、果实或表皮中都富含二十八烷醇。根据现代工业的进展，从经济、技术、效率等方面考虑，主要作为生产原料的有米糠蜡、蜂蜡、甘蔗蜡、卡那巴蜡、四川虫白蜡等（王兴国等，2002）。1949 年 Cureton 博士在小麦胚芽油中发现此物质，并与众多学者对其进行了 20 多年的研究，证明了它的一系列功能。在此之后，以二十八烷醇为主要成分的产品渐渐出现。在今天，它已广泛运用于医药、食品、化妆品、饮料、饲料等多个领域（杜红霞和李洪军，2005）。

一、二十八烷醇的理化特征与毒性

（一）二十八烷醇的理化特征

二十八烷醇学名为 1-二十八烷醇（1-atacosanol），俗名蒙旦醇，其结构式为 $CH_3(CH_2)_{26}CH_2OH$，分子量为 410.77。二十八烷醇外观为白色粉末或鳞片状结晶体，无味无臭。当纯度在 90% 以上时，熔点为 83.2～83.6℃，凝固点为 82.6℃，沸点为 175℃（2.7Pa）、190℃（10Pa）、227℃（100Pa），密度 0.783g/cm³（85℃）。二十八烷醇可溶于热乙醇、乙醚、苯、甲苯、氯仿、二氯甲烷、石油醚等有机溶剂，不溶于水。此外，二十八烷醇对酸、碱还原剂稳定，且对光、热稳定，不易吸潮。二十八烷醇属于高级脂肪醇，是简单的饱和直链醇，由疏水烷基和亲水羟基组成，化学反应主要发生在羟基上，可发生酯化、卤化、硫醇化、脱水羟化及脱水成醚等反应（李俊和袁德胜，2012）。

（二）二十八烷醇毒性

二十八烷醇的安全性极高，小鼠经口的 LD_{50} 值在 18g/kg 以上，同时经小鼠精子畸变试验、小鼠骨髓微核试验和 Ames 试验等均呈现阴性。二十八烷醇的安全性比食盐（LD_{50}=3g/kg）还高。二十八烷醇的使用量很低，每人每天食用 5～10mg，食用 6～8 周后就可获得理想的效果。

二、稻米二十八烷醇的提取

从稻米中提取二十八烷醇的方法有许多，常用的有超声波水解法、分子蒸馏法、化学酯交换法、超临界 CO_2 萃取法、高真空分馏法等。

(一)超声波水解法

王兴国等采用超声波水解法水解精制的米糠蜡，与分子蒸馏技术相结合，分离二十八烷醇，纯度高达 80%，并对常压水解、中压水解、超声波水解进行了比较，研究表明超声波水解反应时间为 1h 左右，水解率为 94.2%，比一般方法水解时间缩短了 10h，水解率提高了近 2 倍，成功将超声波技术运用于米糠蜡水解中，建立了由米糠蜡提取二十八烷醇整套工艺。

(二)分子蒸馏法

分子蒸馏法是利用不同物质分子运动自由程的不同，对含有不同物质的物料在液-液状态下进行分离的技术，刘方波和王兴国(2006)采用分子蒸馏技术分离提纯米糠中活性物质二十八烷醇，在薄膜蒸发器温度为 170℃、分子蒸馏温度为 210℃的条件下，可获得纯度为 52.6%的二十八烷醇产品。本方法具有操作温度低、蒸馏压强低、受热时间短、分离纯度高等特点，优点在于提取到的高级脂肪伯醇混合物中二十八烷醇含量高、操作简便、收率高、对环境无污染。

(三)化学酯交换法

化学酯交换法是将一种酯与另一种脂肪酸、醇、自身或其他酯混合并伴随着酰基交换或分子重排所生成的新酯反应。早在 20 世纪 50 年代就已应用于食用油脂工业，它是改善油脂物理性质的重要方法。例如，陈芳等(2006)进行影响酯交换反应提取糠蜡中高碳脂肪醇的相关因素研究，结果表明：在以正丁醇为酯交换溶剂，糠蜡：溶剂为 10：1(体积质量比)，反应时间为 8h，0.1%氢氧化钠为催化剂，丙酮萃取 12h 条件下，产物高碳脂肪醇得率最高，且以二十八烷醇和三十烷醇含量最高。

(四)超临界 CO_2 萃取法

超临界流体技术是一种新型的分离技术，在食品和医药等方面被广泛运用，在超临界条件下，CO_2 对不同物质的溶解能力差别很大，利用此性质可提取蜡酯中高级脂肪族伯醇、混合物及相关产品。一般经两级分离后，便可获得纯度高的二十八烷醇。

(五)高真空分馏法

矫彩山和王兴强(2002)通过对米糠蜡精制、皂化、分离后，在沸点<2400℃、真空度为 $0.5 \times 133.3Pa$ 的条件下进行高真空分馏，二十八烷醇纯度仅达 22.5%，其中三十烷醇产品的纯度达 93.8%。

三、二十八烷醇的生理功能

自 1937 年，国外学者从小麦胚芽油中提取出一种二十八个碳的直链醇，并发现它对人体的生殖障碍疾病有治疗作用后，各国科学家渐渐开始广泛关注二十八烷醇的研究(Taylor et al.，2003)。

(一)增强免疫功能和运动耐力

动物实验表明，二十八烷醇可以显著增加小鼠的游泳时间(刘元法等，2004；Consolazio et al.，1964)。此外，还发现二十八烷醇能增强小鼠肌肉中 ATP 酶的活性及 ATP 常数，提高肌肉收缩、舒张过程中能量利用的速度(Katahira et al.，1984；霍君生，1996)。二十八烷醇在增强人体运动机能方面表现突出。日本的 Masuzawa 博士等报道，每天摄入含有二十八烷醇 10mg 的食物，在运动后，能表现出较低的血压和心率。而且认为二十八烷醇的作用与激素有着显著的区别。激素的作用具有明显的即时性，作用非常强烈，作用过后会产生明显的疲劳感，经常服用会有依赖性和表征变化，对机体有一定的损害。而二十八烷醇的作用一般在连续使用一周后方可产生显著的效果，其作用的程度远低于激素，同时尚无实验报道发现二十八烷醇对机体产生毒副作用及药物依赖性(霍君生，1996)。采用放射性标记研究发现，二十八烷醇的运动组随意运动量和肌肉中放射性的积累量显著高于不运动组和未给服组，说明作为对运动的反映，肌肉可以储藏相当量的二十八烷醇。二十八烷醇可能会增加肌肉内游离脂肪酸的转移活性，从而促进脂类分解产生能量(Sumiko et al.，1987；Kabir and Kimum，1994)。以小鼠作为研究对象用于检测指标的实验动物均分为三组：杏仁露组、杏仁露+二十八烷醇组和对照组。采用灌胃方式，14 天后以脾指数迟发性变态反应血清溶血素水平、B 淋巴细胞和 T 淋巴细胞增殖指数与游泳时间作为观察指标。结果显示：二十八烷醇可增强小鼠的 SRBC-DTH 水平和使脾指数增高，并可显著刺激实验小鼠脾内 T、B 淋巴细胞的增殖。二十八烷醇增强其 B 淋巴细胞的溶血素抗体的分泌，延长小鼠的游泳时间，表明二十八烷醇可提高实验动物的免疫功能和运动耐力。含二十八烷醇油胶囊能缓解体力疲劳(钟耕和魏益民，2006)。

(二)增强机体缺氧耐受力

雄性昆明小鼠随机分为二十八烷醇组和对照组二十八烷醇组，小鼠给予不同剂量二十八烷醇灌胃，发现给予二十八烷醇小鼠密闭缺氧耐受时间显著高于对照组；小鼠断头处死张口动作持续时间、注射异丙肾上腺素密闭缺氧耐受时间显著高于对照组，二十八烷醇可显著提高小鼠对于常压密闭缺氧大脑缺血缺氧和心肌缺氧的耐受能力。含二十八烷醇油胶囊缓解体力疲劳，添加二十八烷醇的小鼠，在耐力实验后其血液中的生化指标明显改善(Kim et al.，2003)。

(三)抗心肌线粒体损伤

在正常情况下，自由基的产生和清除维持在一个动态平衡状态，过多或过少都会给机体造成损害。力竭运动可导致机体产生过多的自由基，过多的自由基能够使脂质过氧化加强而产生大量的 MDA。实验表明大鼠力竭游泳后，心肌线粒体显著增加，而给予二十八烷醇后，增加不明显，说明二十八烷醇有抑制力竭运动后心肌线粒体脂质过氧化的作用。MDA 含量增加可能是体内自由基生成异常，或体内抗氧化保护系统的抗氧化能力减弱。王文信等报道了力竭运动后心肌线粒体抗氧化酶活性下降。其原因可能是力竭运动使脂质过氧化水平增加，为清除体内脂质过氧化产物而消耗了大量的 SOD 和 GSH-Px，故抗氧化酶的活性下降。而补充了二十八烷醇的大鼠心肌线粒体中 SOD 和

GSH-Px 活性下降不明显，使抗氧化酶活性保持在一定水平。总之，二十八烷醇可有效地抑制力竭运动 SOD、GSH-Px 活性的降低，抑制脂质过氧化反应和保持 Ca^{2+} 浓度，从而保护了力竭运动后心肌线粒体功能和防止心损伤(惠锦，2007；于长青和张国海，2003)。

(四)调节运动神经功能

通过临床实验评价二十八烷醇对帕金森病患者的效果。采用双盲实验，10 位病情轻重程度不同的患者参与实验。每天 3 次，每次服用 1 片 5mg 的二十八烷醇或等量的安慰剂，持续 6 周。结果 3 位患者有改善，1 位患者服用二十八烷醇前后病情差异明显，虽然最终结果在统计学上不显著，但还是支持了含有二十八烷醇的补充剂对于轻微的帕金森病患者是有利的。在 6-羟多巴胺诱导帕金森病大鼠实验模型中，大鼠口服 35~70mg/kg 二十八烷醇 14 天后，能明显改善大鼠的行为障碍，以剂量依赖的方式提升纹状体自由基清除能力；二十八烷醇治疗也有效地改善了 TH 阳性神经细胞形态学，减少了纹状体中 6-羟多巴胺诱导的细胞凋亡。此外，二十八烷醇还能抑制神经生长因子(NGF)表达的下调，通过激活 PKB/AKT 信号通路，对抗细胞凋亡和增强神经细胞的存活。由于其良好的耐受性和非毒性，二十八烷醇可能是治疗帕金森病的一种很有前途的替代品。

(五)预防心血管疾病

在异丙基肾上腺素诱导心肌梗死前 2h 喂饲高碳脂肪醇混合物。结果表明，高碳脂肪醇混合物能够降低心肌损伤的范围，减少被损伤区域内中性巨噬细胞(polymophonuclea neutrophils，PMN)和肥大细胞的数量。而这些细胞在心肌细胞损伤中具有重要作用，PMN 大细胞的数量越少，表明损伤程度越小(Noa et al.，1994)。用高碳脂肪醇混合物对冠状动脉心脏病(coronary heart disease，CHD)患者进行长期治疗，结果显示，高碳脂肪醇混合物可以加快治疗进程，这可能与心肌缺血状况的改善有关(Stusser et al.，1998)。但需要更多的工作来研究二十八烷醇在临床上的应用价值。实验用含二十八烷醇的药物喂饲大鼠，结果表明：二十八烷醇可以减少心肌损伤的范围，但需要更多的工作来研究二十八烷醇在临床上的应用价值。研究者用含二十八烷醇的药物对冠状动脉心脏病患者进行长期治疗，治疗进程被加快，这可能与改善心肌缺血的状况有关。成人服用 50mg/d 二十八烷醇 4 周后，可检测到粪便中胆固醇最终代谢物显著降低，二十八烷醇可能通过干预胆固醇的代谢，参与心血管疾病的预防(Mas et al.，2012)。二十八烷醇能明显改善老年高胆固醇血症患者的病症(Pona et al.，1993)。

(六)抑制胃溃疡

用一种含二十八烷醇 17.49% 的高级醇的混合物 D-002 喂饲大鼠，研究其抗溃疡活性。D-002 对溃疡表现出显著的抑制作用。这种溃疡发生的主要原因之一是胃酸的作用，但是实验表明 D-002 与胃酸无关，具体的机制还有待研究(Carbajal et al.，1995)。

(七)抗凝血作用

动物实验结果表明，含二十八烷醇的高级醇混合物 POL 具有抗血小板凝集作用。在剂量为 200mg/kg 时，能显著降低蒙古跳鼠由于大脑梗死引起的死亡率。阿司匹林是最常用的治疗大脑局部缺血和血栓的药，研究发现，POL 与阿司匹林具有协同作用，能显著保护实验动物，可能由于 POL 参与了前列腺素和凝血素的代谢途径(Arruzazabala et al.，1993)。

(八)保护肝脏

研究发现，二十八烷醇对半乳糖胺和硫代乙酰胺所诱导的肝细胞毒害有明显的抑制作用。在四氯化碳诱导的大鼠急性肝损伤模型中，血清转氨酶、脂质过氧化物(LPO)、髓过氧化物酶活性显著增加，而超氧歧化酶(SOD)明显降低。大鼠口服二十八烷醇(50mg/kg、100mg/kg)24h 后，增高的血清转氨酶、脂质过氧化物和髓过氧化物酶活性明显受到抑制，相反超氧歧化酶活性升高，谷胱甘肽(GSH)的浓度增加，表明二十八烷醇能抑制四氯化碳诱导的急性肝损伤。此外，人们还发现二十八烷醇是降血钙素形成促进剂，可用于治疗血钙过多的骨质疏松症；刺激动物及人类的性行为；含二十八烷醇的化妆品能促进皮肤血液的循环和活化细胞，有消炎、防治皮肤病(如脚气、湿疹、瘙痒、粉刺等)之功效(Ohm et al.，1997；Ohta et al.，2008)。

(九)细胞保护作用

二十八烷醇有细胞保护的功能，当患者有胃刺激等不良反应时，可用二十八烷醇替代阿司匹林给患者用药。研究表明，在治疗高的低密度脂蛋白胆固醇高血压症状时，二十八烷醇将是阿司匹林理想的替代药物，因为此时，需要使用抗凝血剂，但患者又有胃刺激等不良反应。二十八烷醇对 6-羟色氨多巴胺诱导的帕金森综合征大鼠的神经细胞损伤具有明显的保护作用，它能激活神经生长因子(NGF)激活的信号转导通路等(Wang et al.，2010)。二十八烷醇能明显缓解活性氧导致的四氯化碳诱导的肝细胞损伤，对肝细胞具有明显的保护作用(Ohta et al.，2008)。

(十)提高反应敏锐性

随机抽取 16 名学生和 16 名教师作为受试者，分别在实验前后测量他们的握力、胸力(作为体力的指标)和对听觉刺激和视觉刺激的反应时间。结果表明，二十八烷醇服用量为 1000g/d 的人群，8 周后测定，对视觉刺激和听觉刺激的反应时间减少，握力均显著增加，而对照组基本没有改变。表明反应活性的增加与二十八烷醇的摄入有关(Saint and Mcnaughton，1986；Fontani et al.，2000)。

(十一)促进脂类代谢

在研究二十八烷醇对高脂膳食大鼠脂类代谢的效果实验中，添加二十八烷醇(10mg/kg 体重)组中，小鼠肾周多脂组织的质量显著下降，而细胞数目并未减少，表明二十八烷醇可能抑制脂质的积累，补充二十八烷醇可以降低血浆中甘油三酯的含量，提高脂肪酸的含量，其原因可能是抑制了肝中磷脂酸磷酸水解酶的活性。实验发现小鼠肾周的脂肪组织中脂蛋白脂酶活性升高，肌肉中脂肪酸的氧化率增加，添加二十八烷醇的高脂膳食对小鼠脂类代谢具有较重要的影响(Kato et al.，1995；张碧姿和贝兆汉，1995)。

(十二)抗炎功能

二十八烷醇对结肠炎症小鼠宏观表型、组织损伤的影响。利用3.0% DSS水溶液，ICR小鼠连续自由饮用11d，建立结肠炎症模型。饮用DSS水溶液之前，保护组小鼠提前2天灌胃二十八烷醇混悬液[100mg/(kg·d)]。DSS损伤组小鼠出现体重下降、懒动、嗜睡、毛发光泽度下降及肉眼可见便血等现象，疾病活动指数(disease activity index，DAI)不断升高，见图6-39。

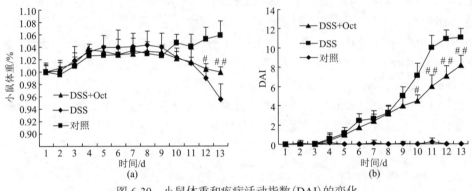

图6-39　小鼠体重和疾病活动指数(DAI)的变化

Oct表示二十八烷醇，下同。与DSS组比较，# $P < 0.05$；## $P < 0.01$

其结肠组织发生溃疡、充血、水肿等症状，肠壁增厚，长度缩短，质量增加、脾脏增大。保护组小鼠精神状态有所改善，肉眼可见少量便血或无便血，DAI评分显著降低。结直肠发生溃疡、水肿程度减轻，肠壁增厚，肠重增大、长度萎缩较损伤组有所减少，见图6-40。

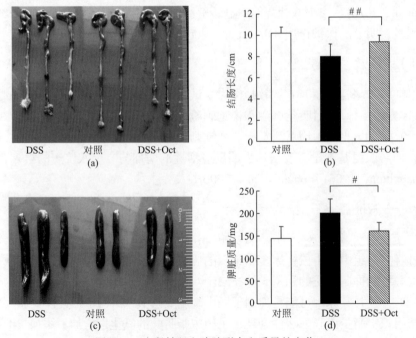

图6-40　小鼠结肠和脾脏形态和质量的变化

与DSS组比较，# $P < 0.05$；## $P < 0.01$

制作 HE 染色结肠组织切片，显微镜下可以观察到：与正常组相比，损伤组小鼠结肠呈现出显著的急性炎症反应症状：黏膜大面积糜烂、溃疡，腺体的隐窝结构被破坏，淋巴细胞及伴中性粒细胞等炎性细胞浸润，杯状细胞丢失；保护组小鼠只有少量出血、炎性细胞浸润，黏膜和隐窝结构相对完整，排列比较整齐，见图 6-41。

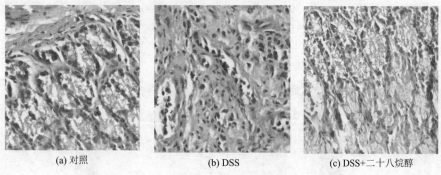

(a) 对照　　　　　　　　(b) DSS　　　　　　(c) DSS+二十八烷醇

图 6-41　二十八烷醇对小鼠结肠组织病理形态的影响

二十八烷醇对结肠炎症小鼠生化指标含量的影响。利用试剂盒，检测小鼠结肠组织中髓过氧化物酶（myeloperox idase，MPO）、MDA 和炎症介质 NO 的含量。测得损伤组小鼠结肠组织中 MPO、MDA 和 NO 含量分别升高为对照组的 2.9 倍、3.1 倍与 3.8 倍，差异显著；与损伤组对比，二十八烷醇保护组小鼠结肠组织中 MPO、MDA 和 NO 含量分别降低了 35%、41%和 35%，差异显著，见图 6-42。

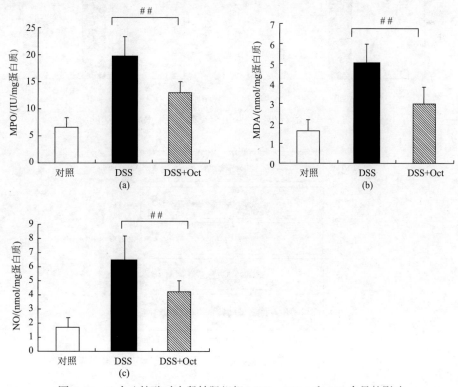

图 6-42　二十八烷醇对小鼠结肠组织 MPO、MDA 和 NO 含量的影响

二十八烷醇对结肠炎症小鼠炎症因子表达的影响。分别利用实时荧光定量 RT-PCR 和 Western blot 技术检测结肠组织 TNF-α、IL-1β、IL-6 和 iNOS 的表达量。与对照组相比，损伤组小鼠结肠组织中四种炎症因子 mRNA 表达量分别升高 7.51 倍、6.16 倍、12.95 倍和 16.54 倍，差异显著；而与损伤组比较，二十八烷醇组小鼠中四种 mRNA 表达量分别降低了 39%、55%、75%和 39%，差异显著，见图 6-43。损伤组小鼠结肠组织中炎症因子 TNF-α、IL-1β、IL-6 和 iNOS 的蛋白表达量分别升高为对照组的 4.44 倍、2.73 倍、4.54 倍和 5.00 倍，见图 6-44。

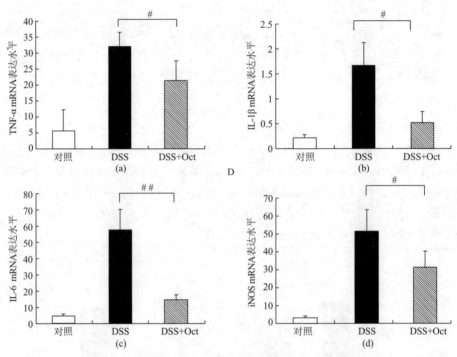

图 6-43　二十八烷醇对小鼠结肠组织炎症因子 mRNA 表达的影响

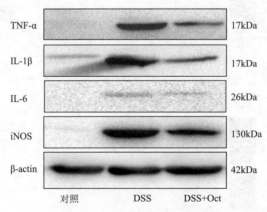

图 6-44　二十八烷醇对小鼠结肠组织炎症因子蛋白表达的影响

本实验利用 1.0μg/mL LPS 溶液诱导 RAW264.7 细胞炎症模型,设置对照,LPS 诱导,LPS + 10μg/mL、30μg/mL 和 100μg/mL 二十八烷醇干预组五组细胞。二十八烷醇对 LPS 诱导的 RAW264.7 细胞毒性影响。将细胞置于光学显微镜下观察,各组细胞数量排列密集,形状呈梭状,生长无毒性影响良好,细胞状态无明显差异。采用 MTS 法检测二十八烷醇对 RAW264.7 细胞毒性的影响。对照组、二十八烷醇组 OD 值之间无显著差异($P > 0.05$)。说明 10~100μg/mL 二十八烷醇溶液对 RAW264.7 细胞无毒性,对其生长、状态及活性无影响,可用于后续实验研究。二十八烷醇对 LPS 诱导 RAW264.7 细胞炎症因子表达的影响。分别采用 RT-qPCR 和 Western blot 比较各组细胞炎症基因表达差异。LPS 组细胞 TNF-α、IL-1β、IL-6 和 iNOS 炎症因子 mRNA 表达量升高为对照组的 5.66 倍、7.59 倍、6.78 倍和 2.62 倍;与 LPS 组细胞表达量比较,10μg/mL、30μg/mL 和 100μg/mL 三组二十八烷醇保护组细胞中四种炎症因子表达量均显著降低,且呈剂量依赖性,见图 6-45。

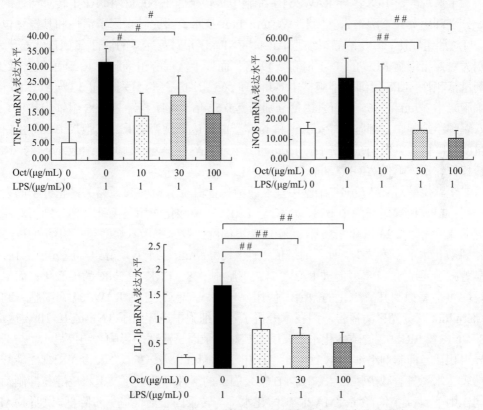

图 6-45 二十八烷醇对 LPS 诱导的巨噬细胞炎症因子表达的影响

LPS 诱导组细胞中 TNF-α、IL-1β、IL-6 和 iNOS 炎症因子蛋白表达量分别为对照组细胞的 4.31 倍、4.80 倍、6.25 倍和 4.29 倍。与 LPS 组细胞比较,三组二十八烷醇保护组细胞中四种蛋白表达量显著降低,差异显著,且呈剂量依赖性。二十八烷醇可显著降低细胞中炎症因子的表达水平,见图 6-46。

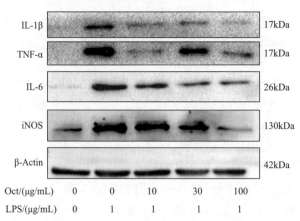

图 6-46　二十八烷醇对 LPS 诱导的巨噬细胞炎症因子表达的影响

二十八烷醇对 LPS 诱导 RAW264.7 细胞中核转录因子 NF-κB 和 AP-1 转录活性的影响。分别利用荧光素酶报告基因和 Western blot 技术，研究转录因子活性和其核移位作用。与对照组相比，LPS 诱导组细胞 AP-1 与 NF-κB 相对荧光素酶活性（RLU）显著升高，分别为对照组细胞 RLU 的 3.41 倍和 2.49 倍；而二十八烷醇组细胞中 RLU 值显著减少，呈剂量依赖性。LPS 组细胞细胞核中 c-Jun 和 p65 蛋白表达量分别增加 2.17 倍、1.56 倍；而细胞浆中 c-Jun 和 p65 蛋白表达量分别为其 0.53 倍、0.41 倍。与 LPS 组细胞比较，二十八烷醇组细胞中，细胞核中 c-Jun 和 p65 蛋白表达量显著降低，细胞浆中两种蛋白表达量明显降低，且呈剂量依赖性。因此，二十八烷醇可显著抑制炎症细胞 p65 与 c-Jun 的核移位作用，降低 AP-1、NF-κB 转录活性。

二十八烷醇对 RAW264.7 细胞中丝裂原活化蛋白激酶 MAPK 通路关键靶分子的磷酸化作用：LPS 诱导组细胞中 p38、JNK 与 ERK1/2 磷酸化作用显著升高，分别为对照组细胞的 3.80 倍、2.23 倍和 2.56 倍。与 LPS 组细胞比较，二十八烷醇组三组细胞中 p38、JNK 磷酸化水平显著减少，且呈剂量依赖性。100μg/mL 二十八烷醇组细胞 p-ERK1/2 表达显著减少，说明 LPS 可促进 RAW264.7 细胞中 p38、ERK 和 JNK 的磷酸化，而二十八烷醇可显著抑制其磷酸化的激活。使用 MAPK 抑制剂处理 RAW264.7 细胞，利用 Western blot 及荧光素酶报告基因技术分析了各组细胞中炎症因子 TNF-α、IL-1β 表达量，p38、JNK 及 ERK1/2 的磷酸化水平，以及其对转录因子活性的影响。结果显示，与 LPS 诱导组相比，抑制剂组细胞中 TNF-α、IL-1β 表达量，以及 p38、JNK 及 ERK1/2 磷酸化蛋白表达水平显著减少，AP-1、NF-κB 转录因子的活性降低。在二十八烷醇与抑制剂的共同作用下，炎症因子含量、MAPK 磷酸化水平与转录因子活性进一步降低。说明 MAPK 磷酸化作用可使转录因子活性增强，炎症因子表达增多。二十八烷醇通过阻断 MAPK 通路，发挥抗炎功效。

（十三）其他功能

近几年，日本和美国的有关学者对二十八烷醇的功能及应用研究较多（王兴国和刘元法，2002）。除上述功能外，研究还发现，二十八烷醇是降血钙素形成促进剂，可用于治疗骨质疏松，可以刺激动物及人类的性行为(Laguna，1993)，日本专利研究表明二十八烷醇的化妆品能促进皮肤的血液循环和活化细胞等(Akada et al.，1990)。含二十八烷醇的药膏具有消炎、防治皮肤病、治疗脱发等作用(Nakata et al.，1990)。除此之外，二十八烷醇还具有非常好的生物降解性和易吸收的特点，为环保产品，更为消费者所青睐。同时，对二十八烷醇的有效剂量和安全性进行研究表明，二十八烷醇的使用量很小。每人每天使用 0.3mg 左右，服用 6～14 周即可获得理想的效果。急性毒性实验表明，小鼠 LD_{50} 为 18000mg/kg，安全性比食盐还低(食盐 LD_{50} 为 3000mg/kg)(宋建华，1998；王兴国和刘元法，2002)。

四、二十八烷醇的应用

(一)在食品方面的运用

由于二十八烷醇具有能增进耐力、精力、减轻肌肉疼痛，且绝对安全的性质，被作为功能性添加剂广泛添加在各种保健功能性食品中。在美国、日本也被添加在糖果、糕点、饮料等普通食品中，但最引人关注的是针对运动员开发运动产品，或开发军需高能饮品，补充体力(宋建华，1998)，所以其具有更广阔的市场潜力。

饮料：日本开发的二十八烷醇饮料的配料(mg/100mL)如下：二十八烷醇 0.07，天冬氨酸钠 3，赖氨酸盐 3，丝氨酸 2，苏氨酸 1，异亮氨酸 2，亮氨酸 1，氯化钠 20，氯化钾 20，乳酸钙 10，氯化镁 4，果糖葡萄糖液 8500，柠檬酸 280，维生素 C 30，香料色素少许，水加至 100mL。此饮料能增强人体体力、耐力和精力，并且能提高人体应激能力和反应灵敏性，是一种很好的运动饮料。目前，还有一种在饮料中添加二十八烷醇和少量微量元素组成的抗疲劳饮料(王储炎等，2007；含二十八烷醇及氨基酸的营养食品. 日本公开特许·平 04-278061[92-278061])。

糖果：配料(g)如下：二十八烷醇乳酸酯(内含二十八烷醇 0.15%)1，砂糖 787，柠檬果汁粉 20，柠檬酸 25，天然着色剂 3.5，明胶溶液 40，润滑剂 20，柠檬香料 5。此糖果为运动型糖果。另外，还可把二十八烷醇和维生素 E 配合而制成的转为运动员使用的糖果(王储炎等，2007；曹强，1988)。

巧克力：配料(g)如下：10%二十八烷醇 1，玉米色拉油 20，卵磷脂 3，可可脂 230，可可 150，糖分 443，食盐 1，香料 1.5。此巧克力是日本专门为欧美消费者开发出来的产品，制作工艺基本上按照巧克力的工艺制作(王储炎等，2007；曹强，1988)。

饼干：二十八烷醇饼干的配料(g)如下：10%二十八烷醇 1，小麦粉 1000，白糖 310，巧克力 370，磷脂 1.1，碳酸氢铵 1，水 150，食盐 8，香料 1。

胶囊：在胶囊中的应用有以下两种配方。一种配料：30%的二十八烷醇按 170mg/kg 添加，马卡达姆种子油 50mg/kg，浓缩鱼油 20mg/kg，月见草油 20mg/kg，卵磷脂 8mg/kg，维生素 E 2mg/kg；另一种配料(胶囊 380mg/粒)：12%二十八烷醇 40mg，泛酸钙 20mg，维生素 E 25mg，维生素 A 300μg，维生素 D 2.5mg，卵磷脂 25μg，中链甘油三酯 240mg，色素微量。此种胶囊经人体食用后，能够增强人体的耐力、精力和体力，并且能减轻人体肌肉的疼痛(王储炎等，2007)。

(二)在医药行业中的运用

在医药行业中,鉴于二十八烷醇的降血脂、护肝、预防骨质疏松、降低胆固醇、改善机体性激素分泌等多种生理功能,开发出了降血脂、护肝、预防骨质疏松等多种药物,这些与常用的西药对比有明显的优势,避免了肠胃不适、头痛、胆石症、生育能力下降等不良药毒反应,并适合肝肾功能不全的患者,具有安全无毒的特点。

(三)在化妆品中的运用

在日本,二十八烷醇也被广泛添加于护发素、口红、指甲油等化妆品中。据日本发表专利报道,二十八烷醇对提高细胞机能活性有积极作用,对脱发症有较好的医疗效果。除此之外,二十八烷醇能有效促进皮肤血液循环、增进皮肤活性、除皱纹,另外二十八烷醇对皮肤病有良好的治疗效果,所以运用在化妆品行业深受广大消费者的欢迎。

(四)在饲料中的运用

二十八烷醇添加于饲料中,可以促进动物的生长,增加动物的抵抗能力,对各种传染病有一定的预防作用,在水产动物饲料中添加二十八烷醇可以降低死亡率,促进体重的增加,具有良好的经济效益。

尽管二十八烷醇及其制品的价格相对较高,但由于其独特的功能和高安全性仍然受到消费者的青睐。毫无疑问,二十八烷醇的市场前景是非常广阔的,它必将在食品工业、制药、化妆品工业及相关产业显示出独特的魅力。二十八烷醇在美国和日本已广泛应用于功能性食品、各种营养补助品、医药、化妆品、高档饲料中,其市场份额也不断扩大,目前在国内对此产品的研究较少,因此,我国应加快二十八烷醇的应用性开发研究,尽快使该类产品投放市场。

第七节　γ-氨基丁酸

γ-氨基丁酸(γ-amino butyric acid, GABA)是一种在动植物体内都能检测到的氨酸,分布范围非常广泛。它不是组成蛋白质常见氨基酸,故被称为非蛋白(non-protein)氨基酸。在植物体内,γ-氨基丁酸的积累是植物体对外界温度、机械等物理条件激烈变化时应激反应的产物,谷氨酸酸酶的激活和 γ-氨基丁酸转氨酶的钝化也可以促进 γ-氨基丁酸的积累,也有研究认为,组织损伤能导致 γ-氨基丁酸迅速积累,使其在植物抵抗昆虫斗争中起重要作用。稻米胚芽含有一定的 γ-氨基丁酸,但胚芽分离难度较高,所以许多米厂未作分离而留在米糠中作饲料用。发芽糙米是糙米发芽后得到的糙米制品。发芽糙米不仅保留了糙米中的营养,而且在糙米发芽过程中,大量酶被激活和释放,产生了以 γ-氨基丁酸为代表的许多生理活性物质,大大提高了米胚芽的附加值,增加了效益(张晖等,2002)。

γ-氨基丁酸是哺乳动物中枢神经系统中重要的抑制性神经递质。在动物体内,γ-氨基丁酸几乎只存在于神经组织中,其中脑组织中的含量为 $0.1\sim0.6mg/g$ 组织,免疫学研究表明,其浓度最高的区域为大脑中的黑质。在人体大脑皮质、丘脑、海马、小脑和基底神经节等中起重要作用，并对机体的多种功能具有调节作用(林亲录等，2008)。当人体内 γ-氨基丁酸缺乏时，会产生焦虑、不安、疲倦、忧虑等情绪。在一般情况下，人体中 γ-氨基丁酸可由谷氨酸脱羧酶(glutamate decarboxylase，GAD)转化谷氨酸(glutamic acid，Gh)形成，但随年龄增长和精神压力的加大，使 γ-氨基丁酸的转化和积累困难(丁一和艾华，2012)。通过富含 γ-氨基丁酸的饮食补充可有效改善这种状况，从而促进人体健康。

一、γ-氨基丁酸的结构与理化特征

γ-氨基丁酸的化学名称为 4-氨基丁酸，其结构图如图 6-47 所示。分子式为 $C_4H_9NO_2$，分子量为 103.1，为白色结晶或结晶性粉末。采用甲醇-乙醚相形成小叶状结晶；采用水-乙醇相形成针状结晶，熔点为 202℃，在快速加热下分解。易溶于水，微溶于热乙醇，不溶于其他有机溶剂，在熔点温度以上分解形成吡咯烷酮和水。

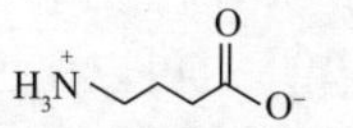

图 6-47 γ-氨基丁酸的结构

二、γ-氨基丁酸的提取

稻谷的米胚芽和副产物米糠均含有丰富的 γ-氨基丁酸。林少琴等(2004)提取米胚芽中的 γ-氨基丁酸，采用柠檬酸缓冲液抽提，减压抽滤，离心取出上清液，加入磺基水杨酸离心弃沉淀，冷冻干燥后为黄棕色固体，将其溶解于蒸馏水中，上 SephadexG-25 层析柱(1.5cm×74cm)分离，蒸馏水洗脱，收集与茚三酮溶液反应呈阳性的洗脱液，浓缩，γ-氨基丁酸定性检查，所得样品调节 pH 约为 4，上磺酸型阳离子交换柱(2.0cm×30cm)，冰醋酸-吡啶缓冲液进行 pH 线性梯度洗脱，收集含 γ-氨基丁酸的洗脱液，浓缩，硅胶 H 薄板层析鉴定。管娜娜等(2011)利用米糠中高活性谷氨酸脱羧酶(GAD)进行 γ-氨基丁酸的富集实验，并采用阳离子交换树脂对富集液中 γ-氨基丁酸进行分离纯化，通过采用离子交换树脂的筛选来进行离子交换实验对 γ-氨基丁酸富集液进行纯化研究；采用 0.02mol/L pH 5.6 的 Na_2HPO_4-柠檬酸缓冲液进行 γ-氨基丁酸富集实验，反应 16h 后可得到 γ-氨基丁酸 2900mg/100g 米糠；采用 D001 大孔强酸性阳离子交换树脂对该富集液进行纯化实验，调节富集液 pH 2.0，以 2mg/mL 的浓度上样吸附，2mol/L 的氨水浓度进行洗脱，最终可得 γ-氨基丁酸纯度 61.25%。

三、发芽糙米富集 γ-氨基丁酸

(一)糙米品种的优选

不同稻米品种产 γ-氨基丁酸能力的差异较大。我国南方籼米发芽后 γ-氨基丁酸含量在 300mg/kg 以上，一种巨胚米发芽后 γ-氨基丁酸含量达到 540mg/kg；但粳米发芽后 γ-氨基丁酸含量较低，为 120～160mg/kg。日本在中国农场试育成大胚水稻品种——'海米诺里'，其胚芽内的 γ-氨基丁酸含量约是普通米的 4 倍，同时利用胚芽作为功能性食品。中国水稻研究所应用生物工程技术培育出一种富含 γ-氨基丁酸的水稻新品种——'基尔

米'，其 γ-氨基丁酸含量是普通大米的 6 倍。可见生产发芽糙米前对糙米产 γ-氨基丁酸的能力进行评估比较是十分必要的。

(二)发芽糙米富集 γ-氨基丁酸条件的优化

关于发芽糙米中 γ-氨基丁酸的富集主要采取优化发芽条件的方法，如优化糙米浸泡与发芽的温度、时间等。糙米将糙米粉碎成米粉后培养 24h，γ-氨基丁酸含量比颗粒态糙米高出 2.5 倍。挤压或碾磨使植物组织分离，被破坏的细胞组织内 γ-氨基丁酸会大量产生，可以有效提高 γ-氨基丁酸的含量(温坤芳等，2012)。其中糙米浸泡时间和通气是两个关键性的参数(Komatsuzaki et al.，2007)。纤维素酶处理在糙米发芽过程中加入纤维素酶，可以使 γ-氨基丁酸含量提高 1 倍。糙米米粒由皮层、胚乳和胚等三部分组成。糙米皮层主要由纤维素、半纤维素和果胶物质组成，纤维素酶将纤维素、半纤维素转化为简单糖，使糙米皮层松散，糙米内部 γ-氨基丁酸相关合成酶酶系蛋白获得充足的水分、氧气与空间，酶活提高。添加适量的钙离子也可以促进 γ-氨基丁酸的生成(江湖等，2009b)。逆境处理长期以来，糙米中 γ-氨基丁酸仅仅作为一种具有生物活性的次生代谢产物而受到广泛关注。在糙米发芽过程中厌氧逆境条件下，其 γ-氨基丁酸含量显著提高。用高压处理的方法增加糙米中的 γ-氨基丁酸含量(江湖等，2009b；江湖等，2011)。因此，从 γ-氨基丁酸作为植物细胞抗逆信号分子的角度出发，深入探索能够改善 γ-氨基丁酸含量的分子手段具有一定的潜力。

(三)富含 γ-氨基丁酸发芽糙米产品的开发

幼儿、老年人、高压力族群(如身处竞争环境中的人群、运动员、上班族等)都易缺乏 γ-氨基丁酸，是富含 γ-氨基丁酸发芽糙米产品开发的主要对象。发芽糙米原料将干品或湿品的发芽糙米真空包装，于常温下或制成冷冻块状保存，可直接作为制作米饭的原料米，或作为加工发芽糙米其他产品的原料。发芽糙米粉是将发芽糙米磨成粉状，熟化后制成适于婴幼儿、老人食用的发芽糙米粉，或将其添加于面粉中用于制作面包、饺子皮和糕点食品等。发芽糙米酒在酿酒原料粮食、水果中添加发芽糙米制成富含 γ-氨基丁酸的发芽糙米酒、啤酒和果酒等保健产品。发芽糙米醋及发芽糙米醋饮料即焙炒发芽糙米经微生物发酵制得的米醋富含氨基酸、矿物质和 γ-氨基丁酸。将发芽糙米醋与果汁勾兑成各种风味饮料。发芽糙米饮料是发芽糙米磨粉调浆后直接制成富含 γ-氨基丁酸的发芽糙米饮料，或焙煎的发芽糙米加适量绿茶或红茶制成发芽糙米茶。发芽糙米休闲食品富含 γ-氨基丁酸的发芽糙米可制成多种休闲食品，如发芽糙米爆米花、发芽糙米果冻、发芽糙米饼干、发芽糙米冰淇淋及发芽糙米冻米糖等。

四、γ-氨基丁酸的生理功能

γ-氨基丁酸具有多种生理、药理与保健功能，主要表现在以下几方面。

(一)镇静神经与抗焦虑作用

γ-氨基丁酸是中枢神经系统的抑制性传递物质，是脑组织中最重要的神经递质之一。

其作用是降低神经元活性，防止神经细胞过热，γ-氨基丁酸能结合抗焦虑的脑受体并使之激活，然后与另外一些物质协同作用，阻止与焦虑相关的信息抵达脑指示中枢。各类惊厥的发生几乎都与脑内 γ-氨基丁酸减少有关。抑制 γ-氨基丁酸合成的酶(谷氨酸脱羧酶，GAD)使 γ-氨基丁酸合成减少或阻断 γ-氨基丁酸与受体结合，影响其抑制作用的发挥，都可诱发惊厥。反之，抑制 γ-氨基丁酸降解的酶(γ-氨基丁酸转氨酶)可以减少 γ-氨基丁酸的降解，增加 γ-氨基丁酸的含量，或补给安定类药物通过变构性调节加强 γ-氨基丁酸与受体结合，都可以防治惊厥，γ-氨基丁酸与其受体结合具有抗焦虑的作用(Taylor et al.，1982；Fuxe et al.，1975)。

(二)降血压功能

γ-氨基丁酸能作用于脊髓的血管运动中枢，有效促进血管扩张，达到降低血压的目的。γ-氨基丁酸能使脑部血液流畅，氧供给增加，脑细胞功能亢进。因此 γ-氨基丁酸在临床上常作为脑血栓后遗症、脑动脉硬化症等造成的记忆障碍、耳鸣、头痛及情绪冷漠等症状的改善药。另外，作用于延髓的血管运动中枢，使血压降低，同时抑制抗利尿激素——后叶加压素的分泌，扩张血管，降低血压(Shimada et al.，2009)。γ-氨基丁酸还能活化肾功能。高血压患者往往伴随着肾功能降低，用 γ-氨基丁酸使肾功能活化后，使盐分摄取量增多，也可为利尿作用激活，过剩盐分可从尿中排出，使血压降低，从而预防高血压。在植物中，γ-氨基丁酸能通过谷氨酸脱羧酶(GAD)合成谷氨酸，通过农杆菌介导导入水稻细胞 GAD 突变的转基因水稻品系，γ-氨基丁酸水平高于非转基因大米约 30 倍，γ-氨基丁酸富集水稻谷粒碾磨成粉，喂养自发性高血压大鼠(SHR)和正常血压大鼠。六周后，基因水稻导致血压降低 20mmHg(Akama et al.，2009)，提示可能通过 γ-氨基丁酸来控制和/或治疗高血压，高 γ-氨基丁酸表达大米作为高血压患者或亚健康人群日常饮食的一部分。也有研究表明，富含 γ-氨基丁酸的大豆豆制品也能降低自发性大鼠的血压，具有明显的降压效果(Shizuka et al.，2004)。

(三)抗心律失常功能

γ-氨基丁酸能系统地参与心血管功能的调节，可抑制心律失常的发生。动物实验结果表明：阻断中枢 γ-氨基丁酸则产生心律失常，说明 γ-氨基丁酸在心律失常发生中起着重要的作用。有研究发现外源性的 γ-氨基丁酸具有抗心律失常的活性，可对抗多种实验性心律失常(Tiurenkov and Perfilova，2002)。进一步的研究认为，γ-氨基丁酸主要通过对心脏的直接作用而抗乌头碱性心律失常，与神经调节无关。

(四)调节激素的分泌

γ-氨基丁酸是脑内抑制性通路的重要物质，对内分泌功能尤其对腺垂体激素的分泌功能有重要的调节作用，具有促进机体生长的功能(Giordano et al.，2006)。γ-氨基丁酸能促进腺体分泌黄体生成素，并具有促进甲状腺素释放激素的功能，γ-氨基丁酸能调控下丘脑-垂体-肾上腺皮质通路(Herman et al.，2004)。γ-氨基丁酸具有促进生长激素分泌的作用，口服 γ-氨基丁酸可使血液中的生长激素水平显著提高(Powers，2012)。

(五)提高生殖生理作用

研究发现 γ-氨基丁酸对男性生殖有重要的调节作用。在精子膜表面存在 γ-氨基丁酸受体，γ-氨基丁酸存在于男性性腺和附性器官(附睾、输精管、精囊、前列腺、尿道球腺和阴茎等)，并与精子的运动和类固醇激素的产生有密切关系。γ-氨基丁酸与孕酮协同作用，能明显促进精子的获能，提高精子的体外能力(Calogero et al.，1996)。γ-氨基丁酸作为一种抑制性神经递质，可以在下丘脑水平及垂体水平参与垂体前叶激素分泌的调节，间接地影响卵巢的功能。γ-氨基丁酸也可通过多巴胺抑制系统抑制垂体激素黄体生成素和催乳素的分泌。γ-氨基丁酸可诱发人的获能精子发生顶体反应，且随精子获能进程而显著增加，并存在明显的量效关系。此外，γ-氨基丁酸还可明显地促进人精子的穿卵能力，促进受精率提高(包华琼和王新庄，2002)。可见 γ-氨基丁酸在生殖生理学上具有重要的理论意义和广阔的应用前景。

(六)胃保护功能

γ-氨基丁酸在胃酸分泌的中枢神经元调节中起重要作用。在脑内注射 γ-氨基丁酸能增加胃酸的分泌，γ-氨基丁酸不仅能刺激胃酸的分泌，还能刺激胃蛋白酶的分泌，并能抗大鼠实验性胃溃疡，这可能是因为 γ-氨基丁酸能提高胃组织内部 ATP 水平，促进胃组织蛋白合成，增加胃壁黏液蛋白量，从而增加胃黏膜屏障机能(Goel et al.，1996)。

(七)抗衰老作用

大脑中神经递质 γ-氨基丁酸的减少可能是脑衰老的原因之一，在对老龄人的脑内 γ-氨基丁酸含量分析表明：老龄人脑组织的 γ-氨基丁酸含量明显下降可能导致脑内噪声的增加，使神经信号减弱，导致老年人听觉和视觉上的障碍(Miyamoto et al.，2012)。γ-氨基丁酸能帮助神经细胞处于对信号的高识别能力状态，给老年恒河猴大脑视觉皮层的神经细胞施以微量的 γ-氨基丁酸，结果发现神经元的行为变得"年轻"了。对老龄短尾猴进行研究后发现，γ-氨基丁酸可以帮助大脑处于巅峰状态。但随着年龄的增长，大脑得到的 γ-氨基丁酸将逐渐减少，缺乏 γ-氨基丁酸将导致某种神经细胞退化，从而使短尾猴的视觉选择能力下降。该发现预示着如果能够通过某种手段提高人大脑中 γ-氨基丁酸的含量，则有可能改善老年人的感觉功能以延缓衰老。γ-氨基丁酸也与某些疾病的形成有关，帕金森患者脊髓中 γ-氨基丁酸的浓度较低，癫痫病患者脊髓液中的 γ-氨基丁酸浓度也低于正常水平，研究显示 γ-氨基丁酸对 Kupperman 综合征具有显著的改善效果。另外，神经组织中 γ-氨基丁酸的降低也与 Huntington 疾病、老年痴呆等神经衰败症的形成有关，病变的星形胶质细胞去极化促使非突触释放的 γ-氨基丁酸，而 Huntington 综合征患者中，星形胶质细胞去极化后释放的 γ-氨基丁酸能力显著降低(Wójtowicz et al.，2013)。

(八)神经营养作用

近年研究发现，γ-氨基丁酸在神经系统的发育过程中还具有营养作用，是一种潜在的神经营养因子之一，对神经元的迁移、增殖、分化及其自身受体的基因表达以及与神经相关的蛋白质合成均有一定的调节作用，这种作用可能由 γ-氨基丁酸受体介导(Heese et al.，2000)。

(九)其他功能

除上述功能外，γ-氨基丁酸还具有许多其他生理保健功能及医学功能，如减缓紧张、减少压力、提高免疫力、预防肥胖、改善睡眠质量、防止皮肤老化等功能。在医学上，γ-氨基丁酸对脑血管障碍引起的症状，如偏瘫、记忆障碍、儿童智力发育迟缓及精神幼稚症等有很好的疗效；γ-氨基丁酸也用作尿毒症及 CO 中毒的治疗药物；γ-氨基丁酸在精神分裂症发病中起重要作用，临床研究表明 γ-氨基丁酸可用于治疗精神分裂症；γ-氨基丁酸具有镇痛作用，能减轻慢性疾病疼痛(如关节炎疼痛)；在吗啡成瘾治疗中，γ-氨基丁酸还起到抗药物依赖的作用。γ-氨基丁酸还具有类似于谷氨酸的甜味，能够增强食品风味，可作为食品风味添加剂及消臭剂。

γ-氨基丁酸因具有多种生理作用，在保健食品领域中有着广阔的前景。利用糙米发芽过程富集 γ-氨基丁酸，制成的发芽糙米食用性更加安全可靠。富含 γ-氨基丁酸的发芽糙米是 21 世纪倡导的绿色食品和有机食品的理想配料，也是十分理想的保健食品。探索提高糙米发芽过程中 γ-氨基丁酸含量的方法非常重要，对糙米发芽过程产 γ-氨基丁酸作用机理的深入探讨，必将对发芽糙米的应用起到极大的推动作用，从而使得富含 γ-氨基丁酸的发芽糙米相关产品在国内外保健品市场上快速成长起来。

第八节 谷 甾 醇

甾醇又称固醇(sterol)，在类固醇核的 C-3 上有一个 β 取向的羟基，C-17 上有一个 8～10 碳原子的烃链的类固醇化合物。存在于大多数真核细胞的膜中，最常见的代表是胆固醇，但细菌不含固醇类。固醇类化合物广泛分布于生物界。用脂肪溶剂提取动植物组织中的脂类，其中常有多少不等的、不能为碱所皂化的物质，它们均以环戊烷多氢菲为基本结构，并含有醇基，故称为固醇类化合物。胆固醇是高等动物细胞的重要组分。它与长链脂肪酸形成的胆固醇酯是血浆脂蛋白及细胞膜的重要组分。植物细胞膜则含有其他固醇如豆固醇及谷固醇。真菌和酵母则含有菌固醇。胆固醇是动物组织中其他固醇类化合物如胆汁醇、性激素、肾上腺皮质激素、维生素 D_3 等的前驱体。甾醇广泛存在于植物的根、茎、叶、果实和种子中，是植物细胞膜的组成部分，在所有来源于植物种子的油脂中都含有甾醇。

一、谷甾醇的组成及理化特征

植物性甾醇不溶于水、碱和酸，但可以溶于乙醚、苯、氯仿、乙酸乙酯、石油醚等有机溶剂中。

(一)谷甾醇的组成

一类由 3 个己烷环及一个环戊烷稠合而成的环戊烷多氢菲衍生物。除细菌中缺少外，广泛存在于动植物的细胞及组织中。固醇有多种不同的生物学功能，如作为细胞膜的成分及构成肾上腺皮质激素和性激素等。不少植物固醇还具有很强的药理或毒理效应，如洋地黄及哇巴因可增强心肌的收缩，是治疗心力衰竭的良药。植物中含 β-谷固醇，酵母中含麦角固醇。动物中的固醇类以胆固醇的含量最丰富，它在体内可转变成固醇类激素：孕酮、雌二醇、睾酮、皮质醇及醛固酮等。许多避孕药物均属孕酮的衍生物；有的睾酮类似物则是体内蛋白质生物合成的促进剂。7-脱氢胆固醇在皮肤中经紫外线的照射可转变成维生素 D_3（胆钙化醇），后者在体内又可转变成调节钙磷代谢的激素——1,25-二羟胆钙化醇。引起昆虫蜕皮的蜕皮素及抗葡萄球菌的褐毒素也是固醇类化合物。哥伦布氏毒箭蛙（phyllobates aurotaenia）分泌的蛙毒素仅需微量即可阻断神经冲动在神经肌肉间的传导。胆固醇在体内的代谢终产物是胆汁酸，而其他固醇类化合物则经生物转化使其增加极性，排出体外。

(二)毒性

在动物经口植物甾醇 90d 亚急性毒性实验中，饲料中 8.1%的植物甾醇可作为无可见副作用水平(NOA-EL)。成人每天口服 8.6g 的植物甾醇不影响肠道菌群的稳态和代谢活性，对粪便中胆汁酸和固醇代谢物的合成也无影响。

二、谷甾醇的提取和纯化

(一)提纯方法

植物甾醇常见的提取方法有：溶剂结晶法、皂化法、络合法、酶法、超临界 CO_2 萃取法、微波辅助提取法及超声辅助提取法等。

1. 溶剂结晶法

溶剂结晶法主要是在实验室条件下对植物甾醇的提取进行研究，利用相似相溶原理，通过有机溶剂直接提取植物甾醇的一种方法，常用的有机溶剂主要包括：甲醇、乙醇、丙酮、甲苯和乙酸乙酯等。乌汗其木格和张美莉(2007)采用溶剂结晶法从裸燕麦麸皮中提取谷甾醇，用重结晶法进一步精制。实验得出在体积分数为95%的乙醇作为提取剂时非皂化物与最佳提取剂的最佳料液比为 1：20(g：mL)。

2. 皂化法

皂化法是在提取过程中加入碱液使其与被提取物质发生皂化反应，然后再用有机溶剂萃取、分离获得植物甾醇的一种方法。李春荣和王三永(2004)将氢氧化钙和水加入植物油沥青中皂化后，再用有机溶剂提取植物甾醇。

3. 络合法

络合法是利用有机酸、卤盐、尿素和异辛烷等物质与植物甾醇发生络合反应后，再从络合物中分离提取出植物甾醇的一种方法。采用络合法提取植物甾醇，产品的纯度和收率较高，但溶剂回收困难，生产成本较高。

4. 酶法

黎金旭等（2007）采用固定化脂肪酶从脱臭馏出物中提取脂肪酶甲酯和植物甾醇，植物甾醇的收率可达 7.3%。酶法提取可以提高维生素 E 和植物甾醇的得率，且酶反应条件温和、速度快、原料不需要预处理，因此能够确保维生素 E 和植物甾醇的完整性，故该方法具有良好的发展前景。

5. 超临界 CO_2 萃取法

超临界 CO_2 萃取法多采用间歇式操作，利用脱臭馏出物中脂肪酸、甘油三酯和植物甾醇等成分在 CO_2 中溶解度的差异，逐步分级萃取，脱除其他杂质，再经过分离纯化即可获得精制植物甾醇制品。超临界 CO_2 萃取是一种新型的分离提取技术，该法具有操作简单、无毒、无污染、安全性高及生产费用低等优点，很好地保存了植物甾醇的完整性，非常适合于植物甾醇等天然产物的提取。

6. 微波辅助提取法

微波辅助提取（microwave assisted extraction，MAE）法的原理是利用微波的热效应和共振效应加速提取成分的溶出。庞利苹和徐雅琴（2010）优化了微波辅助提取法提取南瓜籽中植物甾醇的工艺条件，在其最佳工艺条件下植物甾醇的提取率可达 0.892mg/g。

7. 超声辅助提取法

超声辅助提取的基本原理是利用超声波产生的高速振荡作用、强烈的空化效应及搅拌作用，加速破坏植物细胞壁，使溶剂与提取成分充分接触，从而提高提取成分的浸出效果。张泽生和于卫涛（2007）采用超声辅助提取法对米糠中植物甾醇的提取工艺进行研究。

（二）纯化方法

植物甾醇的分离纯化方法按性质可分为化学法和物理法，目前常见的分离纯化方法主要包括：溶剂结晶法、蒸馏法、色谱分离法和超临界 CO_2 萃取法。

1. 溶剂结晶法

溶剂结晶法一般是利用甾醇在不同溶剂中溶解度的差异进行多级分步结晶分离或利用有机酸与甾醇反应生成衍生物后进行重结晶分离。一般选择单一溶剂结晶时产品纯度不高，而选择多种不同溶剂分级分步结晶时纯化效果较好。高瑜莹等（2000）优化了溶剂结晶法分离纯化大豆混合植物甾醇中豆甾醇的工艺条件，在最佳条件下经过 4～5 级结晶后，豆甾醇纯度达到 85%以上。

2. 蒸馏法

蒸馏法主要是利用沸点和蒸汽压的差异对植物甾醇进行分离纯化。蒸馏法包括简单蒸馏法和分子蒸馏法，可同时提取和分离维生素 E 和甾醇类物质，且蒸馏过程温度较低，物料受热时间短，因此该方法适合于分离高沸点、热敏性及易氧化物质。黄妙玲等

(2010)采用分子蒸馏技术纯化米糠油中植物甾醇，经过二次蒸馏后植物甾醇的纯度为61.37%。

3. 色谱分离法

色谱分离法是分离纯化植物甾醇常用的方法之一。常见的色谱法包括：薄层色谱法、柱色谱法、高效液相色谱法及反式高效液相色谱法等。Zhang 等(2005)采用柱色谱法对混合植物甾醇中 β-谷甾醇进行分离纯化。

4. 超临界 CO_2 萃取法

超临界 CO_2 萃取是通过改变温度和压力使溶质在超临界 CO_2 流体中溶解度发生变化而达到分离目的的。牟德华等(2007)采用超临界萃取法对大豆粗甾醇进行纯化，其植物甾醇的纯度为 80%～85%。

三、谷甾醇的生理功能

目前的研究证明了植物甾醇在降低血液胆甾醇含量、抑制肿瘤、防治前列腺肥大、抑制乳腺增生和调节免疫等方面都有重要作用(钟建华和徐方正，2005；韩军花，2001)。

(一)预防心血管系统疾病

动物性食品摄入过多或人体调节功能出现障碍，会导致血清中胆固醇浓度过高，容易引发高血压及冠心病。植物甾醇可促进胆固醇的异化，抑制胆固醇在肝脏内的生物合成，并抑制胆固醇在肠道内的吸收，从而具有预防心血管疾病的作用。许多研究证明补充植物甾醇能明显降低血液中总胆固醇(TC)和低密度脂蛋白(LDL)含量，而不降低高密度脂蛋白(HDL)和甘油三酯含量，使 LDL/HDL 比值降低，并且没有任何明显的副作用。Hallikainen(1999)等实验证明植物甾醇对高脂血症有辅助治疗效果，植物甾醇的不同服用方式(一次服或分三餐服)降脂效果几乎相同。成人分别服用 0.8g/d、1.6g/d、2.4g/d、3.2g/d 植物甾醇 4 周，发现各组血清的总胆固醇浓度下降幅度分别为 2.8%、6.8%、10.3% 和 11.3%，LDL 浓度则分别下降了 1.7%、5.6%、9.7%和 10.4%，1.6g/d 左右的植物甾醇就可以显著降低高血脂患者血脂水平。植物甾醇对于有家族性高脂血症的儿童也有很好的降脂效果，每天食用 3g 谷甾醇，儿童血液中总胆固醇、中等密度脂蛋白(IDL)和 LDL 分别降低了 11%、26%和 15%(Demonty et al.，2009)。Hallikainent 等(2000)增加 2.7g/d 植物甾醇，高胆固醇血症患者血液 LDL 与对照组相比，明显减少($P < 0.05$)。同时也发现在膳食中添加植物甾醇，能降低机体的脂肪堆积，具有降低体重的功能，且与服用的甾醇量呈剂量依赖性关系(Thornton et al.，2011)。因此，科学家们普遍认为摄入或补充足量的植物甾醇有助于降低人群冠心病的发病率。

(二)抑制肿瘤作用

植物甾醇具有阻断致癌物诱发癌细胞形成的功能，β-谷甾醇等植物甾醇对乳腺癌、胃癌、大肠癌、皮肤癌、宫颈癌的发生具有一定程度的抑制作用。

乳腺癌：Awad 等用含 2%植物甾醇或胆甾醇的饲料饲养 SCID 小鼠，在小鼠靠近右侧腹股沟的乳腺脂肪垫处接种肿瘤，8 周后，两组动物体重和食物消耗量无差别，但植物甾醇组小鼠的肿瘤直径仅为胆甾醇组的 67%，癌症的淋巴转移和肺转移也比胆甾醇组少 20%，表明植物甾醇可延缓乳腺肿瘤的生长和扩散。体外培养乳腺癌细胞 MDA-MB-231，16mmol/L 谷甾醇处理 3d 和 5d 后，发现癌细胞的生长分别被抑制 66% 和 80%。根据一些体内外实验的结果，认为植物甾醇的抗乳腺癌作用可能与其具有某些雌激素活性有关。

结肠癌：Janezic 等把近交的 C57Bl/6J 小鼠分成 5 组，并喂以不同饲料：普通饲料(对照组)，0.1%胆酸组(胆酸对照组)，0.1%胆酸加 0.3%、1.0%或 2.0%植物甾醇组，发现胆酸能显著增加结肠上皮细胞增殖，而植物甾醇可显著减少胆酸引起的细胞增殖，并且呈现出一定的剂量依赖性关系，表明植物甾醇降低癌症发生的危险性。体外实验显示：谷甾醇可以阻止人类大肠癌细胞 HT-29 增殖，也阻止肠癌细胞的生长，并且这一效应与鞘磷脂循环的激活有关。

前列腺癌：植物甾醇鱼油胶囊对减少男性前列腺肥大和前列腺癌的发生率有一定的积极意义。Berges 等将 200 名良性前列腺肥大患者随机分为两组，一组服用 20mg β-谷甾醇，一日三次，另一组服安慰剂，连续 6 个月，并用改良 Boyarsky 评分法、国际前列腺症状评分法(IPSS)、尿流量和前列腺体积等指标对效果进行评价。结果发现，两组 Boyarsky 评分值分别下降 6.7 分±4.0 分和 2.1 分±3.2 分($P < 0.01$)，IPSS 评分值也分别下降 7.4 分和 2.1 分。另外，β-谷甾醇组还有最大尿速的增加(从 9.9mL/s 至 15.2mL/s)和残余尿量减少(从 65.8mL 至 39.9mL)，而对照组无变化($P < 0.01$)。为进一步确定 β-谷甾醇的长期效果，18 个月后，对这批患者进行了重新评估。结果发现，β-谷甾醇治疗组中，继续服用的受试者各种指标都保持良好状态，未继续服用者症状评分和残余尿量指标虽稍差于前者，但最大尿流速度没有变化。因此研究者指出，6 个月的 β-谷甾醇治疗改善症状的效果可至少维持到 18 个月。另有许多人群研究也得出了类似的结论，但在所有治疗良性前列腺肥大的研究中，并没有发现植物甾醇鱼油胶囊减小前列腺体积的作用，可能与其使用时间较短有关。许多学者进行了一些体外细胞培养实验，试图解释植物自醇防治前列腺疾病的机制。Kassen 等发现，β-谷甾醇培养可促进人类前列腺基质细胞生长因子 $\beta1$(TGF-$\beta1$)的表达和增强蛋白激酶 C-α 的活性；Von Holtz 等的研究证明，用 16mmol/L 的 β-谷甾醇培养液培养细胞，可增加鞘磷脂循环中两种关键酶：磷脂酶 D(PLD)和蛋白磷酸酶 2A (PP2A)的活性，促进鞘磷脂循环，从而抑制细胞的生长。详细作用机制还有待于进一步研究。

胃癌：有研究表明摄入较多植物甾醇可降低胃癌发生的危险性。De Stefani 等所做的病例-对照研究证明，摄入较多植物甾醇鱼油胶囊可降低胃癌发生的危险性。研究者选用 120 名胃癌患者作为病例组，并随机选取与病例组在年龄、性别、居住条件都匹配的 360 名健康人作为对照组，结果发现总植物甾醇鱼油胶囊(包括 β-谷甾醇、菜油甾醇和豆甾醇)摄入的增加与胃癌的减少明显相关，OR = 0.33，95%可信区间为 0.17～0.65，植物甾醇鱼油胶囊+α-胡萝卜素摄入增加对减少胃癌发生的危险性效果更明显，OR =0.09，95%可信区间为 0.02～0.32。

其他癌症：Mendilaharsu 等的病例-对照研究则证明，植物甾醇鱼油胶囊的摄入量与肺癌发生率之间呈负相关关系。其在乌拉圭蒙得维的亚医院选择 463 名肺癌病例，并选择了相同条件的非癌症患者 465 例作为对照。校正其他影响因素后，作者发现高植物甾醇摄入者肺癌发生的危险性比低摄入者降低 50%，这一效果在肺腺癌的发生上效果更为显著(OR=0.29，95%可信区间为 0.14~0.63)，因此，作者认为摄入较多植物甾醇鱼油胶囊可减少人群肺癌的发生率。李庆勇等也发现 β-谷甾醇、豆甾醇诱导人肝癌细胞 SMMC-7721 凋亡。

(三)类激素功能

植物甾醇最大的功能就是"智能管理"的类激素功能，它在体内能表现出一定的激素活性，但无激素的副作用，当人体激素水平高于正常值时，植物甾醇会"工作"，阻碍胆激素吸收的作用，降低人体激素水平，当人体激素水平低于正常值时，植物甾醇会"转化"成人体所有的激素，提高人体激素水平，从而达到平衡。由于植物甾醇在化学结构上类似于胆甾醇，对防治前列腺疾病和乳腺疾病有较好的作用，许多研究者认为，它在体内能表现出一定的激素活性，并且无激素的副作用。Malini 等比较了 β-谷甾醇、17β-雌二醇和黄体酮对卵巢切除后成年大鼠子宫某些生化指标的影响，发现 β-谷甾醇、雌激素或两者联用可引起子宫细胞内糖原浓度显著增加，葡萄糖-6-磷酸脱氢酶、磷酸己糖异构酶及总乳酸脱氢酶的活性也显著增加，但黄体酮与 β-谷甾醇联用可部分消除 β-谷甾醇诱导的子宫糖原浓度和葡萄糖，6-磷酸脱氢酶活性增加的效应，说明 β-谷甾醇对子宫内物质代谢有类似于雌激素的作用；MacLatchy 等观察了 β-谷甾醇对金鱼激素分泌的影响。给孵出 4d 的金鱼腹膜内注射 β-谷甾醇后，发现雄性金鱼的睾丸激素和睾丸酮含量显著降低，雌性金鱼的睾丸激素和17β-雌二醇水平也显著降低。体外实验中还发现，注射过 β-谷甾醇的金鱼睾丸对人绒毛膜促性腺激素的敏感性下降，提示 β-谷甾醇可能通过影响胆甾醇的生物利用率或一些酶来降低性腺组织合成类固醇激素的能力。

(四)抗炎症作用

植物甾醇的抗炎症作用也是较早被发现的功能之一。研究证明 β-谷甾醇有类似于氢化可的松和强的松等的较强的抗炎作用，豆甾醇也有一定的消炎功能，但均无可的松类的副作用，因而可作为辅助抗炎症药物而长期使用。它还有类似于阿司匹林类的退热镇痛作用，这些在临床上都已引起广泛关注。Lee 等发现 β-谷甾醇能抑制 2,4,6-三硝基苯磺酸(TNBS)诱导的大鼠结肠炎症，降低促炎细胞因子 TNFα、IL-1β、IL-6 和 COX-2 等表达，其作用机理在于 β-谷甾醇能抑制 NF-κB 信号转导通路的活化，从而抑制大鼠炎症。

(五)免疫调节

Bouic 和 Lamprecht(1999)发现给马拉松长跑运动员服用 β-谷甾醇及其糖苷混合物后，受试组(n=9)血中白细胞总数明显低于空白对照组(n=10)，淋巴细胞分类方面，受试者 CD3 和 CD4 细胞上升，血清白介素-6 水平降低，说明这些受试者在经过马拉松长跑之后，免疫抑制较轻，感染的机会较小；Bouic 等(1996)另一项研究也发现 β-谷甾醇及其糖苷可刺激淋巴细胞增殖，因此认为植物甾醇可作为一种免疫调节因子。

（六）促进新陈代谢

谷甾醇与肾小管的重吸收作用有关，维持第二性征，其中肾上腺糖皮质激素可升高血糖浓度，促进人和动物肠道对钙和磷的吸收。相反，Danesi 等（2011）发现添加甾醇能降低机体的代谢活动，减缓培养的心肌细胞生长。因此，谷甾醇对新陈代谢的作用，还需进一步的深入研究。

（七）调节生长

Maitani 等在实验中证明植物甾醇对大鼠生长有调节作用，认为植物甾醇可以调节应激条件下动物的生长；Eugster 和 Rivara（1995）认为植物甾醇有生长调节功能（growth regulation），并用此来解释植物甾醇的许多其他功能。

（八）抗病毒

Eugster 等（1997）在研究中观察了植物甾醇混合物对 HIV-1、人类巨细胞病毒（HCMV）和单纯疱疹病毒（HSV）的作用，发现组织与植物甾醇温育后可明显拮抗 HIV 诱导的细胞病理改变，在体外对 HCMV 感染的细胞可阻断抗原的表达，并可在早期阻断与 HSV 有关的 VERO 细胞抗原的表达。

四、谷甾醇的应用

基于植物甾醇对人体的诸多功能和许多优良的化学性质，在日常生活中也得到了越来越广泛的应用，目前植物甾醇主要应用于以下几个方面。

（一）保健食品

欧洲和澳大利亚市场上最早出现很多强化植物甾醇或植物甾醇酯的人造奶油，作为日常生活中降低血液胆甾醇的保健食品，并已广泛用于人群。随后各国也相继生产出了类似的产品，并且其剂型也不断变化以适应市场的需要。除了在人造黄油中添加植物甾醇，还出现了片剂、咀嚼片等。例如，美国 Heal their Alterative 公司生产的由植物中提取的咀嚼片，每片含 400mg 植物甾醇，但只有 5cal 的能量，是一种比较方便的降低胆甾醇的食品；阿根廷奶制品公司拉塞莱尼西玛推出了一种降胆甾醇奶，其主要功效成分也是添加了植物甾醇（王稳航，2002；李月等，2004）。

（二）药物

前列腺增生在 40 岁以上的男人中很普遍，其发生的高峰期是 65 岁，国际内分泌协会估计每年有 400000 位男性因前列腺增生而手术。因此植物甾醇对维持男性前列腺健康的功能也被用来作为防治前列腺疾病的手段之一。美洲蒲葵产于美国佛罗里达州，是一种广泛用于治疗前列腺肿大的药物，其成分包括植物甾醇（主要是 p-谷甾醇）、锌、硒、维生素 A、维生素 E、番茄红素等；美国的 Young Again Nutrition 公司生产的防治前列腺肥大的药物 Better Prostate，其主要功效成分也是谷甾醇。由于植物甾醇有类似于氢化可的松的消炎作用和类似于阿司匹林的解热镇痛作用，因此可用来作为抗炎镇痛药物。例如，美洲石斛（epidendrummosenin）是一种兰科植物，作为止痛剂在南美洲和西印度群岛已使用多年，其主要成分也是植物甾醇。

（三）其他应用

工业研究中发现，植物甾醇有较强的渗透性，可保持皮肤表面的水分，促进皮肤的新陈代谢，抑制皮肤炎症，防止皮肤老化，防晒等，还有生发、养发之效能。因而在化妆品工业中作为乳化剂，用于膏霜的生产，并有滑爽不油腻、耐久并且不易变质等特点。例如，美国 Ever Young 公司生产的护肤产品包括面膜、保湿霜、浴液、洗发液等均添加了植物甾醇，由于其较好的美容护肤效果，受到了广大中老年患者的欢迎。法国的一家化妆品公司也把含植物甾醇的护肤品作为其主推产品。由于植物甾醇在溶剂中具有流动性好、分散作用强等良好的化学特性，在轻工业生产领域中也有广泛应用，如在纸张加工中作为铺展剂，在印刷业中作为油墨颜料的分散剂，在纺织业中作为柔软剂等。相信随着对其功能性质的进一步了解，植物甾醇与人们日常生活的关系会越来越密切。

植物甾醇降低血液胆甾醇和抗动脉粥样硬化功能已被认识多年，但对其作用的了解和应用相对来说还较少，并且其具体的作用机制尚未完全明了。如何提高其吸收利用率，各种不同化学形式的植物甾醇在功能和性质方面的异同仍是营养学工作者今后研究应解决的问题（姚专，2003）。植物甾醇与其他脂类和脂蛋白代谢之间的相互作用，长期使用是否影响内分泌功能（尤其是性腺功能），对机体的其他脂溶性物质（如脂溶性维生素）吸收利用的影响等，仍值得进一步深入研究。

第九节　植　　酸

植酸（phytic acid，PA）广泛存在于谷类植物中。它的螯合作用、抗氧化性、防癌、多功能绿色食品添加剂等作用引起了科学界极大的关注（祝群英和划捷，2004）。近年来，世界各国都在加大研究和开发的力度，许多国家把植酸作为重要的开发资源，并不断开拓新的用途。

一、植酸的理化特征

植酸又称肌醇六磷酸（IP6），化学名称是环己六醇-1,2,3,4,5,6-六磷酸二氢酯，分子式为 $C_6H_{18}O_{24}P$，分子量为 660.08。光谱分析其分子构象为六碳环，具有不对称性结构。淡黄色或淡褐色的浆状液体，易溶于水、95%的乙醇、丙酮、甘油，溶于乙醇-醚的水溶液，不溶于无水乙醚、苯、己烷和氯仿等有机溶剂。加热易分解，浓度越高越稳定，但在 120℃以下短时间内稳定。由于植酸分子中含有 12 个酸性氢原子，呈强酸性。植酸同二价、三价阳离子及蛋白质形成不溶性复合物。植酸的毒性较低，用 50%植酸水溶液进行毒性试验，LD_{50} 为 4192mg/kg（吴谋成和袁俊华，1997）。

二、植酸的提取与纯化

（一）提纯

目前植酸的提取方法主要可以分为以下三种：菲丁法、溶剂萃取法和膜分离法。还有一些其他方法。三种植酸提取法的工艺流程各自具有自己的优缺点。

1. 菲丁法

菲丁法是先用酸溶液浸泡原材料，当浸泡液的 pH < 3 时，菲丁就从原料中解离出来，形成游离的植酸根离子进入浸泡液中，然后对浸泡液中游离的植酸根离子进行碱处理，改变其 pH 就可制得植酸。菲丁法的优点是：该方法为传统工艺，原料易得，操作简单，生产稳定性强。不足之处主要在于所生产植酸质量差、植酸得率较低、工艺流程长、生产能力小、规模效益差、设备投资高。目前我国的传统工艺生产植酸的得率仅为 2.5% ～3%，植酸浓度在 40% 左右。由于加入稀酸和碱液，所得产品杂质较多，且无机盐和蛋白质的含量较高，使产品质量受到一定程度的影响。

2. 溶剂萃取法

张丙华等（2010a）采用酸浸提法提取到植酸提取液，再采用响应面法对植酸提取工艺进行优化，得到最佳工艺参数 pH 为 3.91，液料比为 9.08∶1，提取时间为 4.39h，提取温度为 50℃。在此优化条件下，植酸的最高理论得率为 5.31%，残渣蛋白质量为 1.40g 左右。溶剂萃取法是目前生产植酸的主要方法，与传统方法相比，采用萃取剂（如正己烷、正庚烷等）脱脂时很好地除去了蛋白质等杂质。采用氨水中和避免了引入其他金属离子。稀酸溶解后的溶解液采用碳酸氢钠作沉淀剂，能够有效地去除无机磷，使产品植酸中无机磷的含量大大减少。但此法生产植酸时，由于萃取剂的使用使生产成本增加。在氨水中和沉淀操作过程中，为了确保除去产品杂质，并使植酸钙、镁、铵盐沉淀完全，需要控制 pH，这就增加了操作难度。

3. 膜分离法

膜分离法的优点有：制取的植酸产品质量好，植酸含量高，杂质含量少，外观透明，几乎无色；制取植酸过程中不引入其他化学物质，节省原料，使产品杂质含量减小。超滤使蛋白质、淀粉等大分子物质一次性除去，并滤除了大部分色素，产品质量高。此法的缺点是离子交换后交换液中仍有大量的高分子物质，如蛋白质、淀粉等，在超滤过程中这些大分子物质极易使超滤膜堵塞，给生产维护带来困难。另外，此生产工艺所要求的设备投资较高。

4. 其他方法

近年来，随着一些新技术的出现，很多研究者将其与萃取法提取工艺进行结合，产生了一些新方法，如吸附法、微波辐射法、超声波法。胡爱军等以米糠为原料，利用超声波强化提取植酸，得到提取米糠中植酸最优工艺为：盐酸浓度 0.10mol/L、料液比 1∶8（g∶mL）、提取温度 40℃、超声时间 8min；在上述条件下，米糠中植酸提取率为 87.13%。

(二)纯化

目前植酸纯化的主要方法是采用离子交换树脂法，其原理是利用离子交换树脂的选择性，首先采用阴离子交换树脂吸附溶液中的植酸根离子，然后采用碱性洗脱剂进行洗脱，以除去氯离子等阴离子杂质，之后采用阳离子树脂吸附溶液中的 Na^+、Ca^{2+} 及 Mg^{2+} 等阳离子杂质，从而达到纯化的目的。张丙华等(2010b)采用 D318 弱碱性阴离子交换树脂对植酸进行纯化，并获得了最佳的纯化条件，可使植酸的提取率达到 82.40%。郭伟强等(2005)采用 D315 大孔阴离子树脂对植酸进行纯化，研究了其吸附和洗脱的效果，获得了最佳的吸附和洗脱条件。

三、植酸的生理功能

植酸包含多种生物学活性，具有数种生理功能，包括抗氧化性、防癌、天然绿色食品添加剂等作用(钟正升等，2003；李丹，2004)。

(一)抗癌活性

植酸具有抗癌作用，李丹和崔洪斌(2006)发现植酸对人胃癌细胞增殖具有抑制作用。在 AOM 诱导的大鼠结(直)肠癌实验动物模型中，米糠来源的植酸能抑制结(直)肠癌细胞的增殖，通过抑制 β-Catenin 和 Cox-2 的表达等，干预癌变的信号转导通路(Saad et al.，2013)。在病毒肿瘤基因转化细胞株移植同源裸鼠中，发现植酸能有效地抑制裸鼠肿瘤的生长，用佛波脂(TPA)等诱癌剂诱发鼠皮肤癌实验，发现植酸能显著地抑制癌细胞增殖，用植酸处理和不处理肝癌细胞 HepG2 细胞做移植鼠实验，以及当移植癌直径达到 8～10mm 时给癌块内注射和不注射植酸实验，均可达到预期效果。类似关于植酸作为抗肿瘤药物的动物实验研究包括乳腺癌、结肠癌、白血病、前列腺癌和肉瘤等，结果都显示了植酸具有一定的抗癌活性。植酸抗癌有多种机制：①基于其抗氧化作用，能有效阻止羟基自由基产生以及与细胞增殖有关的阳离子结合形成复合物，从而能阻止癌细胞的增殖。②可预防 DNA 的氧化损伤。植酸通过对金属离子的螯合而降低 H_2O_2 中活性氧的生成，进而抑制 H_2O_2 与 Cu^{2+} 对 DNA 特定序列 GG 与 GGG 的损害，起到防癌作用。③植酸可通过调控细胞的信号转导来抑制细胞的增殖与分化，还可导致细胞从恶性分化向正常的表型逆转。④植酸干预细胞周期的机制，植酸通过调整 CDKI-CDK-Cyclin 这一复合体，抑制 CDK-Cyclin 中激酶的活性，导致 Rb 蛋白的低磷酸化，进而使转录因子 E2E 的非活化状态(结合型)增加，使 S 期相关基因的转录受到抑制，从而使细胞停滞于 G 期，促进了细胞凋亡的发生。⑤植酸能够促进抑癌基因 p53 表达，并通过多种途径来抑制血管形成，从而阻断血液对瘤体的营养输送，使瘤体缩小。因此，植酸可作为治疗胃癌、肠癌、皮肤癌的药物(Norazalina et al.，2010；Fox and Eberl，2002)。

植酸作为抗肿瘤药在大量的动物实验和体外实验中都显示了良好的作用，但人体研究尚不充分。其药理动力学研究、给药途径的影响、体内生理状况下有效生物活性的保持等将成为今后所关注的重点(Norhaizan et al.，2011)。抗肿瘤的研究中也发现了植酸的负面作用：可增加膀胱和肾脏乳头状瘤的发病率，但此作用仅限于植酸的钠盐，钾盐、镁盐尚未发现有此作用。

(二)改善血红细胞功能

植酸以植酸钙镁钾盐的形式广泛存在于植物种子内，也存在于动物有核红细胞内，可促进氧合血红蛋白中氧的释放，改善血红细胞功能，延长血红细胞的生存期。对血液做体外试验，应用阻抗技术研究植酸对血小板聚集和 ATP 释放的影响。结果表明，植酸可明显降低血小板的聚集，并且存在剂量-反应关系。因此植酸可有效地降低平滑肌对 ATP 释放的感应，它对于降低心血管疾病的发生有一定的作用(Vucenik et al.，1999)。

(三)抗衰老作用

植酸本身就是对人体有益的营养品，植酸在人体内水解产物为肌醇和磷脂，前者具有抗衰老作用，后者是人体细胞的重要组成部分(Zhou and Erdman，1995)。

(四)螯合作用

植酸结构中含有 6 分子磷酸，完全离解时负电性很强，可迅速与 Ca^{2+}、Mg^{2+}、Fe^{2+}、Zn^{2+} 等结合形成螯合物，pH 为 6～7 的情况下，它几乎可与所有的阳离子形成稳定的螯合物，pH 为 9 时，不同温度下，植酸的络合能力最强。植酸的螯合能力比 EDTA 有更宽的 pH 范围，在中性和高 pH 下，也能与各种多价阳离子形成难溶的螯合物，它对 Fe^{2+} 的螯合能力比 EDTA 高 2 倍多。因此植酸可表现出以下作用：①螯合水中的铅、铜、砷和汞等重金属离子，改善水质；②沉积流水中重要元素，如国防急需元素铀等；③用作工业、民用清洗剂及工业污水处理等；④用于除去白酒中的固形物和使酒颜色加深的 Fe^{2+}，植酸净化稀糖蜜酒类及饮料用水时可去除铁质达 99.5%以上，提高酒的质量；⑤用于解除人、畜重金属中毒；⑥金属的防腐等(陈红霞，2006)。植酸对绝大多数金属离子有极强的络合能力，络合力与 EDTA 相似，但比 EDTA 应用范围更广。植酸二价以上金属盐均可定性沉淀。

(五)抗氧化作用

大量实验发现植酸可抑制叔丁基过氧化氢(TBHP)所催化的脲酸的氧化与 TBHP 诱导的红细胞膜脂的过氧化作用。植酸因与 Fe^{2+} 形成螯合物，从而减少了 Fe^{2+} 媒介氧，不能催化羟基自由基的产生，抑制了羟基所诱导的脱氧核糖的降解。植酸能抑制脂质的过氧化，具有明显的抗氧化作用(Zajdel et al.，2013)。植酸作为天然无毒的抗氧化剂，对于改善羟基造成的心肌缺血有一定的治疗作用。每个植酸分子可提供六对氢原子使自由基的电子形成稳定结构，从而代替被保鲜物分子作为供氧分子，避免被保鲜物氧化变质(Ko et al.，1991；陈红霞，2006)。

(六)其他生物活性

植酸也具有降脂功能，能抑制脂肪肝的形成(Katayama，1999)。在高脂小鼠实验模型中，米糠及米糠来源的植酸可促进机体的糖代谢，具有明显的减肥作用(Kim et al.，

2010)。可促进氧合血红蛋白中氧的释放，改善血红细胞功能。延长血红细胞的生存期，提高氧气的输送和二氧化碳的排放能力，可治疗心血管疾病；植酸可促进机体内脂肪代谢，降低血脂，抑制胆固醇的生成，对治疗肝、肾以及氯仿引起的中毒等均有明显疗效；肌醇部分具有维生素 B 类的生理功能和活性，肌醇可作为预防和治疗动脉硬化、脂肪肝与肝硬化的优良药物；磷酸脂部分为微生物细胞膜的组分，同时具有耐湿、抗静电等特性；有机磷部分是微生物本身的组分和其生长发育的一种有效营养物质。

四、植酸在食品中的应用

(一)保鲜液

按卫生部颁发的《食品添加剂卫生标准 GB 2760—2014》中规定植酸适用于水产品对虾保鲜参考用量以 0.05%～0.1%的水溶液作为冷冻保鲜液。日本在贝类罐头中用 0.1%～0.5%植酸，以防黑变，鱼类用 0.3%植酸，在 100℃处理 2min 可防止鱼体变色，用 0.01%～0.05%植酸与微量柠檬酸混合配制的溶液，可作果蔬、花卉保鲜剂，效果很好。将少量的植酸加入面包、色拉等食品中，可以增强食品中天然色素和合成色素的稳定性，提高食品保存功能和改善食品质量，防止油脂氧化，使其色、香、味保持较长时间而营养不变。用植酸处理鲜果和蔬菜，可使其保鲜期明显延长(南怡，2003)。

(二)罐头食品中的应用

在罐头食品中添加植酸可达到稳定护色效果。在鱼、虾、乌贼等水产品罐头中添加微量植酸，可防止鸟粪石(玻璃状磷酸铵镁结晶)生成。国外把植酸称为"struvite"防止剂，已广泛应用在罐装食品中，其添加量为 0.1%～0.5%。植酸也可作为食品的护色稳定剂，酶性褐变和非酶性褐变是果蔬加工和储藏过程中的两大难题。植酸作为添加剂能有效减缓或阻止这些反应的发生。例如，植酸和植酸钠对苹果汁防止褐变和菠菜汁加工过程的护色都有较好的作用。将少量的植酸加入面包、色拉等食品中，可以增强食品中天然色素和合成色素的稳定性。植酸还可作为保鲜剂，应用于草莓的储藏(罗祖友和罗顺华，2003)。

(三)饮料生产中的应用

在饮料中添加 0.01%～0.05%植酸，可除去过多的金属离子(特别是对人体有害的重金属)，对人体有良好的保护作用。在日本、欧美等国家和地区常用作饮料除金剂。含有植酸主要成分的快速止渴饮料，最适于运动员激烈训练。

(四)抗氧化剂

植酸在食品工业中有着广泛的应用，在油脂和油脂含量较高的食品中加入少量的植酸可抑制油脂的氧化和水解酸败，在大豆油中添加体积分数 0.01%～0.2%的植酸，大豆油的抗氧化能力提高 4 倍，在花生油中加入少量的植酸除了可使其抗氧化能力提高 40 倍外，还抑制了强致癌物质黄曲霉素的产生。在贝类罐头中添加体积分数 0.1%～0.5%的植酸、鱼类中添加体积分数 0.3%的植酸能有效地防止黑变及高温变色。用植酸处理鲜水果和蔬菜可增长保质期，如荔枝、草莓经植酸处理后，维生素 C 降解明显减缓。植酸还能有效地减缓或阻止果蔬的褐变。金属离子是氧化反应的催化剂，如铁离子易与单宁反应生成蓝黑色物质，对维生素 C 的氧化也有很强的催化作用，一些氨基酸也可与金属离子形成络合物使氧化褐变加剧。植酸作为良好的金属螯合剂，即使在铁离子浓度很低时也能形成螯合物从而抑制了氧化褐变，在菠菜汁、苹果和刺梨果汁等加工中是护色稳定剂。将一份 50%植酸和三份山梨醇酯酸(亲水/亲油值为 4.3)混合，以 0.2%加入植物油中，抗氧化性能极好。植酸可防止过氧化氢(双氧水)分解，因此可作双氧水储藏稳定剂(陈红霞，2006)。

(五)酸对微生物发酵的促进作用

植酸是一种非离子表面活性剂，积累在菌体细胞膜的表面，可以改善氧的通透性及物质传递性。从而加快营养物质的消耗及产物的生成和分泌，同时酵母菌产生的肌醇六磷酸-3-磷酸水解酶使植酸降解为肌醇和磷酸，肌醇在微生物发酵过程中能够激活微生物体内的酶系，增加产物的生成量。磷酸是核酸和磷脂的成分。组成多磷化合物及许多酶的活性基，磷进入细胞后迅速同化为有机磷化合物，同时形成 ATP、ADP 等，用于调节微生物细胞生长及发酵过程的能量代谢，加入植酸对酵母菌的耐酒精性能也有所提高。因此在发酵工业，植酸作为促酵剂用于提高菌体繁殖速度，增加产物的量及提高原料的利用率。植酸用于霉菌已有报道，夏艳秋等对植酸在黄酒酿造中的应用进行研究初探，实验证明：黄酒生产中加入一定量的植酸不仅可以提高酵母菌发酵力和曲霉菌糖化力，缩短发酵周期，提高原料及设备利用率，降低成本，而且可以有效抑制杂菌生长，保证黄酒安全生产，并确定添加体积分数 0.1%的植酸对黄酒酵母菌及黄酒品质有利。将植酸加到含单孢丝菌属介质中，可促进庆大霉素和氨基配糖物抗生素的发酵，使产量提高几倍，在乳酸菌的培养基里加入植酸，可促进乳酸菌的生长(史高峰等，2003；夏艳秋等，2004)。

(六)药物

植酸钠或铋盐能减少胃分泌物，用于治疗胃炎、十二指肠炎、腹泻等。植酸可解除铅中毒，并可作重金属中毒防止剂(田小海，2007)。

五、植酸抗营养化作用

植酸具有抗营养化作用，能降低矿物元素的吸收利用，降低饲料蛋白质的消化利用，降低消化酶的活性，降低高磷粪便对环境造成不良影响(富营养化)等。

(一)植酸及其抗营养特点

植酸的化学构造是由一分子肌醇与六分子磷酸结合而成，其化学名称是六磷酸肌醇。植酸自己毒性很小，但却有与 EDTA 近似的很强的螯合能力。植酸及其植酸盐是磷在植物籽实中存在的重要形式，一般谷实类饲料中植酸磷占总磷的比例为 50%～80%，其中，玉米、豆粕中的植酸磷占总磷的比例分别为 71%和 58%(National Research Council,

1994)，但单胃动物体内缺少分化植酸的植酸酶，使植物中的磷在单胃动物体内消化率很低，大部门植物饲料中的磷仅有 30%能被畜禽利用(于旭华和冯定远，2003)。植酸磷不单是植物饲料中磷的重要存在形式，并且因其带有负电荷，具有很强的螯合能力，能与很多阳离子，如 Ca^{2+}、Mg^{2+}、Zn^{2+}、Fe^{2+}、Mn^{2+} 等形成不溶性复合物，从而影响上述金属离子的消化接收和利用(Cheryan，1980)。在饲料中含有雷同总磷程度的肉鸡豢养实验中，饲料中含有 2g/kg 植酸磷组的肉鸡股骨灰分由对比组(含 0.5g/kg 植酸磷)的 467g/kg 降为 422g/kg，血清磷的程度也比对照组低 41%。饲粮中植酸磷含量过高时金属矿物元素的生物利用率大大下降，从而需要提高饲料中各类矿物元素的添加量。

植酸还可以与卵白质发生反应(Kies et al.，2006)，天生植酸-卵白质二元复合物(重要在低于卵白质等电点 pH 介质下)或以金属阳离子为桥，产生植酸-金属阳离子-卵白质三元复合物(高于卵白质等电点 pH 介质下)，下降卵白质的利用率。卵白质与植酸联合后，可以形成络合物而沉淀。体外实验证实，植酸与卵白质可否络合而沉淀，主要取决于 pH，当 pH 为 2 而未加植酸时，溶液中可溶卵白质占总卵白质比例达 100%，添加植酸后，菜籽粕下降到 63%。pH 为 3 时，添加植酸降低了卵白质的可溶性，但当 pH 在 4～10 时，添加植酸对卵白质的消融性几乎没有影响。畜禽胃内的 pH 一般为 1.5～3.5，所以，植酸与卵白质在畜禽胃内络合是完全有可能的。另外，植酸及其水解不完全产品对单胃动物胃肠道排泄的消化酶如卵白质水解酶、淀粉水解酶、脂酶的活性都有抑制作用。

(二) 日粮中添加植酸酶对畜禽出产机能的影响

植物性饲料中三分之二的磷与肌醇联合成植酸。植酸具有很强的螯合能力，它不仅使植酸磷的利用效力很低，植酸还能与钙、镁、锌、卵白质、氨基酸和淀粉等形成难以消化的络合物，导致饲料中多种营养消化率下降。植酸在消化道还与消化酶联合，使其活性下降，成为限制发展的成分。饲料中加植酸酶后，一方面可以将磷、钙、镁等矿物元素和肌醇从植酸盐中开释出来，提高各类矿物元素和肌醇的利用率，植酸酶还能提高淀粉和卵白质的消化率和利用率，从而综合提高饲料的营养价值(Simons et al.，1990)。

第十节　其他植物化学物

一、神经酰胺

神经酰胺(ceramide)是一类对细胞分化、增殖、凋亡、衰老等生命活动具有重要调节作用的脂质分子。当细胞受到紫外线照射、热击、化疗药物等各种外界条件刺激后，内源性的神经酰胺开始合成并可能诱导细胞衰老、生长抑制、细胞凋亡等一系列生理反应。对于神经酰胺的研究，已经从研究的初期发展为更多机制的研究，并进一步考虑到其实际药理功能与价值(孙天玮等，2008)。调节内源性神经酰胺含量将很可能是未来治疗某些疾病的新方法。

(一)神经酰胺的结构与理化特性

脂肪酸在鞘氨醇的氨基上具有酸酰胺键的结构，在其上如果结合糖，就成为鞘糖脂类，如果结合磷酸胆碱，就成为(神经)鞘磷脂。神经酰胺是鞘脂类的中间代谢产物，尤其在生物合成上占有重要的位置。在血小板以外仅少量存在。患有遗传性脂类积蓄症(lipidosis)之一的 Fabry 病的患者在小脑、肾脏中积蓄着大量神经酰胺。神经酰胺是无色透明液体，是高效保湿剂，具有启动细胞的能力，可以促进细胞的新陈代谢，可以促使角质蛋白有规律地再生。神经酰胺分子式为 $C_{34}H_{66}NO_3R$，分子量为 536.89。

(二)神经酰胺的提取

崔韶晖等(2011)在小麦粉中神经酰胺类物质的提取与结构分析中以小麦粉为材料，首先用索氏提取法以 95%乙醇为溶剂进行粗提，粗提物经石油醚萃取、旋转蒸发仪浓缩后，过三次硅胶柱层析提取，再经二次重结晶纯化，得到白色无定形粉末状神经酰胺类物质。李佳等(2007)以米糠为原料，采用 AE255-6 固体发酵产生鞘磷脂酶以定向水解鞘磷脂产生游离神经酰胺，使米糠中游离神经酰胺含量从 0.022%提高到 0.064%。将 CO_2 超临界萃取技术与 D140 大孔树脂纯化相结合，获得纯度为 99.2%的神经酰胺产品。

(三)神经酰胺的生理功能

抗癌作用：神经酰胺能促使肿瘤细胞凋亡，具有抗癌作用(冯需辉等，2009；王红梅和张桂英，2004)。神经酰胺能直接导致结(直)肠癌细胞 HT-29 的 DNA 损伤，激活细胞凋亡相关的信号转导通路(白艳艳和李百祥，2007)。用含有神经酰胺或者其他鞘磷脂的食物对 CFl 鼠进行饲喂，结果表明，在致癌物质二甲肼的处理下，直肠癌的致病率显著低于以常规食物饲喂的 CFl 鼠。为了更清楚地了解神经酰胺抑制直肠癌细胞的机制，在体外研究了神经酰胺和二氢神经酰胺对直肠癌细胞系的增殖和凋亡的影响，并确定了 p53 和 APC 蛋白在这些过程中的作用，结果表明：神经酰胺能够不依赖于 p53 或 p21 而诱导凋亡，并能降低 APC 蛋白的含量，这种蛋白的水平下降在神经酰胺诱导直肠癌细胞系凋亡方面起着很重要的作用。神经酰胺诱导乳腺癌细胞株的凋亡过程与活性氧的产生有关，这种凋亡方面作用能够被抗氧化剂 N-乙酰半胱氨酸和谷胱甘肽抑制，并推断转化成葡萄糖神经酰胺可以阻止内源性的神经酰胺达到毒性水平。添加酸性神经酰胺合酶抑制剂 LCL204 可以增强 Apoptin 对前列腺癌细胞的凋亡作用。

神经酰胺与心血管病：神经酰胺介导的跨膜信号转导已经被许多学者证实与心血管功能有关。神经酰胺作为信号分子，能够调节细胞内的过氧化物和增强脂质的过氧化反应(孙天玮等，2008)。神经酰胺也能抑制胆固醇脂转运蛋白(CETP)，CETP 可导致动脉粥样硬化等心血管疾病的发生。鞘磷脂/神经酰胺途径在以氧化型低密度脂蛋白(Ox-DL)诱导的平滑肌细胞增殖和动脉粥样化形成中起重要作用。神经酰胺能够通过影响 RhoA/Rho 激酶途径和细胞内 Ca^{2+} 的水平从而诱导以苯肾上腺素处理的小鼠大动脉血管舒张。对缺乏 apoE 的小鼠腹膜腔内灌喂抑制 SPT 活性的抑制剂，从而降低了血浆鞘磷脂、神经酰胺、鞘氨醇、鞘氨醇-1-磷酸的含量。因此，调控神经酰胺的代谢途径很可能成为动脉硬化症的潜在治疗方法。动脉粥样硬化症的形成与脂质泡状细胞有关，巨噬细胞中氧化型低密度脂蛋白的积累通过清道夫受体摄取，从而形成脂质泡状细胞。在动脉管壁内皮下的脂质泡状细胞的积累形成块状就成为动脉粥样硬化斑块的标志。氧化型低密度脂蛋白能导致清道夫受体 CD36 表达增加。在动脉粥样硬化斑块中会有神经酰胺的积累，但并没有证明这种现象在疾病的形成过程中是否有一定的病理、生理作用。添加合成短链神经酰胺或在原位用神经磷脂酶作用产生长链神经酰胺会导致单核细胞或巨噬细胞 CD36 表达显著降低，并证实这种作用机制并不是通过抑制 mRNA 表达来实现的。因此，将 CD36 进行基因敲除或者把神经酰胺定向运输到单核细胞或巨噬细胞可能是一种比较合适的降低动脉硬化症发生的策略（Luan and Griffiths，2006）。控制神经酰胺的代谢途径和信号转导过程，特别是关键酶活性的调控，很可能成为动脉硬化症的替代性治疗，但涉及复杂的代谢网络和信号途径，神经酰胺在心血管病形成过程中的生理作用很多还不是很清楚，神经酰胺是不是起主导作用等问题还有待进一步研究。

神经酰胺与皮肤病：神经酰胺是皮肤角质层脂质的重要组成成分，对维持人类皮肤的表皮屏障功能起着重要作用。大量研究表明，许多皮肤病如异位性皮炎、银屑病等对皮肤角质层脂质特别是神经酰胺的性质和含量有影响作用，但目前皮肤病的发生与脂质的损伤直接联系还未被阐明。角质层脂质的异常性与皮肤病的发病机理之间的关系已成为当今研究的热点。异位性皮炎角质层中神经酰胺发生变化的可能机制：①抑制从头合成神经酰胺的过程；②通过激活脱酰基酶产生葡萄糖基鞘胺醇或鞘胺醇磷酸胆碱；③增强神经酰胺酶的活性；④抑制神经磷脂酶的活性。因此，调控角质层脂质代谢过程中相关的酶可能是未来治疗异位性皮炎一种较合适的策略。虽然很多研究也表明银屑病角质层脂质的异常性，但这些改变是否与发病机理有关以及预示皮肤病的发生等问题还未明确。通过对异位性皮炎、银屑病患者未受累皮肤与正常人皮肤组织角质层脂质（主要是神经酰胺）比较研究，结果表明：通过 HPLC 分析技术显示两者神经酰胺的色谱图谱、含量等没有显著差异，因此这些不能作为皮肤病早期诊断的依据。因此，角质层脂质的损伤不一定是异位性皮炎、银屑病的发病机理。

目前神经酰胺类物质在临床上的应用还未见报道，针对神经酰胺的研究现状，从以下几个方面进一步研究，将有助于促进神经酰胺药理功能在治疗疾病领域的应用：①神经酰胺是如何发挥多重生物学功能？细胞积累神经酰胺后果是什么？神经酰胺干扰信号转导通路的分子机理是什么？②神经酰胺的种类对疾病治疗作用的差异性。③如何扩大神经酰胺的生物来源。由于神经酰胺在生物体的含量很有限，构建高效表达神经酰胺转基因水稻具有潜在的应用价值。

二、黄酮

俗话说"药补不如食补"，说明饮食调养早已被我国人民所重视。利用特种稻米及其制品预防疾病、治疗疾病和病后康复自古有之，这种食疗方法简单易行，不仅能够补充营养，有益健康，祛病延年，还是一种美食享受，所以为人们所乐于接受。我国是世界上稻种资源最丰富的国家之一，在我国众多的稻种资源中蕴藏着许多具有特殊性状和特殊用途的种质资源。通过稻种资源的鉴定研究可以筛选出一些高黄酮含量的稻米品种，直接作为功能稻进行开发利用或用作选育高黄酮稻类品种的亲本。高黄酮含量的稻米可以加工为功能性稻米或稻米制品，通过日常进食补充人体所需要的黄酮，不但支出成本相对较低，而且不会带来额外的时间消耗，既经济又方便；另外，谷壳、米糠等副产品可以作为提取黄酮的原材料加以利用，从而进一步提高稻米的利用价值(李清华和林玲娜，2004)。

(一)米糠中黄酮的类型

黄酮其实是一类植物化学物质的简称，全称为黄酮类化合物(flavonoids)，又称生物黄酮(bioflavonoids)或植物黄酮。生物黄酮实际上是一个庞大的家族。现已确认其化学结构的生物黄酮类物质至少 4000～5000 种，其中包括广为人知的老产品芦丁、茶多酚(以"儿茶素"为代表)、大豆异黄酮(以黄豆苷、染料木素为代表)、橙皮苷和槲皮素等。经 AB-8 型大孔吸附树脂纯化后稻壳黄酮提取物为浅黄色粉末，测定其熔点为 221～223℃；通过系列颜色反应、水解前后产品的双向纸层析和薄分层层析，以及紫外光谱数据分析初步鉴定稻壳中含有的黄酮成分应是具有 5,7-OH 和 4-OH 的 C-苷黄酮类化合物(蔡碧琼等，2008)。

(二)不同颜色稻精米与米糠中黄酮含量差异分析

不同颜色稻精米和米糠中黄酮含量的差异极大(李清华等，2005)。分析 31 个品种白米稻，黄酮含量极低或不含黄酮，其精米黄酮含量为每百克 0～0.07g；每百克米糠中黄酮含量为 0.05～0.24g，平均值为 0.12g。分析 23 个品种红米稻，每百克精米黄酮含量为 0～0.097g，平均含量为 0.03g；其每百克米糠中黄酮含量为 0.3～1.82g，平均含量为 0.71g。分析 8 个品种红米稻，其每百克精米黄酮含量为 0.04～0.19g，平均值为 0.09g；其每百克米糠中黄酮含量为 2.61～5.11g，平均含量为 3.90g。研究表明米糠中的黄酮均大幅度高于精米，以平均值分析，黑米米糠黄酮含量是精米的 41.91 倍，大部分的黄酮分布在米糠层中，只有少量分布在精米中。在 3 种不同颜色稻米精米中，黑米黄酮含量极显著高于红米和白米，红米极显著高于白米。黑米精米中黄酮含量分别为红米和白米的 3.72 倍和 13.28 倍，红米精米中黄酮含量为白米的 3.57 倍，可望通过稻种资源鉴定筛选，找出米糠中黄酮含量较高的品种供开发利用。

水稻籽粒富含黄酮类物质的品种选育：花青素是稻米中包含黄酮等功效成分的主要组成部分。在特种稻育种领域上，育种专家已明确提出把花青素含量由目前的 400 ～500mg/kg 提高到 1000mg/kg 左右。广西象州黄氏水稻研究所水稻育种专家黄日辉率领的水稻育种课题组，经过近 10 年的艰苦努力，采用亲本杂交、回交、转育、聚合选育，育成了"三系"均为红香米的杂交稻。而槟榔红香米是红香米杂交稻的佼佼者，产量可达 400 多千克，米质也较优，其中包括黄酮等各项保健药用成分含量均高于普通稻米一倍以上(孙玲等，2000)。

(三)黄酮的提取方法

有机溶剂提取法：黄酮类化合物的提取，主要是根据被提取物的性质及伴存的杂质来选择合适的提取溶剂，苷类和极性较大的苷元，一般可用乙酸乙酯、丙酮、乙醇、甲醇、水或极性较大的混合溶剂，如甲醇-水(1:1)进行提取，大多数苷元宜用极性较小的溶剂如乙醚、氯仿、乙酸乙酯等来提取，多甲氧基黄酮类苷元，甚至可用苯来提取。吴佳佳等(2011)在米糠总黄酮提取工艺的研究中采用溶剂加热回流法提取米糠中黄酮类化合物，得出对米糠中总黄酮的提取效果最大的因素是提取温度，其次是乙醇浓度，再是提取时间，影响最小的是料液比。总黄酮的提取工艺最佳参数为提取温度80℃，提取时间为3.5h，提取溶剂为70%的乙醇，料液比为1:40，米糠中总黄酮的提取率为1:515。

用碱性水或碱性稀醇提取：由于黄酮类化学成分大多具有酚羟基，因此可用碱性水溶液(碳酸钠、氢氧化钠、氢氧化钙水溶液)或碱性稀醇(如50%的乙醇)浸出，浸出液经酸化后可析出黄酮类化合物。

超声波提取法：利用超声波产生的强烈震动、高加速度、强烈空化效应及搅拌作用等，都可加速植物有效成分进入溶剂，从而提高提取率，缩短提取时间，并且免去高温对活性成分的影响。张晓明等(2010)在玉米须黄酮超声波提取工艺优化及数学模拟中采用正交试验的方法优化了玉米须黄酮的超声波提取工艺，同时对提取进行了数学模拟。结果表明，优化的超声波提取工艺条件为：以50%的乙醇为提取剂，料液比(g:mL)为1:84，提取温度75℃，超声波提取时间75min。此条件下，玉米须黄酮提取率可达1.51%。与加热浸提法相比，提取时间缩短了25%，提取率提高了约20%。

微波提取法：将微波加热应用于植物细胞是一种快速、高效、安全、节能的提取胞内耐热物质的新工艺。微波可直接作用于分子，使分子的热运动加剧，从而引起体系温度升高。微波的这种热效应使其穿透到介质内部，且可以快速破坏细胞壁。

酶法提取：酶技术是近年来广泛应用于有效成分提取的一种生物技术，酶法提取可降低提取条件，加速有效成分的释放或提取。对于一些黄酮类物质被细胞壁包围不易提取的原料可以采用酶法提取。廖李等(2012)以乙醇溶液为提取剂，采用纤维素酶酶解的方法从玉米须中提取总黄酮。结果表明酶法提取玉米须中总黄酮的最佳工艺条件为每5.0g干燥的玉米须粉末中加入3.0g纤维素酶、酶解温度45.00℃、酶解时间149.1min、pH为4.49、体积分数30%的乙醇溶液作为提取溶剂、料液比1:20(g:mL)，此条件下玉米须总黄酮的提取率可达0.837%。

超临界流体萃取技术：超临界流体萃取(SFE)技术是20世纪80年代引入中国的一项新型提取技术。其原理是以一种超临界流体在高于临界温度和压力下，从目标物中萃取天然产物的有效成分，当恢复至常压常温时，溶解在流体中的成分立即以溶于吸收液的液体状态与气态流体分开。

此外还有一些其他方法，如徐竞(2008)在米糠黄酮的逆流提取工艺优化研究中以水为提取剂对米糠黄酮逆流提取，研究了该工艺中影响黄酮提取率的主要因素，得出了合理的操作参数，即提取温度80℃，提取液pH 9，最初料液比1:30(g:mL)，提取时间逐级为30min、20min、15min和10min的4级逆流提取，此时黄酮的提取率及原料、溶剂的利用率均最高。

(四)黄酮的生理功能

人体不能合成黄酮类化合物，而且黄酮类化合物在人体内的代谢很快。黄酮作为一类生理活性物质，主要生理功能包括：减低血管的脆性；防止血管破裂和止血；起到血管保护剂的作用；有效防止动脉硬化和栓塞；此外，黄酮还能捕捉生物体内膜脂质过氧化自由基，具有抗氧化和抗衰老功能，而许多疾病的起因与自由基造成的氧化损伤密切相关(杨青等，2007)。另外，据新近的研究报道，它还能限制病原微生物的生长、抑制人和动物肿瘤细胞的增殖等。

抗氧化作用：孙玲等对颜色深浅不同的代表性黑米的抗氧化性及其与黄酮和种皮色素的关系做了研究，发现黑米种皮色素含量越高即黑米颜色越深，其清除超氧阴离子自由基的能力越强。自由基是引起癌症、衰老、心血管等退变性疾病的重要原因之一。通过不同浓度的维生素 C、BHT(2,6-二叔丁基对-甲酚)和稻壳黄酮乙醇溶液的还原能力比较，对二苯代苦味酰自由基($\cdot$DPPH)、超氧阴离子自由基($O_2^-\cdot$)、羟自由基($\cdot$OH)的清除能力比较，以及在卵黄脂蛋白、猪油等不同体系中抗脂质过氧化的能力比较，实验结果表明：稻壳黄酮对$\cdot$DPPH、$O_2^-\cdot$、$\cdot$OH 都具有较强的清除能力，而且对多不饱和脂肪酸(PUFA)过氧化体系也有很强的抑制作用，其作用随着溶液浓度的增大而增强；从抑制猪油氧化实验可以看出，稻壳中黄酮提取物具有较强的抗脂质过氧化能力，但以上三者对不同的自由基和抗脂质过氧化体系表现出的抗氧化能力差异不尽相同(蔡碧琼等，2010)。黄酮具有抗氧化功能，是借助于酚羟基的氢供体自由基清除活性，其抗氧化活性必须具备两个条件：①在比可氧化底物浓度更低的情况下，能有效地延迟或防止这些底物的自氧化或自由基介导的氧化；②清除反应之后的自由基形式必须稳定，能通过分子内羟基结合进一步氧化。黄酮具有清除自由基的能力，其机理在于阻止了自由基在体内产生的三个阶段：与自由基反应阻止自由基引发；与金属离子螯合阻止羟基自由基生成；与脂质过氧反应阻止脂质过氧化过程(蔡碧琼，2008)。

抗肝纤维化作用：肝纤维化是肝脏发展至肝硬化的必经阶段，也是各种慢性肝病的共同病理学基础，并与肝癌有一定的关系。在硫代乙酰胺诱导的大鼠肝纤维化模型中，稻米黄酮可显著改善肝功能与肝纤维化降低，降低 MDA 含量，提高 SOD、GSH-Px 活性，减轻肝组织中自由基导致的肝细胞损伤，具有抗肝组织纤维化的作用。同时，黄酮对腹腔注射异源血清诱导的大鼠肝纤维化也具有明显的抑制作用，说明稻米黄酮对免疫性肝纤维化的也具有保护作用(许东晖等，2002)。

抗癌作用：在癌细胞的增殖过程中，黄酮能够作用于细胞周期而显示出抗癌效果。通过流式细胞仪发现 5,7-二甲氧基黄酮和 5,7,4′-三甲氧基黄酮可有效地作用于人口腔癌细胞，并使其停滞在 G1 期，从而有效地靶向性抑制癌细胞的增殖。麦胚类黄酮提取物通过阻断细胞 G2/M 和 S 期能诱导人体乳腺癌细胞发生凋亡，且呈量效关系。异常黑胆质成熟剂黄酮类化合物能够明显抑制 HepG2 细胞生长，使其在 sub-Go 期受到阻滞，下调 *Bcl-2* mRNA 表达水平、同时以上调抑癌基因 *p53*、*p21*、*Bax* mRNA 表达水平(王晓等，2009)。黄酮可诱导芳烃化酶提高活性，产生抗癌防癌功效。一般可通过三种途径：①对抗自由基；②直接抑制癌细胞生长；③对抗致癌促癌因子，直接抑制癌细胞生长，抗致癌因子。黄酮产生抗癌作用的生物活性包括对酪氨酸激酶的抑制作用、类激素作用、抗增生效应、抗扩散效应、抗氧化作用和免疫功能等。致癌因子使体内产生自由基,并以自由基的形式富集于脂质细胞膜的周围,引起脂质过氧化。破坏细胞的 DNA 而致癌,黄酮是自由基猝灭剂和抗氧化剂,能有效地阻止脂质过氧化引起的细胞破坏,起到抗癌防癌的作用。并且黄酮还有抑制肿瘤细胞糖酵解、生长,抑制线粒体琥珀酸氧化酶活性和磷脂酰肌醇激酶活性的功能起到抗癌防癌的作用。

对心血管系统的保护作用:黄酮具有扩张血管的作用,对血管活性物质及影响活性物质的酶也有一定的作用,使其具有降低血管的脆性与渗透性,改善血液循环状态,净化血液,降血脂、血糖和胆固醇,抗动脉硬化和血栓形成。黄酮具有防止低密度脂蛋白氧化的作用和对主动脉内皮细胞腺苷脱氨酶有抑制作用。因此,可以用于防治心血管疾病、动脉粥样硬化等症。黄酮对心肌有保护作用,黄酮能够阻断 β 受体,有调节心肌收缩、增加冠状动脉血流量、增加心肌营养血流量、降低心肌缺氧量、抑制血小板聚集等作用,对乌头碱、肾上腺素引起的心律失常有明显的对抗作用。

作为食品及饲料添加剂:黄酮不仅应用在药物和保健品的开发利用上,还广泛应用在化妆品、食品及饲料添加剂等行业。近年来,黄酮作为食品及饲料抗氧化剂的研究与开发也取得不少进展。现在饲料中使用的大部分合成的抗氧化剂对动物和人有毒副作用(主要是致畸、致癌、致突变),天然黄酮类化合物作为饲料抗氧化剂的优点有:一是黄酮类化合物广泛存在于天然绿色植物中,来源广泛。二是黄酮类化合物有很强的抗氧化作用,并且不同结构的黄酮化合物抗氧化的效果不同,有些黄酮类化合物之间还有协同作用。三是黄酮类化合物有抗微生物作用,它能降低细菌、真菌及病毒等微生物对饲料的污染。另外,它在生物体内也有很强的生物活性,对提高动物的免疫力及预防疾病的发生也有很好的效果。它是一类安全可靠、成本低、来源广、具有强抗氧化活性的抗氧化剂,将逐步取代合成的抗氧化剂。

米糠是稻米加工中的主要副产品,大部分(大约80%)的黄酮分布在米糠层中,米糠黄酮的提取和利用是米糠综合开发利用的重要途径,可以大幅度提高稻米的经济效益和利用价值。因此,应开展米糠黄酮的提取方法、提取工艺的研究,以促进稻米黄酮的广泛应用。

三、角鲨烯

角鲨烯(squalene)常存在于鲨鱼中,在各种鲨鱼的肝脏中都发现了角鲨烯的存在,深海鲨鱼中具有较高的角鲨烯含量,沙丁鱼、银鲛、鲑鱼等海洋鱼类体内也含有较丰富的角鲨烯。角鲨烯在植物中分布很广,但含量不高,多低于植物油中不皂化物的 5%,仅少数含量较多。在稻谷中也含有角鲨烯,特别是在米糠油中非常稳定,角鲨烯含量为0.008%～0.028%,而米糠油脱臭馏出物中角鲨烯含量高达 1.9%左右。角鲨烯具有极强的供氧能力,是性能优良的血液输氧剂,角鲨烯能提高体内超氧化物歧化酶(SOD)的活性,它可增强机体免疫能力、抗衰老、抗肿瘤,还具有可帮助抵抗紫外线伤害等多种生理功能。

(一)角鲨烯结构和性质

角鲨烯又名鲨烯、三十碳六烯、鱼肝油萜、鲨萜，是无色或微黄色澄明油状液体。化学名为 2,6,10,15,19,23-六甲基-2,6,10,14,18,22-二十四碳六烯，是一种高度不饱和的烃类化合物，最初由日本化学家 Tsujimoto 于 1906 年在黑鲨鱼肝油中发现。角鲨烯是一种天然三萜烯类、多不饱和脂肪族烃类化合物，含有六个非共轭双键，其结构见图 6-48。

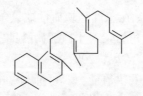

图 6-48 角鲨烯化学结构

角鲨烯因含六个双键，极不稳定，易氧化，在空气中放置会产生特殊气味，易在镍、铂等金属作用下加氢形成另一种生物活性物质——角鲨烷。角鲨烯常温下为无色油状液体，不溶于水，难溶于甲醇、乙醇和冰醋酸，易溶于乙醚、石油醚、丙酮、四氯化碳等有机溶剂。因此，角鲨烯可用有机溶剂有效提取，根据其在不同溶剂中的溶解性，可采用冷冻结晶而分离。目前除从深海鲨鱼肝油中提取外，主要从米糠油、橄榄油脱臭馏出物中提取。

(二)角鲨烯的提取

随着科学技术的发展，对于角鲨烯的提取和分离，在实验室涌现出许多新的方法。

溶剂提取法：溶剂提取法是利用角鲨烯容易溶解于某些溶剂的特性而使用的一种方法，是一种传统的方法，但也是最常用的方法。使用该方法必须同其他纯化法相结合才能得到较高纯度的角鲨烯。

超临界二氧化碳萃取法：采用超临界二氧化碳萃取从橄榄油脱臭馏出物中回收角鲨烯，此工艺可回收高纯度的角鲨烯，产率约 90%。Luis 等 (2007) 应用逆流超临界二氧化碳萃取从橄榄油脱臭馏出物中回收角鲨烯，最终残留物中角鲨烯浓度达到 90%。

高速逆流色谱(HSCCC)法：高速逆流色谱是一种基于液-液多级逆流萃取建立的色谱体系，没有固相载体，避免了待分离样品与固相载体表面产生化学反应而变化和不可逆吸附；高速逆流色谱可以直接纯化粗制样品。

柱色谱法：柱色谱法又称柱层析分离，是一种以分配平衡为机理的分配方法。近几年该法在分离植物油脱臭馏出物的有益成分单体取得一定进展。Gunawan 等 (2008) 采用硅胶柱色谱从大豆油脱臭馏出物中分离和纯化角鲨烯。

(三)角鲨烯的生理功能

增强机体的耐氧能力：缺氧对机体而言是一种劣性刺激，能严重影响机体的氧化供能，最终导致机体的心、脑等重要器官缺氧，引起氧供应不足而死亡。角鲨烯作为一种脂质皂化物，具有提高体内超氧化物歧化酶活性、增强组织对氧的利用。目前关于角鲨烯摄取氧功能的研究已取得一些进展，角鲨烯具有类似红细胞摄取氧的功能，与氧结合生成活化的氧化角鲨烯，在血液循环中输送到机体末端细胞后释放氧，从而增加机体组织对氧的利用能力，加速消除因缺氧所致的各种疾病的目的（吴时敏，2001）。它可增加组织对氧的利用，促进生物氧化还原反应及新陈代谢，全面增强体质（许瑞波等，2005）。角鲨烯通过向细胞供应大量氧气，使细胞恢复活力，提高身体的自然治愈能力（赵振东和孙震，2004）。小鼠在密闭容器中受缺氧因素损害，在连续给予角鲨烯一段时间后，可延长小鼠亚硝酸钠中毒的存活时间；在急性脑缺血性缺氧条件下，能延长小鼠的喘气时间，且对小鼠体重增长无影响。表明角鲨烯对小鼠亚硝酸钠中毒性缺氧和急性脑缺血性缺氧具有保护作用（黄宗锈等，2011；潘风，2002）。

抗癌作用：角鲨烯具有极强的供氧能力，可抑制癌细胞生成，防止癌细胞扩散和因化疗而引起的白细胞减少，对胃癌、食道癌、肺癌、卵巢癌，具有明显疗效（Reddy and Couvreur，2009）。研究表明角鲨烯可降低砷盐在细胞内的聚集，抑制亚砷酸钠致癌作用及 4-甲基亚硝胺-1-3 吡啶-1-丁酮所诱导肺癌，对结肠癌也有预防作用（Fan et al.，1996）。周金煦等小鼠接种艾氏腹水瘤（EAC）细胞试验，证明角鲨烯既能降低 EAC 接种成活率，又能抑制数种小鼠肿瘤生长，具防癌、抗癌作用。经临床观察，角鲨烯对胃癌、食道癌、肺癌总有效率可达 88.4%，且无不良反应（Bhilwade et al.，2010）。

抗疲劳作用：疲劳是一种复杂的生理生化过程，通常与代谢紊乱、自由基过多、免疫功能失调有关。角鲨烯具有消除自由基、调节免疫功能等作用，角鲨烯进入人体将迅速引起氧化作用，促使超氧化酶与乳酸脱氢酶显著升高，乳酸迅速分解，体内能量代谢旺盛，体力快速恢复，疲劳及时消除。同时，角鲨烯又使体内红细胞大增，可有效克服因缺氧所引起的各种疾病；从而为组织细胞制造能量，为减轻体力疲劳创造充分的物质基础。实验以 2%大鼠角鲨烯喂养 45 天，发现角鲨烯也通过阻断脂质过氧化诱导对异丙肾上腺素引起的心肌梗死的抗氧化作用，角鲨烯的心脏保护作用可能是由于其抗氧化性能和膜稳定作用（Farvin et al.，2004）。

抗心血管疾病：高血压、高血脂、高血糖是心脑血管疾病的元凶，角鲨烯能促进血液循环，预防及治疗因血液循环不良而引起的心脏病、高血压、低血压及中风等，对冠心病、心肌炎、心肌梗死等有显著的缓解作用。可显著降低胆固醇和甘油三酯含量，强化某些降胆固醇药物药效，抑制血清胆固醇浓度，降低脂蛋白浓度，并加速胆固醇从粪便中排泄，可延缓动脉粥样硬化形成。角鲨烯能增加高密度脂蛋白和增加富含携氧细胞体，人体摄入后，有助于降压、降脂、降糖，可迅速促使血管疏通，是人体"血管清道夫"，防止冠心病和脑中风发生（Kim and Karadeniz，2012；Kelly，1999）。

抗感染作用：角鲨烯具有渗透、扩散、杀菌作用，可用作杀菌剂。对白癣菌、大肠杆菌、痢疾杆菌、绿脓杆菌、金葡菌、溶血性链球菌及念珠菌等有杀灭和抑制作用，可预治细菌引起上呼吸道感染、皮肤病、耳鼻喉炎等；还可治疗湿疹、烫伤、放射性皮肤溃疡及口疮等（Kim et al.，2012）。

促进机体的新陈代谢：角鲨烯不仅存在于鲨鱼肝脏中，而且也是人体中的内含物质。在体内参与胆固醇的生物合成及多种生化反应，促进生物氧化及机体的新陈代谢，提高机体的防御机能、应激能力与身心素质，加速类固醇激素合成，激活腺苷酸环化酶的活性，引起第二信使的环腺苷酸含量增加，促进机体的新陈代谢，加快机体组织修复，改善糖尿病、肾病、高血压、心脏病等一系列慢性病症状及病发症状(Kelly，1999)。

其他生理功能：角鲨烯具有保肝作用，能促进肝细胞再生并保护肝细胞，从而改善肝脏功能。角鲨烯保护肾上腺皮质功能，提高机体的应激能力。角鲨烯具有升高白细胞的作用。角鲨烯有助于保持皮肤的柔软健康，其抗氧化作用可以在恶劣环境下，有效保护皮肤。角鲨烯能降低血脂及血液中的胆固醇；增强人体免疫力——预防感冒，预防肝炎和肝硬化病变，改善气喘、慢性咳嗽和易过敏症状。角鲨烯具有抗氧化作用，能清除体内自由基，改善皮肤组织代谢，具有养颜美容的功效，因为角鲨烯能改善皮肤干燥粗糙，令肌肤散发健康美丽的自然光泽。帮助消除如香港脚、富贵手、湿疹等各种皮肤病症，促进皮肤伤口、烫伤、晒伤的愈合等。

(四)角鲨烯的应用

化妆品工业：角鲨烯为无色或淡黄色油状液体，在化妆品中很容易被乳化，因此，可用于膏霜(冷霜、洁肤霜、润肤霜)、乳液、发油、发乳、唇膏、芳香油和香粉等化妆品中作为保湿剂，同时具抗氧化和自由基清除剂的作用。另外，也用作高级香皂高脂剂。角鲨烯还广泛应用于美容药物。含有角鲨烯制剂对痤疮等皮肤病疗效显著，且无副作用。例如，一种以 33 份角鲨烯、33 份十二烷和 33 份十四烷组成的制剂用于治疗痤疮等皮肤病，在施用后几小时见效，几天内可治愈。金靖德等以角鲨烯 7~11 份、维生素 E 油 0.8~1.1 份、维生素 DA 油 2~3 份、红花油 0.8~1.2 份相混合并以大豆油配至成 100 份制得美容胶囊，服用后可改善皮肤新陈代谢与微循环。由于角鲨烯在高温和紫外光照射下很容易生成过氧化物，所以应用于护肤品时，可使皮肤免受高温和紫外线伤害。角鲨烯是很好的活性氧输送载体，故含角鲨烯的化妆品有防止皮肤粗糙、增强皮肤免疫力等功效。染发和护发用品是日常生活常用化妆品，若由化工原料组成可能会给人们带来美丽的同时也伤害人们的健康。将角鲨烯及酸性染料配制成一种染发剂，该染发剂具有使用安全、染后头发自然有光泽且耐洗的特点。以角鲨烯为原料配制成的头发护理剂有去头屑、防脱发和生发功效(Huang et al.，2009)。为改善口感，牙膏中会加入一些香精，香精通常是由一些化学原料制成，对口腔皮肤会产生刺激作用；日本高砂香料公司在牙膏中加入少量角鲨烯，可减轻牙膏中薄荷油等香料对口腔皮肤的刺激。

医药工业：癌症是人类的大敌，迄今尚无很好的特效药物治疗。许多研究结果表明，一方面，角鲨烯对于肿瘤治疗具有一定的生物活性，如角鲨烯单独用于鼠类时即有抗肿瘤效果，其作用机理是角鲨烯可抑制肿瘤细胞生长，并增强机体免疫力，从而增强对肿瘤的抵抗力；另一方面，角鲨烯能抑制致癌物亚硝胺的生成，从而起到抗肿瘤作用。另外，临床实验发现，角鲨烯可与其他抗肿瘤药物同时使用，使这些药物的药效得到较大提升，适于淋巴肿瘤等多种肿瘤(Sporn and Suh，2000)。此外，角鲨烯对其他一些疾病，如溃疡、痔疮、皮炎和皮肤烫伤等症也有一定的疗效，并可治疗或辅助治疗高脂血症。在医药品上，角鲨烯可用作软膏(亲水软膏、吸水软膏)基料，也用作栓剂组分，能促进药物充分吸收。近年来，很多国家已将其列入药物行列，如我国药典就将角鲨烯作为口服营养药，剂量为每天 1~2g。日本已将其作为治疗低血压、贫血、糖尿病、肝硬化、癌症、便秘、龋牙内服药剂，以及作为治疗胆和膀胱结石、扁桃腺炎、风湿病、神经痛、支气管炎、感冒鼻炎、气喘、痛风、胃及十二指肠溃疡病等外敷药剂(Bhilwade et al., 2010)。

食品工业：角鲨烯因其具有提高血红蛋白携氧能力、促进新陈代谢、提高机体免疫力和降低血清总胆固醇、防止动脉粥样硬化等功能，而常作为功效成分添加于保健食品中。例如，在美国、欧洲及澳大利亚市场出现一种保健软胶囊，每粒含角鲨烯 500～1000mg，深受消费者欢迎。在食品工业，角鲨烯通常作为功能性食品添加剂。近年来，由于明确角鲨烯具有渗透、扩散、杀菌作用，无论是口服或涂敷于皮肤上，都能摄取大量氧，加强细胞新陈代谢，消除疲劳，从而已成为功能明确的活性成分在功能性食品中广泛应用。另外，橄榄油加入角鲨烯，可提高其热稳定性，减少高温分解(Psomiadou and Tsimidou，1999)。

其他应用：食品加工机械使用的润滑油要求很高，既要性能佳又要符合卫生安全。以角鲨烯制成润滑剂，可用于食品加工机械，具有安全卫生、热稳定性高、抗氧化性强及润滑性良好等特点。用含角鲨烯的乳液处理纤维，可使织物手感好、保湿性强、易于洗涤、洗后保持原有的性能并易于熨烫处理。角鲨烯还可用于农药，可作为杀虫剂，尤其杀火蚂蚁和蚊子有效。

参 考 文 献

阿里巴巴农业. 2009-10-20. 如何推进稻谷生产机械化又好又快发展[OL]. 农博网.

安冬敏. 2011. 稻壳生物质资源的综合利用[D]. 长春: 吉林大学.

安红周, 金征宇, 赵晓文, 等. 2005. 机筒温度对挤压工程重组米理化特性和物性的影响[J]. 食品科技, (3): 20-23.

安红周, 赵琳, 金征宇. 2006. 工程重组方便米复配机理的研究[J]. 食品科学, 27(9): 126-131.

白旭光, 王殿轩. 2008. 储藏物害虫与防治[M]. 北京: 科学出版社.

白艳艳, 李百祥. 2007. 神经酰胺致 HT-29 细胞凋亡的 DNA 损伤通路的研究[J]. 毒理学杂志, 21(3): 215-217.

班晓伟, 王绪勉. 2000. 花生油掺入棉籽油定性定量检测[J]. 食品与药品, 2: 20-21.

包华琼, 王新庄. 2002. γ-氨基丁酸(GABA)的生殖生理作用[J]. 动物医学进展, 23(3): 39-41.

包清彬, 猪谷富雄. 2003. 储藏条件对糙米理化特性影响的研究[J]. 农业工程学报, 19(6): 25-27.

鲍文生. 2002. 镰刀菌的培养及其毒素的分离和提纯[J]. 中国地方病防治杂志, 17(1): 32-34.

卜玲娟, 李永富, 王莉, 等. 2017. 高温流化对糙米蒸煮和食用品质的影响[J]. 中国粮油学报, 32(4): 1-5, 17.

蔡碧琼, 蔡珠玉, 张福娣, 等. 2010. 稻壳中黄酮提取物的抗氧化性质研究[J]. 江西农业大学学报, 32(4): 813-818.

蔡碧琼, 余萍. 2008. 稻壳中黄酮提取物结构的初步鉴定[J]. 湖北民族学院学报(自然科学版), 26(4): 448-451.

蔡碧琼. 2008. 稻壳黄酮类化合物的提取、精制及抗氧化活性研究[D]. 福州: 福建师范大学.

蔡敬民. 1992. 米糠对人体血脂肪之影响[J]. 中国农业化学会志, 30(4): 484-495.

蔡炯, 许进, 倪国强. 2002. 肠道菌群与膳食纤维[J]. 肠外与肠内营养, 9(1): 50-52.

蔡瑞环. 2008. 高活性稻壳 SiO_2 的制备及其在超高性能混凝土中的应用[D]. 广州: 暨南大学.

蔡勇建. 2016. 糠贮藏和稳定化过程中米糠蛋白结构和功能性质变化的研究[D]. 长沙: 中南林业科技大学.

曹宝鑫, 许启泰, 杜钢军, 等. 2002. 米糠油的镇静催眠作用研究[J]. 中国药业, 11 (9): 35.

曹崇江, 杨文建, 宋伟, 等. 2014. 含纳米 $Ag-TiO_2$ 的聚乙烯包装材料对大米储藏品质的影响[J]. 食品科学, (24): 327-330.

曹冬梅, 马军喜, 赵勇焕, 等. 2005. 大米生物保鲜剂的研究[J]. 黑龙江八一农垦大学学报, 17(2): 71-74.

曹强. 1988. 二十八烷醇在运动糖果中的应用[J]. 食品科学, 10: 37-39.

曹秀娟. 2015. 发酵米糠多糖的制取及其生物活性研究[D]. 广州: 华南理工大学.

曹志丹. 1980. 玉米象和米象成虫的鉴别[J]. 粮食加工, (1): 13-18.

岑军健. 2007. 米粉、粉丝产业及其技术设备的发展前景[J]. 粮油食品科技, 15(2): 4-7.

陈伯平. 2007. 稻壳发电技术简介[J]. 粮食加工, 32(3): 40-41.

陈萃仁, 沈振华, 邢翰英, 等. 1993. 巧克力膨化果[J]. 食品科技, (3): 23-24.

陈芳. 2003. 米糠中二十八烷醇的提取精制及其抗疲劳功能的研究[D]. 北京: 中国农业大学.

陈芳, 赵广华, 田泽, 等. 2006. 二十八烷醇提取物的抗疲劳作用研究[J]. 营养学报, 28(3): 269-270.

陈国清, 陆大雷, 陆卫平. 2014. 玉米胚乳淀粉合成研究进展[J]. 中国农学通报, 30(33): 8-15.

陈汉东, 陈世凡. 2010. 稻谷干燥机械化技术[J]. 广西农业机械化, (1): 16-17.

陈恒文, 林碧敏, 钟杨生, 等. 2011. γ-氨基丁酸活性功能研究综述[J]. 广东蚕业, 45(4): 78-81.

陈红霞. 2006. 植酸的生物学特性与应用[J]. 生物学通报, 41(2): 14-16.

陈厚荣, 阚建全, 张甫生. 2009. 杂粮营养工程米耐煮性的优化工艺研究[J]. 食品工业科技, 30(11): 208-210.

陈惠哲, 朱德峰, 徐一成. 2009. 水稻钵形毯状秧苗机插技术及应用效果[J]. 中国稻米, 15(3): 5-7.

陈季旺, 孙庆杰, 姚惠源, 等. 2005. 利用米糠蛋白制备类阿片拮抗肽和降血压肽的研究[J]. 食品科技, (4): 88-91.

陈季旺, 陶冠军, 姚惠源, 等. 2005. 米糠类阿片拮抗肽的氨基酸序列分析[J]. 食品科学, 26(12): 107-110.

陈季旺, 姚惠源. 2002. 大米蛋白的开发利用[J]. 食品工业科技, (6): 87-89.

陈季旺, 姚惠源. 2003. 几种常见植物蛋白生物活性肽的研究概述[J]. 中国油脂, 28(1): 37-40.

陈静静, 孙志高. 2009. 大米蛋白的开发利用[J]. 农产品加工, (3): 12-13.

陈培栋, 万忠民, 王胜录, 等. 2018. 响应面法优化糙米微波改性工艺[J]. 食品工业科技, 39(6): 152-158.

陈佩. 2014. 稻壳预处理对稻壳灰的影响研究[D]. 哈尔滨: 哈尔滨工业大学.

陈起萱, 凌文华. 2001. 黑米和红米抗动脉硬化和抗氧化作用初步研究[J]. 营养学报, 23(3): 246-249.

陈绍萱, 滕忠爱, 张勇胜, 等. 1999. 膳食纤维对Ⅱ型糖尿病患者血糖影响的临床观察[J]. 广西医科大学学报, 16(3): 79-84.

陈喜东, 张树学, 朱惠英, 等. 2004. 稻壳发电技术初探[J]. 环境科学与管理, 29(3): 43-44.

陈银基, 蒋伟鑫, 曹俊, 等. 2016. 温湿度动态变化过程中不同含水量稻谷的储运特性[J]. 中国农业科学, (1): 163-175.

陈泳华. 1997. 石墨与稻壳灰制取碳化硅涂层及应用[J]. 新技术新工艺, (4): 33-34.

陈豫, 曲乐庆, 贾旭. 2003. 水稻种子储藏蛋白及其基因表达[J]. 遗传, 25(3): 367-372.

陈正宏. 2000. 干燥工艺对α-米饭品质的影响[J]. 食品科学, 21(8): 22-251.

陈正行, 王韧, 王莉, 等. 2012. 稻米及其副产品深加工技术研究进展[J]. 食品与生物技术学报, 31(4): 355-364.

陈正行. 2000. 米糠浓缩蛋白的提取及功能性评价[J]. 食品与发酵工业, 26(4): 17-19.

成岩萍. 2005. 浅析粮食微生物与粮食储藏的关系[J]. 粮油食品科技, 13(1): 28-29.

成映波, 何英伟, 李沸敏, 等. 1999. 水分含量对饼坯结构和膨化效果的影响[J]. 食品与机械, (4): 21-23.

程北根. 2005. 挤压营养强化米生产工艺简介[J]. 粮食与食品工业, 12(3): 14-15, 23.

程飞. 2015. 高纯度米渣分离蛋白的制备工艺研究[D]. 合肥: 安徽农业大学.

程俊文, 阚建全, 王储炎. 2005. 米糠油中谷维素的研究进展及在食品中的应用[J]. 粮食与食品加工, 12(4): 17-19.

程侃声, 张尧忠, 王象坤, 等. 1991. 从部分 Aman 和深水稻看粳稻的起源[J]. 西南农业学报, 4(3): 111-112.

程黔. 2007. 中国几种小品种食用油市场综述[J]. 粮食科技与经济, (1): 27-28.

程式华, 李建. 2007. 现代中国水稻[M]. 北京: 金盾出版社.

程晓农, 周峰, 严学华, 等. 2008. 以木材为模板制备 Al₂O₃ 多孔陶瓷的工艺[J]. 江苏大学学报(自然科学版), 29(5): 402-405.

程映国. 2003. 国际稻米贸易特点与中国稻米出口[J]. 中国稻米, (1): 7-10.

程映国. 2004. 入世后中国扩大稻米出口前景及开发策略[D]. 北京: 中国农业大学.

迟明梅, 方伟森. 2005. 浅谈营养米和功能米[J]. 粮油加工, 30(5): 26-32.

崔航, 刘洋. 1991. 影响油炸膨化食品膨化度的主要因素[J]. 食品工业, (3): 31-32.

崔铭育. 2015. 不同气调条件对大米品质稳定性及食用品质影响的研究[D]. 大庆: 黑龙江八一农垦大学.

崔韶晖, 马堃, 赵轶男, 等. 2011. 小麦粉中神经酰胺类物质的提取及结构分析[J]. 食品工业科技, 32(2): 79-84.

崔素萍, 张洪微, 马萍, 等. 2008. 稻谷及糙米储藏过程中淀粉酶活性的变化[J]. 黑龙江八一农垦大学学报, 20(4): 57-60.

崔晓丽. 2005. 营养强化大米进行时[J]. 粮油加工与食品机械, (9): 19-21.

崔政伟, 陈丽君, 宋春芳, 等. 2014. 热风微波耦合干燥技术和设备的研究进展[J]. 食品与生物技术学报, 33(11): 1121-1128.

崔志明. 2004. 天然维生素 E 的提取[D]. 杭州: 浙江大学.

戴廷波, 荆奇, 王勋, 等. 2005. 不同水稻基因型籽粒产量与品质的生态变异研究[J]. 南京农业大学学报, 28(2): 1-6.

邓华凤, 河强, 舒服, 等. 2006. 中国杂交粳稻研究现状与对策[J]. 杂交水稻, 21(1): 1-6.

邓化冰. 2000. 糯稻品质研究现状与进展[J]. 作物研究, (1): 45-48.

邓荣河. 2017. 面临失传的古代碾米机"谷砻"怎么做? 看新罗区 80 多岁的民间艺人邓永森再现技艺! [EB/OL] http://www.364000.com/index.php/show/show/n_id/74190.html[2017-09-07].

狄济乐. 1996. 从油脂加工副产物中提取天然维生素 E[J]. 中国油脂, (2): 53-55.

丁虹. 2005. 膳食纤维在疾病中作用的研究与进展[J]. 食品研究与开发, 26(4): 141-143.

丁娟, 张荣. 2012. 大谷盗危害与综合防治技术[J]. 现代农村科技, (9): 35.

丁青芝, 马海乐, 骆琳, 等. 2008. 米糠蛋白 ACEI 活性肽的超滤分离及其稳定性研究[J]. 食品研究与开发, 29(9): 48-51.

丁一, 艾华. 2012. γ-氨基丁酸与人体健康的关系[J]. 中国临床保健杂志, 15(1): 6-9.

丁颖. 1949. 中国稻作之源[J]. 中山大学农学院农艺专刊, 7: 11-24.

丁志民. 2008. 膳食纤维素的生理功能与人体健康[J]. 中华临床医学研究杂志, 14(11): 1683-1684.

董欢欢, 曹树稳, 余燕影. 2008. 异抗坏血酸钠改善米渣蛋白加工性能的研究[J]. 食品科学, 29(4): 167-171.

董涛. 2008. 植物甾醇酯的化学合成及其抗氧化性研究[D]. 无锡: 江南大学.

董啸波, 霍中洋, 张洪程, 等. 2012. 南方双季晚稻籼改粳优势及技术关键[J]. 中国稻米, 18(1): 25-28.

董运来, 赵慧娥, 王大超. 2008. 印度农业贸易: 政策改革、问题及挑战[J]. 中国农村经济, (6): 74-80.

都凤军, 孙彬, 孙炳新, 等. 2014. 活性与智能包装技术在食品工业中的研究进展[J]. 包装工程, 35(1): 135-140.

杜红霞, 李洪军. 2005. 二十八烷醇研究进展[J]. 粮食与油脂, (6): 13-15.

杜连启, 孟军. 2013. 休闲食品加工技术[M]. 北京: 金盾出版社.

杜萍, 周慧玲. 2013-01-06. 粮仓内气体浓度及温湿度无线采集与传送系统设计[EB/OL]. 北京科技论文在线.

杜双奎, 杨红丹, 于修烛, 等. 2010. 商品粳米、籼米、糯米品质特性和糊化特性比较研究[J]. 食品科学, 31(5): 78-81.

杜长安, 冯仁栋, 张文堂. 2003. 溶剂法萃取谷维素生产新工艺的研究[J]. 中国油脂, 28(11): 78-82.

樊金娟, 付岩松, 罗霞, 等. 2009. 米糠肽的抗氧化作用[J]. 食品与发酵工业, 35(12): 78-81.

范丽萍, 靳雅欣, 赵福永. 2012. 生育三烯酚生物合成与生理功能研究进展[J]. 长江大学学报, 9(4): 41-45.

房经贵, 朱旭东, 贾海锋, 等. 2017. 植物蔗糖合酶生理功能研究进展[J]. 南京农业大学学报, 40(5):

759-768.

冯树铭. 2010. 双向拉伸聚酯薄膜生产设备与工艺[J]. 塑料包装, (6): 41-44.

冯需辉, 张丽英, 单春华. 2009. 神经酰胺与细胞凋亡[J]. 生物学杂志, 26(5): 59-62.

冯永建, 王双林, 刘云花. 2013. 稻谷储藏安全水分研究[J]. 粮食储藏, 42(6): 38-41.

付希光, 陈立, 王成芝, 等. 1999. 大米真空袋装贮藏品质变化规律的试验研究[J]. 农机化研究, 21(10): 12-14.

付旭恒. 2018. 米糠酸败对米糠膳食纤维性质和结构的影响[D]. 长沙: 中南林业科技大学.

付雅琴, 周晨, 姚红兵, 等. 1999. 稻壳的综合利用[J]. 现代化农业, 1: 34-35.

甘露, 刘厚凡, 高长华, 等. 2007. 稻壳联产纳米白炭黑与活性炭的研究[J]. 粮食与饲料工业, 11: 7-9.

高洁, 文雅, 熊善柏, 等. 2015. 中国米食文化概述[J]. 中国稻米, 21(1): 6-11.

高连兴. 2000. 农业机械概论: 北方本[M]. 北京: 中国农业出版社.

高群玉, 黄立新, 林红, 等. 2000. 糯米及其淀粉性质的研究: 糯米粉和糯米淀粉糊性质的比较[J]. 河南工业大学学报, 21(1): 22-26.

高群玉, 姜欣, 黄立新, 等. 1999. 糯米及其淀粉性质的研究: 糯米粉糊的流变特性[J]. 河南工业大学学报, 20(3): 33-37.

高影, 杨建新, 邬健纯, 等. 1997. 不同水分、温度条件下 CO_2 浓度对稻谷品质的影响[J]. 粮食储藏, (2): 3-12.

高用深, 陈正宏, 沈忠明. 1999. 油炸米制品膨化度的研究[J]. 中国粮油学报, (6): 25-30.

高瑜莹, 裘爱泳, 谢光, 等. 2000. 溶剂法富集豆甾醇的研究[J]. 中国油脂, 25(6): 159-162.

高瑀珑, 鞠兴荣, 姚明兰, 等. 2008. 稻米储藏期间陈化机制研究[J]. 食品科学, (4): 470-473.

戈晓岗, 许晓静, 张洁, 等. 2006. 亚微米 SiCp/Al 复合材料的磨损性能[J]. 江苏大学学报, 27(2): 144-148.

葛国峰, 王树会, 刘卫群. 2014. 氮肥对不同烤烟品种碳氮代谢关键酶活性的影响[J]. 中国农业科技导报, 16(1): 59-64.

葛娜, 易翠平, 姚惠源. 2006. 碱性蛋白酶提取大米水解蛋白的研究[J]. 粮食与饲料工业, (4): 25-27.

葛毅强, 孙爱东, 倪元颖, 等. 2001. 麦胚中天然维生素 E 的 $SFE-CO_2$ 最佳提取工艺的研究[J]. 中国油脂, 26(5): 52-56.

葛云瑞, 石红兵, 刘小青. 2009. 北京地区稻谷储藏技术研究[J]. 粮食流通技术, (2): 21-24.

耿敏, 丁开宇, 陈正行. 2009. 低碳稻壳灰碱法活化制备活性炭的研究[J]. 中国粮油学报, 24(2): 139-144.

公婷婷. 2017. 中国水稻起源、驯化及传播研究[D]. 北京: 中央民族大学.

公艳勇. 2016. 稻壳锅炉燃烧特性分析[J]. 电站系统工程, 32(1): 49-52.

宫慧梅, 阿不力米提·克里木, 赵树新. 2002. 红曲安全性研究进展[J]. 现代食品科技, 18(1): 60.

龚丽, 李浩权, 刘清化, 等. 2011. 发芽糙米加工工艺及设备研究[J]. 现代农业装备, (9): 56-57.

龚院生, 孙震, 姚惠源, 等. 2002. γ-谷维醇对小鼠生理功能的影响[J]. 猪业科学, 19(2): 26-28.

龚院生, 姚惠源. 2003. γ-谷维醇清除自由基作用的研究[J]. 中国粮油学报, 18(1): 10-12.

顾澄琛. 2016. 红曲菌色素发酵条件的优化及产 1-脱氧野尻霉素的初步研究[D]. 杭州: 浙江工商大学.

顾德法, 徐美玉. 1992. 紫黑糯米特种营养研究[J]. 中国农业科学, 25(5): 36-41.

顾鹏程, 胡永源. 2008. 谷物加工技术[M]. 北京: 化学工业出版社.

管娜娜, 张晖, 王立, 等. 2011. 米糠中 γ-氨基丁酸的富集及纯化工艺的研究[J]. 食品工业科技, 32(6): 294-296.

桂小华, 郑竞成, 陈银鹤. 2008. 米糠保鲜方法的研究[J]. 粮食与食品工业, 15(1): 15-17.

郭吉, 周坚, 沈汪洋. 2016. 限制性糊化糙米粉的挤压工艺参数研究[J]. 粮食与饲料工业, (3): 23-25.

郭梅, 刘敏尧, 王娜, 等. 2008. 酶催化浸出米糠油的研究[J]. 食品科学, 29(11): 201-202.

郭伟强, 王志刚, 袁丽凤. 2005. 植酸在大孔阴离子交换树脂 D315 上的吸附洗脱研究[J]. 浙江大学学报, 32(1): 54-57.

郭延熙. 2013. 米糠抗氧化肽的酶法制备及其特性研究[D]. 长沙: 中南林业科技大学.

郭玉宝. 2012. 大米储藏陈化中蛋白质对其糊化特性的影响及其相关陈化机制研究[D]. 江苏: 南京农业大学.

郭壮, 李英, 潘婷, 等. 2016. 原料种类对米酒滋味品质影响的研究[J]. 中国酿造, 35(8): 100-103.

国家粮食局. 2012. 粮油加工业"十二五"发展规划研究成果报告[M]. 北京: 中国财富出版社.

国家粮食局人事司. 2006. 粮油保管员(初级中级高级)[M]. 北京: 中国农业出版社.

国家粮食局人事司. 2007. 制米工初级、中级、高级[M]. 北京: 中国轻工业出版社.

国家气象局. 2013. 南方地区需防范强降水对春播不利影响[EB/OL]. http://www.xn121.com/index/jrxnjd/1646482. shtml[2013-03-29].

国家水稻数据中心. 中国水稻品种及其系谱数据. http://www.ricedata.cn/variety.

国家统计局. 2012. 关于 2012 年全国早稻产量的公告 [EB/OL]. http://www.pkulaw.cn/fulltext_form.aspx?db=chl&gid=182482[2012-08-24].

国家质量技术监督局. 1999. 中华人民共和国国家标准——主要粮食质量标准[S]. 北京: 中国标准出版社.

韩丹妮. 2012. 稻壳预处理及稻壳中木聚糖的提取工艺研究[D]. 长沙: 长沙理工大学.

韩国麒, 徐学兵, 李桂华. 1993. 维生素 E: Ⅰ的类型、结构和功能[J]. 河南工业大学学报(自然科学版), 1: 94-102.

韩军花. 2001. 植物甾醇的性质、功能及应用[J]. 环境卫生学杂志, 28(5): 285-290.

韩龙植, 曹桂兰. 2005. 中国稻种资源收集、保存和更新现状[J]. 植物遗传资源学报, 6(3): 359-364.

韩庆炜, 梁萌青, 姚宏波, 等. 2011. 鲈鱼对 7 种饲料原料的表观消化率及其对肝脏、肠道组织结构的影响[J]. 渔业科学进展, 1: 32-39.

韩伟, 杨庆新, 陈中剑, 等. 2005. 永磁滚筒式磁选机的分析和设计[J]. 华北电力大学学报, 32(S1): 62.

郝瑞峰, 张承伯, 俞黎黎, 等. 2015. 椭圆食粉螨主要发育期的形态学观察[J]. 中国病原生物学杂志, (7): 623-626.

何斌, 陈功, 徐驰. 2006. 酶法提取米糠蛋白的研究[J]. 食品发酵与科技, 5: 16-18.

何松森. 2011. 中国粮食英语[M]. 北京: 经济管理出版社.

何新益, 王崇林. 2010. 低温储藏与辐照处理技术集成处理大米保鲜技术研究[C]. 第五届全国粳稻米产业大会论文集. 天津农学院天津市技术物理研究所: 70-72.

贺财俊, 李怡, 吴跃, 等. 2017. 籼米糊化特性与碾磨程度的相关性分析[J]. 食品科学, 38(11): 59-63.

赫恩南德兹 R J, 塞尔克 S E M, 卡尔特尔 J D. 2004. 塑料包装: 性能加工应用条例[M]. 塑料包装: 性能、加工、应用、条例. 北京: 化学工业出版社.

洪华荣, 林文庭. 2007. 膳食纤维的酵解及其相关的生理作用[J]. 中国食物与营养, 23(1): 54-56.

洪庆慈, 刘长鹏. 2004. 大米碾白度对大米理化性质和米饭感官品质的影响[J]. 粮食与饲料工业, (3): 14-16.

洪小明, 杨坚. 2011. 国内外可食性包装研究进展[J]. 包装与食品机械, 29(2): 60-63.

侯汉学, 张锦丽, 董海洲, 等. 2002. 食用变性淀粉的营养价值及安全性评价[J]. 粮食与饲料工业, 11: 37-41.

侯俐南, 丁玉琴, 林亲录, 等. 2018. 超声波辅助浸泡对稻谷含水量和蒸谷米品质的影响[J]. 粮食与油脂, 31(3): 37-40.

胡爱军, 田玲玲, 郑捷, 等. 2012. 超声波强化提取米糠中植酸研究[J]. 粮食与油脂, 11: 28-30.

胡春蓉, 胡益侨. 2012. 膳食纤维与人体疾病防治相关性研究的进展[J]. 求医问药(下半月), 10(3): 612-613.

胡国华, 黄绍华. 2001. 米糠膳食纤维对胆酸钠吸附作用的研究[J]. 中国食品添加剂, 2: 10-12.

胡国华, 马正智, 周强, 等. 2008. 脱脂米糠半纤维素C的分离与鉴定[J]. 食品工业科技, 29(8): 205-209.

胡晋. 2001. 种子贮藏加工[M]. 北京: 中国农业大学出版社.

胡钧铭, 江立庚. 2007. 籼型稻米整精米率影响因子研究进展[J]. 粮油食品科技, 15(3): 4-6.

胡松涛, 史自强. 2008. 注册公用设备工程师考试专业课考试精讲精练: 暖通空调专业[M]. 北京: 中国电力出版社.

胡永源. 2006. 粮油加工技术[M]. 北京: 化学工业出版社.

胡中应. 2006. 中国稻米国际竞争力研究[J]. 中国农学通报, (8): 116.

华静娴. 2008. 米蛋白、葡聚糖微波加热接枝耦联反应的研究[D]. 无锡: 江南大学.

黄冬云. 2014. 米糠膳食纤维的酶法改性及功能性质研究[D]. 无锡: 江南大学.

黄光华, 陈惠岷, 陈光耀. 2001. 气相色谱法测定芝麻油掺伪的研究[J]. 温州技术学院学报, 2(1): 47-49.

黄亮, 林亲录. 2015. 稻谷加工机械[M]. 北京: 科学出版社.

黄妙玲, 卢生奇, 王小会, 等. 2010. 分子蒸馏技术制备米糠油植物甾醇的工艺研究[J]. 中国食品添加剂, 5: 216-220.

黄清泉. 1989. 现行粮油储检基础[M]. 北京: 中国商业出版社.

黄志刚, 刘凯, 刘科. 2014. 食品包装新技术与食品安全[J]. 包装工程, 35(13): 161-166.

黄志刚. 2003. 食品包装技术及发展趋势[J]. 包装工程, 24(5): 90-91, 97.

黄志军, 金建德, 张云峰, 等. 2015. 太阳能光伏陶瓷瓦在粮食仓库屋面研究与应用[J]. 粮油食品科技, 23(5): 110-113.

黄宗锈, 陈冠敏, 林春芳, 等. 2011. 角鲨烯对小鼠缺氧耐受力的影响[J]. 实用预防医学, 18(8): 1540-1543.

回瑞华, 侯冬岩, 郭华, 等. 2005. 薏米中营养成分的分析[J]. 食品科学, 26(8): 375-377.

惠锦. 2007. 二十八烷醇抗缺氧效应的初步研究[D]. 重庆: 第三军医大学.

惠丽娟. 2008. 冬瓜微波膨化米饼的研制[J]. 粮油加工, (9): 108-109.

豁银强, 汤尚文, 唐渝, 等. 2017. 脉冲微波对留胚米的稳定技术研究[J]. 食品科技, 42(9): 159-165, 170.

霍红, 张春梅. 2015. 食品商品学[M]. 北京: 中国财富出版社.

霍君生. 1996. 二十八烷醇生理作用的研究[D]. 北京: 北京农业大学.

暨佩娟. 2013. 全球大米产量将创历史新高 泰国失去世界头号大米出口国地位[EB/OL]. http:// world. people. com. cn/n/2013/0306/c57507-20697490. html[2013-03-06].

贾成祥. 2004. 农产品加工机械使用与维修[M]. 合肥: 安徽科学技术出版社.

贾瑞海. 1988. 黔东南地方糯稻的品质研究[J]. 贵州农业科学, (3): 17-22.

贾薇. 2008. 大米肽体外抗氧化活性及应用研究[D]. 哈尔滨: 东北农业大学.

江爱芝, 王燕. 2009. 米糠蛋白提取方法的研究进展[J]. 农产品加工, 10: 35-37.

江湖, 付金衡, 苏虎, 等. 2009a. 富钙发芽糙米的生产工艺研究[J]. 食品科学, 25(16): 15-18.

江湖, 付金衡, 余勃, 等. 2009b. 富含γ-氨基丁酸发芽糙米生产工艺的研究[J]. 食品研究与开发, 30(8): 106-109.

江湖, 苏虎, 付金衡. 2011. γ-氨基丁酸的功能及其在发芽糙米中富集的研究进展[J]. 江西农业学报, 23(11): 46-48.

江懋华. 2000. 农业机械化工程技术[M]. 郑州: 河南科学技术出版社.

江西省价格成本监审局. 2013. 江西省 2013 年农户种植意向调查情况分析[EB/OL]. http://www. jgsc.gov.cn/2013-1/2013125165706.htm [2013-04-02].

姜光明. 2009. 异育银鲫对常用词料蛋白源生物利用性的研究[D]. 苏州: 苏州大学.

姜龙. 2012. 谷维素的药理作用及临床应用[J]. 中国乡村医药杂志, 19(3): 86-89.

姜信辉. 2010. 稻壳灰的应用研究[D]. 哈尔滨: 哈尔滨工业大学.

姜兴剑, 詹庆松. 2005. 聚丙烯产品的性能及应用进展[J]. 油气田地面工程, 24(5): 56.

姜元荣, 姚惠源, 陈正行, 等. 2004. 碱溶性米糠多糖的提取及其免疫调节功能研究[J]. 中国粮油学报, 19(6): 1-3.

姜元荣, 姚惠源, 谢兆进. 2003. 米糠多糖的提取条件及其沉淀特性研究[J]. 食品科学, 24(1): 93-96.

姜元荣. 2004. 米糠免疫活性多糖的研究[D]. 无锡: 江南大学.

蒋爱民, 赵丽芹. 2007. 食品原料学[M]. 南京: 东南大学出版社.

蒋春燕. 2015. CO_2气调储藏对稻谷品质的影响[D]. 长沙: 中南林业科技大学.

蒋富友, 陈阳琴, 夏莉, 等. 2016. 浅析玉米象的发生与防治技术[J]. 农技服务, 33: 135.

蒋家月, 宋美, 吴跃进, 等. 2008. 水稻种胚脂肪氧化酶 LOX-1, LOX-2 缺失对种子储藏特性的影响[J]. 激光生物学报, 3: 395-399.

蒋建业, 余云辉. 2003. 稻米加工技术和装备的研究现状与展望[C]. 湖南省农业机械与工程学会农产品加工技术及装备与湖南 "三化" 会议.

蒋甜燕. 2012. 粒度大小对大米 RVA 谱的影响[J]. 粮食与饲料工业, (5): 7-9.

蒋甜燕, 王立, 易翠平, 等. 2007. 大米蛋白改性及功能性质的影响[J]. 粮食与饲料工业, 1: 3-5.

蒋艳. 2012. 碎米酶法制备抗氧化肽和 ACE 抑制肽的研究[D]. 合肥: 合肥工业大学.

蒋远舟, 向仕龙, 曾奠南. 1990. 植物纤维增强稻壳板的研制[J]. 林业工程学报, 2: 16-18.

焦爱权, 庄海宁, 金征宇, 等. 2009. 微波热风干燥挤压方便米饭的脱水和复水数学模型的建立[J]. 食品与生物技术学报, 28(2): 156-161.

矫彩山, 王兴强. 2002. 从米糠蜡中提取二十八和三十烷醇及产品分析[J]. 化学工程师, 91(4): 14-16.

金建, 马海乐, 闫景坤. 2011. 糙米储藏技术的进展与展望[C]. 第一届全国农产品产地初加工学术研讨会论文集. 江苏大学: 89-93.

金融, 赵念, 陈莎莎, 等. 2007. 大米蛋白的研究与利用[J]. 食品工业科技, 28(1): 231-234.

金世合, 陈正行, 周素梅. 2004. 酶解米糠蛋白的功能性质研究[J]. 食品工业科技, 25(3): 56-58.

金增辉. 1995. 膨化法加工速食糙米粉[J]. 粮食与油脂, (1): 7-12.

金正勋, 杨静, 钱春荣, 等. 2005. 灌浆成熟期温度对水稻籽粒淀粉合成关键酶活性及品质的影响[J]. 中国水稻科学, 19(4): 377-380.

康东方, 何锦风, 王锡昌. 2007. 顶空固相微萃取与联用法分析米饭及其制品气味成分[J]. 中国粮油学报, 22(5): 147-149.

康景隆. 2005. 食品冷藏链技术[M]. 北京: 中国商业出版社.

康琪, 朱若华. 2007. 高效液相色谱法测定聚葡萄糖含量的研究[J]. 食品科学, (8): 422-425.

康艳玲, 王章存. 2006. 米糠蛋白研究现状[J]. 粮食与油脂, 3: 22-24.

孔华忠. 2007. 中国真菌志(第 35 卷)——青霉属及其相关有性型属[M]. 北京: 科学出版社.

匡伟群, 李明如, 陈活. 1997. HSXT 型系列谷物干燥机[J]. 中国农机化, (S1): 132-133.

劳民帝. 1998. 强化营养米的种类与生产[J]. 中国乳业, 5: 14-15.

雷东阳, 谢放鸣, 陈立云. 2009. 杂交籼稻稻米外观品质性状杂种优势及其与亲本间分子遗传距离的相关性[J]. 核农学报, 23(4): 536-541.

雷桂明. 2012. 粳米脂肪氧化酶 LOX-3 氧化调控规律研究[D]. 天津: 天津科技大学.

雷筱芬. 2010. 米糠毛油的中温酸式脱胶工艺[J]. 食品研究与开发, 31(3): 48-51.

黎金旭, 陈小明, 孟庆雄, 等. 2007. 酶法生产脂肪酸甲酯并提取植物甾醇[J]. 粮油加工, 5: 73-75.

李宝筏. 2003. 农业机械学[M]. 北京: 中国农业出版社.

李宝升, 李岩峰, 凌才青, 等. 2015. 气调储粮技术的发展与应用研究[J]. 粮食加工, 40(5): 74-77.

李崇光, 于爱芝. 2004. 农产品比较优势与对外贸易整台研究[M]. 北京: 中国农业出版社.

李春荣, 王三永. 2004. 由植物油沥青或塔尔油沥青中提取植物甾醇的工艺研究[J]. 食品工业科技, 25(6): 111-112.

李丹. 2004. 植酸及其生物学活性研究现状[J]. 国外医学卫生学分册, 31(2): 104-108.

李丹, 崔洪斌. 2006. 植酸对人胃癌细胞增殖抑制作用的体外实验[J]. 营养学报, 28(1): 51-53.

李丹, 王建龙, 陈光辉. 2007. 稻米营养品质研究现状与展望[J]. 中国稻米, 2: 5-9.

李辉. 2013. 米糠谷维素抗急性肠炎的功能评价及初步机理研究[D]. 长沙: 中南林业科技大学.

李辉, 陈国友, 任红波, 等. 2003. 黑龙江省稻米品质分析与评价[J]. 黑龙江农业科学, 4: 24-25.

李佳, 杜林方, 刘鑫. 2007. 微生物发酵米糠制备神经酰胺[J]. 化学研究与应用, 19(6): 652-656.

李江华. 1992. 碱性脂肪菌种改良及其发酵工艺的研究[D]. 无锡: 无锡轻工大学.

李瑾, 李汴生. 2008. α-方便米饭加工工艺及产品品质研究[J]. 食品工业科技, 29(11): 305-308.

李经谋. 2006. 中国粮食市场发展报告[R]. 北京: 中国财政经济出版社.

李经谋. 2014. 中国粮食市场发展报告[R]. 北京: 中国财政经济出版社.

李俊, 袁德胜. 2012. 二十八烷醇的研究进展[J]. 中国化工贸易, 6: 175-183.

李兰亭, 孙世良, 李晓平, 等. 1992. 稻壳板最佳制板工艺条件研究[J]. 东北林业大学学报, 5: 49-54.

李里特. 2002. 粮油贮藏加工工艺学[M]. 北京: 中国农业出版社.

李隆术, 靳祖训. 1999. 中国粮食储藏科学研究若干重大成就[J]. 粮食储藏, (6): 3-12.

李宁, 江骥, 胡蓓. 2007. 复合膳食纤维对健康受试者血糖及血脂的影响[J]. 中国临床营养杂志, 15(6): 351-354.

李朋新, 夏斌, 舒畅, 等. 2008. 巴氏钝绥螨对椭圆食粉螨的捕食效能[J]. 植物保护, 34: 65-68.

李彭. 2016. 实仓充氮气调储粮应用技术研究[D]. 郑州: 河南工业大学.

李平凡, 钟彩霞. 2012. 淀粉糖与糖醇加工技术[M]. 北京: 中国轻工业出版社.

李前泰. 1989. 谷蠹的危害及防治方法[J]. 粮油仓储科技通讯, (2): 26-29.

李清华, 江川, 林玲娜, 等. 2005. 不同色稻精米与米糠中黄酮含量的差异分析[J]. 福建农业学报, 20(1): 49-52.

李清华, 林玲娜. 2004. 黄酮以及稻米黄酮的研究与开发现状[J]. 福建稻麦科技, 22(4): 45-47.

李庆龙. 2000. 米果生产与发展研究[J]. 粮食与饲料工业, (5): 45-47.

李庆勇, 姜春菲, 张黎, 等. 2012. β-谷甾醇、豆甾醇诱导人肝癌细胞 SMMC-7721 凋亡[J]. 时珍国医国药, 23(5): 1173-1175.

李天真. 2005. 现代稻米加工新工艺技术[M]. 北京: 中国商业出版社.

李万海, 齐爱玖, 王红. 2008. 稻壳制备二氧化硅的研究[J]. 吉林化工学院学报, 25(3): 47-50.

李霞辉, 潘国君, 张瑞英, 等. 2009. 粳稻品种食味品质的现状及提升策略[J]. 北方水稻, 39(1): 71-74.

李小白, 向林, 罗洁, 等. 2013. 转录组测序(RNA-Seq)策略及其数据在分子标记开发上的应用[J]. 中国细胞生物学学报, (5): 720-726.

李岩峰. 2010. 充氮气调稻谷储藏研究[D]. 郑州: 河南工业大学.

李岩峰, 肖建文, 张来林, 等. 2010. 充氮气调对稻谷品质的影响研究[J]. 粮食加工, 35(1): 46-48.

李益良, 潘朝松, 江欣, 等. 2004. 小包装优质鲜米品质变化及保鲜期的研究[J]. 粮食问题研究, 34(5): 42-48.

李逸鹤, 马栎. 2017. 蒸谷米生产中干燥工序工艺参数的研究[J]. 粮食与油脂, 30(12): 69-72.

李毅. 2008. 有机(天然)食品贮藏技术规范[J]. 湖南农业, (11): 15.

李颖, 李岩峰. 2014. 不同温度下充氮气调对稻谷理化特性的影响研究[J]. 粮食储藏, 43(4): 26-30.

李永刚, 王正旭, 杨民峰, 等. 2008. 电导率法测定烟草种子发芽率的研究[J]. 安徽农业科学, 36(34): 15052-15058.

李勇, 胡宏. 1999. 膨化米饼的工艺探讨[J]. 食品科技, (1): 15-17.

李月, 陈锦屏, 段玉峰. 2004. 植物甾醇功能开发前景展望[J]. 粮食与油脂, 5: 11-13.

李月, 李荣涛. 2009. 谈储粮微生物的危害及控制[J]. 粮食储藏, 38: 16-19.

李泽琴, 李静晓, 张根发. 2013. 植物抗坏血酸过氧化物酶的表达调控以及对非生物胁迫的耐受作用[J]. 遗传, 35(1): 45-54.

李真, 安阳, 艾志录, 等. 2017. 基于响应面法优化工艺参数改善速冻汤圆品质[J]. 食品与发酵工业, 43(8): 163-168.

李志强, 吴建寨, 王东杰. 2012. 我国粮食消费变化特征及未来需求预测[J]. 中国食物与营养, 18(3): 38-42.

李忠海, 李安平. 2001. 婴儿营养米粉配方的优化设计[J]. 中南林学院学报, 21(1): 54-57.

李钟庆, 郭芳. 2000. 红曲菌属的分类[C]. 2000东方红曲国际学术研讨会论文集.

李卓新. 2001. 气相色谱法测定龙生油掺假的研究[J]. 粮食储藏, 30(3): 41-43.

连喜军, 夏海林, 黄林, 等. 2004. 红曲色素清除自由基能力的研究[J]. 食品与发酵工业, 32(3): 590-594.

联合国粮农组织(FAO)统计数据库. http://faostat.fao.org/faostat.

梁丹霞, 顾霞敏, 许海丹. 2010. 米糠多糖的提取及其含量的测定[J]. 科学技术与工程, 10(13): 3194-3195.

梁兰兰, 阮征, 陈欣荣. 2003. 米糠多糖提取工艺研究[J]. 粮食与油脂, (4): 3-4.

梁立波, 梁兆新. 2006. 换向分层式小型谷物干燥机的设计[J]. 农产品加工·学刊, (6): 70-72.

梁世庆, 孙波成. 2009. 稻壳灰混凝土性能研究[J]. 混凝土, 2: 73-75.

梁秀英. 2004. 芝麻油掺入花生油、棉籽油的定性定量检测[J]. 医学动物防制, 20(9): 528-529.

梁文耀, 谢宝君, 罗颖, 等. 2012. 二氧化钛光催化降解塑料研究进展[J]. 工程塑料应用, (1): 91-94.

廖李, 周康, 汪兰, 等. 2012. 酶解法提取玉米须中总黄酮工艺的优化[J]. 湖北农业科学, 51(19): 4333-4336.

廖永松. 2009. 全球稻米供求和贸易形势分析与预测[J]. 农业展望, (9): 26-28.

林福珍. 2010. 水凝胶L900对米糠油脱色效果研究[J]. 粮食与油脂, 7: 15-17.

林海, 庞乾林, 阮刘青, 等. 2011. 近10年我国审定通过的粳稻品种产量及品质形状分析[J]. 中国稻米, 17(2): 1-5.

林亲录, 王婧, 陈海军. 2008. γ-氨基丁酸的研究进展[J]. 现代食品科技, 24(5): 496-499.

林亲录. 2014. 稻谷品质与商品化处理[M]. 北京: 科学出版社.

林少琴, 吴若红, 邹开煌, 等. 2004. 米胚芽中γ-氨基丁酸的分离提取及鉴定[J]. 食品科学, 25(1): 76-78.

林文庭, 洪华荣. 2008. 胡萝卜渣膳食纤维调节血脂的作用[J]. 营养学报, 30(5): 530-531.

林雅丽, 张晖, 王立, 等. 2016. 挤压生产糙米重组米的研究[J]. 食品工业科技, 37(7): 193-198.

林阳武, 林晨, 董文勇, 等. 2015. 斑螟亚科3种主要仓储害虫的识别与检疫[J]. 福建农业科技, 46: 79-81.

凌彬, 邢明, 钟娟, 等. 2011. 原料组分对挤压膨化米果品质的影响[J]. 粮食与饲料工业, (5): 49-53.

凌彬. 2012. 营养膨化米果的开发研究[D]. 武汉: 武汉工业学院.

凌健斌, 郑建仙. 2000. 谷维素及其在功能性食品中应用[J]. 粮食与油脂, 1: 37-40.

刘爱民, 冯定山, 张园园, 等. 2014. 不同预处理方式对碱法提取米渣蛋白得率的影响[J]. 食品科学, 35(10): 103-106.

刘保国, 成萍, 卢季昌, 等. 1992. 水稻籽粒脂肪及脂肪酸组分的分析[J]. 西南农业大学学报, 14(3): 275-277.

刘波, 陈洪章. 2005. pH对水溶性红曲色素稳定性的研究[J]. 生物工程学报, 21(3): 440-445.

刘纯友. 2009. 大米蛋白的提取与改性研究[D]. 长沙: 长沙理工大学.

刘从胜. 1989. FS-80型自熟式粉丝机[J]. 粮油加工与食品机械, (2): 29-30.

刘方波, 王兴国. 2006. 分子蒸馏技术分离米糠活性物质二十八烷醇的研究[J]. 中国油脂, 31(11): 50-52.

刘国锋, 徐雪萌, 王德东. 2005. 不同真空度对真空包装大米食用品质影响的研究[J]. 包装工程, 26(4): 30-31.

刘国平. 2003. 加入世贸组织对国内稻米市场的影响[J]. 粮食经济, (3): 11-15.

刘贺, 金青哲, 王兴国. 2009. 混合油脱酸富集谷维素工艺优化[J]. 粮油加工, 8: 56-59.

刘慧, 冯志彪. 2009. 抗氧化肽的研究进展[J]. 农产品加工, (7): 64-66.

刘骥. 2004. 淀粉糖副产品制备米渣浓缩蛋白及酶法增溶技术的研究[D]. 无锡: 江南大学.

刘建伟, 徐润琪, 包清彬. 2001. 稻谷自然干燥特性与品质的研究[J]. 粮食储藏, 30(5): 37-41.

刘建学, 纵伟. 2006. 食品保藏原理[M]. 南京: 东南大学出版社.

刘静, 成屹. 2007. 中日韩和东盟稻米生产与贸易分析[J]. 农业展望, (1): 29-31.

刘立山. 2005. 圆筒式谷物种子干燥机的研制[D]. 北京: 中国农业大学.

刘凌, 孙慧. 2008. 桃渣可溶性膳食纤维组成及生理活性[J]. 食品与发酵工业, 34(9): 69-72.

刘明, 倪辉, 吴永沛. 2006. 大豆抗氧化活性肽研究进展[J]. 食品科学, 27(12): 897-901.

刘鹏, 杨箐, 李达. 2015. 酶法制备稻壳木聚糖的研究[J]. 食品研究与开发, 36(9): 34-37.

刘仁庆. 2010. 玻璃纸与玻璃纤维纸[J]. 天津造纸, 32(3): 45-48.

刘思含. 2017. 抑制米饭回生技术研究[D]. 沈阳: 沈阳农业大学.

刘显儒, 窦博鑫, 刘颖. 2013. 复合营养米糠蛋白肽乳稳定性的研究[J]. 农产品加工(学刊), 3: 16-20.

刘小丹, 张淑娟, 贺虎兰, 等. 2012. 红枣微波-热风联合干燥特性及对其品质的影响[J]. 农业工程学报, 28(24): 280-286.

刘协舫. 2002. 食品机械[M]. 武汉: 湖北科学技术出版社.

刘兴华. 2006. 食品安全保藏学[M]. 北京: 中国轻工出版社.

刘学彬, 殷松枝. 1996. 稻壳的综合利用[J]. 现代化学农业, 11: 37-38.

刘妍. 2013. 稻壳灰资源化综合利用[D]. 长春: 吉林大学.

刘遥, 张礼生, 陈红印, 等. 2014. 苹果酸脱氢酶与异柠檬酸脱氢酶在滞育七星瓢虫中的差异表达[J]. 中国生物防治学报, 30(5): 593-599.

刘一. 2006. 食品加工机械[M]. 北京: 中国农业出版社.

刘宜锋. 2010. 米糠制油新工艺[J]. 农产品加工, 5: 19-24.

刘英. 2005. 谷物加工工程[M]. 北京: 化学工业出版社.

刘颖, 窦博鑫, 田文娟. 2012. 米糠蛋白酶法改性前后的功能特性变化研究[J]. 食品工业科技, 33(24): 237-241.

刘友明, 赵思明, 熊善柏, 等. 2006. 米糠的蛋白酶水解提取物抗氧化活性及分子量分布研究[J]. 中国粮油学报, 21(2): 1-4.

刘元法, 王兴国, 金青哲. 2004. 二十八烷醇 O/W 乳状液稳定性的研究[J]. 中国油脂, 29(10): 55-57.

刘韫瑜, 张美莉, 冯志宽. 2011. 湿热处理对裸燕麦复配米方便米饭品质的影响[J]. 中国粮油学报, 26(1): 35-39.

刘志皋. 1999. 食品添加剂手册[M]. 北京: 中国轻工业出版社.

刘志国, 吴琼, 吕玲肖, 等. 2007. 酶解米糠蛋白分离提取 ACE 抑制肽及其结构研究[J]. 食品科学, 28(3): 223-227.

刘志一. 1994. 关于稻作农业起源问题的通讯[J]. 农业考古, 3: 54-70.

刘志一. 1996. 玉蟾岩遗址发掘的伟大历史意义[J]. 农业考古, 3: 95-98.

龙杰, 吴凤凤, 金征宇, 等. 2018. 蒸煮条件及回生处理对方便米饭消化特性的影响[J]. 中国粮油学报, 33(3): 1-7.

龙训锋, 李刚. 2017. 浅谈稻米加工企业的稻谷储藏技术[J]. 粮食加工, 42(2): 34-37.

楼斌. 2012. 高性能节能型砂带碾米机: CN 102553667 A[P].

卢宝荣, 葛颂, 桑涛, 等. 2001. 稻属分类的现状及存在问题[J]. 植物分类学报, 39(4): 373-388.

卢芳仪, 卢爱军. 2001. 稻壳灰制高纯二氧化硅的研究[J]. 粮食与饲料工业, 6: 8-9.

卢寅泉, 肖红媚, 郑宗坤. 1995. 花生蛋白加工功能性改善的研究[J]. 食品科学, 6: 9-14.

鲁邦年. 2002. 稻壳后处理工程方案[J]. 粮食与油脂, 3: 43-46.

鲁战会. 2002. 生物发酵米粉的淀粉改性及凝胶机理研究[D]. 北京: 中国农业大学.

陆联高. 2003. 推荐《中国仓储螨类》[J]. 四川粮油科技, (2): 33.

陆启玉. 2001. 方便食品加工工艺与配方[M]. 北京: 科学技术文献出版社.

陆勤丰. 2008. 大米营养强化工艺研究[C]. 全国粳稻米产业大会专集: 40-43.

陆宗西, 张华阳, 董元堂. 2013. 控温充氮气调杀虫应用试验[J]. 粮食储藏, 42(6): 10-12.

罗爱平, 张倩, 潘海燕, 等. 2004. 牛肉干加工过程中微生物污染关键控制点的确定与预防措施[J]. 农业工程学报, 20(z1): 186-190.

罗冬梅. 2007. 椭圆食粉螨种群生态学研究[D]. 南昌: 南昌大学.

罗海, 梁华忠, 向文良, 等. 2010. 富硒紫色杂交稻米酿制米酒的发酵条件研究[J]. 中国酿造, (2): 64-68.

罗鹏, 计宏伟. 2003. 玻璃容器与食品包装的结合——当今美国玻璃包装工业的特点[J]. 食品工业科技, 24(7): 72-74.

罗鹏, 杨传民, 滕立军. 2005. 改性脲醛树脂胶低密度稻壳-木材复合材料制造工艺的研究[J]. 林产工业, 32(6): 19-22.

罗日明. 2013. 脂肪酶催化合成植物甾醇酯的研究[D]. 广州: 华南理工大学.

罗淑年, 于殿宇, 史加宁, 等. 2007. 富含谷维素的米糠油精炼方法研究[J]. 食品工业科技, 28(12): 153-155.

罗松明. 2006. 苦荞膨化米饼的研制[J]. 粮油加工与食品机械, (7): 79-80.

罗文波. 2012. 鲜湿米粉的品质评价、原料适应性及保鲜研究[D]. 长沙: 中南林业科技大学.

罗晓岚, 朱文鑫. 2009. 米糠油草酸脱胶工艺介绍[J]. 中国油脂, 34(10): 16-17.

罗益镇. 1992. 粮食仓储害虫防治(粮棉卷)[M]. 济南: 济南出版社.

罗子放. 2010. 酶解米糠氨基酸植物饮料的研究[J]. 技术与科学, 15: 109-112.

罗祖友, 罗顺华. 2003. 有机酸复合保鲜剂应用于草莓贮藏的初步探讨[J]. 湖北农业科学, 3: 67-69.

骆建忠. 2008. 中国居民粮食消费量与营养水平关系分析[J]. 中国食物与营养, 3: 37-40.

吕铁信, 王文亮, 孙宏春, 等. 2007. 我国膳食纤维的应用于现状及其生理功能研究[J]. 中国食物与营养, 9: 52-54.

马超. 2011. 发酵工艺及大米改性处理对红曲霉产红曲色素的影响[D]. 西安: 陕西师范大学.

马海乐, 张连波. 2006. 米糠蛋白的脉冲超声辅助提取技术[J]. 江苏大学学报(自然科学版), 27(1): 14-17.

马海乐, 张勇, 骆琳. 2003. 尿素包合法浓缩豆油脱臭馏出物中生育酚[J]. 江苏大学学报, 24(5): 36-39.

马记红. 2013, 气调解除后大米品质变化规律的研究[D]. 郑州: 河南工业大学.

马军强, 冯桂颖. 2007. 稻壳制备糠醛的研究[J]. 安徽农业科学, 35(16): 4738-4739.

马士兵, 凡红砚, 邹文杰, 等. 2009. 优质稻谷在房式仓中的安全储藏试验[C]. 第二届粮食储藏技术创新与仓储精细化管理研讨会论文集: 232-235.

马永轩, 张友胜, 唐小俊. 2012. 南方稻谷防霉研究概况[J]. 农产品加工(创新版), (12): 53-56.

马跃, 李大鸣, 张静姝, 等. 2012. δ-生育三烯酚对结肠癌细胞 SW620 中 Wnt 信号途径的影响[J]. 疾病控制杂志, 26(3): 160-164.

马正伟, 张喜忠. 2002. 复合膳食纤维对高胆固醇血症大鼠胆固醇代谢的长期作用[J]. 中国动脉硬化杂志, 10(5): 400-404.

马中萍, 马洪林, 廖贵勇. 2014. 科技储粮粮保根本开拓创新促发展[J]. 粮油仓储科技通讯, 30(3): 7-10.

麦波, 钱俊青. 2010. 酶法改性提高酸提米渣蛋白水溶性的研究[J]. 浙江工业大学学报, 38(5): 499-502.

美国农业部. USDA. http://www.usda.gov/wps/portal/usdahome.

孟庆虹, 李霞辉, 卢淑雯, 等. 2010. 黑龙江省粳稻品种的品质现状与评价[J]. 黑龙江农业科学, (6):

108-113.

苗雨晨, 白玲, 苗琛, 等. 2005 . 植物谷胱甘肽过氧化物酶研究进展[J]. 植物学通报, 22(3): 350-356.

闵捷, 汤圣祥, 施建华, 等. 2010. 中国20世纪80年代以来育成糯稻品种的品质及其优质达标率分析[J]. 中国农业科学, 43(1): 12-19.

牟德华, 李艳, 赵玉华, 等. 2007. 超临界 CO_2 萃取技术提取植物甾醇的研究[J]. 食品与发酵工业, 33 (1): 118-121.

牟增荣. 2000. 家庭水果小食品制作[M]. 北京: 农村读物出版社.

慕鸿雁, 杜延兵, 赵梅, 等. 2009. 高纯度糯米淀粉的分离工艺研究[J]. 食品研究与开发, 30(1): 91-94.

南怡. 2003. 植酸开发应用前景广阔[J]. 化工中间体, (2): 34-36.

倪兆桢, 万慕麟. 1981. 稻谷和大米的储藏[M]. 北京: 中国财政经济出版社.

聂凌鸿. 2008. 膳食纤维的理化特性及其对人体的保健作用[J]. 安徽农业科学, 36(28): 12086-12089.

聂幼华. 1993. 膨化大米营养粉的工艺研究及配方[J]. 食品科学, (5): 29-33.

牛亚蒙. 2017. 稻米基质影响红曲霉次生代谢产物机理的研究[D]. 天津: 天津科技大学.

《农业机械》编写小组. 1978. 农业机械[M]. 北京: 人民出版社.

欧克勤, 林立, 王亚琴, 等. 2009. 不同蛋白酶处理对米糠蛋白溶解性的影响[J]. 食品科技, 34(2): 157-159.

欧阳东, 陈楷. 2003. 稻壳灰显微结构及其中纳米 SiO_2 的电镜观察[J]. 电子显微学报, 22(5): 390-394.

潘风. 2002. 角鲨烯提高人类生命质量的奥秘[J]. 上海医药, 23(1): 30-31.

潘巨忠, 陈丽, 李喜宏, 等. 2005. 大米气调贮藏保鲜研究[J]. 保鲜与加工, 5(3): 27-29.

潘敏尧, 杜凤光, 史吉平, 等. 2007. 稻米生产燃料乙醇及副产品综合利用技术研究进展[J]. 酿酒科技, (3): 89-91.

庞利苹, 徐雅琴. 2010. 微波辅助萃取法提取南瓜籽中植物甾醇工艺的优化[J]. 中国粮油学报, 25(8): 47-50.

彭才贵. 2014. 一种平板砂带碾米机, A flat belt Milling Machine: CN, CN 103816957 A[P].

彭超, 张欢. 2012. 2012 年 1 月稻米市场形势分析及后市展望[J]. 中国食物与营养, 18(7): 44-49.

彭超, 张欢. 2013. 2013 年第一季度国内外稻米市场形势分析及展望[J]. 农业展望, (4): 4-9.

彭清辉, 林亲录, 陈亚泉. 2008. 大米蛋白研究与利用概述[J]. 中国食物与营养, (8): 34-36.

彭万达. 2004. 粮油保管[M]. 兰州: 兰州大学出版社.

蒲彪, 周枫, 李建芳. 2007. 冻干方便米饭前处理工艺参数的确定[J]. 中国粮油学报, 22(6): 12-15.

钱明智, 张梅娟. 2018. 稻壳水解生产 D-木糖工艺研究[J]. 农产品加工, 2: 29-32.

乔金玲, 张景龙. 2017. 稻谷储藏特性与技术要点[J]. 中国稻米, 23(5): 112-113.

青江诚一郎. 1994. 米糠の半纤维素[J]. 日本酿造会志, 89: 48-50.

裘凌沧, 潘军. 1993. 有色米及白米矿质元素营养特征[J]. 中国水稻科学, 7(2): 95-100.

屈炯, 王斌, 吴佳佳, 等. 2008. 红一曲色素组分分离及其抗氧化活性研究[J]. 现代食品科技, 24(6): 527-531.

曲乐庆, 魏晓丽, 佐藤光, 等. 2001. 水稻种子储藏谷蛋白的微细异质性[J]. 植物学报(英文版), 43(5): 815-820.

曲晓婷, 张名位, 温其标, 等. 2008. 米糠蛋白提取工艺的优化及其特性研究[J]. 中国农业科学, 41(2): 525-532.

任红, 曹兵, 李劲松, 等. 2007. 大米包装的现状及发展对策[J]. 粮油食品科技, 15(1): 11-13.

任顺成, 王素雅. 2002. 稻米中的蛋白质分布与营养分析[J]. 中国粮油学报, 17(6): 35-38.

任素霞. 2009. 稻壳资源的综合利用研究[D]. 长春: 吉林大学.

任仙娥, 杨锋, 黄永春, 等. 2014. 基于涡流的水力空化对米渣蛋白功能性质的影响[J]. 食品工业科技, 35(14): 88-94.

荣先萍. 2011. 米渣蛋白成分分析及蛋白提取研究[D]. 无锡: 江南大学.

阮竞兰, 武文斌. 2006. 粮食机械原理及应用技术[M]. 北京: 中国轻工业出版社.

单成俊, 周剑忠. 2009. 大米蛋白研究进展及其应用[J]. 粮食与饲料工业, (7): 30-33.

邵长波. 2006. 新型气调库的研制[D]. 青岛: 青岛理工大学.

沈兆鹏. 1982. 用植物油防治谷象[J]. 粮食储藏, 4: 44.

沈兆鹏. 1988. 四纹豆象对包装薄膜的穿透[J]. 粮食储藏, (2): 53.

沈兆鹏. 1995. 储粮昆虫信息素、食物引诱剂和捕器[J]. 吉林粮食高等专科学校学报, (1): 1-6.

沈兆鹏. 1996. 中国储粮螨类种类及其危害[J]. 武汉轻工大学学报, 1: 44-52.

沈兆鹏. 1998a. 重要储粮甲虫的识别与防治——Ⅱ. 锯谷盗 大眼锯谷盗 玉米象 米象 谷象 咖啡豆象[J]. 粮油仓储科技通讯, (3): 42-46.

沈兆鹏. 1998b. 重要储粮甲虫的识别与防治——Ⅳ. 大谷盗 黄粉虫 黑粉虫 黑菌虫 小菌虫[J]. 粮油仓储科技通讯, (5): 44-47.

沈兆鹏. 1998c. 重要储粮甲虫的识别与防治——Ⅴ. 赤拟谷盗 杂拟谷盗 长角扁谷盗 锈赤扁谷盗[J]. 粮油仓储科技通讯, (6): 41-44.

施传信. 2015. 全脂米糠猪有效能值与养分消化率研究[D]. 北京: 中国农业大学.

石丰榕, 汪森明. 2012. 神经酰胺代谢在细胞凋亡与自噬中的作用[J]. 广东医学, 33(20): 3175-3177.

石少龙. 2011. 稻谷供求形势分析与展望[J]. 农业展望, 7(10): 6-10.

时娟, 张一兵, 罗喜钢, 等. 2011. 3-磷酸甘油醛脱氢酶(GAPD)动力学方法的初步研究[J]. 中国医学工程, 19(10): 14-16.

时良平, 戴国斌. 2011. 邮政及物流设备设计[M]. 北京: 人民邮电出版社.

史高峰, 王青宁, 俞树荣, 等. 2003. 天然抗氧剂植酸应用于啤酒酿造工艺的研究[J]. 兰州理工大学学报, 29(4): 80-83.

舒在习. 2001. 粮品质变化及其指标应用的探讨[J]. 西部粮油科技, 26(4): 35-37.

舒在习, 徐广文, 周天智, 等. 2007. 储粮有害生物综合防治[J]. 粮食储藏, 5: 3-6.

四川省粮食学校. 1987. 粮仓机械[M]. 成都: 四川科学技术出版社.

宋建华, 刘正阳, 程建新, 等. 1998. 新型健康食品添加剂二十八烷醇的开发研究[J]. 厦门大学学报(自然科学版), 37(3): 414-418.

宋文浩, 宋兴国. 2015. 用稻壳制成颗粒生物质燃料的工艺探讨[J]. 粮食加工, 40(5): 26-27.

宋育英, 孙旭光, 梁桂林, 等. 2004. 谷维素的新用途[J]. 中国医学研究与临床, 2(18): 53-54.

苏爱华, 谢方平, 吴明亮. 2006. 山区水稻生产机械化技术与装备[M]. 北京: 中国农业科学技术出版社.

苏福荣. 2007. 稻谷储藏过程中真菌区系演替变化及产毒情况分析与研究[D]. 北京: 中国农业大学.

苏桂红. 2007. 中国稻米国际竞争力分析[D]. 北京: 对外经济贸易大学.

苏勋. 2017. 高温流化改良发芽糙米蒸煮食用品质的研究[D]. 无锡: 江南大学.

孙奥. 2012. 稻谷分程干燥技术及工艺研究[D]. 武汉: 武汉工业学院.

孙广建, 曹毅, 陈萍, 等. 2007. 南方高温、高湿地区储藏偏高水分稻谷实仓试验报告[J]. 粮油仓储科技通讯, 23(5): 15-18.

孙华保, 赵林辉, 徐晓东, 等. 2016. 不同氮气浓度、不同虫粮等级下氮气气调储粮实仓对比试验[J]. 粮食加工, (2): 63-65.

孙建飞. 2015. 稻壳-木刨花包装箱用复合板制备工艺的基础研究[D]. 哈尔滨: 东北林业大学.

孙建权, 王书玉, 薛应征, 等. 2007. 我国杂交粳稻和常规粳稻品质现状比较分析[J]. 中国种业, (8): 37-38.

孙洁, 舒传国. 2016. 保温隔热与机械制冷准低温储粮技术应用试验[J]. 粮食科技与经济, 41(2): 56-57.

孙玲, 张名位, 池建伟, 等. 2000. 黑米的抗氧化性及其与黄酮和种皮色素的关系[J]. 营养学报, 22(3): 246-249.

孙明茂, 韩龙植, 李圭星, 等. 2006. 水稻花色苷含量的遗传研究进展[J]. 植物遗传资源学报, 7(2):
　　239-245.

孙天玮, 徐婷, 董蕾, 等. 2008. 神经酰胺生物学功能和药理功能研究进展[J]. 湖北民族学院学报·医学
　　版, 25(1): 59-63.

孙文广, 刘慧坤, 乔羽, 等. 2012. γ-生育三烯酚对人胃癌SGC-7901细胞的抑制作用及机制[J]. 现代肿瘤
　　医学, 20(2): 230-233.

孙相荣, 杨健, 吴芳, 等. 2012. 25℃条件下不同氮气浓度对储粮害虫控制效果研究[J]. 粮食储藏, 41(1):
　　4-9.

孙亚男, 赵国华. 2005. 食用化学变性淀粉安全性研究进展[J]. 粮食与油脂, 10: 46-49.

孙志良. 2012. 清理工序在米厂提高产品质量中的作用[J]. 农业机械, (30): 24-27.

孙作盐. 1989. 碾米设备操作知识[M]. 上海: 上海科学技术文献出版社.

汤述翥, 孙叶, 江宇飞. 2003. 垩白对粳米蒸煮食味品质的影响[J]. 江苏农业科学, 4: 4-5.

汤镇嘉. 1988. 粮食挥发性成分的研究进展[J]. 粮食与油脂, 1: 60-63.

唐东方, 何锦风, 王锡昌. 2006. 干燥方法对方便米饭品质的影响[J]. 中国食品工业, 23(7): 29-32.

唐贵敏. 2008. 厚皮甜瓜果实挥发性物质含量及代谢途径研究[D]. 泰安: 山东农业大学.

唐少东, 胡继银, 蒋艾青. 2010. 印度杂交水稻现状及发展对策[J]. 杂交水稻, 25(3): 82-87.

唐为民, 呼玉山. 2002. 稻米陈化机理研究的新进展[J]. 西部粮油科技, (6): 30-33.

滕宝红, 李建华. 2009. 仓库保管人员技能手册[M]. 北京: 人民邮电出版社.

田庆国. 1998. 小麦胚芽中天然生育酚的提取研究[J]. 粮食与饲料工业, 3: 38-39.

田维明, 武拉平. 2005. 农产品国际贸易[M]. 北京: 中国农业大学出版社.

田小海. 2007. 植酸制备的工艺优化及其药理作用研究[D]. 长春: 吉林农业大学.

田秀红. 2007. 膳食纤维的保健功能及产品开发[J]. 粮油食品科技, 15(5): 14-15.

田英芳, 张晓政, 周锦龙. 2013. 转录组学研究进展及应用[J]. 中学生物教学, (12): 29-31.

田媛媛, 林亲录, 罗非君. 2013. 米糠γ-谷维素生理功能研究新进展[J]. 粮食与油脂, 26(6): 43-46.

佟远明. 2010. 2010年粳稻市场展望与长期趋势分析[J]. 农业展望, 3: 3-6.

童群义. 2003. 红曲色素的研究进展[J]. 食品研究与开发, 2: 38-39.

万建民. 2010. 中国水稻遗传育种与品种系谱(1986~2005)[M]. 北京: 中国农业出版社.

万希武, 徐冬冬, 冯敏. 2012. 一种新型碾米机的研制[J]. 粮食加工, (6): 26-27.

汪海波, 徐群英, 舒静. 2008. 水溶性米糠蛋白的溶液流变学性能研究[J]. 食品科学, 29(3): 131-135.

汪鹤年. 1996. 腊鼓、腊八粥与腊八节[J]. 中国水运, 1: 45.

汪家铭. 2000. 米糠油的深加工及开发前景[J]. 中国食品用化学品, (1): 21-23.

汪仁, 沈文飚, 江玲, 等. 2008. 水稻种子成熟和萌发过程中脂氧合酶同工酶活性及其表达水平[J]. 南京
　　农业大学学报, 1: 1-5.

汪淑英, 朱曙光, 刘心志, 等. 2009. 以稻壳灰为硅源制备硅酸钙试验研究[J]. 现代冶金, 37(2): 11-13.

汪艳, 吴曙光, 徐伟, 等. 1999. 米糠多糖抗肿瘤作用及作用的部分机制[J]. 中国药理学通报, 15(1):
　　70-72.

汪正洁, 赵思明, 何新益. 2002. 大米保鲜技术研究及应用进展[J]. 粮油加工与食品机械, (10): 35-36.

汪正洁, 赵思明, 熊善柏, 等. 2003. 膨化米饼生产工艺研究[J]. 粮食与油脂, (4): 5-7.

汪中书, 刘国军, 吴弢, 等. 2013. 氮气气调与控温储粮试验[J]. 粮食储藏, 42(2): 5-7.

王岸娜, 朱海兰, 吴立根, 等. 2009. 膳食纤维的功能、改性及应用[J]. 河南工业大学学报(自然科学版),
　　30(2): 89-94.

王昌禄, 张晓伟, 陈勉华, 等. 2009. 红光对红曲霉生长及次级代谢产物的影响[J]. 天然产物研究与开发,
　　21(1): 91-95.

王城荣. 2012. 常用食品的贮藏与保鲜[M]. 北京: 金盾出版社.

王储炎, 范涛, 吴传华, 等. 2007. 二十八烷醇的研究进展及其在食品中的开发应用[J]. 农业工程技术·农产品加工, 12: 14-16.

王丹英, 章秀福, 朱智伟, 等. 2005. 食用稻米品质形状间的相关性分析[J]. 作物学报, 31(8): 1086-1091.

王凤刚. 2000. 磁风选分离器[J]. 中国铸造装备与技术, (2): 51.

王锋. 2003. 自然发酵对大米理化性质的影响及其米粉凝胶机理研究[D]. 杨凌: 西北农林科技大学.

王戈莎. 2008. 大米多肽的分离纯化及其抗氧化活性的研究[D]. 无锡: 江南大学.

王昊宇. 2016. 包装箱用稻壳-木质刨花复合板的增强研究[D]. 哈尔滨: 东北林业大学.

王红梅, 张桂英. 2004. 神经酰胺与消化道肿瘤[J]. 临床与病理杂志, 24(1): 87-89.

王红彦, 王道龙, 李建政, 等. 2012. 中国稻壳资源量估算及其开发利用[J]. 江苏农业科学, 1: 298-300.

王会然. 2015. 挤压重组米品质特性研究[J]. 食品工业, 36(4): 92-95.

王慧勇, 李朝品. 2005. 粉螨危害及防制措施[J]. 中国媒介生物学及控制杂志, 16: 403-405.

王吉中, 赵俊杰, 张一折, 等. 2010. 米糠蛋白提取新工艺的研究[J]. 食品科学, 35(9): 182-186.

王江蓉, 周建平, 张令夫, 等. 2007. 植物油掺伪检测方法的应用与研究进展[J]. 中国油脂, 32(6): 78-81.

王金水. 1995. 不溶性直链淀粉与储藏大米质构特性的关系[J]. 粮食储藏, (5): 36-40.

王金亭. 2007. 膳食纤维及其生理保健作用的研究进展[J]. 现代生物医学进展, 7(9): 1414-1416.

王力, 陈赛赛, 胡育铭. 2016. 充氮气调储粮技术研究与应用[J]. 粮油食品科技, 24(5): 102-105.

王力清, 刘瑞兴. 2003. 芝麻油中掺棉籽油的分光光度法研究[J]. 食品与机械, 1: 397-401.

王立, 陈立行, 王文高. 2002. 米糠蛋白研究[J]. 粮食与油脂, 2: 28-29.

王丽华, 叶小英, 李杰勤, 等. 2006. 黑米、红米的营养保健功效及其色素遗传机制的研究进展[J]. 种子, 25(5): 50-54.

王莉, 陈正行, 张兵. 2007. 不同方法提取米糠多糖工艺的优化研究[J]. 食品科学, 28(4): 112-116.

王良东, 杜风光, 史吉平, 等. 2007. 大米蛋白制备研究进展[J]. 食品科技, 32(2): 18-21.

王梅, 赵凤敏, 刘威, 等. 2010. 米糠多糖的提取、分析及应用[J]. 中国食物与营养, 2: 40-42.

王梅, 赵凤敏, 苏丹, 等. 2012. 超声波辅助提取米糠多糖的工艺研究[J]. 食品科技, 37(1): 174-181.

王明利. 2003. 我国粳米生产、消费和贸易的研究[D]. 北京: 中国农业科学院.

王强, 吕耀昌. 2001. 从高蛋白早籼米粉的研制开发看我国早籼稻的出路[J]. 中国食物与营养, 4: 7-8

王钦文. 2008. 用科学发展观审视粮油的过度加工[M]. 粮食加工, 33(1): 10-12.

王群, 邵长发. 1994. 农产品加工机械使用维护和故障排除[M]. 北京: 金盾出版社.

王瑞元, 朱永义, 谢健, 等. 2011. 我国稻谷加工业现状与展望[J]. 农业机械, 12(5): 1-5.

王瑞元. 2009. 植物油料加工产业学(上册)[M]. 北京: 化学工业出版社.

王若兰. 2016a. 粮油储藏理论与技术[M]. 郑州: 河南科学技术出版社.

王若兰. 2016b. 粮油储藏学[M]. 北京: 中国轻工出版社: 226-228.

王腾宇, 周凤超, 李红玲, 等. 2010. 米糠蛋白的提取及其功能性质研究[J]. 粮油加工, 11: 45-48.

王文才. 2015. 矿井通风学[M]. 北京: 机械工业出版社.

王稳航. 2002. 植物甾醇及其在食品中的应用[J]. 西部粮油科技, 6: 41-44.

王贤慧. 2007. 挤出米粉专用单螺杆挤出机研究[D]. 北京: 北京化工大学.

王向阳. 2002. 食品贮藏与保鲜[M]. 杭州: 浙江科学技术出版社.

王晓, 吴龙火, 黄晓平, 等. 2009. 黄酮类化合物的抗癌机制[J]. 中国民族民间医药, 22: 1-3.

王晓培, 陈正行, 李娟, 等. 2017. 湿热处理对大米淀粉理化性质及其米线品质的影响[J]. 食品与机械, 33(5): 182-187, 210.

王兴国, 刘元法, 倪伯文, 等. 2002. 二十八烷醇的分布与功能[J]. 中国油脂, 27(1): 54-56.

王雪飞. 2004. 酶法制备米糠分离蛋白的研究[D]. 哈尔滨: 东北农业大学.

王亚林, 钟方旭. 2001. 大米糟渣碱法提取食用蛋白质的研究[J]. 武汉工程大学学报, 23(3): 8-10.

王亚伟, 王燕, 李春亚. 2001. 膳食纤维对糖尿病人血糖的影响[J]. 食品工业科技, 22(5): 25-27.

王毅, 冀圣江, 刘志忠, 等. 2011. 现代控温气调储粮技术扩大应用试验[J]. 粮食储藏, 40(3): 26-30.

王莹, 黄祖新, 林应椿, 等. 2003. 光照对红曲色素稳定性的研究[J]. 福建师范大学学报(自然科学版), 19(4): 71-74.

王颖, 张蕾. 2006. 不同阻隔性包装材料对大米储藏品质的影响[J]. 中国包装, (6): 57-61.

王永华, 杨博, 杨继国, 等. 2004. 新型磷脂酶用于米糠油酶法脱胶的研究[J]. 中国油脂, 29(12): 24-26.

王友华, 马雷. 2007. 美国稻米分级标准与检测技术研究[J]. 粮食与饲料工业, 32(4): 194-199.

王云峰, 白殿海, 吴学敏, 等. 2002. 富钙骨泥膨化营养米果的制作[J]. 食品科技, (5): 20, 16.

王章存. 2005. 米渣蛋白的制备及其酶法改性研究[D]. 无锡: 江南大学.

王章存, 董吉林, 郑坚强, 等. 2008. 热变性米蛋白的性质与结构研究——Ⅱ米蛋白组分特征[J]. 中国粮油学报, 23(4): 1-4.

王章存, 刘冬, 申瑞玲, 等. 2017. 大米蛋白水解机制研究——Ⅲ酶水解对大米蛋白-糖结合特性的影响[J]. 中国粮油学报, 22(6): 5-7, 11.

王章存, 申瑞玲, 姚惠源. 2004. 大米蛋白研究进展[J]. 中国粮油学报, 19(2): 11-15.

王章存, 姚惠源. 2003. 大米蛋白分子特征研究进展[J]. 粮食与油脂, (10): 3-6.

王长远, 郝天舒, 程皓. 2014. 利用碱性蛋白酶酶解米糠谷蛋白及功能性的研究[J]. 粮食与饲料工业, 11: 32-36.

王长远, 全越, 许凤, 等. 2015. pH 处理对米糠蛋白理化特性及结构的影响[J]. 中国生物制品学杂志, 28(5): 483-487.

王珍美, 陈济勤. 1993. 饲料加工机械使用维护与故障排除[M]. 北京: 金盾出版社.

王志伟, 孙彬青, 刘志刚. 2004. 包装材料化学物迁移研究[J]. 包装工程, (5): 1-4, 10.

王子平. 2008. 中国红米资源的研究与利用进展[J]. 湖南农业科学, (4): 32-34.

韦涛, 周启静, 陆兆新, 等. 2017. 纳豆芽孢杆菌固态发酵小米糠产抗氧化肽工艺优化[J]. 食品科学, 38(10): 66-73.

卫延安, 朱永义. 2000. 由稻壳灰制备活性炭的研究[J]. 粮食与食品工业, 3: 34-36.

魏安池. 2000. 萃取法提取谷维素的研究[J]. 中国油脂, 5: 49-50.

魏岩梅. 2002. 大米小包装保鲜技术研究[J]. 中国包装工业, (2): 38-39.

温坤芳, 林亲录, 吴跃, 等. 2012. 浸泡工艺对糙米发芽率的影响[J]. 粮食与饲料工业, (2): 56-60.

文兵. 2005. 中国奶业国际竞争力: 基于 RCA 和 "钻石" 模型分析[J]. 农业经济问题, (11): 36-41.

文君. 2004. 米食粥文化[J]. 北方水稻, 1: 64.

文雅, 王玉芳, 赵思明, 等. 2016. 优势微生物组成对米发糕品质的影响[J]. 中国粮油学报, 31(6): 1-5.

文志勇, 孙宝国, 梁梦兰, 等. 2004. 脂质氧化产生香味物质[J]. 中国油脂, 29(9): 41-44.

乌汗其木格, 张美莉. 2007. 裸燕麦麸皮中提取 ß-谷甾醇[J]. 食品与发酵工业, 33(1): 131-133.

吴德让. 1994. 农业建筑学[M]. 北京: 中国农业出版社.

吴殿星, 舒小丽. 2009. 稻米蛋白质研究与利用[M]. 北京: 中国农业出版社.

吴芳彤, 肖贵平. 2012. 莲子的营养保健价值及其开发应用[J]. 亚热带农业研究, 8(4): 274-278.

吴国泉, 叶阿宝, 张启华, 等. 2000. 舟山红米的特征特性及米质分析[J]. 中国稻米, 5: 5-8.

吴惠芳. 2007. 黑米黄酒新工艺研究[J]. 酿酒科技, (6): 98-101.

吴加根, 顾正彪. 1995. 食用变性淀粉及其发展[J]. 杭州化工, (2): 28-30.

吴佳佳, 顾霞敏, 张文靓, 等. 2011. 米糠总黄酮提取工艺的研究[J]. 科学技术与工程, 11(36): 9040-9043.

吴姣, 郑为完, 赵伟学, 等. 2007. 有限酶解米渣蛋白的乳化功能特性表征[J]. 食品与发酵工业, 33(10): 23-26.

吴姣, 郑为完, 赵伟学, 等. 2008. 响应面分析法在米渣水解蛋白-麦芽糊精 Maillard 反应物乳化特性研究中的应用[J]. 食品科学, 28(10): 155-158.

吴金燕, 蒋献. 2011. 神经酰胺与皮肤屏障[J]. 中国皮肤性病学杂志, 25(1): 1-3.

吴婧. 2008. 稻壳凝胶材料的制备与性能研究[D]. 大连: 大连交通大学.

吴乐, 邹文涛. 2011. 我国稻谷消费中长期趋势分析[J]. 农业技术经济, 5: 87-96.

吴良美. 2005. 碾米工艺与设备[M]. 北京: 中国财政经济出版社.

吴谋成, 袁俊华. 1997. 植酸的毒理学评价和食用安全性[J]. 食品科学, 2: 46-48.

吴诗池. 1998. 浅论中国原始稻作农业的起源与发展[J]. 农业考古, 1: 87-93.

吴时敏. 2001. 角鲨烯开发利用[J]. 粮食与油脂, 1: 36-38.

吴素萍. 2007. 米糠油功能特性及其制取的研究现状[J]. 江西科学, 25(4): 421-424.

吴伟, 吴晓娟, 从竞远, 等. 2017. 发芽糙米重组米制备方便米饭的研究[J]. 中国粮油学报, 32(9): 1-7.

吴晓娟, 从竞远, 吴伟, 等. 2017. 糙米发芽前后营养成分的变化及其对发芽糙米糊化特性的影响[J]. 食品科学, 38(18): 67-72.

吴应祥, 万叶红, 马自虎. 2012. 无公害水稻的收获与贮藏[J]. 农技服务, 29(12): 1310.

吴跃进, 吴先山, 沈宗海, 等. 2005. 水稻耐贮藏种质创新及相关技术研究[J]. 粮食贮藏技术, 34(1): 17-20.

武杰. 1999. 膨化米粉生产技术[J]. 小康生活, (3): 46.

奚海燕, 欧小庆, 张晖, 等. 2007. 超高压辅助酶法提取大米蛋白的研究[J]. 粮食与饲料工业, 24(10): 26-28.

奚海燕. 2008. 大米蛋白的提取及改性研究[D]. 无锡: 江南大学.

席德清. 2009. 粮食大辞典[M]. 北京: 中国物资出版社.

夏建新, 王桂娟, 潘丽云. 2007. 红曲霉液态摇瓶发酵工艺研究[J]. 食品工业科技, 23(12): 252-259.

夏宁, 胡磊, 王金梅, 等. 2012. 喷射蒸煮处理对米糠蛋白功能特性及体外消化性的影响[J]. 中国粮油学报, 27(5): 44-49.

夏艳秋, 汪志君, 朱强, 等. 2004. 植酸在黄酒酿造中的应用研究初探[J]. 现代食品科技, 20(1): 23-26.

夏征. 2011. 智能包装技术[J]. 包装世界, (2): 4-6.

肖调范, 付明, 雪中山. 2003. 粮食干燥机械化技术规范[J]. 湖北农机化, (2): 36.

肖友国. 2006. 植物油脂中生物活性成分的研究与展望[J]. 粮食与粮食工, 13(4): 1-5.

谢宏. 2007. 稻米储藏陈化作用机理及调控的研究[D]. 沈阳: 沈阳农业大学.

谢建. 2004. 中国稻米加工技术的现状与展望[J]. 粮食与饲料工业, (1): 7-11.

谢杰. 2010. 稻壳发电热解残渣稻壳灰对有机污染物的吸附[D]. 合肥: 合肥工业大学.

谢莹. 2013. 米糠油制取及精炼工艺的研究[D]. 长沙: 中南林业科技大学.

辛志宏, 马海乐, 吴守一, 等. 2003. 尿素包合和超临界 CO_2 萃取相结合分离豆油脱臭馏出物中 α-维生素 E 的试验研究[J]. 中国粮油学报, 8: 76-79.

忻介六, 沈兆鹏. 1964. 椭圆食粉螨(*Aleuroglyphus ovatus* Troupeau, 1878)生活史的研究(蜱螨目, 粉螨科)[J]. 昆虫学报, (3): 428-435.

邢丽红, 祝纯静, 孙伟红, 等. 2011. 柱前衍生-高效液相色谱法测定岩藻多糖的单糖及糖醛酸含量[J]. 中国渔业质量与标准, 1(1): 64-69.

熊宁, 李琦, 刘利, 等. 2013. 稻谷电导率测定方法的研究[J]. 粮油食品科技, 21(4): 68-71.

熊善柏, 赵思明, 王毕悦. 1997. 干燥方法对方便米饭品质的影响[J]. 粮食与饲料工业, 18(4): 38-40.

熊善柏, 周习才. 1995. 方便米饭生产工艺研究[J]. 粮食与饲料工业, 20(10): 12-15.

徐春春, 李凤博, 周锡跃, 等. 2012. 近期我国大米进口量大幅增加及其影响分析[J]. 中国稻米, 18(5): 1-3.

徐富贤, 熊洪, 朱永川, 等. 2008. 促芽肥施用量对杂交中稻再生力的影响与组合间源库结构的关系[J].

西南农业学报, 21(3): 688-694.

徐继华. 2008. 风选除杂技术的应用[J]. 现代机械, (5): 73-74.

徐竞. 2008. 米糠黄酮的逆流提取工艺优化研究[J]. 粮食加工, 33(2): 30-32.

徐君. 2016. 米食文化背景下的大米包装设计和研究[D]. 合肥: 安徽大学.

徐坤, 李文婷, 刘青明, 等. 2012. 柠檬酸甘油共混热塑性淀粉的制备及性质研究[J]. 中国粮油学报, 27(1): 38-42.

徐美爱. 2014. 产红曲色素和糖化优良菌株的选育及发酵条件研究[D]. 福州: 福州大学.

徐民, 程旺大, 蔡新华, 等. 2005. 储藏对大米淀粉结构及含量的影响[J]. 中国农学报, 23(6): 113-115.

徐敏. 2012. 酶法水解米渣蛋白制备寡肽工艺的研究[D]. 合肥: 安徽农业大学.

徐庆国. 1987a. 稻米营养品质的研究——Ⅰ. 糙米粗蛋白质含量的品种(组合)间差异及与农艺性状的关系[J]. 湖南农业大学学报(自然科学版), (1): 1-9.

徐庆国. 1987b. 稻米营养品质的研究——Ⅱ. 糙米赖氨酸和苏氨酸含量的品种(组合)间差异及与蛋白质含量的关系[J]. 湖南农业大学学报(自然科学版), (3): 1-6.

徐雪萌, 王卫荣, 刘国锋. 2005. 结合流通环境对大米真空包装技术的研究[J]. 包装工程, 26(2): 85-87.

徐亚元, 周裔彬, 万苗, 等. 2013. 脱脂米糠蛋白酶解物的制备及抗氧化性[J]. 食品科学, 34(15): 43-47.

徐一成, 朱德峰, 赵匀, 等. 2009. 超级稻精量条播与撒播育秧对秧苗素质及机插效果的影响[J]. 农业工程学报, 25(1): 99-103.

徐蕴山, 陈弘, 杨勇, 等. 2014. 关于稻米适度加工技术问题的探讨[J]. 黑龙江粮食, (8): 47-49.

徐振民. 1996. 石墨与稻壳灰制取的碳化硅涂层特性[J]. 中南工业大学学报, 27(2): 199-203.

许东晖, 陈颖, 梅雪婷, 等. 2002. 水稻黄酮对免疫性肝纤维化的保护作用[J]. 哈尔滨商业大学学报(自然科学版), 8(1): 34-36.

许明, 吉健安, 彭汉艮. 2010. 江苏省 2009 年区试粳稻品种稻米品质特性分析[J]. 江苏农业科学, (4): 59-62.

许仁溥, 许大申. 1997. 谷维素在食品中应用开发[J]. 粮食与油脂, 3: 23-26.

许瑞波, 刘伟炜, 王明艳, 等. 2005. 角鲨烯的制备及应用进展[J]. 山东医药, 45(35): 67-70.

许胜伟, 周浩, 兰盛斌, 等. 2008. 我国三大平原农户储粮减损集成技术[J]. 粮食储藏, (2): 10-12.

许世卫. 2013. 经合组织-粮农组织 2013~2022 年农业展望[M]. 北京: 中国农业科学技术出版社.

许晓秋, 王善学, 李景庆, 等. 2002. 粮食保鲜袋技术述评[J]. 粮食储藏, (4): 25-29.

许杨, 李燕萍, 赖卫华. 2002. 不同培养条件对红曲霉产桔霉素影响的研究[J]. 食品工业科技, 23(10): 34-36.

玄国东. 2005. 米糟蛋白提取及酶法制备抗氧化活性肽及降血压活性肽的研究[D]. 杭州: 浙江大学.

薛飞, 渠琛玲, 王若兰, 等. 2017. 稻谷储藏过程中发热霉变研究进展[J]. 食品工业科技, 38(12): 338-341.

薛荣久. 2003. 国际贸易: 新编本[M]. 北京: 对外经济贸易大学出版社.

闫春杰. 2010. 气调储粮对控制霉菌的综述[J]. 活力, (8): 123.

闫凤娟, 杨奎. 2011. 食品真空包装的应用与研究[J]. 印刷技术, (16): 26-27.

严华锋. 1996. 夹心膨化米果[J]. 食品工业, (1): 33-34.

严文明. 1982. 中国稻作农业的起源(续)[J]. 农业考古, 2: 50-54.

严文明. 1989. 再论中国稻作农业的起源[J]. 农业考古, 2: 72-83.

阎孝玉, 杨年震, 袁德柱, 等. 1992. 椭圆食粉螨生活史的研究[J]. 粮油仓储科技通讯: 53-55.

杨春秀, 刘艳艳, 杨海红. 2016. 稻谷贮藏技术[J]. 民营科技, (10): 188.

杨慧萍, 王素雅, 宋伟, 等. 2004. 水酶法提取米糠油的研究[J]. 食品科学, 25(8): 106-109.

杨进, 顾华孝, 黄祖申. 2003. 微波加热对米糠稳定性影响的实验研究[J]. 食品科学, 24(15): 37-40.

杨林, 陈家厚, 张兰威, 等. 2008. 大米蛋白调控生长期幼鼠及成熟期大鼠肝脏脂类水平的研究[J]. 中华疾病控制杂志, 12(5): 459-461.

杨林, 陈家厚, 张兰威, 等. 2009. 大米蛋白对幼鼠血清胆固醇水平的调控效果及作用机制的研究[J]. 现代预防医学, 36(6): 1051-1054.

杨林, 张兰威, 蒙琦, 等. 2009. "春阳"大米蛋白对大鼠胆固醇代谢的调控作用[J]. 华中农业大学学报, 28(3): 326-329.

杨宁, 熊思慧, 何静仁, 等. 2017. 紫米营养功能成分及其游离态与结合态组成的 HPLC/LC-MS 分析[J]. 食品与机械, 33(4): 27-32.

杨青, 郭彩清, 油继辉, 等. 2007. 黄酮类物质的生理功能及应用发展动态[J]. 贵州农业科学, 35(2): 143-146.

杨停, 贾冬英, 马浩然, 等. 2015. 糯米化学成分对米酒发酵及其品质影响的研究[J]. 食品科技, 40(5): 119-123.

杨晓蓓, 张国梁. 2012. 谷物干燥机械化发展思考[J]. 农机市场, (2): 26-28.

杨晓宽, 李汉臣, 张建才, 等. 2013. 芦笋膳食纤维品质分析及抗氧化性研究[J]. 中国食品学报, 13(10): 205-211.

杨杨. 2011. 稻谷加工设备使用与维护[M]. 北京: 中国轻工业出版社.

杨亦文. 2004. 高含量天然生育酚提取新工艺研究[D]. 杭州: 浙江大学.

杨宇明. 1999. 水稻祖先野生稻[J]. 云南林业, 3: 22.

杨月欣, 王亚光, 潘兴昌. 中国食物成分表[M]. 北京: 北京大学医科出版社.

姚碧清, 谢光盛. 1990. 墨米中必需氨基酸含量[J]. 植物学报, 7(1): 43-44.

姚惠源. 2004. 稻米深加工[M]. 北京: 化学工业出版社.

姚粟, 李辉, 程池. 2006. 23 株曲霉属菌种的形态学复核鉴定研究[J]. 食品与发酵工业, 32: 37-43.

姚专. 2003. 植物甾醇的研究现状和发展趋势[J]. 粮食与食品工业, 3: 22-24.

叶玲旭, 周闲容, 马晓军, 等. 2018. 不同品种糙米营养品质与糊化特性分析[J]. 中国食品学报, 18(2): 280-287.

叶挺, 黄秀玲, 刘全校. 2012. 国内外纸塑复合食品包装材料安全法规的现状[J]. 包装与食品机械, 30(1): 48-51.

叶霞, 李学刚, 张毅. 2004. 稻谷中游离脂肪酸与脂肪酶活力的相关性[J]. 西南农业大学学报(自然科学版), 26(1): 75-80.

易翠平, 姚惠源. 2003. 大米蛋白的研究进展[J]. 粮油加工与食品机械, (8): 53-54.

易翠平. 2005. 大米高纯度蛋白和淀粉联产工艺与蛋白改性研究[D]. 无锡: 江南大学.

殷隼. 2002. 米糠油的营养保健功能及其生产工艺探讨[J]. 江西食品工业, 3: 17-20.

殷涌光. 2007. 食品机械与设备[M]. 北京: 化学工业出版社.

尹奇, 征全, 贺庭琪, 等. 2013. 木薯苹果酸脱氢酶基因克隆和表达分析[J]. 热带作物学报, 34(6): 1082-1089.

尹亚军, 张翔宇, 廖卢艳, 等. 2014. 超声波辅助酶法提取米渣蛋白质工艺的优化[J]. 粮食食品科技, 22(4): 6-9.

应存山. 1993. 中国稻种资源[M]. 北京: 中国农业科技出版社.

游修龄. 1994. 稻文化对中华文化的贡献[J]. 中国稻米, 1(1): 33-35.

游修龄, 曾雄生. 2010. 中国稻作文化史[M]. 上海: 上海人民出版社.

于晓, 范青海. 2002. 腐食酪螨的发生与防治[J]. 福建农业科技, (6): 49-50.

于新, 胡林子. 2011. 谷物加工技术[M]. 北京: 中国纺织出版社.

于新, 刘丽. 2014. 传统米制品加工技术[M]. 北京: 中国纺织出版社.

于旭华, 冯定远. 2003. 植酸的抗营养特性和植酸酶的应用[J]. 中国饲料, 9: 16-18.

于长青, 张国海. 2003. 二十八烷醇抗大鼠心肌线粒体损伤的研究[J]. 中国食品添加剂, 2: 35-37.

余吉庆, 雷永福, 梁晓松, 等. 2015. 稻谷储藏环节的保水减损技术集成试验[J]. 粮油仓储科技通讯, 31(6): 15-21.

余锦春. 1996. 芒果加工[M]. 北京: 中国轻工业出版社.

余世锋, 马莺. 2010. 贮藏温度和时间对五常大米米饭品质的影响[J]. 食品科学, 31(2): 250-254.

俞兰苓, 刘友明, 全文琴, 等. 2006. 几种米糠多糖的提取工艺的比较[J]. 粮油食品科技, 16(4): 18-20.

虞国平, 朱鸿英. 2009. 我国水稻生产现状及发展对策研究[J]. 现代农业科技, 6: 122-130.

喻凤香. 2013. 米糠油特性及其掺伪甄别技术研究[D]. 长沙: 中南林业科技大学.

袁霖, 钱银川. 2004. 米果生产工艺与配方[M]. 北京: 中国轻工业出版社.

袁美兰, 赵利, 苏伟, 等. 2010. 国外米制品的发展及我国的差距[J]. 粮油加工, (11): 49-52.

袁熙. 2003. 稻米加工技术和装备的研究现状与展望[C]. 中国作物学会水稻产业分会成立大会暨首届中国稻米论坛.

袁小平, 严忠军, 付鹏程. 2012. 粮食气调储藏技术的优势及应用前景[J]. 粮食储藏, 41(5): 16-19.

袁肇洪. 1998. 不可忽视储粮害虫[J]. 福建农业, (3): 22.

袁重庆. 1999. 稻谷低温通风与防护综合应用技术[J]. 粮油仓储科技通讯, (2): 10-12.

臧茜, 梅丽娟, 王悦, 等. 2017. 低温贮藏条件下 EVOH 材料包装对大米品质的影响[J]. 江苏农业科学, 45(20): 222-225.

曾丹, 李远志, 陈友清, 等. 2011. 酶解工艺对改善发芽糙米口感的影响[J]. 食品与机械, 27(6): 71-74.

曾国强. 2016. 米渣蛋白的分离提取、改性及功能特性研究[D]. 武汉: 武汉轻工大学.

曾洁, 邹建. 2013. 谷物小食品生产[M]. 北京: 化学工业出版社.

曾庆孝. 2015. 食品加工与保藏原理[M]. 北京: 化学工业出版社.

翟爱华, 袁文帅. 2015. 米糠蛋白 ACE 抑制肽在大鼠体内降压效果的研究[J]. 食品工业科技, 36(23): 348-352.

张碧姿, 贝兆汉. 1995. 用于降血脂的总烷醇: CN 93109943[P].

张丙华, 张晖, 王立, 等. 2010a. 响应面法优化脱脂米糠植酸提取工艺[J]. 中国油脂, 35(4): 45-49.

张丙华, 张晖, 王立, 等. 2010b. 利用弱碱性阴离子交换树脂从米糠中制取植酸的研究[J]. 粮食与饲料工业, 4: 30-32.

张朝富, 李志方, 杨会宾. 2017. 留胚米的保鲜包装技术[J]. 粮食与饲料工业, (6): 1-3.

张承光. 2010. 储备粮减少杂质延缓陈化[C]. 中国粮油学会学术年会.

张桂云, 刘如如, 张鹏, 等. 2012. 水稻籽粒维生素 E 及组分在品种间的变异与分布[J]. 作物学报, 38(1): 55-61.

张昊, 任发政. 2008. 天然抗氧化肽的研究进展[J]. 食品科学, 29(1): 443-447.

张晖, 姚惠源, 姜元荣. 2002. γ-氨基丁酸的功能及其在稻米制品中的富集利用[J]. 粮食与饲料工业, 24(8): 41-43.

张会娜. 2010. 储粮微生物活动的临界水分研究[D]. 郑州: 河南工业大学.

张慧娟, 林建平, 岑沛霖. 2004. 薄层析法分离红曲曲色素[J]. 生物数学学报, 19(1): 103-108.

张慧娟, 张晖, 王立, 等. 2009. 响应面法优化脱脂米糠蛋白提取工艺[J]. 中国油脂, 34(11): 26-29.

张慧丽. 2007. 方便营养米饭产业生产中关键技术的研究[D]. 无锡: 江南大学.

张家忠. 2012. 消防管理实训教程[M]. 北京: 中国人民公安大学出版社.

张瑾瑾, 李庆龙, 王学东, 等. 2007. 喷涂法生产营养强化米的实验室研究[J]. 粮食加工, (1): 29-31.

张军, 孙云霞. 2000. 强化钙铁锌的膨化米果的工艺研究[J]. 食品研究与开发, (5): 19-22.

张君慧. 2009. 大米蛋白抗氧化肽的制备、分离纯化和结构鉴定[D]. 无锡: 江南大学.

张珺, 段卓, 梅小弟, 等. 2017. 早籼米米线专用粉的工艺配方研究[J]. 粮食科技与经济, 42(4): 61-64.

张凯. 2010. 大米蛋白提取工艺优化、改性及理化性质的研究[D]. 长沙: 湖南农业大学.

张锴生. 2000. 中国最早的稻作与稻作农业起源中心(续)[J]. 中原文物, 3: 16-21.

张堃, 王友良, 蒋斌, 等. 2012. 储粮害虫防治方法综述[C]. 2012绿色储粮与节能减排研讨会.

张来林, 金文, 付鹏程, 等. 2011. 我国气调储粮技术的发展及应用[J]. 粮食与饲料工业, (9): 20-23.

张利磊. 2002. 家庭粮油保管技术——社会主义新农村建设文库[M]. 济南: 山东科学技术出版社.

张莉. 2013. 大米保鲜包装的研究进展[J]. 包装工程, 31(13): 114-116, 121.

张美, 杨登想, 张丛兰, 等. 2014. 不同品种大米营养成分测定及主成分分析[J]. 食品科技, 8: 147-152.

张明辉, 刘彦. 2005. 三种防霉剂的复配防霉实验[J]. 皮革科学与工程, 15: 43-45.

张萍, 闫继红, 朱志华, 等. 2006. 近红外光谱技术在食品品质鉴别中的应用研究[J]. 现代科学仪器, 1: 60-62.

张仁建. 2005. 中国粮食改革研究与实践(上中下)[M]. 北京: 中国大地出版社.

张少芳. 2013. 充氮气调储藏对优质稻谷品质变化的影响[D]. 武汉: 武汉轻工大学.

张生芳, 周玉香. 2002. 拟谷盗属重要种的分布、寄主及鉴别[J]. 植物检疫, 16: 349-351.

张声俭. 2011. 大米的历史、生产、消费及文化[J]. 粮食与饲料工业, 5: 7-8.

张婷筠. 2013. 稻谷储藏期间挥发物变化规律及其理化指标相关性研究[D]. 南京: 南京财经大学.

张万霞, 杨庆文. 2003. 中国野生稻收集、鉴定和保存现状[J]. 植物遗传资源学报, 4(4): 369-373.

张卫星, 金连登, 朱智伟, 等. 2009. 全球稻米生产供需现状与形势[J]. 粮食与饲料工业, (6): 1-5.

张文宝. 2009. 膳食纤维的生理功能及应用[J]. 农产品加工学刊, 9: 94-96.

张向民, 周瑞芳, 冯仑. 1998. 脂类在稻米陈化过程中的变化及与稻米糊化特性的关系[J]. 中国粮油学报, 13(3): 38-43.

张潇艳, 陈正行, 王莉. 2008. 米糠多糖的脱蛋白研究[J]. 食品工业科技, 3: 163-165.

张潇艳. 2008. 米糠多糖的提取、纯化及结构研究[D]. 无锡: 江南大学.

张晓明, 郭春燕, 白建华, 等. 2010. 玉米须黄酮超声波提取工艺优化及数学模拟[J]. 中国农学通报, 26(15): 89-92.

张绪霞, 许丽娜. 2007. 米糠油制取工艺的研究[J]. 中国油脂, 32(1): 25-28.

张亚东, 汤述翥. 2004. 粳稻粒形对稻米垩白性状的影响[J]. 江苏农业科学, 5: 15-16.

张艳红, 赖旭龙. 2007. 中国栽培稻的起源与演化[J]. 武汉植物学研究, 25(6): 624-630.

张艳华, 郑植, 陈幼玉, 等. 2013. 巨胚稻新品系的营养成分分析[J]. 核农学报, (9): 1331-1336.

张艳荣, 丁伟, 王大为. 2009. 功能性米糠油超临界流体萃取工艺的研究[J]. 食品科学, 30(18): 155-158.

张印, 王凯, 连惠章, 等. 2017. 低蛋白糯米粉对速冻汤圆品质的影响[J]. 食品安全质量检测学报, 8(9): 3329-3333.

张印, 王娅莉, 李秀秀, 等. 2018. 大米湿磨和干磨法制作米发糕品质差异的研究[J]. 粮食与饲料工业, (2): 7-11, 15.

张瑛, 吴跃进, 吴敬德, 等. 2001. 脂肪氧化酶与稻谷储藏的陈化变质[J]. 安徽农业科学, 29(5): 565-566.

张颖, 杨晓勇, 王波, 等. 2014. 营养重组米的研制[J]. 食品与发酵科技, 50(6): 36-39.

张永富. 2002. 防治锈赤扁谷盗值得关注的问题[J]. 粮油仓储科技通讯, (1): 33-34.

张宇, 辛天蓉, 邹志文, 等. 2011. 我国储粮螨类研究概述[J]. 江西植保, 34(4): 139-144.

张雨. 2003. 农家如何安全储粮[J]. 农学学报, (5): 27.

张玉屏, 朱德峰, 林贤青, 等. 2009. 浙江省连作晚稻产量水平及其种植差异分析[J]. 浙江农业学报, 21(5): 5-7.

张玉屏, 朱德峰. 2003. 澳大利亚水稻生产标准化技术[J]. 中国稻米, (1): 39-40.

张玉荣, 周显青, 刘敬婉. 2017. 加速陈化对粳稻的营养组分及储藏、加工品质的影响[J]. 河南工业大学学报, 38(5): 37-44.

张玉荣, 周显青, 王东华, 等. 2003. 稻谷新陈度的研究(三)——稻谷在储藏过程中 α-淀粉酶活性的变化及其与各储藏品质指标间的关系[J]. 粮食与饲料工业, (10): 12-14.

张泽生, 于卫涛. 2007. 超声波法提取米糠中植物甾醇的工艺研究[J]. 食品研究与开发, 28(1): 43-46.

张忠泉, 徐玫, 胡国强, 等. 2010. δ-生育三烯酚诱导人肝癌 HepG2 细胞凋亡的机制研究[J]. 肿瘤, 30(3): 184-187.

张子军, 冯永祥, 吕艳东. 2008. 寒地早粳稻稻种资源品质状况评价[J]. 黑龙江八一农垦大学学报, 20(3): 30-33.

张子仪. 2000. 中国饲料学[M]. 北京: 中国农业出版社.

张自强, 曹殿云, 耿玉刚. 2006. 自然通风保水度夏之探讨[C]. 首届粮食储藏技术与管理论坛.

章超桦, 平野敏行, 铃木健, 等. 2000. 鲫的挥发性成分[J]. 水产学报, 24(4): 354-358.

赵东海, 张建平, 王云. 2005. 米糠蛋白提取工艺和功能性质评价[J]. 食品工业, 5: 9-11.

赵红, 余昆. 2007. 粮油储藏[M]. 北京: 中国商业出版社.

赵荒. 1994. 粮食防霉包装袋[J]. 上海包装, (4): 24.

赵建民. 2003. 餐厅卫生与菜品安全管理[J]. 沈阳: 辽宁科学技术出版社.

赵林波. 2001. 异氰酸脂胶稻壳板生产工艺实验[J]. 东北林业大学学报, 29(2): 83-85.

赵林波. 2005. 稻壳板发展的技术历程[J]. 东北林业大学学报, 33(3): 83-84.

赵荣光, 谢定源. 2000. 饮食文化概论[M]. 北京: 中国轻工业出版社.

赵树欣, 任志龙, 张锐, 等. 2010. 食品添加剂对红曲色素稳定性的研究[J]. 微生物学通报, 35(7): 752-756.

赵宪略. 2015. 米糠膳食纤维的制备及其性能研究[D]. 咸阳: 西北农林科技大学.

赵小军, 王双林, 叶真洪, 等. 2008. 高水分稻谷仓内干燥集成技术研究[J]. 粮食储藏, (2): 15-18.

赵秀玲. 2010. 百合的营养成分与保健作用[J]. 中国野生植物资源, 29(1): 44-46.

赵殷勤, 陈粲, 张晖, 等. 2010. 米渣蛋白的制备研究[C]. 中国粮油学会第六届学术年会论文选集.

赵殷勤, 张晖, 郭晓娜, 等. 2010. 米渣蛋白和大米蛋白的结构及性质比较[J]. 粮食与饲料工业, 9: 22-24.

赵镛洛, 张云江, 王继馨, 等. 2001. 北方早粳稻米品质因子分析[J]. 作物学报, 27(4): 538-540.

赵则胜, 蒋家云. 2002. 高营养功能性巨胚稻米研究初报[J]. 上海农业学报, 18(s1): 5-8.

赵振东, 孙震. 2004. 生物活性物质角鲨烯的资源及其应用研究进展[J]. 林产化工与工业, 24(3): 107-113.

郑宝东, 郑金贵, 曾绍校. 2003. 我国主要莲子品种营养成分的分析[J]. 营养学报, (2): 153-156.

郑建仙. 2003. 现代功能性粮油制品开发[M]. 北京: 科学技术文献出版社.

郑理. 2005. 糙米发芽工艺与发芽动力学研究[D]. 武汉: 华中农业大学.

郑素慧, 韩盛, 徐斌, 等. 2016. 几种防治方法对印度谷螟防治效果研究[J]. 新疆农业科学, 53: 888-892.

郑晓清, 王新旺, 刘国琴. 2013. 氮气控温气调储粮效果及经济效益分析[J]. 中国粮食经济, (10): 56-57.

郑晓中, 冯仰廉, 莫放, 等. 1998. 饲喂全脂米糠对肉牛瘤胃发酵影响的研究词料研究[J]. 饲料研究, 6: 11-12.

郑轶恒. 2012. 方便米饭的生产工艺研究与设计[D]. 广州: 华南理工大学.

郑志, 张建朱, 王丽娟, 等. 2013. 不同干燥方式制备方便米饭的品质比较[J]. 食品科学, 34(2): 63-66.

郑志, 张原箕, 罗水忠, 等. 2010. 添加剂对方便米饭特性的影响[J]. 食品科学, 31(24): 120-123.

中国水稻研究所. 2008. 2008 年中国水稻产业发展报告[R]. 北京: 中国农业出版社.

中国水稻研究所. 2009. 2009 年中国水稻产业发展报告[R]. 北京: 中国农业出版社.

中国制粉网. http://www.cnmill.com[OL].

钟耕, 魏益民. 2006. 含二十八烷醇油胶囊缓解体力疲劳、降血脂功能研究[J]. 中国粮油学报, 22(5): 89-92.

钟建华, 徐方正. 2005. 植物甾醇的特性、生理功能及应用[J]. 食品与药品, 7(2): 20-21.

钟礼云, 林文庭. 2008. 膳食纤维降血脂作用及其机制的研究概况[J]. 海峡预防医学杂志, 14: 26-28.

钟艳萍. 2011. 水溶性膳食纤维的制备及性能研究[D]. 广州: 华南理工大学.

钟正升, 主运吉, 张苓花. 2003. 天然食品添加剂—植酸的多功能性介绍[J]. 中国食品添加剂, 2: 74-77.

周坚. 2005. 功能性膳食纤维食品[M]. 北京: 化学工业出版社.

周建勇. 2001. 膳食纤维定义的历史回顾(1953～1999)[J]. 国外医学卫生学手册, 28: 26-28.

周建钟, 郭建忠, 吴慧英. 2003. 引起红曲色素降解因素的探讨[J]. 江西师范大学学报(自然版), 27(2): 161-163.

周立平. 2003. 红曲研究生产现状与进展[[J]. 酿酒科技, 4: 34-35.

周林秀, 丁长河, 李晓林, 等. 2012. 不同品种稻米对糖尿病大鼠餐后血糖影响[J]. 粮食与油脂, (12): 13-16.

周锡跃, 徐春春, 李凤博, 等. 2010. 世界水稻产业发展现状、趋势及对我国的启示[J]. 农业现代化研究, 31(5): 525-528.

周细军, 刘献忠, 王燕, 等. 2007. 发芽糙米——值得开发的功能性食品[J]. 中国食物与营养: 26-28.

周显青, 伦利芳, 张玉荣, 等. 2013. 大米储藏与包装的技术研究进展[J]. 粮油食品科技, 21(2): 71-75.

周显青, 张玉荣. 2008. 储藏稻谷品质指标的变化及其差异性[J]. 农业工程学报, 24(12): 238-243.

周显青. 2011. 稻谷加工工艺与设备[M]. 北京: 中国轻工业出版社.

周雪松, 张娜, 刘晓飞, 等. 2013. 超声辅助提取米糠多糖工艺参数研究[J]. 中国林副特产, 1: 5-7.

周肇基. 1998. 从汉字农谚农俗米食看中华稻文化源远流长[J]. 农业考古, 1: 270-285.

周肇秋, 马隆龙, 李海滨, 等. 2004. 中国稻壳资源状况及其气化燃烧发电前景[J]. 可再生能源, 6: 7-9.

朱德峰, 张玉屏, 陈惠哲. 2010. 2009年国内外水稻生产、贸易与技术发展概况[J]. 中国稻米, 16(1): 1-3.

朱德峰, 张玉屏, 林贤青, 等. 2009. 浅述2008年全球水稻生产、价格和技术[J]. 中国稻米, 15(1): 71-73.

朱黎萍, 刘友明, 李斌. 2005. 微波辅助浸提米糠多糖工艺研究[J]. 粮食与油脂, 12: 24-26.

朱梅梦, 车丽娟, 王军. 2002, 实施"绿色储粮工程"坚持可持续发展战略[J]. 农村天地, (11): 6-7.

朱明德. 2002. 粮食加工核心技术、工艺流程与质量检测实务全书(第2册)[M]. 北京: 金版电子出版公司.

朱庆森, 杜永, 王志琴, 等. 2001. 杂交稻米的直链淀粉含量与米饭口感黏度硬度关系的研究[J]. 作物学报, 27(3): 377-382.

朱珊珊, 武文斌, 贾华波, 等. 2016. 国外粮食清理往复直线振动筛的技术现状及发展[J]. 粮食加工, (1): 47-49.

朱婉贞, 陈存坤, 薛文通. 2016. 差异蛋白质组学在采后果蔬生物与技术研究中的应用[J]. 食品工业科技, 37(20): 377-380.

朱星晔. 2010. 大米气调保鲜品质变化规律的研究[D]. 呼和浩特: 内蒙古农业大学.

朱杏冬, 王凯雄, 减荣春, 等. 2000. 芝麻油掺伪检测的紫外分光光度法研究[J]. 中国油脂, 25(1): 50-52.

朱永义. 1988. 稻谷加工工程[M]. 成都: 四川科学技术出版社.

朱永义. 1999. 稻谷加工与综合利用[M]. 北京: 中国轻工业出版社.

朱永义. 2002. 谷物加工工艺与设备[M]. 北京: 科学出版社.

朱智伟, 陈能, 王丹英, 等. 2004. 不同类型水稻品质性状变异特性及差异性分析[J]. 中国水稻科学, 18(4): 315-320.

朱智伟, 杨炜, 林榕辉. 1991. 不同类型稻米的蛋白营养价值[J]. 中国水稻科学, 5(4): 157-162.

朱珠, 齐毅. 2014. 粮油食品产业人才知识与能力培养[M]. 北京: 中国轻工业出版社.

祝群英, 刘捷. 2004. 多功能绿色食品添加剂——植酸[J]. 粮食加工, 6: 57-61.

庄海宁, 冯涛, 金征宇, 等. 2011. 挤压加工参数对重组米生产过程及产品膨胀度的影响[J]. 农业工程学报, 27(9): 349-356.

庄玮婧, 吕峰, 郑宝东. 2006. 薏米营养保健功能及其开发应用[J]. 福建轻纺, (11): 103-106.

邹鲤岭, 李昌盛. 2008. 响应面法优化米糠蛋白提取工艺[J]. 粮食与饲料工业, 10: 22-23.

邹玉红, 高登征, 吕英海. 2008. 膳食纤维对疾病防治作用的研究[J]. 食品科技, 33(8): 254-256.

左圣, 欧阳昌设, 朱清峰, 等. 2006. 稻谷控温储藏综合技术应用效果[C]. 中国粮油学会储藏分会第六次学术交流会.

GB 5009.5—2016. 2016. 食品中蛋白质测定方法[S]. 北京: 中华人民共和国卫生部.

GB 5009.4—2016. 2016. 食品中灰分测定[S]. 北京: 中华人民共和国卫生部.

GB 5009.3—2016. 2016. 食品中水分测定[S]. 北京: 中华人民共和国卫生部.

GB 5009.6—2016. 2016. 食品中脂肪的测定[S]. 北京: 中华人民共和国卫生部.

GB/T 5009.9—2016. 2016. 食品中淀粉的测定[S]. 北京: 中华人民共和国卫生部.

GB/T 5009.88—2014. 2014. 食品中膳食纤维的测定[S]. 北京: 中华人民共和国卫生部.

Vick. 印度每公顷水稻产量低于全球平均水平. http://www.foodqs.cn/news/gjspzs01/20124615 56639. htm [2012-04-06].

2012-12-30. India topples Thailand as world's largest rice exporter: USDA. The Times of India (作者缺失).

AACC. 1985. Rice[J]. Chemistry and Technology.

Abdel-Aal E S M, Young J C, Rabalski I. 2006. Anthocyanin composition in black, blue, pink, purple, and red cereal grains[J]. Journal of Agricultural and Food Chemistry, 54(13): 4696-4704.

Abdukalykova S T, Zhao X, Ruiz-Feria C A. 2008. Arginine and vitamin E modulate the 164 subpopulations of T lymphocytes in broiler chickens[J]. Journal of Poultry Science, 87(1): 50-55.

Adebiyi A P, Adebiyi A O, Hasegawa Y, et al. 2009. Isolation and characterization of protein fractions from deoiled rice bran[J]. European Food Research and Technology, 228(3): 391-401.

Ajiwe V I E, Okeke C A, Ekwuozor S C, et al. 1998. A pilot plant for production of ceiling boards from rice husks[J]. Bioresource Technology, 66(1): 41-43.

Akada. 1990. Cosmetics containing saturated linear higher alcohols and vitamins for skin wrink treatment[P]. Jpn. Kokai Tokkyo Koho, JP 02129111.

Akama K, Kanetou J, Shimosaki S, et al. 2009. Seed-specific expression of truncated OsGAD2 produces GABA-enriched rice grains that influence a decrease in blood pressure in spontaneously hypertensive rats[J]. Transgenic Research , 18(6): 865-876.

Akihisa T, Tokuda H, Ukiya M, et al. 2005. Anti-tumor-initiating effects of monascin, an azaphilonoid pigment from the extract of *Monascus pilosus* fermented rice (red-mold rice)[J]. Chemistry and Biodiversity, 2(10): 1305-1309.

Akihisa T, Tokuda H, Yasukawa K, et al. 2005. Azaphilones, furanoisophthalides, and amino acids from the extracts of *Monascus pilosus*-fermented rice (red-mold rice) and their chemopreventive effects[J]. Journal of Agricultural and Food Chemistry, 53(3): 562-565.

Alfonso-Rubi J, Ortego F, Castanera P, et al. 2003. Transgenic expression of trypsin inhibitor CMe from barley in indica and japonica rice, confers resistance to the rice weevil *Sitophilas oryzae*[J]. Transgenic Research, 12: 23-31.

Anthisrens T, Ragaert P, Verbrugghe S, et al. 2011. Use of endospore-forming bacteria as an active oxygen scavenger in plastic packaging materials[J]. Innovative Food Science and Emerging Technologies, 12(4): 594-599.

Aoe S, Oda T, Tojima T, et al. 1993. Effects of rice bran hemicellulose on 1, 2-dimethylhydrazine-induced intestinal carcinogenesis in Fischer 344 rats[J]. Nutrition and Cancer, 20(1): 41-49.

Arjinajarn P, Chueakula N, Pongchaidecha A, et al. 2017. Anthocyanin-rich riceberry bran extract attenuates gentamicin-induced hepatotoxicity by reducing oxidative stress, inflammation and apoptosis in rats[J]. Biomedecine and Pharmacotherapie, 92: 412-420.

Arruzazabala M L, Carbajat D, Mas R, et al. 1993. Effects of policosanol on platelet aggregation in rats[J].

Thrombosis Research, 69(3): 321-327.

Awad A B, Downie A, Fink C S, et al. 2000. Dietary phytosterol inhibits the growth and metastasis of MDA-MB-231 human breast cancer cells grown in SCID mice[J]. Anticancer Research, 20: 821-824.

Ayerst G. 1969. The effects of moisture and temperature on growth and spore germination in some fungi[J]. Journal of Stored Products Research, 5: 127-141.

Ayrilmis N, Kwon J H, Han T H. 2012. Effect of resin type and content on properties of composite particleboard made of a mixture of wood and rice husk[J]. International Journal of Adhesion and Adhesives, 38: 79-83.

Baichwal V R, Baeuerle P A. 1997. Activate NF-kappa B or die[J]? Current Biology, 7: 94-96.

Baker L A, Rayas-duarte P. 1998. Freeze-thaw stability of amaranth starch and the effects of salt and sugars[J]. Cereal Chemistry, 75(3): 301-307.

Berger A, Rein D, Schafer A, et al. 2005. Similar cholesterol-lowering properties of rice bran oil, with varied γ-oryzanol, in mildly hypercholesterolemic men[J]. European Journal Nutrition, 44: 163-173.

Berges R R, Kassen A, Senge T. 2000. Treatment of symptomatic benign prostatic hyperplasia with beta-sitosterol: an 18-month follow-up[J]. BJU International, 85(7): 842-846.

Bhattacharya K R, Sowbhagya C M, Indudhara S Y M. 1978. Importance of insoluble amylose as a determinant of rice quality[J]. Journal of the Science of Food and Agriculture, 29(4): 359-364.

Bhattacharyya A C, Majumdar S, Bhattacharyya D K. 1987. Refining of high FFA rice bran oil by isopropanol extraction and alkali neutralisation[J]. Ocl-Oleagineux Corps Gras Lipides, 42: 431-433.

Bhattacharyya S, Bhattacharyya D K. 1998. Biorefining of high acid rice bran oil[J]. Journal of the American Oil Chemists' Society, 66: 1469-1471.

Bhilwade H N, Tatewaki N, Nishida H, et al. 2010. Squalene as novel food factor[J]. Current Pharmaceutical Biotechnology, 11(8): 875-880.

Boa-Amponsem K, Price S E, Geraert P A, et al. 2001. Antibody responses of hens fed vitamin E and passively acquired antibodies of their chicks[J]. Avian Diseases, 45(1): 122-127.

Bouic P J, Etsebeth S, Liebenberg R W, et al. 1996. Beta-sitosterol and beta-sitosterol glucoside stimulate human peripheral blood lymphocyte proliferation: implications for their use as an immunomodulatory vitamin combination[J]. International Journal of Immunopharmacology, 18(12): 693-700.

Bouic P J, Lamprecht J H. 1999. Plant sterols and sterolins: a review of their immune-modulating properties[J]. Alternative Medicine Review, 4(3): 170-177.

Bruneel C, Pareyt B, Brijs K, et al. 2010. The impact of the protein network on the pasting and cooking properties of dry pasta products[J]. Food Chemistry, 120(2): 321-378.

Bubols G B, Vianna D R, Medina-Remon A, et al. 2013. The antioxidant activity of coumarins and flavonoids[J]. Mini Reviews in Medicinal Chemistry, 13(3): 318-334.

Calogero A E, Hall J, Fishel S, et al. 1996. Effects of gamma-aminobutyric acid on human sperm motility and hyperactivation[J]. Molecular Human Reproduction, 2(10): 733-738.

Calvert C, Parker K, Parker J, et al. 1985. Rice bran in swine rations[J]. California Agriculture, 5: 19-20.

Cao X H, Wen H B, Li C J, et al. 2009. Differences in functional properties and biochemical characteristics of congenetic rice proteins[J]. Journal of Cereal Science, 50(2): 184-189.

Cao Y, Zheng L, Liu S, et al. 2014. Total flavonoids from Plumula Nelumbinis suppress angiotensin II-induced fractalkine production by inhibiting the ROS/NF-kappaB pathway in human umbilical vein endothelial cells[J]. Experimental and Therapeutic Medicine, 7: 1187-1192.

Carbajal D, Molina V, Valdes S, et al. 1995. Anti-ulcer activity of higher primary alcohols of beeswax[J]. Journal of Pharmacy and Pharmacology, 47: 731-733.

Castillo C C, Tanaka K, Sato Y I, et al. 2016. Archaeogenetic study of prehistoric rice remains from Thailand and India: evidence of early japonica, in South and Southeast Asia[J]. Archaeological and Anthropological Sciences, 8(3): 523-543.

Chae B J, Lee S K. 2002. Rancid rice bran affects growth performance and pork quality in finishing pigs[J]. Asian-Australasian Journal of Animal Science, 15: 94-101.

Chan A C, Wagner M, Kennedy C, et al. 1998. Vitamin E up-regulates phospholipase A2, arachidonic acid release and cyclooxygenasein endothelial cells [J]. Aktuel Emahrungsmed, 23: 1-8.

Chandi G K, Sogi D S. 2007. Functional properties of rice bran protein concentrates[J]. Journal of Food Engineering, 79(2): 592-597.

Chen C W, Cheng H H. 2006. A rice bran oil diet increases LDL-receptor and HMG-CoA reductase mRNA expressions and insulin sensitivity in rats with streptozotocin/nicotinamide-induced type 2 diabetes[J]. Journal of Nutrition, 389: 1472-1476.

Chen J W, Sun Q J, Yao H Y. 2005. Opioid antagonist activities of enzymatic hydrolysates from rice bran protein[J]. Food Science, 26(6): 141-145.

Chen M H, Choi S H, Kozukue N, et al. 2012. Growth-inhibitory effects of pigmented rice bran extracts and three red bran fractions against human cancer cells: relationships with composition and antioxidative activities[J]. Journal of Agricultural and Food Chemistry, 60(36): 9151-9161.

Cheryan M, Rackis J J. 1980. Phytic acid interactions in food systems[J]. Critical Reviews in Food Science and Nutrition, 13(4): 297-335.

Chou T W, Ma C Y, Cheng H H, et al. 2009. A rice bran oil diet improves lipid abnormalities and suppress hyperinsulinemic responses in rats with streptozotocin/nicotinamide- induced type 2 diabetes[J]. Journal of Clinical Biochemistry and Nutrition, 45: 29-36.

Chrastil J. 1990. Protein-starch interactions in rice grains. Influence of storage on oryzenin and starch[J]. Journal of Agricultural and Food Chemistry, 38: 1804-1809.

Chrastil J, Zarins Z M. 1992. Influence of storage on peptide subunit composition of rice oryzenin[J]. Journal of Agricultural and Food Chemistry, 40(6): 927-930.

Chrastil J. 1992. Correlations between the physicochemical and functional properties of rice[J]. Journal of Agricultural Food Chemitry, 40(6): 1683-1686.

Ciannamea E M, Stefani P M, Ruseckaite R A. 2010. Medium-density particleboard from modified rice husks and soybean protein concentrate-based adhesives [J]. Bioresource Technology, 101(2): 818-825.

Cicero A F, Gaddi A. 2001. Rice bran oil and gamma-oryzanol in the treatment of hyperlipoproteinaemias and other conditions[J]. Phytotherapy Research, 15: 277-289.

Cominacini L, Garbin U, Pasini A F, et al. 1997. Antioxidants inhibit the expression of intercellular cell adhesion molecule-1 and vascular cell adhesion molecule-1 induced by oxidized LDL on 177 human umbilical vein endothelial cells[J]. Free Radical Biology and Medicine, 22: 117-127.

Consolazio C F, Matoush L R, Nelson R A, et al. 1964. Effect of octacosanol, wheat germ oil, and vitamin E on performance of swimming rate[J]. Journal of Applied Physiology, 19(2): 265-267.

Crevel W R, Kerkhoff M A T, Koning M M G. 2000. Allergenicity of refined vegetable oils[J]. Food and Chemical Toxicology, 38: 385-387.

Cutrim D O, Alves K S, Oliveira L R S, et al. 2012. Elephant grass, sugarcane, and rice bran in diets for confined sheep[J]. Tropical Animal Health and Production, 44(8): 1855-1863.

Danesi F, Ferioli F, Caboni M F, et al. 2011. Phytosterol supplementation reduces metabolic activity and slows cell growth in cultured rat cardiomyocytes[J]. British Journal of Nutrition, 106(4): 540-548.

Das A, Ghosh S K. 2000. Effect of feeding different levels of rice bran on performance of broilers[J]. Indian

Journal of Animal Nutrition, 17: 333-335.

De Stefani E, Boffetta P, Ronco A L, et al. 2000. Plant sterols and risk of stomach cancer: a case-control study in Uruguay[J]. Nutrition Cancer, 37(2): 140-144.

Demonty I, Ras R T, van der Knaap H C, et al. 2009. Continuous dose-response relationship of the LDL-cholesterol-lowering effect of phytosterol intake[J]. The Journal of Nutrition, 139(2): 271-284.

Eastwood M A, Morris E R. 1992. Physical properties of dietary fiber that influence physiological function: a model for polymers along the gastrointestinal tract[J]. American Journal of Clinical Nutrition, 55(2): 436-442.

Ellepola S W, Choi S M, Phillips D L, et al. 2006. Raman spectroscopic study of rice globulin[J]. Journal of Cereal Science, 43(1): 85-93.

Englyst H N, Kingman S M, Cummings J H. 1992. Classification and measurement of nutritionally important starch fractions[J]. Eurpean Journal Clinical Nutrition, 46(2): 33-50.

Eugster C, Rivara G, Biglino A, et al. 1997. Phytosterol compounds having antiviral efficacy[J]. Panminerva Medicine, 39(1): 12-20.

Eugster C, Rivara G. 1995. Phytosterols as growth regulators[J]. Panminerva Medica, 37(4): 228-237.

Fan D M, Li C X, Ma W R, et al. 2012. A study of the power absorption and temperature distribution during microwave reheating of instant rice[J]. International Journal of Food Science and Technology, 47(3): 640-647.

Fan S R, Ho I C, Yeoh F L, et al. 1996. Squalene inhibits sodium arsenite-induced sister chromatid exchanges and micronuclei in Chinese hamster ovary-K1 cells[J]. Mutation Research, 368(3-4): 165-169.

Fang N B, Yu S G, Nehusz, et al. 2002. Characterization of phytochemical constituents in rice protein isolate using LC/MS/MS[J]. The Faseb Journal, 16(50): 1011-1012.

FAO. 2013. World Rice Statistics 2009 [EB/OL]. http: //faostat. fao. org.

Farrell D J. 1994. Utilization of rice bran in diets for domestic fowl and ducklings [J]. World's Poultry Science Journal, 50: 115-131.

Farvin K H S, Anandan R, Kumar S H S, et al. 2004. Effect of squalene on tissue defense system in isoproterenol-induced myocardial infarction in rats[J]. Pharmacological Research, 50(3): 231-236.

Fontani G, Maffei D, Lodi L. 2000. Policosanol, reaction time and event-related potential [J]. Neuropsychobiology, 4l(3): 158-165.

Foong L C, Imam M U, Ismail M. 2015. Iron-binding capacity of defatted rice bran hydrolysate and bioavailability of iron in caco-2 cells [J]. Journal of Agriculture Food Chemistry, 63(41): 9029-9036.

Fossen T, Slimestad R, Øvstedal D O, et al. 2002. Anthocyanins of grasses [J]. Biochemical Systematics and Ecology, 30(9): 855-864.

Fox C H, Eberl M. 2002. Phytic acid (IP6), novel broad spectrum anti-neoplastic agent: a systematic review [J]. Complementary Theripies Medicine, 10(4): 229-234.

Fraiture C. 2007. Integrated water and food analysis at the global and basin level. An application of WATERSIM [J]. Water Resources Management, 21(1): 185-198.

Franchini A, Sirri F, Tallarico N, et al. 2002. Oxidative stability and sensory and functional properties of eggs from laying hens fed supranutritional doses of vitamins E and C[J]. Poultry Science, 81: 1744-1750.

Fredriksson H, Silverio J, Andersson R, et al. 1998. The influence of amylose and amylopectin characteristics on gelatinization and retrogradation properties of different starches [J]. Carbohydrate Polymer, 35 (3/4): 119-134.

Freedman J E, Farhat J H, Loscalzo J, et al. 1996. Alpha-tocopherol inhibits aggregation of human 168 platelets by a protein kinase C-dependent mechanism [J]. Circulation, 94: 2434-2440.

Fuxe K, Agnati L F, Bolme P, et al. 1975. The possible involvement of GABA mechanisms in the action of benzodiazepines on central catecholamine neurons [J]. Advance in Biochemistry Psychopharmacology, 14: 45-61.

Galobart J, Barroeta A C, Baucells M D, et al. 2001. α-Tocopherol transfer efficiency and lipid oxidation in fresh and spray-dried eggs enriched with 3-polyunsaturated fatty acids[J]. Poultry Science, 80: 1496-1505.

Gao J, Fu H, Zhou X, et al. 2016. Comparative proteomic analysis of seed embryo proteins associated with seed storability in rice (*Oryza sativa* L.) during natural aging[J]. Plant Physiology Biochemistry, 103(1): 31-44.

Gelders G G, Duyck J P, Goesaert H, et al. 2005. Enzyme and acid resistance of amylose-lipid complexes differing in amylose chain length, lipid and complexation temperature [J]. Carbohydrate Polymers, 60(3): 379-389.

Ghatak S B, Panchal S J. 2012. Anti-hyperlipidemic activity of oryzanol, isolated from crude rice bran oil, on triton WR-1339-induced acute hyperlipidemia in rats. Brazilian[J]. Journal of Pharmacognosy, 22(3): 642-648.

Ghosh T, Auerochs S, Saha S, et al. 2010. Anti-cytomegalovirus activity of sulfated glucans generated from a commercial preparation of rice bran [J]. Antiviral Chemistry and Chemotherapy, 21(2): 85-95.

Gimenez M A, González R J, Wagner J, et al. 2013. Effect of extrusion conditions on physicochemical and sensorial properties of corn-broad beans (*Vicia faba*) spaghetti type pasta [J]. Food Chemistry, 136(2): 538-545.

Giordano R, Pellegrino M, Picu A, et al. 2006. Neuroregulation of the hypothalamus-pituitary- adrenal (HPA) axis in humans: effects of GABA-, mineralocorticoid-, and GH-Secretagogue- receptor modulation[J]. Science World Journal, 6: 1-11.

Goel R K, Abbas W R, Maiti R N, et al. 1996. Effect of continuous infusion of GABA and baclofen on gastric secretion in anaesthetised rats [J]. Indian Journal of Experimental Biology, 34(10): 978-981.

Gomez K A. 1979. Effect of environment on protein and amylose content of rice, in chemical aspect of rice grain quality[J]. IRRI: Internation Rice Research Institute Los Bahos, Laguna, Philippines, 59-68.

Gonzalez R C, Woods R E. 2004. Digital image processing using MATLAB[M]. Kansas: USDA, ARS, Grain Marketing Research Laboratory Manhattan.

Goodacre R, Vaidyanathan S, Bianchi G. 2002. Metabolic profiling direct infusion electrospray ionization mass spectrometry for the olive oils[J]. Analyst, 127(11): 1457-1462.

Gopala K A G. 1992. A method for bleaching rice bran oil with silica gel [J]. Journal of the American Oil Chemists' Society, 69(12): 1257-1259.

Granja A L, Hernandez J M, Quintana D C, et al. 1995. Mixture of higher primary aliphatic alcohols, its obtention from sugar cane wax and its pharmaceutical uses: U. S. Patent 5856316[P].

Griglione A, Liberto E, Cordero C, et al. 2015. High-quality Italian rice cultivars: chemical indices of ageing and aroma quality [J]. Food Chemistry, 172: 305-313.

Grimm C C, Bergman C J, Delgado J T, et al. 2000. Screening for 2-acetyl-1-pyrroline in the headspace of rice using SPME/GC/MS [J]. Agriculture and Food Chemistry, (49): 245-249.

Grobas S, Mendez J, Bote C L, et al. 2002. Effect of vitamin E and A supplementation on egg yolk 143 α-tocopherol concentration [J]. Poultry Science, 81: 376-381.

Gross B L, Zhao Z. 2014. Archaeological and genetic insights into the origins of domesticated rice[J]. Proceedings of the National Academy of Sciences of the United States of America, 111(17): 6190-6197.

Gunawan S, Kasim N S, Ju Y H. 2008. Separation and purification of squalene from soybean oil deodorizer distillate [J]. Separation and Purification Technology, 60: 128-135.

Hall L D. 1998 . Flavor formation in meat and meat products: a review[J]. Food Chemistry, 62(4): 415-424.

Hallikainen M A, Sarkkinen E S, Gylling H, et al. 2000. Comparison of the effects of plant sterol ester and plant stanol ester-enriched margarines in lowering serum cholesterol concentrations in hypercholesterolaemic subjects on a low-fat diet[J]. European Journal of Clinical Nutrition, 54(9): 715-725.

Hallikainen M A, Uusitupa M I. 1999. Effects of 2 low-fat stanol ester-containing margarines on serum cholesterol concentrations as part of a low-fat diet in hypercholesterolemic subjects [J]. The American Journal Clinical Nutrition, 69(3): 403-410.

Hamaker B R, Griffin V K. 1993. Effect of disulfide bond containing protein on rice starch gelatinization and pasting [J]. Cereal Chemistry, 70(4): 377.

Han J Z, Wang Y B. 2008. Proteomics: present and future in food science and technology [J]. Trends in Food Science and Technology, 19(1): 26-30.

Han S W, Chee K M, Cho S J. 2015. Nutritional quality of rice bran protein in comparison to animal and vegetable protein [J]. Food Chemistry, 172C(3): 766-769.

Han X L, Gross R W. 2003. Global analyses of cellular lipidomes directly from crude extracts of biological samples by ESI mass spectrometry: a bridge to lipidomics [J]. Journal of Lipid Research, 44: 1071-1079.

Hanmoungjai P, Pyle D L, Niranjan K. 2000. Extraction of rice bran oil using aqueous media[J]. Journal of Chemical Technology and Biotechnology, 75: 344-352.

Hanmoungjai P, Pyle D L, Niranjan K. 2001. Enzymatic process for extracting oil and protein from rice bran[J]. Journal of the American Oil Chemists' Society, 78(8): 817-821.

Hanne H, Refsgaard F. 1997. Isolation and quantification of volatiles in fish by dynamic headspace sampling and mass spectrometry[J]. Journal of Agricultural and Food Chemistry, 47(3): 1114-1118.

Hansen A A, Morkore T, Rudi K, et al. 2009. The combined effect of super chilling and modified atmosphere packaging using CO_2 emitter on quality during chilled storage of pre-rigor salmon fillets (salmo salar) [J]. Journal of the Science of Food and Agriculture, 89 (10): 1625-1633.

Haraldsson G. 1983. Degumming, dewaxing and refining[J]. Journal of the American Oil Chemists' Society, 60: 251-254.

Harokopakis E, Albzreh M H, Haase E M, et al. 2006. Inhibition of proinflammatory activities of major periodontal pathogens by aqueous extracts from elder flower (Sambucus nigra)[J]. Journal of Periodontology, 77 (2): 271-279.

Haxo H E, Meth P K. 1975. Ground rice hull ash as a filler for rubber[J]. Rubber Chemistry and Technology, 48(4): 271-288.

Heaton K W. 1990. Dietary fibre[J]. British Medical Journal, 300(6738): 1479-1480.

Heese K, Otten U, Mathivet P, et al. 2000. GABA(B) receptor antagonists elevate both mRNA and protein levels of the neurotrophins nerve growth factor (NGF) and brain-derived neurotrophic factor (BDNF) but not neurotrophin-3 (NT-3) in brain and spinal cord of rats[J]. Neuropharmacology, 39(3): 449-462.

Hehner S P, Hofmann T G, Droge W, et al. 1999. The antiinflammatory sesquiterpene lactone parthenolide inhibits NF-kappa B by targeting the I kappa B kinase complex[J]. The Journal of Immunol, 163: 5617-5623.

Henderson A J, Ollila C A, Kumar A, et al. 2012. Chemopreventive properties of dietary rice bran: current status and future prospects [J]. Advance Nutrition, 3(5): 643-653.

Herman J P, Mueller N K, Figueiredo H. 2004. Role of GABA and glutamate circuitry in hypothalamo-pituitary-adrenocortical stress integration[J]. Annals of the New York Academy Science, 1018: 35-45.

Hibino T, Kidzu K, Masumura T, et al. 1989. Amino acid composition of rice prolamin polypeptide[J].

Agricultural Biology and Chemistry, 53(2): 513-518.

Hicks K B, Moreau R A. 2001. Phytosterols and phytostanols: functional food cholesterol busters[J]. Food Technology, 55(1): 63-67.

Hong M Y, Seeram N P, Zhang Y, et al. 2008. Anticancer effects of Chinese red yeast rice versus Monacolin K alone on colon cancer cells[J]. The Journal of Nutritional Biochemistry, 19(7): 448-458.

Hoover R. 2001. Composition, molecular structure, and physicochemical properties of tuber and root starches: a review[J]. Carbohydrate Polymer, 45: 253-267.

Hsieh T C, Elangovan S, Wu J M. 2010. Differential suppression of proliferation in MCF-7 and MDA-MB-231 breast cancer cells exposed to alpha-, gamma- and delta-tocotrienols is accompanied by altered expression of oxidative stress modulatory enzymes[J]. Anticancer Research, 30(10): 4169-4176.

Hsu W H, Lee B H, Liao T H, et al. 2012. *Monascus* fermented metabolite monascin suppresses inflammation via PPAR-γ regulation and JNK inactivation in THP-1 monocytes[J]. Food and Chemical Toxicology, 50(5): 1178-1186.

Hsu W H, Pan T M. 2012. *Monascus* purpureus-fermented products and oral cancer: a review[J]. Applied Microbiology and Biotechnology, 93(5): 1831-1842.

Hsu Y W, Hsu L C, Liang Y H, et al. 2011. New bioactive orange pigments with yellow fluorescence from Monascus-fermented dioscorea[J]. Journal of Agricultural and Food Chemistry, 59(9): 4512-4518.

Hu W, Wells J H, Shin T S, et al. 1996. Comparison of isopropanol and hexane for extraction of vitamin E and oryzanols from stabilized rice bran [J]. Journal of American Oil Chemists' Society, 73: 1653-1656.

Huang X, Han B. 2015. Rice domestication occurred through single origin and multiple introgressions[J]. Nature Plants, 1(1): 15207.

Huang X, Zhao Y, Wei X, et al. 2011. Genome-wide association study of flowering time and grain yield traits in a worldwide collection of rice germplasm[J]. Nature Genetics, 44(1): 32-53.

Huang Z R, Lin Y K, Fang J Y. 2009. Biological and pharmacological activities of squalene and related compounds: potential uses in cosmetic dermatology[J]. Molecules, 14(1): 540-554.

Hybertson R M, Chung J H, Fini M A, et al. 2005. Aerosol-administered α-tocopherol attenuates lung inflammation in rats given lipopolysaccharide intratracheally[J]. Experimental Lung Research, 31: 283-294.

Ilahy R, Hdider C, Lenucci M S, et al. 2011. Phytochemical composition and antioxidant activity of highly copene tomato (*Solanum Lycopersicum* L.) cultivars grown in Southern Italy[J]. Scientia Horticulturae, 127: 255-261.

Imam M U, Azmi N H, Bhanger M I, et al. 2012. Antidiabetic properties of germinated brown rice: a systematic review[J]. Evidence-Based Complementary Alternative Medicine.

IRRI. 2008. Responding to the rice crisis: How IRRI can work with its partners. IRRI. 2008 Strategy.

Ishak Z A M, Bakar A A. 1995. An investigation on the potential of rice husk ash as fillers for epoxidized natural rubber (ENR)[J]. European Polymer Journal, 31(3): 259-269.

Islam M S, Nagasaka R, Ohara K, et al. 2011. Biological abilities of rice bran-derived antioxidant phytochemicals for medical therapy[J]. Current Topics Medicine Chemistry, 11(14): 1847-1853.

Iwasaki T, Shibuya N, Suzuki T, et al. 1982. Gel filtration and electrophoresis of soluble rice proteins extracted from long, medium, and short grain varieties[J]. Cereal Chemistry, 59(3): 192-195.

Izawa S, Harada N, Watanabe T, et al. 1997. Inhibitory effects of food-coloring agents derived from *Monascus* on the mutagenicity of heterocyclic amines[J]. Journal of Agricultural and Food Chemistry, 45(10): 3980-3984.

Janezic S A, Rao A V. 1992. Dose-dependent effects of dietary phytosterol on epithelial cell proliferation of the murine colon[J]. Food Chemistry Toxicol, 30(7): 611-616.

Jang W S, Seo C R, Jang H H, et al. 2015. Black rice (*Oryza sativa* L.) extracts induce osteoblast differentiation and protect against bone loss in ovariectomized rats[J]. Food and Function, 6(1): 264-274.

Jeun J, Jung H, Kim J H, et al. 2008. Effect of the Monascus pigment threonine derivative on regulation of the cholesterol level in mice[J]. Food Chemistry, 107(3): 1078-1085.

Johns M R, Stuart D M. 1991. Production of pigments by *Monascus* purpureus in solid culture[J]. Journal of Industrial Microbiology and Biotechnology, 8(1): 23-28.

Ju Y H, Vali S R. 2005. Rice bran oil as a potential resource for biodiesel: a review[J]. Journal of Scientific and Industrial Research, 64: 801-822.

Juliano B O, Boulter D. 1976. Extraction and composition of rice endosperm glutelin[J]. Phytochem, 15(11): 1601-1606.

Juliano B O. 1990. Rice grain quality: problems and challenges[J]. Cereal Foods World, 35(2): 245-253.

Juliano C, Cossu M, Alamanni M C, et al. 2005. Antioxidant activity of gamma-oryzanol: mechanism of action and its effect on oxidative stability of pharmaceutical oil[J]. International Journal Pharmacy, 299: 146-154.

Jun H J, Lee J H, Cho B R, et al. 2012. Dual inhibition of γ-oryzanol on cellular melanogenesis: inhibition of tyrosinase activity and reduction of melanogenic gene expression by a protein kinase A-dependent mechanism[J]. Journal of Natural Products, 75(10): 1706-1711.

Kabir Y, Kimum S. 1995. Tissue distribution of (^{8-14}C)-oataeosanol in liver and muscle of rats after serial administration[J]. American Nutrition Metabolism, 39(5): 279-284.

Kalapathy U, Proctor A. 2000. A new method for free fatty acid reduction in frying oil using silicate films produced from rice hull ash [J]. Journal of American Oil Chemists' Society, 77(6): 593-598.

Kan H, Stevens J, Heiss G, et al. 2008. Dietary fiber, lung function, and chronic obstructive pulmonary disease in the atherosclerosis risk in communities study[J]. American Journal of Epidemiol, 167(5): 570-578.

Kannappan R, Ravindran J, Prasad S, et al. 2010. Gamma-tocotrienol promotes TRAIL-induced apoptosis through reactive oxygen species/extracellular signal-regulated kinase/p53-mediated upregulation of death receptors[J]. Molecular Cancer Therapeutics, 9(8): 2196-2207.

Kapoulss V M, Andrikapoulos N K. 1986. Detection of olive oil adulteration with linoleic acid rich oils by reversed phase high performance liquid chromatography[J]. Journal of Chromatography A, 366: 311-320.

Karim A A, Norziah M H, Seow C C. 2000. Methods for the study of starch retrogradation [J]. Food Chemistry, 71(1): 9-36.

Kasirajan S, Ngouajio M. 2012. Polyethylene and biodegradable mulches for agricultural applications: a review[J]. Agronomy for Sustainable Development, 32(2): 501-529.

Kassen A, Berges R, Senge T. 2000. Effect of beta-sitosterol on transforming growth factor-beta-1 expression and translocation protein kinase C alpha in human prostate stromal cells *in vitro*[J]. European Urology, 37(6): 735-741.

Katayama T. 1999. Hypolipidemic action of phytic acid (IP6): prevention of fatty liver[J]. Anticancer Research, 19(5A): 3695-3698.

Kato A, Shimokawa K, Kobayashit K. 1991. Improvement of the functional properties of insoluble outen by pronase digestion followed by dextran conjugation[J]. Journal of Agricultural and Food Chemistry, 39(6): 1053-1056.

Kato S, Karino K, Hasegawa J, et al. 1995. Octacosanol affects lipid metabolism in rats fed on a high fat diet[J]. British Journal of Nutrition, 73: 433-442.

Kawai K. 1984. Antitumor substance: US4457863 [P].

Keeratipibul S, Luanggsakul N, Lertsatchayarn T. 2008. The effect of thai glutinous rice cultivars, grain length and cultivating locations on the quality of rice cracker (arare) [J]. Food Science and Technology, 41: 1934-1943.

Kelly G S. 1999. Squalene and its potential clinical uses[J]. Alternative Medicine Review, 4(1): 29-36.

Kemsley E K. 1996. Discriminant analysis of high-dimensional data: a comparison of principal components analysis and partialleast squares data reduction methods[J]. Chemometrics and Intelligent Laboratory Systems, 33: 47-61.

Kennedy G, Burlingame B. 2003. Analysis of food composition data on rice from a plant genetic resources perpective[J]. Food Chemistry, 80: 589-596.

Kerry J P, O'grady M N, Hogan S A. 2006. Past, current and potential utilisation of active and intelligent packaging systems for meat and muscle-based products: a review [J]. Meat Science, 74(1): 113-130.

Khan S H, Butt M S, Sharif M K, et al. 2011. Functional properties of protein isolates extracted from stabilized rice bran by microwave, dry heat, and parboiling[J]. Journal of Agricultural and Food Chemistry, 59(6): 2416-2420.

Khush G S. 1997. Origin, dispersal, cultivation and variation of rice[J]. Plant Molecular Biology, 35(1-2): 25-34.

Kies A K, de Jonge L H, Kemme P A, et al. 2006. Interaction between protein, phytate, and microbial phytase. *In vitro* studies[J]. Journal of Agricutural and Food Chemistry, 54(5): 1753-1758.

Kim C, Jung H, Kim Y O, et al. 2006. Antimicrobial activities of amino acid derivatives of *Monascus* pigments[J]. FEMS Microbial Letters, 264(1): 117-124.

Kim H, Park S, Han D S. 2003. Octacosanol supplementation increases running endurance time and improves biochemical parameters after exhaustion in trained rats[J]. Journal of Medicinal Food, 6(4): 345-351.

Kim J H, Kim Y O, Jeun J, et al. 2010. L-Trp and L-Leu-OEt derivatives of the *Monascus* pigment exert high anti-obesity effects on mice[J]. Bioscience, Biotechnology, and Biochemistry, 74(2): 304-308.

Kim S K, Karadeniz F. 2012. Biological importance and applications of squalene and squalane[J]. Advances of Food Nutrition Research, 65: 223-233.

Kim S M, Rico C W, Lee S C, et al. 2010. Modulatory effect of rice bran and phytic acid on glucose metabolism in high fat-fed C57BL/6N mice[J]. Journal of Clinical Biochemistry and Nutrition, 47(1): 12-17.

Kiriyama S, Morita T. 1992. Preparation of highly purified rice protein and its tumor preventive effect[J]. Hissu Aminosan Kenkyu, (136): 43-47.

Kishimoto T, Watanabe M, Mitsui T. et al. 1999. Glutelin basic subunits have a mammalian mucin-typeo-linked disaccharide side chain[J]. Archives of Biochemistry and Biophysics, 370(2): 271-277.

Kizaki Y, Inoue Y, Okazaki N, et al. 1991. Isolation and determination of protein bodies (PB-I, PB-II) in polished rice endosperm[J]. Journal of the Brewing Society of Japan, (86): 293-298.

Klongpityapong P, Supabphol R, Supabphol A. 2013. Antioxidant effects of gamma-oryzanol on human prostate cancer cells[J]. Asian Pacific Journal of Cancer Prevention, 14(9): 5421-5425.

Ko K M, Godin D V. 1991. Effects of phytic acid on the myoglobin-t-butylhydroperoxide-catalysed oxidation of uric acid and peroxidation of erythrocyte membrane lipids[J]. Molecular and Cellular Biochemistry, 101(1): 23-29.

Komatsu S, Hirano H. 1992. Rice seed globulin: a protein similar to wheat seed glutenin[J]. Phytochemistry, 31(10): 3455-3459.

Komatsuzaki N, Tsukahara K, Toyoshima H, et al. 2007. Effect of soaking and gaseous treatment on GABA content in germinated brown rice[J]. Journal of Food Engineer, 78(2): 556-560.

Kong C K J, Lam W S, Chiu L C, et al. 2009. A rice bran polyphenol, cycloartenyl ferulate, elicits apoptosis in human colorectal adenocarcinoma SW480 and sensitizes metastatic SW620 cells to TRAIL-induced apoptosis[J]. Biochemistry Pharmacol, 77: 1487-1496.

Kongseree N. 1979. Quality tests for waxy (glutinous) rice. Proceedings of a workshop on chemical aspects of rice grain quality [M]. International Rice Research Institute, Los Baños, Laguna, Philippines: 303-310.

Konjufca V K, Bottje W G, Bersi T K, et al. 2004. Influence of dietary vitamin E on phagocytic functions of macrophages in broilers[J]. Poultry Science, 83: 1530-1534.

Kozuka C, Yabiku K, Takayama C, et al. 2013. Natural food science based novel approach toward prevention and treatment of obesity and type 2 diabetes: recent studies on brown rice and γ-oryzanol[J]. Obesity Research Clinical Practice, 7(3): 165-172.

Krishna A G G. 1992. A method for bleaching rice bran oil with silica gel[J]. Journal of the American Oil Chemists Society, 69(12): 1257-1259.

Krishnan H B, Okita T W. 1986. Structural relationship among the rice glutelin polypeptides[J]. Plant Physiology, 81(3): 748-753.

Krishnan H B, White J A, Pueppke S G. 1992. Characterization and localization of rice (Oryza sativa L.) seed globulins[J]. Plant Science, 81(1): 1-11.

Kuk M S, Dowd M K. 1998. Supercritical CO_2 extraction of rice bran[J]. Journal of the American Oil Chemists' Society, 75: 623-628.

Kunio S, Ukeda H, Ochi H. 2000. Isolation and characterization of free radical scavenging activities peptides derived from casein[J]. Journal Nutrition Biochemistry, 11(3): 128-131.

Kuschel G. 1961. On problems of synonymy in the Sitophilus oryzae complex (30th contribution, Col. Curculionoidea) [J]. Annals and Magazine of Natural History, 4: 241-244.

Lee C H, Lee S D, Ou H C, et al. Eicosapentaenoic acid protects against palmitic acid-induced endothelial dysfunction via activation of the AMPK/eNOS pathway[J]. Internation Journal of Molecular Science, 2014, 15: 10334-10349.

Lee D S, Noh B S, Bae S Y, et al. 1998. Characterization of fatty acid composition in vegetable oils by gas chromatography and chemometrics[J]. Analytical Chimica Acta, 358: 163-175.

Lee I A, Kim E J, Kim D H. 2012. Inhibitory effect of β-sitosterol on TNBS-induced colitis in mice[J]. Planta Medica, 78(9): 896-898.

Lee T T, Chung M C, Kao Y W, et al. 2005. Specific expression of a sesame storage protein in transgenic rice bran[J]. Journal of Cereal Science, 41(1): 23-29.

Li J Y, Yeh A I. 2001. Relationships between thermal, rheological characteristics and swelling power for various starches[J]. Journal of Food Engineering, 50: 141-148.

Li Y, Fan C, Xing Y, et al. 2011. Natural variation in GS5 plays an important role in regulating grain size and yield in rice[J]. Nature Genetics, 43(12): 1266-1269.

Li Y, Lu F, Luo C, et al. 2009. Functional properties of the Maillard reaction products of rice protein with sugar[J]. Food Chemistry, 117(1): 69-74.

Liang Y, Lin Q, Huang P, et al. 2018. Rice bioactive peptide binding with TLR4 to overcome H_2O_2-induced injury in human umbilical vein endothelial cells through NF-κB signaling. [J]. Journal of Agricultural and Food Chemistry, 66(2): 440.

Lichtwardt R W, Tiffany L H. 1958. Mold flora associated with shelled corn in Iowa[J]. Iowa State Journal of Science, 33: 1-11.

Lim W C, Ho J N, Lee H S, et al. 2016. Germinated waxy black rice suppresses weight gain in high-fat diet-induced obese mice[J]. Journal of Medicinal Food, 19(4): 410-417.

Limtrakul P, Yodkeeree S, Pitchakarn P, et al. 2015. Suppression of inflammatory responses by black rice extract in Raw 264. 7 macrophage cells via downregulation of NF-κB and AP-1 signaling pathways[J]. Asian Pacific Journal of Cancer Prevention, 16(10): 4277-4283.

Lin C F, Iizuka H. 1982. Production of extracellular pigment by a mutant of *Monascus kaoliang* sp. nov[J]. Applied and Environmental Microbiology, 43(3): 671-676.

Lin C P, Lin Y L, Huang P H, et al. 2011. Inhibition of endothelial adhesion molecule expression by *Monascus purpureus* fermented rice metabolites, monacolin K, ankaflavin, and monascin[J]. Journal of the Science of Food and Agriculture, 91(10): 1751-1758.

Linares O F. 2002. African rice (*Oryza glaberrima*): history and future potential[J]. Proceedings of the National Academy of Sciences of the United States of America, 99(25): 16360-16365.

Liu C, Zhang Y, Liu W, et al. 2011. Preparation, physicochemical and texture properties of texturized rice produce by improved extrusion cooking technology[J]. Journal of Cereal Science, 54(3): 473-480.

López-Díez E C, Bianchi G, Goodacre R. 2003. Rapid quantitative assessment of the adulteration of virgin olive oils with hazelnut oils using Raman spectroscopy and chemometrics[J]. Journal of Agricultural and Food Chemistry, 51(21): 6145-6150.

Lorenzo I M, Pavón J L P, Laespada M E F, et al. 2002. Detection of adulterants in olive oil by headspace-mass spectrometry [J]. Journal of Chromatography A, 945(1-2): 221-230.

Luan Y, Griffiths H. 2006. Ceramides reduce CD36 cell surface expression and oxidised LDL uptake by monocytes and macrophages[J]. Archives of Biochemistry and Biophysics, 450(1): 89-99.

Luis V, Carlos F, Tiziana F, et al. 2007. Recovery of squalene from vegetable oil sources using countercurrent supercritical carbon dioxide extraction[J]. Journal of Supercritical Fluids, 40: 59-66.

Ma L, Zhu F, Li Z, et al. 2015. TALEN-based Mutagenesis of lipoxygenase LOX3 enhances the storage tolerance of rice (*Oryza Sativa*) seeds[J]. PLoS One, 10(12): e0143877.

Maclatchy D L, Vanderkraak G J. 1995. The phytoestrogen β-sitosterol alters the reproductive endocrine status of goldfish[J]. Toxicology and Applied Pharmacology, 134(2): 305-312.

Maclean J L, Dawe D C, Hardy B, et al. 2002. Rice Almanac [M]. Third Edition. Manila, Philippines: International Rice Research Institute.

Maitani Y, Nakamura K, Suenaga H, et al. 2000. The enhancing effect of soybean-derived sterylglucoside and beta-sitosterol beta-D-glucoside on nasal absorption in rabbits[J]. International Journal of Pharmaceutics, 200(1): 17-26.

Malini T, Vanithakumari G. 1992. Comparative study of the effects of beta-sitosterol, estradiol and progesterone on selected biochemical parameters of the uterus of ovariectomised rats[J]. Journal of Ethnopharmacol, 36(1): 51-55.

Marcel Dekker Inc. 1994. Rice[M]. New York: Science and Technology.

Martínková L, Jůzlová P, Veselý D. 1995. Biological activity of polyketide pigments produced by the fungus *Monascus*[J]. Journal of Applied Bacteriology, 79(6): 609-616.

Mas R, Castano G. 2012. Effects of policosanoi in patients with type Ⅱ hypercholesterolemia and additional coronary risk factors[J]. Clinical Pharmacology & Therapeutics, 65(4): 439-444.

Masisi K, Beta T, Moghadasian M H. 2016. Antioxidant properties of diverse cereal grains: a review on *in vitro*, and *in vivo*, studies [J]. Food Chemistry, 196(2016): 90-97.

Matsuda T, Sugiyama M, Nakamura R. 1988. Purification and properties of an allergenic protein in rice grain[J]. Agricultural Biology and Chemistry, 52(6): 1456-1470.

Mendilaharsu M, de Stefani E, Deneo-Pellegrini H, et al. 1998. Phytosterols and risk of lung cancer: a case-control study in Uruguay[J]. Lung Cancer, 21(1): 37-45.

Mendis E, Rajapakse N, Se-Kwon K. 2005. Antioxidant properties of a radical-scavenging peptide purified from enzymatically prepared fish skin gelatin hydrolysate[J]. Journal Agricutural and Food Chemistry, 53(3): 581-587.

Miyamoto A, Hasegawa J, Hoshino O. 2012. Dynamic modulation of an orientation preference map by GABA responsible for age-related cognitive performance[J]. Cognitive Process, 13(4): 349-359.

Molina J, Sikora M, Garud N, et al. 2011. Molecular evidence for a single evolutionary origin of domesticated rice[J]. Proceedings of the National Academy of Sciences, 108(20): 8351-8356.

Monnet P, Menard C, Sigli D. 2012. Secondary metabolites from the fungus *Monascus kaoliang* and inhibition of nitric oxide production in lipopolysaccharide-activated macrophages[J]. Phytochemistry Letters, 5(2): 262-266.

Morita T, Kiriyama S. 1993. Mass production method for rice protein isolate and nutritional evaluation[J]. Journal of Food Science, 58(6): 1393-1396.

Morita. 1996. Rice protein isolation alters 7,12-dimethyl benzanthracence induced mammary tumor developed in female rats[J]. Journal of Nutrition Science Vitamin, 42(4): 325-327.

Moustafa S F, Morsi M B, Ei-Din A A. 1997. Formation of silicon carbide from rice hull[J]. Canadian Metallurgical Quarterly, 36(5): 355-358.

Mujahid A, UI Haq I, Asif M, et al. 2004. Effect of different levels of rice bran processed by various techniques on performance of broiler chicks[J]. British Poultry Science, 45: 395-399.

Murase H, Nagao A, Terao J. 1993. Antioxidant and emulsifying activity of *N*-(Long-Chain-acyl) histidine and *N*-(Long-Chain-acyl) carnosine[J]. Journal Agricutural Food Chemistry, 41(10): 1601-1604.

Nagarajan S, Stewart B W, Ferguson M E, et al. 2006. Rice protein isolates (RPI) inhibit the onset of atherogenesis in a genetically pre-disposed hypercholesterolemic mouse model[J]. The FASEB Journal, 20(4): A1000.

Nagasaka R, Yamsaki T, Uchida A, et al. 2011. γ-oryzanol recovers mouse hypoadiponectinemia induced by animal fat ingestion[J]. Phytomedicine, 18: 669-671.

Nakata. 1990. Hair growth stimulating preparations containing higher alcohols[P]. Jpn Kokail Tokkyo Koho, JP02178215.

Nathalia S D P, Gomea Natal D I, Aparecida Ferrira H, et al. 2013. Characterization of cereal bars enriched with dietary fiber and omega 3 [J]. Revista Chilena de Nutricion, 40(3): 269-273.

National Research Council. 1994. Low-frequency sound and marine mammals: Current knowledge and research needs[M]. Washington DC: National Academies Press.

Ndazi B S, Karlsson S, Tesha J V, et al. 2007. Chemical and physical modifications of rice husks for use as composite panels [J]. Composites, 38(3): 925-935.

Niki E, Traber M G. 2012. A history of vitamin E[J]. Annals of Nutrition and Metabolism, 61(3): 207-212.

Noa M, Hen'era M, Mngraner J, et al. 1994. Effect of polieosanol on isoprenaline-induced myocardi necrosis in rats[J]. Journal of Pharmacy and Pharmacology, 46: 282-285.

Noaman E, Badr El-Din N K, Bibars M A, et al. 2008. Antioxidant potential by arabinoxylan rice bran, MGN-3/biobran, represents a mechanism for its oncostatic effect against murine solid Ehrlich carcinoma[J]. Cancer Letters, 268(2): 348-359.

Norazalina S, Norhaizan M E, Hairuszah I, et al. 2010. Anticarcinogenic efficacy of phytic acid extracted from rice bran on azoxymethane-induced colon carcinogenesis in rats[J]. Experimental and Toxicologic Pathology, 62(3): 259-268.

Norhaizan M E, Ng S K, Norashareena M S, et al. 2011. Antioxidant and cytotoxicity effect of rice bran phytic acid as an anticancer agent on ovarian, breast and liver cancer cell lines[J]. Malaysia Journal of Nutrition, 17(3): 367-375.

Noriega E, Brun J F, Gautier J, et al. 1997. Effect of rice on submaximal exercise endurance capacity[J]. Science Sports, 12(3): 192-203.

Ochiai A, Tanaka S, Tanaka T, et al. 2016. Rice bran protein as a potent source of antimelanogenic peptides with tyrosinase inhibitory activity[J]. Journal of Natural Products, 79(10): 2545-2551.

Ogawa M, Kumamaru T, Satoh H, et al. 1987. Purification of protein body- I of rice seed and its polypeptide composition[J]. Plant and Cell Physiology, 28(8): 1517-1527.

Ogrinc N, Kosir U, Spangenberg J E. 2003. The application of NMR and MS methods for detection of adulteration of wine, fruit juices, and olive oil, a review [J]. Analtical and Bioanaltical Chemistry, 376(4): 424-430.

Ohara K, Kiyotani Y, Uchida A, et al. 2011. Oral administration of γ-aminobutyric acid and γ-oryzanol prevents stress-induced hypoadiponectinemia[J]. Phytomedicine, 18: 655-660.

Ohm Y, Sasaki E, Ishiguro I. 1997. Effect of oral octacosanol administration on hepatic triglyceride accumulation in rats with carbon tetrachloride-induced acute liver injury[J]. Igaku to Seibutsugaku, 134(6): 185-189.

Ohta Y, Ohashi K, Matsura T, et al. 2008. Octacosanol attenuates disrupted hepatic reactive oxygen species metabolism associated with acute liver injury progression in rats intoxicated with carbon tetrachloride[J]. Journal Clinion Biochemistry Nutrition, 42(2): 118-125.

Oka T, Fujimoto M, Nagasaka R, et al. 2010. Cycloartenyl ferulate, a component of rice bran oil-derived gamma-oryzanol, attenuates mast cell degranulation[J]. Phytomedicine, 17(2): 152-156.

Oki T, Masuda M, Kobayashi M, et al. 2002. Polymeric procyanidins as radical-scavenging components in red-hulled rice[J]. Journal of Agricultural and Food Chemistry, 50(26): 7524-7529.

Okita T W, Hwang Y S, Hnilo J, et al. 1989. Structure and expression of the rice glutelin multigene family[J]. Journal of Biology and Chemistry, 264(21): 12573-12581.

Onal-Ulusoy B, White P, Hammond E. 2007. Effects of linalyl oleate on soybean oil flavor and quality in a frying application[J]. Journal of the American Oil Chemists' Society, 84(2): 157-163.

Padhye V W, Salunkhe D K. 1979. Extraction and characterization rice proteins[J]. Cereal Chemistry, 56(5): 389-395.

Pan S J, Reeck G R. 1988. Isolation and characterization of rice α-globulin[J]. Cereal Chemistry, 65(4): 316-319.

Paris M, Bizot H, Emery J, et al. 1999. Crystallinity and structuring role of water in native and recrystallized starches by ^{13}C CP-MAS NMR spectroscopy. 1: spectral decomposition[J]. Carbohydrate Polymer, 39(4): 327-339.

Park S K, Sanders B G, Kline K. 2010. Tocotrienols induce apoptosis in breast cancer cell lines via an endoplasmic reticulum stress-dependent increase increase in extrinsic death receptor signaling[J]. Breast Cancer Research and Treatment, 124(2): 361-375.

Parrado J, Miramontes E, Jover M, et al. 2003. Prevention of brain protein and lipid oxidation elicited by a water-soluble oryzanol enzymatic extract derived from rice bran[J]. European Journal of Nutrition, 42: 307-314.

Perdon A A, Juliano B O. 1978. Properties of a major α-globulin of rice endosperm[J]. Phytochemistry, 17(3): 351-353.

Phongthai S, D'amico S, Schoenlechner R, et al. 2017. Fractionation and antioxidant properties of rice bran protein hydrolysates stimulated by *in vitro* gastrointestinal digestion[J]. Food Chemistry, 240: 156.

Pona P, Jimenez A, Rodrigues M, et al. 1993. Effects of policosanol in elderly hypercholesterolemic patients[J]. Current Therapeutics Research, 53: 265-269.

Pooja K, Rani S, Prakash B. 2017. *In silico* approaches towards the exploration of rice bran proteins-derived angiotensin-I-converting enzyme inhibitory peptides[J]. International Journal of Food Properties, 20(s2): 2178-2191.

Powers M. 2012. GABA supplementation and growth hormone response[J]. Acute Topics in Sport Nutrition. Karger Publishers, 59: 36-46.

Prabhakar J V, Venkatesh K V L. 1986. A simple chemical method for stabilization of rice bran[J]. Journal of American Oil Chemists' Society, 63: 644-646.

Proctor A, Browan D J. 1996. Ambient-temperature extraction of rice bran oil with hexane and isopropanol[J]. Journal of the American Oil Chemists' Society, 73: 811-813.

Proctor A, Jackson V M, Scott M, et al. 1994. Rapid equilibrium extraction of rice bran at ambient temperature[J]. Journal of the American Oil Chemists' Society, 71: 1295-1296.

Psomiadou E, Tsimidou M. 1999. On the role of squalene in olive oil stability[J]. Journal of Agricutural Food Chemitry, 47(10): 4025-4032.

Putaux J L, Buléon A, Chanzy, H. 2000. Network formation in dilute amylose and amylopectin studied by TEM[J]. Macromolecules, 33: 6418.

Rafe A, Mousavi S S, Shahidi S A. 2014. Dynamic rheological behavior of rice bran protein (RBP): effect of concentration and temperature[J]. Journal of Cereal Science, 60(3): 514-519.

Rajam L, Soban K D R, Sundaresan A, et al. 2005. A novel process for physically refining rice bran oil through simultaneous degumming and dewaxing[J]. Journal of the American Oil Chemists' Society, 82: 213-222.

Rajapakse N, Mendis E, Jung W K. et al. 2005. Purification of a radical scavenging peptide from fermented mussel sauce and its antioxidant properties[J]. Food Research, (38): 175-182.

Ramdas P, Rajihuzzaman M, Veerasenan S D, et al. 2011. Tocotrienol-treated MCF-7 human breast cancer cells show down-regulation of API5 and up-regulation of MIG6 genes [J]. Cancer Genomics Proteomics, 8(1): 19-31.

Ranhotra G S, GeIroth J A, GIaser B K. 1996. Effect of resistant starch on blood and liver lipids in hamsters[J]. Cereal Chemistry, 73(2): 176 -178.

Ray B, Hutterer C, Bandyopadhyay S S, et al. 2013. Chemically engineered sulfated glucans from rice bran exert strong antiviral activity at the stage of viral entry [J]. Journal of Natural Products, 76(12): 2180-2188.

Reddy A R. 1996. Genetic and molecular analysis of the anthocyanin pigmentation pathway in rice[M]. Rice Genetics Ⅲ: (In 2 Parts): 341-352.

Reddy L H, Couvreur P. 2009. Squalene: a natural triterpene for use in disease management and therapy[J]. Advanced Drug Delivery Reviews, 61(15): 1412-1426.

Robert L S, Nozzolillo C, Altosaar I. 1985. Homology between rice glutelin and oat 12 S glubolin[J]. Biochimica et Biophysica Acta, 829(1): 19-23.

Robles A, Ewan R C. 1982. Utilization of energy of rice and rice bran bu young pigs[J]. Journal of Animal Science, 55: 572-577.

Rocchetti G, Chiodelli G, Giuberti G, et al. 2017. Evaluation of phenolic profile and antioxidant capacity in gluten-free flours[J]. Food Chemistry, 228: 367-373.

Rocchetti G, Lucini L, Chiodelli G, et al. 2017. Phenolic profile and fermentation patterns of different commercial gluten-free pasta during *in vitro* large intestine fermentation[J]. Food Research International, 97: 78-86.

Ronis M A, Reeves M A, Hardy H A, et al. 2003. Effect of weaning to diets containing rice protein isolate on growth, plasma IgF1, cyp2c11and cyp4A1 in rat liver[J]. Chemicke Listy, (97): 109.

Ronis M J, Dahl C, Badger T M. 2004. Effects of a rice protein isolate diet on cyp4a and cyp2c expression in rat kidney at weaning may alter aradidonic acid metabolism in favor of anti- hypertensive products[J]. The FASEB Journal, 18（4）: 581-582.

Saad N, Esa N M, Ithnin H. 2013. Suppression of β-catenin and cyclooxygenase-2 expression and cell proliferation in azoxymethane-induced colonic cancer in rats by rice bran phytic acid（PA）[J]. Asian Pacific Journal of Cancer Prevention, 14（5）: 3093-3099.

Saint J M, McNaughton L. 1986. Octacosanol ingestion and its' effects on metabolic responses to submaximal cycle ergometry, reaction time and chest and grip strength[J]. International Clinical Nutrition Review, 6: 81-87.

Saito Y, Wanezaki K, Kawato A, et al. 1994. Structure and activity of angiotensin I converting enzyme inhibitory peptides from sake and sake lees[J]. Bioscience, Biotechnology, and Biochemistry, 58（10）: 1767-1771.

Sakai S, Murata T, Tsubosaka Y, et al. 2012. γ-Oryzanol reduces adhesion molecule expression in vascular endothelial cells via suppression of nuclear factor-κB activation[J]. Journal of Agricutural and Food Chemistry, 60（13）: 3367-3372.

Salomon H, Karrer P. 1932. Pflanzenfarbstoffe XXXVIII. Ein farbstoff aus "Rotem" Reis, monascin[J]. Helvetica Ghimica Acta, 15（1）: 18-22.

Sandhu K S, Singh N. 2007. Some properties of corn starches II: Physicochemical, gelatinization, retrogradation, pasting and gel textural properties[J]. Food Chemistry, 101: 1499-1507.

Sanz C, Olias J M, Perez A G. 1997. Aroma Biochemistry of Fruit and Vegetables[M]. Oxford UK: Oxford Science Pub.

Sarker S C, Ogawa M, Takahashi M, et al. 1986. The processing of a 57kDa precursor peptide to subunits of rice glutelin[J]. Plant and Cell Physiology, 27（8）: 1579-1586.

Schneeman B O, Gallaher D. 2001. Effects of dietary fiber on digestive enzymes[J]. CRC Handbook of Dietary Fiber in Human Nutrition, 9: 277-300.

Scott S M, James D, Ali Z. 2003. Total luminescence spectroscopy with pattern recognition for classification of edible oils[J]. Analyst, 128（7）: 966-973.

Sen C K, Khanna S, Roy S. 2007. Tocotrienols in health and disease: the other half of the natural vitamin E family[J]. Molecular Aspects of Medicine, 28（5-6）: 692-728.

Sengupta R, Bhattacharyya D K. 1996. Enzymatic extraction of mustard seed and rice bran[J]. Journal of the American Oil Chemists' Society, 73: 687-692.

Sharma A, Khare S K, Gupta M N. 2001. Enzyme-assisted aqueous extraction of rice bran oil[J]. Journal of the American Oil Chemists' Society, 78（9）: 949-951.

Shi J, Sun X, Lin Y, et al. 2014. Endothelial cell injury and dysfunction induced by silver nanoparticles through oxidative stress via IKK/NF-kappaB pathways [J]. Biomaterials, 35: 6657-6666.

Shih F F, Champagne E T, Daigle K, et al. 1999. Use of enzymes in the processing of protein products from rice bran and rice flour[J]. Molecular Nutrition and Food Research, 43（1）: 14-18.

Shih F F. 2000. Preparation and characterization of rice protein isolate[J]. Journal of the American Oil Chemists' Society, 77: 885-889.

Shimada M, Hasegawa T, Nishimura C, et al. 2009. Anti-hypertensive effect of gamma-aminobutyric acid （GABA）-rich Chlorella on high-normal blood pressure and borderline hypertension in placebo-controlled double blind study[J]. Clinical Experimental Hypertension, 31（4）: 342-354.

Shimada Y, Nakai S, Suenaga M, et al. 2000. Facile purification of tocopherols from soybean oil deodorizer distillate in high yield using lipase[J]. American Oil Chemists' Society, 77（10）: 1009-1013.

Shinomiya M, Morisaki N, Matsuoka N, et al. 1983. Effects of γ-oryzanol on lipid metabolism in rats fed high-cholesterol diet [J]. Tohoku Journal Experimental Medicine, 141: 191-197.

Shizuka F, Kido Y, Nakazawa T, et al. 2004. Antihypertensive effect of gamma-amino butyric acid enriched soy products in spontaneously hypertensive rats[J]. Biofactors, 22(1-4): 165-167.

Sierra S, Lara-Villoslada F, Olivares M, et al. 2005. Increased immune response in mice consuming rice bran oil [J]. European Journal of Nutrition, 44: 509-516.

Silva F, Stevens C J, Weisskopf A, et al. 2015. Modelling the geographical origin of rice cultivation in Asia using the rice archaeological database [J]. PLoS One, 10(9): 1-21.

Simons P C, Versteegh H A, Jongbloed A W, et al. 1990. Improvement of phosphorus availability by microbial phytase in broilers and pigs [J]. British Journal of Nutrition, 64(2): 525-540.

Singh R P, Agarwal C, Agarwal R. 2003. Inositol hexaphosphate inhibits growth, and induces G1 arrest and apoptotic death of prostate carcinoma DU145 cells: modulation of CDKI-CDK-cyclin and pRb-related protein-E2F complexes [J]. Carcinogenesis, 24(3): 555-563.

Soma E, Kobayashi K, Karakawa T, et al. 1982. Process for the production of polysaccharide RBS substance: US, US4366308[P].

Soren N M, Bhar R, Chhabra A K, et al. 2014. Utilization of energy and protein in local Indian crossbred gilts fed diets containing deffernt levels of rice bran[J]. Asian-Australasion Journal of Animal Science, 17: 688-692.

Spiller G A. 1998. Suggesting for a basis on which to detemine a desirable intake of dietary fiber//Spiller G A. Dietary Fiber in Human Nutrition[M]. 2nd ed. FI: CRC Rress Boca Raten.

Sporn M B, Suh N. 2000. Chemoprevention of cancer[J]. Carcinogenesis, 21(3): 525-530.

Statio Y, Wanezaki K, Kawato A, et al. 1994. Antihypertensive effects of peptide in sake and its by-products on spontaneously hypertensive rats[J]. Biosci Biotech Biochem, 58(5): 812-816.

Steuer B, Schulz H, Lager E. 2001. Classification and analysis of citrus oils by NIR spectroscopy[J]. Food Chemistry, 72: 113-117.

Steyaert P, Buldgen A, Compere R. 1989. Influence of the rice bran content in mash on growth performance of broiler chicken in Senegal[J]. Bulletin des Recherches Agronomiques de Gemblous, 24: 385-388.

Stusser R, Batista J, Padmn R, et al. 1998. Long-term therapy with policosanol improves treadmill exercise-ECG testing performance of coronary heart disease patients[J]. International Journal of Clinical Pharmacology and Therapeutics, 36(9): 469-473.

Su N W, Lin Y L, Lee M H, et al. 2005. Ankaflavin from Monascus fermented red rice exhibits selective cytotoxic effect and induces cell death on Hep G2 cells[J]. Journal of Agricultural and Food Chemistry, 53(6): 1949-1954.

Sui X, Zhang Y, Zhou W. 2016. Bread fortified with anthocyanin-rich extract from black rice as nutraceutical sources: its quality attributes and in vitro digestibility [J]. Food Chemistry, 196: 910-916.

Sumiko S, Tadao H, Saburo T, et al. 1987. Studies of the effect of octaeosanol on motor endurance in mice [J]. Nutrition Reports International, 36(5): 1029-1031.

Suzuki Y, Ise K, Li C, et al. 1999. Volatile components in stored rice [Oryza Sativa (L.)] of varieties with and without lipoxygenase-3 in seeds[J]. Journal of Agricultural and Food Chemistry, 47(3): 1119-1124.

Suzuki Y. 1995. Screening and mode of inheritance of a nice variety lacking lipoxygenase-3[J]. Gramma Field Symptom, 33: 51-62.

Swain W R. 1975. Cold tolerance in relation to starvation of adult Rhyzopertha dominica (coleoptera: Bostrichidae)[J]. Canadian Entomologist, 107: 1057-1061.

Takahashi Moriguchi S, Yoshikowa M, et al. 1994. Isolation and characterization of orgzatensin: a novel

稻谷资源与利用

bioaltive peptide with ileum-contracting and immunomodulating activities derived from rice albumin[J]. Biochemistry and Molecular Biology International, 33(6): 1151-1158.

Takaiwa F, Oono K, Wing D, et al. 1991. Sequence of three members and expression of a new major subfamily of glutelin genes from rice[J]. Plant Molecular Biology, 17(4): 875-885.

Takaiwa F, Yamanouchi U, Yoshihara T, et al. 1996. Characterization of common *cis*-regulatory elements responsible for the endosperm-specific expression of members of the rice glutelin multigene family[J]. Plant Molecular Biology, 30(6): 1207-1221.

Takeda Y, Yoshikai Y, Ohga S, et al. 1990. Augmentation of host defense against bacterial infection pretrfatjd intraperitony with an *α*-glucan RBS in mice [J]. Immunopharmacology and Immunotoxicology, 12(3): 457-477.

Takemoto Y, Coughlan S J, Okita T W, et al. 2002. The rice mutant *esp2* greatly accumulates the glutelin precursor and deletes the protein disulfide isomerase[J]. Plant Physiology, 128(4): 1212-1222.

Takeo S. 1988. Polysacchride RDP substance: US 4764507 [P].

Tang Y, Cai W, Xu B. 2016. From rice bag to table: fate of phenolic chemical compositions and antioxidant activities in waxy and non-waxy black rice during home cooking[J]. Food Chemistry, 191: 81-90.

Tay A, Singh R K, Krishnan S S, et al. 2002. Authentication of olive oil adulterated with vegetable oils using Fourier transform infrared spectroscopy[J]. Food Science and Technology, 35(1): 99-103.

Taylor D P, Riblet L A, Stanton H C, et al. 1982. Dopamine and antianxiety activity[J]. Pharmacol Biochemistry Behavior, 17 (Suppl 1): 25-35.

Taylor J C, Lisa R, Lockwood H. 2003. Octacosanol in human health [J]. Nutrition, 19(2): 192-195.

Thornton S J, Wong I T Y, Neumann R, et al. 2011. Dietary supplementation with phytosterol and ascorbic acid reduces body mass accumulation and alters food transit time in a diet-induced obesity mouse mode [J]. Lipids in Health and Disease, 10: 107-112.

Tiurenkov I N, Perfilova V N. 2002. Anti-arrhythmic properties of GABA and GABA-ergic system activators [J]. Eksp Klin Farmakol, 65(1): 77-80.

Tran K, Chan A C. 1990. R, R, R-alpha-tocopherol potentiates prostacyclin release in human endothelial cells. Evidence for structural specificity of the tocopherol molecule [J]. Biochimica et Biophysica Acta, 1043: 189-197.

Tsuji A I, Takahashi M, Kinoshita S, et al. 2003. Effects of different contents of *γ*-oryzanol in rice bran oil on serum cholesterol levels [J]. Poster Session Nutrition, 4(2): 278-280.

Tsuji H, Kimoto M, Natori Y. 2001. Allergens in major crops [J]. Nutrition Research, 21: 925-934.

Turner W B, Aldridge D C. 1983. Fungal Metabolites Ⅱ [M]. New York: Academic Press.

Uraipong C, Zhao J. 2016. Rice bran protein hydrolysates exhibit strong *in vitro* *α*-amylase, *β*-glucosidase and ACE-inhibition activities[J]. Journal of the Science of Food and Agriculture, 96(4): 1101-1110.

Vandeputte G E, Vermeylen R, Geeroms J, et al. 2003. Rice starches. Ⅲ. Structural aspects provide insight in amylopectin retrogradation properties and gel texture [J]. Journal of Cereal Science, 38: 61-68.

Vieira C R, Lopes C D, Ramos C S. , et al. 2008. Enzymatic extraction of proteins from rice flour[J]. Ciencia Etecnologia de Alimentos, 28(2): 599-606.

Vigil G, Philippldis A, Spy S A, et al. 2003. Classification of edible oils by employing ^{31}P and ^{1}H NMR spectroscopy in combination with multivariate statistical analysis A proposal for the detection of seed oil adulteration in virgin olive oils[J]. Journal of Agricultural and Food Chemistry, 51(19): 5715-5722.

Vol N. 1994. Spherical aggregates of starch granules as flavor carriers [J]. Food Technology, 48(7): 104-105.

Von Holtz R L, Fink C S, Awad A B. 1998. *β*-Sitosterol activates the sphingomyelin cycle and induces apoptosis in LNCaP human prostate cancer cells[J]. Nutrition Cancer, 32(1): 8-12.

Vucenik I, Podczasy J J, Shamsuddin A M. 1999. Antiplatelet activity of inositol hexaphosphate（IP6）[J]. Anticancer Research, 19: 3689-3693.

Wada S. 2009. Chemoprevention of tocotrienols: the mechanism of antiproliferative effects [J]. Forum Nutrition, 61: 204-216.

Wahyudi S, Sargowo D. 2007. Green tea polyphenols inhibit oxidized LDL-induced NF-κB activation in human umbilical vein endothelial cells [J]. Acta Medica Indonesiana, 39: 66-70.

Waight A, Perry P, Riekel C, et al. 1998. Chiral side-chain liquid-crystalline polymeric properties of starch [J]. Macromolcule, 31（22）: 7980-7984.

Wang L, Zhang H B, Zhang X Y, et al. 2008. Purification and identification of a novel heteropolysaccharide RBPS2a with anti-complementary activity from defatted rice bran [J]. Food Chemistry, 110: 150-155.

Wang T, Liu Y Y, Wang X, et al. 2010. Protective effects of octacosanol on 6-hydroxydopamine-induced Parkinsonism in rats via regulation of ProNGF and NGF signaling [J]. Acta Pharmacologica Sinica, 31（7）: 765-774.

Wen T N, Luthe D S. 1985. Biochemical characterization of rice glutelin [J]. Plant Physiology, 78（1）: 172-177.

Wenk M R. 2005. The emerging field of lipidomics[J]. Nature Reviews Drug Discovery, 4（7）: 594-610.

Whistler R L, Paschall E F, Bemiller J N. 1976. STARCH: Chemistry and Technology（Vol II ）[M]. New York and London: Academic Press.

Wilson T A, Nicolosi R J, Woolfrey B, et al. 2007. Rice bran oil and oryzanol reduce plasma lipid and lipoprotein cholesterol concentrations and arotic cholesterol ester accumulation to a greater extent than ferulic acid in hypercholesterolemic hamsters [J]. Journal of Nutrition Biochemistry, 18: 105-112.

Wójtowicz A M, Dvorzhak A, Semtner M, et al. 2013. Reduced tonic inhibition in striatal output neurons from Huntington mice due to loss of astrocytic GABA release through GAT-3[J]. Front Neural Circuits, 7: 188.

Wolever T M S, Jenkins D J A. 1993. Effect of dietary fiber and foods on carbohydrate metabolism[J]. CRC Handbook of Dietary Fiber in Human Nutrition, 2: 111-152.

Wong R S, Radhakrishnan A K. 2012. Tocotrienol research: past into present [J]. Nutrition Review, 70（9）: 483-490.

Wu W, Zhang C N, Hua Y F. 2009. Structural modification of soy protein by the lipid peroxidation product malondialdehyde[J]. Science of Food and Agriculture, 89（8）: 1416-1423.

Xia B, Luo D M, Zou Z W, et al. 2007. Predation of *Cheyletus eruditus* on *Aleuroglyphus ovatus*[J]. Chinese Bulletin of Entomology, 4: 549-552.

Xu H, Wei Y, Zhu Y, et al. 2014. Antisense suppression of LoX3 gene expression in rice endosperm enhances seed longevity[J]. Plant Biotechnology Journal, 13（4）: 526-539.

Xu J, Zhang H, Guo X N, et al. 2012. The impact of germination on the characteristics of brown rice flour and starch [J]. Journal of the Science of Food and Agriculture, 92（2）: 380-387.

Xu Z, Hua N, Godber S J. 2001. Antioxidant activity of tocopherols, tocotrienols, and γ-oryzanol components from rice bran against cholesterol oxidation accelerated by 2,2'-azobis（2-methylpropionamidine）dihydrochloride [J]. Journal of Agricutural and Food Chemistry, 49: 2077-2081.

Xu Z. 1994. Vitamin E and cholesterol content, and oxidative stability of pork from pigs fed either non-rancid or rancid rice bran [D]. Baton Rouge, LA: Lousisana State University.

Yadav B P S, Gupta J J. 1995. Nutrition value of rice polish in fattening pigs [J]. Industrial Journal of Animal Nutrition, 12: 119-120.

Yadav R, Chang N T. 2014. Effects of temperature on the development and population growth of the *Melon thrips*, *Thrips palmi*, on eggplant, *Solanum melongena*[J]. Journal of Insect Science, 14: 1-9.

Yamagata H, Sugimoto T, Tanaka K, et al. 1982. Biosynthesis of storage proteins in developing rice seeds [J]. Plant Physiology, 70(4): 1094-1100.

Yamagata H, Tanaka K. 1986. The site of synthesis and accumulation of rice storage proteins[J]. Plant Cell Physiologry, 27(1): 135-145.

Yang D, Guo F, Liu B, et al. 2003. Expression and localization of human lysozyme in the endosperm of transgenic rice[J]. Planta, 216(4): 597-603.

Yeom H J, Lee E H, Ha M S, et al. 2010. Production and physicochemical properties of rice bran protein isolates prepared with autoclaving and enzymatic hydrolysis[J]. Journal of the Korean Society for Applied Biological Chemistry, 53(1): 62-70.

Yoon S W, Pyo Y G, Lee J, et al. 2014. The concentrations of tocols and γ-oryzanol compounds in rice bran oil obtained by fractional extraction with supercritical carbon dioxide[J]. Journal of Oleo Science, 63(1): 47-53.

Yoshie A, Kanda A, Nakamura T, et al. 2009. Comparison of γ-oryzanol contents in crude rice bran oils from different sources by various determination methods [J]. Journal of Oleo Science, 58(10): 511-518.

Yu S, Nehus Z T, Badger T M, et al. 2007. Quantification of vitamin E and γ-oryzanol components in rice germ and bran [J]. Journal of Agriculture and Food Chemistry, 55: 7308-7313.

Zajdel A, Wilczok A, Węglarz L, et al. 2013. Phytic acid inhibits lipid peroxidation *in vitro*[J]. Biomed Research International, 2013(3): 147307.

Zarins Z, Chrastil J. 1992. Separation and purification of rice oryzenin subunits by anion-exchange and gel-permeation chromatography[J]. Journal of Agricultural and Food Chemistry, 40(9): 1599-1601.

Zeng Z, Zhang H, Zhang T, et al. 2009. Analysis of flavor volatiles of glutinous rice during cooking bycombined gas chromatography mass spectrometry with modified headspace solid phase microextraction method[J]. Journal of Food Composition and Analysis, 22(4): 347-353.

Zhang H J, Zhang H, Wang L, et al. 2012. Preparation and functional properties of rice bran proteins from heat-stabilized defatted rice bran[J]. Food Research International, 47(2): 359-363.

Zhang J S, Li D M, He N, et al. 2011. A paraptosis-like cell death induced by δ-tocotrienol in human colon carcinoma SW620 cells is associated with the suppression of the Wnt signaling pathway [J]. Toxicology, 285(1-2): 8-17.

Zhang X, Geoffroy P, Miesch M, et al. 2005. Gram-scale chromatographic purification of β-sitosterol synthesis and characterization of β-sitosterol oxides[J]. Steroids, 70(13): 886-895.

Zhao G C, Xie M X, Wang Y C, et al. 2017. Molecular mechanisms underlying γ-aminobutyric acid (GABA) accumulation in giant embryo rice seeds[J]. Journal of Agricultural and Food Chemistry, 65(24): 4883.

Zhao W M, Gatehouse J A, Boulter D. 1983. The purification and partial amino acid sequence of a polypeptide from the glutelin fraction of rice grains homology to pea legumin [J]. FEBS Letters, 162(1): 96-102.

Zhou B, Wang J, Pu Y, et al. 2009. Optimization of culture medium for yellow pigments production with Monascus anka mutant using response surface methodology[J]. European Food Research and Technology, 288(6): 895-901.

Zhou J R, Erdman Jr J W. 1995. Phytic acid in health and disease[J]. CRC Critical Reviews in Food Technology, 35(6): 495-508.

Zhou Z K, Robards K, Helliwell S, et al. 2002. Composition and functional properties of rice[J]. International Journal of Food Science and Technology, 37(8): 849-868.

Zhou Z, Robards K, Helliwell S, et al. 2002. Ageing of Stored Rice: Changes in Chemical and Physical Attributes[J]. Journal of Cereal Science, 35(1): 65-78.

Zhou Z, Robards K, Helliwell S, et al. 2003. Effect of rice storage on pasting properties of rice flour [J]. Food Research International, 36: 625-634.

Zhu H Y, Chen G T, Meng G L. 2015. Characterization of pumpkin polysaccharides and protective effects on streptozotocin-damaged islet cells [J]. Chinese Journal of Natural Medicines, 13（3）: 199-207.